ANALYSE

DES

MATIÈRES ALIMENTAIRES

ET RECHERCHE DE

LEURS FALSIFICATIONS

PAR

M. CH. GIRARD
DIRECTEUR DU LABORATOIRE MUNICIPAL DE PARIS

AVEC LA COLLABORATION DE

MM. SANGLÉ-FERRIÈRE & DE BRÉVANS
SOUS-CHEFS DU LABORATOIRE MUNICIPAL DE PARIS

MM.
TRUCHON, V. GÉNIN, PONS et DE RACZKOWSKI
CHIMISTES PRINCIPAUX
AU LABORATOIRE MUNICIPAL DE PARIS

MM.
LEYS, FROIDEVAUX, CUNIASSE et LAFAYE
CHIMISTES
AU LABORATOIRE MUNICIPAL DE PARIS

DEUXIÈME ÉDITION TRÈS AUGMENTÉE

PARIS
Vve CH. DUNOD, ÉDITEUR
49, QUAI DES GRANDS-AUGUSTINS, 49

1904

ANALYSE

DES

MATIÈRES ALIMENTAIRES

ET RECHERCHE DE

LEURS FALSIFICATIONS

TOURS, IMP. DESLIS FRÈRES, 6, RUE GAMBETTA

ANALYSE

DES

MATIÈRES ALIMENTAIRES

ET RECHERCHE DE

LEURS FALSIFICATIONS

PAR

M. CH. GIRARD

DIRECTEUR DU LABORATOIRE MUNICIPAL DE PARIS

AVEC LA COLLABORATION DE

MM. SANGLÉ-FERRIÈRE & DE BRÉVANS

SOUS-CHEFS DU LABORATOIRE MUNICIPAL DE PARIS

MM.	MM.
TRUCHON, V. GÉNIN, PONS et DE RACZKOWSKI	LEYS, FROIDEVAUX, CUNIASSE et LAFAYE
CHIMISTES PRINCIPAUX AU LABORATOIRE MUNICIPAL DE PARIS	CHIMISTES AU LABORATOIRE MUNICIPAL DE PARIS

DEUXIÈME ÉDITION TRÈS AUGMENTÉE

PARIS

V^VE CH. DUNOD, ÉDITEUR

49, QUAI DES GRANDS-AUGUSTINS, 49

1904

EAUX POTABLES

PAR M. F. BORDAS

L'étude des eaux potables a, de tout temps, attiré l'attention des hygiénistes, et l'on a beaucoup écrit, beaucoup discouru sur cette importante question. Question très importante, en effet, si l'on considère que les phénomènes physiques et chimiques qui s'accomplissent dans l'intimité de nos tissus réclament, pour se manifester, la présence de l'eau.

Il est à peine utile de faire remarquer que l'eau, nécessaire à la plante pour l'aider à puiser dans le sol les sels qui doivent concourir à sa croissance, n'est pas moins indispensable à l'animal pour délayer ses aliments, les rendre plus facilement attaquables par les sucs digestifs, et partant plus assimilables.

On conçoit, dès lors, quel puissant intérêt s'attache à l'étude des eaux potables : car, suivant les variations sans nombre qui peuvent exister dans leur nature, ces eaux exercent une influence très directe, très grande et très variable sur les phénomènes intimes de la vie.

A. de Jussieu l'avait bien compris lorsqu'il écrivait, en 1735 : « La bonne qualité des eaux étant une des choses qui contribuent le plus à la santé des citoyens d'une ville, il n'y a rien que les magistrats aient plus d'intérêt à entretenir que la salubrité de celles qui servent à la boisson, et à remédier aux accidents par lesquels ces eaux pourraient être altérées. »

Les qualités indispensables que doit présenter une eau potable sont les suivantes :

QUALITÉS DES EAUX POTABLES

L'eau doit être fraîche et limpide, inodore et agréable au goût; elle doit être également aérée et imputrescible, ne renfermer aucun germe pathogène et, enfin, remplir certaines conditions qui la rendent propre *aux usages domestiques*.

Au Congrès international pharmaceutique de Bruxelles, tenu en 1885, on indiqua les conditions suivantes, que doit remplir une eau pour être potable :

1° Elle doit être limpide, transparente, incolore, sans odeur et complètement exempte de matières en suspension;

2° Elle doit être fraîche et d'une saveur agréable; sa température ne doit pas varier sensiblement et ne peut dépasser 15°;

3° Elle doit être aérée et tenir en dissolution une certaine quantité d'acide carbonique. Il faut, en outre, que l'air qu'elle renferme contienne plus d'oxygène que l'air atmosphérique;

4° La quantité de matières organiques, évaluée en acide oxalique, ne doit pas dépasser 20 milligrammes par litre;

5° Elle ne doit pas contenir plus de cinq dixièmes de milligramme d'ammoniaque par litre (1);

6° La matière organique azotée, brûlée par une solution alcaline de permanganate de potasse, ne doit pas fournir plus de 0gr,0001 d'azote albuminoïde par litre d'eau;

7° Un litre d'eau ne doit pas contenir plus de :

0gr,500 de sels minéraux.
0 ,060 d'anhydride sulfurique.
0 ,008 de chlore.
0 ,002 d'anhydride azotique.
0 ,200 d'oxydes alcalino-terreux.
0 ,030 de silice.
0 ,003 de fer.

8° L'eau potable ne doit renfermer ni nitrites, ni hydrogène sulfuré, ni sulfures, ni sels métalliques précipitables par l'acide sulfhydrique ou le sulfhydrate d'ammoniaque, à l'exception de traces de fer, d'aluminium ou de manganèse;

9° Elle ne peut acquérir une odeur désagréable après avoir séjourné pendant quelque temps dans un vase ouvert ou fermé;

10° Elle ne doit renfermer ni saprophytes, ni leptotrix, ni leptomites, ni hyphéotrix et autres algues blanches, ni infusoires, ni bactéries, et particulièrement aucun de ces êtres en décomposition;

11° L'addition de sucre blanc ne doit pas y développer de fungus;

12° Cultivée avec de la gélatine, elle ne doit pas produire d'innombrables bactéries *liquéfiant* cette gélatine en moins de huit jours.

La fraîcheur d'une eau dépend en général de l'air ou du sol où elle circule. Les eaux de rivière ou de fleuve sont plus chaudes en été qu'en hiver, et ces oscillations thermiques ne sont pas sans produire des changements notables dans la qualité des eaux, surtout au point de vue des organismes inférieurs.

Les eaux qui proviennent des profondeurs du sol étant plus à l'abri des influences atmosphériques, leur température est plus constante et oscille entre 9 et 11°.

(1) Ce chiffre de cinq dixièmes de milligramme d'ammoniaque par litre nous paraît encore trop considérable.

Cette température de 10° en moyenne est, en effet, celle qui doit être considérée comme la plus convenable pour les eaux devant être distribuées dans les villes.

Une eau potable doit être limpide. Le limon qui se trouve dans les eaux des fleuves est une des causes principales pour lesquelles ces eaux doivent être, sinon rejetées de l'alimentation, du moins soumises à des décantations et à des filtrations.

La présence dans l'eau de sels de magnésie ou de potasse peut lui communiquer de l'amertume : le chlorure de sodium, un goût saumâtre; les sels d'alumine, une certaine douceur, etc., etc.

Toute eau qui, lorsqu'elle est chaffée à 50° environ dans une capsule, développe une odeur quelconque, doit être rejetée; il en est de même des eaux qui, gardées dans l'obscurité pendant une semaine environ, prennent une odeur de croupi et se troublent.

Une eau potable doit être aérée, c'est-à-dire qu'elle doit contenir en dissolution une certaine quantité des éléments de l'air. Ces proportions sont assez variables; mais, néanmoins, lorsqu'une eau naturelle contient peu ou point d'oxygène en dissolution, c'est l'indice que cette eau renferme une assez forte proportion de matières organiques et doit, par conséquent, être considérée comme au moins suspecte.

Nous avons déjà dit qu'une eau potable doit être inodore; mais il faut aussi qu'elle puisse conserver cette propriété assez longtemps lorsqu'elle est placée à l'abri de l'air et de la lumière. Pour certains auteurs, une eau qui, se trouvant dans de semblables conditions, émettrait une ode .r de putréfaction, devrait être mise absolument de côté.

Ce caractère de l'eau qui doit être imputrescible pour être potable, est le corollaire naturel des deux autres conditions que nous avons exposées et qui sont d'être inodore et aérée.

La décomposition avec dégagement gazeux est la conséquence, d'une part, de la présence de matières organiques et, d'autre part, de celle de microrganismes vivant aux dépens de ces matières organiques.

La seule présence des matières organiques ne semble pas offrir de danger; il n'en est pas de même de celle des microrganismes, qui amènent la décomposition de ces matières organiques, et dont quelques-uns peuvent appartenir à des espèces pathogènes. Dans le cas où les germes ne seraient pas nocifs, le fait de leur grande abondance dans l'eau contenant des matières organiques amènerait une diminution dans la quantité d'oxygène dissous.

Enfin, nous avons donné comme dernière condition pour la salubrité d'une eau la nécessité, pour cette eau, d'être propre à certains usages domestiques; ainsi une eau potable doit cuire les légumes et pouvoir être utilisée pour le savonnage.

Avant d'énumérer les différentes méthodes qui sont employées pour l'analyse chimique des eaux, nous croyons qu'il n'est pas sans intérêt de signaler les corps qu'on y trouve en général, et les proportions dans lesquelles on les rencontre dans les eaux potables.

LIMITES ADMISES AU LABORATOIRE MUNICIPAL DE PARIS POUR LES EAUX POTABLES

(Les valeurs sont indiquées en milligrammes par litre, sauf, bien entendu, pour les degrés hydrotimétriques.)

	EAU PURE	EAU POTABLE	EAU SUSPECTE	EAU MAUVAISE
Extrait à 180°	»	»	plus de 500	»
Alcalinité en carbonate de chaux . .	»	»	— de 250	»
Degré hydrotimétrique total.	5 — 15°	15 — 20°	— de 30	plus de 100
— — après ébullition.	2 — 5°	5 — 12°	12 — 18	— de 20
Oxygène consommé par le permanganate, en liqueur acide ou alcaline.	moins de 1	1 — 2	3 — 4	— de 4
Nitrates, en nitrate de potasse . . .	»	»	plus de 10	»
Ammoniaque.	»	»	0 — 1	plus de 1
Chlorures, en chlorure de sodium. .	moins de 27	30 — 70	80 — 160	— de 160
Sulfates, en sulfate de chaux. . . .	3 — 8	8 — 50	50 — 85	— de 85
Chaux totale	»	»	plus de 200	»
Magnésie.	»	»	— de 30	»
Phosphates.	»	»	traces	»
Hydrogène sulfuré.	»	»	traces	»

COMPOSITION CHIMIQUE DES EAUX POTABLES

Les principaux sels dissous dans les eaux sont, d'abord, les sels de chaux, de magnésie, d'alumine, de soude, de potasse et d'ammoniaque, puis de l'oxyde de fer ; ces sels sont combinés, en général, aux acides carbonique, sulfurique, chlorhydrique, phosphorique et nitrique, à l'hydrogène sulfuré et à la silice.

Les proportions dans lesquelles se trouvent ces éléments sont très variables, et la plupart des eaux potables sont similaires à très peu de chose près.

Lorsque certains des éléments sont en plus grande abondance, les eaux sont dites minérales. La distinction entre une eau potable et une eau minérale n'est pas, néanmoins, chose facile, attendu que le terme d'eau minérale ne répond à aucune classification bien précise.

Si nous comparons les chiffres fournis par un très grand nombre d'analyses d'eaux potables, nous remarquerons que le poids par litre des matières minérales oscille entre 0gr,05 et 0gr,50, dont la moitié, environ, est constituée par du carbonate de chaux.

Au-dessous et au-dessus de ces chiffres de 0gr,05 et 0gr,50, les eaux peuvent présenter des inconvénients qui ont parfois occasionné, dans certaines conditions, de véritables affections à caractère épidémique.

Les carbonates et bicarbonates de chaux qui forment, comme nous l'avons dit, à peu près la moitié en poids, par litre, de la matière minérale, représentent environ 0gr,050 à 0gr,300; les sulfates alcalino-terreux 0gr,005 à 0gr,025, et les chlorures alcalins 0gr,005 à 0gr,015.

Les sels de magnésie et d'alumine varient de 0gr,05 à 0gr,10 pour les premiers, et de 0gr,005 à 0gr,010 pour les seconds.

Les sels de potasse et de soude qui existent dans les eaux potables sont en quantités très faibles et atteignent rarement le chiffre de 50mg par litre.

L'ammoniaque s'y rencontre pour la quantité insignifiante de 1 à 2 millièmes de milligramme par litre.

Les sels de fer peuvent se trouver soit à l'état de sesquioxyde, soit à l'état de carbonates; en général, ces corps n'atteignent pas un chiffre très élevé : à peine 0gr,001 par litre.

L'acide carbonique libre, dosé dans des eaux potables, varie de 15 à 20cc.

L'acide sulfurique, combiné aux métaux alcalino-terreux, oscille entre 0gr,001 et 0gr,040. Au-dessus de 0gr,10 les eaux doivent être rejetées.

Enfin, la quantité d'oxygène dissous ne doit jamais être inférieure à 3cc par litre.

Voici, d'après le Comité consultatif d'hygiène de France, un tableau fournissant les limites dans lesquelles les divers éléments que nous venons d'énumérer doivent être contenus dans l'eau.

DOSAGE	EAU TRÈS PURE	EAU POTABLE	EAU SUSPECTE	EAU MAUVAISE
Chlore.	moins de 0gr,015 par litre	moins de 0gr,040, excepté au bord de la mer	0gr,050 à 0gr,100	plus de 0gr,100
Acide sulfurique.	0gr,002 à 0gr,005	0gr,005 à 0gr,030	plus de 0gr,030	plus de 0gr,050
Oxygène emprunté au permanganate en solution alcaline.	moins de 0gr,001	moins de 0gr,002	0gr,003 à 0gr,004	plus de 0gr,004
Perte de poids du dépôt par la chaleur rouge.	moins de 0gr,015	moins de 0gr,040	0gr,040 à 0gr,070	plus de 0gr,100
Degré hydrotimétrique total.	5 à 15	15 à 30	au-dessus de 30	au-dessus de 100
Degré hydrotimétrique persistant après l'ébullition.	2 à 5	5 à 12	12 à 18	au-dessus de 20

PRISE D'ÉCHANTILLON ET RENSEIGNEMENTS

La prise d'échantillon d'une eau potable qui doit être soumise à l'analyse chimique est une opération peu compliquée en elle-même, cela est certain, mais qui, cependant, nécessite quelques soins.

La première condition réside dans la quantité de liquide à prélever; il est certain que le volume de deux litres peut être suffisant dans la majorité des cas; cela dépend un peu des éléments que l'on veut doser. Il est, néanmoins, préférable d'opérer sur quatre litres de liquide.

La propreté des récipients destinés à recevoir les eaux doit être aussi rigoureuse que possible. Un lavage à l'acide sulfurique et au permanganate de potasse, pour détruire les matières organiques qui pourraient être restées adhérentes aux parois du vase, sera tout d'abord pratiqué. On le fera suivre de plusieurs rinçages à l'eau et, enfin, en dernier lieu, d'un lavage à l'eau distillée.

Voici les conseils que donne Sutton, à ce sujet, dans son *Manuel méthodique d'analyse chimique volumétrique :*

« Il faut rejeter les bouteilles de grès; elles peuvent modifier la dureté de l'eau et sont plus difficiles à nettoyer que celles de verre.

« Il faut, autant que possible, se servir de bouteilles de verre munies d'un bouchon de verre ou d'un bouchon de liège paraffiné.

« Une bouteille de deux litres contient assez de liquide pour l'analyse générale d'une eau de source ou de rivière très souillée; deux sont nécessaires pour les eaux de source, les eaux de rivière et de torrent ordinaires; enfin, il en faut trois pour l'eau des lacs et des sources de montagne.

« Une analyse plus détaillée entraîne nécessairement la consommation d'une plus grande quantité d'eau.

« On ne doit se servir que de bouchons neufs et bien lavés dans l'eau où l'on a puisé l'échantillon.

« Pour prélever un échantillon dans une source, une rivière ou un réservoir, on y plonge la bouteille elle-même, si cela est possible, au-dessous de la surface liquide; mais, s'il faut se servir de l'intermédiaire d'un vase, on veille à ce qu'il soit parfaitement propre et bien rincé à l'eau.

« On évitera de recueillir à la surface de l'eau ou d'entraîner les dépôts du fond.

« Pour prendre un échantillon au moyen d'une pompe ou d'un robinet, on laisse couler l'eau qui a séjourné dans la pompe ou dans le tuyau de conduite avant de recevoir le jet directement dans la bouteille.

« Si l'échantillon représente l'eau d'une ville, on devra le prendre au tuyau qui communique directement à la principale rue, et non pas à une citerne.

« Dans tous les cas, on remplit d'abord complètement la bouteille avec l'eau, on la vide, on la rince une ou deux fois avec cette eau, on la remplit enfin jusque près du bouchon et on la ferme solidement.

« Au moment de la prise d'échantillon, on note le nom de la source, soit qu'il s'agisse d'une source profonde ou peu profonde, d'une rivière ou d'un torrent, ainsi que le nom du lieu, afin que son identité soit bien établie.

« S'il s'agit d'un puits, on détermine la matière du sol, du sous-sol et de la couche d'où l'eau jaillit, la profondeur ou le diamètre du puits, sa distance des puisards voisins, des drains et des autres sources qui pourraient la souiller. On note également si l'eau traverse une couche imperméable d'où elle jaillit et si les parois du puits sont ou non imperméables à l'eau.

« Si l'échantillon provient d'une rivière, on indique la distance de la source de la rivière au point où l'eau a été prise ; on note les causes d'altération qu'elle a pu subir entre ces deux points et la nature géologique des pays qu'elle traverse.

« S'il s'agit d'une source, on note la couche d'où elle jaillit. »

Enfin, une dernière précaution consiste à soumettre immédiatement à l'analyse les échantillons ainsi prélevés. Lorsque, pour des raisons quelconques, on est obligé de différer l'examen, il faut que les échantillons soient conservés dans un endroit frais et à l'abri de la lumière.

Le Laboratoire du Comité consultatif d'hygiène publique de France fait parvenir un *questionnaire* aux communes qui sollicitent des autorisations pour des exécutions de projets d'amenée d'eaux potables. Ce questionnaire a pour but de fournir des renseignements très complets sur la façon dont le prélèvement des échantillons a été opéré.

Voici quelles sont les questions posées :

Questionnaire.

Prélèvement des échantillons destinés à l'analyse. — 1° Quelles sont les personnes qui ont procédé au prélèvement des échantillons ?

2° Température de l'air au moment où ces échantillons ont été prélevés et sur les lieux de prélèvement.

3° Température de l'eau au moment même du prélèvement des échantillons.

4° Comment a-t-on procédé au prélèvement des échantillons pour l'analyse chimique ?

5° Combien de litres d'eau a-t-on prélevés pour cette analyse ?

6° Comment ont été prélevés les échantillons pour l'analyse bactériologique ?

7° Comment ont été stérilisés les récipients dans lesquels on a recueilli les échantillons destinés à l'analyse bactériologique ?

8° A-t-on eu soin de mettre les échantillons (pour l'analyse bactériologique) dans de la glace et de la sciure immédiatement après leur prélèvement ?

9° Comment l'eau destinée aux analyses a-t-elle été mise à découvert pour ces prélèvements ?

10° Dans quel instrument a-t-elle été recueillie avant d'en remplir les bouteilles, les flacons ou les tubes ?

11° A-t-il plu dans les journées et les nuits qui ont précédé le moment du prélèvement ?

12° Comment se trouve situé le point où se sont faits les prélèvements, par rapport à l'agglomération que l'eau doit alimenter ? (Préciser ce point sur le plan annexé au dossier et y faire figurer les maisons, fermes, écuries, cours, lavoirs, dépôts de fumier, etc., en les désignant par des signes facilement reconnaissables.)

A ces questions on joint un certain nombre de demandes de renseignements relatifs à l'état sanitaire actuel de la commune, à la provenance de l'eau à fournir, au captage et à la distribution.

Voici en quoi consiste ce second questionnaire, qui est fait en exécution de la circulaire ministérielle du 23 juillet 1892 :

État actuel. — 1° Quel est le chiffre de la population de la commune ?

2° Combien y a-t-il eu de décès, par année, dans la commune, depuis cinq ans ?

3° A quelles espèces de maladies ces décès ont-ils été attribués ?

4° Y a-t-il eu des épidémies de fièvre typhoïde, de dysenterie ou de choléra ? A quelle époque et quelle a été la mortalité ?

5° Quel est le nombre des habitants que doit desservir la distribution projetée ?

6° Comment, jusqu'à présent, cette partie de la population se procure-t-elle de l'eau ?

7° Y a-t-il des puits ?

8° Comment sont-ils situés ? (Les faire figurer au plan.)

9° Comment s'évacuent les eaux sales ?

Comment s'évacuent les eaux ménagères ?

Comment s'évacuent les eaux fluviales ?

Comment s'évacuent les eaux résiduaires d'industries ?

10° Y a-t-il des égouts ? (Les faire figurer au plan.)

11° Y a-t-il des puisards ? (Les faire figurer au plan.)

12° Y a-t-il un ruisseau, une mare ou un cours d'eau auxquels se rendent les eaux des cours et des maisons ? (Les faire figurer au plan.)

13° Y a-t-il des lavoirs ? où et comment sont-ils établis ?

14° Où vont les eaux sales de ces lavoirs ?

15° Existe-t-il des fosses d'aisances ? sont-elles étanches ?

16° Y en a-t-il dans chaque maison ?

17° Comment sont-elles établies ?

18° Que deviennent les matières de vidange ?

19° Emploie-t-on l'engrais humain pour la culture ?

20° Quelle est la nature du sol cultivé et non cultivé de la région ?

21° Y a-t-il de grands espaces de terrain non cultivés ?

22° Ces grands espaces sont-ils constitués par des bois, des prairies, des marécages ?

Provenance de l'eau à fournir. — L'eau à fournir proviendra-t-elle de sources, de puits ou de cours d'eau ? Suivant le cas, il devra être répondu aux questions comprises dans l'une des sections indiquées ci-après.

Sources. — 1° De quelle sorte de terrain la source émerge-t-elle ?

2° Quelle est la composition géologique du sol qu'elle traverse ?

3° A quelle distance se trouve-t-elle des habitations ?

4° Combien la source débite-t-elle d'eau par minute ou par 24 heures ?

5° A quelle époque de l'année le jaugeage a-t-il été pratiqué ?

6° Comment le jaugeage a-t-il été pratiqué ?

7° Comment la source sera-t-elle captée ?

8° La source est-elle à un niveau inférieur, égal ou supérieur à celui du point de distribution ?

Puits et galeries captantes. — 1° Est-il absolument impossible de se procurer de l'eau de source ?

2° Existe-t-il des puits dans le voisinage de l'endroit où sera placé le puits projeté (ou la galerie captante projetée) ?

3° A quelle profondeur les eaux s'y trouvent-elles ?

4° Composition du sol qui recouvre la nappe aquifère. Notamment, le sol est-il imperméable ?

5° Quel peut être le débit du puits (ou de la galerie captante) ?

6° Ce débit est-il constant ou variable ?

7° Sur quelles données reposent les prévisions relatives au débit ?

Cours d'eau. — 1° Est-il absolument impossible de se procurer de l'eau de source ?

2° Quelle est, à peu près, la longueur du cours d'eau, de son origine jusqu'à la prise d'eau ?

3° Quel est son débit minimum ?

4° Comment ce jaugeage a-t-il été effectué ?

5° Quelle est la nature géologique des terrains sur lesquels coule le cours d'eau ?

6° En amont de la prise d'eau, le cours d'eau traverse-t-il des villes ou des villages ?

7° Existe-t-il dans le voisinage du cours d'eau des villes, des villages, de grandes agglomérations (casernes, prisons, asiles, hôpitaux, etc.) ? Indiquer le chiffre afférent à chaque agglomération.

8° Existe-t-il dans le voisinage du cours d'eau des établissements industriels ? Indiquer leur nature et leur importance.

9° Quelle sera la quantité d'eau utilisée, par jour, pour la distribution ?

Captage et distribution. — 1° Existe-t-il au voisinage du point où les eaux sont recueillies, des causes pouvant amener la pollution de ces eaux (habitations, grandes agglomérations, établissements industriels, lavoirs, dépôts d'engrais, etc.) ?

2° Quelles dispositions seront prises en vue d'éviter la pollution des eaux, au point où elles seront recueillies ?

3° Est-il nécessaire d'élever les eaux pour en effectuer la distribution ?

4° Par quel moyen l'élévation des eaux sera-t-elle assurée ?

5° Y aura-t-il un réservoir de distribution ? où et comment sera-t-il établi ?

6° Quels seront les matériaux utilisés pour la canalisation amenant les eaux à ce réservoir ?

7° Quels seront les matériaux utilisés pour les conduits de distribution ?

8° La distribution est-elle projetée en vue d'un service public et d'un service particulier, ou seulement en vue de l'un ou de l'autre ?

9° Y aura-t-il des fontaines et des bornes-fontaines, et combien ?

EXAMEN PRÉLIMINAIRE

Il est nécessaire, avant de procéder à l'analyse chimique d'une eau, d'en étudier certains caractères physiques et organoleptiques. C'est ainsi qu'on doit en examiner la limpidité, noter si elle contient des matières en suspension, si ces matières sont d'origine végétale ou animale, étudier le dépôt au microscope, reconnaître la présence de diatomées, d'infusoires, de spores, d'œufs de tænia, etc., etc.; puis, comparer la couleur de l'eau avec un égal volume d'eau distillée dans deux tubes à essai ; en essayer, au papier tournesol, la réaction et, enfin, constater si l'eau a une odeur.

Cet examen préliminaire est d'autant plus intéressant que tout le monde sait qu'une eau qui ne pourrait nourrir de mollusques, et qui ne contiendrait aucun phanérogame, serait une eau impropre à l'alimentation.

M. Gérardin admet que les eaux potables renferment seules des algues vertes, et que les eaux non potables sont d'autant plus dangereuses que les bactériacées qu'elles renferment sont d'une taille plus réduite.

Voici la classification de Gérardin :

Eaux..	potables (algues vertes)	1 Règne des cladaphora	Vanne, Dhuis.
		2 — des sygnema	Seine à Port-à-l'Anglais.
		3 — des rhynchonema	Canal de l'Ourcq.
	non potables (algues blanches)	4 — des hyphcothrix	Seine à Argenteuil.
		5 — des beggiatoa	La Bièvre.
		6 — des vibrions	Égouts de quelques établissements classés.

La faune pourrait aussi fournir les éléments d'une classification.

Les eaux riches en infusoires doivent être rejetées, car ceux-ci ne se développent que dans les eaux chargées en matières organiques, et la présence d'englènes et de monades est particulièrement caractéristique.

Pour connaître l'odeur d'une eau, il faut opérer de la façon suivante :

On prend un petit ballon bien propre qu'on rince une ou deux fois avec l'eau à essayer; on verse alors dans le ballon une certaine quantité de cette eau, de façon à le remplir à moitié. On bouche avec un bouchon de liège neuf et on place le tout au bain-marie, à 40°, pendant quelques minutes. On lave le ballon extérieurement avec de l'eau distillée, puis on enlève le bouchon et l'on observe si l'eau a quelque odeur.

ANALYSE CHIMIQUE

Hydrotimétrie.

C'est un chimiste anglais du nom de Clark qui, le premier, eut l'idée d'employer les solutions titrées de savon pour mesurer le degré de dureté des eaux potables.

Cette méthode fut reprise en France par Boutron et Boudet, qui la perfectionnèrent et la rendirent plus générale. Le principe de la méthode est le suivant :

On verse, dans un volume d'eau déterminé, une dissolution alcoolique de savon, jusqu'au moment où les sels de magnésie et de chaux contenus dans l'eau sont décomposés et neutralisés. On agite sans interruption afin de provoquer la formation d'une mousse; l'opération est terminée lorsque la mousse qui surnage au-dessus du liquide devient persistante. Une eau sera donc d'autant plus calcaire qu'il aura fallu, pour arriver à ce résultat, une quantité plus ou moins grande de liqueur de savon.

Ce moyen permet de comparer plusieurs eaux entre elles, à condition toutefois que les liqueurs soient fabriquées de la même façon.

La formule de Boutron et Boudet est la suivante :

Savon blanc de Marseille, ou mieux, savon amygdalin bien sec . . .	100gr
Alcool.	1.600gr
On dissout le savon dans l'alcool en chauffant jusqu'à ébullition; on filtre pour séparer les sels et les matières étrangères insolubles dans l'alcool que le savon peut contenir, et l'on ajoute à la dissolution filtrée :	
Eau distillée pure.	1.000gr
Ce qui fait en tout	2.700gr

M. Courtonne propose de remplacer la formule de Boutron et Boudet par la suivante :

On verse dans un ballon de 1 litre :

Huile d'olive ou huile d'amandes douces.	30cc
ou, en poids	28gr
Soude à 36°	10gr
Alcool à 90-95°	10gr

On laisse au bain-marie pendant quelques minutes, puis on ajoute 8 à 900cc d'alcool à 60°, on agite un instant pour dissoudre le savon, puis on filtre dans un ballon jaugé de 1lit, dont on complète le volume après refroidissement avec de l'alcool à 60°.

L'avantage de cette liqueur est de ne pas changer de titre avec le temps; si ce titre devenait un peu supérieur ou, au contraire, un peu inférieur à 22°, il serait facile de le corriger soit en augmentant la quantité d'huile, soit par addition d'eau.

M. Ch. Girard emploie une solution de savon ainsi préparée :

On fait dissoudre au bain-marie 250^{gr} de savon blanc de Marseille à l'huile d'olive, ou mieux, du savon amygdalin ou officinal, dans 3^{lit} d'alcool à 90°.

On filtre le liquide dans un flacon de 6^{lit} renfermant 1^{lit} d'alcool et 2^{lit} d'eau, et on laisse reposer pendant trois mois au moins.

La liqueur hydrotimétrique ainsi faite, on prépare une dissolution de chlorure de baryum, obtenue en dissolvant $1^{gr},10$ de chlorure de baryum pur et sec ($BaCl^2, 2aq$) (ou $1^{gr},18$ de nitrate de baryum) dans 2^{lit} d'eau distillée.

Pour titrer la liqueur de savon, on introduit dans le flacon spécial 40^{cc} de solution de chlorure de baryum, puis on ajoute par deux ou trois divisions la liqueur de savon contenue dans la burette hydrotimétrique de M. Dupré en ayant soin d'agiter chaque fois, jusqu'à ce que la mousse ait 1/2 centimètre de hauteur, soit fine et persiste environ cinq minutes.

Dans ce cas, soit n le nombre de divisions trouvé sur la burette hydrotimétrique, on a :

$$\frac{n+1}{23} = \frac{1.000}{x}$$

et, pour chaque litre de liqueur, on ajoutera $x - 1.000^{cc}$ d'un mélange de 2^{vol} d'alcool et de 1^{vol} d'eau. En répétant l'essai, on doit trouver maintenant 23 divisions ou 22° (1).

Voici, maintenant, comment se pratique l'analyse :

On introduit dans le flacon spécial 40^{cc} de l'eau à essayer, ou bien 20 ou 10^{cc}, suivant la nature de l'eau, en ayant soin, dans ce dernier cas, de compléter le volume de 40^{cc} avec de l'eau distillée ; puis, on ajoute peu à peu la liqueur de savon contenue dans la burette hydrotimétrique, en agitant chaque fois le flacon, jusqu'à ce que la mousse soit fine, homogène, d'une hauteur d'au moins 1/2 centimètre, et persistant environ cinq minutes.

Le nombre lu sur la burette est le degré total de l'eau.

On obtient ensuite le degré hydrotimétrique de l'eau après ébullition en faisant une opération identique avec de l'eau qui a été préalablement bouillie.

Pour cela, on fait bouillir 100^{cc} d'eau pendant une demi-heure, on laisse refroidir, on complète le volume avec de l'eau distillée, on agite et on filtre, puis on prend de nouveau le degré sur 40^{cc}.

La méthode hydrotimétrique ne doit pas avoir la prétention de se substituer aux méthodes rigoureuses de l'analyse, et il serait excessif d'exiger d'elle des

---

(1) Si au lieu de titrer la liqueur de savon avec une solution de chlorure de baryum, on la titre avec une dissolution *normale* de chlorure de calcium obtenue en dissolvant $0^{gr},25$ de chlorure de calcium fondu et sec dans 1^{lit} d'eau distillée, on trouve, en admettant que la dissolution normale corresponde à 22° hydrométriques, que le degré hydrométrique correspond à :

$$\frac{10^{mg}}{22} = 0^{mg},455$$

de chlorure de calcium.

En faisant cette convention purement arbitraire, on rend comparables les résultats obtenus par différents observateurs.

résultats précis qu'elle ne peut pas donner. On doit considérer le dosage de l'essai hydrotimétrique comme un moyen commode de comparaison, et c'est à ce titre seul qu'il mérite d'être conservé dans les tableaux d'analyse des eaux.

Voici, d'après M. A. Gautier, le degré hydrotimétrique total d'un certain nombre d'eaux connues qui peuvent servir de termes de comparaison :

	Degré hydrotimétrique.
Eau distillée	0
— de pluie, à Paris	3,5
— de la Seine, au pont d'Ivry (décembre 1854)	15,0
— — — (février 1855)	17,0
— — à Chaillot (février 1855)	23,0
— de la Marne, à Charenton (février 1855)	19,0 à 23,0
— d'Arcueil	28,0
— du canal de l'Ourcq	30,0
— de Belleville	128,0
— de la Garonne, à Toulouse	5,0
— de la Loire, à Tours et à Nantes	5,5
— du Rhône, à Lyon	13,5
— de la Saône	15,0
— de la Dordogne, à Libourne	4,5
— de l'Allier, à Moulins	3,5
— de l'Oise, à Pontoise	21,0
— de l'Escaut, à Valenciennes	24,5
Source sortant du granit (Morvan)	2,0 à 11,0
— sortant des sables de Fontainebleau	6,0 à 22,0
— sortant de la craie blanche	12,0 à 17,0
— de la craie marneuse	14,0 à 22,0
— du niveau d'eau des marnes vertes non gypsifères	20,0 à 30,0
— — des marnes vertes gypsifères	23,0 à 155,0
Eau du lac de Genève	11,0
— de l'Arve	11,0
— du lac Longemer	1,1
Source de Grandfontaine (Vosges)	7,0
— de Tromont (Vosges)	6,0
— de la forêt de Guerbaden	1,5
Eau du Rhin (prise d'eau d'Altersheim)	12,2
— du petit Rhin (près de Strasbourg)	12,5
— de l'Ill (Strasbourg)	13,0 à 14,0
— de Londres	15,0 à 23,0
— de Liverpool	16,8 à 21,0
— de Manchester	16,8
— de Glasgow (eau de la Clyde)	21,0
— d'Edimbourg	7,0
— de Newcastle	7,0
— du Tibre	29,0
— Félice, à Rome	18,2
— Vergine, à Rome	11,2

Enfin nous donnons, d'après les analyses faites par le Laboratoire municipal de Paris, la composition moyenne des eaux de sources distribuées dans la capitale.

DÉSIGNATION DES EAUX	INDICATION DES LIEUX OU LES PRÉLÈVEMENTS ONT ÉTÉ FAITS	OBSERVATIONS	COLONIES BACTÉRIENNES DANS LA GÉLATINE		DEGRÉ HYDROTIMÉTRIQUE TOTAL	DEGRÉ PERSISTANT (APRÈS ÉBULLITION)	UN LITRE D'EAU RENFERME EN MILLIGRAMMES				
							PAR PESÉE	PAR LIQUEURS TITRÉES			
								MATIÈRES ORGANIQUES CALCULÉES EN OXYGÈNE EMPRUNTÉ AU PERMANGANATE			
			Nombre par centimètre cube d'eau	Nombre de jours après lesquels la liquéfaction s'est produite			Résidu sec à 180°	Liqueur acide	Liqueur alcaline	Chlore en Chlorure de Sodium	Oxygène dissous
Vanne.	Réservoirs de Montsouris. — Bâche d'arrivée	Moyenne.	1.200	12	17,5 à 20	5 à 6	250	0,10	0,10	8,2	4,5 à 7,5
		Extrême.	4.000					0,30	0,30		
Dhuis.	Sortie du réservoir de Ménilmontant.. . . .	Moyenne.	3.000	10 à 12	18,5 à 2,15	6 à 8	260 à 300	0,20 à 0,90	0,20 à 0,90	10,5	2,7 à 6,5
		Extrême.	32.000	5				1,20	1,20		
Avre.	Réservoir de St-Cloud	Moyenne.	1.800	12	14 à 17	4,5 à 5	220 à 245	0,20	0,20	17,5	4,5 à 7
		Extrême.	8:000	8 à 10				0,40	0,40		

Dosage de la matière organique. — La méthode généralement employée consiste à brûler la matière organique par le permanganate de potasse alcalin et bouillant. Suivant le vœu du Comité consultatif d'hygiène, nous avons adopté la modification de M. A. Lévy.

Voici le *modus operandi :*

On introduit dans un ballon de 100^{cc} l'eau à analyser, préalablement filtrée sur un filtre de papier Berzélius, puis 3^{cc} d'une dissolution de bicarbonate de soude au dixième (8^{gr},3 par litre), et, enfin, 5, 10 ou 15^{cc} d'une dissolution titrée de permanganate de potasse.

La quantité de caméléon versée dépend de la teinte qu'il prend dans la liqueur alcaline, et cette quantité doit toujours être en excès.

On porte le liquide à l'ébullition pendant *dix minutes exactement;* la coloration du liquide, qui est brun violacé au début, devient un peu plus rouge à l'ébullition et ne doit jamais virer au jaune; dans ce dernier cas, on reconnaîtrait que le caméléon n'a pas été versé en quantité suffisante.

Après refroidissement, on acidifie la liqueur en versant 4^{cc} d'acide sulfurique pur au demi, et on verse immédiatement après 4^{cc} d'une dissolution acide de sulfate de protoxyde de fer ammoniacal.

La liqueur se décolore rapidement, et on ajoute goutte à goutte du permanganate titré $\frac{n}{50}$ jusqu'à l'apparition d'une légère teinte rose.

Le volume de permanganate versé est égal au volume initial (5, 10 ou 15^{cc} selon le cas), augmenté de la quantité nécessaire pour oxyder le sulfate de protoxyde de fer en excès.

On recommence la même opération sur 200^{cc} d'eau. La différence des volumes de permanganate versés dans les deux cas donne la quantité de permanganate de potasse correspondant à 200 — 100^{cc} de l'eau soumise à l'analyse.

Comme on connaît la valeur en poids de l'oxygène disponible dans 1^{cc} de permanganate, on en déduit le poids d'oxygène emprunté au permanganate par la matière organique dissoute dans l'eau.

Le Laboratoire municipal de Paris dose les matières organiques en solution acide et en solution alcaline. Cette méthode est, d'ailleurs, suivie par M. G. Pouchet, au Laboratoire du Comité consultatif d'hygiène. Les liqueurs destinées à l'analyse sont titrées de la façon suivante :

La liqueur de permanganate de potasse renferme exactement 3^{gr},162 de sel par litre, ce qui correspond à 1^{cc} = 0^{gr},0008 d'oxygène, ou 0^{gr},0063 d'acide oxalique.

On additionne 125^{cc} de ce permanganate d'eau distillée, de façon à faire 1^{lit} ; alors, 1^{cc} = 0^{gr},0001 d'oxygène ou 0^{gr},000738 d'acide oxalique.

La solution de sulfate ferreux n'a pas besoin d'être titrée exactement; il suffit d'employer toujours un même volume de la solution (5^{gr} de sulfate ferreux cristallisé dans 1^{lit} d'eau additionnée de 20^{cc} d'acide sulfurique concentré).

La solution d'acide sulfurique est faite en mélangeant 200^{cc} d'acide sulfurique à 800^{cc} d'eau; le tout doit être conservé dans un flacon bouché à l'émeri.

Enfin, la solution alcaline est composée d'une solution saturée de bicarbonate de soude.

Le dosage se fait de la façon suivante :

Dosage en solution acide. — On fait simultanément bouillir 200^{cc} d'eau distillée avec 10^{cc} d'acide sulfurique et 20^{cc} de permanganate, en prolongeant l'ébullition pendant *dix minutes exactement;* puis, 200^{cc} de l'eau à analyser additionnée aussi de 10^{cc} d'acide et de 20^{cc} de permanganate, prolongeant aussi l'ébullition pendant *dix minutes exactement.*

On plonge ensuite les deux ballons dans l'eau froide, et, quand la température du liquide est d'environ 30°, on verse dans chacun 20^{cc} de sulfate ferreux et on ramène au rose avec le permanganate de potasse.

La différence entre le volume de permanganate consommé par le ballon d'eau distillée et celui de l'eau à analyser est calculée à raison de 1/2^{mg} d'oxygène par litre pour 1^{cc} de permanganate.

Dosage en solution alcaline. — On introduit dans un ballon 100^{cc} de l'eau à analyser, puis 200^{cc} de la même eau dans un autre ballon; on ajoute dans chacun 20^{cc} de bicarbonate de soude et 20^{cc} de permanganate.

On fait bouillir exactement pendant dix minutes, on refroidit rapidement jusqu'à 30° environ dans l'eau froide et on ajoute 10cc d'acide sulfurique et 20cc de sulfate ferreux; on ramène au rose par le permanganate, et la différence entre les deux volumes est calculée en oxygène, à raison de 1mg par litre pour 1cc de permanganate.

Ce titrage ne se fait en réalité que sur 100cc, tandis que le dosage en solution acide s'opère sur 200cc.

Dosage des gaz dissous.

Il faut qu'une eau potable contienne de 20 à 50cc de gaz par litre. Cette quantité doit se décomposer ainsi :

Acide carbonique		50 parties.
Oxygène	15,5	50 —
Azote	34,5	
		100 parties.

L'oxygène qui se trouve en dissolution dans l'eau provient de sources différentes : 1° de l'air, car on sait, en effet, qu'un litre d'eau à 0°, sous 760mm de pression, dissout 12mg,36 d'oxygène; 2° des plantes qui y vivent, principalement des algues. Ces plantes, en décomposant l'acide carbonique, mettent en liberté une certaine quantité d'oxygène qui se dissout dans l'eau.

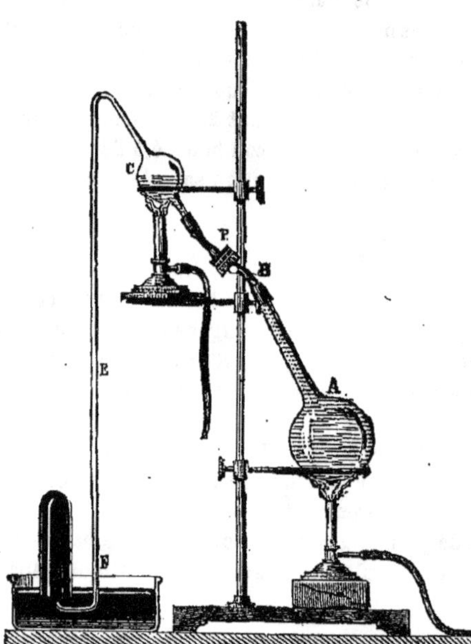

Fig. 1.

D'un autre côté, la quantité de gaz qui se trouve dans l'eau peut diminuer sous l'influence de la décomposition des matières organiques existant dans ce liquide.

La présence de l'oxygène en plus ou moins grande abondance dans une eau peut fournir d'utiles renseignements, non seulement sur la quantité de matières organiques que cette eau tient en dissolution ou en suspension, mais aussi sur le degré d'intensité des fermentations qui s'y produisent.

L'analyse des gaz contenus dans l'eau peut se faire par deux procédés différents : par l'ébullition ou par l'extraction au moyen du vide.

Le procédé par l'ébullition est le plus simple et le plus rapide (fig. 1). L'appareil que l'on emploie se compose d'un ballon A entièrement rempli de l'eau à examiner, et relié par un caoutchouc épais B muni d'une pince P, à un long tube CEF qui porte un renflement en C; ce renflement est en partie rempli d'eau que l'on fait bouillir, la pince P étant serrée.

Lorsque tout l'air est chassé de la boule et du tube EF, on desserre la pince P, on fait bouillir pendant un temps suffisant le liquide du ballon A, et on recueille le gaz sur la cuve à mercure.

Le *procédé de l'extraction des gaz au moyen du vide* est plus exact, mais beaucoup plus long. Il consiste à faire le vide à l'aide de la trompe à mercure d'Alvergnat, et à recueillir les gaz sur la cuve à mercure.

Voici comment se pratique l'opération :

On fait le vide dans un ballon de 400^{cc}, puis on introduit 200^{cc} d'eau à analyser avec toutes les précautions voulues pour ne pas laisser entrer de l'air, et on recueille les gaz dans une éprouvette. On transvase sur la cuve à mercure et on fait la lecture du volume total V du gaz. On note le volume V' de la même façon, après avoir fait barboter le gaz dans une pipette de Sàlet contenant de la potasse.

On inscrit le volume V'' après absorption par une dissolution d'acide pyrogallique.

On a donc le volume de l'acide carbonique . . . $V - V'$
— le volume de l'oxygène . . . . $V' - V''$
et, enfin, celui de l'azote . . . . V''

Les volumes exprimés en centimètres cubes étant obtenus, et les corrections relatives à la température et à la pression ayant été faites au moyen de la formule ci-après :

$$\left(\text{Volume corrigé} = \text{Volume lu} \times \frac{H - f}{760} \times \frac{1}{1 + 0{,}00367 \times t}\right),$$

on obtient le poids gazeux en multipliant le volume par le poids du centimètre cube de chacun des gaz.

C'est-à-dire :

1^{mg},430 pour l'oxygène.
1^{mg},256 pour l'azote.
1^{mg},977 pour l'acide carbonique.

Comme, en général, on ne tient à doser que l'oxygène dissous, on a recours à des méthodes plus expéditives.

Le procédé de M. F. Mohr, pour cette analyse de l'oxygène dissous dans les eaux, est beaucoup plus rapide, tout en étant également très précis.

Le principe de la méthode est le suivant :

On verse dans l'eau rendue alcaline avec de la potasse un volume déterminé de sulfate de protoxyde de fer ammoniacal. Il se forme du sulfate de potasse; l'oxyde de fer se précipite et, en présence de l'oxygène dissous, se transforme partiellement en sesquioxyde.

La quantité de protoxyde de fer transformé indique le poids d'oxygène dissous dans l'eau.

L'évaluation du poids de sesquioxyde formé s'obtient en saturant la potasse par un excès d'acide : les deux oxydes de fer, le protoxyde non transformé et le sesquioxyde, repassent à l'état de sulfates et on dose, à l'aide du permanganate de potasse, l'oxyde de fer resté à l'état de protoxyde.

Voici maintenant comment se fait l'opération d'après M. A. Lévy :

On remplit d'eau à analyser une pipette à double robinet et d'une capacité de 10^cc^. Cette pipette pleine d'eau est placée entre les griffes d'une pince, la partie inférieure plongeant dans un verre contenant 2^cc^ d'acide sulfurique au demi.

Dans l'entonnoir qui surmonte la pipette, on verse 2^cc^ cubes de potasse au dixième, que l'on fait entrer avec précaution dans le liquide à l'aide des deux robinets. L'entonnoir étant bien essuyé, on l'emplit avec 4^cc^ de la dissolution de sulfate de fer ammoniacal que l'on introduit de la même façon.

La réaction se produit; les oxydes de fer, très denses, tombent au fond du liquide, et après quelques instants tout l'oxygène a disparu.

On verse alors 4^cc^ d'acide sulfurique au demi dans l'entonnoir. On ouvre le robinet supérieur; l'acide, plus lourd que l'eau, pénètre lentement dans la pipette, se mêle au liquide et dissout les deux oxydes de fer.

La liqueur étant redevenue incolore, on verse le contenu de la pipette dans un ballon en y ajoutant l'eau provenant du lavage de l'appareil.

Ce liquide est ramené au rose par le permanganate. Le volume du permanganate versé doit être retranché de celui qui correspondrait à la totalité du sulfate de fer employé.

Si nous supposons que le volume indiqué sur la burette soit de 4,20 et que le volume correspondant au sulfate de fer total soit 10,90, nous trouvons 6,70 qui représente la différence des deux titres; si la dissolution de permanganate est telle que 1^cc^ fournit 0^mg^,16 d'oxygène, on conclura que l'eau soumise à l'analyse contenait :

$$0^{mg},16 \times 6,70 = 1^{mg},072 \text{ d'oxygène,}$$

soit 10^mg^,72 par litre, étant donné que la pipette a une contenance de 100^cc^.

Dosage de l'ammoniaque.

Il existe plusieurs procédés pour doser l'azote qui peut se trouver dans les eaux à l'état de sel ammoniacal. Tous n'ont pas la même précision et n'offrent pas les mêmes facilités dans leur emploi.

Le procédé suivant permet d'obtenir assez rapidement des résultats suffisamment exacts.

On prend 200^cc^ de l'eau à analyser, préalablement filtrée, rendue alcaline avec de la magnésie pure et calcinée, puis on la soumet à la distillation. L'eau abandonne toute son ammoniaque aux deux premiers cinquièmes de la liqueur qui distille; on la reçoit dans une fiole contenant 2^cc^ (ou plus, suivant que les eaux sont plus ou moins ammoniacales) d'acide sulfurique titré, coloré par 3 gouttes d'une dissolution alcoolique de cochenille.

La différence de titre de l'acide sulfurique avant et après l'opération donne le poids de l'ammoniaque retirée de l'eau sur laquelle on a opéré.

Le dosage de l'ammoniaque par le réactif de Nessler est assez simple et a surtout l'avantage d'être plus rapide.

Le réactif de Nessler est préparé de la façon suivante : on dissout 50^{gr} d'iodure de potassium dans 50^{cc} d'eau bouillante, puis on ajoute peu à peu une solution, bouillante également, de 25^{gr} de bichlorure de mercure dans 50^{cc} d'eau.

Lorsque le précipité refuse d'entrer en dissolution, on en redissout la majeure partie à l'aide de quelques cristaux d'iodure de potassium; on filtre et on ajoute 300^{cc} de lessive de potasse à 45° Baumé.

Le liquide est dilué à un litre et on rajoute 5^{cc} de la solution à 5 p. 100 de bichlorure de mercure. On laisse reposer et on décante le liquide clair dans un flacon de verre brun, bouché au caoutchouc et conservé à l'abri de la lumière.

D'autre part, on dissout 100^{gr} de carbonate de soude pur et cristallisé dans 200^{cc} d'eau, on y ajoute 50^{gr} de soude caustique à l'alcool, et on fait bouillir rapidement pendant quelques minutes.

Après refroidissement, on ramène le liquide à 300^{cc} avec de l'eau pure. Ce liquide ne doit pas se colorer par le réactif de Nessler. On le conserve dans un flacon bouché au caoutchouc.

Enfin, on pèse exactement 3^{gr},147 de chlorhydrate d'ammoniaque pur, que l'on dissout dans l'eau, de façon à en faire 1^{lit}. Un centimètre cube de cette liqueur contient donc 1^{mg} d'ammoniaque. On en dilue 50^{cc} à 1^{lit}, et on obtient un liquide $\frac{n}{20}$.

On pratique l'analyse ainsi qu'il suit : on verse 100^{cc} d'eau à analyser dans une éprouvette haute et bouchée à l'émeri ; on ajoute 1^{cc} 1/2 de la lessive alcaline et on bouche. Après quelques heures, le liquide est assez clair; on en mesure 50^{cc}, qu'on introduit dans un tube jaugé spécial, avec 1^{cc} de réactif de Nessler.

Si le liquide se trouble, on ne prendra que 5 à 25^{cc} d'eau (suivant la richesse en ammoniaque), que l'on diluera avec de l'eau pure.

D'autre part, on verse dans un tube pareil 50^{cc} d'eau distillée et 1^{cc} de réactif de Nessler; on fait couler, à l'aide d'une burette, dans ce tube de comparaison la liqueur titrée de sel ammoniac jusqu'à ce que les nuances soient égales dans les deux tubes.

Le nombre de centimètres cubes de chlorhydrate d'ammoniaque employé donne la quantité d'ammoniaque, en milligrammes, par litre d'eau.

Dosage des nitrates.

Les nitrates se trouvent en faibles quantités dans les eaux de sources. Certains puits anciens, non recouverts, dont les eaux filtrent de terrains cultivés et fortement fumés, peuvent, au contraire, en contenir des quantités assez considérables.

On peut admettre qu'en général la grande abondance de nitrates existant dans une eau provient d'une modification active de la matière organique, sous l'influence de ferments spéciaux. Comme il ne semble nullement démontré que cette fermentation nitrique fasse disparaître les micro-organismes pathogènes qui pourraient accompagner les matières organiques provenant d'infiltrations de fosses d'aisances, par exemple, il nous paraît prudent de considérer de pareilles eaux comme suspectes.

Il existe un assez grand nombre de procédés pour doser les nitrates; presque tous demandent un temps trop long, sauf celui de Grandval et Lajoux, qui est assez expéditif, et dont l'exactitude est aussi grande que celle des autres procédés.

La méthode consiste à faire réagir de l'acide sulfophéniqué sur le résidu sec contenant le nitrate, à étendre ensuite le mélange d'eau additionnée de quelques gouttes d'ammoniaque. On obtient ainsi une solution de picrate d'ammoniaque qui est jaune et que l'on peut comparer au colorimètre avec des solutions types.

On dissout, à cet effet, par portions et en refroidissant, 75gr de phénol pur en neige dans 925gr d'acide sulfurique pur. On conserve cette solution sulfophéniquée dans un flacon bouché à l'émeri.

D'autre part, on pèse exactement 0gr,50 de nitrate de potasse pur et sec, qu'on fait dissoudre dans l'eau pour faire 1lit. 10cc de ce liquide renferment donc 0gr,005 de nitrate de potasse.

On évapore ensuite 10cc de cette solution, à sec, au bain-marie, dans une capsule de porcelaine, et, après refroidissement, on promène sur le résidu, pour le rassembler, 10 gouttes de réactif sulfophéniqué.

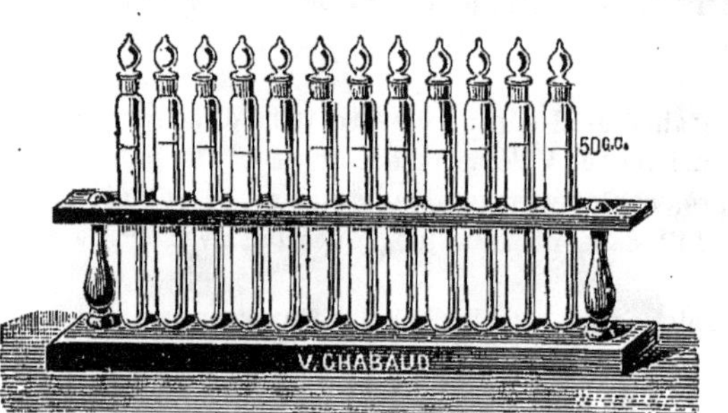

Fig. 2.

On ajoute un peu d'eau, puis un excès d'ammoniaque, on dilue à un demi-litre, puis on introduit dans des tubes jaugés et bouchés à l'émeri (fig. 2) 50, 40, 30, 25, 20, 15, 10, 8, 6, 4, 2, 1cc de cette solution, et on complète au trait avec de l'eau distillée. On note ensuite au diamant, sur chacun de ces tubes, le volume de liqueur jaune qu'il a reçu et qui représente le poids de nitrate de potasse par litre que renferme une eau traitée dans les mêmes conditions.

Pour procéder à l'analyse d'une eau, on évapore à sec, au bain-marie, dans une capsule de porcelaine, 10cc d'eau. Après refroidissement, on verse 10 gouttes de réactif sulfophéniqué, puis on étend d'eau, on ajoute un excès d'ammoniaque, on amène le volume à 50cc dans un tube semblable aux tubes jaugés et on compare à l'échelle colorée.

Si la teinte est plus foncée que celle du tube 50, on dilue le contenu du tube à 500cc et on compare, puis on multiplie le résultat par 10.

Dosage des nitrites.

Le dosage des nitrites se pratique de la façon suivante :

On prépare une solution titrée de nitrite d'argent en faisant dissoudre 0gr,406 de nitrite d'argent pur et cristallisé dans de l'eau pure et bouillante. On précipite par un léger excès de chlorure de sodium pur, et on dilue à 1lit. Cette solution est abandonnée à elle-même pendant quelque temps pour la laisser déposer, puis on la décante : 1cc contient donc 0gr,0001 de Az^2O^3.

On prépare une solution à 1/100e de chlorhydrate de métaphénylènediamine; après décoloration par le noir, on la conserve dans l'obscurité.

On introduit 100cc de l'eau à examiner dans une éprouvette, puis, dans une autre éprouvette semblable, on étend de 1 à 10cc de la solution titrée de nitrite de soude jusqu'à 100cc avec de l'eau pure. On ajoute à chacune des deux éprouvettes 1cc de phénylènediamine, et 1cc d'acide sulfurique dilué de 2vol d'eau; on compare, après 20 minutes, l'intensité des couleurs des deux solutions.

Si l'eau à examiner prenait de suite une teinte rouge et non jaune orangé, il faudrait la diluer dans des rapports déterminés.

Recherche des phosphates.

Les phosphates sont toujours en quantités très faibles, même dans les eaux souillées par des liquides provenant de matières animales en voie de décomposition. La plupart du temps les méthodes analytiques ne permettent que d'en signaler des traces.

On se rend compte de la présence des phosphates en introduisant dans un bécherglas 100cc d'eau à examiner et 5cc de réactif molybdique. On laisse digérer pendant quelques heures vers 50°, et on observe s'il s'est formé un précipité jaune, dont on note seulement la plus ou moins forte proportion.

Dosage des chlorures.

Pour constater si une eau contient des chlorures, on fait, au préalable, une solution de nitrate d'argent à 4/100e, en diluant à 1lit 100cc d'une liqueur titrée à raison de 17gr de nitrate d'argent par litre. Puis, on fait dissoudre 10gr de chromate jaune neutre de potasse, exempt de chlore, dans 100cc d'eau.

Le dosage se pratique en ajoutant à 100cc d'eau à examiner 2 à 3 gouttes de la solution de chromate. On verse, au moyen d'une burette, la liqueur d'argent, jusqu'à ce que le précipité, d'abord blanc, garde une couleur rougeâtre persistante.

Le nombre de centimètres cubes trouvé, multiplié par 0gr,00585, donne le poids en grammes de chlorure (calculé en chlorure de sodium) par litre.

Résidu sec à 180°.

Dans une capsule tronconique en platine ayant les dimensions suivantes : 0m,8 de diamètre à l'ouverture et 0m,6 au fond, sur 45mm de hauteur, on évapore à sec 500cc d'eau mesurés dans un ballon jaugé. On termine la dessiccation en portant la capsule à l'étuve à air à 180° pendant 2 heures.

Dosage de la chaux.

Pour le dosage de la chaux, on prend le résidu obtenu par l'opération précédente, on l'humecte avec un peu d'acide chlorhydrique, on laisse digérer pendant 10 minutes, puis on reprend par 50^{cc} d'eau et 10^{cc} environ de solution à 10/100e de chlorhydrate d'ammoniaque. On fait bouillir, on ajoute de l'ammoniaque jusqu'à réaction alcaline, et on filtre dans un ballon jaugé de 125^{cc}, en lavant le précipité sur le filtre, à l'eau chaude. Ce précipité, formé de silice, d'oxyde de fer et d'alumine, peut être pesé après dessiccation et calcination, s'il est assez important.

Dans le ballon jaugé, on précipite la chaux par l'oxalate d'ammoniaque, on laisse refroidir, puis on complète avec de l'eau jusqu'au trait. On laisse reposer pendant 12 heures; ensuite, avec une pipette, on prélève assez de liquide clair pour en humecter un filtre à analyser, sur lequel on fait passer le liquide décanté, que l'on récolte dans un ballon jaugé de 100^{cc} pour le dosage de la magnésie.

On jette alors le précipité d'oxalate de chaux sur le filtre, on le lave à l'eau par un jet de pissette, on le rassemble au fond du filtre, on le sèche, on calcine dans un creuset de platine (le filtre à part), on humecte d'un peu d'eau, puis d'acide sulfurique faible, on calcine encore et on pèse.

Une partie de sulfate de chaux correspondant à 0,41154 de chaux, on aura le poids de chaux par litre en multipliant par 0,823 le poids de sulfate de chaux trouvé.

Dosage de la magnésie.

On obtient ainsi le poids de la magnésie :

Les 100^{cc} de liquide que l'on a mis à part dans le ballon jaugé au cours de l'opération précédente, sont transvasés dans un bécherglas et additionnés de 50^{cc} d'ammoniaque, avec lesquels on lave la fiole jaugée. On ajoute un léger excès de phosphate de soude ou, si l'on veut doser ensuite les alcalis, de préférence un excès de phosphate d'ammoniaque. On agite avec une baguette de verre, on laisse reposer 12 heures, on rassemble le précipité sur un filtre, on le lave avec de l'eau additionnée de 1/7e d'ammoniaque, on sèche le filtre, on fait tomber le précipité dans une capsule de porcelaine de Saxe tarée, on pose le filtre dessus, on calcine au rouge et on pèse.

Le pyrophosphate de magnésie renfermant 0^{gr},3603 de magnésie, et comme on n'opère que sur les 4/5e de la magnésie contenue dans 1/2 litre d'eau, on multipliera par 0,901 le poids trouvé de pyrophosphate, pour avoir la quantité de magnésie par litre.

Facteurs.	1.	0,901	Facteurs.	6.	5,406
	2.	1,802		7.	6,307
	3.	2,703		8.	7,208
	4.	3,604		9.	8,109
	5.	4,505			

Dans le cas où l'on voudrait *doser les alcalis*, ayant précipité la magnésie par le phosphate d'ammoniaque, on séparerait la potasse et la soude par le chlorure de platine, et on multiplierait le poids trouvé par 5/2e pour le ramener au litre.

Dosage des sulfates.

Pour la *recherche des sulfates*, voici comment on procède : on dilue à 1lit, cinquante cent. cubes de la solution normale de chlorure de baryum (à 122gr par litre de sel $BaCl^2 2aq.$).

On dilue également à 1lit, cinquante cent. cubes de la solution normale de bichromate à 73gr,8 par litre de sel $K^2Cr^2O^7$, après les avoir, au préalable, saturés par l'ammoniaque.

Dans une série de tubes jaugés, semblables à ceux employés pour le dosage des nitrates, on introduit 0,1 à 1cc, par dixième, de solution de chromate, on complète le volume de 50cc et on conserve à l'abri de l'air.

On peut utiliser une partie de l'eau bouillie qui a servi à relever le degré hydrotimétrique après ébullition. A cet effet, on prend 50cc de cette eau, à laquelle on ajoute 10cc de chlorure de baryum (20cc si le degré, après ébullition, est élevé), et on fait bouillir pendant 5 minutes; puis on ajoute du chromate jusqu'à coloration jaune, faible mais nette.

On refroidit rapidement le ballon à l'eau froide, on décante le liquide dans un tube jaugé de 50cc et on compare à l'échelle des tubes de chromate. On note le tube dont la teinte est égale : c'est le volume de chromate ajouté en excès, et qu'on déduit du volume employé. La différence est calculée en sulfate de chaux anhydre, à raison de 0gr,068 par litre pour 1cc de chlorure de baryum consommé, différence entre le volume du chlorure de baryum et celui du chromate corrigé.

Facteurs.	1.	0,068	Facteurs.	6	0,408
	2.	0,136		7.	0,476
	3.	0,204		8.	0,544
	4.	0,272		9.	0,612
	5.	0,340			

Alcalinité.

Ce dosage offre un certain intérêt comme contrôle des chiffres de l'analyse.

On mesure 100cc d'eau, on ajoute 4 gouttes d'une solution d'orangé de méthyle (à raison de 1gr par litre) et on titre par l'acide sulfurique $\frac{n}{10}$ en s'arrêtant au virage au jaune orangé.

Ayant une fois pour toutes déterminé le volume d'acide nécessaire pour faire virer à la même teinte 100cc d'eau distillée (en général 0,3cc), on retranche le volume fixe consommé par l'eau distillée du volume d'acide employé, et on compte 0gr,050 de carbonate de chaux par centimètre cube d'acide.

ANALYSE BACTÉRIOLOGIQUE

L'analyse bactériologique des eaux est devenue un complément indispensable de l'examen chimique, depuis qu'on a signalé dans les eaux potables la présence de germes pathogènes.

L'étiologie de la fièvre typhoïde, du choléra, de la dysenterie, pour ne parler que des affections dont le mode de transmission par l'eau est unanimement reconnu, a fait ressortir l'impérieuse nécessité de ne plus se borner à l'analyse chimique seule, avant de se prononcer sur les qualités d'une eau.

L'eau contient un très grand nombre de microrganismes; la plupart de ces germes sont inoffensifs, mais d'autres ne le sont pas; il importe donc beaucoup de ne pas s'attacher à la simple numération des colonies, et de chercher, par des méthodes appropriées, à reconnaître, parmi ces germes, ceux qui sont pathogènes.

De pareils examens nécessitent d'abord un temps très long, puis des connaissances étendues, non seulement en bactériologie, mais encore en physiologie et en chimie biologique. Si on joint à ces complications le peu de ressources offertes par les notions encore insuffisantes que nous possédons sur les caractères morphologiques de la plupart des micro-organismes, on comprendra combien sont grandes les difficultés que doit surmonter cette science si jeune encore : l'étude bactériologique des eaux.

On a procédé maintes fois à la classification des eaux; mais les méthodes et les données qui ont servi à cette classification n'ont pas une grande valeur, parce que toutes sont basées précisément sur la quantité de micro-organismes existant dans une eau, et non sur la nature de ces micro-organismes. Cette numération est donc, nous le répétons, sans grand intérêt, puisqu'on est très souvent dans l'impossibilité de distinguer à quel microbe on a affaire.

Il est admis, d'autre part, que les eaux naturelles les plus pures sont celles qui proviennent de sources; mais il faut bien ajouter qu'il n'existe pas de définition précise de ce que c'est qu'une source. On est donc obligé de reconnaître que dans une pareille classification il n'y a rien d'absolu.

Pasteur et Joubert ont démontré qu'à son émergence, l'eau des sources est pure, mais que ce liquide ne tarde pas à être souillé lorsqu'il coule à l'air libre, et cela, pour mille causes que l'on conçoit aisément.

Les eaux de sources qui sont captées directement à l'émergence ne sont pas, non plus, à l'abri de la contamination; les nombreux protozoaires, les mollusques qui vivent dans les conduits arrivent peu à peu à ensemencer les eaux de sources ainsi captées.

Ces causes de contamination, qui n'ont, en général, aucun inconvénient, suffisent à démontrer combien sont nombreuses les causes de pollution.

Après les eaux de sources, par ordre de pureté, on range les eaux de puits et, enfin, les eaux de fleuves et de rivières.

Nous ne pouvons pas, étant donné le cadre que nous nous sommes imposé, envisager les nombreuses causes de pollution des eaux de puits, de citernes, de mares, de rivières et de fleuves.

Les études qui ont été faites à ce sujet par de nombreux épidémiologistes, ont démontré, dans maintes occasions, que beaucoup d'épidémies avaient pour origine la contamination soit d'un puits, soit d'une citerne souillée par des infiltrations provenant de fosses d'aisances, de fosses à fumier, etc.

Nous ne croyons pas utile d'insister plus longtemps sur ces points, la science ayant démontré d'une façon péremptoire que l'eau sert de véhicule aux principales maladies infectieuses.

INSTRUMENTS

Le microscope est l'instrument indispensable pour toutes recherches en micrographie; aussi, le choix de cet appareil est-il d'une importance capitale et nécessite-t-il toute l'attention de quiconque désire s'occuper de bactériologie.

Nous ne pouvons entrer ici dans les considérations qui peuvent faire adopter un modèle de microscope plutôt qu'un autre, d'autant plus que ces considérations sont presque toujours d'ordre purement économique. Il est certain que les modèles de taille moyenne fabriqués par les maisons les plus avantageusement connues en France, sont des instruments admirablement conditionnés; mais nous pensons qu'il est préférable d'avoir, dans un laboratoire de bactériologie, un microscope grand modèle, possédant tous les perfectionnements désirables.

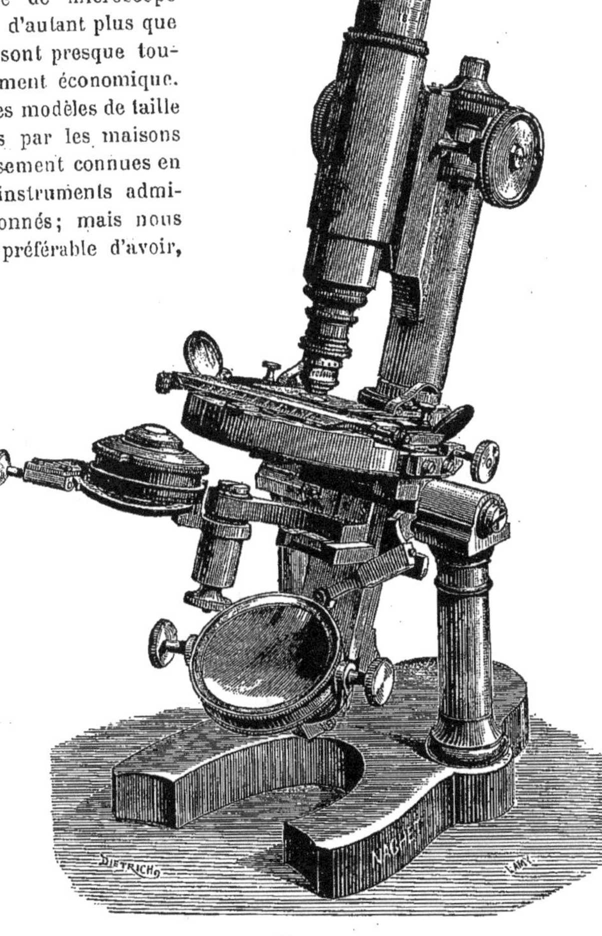

Fig. 3.

L'instrument qui est représenté (fig. 3) est un *microscope grand modèle*. Ce microscope est suspendu sur un axe monté sur deux colonnes permettant d'incliner la partie supérieure dans toutes les positions, entre la verticale et l'horizontale.

La mise au point rapide s'opère par une crémaillère à pignon hélicoïdal. Le mouvement lent, d'une très grande précision, porte une division indiquant le 1/400e de millimètre.

C'est pour ce modèle qu'a été imaginée et appliquée, pour la première fois par Nachet, la disposition de la vis de rappel micrométrique, à pointe d'acier trempé, en remplacement de l'ancien système à écrou, et qui permet de faire des variations de mise au point de 1/1000e de millimètre sans à-coup et sans temps perdu.

Le corps à tirage est gradué en millimètres pour apprécier la distance de l'oculaire à l'objectif.

La platine, montée à rotation, entraîne dans son mouvement toute la partie inférieure autour de l'axe optique, de sorte que l'objet reste toujours centré dans le champ du microscope et se trouve éclairé sous toutes les incidences.

Cette platine tournante porte le chariot mobile garni d'une glace noire incrustée; à l'aide de deux boutons situés à droite et à gauche de la platine agissant dans deux directions perpendiculaires, on peut, par leur action simultanée, faire mouvoir la préparation dans tous les sens et amener très facilemen- au centre du champ un objet à examiner, ce qu'il est assez difficile de faire à la main, lorsqu'on emploie des objectifs forts.

Le chariot porte des divisions qui se déplacent perpendiculairement l'une par rapport à l'autre; il est donc possible d'examiner méthodiquement une prépat ration.

On peut aussi retrouver plus tard un point intéressant d'une préparation : il suffit de noter les coordonnées relevées sur les deux divisions de la platine, la préparation étant appuyée sur l'équerre.

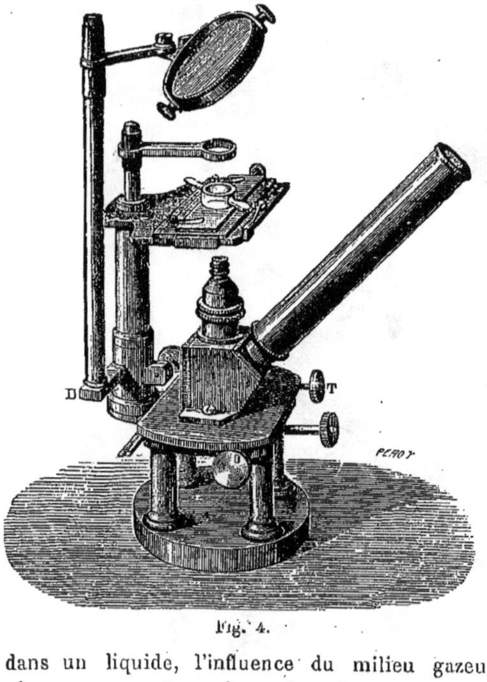

Fig. 4.

Les deux petits miroirs, situés à droite et à gauche de la platine, servent à éviter le contact brusque de l'objectif et de la préparation. L'un, celui de droite, sert à diriger un faisceau de lumière rasante sur la platine et projette ainsi dans le miroir de gauche, placé à 45°, l'image illuminée de l'extrémité de l'objectif et de la surface du verre mince, laissant un filet de lumière latéral, d'autant plus étroit qu'on s'approche davantage de l'objet. On a ainsi le moyen d'éviter le bris de préparations rares.

Lorsqu'on veut suivre facilement le développement des éléments ou des cultures dans un liquide, l'influence du milieu gazeux ou raréfié, sur ces organismes, on peut employer le *microscope renversé de Nachet* (fig. 4), dans lequel l'objectif est placé sous la cellule, dans le fond de laquelle on a placé la goutte de liquide. Cette cellule est munie de deux tubulures garnies de tubes en caoutchouc adaptables à des récipients quelconques permettant de modifier la composition de l'air ambiant, la partie supérieure de la cellule étant bouchée hermétiquement par une plaque de verre scellée, tandis que le fond est formé d'une plaque de verre mince permettant l'usage de grossissements forts (fig. 4 *bis*).

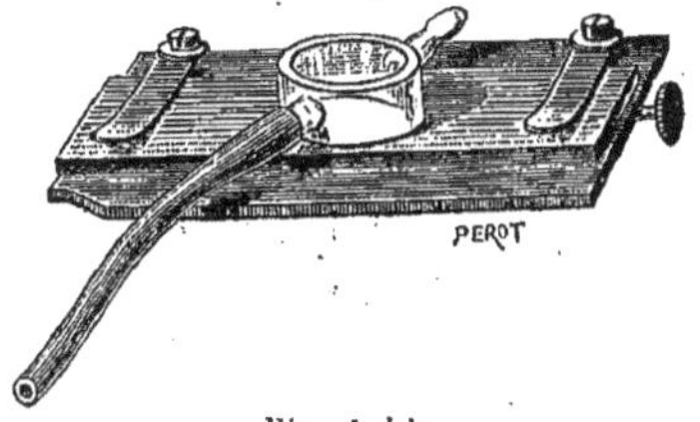

Fig. 4 *bis*.

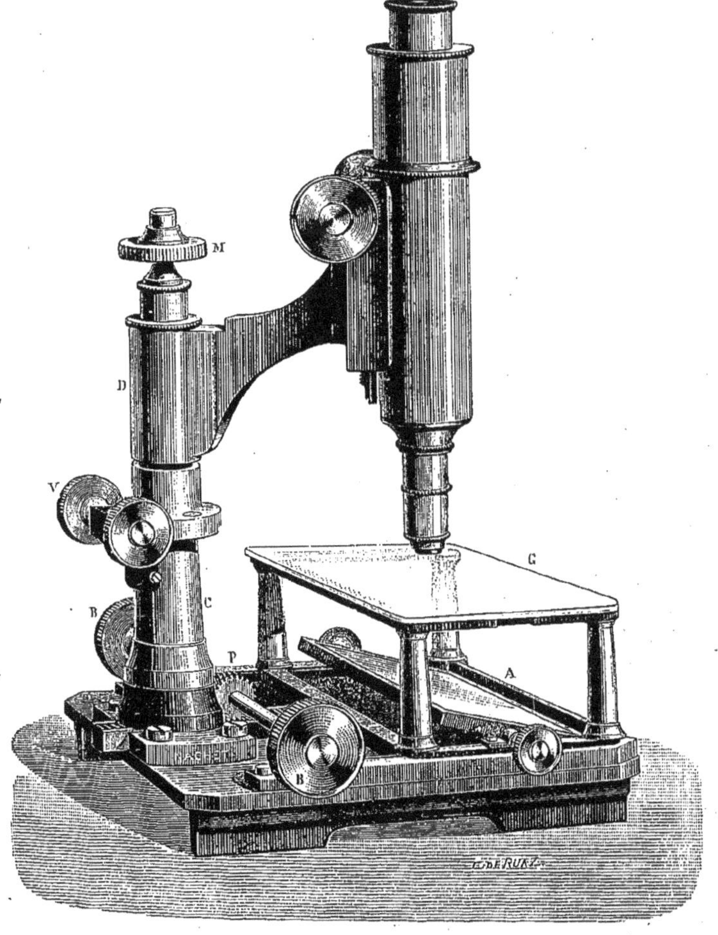

Fig. 5.

La vision est très commode, le corps étant tout naturellement incliné, l'éclairage de l'objet est des plus faciles, et la mise au point s'opère en faisant glisser le tube porteur des objectifs et par une vis de rappel faisant mouvoir la platine.

Le déplacement de la préparation constitue une disposition nouvelle, c'est le corps, et, par conséquent, l'objectif qui se déplace au moyen de deux vis transversales l'une à l'autre O et T'.

Au-dessous de la platine est placé un système de coulisse, à frottement doux, qui, au moyen d'un levier, permet de faire mouvoir, dans l'axe optique, toute la sous-platine qui porte les éclairages condensateurs et le diaphragme-iris.

Cet instrument réunit tous les avantages et perfectionnements qu'on est en droit d'exiger d'un bon microscope.

L'étude de la forme des colonies, soit en cultures sur plaques ou dans des boîtes de Pétri, soit encore dans des tubes de gélatine, m'a fait modifier le microscope de dissection généralement usité dans les laboratoires, afin de rendre ces recherches plus rapides et plus faciles.

Ce nouveau microscope, à *grand champ de vision*, permet, au moyen d'oculaires et d'objectifs à très large ouverture, l'examen d'une bien plus grande surface que ne peut le faire le microscope ordinaire; cette étendue du champ de vision, jointe à la possibilité d'éclairer et de parcourir rapidement un objet aussi grand qu'une plaque de culture 9×12, par exemple, donne à cet instrument un très grand avantage sur les modèles usuels (fig. 5).

La préparation est placée sur le cadre C représentant la platine ordinaire des microscopes; ce cadre peut se déplacer d'avant en arrière, au moyen d'une crémaillère actionnée par un arbre BB' donnant une marche de 8^{cm}; en même temps, le support du corps D, portant la partie optique, peut pivoter sur un axe situé dans la base de la colonne C, au moyen d'une vis tangente V, et donner une amplitude de marche suffisante allant jusqu'à 14^{cm}.

Le parcours méthodique de la préparation s'opère donc :

1° Par le déplacement longitudinal de la platine, entraînée par la crémaillère BB';

2° Par le déplacement transversal de la combinaison optique circulant sur la préparation.

Le mouvement circulaire imprimé au corps est, d'ailleurs, d'un rayon assez grand pour être considéré comme un mouvement rectiligne.

Ce système de déplacement du corps offre l'avantage de simplifier les organes mécaniques nécessaires pour une course transversale aussi grande.

L'éclairage s'obtient au moyen d'un miroir plan de grande dimension, pouvant éclairer toute la surface des plus grandes préparations, et d'un miroir concave pour les observations avec des grossissements forts; dans ce cas, la glace-platine peut être remplacée par une plaque d'ébonite, percée d'une ouverture centrale et munie de diaphragmes montés de façon à rester fixes pendant le mouvement de la platine.

Les dessins faits à la chambre claire ne sont guère possibles en bactériologie;

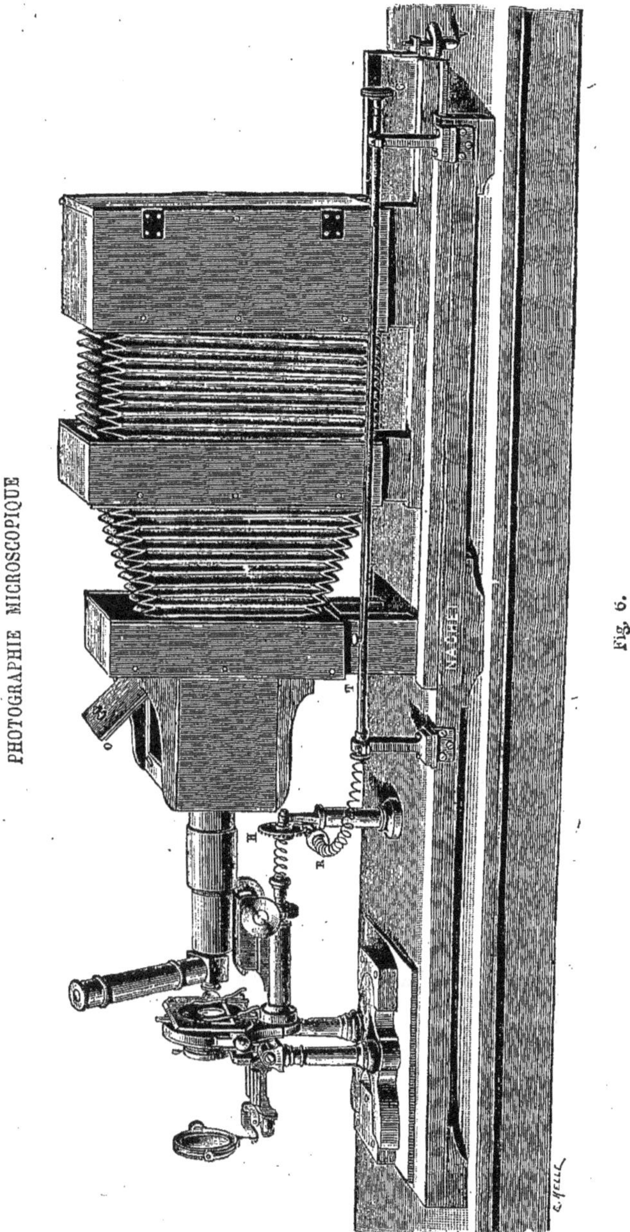

PHOTOGRAPHIE MICROSCOPIQUE

Fig. 6.

tout au plus pourrait-on employer ce moyen pour reproduire certaines mucédinées, des levures, dont les proportions plus grandes permettent de les dessiner plus facilement. Néanmoins, les dessins faits à la chambre claire ont un gros inconvénient, c'est qu'ils sont rarement achevés; on est obligé de reprendre l'épreuve obtenue, de rectifier des traits ou bien de finir des parties incomplètes, et cela au détriment de l'exactitude. Enfin, ces reproductions prennent plus de temps qu'une épreuve photographique.

La *photographie* est donc le mode de reproduction par excellence; il n'est guère nécessaire d'insister sur ce point et de signaler les innombrables avantages de cette méthode sur tous les autres moyens employés.

Pour que la photographie microscopique donne de bons résultats, il faut d'abord que l'appareil photographique lui-même présente des qualités particulières que nous allons signaler; il restera à résoudre ensuite la question de l'éclairage, celle de la nature des plaques et, enfin, celle de la préparation qui doit être reproduite.

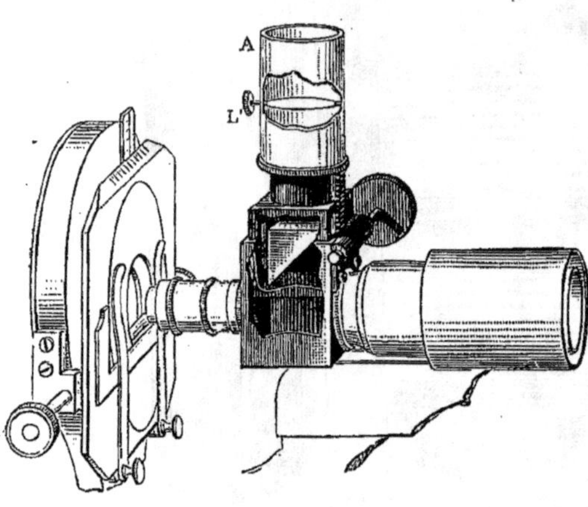

Fig. 6 *bis*.

Les appareils photographiques ont reçu des perfectionnements très importants depuis quelques années; ces instruments sont munis de tous les accessoires désirables et disposés de telle façon que leur maniement est des plus commodes.

Il existe deux dispositions qui ont chacune leurs avantages : la *disposition horizontale de la chambre noire*, qui offre certaines facilités pour l'éclairage et la mise au point, et la disposition verticale, qui permet la reproduction d'objets vivants ou des préparations fraîchement établies, et, enfin, d'isoler les microscopes pour pouvoir faire les manipulations préparatoires.

La figure 6 représente le microscope fixé sur l'extrémité de la glissière et porteur en outre d'un organe imaginé par Nachet et destiné à permettre les observations directement dans le microscope, de façon à n'avoir plus qu'à fixer le plan focal sur la glace dépolie, à l'aide de la tige CT.

On voit sur la figure un corps oculaire vertical ou plutôt un peu oblique, qui est relié au microscope par une boîte métallique contenant un prisme qui peut être élevé, pour laisser arriver l'image sur la glace sensible, ou abaissé pour l'amener dans l'oculaire du corps vertical, afin de pouvoir régler la disposition de l'objet, l'éclairage, sa mise au foyer approximative, etc., etc., en un mot faire toutes les manipulations préparatoires à une reproduction photographique.

L'appareil vertical (fig. 7) est constitué principalement par une chambre noire suspendue entre deux colonnes métalliques, fixées solidement sur un plateau servant à recevoir le microscope.

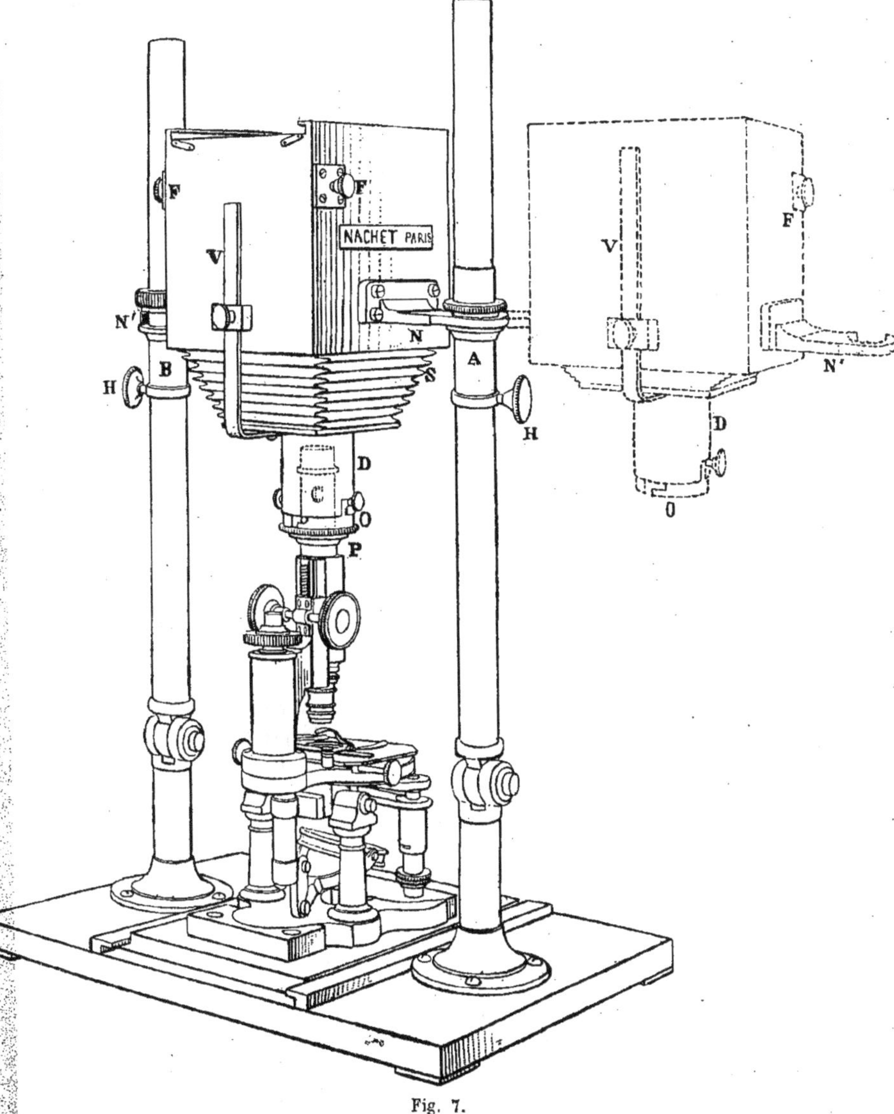

Fig. 7.

Cette chambre noire est munie de deux oreilles NN′ réunies aux manchons A B glissant librement sur les colonnes; elle peut être fixée à une hauteur quelconque par les vis de pression H H′, afin d'obtenir les différents grossissements dont l'emploi est nécessité par le diamètre ou la structure des objets à reproduire.

La partie supérieure reçoit les châssis, et la partie inférieure porte un soufflet S terminé par une armature de tubes D et O, se raccordant avec le corps du microscope et pouvant s'en séparer instantanément.

Cette disposition nouvelle et spéciale à cet appareil est la suivante : les deux tubes D et O s'emboîtent très librement, le premier étant fixé à l'extrémité du soufflet, le second ajusté simplement, par un système dit à baïonnette, sur la bague P, attenante au corps du microscope. L'ajustement à baïonnette a l'avantage d'obturer exactement ce corps et de permettre au tube de s'en détacher très facilement, de façon que, si on veut séparer la chambre noire du microscope, il n'y a qu'à remonter le tube O dans le tube D et à le suspendre par les petits boutons latéraux glissant dans les rainures.

La chambre noire, suspendue par les deux bras NN', peut pivoter autour du tube A et venir se placer latéralement. Pour lui permettre ce mouvement de déplacement, il suffit de dévisser un peu la bague molletée qui maintient l'oreille N' sur le manchon B. La chambre noire peut alors être rejetée à droite ou replacée exactement dans le plan qu'elle occupait d'abord.

Le manchon B, sur lequel tourne l'oreille N', peut être fixé très solidement au moyen du bouton H.

On conçoit que le travail, avec le microscope placé sur la base de l'appareil, est alors très facile, ces colonnes étant assez écartées pour ne pas gêner la tête et le mouvement des mains; on peut, d'ailleurs, au besoin, abaisser la colonne de gauche B, pour dégager complètement le microscope.

Pour opérer photographiquement, il n'y a plus qu'à replacer la chambre noire au-dessus de l'instrument et à faire joindre l'extrémité du soufflet avec le corps du microscope, en laissant glisser le tube O, qui vient s'attacher à la rondelle P.

Cette rondelle reste fixée au corps objectif; elle peut recevoir le tube oculaire C pour les observations normales, ou les oculaires de projection qu'on voudrait faire intervenir dans la production de l'image sur la glace sensibilisée.

Si, au lieu d'opérer verticalement, on veut incliner tout l'appareil, on applique une tige-béquille qui s'ajuste en FF' sur le côté de la chambre noire, et s'appuie sur la table.

Une règle V, attachée à l'extrémité du soufflet, permet d'arrêter celui-ci à toutes les hauteurs, pour que son poids ne porte pas sur le tube P.

La partie centrale du plateau glisse entre deux règles de métal, afin de centrer facilement le microscope dans toutes les positions que peut occuper la chambre noire en s'inclinant.

La question de l'éclairage est très importante; elle dépend, en quelque sorte, de la préparation à reproduire et des plaques employées.

Pour les préparations non colorées, bien transparentes et nécessitant un faible grossissement, on peut se contenter de la lumière diffuse du jour, et se servir des plaques au gélatino-bromure ordinaire du commerce; lorsque, au contraire, les préparations sont plus épaisses et surtout colorées en violet ou en rouge, et qu'il s'agit de les reproduire à un fort grossissement, comme c'est généralement le cas pour les bactéries, il est nécessaire d'employer des plaques isochromatiques, et d'avoir une source lumineuse constante et facile à régler, ce qui n'est pas le cas avec la lumière solaire, du moins dans nos climats.

Les sources lumineuses les plus couramment employées dans les laboratoires, sont : le gaz (après barbotage dans la naphtaline), la lampe albo-carbon (fig. 8), le pétrole avec ses divers modèles de lampes à mèches multiples, la lumière oxycalcique ou oxymagnésienne, ou, enfin, la lumière électrique.

Fig. 8.

Les temps de pose sont variables, suivant la nature de la source lumineuse et la préparation à exécuter; il y a, de ce côté, toute une pratique très délicate et qui demande une certaine habileté. Il en est de même des différents développateurs pour les plaques : l'expérience en apprend beaucoup plus que toutes les explications et tous les traités.

ÉTUVES

L'étuve est un instrument aussi indispensable au bactériologiste que le microscope; cet appareil, réglé à des températures déterminées, permet aux cultures qui y sont introduites de se développer dans de meilleures conditions que dans des chambres ou des laboratoires dans lesquels les écarts de température du jour et de la nuit sont quelquefois assez considérables.

L'étuve de Pasteur répond à ce but; c'est une armoire de $1^m,15$ de hauteur sur $0^m,70$ de largeur et $0^m,45$ de profondeur.

Les côtés sont à double paroi, et la partie antérieure, construite de la même façon, est, de plus, vitrée.

Le chauffage s'obtient par une circulation d'eau chaude dans la partie inférieure de l'étuve. Cette disposition permet d'obtenir une température différente pour chaque étage, température qui va en décroissant vers la partie supérieure.

La vapeur produite par la chaudière circule dans les serpentins, puis revient se condenser dans un réfrigérant qui la ramène à la chaudière.

Le réglage du gaz se fait automatiquement par un régulateur en caoutchouc, de d'Arsonval, ou mieux encore, par un grand régulateur à mercure plongeant dans l'étuve de haut en bas.

La disposition du chauffage de l'étuve Pasteur, qui occasionne souvent des ennuis, jointe à la difficulté d'avoir un bon régulateur, fait que cet appareil est avantageusement modifié par l'étuve à air de M. Roux. Cette étuve possède contre la paroi interne une série de tubes en cuivre disposés verticalement, qui recueillent l'air chaud produit par des lampes à gaz placées à la partie inférieure de l'appareil (fig. 9).

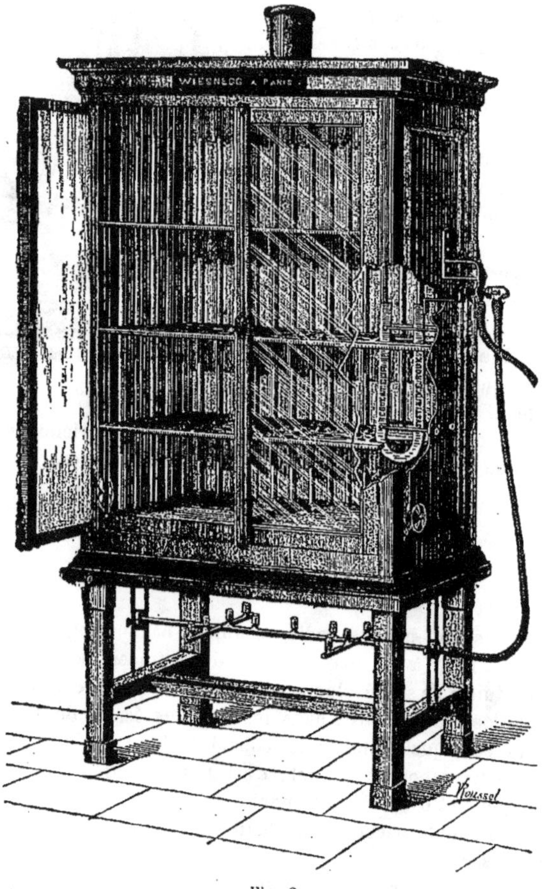

Fig. 9.

Les gaz de combustion, dégagés par les brûleurs, s'engagent dans chacun des tubes, et ceux-ci déterminent par rayonnement un échauffement uniforme de l'atmosphère de l'appareil.

Le régulateur est entièrement métallique; il se compose d'une lame de zinc et d'une lame d'acier soudées ensemble et recourbées en forme d'U (fig. 10).

La branche de gauche est fixe; l'autre, R, reste libre. C'est elle qui totalise les déformations provoquées par l'élèvement ou par l'abaissement de la température et qui, à l'aide d'une tige rigide horizontale de longueur variable, les transmet au piston d'admission du gaz P, placé extérieurement.

Lorsque la température s'élève, la branche R se rapproche de l'autre, entraînant avec elle la tige rigide; le piston, sollicité par un ressort, se ferme, ne laissant pour tout passage au gaz qu'un trou de sûreté ou rallumeur *t*.

Si la température s'abaisse, le phénomène inverse se produit, et au bout de

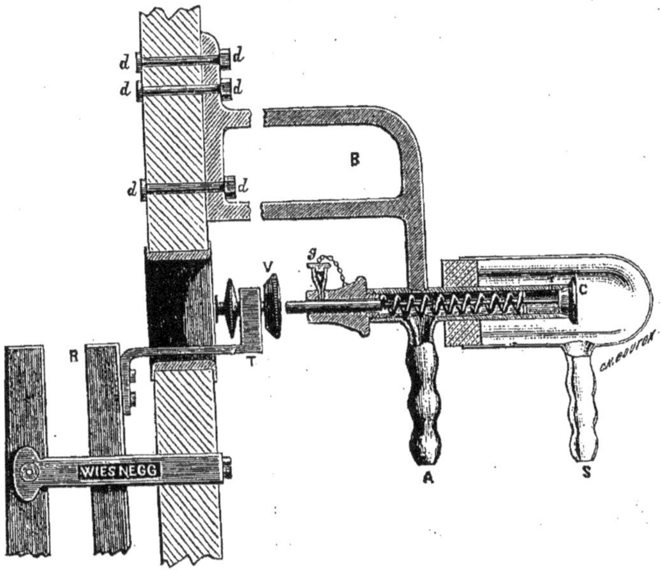

Fig. 10.

quelques oscillations décroissantes, l'étuve est définitivement réglée. Pour faire varier en plus ou en moins la température, il suffit d'augmenter ou de diminuer la longueur de la tige, ce que l'on obtient facilement en tournant ou en détournant la vis V.

APPAREILS DE STÉRILISATION

Ces appareils sont destinés à porter à une haute température les instruments ou les produits qui y sont placés, de façon à amener la destruction des germes qui pourraient s'y trouver.

On arrive à ce résultat en utilisant l'air chaud, ou bien en soumettant les objets à un séjour plus ou moins prolongé dans une atmosphère de vapeur d'eau, vapeur produite par des appareils à pression.

On se sert ordinairement dans les laboratoires du four à flamber de Pasteur. Ce four est construit en tôle et est chauffé extérieurement par un fort brûleur. On peut introduire dans ce fourneau (fig. 11) un panier métallique contenant les différents objets à soumettre à une haute température (température qui peut atteindre 200° environ), pour être flambés ou stérilisés.

Les appareils de stérilisation par la vapeur sont surtout employés pour stériliser les liquides; l'appareil le plus commode et le plus simple est l'autoclave de Chamberland (fig. 12).

Il se compose d'une chaudière en cuivre rouge brasé, sur laquelle se fixe, à l'aide de fortes vis de pression, un couvercle en cuivre massif muni de trois orifices.

L'un des orifices donne issue au tube d'un manomètre gradué de 0 à 2^{atm}; un

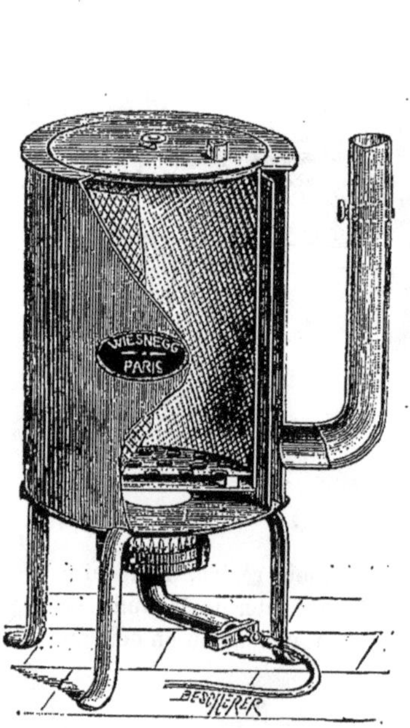

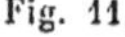

Fig. 11.

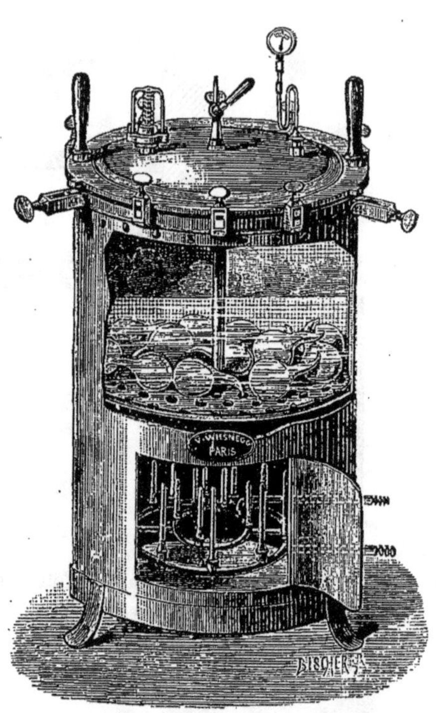

Fig 12.

second orifice est muni d'un robinet ; le troisième porte une soupape de sûreté.

La chaudière est supportée par un fourneau à enveloppe de tôle muni de deux couronnes de forts brûleurs. L'appareil est d'un maniement très simple. On introduit une certaine quantité d'eau dans la chaudière (presque jusqu'au niveau du panier), et on place les ustensiles dans le panier. Ceci fait, on interpose un boudin en caoutchouc entre le couvercle et la chaudière, on serre les vis et on chauffe. L'eau entre en ébullition, et suivant la charge de la soupape de sûreté, on obtient des températures variant de 100 à 115°.

En laissant le robinet ouvert, l'appareil fonctionne à la température de 100° sous pression normale.

PRÉLÈVEMENT DES ÉCHANTILLONS DEVANT ÊTRE SOUMIS A L'EXAMEN BACTÉRIOLOGIQUE

La prise d'échantillon est, en général, comme nous le disions d'autre part, une opération peu difficile, et qui nécessite seulement quelques soins.

Tous les moyens employés sont bons, du moment que l'échantillon prélevé arrive au laboratoire sans avoir été souillé par des germes étrangers, et que cet envoi a été fait dans de la glace.

Nous ne pouvons passer en revue le grand nombre de récipients proposés pour cet usage par les bactériologistes; quelques-uns se servent exclusivement de flacons bouchés avec de la ouate; d'autres, de pipettes à formes spéciales, etc. Tous ces instruments se valent, en théorie: car il leur suffit, pour être d'un usage convenable, d'être stériles au moment de la prise d'échantillon. Nous ne mentionnerons ici que quelques-uns d'entre eux, qui sont d'un maniement plus simple, et qui suffisent amplement dans la pratique.

Pour faire l'étude bactériologique d'une eau, il faut que l'échantillon soumis à l'analyse ne contienne pas de germes étrangers à l'eau, c'est-à-dire de germes provenant soit de l'air, soit du récipient.

Pour rendre les récipients stériles, il n'y a qu'un seul moyen qui soit réellement efficace, c'est la chaleur. Certains auteurs conseillent le lavage avec des substances antiseptiques, voire même avec le bichlorure de mercure. C'est là un procédé défectueux et pouvant occasionner de grosses erreurs si les flacons ne sont pas suffisamment rincés.

La stérilisation par la chaleur est le procédé le plus simple : c'est celui qui, d'ailleurs, est toujours employé.

A cet effet, les récipients en verre, après avoir été rincés à l'eau distillée à plusieurs reprises, sont munis d'un tampon d'ouate et placés ensuite dans un four Pasteur dont la température doit être maintenue pendant quinze minutes à 150° environ.

On peut aussi se servir d'ampoules de verre dont les extrémités étirées sont scellées à la lampe après avoir été fortement chauffées (Miquel). Le vide partiel permet, lorsqu'on brise une des pointes effilées sous l'eau, que l'ampoule se remplisse à moitié. Il n'y a plus qu'à sceller de nouveau à la lampe, ou à obturer avec de la cire à cacheter.

C'est là un des moyens les plus parfaits, et qui ne présente guère d'inconvénients que pour l'ouverture au laboratoire.

On se sert également des flacons de M. de Frendeureich, légèrement modifiés, de façon à rendre le prélèvement de l'échantillon plus facile à l'aide d'une pipette. Il suffit d'avoir de ces flacons avec un goulot plus large et la partie supérieure du bouchon scellée à la lampe, au lieu d'avoir un tube ouvert contenant de la ouate.

On ne craindra pas, de cette façon, que les échantillons ne se vident partiellement pendant le transport.

M. Miquel conseille l'emploi de flacons de verre de 100^{cc}, simplement bouchés au liège, et auxquels on a fait subir le traitement suivant :

Les flacons, munis à leur goulot d'un tampon d'ouate, sont disposés dans un bain d'air dont on élève graduellement la température jusqu'à 200°. Au bout d'une demi-heure, on peut considérer les germes contenus dans l'intérieur des flacons comme irrévocablement détruits.

Les flacons étant refroidis, on enlève avec une pince ou un fil métallique flambé le coton roussi, qu'on remplace par un bouchon de liège légèrement carbonisé à sa surface par la flamme d'une lampe à alcool ou d'un bec de gaz. Les flacons sont alors entourés d'une feuille de papier et cachetés dans cette enveloppe.

Maintenant que nous avons passé en revue les quelques récipients les plus couramment usités, il nous faut dire quelques mots sur la façon de remplir ces récipients.

On doit toujours se mettre dans les conditions les plus favorables pour obtenir un échantillon moyen du liquide à examiner. Il faut prélever le liquide un peu au-dessous de la masse et tenir l'ouverture du récipient tournée du côté opposé au courant.

On doit prendre toutes les précautions nécessaires pour éviter que l'échantillon ne soit souillé par les poussières de l'air et, pour cela, il convient d'opérer rapidement.

On peut être appelé à faire des prélèvements d'eau provenant soit de mares, de citernes, de puits ou de sources plus ou moins accessibles. Nous ne croyons pas utile d'envisager tous ces cas et d'étudier en détail les mille et un petits moyens à la portée de tout le monde. Il suffit de ne pas oublier qu'il faut tout faire, ainsi que nous l'avons recommandé, pour obtenir un échantillon moyen de l'eau à examiner et éviter les causes de pollutions étrangères.

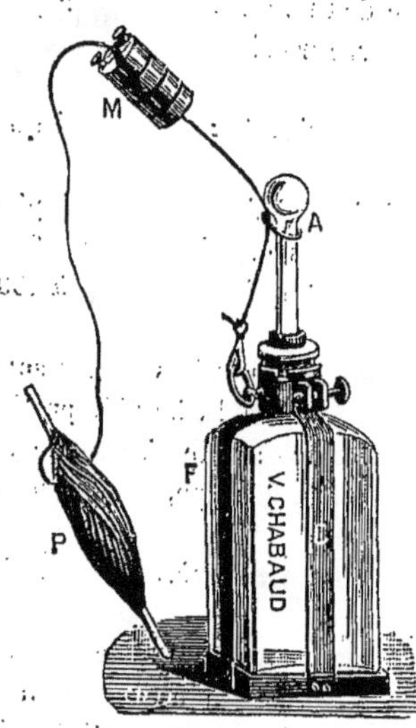

Fig. 13.

Toutefois, lorsqu'on désire obtenir de l'eau à diverses profondeurs, il est bon d'avoir des appareils spéciaux, et celui qui est le plus simple et qui donne les meilleurs résultats est l'appareil de M. J. Ogier (fig. 13).

Il se compose d'un flacon carré de 500^{cc} ou de 1 litre, maintenu verticalement dans une armature métallique, et lesté à sa partie inférieure par une plaque de plomb. Ce flacon est bouché avec un bouchon de liège percé d'un trou dans lequel s'engage un tube terminé par une ampoule.

La stérilisation de l'appareil est très facile à opérer et peut se faire en chauffant le tout dans un autoclave à 110°.

L'appareil ainsi préparé est suspendu à une corde; le long de cette corde glisse un poids en cuivre qu'on laisse tomber lorsque le flacon est arrivé à la profondeur voulue. La chute du poids brise l'ampoule en verre et le flacon se remplit d'eau.

L'appareil de M. Miquel donne aussi d'excellents résultats. Il se compose d'un matras d'essayeur d'environ 500^{cc} de capacité, à pointe effilée recourbée en col de cygne, maintenu verticalement dans une armature métallique.

Le système, lesté d'un poids de plomb de 2 à 3^{kg}, est suspendu à une cordelette résistante, graduée en mètres et fractions de mètre au moyen d'anneaux et de nœuds. Le long de cette cordelette glisse, dans les anneaux espacés d'un mètre, un fil de cuivre terminé par une bague embrassant le col fragile du matras.

L'instrument étant descendu à la profondeur voulue, par un mouvement brusque et sec, on relève la bague qui tranche la pointe capillaire du vase scellé et l'eau se précipite dans le matras stérilisé où un vide partiel a été produit.

Cet appareil a l'inconvénient, lorsqu'on s'en sert pour des profondeurs un peu grandes, d'être d'un maniement délicat, soit que la pointe effilée se brise trop facilement, soit, au contraire, que l'entortillement du fil de cuivre avec la cordelette ne rende la rupture de la pointe fort difficile.

DU TRANSPORT DES ÉCHANTILLONS

Nous avons insisté, dès le début, sur le faible intérêt que présente la simple numération des colonies, et la grande importance qui existe, au contraire, dans la spécification de ces colonies.

Pour faciliter la recherche des germes pathogènes, surtout si on est obligé d'avoir recours à la méthode de cultures sur plaques, il est nécessaire d'opérer sur des échantillons qui n'ont pas trop attendu et qui représentent le plus possible le liquide originel.

En effet, il résulte d'expériences très bien faites que les micro-organismes se développent très rapidement dans des échantillons qui n'ont pas été soumis immédiatement à l'analyse.

Un échantillon d'eau de la Vanne donne (M. Miquel) :

	Température.	Bactéries par cent. cube.
	—	—
Immédiatement	15°,9	48
2 heures après	20°,6	125
1 jour après	21°,0	38.000
2 jours après	20°,5	125.000
2 jours après	22°,3	590.000

Plusieurs causes entrent en jeu pour favoriser le développement des bactéries : la température et le manque d'agitation du liquide (qui se traduit par une moindre action de l'oxygène de l'air).

Il est bien certain qu'après quelques jours, le nombre des micro-organismes diminue et que les chiffres tendent à redevenir ce qu'ils étaient au moment du prélèvement.

Ces grandes variations pouvaient avoir des conséquences assez imprévues autrefois, lorsqu'on se bornait à indiquer seulement le nombre de colonies contenues dans une eau. Le seul inconvénient que présente réellement l'analyse tardive des échantillons soumis à l'examen bactériologique, c'est la difficulté de retrouver, dans un très grand nombre de colonies, celles qui appartiennent à des germes pathogènes.

Ces germes sont en quantités très faibles, même dans les eaux les plus contaminées; on augmente donc les chances de les laisser passer inaperçus, et cette seule raison nous engage à préconiser l'ensemencement immédiat sur les lieux mêmes du prélèvement, lorsque la chose est possible, ou l'emploi de glacières pour le transport des échantillons.

Ce dernier moyen étant de beaucoup le plus fréquemment employé, c'est celui que nous décrirons de préférence.

L'échantillon d'eau ayant été prélevé avec toutes les précautions voulues, est entouré d'ouate, puis introduit dans une éprouvette à pied à large ouverture, ouverture que l'on ferme avec un bouchon plat en liège. Cette éprouvette est placée ensuite dans une boîte rectangulaire en chêne, dont la paroi, doublée intérieurement de feutre, est recouverte de zinc. On remplit la boîte de sciure de bois mélangée de glace (environ 2^{kg} de glace). Le couvercle de la boîte, doublé à l'intérieur d'une lame de caoutchouc de 5^{mm} d'épaisseur, ferme hermétiquement.

La température des échantillons contenus dans une semblable boîte est toujours inférieure à 4°.

ANALYSE BACTÉRIOLOGIQUE

Il est assez important de connaître la richesse bactérienne de l'eau soumise à l'analyse. A cet effet, on prend, à l'aide d'une pipette flambée, un centimètre cube de l'eau à examiner, qu'on dilue dans un ballon contenant 100^{cc} d'eau distillée et stérilisée. On agite légèrement, de façon à ce que le mélange soit bien homogène, puis on prélève 1^{cc} de ce mélange, qu'on dilue de nouveau dans un autre ballon contenant 100^{cc} d'eau distillée et stérilisée.

On a donc, d'une part, une solution au centième et, d'autre part, une solution au dix-millième.

Ces solutions servent alors à ensemencer des tubes de gélatine que l'on coule sur des plaques ou dans des boîtes de Pétri.

Après 48 heures de séjour à l'étuve, à 20°, on peut se faire une idée, à la simple inspection des plaques, du degré de dilution que doit subir l'eau pour que l'étude des colonies soit plus commode.

Cet examen préalable a, en outre, l'avantage de renseigner le bactériologiste sur la nature des bactéries prédominantes dans le liquide à analyser, et tout particulièrement sur les bactéries liquéfiant la gélatine.

Un des nombreux reproches que l'on peut faire à cette analyse quantitative bactériologique, c'est le peu d'exactitude des résultats qu'elle fournit, quant à la numération elle-même.

Il faut considérer, en effet, que l'on prend *une* ou *deux* gouttes du liquide à examiner, et qu'on les dilue au 1/100e, au 1/1000e et même au 1/1.000.000e, puis, qu'on fait la numération plus ou moins exactement, et qu'on rapporte le résultat final au centimètre cube. On conçoit qu'il puisse y avoir ainsi de très grands écarts.

Ce procédé n'est donc applicable que lorsqu'on analyse des eaux contenant de très grandes quantités de micro-organismes; mais si on examine des eaux pures, certaines eaux de sources, par exemple, il est préférable d'employer le moyen suivant, qui est plus exact.

Ce moyen consiste à déterminer d'une façon précise le volume de gouttes employées, et de les ensemencer directement dans la gélatine.

On prépare, à cet effet, un certain nombre de tubes terminés à l'une des extrémités par une pointe effilée et presque capillaire, l'autre extrémité étant obturée par un morceau d'ouate.

Pour graduer l'instrument, on aspire une certaine quantité d'eau distillée et on laisse couler goutte à goutte, en ayant soin de compter le nombre de gouttes qui est nécessaire pour occuper un volume de 1cc.

Le nombre de gouttes peut être quelconque, et il suffit de l'inscrire sur la pipette ainsi construite. On a, de la sorte, des instruments qui fournissent 25, 50, 60, 80, 95 gouttes au centimètre cube. Ces pipettes sont facilement stérilisables; il suffit de les placer, avant de s'en servir, dans un ballon contenant de l'eau en ébullition.

La gélatine ainsi ensemencée est coulée soit dans des boîtes de Pétri, soit dans des flacons coniques employés par M. Miquel.

Ces derniers récipients sont certainement préférables; on peut y prélever, avec un fil de platine, sans trop craindre les poussières de l'air, les colonies qui se trouvent même à la périphérie, et cela autant de fois qu'il est nécessaire.

Un petit inconvénient réside dans la difficulté d'examiner au microscope les caractères physiques de ces colonies.

Milieux de culture. — Les colonies isolées peuvent être étudiées directement au microscope, ou bien servir à l'étude plus approfondie de l'espèce; on les place alors dans des milieux plus favorables à leur développement. Ces milieux de culture sont très variables et n'offrent pas toujours un critérium certain de l'espèce qu'on a réussi à cultiver.

On pensait, il y a quelque temps encore, que l'aspect de la colonie en culture sur des milieux solides, tels que la gélatine, par exemple, pouvait être caractéristique pour certaines bactéries; on a reconnu depuis qu'il y avait quelque exagération à vouloir différencier deux bactéries par le seul fait qu'elles liquéfiaient ou non la gélatine.

Les milieux nutritifs employés pour la culture des micro-organismes peuvent être divisés en deux groupes : les milieux liquides et les milieux solides.

Milieux liquides. — Pasteur, le premier, a démontré que les bactéries pouvaient se développer dans des liquides artificiels, de composition chimique connue.

La solution Pasteur était composée de :

Eau distillée	100gr,0
Sucre candi	10 ,0
Cendres de levure de bière	0 ,075

Cette solution avait l'inconvénient, à cause du sucre candi qu'elle renfermait, d'être trop favorable au développement des moisissures. Cohn l'a modifiée ainsi :

Eau distillée	200gr,0
Tartrate d'ammoniaque	2 ,0
Phosphate de potasse	2 ,0
Sulfate de magnésie	1 ,0
Phosphate tribasique de chaux	0gr,1

Ces solutions sont surtout avantageuses pour le rapide développement des levures et des muscédinées. Elles sont, en général, peu favorables aux bactéries, lesquelles y prospèrent moins bien que dans des solutions contenant des matières albuminoïdes en suspension.

Voici une solution employée par Pasteur, qui permet de cultiver certaines bactéries :

Eau	100 parties.
Sucre candi	10 —
Carbonate d'ammoniaque	1 —
Cendres de levure de bière	1 —

Enfin, lorsqu'il s'agit d'obtenir d'abondantes cultures de muscédinées, et en particulier de l'*Aspergilus niger*, on ne saurait mieux faire que de les cultiver dans le liquide de Raulin, dont voici la formule :

Eau	1.500gr,0
Sucre candi	70 ,0
Acide tartrique	4 ,0
Nitrate d'ammoniaque	4 ,0
Phosphate d'ammoniaque	0 ,60
Carbonate de potasse	0 ,60
Carbonate de magnésie	0 ,40
Sulfate d'ammoniaque	0 ,25
Sulfate de zinc	0 ,07
Sulfate de fer	0 ,07
Silicate de potasse	0 ,07

Les infusions végétales peuvent, dans certains cas assez restreints, avoir quelques avantages qui ne doivent pas être dédaignés. Leur préparation est des plus simples et consiste, la plupart du temps, en infusion ou en décoction de plantes. Les sucs de fruits, le jus des poires, pommes, etc., ainsi que les sucs de navets, carottes, etc., sont préparés en coupant les fruits ou les plantes, et en les soumettant à la presse, enveloppés dans un sachet de toile.

Les jus ainsi obtenus sont filtrés grossièrement, puis stérilisés par le passage à travers des bougies Chamberland (fig. 14).

On peut aussi se servir d'eau de levure ou de décoction de touraillons, ces derniers dans la proportion d'environ 10 p. 100.

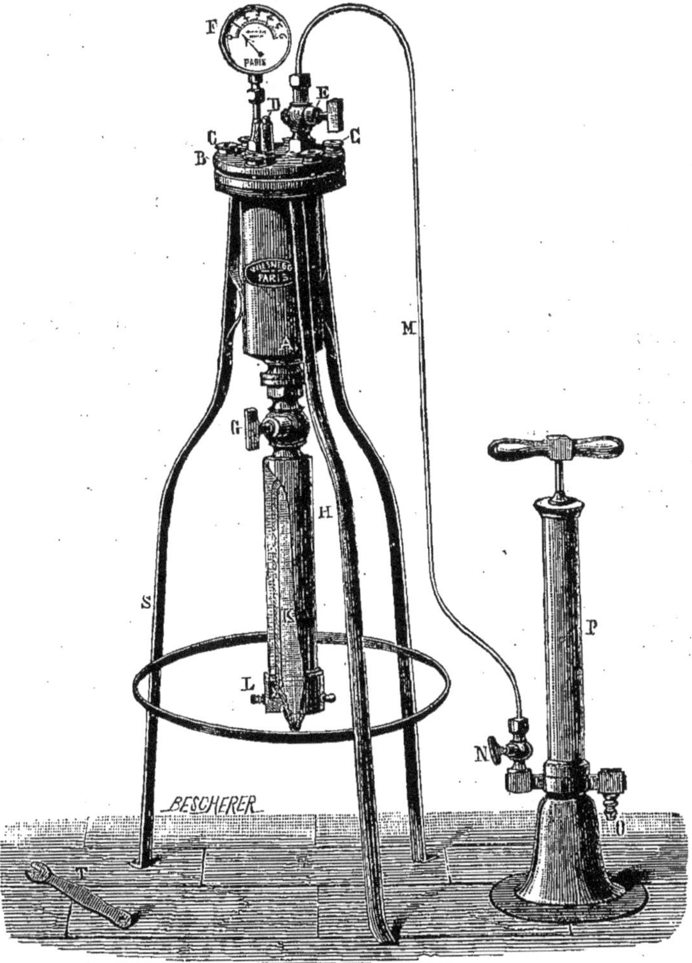

Fig. 14.

Quelques micro-organismes se développent très abondamment dans certaines humeurs de l'économie animale. On a souvent employé le sérum du sang des divers animaux, le liquide séreux épanché dans les hydrocèles, dans l'ascite, l'humeur aqueuse de l'œil, le liquide amniotique; on a utilisé l'urine, le lait, la salive parotidienne des animaux, etc., etc. Ces milieux conviennent bien aux espèces parasites qui y trouvent des conditions de nutrition plus voisines de la réalité.

Mais le liquide nutritif qui est surtout employé, c'est le bouillon fabriqué soit avec du bœuf, du veau ou du poulet.

Les morceaux découpés sont additionnés d'une certaine quantité d'eau (2^{lit} d'eau pour 1^{kg} de viande), puis placés sur un feu doux pendant 2 heures environ. On écume le bouillon avec soin, et après refroidissement on dégraisse en siphonnant le liquide clair.

Le bouillon est neutralisé avec de la soude caustique, puis soumis à l'ébullition. On filtre sur un filtre mouillé pour retenir la graisse, et on additionne de chlorure de sodium (6^{gr} par litre).

On introduit ensuite le bouillon dans des ballons et on stérilise à l'autoclave, vers 110°.

Je prépare le bouillon de bœuf de la façon suivante :

1^{kg} de chair musculaire débarrassée de sa graisse et de ses aponévroses est finement haché à l'aide d'un hachoir mécanique. On ajoute environ 4^{lit} d'eau par kilogramme de viande et on laisse macérer pendant quelques heures dans un endroit frais; on filtre, puis on soumet la viande retenue par le filtre à une assez forte pression à l'aide d'une presse à main.

Le jus ainsi recueilli est ajouté au liquide initial et le mélange est filtré pour le débarrasser de la majeure partie de la graisse. On place ensuite au bain-marie pendant quelques heures, on filtre sur un filtre mouillé, puis on neutralise avec de la soude, on fait bouillir pendant quelque temps, on filtre de nouveau sur un filtre mouillé et, enfin, on ajoute de 5 à 8^{gr} de chlorure de sodium par litre.

Ce bouillon est ensuite stérilisé à l'autoclave à 110°, et filtré jusqu'à ce qu'il passe clair.

Lorsque l'on veut varier les conditions de culture, on peut introduire dans le bouillon des peptones, du glucose ou bien de la glycérine.

M. Miquel préconise l'adoption d'un même milieu de culture, pour que les essais des divers expérimentateurs puissent être aisément comparés

La composition de ce bouillon est la suivante :

Peptone	20^{gr},0
Sel marin	5 ,0
Cendre de bois	0 ,10
Eau ordinaire	1.000 ,0

Milieux solides. — Les milieux nutritifs solides sont de beaucoup les plus employés; ils offrent, en effet, de sérieux avantages dans les recherches bactériologiques.

Parmi les milieux solides, les gelées à base de gélatine sont celles que l'on choisit le plus communément. On se sert pour les fabriquer de gélatines extra-fines. La quantité de gélatine employée varie selon les saisons. En hiver, on peut faire de bonnes gelées avec 7^{gr} de gélatine pour 100^{gr} d'eau, tandis qu'en été il est nécessaire de doubler et même de tripler la dose de gélatine.

Pour augmenter la valeur nutritive du milieu, on ajoute des peptones, ou bien on fait fondre la gélatine dans du bouillon de bœuf, de veau, etc.

Parmi les nombreuses recettes qui sont enseignées, en voici une qui fournit de bons résultats :

On laisse tremper 80gr de gélatine dans une certaine quantité d'eau ; lorsque la gélatine est bien ramollie, on la fait fondre dans un litre de bouillon préparé comme nous l'avons déjà dit ; on ajoute ensuite 20gr de peptones sèches, et 5 à 6gr de sel ordinaire.

On neutralise par la soude jusqu'à réaction légèrement alcaline, puis on introduit un blanc d'œuf battu en neige dans un peu d'eau pour clarifier la masse.

On porte le tout à l'autoclave à 110°, puis on filtre à chaud à l'aide d'un entonnoir bain-marie ordinaire. La gelée ainsi recueillie est conservée dans des ballons stérilisés (fig. 15).

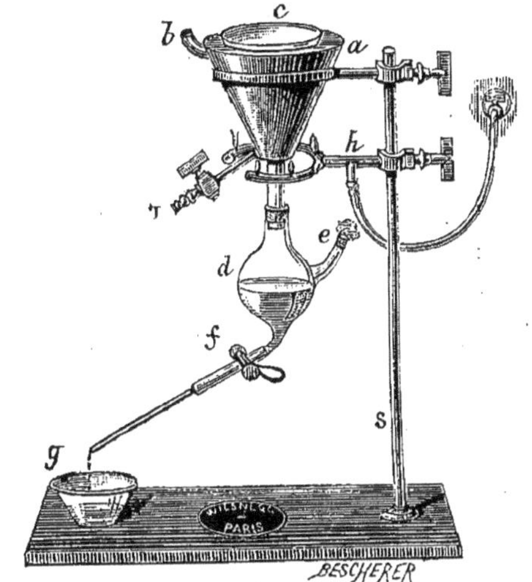

Fig. 15.

Une pareille gélatine fond vers 25° ; de là l'inconvénient de ne pouvoir y cultiver des germes qui réclament une température voisine de 37°.

De plus, beaucoup de bactéries liquéfiant la gélatine, il est fort difficile de procéder à des cultures pures.

On prépare des milieux solides nutritifs qui permettent de cultiver des espèces pathogènes, par exemple, à des températures de 40°. On se sert pour cela de gelose qu'on ajoute soit à de la gélatine, soit à de la peptone, et que l'on utilise seule au lieu et place de la gélatine.

On prépare la gelose de la façon suivante :

La gelose commerciale est soumise à une macération préalable à l'acide chlorhydrique à 6 p. 100 ; puis, après lavage à grande eau, elle est plongée dans de l'eau contenant 6 p. 100 d'ammoniaque. On lave de nouveau à plusieurs reprises.

La gelose étant ainsi purifiée, on la fait fondre dans de l'eau distillée bouillante, on neutralise avec du bicarbonate de soude, puis on filtre à chaud et on stérilise.

Cette gelée peut être additionnée de glycérine de 1 à 5 p. 100, ou de glucose, ou de tout autre produit, suivant les exigences des espèces qui doivent se cultiver sur un pareil milieu.

Le sérum sanguin offre aussi des avantages appréciables dans certains cas ; quelques bactéries s'y développent plus abondamment que sur les milieux précédents ; ce milieu de culture présente pourtant un grand inconvénient : c'est le temps assez long que nécessite sa préparation. Aussi, son usage se restreint-il de plus en plus.

On recueille le sang de l'animal : cheval, chien, lapin, cobaye, etc., dans un vase, et après la rétraction du caillot, on sépare le liquide ambré qui surnage. On porte ce liquide à la température de 65 à 68°, et immédiatement le sérum se solidifie dans les tubes en prenant la position qui leur est donnée.

On peut ajouter de la glycérine, de 6 à 8 p. 100, suivant MM. Nocard et Roux, pour éviter la dessiccation de la surface, surtout lorsqu'on désire conserver les tubes quelque temps avant de les employer.

On utilise aussi des milieux végétaux. La pomme de terre fournit très souvent un bon milieu de culture; quelques bacilles pathogènes s'y développent très vigoureusement.

Les pommes de terre sont préparées de la façon suivante :

On choisit des tubercules sains, qu'on pèle et qu'on débite en prismes de 4^{cm} de long sur 1^{cm} de largeur et 1^{cm} de hauteur. Ces morceaux de pomme de terre sont lavés dans de l'eau distillée, puis introduits dans des tubes à pommes de terre. Ces tubes, assez larges d'ouverture (2^{cm} de diamètre environ), portent à la partie inférieure un étranglement, ce qui permet au morceau de pomme de terre de ne pas aller jusqu'au fond du tube, et de recueillir l'eau qui provient de la cuisson du tubercule.

On stérilise les tubes à l'autoclave pendant 10 minutes et on les conserve ainsi pendant assez longtemps.

Le blanc d'œuf cuit peut être aussi débité en prismes et introduit dans des tubes à pommes de terre.

M. Ogier a employé, principalement pour les microbes chromogènes, un milieu de culture qui donne de très bons résultats : la noix de coco.

On détache l'amande à l'aide d'un marteau et, au moyen d'un emporte-pièce en métal, on découpe des rondelles de noix de coco qu'on stérilise dans des tubes à pommes de terre, comme à l'ordinaire.

On peut aussi se servir d'empois, d'amidon, du riz cuit, etc.

Enfin, un milieu de culture qui m'a fourni d'excellents résultats et qui a le très grand avantage de placer les microbes à peu près dans les conditions de milieu réelles, ce sont les fœtus d'animaux abattus pour la boucherie.

Les fœtus provenant de truies sont plus faciles à manier à cause de leurs dimensions assez restreintes. Voici, d'ailleurs, comment on doit opérer.

Les fœtus sont apportés au laboratoire encore enveloppés de leurs membranes; on les défait aussi rapidement que possible et on les lave à plusieurs reprises avec de l'eau distillée et bouillie.

Les fœtus sont placés dans des flacons stérilisés et sont inoculés avec les cultures à étudier. On pratique facilement l'inoculation en se servant d'un tube de verre fraîchement étiré.

Méthode des cultures sur plaques. — Cette méthode, établie par Koch, permet d'obtenir l'isolement des colonies produites par le développement des bactéries emprisonnées dans la masse de la gélatine refroidie.

Elle permet, en outre de l'obtention de cultures pures et de la numération de ces colonies, l'étude des formes que présentent les colonies issues d'un seul germe.

Ce caractère peut fournir, dans quelques cas, des éléments de diagnose suffisants pour distinguer des germes entre eux.

Si l'on envisage l'examen bactériologique des eaux qui nous occupe ici, on comprendra l'importance qu'il y a à obtenir des liquides dilués afin que, ces liquides étant mélangés à de la gélatine nutritive fondue, les bactéries emprisonnées dans la masse refroidie soient suffisamment écartées les unes des autres pour que non seulement la numération en soit possible, mais aussi que les colonies ainsi formées puissent se développer facilement, sans empiéter les unes sur les autres.

Nous avons, précédemment, indiqué quelles étaient les méthodes suivies pour obtenir le degré de dilution de l'eau à analyser; nous n'y reviendrons pas, et nous ne ferons que décrire ici les moyens employés pour obtenir des cultures sur plaques.

Les plaques qui servent à cet usage sont en verre et proviennent de clichés photographiques 9 × 12; elles ont été, au préalable, nettoyées à l'acide chlorhydrique, puis lavées soigneusement afin d'en détacher la couche de gélatine.

On les passe à l'alcool en les frottant avec un tampon de papier joseph, puis elles sont stérilisées dans une boîte en tôle placée dans un four à flamber.

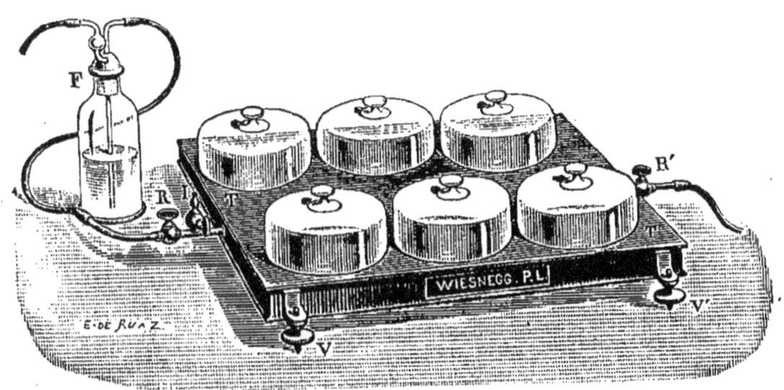

Fig. 16.

Ces plaques sont disposées ensuite sur un support parfaitement horizontal, de façon à ce que la gélatine se répande bien uniformément sur toute la surface.

Le support doit aussi remplir une autre condition, c'est de permettre à la gélatine de se prendre en masse assez rapidement.

L'appareil de Roux offre ces avantages, mais ses dimensions sont trop restreintes.

Le système imaginé par M. J. Ogier est certainement plus approprié aux recherches bactériologiques des eaux. Cet appareil se compose d'un plateau rectangulaire creux muni de vis calantes, afin de le maintenir horizontal, et possédant à ses deux extrémités deux tubulures soudées par où peut passer un courant d'eau froide.

Afin d'éviter que la pression des conduits d'eau de la ville ne déforme la partie inférieure du plateau creux, on a soin de placer entre la prise d'eau et la tubulure d'entrée un flacon en verre à deux tubulures, pour régulariser la pression (fig. 16).

Ce plateau peut recevoir six cloches et permet ainsi de faire au moins 12 plaques en même temps.

Les plaques, préparées comme nous venons de le dire, sont de nouveau flambées à l'aide d'une lampe à alcool et placées enfin sous les cloches.

Des tubes contenant 10^{cc} de gélatine nutitrive, maintenus à une douce température, de façon à conserver la fluidité de la gélatine préalablement ensemencée, sont coulés sur les plaques disposées comme ci-dessus. La gelée s'étale lentement et uniformément, et ne tarde pas à se solidifier.

On peut abandonner ainsi les plaques à elles-mêmes, ou bien, lorsque la gélatine est prise, les placer dans des cristallisoirs couverts et stérilisés, sur de petites étagères, de façon à pouvoir en mettre plusieurs à la fois.

La cloche est portée ensuite à l'étuve réglée à 16 ou 18°. Cette méthode a un inconvénient assez grave que voici : étant données les diverses manipulations que l'on fait subir aux plaques, on ne peut éviter les poussières atmosphériques.

M. Esmarch a modifié le procédé primitif de Koch de la façon suivante :

Les dilutions sont faites dans des tubes de gros diamètre, et au lieu de verser la gélatine contenue dans ces tubes sur des plaques de verre, on la solidifie à l'intérieur des tubes mêmes en plaçant ces derniers sous un robinet d'eau froide et en les maintenant inclinés tout en leur imprimant un mouvement de rotation.

Ce procédé permet, en effet, de se mettre à l'abri des poussières de l'air; mais, outre qu'il rend difficile l'examen des colonies au microscope, il offre l'inconvénient de ne pas pouvoir être employé pour les analyses d'eau, par exemple, à cause de la présence fréquente de germes liquéfiant la gélatine.

Culture dans l'organisme vivant. — L'organisme vivant offre des affinités très grandes pour certaines espèces de bactéries pathogènes, affinités qui peuvent être telles que dans un mélange de plusieurs espèces il se produise une véritable séparation, et que certaines bactéries se développent à l'exclusion de toutes les autres. Cette méthode de culture appartient à Pasteur, et c'est grâce à elle que Pasteur a découvert le vibrion septique.

L'expérimentation physiologique est indispensable pour déterminer le caractère pathogène de certaines bactéries : car les troubles profonds produits dans l'organisme permettent de mettre en évidence les caractères propres à quelques bactéries.

Nous ne pouvons pas indiquer ici les moyens usités dans l'expérimentation physiologique, ni décrire les règles suivies en pareil cas; il faudrait se reporter aux traités spéciaux de physiologie et d'anatomie pathologique.

Nous nous bornons à appeler sur ce point l'attention de ceux qui s'occupent plus spécialement de l'analyse des eaux, et à insister sur cette méthode de la culture dans l'organisme vivant, car elle seule peut fournir le criterium indiscutable entre le parasite et la maladie.

Culture des germes anaérobies. — La doctrine de l'anaérobiose, due à Pasteur, qui la découvrit en 1861, ne fut pas admise sans conteste par tous, et principalement en Allemagne. Mais les recherches ultérieures ne tardèrent pas à confirmer cette découverte, et on s'aperçut que l'anaérobiose est un phénomène très caractéristique et plus fréquent qu'on ne le pensait.

Lorsqu'on procède à l'analyse bactériologique d'une eau, il est, à notre avis, tout aussi important de cultiver les microbes anaérobies que ceux qui sont aérobies, et cela pour plusieurs raisons. La première, qui est déjà suffisante, est que beaucoup de ces germes anaérobies sont des microbes pathogènes (œdème malin, tétanos, vibrion septique, charbon symptomatique, etc.); la seconde, c'est qu'une numération faite autrement enlèverait encore un peu du faible intérêt que présente cette susdite numération.

La technique des cultures anaérobies est très simple en théorie, mais beaucoup plus difficile à mettre en pratique, témoin les nombreux procédés qui ont été préconisés pour placer les cultures à l'abri de l'oxygène atmosphérique, ou de l'oxygène qu'absorbent les milieux de cultures.

On a essayé de recouvrir les cultures avec du mica, du verre, de la vaseline, de l'huile, ou bien d'enlever l'air et de le remplacer par de l'hydrogène, de l'acide carbonique, du gaz d'éclairage, etc. De tous ces procédés celui qui est à l'abri des principales critiques est le suivant, préconisé par Roux :

Il consiste à faire le vide dans un tube de gélatine ensemencée, maintenue liquide à une douce température; à l'aide d'un robinet à trois voies, on laisse pénétrer de l'hydrogène, on refait le vide et on introduit de nouveau le même gaz hydrogène. On répète cette manœuvre plusieurs fois, puis on étire le tube et on le scelle à la lampe.

En étendant ensuite la gélatine sur les parois du tube, comme dans le procédé Esmarch, on peut pratiquer la numération.

La séparation des colonies anaérobies est assez facile par ce procédé; mais si l'on désire étudier les caractères des colonies, il est nécessaire de les cultiver par des méthodes plus aisées et moins longues.

Les cultures faites par piqûre profonde dans des tubes de gélatine donnent d'assez bons résultats, à la condition d'employer une certaine masse de gélatine, de faire la piqûre avec un fil de platine très fin et, enfin, de recouvrir la surface de la gélatine par une couche de 5^c d'huile d'olive stérilisée par l'ébullition.

Un autre procédé très élégant, préconisé par M. Roux, consiste à faire absorber par des germes aérobies l'oxygène contenu dans un tube à essai ensemencé avec des microbes anaérobies.

Enfin, on peut préparer des pommes de terre et y faire développer des cultures de microbes anaérobies en opérant d'une façon identique à celle que nous préconisions pour la gélatine, c'est-à-dire à l'aide du vide et d'un courant d'hydrogène (Roux).

Méthodes de coloration.

L'examen direct des micro-organismes à l'aide du microscope est une opération qui présente quelques difficultés, à cause de la petite dimension des bacteries, de leur mobilité et de leur faible réfringence. On n'a pu étudier les caractères propres à certaines bactéries, les différencier les unes des autres, en découvrir même qui étaient passées inaperçues auparavant dans les préparations, qu'à l'aide de la méthode de coloration par des réactifs appropriés, et surtout par l'emploi des couleurs d'aniline.

Il existe, pour déceler la présence des bactéries, beaucoup de procédés de coloration basés sur des colorants autres que des dérivés de la houille, mais ces procédés ne sont pas toujours suffisants et ne donnent pas des préparations aussi parfaites que celles qui sont obtenues à l'aide des couleurs d'aniline.

Les couleurs basiques sont employées de préférence aux couleurs acides : car elles semblent être fixées plus fortement et produisent, par ce fait, un plus grand contraste entre les bactéries et le fond de la préparation.

Certains auteurs emploient de préférence le violet de méthyle ou le violet de gentiane; quelques-uns, le bleu de méthylène ou la vésuvine; d'autres, enfin, se servent de vert de méthyle ou de noir d'aniline.

Toutes ces matières colorantes peuvent être employées avec un égal succès; mais nous préférons, avec nombre de bactériologistes, l'usage de la fuchsine rubine, qui permet d'obtenir des contrastes beaucoup plus nets.

On emploie la rubine en solution aqueuse et en solution alcoolique. La première est d'un usage préférable lorsque l'on veut étudier les bactéries vivantes; on la prépare de la façon suivante :

On fait dissoudre 10gr de rubine dans 200gr d'eau distillée, on filtre et on conserve dans un flacon compte-gouttes; mais comme cette solution ne demeure pas longtemps exempte de micro-organismes, certains auteurs, pour obvier à cet inconvénient, préfèrent préparer leur solution aqueuse de rubine au moment de s'en servir.

On place, dans ce cas, quelques grammes de rubine sur un petit filtre, dans un entonnoir de verre, et on verse de l'eau distillée stérilisée au moment de s'en servir; on obtient ainsi une solution aqueuse à peu près exempte de germes étrangers.

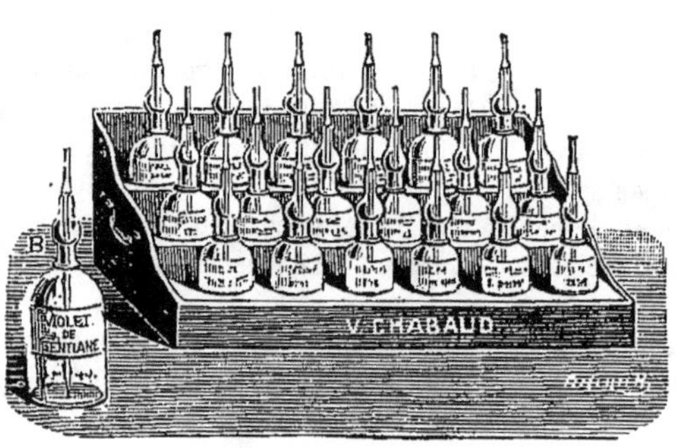

Fig. 17.

La solution alcoolique de rubine se prépare en faisant dissoudre de la rubine dans de l'alcool absolu (20gr de rubine dans 100gr d'alcool absolu).

On obtient ainsi une solution très concentrée que l'on conserve dans un flacon compte-gouttes (fig. 17).

Le modèle de compte-gouttes dont nous nous servons possède quelques avantages, entre autres de ne pas laisser évaporer la solution qui s'y trouve, d'empêcher que la matière colorante ne se dépose sur les parois du bouchon et, enfin, d'éviter la souillure par les poussières de l'air.

Ce compte-gouttes se compose d'un flacon de 200cc dont le goulot est rodé extérieurement; le bouchon est formé d'une ampoule en verre rodée intérieurement à sa partie inférieure, et qui ferme hermétiquement sur le goulot du flacon. Au sommet de l'ampoule se trouve soudé un tube de verre effilé qui plonge presque jusqu'au fond du flacon, et qui dépasse le point de soudure ave l'ampoule de $0^{m},4$ environ. Un petit bouchon en caoutchouc ferme l'orifice supérieur du tube.

On a eu soin, afin de maintenir l'égalité de pression entre l'extérieur et l'intérieur du flacon, lorsque celui-ci est fermé, de percer un petit trou dans l'ampoule en verre, un peu au-dessous du grand diamètre de cette ampoule.

On peut ainsi conserver des solutions alcooliques de couleurs d'aniline sans crainte de les voir se détériorer.

L'étude des colonies qui se sont développées sur les plaques de culture nécessite une technique spéciale permettant l'examen rapide des bactéries composant ces différentes colonies.

Le montage des préparations est, en général, une opération assez longue qu'on peut abréger considérablement en procédant comme il suit :

Une parcelle de la colonie à examiner étant enlevée à l'aide d'un fil de platine préalablement flambé, on l'étale sur la lame du porte-objet, on verse à côté une goutte de la solution de rubine aqueuse, et on mêle à l'aide du fil de platine le liquide colorant à la parcelle de colonie. On recouvre avec une lamelle et on attend quelques minutes pour permettre aux bactéries de fixer la matière colorante.

Pendant ce temps, on fait une préparation semblable avec une autre colonie; celle-ci terminée, on examine la première et on en note les principaux caractères.

Si, à l'inspection de la colonie, de sa forme, de sa couleur, et si après l'examen microscopique rapide on conserve des doutes sur le caractère de la bactérie, on en prélève une autre parcelle que l'on cultive dans des tubes de gélatine, etc., et qu'on examine ensuite à loisir par d'autres procédés de coloration que nous indiquerons plus loin.

Pour cet examen sommaire, suffisant dans la grande majorité des cas, il est préférable d'employer de la rubine aqueuse; mais, lorsqu'il s'agit de faire des préparations pour la photographie, par exemple, il faut se servir de la solution alcoolique de rubine.

Voici comment on procède :

La parcelle de culture est déposée sur la lame du porte-objet, puis desséchée sur la table chauffante de M. Ogier. On verse ensuite une goutte de la solution alcoolique de rubine, on évapore à sec, puis on plonge la préparation à plusieurs reprises dans un verre à pied contenant de l'eau distillée; lorsque le liquide ne se colore plus, on sèche la préparation et on monte sur baume.

Cette technique est applicable à tous les autres colorants de la houille. Dans certains cas, on est obligé d'employer des mordants pour fixer la matière colorante sur les bactéries.

Loffler et Koch se servent d'une solution de $0^{gr},01$ de potasse p. 100.

Ziehl prend une solution à 5 p. 100 d'acide phénique, et, enfin, d'autres bactériologistes se servent d'acide gallique, de tanin, de sulfate de fer, etc., etc.

La solution de Ziehl est ainsi composée :

Fuchsine	1^{gr}
Alcool	10
Acide phénique	5
Eau	100^{gr}

Koch est le premier qui ait préconisé l'usage des solutions alcalines. Sa formule primitive était la suivante :

Solution alcoolique concentrée de bleu de méthylène.	1^{vol}
Solution de potasse à 10 p. 100	2^{vol}
Eau distillée	200^{vol}

mais elle avait l'inconvénient de déformer les bactéries par le gonflement ou bien de détacher la mince pellicule de matière fixée sur la lamelle par la dessiccation.

M. Erlich a modifié la formule de Koch en substituant l'eau d'aniline à la potasse. Il prend donc :

Solution alcoolique de violet de méthyle	10^{cc}
Alcool absolu	10^{cc}
Eau d'aniline	100^{cc}

On peut préparer séparément l'eau d'aniline et la conserver dans un flacon jaune :

Huile d'aniline	3^{gr}
Eau distillée	100^{gr}

On agite fortement et on filtre sur un filtre mouillé, de façon à retenir les gouttelettes d'huile non dissoutes.

Certaines bactéries retiennent très fortement la matière colorante ; d'autres, au contraire, l'abandonnent plus ou moins totalement suivant les réactifs employés.

Ce caractère des bactéries de se décolorer avec tel ou tel réactif permet de différencier quelques espèces.

Koch a préconisé, dans ce but, l'alcool dilué :

Alcool	60 parties.
Eau	40 —

La méthode de Gram n'est pas, à proprement parler, une méthode de décoloration ; l'iode qui s'y trouve est plutôt un fixatif, et la décoloration est obtenue par le lavage ultérieur à l'alcool :

Iode	1^{gr}
Iodure de potassium	2^{gr}
Eau distillée	300^{gr}

Voici comment on doit pratiquer la méthode de décoloration de Gram :

On colore la préparation pendant quelques minutes avec une solution de violet de gentiane composée de :

Solution alcoolique saturée de violet de gentiane.	5^{cc}
Eau d'aniline	100^{cc}

On la plonge ensuite dans la solution iodée, jusqu'à ce que la préparation soit devenue noire, ce qui exige quelques minutes ; puis on lave dans l'alcool jusqu'à complète décoloration. La préparation est ensuite montée sur baume.

A ces différentes méthodes on a joint ensuite celle des doubles colorations, basée sur la propriété que possèdent certains micro-organismes de retenir d'une façon très énergique la matière colorante, tandis que d'autres, au contraire, sous l'influence des mêmes colorants, abandonnent leur matière colorante et sont, par ce fait, susceptibles de se colorer de nouveau par un autre colorant.

C'est grâce à cette méthode que Koch a pu distinguer le bacille de la tuberculose des autres espèces avec lesquelles il se trouve presque toujours mêlé.

La formule de Kock a été modifiée par M. Fraenkel de la façon suivante :

La préparation ayant été colorée par la méthode d'Erlich, on la soumet, après lavage, à l'action du mélange suivant :

Alcool	50^{gr}
Eau distillée	30^{gr}
Acide azotique	20^{gr}

en ajoutant du bleu de méthylène si le colorant primitif d'Erlich était à base de fuchsine, et de la vésuvine si elle était faite avec du violet de méthyle.

La méthode de la double coloration permet aussi de colorer les bacilles et les spores qui sont contenus dans l'intérieur des bacilles eux-mêmes.

On utilise l'action prolongée de la chaleur, qui a pour effet d'empêcher la coloration de la cellule, tandis qu'au contraire les spores qui sont contenus dans l'intérieur des bactéries sont susceptibles de se colorer par les solutions aqueuses ou alcooliques diluées.

Après la coloration des spores, on peut colorer les bactéries par un autre colorant et obtenir ainsi des préparations très nettes.

Enfin, il est quelquefois utile de rechercher la présence des flagella chez des bactéries, pour les distinguer d'autres espèces. La méthode de Loffler est celle qui est le plus généralement employée, elle donne d'assez bons résultats et n'a guère que l'inconvénient d'être d'une manipulation longue et délicate.

Elle consiste : 1° à chauffer modérément la préparation; 2° à mettre sur la face enduite une goutte du mordant suivant :

Solution aqueuse d'acide gallique (20 p. 80)	10^{cc}
Solution de sulfate de fer saturée à froid	5^{cc}
Solution alcoolique de fuchsine	1^{cc}

3° à chauffer de nouveau la lamelle jusqu'à dégagement de vapeur ; 4° à laver à l'eau, puis à l'alcool; 5° à colorer avec une solution de fuchsine aniline; 6° à chauffer et à laver à grande eau à plusieurs reprises, et 7° enfin à monter sur baume.

La méthode suivante est tout aussi longue, mais elle a l'avantage de fournir de belles préparations où les flagella se distinguent très nettement.

On prépare d'abord les solutions suivantes :

1re *solution.*

Acide osmique, à . . . . . 2 p. 100

2e *solution.*

Tanin, à . . . . . 20 p. 100

3ᵉ solution.

Nitrate d'argent, à . . . . 0,2 p. 100

4ᵉ solution.

Acide gallique	5
Tanin	3
Acétate de soude fondu.	10
Eau	350

Pour étudier les flagella du bacille d'Eberth, par exemple, on prend une culture récente (de 24 heures) faite sur agar et maintenue à 37°.

On délaye un peu de la culture dans de l'eau sur une lamelle et on se sert de cette dilution pour étaler sur d'autres lamelles.

On sèche à l'air ou bien en chauffant avec précaution, puis on fait un mélange composé de 2^{vol} de la solution au tanin et 1^{vol} de la solution à acide osmique; on recouvre les lamelles avec ce liquide noir et on abandonne le tout pendant 4 heures.

On lave ensuite à l'eau et à l'alcool et on plonge ensuite les préparations pendant 5 minutes dans la solution de nitrate d'argent; puis, sans laver, on plonge les lamelles dans la solution d'acide gallique en agitant constamment, on remet les lamelles dans le nitrate d'argent, toujours sans les laver, jusqu'à ce que ces dernières aient pris une teinte grise et que le bain d'argent brunisse, on sèche et on monte ensuite dans le baume.

DESCRIPTION DES PRINCIPALES ESPÈCES BACTÉRIENNES

L'analyse qualitative des bactéries contenues dans l'eau se trouve actuellement aux prises avec des difficultés que nous n'avions pas encore signalées et qui tiennent à l'insuffisance des classifications des espèces bactériennes.

Les différents projets de classification qui ont été proposés par d'éminents bactériologistes ne répondent qu'imparfaitement au but poursuivi. De même, la plupart des essais de flore tentés avec l'intention de fournir une clef qui permette de délimiter assez étroitement un certain nombre de micro-organismes, ne sont pas à l'abri des critiques.

Dans la pratique, on a bien essayé de différencier les bactéries en les divisant soit en bactéries pathogènes et non pathogènes, soit d'après quelques caractères physiques tirés de la coloration des cultures, soit en se basant sur des propriétés particulières, telles que la liquéfaction ou la non-liquéfaction de la gélatine. Malheureusement, ces caractères sont éminemment variables, souvent chez la même espèce, et telle bactérie qui, par exemple, fournit une culture blanche, ne tarde pas, au bout de quelques jours, à se foncer en couleur et à prendre un aspect plus ou moins jaunâtre; d'autres, qui ne liquéfiaient pas la gélatine au début, se mettent à fluidifier peu à peu le substratum.

Malgré les critiques que nous venons de formuler, il faut bien, faute de mieux, conserver la division basée sur le caractère de la liquéfaction de la gélatine par les bactéries, sur leur pouvoir chromogène et, enfin, surtout sur la propriété qu'elles ont d'être ou non pathogènes. Ces divisions ne devront pas être considérées comme absolues pour les raisons que nous avons indiquées plus haut, et ne serviront qu'à faciliter les recherches bactériologiques qui nous occupent.

Les microbes peuvent être classés en trois grandes familles distinctes :

1° La famille des *Coccacées;*
2° — des *Bactériacées;*
3° — des *Beggiatoacées.*

La famille des *Coccacées* comprend quatre genres :

Le genre *Micrococcus;*
— *Sarcina;*
— *Ascococcus;*
— *Leuconostoc.*

La famille des *Bactériacées* est divisée en plusieurs genres :

Le genre *Bacillus;*
— *Spirillum;*
— *Cladothrix;*
— *Streptothrix;*
— *Actinomyces.*

Enfin, la troisième famille, celle des *Beggiatoacées*, comprend deux genres :

Le genre *Beggiatoa;*
— *Crenothrix.*

Nous ne parlerons que des micro-organismes qui se rencontrent le plus fréquemment dans les eaux; nous décrirons quelques uns de leurs caractères les plus nets qui peuvent permettre de les différencier, et nous renverrons, pour plus de détails sur chaque espèce, aux traités de bactériologie.

FAMILLE DES COCCACÉES

Genre micrococcus (*espèces chromogènes*).

Micrococcus prodigiosus (Ehrenberg).

Description. — Cellules ovales ou elliptiques de 0,5 μ à 1 μ de diamètre; prend quelquefois des formes un peu plus allongées.

Sur plaques. — Colonies arrondies, couleur rosée; liquéfie la gélatine et la teinte en rose.

Produit sur pomme de terre ou sur noix de coco une culture rouge vif avec reflets métalliques.

Se développe très bien sur le pain. — Matière colorante soluble dans l'alcool.

Micrococcus cinnabareus (Flügge).

Description. — Coccus ovoïdes assez gros mesurant 0,9 μ de largeur. Réunis quelquefois en diplocoques ou en petits amas.

Sur plaques. — Colonies rondes en forme de bouton rouge brique ou jaune orangé. Liquéfie la gélatine à la longue.

Cultivé dans du bouillon, trouble celui-ci, qui devient visqueux et laisse un dépôt rouge brique.

Micrococcus aurantiacus (Schroeter).

Description. — Coccus elliptiques de 1 μ à 1,5 μ, réunis par 2, 4, ou en amas immobiles.

Sur plaques. — Colonies rondes ou elliptiques, à surface lisse brillante, jaune et jaune orangé en vieillissant. Ne liquéfie pas la gélatine.

Matière colorante peu soluble dans l'eau, l'alcool, etc.

Micrococcus roseus (Flügge).

Description. — Gros coccus mesurant 1,4 μ de diamètre, réunis en diplocoques ou en chaînes de quelques éléments.

Sur plaques. — Colonies en forme de bouton rose, mamelonné au centre. Ne liquéfie pas la gélatine, mais se ramollit à la longue et prend alors une teinte rouge.

Culture développe odeur fécaloïde.

Micrococcus flavus liquefaciens (Flügge).

Description. — Coccus gros, immobiles, réunis en nombre variable.

Sur plaques. — Colonies jaunâtres liquéfiant rapidement la gélatine, laissant sédiment jaune épais.

Sur pomme de terre, développement jaune brillant.

Micrococcus versicolor (Flügge).

Description. — Cellules rondes de 1,3 μ à 1,5 μ, associées souvent en diplocoques.

Sur plaques. — Colonies circulaires jaune verdâtre, à reflets nacrés à bords irréguliers. Ne liquéfie pas la gélatine.

Micrococcus luteus (Adametz).

Description. — Coccus longs de 1,2 μ à 1,3 μ très mobiles, souvent réunis en diplocoques ou en chaînettes d'une dizaine d'éléments.

Sur plaques. — Colonies arrondies, jaunes, liquéfiant lentement la gélatine.

Sur pomme de terre, culture jaune brun.

Genre micrococcus (*espèces ne produisant pas de matière colorante*).

Micrococcus candicans (Flügge).

Description. — Gros coccus de 1 à 2 μ de diamètre, immobiles.

Sur plaques. — Colonies jaunâtres en forme de disque lorsqu'elles se développent dans la masse de la gélatine. Ne liquéfie pas la gélatine.

Micrococcus ureæ (Van Tieghem).

Description. — Cellules sphériques de 1 μ à 1,5 μ de diamètre, réunies souvent en longues chaînettes.

Sur plaques. — Colonies d'un blanc nacré, en forme de disque. Ne liquéfie pas la gélatine; se développe avec tous ses caractères dans l'urine et transforme l'urée en carbonate d'ammoniaque. Plusieurs micrococcus, d'après M. Miquel, possèdent la propriété de décomposer l'urée.

Micrococcus viticulosus.

Description. — Cellules ovales mesurant 1 μ de large sur 1,5 μ de long, réunis souvent en amas.

Sur plaques. — Les colonies superficielles sont blanchâtres, opaques et s'étendent, à l'aide de fils fins, dans la masse de la gélatine.

Les colonies développées dans la masse se résolvent en fines branches partant du centre de la colonie. Ces branches sont constituées par des zooglées. Ne liquéfie pas la gélatine.

Micrococcus aquatilis (Meade Bolton).

Description. — Coccus arrondis de 0,5 μ de diamètre, souvent en diplocoques.

Sur plaques. — Colonies rondes qui s'étendent assez rapidement, d'un blanc mat. De la partie centrale, plus foncée, partent un certain nombre de sillons qui donnent à la colonie l'aspect d'un acinus du foie.

Les colonies qui se trouvent dans la profondeur de la gélatine sont rondes, dentelées et d'un jaune brillant. Ne liquéfie pas la gélatine.

Micrococcus concentricus (Zimmermann).

Description. — Coccus de 0,9 μ de diamètre, disposés en amas irréguliers immobiles.

Sur plaques. — Les colonies, au début, paraissent comme de petits points gris bleu; en s'étalant, elles prennent des contours irréguliers et conservent à peu près la même teinte.

Les colonies incluses dans la gélatine sont d'un gris jaunâtre et montrent plusieurs cercles réguliers et concentriques. Ne liquéfie pas la gélatine.

Micrococcus fervidosus (Adametz).

Description. — Cellules rondes, de 0,6 μ de diamètre, immobiles et affectant fréquemment la disposition en diplocoques.

Sur plaques. — Colonies ovoïdes, à bords dentelés, sinueux, faiblement jaunâtres.

Se développe dans les solutions sucrées avec faible production d'alcool et des traces d'acide acétique et lactique.

Micrococcus cremoïdes (Zimmermann).

Description. — Coccus ronds de 0,8 μ de diamètre, réunis souvent en amas.

Sur plaques. — Colonies liquéfiant la gélatine en forme de cupule, et laissant un dépôt blanc jaunâtre au fond de la cupule.

Sur pomme de terre, on obtient une culture couleur crème.

Genre sarcina.

Sarcina rosea (Schrotter).

Description. — Cellules sphériques de 2 μ de diamètre, réunies en paquets cubiques de 8 μ de long.

Sur plaques. — Colonies incolores au début, ou faiblement jaunes; deviennent roses en liquéfiant la gélatine.

Sur pomme de terre, les cultures sont d'un beau rouge.

Matière colorante insoluble dans éther ou alcool.

Sarcina alba (Adametz).

Description. — Éléments arrondis, de 0,88 μ de diamètre, immobiles.

Sur plaques. — Colonies rondes d'un blanc grisâtre. Liquéfie la gelée très lentement. Les colonies se développant dans la masse ont l'aspect de petites sphères grisâtres.

Sarcina aurantiaca (Koch).

Description. — Coccus immobiles.

Sur plaques. — Colonies en forme de petits disques jaune orangé. Forme une espèce de pellicule à bord relevé pouvant s'enlever en bloc. Liquéfie très lentement la gélatine.

Sur pomme de terre, sillon d'ensemencement jaune d'or.

FAMILLE DES BACTÉRIACÉES

Genre Bacillus *chromogène.*

Bacillus chlorinus (Macé).

Description. — Gros bâtonnets mesurant 2 μ de longueur sur 1 μ de largeur, mobiles, sensibles à l'action de la lumière.

Sur plaques. — Colonies rondes jaune verdâtre. Liquéfie la gélatine assez rapidement.

Le bouillon ensemencé finit par devenir vert pomme. Matière colorante soluble dans l'alcool absolu.

Bacillus fluorescens liquefaciens (Flugge).

Description. — Bâtonnets courts de 1,5 μ de longueur sur 0,4 μ de largeur, réunis souvent deux par deux, mobiles.

Sur plaques. — Colonies rondes gris verdâtre, liquéfiant la gélatine peu à peu et la teignant en vert clair.

En culture dans du bouillon, ce dernier ne tarde pas à devenir d'un beau vert.

Le liquide est dichroïque.

Matière colorante soluble dans le chloroforme et l'alcool amylique.

Bacillus fluorescens putridus (Flugge).

Description. — Bâtonnets de 2 à 2,2 μ de longueur sur 0,45 μ de largeur, mobiles.

Sur plaques. — Colonies transparentes jaunâtres; s'étalent à la surface de la gélatine en forme de brioche très aplatie à bords sinueux, offrant quelque ressemblance avec les colonies du bacille typhique.

La gélatine se teint profondément en vert.

La culture dans le bouillon est dichroïque.

Matière colorante insoluble dans l'alcool, l'éther, le chloroforme, mais soluble dans l'alcool amylique et dans l'eau alcalinisée.

Bacillus cærulus (Smith).

Description. — Bâtonnets réunis en longues chaînes et mesurant 2 μ de longueur sur 0,5 μ de largeur.

Sur gélatine. — Colonies circulaires liquéfiant la gélatine autour d'elles. La portion superficielle en contact avec l'air se colore en bleu. Sur pomme de terre, il se forme une couche d'un bleu qui, avec le temps, devient de plus en plus sombre.

Matière colorante insoluble.

Il semble exister plusieurs variétés décrites par Claesson, Schroeter, Bujwid, sous le nom de *bacillus violaceus*, *micrococcus violaceus*, et même par Zopf, sous la dénomination de *bacillus janthinus*.

Bacillus flavus (Macé).

Description. — Bâtonnets mesurant 1,8 à 2 µ de longueur sur 0,5 µ de largeur, immobiles.

Sur plaques. — Colonies en forme de disque jaune brun, avec des reflets verdâtres. En piqûre, la gélatine est liquéfiée, le liquide est clair, il est recouvert par une pellicule épaisse jaune d'or.

Se développe sur pomme de terre en une couche épaisse jaune d'or.

Bacille rouge de Kiel (Breunig).

Description. — Bâtonnets mesurant 3 à 5 µ de longueur sur 0,7 à 0,8 µ de largeur, immobiles.

Sur plaques. — Colonies blanchâtres dans la profondeur de la gélatine. A la surface, il se forme une colonie ronde, rouge sang.

Liquéfie la gélatine.

Les cultures sur gélose prennent, à la longue, des reflets métalliques.

La matière colorante est soluble dans l'alcool et insoluble dans le chloroforme et l'alcool amylique.

Il existe plusieurs bactéries produisant une matière colorante rouge qui ont été décrites par Lustig, Eiselberg, Dowdeswel, Zimmermann, etc.

Genre Bacillus *ne produisant pas de matière colorante.*

Bacillus coli communis (Escherich).

Description. — Courts bâtonnets mesurant de 2 à 3 µ de long, selon les milieux de culture, et 0,4 à 0,6 µ de largeur, mobiles, animés d'un mouvement lent.

Sur plaques. — Colonies s'étalant assez rapidement en forme de brioche à bords ondulés, et dont la partie centrale est plus foncée; les bords ont des reflets irisés et la gélatine n'est pas liquéfiée.

Se différencie difficilement du bacille typhique et même, d'après certains auteurs, le *bacillus coli communis* serait une forme dégénérée du bacille typhique.

Le nombre de flagella ne paraît pas avoir fourni non plus un signe bien net pour différencier ces deux bactéries entre elles.

Bacillus typhosus (Eberth Gaffky).

Description. — Bâtonnets mesurant en moyenne de 2 à 3 µ de longueur sur 0,7 à 0,6 µ de largeur, très mobiles, surtout lorsque les bacilles sont courts. Munis de flagella nombreux. Enfin, le bacille typhique est franchement aérobie.

Sur plaques. — Les colonies, en forme de brioche, à contours irréguliers, s'étalent en amas minces et transparents à reflets bleuâtres. La forme de la colonie, autrefois caractéristique (comme beaucoup d'autres caractères spécifiques), n'a rien de spécial et se rencontre dans nombre d'autres espèces.

La culture sur pomme de terre ne présente aucune particularité et varie d'aspect suivant la nature de la pomme de terre employée.

Par l'aspect de ses colonies sur plaques et par ses autres caractères, le *bacillus typhosus* offre de très grandes ressemblances avec le *bacillus coli communis.*

Bacillus subtilis (Ehrenberg).

Description. — Bâtonnets tantôt isolés, tantôt en chaînes plus ou moins longues, mesurant 4 à 5,5 μ de longueur, sur 0,7 à 0,8 μ de largeur, mobiles et possédant de longs cils aux deux extrémités du bâtonnet. Bacille aérobie vrai.

Sur plaques. — Colonies rondes jaunes s'étalant en taches à bords sinueux transparents. Liquéfie la gélatine; commence au centre de la colonie pour gagner ensuite la périphérie. De nombreux prolongements fins terminent les bords de la colonie.

Sur pomme de terre, culture épaisse, crémeuse.

Offre certaines analogies avec le *bacillus anthraceus,* mais n'est pas pathogène, ce qui l'en différencie.

Bacillus mesentericus vulgatus (Flugge).

Description. — Bâtonnets épais, courts, de 1,2 μ de longueur sur 0,9 μ de largeur, très souvent réunis en chaînes plus ou moins longues.

Sur plaques. — Colonies jaunâtres dont la partie centrale, plus sombre, est entourée d'une zone claire où commence la liquéfaction de la gélatine. De la phériphérie partent de nombreux et courts filaments qui donnent l'aspect cilié à la colonie.

Se développe abondamment sur pomme de terre. La couche est plissée, d'un blanc brunâtre en vieillissant.

Attaque les matières amylacées et les transforme en glucose.

Bacillus radicosus.

Description. — Courts bâtonnets mesurant 2 μ de longueur sur 1 μ de largeur, réunis fréquemment en chaînettes; peu mobiles.

Sur plaques. — Colonies sous forme de petit nuage blanc, composé par l'enchevêtrement de filaments très fins, tordus.

Liquéfie rapidement la gélatine.

Culture abondante et grisâtre sur pomme de terre.

Bacillus termo (Dujardin).

Description. — Courts bâtonnets mobiles mesurant de 2 à 3 μ de longueur, en moyenne, sur 0,6 à 1,8 μ de largeur. Aérobie.

Sur plaques. — Colonies blanchâtres circulaires, envahissant les cultures sur plaques et liquéfiant promptement la gélatine.

Trouble rapidement le bouillon en produisant un mince voile. Odeur *sui generis.*

Bacillus vulgaris (Hauser).

Description. — Bâtonnets mesurant jusqu'à 4 μ de longueur sur 0,6 μ de largeur, très mobiles.

Sur plaques. — Colonies caractéristiques jaunes, d'où partent, dans diverses directions, des prolongements en forme de chapelets de grosseur très variable. Ces chapelets peuvent se déplacer et quitter la colonie mère.

Liquéfie très rapidement la gélatine.

Se développe très abondamment dans le bouillon en dégageant une odeur putride.

Les caractères du *bacillus vulgaris* sont à peu près les mêmes que ceux appartenant au *bacillus mirabilis* (Hauser) ou *proteus mirabilis.*

Bacillus ureæ (Miquel).

Description. — Bâtonnets minces de moins de 1 μ de largeur réunis en longs filaments. Aérobie facultatif.

Sur plaques. — Colonies en forme de disque opalescent, à bords sinueux. Ne liquéfie pas la gélatine.

Se développe dans du bouillon auquel on ajoute de l'urée, qu'il transforme énergiquement en carbonate d'ammoniaque.

Il existe, d'après M. Miquel, un certain nombre de bacilles qui jouissent de la propriété de faire fermenter l'urée.

Genre Spirillum.

Spirillum choleræ (Koch).

Description. — Courts bâtonnets de 1,5 à 3 μ de longueur, sur 0,4 à 0,6 μ de largeur. La courbure est très variable, la mobilité est très grande vers 30 à 35°. Munis de flagella. Aérobie vrai.

Sur plaques. — Colonies rondes en forme de disque granuleux, liquéfiant la gélatine assez lentement.

Sur glucose, on obtient sur des cultures de plusieurs jours la production d'une matière colorante rouge (Choléra Roth).

La réaction rouge de Budjwid, obtenue en additionnant de 5 à 10 p. 100 d'acide chlorhydrique une culture pure, est produite par des traces d'indol. Cette réaction est commune à d'autres espèces voisines.

La courte monographie que nous venons de faire des principales espèces bactériennes qui se rencontrent le plus fréquemment dans les eaux sera souvent insuffisante pour distinguer une espèce d'une autre espèce voisine à peu près similaire. Elle fournira, cependant, quelques renseignements qui permettront de consulter plus facilement les ouvrages de bactériologie.

Nous ne saurions trop répéter ce que nous avons dit au cours de cette monographie, à savoir qu'aucun des caractères particuliers à certaines bactéries ne peut constituer un criterium absolu pour la distinction des espèces.

Nous avons signalé déjà le peu de valeur que présente la propriété inhérente à quelques bactéries de fabriquer des principes colorés, et l'indice assez vague que l'on peut tirer de la liquéfaction ou de la non-liquéfaction de la gélatine, attendu que ces deux particularités varient souvent chez la même espèce.

A l'égard des mensurations que nous donnons au début de la description de chaque espèce et qui, *a priori*, semblent devoir fournir des indications très nettes, les mêmes restrictions s'imposent.

Il aurait fallu, pour que ces mensurations présentassent un caractère de quasi-certitude, que l'on spécifiât dans quel milieu se développaient les bactéries au moment où on les mesurait. Malheureusement, ce renseignement n'est pas, en général, fourni par les auteurs qui décrivent les bactéries étudiées par eux.

Il en résulte que quand on a affaire à des bactéries non pathogènes ou, en d'autres termes, lorsque le réactif physiologique fait absolument défaut, on se trouve fort embarrassé, la plupart du temps, pour distinguer des espèces dont les caractères macroscopiques paraissent semblables.

La bactériologie, comme toute science à son début, est remplie de lacunes qu'il faudra combler. Avec le temps, les obstacles s'aplaniront, et l'on sortira des tâtonnements inévitables. Mais il importe au plus haut point, malgré les difficultés présentes, de pratiquer les analyses bactériologiques des eaux non pas seulement pour obtenir la numération des bactéries contenues par centimètre cube, mais en se plaçant aussi et surtout au point de vue qualitatif.

A cette seule condition, on obtiendra des résultats sérieux et l'on pourra marcher plus avant dans l'étude éminemment intéressante des espèces bactériennes.

ANALYSE BACTÉRIOLOGIQUE DE LA GLACE

L'emploi de la glace dans l'alimentation devient chaque jour plus fréquente; aussi, l'attention des hygiénistes s'est-elle portée depuis quelque temps, en France, sur la qualité des glaces présentées à la consommation.

A l'étranger, aux États-Unis surtout, où l'usage de la glace a pris des proportions considérables, les savants se sont préoccupés de cette question, et ils ont publié, à ce sujet, de nombreux travaux.

Une grave épidémie de diarrhée ayant éclaté, M. James Carder, de l'État de New-York, l'attribua à l'ingestion de glace provenant du lac Ouondaga et en prohiba l'usage. De son côté, le Board of Health de l'État de Connecticut a adopté la résolution suivante à la suite de troubles cholériformes :

« Toute personne qui mettra en vente de la glace prise dans un étang, dans une eau communiquant avec des égouts, ou encore dans un fleuve, une rivière, en un point situé à moins de deux milles en aval de l'endroit où débouche un égout, sera passible d'une amende de 5 dollars. »

Les expériences qui ont été faites par Rieder et Hey Roth Anton ont donné lieu aux importantes conclusions suivantes :

1° L'eau qui se transforme en glace par la congélation se sépare constamment d'une partie de ses éléments chimiques et organiques;

2° Certaines substances organiques sont moins atteintes que les sels des acides inorganiques;

3° Les micro-organismes, et, parmi ceux-ci, non seulement les bactéries ordinaires et inoffensives de l'eau, mais aussi les espèces pathogènes, peuvent supporter la congélation naturelle, et même une assez longue conservation à l'état congelé, sans que leur puissance de reproduction soit détruite, et aussi sans qu'elles perdent leur virulence.

Cette dernière conclusion a été vérifiée par beaucoup d'auteurs et, en particulier, par MM. Chantemesse et Widal, qui constatèrent que le bacille typhique résistait plusieurs jours à la congélation de l'eau dans laquelle il se trouvait.

M. Prudden, qui entreprit d'assez longues recherches sur la glace, avait admis que les alternatives de congélation et de fusion amenaient une destruction assez rapide des germes typhiques.

Nous avons fait des expériences analogues avec différentes bactéries pathogènes, en particulier avec le *bacille* d'Eberth, le *bacillus anthracis*, le *staphylo coccus pyogenes*, et nous n'avons jamais constaté de diminution dans le nombre des colonies produites par des eaux ainsi soumises au gel et au dégel répétés; il n'y a même jamais eu de diminution de virulence dans les cultures faites en de telles conditions.

Des travaux nombreux qui ont été faits à ce sujet, il faut donc tirer cette conclusion, qui est la plus naturelle et la plus simple, à savoir : qu'on ne doit livrer à la consommation que *de la glace donnant par fusion de la bonne eau potable*.

L'analyse chimique de cette eau n'offre guère plus de difficultés que celle des eaux potables elles-mêmes; il en est de même de l'analyse microscopique.

Il est, toutefois, nécessaire de prendre quelques précautions particulières dans l'échantillonnage. Il est préférable de se servir de tubes à essai volumineux, mesurant 20^{cm} de longueur sur 5^{cm} de diamètre, et bouchés avec un tampon d'ouate. Ces tubes seront flambés au préalable, et ne devront être ouverts que pour permettre l'introduction des fragments de glace.

Les récipients étant remplis doivent être maintenus verticaux, afin que l'eau provenant de la liquéfaction ne souille pas le tampon d'ouate. Les échantillons seront conservés dans des glacières pour le transport et seront soumis à l'analyse dans le plus bref délai, pour les mêmes raisons que celles que nous avons décrites pour l'analyse des eaux potables.

Partie supplémentaire.

EAUX POTABLES

PAR M. DE RACZKOWSKI

ANALYSE CHIMIQUE

Dosage de la matière organique.

Le dosage de la matière organique par le permanganate de potasse en liqueur sulfurique a donné lieu à quelques observations : notamment M. Duyk(1) a montré qu'il est nettement influencé par la présence de proportions notables de chlorure de sodium, et il conseille dans ce cas de séparer préalablement l'acide chlorhydrique par l'oxyde d'argent.

La présence de chlorure de sodium en liqueur sulfurique correspond, en effet, à la présence d'acide chlorhydrique libre qui, réagissant sur l'acide permanganique, donne du chlore, de l'acide hypochloreux, de l'eau et une quantité correspondante de sel manganeux incolore.

Une eau distillée absorbant 0^{cc},10 d'une solution décinormale de permanganate de potasse en absorbe 0,75 après addition de 0,10 p. 100 de chlorure de sodium. M. de Rider(2) s'est demandé si on ne parviendrait pas à éviter la séparation du chlore en effectuant le dosage de la matière organique en liqueur alcaline d'après la méthode de Shulze-Trommsdorf et en acidifiant par l'acide sulfurique avant de faire le titrage. Les essais effectués dans ce sens par l'auteur ont confirmé ses prévisions.

Dosage de l'ammoniaque.

Kœnig(3) modifie le procédé colorimétrique de Frankland et Armstrong(4), en employant le colorimètre de Muncke, de Berlin, pour la comparaison des teintes; mais cette méthode plus compliquée ne paraît présenter aucun avantage sur la précédente. Winkler(5) dose l'ammoniaque avec une liqueur titrée

(1) Duyk, *Ann. de Chim. anal.*, 1901, p. 121.
(2) De Rider, *Journ. de Pharm. d'Anvers*, juin 1901.
(3) Kœnig-Schewizer, *Woch. f. Chem. und Pharm.*, 1897, p. 433.
(4) Frankland et Armstrong, *Zeit. f. analyt. Chem.*, VII, p. 479.
(5) Winkler, *Mon. Scientifique*, 1900, p. 30, et 1902, p. 676.

de chlorhydrate d'ammoniaque ($1^{cc} = 0,1^{mmgr}$ d'AzH^3) en présence de réactif de Nessler ; mais il ajoute du sel de Seignette.

Pour la détermination de l'ammoniaque dans les eaux des fabriques de gaz d'éclairage, Donath et Pollak (1) ont démontré que le procédé gazométrique, basé sur l'action de l'hypobromite de soude et la mesure de l'azote produit, fournit toujours des résultats trop élevés. Ils conseillent de procéder par distillation en présence d'une base forte, et de doser l'ammoniaque dégagé par les procédés alcalimétriques ordinaires.

Dosage des nitrates.

MM. Kostjamin (2), Noll (3), Cazeneuve et Defournel (4), Winkler (5), indiquent différentes méthodes de dosage des nitrates, basées sur la réaction sensible que donne la brucine avec l'acide nitrique.

Ces méthodes donnent des résultats concordants avec ceux du procédé de Schulze et Tiemann décrit précédemment.

Dosage des nitrites.

Kœnig (6) prépare des solutions colorées types avec du nitrite de soude, de l'iodure de zinc amidonné et de l'acide sulfurique au 1/3, qu'il compare au moyen du colorimètre de Muncke, de Berlin, avec la coloration obtenue avec l'échantillon dans lequel il effectue le dosage ; s'il ne peut identifier, exactement, avec un des types, le liquide examiné, il étend celui-ci en notant le volume d'eau ajouté et évalue ensuite la proportion de nitrite par le calcul.

Deux réactifs peuvent être commodément employés pour effectuer le dosage de l'acide azoteux (7). Le premier, celui de Griess, est une solution à 5 0/00 de métadiamidobenzol, rendu nettement acide par l'acide sulfurique ; l'addition de 1^{cc} de réactif et de 1 à 2^{cc} d'acide sulfurique dans 100^{cc} d'eau produit une teinte jaune plus ou moins foncée suivant la proportion d'acide nitreux. Le second, celui de Riegler, est constitué par une solution aqueuse de naphtionate de soude et de β-naphtol, dont on met 10 gouttes jointes à 2 gouttes d'acide chlorhydrique concentré dans 10^{cc} d'eau placés dans un tube à essai, puis on ajoute 20 gouttes d'ammoniaque que l'on fait couler le long des parois du tube ; il se développe une zone rouge, et le liquide prend une teinte rougeâtre après agitation.

Les deux procédés sont sensibles, le premier à 0,0001, le second à 0,00005 de nitrite pour 100^{cc}.

(1) Donath et Pollak, *Zeit. f. angewand. Chem.*, 1897, p. 555.
(2) Dr Kostjamin, *Arch. f. Hyg.*, 1900, p. 372.
(3) Noll, *Zeit. f. angew. Chem.*, 1901, p. 1317.
(4) Cazeneuve et Defournel, *Bull. Soc. Chim.*, 1901, p. 639.
(5) Winkler, *Mon. Scient.*, 1900, p. 30 ; 1902, p. 676.
(6) Kœnig-Schweizer, *Woch. f. Chem. und Pharm.*, 1897, p. 433.
(7) *Annales de Chimie analytique*, 1897, p. 193.

Barbet et Gandrier (1) proposent la substitution de la résorcine au chlorhydrate de métaphénylènediamine.

M. L. Robin (2) indique une méthode reposant sur ce fait, qu'en ajoutant à une solution de nitrite pur de l'iodure de potassium et de l'acide acétique, il y a mise en liberté d'iode. L'auteur dose cet iode par l'hyposulfite de soude dont il évalue le volume trouvé en acide nitreux correspondant, car d'après lui la quantité d'iode mise en liberté est invariable pour une quantité donnée d'acide nitreux.

Winkler (3) dose les nitrites de la façon suivante :

On verse 100cc d'eau dans un ballon de 200 et on y ajoute 20cc d'acide chlorhydrique à 10 p. 100 et 2 à 3cc d'empois d'amidon.

On traite alors par 5gr d'hydrocarbonate de potassium que l'on peut ajouter en une fois pourvu que les cristaux soient petits, puis 1 à 2gr d'iodure de potassium après une minute, et on titre l'iode mis en liberté après cinq minutes au moyen d'une solution d'hyposulfite de soude dont 1cc correspond à 1mmgr d'Az^2O^3. Pour préparer l'empois d'amidon il fait bouillir 1gr d'amidon avec 500cc d'eau, laisse reposer vingt-quatre heures, filtre la portion claire et recueille le filtrat dans de petits flacons de 50cc, qu'il stérilise à 100° pendant une demi-heure.

Dosage des phosphates.

Lorsque l'on ajoute le réactif molybdique dans une eau, on observe quelquefois, après quelques heures de repos à 50°, que le liquide prend une teinte jaune.

Cette teinte ne doit pas être considérée comme un indice suffisant de la présence d'acide phosphorique, car les eaux contenant des silicates donnent la même réaction.

MM. Jolles et Neurath (4) ont établi d'ailleurs un procédé colorimétrique de dosage des silicates dans les eaux basé sur l'action du molybdate de potasse azotique.

La présence d'un précipité de phosphomolybdate est donc nécessaire pour conclure à la présence de phosphates.

Dosage de la chaux.

M. Gosselin (5) indique une méthode volumétrique consistant à précipiter la chaux, dans un volume d'eau déterminé, par une quantité connue d'acide oxalique et à doser l'acide oxalique en excès avec une liqueur titrée de permanganate de potasse. Ce procédé rapide est recommandable lorsque l'eau contient moins de 2mmgr de matières organiques exprimées en oxygène

(1) Barbet et Gandrier, *Journ. de Pharm. et de Chim.*, 1896, 6e série, t. IV, p. 248.
(2) L. Robin, *Journ. de Pharm. et de Chim.*, 1898, t. V, juin 1898.
(3) Winkler, *Mon. Scient.*, 1900, p. 30, et 1902, p. 676.
(4) Jolles et Neurath, *Bull. de l'Ass. belge des chimistes*, 1898, p. 22.
(5) Gosselin, *Journ. de Phys. et de Chim.*, 1900, t. XII, p. 556.

emprunté au permanganate, comme, par exemple, dans le cas des eaux de sources desservies à Paris. Dans le cas contraire, l'auteur dose l'acide oxalique dans l'oxalate de chaux précipité.

Les liqueurs titrées employées sont les suivantes :

1° Solution d'acide oxalique renfermant $0^{gr},630$ d'acide par litre ;

2° Solution de permanganate de potasse à $0^{gr},316$ par litre ;

3° Solution d'acide sulfurique au 1/10.

Titrage de la solution de permanganate. — On met dans une capsule de porcelaine 10^{cc} de la solution d'acide oxalique, 10^{cc} d'eau distillée et 10^{cc} d'acide sulfurique au 1/10, puis on chauffe vers 70° ; on verse alors le permanganate à l'aide d'une burette graduée jusqu'à ce que l'on obtienne la coloration rose persistant.

Mode opératoire. — Dans un flacon bouché à l'émeri, à large ouverture, de 150^{cc} environ, on verse 50^{cc} de la solution d'acide oxalique et 2 gouttes d'ammoniaque, puis 50^{cc} d'eau à analyser, on agite vivement à diverses reprises ; au bout de dix minutes, on filtre sur un papier Berzélius dans une fiole propre et sèche. On prélève 20^{cc} du filtrat limpide et on titre comme il vient d'être dit avec la solution de permanganate.

Soit n'^{cc} le volume de permanganate employé.

$n - n' = N$ représente le volume de permanganate correspondant à celui de la solution d'acide oxalique entrée en combinaison avec la chaux.

La quantité de chaux contenue dans 1 litre de l'eau examinée sera :

$$\frac{N \times 0,0028 \times 100}{n} = \frac{N \times 0,28}{n}.$$

Winkler (1) est arrivé à doser à la fois la chaux et la magnésie, en perfectionnant l'essai hydrotimétrique.

Cette méthode est basée sur les observations suivantes :

Lorsqu'on ajoute de l'oléate de potasse à une eau renfermant des sels de chaux et de magnésie, en présence du sel de Seignette et d'un peu de potasse caustique, les sels de chaux sont les seuls qui se transforment en oléate ; les sels de magnésie ne sont pas décomposés. Mais, si on ajoute de l'oléate de potasse à la même eau, en présence du chlorure d'ammonium et de l'ammoniaque, la magnésie se transforme en oléate.

On reconnaît que la transformation en oléate est complète lorsque, par agitation, il se produit de la mousse qui persiste pendant plusieurs minutes ; un très petit excès d'oléate suffit pour cela. Les sels de magnésie ne réagissant pas aussi facilement sur l'oléate que ceux de chaux, le titrage de ceux-ci ne devra être considéré comme terminé que lorsque la mousse persistera au moins pendant cinq minutes.

---

(1) Winkler, *Zeits. f. analyt. Chem.*, 1901, 40, 2, p. 82 ; et *Ann. de Chimie analyt.*, 1901, p. 263.

Dosage des sulfates.

Ce dosage peut s'effectuer pondéralement en versant du chlorhydrate d'ammoniaque, un peu d'acide chlorhydrique et du chlorure de baryum dans 100^{cc} d'eau que l'on porte à l'ébullition ; on peut opérer sur un volume plus grand si on a une eau faiblement séléniteuse. On laisse reposer, on filtre, lave, sèche, incinère et pèse le précipité, duquel on déduit le sulfate de chaux en multipliant par le facteur 0,5658 le poids de sulfate de baryte trouvé.

Dosage de l'alcalinité.

La réaction alcaline due aux carbonates alcalins, aux carbonates de chaux et de magnésie est quelquefois très faible ; aussi est-il difficile de percevoir un virage net avec les indicateurs habituels (tournesol, alizarine, phénolphtaléine), qui ont l'inconvénient d'être sensibles à l'action de l'acide carbonique libre. On emploie, comme il est indiqué précédemment, l'orangé de méthyle, qui ne présente pas ces inconvénients.

Cavalli (1) conseille l'emploi d'une solution à 1/100 de rouge de toluène [chlorhydrate de diméthyl-diamido-tolylphénazine $C^{15}H^{7}Az^{4}Cl$] ; 2 ou 3 gouttes de ce réactif ajoutées à 50^{cc} d'eau donnent une coloration jaune intense, si l'eau est fortement alcaline ; si la réaction est faiblement alcaline, la couleur devient jaune orangé, puis rouge pâle.

Recherche des sulfocyanures.

Les sulfocyanures se trouvant constamment dans les produits de distillation de la houille, il peut être intéressant de rechercher leur présence dans une eau que l'on pourrait supposer contaminée par le gaz d'éclairage.

M. Bouriez (2) propose, à cet effet, le procédé suivant:

On opère sur 5 à 10 litres d'eau que l'on évapore à 15^{cc}, on filtre et répartit le filtrat dans trois tubes, dont le premier contient 1 goutte de perchlorure de fer officinal, tandis que le deuxième contient 2 gouttes et le troisième 3 gouttes du même réactif.

Quelle que soit la coloration du mélange, on ajoute dans chaque tube un même volume d'éther ; si, après agitation, l'éther se colore en rouge dans l'un des tubes, on peut conclure à la présence des sulfocyanures dans cette eau ; sinon il faut, avant de conclure à leur absence, s'assurer que la coloration n'apparaît pas sous l'influence de l'acide chlorhydrique au 1/10 versé goutte à goutte dans chaque tube et en agitant après chaque addition.

---

(1) A. Cavalli, *Il Selmi*, 1897, p. 65.
(2) Bouriez, *Annales de Chimie analytique*, 1898, p. 229.

ANALYSE BACTÉRIOLOGIQUE

L'analyse bactériologique des eaux constitue un des chapitres les plus importants de la microbiologie. La numération des germes fournit une première indication sur le degré de pollution ou de pureté des diverses eaux de source, rivière, etc., sur leur purification spontanée, sur le plus ou moins d'efficacité des filtres ou des procédés de stérilisation physiques et chimiques, etc., etc... Mais, si ces statistiques microbiennes peuvent, dans quelques rares exceptions, fournir des chiffres intéressants, il faut cependant se garder de leur attribuer une interprétation trop rigoureuse.

On a déjà insisté sur les nombreuses précautions dont on devait s'entourer pour le prélèvement, le transport et l'ensemencement des échantillons destinés à l'analyse bactériologique. Nous nous contenterons donc d'indiquer les appareils ou procédés nouveaux qui ont été proposés depuis.

Nous ajouterons également quelques renseignements sur les caractères des bacilles typhique et coli communis, dont la recherche dans l'eau présente un intérêt de la plus haute importance.

Nous donnerons enfin quelques indications complémentaires en ce qui concerne le prélèvement et l'analyse des échantillons de la glace destinée à l'alimentation.

Appareil de M. Dié(1) pour recueillir les échantillons d'eau destinés à l'analyse chimique et à l'examen bactériologique.

L'échantillon bactériologique est recueilli dans un petit flacon en verre de 20^{cc} environ de capacité bouché par un bouchon en verre rodé extérieurement à l émeri et choisi tel qu'il s'adapte bien dans le support construit à cet usage : les flacons Miquel ont paru le plus commodes, à la condition de fermer au chalumeau l'ouverture supérieure ménagée dans le bouchon. Préalablement stérilisés, ils sont placés bouchés à l'intérieur de l'appareil et ne sont ouverts qu'au moment où on va effectuer le prélèvement; on les referme quand ils sont remplis et on les extrait de l'appareil sans que leur contenu ait été en contact avec l'atmosphère.

L'eau contenue dans le récipient extérieur constitue l'échantillon pour l'analyse chimique.

Cet appareil se compose d'un flacon en verre de 1 litre de capacité muni d'un goulot de 45^{mm} de diamètre. Il est lesté par un disque de plomb de poids suffisant pour provoquer l'immersion de l'appareil vide.

Ce disque est fixé à la partie inférieure du flacon au moyen de trois tiges métalliques F, placées latéralement et reliées à un collier qui entoure le goulot;

(1) Dié, *Ann. de Chimie analytique*, 1902, p. 255.

les tiges et le collier sont articulés de manière à permettre le changement facile et rapide du flacon pour le cas de prélèvements multiples.

Une fourche s'articule sur le collier et reçoit l'extrémité d'un fil métallique servant à la suspension de l'appareil.

Le flacon est fermé par un bouchon de liège percé de deux trous : l'un, d'un diamètre de 12^{mm}, par lequel s'effectuera le remplissage, est obturé, à son orifice supérieur, par une sphère de métal formant clapet et se mouvant librement, au moyen d'un fil attaché à un petit anneau soudé en un point de la boule, dans une petite cage B fixée au bouchon. Dans l'autre trou est fixé un tube métallique de faible diamètre, descendant à l'intérieur du récipient; dans ce tube glisse à frottement doux une tige métallique de quelques centimètres plus longue ; à l'extrémité inférieure du tube et de la tige, se trouvent soudés deux colliers articulés, servant à maintenir l'un le flacon bactériologique M, l'autre le bouchon de ce flacon H, de telle sorte que, en enfonçant ou relevant la tige, on provoque l'ouverture du flacon bactériologique ou son obturation.

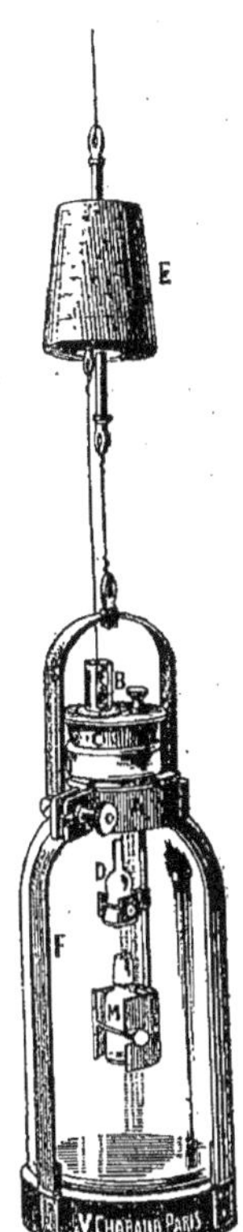

L'appareil est complété par un flotteur E, glissant le long du fil suspendu et relié par un fil de longueur variable au clapet précédemment indiqué.

Pour prélever un échantillon d'eau, il suffit de placer et de fixer, au moyen de leurs colliers respectifs, un flacon bactériologique rigoureusement stérilisé avec son bouchon, d'introduire le tout dans le grand récipient, et, arrivé sur le lieu du prélèvement, d'enfoncer la tige qui détermine l'ouverture du flacon bactériologique, de relier le clapet au flotteur par un fil d'une longueur correspondante à la profondeur où l'on veut faire la prise d'essai et de descendre l'appareil au sein de l'eau.

Lorsque le flacon se trouve à la profondeur voulue, le flotteur, par traction sur la petite corde, lève le clapet sphérique ; l'eau se précipite par déplacement de l'air et emplit le grand flacon ainsi que le petit qui se trouve à l'intérieur. Il ne reste plus qu'à remonter l'appareil, à fermer, en relevant la tige, le petit flacon bactériologique, à l'extraire et à changer les récipients pour une nouvelle opération.

Pour plus de sûreté, l'appareil tout entier peut être stérilisé ou au moins lavé abondamment avec l'eau à analyser, préalablement puisée par un moyen quelconque.

Nous avons dit que la teneur microbienne d'une eau varie avec les conditions de température et de temps écoulé entre le prélèvement et l'ensemencement. Les bactéries tendent à pulluler, comme l'ont observé Miquel (1), Kramer (2),

(1) Miquel, *Annuaire de l'Observ. de Montsouris*, 1880, p. 497.
(2) Kramer, *Die Wasserecrsargung von Zurich*, 1883.

Meade Bolton (1), Riedel (2) ; aussi est-il indispensable de les maintenir à une basse température, pendant le transport, par l'emploi de caisses glacières.

Culture des anaérobies.

Comme nous le disions également, l'examen d'une eau nécessite non seulement l'étude des germes aérobies, mais aussi l'examen des germes anaérobies, opération toujours délicate. Les procédés actuellement en usage sont toujours plus ou moins compliqués et permettent difficilement d'examiner plusieurs échantillons à la fois.

L'appareil employé au laboratoire (3) permet d'ensemencer en milieu solide, dans un courant d'hydrogène pur, les eaux dont on veut connaître le nombre de germes anaérobies. Il se compose :

1° D'un appareil producteur d'hydrogène, consistant en un flacon contenant des fragments de tubes de verre et de la grenaille de zinc ; ce flacon est bouché par un bouchon de caoutchouc à deux trous ; l'un de ces trous donne passage au tube de dégagement du gaz, tandis que l'autre est traversé par un tube droit surmonté d'une boule destinée à contenir de l'acide chlorhydrique dilué, dont on modère l'arrivée dans le flacon au moyen d'un robinet. Le flacon et la boule se trouvent maintenus sur un support en fonte, qui rend l'ensemble très stable. Au sortir du flacon, le gaz barbote dans une série de quatre tubes maintenus dans un porte-tube et contenant respectivement des solutions de potasse, d'azotate d'argent, d'acétate de plomb et de bichlorure de mercure, dans lesquels l'hydrogène se débarrasse de l'acide carbonique, de l'acide chlorhydrique, de l'hydrogène sulfuré, de l'hydrogène arsénié et des bactéries ;

2° D'un support en chêne pouvant prendre une position plus ou moins inclinée au moyen d'une glissière métallique et d'une vis de serrage. Sur ce support sont fixés les tubes à culture. Ceux-ci sont constitués par des tubes bitubulés ; une tubulure est dirigée dans le sens du tube, tandis que l'autre est perpendiculaire à sa direction. Deux bouchons en caoutchouc, traversés chacun par un petit tube étranglé, obstrué par un tampon d'ouate, ferment chacune de ces tubulures.

Après stérilisation à l'autoclave, les tubes sont placés sur le support, reliés entre eux, ainsi qu'à l'appareil producteur d'hydrogène, par des tubes en caoutchouc. Le dernier est relié à un bécher contenant de l'eau.

Les tubes à culture étant posés dans la position inclinée, on verse le milieu de culture liquéfié par la chaleur, au moyen de la tubulure perpendiculaire, et, après abaissement de température suffisant, on ensemence par la même tubulure ; on replace le petit tube F, et l'on fait passer le courant gazeux, dont on surveille la rapidité au moyen du barbotage dans l'eau du bécher, et dont on modère la vitesse à l'aide d'une pince de Mohr.

---

(1) Meade Bolton, *Zeit. f. Hyg.*, 1886, p. 76, 114.
(2) Riedel, *Arbeiten aus dem Kaiser Gesund.*, 1886.
(3) Bordas, *Ann. de Chim. analyt.*, 1902, p. 251.

On laisse passer le gaz pendant trois heures, puis on ferme les tubes avec un jet de chalumeau dirigé sur les parties étranglées des petits tubes que l'on étire.

On donne alors au support la position horizontale, et l'on abandonne le tout. Il ne reste plus qu'à effectuer la numération. Cette numération faite, on vérifie que les tubes sont exempts d'air en allumant le gaz, qui doit s'enflammer sans explosion.

Appareil pour la concentration des bactéries du Dr Bordas (1).

La méthode dite par dilution et ensemencements fractionnés dans le bouillon nécessite un matériel compliqué et une peine considérable, et présente, en outre, l'inconvénient de ne pas permettre d'affirmer que l'échantillon examiné ne renferme pas de bactéries pathogènes. Aussi faisons-nous le contraire : au lieu de diminuer le nombre de bactéries, nous l'augmentons par la concentration.

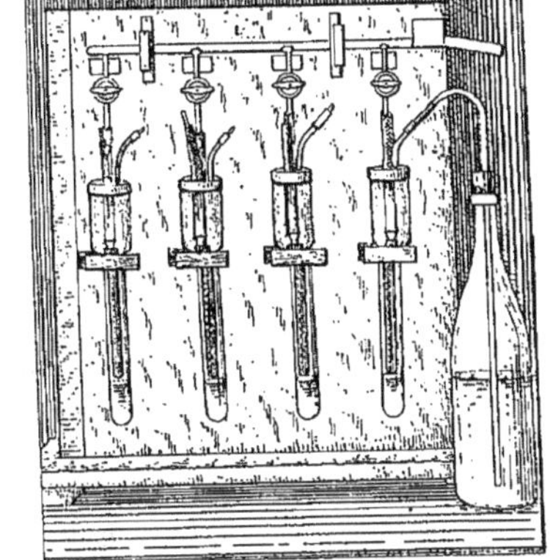

Nous avons adopté à cet effet un appareil qui permet de concentrer sous un faible volume toutes les bactéries contenues dans plusieurs litres d'eau et d'obtenir ainsi un liquide beaucoup plus riche en germes.

Il se compose d'une petite bougie filtrante, placée dans une gaine en verre d'un diamètre légèrement supérieur à celui de la bougie. Cette gaine est fermée à l'aide d'un bouchon de caoutchouc percé de deux trous. Un des trous laisse passer un tube de verre mettant en communication la bougie avec la trompe à vide ; l'autre donne également passage à un tube de verre pénétrant jusqu'au fond de la bouteille contenant l'eau à examiner.

On fait le vide, et tout le liquide contenu dans la bouteille filtre à travers la bougie ; il suffit, une fois la filtration achevée, de laver la bougie avec de l'eau distillée.

Dans la figure ci-contre, on a monté quatre bougies formant une batterie permettant de conduire en même temps quatre opérations, chacun des éléments étant indépendant pour être stérilisé isolément.

Recherche des bacilles typhique et coli communis.

Si la numération des germes est chose relativement facile pour un opérateur expérimenté, il n'en est plus de même en ce qui concerne la séparation et la

(1) Bordas, *Journ. de Pharm. et de Chim.*, 1901, p. 295.

distinction de ces germes. Ce genre de recherche exige de celui qui l'entreprend des notions très étendues aussi bien en chimie qu'en médecine ; elle peut demander un temps très long, et encore les résultats sont-ils bien incertains.

Pour ne parler que des bacilles typhique et coli, il est déjà fort difficile de caractériser leur présence dans l'eau lorsqu'ils s'y développent isolément l'un par rapport à l'autre, et les difficultés se trouvent encore augmentées lorsqu'ils s'y trouvent simultanément.

Pour séparer ces deux bacilles d'une partie des différentes espèces que renferme l'eau, nous opérons de la façon suivante :

Après avoir concentré les bactéries dans un petit volume d'eau au moyen de l'appareil décrit précédemment, nous ensemençons 1^{cc} du liquide dans 10^{cc} de bouillon peptoné, dans lequel on a ajouté 5 gouttes d'une solution de phénol à 5 p. 100, et on place la culture à 42°. Après deux ou trois jours, on fait un nouvel ensemencement avec la culture obtenue, et cela trois ou quatre fois de suite. On obtient ainsi une culture qui contient le bacille d'Eberth et le bacille coli communis, associés à d'autres bacilles.

Nous résumons ci-après les propriétés de ces deux bacilles pouvant aider à leur caractérisation, et nous renvoyons pour l'étude plus approfondie de celles-ci à la bibliographie fort longue dans laquelle nous relevons les principaux travaux.

Bacillus typhosus (Eberth Gaffky).

On est d'accord à considérer aujourd'hui comme germe spécifique de la fièvre typhoïde un bacille découvert par Eberth en 1880 et étudié longuement en 1884, par Gaffky, qui l'isola le premier et le cultiva à l'état de pureté.

Ce bacille affecte dans les cultures jeunes sur bouillon, sur gélatine et sur gélose la forme de bâtonnets isolés cylindriques à extrémités arrondies de 2 à 4 µ de longueur et 0,5 à 0,8 µ de largeur. Ces dimensions sont plus grandes quand il est cultivé sur pomme de terre ou, si l'on se trouve en présence de vieilles cultures, sur bouillon ; les filaments rectilignes ou incurvés que l'on observe peuvent alors avoir de 20 à 30 µ.

La mobilité dans les cultures jeunes est extrême, et on admet que cette mobilité est due aux cils vibratils implantés sur la surface du corps bacillaire. Löffler, Van Ermengem, Buchner ont mis d'une façon très nette ce fait en évidence.

Il se colore facilement avec les solutions anilinées, mais se décolore avec la même facilité. Il ne prend pas le Gram.

On peut le cultiver au contact ou non de l'oxygène sur les milieux habituels, à une température voisine de 35°.

Les cultures en bouillon peptoné présentent un aspect tout spécial ; par agitation, on remarque au sein du liquide des particules chatoyantes produisant une irisation particulière ; souvent la surface du liquide se recouvre d'une mince pellicule. Le bacille se développe dans un bouillon légèrement acide ou faiblement additionné d'antiseptiques, tels que l'acide phénique. Il ne produit aucun dégagement gazeux dans le bouillon lactosé, et son développement dans du lait stérilisé n'amène aucune coagulation de celui-ci, même après deux mois (Miquel).

Sur milieu solide, les colonies présentent la forme de brioches à contours irréguliers, s'étalant en amas minces et transparents à reflets bleuâtres; mais ces caractères ne lui sont pas particuliers.

Bibliographie.

Ali Cohen, *Die Typhusbacillen*. Groningen, 1888.

Artaud, *Étude sur l'étiologie de la fièvre typhoïde*. Paris, 1885.

Bardet, *Annales de l'Institut Pasteur*, 1895, IX, p. 492.

Boer, *Zeitschrift für Hygiene*, 1890, IX, p. 479.

Bolton, *Report of Comittee on Disinfectants*, p. 153.

Browicz, *Handbuch der path. Anat.*, 1875.

Buchner, *Centralblatt für Bakteriologie*, 1888, IV, p. 353.

Cambier, voyez *Miquel* et *Cambier*.

Chantemesse, *Comptes Rendus de la Société de Biologie*, 1897, sér. 10, IV, pp. 97 et 101.

Chantemesse et Widal, *Archives de physiologie norm. et path.*, 1887, p. 217; — *Annales de l'Institut Pasteur*, 1892, VI, p. 755.

Courmont, *Comptes Rendus de la Société de Biologie*, 1896, sér. 10, III, p. 819, et 1895, sér. 10, II, p. 688.

Deschamps, voyez *Grancher* et *Deschamps*.

Duclaux, *Traité de Microbiologie*, 1901, t. IV. Masson et Cie, éditeurs.

Durham, voyez *Gruber* et *Durham*.

Eberth, *Virchow's Archiv*, 1880, LXXXI, p. 58; 1881, LXXXIII, p. 486.

Elsner, *Zeitschrift für Hygiene*, 1896, XXI, p. 25; — et *Presse médicale*, 1896, p. 35.

Fishel, *Prager med. Wochenschrift*, 1878, p. 33.

Frankel et Simmonds, *Centralblatt für Klin. med.*, 1885.

De Freytag, *Archiv für Hygiene*, 1890, XI, p. 60.

Gaffky, *Mitth. aus dem Kais. Gesundheitsamte*, 1884, II, p. 372; — *Berliner Klin. Wochenschrift*, 1884.

Garré, *Correspondenzblat für Schweizer Aerste*, 1887, XVII.

Geissler, *Centralblatt für Bakteriologie*, 1892, XI, p. 101.

De Giaxa, *Annales de Micrographie*, 1889-90, II, p. 316.

Grancher et Deschamps, *Archives de Médecine expérimentale*, 1889, I, p. 33.

Gruber et Durham, *Münchener med. Wochenschrift*, 1896, p. 285.

Hugo Laser, *Zeitschrift für Hygiene*, 1894, X, p. 513.

Janowski, *Centralblatt für Bakteriologie*, 1890, VIII, p. 428 (Voir aussi pp. 167, 193, 230, 262, 449).

Karlinski, *Centralblatt für Bakteriologie*, 1892, XI, p. 634; — *Archiv für Hygiene*, 1899, IX, p. 113, et 1891, XIII, p. 302.

Kitasato, *Zeitschrift für Hygiene*, 1888, III, p. 404.

Klers, *Archiv für exper. Pathologie*, 1880-81, XII, XIII, XV.

Koch, *Mitth. aus dem Kais. Gesundheitsamte*, 1881, I.

Kolle, voyez *Pfeiffer* et *Kolle*.

Lüderitz, *Zeitschrift für Hygiene*, 1889, VI, p. 241.

Max Holz, *Zeitschrift für Hygiene*, 1890, VIII, p. 143.

Max Müller, *Zeitschrift für Hygiene*, 1895, XX, p. 245.

Miquel et Cambier, *Traité de Bactériologie*, 1902. C. Naud, éditeur.

Nissen, *Zeitschrift für Hygiene*, 1890, VIII, p. 62.

Parietti, *Rivista d'Igiene*, 1890, I, n° 11 ; — *Annales de l'Institut Pasteur*, 1891, V, p. 413.

Péré, *Annales de l'Institut Pasteur*, 1891, V, p. 79.

Pfeiffer et Kolle, *Zeitschrift für Hygiene*, 1886, XXI, p. 203.

Pfuhl, *Zeitschrift für Hygiene*, 1889, VI, p. 97.

Remlinger et Schneider, *Comptes Rendus de la Société de Biologie*, 1896, sér. 10, III, p. 803; — et *Annales de l'Institut Pasteur*, 1897, XI, p. 55.

Sanarelli, *Annales de l'Institut Pasteur*, 1892, VI, p. 721 ; 1894, VIII, pp. 93 et 353.

Schneider, voyez *Remlinger* et *Schneider*.

Seitz, *Bakteriologische Studien zur Typhusætiologie*. Munich, 1886.

Sicard, voyez *Widal* et *Sicard*.

Silvestrini, *Rivisto italiana*, 1891, p. 226.

Sternberg, *American Journal Med. Scien.*, 1887, XCIV, p. 146; — et *American Journal Med. Scien.*, 1883, LXXXIV.

Tassinari, *Ann. d'Inst. d'Igiene sperim. di Univ.* Roma, I, p. 155.

Uffelman, *Centralblatt für Bakteriologie*, 1889, V, pp. 497 et 529, et 1894, XV, p. 133.

Viquerat, *Annales de Micrographie*, 1888-89, I, p. 219.

Vincent, *Comptes Rendus de la Société de Biologie*, 1890, sér. 9, II, p. 62.

Widal, *Bulletin de la Société médicale des Hôpitaux*, 1896, 21 juin. Voyez *Chantemesse* et *Widal*.

Widal et Sicard, *Annales de l'Institut Pasteur*, 1897, XI, p. 361.

Wittlin, *Annales de Micrographie*, 1896, VIII, p. 89.

Bacillus coli communis.

Ce bacille vit en saprophyte dans le tractus intestinal, mais peut acquérir une très grande virulence, et on tend de plus en plus à admettre d'étroites relations entre sa présence dans l'eau et l'étiologie de la fièvre typhoïde. Le colibacille se présente dans les selles des nourrissons sous la forme d'un court bacille de 1 à 4 μ de longueur sur 0,3 à 0,4 μ de largeur, tandis qu'il a l'aspect d'un microcoque ovale dans les cultures jeunes sur bouillon.

Il peut affecter la forme de longs filaments de 10 à 15 μ de longueur lorsqu'il est cultivé dans certains milieux.

Il se colore aisément par les couleurs d'aniline, mais ne prend pas le Gram.

Sa mobilité est très variable, mais il n'est cependant qu'exceptionnellement immobile.

Il est muni de cils vibratils différents de ceux du bacille typhique par leur nombre et leur longueur moindre (Miquel). Il se cultive très facilement dans les bouillons peptonés en produisant de l'indol. Il ne faudrait cependant pas considérer cette propriété comme un caractère invariable, car certains colibacilles authentiques ne donnent pas cette réaction.

Les cultures sur gélatine sont constituées par de petites colonies arrondies discoïdales blanches, grises ou jaunâtres, lorsqu'elles sont profondes; à la surface, elles sont plus étalées, bleuâtres et irisées par réflexion.

Dans le lait, le bacille coli se développe bien et le coagule généralement après vingt-quatre heures. Cultivé dans du bouillon lactosé, il fait fermenter ce sucre. La production d'acide lactique peut être mise en évidence par addition au bouillon de carbonate de chaux qui se trouve décomposé avec dégagement d'acide carbonique.

Bibliographie.

Achard et Phulpin, *Archives de Médecine expérimentale*, 1895, VII, p. 25.

Albarran et Mosny, *Comptes Rendus de l'Académie des Sciences*, 1898, CXXII, p. 1022.

Beco, *Annales de l'Institut Pasteur*, 1895, IX, p. 199 ; — *Centralblatt für Bakteriologie*, 1899, XXVI, p. 136.

Blachstein, *John Hopkin's Hosp. Bull.*, 1891.

Boix, *Mémoires de la Société de Biologie*, 1893, sér. 9, V, p. 113.

Cambier, voyez *Miquel* et *Cambier*.

Chantemesse, Perdrix et Widal, *Bulletin de l'Académie de Médecine*, sér. 3, XXVI, p. 490.

Choquet, voyez *Grimbert* et *Choquet*.

Demel et Orlandi, *Archives italiennes de Biologie*, 1894, XX, p. 219, et 1895, p. 125.

Dominici, voyez *Gilbert* et *Dominici*.

Doyon, voyez *Hugounenq* et *Doyon*.

Dubief, *Comptes Rendus de la Société de Biologie*, 1891, sér. 9, III, p. 678.

Duclaux, *Traité de Microbiologie*, 1901, t. IV. Masson et Cie, éditeurs.

Ducbar, *Zeitschrift für Hygiene*, 1892, XII, p. 485.

Escherich, *Die Darmbakter. d. Saüglings und ihre Beziehung. z. Phys. Verdauung Stuttgart*, 1886 ; — *Fortschritte der Medizin*, 1885, p. 515 ; — *Munch. med. Wochenschrift*, 1886, p. 43.

Gaëtano, voyez *Salvati* et *Gaëtano*.

Gilbert et Dominici, *Comptes Rendus de la Société de Biologie*, 1894, sér. 10, I, p. 119.

Gilbert et Lion, *Comptes Rendus de la Société de Biologie*, 1892, sér. 9, IV, p. 157 ; — *Mémoires de la Société de Biologie*, 1893, sér. 9, V, p. 55 ; — et *Semaine médicale*, 1895, p. 1-3.

Grimbert, *Annales de l'Institut Pasteur*, 1899, XIII, p. 67.

Grimbert et Choquet, *Comptes Rendus de la Société de Biologie*, 1895, sér. 10, II, p. 664.

Hermann, voyez *Wurtz* et *Hermann*.

Hugounenq et Doyon, *Comptes Rendus de la Société de Biologie*, 1897, sér. 10, IV, p. 198.

Lanz, voyez *Tavel* et *Lanz*.
Laruelle, *la Cellule*, 1889, V, 1er fascicule.
Lesage et Macaigne, *Archives de Médecine expérimentale*, 1892, IV, p. 350.
Lion, voyez *Gilbert* et *Lion*.
Macaigne, voyez *Lesage* et *Macaigne*.
Malvoz, *Archives de Médecine expérimentale*, 1891, III, pp. 593 et 599.
Miasnikoff, *Vratch*, 1895.
Miquel et Cambier, *Traité de Bactériologie*, 1902. C. Naud, éditeur.
Mosny, voyez *Albarran* et *Mosny*.
Nobécourt, voyez *Widal* et *Nobécourt*.
Nuttal et Thierfelder, *Zeitschrift für phys. Chem.*, 1895, XXI, p. 109.
Orlandi, voyez *Demel* et *Orlandi*.
Péré, *Annales de l'Institut Pasteur*, 1892, VI, p. 512, et 1893, VII, p. 737.
Perdrix, voyez *Chantemesse* et *Perdrix*.
Phulpin, voyez *Achard* et *Phulpin*.
Poujol, *Comptes Rendus de la Société de Biologie*, 1897, sér. 10, IV, p. 982.
Rodet, *Comptes Rendus de la Société de Biologie*, 1896, sér. 10, III, p. 876.
Salvati et Gaëtano, *Riforma medica*, 1895, II, p. 506.
Shottelius, *Archiv für Hygiene*, 1899, XXXIV, p. 210.
Tavel et Lanz, *Mittheil. aus dem klin. und med. Inst. d. Schweiz*, I, p. 1.
Thierfelder, voyez *Nuttal* et *Thierfelder*.
Van de Velde, *Centralblatt für Bakteriologie*, 1898, XXIII, p. 481.
Widal et Nobécourt, *Semaine médicale*, 1897. Voyez aussi *Chantemesse*, *Perdrix* et *Widal*.
Wurtz, *Comptes Rendus de la Société de Biologie*, sér. 9, III, p. 828; — et *Archives de Médecine expérimentale*, 1891, III, p. 593.
Wurtz et Hermann, *Archives de Médecine expérimentale*, 1891, III, pp. 734, 737.

Sur la différenciation du bacille typhique et du colibacille.
Bibliographie.

D'Abundo, *Riforma medica*, 1887.
Beco, *Centralblatt für Bakteriologie*, 1899, XXVI, p. 136.
Birch-Hirschfeld, *Archiv. für Hygiene*, IV, 1887, p. 341.
Cambier, voyez *Miquel* et *Cambier*.
Cassedebat, *Annales de l'Institut Pasteur*, 1890, IV, p. 625.
Chantemesse et Widal, *Bulletin de l'Académie de Médecine*, 1891.
Duclaux, *Traité de Microbiologie*, 1901, t. IV. Masson et Cie, éditeurs.
Gasser, *Archives de médecine expérimentale*, 1890, II, p. 750.
Grimbert, *Comptes Rendus de la Société de Biologie*, 1894, sér. 10, I, p. 399.
Herman, voyez *Wurtz* et *Herman*.
Miquel et Cambier, *Traité de Bactériologie*, 1902. C. Naud, éditeur, Paris.
Nicolle, *Annales de l'Institut Pasteur*, 1894, VIII, p. 854.
Nœggerath, *Fortschritte der Medizin*, 1888, VI, p. 1.
Piorkowski, *Centralblatt für Bakteriologie*, 1896, XIX, p. 686; — *Berliner Klin. Woch.*, 29 juin 1896 et 13 février 1899.

Ramond, *Comptes Rendus de la Société de Biologie*, 1896, sér. 10, III, p. 883.
Rémy et Sugg, *Travaux du lab. d'hyg. et de bact. de l'Univ. de Gand*; — et *Annales de la Société de Médecine de Gand*, 1893.
Rodet et Roux, *Soc. des Sciences médicales de Lyon*, 1889 ; — et *Comptes Rendus de la Soc. de Biologie*, 1890, sér. 9, II, p. 9.
Silvestrini, *Rivista gen. ital. di clinica medica*, 1891.
Spina, *Centralblatt für Bakteriologie*, 1887, II, p. 71.
Sugg, voyez *Rémy* et *Sugg*.
Van de Velde, *Centralblatt für Bakteriologie*, 1898, XXIII, pp. 481 et 547.
Widal, voyez *Chantemesse* et *Widal*.
Wurtz, *Archives de Médecine expérimentale*, 1891, IV, p. 86-88.
Wurtz et Herman, *Archives de Médecine expérimentale*, 1891, III, p. 734.

ANALYSE DE LA GLACE

D'après le Dr Bordas (1), lorsque l'eau est soumise à la congélation lente dans un mouleau plongé dans un bain réfrigérant, comme dans le cas de la fabrication industrielle de la glace, toutes les impuretés qu'elle renferme se réunissent dans les parties basses et centrales qui forment l'aiguille du pain lorsque la congélation est terminée. C'est dans cette partie opaque que se concentreraient donc toutes les matières étrangères et même les bactéries, tandis que la périphérie ou partie transparente donnerait l'eau pure après fusion.

Quoi qu'il en soit, il est nécessaire que la glace destinée à l'alimentation donne, après fusion, de l'eau potable. Elle devrait même être, comme aux États-Unis, fabriquée avec de l'eau distillée.

Dès l'arrivée au laboratoire des prélèvements de glace renfermés dans des bocaux spéciaux, on a soin de vider l'eau provenant du commencement de la fusion, puis de verser dans le bocal un peu d'eau distillée pour nettoyer les morceaux de glace, et on rejette cette eau. Ce n'est que sur l'eau de fusion totale de l'échantillon ainsi purifié que l'on procède à l'analyse.

L'eau de fusion d'une glace de bonne qualité doit être limpide, inodore, exempte de matières en suspension autres que le dépôt calcaire dû à l'absence d'acide carbonique dont est privée l'eau par l'effet de la congélation. Elle ne devra pas contenir de bactéries pathogènes.

Les éléments dont la détermination permet de définir le degré de potabilité sont :

Le degré hydrotimétrique ;
L'ammoniaque ;

(1) *Comptes Rendus de l'Académie des Sciences*, t. CXXX, p. 805.

Les matières organiques, ou oxygène emprunté au permanganate de potasse en liqueur acide;

L'examen bactériologique.

Nous donnons ci-après l'ordonnance qui réglemente le commerce de la glace.

Ordonnance concernant le commerce de la glace à rafraîchir.

Paris, le 13 décembre 1899.

Nous, Préfet de Police,

Vu les arrêtés des Consuls des 12 messidor an VIII et 3 brumaire an IX;

Les lois des 14 août 1850 et 10 juin 1853;

Vu l'avis émis par le Conseil d'Hygiène publique et de Salubrité du département de la Seine dans sa séance du 12 mai 1903;

Vu la dépêche de M. le Ministre de l'Intérieur en date du 10 mars 1894 approuvant cet avis;

Considérant qu'il importe à la santé publique de ne laisser livrer à l'alimentation que de la glace ne contenant aucun principe nuisible;

Ordonnons ce qui suit :

Article premier. — Il est interdit à tous marchands, fabricants, dépositaires ou débitants au détail de vendre ou de mettre en vente pour les usages alimentaires de la glace qui ne donnerait pas, par fusion, de l'eau potable.

Art. 2. — Les fabricants et dépositaires de glace industrielle et de glace alimentaire devront conserver ces deux sortes de glaces dans deux locaux entièrement séparés : l'un affecté à l'emmagasinage de la glace pure, sur la porte duquel seront inscrits sur fond blanc les mots : *Glace alimentaire;* l'autre affecté à l'emmagasinage de la glace non pure, exclusivement destinée aux usages industriels, sur la porte duquel seront inscrits sur fond rouge les mots : *Glace non alimentaire.*

Art. 3. — Les véhicules servant à transporter la glace porteront ces mêmes inscriptions selon qu'ils seront affectés au transport de la glace alimentaire ou de la glace non alimentaire.

En aucun cas ces véhicules ne pourront être employés au transport d'une catégorie de glace autre que celle désignée par l'inscription dont ils seront revêtus.

Art. 4. — Les débitants de glace au détail seront tenus d'avoir deux cases ou réservoirs étanches, sans communication entre eux, affectés, l'un à la glace alimentaire, l'autre à la glace non alimentaire.

L'un et l'autre porteront les inscriptions distinctes prescrites ci-dessus.

Les débitants qui ne pourraient avoir deux réservoirs ne devront vendre que de la glace alimentaire.

Art. 5. — Le Directeur du Laboratoire de Chimie établi près la Préfecture, les commissaires de police et les agents placés sous leurs ordres sont chargés de l'exécution de la présente ordonnance, qui sera imprimée et affichée.

VIN

PAR M. SANGLÉ FERRIÈRE

Le vin est le produit de la fermentation du jus de raisin frais.

La liqueur alcoolique qui résulte de cette fermentation paraît avoir été connue de tout temps; de tout temps, aussi, elle a été sujette à de nombreuses altérations et falsifications dont l'étude et la recherche, surtout avec les progrès actuels de la science, présentent le plus grand intérêt, aussi bien pour le négociant en vins que pour le chimiste.

Moût. — Le liquide obtenu après le foulage ou le pressurage des raisins mûrs constitue le moût et contient une grande partie des matériaux que l'on retrouvera plus tard dans le vin. C'est un mélange complexe formé principalement d'*eau*, de *sucre interverti*, dans la proportion de 10 à 25 p. 100, de *gommes*, de *matières pectiques*, de *substances azotées*, des acides *tartrique*, *malique*, *citrique*, *tannique*, libres ou combinés, de *crème de tartre*, de *tartrate de chaux*, de *matières minérales*, etc. De plus, le moût tient en suspension des débris de toute sorte, *rafles*, *pellicules*, *pépins*, etc., qui, pendant la fermentation, céderont au vin des principes utiles: *tanin*, *huile*, *matière colorante*, etc.

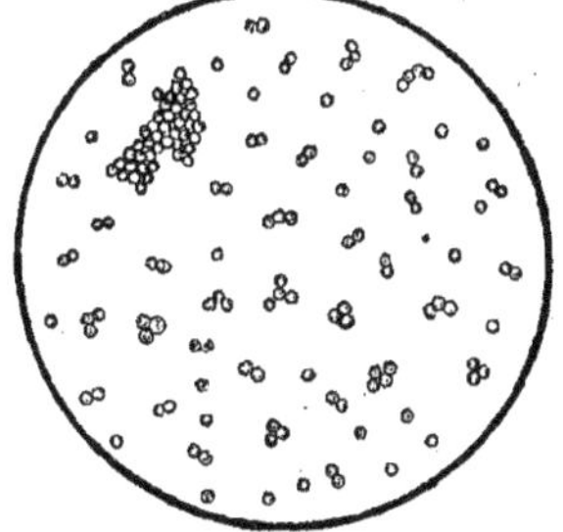

Fig. 1.

Le moût, exposé à une température de 28 à 32°, ne tarde pas à entrer en fermentation. Les levures (Saccharomyces ellipsoïdeus) (fig. 1), disséminées à la surface des grains de raisin, attaquent activement le sucre et le transforment, en quelques jours, en *alcool éthylique* et en acide carbonique.

Théoriquement, $105^{gr},26$ de glucose doivent donner $53^{gr},81$ d'alcool et $51^{gr},46$ d'acide carbonique. Mais, dans la pratique, il ne se forme réellement, pour le même poids de glucose, que $51^{gr},11$ d'alcool et $48^{gr},89$ d'acide carbonique, avec apparition de produits secondaires : *glycérine* et acide *succinique*, dans la proportion de $3^{gr},16$ du premier et $0^{gr},67$ du second.

Composition du vin. — Les éléments qui entrent dans la composition du vin sont nombreux. A part quelques exceptions, on y trouve toujours les mêmes matériaux formant un ensemble caractéristique dont la proportion seule peut varier en conservant, cependant, un certain équilibre. La nature du sol, le climat, l'exposition de la vigne, la variété du cépage, le mode de vinification, etc., sont les causes principales qui influent sur la composition et sur la qualité des vins.

Ces matériaux peuvent être rangés en deux classes principales. En effet, les uns sont volatils à 100° et au-dessus ; les autres sont fixes à cette température et constituent l'*extrait sec*, dont le poids varie généralement de 14 à 40^{gr} pour les vins de nos pays.

Les principes volatils sont en majeure partie constitués par l'*eau* et par l'*alcool éthylique* ; ce dernier, dans la proportion de 5 à 15^{vol} p. 100, est toujours accompagné de ses homologues supérieurs : alcools *propylique*, *butylique*, *amylique*, *œnanthylique*, *caproïque*, etc. Puis, viennent les *éthers* constituant le bouquet, une très petite quantité d'*aldéhyde éthylique*, d'*isobutylglycol*, d'*acétal*, de *furfurol* ; la *glycérine* dans une proportion en rapport avec l'alcool, les acides *acétique*, *œnanthique*, *formique*, et, enfin, des gaz dissous : *acide carbonique* et *azote*, en quantité variable.

Les matériaux fixes sont principalement formés d'un mélange de *glucose* et de *lévulose* non fermentés, de *tanin*, de *matières colorantes*, de *gommes* et de *dextrines* infermentescibles, de *matières pectiques* et *albuminoïdes*, de *substances grasses*, d'acides *tartrique*, *malique*, *succinique*, *œnotannique*, en partie libres, en partie combinés avec la *potasse* et la *soude*, et, enfin, des substances minérales, phosphates de *chaux* et de *magnésie* principalement, un peu de sulfate de *potasse*, une petite quantité de *chlorure de sodium* avec des traces de *manganèse*, de *fer* et d'*alumine*.

Certains auteurs ont signalé la présence de produits plus rares qui semblent se former plus particulièrement dans les fermentations mauvaises ou contrariées, ou pendant les nombreuses maladies auxquelles les vins sont si sujets : ce sont principalement les acides *lactique*, *butyrique*, *propionique*, *tartronique*, *valérique*, etc. On a signalé aussi la présence d'un sucre spécial, la *mannite*, en quantité quelquefois considérable dans certains vins d'Algérie et, en petite quantité, dans quelques vins blancs de la Gironde. La présence de cette substance paraît provenir d'une modification que subit le sucre de raisin pendant la fermentation.

Le tableau suivant donne la composition moyenne des vins français et étrangers. Ces moyennes ont été calculées sur plus de 7.000 analyses de vins naturels entrés au Laboratoire municipal de 1880 à 1891 inclus.

COMPOSITION MOYENNE DES VINS FRANÇAIS ET ÉTRANGERS (1)

VINS ROUGES DE FRANCE, D'ALGÉRIE ET DE TUNISIE

ORIGINE DES VINS		DENSITÉ A + 15°	ALCOOL P. 100 EN VOLUME	EXTRAIT A 100° PAR LITRE	EXTRAIT DANS LE VIDE PAR LITRE	MATIÈRES RÉDUCTRICES PAR LITRE	SULFATE DE POTASSE PAR LITRE	TARTRE PAR LITRE	CENDRES PAR LITRE	ACIDITÉ EN SO^3HO PAR LITRE	RAPPORT DE L'ALCOOL A L'EXTRAIT	SOMME ALCOOL-ACIDE	NOMBRE D'ANALYSES SUR LESQUELLES LA MOYENNE A ÉTÉ CALCULÉE
Ain.	moyenne. .	»	7,9	17,6	»	1,0	< 1gr	2,95	2,89	5,22	3,6	13,12	8 vins.
	maximum .	»	10,8	20,0	»	1,8	0,50	»	3,04	7,30	4,9	»	Id.
	minimum. .	»	5,3	11,4	»	traces	0,12	»	1,96	3,92	2,1	»	Id.
Aisne.		»	7,4	16,9	»	0,6	< 1gr	»	»	»	3,5	»	1 vin.
Allier.	moyenne. .	0,9960	8,9	19,6	23,5	1,0	< 1gr	2,89	2,85	4,36	3,6	13,26	12 vins.
	maximum .	0,9970	9,9	25,2	25,7	1,5	0,50	3,28	4,32	4,90	4,6	14,40	Id.
	minimum. .	0,9950	7,3	15,4	21,2	traces	0,08	2,50	2,28	3,82	2,7	13,72	Id.
Alpes (Hautes-).		»	9,3	17,1	»	1,0	< 1gr	»	»	»	4,3	»	1 vin.
Alpes-Maritimes. Vins plâtrés à plus de 2gr.	moyenne. .	»	10,3	24,2	»	1,25	> 2gr	»	»	»	3,8	»	3 vins.
	maximum .	»	11,5	25,3	»	1,3	> 2gr	»	»	»	4,6	»	Id.
	minimum.	»	9,0	23,0	»	1,2	> 2gr	»	»	»	3,0	»	Id.
Ardèche. Vins non plâtrés.	moyenne. .	0,9963	9,5	17,8	23,4	1,2	0,64	2,15	2,80	4,65	4,4	13,79	13 vins.
	maximum .	0,9981	10,5	21,5	28,0	2,0	0,96	2,83	3,48	5,24	5,8	15,24	Id.
	minimum. .	0,9939	7,3	14,3	19,8	traces	0,43	0,72	2,16	4,28	3,7	12,34	Id.
Ardèche. Vins plâtrés à plus de 1gr.	moyenne. .	»	9,5	20,0	»	1,2	2,91	3,08	4,62	4,87	4,4	14,70	15 vins.
	maximum .	»	13,0	26,2	»	2,5	> 2gr	4,16	5,60	5,44	5,2	13,34	Id.
	minimum. .	»	7,4	16,2	»	0,5	> 1gr	2,00	3,84	4,61	3,3	13,05	Id.

(1) Le rapport de l'alcool à l'extrait a été calculé en divisant l'alcool en poids par l'extrait réduit, c'est-à-dire diminué de la quantité de plâtre et de sucre supérieure à 1gr. La somme alcool-acide a été obtenue en additionnant l'alcool en volume avec l'acidité par litre. Pour les vins plâtrés, on a retranché de l'acidité totale 0,2 par gramme de sulfate de potasse supérieur à 1gr.
Les chiffres maxima et minima, indiqués sur les lignes horizontales, sont individuels et peuvent appartenir à des vins différents, mais de même origine.

VINS ROUGES DE FRANCE, D'ALGÉRIE ET DE TUNISIE (*suite*).

ORIGINE DES VINS		DENSITÉ A + 15°	ALCOOL P. 100 EN VOLUME	EXTRAIT A 100° PAR LITRE	EXTAIT DANS LE VIDE PAR LITRE	MATIÈRES RÉDUCTRICES PAR LITRE	SULFATE DE POTASSE PAR LITRE	TARTRE PAR LITRE	CENDRES PAR LITRE	ACIDITÉ EN SO^3HO PAR LITRE	RAPPORT DE L'ALCOOL A L'EXTRAIT	SOMME ALCOOL-ACIDE	NOMBRE D'ANALYSES SUR LESQUELLES LA MOYENNE A ÉTÉ CALCULÉE
Ardennes.	moyenne. .	»	8,5	16,5	»	0,8	< 1gr	»	2,65	»	4,1	»	2 vins.
	maximum .	»	8,9	16,7	»	0,9	< 1gr	»	3,12	»	4,4	»	Id.
	minimum. .	»	8,0	16,2	»	0,7	< 1gr	»	2,17	»	3,8	»	Id.
Ariège.	moyenne. .	»	9,6	22,2	»	1,2	1 et 2gr	»	2,05	»	3,6	»	5 vins.
	maximum .	»	11,8	24,7	»	1,7	> 2gr	»	2,16	»	4,3	»	Id.
	minimum. .	»	7,2	19,2	»	0,9	< 1gr	»	1,95	»	2,7	»	Id.
Aube.	moyenne. .	1,000 1	7,4	17,7	23,7	0,98	0,38	3,05	2,20	5,76	3,4	13,26	34 vins.
	maximum .	1,004 5	10,0	25,3	29,7	2,3	0,73	3,49	2,82	10,22 (1)	5,7	20,22	Id.
	minimum. .	0,997 8	4,4	12,7	21,4	traces	0,17	2,76	1,72	3,92	1,4	8,32	Id.
Aude. Vins non plâtrés.	moyenne. .	0,997 2	9,0	19,2	24,3	1,1	0,55	2,96	2,67	4,85	3,8	13,85	105 vins.
	maximum .	0,999 3	11,5	25,0	29,4	2,8	0,97	4,62	3,86	6,41	5,0	16,71	Id.
	minimum. .	0,995 1	5,7	15,0	19,3	traces	0,31	1,10	1,89	3,29	2,8	9,98	Id.
Aude. Vins plâtrés entre 1 et 2gr.	moyenne. .	0,997 1	9,6	20,1	24,8	1,3	1,53	2,62	3,42	4,78	4,0	13,39	85 vins.
	maximum .	1,000 3	13,3	28,0	28,9	2,9	1,98	4,32	5,68	6,07	4,8	16,95	Id.
	minimum. .	0,995 5	6,6	15,6	20,9	0,7	1,09	0,86	2,44	2,74	2,7	10,88	Id.
Aude. Vins plâtrés à plus de 2gr.	moyenne. .	0,998 2	9,5	21,9	27,3	1,2	2,99	2,50	4,33	4,97	3,9	14,07	1025 vins.
	maximum .	0,999 9	13,5	29,8	34,1	5,0	4,54	4,71	6,12	7,44	5,5	16,11	Id.
	minimum. .	0,996 9	6,2	14,0	19,8	traces	2,02	0,95	2,76	3,25	2,2	10,66	Id.
Aveyron.	moyenne. .	»	8,4	17,7	22,3	0,8	0,99	2,48	3,41	4,63	3,8	13,03	20 vins.
	maximum .	»	11,2	24,3	27,0	1,3	3,65	3,50	5,12	6,04	5,0	15,14	Id.
	minimum. .	»	6,5	14,8	19,1	0,5	0,12	1,32	2,26	3,69	3,1	11,11	Id.
Bouches-du-Rhône.	moyenne. .	0,997 3	9,1	19,0	25,0	1,9	1,36	2,73	3,33	4,75	4,1	13,58	16 vins.
	maximum .	0,998 0	11,5	24,6	32,0	4,0	2,15	3,85	4,00	5,43	4,5	16,69	Id.
	minimum.	0,996 7	7,5	16,2	20,5	0,6	0,21	1,14	2,88	3,84	3,5	12,00	Id.

(1) Vin de 5 mois à 4°,40 d'alcool;

VINS ROUGES DE FRANCE, D'ALGÉRIE ET DE TUNISIE (*suite*).

ORIGINE DES VINS		DENSITÉ A + 15°	ALCOOL P. 100 EN VOLUME	EXTRAIT A 100° PAR LITRE	EXTRAIT DANS LE VIDE PAR LITRE	MATIÈRES RÉDUCTRICES PAR LITRE	SULFATE DE POTASSE PAR LITRE	TARTRE PAR LITRE	CENDRES PAR LITRE	ACIDITÉ EN SO^3HO PAR LITRE	RAPPORT DE L'ALCOOL A L'EXTRAIT	SOMME ALCOOL-ACIDE	NOMBRE D'ANALYSES SUR LESQUELLES LA MOYENNE A ÉTÉ CALCULÉE
Calvados		»	9,1	21,0	»	1,7	< 1gr	»	»	»	3,6	»	1 vin.
Cantal.	moyenne. .	0,9967	8,6	18,22	23,6	1,0	0,30	2,82	2,58	4,83	3,8	13,43	20 vins.
	maximum .	0,9981	10,8	20,8	26,0	1,2	0,72	3,96	3,00	7,30	4,7	14,40	Id.
	minimum. .	0,9947	7,1	15,5	21,5	0,7	0,11	2,08	2,10	3,92	2,9	12,05	Id.
Charente.	moyenne. .	»	8,2	18,7	22,0	1,0	0,42	2,56	3,07	6,06	3,5	14,26	15 vins.
	maximum .	»	9,5	25,5	24,1	2,0	0,93	3,20	3,92	8,12	4,7	17,62	Id.
	minimum. .	»	7,0	15,1	18,8	0,4	0,13	1,71	2,24	4,65	2,9	12,15	Id.
Charente-Inférieure.	moyenne. .	»	9,2	1[illegible],0	23,5	1,3	0,61	1,87	2,90	4,25	4,0	13,45	15 vins.
	maximum .	»	10,7	27,3	25,0	3,4	1,20	2,63	3,88	5,57	4,7	16,57	Id.
	minimum. .	»	6,7	15,2	22,5	0,5	0,18	1,14	2,17	2,46	2,8	11,50	Id.
Cher.	moyenne. .	1,0006	7,7	19,1	24,8	0,9	< 1gr	3,09	2,45	5,25	3,2	12,95	80 vins.
	maximum .	1,0050	10,9	25,5	30,0	2,4	0,71	4,33	3,90	7,98	5,7 (1)	15,27	Id.
	minimum. .	0,9962	5,2	14,0	17,2	traces	traces	2,17	1,83	3,13	1,8	10,50	Id.
Corrèze		»	8,9	18,4	»	1,1	< 1gr	»	»	»	3,9	»	1 vin.
Corse. Vins non plâtrés.	moyenne. .	»	11,0	20,6	25,9	1,7	0,57	2,19	2,82	5,06	4,4	16,06	30 vins.
	maximum .	»	16,0	30,6	»	3,7	0,68	2,83	3,60	6,01	5,8	17,18	Id.
	minimum. .	»	7,3	13,2	»	traces	0,50	1,89	2,04	4,25	2,9	13,83	Id.
Corse. Vins plâtrés à plus de 1gr.	moyenne. .	»	11,4	20,4	26,8	1,98	2,21	1,78	3,66	4,43	5,0	15,59	6 vins.
	maximum .	»	13,7	25,8	31,9	5,0	3,18	2,18	4,88	5,09	6,1	16,36	Id.
	minimum. .	»	10,0	16,4	23,9	traces	1,40	0,95	2,80	3,68	4,3	13,60	Id.
Côte-d'Or.	moyenne .	0,9965	9,5	18,3	24,2	1,1	0,43	2,72	2,26	4,79	4,2	14,29	185 vins.
	maximum .	1,0007	13,4	24,2	30,0	3,8	0,77	4,08	3,52	6,86	5,9	18,86	Id.
	minimum .	0,9922	5,2	13,7	19,0	traces	0,11	1,32	1,52	3,19	2,2	11,42	Id.

(1) Vin vieux.

VINS ROUGES DE FRANCE, D'ALGÉRIE ET DE TUNISIE (*suite*)

ORIGINE DES VINS		DENSITÉ A + 15°	ALCOOL P. 100 EN VOLUME	EXTRAIT A 100° PAR LITRE	EXTRAIT DANS LE VIDE PAR LITRE	MATIÈRES RÉDUCTRICES PAR LITRE	SULFATE DE POTASSE PAR LITRE	TARTRE PAR LITRE	CENDRES PAR LITRE	ACIDITÉ EN SO^3HO PAR LITRE	RAPPORT DE L'ALCOOL A L'EXTRAIT	SOMME ALCOOL-ACIDE	NOMBRE D'ANALYSES SUR LESQUELLES LA MOYENNE A ÉTÉ CALCULÉE
Creuse.	moyenne.	»	7,9	19,6	»	1,1	< 1gr	»	3,69	»	3,3	»	6 vins.
	maximum.	»	10,2	21,7	»	1,3	< 1gr	»	5,14	»	4,5	»	Id.
	minimum.	»	5,8	17,4	»	0,6	0,18	»	2,85	»	2,5	»	Id.
Dordogne. Vins non plâtrés.	moyenne.	0,9958	9,4	18,8	24,0	1,1	0,58	2,30	2,96	4,59	4,0	13,99	35 vins.
	maximum.	1,0004	11,5	22,9	26,8	2,0	0,82	3,36	3,56	5,88	6,0	15,64	Id.
	minimum.	0,9944	7,0	12,7	21,4	0,6	0,32	1,25	2,16	3,39	2,6	12,19	Id.
Dordogne. Vins plâtrés à plus de 1gr.	moyenne.	»	9,7	19,9	26,0	1,0	1,82	2,13	3,26	4,86	4,1	14,40	7 vins.
	maximum.	»	11,5	22,2	28,0	1,3	2,63	2,64	3,76	5,95	4,3	15,45	Id.
	minimum.	»	7,3	17,0	23,0	0,3	1,14	1,50	3,04	3,92	3,5	13,19	Id.
Doubs.	moyenne.	»	8,4	18,1	»	0,9	< 1gr	»	»	»	3,7	»	7 vins.
	maximum.	»	10,2	20,8	»	1,2	< 1gr	»	»	»	4,7	»	Id.
	minimum.	»	6,4	15,1	»	0,8	< 1gr	»	»	»	2,5	»	Id.
Drôme. Vins non plâtrés.	moyenne.	0,9966	9,7	18,8	23,6	1,1	0,68	2,54	2,86	4,87	4,20	14,57	28 vins.
	maximum.	0,9978	11,5	22,4	24,0	2,8	0,80	3,57	4,24	5,78	5,2	14,18	Id.
	minimum.	0,9930	7,2	16,2	23,3	traces	0,50	1,33	2,14	3,68	3,4	12,50	Id.
Drôme. Vins plâtrés à plus de 1gr.	moyenne.	»	8,8	19,9	»	1,1	> 2gr	»	3,90	»	3,7	»	20 vins.
	maximum.	»	11,1	23,9	»	2,2	> 2gr	»	5,76	»	5,4	»	Id.
	minimum.	»	7,5	15,1	»	0,7	> 1gr	»	2,76	»	3,0	»	Id.
Eure		»	8,5	16,6	24,1	0,9	0,10	2,92	1,80	5,43	4,1	13,93	1 vin.
Eure-et-Loir.	moyenne.	»	8,1	17,9	»	0,9	< 1gr	»	2,73	4,97	3,7	13,07	6 vins.
	maximum.	»	9,8	21,2	»	1,9	< 1gr	»	3,24	5,19	4,3	13,86	Id.
	minimum.	»	6,6	14,0	»	0,6	0,37	»	2,32	7,76	2,9	13,69	Id.

VINS ROUGES DE FRANCE, D'ALGÉRIE ET DE TUNISIE (*suite*).

ORIGINE DES VINS		DENSITÉ À + 15°	ALCOOL P. 100 EN VOLUME	EXTRAIT À 100° PAR LITRE	EXTRAIT DANS LE VIDE PAR LITRE	MATIÈRES RÉDUCTRICES PAR LITRE	SULFATE DE POTASSE PAR LITRE	TARTRE PAR LITRE	CENDRES PAR LITRE	ACIDITÉ EN SO^3HO PAR LITRE	RAPPORT DE L'ALCOOL À L'EXTRAIT	SOMME ALCOOL-ACIDE	NOMBRE D'ANALYSES SUR LESQUELLES LA MOYENNE A ÉTÉ CALCULÉE
Gard. Vins non plâtrés.	moyenne.	0,9979	8,6	18,7	23,3	1,1	0,43	2,94	2,93	4,62	3,7	13,22	105 vins.
	maximum.	1,0000	11,5	24,4	28,3	3,5	0,80	4,78	4,48	7,35	5,4	16,35	Id.
	minimum.	0,9960	6,2	14,0	20,0	0,5	0,12	1,25	1,56	3,72	2,4	10,99	Id.
Gard. Vins plâtrés entre 1 et 2gr.	moyenne.	0,9977	8,9	17,1	24,3	1,2	1,53	2,72	3,59	4,61	4,3	13,41	63 vins.
	maximum.	0,9987	13,3	26,0	28,0	2,8	1,95	4,46	4,88	5,39	5,5	15,36	Id.
	minimum.	0,9966	6,3	14,2	20,9	0,4	1,02	1,63	2,60	3,27	2,6	10,62	Id.
Gard. Vins plâtrés à plus de 2gr.	moyenne.	0,9988	9,1	20,3	27,7	1,2	3,05	2,63	4,37	5,00	4,0	13,70	116 vins.
	maximum.	1,0004	12,6	34,8	41,5	3,5	5,09	5,06	6,44	7,20	6,0	17,92	Id.
	minimum.	0,9976	6,0	13,9	22,5	0,6	2,04	1,33	3,24	3,49	2,4	9,51	Id.
Garonne (Haute-). Vins non plâtrés.	moyenne.	»	9,3	20,3	25,5	1,2	0,52	2,37	2,98	4,54	3,7	13,84	27 vins.
	maximum.	»	10,9	26,5	30,6	2,5	0,95	3,94	3,41	5,98	4,5	15,55	Id.
	minimum.	»	6,0	16,4	22,9	0,6	0,18	1,25	2,52	3,50	2,1	12,32	Id.
Garonne (Haute-). Vins plâtrés entre 1 et 2gr.	moyenne.	»	9,9	21,2	»	1,3	1,54	»	3,00	»	3,9	»	20 vins.
	maximum.	»	12,5	26,5	»	2,8	1,90	»	3,68	»	5,3	»	Id.
	minimum.	»	8,3	17,1	»	0,6	1,33	»	2,36	»	3,1	»	Id.
Garonne (Haute-). Vins plâtrés à plus de 2gr.	moyenne.	»	9,0	20,8	26,0	1,0	2,38	2,80	4,39	4,93	3,7	13,67	20 vins.
	maximum.	»	10,0	24,2	28,0	1,9	2,86	3,54	5,52	6,12	5,2	15,22	Id.
	minimum.	»	7,0	17,0	24,0	0,6	2,01	2,30	3,20	3,82	2,5	12,62	Id.
Gers. Vins non plâtrés.	moyenne.	»	9,9	21,7	25,6	1,2	< 1	»	2,43	5,37	3,7	15,27	20 vins.
	maximum.	»	11,5	24,3	27,4	2,5	< 1	»	2,92	5,58	5,8	16,62	Id.
	minimum.	»	8,2	14,2	24,1	0,7	< 1	»	1,80	5,29	3,1	13,78	Id.
Gers. Vins plâtrés à plus de 1gr.	moyenne	»	9,0	20,2	»	1,2	1,98	»	4,04	6,17	3,8	14,90	20 vins
	maximum.	»	12,0	20,8	»	3,0	3,12	»	5,60	8,82	5,0	15,20	Id.
	minimum.	»	6,2	17,7	»	0,5	1,40	»	3,20	3,52	1,9	11,42	Id.

VINS ROUGES DE FRANCE, D'ALGÉRIE ET DE TUNISIE (*suite*).

ORIGINE DES VINS		DENSITÉ A + 15°	ALCOOL P. 100 EN VOLUME	EXTRAIT A 100° PAR LITRE	EXTRAIT DANS LE VIDE PAR LITRE	MATIÈRES RÉDUCTRICES PAR LITRE	SULFATE DE POTASSE PAR LITRE	TARTRE PAR LITRE	CENDRES PAR LITRE	ACIDITÉ EN SO^3HO PAR LITRE	RAPPORT DE L'ALCOOL A L'EXTRAIT	SOMME ALCOOL-ACIDE	NOMBRE D'ANALYSES SUR LESQUELLES LA MOYENNE A ÉTÉ CALCULÉE
Gironde.	moyenne. .	0,9964	9,6	18,9	24,3	1,1	0,54	2,59	2,66	4,39	4,1	13,99	560 vins.
	maximum .	0,9980	12,4	25,2	29,8	3,3	1,00	3,77	3,76	7,55	6,3	17,04	Id.
	minimum .	0,9939	7,1	13,4	18,6	0,4	0,10	1,18	1,64	2,80	3,1	11,12	Id.
Hérault. Vins non plâtrés.	moyenne. .	0,9972	9,0	18,4	23,3	1,2	0,54	3,12	2,70	4,87	4,0	13,87	340 vins.
	maximum .	1,0010	12,1	27'0	35,0	3,7	0,98	4,74	4,16	6,32	5,6	16,44	Id.
	minimum .	0,9959	6,0	14,3	19,0	traces	0,10	1,40	1,80	3,50	2,4	9,72	Id.
Hérault. Vins plâtrés entre 1 et 2gr.	moyenne. .	0,9974	9,3	19,3	24,2	1,2	1,42	2,76	3,23	4,75	4,0	13,90	160 vins.
	maximum .	0,9986	13,5	27,4	27,0	3,8	1,96	4,08	4,20	6,07	6,8	14,41	Id.
	minimum .	0,9967	6,0	14,3	20,1	0,5	1,03	1,14	2,14	2,80	2,4	10,90	Id.
Hérault. Vins plâtrés à plus de 2gr.	moyenne. .	0,9976	9,4	20,9	25,4	1,1	2,67	2,59	4,14	4,95	3,9	13,62	295 vins.
	maximum .	0,9992	12,7	29,4	34,5	3,8	4,00	3,88	7,12	9,65	5,6	16,18	Id.
	minimum .	0,9966	6,4	13,4	19,4	0,5	2,01	1,23	2,65	3,00	2,0	10,55	Id.
Indre.	moyenne. .	»	7,6	17,8	»	0,9	< 1gr	»	2,79	»	3,4	»	9 vins.
	maximum .	»	10,1	20,3	»	1,7	< 1gr	»	3,04	»	4,2	»	Id.
	minimum .	»	5,9	14,7	»	0,6	< 1gr	»	2,45	»	2,6	»	Id.
Indre-et-Loire.	moyenne. .	0,9985	7,8	18,4	23,2	1,0	0,34	2.97	2,49	5,43	3,4	13,30	180 vins.
	maximum .	1,0009	11,2	27,4	29,0	2,6	0,88	3,86	3,96	7,92	5,9	15,22	Id.
	minimum .	0,9957	5,0	13,4	19,0	traces	0,08	2,01	1,12	3,00	2,1	9,53	Id.
Isère.	moyenne. .	»	9,2	20,0	24,2	1,0	0,63	3,20	2,51	4,69	3,7	13,89	5 vins.
	maximum .	»	10,1	22,2	25,0	1,2	1,32	3,36	2,92	5,44	4,2	14,74	Id.
	minimum .	»	7,6	18.1	23,5	0,9	0,34	3,05	2,20	3,98	3,2	11,61	Id.
Jura.	moyenne. .	»	8,3	18,4	23,9	1,1	0,34	2,43	2,28	5,46	3,7	13,76	20 vins.
	maximum .	»	9,7	25,4	25,3	2,1	0,57	2,92	2,80	6,56	5,1	15,16	Id.
	minimum .	»	5,8	14,4	21,7	0,6	0,07	1,70	1,68	4,63	2,6	12,23	Id.

VINS ROUGES DE FRANCE, D'ALGÉRIE ET DE TUNISIE (*suite*).

ORIGINE DES VINS		DENSITÉ A + 15°	ALCOOL P. 100 EN VOLUME	EXTRAIT A 100° PAR LITRE	EXTRAIT DANS LE VIDE PAR LITRE	MATIÈRES RÉDUCTRICES PAR LITRE	SULFATE DE POTASSE PAR LITRE	TARTRE PAR LITRE	CENDRES PAR LITRE	ACIDITÉ EN SO^3HO PAR LITRE	RAPPORT DE L'ALCOOL A L'EXTRAIT	SOMME ALCOOL-ACIDE	NOMBRE D'ANALYSES SUR LESQUELLES LA MOYENNE A ÉTÉ CALCULÉE
Landes	moyenne. .	»	8,7	23,3	»	2,0	$< 1^{gr}$	»	»	»	3,2	»	3 vins.
	maximum .	»	9,8	25,3	»	3,8	$< 1^{gr}$	»	»	»	3,7	»	Id.
	minimum .	»	8,0	21,2	»	1,0	$< 1^{gr}$	»	»	»	2,9	»	Id.
Loir-et-Cher.	moyenne. .	0,9982	7,1	19,4	23,0	1,0	0,29	2,76	2,68	5,24	3,0	12,86	80 vins.
	maximum .	1,0015	12,2	32,0	35,0	5,0	0,91	5,62	3,80	9,08	5,3	21,02	Id.
	minimum .	0,9957	4,4	14,1	19,0	traces	traces	1,93	1,50	3,92	1,3	9,94	Id.
Loire.	moyenne. .	»	7,3	17,7	»	1,3	$< 1^{gr}$	»	2,09	»	3,4	»	8 vins.
	maximum .	»	8,5	21,3	»	2,3	$< 1^{gr}$	»	2,34	»	4,3	»	Id.
	minimum .	»	6,1	16,3	»	0,6	$< 1^{gr}$	»	1,84	»	2,4	»	Id.
Loire (Haute-).		»	6,7	18,1	»	0,9	$< 1^{gr}$	»	»	»	3,0	»	1 vin.
Loire-Inférieure.		»	6,6	19,6	21,0	0,5	0,33	2,12	2,24	»	2,7	»	1 vin.
Loiret.	moyenne. .	0,9979	7,8	18,7	23,2	1,0	0,38	2,71	2,56	5,14	3,4	12,94	60 vins.
	maximum .	0,9996	9,9	26,6	28,0	2,1	0,87	3,48	3,68	7,69	5,8	14,60	Id.
	minimum .	0,9964	6,0	13,4	18,8	0,5	0,09	2,23	1,72	3,64	1,9	10,90	Id.
Lot. Vins non plâtrés.	moyenne. .	»	9,0	18,0	24,5	1,1	0,41	2,65	2,30	4,59	4,0	13,59	40 vins.
	maximum .	»	11,5	24,6	30,0	2,0	0,78	3,92	2,52	7,59	5,7	17,30	Id.
	minimum .	»	5,8	13,0	20,3	0,4	0,16	1,23	1,60	2,74	1,9	12,44	Id.
Lot. Vins plâtrés à plus de 1^{gr}.	moyenne. .	»	9,4	20,4	»	1,2	1,79	»	3,34	4,40	3,9	13,64	14 vins.
	maximum .	»	11,5	23,1	»	1,8	$> 2^{gr}$	»	3,84	4,65	5,0	14,65	Id.
	minimum .	»	8,2	17,2	»	0,7	1,36	»	2,88	4,16	3,2	13,16	Id.
Lot-et-Garonne. Vins non plâtrés.	moyenne. .	0,9969	9,3	18,7	23,5	1,2	0,52	2,32	2,67	4,54	4,0	13,84	63 vins.
	maximum .	0,9976	12,0	27,2	32,0	4,2	0,85	3,11	4,59	6,22	5,09	16,59	Id.
	minimum .	0,9961	7,7	13,5	20,1	traces	0,13	1,25	1,98	3,21	3,3	11,01	Id.

VINS ROUGES DE FRANCE, D'ALGÉRIE ET DE TUNISIE (*suite*).

ORIGINE DES VINS		DENSITÉ A +15°	ALCOOL P. 100 EN VOLUME	EXTRAIT A 100° PAR LITRE	EXTRAIT DANS LE VIDE PAR LITRE	MATIÈRES RÉDUCTRICES PAR LITRE	SULFATE DE POTASSE PAR LITRE	TARTRE PAR LITRE	CENDRES PAR LITRE	ACIDITÉ EN SO^3HO PAR LITRE	RAPPORT DE L'ALCOOL A L'EXTRAIT	SOMME ALCOOL-ACIDE	NOMBRE D'ANALYSES SUR LESQUELLES LA MOYENNE A ÉTÉ CALCULÉE
Lot-et-Garonne.	moyenne. .	»	9,6	19,1	23,7	1,3	1,24	2,01	2,89	4,59	4,2	14,06	20 vins.
Vins plâtrés	maximum .	»	11,5	24,5	28,0	2,7	1,60	3,30	3,77	5,49	5,7	16,45	Id.
entre 1 et 2gr.	minimum .	»	5,1	11,2	19,3	traces	1,02	1,63	2,28	4,05	3,6	13,21	Id.
Lot-et-Garonne.	moyenne. .	»	10,0	21,7	»	1,0	2,42	»	4,50	»	4,0	»	8 vins.
Vins plâtrés	maximum .	»	11,4	24,3	»	1,2	> 2^{gr}	»	5,24	»	4,7	»	Id.
à plus de 2gr.	minimum .	»	9,1	18,5	»	0,9	> 2^{gr}	»	3,48	»	3,4	»	Id.
Lozère		»	10,1	17,4	»	0,8	< 1^{gr}	»	»	»	4,6	»	1 vin.
	moyenne. .	»	8,0	18,3	»	1,0	0,33	»	2,60	4,69	3,5	12,69	15 vins.
Maine-et-Loire.	maximum .	»	9,8	21,7	»	1,4	< 1^{gr}	»	2,80	5,09	4,4	14,50	Id.
	minimum .	»	6,6	15,7	»	0,7	< 1^{gr}	»	2,40	4,28	2,6	10,88	Id.
	moyenne. .	0,9977	8,1	18,0	22,5	0,9	0,47	2,68	2,28	4,78	3,6	12,88	11 vins.
Marne.	maximum .	0,3987	11,0	22,0	25,7	1,3	< 1^{gr}	3,67	3,08	5,04	4,8	13,44	Id.
	minimum .	0,9972	5,0	13,0	21,9	0,3	< 1^{gr}	1,93	1,52	4,19	2,5	10,92	Id.
	moyenne. .	»	8,3	19,5	»	1,1	< 1^{gr}	»	2,41	»	3,5	»	10 vins.
Marne (Haute-).	maximum .	»	9,5	24,3	»	1,6	< 1^{gr}	»	2,84	»	4,3	»	Id.
	minimum .	»	7,2	17,1	»	0,7	< 1^{gr}	»	1,80	»	2,8	»	Id.
	moyenne. .	»	6,0	21,1	»	0,9	< 1^{gr}	»	»	»	2,3	»	3 vins.
Meuse.	maximum .	»	6,8	23,2	»	1,2	< 1^{gr}	»	»	»	3,1	»	Id.
	minimum .	»	5,3	17,3	»	0,8	< 1^{gr}	»	»	»	1,8	»	Id.
	moyenne. .	»	8,6	19,6	»	0,9	< 1^{gr}	»	2,38	»	3,5	»	12 vins.
Meurthe-et-Moselle	maximum .	»	10,5	22,3	»	1,4	< 1^{gr}	»	3,12	»	4,2	»	Id.
	minimum .	»	5,3	14,2	»	0,6	< 1^{gr}	»	1,66	»	2,3	»	Id.

VINS ROUGES DE FRANCE, D'ALGÉRIE ET DE TUNISIE (*suite*).

ORIGINE DES VINS		DENSITÉ A + 15°	ALCOOL P. 100 EN VOLUME	EXTRAIT A 100° PAR LITRE	EXTRAIT DANS LE VIDE PAR LITRE	MATIÈRES RÉDUCTRICES PAR LITRE	SULFATE DE POTASSE PAR LITRE	TARTRE PAR LITRE	CENDRES PAR LITRE	ACIDITÉ EN SO^3HO PAR LITRE	RAPPORT DE L'ALCOOL A L'EXTRAIT	SOMME ALCOOL-ACIDE	NOMBRE D'ANALYSES SUR LESQUELLES LA MOYENNE A ÉTÉ CALCULÉE
Nièvre.	moyenne. .	»	7,9	17,4	»	0,9	0,44	»	2,65	»	3,7	»	16 vins.
	maximum .	»	10,5	23,5	»	1,7	< 1gr	»	3,20	»	4,9	»	Id.
	minimum .	»	4,6	13,8	»	0,5	< 1gr	»	1,96	»	1,7	»	Id.
Oise.	moyenne. .	»	9,7	23,6	»	1,8	0,5	»	»	»	3,4	»	3 vins.
	maximum .	»	10,6	24,3	»	2,2	< 1gr	»	»	»	3,7	»	Id.
	minimum .	»	8,5	22,7	»	1,5	< 1gr	»	»	»	3,2	»	Id.
Puy-de-Dôme.	moyenne. .	0,9964	8,1	18,4	22,0	1,0	0,30	2,51	2,21	4,95	3,5	13,05	68 vins.
	maximum .	»	10,7	24,9	28,2	2,0	0,78	4,71	3,36	8,82	5,4	16,82	Id.
	minimum .	»	5,7	14,0	20,0	0,3	0,06	1,85	1,92	3,04	2,0	10,04	Id.
Pyrénées (Basses-).	moyenne. .	»	10,5	22,4	26,0	1,5	1,65	2,06	3,21	4,61	4,0	14,98	19 vins.
	maximum .	»	11,8	34,4	30,0	2,6	4,06	2,61	4,76	5,14	5,6	16,68	Id.
	minimum .	»	8,8	16,3	21,2	0,8	0,15	1,55	1,92	3,64	2,3	13,51	Id.
Pyrénées (Hautes-).	moyenne. .	»	9,4	20,4	25,1	1,2	1,11	3,02	3,53	4,85	3,7	14,23	11 vins.
	maximum .	»	12,7	25,8	30,5	1,7	3,75	4,52	5,64	6,02	5,7	16,55	Id.
	minimum .	»	6,8	16,4	22,7	0,8	0,26	2,35	2,44	4,15	2,7	11,73	Id.
Pyrénées-Orientales Vins non plâtrés.	moyenne. .	0,9966	11,1	21,5	25,8	1,5	0,60	2,69	3,05	4,49	4,3	15,59	32 vins.
	maximum .	0,9975	13,1	30,2	34,1	3,9	0,80	3,28	3,80	5,50	5,1	16,70	Id.
	minimum .	0,9948	8,4	17,2	22,8	0,6	0,33	2,10	2,10	3,86	3,3	13,19	Id.
Pyrénées-Orientales. Vins plâtrés entre 1 et 2gr.	moyenne. .	»	10,6	22,5	»	1,8	»	1,40	3,27	5,52	4,0	16,00	13 vins.
	maximum .	»	13,1	31,5	»	5,3	1,54	1,44	4,70	6,03	5,4	16,52	Id.
	minimum .	»	9,3	17,2	»	1,0	1,21	1,21	2,72	4,90	3,2	14,15	Id.
Pyrénées-Orientales. Vins plâtrés à plus de 2gr.	moyenne. .	»	10,8	23,0	28,3	1,7	2,66	2,04	4,54	4,32	4,2	14,8	31 vins.
	maximum .	»	14,2	27,4	32,4	4,2	3,15	3,06	6,44	5,53	5,5	16,66	Id.
	minimum .	»	8,3	18,1	24,6	0,8	2,00	1,04	3,12	2,92	3,0	12,49	Id.

VINS ROUGES DE FRANCE, D'ALGÉRIE ET DE TUNISIE (*suite*).

ORIGINE DES VINS		DENSITÉ A + 15°	ALCOOL P. 100 EN VOLUME	EXTRAIT A 100° PAR LITRE	EXTRAIT DANS LE VIDE PAR LITRE	MATIÈRES RÉDUCTRICES PAR LITRE	SULFATE DE POTASSE PAR LITRE	TARTRE PAR LITRE	CENDRES PAR LITRE	ACIDITÉ EN SO^3HO PAR LITRE	RAPPORT DE L'ALCOOL A L'EXTRAIT	SOMME ALCOOL-ACIDE	NOMBRE D'ANALYSES SUR LESQUELLES LA MOYENNE A ÉTÉ CALCULÉE
Rhône.	moyenne. .	0,9970	9,1	18,0	23,4	0,8	0,48	2,53	2,37	4,74	4,1	13,84	117 vins.
	maximum .	0,9989	11,8	22,3	26,5	3,1	0,89	3,84	3,80	5,53	5,4	16,51	Id.
	minimum. .	0,9951	6,8	14,4	18,9	traces	0,12	1,78	1,80	3,45	3,1	10,25	Id
Saône (Haute-).		»	8,4	17,9	»	0,8	$< 1^{gr}$	»	»	»	3,8	»	2 vins.
Saône-et-Loire.	moyenne. .	0,9974	9,1	18,9	24,8	1,1	0,45	2,71	2,28	4,76	3,9	13,86	204 vins.
	maximum .	0,9992	12,2	24,0	31,6	2,4	0,96	3,96	3,32	5,88	6,1	17,16	Id.
	minimum. .	0,9956	5,8	14,4	19,9	traces	0,17	1,70	1,36	2,69	2,1	10,98	Id.
Sarthe.	moyenne. .	»	8,1	18,2	»	0,8	»	»	2,65	5,93	3,6	14,03	17 vins.
	maximum .	»	10,7	22,9	»	1,6	$< 1^{gr}$	»	3,48	7,01	4,6	13,51	Id.
	minimum. .	»	5,1	14,1	»	0,4	»	»	2,24	4,30	2,3	11,60	Id.
Savoie.	moyenne. .	»	7,3	17,5	21,8	1,1	0,25	2,47	2,50	5,41	3,4	12,71	10 vins.
	maximum .	»	8,8	21,8	22,5	1,7	0,40	3,20	2,96	6,47	4,1	13,08	Id.
	minimum. .	»	5,3	14,9	21,2	0,6	0,12	1,85	1,96	4,78	2,4	11,49	Id.
Seine.		»	6,8	17,3	»	1,8	$< 1^{gr}$	»	2,80	»	3,3	»	1 vin.
Seine-et-Marne.	moyenne. .	»	8,1	19,3	»	0,8	»	»	»	»	3,4	»	4 vins.
	maximum .	»	8,9	20,3	»	1,6	$< 1^{gr}$	»	»	»	3,7	»	Id.
	minimum. .	»	7,7	17,4	»	0,5	»	»	»	»	3,1	»	Id.
Seine-et-Oise.	moyenne. .	1,0008	7,5	19,6	23,3	0,9	0,36	3,36	2,52	6,31	3,1	13,81	36 vins.
	maximum .	1,0050	10,1	25,6	27,8	2,0	0,66	5,13	3,48	8,47	4,2	15,67	Id.
	minimum. .	0,9976	3,5	14,9	18,8	0,3	0,11	2,36	1,60	4,70	1,2	10,67	Id.
Sèvres (Deux-).	moyenne. .	»	8,7	18,4	»	0,9	»	»	»	»	3,8	»	5 vins.
	maximum .	»	10,1	20,9	»	1,4	$< 1^{gr}$	»	»	»	4,8	»	Id.
	minimum. .	»	7,0	16,0	»	0,6	»	»	»	»	2,8	»	Id.

VINS ROUGES DE FRANCE, D'ALGÉRIE ET DE TUNISIE (*suite*).

ORIGINE DES VINS		DENSITÉ A + 15°	ALCOOL P. 100 EN VOLUME	EXTRAIT A 100° PAR LITRE	EXTRAIT DANS LE VIDE PAR LITRE	MATIÈRES RÉDUCTRICES PAR LITRE	SULFATE DE POTASSE PAR LITRE	TARTRE PAR LITRE	CENDRES PAR LITRE	ACIDITÉ EN SO^3HO PAR LITRE	RAPPORT DE L'ALCOOL A L'EXTRAIT	SOMME ALCOOL-ACIDE	NOMBRE D'ANALYSES SUR LESQUELLES LA MOYENNE A ÉTÉ CALCULÉE
Tarn. Vins non plâtrés.	moyenne. .	»	8,4	19,0	23,8	1,2	0,73	2,79	2,60	4,75	3,6	13,15	17 vins.
	maximum .	»	10,6	22,2	25,4	2,9	0,96	3,02	3,44	4,98	4,6	14,68	Id.
	minimum. .	»	5,2	16,2	20,7	0,6	0,53	2,36	1,98	4,50	2,6	10,10	Id.
Tarn. Vins plâtrés entre 1 et 2gr.	moyenne. .	»	9,4	20,6	»	1,2	»	»	3,28	»	3,7	»	15 vins.
	maximum .	»	12,2	29,0	»	2,1	2,00	»	4,32	»	4,5	»	Id.
	minimum. .	»	7,7	16,1	»	traces	1,00	»	2,88	»	3,4	»	Id.
Tarn. Vins plâtrés à plus de 2gr.	moyenne. .	»	9,4	22,3	»	1,2	> 2gr	»	4,27	4,29	3,7	13,39	12 vins.
	maximum .	»	11,0	26,0	»	2,3	> 2gr	»	5,32	4,65	4,4	14,31	Id.
	minimum. .	»	7,3	17,7	»	0,6	2,04	»	3,88	3,88	2,5	12,82	Id.
Tarn-et-Garonne. Vins non plâtrés.	moyenne. .	0,9965	9,5	18,6	23,0	1,1	0,61	2,51	2,71	4,62	4,2	14,12	97 vins.
	maximum .	0,9973	11,8	24,4	25,7	5,0	0,90	3,21	3,52	5,24	6,1	14,65	Id.
	minimum. .	0,9959	7,2	13,4	21,2	traces	0,32	1,93	2,16	3,56	3,4	12,46	Id
Tarn-et-Garonne. Vins plâtrés entre 1 et 2gr.	moyenne. .	»	9,5	19,7	»	1,1	1,50	»	3,67	»	4,0	»	38 vins.
	maximum .	»	11,8	29,2	»	3,4	1,81	»	5,39	»	5,0	»	Id.
	minimum. .	»	8,3	15,4	»	0,4	1,20	»	3,00	»	3,2	»	Id.
Tarn-et-Garonne. Vins plâtrés à plus de 2gr.	moyenne. .	»	9,4	20,9	»	1,1	2,98	2,98	4,03	4,39	4,0	13,40	13 vins.
	maximum .	»	11,0	23,7	»	1,6	4,20	3,05	4,80	4,58	5,6	14,21	Id.
	minimum. .	»	8,0	15,5	»	0,7	2,36	2,76	3,62	4,21	3,7	12,97	Id.
Var.	moyenne. .	0,9971	10,3	21,2	24,7	1,3	1,37	2,79	3,30	4,58	4,0	14,81	20 vins.
	maximum .	0,9980	11,7	24,7	27,0	2,2	3,26	3,86	5,72	5,49	5,3	14,91	Id.
	minimum. .	0,9964	8,6	16,4	21,7	0,7	0,22	1,92	2,08	3,07	3,4	12,75	Id.
Vaucluse. Vins non plâtrés.	moyenne. .	0,9961	9,2	19,4	24,6	1,1	0,54	2,71	3,20	4,74	3,8	13,94	20 vins.
	maximum .	0,9968	10,5	23,4	28,0	2,1	0,95	3,72	3,96	5,60	4,9	14,73	Id.
	minimum. .	0,9955	7,4	17,0	21,0	0,8	0,31	1,93	2,68	3,84	3,2	12,54	Id.

VINS ROUGES DE FRANCE, D'ALGÉRIE ET DE TUNISIE (*suite*).

ORIGINE DES VINS		DENSITÉ A + 15°	ALCOOL P. 100 EN VOLUME	EXTRAIT A 100° PAR LITRE	EXTRAIT DANS LE VIDE PAR LITRE	MATIÈRES RÉDUCTRICES PAR LITRE	SULFATE DE POTASSE PAR LITRE	TARTRE PAR LITRE	CENDRES PAR LITRE	ACIDITÉ EN SO^3HO PAR LITRE	RAPPORT DE L'ALCOOL A L'EXTRAIT	SOMME ALCOOL-ACIDE	NOMBRE D'ANALYSES SUR LESQUELLES LA MOYENNE A ÉTÉ CALCULÉE
Vaucluse.	moyenne. .	»	9,7	21,3	»	1,3	> 1gr	»	3,18	5,02	3,7	14,68	11 vins.
Vins plâtrés	maximum .	»	11,3	26,7	»	2,8	> 2gr	»	3,44	5,39	5,0	14,26	Id.
à plus de 1gr.	minimum. .	»	7,9	17,8	»	0,6	> 1gr	»	2,88	4,66	3,1	14,08	Id.
Vendée.		»	9,9	17,0	»	0,8	< 1gr	»	»	»	4,7	»	1 vin
Vienne.	moyenne. .	»	7,4	17,1	20,3	0,9	0,33	2,40	2,18	4,68	3,5	12,08	14 vins.
	maximum .	»	10,3	23,3	24,0	1,5	0,50	3,02	2,60	4,90	5,1	13,21	Id.
	minimum. .	»	4,0	12,1	17,2	0,6	0,24	2,08	1,84	4,41	1,9	9,95	Id.
Vienne (Haute-).	moyenne. .	»	8,9	19,4	»	1,2	1 et 2gr	»	»	»	3,8	»	3 vins.
	maximum .	»	9,9	20,7	»	1,9	> 2gr	»	»	»	4,2	»	Id.
	minimum. .	»	8,3	18,7	»	0,9	< 1gr	»	»	»	3,4	»	Id.
Vosges.		»	5,9	22,9	»	0,9	0,50	»	»	»	2,1	»	1 vin.
Yonne.	moyenne. .	0,9990	7,6	18,5	23,7	0,9	0,29	2,78	2,53	5,09	3,3	12,69	123 vins.
	maximum .	1,0016	10,8	27,0	30,1	2,9	0,50	3,99	3,76	8,88	6,0	16,48	Id.
	minimum. .	0,9969	4,6	12,5	18,7	traces	0,09	1,40	1,88	3,38	1,5	10,25	Id.
Bourgogne.	moyenne. .	0,9969	8,5	18,3	23,8	1,0	0,45	2,90	2,28	5,31	3,7	13,81	180 vins.
	maximum .	0,9996	12,0	24,4	30,0	1,7	0,87	4,50	3,76	8,72	5,7	18,02	Id.
	minimum. .	0,9932	5,1	13,4	18,0	traces	0,05	1,33	1,36	3,2[illegible]	1,9	9,02	Id.
Centre.	moyenne. .	0,9968	7,4	20,4	23,0	1,0	0,48	2,93	2,57	4,41	2,9	11,81	14 vins.
	maximum .	0,9977	9,3	26,3	24,4	1,8	0,65	3,48	3,32	5,78	3,9	14,35	Id.
	minimum. .	0,9965	5,2	15,2	21,9	0,5	0,33	2,10	2,10	2,80	1,7	10,00	Id.

VINS ROUGES DE FRANCE, D'ALGÉRIE ET DE TUNISIE (*suite*).

ORIGINE DES VINS		DENSITÉ A + 15°	ALCOOL P. 100 EN VOLUME	EXTRAIT A 100° PAR LITRE	EXTRAIT DANS LE VIDE PAR LITRE	MATIÈRES RÉDUCTRICES PAR LITRE	SULFATE DE POTASSE PAR LITRE	TARTRE PAR LITRE	CENDRES PAR LITRE	ACIDITÉ EN SO^3HO PAR LITRE	RAPPORT DE L'ALCOOL A L'EXTRAIT	SOMME ALCOOL-ACIDE	NOMBRE D'ANALYSES SUR LESQUELLES LA MOYENNE A ÉTÉ CALCULÉE
Midi. Vins non plâtrés	moyenne. .	0,9968	9,5	19,3	25,1	1,3	0,53	2,95	2,78	4,82	4,0	14,32	188 vins.
	maximum .	1,0013	12,5	27,1	35,0	4,8	0,95	4,90	4,28	6,46	5,8	17,60	Id.
	minimum. .	0,9950	6,5	15,0	21,2	traces	0,10	1,55	1,72	2,20	2,2	11,50	Id.
Midi. Vins plâtrés entre 1 et 2gr.	moyenne. .	0,9972	9,8	20,3	23,8	1,4	1,48	2,29	3,23	4,41	4,1	14,12	123 vins.
	maximum .	1,0004	12,9	27,5	32,0	3,6	1,92	3,70	3,91	8,09	5,7	16,40	Id.
	minimum. .	0,9950	6,6	15,4	20,1	0,3	1,03	1,17	2,16	3,08	2,6	11,30	Id.
Midi. Vins plâtrés à plus de 2gr.	moyenne.	0,9982	9,4	21,4	26,5	1,3	2,82	2,69	4,11	4,31	3,9	13,38	168 vins.
	maximum .	1,0004	13,4	34,4	40,6	3,6	4,48	4,16	5,84	9,80	5,9	16,87	Id.
	minimum. .	0,9962	5,9	16,1	21,2	traces	2,03	1,15	2,96	2,74	2,2	9,77	Id.
Algérie. Vins non plâtrés.	moyenne. .	0,9967	10,5	23,0	29,0	1,9	0,57	2,39	3,06	4,76	3,8	15,26	413 vins.
	maximum .	1,0039	14,2	39,8	47,1	9,0	1,00	4,08	5,08	9,45	5,6	21,25	Id.
	minimum. .	0,9943	7,1	15,7	21,3	traces	0,12	1,33	1,72	3,30	2,1	10,57	Id.
Algérie. Vins plâtrés entre 1 et 2gr.	moyenne. .	0,9971	10,2	22,3	29,0	3,7	1,48	2,25	3,49	4,95	4,2	15,05	137 vins.
	maximum .	1,0006	13,1	32,8	40,5	6,0	2,00	3,86	5,92	7,35	5,5	17,63	Id.
	minimum. .	0,9955	7,5	14,9	21,5	0,6	1,02	0,82	2,39	3,35	2,8	12,18	Id.
Algérie. Vins plâtrés à plus de 2gr.	moyenne. .	»	10,5	24,2	28,8	1,8	2,86	1,79	4,26	4,73	3,9	14,84	40 vins.
	maximum .	»	12,7	30,8	36,0	3,6	4,22	3,02	5,44	6,41	5,5	17,66	Id.
	minimum. .	»	8,5	15,5	22,2	0,7	2,08	0,80	3,30	3,43	3,1	11,66	Id.
Tunisie.	moyenne. .	»	10,6	20,3	32,0	2,4	0,48	2,48	4,30	4,80	3,4	15,40	4 vins.
	maximum	»	12,5	33,6	42,0	6,1	0,52	3,13	5,83	6,88	3,9	18,33	Id.
	minimum. .	»	9,5	20,7	25,6	0,9	0,41	2,01	3,92	3,04	2,3	14,02	Id.

VINS ROUGES ÉTRANGERS

ORIGINE DES VINS		DENSITÉ A + 15°	ALCOOL P. 100 EN VOLUME	EXTRAIT A 100° PAR LITRE	EXTRAIT DANS LE VIDE PAR LITRE	MATIÈRES RÉDUCTRICES PAR LITRE	SULFATE DE POTASSE PAR LITRE	TARTRE PAR LITRE	CENDRES PAR LITRE	ACIDITÉ EN SO^3HO PAR LITRE	RAPPORT DE L'ALCOOL A L'EXTRAIT	SOMME ALCOOL-ACIDE	NOMBRE D'ANALYSES SUR LESQUELLES LA MOYENNE A ÉTÉ CALCULÉE
Asie.	moyenne. .	»	14,0	26,7	32,1	3,3	2,04	2,58	3,84	4,32	4,8	18,11	3 vins
	maximum .	»	14,3	29,2	35,7	5,7	3,67	3,28	4,52	5,14	5,9	18,61	Id.
	minimum. .	»	13,8	22,0	26,0	1,3	0,46	2,08	3,44	3,92	4,2	17,50	Id.
Canada		»	12,0	25,7	31,6	6,7	0,94	1,52	2,05	6,81	4,8	18,81	1 vin.
Espagne. Vins non plâtrés.	moyenne. .	0,9975	12,1	25,3	31,5	3,2	0,45	2,50	3,08	4,41	4,2	16,51	20 vins.
	maximum .	1,0012	15,5	40,8	49,3	9,6	0,69	5,82	4,36	7,59	6,4	21,79	Id.
	minimum. .	0,9952	7,3	16,5	24,4	0,9	0,21	1,08	2,12	4,16	2,3	12,68	Id.
Espagne. Vins plâtrés entre 1 et 2gr.	moyenne. .	»	13,3	25,4	32,3	3,5	1,45	2,30	3,50	4,17	4,8	17,37	20 vins.
	maximum .	»	16,4	35,1	37,9	10,0	1,84	3,00	4,24	5,24	6,8	20,42	Id.
	minimum. .	»	10,1	18,6	25,8	0,9	1,04	0,76	2,76	2,84	3,6	16,30	Id.
Espagne. Vins plâtrés à plus de 2gr.	moyenne. .	0,9966	12,9	26,0	32,4	2,4	3,93	1,96	5,38	4,17	4,8	16,49	60 vins.
	maximum .	0,9984	15,5	35,7	43,9	7,1	5,85	3,92	7,80	7,22	6,4	19,10	Id.
	minimum. .	0,9952	10,0	18,7	24,0	0,6	2,11	0,85	3,17	2,50	3,6	13,15	Id.
Grèce.	moyenne. .	»	12,5	25,9	34,0	2,2	1,07	2,60	3,78	4,63	4,0	17,13	5 vins.
	maximum .	»	13,5	29,4	36,5	2,8	1,36	2,98	4,32	5,44	4,5	18,57	Id.
	minimum. .	»	11,1	20,9	27,1	1,6	0,97	2,23	3,04	3,84	3,7	16,74	Id.

VINS ROUGES ÉTRANGERS (*suite*).

ORIGINE DES VINS		DENSITÉ A + 15°	ALCOOL P. 100 EN VOLUME	EXTRAIT A 100° PAR LITRE	EXTRAIT DANS LE VIDE PAR LITRE	MATIÈRES RÉDUCTRICES PAR LITRE	SULFATE DE POTASSE PAR LITRE	TARTRE PAR LITRE	CENDRES PAR LITRE	ACIDITÉ EN SO^3HO PAR LITRE	RAPPORT DE L'ALCOOL A L'EXTRAIT	SOMME ALCOOL-ACIDE	NOMBRE D'ANALYSES SUR LESQUELLES LA MOYENNE A ÉTÉ CALCULÉE
Hongrie.	moyenne. .	»	11,1	19,1	»	1,7	< 1gr	»	2,30	»	4,9	»	4 vins.
	maximum .	»	11,7	20,3	»	2,0	> 2gr	»	2,52	»	5,5	»	Id.
	minimum .	»	10,0	17,3	»	1,2	0,18	»	2,08	»	4,3	»	Id.
Italie. Vins non plâtrés.	moyenne. .	»	12,8	29,6	38,6	4,6	0,52	2,23	3,06	4,80	4,0	17,60	22 vins.
	maximum .	»	15,8	43,8	52,4	10,4	0,90	3,67	3,92	6,86	5,3	20,36	Id.
	minimum. .	»	9,3	18,2	26,2	0,6	0,30	0,50	1,80	2,13	3,2	14,01	Id.
Italie. Vins plâtrés à plus de 1gr.	moyenne. .	»	13,0	27,7	34,8	3,7	1,41	2,01	3,57	3,90	4,2	16,90	20 vins.
	maximum .	»	16,0	38,9	46,9	13,2	2,76	3,11	5,24	5,16	5,2	21,16	Id.
	minimum. .	»	9,0	20,9	27,0	0,7	1,05	0,86	2,53	2,56	3,1	12,18	Id.
Péninsule des Balkans.	moyenne. .	»	12,9	23,9	29,6	2,7	1,13	2,81	2,78	4,29	4,7	17,19	13 vins.
	maximum .	»	14,8	20,4	34,3	4,6	1,97	3,65	3,36	5,00	5,9	19,02	Id.
	minimum. .	»	10,7	27,2	25,4	1,6	0,17	2,23	2,44	3,58	3,4	15,98	Id.
Portugal.	moyenne. .	»	11,6	20,6	26,9	1,87	1,05	2,25	3,05	4,72	4,8	16,32	15 vins.
	maximum .	»	13,5	23,7	31,3	4,2	2,74	3,15	4,80	6,07	5,7	18,57	Id.
	minimum. .	»	10,0	17,2	23,6	traces	0,27	1,18	2,40	3,72	4,3	14,73	Id.
Turquie.	moyenne. .	»	13,1	25,0	31,7	2,3	1,89	2,42	3,83	2,09	4,7	51,19	20 vins.
	maximum .	»	14,7	35,2	44,2	6,2	4,95	3,72	6,52	5,17	6,5	19,20	Id.
	minimum. .	»	11,4	18,9	24,3	0,7	0,48	1,55	2,47	3,10	3,8	14,50	Id.

VINS BLANCS DE FRANCE ET D'ALGÉRIE.

ORIGINE DES VINS		DENSITÉ A + 15°	ALCOOL P. 100 EN VOLUME	EXTRAIT A 100° PAR LITRE	EXTRAIT DANS LE VIDE PAR LITRE	MATIÈRES RÉDUCTRICES PAR LITRE	SULFATE DE POTASSE PAR LITRE	TARTRE PAR LITRE	CENDRES PAR LITRE	ACIDITÉ EN SO^3HO PAR LITRE	RAPPORT DE L'ALCOOL A L'EXTRAIT	SOMME ALCOOL-ACIDE	NOMBRE D'ANALYSES SUR LESQUELLES LA MOYENNE A ÉTÉ CALCULÉE
Ain		0,9932	9,2	14,3	20,1	2,1	1,20	1,10	2,80	3,84	5,7	13,00	1 vin.
Allier.	moyenne.	»	7,4	13,5	»	1,0	$< 1^{gr}$	»	»	»	4,4	»	3 vins.
	maximum.	»	8,0	16,4	»	2,1	$< 1^{gr}$	»	»	»	4,8	»	Id.
	minimum.	»	6,7	11,3	»	0,5	$< 1^{gr}$	»	»	»	4,2	»	Id.
Ardèche		0,0991	9,8	9,5	13,5	0,9	0,37	1,02	1,48	3,18	8,2	12,98	1 vin.
Aube.	moyenne.	»	7,1	15,9	»	»	$< 1^{gr}$	»	1,62	»	3,6	»	2 vins.
	maximum.	»	7,5	16,7	»	»	$< 1^{gr}$	»	1,72	»	3,9	»	Id.
	minimum	»	6,8	15,1	»	»	$< 1^{gr}$	»	1,52	»	3,2	»	Id.
Aude.	moyenne	0,9939	10,1	15,6	19,4	0,9	0,73	1,73	2,62	4,32	5,2	14,42	7 vins.
	maximum.	0,9948	10,7	23,0	20,1	1,7	1,2	2,01	3,84	5,13	6,5	15,83	Id.
	minimum	0,9934	9,6	12,6	18,5	0,4	0,43	1,33	1,72	3,74	3,9	13,68	Id.
Charente.	moyenne.	»	8,9	15,0	»	0,8	$< 1^{gr}$	»	»	5,29	4,8	14,19	3 vins.
	maximum.	»	11,4	16,3	»	0,9	$< 1^{gr}$	»	»	5,68	5,6	16,30	Id.
	minimum.	»	7,4	12,4	»	0,7	$< 1^{gr}$	»	»	4,90	3,9	13,08	Id.
Charente-Inférieure.	moyenne.	»	7,8	14,2	»	1,2	$< 1^{gr}$	»	2,22	5,63	4,5	13,43	3 vins.
	maximum.	»	9,2	16,0	»	1,7	$< 1^{gr}$	»	2,48	5,73	5,4	14,93	Id.
	minimum.	»	6,1	12,8	»	0,9	$< 1^{gr}$	»	1,96	5,53	3,5	11,63	Id.
Cher.	moyenne.	»	7,2	17,5	22,1	0,8	0,44	2,89	2,17	6,72	3,3	13,92	8 vins.
	maximum.	»	8,5	23,4	31,0	1,0	1,30	3,33	2,60	8,52	4,7	14,78	Id.
	minimum.	»	5,8	11,7	19,6	0,6	0,13	2,08	1,80	5,34	2,5	13,00	Id.

VINS BLANCS DE FRANCE ET D'ALGÉRIE (*suite*).

ORIGINE DES VINS		DENSITÉ A + 15°	ALCOOL P. 100 EN VOLUME	EXTRAIT A 100° PAR LITRE	EXTRAIT DANS LE VIDE PAR LITRE	MATIÈRES RÉDUCTRICES PAR LITRE	SULFATE DE POTASSE PAR LITRE	TARTRE PAR LITRE	CENDRES PAR LITRE	ACIDITÉ EN SO^3HO PAR LITRE	RAPPORT DE L'ALCOOL A L'EXTRAIT	SOMME ALCOOL-ACIDE	NOMBRE D'ANALYSES SUR LESQUELLES LA MOYENNE A ÉTÉ CALCULÉE
Corse		»	11,2	11,2	»	0,9	< 1gr	»	1,80	5,39	8,1	16,59	1 vin.
Côte-d'Or.	moyenne.	0,9957	8,6	14,6	26,0	0,8	0,39	2,22	2,24	4,39	4,8	12,99	14 vins.
	maximum.	0,9985	11,4	20,6	28,0	2,4	0,87	3,67	3,04	5,34	6,4	15,30	Id.
	minimum	0,9935	6,3	11,8	17,0	0,5	0,15	1,02	1,60	3,33	3,5	11,22	Id.
Dordogne.	moyenne.	0,9994	8,4	73,9	»	27,4	0,53	2,28	2,31	5,08	1,4	13,48	6 vins.
	maximum.	1,0111	11,0	138,5	162,0	125,0	1,50	3,96	3,08	6,80	7,1	16,71	Id.
	minimum.	0,9954	5,7	7,8	13,2	0,6	0,17	0,80	1,64	2,69	2,8	9,59	Id.
Doubs		»	6,1	12,6	»	0,7	< 1gr	»	»	»	3,9	»	1 vin.
Gard.	moyenne.	0,9949	10,6	16,2	19,6	2,0	1,2	1,58	2,75	4,41	5,7	15,01	10 vins.
	maximum.	0,9953	14,9	22,1	21,2	4,1	> 2gr	2,16	4,48	5,49	9,1	14,70	Id.
	minimum.	0,9945	8,4	12,9	17,7	0,7	0,24	0,67	1,92	2,96	4,2	11,86	Id.
Garonne (Haute-).	moyenne.	»	10,7	15,7	20,9	3,7	0,63	1,65	1,95	3,85	6,6	14,55	2 vins.
	maximum.	»	10,7	16,4	21,0	»	< 1gr	1,70	1,98	3,90	6,9	14,60	Id.
	minimum.	»	10,7	15,0	20,8	»	< 1gr	1,61	1,92	3,80	6,2	14,50	Id.
Gers.	moyenne.	»	9,0	15,1	19,3	1,2	0,30	2,69	1,96	4,81	4,8	13,81	10 vins.
	maximum.	»	10,7	18,1	22,3	2,8	0,55	3,58	3,36	5,48	6,0	15,17	Id.
	minimum.	»	7,1	11,5	17,2	0,6	0,21	2,01	1,40	4,21	3,7	10,90	Id.
Gironde.	moyenne.	0,9976	10,1	20,1	28,4	4,3	1,25	1,80	2,63	4,15	4,8	14,25	74 vins.
	maximum.	1,0063	13,7	31,3	69,0	24,3	2,82	3,21	3,72	5,90	7,2	19,10	Id.
	minimum.	0,9945	7,8	9,9	19,9	traces	0,26	0,80	1,36	3,17	3,3	10,92	Id.

VINS BLANCS DE FRANCE ET D'ALGÉRIE (*suite*).

ORIGINE DES VINS		DENSITÉ A +15°	ALCOOL P. 100 EN VOLUME	EXTRAIT A 100° PAR LITRE	EXTRAIT DANS LE VIDE PAR LITRE	MATIÈRES RÉDUCTRICES PAR LITRE	SULFATE DE POTASSE PAR LITRE	TARTRE PAR LITRE	CENDRES PAR LITRE	ACIDITÉ EN SO^3HO PAR LITRE	RAPPORT DE L'ALCOOL A L'EXTRAIT	SOMME ALCOOL-ACIDE	NOMBRE D'ANALYSES SUR LESQUELLES LA MOYENNE A ÉTÉ CALCULÉE
Hérault.	moyenne.	0,9957	10,8	18,8	24,2	2,3	1,00	1,44	2,33	4,31	5,0	15,11	15 vins.
	maximum.	0,9985	14,1	30,5	35,2	12,5	1,54	2,38	3,32	5,89	9,5	17,90	Id.
	minimum.	0,9931	8,1	11,6	17,7	0,9	0,31	0,72	1,44	2,96	3,6	10,99	Id.
Indre-et-Loire.	moyenne.	»	8,1	18,9	24,7	1,4	0,18	2,76	2,02	6,23	3,5	14,33	20 vins.
	maximum.	»	11,7	25,1	30,0	5,4	0,27	3,57	2,88	8,62	5,5	16,54	Id.
	minimum.	»	6,8	13,3	18,5	traces	traces	1,78	1,32	4,90	2,2	9,98	Id.
Jura.	moyenne.	0,9960	8,5	15,8	20,0	1,0	0,45	2,19	2,26	4,58	4,3	13,08	2 vins.
	maximum.	0,9993	8,8	16,6	20,1	1,1	0,70	2,53	2,52	4,84	4,2	13,14	Id.
	minimum.	0,9957	8,3	15,1	20,0	1,0	0,19	1,85	2,00	4,32	4,0	13,12	Id.
Landes..............		»	10,4	15,5	»	1,8	< 1gr	»	»	»	5,7	»	1 vin.
Loir-et-Cher.	moyenne.	»	6,7	19,3	25,7	1,0	0,28	3,01	2,16	8,00	2,8	14,70	12 vins.
	maximum.	»	9,0	26,2	30,0	2,8	0,50	4,38	2,80	12,25	7,2	17,45	Id.
	minimum	»	3,6	9,4	13,7	traces	0,12	1,80	1,32	3,51	1,6	7,11	Id.
Loire-Inférieure.	moyenne.	»	7,1	15,6	20,4	0,8	0,15	2,66	2,18	6,15	3,7	13,25	6 vins.
	maximum.	»	8,9	21,2	27,0	1,0	0,25	2,92	2,44	10,93	5,4	15,93	Id.
	minimum.	»	5,0	11,6	15,7	0,7	traces	2,38	1,72	3,74	1,6	10,90	Id.
Loiret.	moyenne.	0,9989	6,9	16,1	19,7	1,8	< 1gr	2,27	1,99	5,36	3,6	12,26	5 vins.
	maximum.	1,0008	9,5	19,4	21,5	6,4	0,35	3,21	2,20	7,50	5,4	12,30	Id.
	minimum.	0,9971	4,8	11,5	18,0	0,4	traces	1,33	1,60	3,23	2,1	10,03	Id.

VINS BLANCS DE FRANCE ET D'ALGÉRIE (*suite*).

ORIGINE DES VINS		DENSITÉ A + 15°	ALCOOL P. 100 EN VOLUME	EXTRAIT A 100° PAR LITRE	EXTRAIT DANS LE VIDE PAR LITRE	MATIÈRES RÉDUCTRICES PAR LITRE	SULFATE DE POTASSE PAR LITRE	TARTRE PAR LITRE	CENDRES PAR LITRE	ACIDE EN SO^3HO PAR LITRE	RAPPORT DE L'ALCOOL A L'EXTRAIT	SOMME ALCOOL-ACIDE	NOMBRE D'ANALYSES SUR LESQUELLES LA MOYENNE A ÉTÉ CALCULÉE
Lot-et-Garonne.	moyenne. .	»	9,1	11,4	»	1,2	$< 1^{gr}$	»	1,84	4,56	5,2	13,66	4 vins.
	maximum .	»	9,5	15,8	»	1,9	1,2	»	2,32	4,70	6,4	14,20	Id.
	minimum .	»	8,3	11,9	»	0,6	0,29	»	1,12	4,43	4,4	13,93	Id.
Maine-et-Loire.	moyenne. .	1.0025	7,8	20,3	31,5	4,5	0,54	2,58	2,45	6,06	3,7	13,86	10 vins.
	maximum .	1.0048	9,4	36,5	42,0	22,3	1,34	2,92	3,44	7,69	5,1	16,99	Id.
	minimum .	1.0006	4,5	13,8	18,2	0,9	0,15	2,38	1,88	4,90	2,4	10,70	Id.
Marne.	moyenne. .	»	9,6	17,8	»	2,1	$< 1^{gr}$	»	1,85	»	4,6	»	8 vins.
	maximum .	»	10,8	29,3	»	7,3	$< 1^{gr}$	»	2,48	»	5,7	»	Id.
	minimum .	»	8,9	13,8	»	0,5	$< 1^{gr}$	»	1,44	»	3,1	»	Id.
Meurthe-et-Moselle.		»	7,5	12,6	19,0	1,0	0,54	2,36	1,64	4,41	4,8	11,91	1 vin.
Meuse.	moyenne. .	»	7,1	16,8	21,4	0,9	0,40	2,38	2,23	5,49	3,4	12,59	7 vins.
	maximum .	»	9,7	22,4	27,0	1,3	0,59	2,91	2,56	9,40	5,0	15,80	Id.
	minimum .	»	5,9	12,0	16,9	0,7	0,13	1,80	1,75	3,82	2,3	10,53	Id.
Nièvre.	moyenne. .	»	8,8	15,5	»	0,8	$< 1^{gr}$	»	1,88	»	4,6	»	4 vins.
	maximum .	»	9,9	20,0	»	1,0	$< 1^{gr}$	»	2,60	»	6,6	»	Id.
	minimum .	»	6,9	10,9	»	0,7	$< 1^{gr}$	»	1,85	»	2,9	»	Id.
Puy-de-Dôme.	moyenne. .	»	9,2	19,5	»	1,0	$< 1^{gr}$	»	2,04	»	3,8	»	2 vins.
	maximum .	»	10,0	22,7	»	1,2	$< 1^{gr}$	»	2,60	»	4,3	»	Id.
	minimum .	»	8,4	16,4	»	0,9	$< 1^{gr}$	»	1,48	»	3,0	»	Id.

VINS BLANCS DE FRANCE ET D'ALGÉRIE (*suite*).

ORIGINE DES VINS		DENSITÉ A + 15°	ALCOOL P. 100 EN VOLUME	EXTRAIT A 100° PAR LITRE	EXTRAIT DANS LE VIDE PAR LITRE	MATIÈRES RÉDUCTRICES PAR LITRE	SULFATE DE POTASSE PAR LITRE	TARTRE PAR LITRE	CENDRES PAR LITRE	ACIDITÉ EN SO^3HO PAR LITRE	RAPPORT DE L'ALCOOL A L'EXTRAIT	SOMME ALCOOL-ACIDE	NOMBRE D'ANALYSES SUR LESQUELLES LA MOYENNE A ÉTÉ CALCULÉE
Pyrénées-Orientales.	moyenne. .	»	10,9	14,8	19,9	1,1	1,43	1,99	2,54	3,68	6,1	13,58	6 vins.
	maximum .	»	13,8	19,1	23,3	1,9	2,30	2,80	3,33	4,90	8,7	17,02	Id.
	minimum .	»	9,5	13,2	17,0	0,7	0,65	0,95	1,32	3,07	5,2	13,09	Id.
Rhône		»	12,5	26,8	»	1,0	< 1gr	»	»	»	3,8	»	1 vin.
Saône (Haute-).		»	8,8	18,5	»	0,7	< 1gr	»	3,08	»	3,8	»	1 vin.
Saône-et-Loire.	moyenne. .	»	9,4	15,4	21,4	1,2	0,52	1,91	1,84	5,27	5,0	14,67	12 vins.
	maximum .	»	12,2	20,8	24,9	2,7	1,00	2,60	2,60	7,18	7,4	16,41	Id.
	minimum .	»	7,7	10,7	17,7	traces	0,23	1,50	1,48	4,21	3,7	12,75	Id.
Sarthe.		»	7,7	18,2	23,0	1,9	0,41	2,68	2,36	4,44	3,6	12,14	1 vin.
Savoie (Haute-).	moyenne. .	»	8,1	13,0	19,0	0,8	0,16	2,63	1,52	»	5,0	»	3 vins.
	maximum .	»	9,4	13,9	21,2	0,9	0,19	2,66	1,62	»	5,5	»	Id.
	minimum .	»	7,4	11,6	17,6	0,7	0,13	2,60	1,44	»	4,2	»	Id.
Seine-et-Marne.		»	8,3	14,6	»	0,7	< 1gr	»	3,16	»	4,6	»	1 vin.
Seine-et-Oise.		»	8,8	18,5	»	1,3	< 1gr	»	»	»	3,9	»	1 vin.
Sèvres (Deux-).	moyenne. .	»	9,6	16,5	»	1,1	< 1gr	1,82	»	»	4,7	»	3 vins.
	maximum .	»	10,6	19,2	»	5,0	< 1gr	2,04	»	»	5,7	»	Id.
	minimum .	»	7,8	14,6	»	0,8	< 1gr	1,60	»	»	4,1	»	Id.
Tarn.		»	10,2	12,4	»	0,4	< 1gr	»	»	»	6,6	»	1 vin.

VINS BLANCS DE FRANCE ET D'ALGÉRIE (*suite*).

ORIGINE DES VINS		DENSITÉ A + 15°	ALCOOL P. 100 EN VOLUME	EXTRAIT A 100° PAR LITRE	EXTRAIT DANS LE VIDE PAR LITRE	MATIÈRES RÉDUCTRICES PAR LITRE	SULFATE DE POTASSE PAR LITRE	TARTRE PAR LITRE	CENDRES PAR LITRE	ACIDITÉ EN SO^3HO PAR LITRE	RAPPORT DE L'ALCOOL A L'EXTRAIT	SOMME ALCOOL-ACIDE	NOMBRE D'ANALYSES SUR LESQUELLES LA MOYENNE A ÉTÉ CALCULÉE
Tarn-et-Garonne.	moyenne. .	»	9,5	12,7	»	0,5	< 1gr	»	»	»	6,0	»	3 vins.
	maximum .	»	12,0	15,3	»	0,9	< 1gr	»	»	»	6,9	»	Id.
	minimum .	»	7,2	9,0	»	traces	< 1gr	»	»	»	4,9	»	Id.
Vienne.	moyenne. .	»	6,9	15,4	»	0,7	< 1gr	»	1,28	6,34	3,6	13,24	7 vins.
	maximum .	»	9,0	18,5	»	1,1	< 1gr	»	2,40	7,50	4,1	14,04	Id.
	minimum .	»	5,6	11,0	»	0,4	< 1gr	»	1,20	4,50	2,9	13,50	Id.
Yonne.	moyenne. .	0,9962	9,1	16,8	21,5	0,8	0,33	2,20	1,87	5,15	4,4	14,25	46 vins.
	maximum .	0,9976	11,7	22,4	27,0	3,1	0,60	3,13	2,78	7,35	7,1	15,76	Id.
	minimum .	0,9953	6,5	11,2	18,0	traces	0,06	1,02	1,32	2,52	2,5	11,32	Id.
Bourgogne.	moyenne. .	»	8,6	15,2	20,9	1,1	0,23	2,97	1,81	5,79	4,6	14,39	9 vins.
	maximum .	»	10,3	21,6	22,9	3,5	0,37	3,67	2,00	7,25	5,9	15,04	Id.
	minimum .	»	6,8	11,8	19,0	0,7	0,11	2,58	1,08	4,45	3,2	12,65	Id.
Centre.	moyenne. .	»	7,7	19,0	»	1,0	0,45	»	»	»	3,3	»	4 vins.
	maximum .	»	9,7	21,9	»	1,2	0,50	»	»	»	4,4	»	Id.
	minimum .	»	5,7	17,4	»	0,7	0,40	»	»	»	2,0	»	Id.
Midi.	moyenne. .	0,9949	10,0	17,2	22,4	2,8	1,61	1,81	2,31	4,26	5,2	14,26	108 vins.
	maximum .	0,9976	15,2	29,3	33,0	15,6	2,63	3,20	3,90	6,12	9,3	16,85	Id.
	minimum .	0,9909	7,7	11,9	16,9	0,5	0,33	0,72	1,20	2,60	0,8	11,78	Id.
Algérie.	moyenne. .	0,9929	11,6	17,8	22,9	1,9	0,50	1,79	2,27	4,24	5,6	15,84	20 vins.
	maximum .	0,9942	14,3	28,6	27,9	10,4	> 2gr	2,50	3,76	6,18	7,0	17,97	Id.
	minimum .	0,9916	9,9	12,2	17,4	0,7	0,21	0,80	1,54	3,35	4,0	13,85	Id.

VINS BLANCS ÉTRANGERS

ORIGINE DES VINS		DENSITÉ A + 15°	ALCOOL P. 100 EN VOLUME	EXTRAIT A 100° PAR LITRE	EXTRAIT DANS LE VIDE PAR LITRE	MATIÈRES RÉDUCTRICES PAR LITRE	SULFATE DE POTASSE PAR LITRE	TARTRE PAR LITRE	CENDRES PAR LITRE	ACIDITÉ EN SO^3HO PAR LITRE	RAPPORT DE L'ALCOOL A L'EXTRAIT	SOMME ALCOOL-ACIDE	NOMBRE D'ANALYSES SUR LESQUELLES LA MOYENNE A ÉTÉ CALCULÉE
Alsace.	moyenne. .	»	8,3	16,3	»	1,2	< 1gr	»	2,20	4,67	4,1	12,97	5 vins.
	maximum .	»	9,2	19,3	»	2,6	< 1gr	»	2,36	5,44	4,6	14,24	Id.
	minimum. .	»	6,9	15,1	»	0,6	< 1gr	»	1,60	4,21	3,5	12,71	Id.
Espagne.	moyenne. .	0,9924	11,8	15,7	21,5	1,8	1,63	1,78	3,56	3,68	6,6	15,48	19 vins
	maximum .	0,9942	13,9	21,8	28,0	9,8	3,73	3,85	5,76	5,24	8,4	17,35	Id.
	minimum. .	0,9905	8,4	11,4	17,2	0,9	0,30	0,65	2,00	2,70	5,5	13,62	Id.
Grèce.	moyenne. .	»	12,6	20,2	»	1,1	»	»	»	»	5,1	»	2 vins.
	maximum .	»	14,7	26,6	»	2,1	> 2gr	»	»	»	6,2	»	Id.
	minimum. .	»	10,5	13,9	»	0,9	1,20	»	»	»	4,7	»	Id.
Hongrie		0,9971	6,6	11,6	16,9	0,9	0,50	1,93	2,44	3,78	4,6	10,38	1 vin.
Italie.	moyenne. .	»	12,0	21,1	»	1,0	0,48	»	»	»	4,6	»	2 vins.
	maximum .	»	12,1	23,2	»	1,1	0,50	»	»	»	5,0	»	Id
	minimum. .	»	11,9	19,1	»	0,9	0,47	»	»	»	4,2	»	Id.
Portugal.	moyenne. .	»	11,6	22,3	29,2	5,5	0,74	1,57	2,92	4,55	5,2	16,14	3 vins.
	maximum .	»	12,5	25,2	31,2	8,6	1,13	1,84	3,36	4,99	5,4	17,49	Id.
	minimum. .	»	10,9	20,7	27,5	3,2	0,45	1,33	2,52	4,02	4,9	15,42	Id.
Péninsule des Balkans.		»	9,9	13,3	»	0,8	»	»	1,65	»	6,0	»	1 vin.
Vin du Rhin.	moyenne. .	»	8,9	13,8	»	0,8	»	»	»	»	5,2	»	2 vins.
	maximum .	»	9,8	17,4	»	1,0	< 1gr	»	»	»	6,3	»	Id.
	minimum. .	»	8,1	10,3	»	0,7	0,42	»	»	»	4,5	»	Id.
Suisse		0,9954	9,1	14,5	19,5	0,9	0,61	1,03	1,60	4,40	5,0	13,50	1 vin.

AMÉLIORATION DES MOUTS. — FABRICATION DES BOISSONS POUVANT ÊTRE AJOUTÉES FRAUDULEUSEMENT AUX VINS

Chaptalisation. — Dans le but d'améliorer une vendange insuffisamment mûre, on peut recourir à cette pratique qui consiste à ajouter à un moût une quantité déterminée de sucre cristallisé. Primitivement on saturait même l'excès d'acidité par du marbre en poudre. Le sucrage, assez usité en France, surtout dans les contrées où le raisin mûrit difficilement, ne présente pas le caractère d'une fraude, à condition de n'être accompagné d'aucune addition de substance étrangère.

Il est même favorisé par l'abolition des droits sur les sucres destinés à cet usage.

La composition des vins obtenus n'est pas sensiblement modifiée, sauf en ce qui concerne l'alcool; néanmoins, si la fermentation a été incomplète, on peut retrouver, à l'analyse, une petite quantité de saccharose. On a conseillé, à juste raison, d'intervertir préalablement le sucre avec de l'acide tartrique ou, tout simplement, avec un peu de moût. On obtient ainsi un sucre analogue au sucre du raisin, fermentant dans de meilleures conditions.

Gallisation. — Cette pratique a aussi pour but de suppléer au défaut de maturité des raisins par l'addition de sucre ; elle permet, en outre, de ramener l'acidité à une teneur normale, en ajoutant une quantité d'eau variable suivant l'acidité du moût. Comme la quantité de sucre ajouté est non seulement en rapport avec la composition du moût, mais aussi avec la quantité d'eau introduite, de façon à obtenir un titre alcoolique normal, cette opération ne peut être considérée que comme une fraude. On a, en effet, augmenté frauduleusement le produit d'une vendange à l'aide d'un mouillage indirect. La composition d'un vin gallisé cesse d'être normale; les éléments extractifs y ont tous diminué; il n'y a d'exceptions que pour l'alcool et l'acidité.

Petiotisation. — Vins de 2e cuvée. — Vins de marc. — Vins de sucre. — Sous ces différents noms, on désigne la boisson obtenue après une deuxième ou même une troisième fermentation du marc séparé de la *goutte mère* et additionné d'*eau sucrée* tiède contenant un peu d'acide tartrique. On enlève ainsi au marc la totalité des matériaux qu'il contenait encore après le pressurage.

Le résultat de cette opération, tout en constituant une boisson évidemment recommandable, saine et économique, ne peut, sous aucun prétexte, être vendu comme vin naturel, ni même mélangé à ces vins. L'article 3 de la loi Griffe définit, en effet, cette boisson comme suit : « Le vin de sucre est soit le produit de la fermentation du marc de raisin frais avec addition de sucre et d'eau, soit le mélange de ce produit avec du vin. »

Les vins de 2e et 3e cuvée sont caractérisés par une diminution sensible des matériaux ordinaires du vin.

Indépendamment de cet inconvénient, il arrive souvent que l'on substitue à la saccharose la glucose commerciale, bien meilleur marché, qui contient presque toujours une proportion importante d'impuretés : dextrine, amidon non saccharifié, sulfate de soude, et même quelquefois de l'arsenic, substances qui ne sont pas sans influence sur la bonne conservation du vin, ainsi que sur la santé du consommateur.

COMPOSITION DES VINS DE MARC OBTENUE AVEC LE SUCRE DE CANNE BRUT, CRISTALLISÉ OU EN DÉBRIS (1).

DÉSIGNATION		ALCOOL P. 100 EN VOLUME	EXTRAIT A 100° PAR LITRE	GOMME PAR LITRE	CRÈME DE TARTRE PAR LITRE	GLYCÉRINE PAR LITRE	GLUCOSE RÉDUCTEUR PAR LITRE	CENDRES PAR LITRE	ACIDE PHOSPHORIQUE PAR LITRE	POTASSE TOTALE PAR LITRE
Gironde.	Vin pur. . . .	10,80	26,20	4,30	2,60	7,15	2,80	2,30	0,542	1,06
	Vin de sucre . .	8,50	12,50	1,30	2,03	5,70	0,00	1,45	0,192	0,76
Gironde.	Vin pur. . . .	10,30	20,90	2,50	2,70	7,25	1,07	?	0,364	?
	Vin de sucre . .	7,60	12,60	1,32	1,85	5,21	2,15	2,20	?	?
Gironde.	Vin pur. . . .	10,50	23,15	2,75	3,02	7,60	3,10	2,60	0,346	1,12
	Vin de sucre . .	7,80	20,10	2,10	2,25	5,53	1,50	2,50	0,190	0,52
Gironde.	Vin pur. . . .	10,20	24,20	2,55	4,75	7,15	2,05	1,80	0,290	0,99
	Vin de sucre . .	8,60	18,20	1,40	3,57	4,65	1,60	1,42	0,195	0,75
Gironde.	Vin pur. . . .	11,00	25,80	3,20	3,40	7,20	2,45	2,40	0,299	?
	Vin de sucre.	8,50	17,40	0,93	2,10	5,10	1,10	1,90	0,185	?
Gironde.	Vin pur. . . .	10,00	25,10	5,65	3,75	?	4,05	2,20	0,545	1,01
	Vin de sucre . .	9,50	10,60	0,95	3,25	?	0,35	1,25	0,220	0,75
Cironde.	Vin pur. . . .	11,10	22,90	2,10	3,75	7,25	2,10	1,85	0,448	0,951
	Vin de sucre . .	9,00	11,60	1,90	2,90	4,60	1,30	1,50	0,120	0,804
Gironde.	Vin pur. . . .	11,20	24,40	4,16	4,25	8,30	?	1,75	0,410	0,897
	Vin de sucre . .	9,30	18,50	2,15	2,80	5,70	1,85	1,60	0,335	?
Gironde.	Vin pur. . . .	11,25	24,90	4,36	4,40	8,20	2,90	2,35	0,520	1,10
	Vin de sucre . .	8,80	17,60	2,05	2,60	6,10	1,85	2,30	0,400	0,70
Gironde.	Vin pur. . . .	10,90	24,40	3,95	3,70	7,20	1,56	2,05	0,465	0,92
	1[er] Vin de sucre.	8,65	12,10	1,30	3,40	?	trace	1,65	0,320	0,64
	2[e] Vin de sucre.	8,50	10,80	0,60	2,50	?	trace	1,60	0,176	0,58
Lot-et-Garonne.	Vin pur. . . .	10,30	25,80	3,50	3,25	7,90	3,81	2,25	0,486	1,04
	Vin de sucre . .	7,75	13,00	1,30	2,19	6,00	0,50	1,80	0,225	0,80
Lot-et-Garonne.	Vin pur. . . .	11,20	26,10	2,90	3,09	7,10	2,90	2,60	0,468	1,06
	Vin de sucre . .	8,00	12,12	1,10	2,61	6,85	0,30	1,90	0,197	0,72

(1) Tableau extrait du *Traité de la Vigne*, par MM. Portes et Ruyssen, t. II, p. 378.

Piquettes de raisins frais. — C'est la boisson légèrement alcoolique et peu chargée de matières extractives qui résulte du lavage méthodique du marc séparé du vin de 1re cuvée et étendu, sur des claies, sous une épaisseur de 1 à 2m.

On peut encore opérer de la façon suivante : le marc est émietté, puis légèrement tassé dans une cuve ; et on y verse de l'eau pour le couvrir en évitant que la grappe soit en contact avec l'air atmosphérique. La fermentation est froide et peu active. On augmente progressivement la proportion d'eau jusqu'à ce qu'on soit arrivé à verser l'équivalent de la moitié du vin produit par ce marc.

Avec des résidus peu riches, on fait, sur le marc d'une cuvée de 100hl de vin, de 25 à 30hl de piquette.

Les piquettes, fabriquées avec des marcs de seconde cuvée, se traitent de la même manière ; mais on ajoute à l'eau de 4 à 5kg de sucre cristallisé par hectolitre, de façon à obtenir un liquide marquant de 4 à 5° d'alcool.

Ces liquides sont très recherchés pour être mélangés frauduleusement aux vins.

Piquettes de raisins secs. — La fabrication des piquettes de raisins secs, encore florissante il y a peu d'années, a bien diminué d'importance aujourd'hui, grâce aux lois spéciales venues à temps pour protéger les viticulteurs contre une concurrence déloyale, et relever la bonne réputation de nos vins.

Cette industrie, si elle n'avait dévié de son véritable but, était évidemment digne d'encouragement, en fournissant des boissons économiques qui, vendues sous leur véritable nom, pouvaient rendre de réels services à une certaine classe de la société. Mais ceci n'était qu'un prétexte facile, le but réel de cette fabrication étant surtout de favoriser la fraude, en livrant au commerce un liquide destiné à remplacer, dans certains coupages, les petits vins du Cher, des Charentes, du centre, etc.

Les piquettes de raisins secs sont facilement obtenues par la fermentation à une température comprise entre 25 et 30° de différentes espèces de raisins secs : Corinthe, Vourla, Chypre, Samos, etc., préalablement déchirés par des fouloirs et imbibés ensuite d'une quantité d'eau déterminée.

On peut encore faire gonfler les raisins secs dans l'eau froide, les pressurer ensuite, et faire fermenter le moût obtenu, à une température de 26° environ, après addition de levure. La fermentation terminée, on colle et on filtre.

Nous trouvons, dans une petite brochure intitulée *la Vérité sur les raisins secs*, par M. Bessède fils, de Marseille, quelques conseils intéressants sur la fabrication et l'emploi des piquettes de raisins secs. L'auteur s'exprime ainsi : « Pour obtenir une piquette marquant 10°,5 d'alcool, on emploiera 300l d'eau pour 100kg de raisins ; pour une piquette marquant 6°,5, on emploiera, pour 100kg de raisins, 500l d'eau.

« Cette dernière proportion est particulièrement recommandée ; elle donne, dit l'auteur, une piquette destinée aux coupages avec des vins étrangers ou du Midi ayant, eux-mêmes, une richesse de 13, 14 et 15 p. 100 d'alcool ; on obtient ainsi des vins de 9°,5, 10 et 10°,5 d'alcool, très convenables pour des vins de consommation.

« Les vins de raisins secs, additionnés de 10, 15, 20 et 30 p. 100 de vins foncés en couleur, constituent un très bon vin ordinaire dont le prix est très avantageux. »

Non contents de réaliser de beaux bénéfices, certains industriels n'hésitaient pas à recourir à la fraude pour augmenter le rendement des raisins secs. M. le Dr G. Pouchet, dans un rapport adressé en 1886 au ministre du commerce, constate que l'emploi des glucoses et mélasses, dans la fabrication des vins de raisins secs, a pris une extension considérable, au détriment de la santé publique. Certains fabricants vont même jusqu'à fabriquer la glucose dans la cuve pour ne pas payer les droits qui frappent ce produit. L'emploi de pareilles substances n'est pas sans inconvénients. A ce propos, M. Bardy s'exprimait ainsi, le 14 avril 1886, devant la commission d'enquête du Sénat sur l'alcool : « Le mouillage passe pour être fait avec ce que l'on nomme la piquette de raisins secs; mais ce nom de piquette n'est qu'une étiquette. En réalité, au lieu de n'ajouter au vin que de l'eau pure ou de la véritable piquette, on y ajoute, sous cette rubrique, un produit fabriqué avec des glucoses du commerce qui contiennent de l'acide sulfurique, de l'acide chlorhydrique, des traces d'arsenic, à l'état de sels de chaux, de soude et de magnésie. Le danger du mouillage est donc augmenté par ce procédé. »

Une autre fraude des plus communes, destinée surtout à tromper le fisc, est celle qui se fait sur la durée de la cuvée. Le fabricant réclame généralement 15 jours, et il trouve moyen, en activant la fermentation, de renouveler plusieurs fois les raisins secs dans la même cuve ou d'utiliser les mêmes raisins en les additionnant de glucose.

Une fraude également très répandue consiste à relever le titre alcoolique en coupant le vin de raisins secs avec de l'eau alcoolisée d'un prix inférieur à ce que coûte le degré alcoolique produit par la fermentation naturelle. On emploie pour cela des alcools de mauvaise qualité provenant de la distillation clandestine des fruits secs, dattes, figues, etc., soit l'alcool supposé employé pour viner les vins d'exportation, soit celui que l'on extrait des mistels d'importation (1).

Le tableau suivant donne la composition des vins de raisins secs préparés avec différentes variétés de raisins.

(1) *Journ. de Pharm. et de Chim.*, supplément du n° XXIII, p. I et V.

ANALYSES DES VINS DE RAISINS SECS P. 100 (1).

NOMS	ALCOOL	EXTRAIT	CENDRES	SULFATE	SUCRE	ACIDITÉ	TANIN	CRÈME DE TARTRE	GOMME	DÉVIATION	DÉVIATION DE LA GOMME
	degr.	gr.	gr.	gr.	gr.	gr.	gr.	gr.	gr.	degr.	
Thyra.	10,2	2,35	0,37	0,087	0,4251	0,2905	0,0660	0,1473	0,368	— 0,8	+ Très faible.
Corinthe 1883 . .	9,7	2,65	0,312	0,079	0,5003	0,5416	0,0726	0,2952	0,242	— 1,0	+ Très faible
Corinthe Turquie.	10,9	2,580	0,360	0,0968	0,5436	0,3100	0,0892	0,1539	0,492	— 0,75	+ Très faible.
Ercara	10,0	2,992	0,376	0,0880	1,2680	0,5620	0,0952	0,1380	0,400	— 6,0	0 nulle.
Carabournou. . .	10,3	2,520	0,340	0,0912	0,6009	0,4456	0,0642	0,1433	0,465	— 1,0	+ Faible.
Beghlergé.	8,8	2,860	0,320	0,0880	0,4281	0,3349	0,0857	0,1221	0,562	+ 0,5	+ Faible.
Elémé.	9,0	3,70	0,38	0,0836	1,721	0,5840	0,0894	0,1486	0,585	— 11,0	— 1°.
Chesmé.	10,2	2,864	0,36	0,110	0,9256	0,4770	0,0869	0,1272	0,425	— 4,5	— Faible
Sultanines	11,9	2,780	0,408	0,1232	0,7135	0,3100	0,0833	0,13275	0,685	— 1,1	+ Très faible.
Tzal.	9,4	2,192	0,352	0,0836	0,3982	0,3404	0,0690	0,1486	0,420	— 0,75	— Très faible

NOTA. — Les chiffres ci-dessus indiquent la quantité de substance p. 100 de vin. La déviation a été observée dans un tube de 20[cm] de vin. Quant à la déviation de la gomme, elle est inférieure à 1°, soit à gauche soit à droite.

COMPOSITION DE QUELQUES PIQUETTES DE RAISINS SECS GLUCOSÉES.

Analyses faites au Laboratoire municipal en mai 1890.

NUMÉROS D'ORDRE	DENSITÉ	ALCOOL P. 100 EN VOLUME	EXTRAIT A 100° PAR LITRE	EXTRAIT DANS LE VIDE PAR LITRE	SUCRE PAR LITRE	SULFATE DE POTASSE PAR LITRE	CENDRES PAR LITRE	TARTRE PAR LITRE	ACIDITÉ EN ACIDE SULFURIQUE PAR LITRE	DÉVIATION AU POLARIMÈTRE
1	999,8	8,2	21,72	28,00	4,15	0,39	2,52	3,28	5,29	+ 1° 00
2	999,9	8,8	24,24	30,90	5,00	0,38	2,30	3,38	5,30	+ 0° 46′
3	998,1	7,4	19,88	26,00	3,12	0,48	2,36	3,89	5,34	+ 0° 20′
4	1002,2	9,5	30,24	37,80	6,25	0,60	2,66	3,06	7,14	+ 0° 42′
5	999,8	8,0	23,52	29,70	5,20	0,42	2,52	2,91	5,14	+ 0 °36′
6	1000,1	8,9	25,04	32,80	5,95	0,58	2,24	2,83	6,12	+ 0° 38′

MALADIES DES VINS

Ces maladies sont généralement dues, comme l'a si bien démontré M. Pasteur, à la présence de micro-organismes particuliers dont les germes peuvent

(1) Tableau extrait du *Traité de la Vigne*, par MM. Portes et Ruysson, t. II, p. 372.

préexister dans les moûts, dès les premiers temps de la vinification, et semblent même accompagner presque normalement le ferment alcoolique (1).

Quelle que soit leur provenance, ces parasites, lorsqu'ils ont été incomplètement éliminés, ne tardent pas à se propager au détriment des matériaux du vin, en donnant naissance à des produits nouveaux, dont l'apparition est, pour le propriétaire et pour le consommateur, la seule caractéristique de l'état de détérioration dans lequel se trouve leur produit.

La présence de ces ferments dans les vins peut aussi provenir des germes qui sont en suspension dans l'atmosphère, d'une mauvaise fermentation, ou de manipulations peu favorables à la conservation du vin, telles que : séjour dans des récipients contaminés, coupages mal compris, addition d'eau, etc.

Les principales maladies des vins sont : l'*acétification*, la *tourne*, la *pousse*, la *graisse* et l'*amertume*.

Acétification. — Cette maladie est caractérisée par la présence du *mycoderma aceti*. Ce ferment spécial consiste en chapelets d'articles généralement un

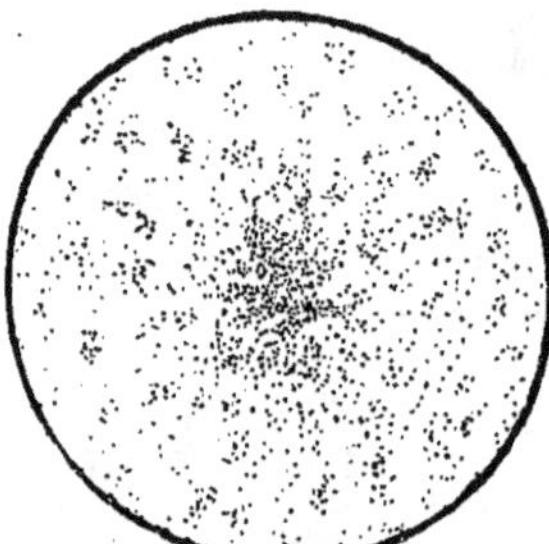

Fig. 2. — Mycoderma aceti.

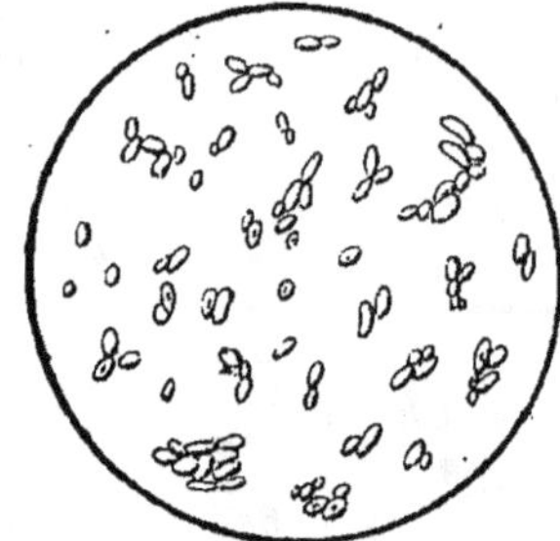

Fig. 3. — Mycoderma vini.

peu étranglés en leur milieu et d'un diamètre de 1,5 millième de millimètre environ (fig. 2). Le mycoderma aceti est essentiellement *aérobie ;* il se développe à la surface du vin en formant un voile caractéristique, et s'empare de l'oxygène de l'air qu'il fixe sur l'alcool en le transformant en acide acétique.

L'acétification est souvent devancée par l'apparition des fleurs du vin ou *mycoderma vini* (fig. 3), qui se forment plus particulièrement dans les vins étendus d'eau, peu acides, ou contenus dans des récipients insuffisamment pleins. Le mycoderma vini ne présente pas les mêmes inconvénients que le mycoderma aceti ; quoique absorbant comme lui l'oxygène de l'air pour le porter sur l'alcool, il ne forme pas d'acide acétique, il donne directement de l'eau et de l'acide carbonique.

Tourne. — Le ferment qui caractérise cette maladie consiste en filaments organisés, d'une grande finesse, en suspension au sein du liquide, et provoquant des ondes soyeuses que l'on distingue nettement en agitant le vin au soleil.

(1) *Études sur le vin*, de M Pasteur.

Les vins atteints de cette maladie sont plus ou moins troubles, leur couleur s'altère sensiblement et tourne rapidement au marron; le tanin est attaqué, pendant que le tartre est transformé, comme l'a montré M. A. Gautier, en acides *tartronique*, *acétique* et *lactique*.

Pousse. — Les vins qui ont la pousse se reconnaissent à la présence d'un mycoderma à filaments (fig. 4) semblables à ceux de la tourne, qui s'attaquent particulièrement au sucre, à la glycérine, à l'acide tartrique, pour donner des acides propionique, acétique, carbonique.

Amertume. — Le ferment qui détermine cette maladie se présente sous la forme de branchages rameux, plus ou moins articulés, incolores au début de la maladie, mais se recouvrant à la longue d'incrustations de matière colorante. Ce ferment ressemble assez à celui de la tourne et il est même assez difficile de l'en distinguer au microscope (fig. 5). Les filaments du vin tourné sont, néanmoins, plus fins que ceux du vin amer, leurs articulations moins sensibles; enfin, ils ne s'incrustent pas de matière colorante.

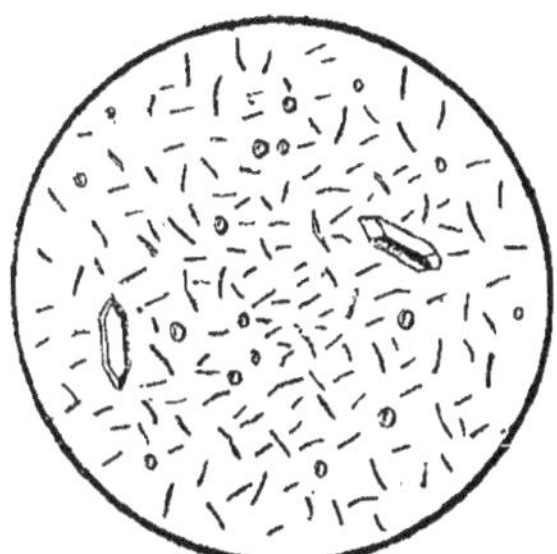

Fig. 4. — Maladie de la pousse.

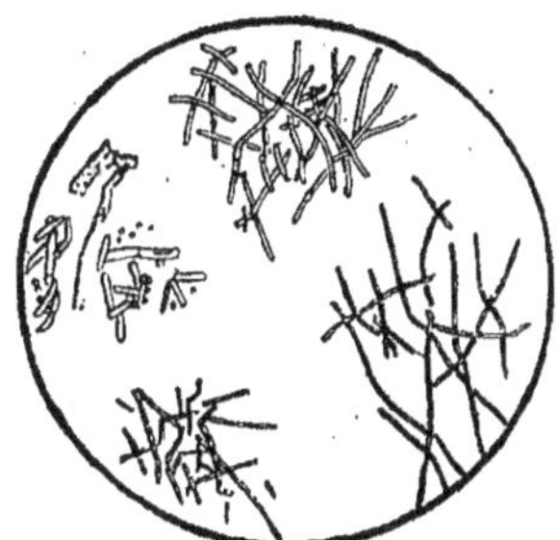

Fig. 5. — Maladie de l'amertume.

La maladie des vins amers, contrairement à la maladie de la tourne, se porte de préférence sur les vins les plus estimés, qui deviennent alors plats, fades, puis amers. La matière colorante se dépose sur les parois de la bouteille en entraînant le ferment qui semble avoir principalement vécu aux dépens de la glycérine.

Graisse. — Cette maladie est plus spéciale aux vins blancs jeunes, pauvres en alcool et en tanin. Elle est due à un ferment qui se présente au microscope sous l'aspect de chapelets formés de petits grains sphériques très petits s'attaquant surtout au sucre et aux gommes. Les vins atteints de cette maladie deviennent huileux, filants, et perdent de leur limpidité.

TRAITEMENTS ET MANIPULATIONS DES VINS

Soutirage. — Ce remède traditionnel et séculaire a pour but de séparer, par décantation, le vin de son dépôt, qui contient une majeure partie des germes nuisibles à sa conservation. On recommande d'effectuer principalement les soutirages à la fin de l'automne et au mois de mars, c'est-à-dire au moment où les germes engourdis par le froid se déposent au fond des tonneaux et se reproduisent difficilement.

Il est préférable de soutirer par un vent du nord et par un temps sec; en prenant cette précaution, on profite de la plus grande solubilité de l'acide carbonique et on évite le dégagement de ce gaz qui troublerait le dépôt en remettant les germes en suspension.

Collage. — Cette opération complète souvent la précédente; elle a pour but d'achever la clarification du vin, de faciliter la précipitation de matériaux dissous qui pourraient nuire à sa conservation, et d'entraîner les substances mises en suspension à la suite de différentes manipulations, transport, coupage, etc.

On emploie, généralement, pour coller les vins, la gélatine blonde dissoute dans l'eau tiède et acidulée par un peu d'acide tartrique, le blanc d'œuf, la colle de poisson, le sang desséché, le lait, etc. Ces substances agissent en formant avec le tanin des combinaisons insolubles qui entraînent, en se déposant, toutes les parties troubles du vin.

Le collage exerce une certaine influence sur la composition du vin. M. A. Gautier a montré que cette opération diminuait sensiblement le poids de l'extrait, ainsi que l'intensité colorante et le titre alcoolique. Chaque collage abaisse la proportion d'alcool d'environ un dixième de degré.

Les collages répétés nuisent à la qualité des vins fins; ils conviennent au contraire très bien aux vins durs, âpres et chargés en couleur. Pour les vins pauvres en tanin, pour les vins blancs, notamment, on conseille d'ajouter avant le collage une dizaine de grammes de cette substance par hectolitre de vin.

Chauffage. — Pour éviter et combattre les maladies des vins, M. Pasteur s'inspirant des idées d'Appert, de Vergnette-Lamothe, etc., conseille le chauffage. On opère dans des appareils spéciaux en exposant le vin, quelques heures, à une température maxima de 65°. Cette pratique donne les meilleurs résultats, même pour les vins atteints d'un commencement de maladie; les germes et les ferments sont entièrement détruits, lorsqu'on opère dans les conditions prescrites.

La composition du vin soumis à ce traitement n'est pas sensiblement modifiée.

Congélation. — Cette opération donne de moins bons résultats que le chauffage et présente l'inconvénient d'altérer sensiblement la qualité et la composition du vin, en précipitant une partie du tartre, de la matière colorante et des substances azotées. En revanche, si on enlève les glaçons formés à une température de — 6°, on peut enrichir le vin en alcool.

Electrisation. — On a conseillé d'électriser les vins pour faciliter leur conservation. Les essais tentés dans ce but par M. de Meritens n'ont pas donné des résultats bien concluants; néanmoins, M. Menganno, de Rome (1), prétend que l'électrisation donne aux vins de la saveur et du bouquet. D'après le même expérimentateur, les vins électrisés et collés immédiatement après ne sont plus sujets aux maladies.

Agitation. — Certains vins s'améliorent sensiblement par une agitation prolongée; les fameux bordeaux dits « Retour des Indes » en sont un exemple. L'action du roulis ou de tout autre mouvement analogue facilite, en effet, l'absorption de l'oxygène et l'éthérification lente de l'alcool.

Oxygénation. — Pasteur a démontré que le vieillissement du vin et, par suite, le développement de son bouquet, était dû à l'oxygène de l'air. On a donc tenté, à la suite de ces divers travaux, d'accélérer le vieillissement du vin par l'emploi direct de l'oxygène et de l'ozone. Les résultats obtenus ont été à peu près négatifs et la composition des vins traités sensiblement modifiée.

Mutage. — Le mutage est l'opération qui a pour but d'entraver l'action des ferments. On mute aussi certains moûts pour obtenir des vins ne fermentant plus, quoique contenant encore une assez grande quantité de sucre.

Les substances les plus employées dans cette pratique sont : l'acide sulfureux, l'alcool et l'acide salicylique.

Soufrage. — L'emploi du soufre, pour faciliter la conservation des vins, remonte à la plus haute antiquité.

Cette opération consiste à introduire, dans le vin, de l'acide sulfureux obtenu soit par la combustion de mèches soufrées, soit par l'addition de bisulfites alcalins ou d'une solution aqueuse d'acide sulfureux. Cet acide précipite les matières albuminoïdes; il engourdit les ferments, absorbe l'oxygène du vin, et empêche les moisissures qui se produisent souvent dans les tonneaux vides.

La matière colorante des vins traités à l'acide sulfureux est en partie affaiblie, mais elle réapparaît à la longue.

Le principal inconvénient du soufrage est l'oxydation lente que subit l'acide sulfureux et sa transformation en acide sulfurique, qui se combine, il est vrai, aux bases du vin, mais dont la proportion, si elle est assez considérable, peut devenir nuisible.

On peut débarrasser, en partie, un vin de l'excès d'acide sulfureux qu'il contient, en l'agitant au contact de l'air, de façon à activer son oxydation. On a proposé l'emploi de l'hydrogène sulfuré, mais sans succès, le remède étant pire que le mal.

Vinage. — On a recours au vinage lorsqu'on veut relever le titre alcoolique d'un vin plat ou acide, difficilement vendable, ou qui se conserverait difficilement. Mais, le plus souvent, on vine des vins qui n'en ont nul besoin, dans le seul but d'augmenter les bénéfices, en faisant entrer dans Paris des vins vinés à 15°, qui sont ensuite ramenés à un titre normal par addition d'eau. On obtient ainsi une certaine quantité de vin qui n'a pas payé de droits. Le vinage, effectué

(1) *Cosmos*, 1890, 15 mars.

dans certaines conditions, est cependant une opération licite autorisée par le gouvernement, qui réduit les droits sur les alcools destinés à cet usage.

Cette pratique, tout en présentant des avantages incontestables, présente aussi des inconvénients nombreux.

La composition d'un vin viné n'est plus la même; l'extrait a diminué sensiblement, non seulement parce que l'addition d'alcool contribue à étendre son volume, mais encore parce qu'il précipite des matériaux utiles, tels que les gommes, la crème de tartre, etc. Le rapport harmonieux qui existe, dans certaines limites, entre l'alcool et l'extrait n'existe plus. Le vin viné a une odeur et une saveur alcooliques prononcées qui persistent après la dégustation; *au lieu d'entretenir les forces et de développer l'intelligence, il les détruit; au lieu de favoriser la digestion, il la rend plus difficile et produit l'ivresse.* (Poggiale, *Journal de Pharm. et de Chim.*, t. XII, pages 62 et 141).

La nature de l'alcool employé dans le vinage joue aussi un rôle des plus importants et peut même, dans certains cas, être préjudiciable à l'hygiène, surtout si on a eu recours à des alcools de grains ou de betteraves mal rectifiés.

Salicylage. — L'acide salicylique a été très employé, il y a quelques années surtout, en introduisant de 5 à 10^{gr} de salicylate de soude par hectolitre de vin. Cet antiseptique a la propriété d'arrêter la fermentation presque instantanément, mais son action n'est que momentanée : car, au bout de quelque temps, la fermentation reprend ses droits et on est obligé de faire une nouvelle addition de conservateur.

Le Comité consultatif d'hygiène de France, après de nombreuses discussions, s'est nettement prononcé contre l'emploi de l'acide salicylique dans les substances alimentaires. Les circulaires des 7 février 1881 et 30 juin 1884 l'interdisent comme nuisible.

Coupage. — C'est le mélange de deux ou plusieurs vins. Lorsqu'un coupage est préparé dans le seul but d'améliorer un vin naturel, ou de le rendre propre à la consommation, en le mélangeant avec un ou d'autres vins naturels doués de propriétés différentes, on effectue une opération recommandable qui, cependant, peut être considérée comme frauduleuse, si le vin coupé a été vendu comme vin non coupé (1). Le coupage des vins rouges avec les vins blancs est défendu (2).

C'est dans la connaissance parfaite des coupages que réside toute la science des négociants en vins; ils doivent arriver, par des mélanges combinés, à donner des produits au goût de leurs clients et à des prix accessibles aux petites bourses.

Malheureusement, certains coupages ne sont pas toujours préparés avec des vins naturels, mais le plus souvent avec de gros vins étrangers, mélangés frauduleusement de piquettes de raisins secs, de piquettes de marc, ou tout simplement d'eau.

Mouillage. — Comme son nom l'indique, cette opération a pour but d'aug-

(1) Loi du 27 mars 1851. *Traité des vins*, par M. Viard, p. 217.

(2) Jugement du tribunal correctionnel de Lyon, confirmé en appel en 1886.

menter frauduleusement le volume d'un vin en l'additionnant d'eau. Le Comité consultatif d'hygiène résume ainsi les inconvénients du mouillage : « En saturant les vins par ses carbonates terreux, oxydant les matières astringentes par son oxygène, l'eau altère le goût du vin, qui devient plat, en diminue l'acidité et en rend la conservation difficile. Non seulement le vin ainsi obtenu est moins savoureux, moins excitant, moins nutritif, mais, grâce à la dilution de son alcool, de son tanin et de son extrait, grâce aussi à l'introduction des germes d'altération ou de ferments qu'apportent avec elles la plupart des eaux, il se transforme en un liquide qui s'altère assez rapidement s'il n'est pas immédiatement consommé. (1) »

De toutes les manipulations déloyales que l'on fait subir aux vins, le mouillage est la plus fréquente et porte plus particulièrement sur les vins vinés au préalable. On poursuit ainsi un double but : maintien d'une certaine quantité d'alcool et tromperie au préjudice du fisc et du consommateur.

Le mouillage est généralement le point de départ d'autres falsifications destinées à le masquer : addition de colorants, de conservateurs, etc.

Plâtrage. — La loi du 27 janvier 1880, seulement mise en vigueur le 1er avril 1891, a ramené cette opération à de sages limites, en fixant à 2gr la quantité maxima de sulfate de potasse par litre de vin.

Il y a quelques années, le plâtrage était pratiqué, à l'excès, dans le Midi de la France, en Italie et en Espagne, et avait pour but d'activer la fermentation, de hâter le dépouillement du vin, d'aviver sa couleur et, surtout, de faciliter sa conservation.

Ce traitement s'exécute, le plus souvent, au début de la fermentation, en ajoutant directement au moût de 250 à 300gr de plâtre pour environ 125k de raisin.

Les effets du plâtrage sur la qualité et sur la composition des vins sont nombreux. Le plâtre leur communique, en effet, cette saveur âpre spéciale, accompagnée d'une légère amertume que les dégustateurs reconnaissent bien. Les vins plâtrés sont insalubres par suite de la quantité anormale de sels minéraux qu'ils contiennent.

Au point de vue chimique, le plâtrage facilite la dissolution de matières colorantes qui, sans cela, resteraient dans la pulpe ; il clarifie le vin par la précipitation de certaines substances albuminoïdes et agit surtout sur sur le bitartrate de potasse.

Le plâtre réagit sur le tartre, en donnant, par double décomposition, de l'acide tartrique, du tartrate de chaux et du sulfate de potasse. L'acide tartrique, mis en liberté, réagit à son tour sur le sulfate de potasse, pour donner une petite quantité de bitartrate de potasse avec formation d'une quantité correspondante d'acide sulfurique libre, qui s'unit au sulfate neutre pour produire une petite portion de bisulfate.

Cette théorie paraît être généralement admise aujourd'hui, de préférence aux idées de Chancel, qui ne voit, dans les effets chimiques du plâtrage, que la pre-

(1) *Traité des vins*, par M. Viard, p. 801.

mière partie de la réaction, c'est-à-dire la formation de tartrate de chaux, d'acide tartrique et de sulfate neutre de potasse.

Le plâtre, ajouté directement au moût, augmente légèrement l'acidité finale du vin. MM. Chancel et Magnier de la Source ont démontré que le sulfate de chaux, après avoir presque complètement décomposé le tartre, s'attaque ensuite à des sels organiques de potasse, à réaction faiblement acide, restés non dissous dans l'enveloppe du raisin. Ces sels sont décomposés à leur tour, cèdent leur base à l'acide sulfurique du plâtre et une partie de leur acide à la chaux, pour donner des combinaisons insolubles, avec mise en liberté, dans le vin, d'une acidité nouvelle sensiblement égale à l'acidité du sel acide décomposé.

M. A. Gautier admet que, pour chaque gramme de sulfate de potasse existant dans un litre de vin, l'acidité est augmentée de 0gr,25 (calculée en acide sulfurique). L'extrait sec est augmenté lui aussi de 0gr,20 par litre et par gramme de sulfate de potasse formé.

Le plâtrage s'effectue rarement sur le vin fermenté et séparé de la rafle. Dans ce cas, le sulfate de potasse est accompagné d'une certaine quantité de sulfate de chaux dissout. L'acidité n'est pas augmentée ; elle serait plutôt diminuée par suite de la présence d'un peu de carbonate de chaux, existant toujours dans les plâtres du commerce.

Déplâtrage. — On a proposé différentes méthodes pour enlever aux vins plâtrés l'excès de sulfate de potasse qu'ils contiennent. La plus rationnelle et la plus inoffensive est le coupage de ces sortes de vins avec des vins non plâtrés.

Ce procédé présentant quelques difficultés, on a eu recours aux différents sels de baryte ou de strontiane. Les principaux sels employés sont : le carbonate et le chlorure de baryum, le tartrate et le phosphate de strontiane.

L'emploi des sels de baryte présente le plus grand danger : car la moindre trace en excès de cette base vénéneuse peut amener de graves complications. En outre, le carbonate de baryte a l'inconvénient d'éliminer presque complètement le tartre et l'acide tartrique. Quant au chlorure de baryum, il donne, par double décomposition, du chlorure de potassium dont la présence au delà de 1gr est interdite (1).

Les sels de strontiane donnent un meilleur résultat, mais présentent aussi un inconvénient : c'est celui de laisser toujours dans le vin une petite quantité de sulfate de strontiane soluble, dont M. le Dr Laborde a démontré l'innocuité, mais qui n'en constitue pas moins l'indice d'une manipulation chimique enlevant au vin son caractère essentiel de produit naturel (2).

Le phosphate de strontiane donne, en outre, une proportion anormale de phosphate de potasse peu en rapport avec la composition normale d'un vin naturel.

Le tartrate de strontiane, employé à raison de 1,662 par gramme de sulfate de potasse à précipiter et additionné de 0,240 d'acide tartrique, possède, il est vrai,

(1) Loi du 27 juillet 1891.

(2) Conclusions présentées par M. le Dr G. Pouchet et approuvées par le Comité consultatif d'hygiène de France, dans sa séance du 30 novembre 1891.

la propriété de régénérer le tartre décomposé par le plâtrage, mais peut introduire dans le vin environ 0,060 de sulfate de strontiane par litre.

La présence de ce corps suffit, d'après certains auteurs, pour faire refuser à un vin l'appellation de naturel, loyal et marchand (1).

D'après M. A. Gautier, le déplâtrage à l'aide des sels de baryte ou de strontiane constitue une fraude ayant pour but une tromperie sur l'origine et la valeur de la marchandise vendue (2). On pourrait tout au moins exiger du négociant qui a eu recours à cette pratique, d'en faire mention, faute à lui de voir le marché résilié (3).

Phosphatage. — Cette opération, proposée par M. P. Hugounenq, a pour but de remplacer le plâtrage en ajoutant au moût du phosphate de chaux précipité, à raison de 200 à 300gr par hectolitre.

Les effets du phosphatage diffèrent notablement de ceux du plâtrage; la proportion de tartre reste la même que dans les vins naturels, à peu de chose près. Les matières minérales ont augmenté, il est vrai, et sont, en poids, sensiblement égales aux cendres d'un même vin plâtré, mais elles possèdent le grand avantage, sur les cendres de ce dernier, d'être en partie formées de phosphate acide de potasse exerçant une action nutritive, au lieu de sulfate de potasse nuisible à la santé.

Les gommes et le sucre sont, en général, en proportion un peu plus forte que dans les vins naturels et plâtrés.

L'acidité est aussi plus forte que dans les vins naturels, par suite de la formation de phosphate acide de potasse dû à la réaction, sur le tartre, du phosphate bibasique de chaux dissous. On prétend que c'est cette acidité qui assure la conservation des vins phosphatés.

Par contre, l'intensité colorante des vins ainsi traités, tout en étant supérieure à celle des vins naturels, est inférieure à celle des vins plâtrés.

Tartrage. — Un autre traitement, proposé par M. H. Calmettes et destiné à remplacer le plâtrage, consiste à ajouter aux raisins foulés de 200 à 300gr d'acide tartrique et 150gr de craie par hectolitre de vin.

Dans ces conditions, la fermentation est plus rapide, le titre alcoolique est augmenté, et on obtient un vin de bonne conservation. La matière colorante a une intensité supérieure à celle des vins naturels, tout en étant inférieure à celle des mêmes vins plâtrés.

L'acidité est un peu plus faible que dans un vin normal, tandis que l'extrait sec, les matières minérales, le tartre sont sans changement.

On ajoute quelquefois de l'acide tartrique à certains vins blancs collés à la gélatine, pour précipiter le tannate de gélatine en partie soluble (4).

Salage. — L'addition de sel au vin a pour but de diminuer la solubilité des

---

(1) M. Carles, *Journ. de Pharm. et de Chim.*, t. XXIII, p. 485.
(2) *Sophistication et analyse des vins*, par M. Gauthier, p. 286.
(3) M. Gassend, *Revue internationale des falsifications*, 15 sept. 1891, p. 90.
(4) *Traité des vins*, par M. Viard, p. 178.

matières albuminoïdes; il aide à la clarification rapide des vins et les rend moins aptes à tourner et à aigrir. Cette opération s'effectue en suspendant un sachet plein de sel dans le moût en fermentation, ou en mêlant le sel au blanc d'œuf ou à la gélatine, au moment des collages.

Les chlorures peuvent encore être introduits indirectement dans un vin, lorsque celui-ci a été déplâtré au chlorure de baryum. Quelle qu'en soit la provenance, la circulaire du 24 janvier 1890 et la loi du 11 juillet 1891 interdisent la présence des chlorures au delà de 1gr par litre, calculés en chlorure de sodium.

Alunage. — Dans certains pays, il est d'usage de terminer les collages avec une argile spéciale. En Angleterre et en Espagne, on emploie l'*yesogris*. On remplace quelquefois cette argile par de l'alumine fraîchement précipitée qui facilite le dépôt des matières en suspension dans le vin. L'addition de ces substances peut donner des combinaisons d'alumine solubles et entraîner une partie de la couleur.

L'alun est introduit dans les vins pour une autre raison; il leur donne une certaine âpreté, de la verdeur, et avive surtout leur couleur. A la longue, les vins alunés déposent du phosphate d'alumine souillé de matière colorante. L'alun est encore contenu dans certains colorants pour vins, dans la teinte de Fismes, notamment, où M. Maumené aurait trouvé 7gr d'alun par litre.

Glycérinage. — L'addition de glycérine ou scheelisage a pour but d'adoucir le vin, de lui donner du corps, d'assurer sa conservation et surtout de masquer le manque d'extrait.

ANALYSE DU VIN

Détermination de la densité.

Dans un ballon jaugé de 200cc, à col étroit et terminé par une partie évasée (fig. 6), on introduit un peu plus de 200cc de vin. On laisse séjourner, dans une cuve à eau courante, jusqu'à ce que la température descende à + 15°, puis on verse dans une éprouvette à pied et on prend le poids spécifique en fonction de la température, à l'aide d'un densimètre contrôlé, à tige plate, et donnant la 4e décimale.

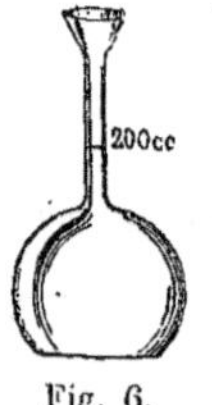

Fig. 6.

Pour cette détermination, il est nécessaire d'avoir une série de 4 densimètres, allant de 980 à 1,020. Chaque instrument possède une graduation de 10°, divisés en 1/5, et à écartement suffisant pour pouvoir apprécier le dixième.

La lecture se fait au-dessus du ménisque et en prenant les précautions d'usage. Si la température a varié pendant le transvasement, on fait la correction à l'aide de la petite table suivante, pour avoir la densité à + 15°

	A RETRANCHER						A AJOUTER				
Température.	10°	11°	12°	13°	14°	15°	16°	17°	18°	19°	20°
Correction	0,6	0,5	0,4	0,3	0,1	0	0,2	0,3	0,5	0,7	0,9

Dosage de l'acool.

Dosage de l'alcool par distillation. — Le vin ayant servi à l'opération précédente et qui est encore à une température très voisine de + 15° est remis dans le ballon jaugé, et on en mesure exactement 200cc. On procède ensuite à la dis-

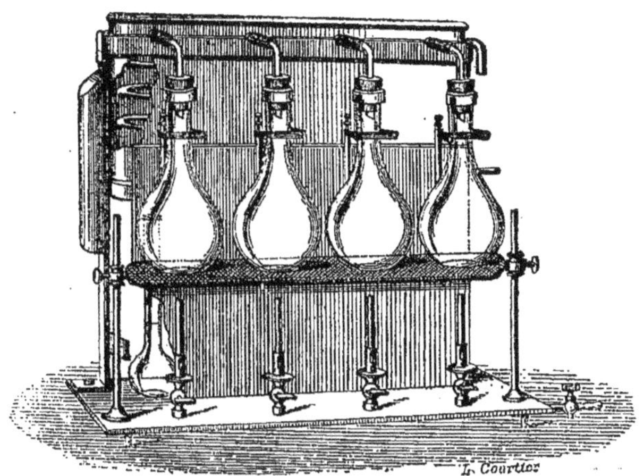

Fig. 7.

tillation, dans un alambic Salleron modifié par M. Dupré, de façon à pouvoir conduire facilement quatre essais en même temps (fig. 7).

On recueille un peu plus de 100cc dans un ballon jaugé de 200cc, analogue à celui qui a servi à mesurer le vin ; on complète avec de l'eau distillée un peu au-dessous du trait de jauge, puis on fait refroidir à + 15° ; on complète à 200cc, on agite et on introduit dans une éprouvette à pied pour prendre le degré alcoolique.

Les alcoomètres employés sont les alcoomètres légaux donnant le 1/5e de degré.

On prend la température du liquide alcoolique et on fait la lecture en dessous du ménisque capillaire, après s'être assuré que la tige de l'instrument était parfaitement propre et mouillée par l'alcool.

S'il y a lieu, on fait la correction de température à l'aide de la table suivante.

TABLE DE CORRECTION DE L'ALCOOMETRE

Indications de l'Alcoomètre.

INDICATION DU THERMOMÈTRE	1	2	3	4	5	6	7	8	9	10	11	12	13	14	15	16	17	18	19	20	21	22	23	24	25	26	27	28	29	30	INDICATION DU THERMOMÈTRE
10°	1,4	2,4	3,4	4,5	5,5	6,5	7,5	8,5	9,5	10,6	11,7	12,7	13,8	14,9	16,0	17,0	18,1	19,2	20,2	21,3	22,4	23,5	24,6	25,8	26,9	28,0	29,1	30,1	31,1	32,1	**10°**
11°	1,3	2,4	3,4	4,4	5,4	6,4	7,4	8,4	9,4	10,5	11,6	12,6	13,6	14,7	15,8	16,8	17,9	19,0	20,0	21,0	22,1	23,2	24,3	25,4	26,5	27,7	28,7	29,7	30,7	31,7	**11°**
12°	1,2	2,3	3,3	4,3	5,3	6,3	7,3	8,3	9,3	10,4	11,5	12,5	13,5	14,6	15,6	16,6	17,6	18,7	19,7	20,7	21,8	22,9	24,0	25,1	26,1	27,2	28,2	29,2	30,2	31,2	**12°**
13°	1,2	2,2	3,2	4,2	5,2	6,2	7,2	8,2	9,2	10,3	11,4	12,4	13,4	14,4	15,4	16,4	17,4	18,5	19,5	20,5	21,5	22,6	23,7	24,7	25,7	26,8	27,8	28,8	29,8	30,8	**13°**
14°	1,1	2,1	3,1	4,1	5,1	6,1	7,1	8,1	9,1	10,2	11,2	12,2	13,2	14,2	15,2	16,2	17,2	18,2	19,2	20,2	21,2	22,3	23,3	24,3	25,3	26,4	27,4	28,4	29,4	30,4	**14°**
15°	**1**	**2**	**3**	**4**	**5**	**6**	**7**	**8**	**9**	**10**	**11**	**12**	**13**	**14**	**15**	**16**	**17**	**18**	**19**	**20**	**21**	**22**	**23**	**24**	**25**	**26**	**27**	**28**	**29**	**30**	**15°**
16°	0,9	1,9	2,9	3,9	4,9	5,9	6,9	7,9	8,9	9,9	10,9	11,9	12,9	13,9	14,9	15,9	16,9	17,8	18,7	19,7	20,7	21,7	22,7	23,7	24,7	25,7	26,7	27,6	28,6	29,6	**16°**
17°	0,8	1,8	2,8	3,8	4,8	5,8	6,8	7,8	8,8	9,8	10,8	11,7	12,7	13,7	14,7	15,6	16,6	17,5	18,4	19,4	20,4	21,4	22,4	23,4	24,4	25,4	26,3	27,3	28,2	29,2	**17°**
18°	0,7	1,7	2,7	3,7	4,7	5,7	6,7	7,7	8,7	9,7	10,7	11,6	12,5	13,5	14,5	15,4	16,3	17,3	18,2	19,1	20,1	21,1	22,0	23,0	24,0	25,0	25,9	26,9	27,8	28,8	**18°**
19°	0,6	1,6	2,6	3,6	4,6	5,5	6,5	7,5	8,5	9,5	10,5	11,4	12,4	13,3	14,3	15,2	16,1	17,0	17,9	18,8	19,8	20,8	21,7	22,7	23,6	24,6	25,5	26,4	27,3	28,3	**19°**
20°	0,5	1,5	2,4	3,4	4,4	5,4	6,4	7,3	8,3	9,3	10,3	11,2	12,2	13,1	14,0	14,9	15,8	16,7	17,6	18,5	19,5	20,5	21,4	22,4	23,3	24,3	25,2	26,1	27,0	27,9	**20°**
21°	0,4	1,4	2,3	3,3	4,3	5,2	6,2	7,1	8,1	9,1	10,1	11,0	11,9	12,8	13,7	14,6	15,5	16,4	17,3	18,2	19,1	20,1	21,1	22,1	22,9	23,9	24,8	25,6	26,6	27,5	**21°**
22°	0,3	1,3	2,2	3,2	4,1	5,1	6,1	7,0	7,9	8,9	9,9	10,8	11,7	12,6	13,5	14,4	15,3	16,2	17,0	17,9	18,8	19,8	20,7	21,6	22,5	23,5	24,3	25,2	26,2	27,1	**22°**
23°	0,1	1,1	2,1	3,1	4,0	4,9	5,9	6,8	7,8	8,7	9,7	10,6	11,5	12,4	13,3	14,1	15,0	15,9	16,7	17,6	18,5	19,4	20,3	21,3	22,2	23,1	24,0	24,9	25,8	26,7	**23°**
24°	»	1,0	1,9	2,9	3,8	4,8	5,8	6,7	7,6	8,5	9,5	10,4	11,3	12,2	13,1	13,9	14,8	15,7	16,5	17,4	18,2	19,1	20,0	21,0	21,8	22,7	23,6	24,5	25,4	26,3	**24°**
25°	»	0,8	1,7	2,7	3,6	4,6	5,5	6,5	7,4	8,3	9,3	10,2	11,1	12,0	12,8	13,6	14,5	15,4	16,2	17,1	17,9	18,8	19,7	20,6	21,5	22,4	23,2	24,2	25,1	26,0	**25°**
26°	»	0,7	1,6	2,6	3,5	4,4	5,4	6,3	7,2	8,1	9,0	9,9	10,8	11,7	12,3	13,4	14,2	15,1	15,9	16,7	17,6	18,5	19,4	20,3	21,2	22,1	22,9	23,8	24,7	25,6	**26°**
27°	»	0,5	1,5	2,4	3,3	4,3	5,2	6,1	7,0	7,9	8,8	9,7	10,5	11,5	12,0	13,1	13,9	14,8	15,6	16,4	17,3	18,2	19,1	20,0	20,8	21,7	22,6	23,5	24,3	25,2	**27°**
28°	»	0,3	1,3	2,2	3,1	4,1	5,0	5,9	6,8	7,7	8,6	9,5	10,3	11,2	11,7	12,8	13,6	14,4	15,2	16,0	16,9	17,9	18,8	19,6	20,5	21,4	22,4	23,1	23,9	24,8	**28°**

A défaut de cette table, il est facile de calculer la correction de température. Différents auteurs ont proposé des formules contenant un même coefficient pour tous les degrés alcooliques. M. Guilloz a démontré que ce coefficient de correction était variable suivant le titre alcoolique (1), et a établi ces variations à l'aide de la formule suivante :

$$x = N + (0,006\,N^2 + 0,068)\,(15 - t).$$

Degrés alcooliques observés.	Coefficients calculés.
3°	0,0734
4°	0,0776
5°	0,0830
6°	0,0896
7°	0,0974
8°	0,1064
9°	0,1166
10°	0,1280
11°	0,1406
12°	0,1544
13°	0,1694
14°	0,1856
15°	0,2030
16°	0,2216
17°	0,2414
18°	0,2624
19°	0,2846
20°	0,3080

Il suffit de faire entrer le coefficient correspondant au degré alcoolique observé dans l'une ou l'autre des formules ci-dessous, pour remplacer la table de Gay-Lussac :

$$x = n - c\,(t - 15),$$
$$x' = n' + c\,(15 - t).$$

x et x' représentent les richesses alcooliques à + 15°, n et n' les degrés alcooliques observés, c le coefficient de correction à employer.

Il est souvent utile de convertir l'alcool pour cent en volume en alcool pour cent en poids ; il suffit alors d'employer la formule ci-dessous, qui a servi à calculer le tableau suivant :

$$P = V \times \frac{D}{d}.$$

P est l'alcool en poids cherché.
V est l'alcool en volume à + 15°.
d est la densité du mélange alcoolique correspondant à V.
D est la densité de l'alcool pur (0,7947).

(1) *Journ. de Pharm. et de Chim.*, t. XXVII, p. 417.

1° A 30°. — CONVERSION DE L'ALCOOL EN VOLUME EN ALCOOL EN POIDS

Table par dixièmes de degré.

V.	P.	V	P.	V.	P.	V.	P.	V.	P.	V.	P.	V.	P.	V.	P.	V.	P.	V.	P.
1°	0,80	4°	3,20	7°	5,620	10°	8,05	13°	10,51	16°	12,98	19°	15,45	22°	17,94	25°	20,46	28°	22,99
1°,1	0,88	4°,1	3,28	7°,1	5,701	10°,1	8,132	13°,1	10,592	16°,1	13,062	19°,1	15,533	22°,1	18,024	25°,1	20,544	28°,1	23,075
1°,2	0,96	4°,2	3,36	7°,2	5,782	10°,2	8,214	13°,2	10,674	16°,2	13,144	19°,2	15,616	22°,2	18,108	25°,2	20,628	28°,2	23,160
1°,3	1,04	4°,3	3,44	7°,3	5,863	10°,3	8,296	13°,3	10,736	16°,3	13,226	19°,3	15,699	22°,3	18,192	25°,3	20,712	28°,3	23,245
1°,4	1,12	4°,4	3,52	7°,4	5,944	10°,4	8,378	13°,4	10,838	16°,4	13,308	19°,4	15,782	22°,4	18,276	25°,4	20,796	28°,4	23,330
1°,5	1,20	4°,5	3,60	7°,5	6,025	10°,5	8,460	13°,5	10,920	16°,5	13,390	19°,5	15,865	22°,5	18,360	25°,5	20,880	28°,5	23,415
1°,6	1,28	4°,6	3,68	7°,6	6,106	10°,6	8,542	13°,6	11,002	16°,6	13,472	19°,6	15,948	22°,6	18,444	25°,6	20,964	28°,6	23,500
1°,7	1,36	4°,7	3,76	7°,7	6,187	10°,7	8,624	13°,7	11,084	16°,7	13,554	19°,7	16,031	22°,7	18,528	25°,7	21,048	28°,7	23,585
1°,8	1,44	4°,8	3,84	7°,8	6,268	10°,8	8,706	13°,8	11,166	16°,8	13,636	19°,8	16,114	22°,8	18,612	25°,8	21,132	28°,8	23,670
1°,9	1,52	4°,9	3,92	7°,9	6,349	10°,9	8,788	13°,9	11,248	16°,9	13,718	19°,9	16,197	22°,9	18,696	25°,9	21,216	28°,9	23,755
2°	1,60	5°	4,00	8°	6,430	11°	8,87	14°	11,33	17°	13,800	20°	16,28	23°	18,78	26°	21,30	29°	23,84
2°,1	1,68	5°,1	4,081	8°,1	6,511	11°,1	8,952	14°,1	11,412	17°,1	13,882	20°,1	16,363	23°,1	18,864	26°,1	21,384	29°,1	23,925
2°,2	1,76	5°,2	4,162	8°,2	6,592	11°,2	9,034	14°,2	11,494	17°,2	13,964	20°,2	16,446	23°,2	18,948	26°,2	21,468	29°,2	24,010
2°,3	1,84	5°,3	4,243	8°,3	6,673	11°,3	9,116	14°,3	11,576	17°,3	14,046	20°,3	16,529	23°,3	19,032	26°,3	21,552	29°,3	24,095
2°,4	1,92	5°,4	4,324	8°,4	6,754	11°,4	9,198	14°,4	11,658	17°,4	14,128	20°,4	16,612	23°,4	19,116	26°,4	51,636	29°,4	24,180
2°,5	2,00	5°,5	4,405	8°,5	6,825	11°,5	9,280	14°,5	11,740	17°,5	14,210	20°,5	16,695	23°,5	19,200	26°,5	21,720	29°,5	24,265
2°,6	2,08	5°,6	4,486	8°,6	6,916	11°,6	9,362	14°,6	11,822	17°,6	14,292	20°,6	16,778	23°,6	19,284	26°,6	21,804	29°,6	24,350
2°,7	2,16	5°,7	4,567	8°,7	6,997	11°,7	9,444	14°,7	11,904	17°,7	14,374	20°,7	16,861	23°,7	19,368	26°,7	21,888	29°,7	24,435
2°,8	2,24	5°,8	4,648	8°,8	7,078	11°,8	9,526	14°,8	11,986	17°,8	14,456	20°,8	16,944	23°,8	19,452	26°,8	21,972	29°,8	24,520
2°,9	2,32	5°,9	4,729	8°,9	7,159	11°,9	9,608	14°,9	12,068	17°,9	14,538	20°,9	17,027	23°,9	19,536	26°,9	22,056	29°,9	24,605
3°	2,40	6°	4,810	9°	7,240	12°	9,69	15°	12,15	18°	14,62	21°	17,11	24°	19,62	27°	22,14	30°	24,69
3°,1	2,48	6°,1	4,891	9°,1	7,321	12°,1	9,772	15°,1	12,233	18°,1	14,703	21°,1	17,193	24°,1	19,704	27°,1	22,225	30°,1	24,777
3°,2	2,56	6°,2	4,972	9°,2	7,402	12°,2	9,854	15°,2	12,316	18°,2	14,786	21°,2	17,276	24°,2	19,788	27°,2	22,310	30°,2	24,864
3°,3	2,64	6°,3	5,053	9°,3	7,483	12°,3	9,936	15°,3	12,399	18°,3	14,869	21°,3	17,359	24°,3	19,872	27°,3	22,395	30°,3	24,951
3°,4	2,72	6°,4	5,134	9°,4	7,564	12°,4	10,018	15°,4	12,482	18°,4	14,952	21°,4	17,442	24°,4	19,956	27°,4	22,480	30°,4	25,038
3°,5	2,80	6°,5	5,215	9°,5	7,645	12°,5	10,100	15°,5	12,565	18°,5	15,035	21°,5	17,525	24°,5	20,040	27°,5	22,565	30°,5	25,125
3°,6	2,88	6°,6	5,290	9°,6	7,726	12°,6	10,182	15°,6	12,648	18°,6	15,118	21°,6	17,608	24°,6	20,124	27°,6	22,650	30°,6	25,212
3°,7	2,96	6°,7	5,377	9°,7	7,807	12°,7	10,264	15°,7	12,731	18°,7	15,201	21°,7	17,691	24°,7	20,208	27°,7	22,735	30°,7	25,299
3°,8	3,04	6°,8	5,458	9°,8	7,888	12°,8	10,346	15°,8	12,814	18°,8	15,284	21°,8	17,774	24°,8	20,292	27°,8	22,820	30°,8	25,386
3°,9	3,12	6°,9	5,539	9°,9	7,969	12°,9	10,428	15°,9	12,897	18°,9	15,367	21°,9	17,857	24°,9	20,376	27°,9	22,905	30°,9	25,473

N. B. — Ramener d'abord l'alcool à 15°, puis multiplier par 10 les résultats donnés par la table pour avoir l'alcool par litre.

Les acides volatils d'un vin, lorsqu'ils sont en quantité notable, peuvent modifier légèrement les résultats obtenus par la distillation. Dans ce cas, il est préférable, comme l'a conseillé M. Pasteur, de saturer le produit distillé par un peu d'eau de chaux et de procéder ensuite à une deuxième distillation qui donnera, cette fois, un alcool neutre.

Contrôle du dosage de l'alcool par la différence qui existe entre la densité du vin et la densité de ce même vin privé de son alcool. — Nous avons mis en pratique le principe Tabarié, dont les travaux de M. Bouriez et de M. L. Périer, et les nôtres ont démontré la parfaite exactitude (1).

En effet, si on représente par x la densité du vin, par D celle de l'acool contenu, par d celle du vin privé de son alcool, et enfin par 1.000 la densité de l'eau distillée, on obtient l'équation :

$$D + (d - 1.000) = x.$$

Connaissant d et x, il est donc facile de calculer la densité de l'alcool contenu, c'est-à-dire D, et, par suite, le degré alcoolique, il suffit d'appliquer l'équation :

$$D = 1.000 - (d - x).$$

Nous connaissons déjà la densité du vin; pour déterminer d, on laisse refroidir à + 15° le résidu de la distillation que l'on complète ensuite exactement à 200^{cc} avec de l'eau distillée à + 15°. On n'a plus qu'à prendre la densité en faisant, s'il y a lieu, la correction de température à l'aide de la table indiquée antérieurement.

Pour simplifier les calculs, nous avons dressé la table suivante, qui nous donne de suite le degré alcoolique à + 15° résultant de la différence entre d et x.

DIFFÉRENCE ENTRE LES 2 DENSITÉS	ALCOOL P. 100 EN VOL.	DIFFÉRENCE ENTRE LES 2 DENSITÉS	ALCOOL P. 100 EN VOL.	DIFFÉRENCE ENTRE LES 2 DENSITÉS	ALCOOL P. 100 EN VOL.	DIFFÉRENCE ENTRE LES 2 DENSITÉS	ALCOOL P. 100 EN VOL.	DIFFÉRENCE ENTRE LES 2 DENSITÉS	ALCOOL P. 100 EN VOL.
	degrés.		degrés		degrés.		degrés.		degrés.
8,4	6,0	10,1	7,3	12,0	8,9	14,0	10,6	16,0	12,4
8,5	6,1	10,2	7,4	12,1	8,9	14,1	10,7	16,1	12,5
8,6	6,2	10,3	7,5	12,2	9,0	14,2	10,8	16,2	12,6
8,7	6,3	10,4	7,6	12,3	9,1	14,3	10,8	16,3	12,6
8,8	6,4	10,5	7,7	12,4	9,2	14,4	10,9	16,4	12,7
8,9	6,5	10,6	7,8	12,5	9,3	14,5	11,0	16,5	12,8
9,0	6,6	10,7	7,8	12,6	9,4	14,6	11,1	16,6	12,9
9,1	6,7	10,8	7,9	12,7	9,5	14,7	11,2	16,7	13,0
9,2	6,7	10,9	8,0	12,8	9,6	14,8	11,3	16,8	13,1
9,3	6,8	11,0	8,1	12,9	9,7	14,9	11,4	16,9	13,2
9,4	6,9	11,1	8,2	13,0	9,8	15,0	11,5	17,0	13,3
9,5	6,9	11,2	8,2	13,1	9,8	15,1	11,5	17,1	13,4
9,6	7,0	11,3	8,3	13,2	9,9	15,2	11,6	17,2	13,5
9,7	7,0	11,4	8,4	13,3	10,0	15,3	11,7	17,3	13,6
9,8	7,1	11,5	8,5	13,4	10,1	15,4	11,8	17,4	13,6
9,9	7,2	11,6	8,6	13,5	10,2	15,5	11,9	17,5	13,7
10,0	7,3	11,7	8,6	13,6	10,3	15,6	12,0	17,6	13,8
»	»	11,8	8,7	13,7	10,4	15,7	12,1	17,7	13,9
»	»	11,9	8,8	13,8	10,4	15,8	12,2	17,8	14,0
»	»	»	»	13,9	10,5	15,9	12,3	17,9	14,1

(1) *Journ. de Pharm. et de Chim.*, t. XIV, p. 549; t. XXII, p. 49.

Ce procédé de contrôle nous a toujours fourni d'excellents résultats. Essayé sur plus de 20,000 vins, il n'a jamais donné un écart de plus de 3/10 de degré d'alcool.

Les densimètres indiquant exactement la quatrième décimale donnent de meilleurs résultats que le picnomètre (1).

Dosage de l'alcool par les ébullioscopes. — *Ébullioscope de M. Dupré.* — Cet appareil est basé sur la détermination exacte du point d'ébullition d'un liquide alcoolique, en tenant compte, bien entendu, de la pression barométrique et de la correction du thermomètre. Il se compose d'une chaudière verticale à double paroi d'une contenance de 100^{cc} environ (fig. 8). A la partie inférieure, légèrement ovoïde, se trouve un disque de métal destiné à répartir également la chaleur et à chauffer par conductibilité le liquide contenu dans la chaudière. La fermeture de ce récipient est à vis à secteurs interrompus; de plus, le rebord de la chaudière vient s'appliquer exactement sur une rondelle de caoutchouc encaissée dans le fond du couvercle. Ce couvercle en métal est traversé par un tube venant aboutir dans un réfrigérant, et par la tige d'un thermomètre hypsométrique, dont l'extrémité inférieure pénètre dans la chaudière et est protégée par une carcasse métallique. Une tige de cuivre recourbée formant poignée est soudée au couvercle et supporte tout l'appareil, au-dessus d'une lampe à alcool, donnant une flamme de hauteur constante. Pour régler l'appareil, on prend le point d'ébullition de l'eau et on note la pression barométrique. La différence entre le point d'ébullition observé et le point d'ébullition qu'on aurait dû obtenir sous la pression à laquelle on a opéré, représente la correction de l'ébullioscope.

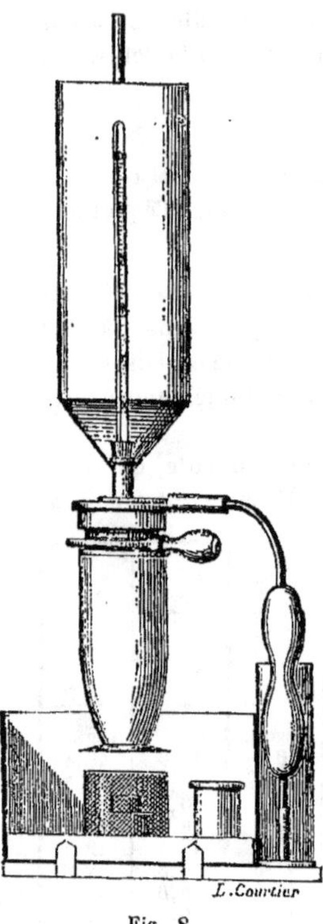

Fig. 8.

On effectue le dosage de l'alcool en introduisant dans l'appareil 35^{cc} de vin qui sont rapidement portés à l'ébullition, on fait la lecture au point où s'arrête la colonne de mercure; puis, si cela est

(1) On peut encore contrôler approximativement le degré alcoolique d'un vin, connaissant sa densité et son extrait en poids par litre; il suffit de modifier la formule Houdart, indiquée plus loin, de façon à avoir :

$$D' = D - \frac{P}{2,062}.$$

D' est la densité d'un mélange d'eau et d'alcool.
D est la densité du vin.
P est l'extrait en poids par litre.

nécessaire, on fait la correction de l'appareil, ainsi que la correction barométrique donnée par le tableau ci-dessous, et on obtient le point d'ébullition réel correspondant à l'alcool contenu.

CORRECTION BAROMÉTRIQUE

Pression barométrique au moment de la lecture.	Correction à effectuer sur le point d'ébullition.		Pression barométrique au moment de la lecture.	Correction à effectuer sur le point d'ébullition.	
787	1°,0	à retrancher.	757	0°,1	à ajouter.
784	0°,9		754,5	0°,2	
781	0°,8		752	0°,3	
779	0°,7		749	0°,4	
776,5	0°,6		746,5	0°,5	
774	0°,5		744	0°,6	
772	0°,4		741	0°,7	
768,5	0°,3		738,5	0°,8	
765,5	0°,2		736	0°,9	
762	0°,1		732	1°,0	
760	0°,0				

TABLEAU DONNANT LE DEGRÉ ALCOOLIQUE CORRESPONDANT AU POINT D'ÉBULLITION CORRIGÉ (1)

Dixièmes de degré	Point d'ébullition sous une pression de 760mm — 90° Degré alcool.	91° Degré alcool.	92° Degré alcool.	93° Degré alcool.	94° Degré alcool.	95° Degré alcool.
0	15,35	13,0	11,0	9,3	7,6	6,1
1	15,1	12,8	10,8	9,1	7,5	6,0
2	14,85	12,6	10,7	8,9	7,3	5,9
3	14,6	12,4	10,5	8,7	7,2	5,7
4	14,4	12,2	10,3	8,6	7,0	5,6
5	14,25	12,0	10,1	8,4	6,8	5,4
6	13,9	11,8	9,9	8,3	6,7	5,3
7	13,7	11,6	9,8	8,1	6,5	5,1
8	13,45	11,4	9,6	8,0	6,4	5,0
9	13,25	11,2	9,4	7,8	6,3	4,9

Il est bon de dédoubler les vins riches en alcool et en extrait.

Ébullioscope de M. Malligand (2). — Cet ébullioscope est basé sur le même principe que le précédent (fig. 9). Il se compose : 1° d'une bouillotte destinée à contenir le liquide alcoolique et chauffée à l'aide d'un thermosiphon ; 2° d'un réfrigérant vertical; 3° d'un thermomètre coudé à angle droit portant sur sa branche horizontale une échelle mobile munie d'un curseur.

On règle l'appareil en introduisant de l'eau ordinaire dans la bouillotte jusqu'au

(1) En tenant compte de la correction de l'appareil et de la pression barométrique.
(2) Cet ébullioscope, ainsi que ceux qui suivent, sont antérieurs à celui de M. Dupré.

trait marqué à l'intérieur, et on porte à l'ébullition après avoir fermé la chaudière et rempli le réfrigérant d'eau froide. A l'endroit où s'arrête la colonne de mercure, on fait correspondre le point 0 de la réglette mobile. Ce point est variable avec la pression barométrique.

Après avoir rincé la chaudière avec un peu du vin à examiner, on la remplit jusqu'au trait marqué, et on continue comme précédemment, en ayant soin

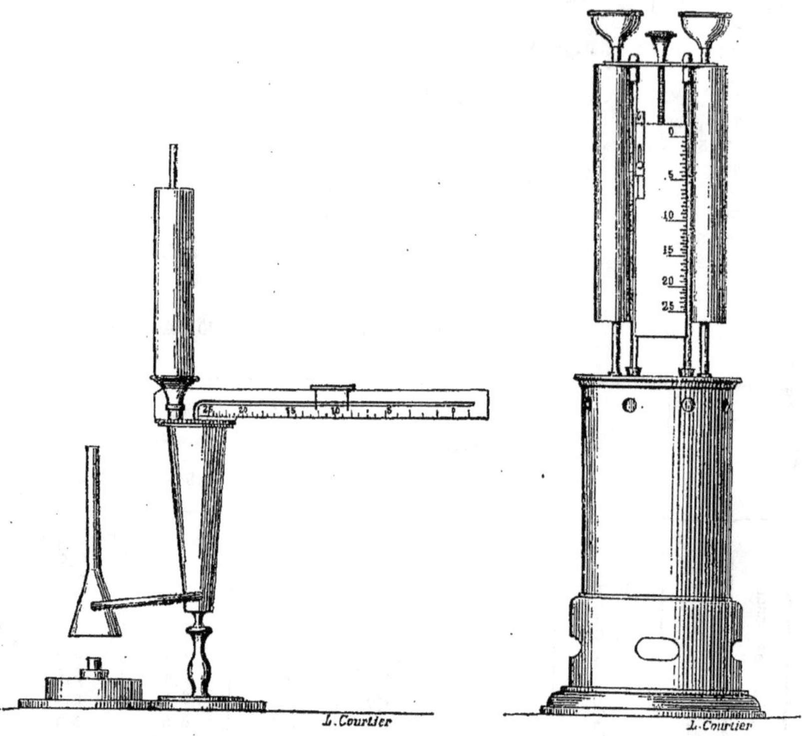

Fig. 9. Fig. 10.

de ne pas toucher à la réglette, qui doit être, du reste, fixée à l'aide de son écrou. On amène ensuite le curseur au point où s'est arrêté le mercure, et le chiffre qui se trouve en face de la tige du curseur représente le degré alcoolique du vin.

Ébullioscope de M. Amagat. — L'ébullioscope différentiel de M. Amagat permet d'obtenir, dans une seule opération, le point d'ébullition du liquide alcoolique et le point d'eau (fig. 10). Il se compose, en effet, de deux chaudières parallèles munies chacune d'un thermomètre; dans la chaudière de droite on introduit 50cc de vin, et dans celle de gauche 15cc d'eau. Une vis de pression permet de déplacer l'échelle alcoométrique, de façon à mettre le zéro de l'appareil en face le point où s'arrête la colonne de mercure corréspondant à l'eau pure. Le titre alcoolique est directement lu sur l'échelle graduée en degrés et en dixièmes de degré.

Ébulliomètre de M. Salleron. — Cet appareil est basé, comme les précédents, sur la différence des points d'ébullition de l'eau et des mélanges d'eau et d'alcool. Il est composé d'une chaudière verticale munie d'un thermomètre et d'un réfrigérant (fig. 11). Une règle spéciale accompagne l'ébulliomètre et sert à calculer le degré alcoolique, connaissant le point d'ébullition du vin et le point d'ébullition de l'eau.

Ébullio-correcteur. — Sur les indications de M. Ch. Girard, M. Chabaud a construit un petit appareil permettant d'obtenir les points d'ébullition de tous

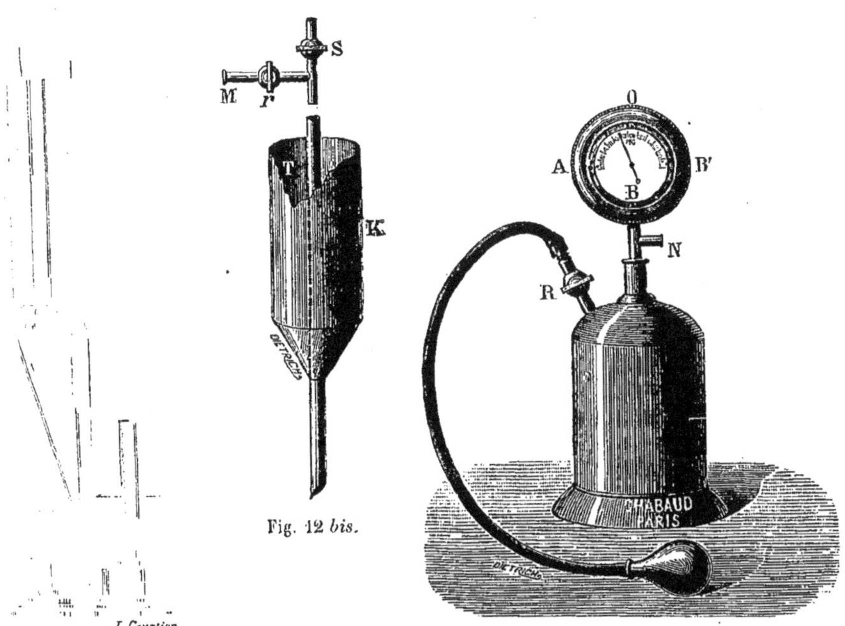

Fig. 11.

Fig. 12 *bis.*

Fig. 12.

les liquides sous une même pression normale. L'ébullio-correcteur se compose d'un réservoir métallique (fig. 12), ayant une capacité déterminée, muni d'un robinet R, relié à une poire en caoutchouc et surmonté d'un baromètre anéroïde B de construction spéciale. Au-dessous du baromètre se trouve une tubulure latérale N communiquant avec l'intérieur du récipient en cuivre.

Son application aux ébullioscopes est très simple : il suffit de réunir, à l'aide d'un tube en caoutchouc, l'extrémité supérieure du tube du réfrigérant au tube en T, MS muni de deux robinets et qui est lui-même relié à N au moyen d'un caoutchouc à parois épaisses. On ferme *r* et on ouvre S, le vin étant placé dans l'ébullioscope et porté à l'ébullition. Au bout d'un certain temps le thermomètre devient stationnaire, on ouvre alors *r*, R. Si l'aiguille est dans la partie AO du cadran du baromètre on ferme S, on presse lentement sur la poire en caoutchouc jusqu'à ce que l'aiguille du baromètre vienne se placer exactement sur la division marquée 760, puis, à ce moment précis, on ferme R. Si l'aiguille est dans la partie OB', on presse lentement sur la poire en caoutchouc tout en laissant S et r ouverts : l'air, chassé de la poire, s'échappera par S, on ferme ensuite ce robinet.

La poire se gonflant, en puisant dans le récipient une certaine quantité d'air, détermine une diminution de pression : comme précédemment on ferme R lorsque l'aiguille du baromètre coïncide exactement sur 760. Le nouveau degré indiqué par le thermomètre est le point d'ébullition du liquide sous une pression de 760^{mm}.

Dosage de l'extrait sec.

Dosage de l'extrait sec en poids. — Pour cette importante détermination, il est essentiel d'opérer toujours dans des conditions identiques : la température, la durée de la dessiccation, la ventilation du bain-marie, enfin la nature, les dimensions du vase contenant l'extrait et le volume du vin employé, sont autant de causes pouvant faire varier le poids de l'extrait sec.

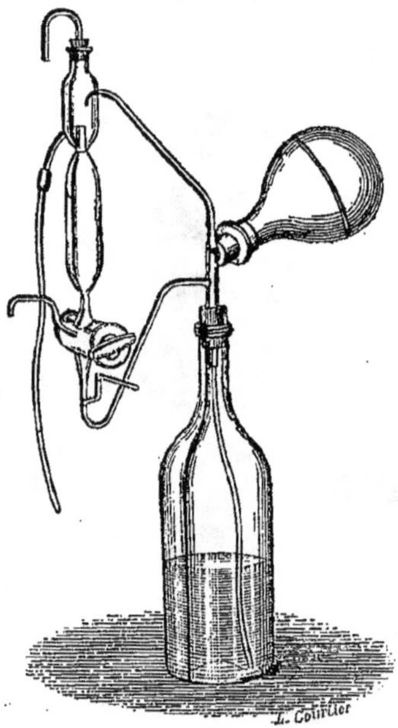

Fig. 13.

On a beaucoup discuté sur la définition exacte de l'extrait sec. Doit-on considérer sous ce nom un extrait contenant une quantité quelconque de glycérine ou un extrait qui en serait privé ? Il nous a semblé que l'on devait rationnellement se ranger à cette dernière définition, car un extrait semblable donne toujours des résultats plus comparables qu'un extrait contenant encore une proportion variable de glycérine.

Au Laboratoire municipal, nous opérons toujours de la façon suivante : 25^{cc} de vin, mesurés à l'aide de la pipette à déversement de M. Dupré (fig. 13) (1), sont introduits dans une capsule de platine à fond plat, tarée et numérotée, ayant une hauteur de 22^{mm} et un diamètre de 70^{mm}. Cette capsule est ensuite placée sur une grille bien horizontale affleurant exactement l'eau bouillante d'un grand bain-marie à niveau constant, pouvant contenir 48 capsules.

(1) Toutes les prises d'essai de 25^{cc} que l'on a à faire sur un même liquide, sont effectuées, l'une après l'autre, à l'aide de cette pipette, en ayant soin, bien entendu, de la rincer à chaque changement d'échantillon avec une portion du nouveau liquide.

Le bain-marie est installé dans une hotte fermée, à tirage rapide, destiné à éviter la condensation de la vapeur d'eau et à faciliter l'entraînement de la glycérine.

Dans ces conditions, les matières volatiles sont rapidement entraînées, et l'extrait se dépose en une couche uniforme et de même épaisseur, au fond de la capsule. On l'abandonne sept heures au bain-marie, au bout de ce temps il est complètement sec; on retire la capsule, on l'essuie soigneusement, puis on la porte au dessiccateur à acide sulfurique (fig. 14). Après refroidissement, on la pèse et l'augmentation de poids trouvée représente *le poids des matières fixes à 100°* pour 25cc de vin. Il suffit alors de multiplier par 40 pour obtenir l'extrait sec par litre.

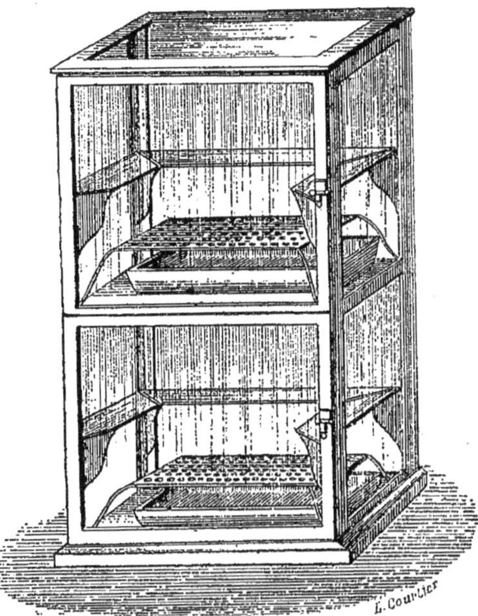

Fig. 14.

Il est bon de diluer au préalable les vins sucrés ou très riches en extrait, de façon à opérer sur un vin contenant une proportion normale d'extrait. On ramène ensuite au litre en tenant compte de la dilution effectuée.

Contrôles du dosage de l'extrait sec. — 1° *Par la méthode de M. Houdart.* — Pour calculer l'extrait Houdart, il suffit de connaître le titre alcoolique du vin et sa densité. L'auteur du procédé a montré, en effet, que si l'on représente par P le poids de l'extrait d'un litre de vin pris à 100°, par D la densité de ce vin à 15°, par D′ la densité d'un mélange d'eau et d'alcool correspondant au titre alcoolique du vin examiné, par c la densité de l'extrait sec (1,94) et par d la densité de l'eau à 0°, il existe entre ces divers facteurs la relation :

$$p = \frac{1.000\ c}{c - d}\,(D - D');$$

en remplaçant c et d par leur valeur, on obtient :

$$p = 2{,}062\,(D - D').$$

M. Houdart a fait construire un densimètre spécial, dans lequel le 0° correspond à une densité de 0,987. Le degré œnobarométrique à + 15° est obtenu en lisant en haut du ménisque et en faisant la correction de température à l'aide des tableaux ci-dessous. Le troisième tableau donne l'extrait Houdart.

TABLE I

Tableau indiquant l'augmentation de densité (en grammes) causée par la diminution de la température au-dessous de 15°.

Ces quantités doivent être retranchées *des chiffres fournis par l'Œnobaromètre de M. Houdart.*

	FORCE ALCOOLIQUE DES LIQUIDES													
TEMPÉRATURE	5°	6°	7°	8°	9°	10°	11°	12°	13°	14°	15°	16°	17°	18°
5°	0,7	0,8	0,8	0,9	0,9	1,0	1,2	1,3	1,5	1,7	1,8	2,0	2,2	2,3
6°	0,7	0,8	0,8	0,9	0,9	1,0	1,2	1,2	1,4	1,6	1,7	1,8	2,0	2,1
7°	0,7	0,8	0,8	0,9	0,9	1,1	1,2	1,1	1,3	1,4	1,6	1,7	1,8	1,8
8°	0,7	0,8	0,8	0,9	0,9	1,1	1,2	1,1	1,2	1,3	1,4	1,5	1,6	1,5
9°	0,7	0,8	0,7	0,9	0,9	1,1	1,2	1,0	1,1	1,1	1,2	1,3	1,4	1,4
10°	0,7	0,7	0,6	0,6	0,6	0,7	0,8	0,8	0,9	0,9	1,0	1,0	1,1	1,1
11°	0,5	0,5	0,5	0,5	0,4	0,7	0,7	0,7	0,7	0,7	0,8	0,8	0,9	0,9
12°	0,3	0,4	0,4	0,4	0,3	0,5	0,6	0,6	0,6	0,6	0,6	0,6	0,6	0,6
13°	0,3	0,3	0,2	0,3	0,2	0,2	0,4	0,4	0,4	0,4	0,4	0,4	0,4	0,3
14°	0,1	0,1	0,1	0,1	0,1	0,2	0,2	0,2	0,2	0,2	0,2	0,2	0,2	0,2

Exemple : La lecture de l'œnobaromètre donne 7, celle du thermomètre 12, la richesse du vin est 14, la correction trouvée 0,6. La densité œnobarométrique à 15° sera 7 — 0,6 = 6,4.

TABLE II

Tableau indiquant la diminution de densité (en grammes) causée par l'élévation de la température au-dessus de 15°.
Ces quantités doivent être ajoutées aux chiffres fournis par l'Œnobaromètre de M. Houdart.

	FORCE ALCOOLIQUE DES LIQUIDES													
TEMPÉRATURE	5°	6°	7°	8°	9°	10°	11°	12°	13°	14°	15°	16°	17°	18°
16°	0,1	0,1	0,1	0,1	0,1	0,1	0,1	0,1	0,1	0,1	0,1	0,1	0,1	0,2
17°	0,2	0,2	0,2	0,2	0,2	0,2	0,2	0,3	0,3	0,3	0,3	0,4	0,4	0,4
18°	0,4	0,4	0,4	0,4	0,4	0,4	0,4	0,4	0,5	0,5	0,5	0,6	0,7	0,6
19°	0,6	0,6	0,6	0,6	0,6	0,6	0,6	0,7	0,7	0,7	0,7	0,8	0,9	0,9
20°	0,8	0,8	0,8	0,9	0,8	0,8	0,8	0,9	0,9	0,9	1,0	1,1	1,2	1,2
21°	0,9	1,0	1,0	1,1	1,1	1,1	1,1	1,1	1,2	1,2	1,3	1,4	1,5	1,4
22°	1,2	1,2	1,2	1,2	1,3	1,3	1,3	1,3	1,4	1,4	1,5	1,6	1,7	1,6
23°	1,3	1,4	1,4	1,5	1,5	1,6	1,6	1,6	1,6	1,6	1,7	1,9	2,0	1,9
24°	1,5	1,5	1,5	1,6	1,7	1,8	1,8	1,8	1,9	1,9	1,9	2,1	2,2	2,1
25°	1,8	1,8	1,9	1,9	1,9	2,0	2,0	2,1	2,1	2,1	2,2	2,4	2,5	2,3

TABLE III

Tableau Œnobarométrique donnant le poids de l'extrait sec des vins.

Indication de l'œnobaromètre après correction	Richesse alcoolique																					
	5	5,5	6	6,5	7	7,5	8	8,5	9	9,5	10	10,5	11	11,5	12	12,5	13	13,5	14	14,5	15	15,5
1,0																	9,3	10,5	11,7	12,7	13,7	14,8
1,5																	10,5	11,6	12,7	13,8	14,8	15,8
2,0																	11,5	12,6	13,8	14,8	15,8	16,8
2,5																	12,5	13,6	14,8	15,8	16,8	17,9
3,0															11,3	12,4	13,5	14,7	15,8	16,8	17,9	18,9
3,5															12,3	13,4	14,6	15,7	16,8	17,9	18,9	19,9
4,0													11,0	12,2	13,3	14,5	15,6	16,7	17,9	18,9	19,9	21,0
4,5													12,1	13,2	14,4	15,3	16,6	17,8	18,9	19,9	21,0	22,0
5,0											10,6	11,9	13,1	14,2	15,4	16,5	17,7	18,8	19,9	21,0	22,0	23,0
5,5											11,7	12,9	14,2	15,3	16,4	17,6	18,7	19,8	21,0	22,0	23,0	24,1
6,0									10,4	11,6	12,7	13,9	15,2	16,3	17,4	18,6	19,7	20,8	22,0	23,0	24,0	25,1
6,5									11,3	12,6	13,7	15,0	16,2	17,3	18,5	19,6	20,7	21,9	23,0	24,1	25,1	25,1
7,0								11,2	12,3	13,6	14,8	16,0	17,3	18,4	19,3	20,6	21,8	22,9	24,0	25,1	26,1	27,1
7,5							10,8	12,2	13,5	14,7	15,8	17,0	18,3	19,4	20,5	21,6	22,8	23,9	25,1	26,1	27,1	28,2
8,0							11,9	13,2	14,6	15,7	16,8	18,1	19,3	20,4	21,6	22,7	23,8	25,0	26,1	27,1	28,2	29,2
8,5							12,9	14,2	15,6	16,7	17,8	19,1	20,3	21,4	22,6	23,7	24,8	26,0	27,1	28,1	29,2	30,2
9,0				10,2	11,5	12,7	13,9	15,3	16,6	17,7	18,9	20,1	21,4	22,5	23,6	24,8	25,9	27,0	28,2	29,2	30,2	31,2
9,5				11,2	12,5	13,7	15,0	16,3	17,6	18,8	19,9	21,2	22,4	23,5	24,6	25,8	26,9	28,1	29,2	30,2	31,2	32,3
10,0			10,9	12,2	13,6	14,8	16,0	17,4	18,7	19,0	21,0	22,2	23,4	24,6	25,7	26,8	28,0	29,1	30,2	31,3	32,3	33,3
10,5		10,6	11,9	13,3	14,6	15,8	17,0	18,4	19,7	20,8	22,0	23,2	24,4	25,6	26,7	27,8	29,0	30,1	31,2	32,3	33,3	34,3
11,0	10,3	11,6	12,9	14,3	15,6	16,8	18,1	19,4	20,7	21,9	23,0	24,3	25,5	26,6	27,7	28,9	30,0	31,2	32,3	33,3	34,3	35,4
11,5	11,3	12,6	14,0	15,3	16,7	17,8	19,1	20,5	21,8	22,9	24,1	25,3	26,5	27,7	28,8	29,9	31,1	32,2	33,4	34,4	35,4	36,5
12,0	12,3	13,7	15,0	16,4	17,7	18,9	20,1	21,5	22,8	24,0	25,1	26,3	27,6	28,7	29,8	31,0	32,1	33,2	34,4	35,4	36,4	37,5
12,5	13,3	14,7	16,0	17,4	18,7	20,0	21,2	22,5	23,9	25,0	26,2	27,4	28,6	29,8	30,9	32,0	33,2	34,3	35,4	36,5	37,5	38,6
13,0	14,4	15,8	17,1	18,4	19,7	21,0	22,2	23,5	24,9	26,0	27,2	28,4	29,6	30,8	31,9	33,0	34,2	35,3	36,4	37,5	38,5	39,5
13,5	15,4	16,8	18,1	19,5	20,8	22,0	23,2	24,6	25,9	27,1	28,2	29,4	30,7	31,9	33,0	34,1	35,2	36,4	37,5	38,5	39,6	40,6
14,0	16,4	17,8	19,1	20,5	21,8	23,0	24,3	25,6	27,0	28,1	29,3	30,5	31,7	32,8	33,9	35,1	36,2	37,4	38,5	39,5	40,6	41,6
14,5	17,5	18,8	20,1	21,5	22,8	24,1	25,3	26,7	28,0	29,8	30,3	31,5	32,7	33,9	35,0	36,2	37,3	38,4	39,6	40,6	41,6	42,6
15,0	18,5	19,9	21,2	22,5	23,8	25,1	26,3	27,6	29,0	30,1	31,3	32,5	33,8	34,9	36,0	37,1	38,3	39,4	40,6	41,6	42,6	43,6
15,5	19,5	20,9	22,2	23,6	24,9	26,1	27,3	28,7	30,0	31,2	32,3	33,5	34,8	35,9	37,1	38,2	39,3	40,5	41,6	42,6	43,7	44,7
16,0	20,6	22,0	23,2	24,6	25,9	27,1	28,3	29,7	31,0	32,2	33,3	34,5	35,8	36,9	37,8	39,2	40,3	41,4	42,6	43,6	44,6	45,7
16,5	21,6	23,0	24,3	25,7	26,9	28,1	29,4	30,7	32,1	33,2	34,3	35,6	36,8	37,9	39,1	40,2	41,3	42,5	43,6	44,6	45,7	46,7

Le calcul de l'extrait Houdart est encore plus simplifié lorsqu'on se sert de la règle à coulisse que l'auteur a spécialement fait établir dans ce but.

Cette méthode, appliquée aux vins naturels et non sucrés, donne des résultats très rapprochés de l'extrait sec. Pour les vins sucrés, il suffit de changer la constante 2,062, en prenant 2,52, comme l'indique M. Abela.

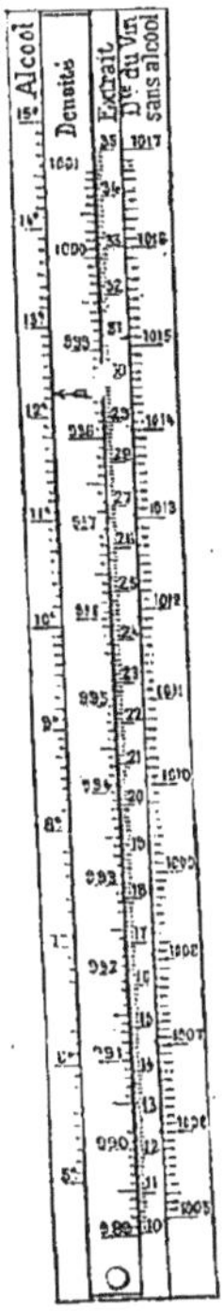

2° *Par la densité du résidu de distillation ramené au volume primitif à + 15°.*

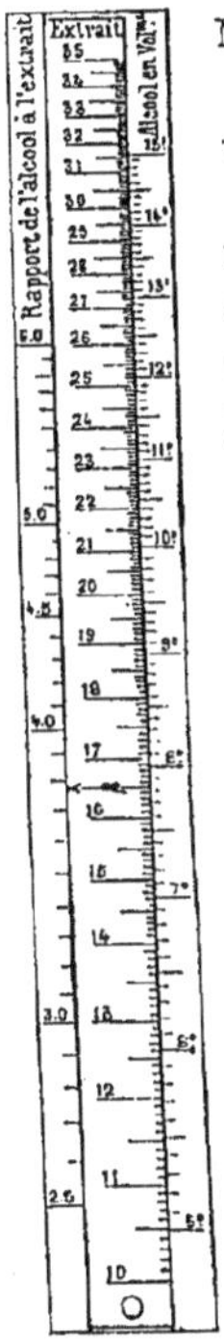

En prenant la densité du résidu de distillation ramené à 200cc à une température de + 15°, nous obtenons une valeur qui, diminuée de la densité de l'eau, est égale à la relation D — D', indiquée par M. Houdart.

Cette valeur multipliée par la densité moyenne de l'extrait sec, que nous considérons être égale à 2,0, nous donne un nouveau calcul de l'extrait, dont le résultat est sensiblement voisin des deux premières déterminations.

Ces différents calculs dérivant tous d'un même principe, basé sur l'équilibre qui existe entre la densité du vin d'une part, la densité de l'alcool contenu et la densité du vin sans alcool d'autre part, il nous a été facile de construire une règle à coulisse (fig. 15) donnant immédiatement :

1° L'extrait Houdart, connaissant la densité du vin et son alcool;

2° L'extrait correspondant à la densité du vin privé de son alcool;

3° Le degré alcoolique, connaissant la densité du vin et la densité du vin privé de son alcool.

4° Le degré alcoolique, connaissant la densité du vin et l'extrait sec en poids.

Fig. 15.

Fig. 16.

Nous avons construit sur la face opposée une autre règle (fig. 16), donnant le rapport existant entre l'alcool en poids et l'extrait à 100°. Ces deux règles se complètent et permettent de calculer rapidement le vinage ainsi que le mouillage, en tenant compte, comme nous le verrons plus loin, de la somme alcool-acide indiquée par la circulaire du Ministère du commerce et de l'industrie.

Dosage de l'extrait dans le vide.

Cet extrait représente la totalité des matériaux fixes à 100°, et contient en outre la glycérine. Son poids, comparé à l'extrait sec, permet même d'évaluer approximativement la proportion de cette substance.

Nous effectuons ce dosage en introduisant 10cc de vin dans un petit vase de verre à fond plat, taré et numéroté, ayant les dimensions suivantes : hauteur, 20mm; diamètre, 50mm.

Ce vase est placé dans un appareil spécial, où on fait le vide à l'aide d'une trompe double Alvergniat.

Les appareils à vide que nous employons au Laboratoire, se composent : de huit grandes caisses rectangulaires en bronze mesurant $13^{cm} \times 22^{cm} \times 30^{cm}$, fixées à l'aide de boulons sur un solide châssis en fer scellé dans le mur (fig 17).

Ces caisses sont indépendantes, munies chacune d'un manomètre, et sont fer-

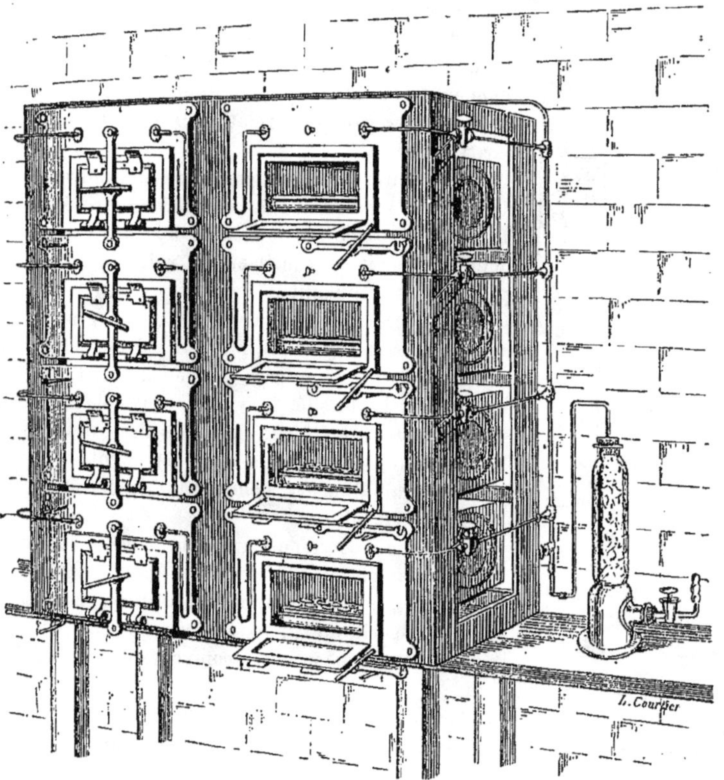

Fig. 17.

mées sur le devant par une porte à charnières, pouvant être fortement comprimée sur une bande de caoutchouc, à l'aide d'une vis de pression.

Un réservoir à soupape est interposé sur la canalisation, pour éviter la rentrée de l'eau dans les appareils en cas de changement de pression.

Les vases à extrait sont posés sur une grille nickelée, qui repose elle-même sur une cuvette contenant la substance desséchante.

Le dosage demande quatre jours; on favorise l'évaporation d'abord avec de l'acide sulfurique, puis on la termine en présence d'acide phosphorique anhydre, en ayant soin de changer les acides tous les jours.

On fait rentrer l'air lentement, en prenant la précaution de le faire circuler, au préalable, à travers une colonne contenant du chlorure de calcium.

Les extraits retirés sont pesés de suite ; l'augmentation de poids multipliée par 100 donne l'extrait dans le vide, par litre.

Dosage du sulfate de potasse.

1° *Dosage en poids.* — On précipite 100cc de vin, portés à l'ébullition dans un vase de Bohême, par 10cc d'une liqueur contenant 100gr de chlorure de baryum, 100gr de chlorhydrate d'ammoniaque et 50cc d'acide chlorhydrique par litre ; puis on fait bouillir quelques minutes. (La présence du chlorhydrate d'ammoniaque facilite le dépôt du sulfate de baryte.)

On recueille le précipité sur un filtre (donnant après incinération 3mg de cendres), on s'assure que la liqueur filtrée ne précipite plus par le chlorure de baryum, puis on lave à l'eau bouillante jusqu'à disparition des matières salines. On sèche dans une étuve à 110°, et on incinère dans une moufle. Le produit de l'incinération est mis à refroidir dans un dessiccateur, puis pesé. On retranche 3mm du produit de la pesée et ensuite on multiplie par 0,747, puis par 10 pour avoir le sulfate de potasse contenu dans 1lit de vin.

2° *Contrôle du dosage du sulfate de potasse à l'aide du procédé Marty.* — On se sert d'une liqueur renfermant 7gr de chlorure de baryum cristallisé (BaCl + 2aq) et 15cc d'acide chlorhydrique pur par litre.

Cette liqueur est titrée de façon que 5cc correspondent exactement à 1gr de sulfate de potasse par litre, en opérant sur 25cc de vin.

On procède ensuite de la façon suivante : Dans un premier tube à essai, on introduit 25cc de vin et 5cc de liqueur titrée. Dans un second tube à essai, on introduit la même quantité de vin et 10cc de liqueur barytique. Après agitation, on laisse reposer vingt-quatre heures et on filtre, si cela est nécessaire, le contenu des deux tubes.

Au liquide du premier tube on ajoute un peu de chlorure de baryum : s'il ne s'est pas formé de précipité au bout de quelques minutes, le vin contient évidemment une quantité de sulfate de potasse inférieure à 1gr. Dans le cas contraire, on prend le liquide filtré du deuxième tube et on le divise en deux portions ; dans l'une on ajoute du chlorure de baryum, dans l'autre de l'acide sulfurique faible ; s'il se produit un précipité par addition de chlorure de baryum, le vin sera plâtré au delà de 2gr ; s'il n'y a pas de précipité et qu'on en obtienne un par l'acide sulfurique, le vin contiendra une dose de sulfate de potasse comprise entre 1 et 2gr par litre.

Il peut arriver quelquefois que le vin contienne une quantité de plâtre exactement égale à 1 ou 2gr. On s'en apercevra en n'obtenant pas de précipité, ni par le chlorure de baryum ni par l'acide sulfurique dilué.

Cette opération menée avec soin est assez sensible et permet de doser le sulfate de potasse à 0gr,1 près.

Dosage du sucre réducteur.

1° *A l'aide de la liqueur cupro-potassique.* — On décolore 100^{cc} de vin par 10^{gr} de noir animal lavé et bien sec. Après agitation et 2 heures de contact, le vin filtré doit être absolument incolore.

D'autre part, on introduit dans un ballon de 250^{cc} à fond plat 10^{cc} de liqueur cupro-potassique (formule Neubauer et Vogel modifiée) (1), on ajoute quelques gouttes de lessive de potasse, puis 100^{cc} d'eau distillée et on porte à l'ébullition.

Le vin décoloré est mis dans une burette de Gay-Lussac et on le verse avec précaution dans la liqueur cuivrique, jusqu'à apparition d'oxydule rouge; on continue l'ébullition en ajoutant le vin goutte à goutte. La liqueur ne tarde pas à se décolorer, on s'arrête au moment précis où la teinte bleue a disparu. S'il y avait excès de vin, la liqueur deviendrait jaune et il faudrait recommencer le dosage.

On détermine exactement la fin de l'opération en interposant le ballon entre une feuille de papier et la lumière du jour, l'opérateur tournant le dos à la lumière. Après quelques secondes d'observation, le précipité cuivrique se dépose en rendant perceptible la couleur du liquide surnageant. S'il est encore bleu, on remet le ballon sur le feu, on ajoute quelques gouttes de vin, et ainsi de suite jusqu'à décoloration complète.

Cet essai doit être exécuté assez rapidement pour éviter une trop grande concentration de la liqueur.

10^{cc} de la liqueur cupro-potassique correspondant à 0,025 de glucose, il suffit de faire le petit calcul suivant pour déterminer la quantité de sucre contenu dans un litre de vin.

Soit n le nombre de centimètres cubes de vin qu'il a fallu verser pour réduire les 10^{cc} de liqueur cuivrique, on aura :

$$x = \frac{0,025 \times 1000}{n}.$$

Le tableau suivant évite tout calcul.

---

(1) *Préparation de la liqueur Neubauer et Vogel.* — On fait dissoudre 1^{kg},730 de sel de seignette dans 4^{lit},800 de lessive de potasse pure (D = 1,14) obtenue en mélangeant 3^{lit}660 d'eau avec 1^{lit},230 de lessive de potasse à 45° Baumé. Après dissolution complète, on verse par petites portions, et en agitant, une solution tiède de 346^{gr},5 de sulfate de cuivre pur cristallisé dans 2^{lit} d'eau.

On filtre, s'il y a lieu, sur du coton de verre et l'on ajoute environ 3^{lit} d'une lessive de potasse, de façon à faire 10^{lit}. On prend 10^{cc} de liqueur et on titre avec une solution de sucre pur interverti, contenant 0,25 de sucre p. 100.

La liqueur est ensuite exactement dédoublée à l'aide d'une lessive de potasse au tiers, puis on vérifie le titre.

Cette liqueur se conserve longtemps sans changer de titre.

DOSAGE DU SUCRE RÉDUCTEUR

CENTIMÈTRES CUBES (rows) — **DIXIÈMES DE CENTIMÈTRE CUBE** (columns)

	DIXIÈMES DE CENTIMÈTRE CUBE									
	0	1	2	3	4	5	6	7	8	9
1	25,0	22,72	20,84	19,23	17,85	16,66	15,62	14,70	13,88	13,16
2	12,5	11,90	11,36	10,86	10,42	10,00	9,61	9,25	8,92	8,62
3	8,33	8,06	7,81	7,57	7,36	7,14	6,94	6,75	6,57	6,41
4	6,25	6,07	5,95	5,81	5,68	5,55	5,43	5,31	5,20	5,10
5	5,00	4,90	4,80	4,71	4,62	4,54	4,46	4,38	4,31	4,23
6	4,16	4,09	4,03	3,96	3,90	3,84	3,78	3,72	3,67	3,62
7	3,57	3,52	3,47	3,43	3,39	3,33	3,28	3,24	3,20	3,16
8	3,12	3,08	3,04	3,01	2,97	2,94	2,90	2,87	2,84	2,80
9	2,77	2,74	2,71	2,68	2,65	2,62	2,60	2,58	2,56	2,53
10	2,50	2,47	2,45	2,41	2,39	2,38	2,35	2,33	2,31	2,29
11	2,27	2,25	2,23	2,21	2,19	2,17	2,15	2,13	2,11	2,10
12	2,08	2,07	2,06	2,04	2,02	2,00	1,99	1,98	1,96	1,93
13	1,92	1,90	1,89	1,88	1,87	1,85	1,84	1,83	1,80	1,79
14	1,78	1,77	1,76	1,74	1,73	1,72	1,71	1,70	1,68	1,67
15	1,66	1,65	1,64	1,63	1,62	1,61	1,60	1,59	1,58	1,57
16	1,56	1,55	1,54	1,52	1,51	1,50	1,49	1,48	1,48	1,47
17	1,47	1,46	1,45	1,44	1,43	1,42	1,41	1,41	1,40	1,39
18	1,38	1,38	1,37	1,36	1,35	1,35	1,34	1,33	1,32	1,32
19	1,31	1,31	1,30	1,30	1,29	1,29	1,28	1,27	1,27	1,25
20	1,25	1,25	1,24	1,24	1,22	1,21	1,21	1,20	1,20	1,19
21	1,19	1,18	1,17	1,17	1,16	1,16	1,15	1,15	1,14	1,14
22	1,13	1,13	1,12	1,12	1,11	1,11	1,10	1,10	1,09	1,09
23	1,08	1,08	1,07	1,07	1,07	1,06	1,06	1,05	1,05	1,05
24	1,04	1,04	1,03	1,03	1,03	1,02	1,02	1,01	1,01	1,01
25	1,00	0,99	0,98	0,98	0,98	0,97	0,97	0,97	0,96	0,93
26	0,95	0,95	0,95	0,95	0,94	0,94	0,94	0,93	0,93	0,93
27	0,92	0,92	0,91	0,91	0,91	0,91	0,90	0,90	0,90	0,90
28	0,89	0,88	0,88	0,87	0,87	0,87	0,87	0,87	0,87	0,86
29	0,86	0,85	0,85	0,85	0,85	0,84	0,84	0,84	0,84	0,83
30	0,83	0,83	0,82	0,82	0,82	0,81	0,81	0,81	0,81	0,81
31	0,80	0,80	0,80	0,79	0,79	0,79	0,78	0,78	0,78	0,78
32	0,78	0,77	0,77	0,77	0,77	0,76	0,76	0,76	0,76	0,76
33	0,75	0,75	0,75	0,75	0,75	0,74	0,74	0,74	0,73	0,73
34	0,73	0,73	0,73	0,73	0,72	0,72	0,72	0,71	0,71	0,71
35	0,70	0,70	0,70	0,70	0,70	0,70	0,70	0,69	0,69	0,69
36	0,69	0,69	0,69	0,68	0,68	0,68	0,68	0,68	0,67	0,67
37	0,67	0,67	0,67	0,67	0,67	0,66	0,66	0,66	0,66	0,65
38	0,65	0,65	0,65	0,65	0,65	0,65	0,65	0,65	0,65	0,64
39	0,64	0,64	0,64	0,64	0,64	0,63	0,63	0,63	0,63	0,63
40	0,62	0,62	0,62	0,62	0,61	0,61	0,61	0,61	0,61	0,64
41	0,60	0,60	0,60	0,60	0,60	0,69	0,69	0,60	0,60	0,60
42	0,59	0,59	0,59	0,59	0,58	0,58	0,58	0,58	0,58	0,58
43	0,58	0,58	0,58	0,58	0,58	0,57	0,57	0,57	0,57	0,57
44	0,56	0,56	0,56	0,56	0,56	0,55	0,55	0,55	0,55	0,55

Lorsqu'on se trouve en présence d'un vin très sucré, il est nécessaire de procéder, avant la décoloration, à une dilution en rapport avec la quantité approximative de sucre, soit au 1/4, au 1/5e, au 1/10e, etc., de façon à avoir à verser au moins 10cc de vin, pour réduire les 10cc de liqueur cupro-potassique.

La décoloration au noir animal peut être remplacée par une précipitation de la matière colorante, au moyen du sous-acétate de plomb. A cet effet on traite 100cc de vin par 10cc d'une solution saturée de sous-acétate, on agite et on précipite l'excès de plomb par un volume connu d'une solution concentrée de sulfate de soude. On agite encore, on filtre et on procède au dosage comme précédemment, en tenant compte de l'augmentation de volume provenant des réactifs ajoutés.

2° *Par fermentation.* — On concentre rapidement 200cc de vin au quart du volume primitif, on précipite par l'acétate neutre de plomb et on filtre, en recueillant un volume connu de liqueur. On élimine l'excès de plomb par un peu d'acide sulfurique faible, on filtre à nouveau, on sature l'excès d'acide par un alcali, on ajoute un peu d'acide tartrique et on introduit dans une fiole avec un peu de levure fraîche.

La fiole (aussi légère que possible) est fermée par un bouchon traversé par deux tubes : le premier plonge dans le liquide par son extrémité inférieure, tandis que sa partie supérieure est fermée par un tube en caoutchouc et un bout de baguette de verre ; le deuxième est ouvert et destiné au dégagement de l'acide carbonique. Ce gaz traverse un tube contenant une substance desséchante, destinée à fixer la vapeur d'eau qui pourrait être entraînée. Le tout est pesé, puis abandonné 48 heures dans une étuve à 30°. Au bout de ce temps on fait passer un courant d'air sec à travers l'appareil pour entraîner les dernières traces d'acide carbonique formé, puis on pèse. La différence obtenue entre les deux pesées représente la perte de poids due au dégagement d'acide carbonique que l'on transforme par le calcul en glucose anhydre. Sachant que théoriquement 100gr de glucose donnent 48,88 d'acide carbonique, il suffira donc de multiplier la perte de poids par 2,046.

Dans la pratique, 100gr de glucose ne donnant en réalité que 46,44 d'acide carbonique, il sera donc préférable de remplacer 2,046 par 2,153.

On ramènera ensuite au litre, en tenant compte des dilutions effectuées dans le cours de l'opération.

Ce procédé de dosage est long et peu employé. Il convient surtout aux vins assez riches en sucre, car un vin bien fermenté ne constitue pas un milieu très favorable au développement de la levure. Dans tous les cas, il reste toujours du sucre infermentescible, réduisant la liqueur cupro-potassique.

Essai au polarimètre.

Les vins naturels bien fermentés sont généralement sans action sur la lumière polarisée, ou donnent une légère déviation à gauche, due à la présence d'une petite quantité de lévulose fermentant difficilement.

On procède à cet essai en remplissant exactement un tube de 20cc de longueur avec du vin décoloré au noir animal ou au sous-acétate de plomb, puis en examinant au polarimètre à pénombre.

Trois cas peuvent se présenter :

1° *La déviation est à droite.* — Le vin contient probablement de la saccharose, de la glucose et de la dextrine, ou l'une de ces trois substances.

2° *La déviation est à gauche.* — Le vin contient plus probablement de la lévulose.

3° *La déviation est nulle.* — Le vin renferme une quantité de matières réductrices inférieure à 3gr par litre, ou bien s'il en contient plus de 3gr, il peut renfermer un mélange de lévulose et de glucose.

Cette déviation polarimétrique étant la somme algébrique de produits déviant les uns à droite, les autres à gauche, il s'ensuit que le résultat obtenu n'est pas toujours en rapport avec la quantité de sucre dosé par la liqueur cuivrique et ne peut fournir que des indications pour la recherche spéciale des sucres ajoutés frauduleusement.

Dosage des gommes.

Les vins contiennent toujours une quantité plus ou moins considérable de matières gommeuses et mucilagineuses.

M. Béchamp (1) a trouvé, dans quelques vins, les quantités suivantes de ces matières gommeuses :

Vin d'Alicante	1gr,00	de gomme par litre.
— de Carignan	1gr,04	—
— d'Araman	0gr,95	—
— d'Œillade	0gr,91	—

D'autres auteurs ont trouvé :

Dans un vin d'Olmeto (Corse)	4gr,36	de gomme par litre.
— de Sallacoro (Corse)	2gr,15	—
— du Var	2gr,03	—

On connaît deux procédés de dosage des matières gommeuses :

1° *Méthode de M. Reboul* (2). — On évapore 100cc de vin de façon à les réduire à 6 ou 7cc; au bout de 24 heures de repos on jette le tout sur un filtre et on lave quatre fois avec 5cc d'alcool à 40-42° chaque fois. Dans la liqueur filtrée on ajoute peu à peu et en remuant 100-110cc d'alcool à 92°, ce qui porte le titre alcoolique à 83-84°. (On a soin d'ajouter la première portion d'alcool lentement et en remuant constamment pour éviter la formation d'une masse visqueuse difficile à laver. On réussit même mieux la précipitation en versant lentement la solution alcoolique dans 110cc d'alcool à 92°).

Après 24 heures de repos, la gomme s'est déposée sur les parois du vase, on la lave avec 25cc d'alcool à 85°, puis on la dissout dans l'eau chaude et on évapore au bain-marie jusqu'à ce qu'on obtienne un poids constant, ce qui demande environ 4 ou 5 heures.

(1) *Comptes rendus*, t. XXX, p. 968.

(2) *Journ. de Pharm. et de Chim.*, t. II, p. 117.

On pèse, puis on incinère pour pouvoir déduire, par une deuxième pesée, la quantité de matières minérales précipitées avec les gommes.

2° *Méthode de M. Pasteur* (1). — On réduit le vin au 15e de son volume environ, on laisse cristalliser le tartrate acide de potasse pendant 24 heures, et on ajoute à l'eau mère, séparée du tartre, environ trois à quatre volumes d'alcool à 90°. Le précipité se présente sous deux états : tantôt il se rassemble et s'agrège promptement en diminuant beaucoup de volume; tantôt il reste sous forme de précipité floconneux.

M. Pasteur attribue cette dernière forme du précipité à la présence de sels de chaux, principalement du tartrate neutre, associé à la gomme. Le précipité est lavé, par décantation, à l'alcool à 90° et purifié par dissolution dans l'eau, on filtre et on précipite une deuxième fois par l'alcool. Les gommes sont recueillies sur un filtre taré, lavées avec de l'alcool à 90°, séchées à 100° et pesées. On a souvent beaucoup de peine à les débarrasser des sels de chaux auxquels elles sont mélangées.

Pour obtenir le poids net des gommes, on incinère après la pesée, on note le poids des cendres et on dose leur alcalinité. Par le calcul on transforme cette alcalinité en tartrate neutre de chaux, on ajoute au poids des cendres l'acide tartrique correspondant à ce sel, puis on retranche le tout du poids brut.

Dosage de l'acidité totale.

1° *Procédé à la touche.* — On introduit 25cc de vin dans un becher-glass, puis on verse lentement la liqueur décime de potasse, contenue dans une burette à déversement Dupré, graduée en dixièmes de centimètre cube (fig. 18). Au contact de la liqueur alcaline, la teinte du vin se modifie sensiblement, et lorsqu'elle commence à devenir violacée, on ne laisse plus tomber la liqueur acidimétrique que goutte à goutte, en prélevant de temps en temps, au bout d'un agitateur très fin, une goutte de vin que l'on dépose au milieu d'une bande de papier au tournesol sensible. Le point de saturation exact est facile à saisir : car, à l'endroit où la goutte a été déposée, il se forme par capillarité une auréole colorée. On s'arrête lorsque les bords intérieurs de cette auréole sont de la même teinte que le tournesol sensible, ou à peine bleutés. Un petit excès de liqueur acidimétrique serait accusé par un bleuissement accentué de l'endroit touché.

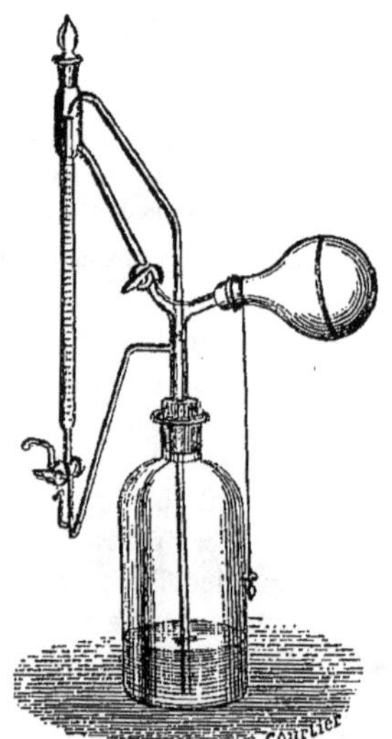

Fig. 18.

Il suffit ensuite de multiplier le nombre de centimètres cubes versés par 0,0049, puis par 40, pour obtenir l'acidité totale du vin par litre, exprimée en acide sulfurique.

(1) *Études sur le vin*, Pasteur, p. 294.

Le tableau ci-dessous dispense de tout calcul, en se servant, bien entendu, d'une liqueur décime de potasse.

ACIDITÉ EN SO^3,HO. — PRISE D'ESSAI DE 25^{cc}										
	DIXIÈMES DE CENTIMÈTRE CUBE									
CENTIMÈTRES CUBES	0	1	2	3	4	5	6	7	8	9
10	1.96	1,98	2,00	2,02	2,04	2,06	2,08	2,10	2,11	2,13
11	2.15	2.17	2,19	2,21	2,23	2,25	2,27	2,29	2,30	2,32
12	2.35	2,37	2,39	2,41	2,43	2,45	2,47	2,49	2,50	2,52
13	2.54	2,56	2,58	2,60	2,62	2,64	2,66	2,68	2,69	2,71
14	2,74	2,76	2,78	2,80	2,82	2,84	2,86	2,88	2,89	2,91
15	2.94	2,96	2,98	3,00	3,02	3,04	3,06	3,08	3,09	3,11
16	3,13	3,15	3,17	3,19	3,21	3,23	3,25	3,27	3,28	3,30
17	3,33	3,35	3,37	3,39	3,41	3,43	3,45	3,47	3,48	3,50
18	3,52	3,54	3,56	3,58	3,60	3,62	3,64	3,66	3,68	3,70
19	3,72	3,74	3,76	3,78	3,80	3,82	3,84	3,86	3,88	3,90
20	3.92	3,94	3,96	3,98	4,00	4,02	4,04	4,06	4,07	4,09
21	4,11	4:13	4,15	4,17	4,19	4,21	4,23	4,25	4,26	4,28
22	4,30	4,32	4,34	4,36	4,38	4,40	4,42	4,44	4,46	4,48
23	4,51	4,53	4,55	4,57	4,59	4,61	4,63	4,65	4,66	4,68
24	4,70	4,72	4,74	4,76	4,78	4,80	4,82	4,84	4,86	4,88
25	4,90	4,92	4,94	5,96	4,98	5,00	5,02	5,04	5,05	5,07
26	5,09	5,11	5,13	5,15	5,17	5,19	5,21	5,23	5,25	5,27
27	5,29	5,31	5,33	5,35	5,37	5,39	5,41	5,43	5,45	5,46
28	5,48	5,50	5,52	5,54	5,56	5,58	5,60	5,62	5,64	5,66
29	5,68	5,70	5,72	5,74	5,76	5,78	5,80	5,82	5,84	5,86
30	5,88	5,90	5,92	5,94	5,96	5,98	6,00	6,02	6,04	6,05
31	6,07	6,09	6,11	6,13	6,15	6,17	6,19	6,21	6,23	6,25
32	6,27	6,29	6,31	6,33	6,35	6,37	6,39	6,41	6,43	6,44
33	6,46	6,48	6,50	6,52	6,54	6,56	6,58	6,60	6,62	6,64

2° *Procédé à la phtaléine du phénol.* — On verse 200^{cc} d'eau dans un verre à pied ou dans un vase de Bohême, on ajoute 2 gouttes d'une solution alcoolique de phtaléine du phénol, puis on laisse tomber goutte à goutte la liqueur décime de potasse jusqu'à apparition persistante de la teinte rosée. A ce moment on introduit 10^{cc} de vin, on remplit la burette contenant la liqueur titrée et on en laisse tomber avec précaution jusqu'à ce que le vin, après avoir passé au vert, demeure légèrement rose. Cette teinte est facilement visible, même en présence de la matière colorante verdâtre du vin.

Ce procédé de dosage donne toujours des résultats un peu forts, comparativement au procédé à la touche.

Si le vin contient de l'acide carbonique, on a soin de bien l'agiter avant la prise d'essai; on peut même le porter rapidement à l'ébullition ou l'exposer quelques instants dans le vide, comme l'a conseillé M. Pasteur.

M. Pasteur détermine l'acidité totale d'un vin en employant de l'eau de chaux titrée, jusqu'à apparition d'un trouble floconneux de couleur neutre, grise ou foncée (1).

M. Tony-Garcin emploie une solution de soude caustique à raison de 6gr,32 par litre. Cette liqueur correspond à une solution de 10gr d'acide sulfurique pur par litre. Il titre, comme dans le procédé de M. Pasteur, jusqu'à apparition d'une teinte *noire* accompagnée d'un *précipité*. Un excès d'alcali détermine un précipité floconneux et la liqueur devient verte.

Ces procédés de dosage, quoique assez délicats, réussissent bien lorsqu'on se trouve en présence de vins naturels, mais il n'en est plus de même lorsqu'on opère sur des vins colorés artificiellement.

Dosage des acides volatils.

1° *Acides volatils libres.* — On sature 100cc de vin avec une quantité suffisante de potasse diluée, puis on distille en recueillant environ les 3/4 du volume primitif. On ajoute ensuite au résidu de la distillation une quantité d'acide sulfurique dilué correspondant exactement à la quantité de potasse décime employée, puis on distille à nouveau dans un appareil en verre. On pousse la distillation très loin, on remet de l'eau et on distille encore jusqu'à sec. On obtient ainsi un liquide distillé contenant l'ensemble des acides volatils, qu'on dosera à l'aide de la liqueur décime de potasse.

On dose encore facilement les acides volatils libres en évaporant 10cc de vin dans le vide, en reprenant le résidu par un peu d'eau tiède et évaporant une deuxième fois Dans ces conditions, la totalité des acides volatils libres, composés en majeure partie d'acide acétique, est entraînée. Il suffit de doser l'acidité fixe sur le résidu de l'évaporation pour obtenir, par différence avec l'acidité totale, l'acidité volatile libre.

2° *Acides volatils combinés.* — On sature un volume déterminé de vin par un alcali, on distille l'alcool, puis on ajoute un excès d'acide phosphorique sirupeux. On distille une deuxième fois pour recueillir les acides entraînés, et on titre avec une solution décime de potasse.

Ce procédé, indiqué par Frésenius, recommandé par Kissel (2), donne la totalité des acides volatils libres ou combinés. Connaissant les premiers par un précédent dosage, il est facile de déterminer la proportion des deuxièmes.

Dosage de l'acide carbonique.

Dans un vin normal, bien fermenté, la proportion d'acide carbonique est peu considérable. On peut en déterminer la quantité par un des deux procédés suivants :

1° Dans un ballon de 250cc on introduit 100cc de vin et on chauffe au bain-mari en recueillant les gaz dans une dissolution de chlorure de baryum ammoniacal maintenue à l'abri de l'air.

(1) *Etudes sur le vin*, Pasteur, p. 205.
(2) *Journ. de Pharm. et de Chim.*, t. XII, p. 355.

Le précipité de carbonate de baryte est rassemblé en chauffant légèrement la liqueur, puis on filtre et on lave rapidement à l'eau ammoniacale. Le filtre et son contenu sont desséchés, incinérés, puis repris par un peu d'acide sulfurique très dilué; on évapore doucement et on calcine à nouveau.

Du poids de sulfate de baryte on déduit la quantité d'acide carbonique.

2° On chauffe au bain de sel un ballon contenant 100^{cc} de vin. A l'aide d'un tube coudé, on reçoit l'acide carbonique dégagé, dans une solution de sous-acétate de plomb. Ce réactif est contenu dans un petit ballon fermé par un bouchon, traversé par deux tubes de verre : l'un reçoit les gaz et plonge au fond du liquide; l'autre, coudé deux fois à angle droit, va plonger dans une solution de soude caustique, qui évite la rentrée de l'acide carbonique de l'air.

Le carbonate de plomb est recueilli sur un filtre taré, lavé, séché et pesé.

Un gramme de carbonate de plomb contient 0^{gr},1648 d'acide carbonique, et 1^{gr} d'acide carbonique occupe un volume de 503^{cc} à une pression de 760^{mm} et à une température de 0° (1).

Dosage du bitartrate de potasse.

1° *Procédé de MM. Berthelot et de Fleurieu* (2). — Ce procédé est basé sur l'insolubilité de la crème de tartre, en présence d'une quantité suffisante d'un mélange d'alcool absolu et d'éther à volumes égaux.

Dans une fiole conique d'une contenance de 250^{cc} on introduit 25^{cc} de vin, puis 100^{cc} du mélange éthéro-alcoolique, on bouche la fiole, on la porte ensuite dans une glacière ou en un lieu frais, et on l'y laisse 48 heures; au bout de ce temps on décante sur un filtre le liquide surnageant, puis on lave les cristaux à l'aide du mélange éthéro-alcoolique jusqu'à ce que le liquide filtré ne soit plus acide.

Le filtre et son contenu sont introduits dans la fiole, où on a fait la précipitation, on dissout le tartre dans l'eau bouillante, puis on titre l'acidité à l'aide d'une solution décime de potasse, en se servant de la phtaléine du phénol comme indicateur. Le nombre de centimètres cubes de liqueur alcaline employé pour la saturation est multiplié par 0,01881, puis par 40; pour obtenir le bitartrate contenu dans un litre, on ajoute ensuite 0,20 correspondant au tartre non précipité par le mélange éthéro-alcoolique ou entraîné dans les lavages (3).

Le tableau ci-après donne la quantité de tartre par litre, en opérant sur 25^{cc} de vin et en titrant avec une solution de potasse décime.

(1) *Traité des vins*, C. Viard, p. 667.

(2) *Ann. de Chim. et de Phys.*, 4e série, t. X, p. 177.

(3) M. Pasteur a constaté des erreurs sensibles et variables dans le procédé de MM. Berthelot et de Fleurieu, erreurs qu'il attribue à la précipitation d'une certaine quantité de tartrate de chaux. (*Études sur le vin*, Pasteur, p. 268.)

CRÈME DE TARTRE. — PRISE D'ESSAI DE 25cc										
	DIXIÈMES DE CENTIMÈTRE CUBE									
CENTIMÈTRES CUBES	0	1	2	3	4	5	6	7	8	9
0		0,27	0,35	0,42	0,50	0,57	0,65	0,72	0,80	0,87
1	0,95	1,02	1,10	1,18	1,25	1,33	1,40	1,48	1,55	1,63
2	1,76	1,78	1,85	1,93	2,01	2,08	2,16	2,23	2,30	2,38
3	2,46	2,53	2,61	2,68	2,76	2,83	2,91	2,98	3,06	3,13
4	3,21	3,28	3,36	3,43	3,50	3,57	3,65	3,73	3,81	3,89
5	3,96	4,03	4,10	4,17	4,25	4,33	4,40	4,48	4,55	4,63
6	4,70	4,78	4,85	4,93	5,01	5,08	5,16	5,23	5,30	5,38
7	5,46	5,55	5,61	5,68	5,76	5,86	5,91	5,98	6,06	6,13
8	6,21	6,28	6,36	6,43	6,50	6,57	6,61	6,73	6,81	6,89
9	6,96	7,03	7,10	7,17	7,25	7,33	7,40	7,48	7,55	7,63

2° *Procédé Pasteur.* — On réduit un demi-litre de vin, par évaporation au bain-marie, jusqu'à ce que la surface du liquide se recouvre de petits cristaux de tartre; on laisse cristalliser 24 ou 48 heures, on décante les eaux mères et on lave les cristaux à deux ou trois reprises avec de l'eau saturée de bitartrate de potasse, on sèche et on pèse. Comme contrôle on peut calciner le tartre pesé et doser l'alcalinité des cendres. Sachant que 1cc de liqueur décime d'acide sulfurique correspond à 0,00691 de carbonate de potasse et qu'une partie de carbonate de potasse représente 2,72 de tartre, il sera facile de calculer ce dernier.

M. Reboul, dans ses nombreux dosages de gomme dans les vins, a eu à éliminer souvent la crème de tartre. Il a apporté une modification au procédé Pasteur qui n'a que l'inconvénient d'exiger une trop grande quantité de vin. L'auteur opère sur 100cc de vin, évapore au bain-marie, fait cristalliser le tartre et le lave ensuite quatre fois avec 5cc d'alcool à 42 degrés. La crème de tartre est ensuite dissoute et titrée comme dans le procédé de MM. Berthelot et de Fleurieu.

M. Borgmann (1) emploie seulement 50cc de vin, il ajoute un peu de sable, évapore au bain-marie et ajoute après refroidissement 7cc d'alcool à 96°. Il agite, laisse reposer douze heures à une basse température et lave les cristaux à l'alcool. La crème de tartre est dissoute et titrée avec une solution normale de soude au 1/10e.

Dosage de l'acide tartrique libre.

Cet acide peut exister normalement dans les vins jeunes ou provenant de raisins incomplètement mûrs.

Connaissant par un dosage antérieur la quantité de bitartrate de potasse, on

(1) *Journ. de Pharm. et de Chim.*, t. XXII, p. 274.

ajoute à 25^{cc} de vin contenus dans une fiole conique, 2^{cc} d'une solution composée de 250^{gr} d'acétate de potasse et de 500^{cc} d'acide acétique cristallisable par litre. On introduit 100^{cc} du mélange éthéro-alcoolique, puis on continue comme dans le dosage du tartre par le procédé de MM. Berthelot et de Fleurieu.

La différence obtenue entre les deux dosages est calculée en tartre par litre, puis multipliée par 0,797, pour obtenir l'acide tartrique libre.

On peut éviter l'emploi de l'acétate de potasse en saturant exactement 10^{cc} de vin par de la potasse et en ajoutant 40^{cc} de vin non saturé. On prélève sur ce mélange 25^{cc} et on continue comme précédemment. Ce procédé est bon, mais il est nécessaire d'ajouter un peu d'acide acétique.

M. Pasteur dose l'acide tartrique, en recueillant le produit des lavages de la crème de tartre dosée par son procédé, il filtre, acidule légèrement par l'acide acétique et ajoute un peu d'acétate de potasse; 24 heures après les cristaux sont recueillis et pesés.

MM. Reboul et Borgmann utilisent aussi les eaux mères résultant du lavage des cristaux de tartre. On chasse l'alcool, on reprend par un volume d'eau déterminé que l'on partage ensuite en deux parties. L'une est neutralisée exactement par de la potasse diluée, puis réunie à l'autre moitié. On évapore et on continue comme ils l'ont indiqué dans leur procédé de dosage du bitartrate de potasse.

Dosage de l'acide malique.

L'acide malique existe naturellement dans beaucoup de vins, sa proportion peut quelquefois atteindre 2 à 3^{gr} par litre. M. Ordonneau (1) a trouvé que certains vins blancs de la Vendée contenaient souvent plus d'acide malique que d'acide tartrique total, et a montré que cet acide disparaissait par le vieillissement du vin. Le même auteur a isolé l'acide malique en obtenant d'abord un tartro-malate de chaux, qu'il a décomposé ensuite par l'acide sulfurique.

Ce procédé d'extraction ne peut malheureusement pas être appliqué au dosage de l'acide malique. Il n'y a guère que le procédé de M. Berthelot qui puisse être employé.

Procédé de M. Berthelot (2). — Après avoir concentré le vin au 1/10e, on ajoute un volume égal d'alcool à 90°, la majeure partie des sels insolubles dans ce véhicule ne tardent pas à se déposer. On décante et on ajoute à la liqueur claire une petite quantité d'un lait de chaux très dilué et en léger excès. Le malate de chaux est précipité, on le recueille et on le fait cristalliser dans de l'acide azotique au 1/10e. On obtient ainsi un bimalate de chaux, dont le poids multiplié par 0,59 donne celui de l'acide malique.

M. Manseau (3) conseille de faire deux essais simultanés, de façon que, lorsqu'on a ajouté le lait de chaux, on puisse s'assurer sur l'essai témoin que l'acide tartrique a été complètement éliminé. Dans le cas contraire on obtient, après

(1) *Bull. de la Société chim.*, n° 141 (1891), p. 241.
(2) *Bull. de la Société chim.*, t. XXIV, p. 288.
(3) *Revue int. des falsifications*, 15 juin 1892, p. 190.

addition d'alcool, un mélange de malate de chaux et de tartromalate de chaux cristallisé en aiguilles isolées ou réunies, visibles au microscope.

Dosage de l'acide citrique.

La présence de cet acide dans les vins naturels n'a pas encore été bien démontrée ; néanmoins on peut avoir à le rechercher ou à le doser. On emploie le procédé suivant : 100^{cc} de vin sont évaporés à environ 7^{cc}, on précipite par 30^{cc} d'acool à 80° et on laisse déposer une heure.

On filtre, on évapore l'alcool, et on ramène le résidu à 20^{cc} en l'additionnant d'eau distillée, puis on sature incomplètement avec de l'eau de chaux, on ajoute un peu de noir animal, on filtre et on lave de façon à faire 100^{cc}. La liqueur est ensuite traitée par 1/2^{cc} ou 1^{cc} d'acétate de plomb saturé.

Le précipité est recueilli sur un filtre, puis lavé et décomposé pàr l'hydrogène sulfuré ; on sépare le sulfure de plomb précipité, puis on évapore la liqueur à 15^{cc}, on alcalinise par un peu de chaux et on filtre. La liqueur filtrée est acidulée par un peu d'acide acétique et après une heure on recueille le tartrate de chaux formé, on évapore à sec, on reprend par l'eau chaude et on concentre jusqu'à ce que le citrate de chaux se dépose. On le recueille sur un filtre taré, on lave à l'eau chaude et on le pèse. Son poids multiplié par 0,737, puis par 10, donne la proportion d'acide citrique par litre (1).

Dosage de l'acide succinique.

On évapore dans le vide 200^{cc} de vin, en présence d'un peu de sable. Le résidu est épuisé en plusieurs fois par 200^{cc} d'éther, on filtre, on fait évaporer lentement la solution éthérée, et l'acide succinique se dépose sous forme de petits cristaux que l'on dissout dans l'eau distillée et dont on détermine la proportion par un titrage acidimétrique.

On peut encore épuiser le résidu de l'évaporation du vin dans le vide par de l'alcool éthéré; on filtre les liqueurs provenant de l'épuisement, on évapore au bain-marie, puis dans le vide. On transforme l'acide succinique en succinate de chaux par une addition d'eau de chaux au résidu de l'évaporation, et on enlève les dernières traces d'impuretés à l'aide du mélange éthéro-alcoolique. Le succinate de chaux est purifié par une digestion de 24 heures dans de l'alcool à 80°, puis recueilli sur un filtre taré; on sèche et on pèse, 156 de succinate de chaux correspondent à 118 d'acide succinique.

Procédé de M. Macagno. — Un litre de vin est mis à digérer avec de l'hydrate de plomb; on évapore le mélange au bain-marie et on épuise par de l'alcool concentré.

Le succinate de plomb est dissous à l'ébullition par une solution aqueuse au 1/10e d'azotate d'ammoniaque. La liqueur est filtrée, décomposée par l'hydrogène sulfuré, puis, après filtration, soumise à l'ébullition, saturée ensuite par l'am-

(1) *Zeitschrift*, de Frésénius, t. XXI, p. 62.

moniaque et, enfin, précipitée par le chlorure ferrique. On recueille le succinate de fer formé, on le lave et on le calcine.

Le poids d'oxyde ferrique permet de calculer l'acide succinique avec lequel il était combiné (1 de sesquioxyde de fer correspond à 0,731 d'acide succinique).

M. Portes a conseillé, à juste raison, lorsqu'on emploie le procédé Macagno, d'éliminer au préalable le tanin qui, précipitant aussi par le chlorure ferrique, augmente sensiblement la quantité de sesquioxyde de fer provenant de l'incinération.

Dosage de la glycérine.

1° *Procédé de M. Raynaud.* — On évapore lentement 250^{cc} de vin, de façon à obtenir 50^{cc} environ; on sature par l'eau de baryte, on ajoute un peu de sable et on achève la dessiccation dans le vide. Le résidu de l'évaporation est complètement épuisé par un mélange d'alcool et d'éther à volumes égaux. Cette solution est distillée au bain-marie; on termine l'évaporation dans le vide, puis on reprend le résidu formé de glycérine et de matières extractives étrangères par un peu d'alcool que l'on introduit dans une nacelle de platine. Celle-ci est placée dans le vide, en présence d'acide sulfurique, puis d'acide phosphorique anhydre, et on pèse après dessiccation complète des matières qu'elle contient. La nacelle est ensuite introduite dans un tube entouré d'un bain d'huile chauffé à 120°.

On fait le vide dans l'appareil, de façon à n'avoir qu'une très petite rentrée d'air, réglée facilement au moyen d'un tube de verre effilé, placé à la partie opposée du tube. Dans ces conditions, la glycérine distille dans le vide; au bout de quelques heures, on retire la nacelle de platine, on la laisse refroidir dans le dessiccateur et on pèse. La perte de poids indique la quantité de glycérine contenue dans 250^{cc} de vin.

Lorsqu'on se trouve en présence d'un vin plâtré, la méthode doit être modifiée de la façon suivante (1):

Après la dessiccation dans le vide, on épuise le résidu par de l'alcool absolu, et la solution alcoolique est traitée par l'acide hydrofluosilicique, qui précipite la potasse. Après un repos de 24 heures, on filtre, on sature par l'eau de baryte, et on termine comme ci-dessus.

2° *Procédé de M. Médicus* (2). — On évapore 100^{cc} de vin à une douce température, jusqu'à 10^{cc}. On ajoute 13^{gr} de sable et 3^{cc} de lait de chaux (2 parties de chaux pour 5 d'eau), puis on évapore à siccité.

Le résidu est traité quatre fois par 50^{cc} d'alcool à 96° bouillant. On retire, par distillation, 150^{cc} d'alcool et on évapore jusqu'à consistance sirupeuse; on traite le résidu par 10^{cc} d'alcool absolu et on verse dans un flacon avec 15^{cc} d'éther. Quand le liquide est éclairci, on le verse dans un flacon de faible poids, taré. On chauffe légèrement le flacon pour enlever l'éther et l'alcool; on ferme le flacon, on laisse refroidir et on pèse.

(1) Raynaud, *Comptes rendus de l'Acad. des sciences*, t. XC, p. 1079.
(2) *Journ. de Pharm. et de Chim.*, t XV, p. 429.

3° *Procédé Pasteur.* — 250cc de vin sont décolorés par du noir animal et évaporés lentement à une température de 70°. Quand la liqueur est réduite à 100cc environ, on la sature, en léger excès, par un peu de chaux éteinte; l'évaporation est ensuite achevée dans le vide sec. Le résidu est traité par 1 partie d'alcool absolu et 1 partie 1/2 d'éther à 62°. On filtre le liquide éthéro-alcoolique, on l'évapore lentement dans une capsule tarée, on le dessèche dans le vide, puis on pèse. La glycérine pesée contient environ de 1 à 2 p. 100 de substances étrangères.

4° *Procédé de M. F. Jean.* — L'auteur recommande d'opérer de la façon suivante: On évapore 250cc de vin, de façon à obtenir 100cc environ, le vin réduit est agité avec de l'oxyde de plomb récemment précipité, puis rendu légèrement alcalin par l'eau de baryte.

On filtre, on lave et on neutralise le liquide filtré par l'acide sulfurique dilué. La liqueur est concentrée; lorsque le volume est réduit à environ 50cc, on y incorpore 5gr d'oxyde de plomb, 10gr de sable et 20gr de sulfate de baryte. On évapore et on sèche à 100°.

La masse desséchée est pulvérisée et épuisée par un mélange de 1 partie d'alcool à 90° et 1 partie d'éther à 62° B. Le liquide éthéro-alcoolique est étendu à 60cc; la moitié est concentrée à basse température, puis on y ajoute 20gr de litharge séchée et pulvérisée et on achève l'évaporation au bain-marie. On sèche ensuite à l'étuve à 105-110° jusqu'à poids constant, et on note l'augmentation de poids subie par la litharge.

Le reste de la liqueur éthéro-alcoolique, soit 30cc, est évaporé dans une capsule plate en verre de Bohême. On sèche à l'étuve à 160-170° jusqu'à invariabilité de poids, et on pèse.

L'augmentation de poids de la litharge, diminuée du poids des matières fixes à 160-170°, multipliée par 1,243, puis par 8, donne le poids de la glycérine contenue dans un litre de vin.

5° *Procédé de M. Macagno.* — On réduit, par évaporation lente, 500cc de vin jusqu'à environ 300cc, on ajoute 10 à 15gr d'oxyde de plomb fraîchement précipité, et on mêle bien le tout à chaud. Le précipité obtenu est séparé par filtration du liquide contenant la glycérine. Le liquide est évaporé au bain-marie et on mélange le résidu avec de l'oxyde de plomb hydraté, en suspension dans l'alcool. Dans ces conditions, le sucre et les acides sont précipités. On filtre et on traite la liqueur par un courant d'acide carbonique qui précipite l'excès de plomb et transforme la potasse, mise en liberté par l'oxyde de plomb, en carbonate insoluble dans l'alcool. On procède à une dernière filtration et, par évaporation de la liqueur claire, on obtient la glycérine.

Dcsage du tanin.

Beaucoup de méthodes ont été proposées pour doser les matières astringentes dans le vin; mais, en général, elles donnent presque toujours des résultats trop forts.

Les procédés généralement employés sont les suivants :

1° *Procédé de M. Aimé Girard* (1). — Ce procédé est basé sur la propriété que possède le tissu animal de fixer le tanin. M. Aimé Girard emploie de préférence la corde à violon, formée de cinq boyaux de mouton purifiés et blanchis (*ré* de violon préparé par MM. Thibouville et Lamy).

On réunit quatre ou cinq de ces cordes, on en coupe des fragments dont on pèse 1gr pour doser l'humidité. On en pèse ensuite 3gr pour les vins faibles, 5gr pour les vins chargés en couleur; la quantité pesée est mise à tremper dans l'eau pendant 4 à 5 heures; les boyaux se ramollissent, se gonflent et peuvent se détordre facilement à la main; on sépare ensuite les cordes pesées et on les plonge dans 100cc de vin à essayer. Après 24 ou 48 heures de contact, la matière colorante a complètement disparu; on s'assure, par un peu de perchlorure de fer, qu'il n'y a plus de tanin dans la liqueur, puis on lave les fragments de corde à deux ou trois reprises à l'eau distillée, et on les sèche à 40 ou 45° dans un vase plat. Lorsqu'ils ont perdu leur propriété adhésive, on les introduit dans un flacon pouvant être bouché à l'émeri, et l'on achève la dessiccation à une température de 100°, on bouche le flacon et on pèse.

L'augmentation de poids subie par les cordes (en tenant compte de l'humidité qu'elles contenaient avant le dosage) représente la proportion de matière colorante et d'œnotanin contenue dans le vin.

2° *Procédé de M. A. Gautier* (2). — On prend 200cc de vin auquel on ajoute 3gr de carbonate de cuivre pulvérisé, on agite et on transvase dans un flacon, d'une contenance d'environ 400cc, on remplit avec de l'alcool à 86°; puis on abandonne le tout au repos pendant 24 heures.

Le précipité d'œnotannate de cuivre est jeté sur un filtre et lavé à l'alcool faible, jusqu'à complète élimination de la matière colorante. Le filtre et son précipité sont alors introduits dans un flacon de 150cc, jaugé et portant un trait indiquant 30cc. Ce flacon a été, au préalable, rempli d'oxygène ou d'air; et on y a versé 30cc d'eau contenant 10 p. 100 d'ammoniaque liquide, on bouche rapidement, on place le flacon sous l'eau et on agite de temps en temps. L'œnotannate de cuivre se dissout et absorbe une quantité d'oxygène proportionnelle à son poids. Au bout de 24 heures on ouvre le flacon sous l'eau et on mesure le volume d'oxygène absorbé.

3° *Procédé de MM. Roos, Cusson et Giraud* (3). — On prend 25cc de vin qu'on additionne d'ammoniaque jusqu'à faible alcalinité, puis on titre à l'aide d'une solution d'acéto-tartrate de plomb ammoniacal, préparé de la façon suivante :

On fait une solution à 10 p. 100 d'acide tartrique qu'on sature d'ammoniaque jusqu'à faible alcalinité, on ajoute une solution d'acétate neutre de plomb jusqu'à ce que le précipité qui se forme ne se redissolve plus dans la liqueur, puis on filtre.

Cette liqueur est titrée, en prenant 25cc d'une solution de tanin à 5gr par litre, on sature par quelques gouttes d'ammoniaque, puis à l'aide d'une burette graduée on laisse tomber la solution d'acéto-tartrate de plomb de 2 en 2cc pour un

(1) *Comptes rendus de l'Acad. des sciences*, t. XCV, p. 185.
(2) *Sophistication des vins*, p. 168.
(3) *Journ. de Pharm et de Chim.*, t. XXI, p. 59.

premier essai approximatif. De temps en temps on prélève, à l'aide d'une baguette de verre, une goutte de liqueur qu'on dépose sur une double feuille de papier sans colle. Le précipité adhère au papier, tandis que par capillarité le liquide s'étend et pénètre jusqu'à la feuille inférieure. Près de la tache on dépose une goutte de solution de sulfure de sodium, en ayant soin que le liquide se mélange bien par capillarité au liquide entraîné précédemment, mais sans atteindre le précipité.

Ce précipité forme sur le papier une tache à contours très nets, qui se fonce sous l'influence du sulfure de sodium, mais qui ne s'entoure d'une auréole brune qu'à partir du moment où le tanin est entièrement précipité.

Après avoir déterminé approximativement le titre de la liqueur, on fait une deuxième opération en essayant avec le sulfure de sodium après chaque addition de 5 gouttes de réactif.

On détermine la proportion de tanin contenu dans les 25^{cc} de vin en opérant de la même façon que pour le titrage de la liqueur.

L'emploi de la liqueur à l'acéto-tartrate de plomb ammoniacal présente, malheureusement, l'inconvénient de précipiter aussi les phosphates.

M. Nicolle (1) a montré, en effet, que 0,729 de précipité plombique obtenu avec un vin naturel non phosphaté ont fourni 0,245 de précipité phosphomolybdique, renfermant 0,00729 d'anhydride phosphorique, et correspondant à 3^{gr} p. 100 de phosphate plombique.

Cette erreur peut être négligeable pour certains vins; mais, comme le fait judicieusement remarquer l'auteur de la critique, elle devient considérable lorsqu'on se trouve en présence de vins phosphatés ou riches en acide phosphorique.

M. Roos recommande (2), pour parer à l'inconvénient de son procédé, de précipiter, au préalable, tout l'acide phosphorique à l'état de phosphate ammoniaco-magnésien par une addition suffisante de magnésie.

Pour faciliter la conservation de la liqueur titrée, l'auteur prépare une solution à 10 p. 100 d'acétate neutre de plomb et, d'autre part, une solution de tartrate d'ammoniaque alcalin contenant 5 p. 100 d'acide tartrique. Les deux solutions sont conservées à part et mélangées par parties égales au moment de l'emploi; le mélange est ensuite additionné d'une quantité d'eau distillée variable suivant le titre que l'on veut donner au réactif.

4° *Procédés au permanganate de potasse.* — a) *Méthode de M. Lowenthal.* — Cette méthode est basée sur l'oxydation du tanin à l'aide du caméléon en solution acide et en présence de carmin d'indigo.

M. Lowenthal opérant directement sur le vin, les autres principes susceptibles de s'oxyder en présence du permanganate, tels que l'alcool, la glycérine, etc., nuisent au dosage, en donnant une quantité beaucoup trop forte de tanin.

b) *Méthode de M. Carpené.* — L'auteur de cette méthode a eu pour but principal d'éliminer les substances étrangères au tanin, et comme lui avides d'oxygène. Il traite le vin par l'acétate de zinc ammoniacal, recueille le précipité

(1) *Journ. de Pharm. et de Chim.*, t. XXIV, p. 150.
(2) *Journ. de Pharm. et de Chim.*, t. XXIV, p. 470.

de tannate de zinc formé, le lave à l'eau bouillante, le dissout dans l'acide sulfurique et continue suivant les indications de Lowenthal.

c) *Méthode de M. J. Pi.* — C'est la méthode précédente modifiée. On prépare d'abord une solution d'acétate de zinc ammoniacal, en dissolvant 4gr,5 d'acétate de zinc cristallisé dans un peu d'eau distillée et en ajoutant de l'ammoniaque jusqu'à ce que le précipité formé soit redissous, on complète ensuite à 200cc.

La liqueur titrée de permanganate de potasse contient 0,558 de ce sel par litre. 1cc de cette dissolution doit correspondre à 1mm de tanin pur.

La solution sulfurique d'indigo est préparée en traitant 1gr,5 d'indigotine sublimée par 30gr environ d'acide sulfurique pur. Au bout de quelques jours on étend à 1lit, on filtre et on titre avec la solution de caméléon.

On opère sur 10cc de liqueur d'indigo, additionnée de 10cc d'acide sulfurique pur, on étend ensuite à 1lit avec de l'eau distillée. Le tout est contenu dans un grand ballon ou dans un vase à précipité, reposant sur une feuille de papier blanc. La solution de caméléon contenue dans une burette de Gay-Lussac est versée goutte à goutte, en agitant le liquide, jusqu'à apparition de la teinte jaune, indiquant la fin de l'opération. Le nombre de centimètres cubes versé représente le titre de la liqueur d'indigo.

Comme dans la méthode Carpené, on prépare le tannate de zinc en précipitant 10cc de vin par 5cc de la solution d'acétate de zinc ammoniacal, on évapore au bain-marie, on ajoute de l'eau bouillante et on recueille le précipité sur un filtre. On le lave à l'eau chaude et on le dissout dans l'acide sulfurique faible (10cc d'acide pur par litre) et on détermine comme précédemment la quantité de solution de caméléon nécessaire pour oxyder l'indigo et le tanin contenus.

Connaissant le titre de la solution d'indigo d'une part, et le titre de la liqueur au permanganate d'autre part, il est facile de calculer le tanin dosé.

5° *Procédé de M. F. Jean.* — L'auteur est parvenu à séparer les différentes matières astringentes contenues dans les vins. Il les dose de la façon suivante :

a) *Dosage de l'œnotanin.* — On concentre 250cc de vin, de façon à obtenir un volume d'environ 100cc, on agite avec un excès de sulfure d'arsenic précipité, on filtre et on lave. La liqueur est concentrée jusqu'à 50cc, puis on ajoute 10gr de silice et 20gr de sulfate de baryte, après dessiccation à 100° on pulvérise la masse et on l'épuise par l'éther chaud. L'éther est évaporé et le résidu dissous dans un peu d'alcool.

D'autre part, on pèse 1gr de peau en poudre, préalablement lavée à l'alcool et séchée à 100°; on en fait une pâte épaisse en y incorporant quelques gouttes d'eau distillée, puis on laisse macérer un quart d'heure avec la solution alcoolique. La liqueur est filtrée sur un carré de batiste sec et taré; on lave à l'alcool, on comprime légèrement pour chasser l'excès de liquide, et on sèche au bain-marie, puis à l'étuve à 100° jusqu'à poids constant. L'augmentation de poids subie par la peau donne la quantité d'œnotanin contenu dans 250cc de vin.

b) *Dosage de l'acide œnogallique.* — Les vins qui ont séjourné longtemps sur les marcs contiennent une certaine quantité d'acide œnogallique.

M. F. Jean dose cet acide dans la liqueur alcoolique séparée de l'opération précédente.

La solution alcoolique est étendue à 100^{cc} avec de l'eau distillée, et on titre sur 20^{cc} avec une liqueur titrée d'iode.

On obtient cette liqueur en dissolvant 0^{gr},2 d'iode dans une solution d'iodure de potassium et en étendant de façon à faire un litre. Pour titrer la liqueur d'iode, on pèse 0,125 d'acide gallique pur et sec que l'on dissout dans 250^{cc} d'eau distillée. On introduit 10^{cc} de cette solution dans un gobelet de verre portant un trait de jauge à 50^{cc}, on ajoute 3^{cc} d'une solution de bicarbonate de soude saturée, puis on y fait tomber, goutte à goutte, la liqueur d'iode contenue dans une burette graduée, jusqu'à ce qu'une goutte du mélange portée sur un double de papier à filtre épais, enduit d'amidon en poudre, laisse une tache cernée de bleu. On ajoute de l'eau distillée jusqu'au trait de jauge et on continue l'addition de solution d'iode jusqu'à ce que l'on obtienne une nouvelle tache sur le papier amidonné.

Le titre trouvé doit être diminué du volume de solution d'iode qu'il faut employer en opérant sur 50^{cc} d'eau distillée, additionnée de 3^{cc} de solution de bicarbonate pour produire la tache sur le papier amidonné.

Pour titrer l'acide œnogallique contenu dans la solution alcoolique, provenant du dosage de l'œnotanin, on introduit 20^{cc} de cette solution dans le gobelet de verre, on neutralise par la solution de bicarbonate de soude, après saturation, on ajoute encore 3^{cc} et on titre avec la liqueur d'iode, comme il a été dit plus haut.

c) *Dosage de la matière colorante.* — M. F. Jean a modifié de la façon suivante, le procédé au sulfure d'arsenic indiqué par M. Mounet.

On concentre 250^{cc} de vin, de façon à obtenir environ 100^{cc}, on alcalinise légèrement par l'ammoniaque, puis on agite énergiquement avec du sulfure d'arsenic précipité. On filtre et on lave à l'eau distillée. Le liquide filtré est additionné d'acide acétique, qui précipite le sulfure d'arsenic dissous par l'ammoniaque, on filtre et on lave le précipité ; le liquide filtré est jaune clair.

Le sulfure d'arsenic resté sur les deux filtres est mis à digérer au bain-marie, avec de l'alcool à 90° et acidulé par un peu d'acide acétique. On filtre et on lave à l'alcool chaud jusqu'à ce que toute la matière colorante soit dissoute. La solution alcoolique, évaporée dans une capsule tarée, abandonne la matière colorante, que l'on pèse après dessiccation à 105°.

Colorimétrie.

La colorimétrie a pour but de déterminer l'intensité colorante que possède un vin rouge.

Deux colorimètres sont particulièrement employés :

1° *Vinocolorimètre de M. Salleron.* — Cet appareil permet d'apprécier, en même temps, le ton et l'intensité colorante des vins. Il se compose : d'une petite lunette formée d'un godet en cuivre argenté et à fond de verre dans lequel entre un tube de même métal, fermé lui-même par un disque de verre. L'écartement des deux verres peut varier à l'aide d'un pas de vis, de sorte qu'en versant du vin dans le godet extérieur, l'épaisseur de la couche vineuse interposée entre les deux verres varie dans la même proportion.

L'écartement des deux glaces est obtenu au moyen d'une vis micrométrique, qui permet de mesurer l'épaisseur de la couche liquide avec une très grande précision.

Ce colorimètre est fixé sur un petit support incliné à 45°. Une seconde lunette semblable, dont les deux disques de verre sont fixes, est placée sur le même support et à un écartement à peu près égal à celui des yeux.

Une bande de carton pouvant glisser horizontalement sous le support incliné porte une série de couleurs, établie comparativement aux *cercles chromatiques* de M. Chevreul. Cette gamme est formée des dix tons intermédiaires compris entre le 3ᵉ rouge et le violet rouge.

On procède à l'essai en introduisant du vin dans le colorimètre jusqu'au trait intérieur, on visse le couvercle et on fixe l'appareil sur son support. On fait ensuite glisser sous la lunette le carton portant les disques colorés, jusqu'à ce que l'un d'entre eux corresponde au ton du vin examiné; on détermine alors l'égalité exacte d'intensité colorante, en faisant varier l'épaisseur de la couche vineuse à l'aide de la vis micrométrique. Supposons que cette épaisseur, mesurée à l'échelle micrométrique, soit de 120, on dira (l'unité de l'échelle étant le centième de millimètre) que le vin observé présente, sous une épaisseur de 120 centièmes de millimètre, la même intensité colorante que le ton type auquel il a été comparé, 3ᵉ *violet rouge*, par exemple.

L'intensité colorante d'un vin étant en raison inverse de l'épaisseur obtenue, il sera facile de mesurer la différence existant entre l'intensité colorante de deux vins.

2° *Colorimètre Duboscq.* — Ce colorimètre se compose de deux cuvettes cylindriques en verre, parallèles, dans lesquelles on place d'un côté la liqueur type, de l'autre le vin dont on veut mesurer l'intensité colorante. Un système à crémaillère commande en sens inverse le mouvement de deux cylindres en verre plein. Les rayons de lumière, réfléchis par un miroir, traversent les cuvettes et les cylindres pleins, et sont doublement réfléchis par un système de prismes qui les ramène l'un à côté de l'autre, dans une petite lunette dont ils occupent chacun la moitié du champ. Cette vision simultanée permet aisément de comparer et de mesurer l'intensité colorante de deux liquides.

Coloriscope. — M. Dujardin vient de construire un appareil très simple, destiné à comparer l'intensité colorante de deux vins. Cet appareil est formé d'une cuve en cristal, composée elle-même de lames parallèles, rodées, polies, collées entre elles et constituant, par leur assemblage, deux compartiments exactement semblables. Cette double cuve est disposée de manière à pouvoir être placée, à volonté, sous un angle de 45 ou de 90°, au-dessus d'une plaque d'opale blanche, sur laquelle les rayons lumineux, traversant la cuve, viennent se projeter.

Pour comparer la différence de coloration que possèdent deux vins, on remplit de chacun d'eux les cuves du coloriscope, et on place l'appareil sur une inclinaison normale à l'aide de deux petites équerres qui le soutiennent. Ces deux liquides, examinés sous un même plan, devant une fenêtre, doivent paraître identiques à l'observateur si leur intensité colorante est la même. Des divisions gravées sur le verre permettent au besoin de mesurer, dans l'un des compartiments, la quantité de vin très coloré à mélanger avec un autre qui l'est moins, pour obtenir la teinte type contenue dans l'autre partie de la cuve (1).

(1) Journal *La Nature*, n° 1079, 3 février 1894.

Dosage des cendres.

Les cendres proviennent de l'incinération au contact de l'air des matériaux fixes du vin. Elles sont composées de tous les sels minéraux primitivement dissous et des bases résultant de la décomposition des sels organiques.

On en détermine la proportion en employant une des deux méthodes suivantes :

1er *Procédé.* — Après avoir pesé l'extrait sec (fait sur 25^{cc}), on achève sa dessiccation dans une étuve à 120°, puis on incinère doucement au rouge naissant soit sur un bec Bunsen, soit dans une moufle, jusqu'à disparition du charbon, en évitant soigneusement la fusion des carbonates alcalins. Si ceux-ci sont en quantité un peu forte, les cendres sont plus difficiles à faire : il faut prendre la précaution de les mouiller avec un peu d'eau distillée, d'évaporer, de sécher et de terminer l'incinération à la moufle.

La capsule de platine contenant les matières minérales parfaitement blanches et non fondues, est mise à refroidir dans le dessiccateur et pesée rapidement.

L'augmentation de poids multiplié par 40 donne la proportion de cendres contenues dans un litre de vin.

Le four à moufle que nous employons au Laboratoire pour les incinérations, a été construit par Wiesnegg, d'après les indications de M. Dupré (fig. 19). Cet appareil se compose d'un parallélipipède creux, en terre réfractaire, de 48^{cm} de côté sur 36^{cm} de hauteur, renfermant une moufle pouvant contenir 20 capsules de 7^{cm} de diamètre. Le four est muni d'une porte et entouré de plaques de tôle; il est, en outre, consolidé par huit tiges plates en fer forgé, assemblées par des écrous. Le tout repose sur quatre pieds de fonte. Au-dessous de la sole, huit brûleurs sont montés sur une même chambre à air en cuivre, dans laquelle il est facile de régler l'arrivée de l'air et du gaz.

2me *Procédé.* — On évapore 100^{cc} de vin, on sèche à 120-130°, puis on carbonise lentement l'extrait à une température aussi basse que possible, jusqu'à ce qu'il n'y ait plus de vapeurs odorantes. Le charbon est alors finement broyé avec de l'eau chaude et épuisé par des lavages successifs à l'eau bouillante, jusqu'à entraînement complet des matières solubles.

La liqueur filtrée est évaporée à sec, son résidu séché à 110°, puis pesé. On a ainsi le poids des cendres solubles.

Le filtre et son contenu sont mis dans une capsule de platine tarée, on sèche, on incinère au rouge sombre et on pèse.

Le poids obtenu représente les matières insolubles dans l'eau. L'addition des deux pesées donne le poids des cendres totales.

Il est certain que ce procédé donne exactement le poids total des matières minérales contenues dans le vin, mais il n'estpas sans présenter quelques inconvénients. Le lavage du charbon, l'évaporation de la grande quantité d'eau qui en résulte demandent, en effet, un temps considérable et nécessitent un matériel encombrant, tout en étant une cause d'erreurs possibles dans une aussi longue manipulation.

En outre, le contact prolongé de l'eau bouillante sur les matières minérales suffit pour favoriser une double décomposition partielle entre les carbonates alcalins et les phosphates de chaux et de magnésie, en donnant des phosphates alcalins solubles et des carbonates alcalino-terreux insolubles. Il s'ensuit que les cendres séparées par lexiviation ne sont pas entièrement constituées par les matériaux qui seuls auraient dû s'y trouver.

Cette décomposition partielle n'est pas à négliger, lorsqu'on veut doser l'alca-

Fig. 19.

linité des cendres sur la partie soluble. Il en sera de même pour le dosage de l'acide phosphorique sur les cendres insolubles.

Nous préférons donc incinérer et peser les cendres solubles et insolubles réunies, à condition d'opérer à basse température et avec précaution. On évite ainsi la réduction des sels alcalins et la volatilisation d'une partie des chlorures.

Analyse des cendres.

Dosage de l'alcalinité totale. — Un vin naturel n'ayant subi aucun traitement donne toujours des cendres alcalines. Le tartre, les malates et les acides organiques préalablement combinés donnent en effet, par leur incinération, de l'acide carbonique qui s'unit à la base mise en liberté.

Connaissant la quantité de tartre, il est facile de connaître la proportion de carbonate de potasse qu'il produira, 1 de tartre donnant 0,36 de carbonate alcalin. Il est donc intéressant de déterminer la quantité de carbonates provenant de la décomposition des autres sels organiques.

Nous avons vu plus haut qu'il était difficile de séparer réellement les cendres solubles des cendres insolubles; nous dosons donc l'alcalinité sur les cendres totales provenant directement de l'incinération. D'autre part, la quantité de carbonates alcalino-terreux étant toujours très faible, on peut, sans inconvénient, évaluer l'alcalinité totale en carbonate de potasse.

On opère de la façon suivante : les cendres pesées sont traitées par quelques centimètres cubes d'eau bouillante, on ajoute deux gouttes de solution alcoolique de phtaléine du phénol, puis on verse un excès assez grand de liqueur décime d'acide sulfurique, en notant la quantité de liqueur versée, le tout est introduit dans une fiole conique ou un ballon à fond plat, on rince la capsule de platine avec de l'eau bouillante, on réunit les eaux de lavage à la liqueur primitive, puis on fait bouillir 20 minutees, en remplaçant l'eau évaporée, au fur et à mesure.

Au bout de ce temps la décomposition des carbonates est complète, on n'a plus qu'à titrer l'acide sulfurique non combiné, à l'aide d'une solution décime de potasse. La différence entre la quantité d'acide introduit et la quantité restée libre correspond à l'alcalinité. On n'a qu'à multiplier le nombre de centimètres cubes d'acide sulfurique décime manquant par 0,00691, puis par 40, pour avoir l'alcalinité totale des cendres évaluée en carbonate de potasse.

Dosage de l'acide phosphorique total. — 1° *Procédé par liqueur titrée.* — On prépare d'abord une solution d'acétate d'urane, en dissolvant 52gr de ce sel dans un litre d'eau distillée, puis on titre à l'aide d'une solution de phosphate de soude à 10gr,85 par litre (1cc de liqueur d'urane précipite 0,005 d'acide phosphorique). La liqueur neutre provenant du dosage de l'alcalinité est additionnée de quelques gouttes d'acide acétique, on ajoute un peu d'acétate de soude, puis on chauffe jusqu'à un commencement d'ébullition, on modère le feu, puis on fait tomber goutte à goutte la solution titrée d'acétate d'urane, qui détermine dans la liqueur un précipité de phosphate d'urane.

D'autre part, on a préparé dans une soucoupe quelques gouttes d'une solution de ferrocyanure de potassium qui serviront à déterminer exactement la fin de l'opération. Il suffit de prélever de temps en temps, au bout d'un agitateur, une goutte de la liqueur que l'on met en contact avec une goutte de ferrocyanure; au moment précis où il n'y aura plus d'acide phosphorique à précipiter, on constatera l'apparition de légers nuages rouge brique sur la goutte de ferrocyanure. On lit le nombre de centimètres cubes de solution d'urane employés, on multiplie par 0,005, puis par 40, pour avoir l'acide phosphorique total par litre.

On peut remplacer le ferrocyanure de potassium en ajoutant à la liqueur quelques gouttes d'une solution de cochenille. Ce réactif donne une belle teinte verte en présence d'un léger excès d'acétate d'urane, mais il est nécessaire d'opérer en liqueur bien neutre.

2° *Dosage en poids.* — Les cendres, faites sur 100^{cc} de vin, sont dissoutes dans un peu d'acide chlorhydrique, puis on filtre et on introduit la solution dans un verre à pied, en y ajoutant les eaux de lavage. On sature par quelques gouttes d'ammoniaque, et on dissout le précipité formé en ajoutant de l'acide citrique. La liqueur ne précipitant plus par l'ammoniaque, on verse du chlorhydrate d'ammoniaque, puis du chlorure de magnésium et enfin un excès d'ammoniaque, on agite ensuite et on couvre le verre.

Le lendemain, on filtre, on lave le phosphate ammoniaco-magnésien avec une quantité suffisante d'eau ammoniacale, on le sèche, on l'introduit dans une capsule de Saxe tarée, on incinère le filtre à part, et on calcine le tout de façon à obtenir un pyrophosphate de magnésie absolument blanc (si cela est nécessaire, on mouille avec un peu d'acide azotique). On pèse après refroidissement de la capsule; du poids de pyrophosphate on retranche 3^{mm} correspondant aux cendres du filtre, on multiplie par 0,63964, puis par 10, pour avoir l'acide phosphorique par litre.

3° *Procédé de MM. Morgenstern et Paolinoff* (1). — Les auteurs opèrent directement sur le vin de la manière suivante : On fait bouillir 200^{cc} de vin dans un vase conique jusqu'à disparition de l'alcool, on ajoute peu à peu 20^{cc} d'acide azotique et on continue l'ébullition pour chasser les oxydes d'azote. Après refroidissement on sature par de l'ammoniaque jusqu'à réaction presque neutre, puis on ajoute 50^{cc} de citrate d'ammoniaque préparé par la méthode de Merkehr, puis on ajoute goutte à goutte 50^{cc} de mélange magnésien en agitant constamment. Le dépôt de phosphate ammoniaco-magnésien a tout de suite lieu, on le recueille et on continue l'opération comme précédemment. Le pyrophosphate obtenu est parfaitement blanc.

Dosage des chlorures. — Ce dosage présente un grand intérêt, la quantité de chlorures tolérés dans les vins ne devant pas dépasser 1^{gr} par litre (évalués en NaCl). On procède à ce dosage de différentes façons :

1° *Procédé par liqueur titrée, au nitrate d'argent et au sulfocyanure de potassium.* — On sature 25^{cc} de vin par un léger excès de carbonate de soude, on évapore dans une capsule de platine, on sèche dans l'étuve à 120°, puis on incinère à une basse température. La présence d'un excès de carbonate alcalin empêche l'acide tartrique de déplacer un peu d'acide chlorhydrique, et la température à laquelle se fait l'incinération est trop basse pour qu'il y ait des pertes. Il est inutile d'obtenir des cendres blanches, un peu de charbon ne nuisant pas au dosage. On retire de la moufle, on laisse refroidir, on ajoute un peu d'eau chaude et ensuite de l'acide azotique par très petite quantité à la fois. La liqueur légèrement acide est versée dans un verre à pied, on rince la capsule, puis on introduit 1 à 2^{cc} d'une solution d'alun de fer à 20 p. 100 et 10^{cc} d'une liqueur décime de nitrate d'argent à 17^{gr} par litre. On rassemble le précipité de chlorure

(1) *Journ. de Pharm. et de Chim. russe*, fasc. 5, p. 341-336, ou *Journ. de Pharm. et de Chim.*, t. XXVII, p. 482.

d'argent à l'aide d'un agitateur et on titre l'excès de nitrate d'argent, en employant une solution décime de sulfocyanure de potassium à 9,7 par litre. On s'arrête lorsque la liqueur d'abord incolore, qui surnage le précipité, prend une teinte persistante rouge sale. Le nombre de centimètres cubes de la liqueur de sulfocyanure versé est retranché de 10, la différence correspond à la quantité de nitrate d'argent qui a été précipité.

Or, comme 1[cc] de liqueur d'argent correspond à 0,005845 de chlorure de sodium, il suffit de multiplier par ce nombre, puis par 40, pour avoir la quantité par litre. Le tableau ci-dessous dispense de tout calcul.

CHLORURE DE SODIUM, PAR LITRE. — PRISE D'ESSAI DE 25[cc]

	DIXIÈMES DE CENTIMÈTRE CUBE									
CENTIMÈTRES CUBES	0	1	2	3	4	5	6	7	8	9
0		0,02	0,04	0,07	0,09	0,11	0,14	0,16	0,18	0,21
1	0,23	0,25	0,28	0,30	0,32	0,35	0,37	0,39	0,42	0,44
2	0,46	0,49	0,51	0,53	0, 6	0,58	0,60	0,63	0,65	0,67
3	0,70	0,72	0,74	0,77	0,79	0,81	0,84	0,86	0,89	0,91
4	0,93	0,95	0,97	1,00	1,02	1,04	1,07	1,09	1,12	1,14
5	1,16	1,19	1,21	1,24	1,26	1,28	1,31	1,33	1,35	1,38
6	1,40	1,42	1,45	1,47	1,49	1,51	1,54	1,56	1,59	1,61

On peut aussi doser les chlorures à l'aide de la même solution d'argent, mais en opérant en liqueur absolument neutre et en présence de quelques gouttes d'une solution de chromate jaune, qui détermine, au moment de la précipitation complète de l'acide chlorhydrique, une belle coloration rouge brique.

2° *Procédé de M. Blarez* (1). — On verse 50 ou 60[cc] de vin dans un flacon de 100[cc] environ; on ajoute 5[gr] de noir animal en poudre exempt de chlorures et 5[gr] de bioxyde de manganèse pulvérisé; on agite vivement à plusieurs reprises. Au bout de 15 à 20 minutes, on ajoute 0[gr],25 de carbonate de chaux en poudre; on agite et on jette le tout sur un filtre. On prélève 20[cc] du liquide filtré, on le verse dans un ballon avec 150[cc] d'eau distillée; on ajoute quelques gouttes d'une solution saturée de chromate jaune de potasse, et on verse dans le mélange une solution d'azotate d'argent décinormale, jusqu'au commencement de virage au rouge faible. On déduit ensuite 0[cc],1 correspondant à la quantité de liqueur d'argent nécessaire pour obtenir, dans de l'eau, la teinte rouge brique.

3° *Procédé de M. J. Gondoin* (2). — On emploie une solution de nitrate d'argent, à 7[gr],25 par litre, titrée de façon que 4[cc] précipitent 0,006 de chlore, correspondant à 1[gr] de chlorure de sodium par litre, lorsqu'on opère sur 10[cc] de vin.

Au moyen d'une burette, on fait tomber 4[cc] de la solution titrée d'argent dans

(1) *Journ. de Pharm. et de Chim.*, t. XXII, p. 63.
(2) *Journ. de Pharm. et de Chim.*, t. XXIV, p. 8.

10^{cc} de vin contenu dans un verre à pied. On agite et on dépose une goutte de vin sur du papier imprégné de chromate jaune. Si l'on voit apparaître, au milieu de la tache gris rosée du vin, le rouge brique du précipité de chromate d'argent, c'est qu'il y a dans la liqueur un excès de réactif et, par suite, moins de 1^{gr} de sel par litre de vin. Si, au contraire, la tache reste grise, c'est qu'il reste, dans la liqueur, des chlorures à précipiter et le vin contient plus de 1^{gr} de sel par litre.

Comme dans toutes les méthodes où on emploie le chromate jaune, ce procédé a besoin d'une correction qui est, dans ce cas, de 7/10e de centimètre cube, c'est-à-dire que si l'on n'a pas de tache rouge brique visible, après avoir mis 4^{cc} de liqueur d'argent, on devra faire écouler encore 7/10e de centimètre cube au maximum et voir si la tache apparaît. On ne doit conclure qu'après cet essai.

4° *Procédé de M. Roos* (1). — A 20^{cc} de vin on ajoute un excès connu d'une solution titrée de nitrate d'argent, puis on dose l'argent non précipité, à l'aide d'une solution titrée de ferrocyanure de potassium, en faisant des essais à la touche, en présence de sulfate ferreux.

Ce procédé a l'inconvénient de donner toujours des résultats trop faibles.

On peut aussi doser le sulfate de potasse sur les cendres totales, dissoutes dans un peu d'acide chlorhydrique, mais il est plus simple et plus pratique d'opérer directement sur le vin, comme il a été dit page 136.

La potasse, la magnésie et la chaux sont dosées comme on l'indique dans tous les traités d'analyse. Il en est de même pour les substances suivantes : fer, manganèse, silice, etc., qui peuvent exister, en petite quantité, dans les vins naturels.

RECHERCHE DES FALSIFICATIONS ET DES SUBSTANCES ÉTRANGÈRES AU VIN

Mouillage.

Le mouillage est la falsification la plus commune et la plus importante que l'on fait subir aux vins.

Le Syndicat général des chambres syndicales du commerce en gros des vins et spiritueux, dans la séance du 19 juin 1881, s'est prononcé contre cette fraude, qui porte plus spécialement, à Paris, sur les vins de coupage ou de soutirage destinés à la vente au détail et préparés généralement avec des gros vins d'Espagne ou d'Italie déjà vinés avec de mauvais alcools allemands, de façon à marquer, à leur entrée en France, environ 15° d'alcool.

Ces vins grossiers, sans saveur, sans bouquet, sont imbuvables, mais ils possèdent pour le fraudeur un précieux avantage que n'ont pas les vins de nos pays :

(1) *Journ. de Pharm. et de Chim.*, t. XXI, p. 416.

c'est d'avoir le corps, la charpente et l'alcool nécessaires pour masquer les manipulations auxquelles ils sont destinés.

Il suffit, en effet, d'abaisser leur titre alcoolique à 10 ou 11°, par une addition d'eau, et de leur donner de la verdeur et du bouquet en y ajoutant un petit vin léger en alcool, mais riche en tartre et en acidité, pour obtenir un vin buvable, il est vrai, mais ne pouvant, sous aucun rapport, être comparé à nos petits vins frais, sains et agréables, malheureusement trop délaissés par le commerce en gros.

Les détaillants, à leur tour, lui font subir le classique mouillage au 1/5e ou au 1/6e, pour ne donner finalement à leurs consommateurs qu'un vin ne marquant plus que 8 à 9° d'alcool pour 16 ou 18gr d'extrait par litre. Depuis quelques années, il ont même pris l'habitude de prévenir leur clientèle par une affiche plus ou moins apparente, indiquant que les vins mis en vente dans leur établissement sont additionnés d'eau.

Il devient donc difficile de poursuivre un mouillage porté à la connaissance du consommateur, à moins, toutefois, que la quantité d'eau ajoutée soit supérieure à celle indiquée.

Si on examine le préjudice causé d'une part au fisc, de l'autre aux viticulteurs français, qui voient les produits étrangers et artificiels faire une concurrence déloyale aux leurs, on se rendra facilement compte des conséquences importantes du mouillage.

Détermination du mouillage. — On peut reconnaître un vin mouillé en s'appuyant sur l'ensemble des résultats de son analyse et sur certaines déductions tirées du dosage de l'alcool, de l'extrait sec, du sucre, de la glycérine, du sulfate de potasse et de l'acidité totale.

Il est bien évident que si l'on compare la composition du vin incriminé à la composition moyenne d'un vin naturel provenant du même cépage et de la même localité, il sera facile, par la diminution proportionnelle des matériaux, d'avoir des présomptions sérieuses de fraude (1).

Mais il se peut que l'alcool seul n'ait pas diminué et soit resté comparable à la richesse alcoolique du vin type. Dans ce cas, il suffit, comme l'indique M. A. Gautier, de faire intervenir la glycérine, dont le poids varie du 1/12e au 1/14e du poids de l'alcool. Si la proportion de glycérine, comparée à l'alcool, dépasse le rapport de 14, il est fort probable qu'il y a eu mouillage et vinage.

Il n'est pas toujours facile de pouvoir comparer le vin suspect à un vin type de même provenance; il faut alors recourir à d'autres considérations indiquées par M. A. Gautier.

1° Dans un vin naturel non plâtré la proportion de tartre n'est jamais inférieure à 1gr.

2° Le poids des cendres est toujours environ le 1/10e de celui de l'extrait.

3° Le degré alcoolique d'un vin est en raison inverse de l'acidité totale de ce vin. Ce qui revient à dire que plus un vin est alcoolique, moins il est acide, et réciproquement. L'acidité d'un vin est donc complémentaire de son alcoolicité.

M. A. Gautier a vérifié cette hypothèse sur les vins rouges les plus variés

(1) *Sophistification des vins*, par M. Gautier, p 147.

de cépage et d'origine, et a pu démontrer que la somme de l'alcool en volume et de l'acidité totale ne variait que dans des limites très étroites.

Ces limites sont nettement déterminées dans la règle générale suivante (1), que l'auteur a appelée *règle alcool-acide*.

« Si l'on additionne, dans un vin, le chiffre indiquant son titre centésimal alcoolique et celui que donne, par litre, le poids en acide sulfurique de son acidité totale, on obtiendra toujours, pour les vins rouges non additionnés d'eau, un nombre égal ou supérieur à 13 et dépassant rarement 17, si l'on a affaire à des vins non plâtrés ».

M. A. Gautier a reconnu qu'il n'y a d'exception à cette règle que pour les vins d'Aramon, qui ont une somme alcool-acide pouvant s'abaisser à 12,5 et même à 11,5.

Même pour un vin viné avant ou après le mouillage, cette règle peut donner, d'après M. A. Gautier, et suivant l'instruction du Ministère du Commerce et de l'Industrie, que l'on trouvera plus loin, des indications précieuses, qui, jointes au rapport de la glycérine à l'alcool, ainsi qu'au rapport de l'alcool à l'extrait, permettront de conclure dans la majorité des cas.

Vinage.

On effectue cette opération sur le moût, ou directement sur le vin, pour faciliter sa conservation et surtout pour favoriser un mouillage qui en est presque toujours la conséquence.

Tous les œnologistes sont d'accord pour reconnaître que dans les vins de vendange naturels le poids de l'extrait est sensiblement le double du chiffre indiquant le degré d'alcool.

On reconnaîtra donc qu'un vin a été viné lorsque le rapport existant entre l'alcool en poids et l'extrait réduit sera supérieur à 4,5 (avec une tolérance de 1/10ᵉ en plus) pour les vins rouges, et à 6,5 pour les vins blancs.

Le rapport est calculé de la façon suivante : on transforme l'alcool en volume p. 100 en poids par litre, à l'aide du tableau indiqué page 122, puis l'on divise le nombre obtenu par l'extrait réduit, c'est-à-dire diminué de la quantité de sucre et de sulfate de potasse supérieure à 1gr.

La proportion de glycérine et d'acide succinique est généralement en rapport avec l'alcool formé, M. A. Gautier considère qu'un vin a été viné lorsque le poids de la glycérine est inférieur au 1/14ᵉ du poids de l'alcool. M. Pasteur a indiqué que pour 51gr d'alcool il se forme de 0gr,6 à 0gr,7 d'acide succinique, mais, en réalité, il y en a davantage. En général il y a cinq fois moins d'acide succinique que de glycérine.

Pour les vins fortement vinés, on peut déterminer la nature de l'alcool ajouté en se servant des procédés indiqués à l'analyse des alcools.

---

1) *Sophistication des vins*, par M. Gautier, p. 154.

Vinage et mouillage.

Ces deux opérations, souvent complémentaires l'une de l'autre, peuvent se reconnaître à l'aide des méthodes indiquées à chacun de ces chapitres.

Lorsque le rapport obtenu entre l'alcool en poids et l'extrait réduit sera supérieur à 4,5, on calculera le vinage, en déterminant le titre alcoolique nécessaire pour obtenir ce rapport de 4,5, la différence obtenue entre l'alcool trouvé à l'analyse et l'alcool ainsi calculé représentera l'alcool ajouté. On évitera tout calcul en se servant de la règle à coulisse dont nous avons déjà parlé, p. 134.

Enfin, en considérant la somme alcool-acide obtenue en prenant l'alcool calculé et l'acidité totale, on verra si l'on doit avoir des présomption de mouillage, qui seront alors confirmées par la composition du vin suspect.

Vins de sucre ou de deuxième cuvée.

Les vins de sucre, purs ou mêlés à des vins naturels, possèdent les mêmes caractères qu'un vin viné et mouillé, c'est-à-dire qu'ils présentent une diminution très forte de l'extrait, du tanin, de la couleur, des cendres, etc., accompagnée d'un rapport anormal entre l'alcool et l'extrait réduit. Mais ils se reconnaissent surtout à la nature des matières sucrées qui ont pu être employées à leur fabrication et qui restent souvent en quantité appréciable.

Recherche de la saccharose. — Après avoir déterminé la déviation polarimétrique et la quantité de matières réductrices totales, on introduit 50^{cc} de vin dans un ballon jaugé de $50\text{-}55^{cc}$, puis on complète à 55^{cc} avec de l'acide chlorhydrique au $1/10^{e}$, on chauffe ensuite un quart d'heure au bain-marie à une température maxima de 70°. Au bout de ce temps, le ballon est mis à refroidir à + 15°, on complète à 55° avec de l'eau distillée, puis on examine au polarimètre, dans un tube de 22^{cm}.

La déviation polarimétrique étant primitivement à droite ou à gauche, ou nulle, la présence de la saccharose sera caractérisée ou par une diminution de la déviation droite, ou par une augmentation de la déviation gauche.

On contrôle ce résultat en effectuant un deuxième dosage des matières réductrices; la différence entre les deux dosages, multipliée par 0,95 (on ajoute au résultat $1/10^{e}$), donnera la quantité de saccharose non intervertie restant dans le vin.

Vins glucosés.

Fréquemment on remplace le sucre par la glucose commerciale; ce dernier produit est souvent impur; il contient des produits infermentescibles déviant fortement à droite et qui peuvent servir, par conséquent, à caractériser la fraude.

On détermine la présence de ces impuretés de deux façons :

1° *Par saccharification.* — Après avoir recherché la saccharose comme il vient d'être dit, on note la deuxième déviation obtenue, ainsi que la quantité de matières réductrices dosées après interversion, puis on opère comme l'indique M. W. Bishop.

50^cc^ de vin décoloré et interverti sont introduits dans un ballon avec 4^cc^ d'acide chlorhydrique pur, et on chauffe trois heures à une température comprise entre 95 et 100° en se servant d'un réfrigérant ascendant pour conserver la même dilution à la liqueur. Au bout de ce temps, une partie de la dextrine est saccharifiée, on retire du feu, on laisse refroidir, et on complète à 55^cc^ avec un peu de potasse diluée. Si cela est nécessaire on filtre, et on examine au polarimètre dans un tube de 22^cm^.

La présence de la dextrine sera caractérisée ou par une augmentation de la déviation droite, ou par une diminution de la déviation gauche.

La quantité de dextrine saccharifiée sera déterminée par un troisième dosage des matières réductrices et en multipliant par 0,9 la différence obtenue entre les deux derniers dosages.

Si on n'a obtenu *ni saccharose ni dextrine*, et si le vin primitif dévie au polarimètre de plus de trente minutes, et si, en même temps, le dosage des matières réductrices effectué directement sur le vin décoloré a donné une quantité de sucre supérieure à 3^gr^ par litre, on pourra conclure à la présence de la glucose.

2° *Procédé de M. Neubauer.* — Ce procédé est, lui aussi, basé sur la recherche des impuretés contenues dans les glucoses du commerce; ces produits infermentescibles peuvent se transformer en sucre, comme on l'a vu plus haut, par une ébullition prolongée avec un acide fort; en outre, ils contiennent des principes solubles dans l'alcool faible, insolubles dans l'éther, et possédant un pouvoir rotatoire droit très élevé.

On recherche ces impuretés de la façon suivante (1) :

250^cc^ de vin sont évaporés au bain-marie jusqu'à cristallisation des sels, le résidu est décanté, étendu d'un peu d'eau, décoloré au noir animal, filtré et évaporé à consistance de sirop. On ajoute alors, par petites portions, une quantité suffisante d'alcool à 90° pour précipiter entièrement les gommes, les dextrines et autres substances du vin. La liqueur alcoolique séparée du précipité par un repos de quelques heures est filtrée, évaporée au quart de son volume primitif et additionnée ensuite de 4 à 6^vol^ d'éther. Il ne tarde pas à se former deux couches, dont l'inférieure, aqueuse, renferme les principes dextrogyres. Cette couche est décantée et étendue d'eau, on se débarrasse de l'éther par évaporation au bain-marie, on décolore et on ramène à un volume de 30^cc^. Le liquide ainsi obtenu, s'il provient d'un vin naturel, n'imprime au plan de polarisation qu'une déviation nulle ou très faible, tandis qu'au contraire, s'il provient d'un vin glucosé, il déviera énergiquement à droite.

Pour des vins additionnés de glucose, qui avant traitement déviaient de + 0°,5 à 1°, sous une épaisseur de 20^cm^, la rotation de la solution aqueuse provenant du traitement ci-dessus sera comprise entre + 2°,6 et + 7°.

Les travaux du docteur Schmidt (2) ont montré que cette substance infermentescible contenue dans les glucoses du commerce et prise jusqu'alors pour une dextrine, pouvait être un sucre spécial qu'il a appelé la *Gallisine*. Le Dr Schmidt

(1) *Journ. de Ph. et de Ch.*, t. II, p. 298.
(2) *Ann. du Lab. d'analyses* de Wiesbaden, 1883-1884.

a étudié cette substance et a constaté que la gallisine ne fermentait ni avec la levure de bière ni avec le ferment du fromage.

Vins de raisins secs.

On a prétendu que les raisins secs ne différaient des raisins frais que par l'eau contenue naturellement dans ces derniers. Tout le monde est pourtant d'accord pour reconnaître que les raisins subissent certaines modifications pendant leur dessiccation, la disparition presque complète de leur matière colorante et la diminution du tanin sont là pour l'attester. Or, pourquoi cette altération si facile à constater ne serait-elle pas accompagnée d'autres modifications, portant plus particulièrement sur certains hydrates de carbone, sur la lévulose notamment, qui est si facilement altérable, pour la transformer en partie en un sucre infermentescible, mais très réducteur et doué de propriétés spéciales ? La formation d'une telle substance, produite probablement par déshydratation, expliquerait en même temps et la forte proportion de matières réductrices existant dans les piquettes de raisins secs, malgré l'active fermentation à laquelle on les soumet, et la forte déviation polarimétrique gauche, si souvent observée.

D'autre part, l'excédent d'extrait si caractéristique dans une piquette pure, ne pourrait-il contenir des substances encore inconnues qui proviendraient, elles aussi, des altérations de certains matériaux qui, insolubles dans un vin de vendange, deviendraient solubles dans un vin de raisins secs ?

Cet inconnu a tenté bien des chercheurs.

MM. Cazeneuve et Ducher (1) ont dosé les substances azotées dans les piquettes de raisins secs, mais les proportions trouvées ne différaient pas sensiblement des quantités contenues normalement dans les vins naturels.

Bien avant, M. Reboul (2) s'était déjà occupé de cette importante question, en dosant les gommes dans les piquettes de raisins secs, espérant ainsi trouver une explication à leur quantité anormale d'extrait.

Les résultats obtenus n'ont pas toujours répondu à son attente; ses analyses ont porté sur les principales variétés de raisins secs; pour certains, les résultats ont été concluants; pour d'autres, ils ont été indécis.

Voici la proportion de gomme trouvée par M. Reboul dans trois variétés de piquettes de raisins secs :

Piquette faite avec des raisins secs de Corinthe. .	2,41 de gomme par litre.	
— — de Chyra . . .	2,58	—
— — de Vourla. . .	1,82	—

La quantité de gomme contenue dans les vins de Bourgogne et du Midi ne dépasse jamais 1gr par litre, d'après l'auteur; exception est faite pour certains vins du Var et de la Corse.

Ce dosage, sans donner un résultat concluant, permet cependant d'obtenir d'utiles indications.

(1) *Journ. de Pharm. et de Chim.*, t. XXI, p. 469.
(2) *Journ. de Pharm. et de Chim.*, t. II, p. 117.

Examinant ensuite le pouvoir rotatoire de ces gommes, M. Reboul a reconnu qu'il était égal à + 22°,4, chiffre bien inférieur à ceux trouvés par M. Béchamp pour les gommes des vins du Midi.

Leur pouvoir réducteur est d'environ un sixième et demi plus faible que celui de la glucose.

M. Reboul a examiné aussi la rotation polarimétrique des vins de raisins secs, il leur a trouvé une déviation gauche.

Enfin, l'examen microscopique des dépôts et des parties troubles ne lui a décelé la présence que d'une multitude de globules de différentes levures.

(Nous verrons cependant plus loin que l'examen microscopique a donné depuis des résultats importants.)

Fig. 20.

La forte déviation gauche dont parle M. Reboul, est rendue plus sensible, en opérant de la manière suivante :

On fait fermenter complètement 300cc de vin en y semant un peu de levure de bière et l'abandonnant à une température de 30° environ. Quand la fermentation est terminée, on filtre et on place le liquide filtré dans un dialyseur de construction spéciale, imaginé par M. Dupré (fig. 20). Ce dialyseur se compose d'une cuve plate parallélipipédique C, munie à sa partie inférieure d'un tube de verre S destiné à rég'er la hauteur de l'eau dans la cuve. Une feuille de papier parchemin P, pliée de façon à pouvoir contenir la substance à dialyser, est maintenue à sa partie supérieure par deux lames-ressorts en cuivre nickelé M. Il suffit donc de placer la cuve sous un mince filet d'eau, pour que l'entraînement des substances dialysables se fasse rapidement.

Au bout de quelques jours, l'eau du vase extérieur ne se charge plus d'aucun principe agissant sur la lumière polarisée : à ce moment, on cesse la dialyse. Le liquide contenant les substances non dialysables est placé dans une capsule avec l'eau qui a servi à rincer le dialyseur ; on ajoute de la craie et on fait bouillir pour hâter la saturation. On juge que cette opération est terminée quand le liquide ne rougit plus le tournesol. On évapore ensuite à sec au bain-marie, en ayant soin de remuer fréquemment dès que la masse commence à devenir pâteuse, pour éviter la formation d'une croûte adhérente au fond de la capsule. Quand la dessiccation est terminée, on écrase la masse séchée avec un pilon, et on l'arrose avec 50cc d'alcool absolu, on hâte la dissolution en agitant, puis on filtre dans une autre capsule; le résidu est épuisé encore deux fois par 25cc d'alcool, les solutions alcooliques réunies sont décolorées par un peu de noir, filtrées et évaporées au bain-marie; le nouveau résidu est repris par 30cc d'eau et le liquide examiné au polarimètre.

Traités de cette façon, les vins naturels ne dévient pas ou donnent une légère teinte à droite. Les piquettes de raisins secs, au contraire, dévient fortement à gauche.

Ce sucre infermentescible et non colloïdal est peut-être le même qui agit sur la liqueur cupro-potassique, lorsque, après avoir dosé le sucre réducteur et s'être assuré que le vin ne contenait pas de saccharose, on procède à une hydratation. Dans ce but, on chauffe vingt minutes au bain de sel le produit décoloré et additionné de 5 p. 100 d'acide chlorhydrique pur. Après refroidissement, on complète au volume primitif, puis on procède à un deuxième titrage, qui permet souvent d'obtenir un excédent de matières réductrices atteignant quelquefois 2 et 3gr par litre.

Cet essai n'est évidemment pas concluant, car certains vins d'Algérie, notamment, donnent cet excédent de sucre après hydratation, mais joint à d'autres caractères il peut donner d'utiles renseignements.

L'examen microscopique du dépôt existant dans les piquettes de raisins secs fournit aussi des indications importantes.

MM. Schaffer et de Freundenreich (1) ont, en effet, déterminé le nombre et la nature des cellules de ferments contenues dans divers vins naturels et artificiels. Ils ont trouvé que les vins naturels de bonne conservation ne contenaient exclusivement que des globules de levures, tandis que les vins artificiels et les piquettes de raisins secs contenaient une grande quantité de bactéries, de bacilles et de coccus, comme l'indiquent les résultats suivants :

Vin de raisins secs	n° 1.	— 110 colonies de levures et beaucoup de coccus.
—	n° 2.	— 40 colonies et beaucoup de coccus.
—	n° 3.	— 12.600 colonies dont 1/10e de levure et 9/10e de coccus.
Vin de raisins secs. . . .		— 4000 colonies de bactéries composées presque toutes d'un bacille liquéfiant. Pas de levure.

La présence de ces microrganismes est suffisamment expliquée par la malpropreté ordinaire avec laquelle on manipule les produits destinés à la fabrication de ces boissons.

M. Duclaux a trouvé des traces d'acide formique dans les raisins frais. L'auteur attribue la présence de cette substance à la dislocation partielle de l'acide tartrique et du sucre pendant la période de maturation, sous l'influence de la lumière solaire. M. Khoudabachian (2) a reconnu que dans les raisins desséchés au soleil, cette dislocation était logiquement beaucoup plus accentuée, et a même trouvé dans ceux-ci une quantité d'acide formique suffisante pour pouvoir être dosée. Les vins naturels ne contenant que des traces infinitésimales d'acide formique, tandis que les piquettes de raisins secs en contiennent une proportion

(1) *Journ. de Pharm. et de Chim.*, t. XXVI, p. 210.
(2) *Ann. de l'Inst. Pasteur*, t. VI, p. 100.

sensible, M. Khoudabachian en conclut qu'il y aurait peut-être là un moyen de déceler la présence de ces piquettes dans les coupages.

En résumé, une piquette de raisins secs pure peut se reconnaître à l'examen de son analyse, le rapport qui existe entre ses différents matériaux n'est plus le même que celui existant dans un vin de raisins frais, on ne trouve plus comme dans celui-ci cet équilibre constant établi par la nature.

Sa recherche, lorsqu'elle est mélangée aux vins, est plus délicate; ce n'est que par l'ensemble des résultats obtenus à l'analyse et lorsque certains des principaux caractères propres aux piquettes de raisins secs auront été obtenus telle que : richesse en extrait, en sucre, en gomme, en cendres, pauvreté en tanin, rapport anormal de l'alcool à l'extrait, forte déviation à gauche, augmentation des matières réductrices après hydratation, présence de bactéries, de bacilles, etc., que l'on pourra en déduire des conclusions.

Vins de figues.

On a pendant quelque temps employé ces vins pour remplacer les piquettes de raisins secs, mais ils possèdent le grand inconvénient de contenir une forte proportion de mannite facile à caractériser.

M. Carles, a constaté un des premiers la présence de ce sucre spécial dans les vins. Cet auteur recherche et dose la mannite de la façon suivante (1):

On évapore 100^{cc} de vin au bain-marie jusqu'à consistance sirupeuse, puis on abandonne pendant un jour ou deux dans un lieu frais. On lave le résidu de l'évaporation avec de l'alcool à 85° qui entraîne la glycérine, les acides organiques libres et aussi 1/10e de la mannite totale. La partie insoluble est broyée avec un peu de noir animal et de sable et épuisée par décoction successive avec de l'alcool à 85° bouillant de façon à obtenir de 60 à 70^{cc} de liquide.

Cette solution alcoolique est en définitive évaporée au bain-marie en consistance de sirop et mise dans un courant d'air. Au bout d'un jour ou deux toute la mannite a cristallisé. Il ne reste plus qu'à la séparer des eaux mères soit par déplacement avec de l'alcool, soit par compression entre des papiers à filtrer, puis on la sèche et on la pèse.

Nous avons un peu modifié le procédé de M. Carles et opérons comme suit :

100^{cc} de vin contenus dans une capsule presque plate sont évaporés dans le vide en présence d'acide sulfurique. Au bout de 24 heures, l'évaporation est complète et permet même de constater la présence de 1 à 2^{gr} de mannite par litre, par sa cristallisation en mamelons, bien spéciale. Le résidu d'évaporation est imbibé avec 10^{cc} d'alcool à 85°, un quart d'heure après on ajoute encore 10^{cc} d'alcool au même titre, on détache la masse des parois de la capsule, on décante sur un petit filtre à plis et on lave encore quatre fois par décantation en employant chaque fois 10^{cc} d'alcool à 85°. Le résidu insoluble est dissous dans un peu d'eau tiède, on y ajoute du noir animal, on fait bouillir et on filtre. Le noir animal est lavé deux fois à l'eau bouillante. On concentre ensuite la liqueur jusqu'à environ 50^{cc} par ébullition dans un ballon, puis on achève l'évaporation dans le vide. Le résidu est repris par 10^{cc} d'eau, on ajoute 55^{cc} d'alcool absolu, on

(1) *Journ. de Pharm. et de Chim.*, t. XXIII, p. 537.

laisse en contact une demi-heure, puis on fait bouillir 20 minutes au réfrigérant ascendant, on décante sur un filtre, on épuise le résidu encore une fois avec 50^{cc} d'alcool à 85° et on réunit, après filtration, les deux solutions alcooliques. On distille après avoir ajouté 10^{cc} d'eau, de façon à ne plus avoir que 20^{cc} environ dans le ballon. Le résidu est versé dans une capsule tarée et évaporé dans le vide. Au produit de la pesée on ajoute 0,2 correspondant à la quantité de mannite dissoute dans les 60^{cc} d'alcool employé au lavage. La mannite obtenue est absolument blanche et sa solution ne réduit pas la liqueur cupro-potassique. A l'aide de ce procédé, nous avons trouvé des quantités de mannite variant de 2 à 28^{gr} par litre dans les vins suivants :

COMPOSITION DE QUELQUES VINS MANNITÉS

Analyses faites au Laboratoire municipal.

ORIGINE	NUMÉROS D'ORDRE	DENSITÉ	ALCOOL EN VOLUME P. 100	EXTRAIT A 100° PAR LITRE	RAPPORT DE L'ALCOOL A L'EXTRAIT RÉDUIT	SUCRE PAR LITRE	MANNITE PAR LITRE	SULFATE DE POTASSE PAR LITRE	TARTRE PAR LITRE	CENDRES PAR LITRE	ACIDITÉ EN ACIDE SULFURIQUE PAR LITRE	DÉVIATION POLARIMÉTRIQUE
Vin rouge de Tunisie.	1	1004,1	10,8	43,5	2,3	7,55	17,4	»	»	»	7,20	»
— blanc d'Algérie. .	2	1006,2	11,7	53,88	2,5	17,9	18,4	0,31	1,85	2,68	6,32	—2°,20'
— rouge d'Algérie. .	3	1003,5	8,7	37,70	1,8	0,86	15,7	0,16	3,16	3,40	6,61	»
— — . .	4	1011,5	8,8	61,08	1,3	8,06	28,7	0,12	4,10	3,08	9,48	—1°,40'
— — . .	5	1007,7	9,4	49,92	1,8	10,0	10,5	0,35	5,08	3,52	7,05	—1°,3 '
— — . .	6	1001,8	10,4	35,64	2,6	5,0	3,7	0,52	3,57	4,16	7,36	—0°,04'
— — . .	7	997,0	12,9	30,68	3,4	1,9	5,2	0,14	1,18	3,08	5,76	0
— rouge d'Algérie : Château-Borgia. .	8	1009,8	10,0	58,64	2,0	21,0	9,2	0,27	2,83	2,92	7,64	—7°,8'
— de raisins secs. .	9	1010,4	8,6	53,20	1,6	11,3	14,1	0,48	1,10	6,0	9,13	—1°,4'
— rouge.	10	1015,3	12,8	35,06	3,0	2,38	8,9	1,56	1,78	4,16	6,11	0
— rouge.	11	999,1	13,0	36,28	3,1	3,96	10,4	1,48	2,08	4,29	6,15	0
— blanc	12	995,2	11,3	22,96	4,0	1,7	5,3	0,47	1,63	2,48	5,21	0

La présence de la mannite a été pendant longtemps considérée comme la caractéristique des vins de figues et la douane repousse encore maintenant tous les vins d'Algérie contenant plus de 8^{gr} de mannite par litre.

Il est prouvé aujourd'hui que la mannite peut exister dans certains vins naturels. M. Prat attribue la saveur sucrée persistante que conserve le vin de Château-Yquem à la présence de cette substance (1).

M. Portes en a trouvé dans des vins authentiques d'Algérie (2), et il a conclu de ses essais :

1° Que la mannite peut se rencontrer dans certains vins non additionnés de vins de figues ;

(1) *Le Vin*, par M. Verguette-Lamotte, p. 204.

(2) *Journ. de Pharm. et de Chim.*, t XXVI, p. 383

2° Qu'elle se forme aux dépens du sucre interverti, sous l'influence du bacille de la *tourne*.

L'apparition de la mannite dans certains vins d'Algérie, d'Espagne, d'Italie et même du Midi de la France paraît due à une fermentation vicieuse, favorisée surtout par les températures exceptionnellement chaudes.

M. Roos (1) a constaté que cette maladie était causée par un ferment spécial, à l'aide duquel il a pu obtenir de la mannite, en l'ensemençant dans un liquide sucré préalablement stérilisé.

Plus récemment, MM. Gayon et Dubourg (2) sont parvenus à isoler et à cultiver le ferment mannitique. Ce microrganisme est *anaérobie*; à l'état de pureté, il se présente sous la forme de petits bâtonnets très courts, généralement en amas et se développant facilement dans les jus sucrés, en transformant, par hydrogénation, le sucre réducteur en mannite, avec formation d'acide lactique et d'acide acétique.

Contrairement à l'opinion de certains auteurs, MM. Gayon et Dubourg démontrent dans leur travail que la maladie des *vins mannités* n'est pas la même que celle des *vins tournés*.

En résumé, les vins mannités sont des vins malades, dans lesquels on constate la présence du ferment décrit par MM. Gayon et Dubourg. L'acidité totale de ces vins est fortement augmentée, les acides fixes contiennent de l'acide lactique facile à caractériser en épuisant le résidu sec par l'éther; l'acidité volatile, souvent considérable, est presque entièrement constituée par de l'acide acétique. Le rapport entre l'alcool et l'extrait réduit est très faible. Ces vins constituent des boissons peu agréables et de mauvaise conservation ; mélangés avec d'autres vins, ils ne tardent pas à les altérer en les acétifiant. Aussi, les vins mannités sont-ils vendus très bon marché aux distillateurs; il paraît même (3) que certains industriels les achètent à un prix minime et les font fermenter avec du fromage blanc, en vue de transformer la mannite en alcool.

Acides minéraux libres.

Acide sulfurique. — La présence de cet acide libre dans les vins peut être attribuée à deux causes différentes :

1° A un plâtrage exagéré, ayant donné naissance à du bisulfate de potasse ;

2° A l'addition directe d'acide sulfurique dans le vin.

Cette dernière opération a pour but de donner du brillant au vin, d'aviver sa couleur, et de lui donner une espèce de verdeur artificielle.

Le Comité consultatif d'hygiène publique de France s'est occupé de cette importante question et a approuvé, dans sa séance du 8 décembre 1890, les conclusions suivantes présentées par M. le Dr G. Pouchet, rapporteur (4).

« 1° L'addition d'acide sulfurique, quelle qu'en soit la proportion, est nuisible à la santé du consommateur ;

« 2° Il importe de faire une distinction absolue entre le sulfate de potasse

(1) *Journ. de Pharm. et de Chim.*, t. XXVII, p. 405.
(2) *Ann. de l'Inst. Pasteur*, t. VIII.
(3) *Revue Int. des falsifications*, 15 oct. 1893, p. 31.
(4) *Recueil des travaux du Comité consultatif d'hygiène publique de France*, t. XX, p. 377.

produit par le plâtrage et le sulfate de potasse produit par l'addition directe au vin d'acide sulfurique, ce dernier est caractérisé par du sulfate acide de potasse;

« 3° Il est possible de démontrer par une analyse complète des sels du vin que le sulfate de potasse provient de l'addition directe d'acide sulfurique au vin et non du plâtrage;

« 4° Le Comité est d'avis qu'il y a lieu d'interdire, dès à présent, l'addition directe d'une quantité quelconque d'acide sulfurique au vin, ainsi que la circulation et la vente des vins ainsi falsifiés. »

Comme suite à cette décision, M. le ministre de la justice transmit aux procureurs généraux, en date du 18 décembre 1890, une circulaire interdisant l'addition de l'acide sulfurique dans les vins. Cette circulaire était accompagnée d'une note que nous reproduisons ci-dessous :

« Il n'existe pas de quantités appréciables d'acide sulfurique dans les vins. Quand on en rencontre, cela est dû à l'addition de plâtre et d'acide sulfurique libre. Il est facile de constater dans un vin, surtout lorsque le dosage à l'état de sulfate de baryte accuse 5 ou 6gr de sulfate de potasse par litre, si l'acide, ainsi dosé, provient ou du plâtrage ou de l'acide libre.

« Si, en effet, on a employé le plâtre, l'acidité totale du vin n'a pas été modifiée, tandis que l'addition d'acide sulfurique libre l'aura augmentée dans une forte proportion. Le titre acidimétrique donnera donc une indication utile.

« Mais il y a un autre procédé plus certain. Lorsque l'acide sulfurique est ajouté en proportion notable et telle que le dosage accuse une proportion de 5 à 6gr de sulfate de potasse par litre, il n'y a pas en réalité assez de potasse dans le vin pour que tout l'acide sulfurique ajouté se trouve saturé. Il y aura alors du bisulfate de potasse et même de l'acide sulfurique libre. Or le bisulfate et l'acide sulfurique libre ont la propriété de se dissoudre dans l'alcool fort, alors que les sulfates neutres y sont insolubles. En évaporant le vin à un petit volume, soit au 1/20e et en ajoutant un volume d'alcool fort (95°) égal au volume primitif du vin employé, on aura dans la dissolution alcoolique une grande quantité d'acide sulfurique si le vin contient des bisulfates ou de l'acide sulfurique libre. On n'en aura pas, au contraire, si le vin ne contient que des sulfates neutres.

« En chassant l'alcool par évaporation, reprenant par un peu d'eau distillée qu'on additionne de quelques gouttes d'acide azotique et de chlorure de baryum, on aura, dans le premier cas, un précipité très abondant; dans le second cas, on n'aura aucun précipité.

« Cette méthode peut servir à rechercher dans le vin la présence de l'acide sulfurique ajouté en nature et à le distinguer de celui qui serait introduit par le plâtrage. En effet, le plâtrage produit dans le vin du sulfate neutre avec des traces de bisulfate, tandis que l'acide sulfurique en nature donnera de grandes quantités de bisulfate accompagné d'acide sulfurique libre, et la réaction indiquée plus haut établira entre ces deux modes de traitement du vin des différences extrêmement frappantes. »

Cette méthode est insuffisante pour reconnaître si l'acide sulfurique trouvé provient d'un plâtrage ou d'une addition modérée d'acide sulfurique, les effets produits étant les mêmes.

Il n'y a que dans le cas où l'acide sulfurique aurait été ajouté à dose massive, que l'on pourrait conclure à l'addition d'acide libre. Mais alors d'autres procédés permettent d'obtenir ce résultat tout aussi facilement.

En outre, ce procédé d'épuisement à l'alcool est critiquable; M. Villiers (1) et nous ensuite avons observé que si le sulfate de potasse et l'acide tartrique peuvent exister en présence l'un de l'autre dans une *solution étendue*, il n'en est plus de même lorsqu'on concentre la liqueur et surtout lorsqu'on y ajoute de l'alcool. Car alors la tendance qu'ont certains sels solubles à se combiner entre eux pour produire un sel moins soluble, est favorisée par ce traitement et suivie d'une formation de bitartrate de potasse et d'acide sulfurique libre.

D'autre part, M. F. Jean a fait remarquer que, dans le cas où il y aurait un peu d'acide sulfurique libre dans un vin, la concentration favoriserait la décomposition des autres sels organiques non atteints et même de certains sels minéraux, du chlorure de sodium, par exemple, qui, dans ces conditions, donnerait de l'acide chlorhydrique libre et du sulfate de potasse.

Procédé de MM. Roos et Thomas (2). — Ce procédé consiste à doser : 1° le chlore dans le vin par la méthode ordinaire, 2° l'acide sulfurique total; puis à précipiter le vin par une quantité de chlorure de baryum exactement nécessaire pour précipiter tout l'acide sulfurique en donnant par double décomposition une quantité équivalente de chlorure de potassium. On fait ensuite le dosage du chlore total dans la liqueur séparée du sulfate de baryte.

Si l'on n'a dans le vin examiné que du sulfate neutre de potasse, tout le chlore du chlorure de baryum ajouté se retrouvera dans le dernier dosage, et le chlore trouvé primitivement dans le vin sera exactement augmenté de cette quantité.

Si, au contraire, il y a de l'acide sulfurique libre ou du bisulfate, on obtiendra de l'acide chlorhydrique, qui disparaîtra à l'incinération pour donner une quantité de chlore inférieure à celle que l'on aurait dû obtenir en additionnant le chlore contenu primitivement et le chlore du chlorure de baryum employé.

Cette méthode ne donne pas toujours des résultats exacts, surtout lorsqu'on se trouve en présence de vins salés, parce que : 1° l'acide tartrique libre déplace les chlorures, même lorsque le vin est additionné d'acétate d'ammoniaque. Il s'ensuit, par conséquent, que l'on peut, dans certains cas, obtenir une différence entre les deux dosages de chlore sans qu'il y ait d'acide sulfurique libre pour cela.

2° L'acide sulfurique décomposant aussi les chlorures, on peut très bien trouver une quantité de chlorure de sodium égale ou supérieure à la somme des chlorures primitivement contenus et des chlorures provenant du chlorure de baryum ajouté, même si le vin contient une petite quantité d'acide sulfurique libre.

Néanmoins, lorsque la proportion d'acide sulfurique libre sera assez considérable, on pourra en déceler la présence d'une partie.

L'analyse des cendres permet aussi de caractériser l'acide sulfurique libre lorsque la proportion de cet acide dépassera la quantité totale des bases sus-

---

(1) *Journ. de Pharm. et de Chim.*, t. XXIII, p. 184, et *Moniteur scientif.*, année 1891, p. 373.

(2) *Comptes rendus de l'Acad. des sciences*, octobre 1890.

ceptibles de le fixer au moment de l'incinération. Dans ce cas, on obtiendra des cendres neutres ou acides, et la différence entre le dosage de l'acide sulfurique fait directement sur le vin et celui fait sur les cendres correspondra à l'acide sulfurique disparu.

Lorsque le poids des cendres sera inférieur à la quantité de sulfate de potasse calculé d'après le dosage de l'acide sulfurique total, on pourra conclure à la présence de cet acide.

Procédé de M. F. Jean. — On précipite entièrement les sulfates par un léger excès de chlorure de baryum, on distille et on recueille le produit de la distillation dans une solution acide et titrée de nitrate d'argent. Si le vin renferme de l'acide sulfurique libre ou à demi combiné, on obtiendra une quantité équivalente d'acide chlorhydrique mis en liberté.

Ce procédé, qui se rapproche un peu de celui de MM. Roos et Thomas, présente l'avantage, sur celui-ci, d'éviter la calcination et les conséquences qui en dérivent.

Pour une recherche *purement qualitative des acides minéraux libres*, on peut employer la méthode suivante : On décolore 100^{cc} de vin avec du noir animal parfaitement lavé à l'acide, puis à l'eau distillée. Le liquide filtré est concentré à moitié de son volume par évaporation au bain-marie, et l'on en introduit 10^{cc} dans un tube à essai, dans lequel on ajoute 2 gouttes de solution de violet de méthylaniline ; en comparant la coloration produite avec un type préparé avec de l'eau distillée et la même quantité de colorant, il est facile de reconnaître, par la teinte bleue qui se manifeste, la présence de 2 millièmes d'acides minéraux, sulfurique, chlorhydrique ou nitrique.

Cet essai peut être contrôlé en trempant dans le vin décoloré et concentré une petite bande de papier imprégnée d'une solution de rouge Congo, on obtiendra une teinte bleue très sensible.

Acide chlorhydrique. — Après avoir déterminé, à l'aide des deux essais ci-dessus, la présence d'un acide minéral libre, et après s'être assuré que l'on ne se trouve pas en présence d'acide sulfurique, on recherche l'acide chlorhydrique, en effectuant un dosage total de cet acide sur le vin décoloré au noir pur, ou sur les cendres de ce vin préalablement saturé par un petit excès de carbonate alcalin, puis en dosant les chlorures sur une nouvelle portion de vin, évaporé et incinéré ensuite, à une température aussi basse que possible. Il est vrai, comme il a été dit plus haut, que l'on doit tenir compte et de l'acide chlorhydrique libre qui s'est fixé sur les bases, et du chlore qui peut être mis en liberté par l'acide tartrique ; mais si la différence obtenue entre les deux dosages correspond à peu près aux 2 millièmes d'acide nécessaires pour faire virer le violet de méthylaniline, on pourra conclure qualitativement à la présence d'acide chlorhydrique libre.

Procédé de M. F. Jean. — On constate d'abord l'absence de l'acide sulfurique libre, puis on agite 100^{cc} de vin avec du sulfate de potasse en poudre, on ajoute ensuite un tiers d'alcool fort et on filtre après 12 heures de dépôt dans un endroit frais. Dans une partie du liquide débarrassé ainsi de l'acide tartrique et des tartrates et amené à un volume déterminé, on précipite l'acide chlorhydrique total à l'aide d'une solution acide de nitrate d'argent, on sépare le précipité, on le lave à l'eau chaude, puis on le dissout dans l'ammoniaque pour le précipiter une seconde fois à l'état pur, en acidulant par l'acide azotique. Une autre partie du liquide filtré est évaporée à sec, puis calcinée à basse température. Le résidu de l'incinération est repris par un peu d'acide nitrique et d'eau chaude, et l'on dose l'acide chlorhydrique.

Une différence entre les deux dosages indiquera la présence et la quantité de cet acide.

Acide nitrique. — *Procédé de M. Pollak* (1). — On prépare une solution de $0^{gr},01$ de diphénylamine dans 100^{cc} d'acide sulfurique étendu, préparé lui-même avec 2 parties d'acide pur à 66° et 6 parties d'eau, et étendant ensuite à 100^{cc} avec de l'acide sulfurique concentré. D'un autre côté, le vin à examiner est décoloré au noir animal, lavé et calciné, puis on le concentre au 1/5ᵉ de son volume. Pour chaque essai, on verse dans deux capsules de porcelaine, contenant chacune 2^{cc} de réactif, 3 gouttes et 6 gouttes du vin décoloré et concentré. Lorsqu'au bout de 10 minutes il ne s'est manifesté aucune coloration bleue, on peut conclure à l'absence d'acide nitrique. Cette réaction permet de reconnaître 1/20000ᵉ d'acide nitrique.

Comme la présence des nitrates est aussi caractérisée par le sulfate de diphénylamine, et que ces sels peuvent provenir d'une addition d'eau, il y a lieu, toutes les fois qu'on aura obtenu la réaction, d'effectuer le dosage de l'acide nitrique à l'aide du procédé de M. Schlœsing.

Acide sulfureux. — Cet acide est très employé comme conservateur, soit à l'état gazeux, soit à l'état de bisulfites.

Pour caractériser sa présence, il suffit de distiller le vin, et d'ajouter, aux 10 premiers centimètres cubes passant à la distillation, quelques gouttes de chlorure de baryum iodé. Il se produit, dans ces conditions, un précipité de sulfate de baryte.

On peut encore aciduler le vin par un peu d'acide chlorhydrique et faire passer, en chauffant légèrement, un courant lent d'acide carbonique, que l'on reçoit dans une solution de chlorure de baryum iodé. L'acide sulfureux libre ou provenant de la décomposition des bisulfites est entraîné, s'oxyde en présence de l'iode pour donner du sulfate de baryte.

M. Portes (2) conseille de distiller 100^{cc} de vin et de diviser le produit distillé en deux parties.

Dans l'une, on ajoute quelques gouttes d'une solution d'iodate de potassium; s'il se produit une forte coloration jaune brun, on pourra conclure à la présence d'une forte quantité d'acide sulfureux; si cette coloration ne se produit pas, on agite avec du sulfure de carbone qui se colorera en violet, s'il n'y a que des traces du corps cherché.

La deuxième portion du liquide distillé est traitée, comme il est dit ci-dessus, par une solution de chlorure de baryum bromée ou iodée.

---

(1) *Journ. de Pharm. et de Chim.*, t. XVIII, p. 307.
(2) Portes et Ruyssen, *Traité de la vigne*, t. II, p. 565.

Dosage de l'acide sulfureux. — On précipite à froid 100^cc^ de vin, par un excès de chlorure de baryum acide, le précipité de sulfate de baryte est filtré et lavé. La liqueur filtrée est additionnée d'un excès d'eau iodée, on chauffe à l'ébullition et on recueille la nouvelle portion de sulfate de baryte formé, qui, lavé, séché, incinéré et pesé, donne le poids d'acide sulfureux par litre en multipliant par 0^gr^,275, puis par 10.

Méthode de M. Haas. — Dans un ballon, muni d'un bouchon à deux trous, on introduit 100^cc^ de vin. Un des trous du bouchon donne passage à un tube de verre dont une extrémité plonge au fond du ballon, tandis que l'autre extrémité est en communication avec un appareil à acide carbonique. Dans l'autre trou pénètre un tube à dégagement, relié à un tube de Péligot, contenant 50^cc^ d'une solution de 5^gr^ d'iode pour 5^gr^,5 d'iodure de potassium. Le vin est acidulé par un peu d'acide sulfurique, et on fait passer régulièrement un courant d'acide carbonique, en chauffant lentement, jusqu'à ce que le vin soit réduit de moitié. L'acide sulfurique formé dans le tube à boules est alors dosé par les procédés ordinaires.

Acide borique et borax. — On sature 100^cc^ de vin par un léger excès de carbonate de soude, on évapore et on incinère avec précaution. Les cendres sont reprises par quelques gouttes d'acide sulfurique pur; on ajoute un peu d'alcool que l'on incorpore bien à la masse et on enflamme celui-ci. La présence de l'acide borique sera caractérisée par une belle coloration verte de la flamme.

Pour rendre la réaction plus sensible, on peut ajouter au résidu de la calcination un peu de fluorure de calcium et de bisulfate de potasse. Il suffit alors de chauffer ce mélange sur une lame de platine, pour obtenir une coloration verte de la flamme due à la formation d'une petite quantité de fluorure de bore. On peut encore chauffer la pâte dans un tube à essai et entraîner le fluorure de bore formé par un courant lent d'hydrogène ou de gaz d'éclairage qui donne une flamme présentant la coloration verte caractéristique.

Pour déceler des traces de borax ou d'acide borique, il suffit, après avoir ajouté l'acide sulfurique et l'alcool, d'introduire le mélange dans une capsule de platine à bec, que l'on recouvre de son couvercle de façon à ne laisser qu'une toute petite ouverture. On chauffe le tout, doucement, jusqu'à ce qu'on puisse enflammer la vapeur alcoolique à l'ouverture restée libre. En opérant ainsi, on évite la coloration de la flamme par les sels de chaux, de potasse et surtout de soude, qui peuvent masquer la réaction. De plus, on condense en une petite flamme la totalité de l'acide borique contenu.

M. A. Gautier conseille d'opérer à peu près de la même façon, en chauffant la solution alcoolique dans un petit ballon de verre et en enflammant les vapeurs alcooliques à l'orifice du ballon.

Dosage de l'acide borique. — Méthode de Gooch modifiée par M. Cassal. — On neutralise 100^cc^ de vin par un peu de soude, on évapore à siccité, et l'on calcine légèrement le résidu, sans chercher à obtenir des cendres blanches. Le charbon obtenu est broyé et épuisé avec de l'alcool méthylique additionné de quelques gouttes d'acide acétique et d'eau.

Le liquide est introduit dans un vase conique de 200 à 300^cc^, fermé par un bouchon et muni d'un tube passant dans un condensateur, ce tube vient déboucher au-dessus d'une capsule de platine d'environ 60^{cc}, contenant 1 à 2^{gr} de chaux récemment calcinée au rouge, le tout exactement taré.

En distillant l'alcool méthylique on entraîne l'acide borique, qui vient se fixer sur la chaux contenue dans la capsule de platine. Lorsque l'alcool méthylique a passé à la distillation, on introduit dans le vase conique 5^{cc} d'alcool méthylique neuf, et l'on recommence la distillation dans les mêmes conditions.

10 distillations successives, à raison de 5^{cc} d'alcool méthylique chaque fois, sont nécessaires pour entraîner de 0,1 à 0,3 d'acide borique.

Après s'être assuré, à l'aide du papier de curcuma, que le résidu ne renferme plus d'acide borique, on évapore l'alcool condensé dans la capsule de platine, on sèche le résidu, que l'on calcine ensuite fortement, de façon à détruire l'acétate de chaux qui a pu se former et à caustifier la chaux; puis on pèse la capsule. L'augmentation de poids correspond à l'acide borique anhydre qui s'est combiné à la chaux.

Fluoborates et Fluosilicates alcalins. — Ces antiseptiques sont employés depuis quelque temps pour faciliter surtout la conservation des vermouths et des vins (1). La faible dose à laquelle on les emploie rend leur recherche assez délicate, d'autant plus que ces sels se décomposent au rouge sombre, pour donner ou du fluorure de bore ou du fluorure de silicium, tous deux volatils. Nous les recherchons de la façon suivante : on sature 100^{cc} de vin par un excès de chaux éteinte, on évapore et on incinère. Les cendres sont reprises par de l'eau et de l'acide acétique jusqu'à réaction acide, puis on évapore à sec, on reprend par de l'eau chaude et on filtre.

Pendant la calcination, il s'est formé du fluorure de calcium et du borate de chaux soluble dans l'acide acétique, ou du silicate de chaux insoluble, restant sur le filtre avec le fluorure de calcium. La solution acétique est évaporée et on y cherche l'acide borique comme il a été dit plus haut.

Les sels insolubles sont lavés, calcinés à nouveau, et introduits avec un peu de sable dans un petit tube à essai de 4 à 5^{cm} de hauteur ; on ajoute un peu d'acide sulfurique, de façon à obtenir une pâte homogène, puis on ferme avec un bouchon donnant passage à un petit tube en U sur les branches duquel on a soufflé 2 petites boules.

On introduit une goutte d'eau dans le petit tube en U et on chauffe. Le fluorure de silicium formé se décompose au contact de l'eau, pour donner de l'acide hydrofluosilicique et de la silice gélatineuse qui se dépose sur les parois du tube. Ce dépôt de silice est très net et caractéristique. Si, d'autre part, on a trouvé de l'acide borique dans la solution acétique, la réunion des deux éléments constituants indique évidemment la présence d'un fluoborate. Dans le cas où on n'aurait pas trouvé d'acide borique, mais obtenu néanmoins du fluorure de silicium, on recommencerait l'opération, sans ajouter cette fois de sable aux insolubles, le silicate de chaux devant suffire.

(1) *Monit. scientif.*, nov 1893, t. VIII, p. 258. (Note de M. Surre, directeur du Laboratoire municipal de Toulouse.)

Acide salicylique. — On reconnaît facilement la présence de cet acide. Il suffit d'ajouter au vin suspect un peu d'acide sulfurique, quelques gouttes de perchlorure de fer assez concentré pour éliminer la majeure partie du tanin, puis d'agiter avec de l'éther.

En cas d'émulsion, on ajoute quelques gouttes d'alcool; on laisse ensuite les deux liquides se séparer par ordre de densité, puis on décante la couche inférieure à l'aide d'une boule à brome; on lave l'éther à l'eau distillée, jusqu'à ce que ce dissolvant ne soit plus acide, puis on l'évapore lentement dans une soucoupe de porcelaine. Le résidu est alors additionné de 2 à 3 gouttes d'une solution très diluée de perchlorure de fer, qui donne, s'il y a lieu, la coloration violette caractéristique du salicylate de fer.

Si la réaction était douteuse, le résidu de l'évaporation de l'éther serait repris par un peu de benzine, et on continuerait comme précédemment.

M. Portelle élimine le tanin, toujours gênant dans cet essai, en traitant 200^{cc} de vin par de la gélatine et évaporant le tout jusqu'à consistance sirupeuse, le résidu acidulé est repris par de l'éther; ce dissolvant est ensuite lavé, évaporé et traité comme ci-dessus.

Dosage de l'acide salicylique. — Procédé de M. Ch. Girard. — On agite 100^{cc} de vin acidulé avec 30 à 40^{cc} d'éther; on renouvelle cette opération trois fois; les solutions éthérées sont lavées à l'eau distillée, filtrées et évaporées à une basse température; on chauffe ensuite une heure pour chasser toute trace d'acides volatils, puis on reprend la matière sèche par 150^{cc} de benzine parfaitement neutre. On laisse digérer 24 heures, on décante avec soin et on lave le résidu avec 50^{cc} de benzine.

200^{cc} de benzine suffisent pour dissoudre la totalité de l'acide salicylique; on ajoute de l'alcool absolu pour compléter un volume de 500^{cc}, puis on titre directement avec une solution de potasse décime, en opérant sur un volume connu de liqueur.

On peut aussi doser l'acide salicylique colorimétriquement, en traitant le résidu provenant de l'épuisement à la benzine ou au chloroforme par une solution diluée de perchlorure de fer; on étend à un volume déterminé, puis on compare, l'intensité colorante obtenue, avec une série de solutions de même nature et de même volume, dont on connaît la teneur en acide salicylique.

Procédé de M. Elion (1). — Le vin est agité quatre fois avec le double de son volume d'éther. L'éther est décanté et agité avec une lessive de potasse, puis lavé à l'eau. On réunit les eaux de lavage, on les évapore au bain-marie à un faible volume, on acidule légèrement avec un peu d'acide sulfurique, puis on ajoute de l'eau de brome en excès. Après addition d'iodure de potassium et d'un peu d'empois d'amidon, on verse du sulfite de soude jusqu'à décoloration. On distille le tout dans un courant de vapeur d'eau, jusqu'à ce qu'il ne passe plus de tribromophénol; puis on enlève ce produit en agitant avec de l'éther. La solution éthérée est évaporée; on sèche le résidu sur l'acide sulfurique, et on pèse.

Abrastol. — Ce nouvel antiseptique, employé pour le traitement et la conser-

(1) *Revue int des falsifications*, 15 avril 1893, p. 137.

vation des vins, à la dose de 10gr par hectolitre, est l'éther sulfurique du β-naphtol combiné au calcium.

M. Sinibaldi(1) a proposé de rechercher cette substance dans les vins, en utilisant la belle coloration bleue que l'abrastol donne avec le perchlorure de fer, en solution très diluée. L'auteur concentre lentement 200cc de vin, et traite le résidu par 30cc d'alcool absolu qu'il évapore ensuite dans le vide. L'extrait obtenu est dissous dans l'eau, puis épuisé par 25cc d'alcool amylique, après saturation par un léger excès d'ammoniaque.

L'alcool amylique est décanté; on le filtre s'il y a lieu, et on le porte à l'ébullition dans un tube à essai, de façon à chasser l'ammoniaque qu'il contient. Après refroidissement, on ajoute 1cc d'une solution de perchlorure de fer au 1/100e et on agite. Si le vin a été abrastolisé, on obtiendra une belle coloration bleu ardoise.

Au Laboratoire municipal nous recherchons ce conservateur, en le saponifiant avec de l'acide chlorhydrique, puis caractérisant le β-naphtol régénéré. Nous opérons de la façon suivante (2) :

On concentre 200cc de vin à la moitié de son volume, on ajoute 4cc d'acide chlorhydrique pur, puis on fait bouillir très doucement pendant 40 minutes environ.

La liqueur refroidie est épuisée deux fois par 50cc de benzine, on réunit les deux portions de ce dissolvant, que l'on lave ensuite une ou deux fois à l'eau distillée, dans une boule à décantation. La benzine est filtrée, puis abandonnée à l'évaporation lente dans une capsule large et à bords peu élevés.

Le résidu est repris par 10cc de chloroforme et introduit dans un tube à essai, puis on y fait tomber un petit fragment de potasse caustique préalablement imbibé d'une goutte d'alcool absolu, pour faciliter son adhérence avec le chloroforme. Il suffit ensuite de chauffer une ou deux minutes au bain-marie à la température de l'ébullition du chloroforme pour obtenir une belle teinte bleu de Prusse, passant rapidement au vert, puis au jaune. Lorsqu'il n'y a qu'une très petite quantité d'abrastol, le chloroforme passe directement au vert. Cette réaction permet de déceler la présence de un décigramme d'abrastol par litre.

Saccharine. — On caractérise facilement la saccharine dans un vin en acidulant celui-ci par un peu d'acide sulfurique ou phosphorique, puis en épuisant par un mélange d'éther éthylique et d'éther de pétrole à volumes égaux. A l'aide d'une boule à décantation on lave ces dissolvants à l'eau distillée, puis on les fait évaporer lentement. Le résidu de l'évaporation possède une saveur sucrée caractéristique.

Si cette saveur sucrée n'est pas très nette, il y a lieu de caractériser réellement la saccharine à l'aide d'un des procédés suivants :

1° *Procédé de M. Remsen.* — Le résidu éthéré, provenant de l'épuisement, est séché à 100°, puis chauffé avec une petite quantité de résorcine et d'acide sulfurique concentré qui développent une coloration jaune rouge, puis vert foncé en même temps qu'il se dégage un peu d'acide sulfureux.

(1) *Moniteur scientif.*, t. VII, p. 844.
(2) *Comptes rendus de l'Académie des Sciences*, décembre 1893.

2° *Procédé de M. L. Schmidt.* — Le résidu de l'évaporation est repris par quelques gouttes d'une solution de soude et on évapore sur un couvercle d'argent en chauffant ensuite jusqu'à fusion pendant une demi-heure. On laisse refroidir, on sature par l'acide sulfurique; puis on recherche l'acide salicylique par la méthode ordinaire. (Il faut s'assurer au préalable que le vin n'est pas salicylé.)

3° *Procédé de M. Halphen.* — On reprend le résidu de l'évaporation par un peu de soude, puis on fait passer dans la solution un courant électrique de 4 volts pendant plusieurs heures. S'il y a de la saccharine dans la liqueur, on constate la présence d'acide sulfurique, d'acide azotique et d'un corps réduisant le nitrate d'argent ammoniacal additionné d'un peu de potasse.

Recherche de la saccharine en présence d'acide salicylique. — 1° *Procédé de M. Bruylants.* — Le résidu éthéré obtenu comme il a été dit tout à l'heure est dissous dans l'eau, neutralisé par le carbonate de soude et traité par un léger excès de nitrate de mercure : il se forme un précipité de saccharinate de mercure qu'on recueille et dessèche après lavage entre des doubles de papier à filtrer. Le produit obtenu est mis dans un tube à essai, on y ajoute deux fois son volume de résorcine, puis de l'acide sulfurique, et on continue comme dans le procédé de M. Remsen.

2° *Procédé de M. Hairs* (1). — Après évaporation du dissolvant contenant l'acide salicylique et la saccharine, on acidule le résidu par un peu d'acide chlorhydrique, puis on agite avec de l'eau de brome et on filtre; le filtratum est débarrassé de l'excès de brome en y faisant passer un courant d'air, puis agité avec de l'éther. Celui-ci, décanté et évaporé en présence d'un peu de bicarbonate de soude, abandonne la saccharine.

L'auteur utilise ainsi la propriété que possède l'acide salicylique de donner en présence de l'eau de brome un composé fort peu soluble, l'acide bromosalicylique. La précipitation est tellement complète qu'après avoir traité par l'eau de brome une solution de 0,10 d'acide salicylique, il n'a pas été possible à M. Hairs de retrouver ce corps dans le produit filtré.

La saccharine n'est pas modifiée par son contact avec le brome.

Recherche de l'alun. — Nous avons vu plus haut que la présence de l'alun dans les vins pouvait provenir ou de l'addition directe de cette substance, ou de l'emploi de colorants végétaux en contenant une quantité plus ou moins grande. Quelle qu'en soit l'origine, il est important, dans certains cas, de rechercher et même de doser l'alumine, lorsque la quantité trouvée paraît dépasser la très petite proportion (0,027 par litre, au maximum) qui peut exister normalement dans les vins.

Cette recherche est d'autant plus délicate que l'alun ne donne guère que 1/9e environ de son poids d'alumine. Il n'y a donc rien d'étonnant à ce que certaines méthodes ne permettent pas de déceler la présence de l'alun dans un vin, même lorsque celui-ci en contient 2gr par litre, car si on opère sur 200cc de vin, par exemple, on ne se trouve en présence que de 0,04 d'alumine.

Pour caractériser l'alunage, il suffit de précipiter 250cc de vin par un petit

(1) *Revue intern. des falsifications*, 15 octobre 1893.

excès d'acétate neutre de plomb, on laisse reposer et on filtre, toutes les bases se trouvent dans la liqueur filtrée à l'état d'acétates, on précipite l'excès de plomb par l'hydrogène sulfuré, on fait bouillir, on concentre et on traite par l'ammoniaque qui donnera un précipité d'alumine gélatineuse si on se trouve en présence d'un vin aluné.

L'alumine sera elle-même caractérisée en la lavant à l'eau distillée, la séchant et en l'imprégnant ensuite d'une goutte de solution de nitrate de cobalt; par la calcination de ce mélange à haute température on doit obtenir le bleu Thénard.

On peut encore chercher l'alumine en traitant les cendres provenant de l'incinération de 250^{cc} de vin par un peu d'acide chlorhydrique étendu d'eau, chauffant et filtrant; on ajoute un grand excès d'acétate d'ammoniaque à la solution, on laisse refroidir, puis on ajoute quelques gouttes d'acide acétique. Dans ces conditions le précipité de phosphate de chaux se dissout et il ne reste que le phosphate d'alumine.

Dosage de l'alumine. — 1° *Procédé de M. Lhote* (1). — On évapore 250^{cc} de vin dans une capsule de platine, jusqu'à consistance sirupeuse, puis on ajoute un peu d'acide sulfurique pur. Après incinération à basse température on obtient des cendres blanches.

Les cendres sont attaquées à chaud dans une fiole par 15^{cc} d'acide azotique, puis on ajoute 100^{cc} d'une solution de molybdate d'ammoniaque acide et on fait bouillir. Le précipité de phosphomolybdate est recueilli sur un filtre et lavé avec de l'eau légèrement nitrique. Dans la liqueur filtrée on ajoute de l'ammoniaque et du sulfure d'ammonium en excès, qui précipite l'alumine et le fer. On filtre, on lave, et on calcine dans une nacelle de platine, le tout placé dans un tube de porcelaine chauffé au rouge. On se débarrasse ensuite de l'oxyde de fer, en faisant d'abord passer un courant d'hydrogène, puis du gaz chlorhydrique sec.

Pour éliminer les traces de silice qui pourrait rester avec l'alumine, on mouille le résidu de la calcination avec un peu d'acide fluorhydrique et d'acide sulfurique, puis on chauffe au rouge; le fluorure de silicium se dégage et il reste l'alumine pure que l'on pèse.

2° *Procédé de M. Carles.* — 500^{cc} de vin sont évaporés, puis calcinés de façon à obtenir une masse charbonneuse. Ce charbon est pulvérisé, puis épuisé à chaud par de l'eau aiguisée d'acide chlorhydrique. On filtre et on traite à 100° par de la soude caustique qui dissout l'alumine, en laissant insolubles les phosphates de chaux et de magnésie; le liquide est filtré, puis additionné de chlorhydrate d'ammoniaque; par une ébullition de quelques minutes, l'alumine se sépare en totalité. Pour la purifier, on la dissout dans l'acide chlorhydrique, d'où on la précipite une seconde fois par l'ammoniaque; l'alumine est recueillie sur un filtre, lavée, séchée, calcinée et pesée. Son poids, multiplié par 9,237, puis par 2, donne la quantité d'alun par litre, calculé en alun de potasse.

3° *Procédé de M. Louvet* (2). — Cet auteur opère à peu près de la même façon, en fondant les cendres avec un peu de carbonate de soude sec. La masse fondue est épuisée par l'eau bouillante, on acidule la liqueur filtrée par l'acide chlorhydrique, puis on précipite l'alumine par un excès d'ammoniaque.

(1) *Comptes rendus de l'Acad. des sciences*, t. CIV, p. 853.
(2) *Journ. de Pharm. et de Chim.*, t. I, p. 285.

Ces deux derniers procédés donnent toujours des résultats trop forts, parce qu'une partie de l'alumine est pesée à l'état de phosphate, soluble dans les lessives de potasse et de soude étendues.

A moins de recourir au procédé de dosage de M. Lhote, qui est parfaitement exact mais malheureusement trop long, on ne peut guère doser l'alumine qu'après élimination complète de la chaux et de l'acide phosphorique.

On effectue cette séparation en précipitant d'abord la chaux en liqueur acétique, par l'oxalate d'ammoniaque, puis après filtration on précipite l'acide phosphorique à l'état de phosphate ammoniaco-magnésien. La liqueur séparée de ce précipité est évaporée, on calcine le résidu, on reprend par l'acide chlorhydrique, on ajoute du chlorhydrate d'ammoniaque et enfin on précipite l'alumine par l'ammoniaque.

Recherche de la strontiane. — Cette recherche présente quelque intérêt pour un vin supposé déplâtré au tartrate de strontiane. On fait les cendres sur 250[cc] de vin préalablement rendu alcalin par un excès de carbonate de soude. Les cendres sont fondues et épuisées par l'eau bouillante, les carbonates de chaux, de magnésie et de strontiane sont ensuite dissous dans un peu d'acide chlorhydrique, on concentre la liqueur à 1 ou 2[cc] au maximum, puis on examine au spectroscope en se servant de l'étincelle d'induction. La présence de la strontiane sera caractérisée par des raies correspondant aux longueurs d'onde suivantes, indiquées par ordre de sensibilité (1).

En première ligne. . .	Bande α.	605,8
		603,1
En deuxième ligne. . .	Bande β.	636,4
	Bande γ.	662,7
	Bande δ.	460,7
En troisième ligne. . .	Bande ε.	674,7
	Bande ς.	649,7
	Bande π.	624,3
	Bande θ.	686,7

Dosage de la strontiane. — On opère sur au moins 500[cc], et comme il a été dit précédemment, mais au lieu d'employer l'acide chlorhydrique on transforme les carbonates en azotates, on évapore la solution à sec, puis on reprend par un mélange d'alcool et d'éther qui dissout tout le nitrate de chaux. Les insolubles sont dissous dans un peu d'eau, puis on précipite le sulfate de strontiane avec les précautions habituelles.

Cette méthode nous a permis de trouver 0,033 de strontiane par litre, dans un vin qui avait été évidemment déplâtré.

Plomb. — La présence du plomb dans les vins peut provenir d'une saturation partielle des moûts acétifiés par du plomb ou de la litharge.

Cette coutume heureusement bien rare est des plus dangereuses.

Plus fréquemment, le plomb peut provenir des vases ou récipients dans lesquels on commet l'imprudence de laisser séjourner le vin, et surtout de l'habitude très répandue de nettoyer les bouteilles avec des grains de plomb, qui peuvent rester pris entre les parois rétrécies du fond de la bouteille et échapper à la vue, lors du remplissage. Nous avons constaté deux fois le fait, et trouvé des quantités relativement considérables de ce métal toxique.

---

(1) *Spectres lumineux*, par M. Lecoq de Boisbaudran (Gauthier-Villars).

On peut rechercher directement le plomb sur le vin décoloré par le noir animal, en faisant passer un courant d'hydrogène sulfuré, après avoir acidulé légèrement par un peu d'acide nitrique. Le précipité formé est recueilli et caractérisé par les réactions à l'iodure de potassium, au bichromate de potasse, etc. Mais il vaut mieux opérer sur les cendres faites dans une capsule de porcelaine et calcinées en présence d'un excès de carbonate de soude.

Cuivre. — Nous avons rencontré, au Laboratoire, un grand nombre de vins contenant des quantités très appréciables de cuivre. La présence de ce métal est facilement expliquée par les traitements cuivriques que l'on fait subir aux vignes malades; la majeure partie du cuivre est, il est vrai, précipitée dans les lies, mais il en reste souvent de petites quantités. D'autre part, les récipients dans lesquels on conserve quelquefois les vins et surtout l'introduction à demeure dans un fût d'un robinet de cuivre, sont les principales causes de la présence de ce métal dans les vins. On recherche le cuivre en concentrant 200^{cc} de vin alcalinisé par un excès de carbonate de soude, incinérant et reprenant les cendres par un peu d'acide nitrique, on filtre, on évapore, on reprend par l'eau, puis on fait passer un courant d'hydrogène sulfuré. Le précipité est recueilli et sert à caractériser le cuivre, par ses réactifs habituels : ammoniaque, ferrocyanure de potassium, etc.

On peut encore rechercher le cuivre par électrolyse en employant l'appareil de M. Riche; il suffit de concentrer le vin au 1/10e de son volume en présence d'un peu d'acide sulfurique, de filtrer et de soumettre la liqueur à l'action d'un courant électrique de 2 volts, le cuivre se dépose sur la lame de platine placée au pôle négatif.

Un autre procédé permet de déceler la présence du plomb, du cuivre et du mercure. Il suffit de réunir un fil d'aluminium et un fil de platine par leurs extrémités, de façon que le point de réunion soit en dehors du liquide à examiner. Puis on plonge ce double fil dans le vin légèrement acidulé. 12 heures après, le métal est entièrement déposé sur le fil de platine, on lave celui-ci avec un peu d'eau distillée, puis on l'expose quelques minutes aux vapeurs de brome. Le fil de platine est agité à l'air pour le débarrasser du brome en excès, puis on le passe légèrement sur un papier imprégné d'une solution d'iodure de potassium; il se produira pour le plomb une traînée jaune d'iodure, pour le mercure une traînée rouge de biodure.

Dans le cas où on n'aurait obtenu aucun résultat, on caractériserait le cuivre précipité à l'aide des réactifs appropriés.

Zinc. — Nous avons quelquefois constaté la présence du zinc dans certains vins. Ce métal provenait évidemment de seaux, de brocs ou d'autres récipients.

Le zinc est recherché dans la solution provenant du traitement à l'hydrogène sulfuré : il suffit d'ajouter de l'acétate de soude, puis de chauffer légèrement, le précipité est recueilli et on s'assure soigneusement qu'il n'est pas uniquement formé de soufre; à cet effet, on le calcine, et s'il y avait primitivement une petite quantité de sulfure de zinc, on obtiendra l'oxyde de zinc caractéristique, devenant jaune à chaud et blanc à froid. On peut encore calciner l'oxyde en présence d'une trace de nitrate de cobalt, qui donnera une belle coloration verte.

Arsenic. — L'arsenic peut être introduit dans les vins, soit par l'addition des acides chlorhydrique ou sulfurique du commerce, soit par l'emploi de glucose impur, soit enfin par l'usage de matières colorantes arsenicales.

On recherche l'arsenic en traitant le vin, préalablement desséché au bain-marie, par un mélange de 2^{gr} d'acide sulfurique pour 30^{gr} d'acide nitrique. On chauffe lentement le résidu avec un excès d'acide sulfurique et de bisulfate de potasse, jusqu'à ce qu'il n'y ait plus de vapeurs nitreuses. Après avoir étendu d'eau et filtré, on précipite l'arsenic en faisant passer un courant d'hydrogène sulfuré dans la liqueur tiède et additionné de quelques gouttes d'une solution d'acide sulfureux. Le sulfure d'arsenic est ensuite dissous par digestion dans de l'eau contenant du carbonate d'ammoniaque. La solution filtrée et évaporée laisse du sulfure d'arsenic qui est oxydé par un peu d'acide nitrique fumant, puis chauffé un instant avec de l'acide sulfurique concentré jusqu'à disparition de vapeurs nitreuses, et enfin introduit dans l'appareil de Marsh.

RECHERCHE DES MATIÈRES COLORANTES ARTIFICIELLES

Méthode suivie au Laboratoire municipal.

1° Colorants dérivés de la houille.

Le vin est légèrement alcalinisé par un petit excès d'ammoniaque et agité avec environ 15^{cc} d'alcool amylique parfaitement incolore pour 50^{cc} de vin. Deux cas peuvent se présenter :

a) *L'alcool amylique n'est pas coloré.* — On décante ce dissolvant à l'aide d'une boule à brome, on le lave à l'eau distillée, on le filtre, puis on l'acidule par quelques gouttes d'acide acétique; si l'alcool amylique reste incolore, il n'y a pas de colorant de la houille (exception est faite pour le sulfo de fuchsine qui est l'objet d'une recherche spéciale); s'il y a une coloration, il y a un dérivé basique.

Pour caractériser ce colorant, on évapore l'alcool amylique au bain-marie en présence d'un mouchet de soie et d'eau distillée. On surveille l'évaporation, et lorsque le contenu de la capsule ne dégage plus l'odeur désagréable de l'alcool amylique, on retire le mouchet de soie qui servira de contrôle à la réaction ultérieure et on continue l'évaporation jusqu'à ce que le résidu soit parfaitement sec; on fait refroidir et on fait tomber sur le résidu une goutte d'acide sulfurique pur et concentré, en observant attentivement la coloration obtenue.

Coloration	*jaune brun*,	par addition d'eau, la liqueur devient	rose.	Fuchsine.
—	*verte*,	— —	bleue, puis rouge.	Safranine.
—	*bleu noir*,	— —	rouge	Rouge de Magdala.

La présence des colorants basiques est décélée encore plus facilement en saturant le vin par l'eau de baryte et en agitant avec l'éther acétique.

b) *L'alcool amylique est coloré.* — Si le dissolvant est coloré en violet franc et si l'ammoniaque a coloré le vin en violet plus ou moins intense, il y a lieu de rechercher particulièrement l'orseille (V. aux Colorants végétaux).

L'alcool amylique coloré est décanté, lavé, filtré, mis à évaporer comme précédemment avec un mouchet de soie, et le résidu traité par l'acide sulfurique concentré.

La coloration obtenue par ce réactif permettra, à l'aide du tableau ci-dessous, de reconnaître le colorant employé :

COLORATION PRODUITE PAR L'ACIDE SULFURIQUE	PAR ADDITION D'EAU LA COULEUR DEVIENT	NATURE DU COLORANT
Violet Parme. . . .	Rouge sale.	Roccelline. Acide diazonaphtylsulfureux sur β-naphtol.
Marron.	Ne change pas.	Fond rouge. Résorcine sur diazodinitrophénol.
Bleue.	Violette, puis rouge.	Rouge. Bordeaux B et R Diazonaphtaline et sels sulfoconjugués de β-naphtol.
Cramoisie.	Ne change pas	Rouge. Ponceaux R. Diazoxylène et sels sulfoconjugués de β-naphtol (1).
Id.	Id.	Rouge. Ponceaux RR et RRR. Dérivés des homologues supérieurs de la xylidine.
Vert foncé	Bleue, puis violette, puis rouge.	Rouge de Biebrich avec les dérivés sulfoconjugués dans le noyau benzique.
Bleue.	Violette, puis rouge.	Rouge de Biebrich avec les dérivés sulfoconjugués dans les deux groupes.
Violette.	Rouge	Rouge de Biebrich avec les dérivés sulfoconjugués dans le groupe naphtol.
Violet rouge	Orangé.	Tropéoline 000 ou Orangé I. Acide diazophénylsulfureux et naphtol-α.
Rouge carmin . . .	Orangé.	Orangé II. Acide diazophénylsulfureux et naphtol-β.
Brun jaune.	Ponceau.	Orangé III (Hélianthine). Acide diazophénylsulfureux sur diméthylaniline.
Violette.	Violet rouge	Tropéoline 00 ou Orangé IIII. Acide diazophénylsulfureux sur diphénylamine.
Jaune orangé. . . .	Ne change pas.	Tropéoline 0 ou Chrysoïne. Acide diazophénylsulfureux et résorcine.
Jaune.	Id.	Eosine B et Eosine JJ. Dérivé tétrabromé de la fluorescéine.
Id.	Id.	Safrosine (Nitrobromofluorescéine).
Id.	Id.	Ethyléosine.
Bleue.	Rouge	Crocéine 3 B. Isomère du diazobenzolnaphtol.
Brun jaune à chaud.	Id.	Erythrosine.

(1) Les ponceaux sont assez difficilement solubles dans l'alcool amylique en liqueur ammoniacale, il faut alors prendre une plus grande quantité d'alcool amylique et faire plusieurs épuisements successifs.

Si la réaction n'était pas très nette, on opérerait sur le mouchet de soie parfaitement lavé et bien sec.

Recherche du sulfo de fuchsine. — Après s'être assuré que le vin ne contenait pas de dérivés basiques ou acides, on recherche ce colorant par l'un des procédés suivants :

1° *Procédé de M. Ch. Girard.* — A 10^{cc} de vin à essayer on ajoute 2^{cc} de potasse à 5 p. 100, le liquide doit devenir franchement vert ; quand cette coloration ne se produit pas il faut ajouter encore de la potasse.

Lorsque la liqueur est bien verte, on l'additionne de 4^{cc} d'acétate mercurique à 10 p. 100, on agite et on filtre.

La liqueur filtrée doit être alcaline et parfaitement incolore; si après acidulation par un petit excès d'acide sulfurique étendu la liqueur reste incolore, on peut conclure à l'absence du sulfo de fuchsine; si, au contraire, elle se colore en rouge légèrement violacé et si par l'essai à l'alcool amylique on n'a pas trouvé d'autres colorants de la houille, on conclura à la présence du sulfo de fuchsine.

On vérifiera la nature de ce colorant en traitant la solution par un excès d'ammoniaque qui doit la décolorer complètement. La bande d'absorption du sulfo de fuchsine, facile à observer à l'aide d'un petit spectroscope de poche, est caractéristique. (Voir plus loin la méthode de MM. Ch. Girard et Pabst)

2° *Modification de M. Bellier.* — Le vin est traité par une solution d'acétate mercurique à 10 p. 100, jusqu'à ce que la laque formée ne change plus de couleur; on ajoute un petit excès de magnésie de façon à obtenir une liqueur alcaline, puis on porte à l'ébullition et on filtre. Le liquide filtré est ensuite examiné comme ci-dessus. La présence du sulfo de fuchsine est encore caractérisée en ajoutant à 20^{cc} de vin 40^{cgr} d'oxyde jaune de mercure fraîchement précipité et faisant bouilir. La liqueur filtrée est rouge un peu violacé.

L'oxyde jaune de mercure peut être remplacé par 20^{gr} de bioxyde de manganèse, on agite, on laisse reposer quelques heures, puis on filtre.

Au liquide filtré on ajoute un peu d'acide tartrique, quelques fibres de laine, et on fait bouillir. La laine, abandonnée dans le bain de teinture jusqu'à complet refroidissement, fixe presque totalement le sulfo de fuchsine.

Recherche du Bordeaux verdissant. — Ce produit est un mélange de bleu de méthylène, de sulfo de fuchsine et d'orangé à la diphénylamine, qui possède la propriété de verdir en présence de l'ammoniaque (le sulfo de fuchsine étant décoloré par ce réactif, il ne reste plus que le bleu de méthylène et l'orangé qui donnent du vert).

Pour reconnaître la présence de ce colorant, on recherche d'abord l'orangé de diphénylamine par l'alcool amylique, puis le sulfo de fuchsine à l'aide de l'acétate mercurique. Il n'y a plus ensuite qu'à rechercher le bleu de méthylène, on y arrive facilement en faisant bouillir un flocon de coton-poudre dans le vin suspecté. Après une ébullition de dix minutes environ, le coton-poudre est retiré et soigneusement lavé à grande eau : s'il est coloré en bleu, la présence du bleu de méthylène ne présente plus aucun doute.

2° Colorants végétaux.

On procède à cette recherche après s'être assuré que le vin suspect ne contenait aucun colorant dérivé de la houille.

La recherche des matières colorantes végétales est plus délicate ; aussi ne devra-t-on conclure à leur présence que lorsque les réactions obtenues à l'aide du tableau ci-après seront parfaitement nettes.

RÉACTIONS QUE PRÉSENTENT LES CÉPAGES NATURELS ET LES VINS ADDITIONNÉS DE MATIÈRES COLORANTES VÉGÉTALES OU ANIMALES

CÉPAGES	CRAIE ALBUMINÉE (1) — On dépose 3 gouttes de vin sur la craie bien grattée. La tache est déposée à l'abri de la lumière et examinée au bout de 2 heures.	BORAX A 10 P. 100 — 5cc de vin. 5cc de réactif.	ACÉTATE D'ALUMINE A 10 P. 100 (2) — 5cc de vin. 5cc de réactif.	CARBONATE DE SOUDE A 0,25 P. 100 — 1cc de vin. 10cc de carbonate.		ALUN ET CARBONATE DE SOUDE — 1cc de carbonate à 10 p. 100. 3cc d'alun à 10 p. 100. Ajouter au précipité 4cc de vin exactement saturé.	
				Réactions à froid.	A l'ébullition.	Couleur de la laque.	Couleur du liq. filtré.
Jacquez . . . . . . (La couleur du vin est très intense un peu violacée.)	Violet intense, puis bleu indigo, auréole indigo sale, puis bleu verdâtre, enfin gris vert avec auréole grise.	Violet, gris violacé en couche mince.	Violet pur.	Violet.	Vert marron dichroïque, vert bouteille en couche mince.	Bleu foncé.	Bleu violacé, devient violet à chaud.
Aramon . . . . . . (La couleur du vin est rose clair, peu intense.)	Tache gris franc intense, auréole verdâtre.	Gris vert bouteille peu intense.	Ne change pas.	Violet pâle.	Vert pâle.	Vert pomme.	Vert franc tendre, devient brun jaune à chaud.
Petit Bouschet . .	Tache peu intense, gris passant au violet rose terne.	Lilas en épaisseur, gris verdâtre en couche mince.	Rose violacé vif.	Lilas.	Vert roux dichroïque puis gris verdâtre.	Vert bleuâtre tendre à reflet rosé.	Violacé, par un excès de carbonate, devient gris fer brun.
Carignane. . . . . (La couleur du vin est rouge, assez intense.)	Tache violacée, auréole gris clair.	Gris fer verdâtre	Un peu plus rose.	Gris un peu violacé.	Gris marron.	Vert clair, bords bleuâtres.	Gris verdâtre, passant par les acides au rose jaune vif.
Vin naturel . . . . (Provenant de cépages autres que ceux ci-dessus.)	Tache bleu verdâtre, gris bleu, gris clair, gris ardoisé.	Gris bleuâtre fleur de lin.	Lilas vineux.	Gris verdâtre, verdâtre ou vert bleuâtre.	La couleur s'assombrit et devient gris marron.	Vert bleuâtre ou vert d'eau.	Vert bouteille.

(1) Les taches obtenues sur la craie albuminée seront en général suspectes, lorsqu'elles présenteront des tons roses, rouges, violets ou mauves.
(2) Ce réactif est obtenu en précipitant 1vol de solution d'alun à 10 p. 100 par 1vol,5 d'acétate de plomb également à 10 p. 100, on laisse en contact et on filtre.

RÉACTIONS QUE PRÉSENTENT LES CÉPAGES NATURELS ET LES VINS ADDITIONNÉS DE MATIÈRES COLORANTES VÉGÉTALES OU ANIMALES (*Suite*).

NATURE DU COLORANT	CRAIE ALBUMINÉE — On dépose 3 gouttes de vin sur la craie bien grattée. La tache est déposée à l'abri de la lumière et examinée au bout de 2 heures.	BORAX A 10 P. 100 — 5cc de vin. 5cc de réactif.	ACÉTATE D'ALUMINE A 10 P. 100 — 5cc de vin. 5cc de réactif.	CARBONATE DE SOUDE A 0,25 P. 100 — 1cc de vin. 10cc de carbonate.		ALUN ET CARBONATE DE SOUDE — 1cc de carbonate à 10 p. 100. 3cc d'alun à 10 p. 100. Ajouter au précipité 4cc de vin exactement saturé.	
				Réactions à froid.	A l'ébullition.	Couleur de la laque.	Couleur du liq. filtré.
Orseille.	Rose violacé.	Teinte qu'on obtient avec les vins naturels.	Ne change pas.	Vert bleuâtre légèrement violacé.	*Devient plus violet.*	Gris violacé.	*Rose violacé, devient nettement violet* par excès de réactif.
Cochenille.	Rose.	Lilas.	Lilas vineux.	Gris avec une légère teinte lilas.	Gris un peu plus rosé.	*Bleu violacé.*	*Rose lilas ne disparaissant pas à l'ébullition.*
Campêche	Gris violacé.	Gris bleu de lin légèrement teinté de marron.	Lilas ou *violet bleu.*	Légèrement violacé.	*Devient violet pur.*	Vert bleuâtre, devenant violacée par exposition à l'air.	Vert bouteille, devient violet à l'ébullition.
Fernambouc. . . .	Gris.	Lilas vineux.	Rosée ou rouge pelure d'oignon.	Lilas brun.	*Grenat.*	*Lilas, devenant rose roux.*	Gris marron.
Rose trémière. . .	Bleu verdâtre.	Gris bleu verdâtre.	*Violet bleu.*	Vert bleuâtre.	Se décolore en partie, devient verdâtre mêlé de gris.	Vert bleuâtre.	Vert bouteille.
Maqui.	Bleu gris.	Brun jaune.	*Violette.*	Vert olive.	*Jaune.*	Bleu gris.	Presque incolore, *mais jaunissant à chaud.*
Sureau	Gris verdâtre.	Lilas ou gris bleu verdâtre.	*Violet bleu* ou lilas franc.	Vert assombri, légère teinte lilas.	Gris verdâtre.	*Bleu violacé.*	Vert bouteille.
Myrtille	Gris légèrement marron.	Lilas gris.	*Violet bleu.*	Jaunâtre, avec une pointe de *lilas ou de rose.*	Gris foncé.	Bleu verdâtre un peu rosée sur les bords.	Vert bouteille avec une pointe de marron.
Phytolacca.	Gris bleu.	Lilas ou gris bleuâtre avec une pointe de lilas.	Lilas vineux.	*Lilas violacé.*	Gris jaune, devenant marron.	Vert bleuâtre, légèrement violacé.	*Lilas se décolore à l'ébullition.*

Réactions spéciales de certaines matières colorantes. — Le *campêche* se reconnaît facilement en agitant le vin avec son volume d'éther. La solution éthérée évaporée, reprise par un peu d'eau et traitée par 1 ou 2 gouttes d'ammoniaque étendue, donne une couleur rouge foncé.

Une portion du résidu d'évaporation chauffé avec une trace de bichromate de potasse un peu acidulé donne une coloration bleu noir.

L'*orseille*, agitée avec de l'alcool amylique en liqueur ammoniacale, colore ce dissolvant en violet bleu, qui, évaporé et traité par une goutte d'acide sulfurique concentré, donne une liqueur rouge, devenant bleu violacé par un excès d'ammoniaque.

L'orseille se dissout en jaune dans l'éther; en ajoutant ensuite quelques gouttes d'ammoniaque à l'éther décanté, on obtient une coloration violette.

La *cochenille* se dissout un peu dans l'éther. La solution éthérée agitée avec une goutte d'ammoniaque devient rouge carmin. La présence de ce colorant se reconnaît facilement par l'alun, à la couleur bleu violacé de la laque et à la couleur rose de la liqueur filtrée. Ce rose ne disparaît pas par l'ébullition, ce qui distingue la cochenille du phytolacca.

Le *phytolacca* donne avec l'alun et le carbonate de soude à peu près la même laque que la cochenille, mais la couleur rose du liquide filtré disparaît à l'ébullition.

Le *maqui* se reconnaît par l'acétate d'alumine, le carbonate de soude au 1/400' bouillant, et par l'essai au sulfate de cuivre à 10 p. 100 (100^cc^ de vin, 9^cc^ d'eau, 3^cc^ de réactif) qui donne une coloration bleue.

D'après M. l'abbé P. Prax, un vin coloré au maqui se reconnaît par l'essai suivant : le vin est étendu de 2 à 3^vol^ d'eau jusqu'au brun rouge clair, puis additionné de quelques gouttes d'alun et de molybdate d'ammoniaque en solution neutre. Un vin naturel prend une teinte *rosée*, le jacquez donne une couleur *rouge violacé*, et le maqui une coloration *grenat clair*.

Le *myrtille* se distingue aisément par la coloration *violette* avec l'acétate d'alumine et avec le sulfate de cuivre préparé comme il a été dit plus haut.

La *rose trémière* se reconnaît par l'acétate d'alumine qui donne une *coloration violette*, et par le sulfate de cuivre qui donne une coloration *bleu pur*.

Le *sureau* donne, avec l'acétate d'alumine et avec l'alun et le carbonate de soude, des réactions caractéristiques; en présence d'alun et de molybdate d'ammoniaque, il donne une coloration *violette*.

Le *fernambouc* se reconnaît aisément par les réactions du carbonate de soude, du borax et la coloration lilas de la laque d'alumine.

Nous donnons ci-dessous trois autres méthodes, pouvant être employées dans la recherche des matières colorantes étrangères au vin.

1° *Méthode de M. Froehse pour la reconnaissance des colorants de la houille* (1).

La solution étendue et neutre du colorant est traitée par une solution saturée de sulfate de cuivre.				
Par une goutte de réactif, coloration jaune franc. On ajoute à la liqueur primitive une solution concentrée de soude, la liqueur	*Ne change pas.* On ajoute à la liqueur primitive de l'acide sulfurique concentré, la liqueur	*Reste rouge*.		*Ponceau.*
		Devient violette, bleue ou verte. On ajoute à la liq. primitive de l'acide chlorhydrique concentré, la liqueur	*Ne change pas*. . .	*Rouge soluble.*
			Jaunit. .	*Roccelline.*
	Change (s'affaiblit ou fonce en couleur sale). On ajoute à la liqueur primitive de l'acide sulfurique concentré, la liqueur devient	*Rouge ou violette, plus ou moins rouge* . . .		*Pourpre.*
		Bleue ou violet bleu. .		*Rouge Bordeaux ou Cérosine.* *Violet 1* (de Vignon).
Après plusieurs gouttes, *coloration douteuse* (vineuse, couleur sale), on ajoute à la liqueur primitive une solution concentrée de soude, la liqueur	*Devient violette;* par acide sulfurique concentré, la liqueur primitive devient bleue. .			*Rouge, Orseille.*
	Devient vineuse, rouge sale foncé; par l'acide sulfurique concentré, la liqueur primitive devient violette.			*Crocéines.* *Ponceau A.*
Dès la première goutte de réactif, *coloration violette*. On ajoute à la liqueur primitive une solution concentrée de soude, la liqueur	Se *décolore* ou *jaunit*. On ajoute à la liqueur primitive de l'acide chlorhydrique concentré, la liqueur	*Reste rouge*, devient plus violette, puis s'affaiblit par un excès. .		*Fuchsine sulfoconjuguée.* *Fuchsine.*
		Est décolorée ou *jaunit*.		*Grenat, Grenadine, Cerise.* *Rosaniline.*
	Reste rouge, la liqueur primitive est traitée par l'acide sulfurique concentré, la liqueur devient	*Incolore* ou *jaune* . . .		*Éosine.* *Primerose, Erythrosine.*
		Violette, puis verte . .		*Safranine.*
	Devient violette. On ajoute à la liqueur primitive de l'acide chlorhydrique concentré, la liqueur devient	*Bleue, verte* par trop grand excès		*Écarlate* (diazosulfoamidoazobenzol sur sulfonaphtol α ou β. *Rouge de Biebrich.*
		Décolorée.		*Rose bengale*, dérivé de la naphtylamine.
		Ne change pas.		*Rose de naphtaline* (naphtylamine sur amidoazonaphtaline)

(1) Ce tableau est extrait de l'ouvrage de M. Monavon, *Coloration artificielle des vins*, p. 146.

2° *Méthode de M. Cazeneuve* (1).

10^cc^ de vin sont additionnés de 20^gr^ d'oxyde jaune de mercure finement pulvérisé. On amène le liquide à l'ébullition et on filtre sur un double filtre. La liqueur passe :

- *Incolore* après acidification. 10^cc^ de vin sont additionnés de 10^gr^ de peroxyde de fer gélatineux et portés à l'ébullition. Le liquide filtré est
  - Incolore. 10^cc^ de vin sont additionnés de 2^gr^ d'hydrate stanneux et portés à l'ébullition. La liqueur est
    - Incolore. — *Vin pur. Vin coloré par les pigments végétaux.*
    - Colorée. — *Cochenille.*
  - Coloré.
    - En rose fluorescent . . . . *Eosine.*
    - En rose non fluorescent . . *Erythrosine.*
- Après acidification ou non, la liqueur passe colorée en :
  - *Rouge.* 10^cc^ de vin sont traités à l'ébullition par 2^gr^ d'hydrate de peroxyde de plomb. Le liquide filtré est
    - Incolore.
      - La liqueur précédente est décolorée par l'ammoniaque. On a ajouté au vin son poids de peroxyde de manganèse. On filtre et acidifie le liquide qui devient
        - Incolore ou jaunâtre. — *Fuchsine.*
        - Jaune rosé ou rouge. — *Sulfofuchsine.*
      - La liqueur précédente n'est pas modifiée par l'ammoniaque. On rend acide et l'on teint sur laine. Les fibres sont lavées, essorées et traitées par l'acide sulfurique pur et concentré qui colore en
        - Violet pourpre. — *Roccelline.*
        - Violet bleu. . . — *Rouge pourpre.*
        - Bleu. . . . . . — *Rouge Bordeaux.*
        - Cramoisi. . . . — *Ponceaux.*
        - Vert pré. . . . — *Ecarlate de Biebrich.*
        - Bleu indigo . . — *Crocéine 3 B.*
        - Violet. — *Crocéine 7 B.*
    - Coloré en rouge . . . . *Safranine.*
  - *Jaune.* 10^cc^ de vin sont traités à chaud par 2^gr^ d'hydrate de plomb. On filtre, le liquide passe :
    - Coloré en *rouge.* On teint quelques brins de laine que l'on traite après lavage et essorage par l'acide sulfurique concentré et pur qui donne une coloration
      - *Rouge fuchsine* — *Tropéoline* OOO 1 et 2. *Orangé* 1 et 2. Poirrier. *Tropéoline* O. *Chrysoïne.*
      - *Orangé brun.* . . — *Tropéoline y.*
      - *Jaune orangé.* . / *Violet rouge.* . . — *Tropéoline* OO (Orangé IV)
      - *Brun jaune* . . — *Hélianthine* (Orangé III).
    - Coloré en *jaune.* On ajoute un grand excès d'hydrate de plomb. On fait bouillir, la liqueur est
      - Incolore, la laine teinte traitée par l'acide sulfurique concentré est
        - *Brun jaunâtre.* — *Chrysoïne.*
        - *Brune.* . . . . . — *Vésuvine.*
        - *Jaune, devenant rouge saumon par l'eau.* — *Jaune solide.*
        - *Bleu vert.* . . . — *Jaune N.*
      - Colorée en jaune mais atténuée. La laine teinte traitée par l'acide sulfurique concentré est
        - *Brun jaune* . . — *Jaune* NS.
        - *Jaune d'or.* . . — *Jaune de Martius.*
  - *Bleu.* Le vin étant bouilli avec du fulmi-coton, celui-ci
    - Se colore en bleu. L'ammoniaque ajoutée au vin, débarrassée par l'oxyde jaune du colorant naturel, précipite la solution *bleue* en *violet rouge.* — *Bleu de méthylène.*

(1) Ce tableau est emprunté à l'ouvrage de M. Gautier, *la Sophistication des vins*, p. 258 et 259.

3° *Méthode de MM. Ch. Girard et Pabst, basée sur la détermination des spectres d'absorption des matières colorantes.*

L'examen spectroscopique se fait à l'aide d'un petit spectroscope de poche et de petits tubes à essai, remplaçant les cuvettes des spectroscopes ordinaires.

L'image visible du spectre est circonscrite entre les raies A et G.

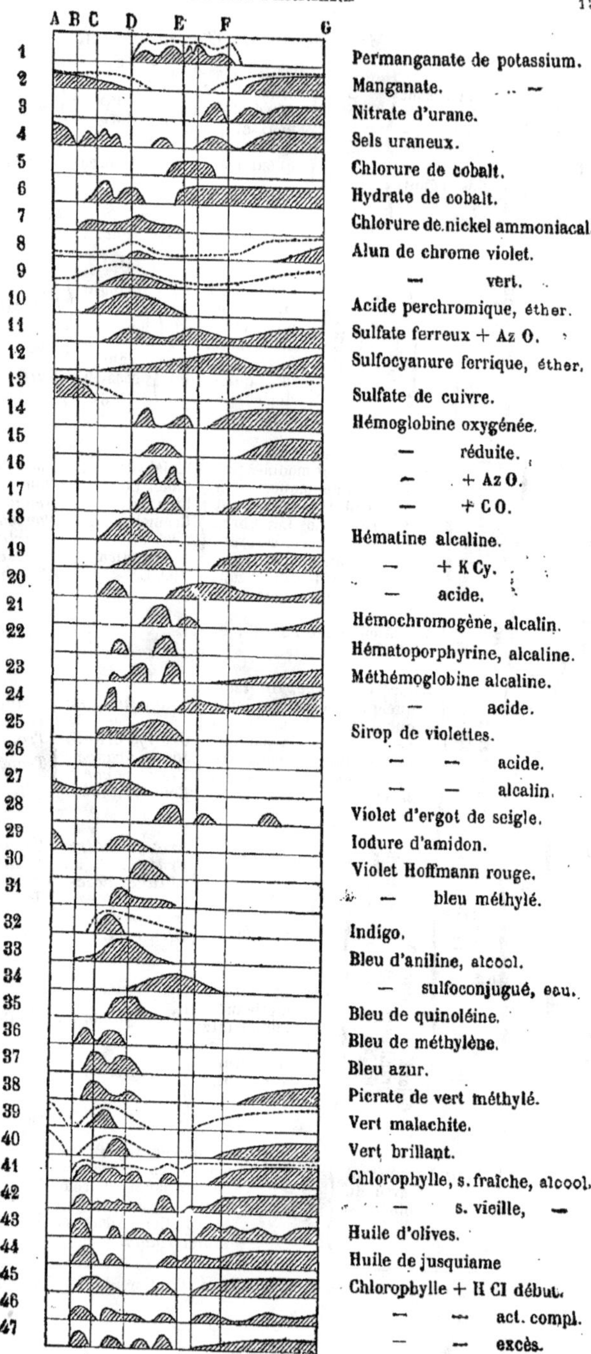

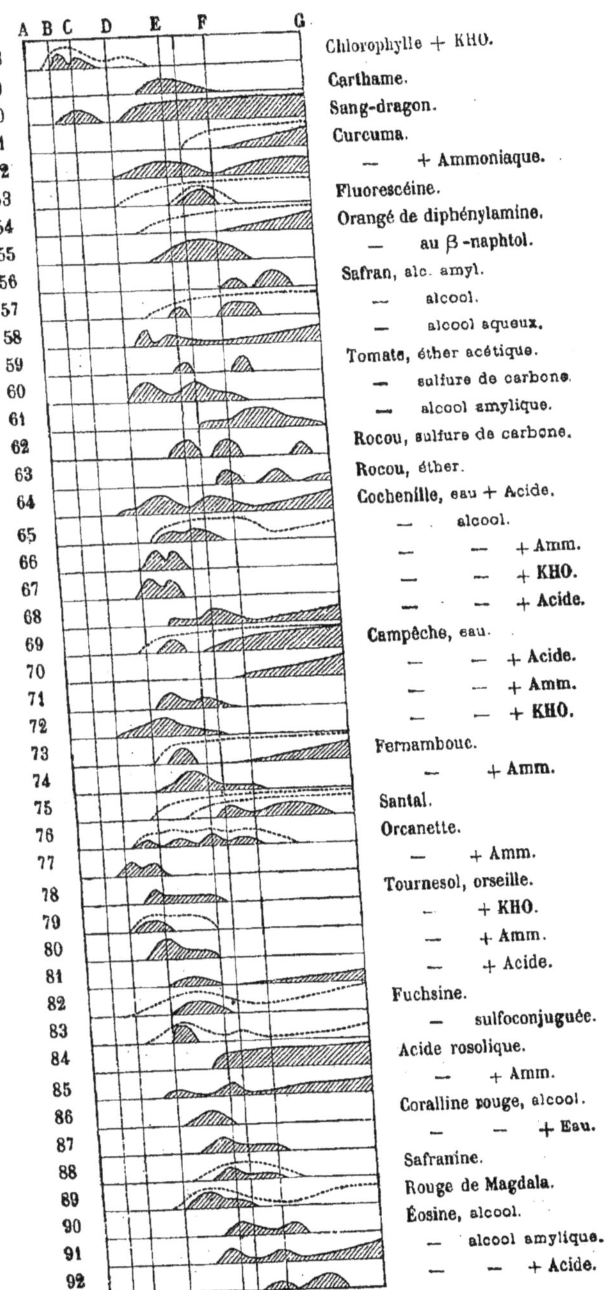
A B C D E F G
48 Chlorophylle + KHO.
49 Carthame.
50 Sang-dragon.
51 Curcuma.
52 — + Ammoniaque.
53 Fluorescéine.
54 Orangé de diphénylamine.
55 — au β-naphtol.
56 Safran, alc. amyl.
57 — alcool.
58 — alcool aqueux.
59 Tomate, éther acétique.
60 — sulfure de carbone.
61 — alcool amylique.
62 Rocou, sulfure de carbone.
63 Rocou, éther.
64 Cochenille, eau + Acide.
65 — alcool.
66 — — + Amm.
67 — — + KHO.
68 — — + Acide.
69 Campêche, eau.
70 — — + Acide.
71 — — + Amm.
72 — — + KHO.
73 Fernambouc.
74 — + Amm.
75 Santal.
76 Orcanette.
77 — + Amm.
78 Tournesol, orseille.
79 — + KHO.
80 — + Amm.
81 — + Acide.
82 Fuchsine.
83 — sulfoconjuguée.
84 Acide rosolique.
85 — + Amm.
86 Coralline rouge, alcool.
87 — — + Eau.
88 Safranine.
89 Rouge de Magdala.
90 Éosine, alcool.
91 — alcool amylique.
92 — — + Acide.

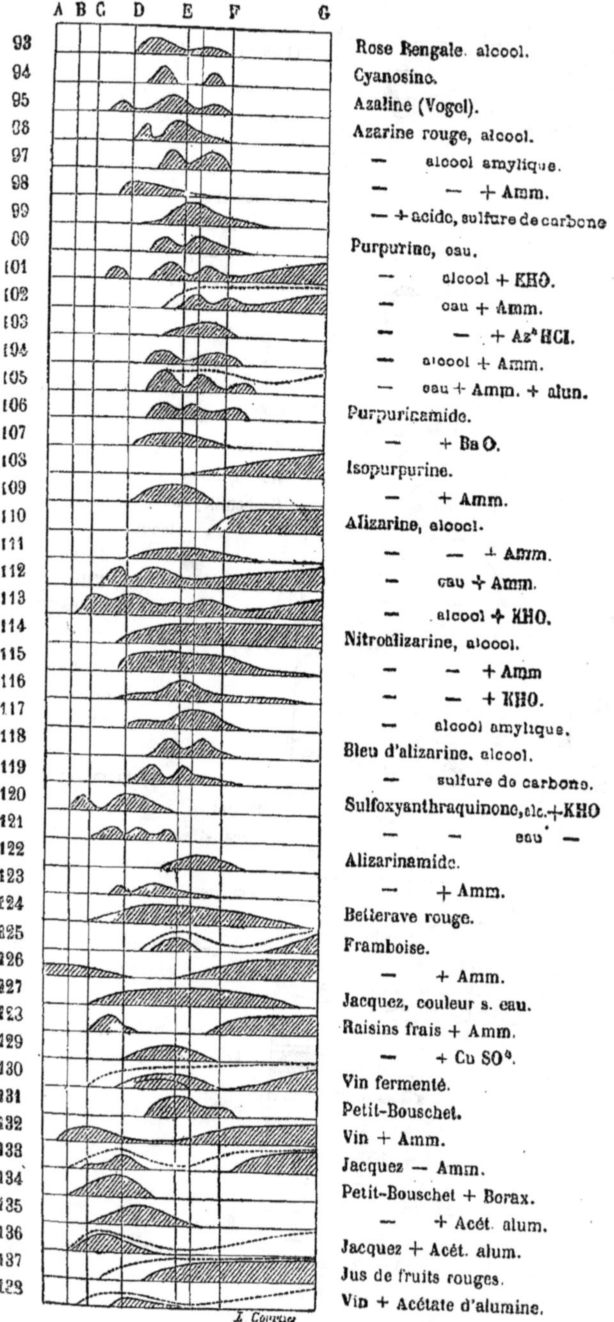
A B C D E F G
93 Rose Bengale. alcool.
94 Cyanosine.
95 Azaline (Vogel).
96 Azarine rouge, alcool.
97 — alcool amylique.
98 — — + Amm.
99 — + acide, sulfure de carbone
100 Purpurine, eau.
101 — alcool + KHO.
102 — eau + Amm.
103 — — + Az³HCl.
104 — alcool + Amm.
105 — eau + Amm. + alun.
106 Purpurinamide.
107 — + BaO.
108 Isopurpurine.
109 — + Amm.
110 Alizarine, alcool.
111 — — + Amm.
112 — eau + Amm.
113 — alcool + KHO.
114 Nitroalizarine, alcool.
115 — — + Amm
116 — — + KHO.
117 — alcool amylique.
118 Bleu d'alizarine. alcool.
119 — sulfure de carbone.
120 Sulfoxyanthraquinone, alc. + KHO
121 — — eau —
122 Alizarinamide.
123 — + Amm.
124 Betterave rouge.
125 Framboise.
126 — + Amm.
127 Jacquez, couleur s. eau.
128 Raisins frais + Amm.
129 — + Cu SO⁴.
130 Vin fermenté.
131 Petit-Bouschet.
132 Vin + Amm.
133 Jacquez — Amm.
134 Petit-Bouschet + Borax.
135 — + Acét. alum.
136 Jacquez + Acét. alum.
137 Jus de fruits rouges.
138 Vin + Acétate d'alumine.
J. Cormier

Les colorants ajoutés frauduleusement au vin, surtout les colorants dérivés de la houille, se précipitent au bout d'un certain temps. MM. Cazeneuve et Monavon attribuent cette précipitation à la présence de microphytes développés au sein des vins malades (1). Indépendamment de l'action de ces êtres organisés, le travail chimique que les vins subissent lentement, favorise aussi la précipitation et même la disparition des matières colorantes artificielles.

L'expert devra toujours avoir soin d'examiner à part les lies ou les dépôts qui peuvent, dans certains cas, contenir plus de colorant que le vin lui-même.

INSTRUCTION PRATIQUE POUR L'ANALYSE DES VINS ET LA DÉTERMINATION DU MOUILLAGE DANS LES LABORATOIRES DE L'ÉTAT EN FRANCE

(Publiée par le Comité consultatif des arts et manufactures.)

« *a*) **Richesse alcoolique.** — Les divers ébullioscopes pourront être utilisés pour faire un examen sommaire, mais dans les cas litigieux on devra toujours avoir recours à la distillation pratiquée sur une quantité suffisante de liquide (300^{cc} au moins) pour permettre l'emploi d'alcoomètres poinçonnés.

« La lecture sera faite en haut du ménisque. Les liquides devront être préalablement neutralisés.

« *b*) **Poids de l'extrait sec.** — On évaporera au bain-marie d'eau bouillante, 20^{cc} de vin placés dans une capsule de platine à fond plat, de diamètre tel que la hauteur du liquide ne dépasse pas 1^{cm}. La capsule sera plongée dans la vapeur; elle émergera seulement de 1^{cm} de la plaque sur laquelle elle sera supportée. Les capsules devront être placées sur le bain préalablement porté à l'ébullition et l'évaporation sera continuée pendant 6 heures.

« *c*) **Poids des cendres.** — Le résidu de l'évaporation précédente sera inciné à basse température, de façon à brûler le charbon sans fondre les cendres ni volatiliser les chlorures.

« *d*) **Acidité.** — On fera usage d'une liqueur alcaline titrée, convenablement étendue, après avoir eu le soin de porter préalablement le liquide jusqu'à l'ébullition dans le but de chasser l'acide carbonique qu'il pourrait contenir. On arrêtera l'addition de la liqueur alcaline lorsque le précipité qui se forme dans le vin sera persistant. L'acidité sera exprimée en acide sulfurique.

« *e*) **Sucre.** — Le vin, préalablement décoloré par une addition ménagée de sous-acétate de plomb, sera essayé à la liqueur cupropotassique d'après la méthode connue. L'examen polarimétrique sera pratiqué s'il y a lieu.

(1) *Journal de Ph. et de Ch.*, t. XXI, p. 339.

« *f*) **Dosage du sulfate de potasse.** — On procédera à un essai sommaire avec une liqueur titrée de chlorure de baryum acidulée.

« Dans le cas où le vin examiné contiendrait moins de 1gr de sulfate de potasse, on s'en tiendra à cet essai; dans le cas contraire, on déterminera le poids du sulfate de potasse par les méthodes usuelles.

« *Nota.* — Dans le cas des vins plâtrés ou contenant du sucre, le poids de l'extrait trouvé directement sera diminué du nombre de grammes moins 1, donné par les dosages de sucre et de sulfate de potasse.

« Si, par exemple, on avait trouvé :

Extrait sec.	29,700
Sulfate de potasse.	3,100
Sucre réducteur.	4,500

« L'extrait deviendrait 29,700 — (2,100 + 3,500) = 24,100.

« Le nouvel extrait s'appellera « extrait réduit ».

Calcul du vinage. — « 1° *Vins rouges.* — L'expérience a démontré que dans les vins de vendange naturels il existe un rapport déterminé entre le poids de l'extrait sec et celui de l'alcool.

« Le poids de l'alcool est au maximum quatre fois et demie celui de l'extrait.

« Lorsque ce rapport est dépassé (avec une tolérance de 1/10e en plus, soit 4,6) on doit conclure au vinage.

« Pour déterminer le rapport, on divisera le poids de l'alcool (obtenu en multipliant la richesse exprimée en volume par 0,8) par le poids de l'extrait réduit, déterminé comme on l'a dit plus haut.

« 2° *Vins blancs.* — Pour les vins de cette nature le rapport maximum est fixé à 6,5.

« A titre de renseignements on pourra se servir des indications fournies par la densité; l'expérience a en effet montré que, dans la grande majorité des cas, la densité des vins est voisine de celle de l'eau et jamais inférieure à 0,985.

« Lors donc qu'un vin aura une densité inférieure à 0,985, on pourra être certain qu'il a été viné.

« Cette densité pourra être déterminée soit par la balance, soit par le densimètre, soit par l'alcoomètre qui n'est qu'un densimètre spécial. »

Calcul du vinage accompagné de mouillage. — « Dans certains cas, il peut être intéressant de rechercher si un vin a été viné et mouillé, c'est-à-dire additionné d'eau; la règle suivante pourra être appliquée :

« Dans tous les vins normaux la somme de l'alcool pour cent, en volume, et de l'acidité par litre, en poids, n'est presque jamais inférieure à 12,5.

« L'addition d'eau affaiblit ce nombre, l'addition d'alcool, au contraire, l'augmente.

« Lorsque l'on soupçonnera un vin d'avoir été mouillé et alcoolisé, on déterminera d'abord le rapport de l'alcool à l'extrait; si le nombre obtenu est supérieur à 4,5, on ramènera par le calcul le rapport à 4,5 et on aura ainsi le poids réel de l'alcool, et par suite la richesse alcoolique du vin naturel, la différence avec la richesse trouvée directement représentera la surforce alcoolique; puis on fera la somme acide-alcool telle qu'elle a été précédemment définie; si le vin a été mouillé, le nombre deviendra inférieur à 12,5, c'est-à-dire anormal, et le mouillage sera manifeste.

« Soit, par exemple, un vin donnant :

Extrait sec, par litre	14gr,200
Acidité, par litre	3gr,100
Alcool (en volume) p. 100	16cc,000

Le rapport, en poids, alcool-extrait = 9,01;
La somme alcool-acide = 19,100.

« En ramenant le rapport à 4,5, on a :

Poids de l'alcool naturel 14gr,200 × 4,5 = 63,900;
Richesse alcoolique correspondante 63,900 : 0,8 = 7,99;
Surforce alcoolique 16 — 7,99 = 8,01;
La somme alcool-acide devient 7,99 + 3,100 = 11.090.

« La somme alcool-acide devient 7,99 + 3,100 = 11,090. On se trouve donc en présence d'un vin dont le rapport alcool-extrait, déterminé directement, est supérieur à 4,5, dont la somme alcool-acide corrigée du vinage est inférieure à 12,5, et l'on doit conclure à une double addition d'eau et d'alcool.

« En règle générale, lorsque la somme alcool-acide directe est comprise entre 18 et 19 ou supérieure à ce chiffre, il y a une grande présomption de vinage. »

Vins mutés. — « Il y a plusieurs manières de muter les vins :

« Au soufre,

« A l'alcool

« Et aux antiseptiques.

« En exécution de la décision ministérielle du 29 mai 1888, les vins mutés à l'alcool devant être passibles des droits de douane et de contributions indirectes afférents à l'alcool qu'ils renferment, il y a lieu de définir les caractères qui permettent de reconnaître ces produits.

« Toutes les analyses de moûts qui ont été faites, toutes celles des vins ordinaires connues montrent que la richesse initiale du jus de raisin en sucre est toujours inférieure à 325gr par litre; il résulte de ce fait que, lorsque, dans un vin contenant à la fois du sucre et de l'alcool, la quantité de sucre totale (que l'on obtiendra en ramenant l'alcool à l'état de sucre et en ajoutant à ce nombre le poids du sucre dosé directement) sera supérieure à 325gr, le vin devra être considéré comme ayant été muté.

« Ainsi, par exemple, un vin contenant par litre :

Sucre	89gr
Alcool	170cc

« On aura pour le sucre total :

Sucre direct.	89gr
Sucre calculé d'après l'alcool	272gr
Total.	361gr

« Ce vin sera un vin muté à l'alcool.

« Tandis que si un vin renfermait :

Sucre direct.	195gr
Alcool	80cc

« le poids du sucre correspondant étant égal à 128gr, et par suite la somme totale de sucre n'étant que de 195 + 128 = 323gr, le vin serait considéré comme muté par d'autres méthodes et devrait suivre le régime des vins de vendange. »

Partie supplémentaire.

VIN

PAR M. TRUCHON

La casse. — La casse est due (1) à un principe actif qui appartient au groupe des diastases. Cette diastase ne paraît pas exister dans les vins qui restent limpides à l'air; sous son action, la matière colorante perd sa couleur brillante, se coagule et se précipite, tandis que le vin prend une teinte rancio de plus en plus prononcée et peut même se décolorer complètement.

Elle provoque le jaunissement des vins blancs.

Pour corriger les vins cassés, certains viticulteurs ont fait usage de la farine de moutarde. Ce procédé a été l'objet d'une étude et d'un rapport de M. Guignard au Conseil d'Hygiène publique du département de la Seine (séance du 30 mai 1902), dans lequel il conclut à la prohibition de ce mode de traitement.

Le chauffage est le seul traitement préventif de la casse.

Contrôle du dosage de l'alcool

Ébullioscope de M. Truchon. — Cet appareil est basé sur les mêmes principes que celui décrit page 124. Il se compose : 1° d'un support auquel est fixé tout l'appareil; 2° d'une chaudière d'une forme cylindro-conique spéciale fonctionnant à la manière d'un thermo-siphon; 3° d'un réfrigérant; 4° d'un thermomètre gradué de 90° à 101° divisé en 1/10 de degré. Un système de fermeture absolument hermétique réunit la chaudière au couvercle qui supporte le thermomètre et le réfrigérant.

Mode opératoire. — Introduire dans la chaudière 25^{cc} de vin; poser le couvercle sur la chaudière, de telle sorte que les deux guides en cuivre entrent dans les encoches ménagées à cet effet; relever l'anse et fermer en vissant la tige filetée jusqu'à faible résistance; remplir d'eau le réfrigérant et placer la lampe *exactement sous l'extrémité apparente* de la chaudière.

Sous l'action de la chaleur, le liquide entre en ébullition et la colonne de mercure monte dans le thermomètre. Dès que cette dernière est fixe (au bout de

(1) Gouraud, *Journal de Pharmacie*, 1895.

quatre minutes environ), on lit le point d'ébullition et, à l'aide de la table, on a le degré alcoolique.

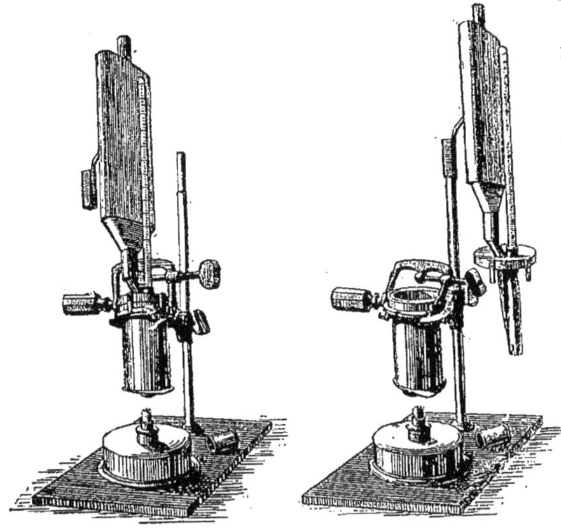

La pression barométrique influant sur le point d'ébullition des liquides, il est nécessaire de faire *le point d'eau* avant un premier essai. A cet effet on verse 25^cc d'eau dans la chaudière, on ferme comme il est dit plus haut *sans mettre d'eau dans le réfrigérant*, on chauffe et, dès que le thermomètre est fixe, on lit la température : soit par exemple 100°,4, il faudra retrancher 4 dixièmes sur les degrés lus avant de chercher sur la table le titre alcoolique correspondant.

Exemple : Point d'eau : 100°,4;

Degrés obtenus à l'ébullioscope : 92,6;

$$92,6 - 0°,4 = 92°,2.$$

Sur la table : 92°,2 = 10,7.

Le titre alcoolique du vin est 10°,7.

DIXIÈMES	1/2 DIXIÈMES	90°	91°	92°	93°	94°	95°	DIXIÈMES	1/2 DIXIÈMES
0		15,35	13,0	11,0	9,3	7,6	6,1	0	
	5	15,2	12,9	10,9	9,2	7,55	6,0		5
1		15,1	12,8	10,8	9,1	7,5	6,0	1	
	5	14,9	12,7	10,75	9,0	7,4	5,95		5
2		14,8	12,6	10,7	8,9	7,3	5,9	2	
	5	14,7	12,5	10,6	8,8	7,25	5,8		5
3		14,6	12,4	10,5	8,7	7,2	5,7	3	
	5	14,5	12,3	10,4	8,65	7,1	5,65		5
4		14,4	12,2	10,3	8,6	7,0	5,6	4	
	5	14,3	12,1	10,2	8,5	6,9	5,5		5
5		14,2	12,0	10,1	8,4	6,8	5,4	5	
	5	14,0	11,9	10,0	8,35	6,75	5,35		5
6		13,9	11,8	9,9	8,3	6,7	5,3	6	
	5	13,8	11,7	9,85	8,2	6,6	5,2		5
7		13,7	11,6	9,8	8,1	6,5	5,1	7	
	5	13,6	11,5	9,7	8,0	6,45	5,05		5
8		13,4	11,4	9,6	8,0	6,4	5,0	8	
	5	13,3	11,3	9,5	7,9	6,35	»		5
9		13,2	11,2	9,4	7,8	6,3	»	9	
	5	13,1	11,1	9,35	7,7	6,2	»		5

Vins saturés. — Depuis quelques années, l'emploi des vins saturés a pris dans le commerce un sérieux développement. Certains vins fortement piqués, et par ce fait invendables, sont en partie saturés soit à l'aide de tartrate neutre, de lessive de soude ou de potasse, ou de chaux éteinte.

Ces vins peuvent être caractérisés par leurs cendres anormales. L'analyse complète des cendres donnera de précieuses indications, soit par une alcalinité de beaucoup supérieure à celle que donnerait le tartre dosé (vins traités au tartrate neutre, lessive de soude et de potasse), soit par une augmentation considérable des cendres insolubles et diminution du tartre (vins traités à la chaux).

Ces indications seront confirmées par le dosage de l'acidité volatile libre et combinée.

Acidité volatile combinée. — A 10^{cc} de vin on ajoute 10^{cc} d'une liqueur titrée d'acide tartrique N/10, on évapore dans le vide, on reprend le résidu par une égale quantité d'eau, on évapore de nouveau. Dans ces conditions l'acide tartrique ajouté déplace les acides volatils combinés. Il suffit alors de reprendre par l'eau bouillante et de doser l'acidité fixe restante, qui, retranchée de l'acidité totale augmentée de l'acide tartrique ajouté, donnera l'acidité volatile libre et combinée.

En retranchant de cette dernière l'acidité volatile libre dosée comme il est dit page 143, on aura l'acidité volatile combinée.

Vins acidifiés. — Dans le but de remplacer le plâtrage dans les pays de production ou pour masquer le mouillage, les vins sont souvent additionnés d'acide tartrique et quelquefois d'un acide minéral (acide chlorhydrique, sulfurique, etc.).

La présence de l'acide tartrique libre est mise en évidence en tenant compte : 1° du tartre total obtenu après addition d'une quantité suffisante de bromure de potassium ; 2° de l'alcalinité des cendres.

Il est en effet évident que l'alcalinité des cendres évaluée en carbonate de potasse et multipliée par 2,72 donnera la proportion maxima de tartre ; la différence entre ce résultat et le tartre total, multipliée par 0,79, donnera l'acide tartrique libre.

Pour reconnaître l'addition des acides minéraux, il faut que la proportion de l'acide ajouté soit supérieure à la quantité des alcalis combinés aux acides organiques. Mais, dans n'importe quel cas, il se formera de l'acide tartrique libre dont la présence sera décelée comme il est dit ci-dessus ; quant à l'excès d'acide minéral qui n'aura pu se combiner, l'état des cendres constituera une précieuse indication, car, si elles sont neutres ou acides, il y aura lieu de procéder comme il a été dit pages 170 et suivantes et de compléter ces essais par un dosage de chlorures et de sulfates sur les cendres du vin tel quel et sur celles du même vin saturé au préalable par du carbonate de soude.

Décoloration des vins. — Les vins blancs sont, depuis quelques années surtout, de plus en plus en faveur sur le marché ; aussi certains viticulteurs, dont la récolte en blanc est insuffisante, n'hésitent-ils pas à l'augmenter frauduleusement par la décoloration des vins rouges.

Les principaux moyens employés sont :

1° L'utilisation de l'action combinée de l'oxydase et de l'oxygène de l'air amené à un grand état de division dans le moût.

Ce procédé (d'après les auteurs) donne un vin parfaitement décoloré et dont le bouquet n'est nullement altéré.

2° L'action(1) de l'acide sulfureux gazeux, employé à haute dose par la combustion de mèches soufrées et transvasements successifs dans des fûts méchés.

Ce procédé présente les inconvénients suivants :

a L'excès d'acide sulfureux donne à l'analyse un excès de sulfate de potasse, par suite de sa transformation progressive en acide sulfurique.

b L'excès d'acide sulfureux réagit sur l'alcool pour former divers éthers qui donnent au vin un goût particulier.

Ces vins produisent chez certains consommateurs des troubles nerveux caractéristiques plus ou moins graves.

3° L'emploi(2) de noirs décolorants. La constitution chimique de ces vins est sensiblement modifiée par le noir animal qui précipite presque la totalité du tartre à l'état de tartrate de chaux, diminue les cendres solubles, et augmente les cendres insolubles dans de très notables proportions.

4° L'emploi combiné du noir animal et du permanganate de potasse.

Ces vins donnent une cendre verte, caractéristique, et contiennent parfois jusqu'à 0gr,60 d'oxyde de manganèse par litre.

Tous les vins obtenus par ces trois derniers procédés ne peuvent plus être considérés que comme produits résultant des manipulations chimiques; ils n'ont de vin que le nom et doivent être rejetés de la consommation.

Dosage de la glycérine.

Procédé Bordas et de Raczkowski. — Dans un ballon de 300cc environ, plongeant jusqu'au bouchon dans un bain de sel, et disposé pour être traversé par un courant de vapeur d'eau, à l'aide d'un tube très effilé, on introduit 25cc de vin, préalablement neutralisé. On chauffe à 110° et dans le vide jusqu'à complète distillation de l'eau et de l'alcool du vin ; dès que cette distillation cesse, on fait passer pendant 3 heures, toujours dans le vide, un courant de vapeur d'eau qui entraîne la totalité de la glycérine qui est condensée dans deux flacons successifs ; on arrête le courant de vapeur d'eau, et on laisse passer un courant d'air pendant 1/4 d'heure environ pour refroidir l'appareil.

On recueille les liquides des deux flacons, que l'on ramène à 250cc, et on titre avec une liqueur de bichromate de potasse (24gr par litre), dont 1cc égale 0,0025 de glycérine.

---

(1) *Sur la décoloration des vins provenant de cépages rouges* (MM. Crouzel et Joué, *Journal de Pharmacie*, 1895).

(2) *Action des noirs décolorants sur le vin* (M. Astruc, *Journal de Pharmacie*, 1898).

Pour opérer ce titrage, on verse dans une série de tubes 5cc de la solution de glycérine, 2cc d'acide sulfurique concentré et pur, puis successivement dans chaque tube 1/10 de centimètre cube de liqueur de bichromate jusqu'à ce que, après ébullition, on ait obtenu une teinte verte, ni bleue ni jaune; en multipliant par 5 le nombre de centimètres cubes de bichromate versé, on obtient la quantité de glycérine contenue dans un litre de vin.

Procédé Trillat (1). — On mesure 50cc de vin, et on les verse dans une petite capsule en argent placée au bain-marie. On évapore avec précaution, à une température d'environ 70°, les 2/3 du liquide. A ce moment, on ajoute dans la capsule 5gr de noir animal pulvérisé; on mélange intimement avec le résidu et l'on continue d'évaporer jusqu'à siccité complète. Après refroidissement, le résidu est broyé dans un mortier avec 5gr de chaux vive. Le mélange se présente alors sous forme d'une poudre grise ne s'agglutinant pas et n'adhérant pas aux doigts. Cette poudre est placée dans un flacon et fortement agitée pendant quelques minutes avec 30cc d'éther acétique desséché, et débarrassé d'alcool. On filtre en décantant et en ayant soin de repasser les premières portions du liquide qui entraînent un peu de chaux au début, et on recommence une deuxième fois le traitement. On obtient ainsi un liquide absolument clair, contenant en dissolution la totalité de la glycérine qu'il s'agit maintenant de séparer. Dans ce but, l'éther acétique est évaporé en plusieurs fois dans une capsule tarée, semblable à celles dont on se sert pour les extraits de vin, d'abord au bain-marie à 70° pour chasser la plus grande partie de l'éther acétique, puis à l'étuve à 60° jusqu'à poids constant.

La capsule est alors pesée munie de son couvercle en prenant toutes les précautions que nécessite la grande hygroscopicité du résidu.

Ce procédé donne de bons résultats même dans des vins sucrés à 30 grammes par litre.

Dosage de l'acide sulfureux.

1° **Dans les vins rouges.** — On dose d'abord les sulfates d'après la méthode décrite page 20, puis on prend de nouveau 100cc de vin qu'on introduit dans un ballon de 250cc; on ajoute 10cc environ d'une solution d'iode dans l'iodure de potassium (20 I + 20 KI, p. 100); on adapte le ballon à un réfrigérant ascendant et on porte à l'ébullition pendant 1/2 heure environ. Le liquide est alors transvasé dans un becher, on précipite et dose les sulfates comme ci-dessus.

La différence entre les deux dosages × 0,367 donne l'acide sulfureux total.

2° **Dans les vins blancs :**

Acide sulfureux libre. — On introduit dans une fiole conique de 125cc de capacité 50cc de vin à examiner; on ajoute quelques gouttes d'acide sulfurique dilué au 1/3 et un peu de solution d'empois d'amidon, puis on verse goutte à goutte de la solution d'iode N/50 jusqu'à coloration bleue. En multipliant par 12,8 le

(1) *Annales de Chimie analytique*, janvier 1903, p. 4.

nombre de centimètres cubes employés, on a la teneur de SO^2 en milligrammes par litre.

Acide sulfureux total (libre et combiné). — Dans une fiole conique de 250^{cc} environ, on introduit 50^{cc} de vin, on ajoute 25^{cc} d'une solution de potasse à 56^{gr} par litre, on agite et on laisse en contact pendant 15 minutes et à froid; on ajoute ensuite 10^{cc} d'acide sulfurique dilué au 1/3, un peu de solution d'empois d'amidon, puis on titre à l'aide de la liqueur d'iode N/50 ci-dessus. Le même calcul que précédemment donne la teneur en SO^2 p. 100 par litre.

La différence entre l'acide sulfureux total et l'acide sulfureux libre donne l'acide sulfureux combiné.

Une décision du Conseil d'Hygiène en date du 1er mars 1901 fixe à 200^{mmgr} la dose de SO^2 libre et combiné qui devra être tolérée par litre, dans les vins blancs de consommation courante.

Recherche de la saccharine.

Après s'être assuré que le vin ne contient pas d'acide salicylique ou après avoir séparé ce dernier par le procédé Hairs décrit page 179, on caractérise facilement la saccharine dans un vin en opérant de la manière suivante. On prend 250^{cc} de vin environ dans lesquels on ajoute 5 à 8^{cc} de perchlorure de fer à 30° Baumé. On agite fortement; puis, par petites portions, on ajoute du carbonate de chaux pour précipiter l'excès de fer, ce résultat est atteint lorsque la bouillie très fluide a la couleur du peroxyde de fer. On filtre et on lave le précipité; si l'opération a été bien conduite, le filtrat est incolore ou faiblement coloré en jaune paille. Le liquide filtré est alors introduit dans une boule à robinet de 500^{cc}; on acidule par quelques gouttes d'acide phosphorique à 10 p. 100, et on épuise, à trois reprises différentes, à l'aide d'éther éthylique, en employant chaque fois environ 35 à 40^{cc} du dissolvant. Les liquides provenant de ces trois épuisements sont réunis et lavés à l'eau distillée, puis mis à évaporer spontanément dans une capsule de platine.

Lorsque l'évaporation est complètement terminée, on ajoute 5 à 6 gouttes de lessive de soude pure dans la capsule, et, portant cette dernière au-dessus d une petite flamme d'un bec Bunsen (2 à 3^{cm} de hauteur environ), on promène le liquide sur les parois de la capsule, jusqu'à ce que, en continuant à chauffer doucement, on arrive à la fusion tranquille de la soude. C'est à ce moment qu'il faut procéder avec la plus grande précaution, afin d'éviter la décomposition de l'acide salicylique formé, le seul point de repère qui indique la fin de l'opération étant la disparition des petites bulles qui se dégagent dans le liquide en fusion. On retire alors la capsule du feu; on laisse refroidir, et on reprend le produit de la fusion par l'eau distillée (1), à deux reprises successives, avec 30^{cc} environ de benzine, laquelle est lavée à l'eau distillée, soigneusement décantée, filtrée et mise à évaporer spontanément dans une soucoupe de porcelaine dans

(1) Additionnée d'acide sulfurique faible jusqu'à réaction franchement acide. La solution est introduite dans une boule à décanter et épuisée.

laquelle on a fait tomber quelques *gouttes* de perchlorure de fer dilué (au 1/1000 environ).

Vers la fin de l'évaporation, on imprime au liquide un mouvement de va-et-vient, pour mettre la benzine en contact fréquent avec le perchlorure de fer. Dans le cas de la présence de l'acide salicylique provenant de la décomposition de la saccharine introduite, le perchlorure de fer prend une coloration violette caractéristique, dont l'intensité est souvent très faible, étant donné, d'une part, que la saccharine ne donne théoriquement que 77 p. 100 de son poids d'acide salicylique, et que, d'autre part, elle est souvent employée à dose très faible, dans les bières par exemple.

Recherche des matières colorantes artificielles.

Aux essais précédemment indiqués (p. 188), nous joignons le suivant qui, comme indication et comme contrôle, nous donne d'excellents résultats.

On prend 50^{cc} de vin suspect qu'on introduit dans une capsule de porcelaine de 7 à 8^{cm} de diamètre : on acidule avec 1 à 2 gouttes d'acide sulfurique au 1/10 et on plonge dans le liquide un mouchet de laine blanche. On porte à l'ébullition pendant 5 *minutes exactement*, en ajoutant de l'eau bouillante au fur et à mesure de l'évaporation du liquide. On retire le mouchet qu'on lave immédiatement dans un courant d'eau. Si le vin est coloré, le mouchet est franchement teint ; un vin non coloré donne un mouchet à peine teinté en rose sale.

On plonge ensuite une partie du mouchet dans une capsule contenant de l'eau ammoniacale ; si le vin est coloré, à l'aide d'orseille ou de sulfo-d'orseille, il prend une teinte violette caractéristique. Avec les vins naturels, le mouchet prend une teinte vert sale.

Si l'on a obtenu un mouchet coloré, on sépare le colorant en faisant bouillir le mouchet dans de l'eau alcoolisée au 1/3 et faiblement ammoniacale, on filtre, on évapore ensuite dans une capsule de porcelaine au bain-marie le liquide filtré, et on fait, avec SO^4H^2, HCl, AzH^3, les touches donnant les réactions caractéristiques de ces colorants. C'est à l'aide de ce procédé que l'on décèle la présence du colorant dénommé « rouge de Toulouse » (1), composé de dérivés de la houille donnant des réactions très voisines des colorants naturels du vin.

---

(1) *Annales de Chimie analytique*, 1900, p. 292.

BIÈRE

PAR M. J. DE BREVANS

Préparation de la bière. — La bière est une boisson alcoolique obtenue par la fermentation d'infusions ou de coctions d'orge germée ou *malt*, aromatisées avec du houblon. Le liquide sucré ou moût ainsi obtenu que la levure transformera en bière, se prépare par deux méthodes :

a) *Préparation du moût par infusion.* — Le malt moulu est empâté avec de l'eau froide, et épuisé ensuite avec de l'eau chauffée à un degré tel que la température de la masse ne dépasse pas 50-55°. Quand l'amidon a été complètement saccharifié par la diastase, on soutire le moût; on lave le résidu ou *drèche* en ayant soin que la température ne dépasse pas 70°. Les deux solutions sont réunies.

b) *Préparation du moût par décoction.* — Le malt, dans cette méthode, est empâté avec de l'eau froide. On prélève ensuite une partie du liquide qui surnage le malt; on le porte à l'ébullition et on le verse de nouveau dans la cuve. On répète en général quatre fois cette opération ou *trempe*, de manière à ce que chaque trempe amène progressivement le moût de 30 à 35°, de 40 à 60° e de 60 à 70°, sans que la température finale dépasse 75°.

Le moût préparé par ce dernier procédé diffère du moût obtenu par infusion par sa plus grande richesse en dextrine et sa moindre teneur en glucose et en matières albuminoïdes.

Le moût obtenu par l'une ou l'autre de ces méthodes est porté à l'ébullition dans une chaudière spéciale, avec la quantité de houblon nécessaire pour l'aromatiser. Après refroidissement, il est mis en fermentation par addition de levure. La fermentation peut s'effectuer par deux procédés distincts, suivant la température à laquelle on la produit : soit de 15 à 30°, c'est la *fermentation superficielle* ou *haute ;* soit de 4 à 5°, c'est la *fermentation par dépôt* ou basse; méthode qui tend de plus en plus à se substituer à la précédente.

La bière est enfin clarifiée et conservée en tonneaux avant d'être livrée à la consommation.

Composition de la bière. — Les éléments constitutifs de la bière, dont la proportion varie suivant l'espèce et la qualité de l'orge employée et suivant le procédé de brassage adopté, sont : l'eau, l'alcool, l'acide carbonique, les acides acétique, lactique, malique, tannique, succinique, la dextrine, la maltose, la glycérine, des matières grasses, des matières azotées, les produits amers et résineux du houblon, des matières minérales, formées principalement par des phosphates alcalins.

Nous allons examiner les procédés proposés pour doser ces différentes substances.

ANALYSE DE LA BIÈRE

Dosage de l'acide carbonique. — La bière renferme de 0,10 à 0,40 p. 100 d'acide carbonique. Différents procédés ont été proposés pour le doser; voici les principaux :

a) On mélange 200^{cc} de bière avec une solution ammoniacale de chlorure de baryum ne contenant pas de carbonate de baryte. On laisse reposer le mélange pendant une demi-heure; on recueille, sur un filtre, le carbonate de baryte formé; on le lave, on le transforme en sulfate, et on le pèse sous cette forme.

On calcule la quantité d'acide carbonique correspondante en multipliant le poids de sulfate de baryte trouvé par 0,188. Le résultat obtenu, divisé par deux, donne la quantité d'acide carbonique contenue dans 100^{cc} de bière.

b) On introduit une certaine quantité de bière dans un petit ballon, que l'on ferme avec un bouchon percé de deux trous, dont l'un porte un tube plongeant au fond de l'appareil, et l'autre un tube aboutissant intérieurement à la partie inférieure du bouchon; ce dernier joint extérieurement à un tube en U rempli de chlorure de calcium. On pèse l'appareil; on le chauffe doucement jusqu'à ce que tout l'acide carbonique se soit dégagé; on balaie l'appareil par un courant d'air privé d'acide carbonique envoyé par le premier tube; on laisse refroidir le ballon et on le pèse de nouveau. La différence entre le poids primitif de l'appareil et le second poids trouvé représente la quantité d'acide carbonique contenue dans la bière.

Pour rendre ce dosage plus exact, MM. Langer et Schultze absorbent l'acide carbonique qui se dégage, dans un tube de Liebig contenant une solution de potasse et adapté à la suite du tube en U. Le tube de Liebig est pesé avant et après l'opération; son augmentation de poids représente la quantité d'acide carbonique contenue dans la bière. L'opération est conduite comme la précédente.

c) Lorsqu'on veut doser l'acide carbonique que contient une bouteille de bière, sans déboucher celle-ci, on peut opérer de la manière suivante :

On perce le bouchon avec un tire-bouchon spécial dont la tige est creuse à la partie supérieure et communique avec une tubulure extérieure, munie d'un robinet, qui est reliée à un appareil à faire le vide, tel que la trompe à mercure de M. Schlœsing. On fait le vide et on accélère le dégagement de l'acide carbonique en chauffant la bouteille au bain-marie. Quand il ne se dégage plus rien, on débouche la bouteille et on la ferme de nouveau rapidement par un bouchon à deux trous portant deux tubes, l'un qui plonge jusqu'au fond de la bouteille, l'autre n'arrivant qu'au ras de la face interne du bouchon et qui est relié à la trompe à mercure. On fait alors passer un courant d'air pur à travers l'appareil pour le balayer. L'acide carbonique est recueilli dans une cloche graduée ou absorbé par une solution de potasse ou de chlorure de baryum ammoniacal. Il est bon d'interposer entre l'appareil à faire le vide et les flacons absorbants un ballon d'une certaine capacité pour arrêter la mousse qui peut s'échapper de la bouteille.

Détermination de la densité. — La bière est débarrassée de l'acide carbonique en l'agitant dans un ballon d'une capacité assez grande. Ceci fait, on en détermine la densité, à la température de 15 ou 16°, au moyen d'un bon densimètre, du picnomètre ou de la balance de Westphal.

Alcool. — Les bières les plus faibles renferment de 2,0 à 3,0 p. 100 en poids d'alcool; les plus fortes de 3,5 à 6,0 p. 100; le porter anglais et l'ale, jusqu'à 8,0 p. 100.

On dose l'alcool dans la bière par plusieurs méthodes.

a) *Dosage de l'alcool par distillation.* — La bière contient toujours une certaine quantité d'acides volatils qui, passant avec l'alcool à la distillation, peuvent en altérer le dosage. Pour la détermination rigoureuse de l'alcool, il convient donc de saturer les acides par un alcali fixe, soit directement dans la bière, soit dans le produit distillé, ce qui est préférable, car on évite la formation d'ammoniaque par l'action de l'alcali sur les matières azotées. Dans ce dernier cas, le liquide alcalinisé est redistillé et le degré alcoolique est déterminé dans le nouveau produit de la distillation.

Le dosage de l'alcool se fait généralement sur 200^{cc} de bière débarrassée de l'acide carbonique; on recueille environ 100^{cc} du liquide qui passe à la distillation, dans un ballon jaugé à 200^{cc}; on complète le volume avec de l'eau distillée et on prend le degré alcoolique du liquide au moyen d'un alcoomètre centésimal, à la température de 15°.

On peut également doser l'alcool dans la bière au moyen de l'ébullioscope de Malligand et autres appareils analogues.

b) *Méthode de Rœse.* — Cette méthode est fondée sur la transformation de l'alcool en acide carbonique et en eau par le permanganate de potasse en liqueur sulfurique, d'après l'équation :

$$5C^2H^6O + 12KMnO^4 + 18SO^4H^2 = 10CO^2 + 6K^2SO^4 + 12MnSO^4 + 33H^2O.$$

L'oxydation ne se produit intégralement que si la quantité d'acide sulfurique ajouté au liquide est dans la proportion de 40 p. 100; 8gr,243 de permanganate de potasse correspondent à 1gr d'alcool.

Pour l'emploi de ce procédé, on se sert des solutions suivantes :

1° Une solution de permanganate de potasse à 10gr par litre.

2° Une solution 1/10e normale d'oxalate de potasse (6gr,35 par litre).

3° Un mélange d'alcool et d'eau exactement dosé à 1 p. 100, pour le titrage de la solution de permanganate. Cette liqueur doit être préparée avec de l'alcool et de l'eau ne contenant aucune matière pouvant agir sur le permanganate de potasse.

On pèse environ 5gr de la liqueur alcoolique dans un ballon de 300cc; on y ajoute 50cc de la solution titrée de permanganate de potasse et 20cc d'acide sulfurique concentré, en agitant constamment. Après une minute de repos, on réduit l'excès de permanganate avec une quantité suffisante de la liqueur 1/10e normale d'oxalate de potasse, à l'ébullition; l'excès de cette dernière est déterminé au moyen de la liqueur titrée de permanganate de potasse. En retranchant de la quantité totale employée la quantité de permanganate de potasse correspondant à l'oxalate de potasse, on calculera au moyen des chiffres précédents la quantité d'alcool contenu dans le liquide.

c) *Méthode indirecte.* — Cette méthode est fondée sur la différence de densité qui existe entre le liquide primitif et le liquide dont on a chassé l'alcool par l'ébullition.

Soient :

d = densité du liquide primitif,
D = densité du liquide privé d'alcool, ramené à son volume primitif,
P = alcool p. 100 donné par la table,
A = quantité d'alcool contenu dans la bière.

On calcule la quantité d'alcool par la formule

$$A = 1 + d - D$$ (d'après Tabarié) (1).

C'est-à-dire on ajoute à 1 la différence entre la densité du liquide privé d'alcool et celle du liquide primitif, et on cherche dans les tables de densités des mélanges d'eau et d'alcool, dressées par Gay-Lussac, la teneur en alcool, correspondant au nombre obtenu pour la densité.

d) *Méthode dilatométrique de Silbermann.* — Elle est fondée sur la dilatation variable des liquides alcooliques. Si l'on considère le volume à 0° comme étant égal à 1, le volume de l'eau à 25° sera égal, d'après M. Kopp, à 1,002705; à 50°, 1,011766; le volume de l'alcool sera égal, à 25°, à 1,02680; à 50°, à 1,05623. Entre ces températures la dilatation de l'eau, comparativement à celle de l'alcool, sera de 0,009061 à 0,02943, ou de 1 à 3,25. Dans les mélanges d'alcool et d'eau, la dilatation augmente avec la proportion d'alcool.

On se sert, pour ces déterminations, de l'appareil suivant : Il se compose d'un thermomètre marquant 25 et 50°, d'une pipette en verre posée sur une tablette

(1) Voir *Analyse des vins.*

à côté du thermomètre. La pipette est fermée à la partie inférieure par une plaque de cuivre surmontée d'un petit disque de liège qui s'appuie sur l'ouverture inférieure. Une tige à vis permet d'ouvrir ou de fermer la pipette. Un piston entre à frottement dans la partie supérieure de la pipette, qui est élargie à cet effet.

Pour doser l'alcool au moyen de cet instrument, on prend un certain volume de liquide, mesuré à 25°, puis on le chauffe à 50°, et l'augmentation de volume dans cet intervalle donne la proportion d'alcool, la graduation de l'échelle de l'instrument ayant été faite avec des proportions connues d'alcool et d'eau; l'échelle donne de suite cette proportion. Quand on veut essayer un liquide alcoolique, on en introduit une certaine quantité dans la pipette jusqu'au trait placé au-dessous d'un petit renflement; au moyen du piston, que l'on introduit dans la partie large de la pipette, on enlève l'air ou tout le gaz contenu dans le liquide; la tige du piston est creuse, ce qui permet de l'enfoncer dans la pipette; quand on veut le relever, on ferme son ouverture avec le doigt; une ouverture est ménagée pour permettre le libre dégagement du gaz, sans diviser la colonne. Cette première précaution prise, on plonge l'appareil dans l'eau à 25°, on fait écouler une partie du liquide de la pipette, de manière qu'à cette température le niveau s'élève au zéro de l'échelle; il suffit alors de le plonger dans un second bain à 50°, et le point de l'échelle auquel le liquide s'arrêtera donnera la quantité d'alcool en degrés alcooliques de Gay-Lussac. Cet appareil est très délicat et demande à être manié par un opérateur très expérimenté (1).

e) *Liquomètre de M. Musculus.* — Cet appareil est basé sur la différence de hauteur ascensionnelle dans les tubes capillaires qui existe entre l'eau et l'alcool.

D'après Gay-Lussac, la hauteur à laquelle monte l'eau dans un tube de 1^{mm},294 est de 23^{mm},579; celle atteinte par l'alcool de 0,8196 de densité est 9^{mm},398. Les mélanges d'eau et d'alcool donnent des différences correspondant à la proportion des éléments qui entrent dans le mélange.

Le liquomètre de M. Musculus se compose d'un verre dans lequel on met le liquide à essayer; sur le verre, on place une petite planchette traversée par un tube capillaire glissant à frottement dans la planchette. Le tube est divisé en degrés alcooliques marqués sur la tige.

On fait affleurer la pointe du tube capillaire avec la surface du liquide; on aspire légèrement, et la division à laquelle le liquide s'arrête dans le tube indique le degré alcoolique. Cet instrument donne de bonnes indications, mais n'est rigoureusement exact qu'avec les mélanges d'eau et d'alcool; dans les liquides complexes comme la bière, les sels et les matières extractives faussent plus ou moins les résultats.

f) *Compte-gouttes de M. Duclaux.* — Le principe de cet appareil est la diminution que produit l'alcool dans la tension superficielle des liquides qui en renferment. Toutes les fois que les proportions d'eau et d'alcool changent, la tension superficielle varie et le volume des gouttes est modifié. A température égale, le nombre des gouttes augmente avec la quantité d'alcool.

(1) E. Viard, *Traité des vins.*

L'appareil dont on se sert est une pipette de 5^{cc} dont le tube d'écoulement est d'un diamètre tel que 5^{cc} d'eau distillée à 15° donnent exactement 100 gouttes.

Dosage de l'extrait. — Les bières de table et de garde renferment en général de 4 à 6 p. 100 d'extrait; les bières bock et d'exportation de 6 à 8 p. 100.

a) *Méthode directe.* — La détermination de l'extrait se fait sur 10 ou 25^{cc} de bière privée d'acide carbonique. L'échantillon est évaporé à consistance sirupeuse au bain-marie, après avoir été additionné de 10 à 25^{gr} de sable lavé. On achève la dessiccation à l'étuve à 100° et dans un courant d'air ne contenant pas d'acide carbonique, ou dans le vide.

Ce dosage est délicat; il ne faut pas exposer trop longtemps l'extrait à 100°, car il s'altère très rapidement à cette température. Pour l'évaporation on se sert de capsules cylindriques en verre ou mieux en platine.

b) *Méthode indirecte.* — Il est beaucoup plus commode d'employer la méthode indirecte, qui donne d'excellents résultats. L'extrait est déterminé en fonction de la densité du liquide débarrassé de l'alcool. 100^{cc} de bière à 15° contenus dans un ballon jaugé, à col étroit, sont exactement pesés; on chasse l'alcool en chauffant la bière dans une capsule, au bain-marie; lorsqu'un peu plus de la moitié de son volume est évaporée, on laisse refroidir le liquide, puis on l'introduit de nouveau dans le ballon jaugé. On complète son volume primitif avec de l'eau distillée à 15°; on en prend la densité à 17°,5, soit avec un densimètre spécial qui donne directement la quantité d'extrait, soit avec un densimètre. Dans ce dernier cas, on calcule la proportion d'extrait au moyen de la table suivante due à Balling :

Densité à 17° 5.	Extrait p. 100.
1,0160	4
1,0200	5
1,0240	6
1,0281	7
1,0322	8
1,0363	9
1,0404	10
1,0446	11
1,0488	12
1,0530	13
1,0572	14
1,0614	15
1,0657	16
1,0700	17

Quantité d'extrait contenu dans le moût avant la fermentation et degré de fermentation. — Le degré de fermentation des bières de table et de garde doit être de 44 p. 100, celui des bières bock au-dessous de ce chiffre.

La détermination du degré de fermentation et de l'extrait du moût primitif est assez importante, elle se fait par les formules suivantes :

$$(1) \qquad e = \frac{100\,(E + 2.0665\ A)}{100 + 1.0665\ A}.$$

$$f = 100\left(1 + \frac{E}{e}\right), \quad (2)$$

dans lesquelles :

E = extrait de la bière p. 100,
A = degré alcoolique de la bière,
e = extrait du moût primitif p. 100,
f = degré de fermentation.

Dosage du sucre (maltose). — La bière renferme toujours une certaine quantité de sucre non fermenté (0,5 à 2,0 p. 100). On le dose de la manière suivante :

50^{cc} de bière privée d'acide carbonique sont amenés à 200^{cc} par addition d'eau distillée, puis 25 ou 50^{cc} de cette solution, suivant la concentration de la bière, sont mélangés à froid avec 50^{cc} de liqueur cupro-potassique. Le mélange est porté à l'ébullition et maintenu à ce point pendant 4 minutes. L'oxydule de cuivre formé est recueilli sur un filtre et lavé rapidement à l'eau bouillante Le filtre est séché, puis placé dans une petite nacelle de platine qu'on introduit dans un tube chauffé par une grille à analyse, et dans lequel on fait passer un courant d'hydrogène pour réduire l'oxyde de cuivre. Le cuivre est pesé; la quantité trouvée, multipliée par 0,569, donne le poids du sucre calculé en glucose contenu dans 50^{cc} de liquide. En multipliant le nombre trouvé par 2, on a la quantité de sucre calculé en glucose contenue dans 100^{cc} de bière.

On peut également opérer par la méthode de décoloration. Il convient alors de décolorer la bière par le sous-acétate de plomb ou le noir animal.

Dosage de la dextrine. — Les bières ordinaires renferment de 3 à 6 p. 100 de dextrine.

On peut calculer la dextrine par différence, avec une approximation très suffisante en général, en retranchant de l'extrait la somme de la maltose, des matières azotées, de la glycérine et de l'acide lactique.

Elle peut être dosée directement de la manière suivante : on étend 25^{cc} de bière à 150^{cc} avec de l'eau distillée, on ajoute 10^{cc} d'acide chlorhydrique à 1,125 de densité et on chauffe 2 heures au réfrigérant ascendant, au bain-marie à 100°, ou dans un flacon bouché, comme pour le dosage des matières amylacées. La solution est neutralisée après le refroidissement avec de la lessive de soude; on amène le volume à 200^{cc} avec de l'eau distillée et on dose la glucose formée avec la liqueur cupro-potassique; on calcule ensuite la quantité correspondante de dextrine, sachant que 1^{gr} de glucose ainsi dosé représente 1^{gr},636 de dextrine

On peut encore opérer de la manière suivante : Après avoir décoloré la bière par du noir animal ou du sous-acétate de plomb, on détermine la déviation totale du liquide en degrés au polarimètre. On calcule la rotation attribuable à la maltose en multipliant la teneur en maltose par 2,5; le chiffre trouvé, retranché de la déviation totale observée, donne la rotation attribuable à la dextrine, et cette dernière rotation divisée par 3,4 donne en grammes le poids de dextrine existant dans 100^{cc} de bière.

Dosage des matières azotées. — Pour le dosage des matières azotées dans la bière, on peut employer soit la méthode de Will et Warentrapp, soit la méthode de Kjeldahl.

Dans le premier cas, la bière est évaporée à sec et mélangée avec de la chaux sodée. Il convient, pour éviter les pertes d'azote et la production de matières goudronneuses pendant la combustion, d'additionner la bière, lorsqu'elle est arrivée à consistance sirupeuse, de quelques gouttes d'acide sulfurique, lequel est chassé ensuite en chauffant légèrement l'extrait au bain de sable.

Lorsqu'on fait usage de la méthode de Kjeldahl, on opère comme il suit : 20cc de bière sont évaporés à sec avec un peu de plâtre ou de sable lavé dans une ampoule de verre très mince; l'extrait et l'ampoule sont pulvérisés et introduits dans un ballon à long col avec 0gr,5 de mercure et 20cc d'acide sulfurique pur. L'attaque de la matière organique et le dosage de l'azote se font à la manière ordinaire. On peut aussi, ce qui est plus commode, évaporer 20cc de bière directement dans le ballon, en présence de quelques gouttes d'acide sulfurique, et quand le liquide est arrivé à une consistance sirupeuse, ajouter 20cc d'acide sulfurique et continuer l'attaque.

Les résultats sont généralement exprimés en matières azotées; pour cela on multiplie le taux de l'azote par 6,25. Quelques auteurs trouvent ce coefficient trop faible et proposent 6,45.

Les bières renferment environ 1 p. 100 d'azote, une teneur plus faible indique que dans le brassage on a fait usage des succédanés du malt : glucose, sirop de maltose, amidon.

Dosage de l'acidité. — Les acides de la bière sont, outre l'acide carbonique : l'acide lactique, une faible quantité d'acide acétique et l'acide phosphorique combiné aux alcalis et qu'on dose dans les cendres.

a) *Dosage de l'acidité totale.* — 100cc de bière sont chauffés à 40 ou 50° dans une capsule de porcelaine, pour chasser l'acide carbonique. On en détermine l'acidité avec une liqueur 1/10e normale de potasse, en se servant, comme indicateur, du papier de tournesol sensible.

b) *Dosage de l'acide acétique.* — 200cc de bière additionnés d'un peu d'acide phosphorique ou de tanin sont distillés à l'aide d'un courant de vapeur d'eau, pendant 2 heures. Le liquide distillé, environ 100cc, est titré avec une liqueur au 1/10e normale de potasse, en présence de quelques gouttes d'une solution alcoolique de phtaléine du phénol, comme indicateur. Chaque centimètre cube de liqueur normale décime de potasse employé correspond à 0gr,6 d'acide acétique. Le chiffre trouvé, divisé par 2, donne la quantité d'acide acétique contenue dans 100cc de bière.

D'après la *Réunion des chimistes de brasserie de Bavière*, la limite maxima de l'acidité totale, exprimée en acide lactique, est de 0gr,270 p. 100 et la limite minima de 0gr,108 p. 100, pour les bières de fermentation basse. Pour l'acide acétique la limite supérieure est de 0gr,006 p. 100, cependant quelques auteurs admettent 0gr,024 et même 0gr,06 p. 100.

Au delà de ces limites, la bière, si elle contient en même temps des ferments acétiques et de la levure en suspension, doit être considérée comme acide.

Ces données ne concernent pas les bières de fermentation haute, qui renferment toujours une notable quantité d'acide acétique.

Dosage de la glycérine. — Le dosage de la glycérine dans la bière a une certaine importance, car il arrive souvent que les bières sont frauduleusement additionnées de cette substance.

Voici les principaux procédés proposés pour le dosage de la glycérine dans la bière.

a) *Procédé de M. Pasteur, modifié par MM. Reichardt, Neubauer, Borgmann et Clausnitz.* — Ce procédé, qui est le plus généralement suivi, repose sur la solubilité de la glycérine dans un mélange d'alcool et d'éther.

50^{cc} de bière débarrassée de l'acide carbonique sont évaporés dans une capsule de porcelaine. Dès que les dernières traces d'acide carbonique ont été chassées, on additionne le liquide de 3^{gr} de chaux caustique; on continue l'évaporation jusqu'à ce qu'on ait obtenu un sirop qui est alors mélangé avec 10^{gr} de sable lavé; la masse est ensuite desséchée jusqu'à ce qu'elle ne puisse plus se détacher des parois de la capsule lorsqu'on l'incline. Le résidu divisé en plusieurs portions, pour faciliter l'épuisement, est traité par 150^{cc} d'alcool à 90°, ou bien renfermé en totalité dans une cartouche de papier à filtrer et traitée par l'alcool dans un appareil à épuisement.

L'alcool est chassé par distillation; le résidu est repris par 10^{cc} d'alcool absolu; cette solution, divisée en trois portions, est additionnée d'une quantité totale d'éther de 15^{cc}, et après le mélange abandonnée au repos pendant un certain temps. Le liquide clair est décanté et évaporé. Le résidu est lavé deux ou trois fois avec un mélange de deux parties d'alcool à 90° et de trois parties d'éther. Les liquides d'épuisement sont évaporés dans une capsule de porcelaine tarée; le résidu est desséché pendant 1 heure dans une étuve à eau, pesé, calciné et pesé de nouveau. On retranche du poids trouvé le poids des cendres, la différence est considérée comme représentant la quantité de glycérine que renferme la bière.

Dans certains cas le résidu n'est pas incinéré; on y recherche le sucre et autres éléments. On s'assure qu'il est formé de glycérine pure par les réactions suivantes : le précipité produit par une solution de potasse dans une solution de sulfate de cuivre est dissous en bleu azur par quelques gouttes de glycérine. Le chlorure d'or, traité par le résidu, donne, s'il est composé de glycérine pure, un précipité rouge pourpre particulier à cette substance. La coloration bleue produite dans une solution de chlorure de fer par quelques gouttes d'acide phénique dilué, disparaît par addition de 6 à 8 gouttes de glycérine.

La quantité de glycérine trouvée par le procédé que nous venons d'indiquer varie entre 0^{gr},100 et 0^{gr},255 p. 100, soit en moyenne 0^{gr},170 p. 100. Ce n'est pas là la teneur réelle, une petite portion est entraînée par la vapeur d'eau et l'alcool. M. J. Moritz a trouvé que cette perte est d'autant plus grande que la quantité de glycérine présente est plus faible; cette perte est en moyenne de 5^{gr},91 p. 100 du poids du résidu de l'épuisement.

b) *Procédé de M. H. Raynaud.* — L'auteur, pour éviter que la glycérine ne soit mélangée de sels alcalins, évapore la bière à 1/5e de son volume et y ajoute de l'acide hydrofluosilicique et un égal volume d'alcool à 90°. La masse est filtrée, le liquide qui passe est additionné d'un excès de baryte en poudre, mélangé avec du sable et évaporé dans le vide. Le résidu obtenu est épuisé par un mélange à volumes égaux d'éther et d'alcool absolu (pour 250^{cc} de bière, environ 300^{cc} du mélange sont nécessaires) ; la solution éthéro-alcoolique est évaporée et le résidu est desséché pendant 24 heures dans le vide. La glycérine séparée ainsi ne doit laisser que quelques milligrammes de cendres.

c) *Procédé de M. J. Macagno.* — On évapore la bière en présence d'oxyde de plomb fraîchement préparé. On additionne le résidu d'un peu d'oxyde de plomb; on l'épuise par l'alcool absolu; on fait passer dans la solution alcoolique un courant d'acide carbonique pour le débarrasser de l'excès de plomb; on sépare le carbonate de plomb formé par filtration. Le liquide filtré est évaporé à sec et le résidu, qui est considéré comme formé de glycérine pure, est pesé.

d) *Méthode de dosage de la glycérine fondé sur sa propriété de dissoudre l'oxyde de cuivre.* — On décompose le précipité formé par la potasse dans les solutions de sels d'oxyde de cuivre par la glycérine ; l'hydrate d'oxyde de cuivre est dissous en bleu. On admet que le pouvoir dissolvant de la glycérine est indépendant de la dilution de cette dernière.

M. Muter, qui le premier opérait par cette méthode, mélangeait environ 1^{gr} de glycérine avec 50^{cc} de lessive de potasse étendue de son volume d'eau et faisait couler dans le mélange, au moyen d'une burette, une solution de sulfate de cuivre, jusqu'à ce qu'il se forme un précipité persistant. Une quantité mesurée du liquide bleu foncé ainsi obtenu était versée dans un becherglas et traitée par l'acide azotique, puis par l'ammoniaque, ensuite on la titrait au moyen d'une solution de cyanure de potassium ajoutée jusqu'à ce que la couleur bleue disparût.

M. R. Kayser a proposé le procédé suivant :

200^{gr} de sulfate de cuivre sont dissous dans un litre d'eau; d'autre part on fait une solution de 300^{gr} de potasse dans 600^{cc} d'eau. 100^{cc} de bière sont traités par 100^{cc} de la solution de potasse et bien mélangés avec elle; puis on y verse, en agitant fortement, de la solution de cuivre, tant que le précipité d'oxyde formé se redissout. Le mélange est ensuite chauffé au bain-marie, dans un ballon muni d'un réfrigérant ascendant, pendant une demi-heure. Après le refroidissement, on ajoute une nouvelle quantité de solution de sulfate de cuivre calculée de manière que la quantité totale employée soit de 100^{cc}. On filtre le liquide dans un ballon jaugé d'un litre; on lave le filtre avec de l'eau distillée, jusqu'à ce que le volume soit complété. Dans ce liquide on trouve une quantité de cuivre correspondant à la quantité de glycérine présente, et aussi, dans le cas du vin, à l'acide tartrique. 10^{gr},151 de cuivre correspondent à 1^{gr} d'acide tartrique, qu'on devra déduire, après le dosage du cuivre par les procédés connus.

On a calculé que 1^{gr} de cuivre représente 1^{gr},834 de glycérine.

e) *Dosage de la glycérine sous forme de dibenzoate de glycérine.* — Si l'on agite une solution aqueuse de glycérine avec du chlorhydrate de benzoyle, l'éther de la glycérine se forme facilement (M. Baumann). Si on emploie une quantité suffisante de chlorhydrate de benzoyle, la glycérine sera presque complètement enlevée par un premier traitement; on achèvera l'épuisement du liquide filtré avec une nouvelle quantité du dissolvant.

M. R. Diez a appliqué cette réaction pour le dosage de la glycérine dans la bière.

A cet effet, 200^{cc} de bière débarrassée de l'alcool sont desséchés modérément en présence d'un léger excès de chaux. L'extrait est épuisé à chaud par 200^{cc} d'alcool à 96°. Après le refroidissement de la solution, on ajoute 30^{cc} d'éther anhydre, on filtre le mélange et on lave le résidu avec un mélange d'éther et d'alcool (2 : 3). On traite le liquide éthéro-alcoolique par l'eau pour dissoudre la glycérine; la quantité d'eau à employer doit être de 10 ou 20^{cc} pour 0^{gr},1 de glycérine. La solution aqueuse est traitée par 5^{cc} de chlorure de benzoyle et 35^{cc} de lessive de soude à 10 p. 100, et agitée dix ou quinze minutes sans interruption. La combinaison de benzoyle et de glycérine qui se sépare est recueillie sur un filtre, lavée à l'eau et desséchée deux ou trois heures à 100°. 0^{gr},1 de glycérine correspond à 0^{gr},385 de l'éther de la glycérine.

M. H. von Tœrring opère un peu différemment : il concentre 50^{cc} de bière à 10^{cc}. Après le refroidissement, le sirop ainsi obtenu est mélangé intimement avec 15^{gr} de gypse calciné; la poudre sèche est épuisée par l'alcool absolu dans un appareil à épuisement. Après l'évaporation du dissolvant, on traite l'extrait par l'eau; on chasse les dernières traces d'alcool et on distille la glycérine à 180°, dans le vide, pour la séparer des éléments fixes, et on la dose dans le liquide distillé, comme il a été dit plus haut.

f) *Méthode de dosage de la glycérine par oxydation.* — La glycérine en solution fortement alcaline est transformée en acide oxalique par le permanganate de potasse. Se fondant sur cette réaction, MM. Fox et Wanklyn ont proposé la méthode de dosage suivante :

La glycérine, séparée par un des procédés indiqués précédemment, est dissoute dans l'eau. La solution, qui ne doit pas renfermer plus de 0^{gr},25 de glycérine, est rendue alcaline avec 5^{gr} de potasse caustique solide et additionnée d'une solution de permanganate jusqu'à ce qu'elle conserve une teinte rouge. Le mélange est chauffé une demi-heure à l'ébullition; on décompose l'excès de permanganate par l'acide sulfureux; on filtre le liquide et on le rend fortement acide par addition d'acide acétique. On précipite l'acide oxalique qu'il contient par un sel de chaux, et on le dose dans l'oxalate de chaux avec une liqueur de permanganate de potasse à 1/10°. On calcule la quantité de glycérine qui y correspond. Chaque centimètre cube de la liqueur décime normale de permanganate de potasse représente 0^{gr},0063 d'acide oxalique et 1^{gr} de cet acide égale 0^{gr},730 de glycérine. Les résultats sont ramenés à 100^{cc} de bière.

M. L. Legler emploie, comme agents d'oxydation, le bichromate de potasse et l'acide sulfurique; sous l'action de ces réactifs, la glycérine est transformée en acide carbonique et en eau. Pour ce dosage la bière est évaporée avec une quantité suffisante de chaux, comme dans la méthode directe, et épuisée par l'alcool. Le résidu laissé par l'évaporation du dissolvant est introduit dans un appareil à dosage d'acide carbonique avec une quantité suffisante de bichromate de potasse et d'acide sulfurique; il faut, pour 1^{gr} de glycérine, 7^{gr},5 de bichromate de potasse et 10^{gr} d'acide sulfurique. L'appareil est chauffé suffisamment longtemps pour que la réaction s'opère; l'oxydation de 0^{gr},25 de glycérine demande en général une heure. L'acide carbonique est dosé par perte de poids de l'appareil, qui a été préalablement taré; le résultat trouvé, multiplié par 0,697, donne la quantité de glycérine contenue dans la bière. Les résultats sont ramenés à 100^{cc} de bière.

Les méthodes indirectes de dosage de la glycérine n'ont été, jusqu'à présent, que fort peu employées, et les résultats manquent pour en apprécier la valeur; nous ne les donnons donc que comme indication.

Dosage de la glycérine et de la résine de houblon. — Pour ce dosage, M. V. Griessmayer a proposé la méthode suivante :

300^{cc} sont évaporés lentement au bain-marie, jusqu'à ce que le volume soit réduit des deux tiers. Le sirop est versé dans un ballon de 500^{cc}, à col étroit, et additionné de 200^{cc} d'éther de pétrole. On bouche le ballon, et on l'agite trois ou quatre fois pendant cinq minutes; on laisse déposer pendant trois heures et on verse le mélange dans une boule à décantation; on l'y laisse au repos pendant trois ou quatre heures, après quoi on laisse écouler le liquide brun qui forme la couche inférieure. La masse gélatineuse et l'excès d'éther de pétrole qui surnageaient sont décantés dans une capsule de platine tarée et évaporés à l'air libre.

Le sirop séparé de l'éther de pétrole est épuisé une dernière fois par l'éther de pétrole; dès qu'on l'a décanté, on le rend alcalin avec de l'eau de baryte ou mieux de l'alcoolat de baryte (1). Le contenu de la boule à décantation est réuni au produit du premier épuisement. Après quelques heures de repos on décante le liquide clair de la capsule de platine, on porte celle-ci au bain-marie et on termine la dessiccation à froid sur l'acide sulfurique. Le résidu de cette opération est pesé; son poids représente la quantité de résine de houblon contenue dans la bière.

Le liquide alcalin est traité par le double de son volume d'un mélange de deux parties d'alcool absolu et de trois parties d'éther, et ensuite décanté. La solution éthérée est évaporée dans une capsule de verre au bain-marie; le liquide alcalin est de nouveau traité par le mélange éthéro-alcoolique; la nouvelle solution est ajoutée à la première dans la capsule; l'éther est chassé au bain-marie; la solution alcoolique qui reste, est évaporée par petites portions très lentement au bain-marie, dans une capsule de porcelaine tarée; cette opération demande quinze à vingt heures. La dessiccation de la masse sirupeuse ainsi obtenue s'achève dans une cloche, sur l'acide sulfurique ou sur l'acide phosphorique anhydre; on pèse le résidu au bout de deux jours; le poids trouvé, déduction faite de la tare, représente le poids de la glycérine.

Dosages des matières minérales. — 50^{cc} de bière sont évaporés à sec au bain-marie, incinérés sur une flamme faible. L'incinération du résidu charbonneux est achevée dans un courant d'oxygène.

Les bières de garde ou de table renferment de 0,12 à 0,30 p. 100 de cendres, Des bières qui en renfermeraient moins de 0,10 p. 100, devraient être suspectées d'avoir été préparées avec des succédanés du malt. Si la teneur en cendres est supérieure à 0,30 p. 100 et si en même temps l'acidité est inférieure à 0,077 p. 100 d'acide acétique, on a affaire à une bière aigrie qui a été traitée par le carbonate de soude; il y a lieu alors de rechercher et de doser la soude et l'acide carbonique.

---

(1) On prépare l'alcoolat de baryte en faisant digérer de la baryte dans de l'alcool fort.

Dosage de l'acide phosphorique. — 50 ou 100^{cc} de bière additionnés de 0^{gr},6 à 1^{gr},0 de carbonate de soude, sont évaporés à sec et incinérés. Les cendres sont traitées par l'acide azotique; la solution est filtrée; on y précipite l'acide phosphorique par le molybdate d'ammoniaque. Le poids de phosphomolybdate trouvé est multiplié par 0,249 pour avoir le poids de l'acide phosphorique; le résultat obtenu est ramené à 100^{cc} de bière.

Les bières renferment en général de 0^{gr},5 à 0^{gr},10 p. 100 d'acide phosphorique; moins de 0^{gr},5 p. 100 indique que le brasseur a fait usage des succédanés du malt.

Dosage du chlore. — On opère comme pour le dosage de l'acide phosphorique; on précipite le chlore dans la solution azotique par le nitrate d'argent et on le dose par les procédés connus.

Les bières allemandes renferment seulement de 2 à 3^{gr} de chlore pour 100 de cendres; les bières anglaises, clarifiées par addition de sel marin, en renferment de 8 à 10 p. 100.

Dosage de l'acide sulfurique. — 100^{cc} de bière additionnés de soude et d'azotate de soude sont évaporés à sec et calcinés. Les cendres sont reprises par l'acide azotique et, dans la solution filtrée, on précipite l'acide sulfurique par le nitrate de baryte; ou bien, la liqueur est additionnée de chlorhydrate d'ammoniaque et l'acide sulfurique est précipité par le chlorure de baryum.

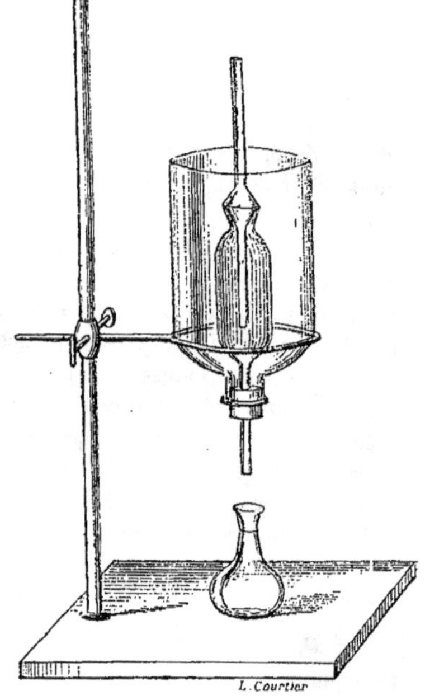

Fig. 1. — Viscosimètre d'Aubry.

Détermination de la viscosité de la bière. — Pour déterminer la viscosité de la bière, on se sert du *viscosimètre d'Aubry* (fig. 1). Cet appareil se compose d'une pipette spéciale, d'un support et d'un ballon jaugé. Le tube d'aspiration qui est fixé à l'ampoule de la pipette par un bouchon, pénètre presque jusqu'au fond de celle-ci et le tube de déversement a un très petit orifice.

Si on emplit la pipette de liquide, il s'en écoulera, dans un temps donné, une certaine quantité qui dépend de la température et de la composition moléculaire du liquide. On supprime l'influence de la température en plaçant la pipette dans une cloche à douille contenant de l'eau maintenue constamment à la température de 17°,5. On remplit la pipette d'eau distillée, on place le tube d'aspiration et on en ferme l'extrémité avec le doigt ou avec un petit bouchon. Lorsque l'eau de la pipette est arrivée à la température ambiante de 17°5, on laisse entrer dans l'appareil quelques bulles d'air; on le ferme de nouveau et on place au-dessous un petit ballon de 25^{cc}. A un moment donné, noté avec une montre à secondes, on laisse couler l'eau de la pipette et on détermine le temps qui est nécessaire pour remplir le ballon. On répète la même expérience avec la bière, dont l'écoulement sera plus long, et on note le temps qu'a duré l'expérience.

La viscosité de l'eau étant égale à 100, si a est le nombre de secondes trouvé pour le temps d'écoulement de l'eau et b le nombre de secondes trouvé pour la bière, la viscosité cherchée sera donnée par la formule :

$$v = \frac{b \times 100}{a}.$$

Coloration de la bière. — Autrefois on comparait l'intensité de coloration de la bière avec une solution 1/10e normal d'iode, au moyen d'un colorimètre. Cette détermination n'a aucune importance.

RECHERCHE DES FALSIFICATIONS DE LA BIÈRE

Succédanés du malt. — Les succédanés du malt sont : l'*amidon*, la *fécule de pomme de terre*, la *glucose*, la *mélasse*, le *sirop*, le *bois de réglisse*, etc., qui ne peuvent être tolérés, parce que leur introduction dans la bière diminue la proportion d'éléments nutritifs, car ils ne renferment pas ou fort peu de matières azotées, d'acide phosphorique et de potasse ; de plus, un certain nombre d'entre eux peuvent y introduire des éléments nuisibles, tels que des alcools supérieurs qui se forment pendant la fermentation. D'autres succédanés du malt : le *froment*, l'*avoine*, le *maïs*, et le *riz* peuvent être tolérés, si le brasseur en déclare expressément la présence dans sa bière.

On peut conclure à la présence des succédanés du malt dans la bière soit indirectement, en se basant sur sa faible teneur en azote, en cendres et en acide phosphorique, soit directement, comme dans le cas de la glucose, en en faisant la recherche.

Dans ce but, M. Griessmayer dialyse un litre de bière. La matière infermentescible de la glucose, la gallisine et le sucre traversent la membrane de parchemin qui retient la dextrine. Le liquide qui a traversé la membrane est mis à fermenter avec de la levure de bière bien lavée, pour détruire la glucose ; lorsque la fermentation est complètement terminée, on le filtre ; on le concentre, si cela est nécessaire, et on le décolore avec un peu de noir animal, après quoi on l'examine au polarimètre. Si la déviation observée est à droite du plan de polarisation, la bière a été additionnée de sucre de pomme de terre, car cette déviation est due à la gallisine, matière infermentescible que renferme ce sucre.

M. F. A. Haarstick opère la recherche de la glucose de la manière suivante : on évapore suffisamment un litre de bière pour que le liquide ait à froid une consistance sirupeuse ; on l'additionne avec une burette, en agitant continuellement, de 300[cc] d'alcool à 90° et on achève de séparer la dextrine en versant dans la masse de l'alcool à 95° jusqu'à ce qu'une petite portion du liquide filtré ne donne plus de trouble par addition d'une nouvelle quantité d'alcool. Le mélange est abandonné au repos pendant 12 heures et débarrassé de la dextrine par filtration ; l'alcool est distillé et on achève l'évaporation dans une capsule chauffée au bain-marie. Le résidu est dissous dans l'eau et le volume de la solution amené à un litre; on la met à fermenter avec de la levure lavée, à la température de 20°. Si l'on a soin de l'ensemencer le deuxième et le troisième jour avec un peu de levure fraîche, la fermentation est complètement achevée le quatrième jour. Si la bière est pure, le liquide fermenté n'est pas dextrogyre; si au contraire elle contient de la glucose, on observera une déviation à droite plus ou moins forte.

Recherche du bois de réglisse. — Pour cette recherche M. R. Kayser évapore un litre de bière, à la moitié de son volume, au bain de vapeur. Après le refroidissement le liquide est traité par un très grand excès de sous-acétate de plomb concentré et laissé au repos pendant 12 ou 24 heures; le précipité formé est recueilli sur un filtre à plis, bien lavé à l'eau, puis placé dans une capsule et traité par une quantité d'eau telle que le volume du mélange soit de 300 à 400^{cc}. On le chauffe au bain-marie pendant une heure, et dans la masse encore chaude on fait passer un courant d'hydrogène sulfuré jusqu'à ce que tout le plomb soit précipité; on agite plusieurs fois la masse et après complet refroidissement on la verse sur un filtre à plis et on lave le précipité jusqu'à ce que l'odeur d'hydrogène sulfuré ait disparu. Le sulfure de plomb retient l'acide glycyrrhizique du bois de réglisse; pour l'en extraire, le sulfure bien lavé est traité par 150 à 200^{cc} d'alcool à 50°, dans un ballon et à la température de l'ébullition, puis filtré. Le liquide clair est évaporé à quelques centimètres cubes et additionné d'ammoniaque étendue versée goutte à goutte; la liqueur prend une teinte jaune brun; on l'évapore à sec; on reprend le résidu par 2 à 3^{cc} d'eau; on filtre la solution. Le liquide filtré, si la bière renferme du bois de réglisse, en a le goût caractéristique et laisse déposer, après l'addition de quelques gouttes d'acide chlorhydrique et après avoir été chauffé quelques minutes au bain-marie, une masse brune, floconneuse, formée de glycyrrhétine, tandis que le liquide séparé par filtration renferme une matière qui réduit la liqueur cupro-potassique (sucre de glycyrrhizine?). Le résidu laissé par la bière pure, dans les mêmes conditions, n'a aucun goût ou seulement une légère amertume; traité par l'acide chlorhydrique, il ne donne aucun précipité ou seulement un trouble blanchâtre.

Glycérine. — La glycérine est ajoutée à la bière pour lui donner plus de douceur et comme agent de conservation. Cette pratique doit être repoussée comme une falsification, bien que la glycérine soit un élément normal de la bière, car elle permet de faire passer certaines bières défectueuses comme bonnes; d'autre part, la glycérine du commerce est rarement exempte de matières étrangères et n'est pas d'une innocuité parfaite. Les docteurs Dujardin-Baumetz et Audigé ont, en effet, montré que si l'on injecte 8 à 10^{gr} de glycérine, par kilogramme de poids vif, sous la peau d'un chien, il éprouve, au bout de 24 heures, des symptômes analogues à ceux de l'empoisonnement par l'alcool.

La glycérine n'est d'ailleurs pas un élément utile à la nutrition, ou même, comme le sucre ou la graisse, un aliment d'épargne, par conséquent il n'y a pas lieu de la faire entrer dans le régime alimentaire normal.

Saccharine. — La saccharine est employée, comme la glycérine, pour adoucir la bière; comme elle, elle sert à faire consommer comme bonnes des bières défectueuses. Indépendamment de cette question de fraude, comme on n'est pas encore absolument sûr de l'innocuité parfaite de la saccharine, il convient d'en prohiber l'usage dans les matières alimentaires.

Les méthodes de recherche de la saccharine sont assez nombreuses et donnent de bons résultats.

L'une des meilleures est la suivante :

100^{cc} de bière, fortement acidulés avec de l'acide phosphorique, sont agités à trois reprises avec 50^{cc} d'un mélange à volumes égaux d'éther et d'éther de pétrole. On réunit les trois portions du dissolvant qu'on évapore presque à sec dans une capsule d'argent ou de porcelaine. Le résidu, s'il y a de la saccharine, doit avoir une saveur très sucrée ; dans ce cas on le chauffe une demi-heure à 250°, avec 0^{gr},5 ou 1^{gr} de soude en morceaux. Le résidu de la fusion est dissous dans l'eau ; la solution, acidulée avec quelques gouttes d'acide sulfurique, est agitée avec de l'éther. Le dissolvant est décanté, filtré et évaporé à sec. On reprend le résidu par quelques gouttes d'eau et on le traite par une solution étendue de perchlorure de fer, qui produira la belle coloration violette caractéristique de l'acide salicylique, s'il y a de la saccharine dans la bière.

On ne doit pas employer la potasse pour la fusion, car le salicylate de potasse est transformé, à une température élevée, en paraoxybenzoate de potasse.

Antiseptiques. — Les antiseptiques qui ont été employés pour la conservation de la bière sont l'acide salicylique et les salicylates, l'acide borique et le borax, le fluoborate et le fluosilicate de potasse, l'acide sulfureux et les bisulfites alcalins, substances dont l'innocuité parfaite n'est pas démontrée.

La recherche de l'acide salicylique est basée sur sa propriété de donner une couleur violet intense avec les sels de peroxyde de fer et d'être soluble dans l'éther. Cette opération se fait comme dans l'analyse du vin.

Pour éviter la dissolution des résines et du tanin de houblon qui gênent la réaction, M. Rœse a proposé le procédé suivant :

50 ou 100^{cc} de bière sont agités, dans une boule à décantation, avec 5^{cc} d'acide sulfurique étendu et 50 ou 100^{cc} d'un mélange à volumes égaux d'éther et d'éther de pétrole. La séparation de la couche aqueuse et de la couche éthérée se fait presque immédiatement après l'agitation ; on fait écouler la première et on décante la seconde sur un petit filtre. Le liquide filtré est distillé, et lorsque la plus grande partie de l'éther et de l'éther de pétrole a été chassée, on verse dans le ballon encore chaud 3 ou 4^{cc} d'eau distillée ; on agite avec soin et on traite l solution aqueuse par quelques gouttes de perchlorure de fer, on la filtre sur un filtre mouillé qui retient la combinaison du fer avec la résine et le tanin du houblon. S'il n'existe pas d'acide salicylique, le liquide passe incolore ou faiblement coloré en jaune clair, ce qui indique qu'il a entraîné des traces de résine. S'il y a de l'acide salicylique, même des traces, la solution prend la couleur violette caractéristique. Par ce procédé, on peut déceler jusqu'à un dixième de milligramme d'acide salicylique par litre.

Si la solution a donné la réaction du tanin par addition de perchlorure de fer, on l'acidule de nouveau et on l'étend d'eau pour amener son volume à 50^{cc}; on l'agite avec un égal volume du mélange d'éther et d'éther de pétrole. S'il y a de l'acide salicylique, le résidu de l'épuisement, qui ne contient plus de tanin cette fois, prendra la teinte violette par addition de perchlorure de fer.

Recherche du borax et de l'acide borique. — On recherche le borax et l'acide borique dans les cendres. Celles-ci sont traitées par quelques gouttes d'acide sulfurique; on chasse l'excès d'acide en chauffant au bain de sable; après refroidissement, la matière est reprise par l'alcool. S'il existe de l'acide borique ou du borax, la flamme de l'alcool prendra la teinte verte caractéristique.

On se sert aussi, pour la conservation des bières, du fluoborate de potasse et du fluosilicate de potasse.

Recherche de l'acide sulfureux et des bisulfites. — L'acide sulfureux est introduit dans la bière, soit par l'emploi de houblons soufrés, soit par les tonneaux soufrés, soit enfin directement, pour en assurer la conservation. On le dose de la manière suivante :

200^{cc} de bière sont additionnés d'acide phosphorique et distillés dans un courant d'acide carbonique. Le liquide qui distille est recueilli dans une éprouvette contenant une solution d'iode; on en recueille environ les 2/3 du volume total. Cette solution est additionnée d'acide chlorhydrique et portée à l'ébullition. On y précipite l'acide sulfurique par le chlorure de baryum. Le poids de chlorure de baryum trouvé, multiplié par 0,274, donne la quantité d'acide sulfureux contenu dans 200^{cc} de bière.

Le dosage de la chaux peut donner de bonnes indications, pour le cas de l'emploi du bisulfite de chaux. Une bière pure renferme de 0,006 à 0,020 p. 100 de chaux, ou 1,5 à 7,0 p. 100 du poids des cendres.

Recherche des matières colorantes. — La coloration foncée des bières est généralement obtenue au moyen de malt plus ou moins torréfié ou de caramel. L'emploi de ce dernier doit être considéré comme une fraude, car il sert à faire passer des bières faibles pour de bonnes bières.

D'après M. R. Schuster, on retrouve le caramel, dans la bière, de la manière suivante :

On agite le liquide avec une solution de tanin, qui décolorera la bière si la coloration est due au malt; elle n'a aucune action sur le caramel.

M. V. Griessmayer agite la bière avec le double de son volume d'une solution de sulfate d'ammoniaque et trois fois son volume d'alcool. La bière qui n'est pas colorée artificiellement, prend une teinte plus claire, et il se forme un précipité gris; si l'on a employé du malt torréfié, le précipité est brun foncé ou noir foncé. Le caramel donne un précipité gris ou brun.

Succédanés du houblon. — Les principales substances employées comme succédanés du houblon, sont :

L'*absinthe* (absinthine $C^{40}H^{56}H^{5}O$?);
Le *romarin sauvage* (*ledum palustre*);
La *ményanthe* (ményanthine $C^{30}H^{46}O^{4}$);
Le *bois de quassia amara* (quassine $C^{10}H^{12}O^{3}$);
La *colchique* (colchicine $C^{17}H^{19}AzO^{5}$);
La *coque du Levant* (picrotoxine $C^{12}H^{14}O^{5}$);
La *coloquinte* (colocynthine $C^{56}H^{84}C^{23}$);

L'*écorce de saule* (salicine) ;
La *noix vomique* (strychnine $C^{21}H^{22}Az^2O^2$, brucine $C^{23}H^{26}Az^2O^4$) ;
L'*atropine* ;
L'*hyocyamine* ;
L'*aloès* (aloïne $C^{17}H^{18}O^1$) ;
La *racine de gentiane* (gentiopicrine $C^{20}H^{30}O^{12}$) ;
L'*acide picrique* ($C^6H^2(AzO^2)^3OH$) ;
La *gomme gutte*.

Il existe un grand nombre de procédés pour la recherche des matières amères. Le meilleur est celui de Dragendorff modifié par Kubicky (1).

On chauffe deux litres de bière au bain-marie, jusqu'à ce que l'acide carbonique et environ la moitié de l'eau soient chassés. Le liquide encore chaud est additionné d'acétate de plomb aussi basique que possible, tant qu'il se forme un précipité ; on élimine ainsi la matière amère du houblon ; les principes actifs des succédanés restent dans la solution. Plus l'acétate est riche en oxyde de plomb, mieux on élimine la matière amère, et, si on ne veut pas préparer le réactif par digestion de l'acétate ordinaire sur de l'oxyde de plomb, on devra faire la précipitation en présence d'une petite quantité d'ammoniaque.

Le précipité de plomb est séparé par filtration aussi rapidement que possible, à l'abri de l'acide carbonique de l'air ; on ne conseille pas de laver. On élimine l'excès de plomb que contient la liqueur filtrée par l'acide sulfurique ; le dépôt de sulfate de plomb se formera très rapidement, si, avant le traitement par l'acide, le liquide est additionné d'une vingtaine de gouttes d'une solution de gélatine à 1/20°.

La liqueur est de nouveau filtrée ; elle doit n'être plus amère, si la bière est pure ; dans le cas contraire, elle conserve son amertume. On neutralise l'acide sulfurique et une partie de l'acide acétique par l'ammoniaque et on évapore le liquide à 250 ou 300^{cc} ; le résidu est mélangé, pour précipiter la dextrine, avec quatre fois son volume d'alcool absolu ; le mélange est bien agité et abandonné pendant 24 heures au repos dans un lieu frais, et filtré. Le liquide clair est soumis à la distillation pour chasser la plus grande partie de l'alcool ; le résidu aqueux de la distillation, rendu acide par l'acide sulfurique, est épuisé successivement par l'éther de pétrole, la benzine et le chloroforme ; on répète ensuite ce même traitement sur le liquide rendu légèrement ammoniacal.

La bière pure préparée avec du malt et du houblon donne, par cette méthode, les caractères suivants :

Agitation en liqueur acide. — Éther de pétrole. — L'éther de pétrole bouillant entre 33 et 66° n'enlève que de faibles quantités d'éléments solides et fluides à la bière ; parmi ces derniers, se trouve la substance désignée sous le nom de fuselœl. Le résidu de l'évaporation de la solution éthérée est à peine amer ; il se dissout dans l'acide sulfurique additionné de sucre, qui prend une coloration jaunâtre ; la solution chlorhydrique est presque incolore.

1) König, *Die menschlichen Nahrungs-und-Genuss Mittel*, t. II. Berlin, 1893.

Agitation en liqueur acide. — Benzine. — La benzine n'enlève que très peu de matières à la bière et celle-ci se comporte vis-à-vis de l'acide sulfurique comme les précédentes. Elles ne donnent pas, en solution dans l'acide sulfurique à 1/5e, de précipités avec les réactifs ordinaires des alcaloïdes, les solutions d'iode, de brome, d'iodure de mercure et de potassium, d'iodure de cadmium, de chlorures d'or, de platine, de fer et de mercure, l'acide picrique et le tanin; elle ne réduit pas le chlorure d'or à chaud; l'acide phosphomolybdique y produit un faible trouble au bout de quelque temps. Ces substances sont très peu amères.

Le chloroforme se comporte comme la benzine.

Agitation en liqueur ammoniacale. — Éther de pétrole. — L'éther de pétrole n'enlève presque rien à la liqueur ammoniacale.

Agitation en liqueur ammoniacale. — Benzine. — La benzine enlève des traces d'une substance qui cristallise dans la solution éthérée, mais qui ne donne aucune réaction colorée caractéristique; elle produit peu de réactions physiologiques; celles-ci sont analogues à celles produites par la strychnine, l'atropine, l'hyoscianine, etc.

Si la bière a été préalablement épuisée, après avoir été rendue acide, on obtient les mêmes résultats; seulement, la benzine et le chloroforme lui ont déjà enlevé une matière qui réduit sensiblement, à chaud, le chlorure d'or et le nitrate d'argent.

Par cette méthode, on peut déceler les succédanés suivants du houblon :

1) *Absinthe.* — Dans l'éther de pétrole, en liqueur acide, on retrouve une huile éthérée facilement reconnaissable à son odeur caractéristique, et une partie de la matière amère. Le résidu de l'évaporation du dissolvant dissous dans l'acide sulfurique concentré donne une solution brune qui, par absorption de l'humidité, passe au violet. Avec l'acide sulfurique et le sucre, la liqueur est généralement violette.

La solution du résidu dans l'eau, après avoir été filtrée, réduit le nitrate d'argent ammoniacal; elle ne donne aucun précipité avec le chlorure d'or, l'iodure de mercure et de potassium; le tanin, le bromure de potassium, l'iodure de potassium, le nitrate de mercure, la troublent faiblement.

La benzine et le chloroforme n'enlèvent que des matières amères (absinthine) dont les réactions sont semblables à celles que nous venons d'indiquer.

La liqueur alcaline ne cède à l'éther de pétrole aucun élément caractéristique.

2) *Ledum palustre* (*romarin sauvage*). — Dans l'éther de pétrole il se dissout, en liqueur acide, un peu d'une huile éthérée d'une odeur caractéristique. L'acide sulfurique concentré donne au résidu de l'évaporation une teinte un peu plus brune que celle que prend, dans les mêmes conditions, le résidu de la bière pure.

La benzine et le chloroforme enlèvent à la solution acide une matière amorphe, amère, qui donne une coloration violet foncé avec l'acide sulfurique et le sucre. Chauffée avec de l'acide sulfurique à 1/10e, elle donne l'odeur de l'éricinol; la solution aqueuse réduit le chlorure d'or et la liqueur alcaline de cuivre; elle est précipitée par l'iodure de potassium et le tanin, mais non par l'acétate de plomb basique. La benzine dissout des traces d'une matière qui réduit le nitrate d'argent ammoniacal, et le chloroforme retient une substance qui est précipitée par l'iodure de mercure et de potassium.

Les liqueurs alcalines ne donnent rien de caractéristique.

3) *Menyanthes trifoliata (ményanthe, trèfle d'eau).* — Dans l'éther de pétrole, lorsqu'on opère l'épuisement en liqueur acide, on ne trouve que des traces de matière amère. La benzine et mieux le chloroforme dissolvent la matière amère (ményanthine) reconnaissable à l'amertume du résidu de l'évaporation. Ce dernier laisse dégager le parfum du ményanthe, lorsqu'on le chauffe avec de l'acide sulfurique concentré; il réduit le nitrate d'argent ammoniacal et la liqueur alcaline de cuivre; l'iodure de mercure et de potassium, le tanin, le chlorure d'or, précipitent sa solution ou la troublent seulement.

4) *Quassia amara.* — L'éther de pétrole ne dissout dans les liqueurs acides que des traces d'une substance très amère, la *quassine*, qui n'a aucune réaction caractéristique permettant de la distinguer des matières extraites de la bière pure. La benzine et le chloroforme enlèvent dans les mêmes conditions de plus grandes quantités de quassine. Celle ci est colorée en rouge pâle par l'acide sulfurique et le sucre; elle réduit faiblement le nitrate d'argent ammoniacal et le chlorure d'or (résidu de l'évaporation du chloroforme); elle est précipitée par l'iodure de potassium et de mercure, l'iodure de potassium, l'acétate de plomb basique, et faiblement par le tanin.

5) *Semences de colchique.* — Lorsqu'on opère en liqueur acide l'éther de pétrole laisse, après l'évaporation, une masse semblable à celle obtenue, dans les mêmes conditions, avec la bière pure. La benzine enlève de faibles quantités de colchicine et de colchicéine, matières très amères qui sont dissoutes en jaune par l'acide sulfurique concentré; cette solution est colorée en violet par le salpêtre, elle passe ensuite au bleu et au vert. Si on ajoute à la solution de l'acide azotique au lieu de salpêtre, on obtient la même réaction colorée. La solution azotique traitée par la potasse en excès prend une teinte très durable qui va du rouge cerise au rouge sang.

Le chloroforme abandonne, par l'évaporation, une quantité plus grande de matières, sur laquelle on peut essayer les différentes réactions des alcaloïdes avec l'iodure de potassium, l'iodure de potassium et de mercure, l'iodure de potassium et de bismuth, l'acide phosphomolybdique, le chlorure d'or, le tanin, l'eau de chlore, etc. Les réactions colorées sont gênées souvent par des éléments dissous par le chloroforme. Pour les éliminer, on peut ou bien dissoudre le résidu dans l'eau chaude, agiter la solution avec le chloroforme et répéter plusieurs fois cette opération, ou bien en se basant sur ce que la colchicine est précipitée en solution aqueuse par le tanin, puis mise en liberté quand on traite le précipité par l'oxyde de plomb, tandis que les autres matières restent combinées au tanin. Si on veut opérer par ce procédé, on recueille, sur un filtre, le tannate de colchicine; on le mélange encore humide avec de l'oxyde de plomb; on le chauffe avec de l'eau ou de l'alcool; on filtre la solution, et on fait les réactions colorées sur le résidu de son évaporation.

Ce mode de purification permet d'éliminer un élément de la bière normale, signalé par MM. Geldern, Dannenberg et autres auteurs, dont les réactions se rapprochent de celles de la colchicine.

La colchicine se dissout également, en liqueur alcaline, dans la benzine et le chloroforme.

6) *Semence du cocculus indicus* (coque du Levant). — En liqueur acide la benzine enlève à la bière falsifiée les mêmes éléments qu'à la bière normale. Le chloroforme, et encore mieux l'alcool amylique, dissolvent la picrotoxine généralement mélangée d'impuretés qui gênent les réactions colorées. La solution du résidu contenant de la picrotoxine réduit la liqueur alcaline de cuivre; elle est vénéneuse pour les poissons. Après avoir fait ces deux essais préliminaires, on purifie la matière par dissolution dans l'eau chaude et agitation avec le chloroforme, répétée jusqu'à ce que la solution, évaporée à l'air libre, laisse déposer de la picrotoxine cristallisée. Le résidu cristallin est dissous dans l'alcool, cette solution est de nouveau évaporée; si la picrotoxine est pure, on obtiendra de longs cristaux en aiguilles qui se dissolvent en jaune dans l'acide sulfurique; mélangés avec 5 ou 6 p. 100 de salpêtre et humectés avec suffisamment d'acide sulfurique concentré, pour former une pâte, additionnés enfin de lessive de soude d'une densité de 1,3, jusqu'à ce que la réaction soit très alcaline, ils donneront une solution rouge brique.

M. Langley a modifié ce procédé d'une manière qui donne de meilleurs résultats : la picrotoxine est humectée avec un peu d'acide azotique concentré; on chasse l'acide au bain-marie; on reprend la masse par très peu d'acide sulfurique concentré et pur, et enfin on ajoute de la lessive de soude.

On n'opère pas la recherche de la picrotoxine en liqueur alcaline.

7) *Coloquinte.* — La colocynthine n'est dissoute ni par l'éther de pétrole ni par la benzine, mais par le chloroforme en liqueur acide. C'est une substance excessivement amère; elle est précipitée de sa solution aqueuse par le tanin; elle réduit la liqueur alcaline de cuivre, se dissout en rouge dans l'acide sulfurique concentré, et en violet dans le réactif de Frödhe (1^{gr} de molybdate de soude en solution dans 100^{cc} d'acide sulfurique). Ces deux réactions colorées ne se produisent que si le produit est bien purifié par plusieurs dissolutions dans l'eau et dans le chloroforme.

8) *Écorce de saule.* — La salicine, que l'on trouve dans un grand nombre d'écorces de saule, ne se dissout pas dans l'éther de pétrole, la benzine et le chloroforme, mais seulement dans l'alcool amylique, en liqueur acide. Cette substance chauffée avec le bichromate de potasse et l'acide sulfurique étendu à 1/4 dégage l'odeur d'acide salicylique (aldéhyde salicylique); elle se dissout en rouge dans l'acide azotique, en rouge violet dans le réactif de Fröhde. Ces deux réactions ne réussissent que si la salicine est très pure, ce que l'on obtient difficilement par des dissolutions successives.

9) *Strychnine.* — On épuise la liqueur ammoniacale par l'éther de pétrole, mais plus facilement par la benzine ou par le chloroforme en liqueur ammoniacale. Pour caractériser la strychnine, on emploie la réaction connue de l'acide sulfurique et du bichromate de potasse.

10) *Atropine.* 11) *Hyoscyamine.* — Ces substances sont enlevées par agitation de la liqueur ammoniacale avec la benzine et le chloroforme. Elles sont précipitées par la plupart des réactifs des alcaloïdes; ces essais doivent être confirmés par des expériences physiologiques.

On obtient certains éléments amers du *capsicum annuum;* du *daphne mezereum*, du *cnicus benedictus* et de l'*erythræa centaurium* en traitant la liqueur acide par la benzine et le chloroforme.

Les matières amères de l'aloès et de la gentiane ne peuvent être recherchées par la méthode que nous venons d'indiquer, parce qu'elles sont précipitées par l'acétate de plomb basique. On modifie, pour ce cas, la méthode de la manière suivante :

12) *Aloès*. — On traite la bière par l'acétate de plomb neutre, et on l'agite avec l'alcool amylique. Après l'évaporation de ce dissolvant, il doit rester un résidu qui a le goût caractéristique de l'aloès. La solution est précipitée par le bromure de potassium, l'acétate de plomb basique, le nitrate de mercure; elle réduit à chaud la liqueur alcaline de cuivre et le chlorure d'or. Le tanin la précipite également, mais un excès de ce réactif redissout partiellement le précipité. Le résidu chauffé avec l'acide azotique concentré se transforme en une substance qui, après qu'on a chassé l'excès d'acide au bain-marie, prend une couleur rouge sang, lorsqu'elle est chauffée avec de la lessive de potasse et du cyanure de potassium.

13) *Gentiane*. — La bière est traitée par l'acétate de plomb neutre; le liquide filtré, dans lequel on a éliminé l'excès de plomb en le précipitant avec la quantité exactement nécessaire d'acide sulfurique, est évaporé à consistance sirupeuse; le résidu acidulé avec un peu d'acide azotique est soumis à la dialyse. Le liquide dialysé neutre est traité par l'acétate de plomb neutre, filtré et additionné d'acétate de plomb basique qui précipite l'amer de gentiane. Le précipité est recueilli sur un filtre, délayé dans l'eau et décomposé par l'hydrogène sulfuré; la solution filtrée est ensuite épuisée par la benzine ou par le chloroforme. La matière amère isolée par ce traitement doit se colorer en rouge brun, en solution aqueuse, par le chlorure de fer, sans qu'il se forme de précipité dont la présence indiquerait que les éléments normaux de la bière n'ont pas été précipités complètement; on doit séparer leur combinaison ferrique par filtration. La solution précipite par le bromure de potassium, le nitrate de mercure, le chlorure d'or, l'acide phosphomolybdique; elle est seulement troublée par le chlorure mercurique et l'iodure de mercure et de potassium.

14) *Acide picrique*. — L'acide picrique est en partie précipité par l'acétate de plomb basique; les dissolvants employés pour les autres succédanés du houblon ne l'enlèvent pas à la solution d'une manière complète; aussi, par la méthode générale que nous venons d'indiquer, on ne peut avoir que des indications et, pour plus de certitude, on doit employer le procédé de M. H. Brunner, que nous allons donner.

La bière est acidulée avec de l'acide chlorhydrique et on y fait tremper, pendant 24 heures, un fragment de laine dégraissée, sur lequel se fixera l'acide picrique. On lave la laine à l'eau distillée, on dissout l'acide par l'ammoniaque. La solution est concentrée au bain-marie, puis additionnée de cyanure de potassium et desséchée. On devra avoir un résidu rouge sang foncé d'acide isopurpurique.

M. Fleck conseille d'évaporer 500^{cc} de bière acidulée avec de l'acide chlorhydrique à consistance sirupeuse, de traiter le résidu par 10 fois son volume d'alcool absolu, de laver le précipité, sur un filtre, avec de l'alcool. Le liquide filtré et l'alcool de lavage sont évaporés et le résidu est suffisamment chauffé avec de l'eau pour en chasser l'acide. La solution aqueuse est évaporée et ensuite épuisée par l'éther. L'acide picrique pur ainsi obtenu peut être pesé, après avoir cristallisé dans le chloroforme et la benzine, et servir à faire la réaction de l'acide isopurpurique. Par ce procédé, on isole environ les deux tiers de l'acide picrique employé.

Le tableau suivant résume la recherche des succédanés du houblon par la méthode Dragendorff et Kubicky (1) :

A) Agitation en solution acide.

I. Le résidu de l'évaporation de l'éther de pétrole est :

1. Cristallin, jaunâtre, difficilement volatil. Sa solution aqueuse reste jaune et communique sa couleur à la laine ou à la soie. Le cyanure de potassium la colore en rouge sang . . . *Acide picrique.*
2. Amorphe, blanc, âcre, rougissant la peau . . . . *Capscicine.*

II. Le résidu de l'évaporation de la benzine est :

1. *Cristallin.*

a) Non amer, coloré en rouge pourpre par la potasse. . . *Aloétine.*
b) Amer, coloré en jaune par la potasse ; en brun par la chaleur . . . . *Daphnine.*

2. *Amorphe.*

a) Coloré en rouge par l'acide sulfurique, précipité par le tanin . . . . *Quassine.*
b) Dégageant à chaud, avec l'acide sulfurique, une odeur de ményanthe, avec formation de gouttelettes huileuses qui troublent le liquide . . . . *Ményanthine.*
c) Coloré en rouge par l'acide sulfurique, dissous par l'acide chlorhydrique avec une coloration verdâtre ; liquide brunissant par la chaleur avec élimination de gouttelettes huileuses qui le troublent . . . . . . *Cnicine.*
d) Solution d'abord brune, puis bleu violet par l'acide sulfurique ou par l'acide sulfomolybdique . . . . . *Absinthine.*
e) Solution rouge foncé par l'acide sulfurique, rouge cerise par l'acide sulfomolybdique ; précipité blanc jaunâtre par le tanin . . . . *Colocynthine.*
f) Coloré en brun par l'acide sulfurique ; dissous par l'acide chlorhydrique avec coloration verdâtre ; liquide brunissant et se troublant à chaud . . . . . . *Erythrocentaurine.*
g) Coloré en brun par l'acide sulfurique ; en jaune à froid,

(1) *Pharm. Zeitschrift f. Russland*, 1873, n° 15, p. 449.

par la potasse qui le brunit à chaud, en rouge par l'acide azotique de D = 1,42. Pas de précipité par le tanin . . . . *Amer de gentiane.*

Et peut-être. . . . . *Un reste de capscicine.*

III. Le résidu d'évaporation du chloroforme est :

1. *Cristallin.*

a) Pas de réaction alcaline. Soluble dans l'acide sulfurique avec coloration safranée. Prend la couleur rouge brique au contact successif du salpêtre, de l'acide sulfurique et de la lessive de soude . . . . . *Picrotoxine.*

b) Présente une réaction alcaline. . . . . *Alcaloïdes de l'opium.*

2. *Amorphe.*

a) Non amer. Coloration pourpre par la potasse . . . . . *Reste d'aloétine.*

b) Amer. Coloration jaune par la potasse. Cristallisable après dissolution dans la benzine et évaporation à froid. . . . . *Reste de daphnine.*

c) Amer. Coloré en violet par l'acide azotique. Précipité par le tanin. . . . . *Colchicine.*

d) Insoluble dans l'éther :

α) Coloration rouge brun par l'acide sulfurique, précipité par le tannin . . . . *Reste de quassine.*

β) Avec l'acide sulfurique étendu et à chaud, le liquide se trouble, en déposant des gouttelettes huileuses et en dégageant l'odeur du ményanthe . . . . *Majeure partie de ményanthe.*

γ) Coloré en rouge sang, puis rouge brun par l'acide sulfurique. Dissous par l'acide chlorhydrique avec coloration verdâtre; liquide brunissant par la chaleur avec élimination de gouttelettes huileuses qui le troublent . . . . *Reste de cnicine.*

e) Soluble dans l'éther :

α) Solution d'abord brune, puis bleu violet par l'acide sulfurique ou par l'acide sulfomolybdique . . . . *Reste d'absinthine.*

β) Solution rouge foncé par l'acide sulfurique, rouge cerise par l'acide sulfomolybdique; précipité blanc jaunâtre par le tanin . . . . *Reste de colocynthine.*

γ) Coloré en brun par l'acide sulfurique; dissous par l'acide chlorhydrique avec coloration verdâtre; liquide brunissant et se troublant à chaud . . . . . *Majeure partie d'érythrocentaurine.*

B) **Agitation en solution ammoniacale.**

I. LE RÉSIDU DE L'ÉVAPORATION DE LA BENZINE EST :

Cristallin.

1. *Il dilate la pupille :*

a) La solution aqueuse ne précipite pas par le chlorure de platine; elle dégage à chaud, avec SO^4H^2, une odeur particulière . . . . *Atropine.*
b) Précipite par le chlorure de platine employé en proportion exactement suffisante. . . . . *Hyoscyamine.*

2. *Ne dilate pas la pupille :*

La solution dans SO^4H^2 devient violette par une trace de permanganate de potasse . . . . *Strychnine.*

II. LE RÉSIDU DE L'ÉVAPORATION DU CHLOROFORME DONNE :

1. *Solution incolore à froid dans* SO^4H^2.

a) La solution se colore peu à chaud; elle est bleuie, après refroidissement, par l'acide azotique. Le chlorure ferrique bleuit la substance que l'acide sulfomolybdique rend violette . . . . *Morphine.*
b) La solution devient bleu violet à chaud. . . . . *Papavérine.*

2. *Solution colorée à froid dans* SO^4H^2.

La solution par l'acide sulfurique est brun grisâtre à froid et rouge sang à chaud. . . . . *Narcéine.*

III. RÉSIDU DE L'ÉVAPORATION DE L'ALCOOL AMYLIQUE :

On n'agite avec ce dissolvant que lorsqu'on soupçonne la présence de la salicine. A froid, SO^4H^2 colore le résidu en rouge groseille. A chaud, avec cet acide et le bichromate de potasse, il y a production d'odeur d'essence d'ulmaire ou hydrure de salicyle. . . . . *Salicine.*

La méthode de Dragendorff et Kubicky permet de déceler dans un litre de bière : 0gr,25 d'absinthe; 4gr de ményanthe; 1gr de quassia; 4gr de semences de colchique; 8gr de coques du Levant; 1gr de coloquinte; 5gr d'écorce de saule (0gr,05 de salicine); 0gr,00002 de strychnine; 0gr,0005 d'atropine, de daturine ou d'hyoscyamine; 5gr de cnicus benedictus; 4gr d'érythræa centaurium; 5gr d'écorce de mezereus; 0gr,25 de capsicum annuum; 0gr,25 d'aloès; 6gr de gentiane; 0gr,003 d'acide picrique (Kœnig).

Pour la *recherche spéciale de l'aloès*, M. Borntræger a proposé le procédé suivant :

La bière est agitée avec de la benzine; celle-ci, après décantation, est chauffée, en l'agitant légèrement, avec de l'ammoniaque. Si elle tient de l'aloès en dissolution, elle prend une belle coloration rouge violet. Cette couleur disparaît en présence d'un acide et reparaît par addition d'un alcali. D'après M. Lenz, ce mode de recherche est moins rigoureux que celui de M. Dragendorff, car un certain nombre de matières végétales peuvent donner la même réaction.

La *gomme-gutte* est quelquefois employée pour frauder la bière; M. Ed. Hirschsohn conseille de la rechercher comme il suit :

La bière est évaporée à sec, avec du verre pulvérisé, et le résidu est épuisé par l'éther de pétrole. Si la solution est incolore, on acidule faiblement le résidu avec de l'acide chlorhydrique et on le traite de nouveau par l'éther de pétrole. Si la nouvelle solution est incolore, il n'y a pas de gomme-gutte.

Si la nouvelle solution est jaune, on en agite une petite portion avec une solution de soude à 1/100e; s'il se produit une coloration rouge, on fait passer dans l'autre portion du liquide un courant de gaz ammoniaque, jusqu'à ce que la solution soit complète; on recueille sur un filtre les flocons de résine qui se séparent, on les lave à l'éther de pétrole et on les dissout dans l'alcool. La solution alcoolique traitée par le perchlorure de fer prend une teinte noire. La lessive de soude ne doit pas la colorer en rouge, mais seulement en jaune.

La gomme-gutte se dissout aussi dans le chloroforme. Cette solution est évaporée à sec, et laisse comme résidu une poudre jaune; celle-ci se dissout en rouge, à froid, dans l'acide sulfurique concentré. Par addition d'eau on sépare de nouveau la résine.

MÉTHODE ADOPTÉE AU LABORATOIRE MUNICIPAL

L'échantillon de bière soumis à l'analyse ayant été débarrassé de l'acide carbonique, par agitation dans un ballon d'un volume double du sien, on procède aux recherches et dosages suivants :

Densité. — La densité est déterminée à la température de 15° avec un densimètre donnant directement le dix-millième.

Alcool. — On distille 200^{cc} de bière, dans un ballon de 400 à 500^{cc}. On recueille les deux tiers du liquide qui passe à la distillation, dans un ballon jaugé de 200^{cc}; on complète le volume avec de l'eau distillée. On détermine le degré alcoolique du produit de la distillation avec un alcoomètre indiquant le dixième de degré, à la température de 15° (1).

Pour éviter la mousse, qui gêne souvent l'opération, on introduit dans le ballon des fragments de papier ou quelques centimètres cubes d'une solution de tanin.

L'alcool distillé doit avoir une odeur franche de malt. Il n'est pas indispensable de neutraliser la bière avant la distillation, l'erreur produite dans la détermi-

(1) Pour les tables, voir au chapitre *Vin*, p. 120.

nation du degré alcoolique par la présence des acides volatils de la bière étant négligeable.

On n'emploie pas les ébullioscopes, qui donnent pour la bière des résultats trop élevés de un à deux dixièmes de degré.

Extrait. — On évapore, au bain-marie à 100°, 25cc de bière dans une capsule en platine à fond plat, de 70mm de diamètre et de 23mm de hauteur. L'extrait est pesé après sept heures de dessiccation.

Sucre. — On décolore 100cc de bière avec une quantité suffisante de noir animal lavé; on filtre le liquide et on dose le sucre au moyen de la liqueur cupro-potassique, par décoloration.

Pour les bières brunes, il est souvent nécessaire d'étendre la bière de son volume d'eau.

La détermination de la déviation polarimétrique donne de bonnes indications.

Dextrines et matières albuminoïdes. — Dans un becherglass contenant environ 100cc d'alcool absolu, on fait couler goutte à goutte, en agitant constamment, 25cc de bière; on ajoute encore environ 50cc d'alcool absolu et, après avoir bien mélangé la masse, on la laisse en repos pendant douze heures.

Le précipité qui s'est formé et qui est composé de la dextrine et des matières albuminoïdes, est recueilli sur un petit filtre taré, en papier Berzélius, convenablement lavé à l'alcool absolu, desséché et pesé. Le poids trouvé représente la dextrine, les matières albuminoïdes et une petite quantité de matières minérales, insolubles dans l'alcool.

Sur une portion du précipité, on dose les matières albuminoïdes par la méthode de Will et Warentrapp ou par la méthode de Kjeldahl; sur une autre, les matières minérales par incinération à une basse température. Au moyen des chiffres trouvés par ces deux dosages, on calcule par différence la dextrine.

Le précipité obtenu en traitant la bière par l'alcool doit être blanc et léger; s'il est aggloméré et brunâtre, il est nécessaire de le dissoudre dans l'eau et de le précipiter à nouveau, car il contient encore des matières solubles dans l'alcool. C'est pour éviter cet inconvénient, autant que possible, que nous avons adopté le mode opératoire que nous venons d'indiquer et renoncé à évaporer la bière à consistance sirupeuse, comme un grand nombre d'auteurs l'indiquent.

Un certain nombre de matières azotées de la bière sont solubles dans l'alcool, les bases, par exemple ; mais la quantité en est minime et le chiffre trouvé par le dosage précédent donne des indications suffisantes. Cependant, si l'on veut doser l'azote total, on devra procéder comme il a été indiqué page 213.

Glycérine. — On évapore à sec, dans le vide, 300cc de bière et on malaxe le résidu avec de l'éther de pétrole. On ajoute de la baryte au résidu, on évapore de nouveau dans le vide et on épuise la masse avec un mélange de 200cc d'éther anhydre et de 200cc d'alcool absolu. La solution éthéro-alcoolique, filtrée, est évaporée et le résidu est desséché pendant vingt-quatre heures sur l'acide phosphorique anhydre, dans le vide; il est formé généralement de glycérine pure et peut être pesé directement. Pour plus de précision, on peut doser la glycérine par le procédé de M. Pasteur.

Acidité. — On fait bouillir 100cc de bière au réfrigérant ascendant, pour chasser les dernières traces d'acide carbonique; on étend d'eau à 200cc, et sur

100^{cc} on dose l'acidité totale au moyen d'une liqueur normale décime de potasse et du papier de tournesol sensible comme indicateur. Les 100 autres centimètres cubes sont évaporés au bain-marie, à consistance sirupeuse; on ajoute ensuite de l'eau, on évapore et on répète plusieurs fois l'opération pour chasser tout l'acide acétique; puis on redissout dans l'eau et on titre de nouveau l'acidité; on a ainsi l'acide lactique et, par différence avec le premier chiffre, l'acide acétique.

Les résultats sont généralement exprimés en acide sulfurique (SO^4H^2) par litre. On multiplie pour cela le nombre de centimètres cubes de liqueur normale décime de potasse trouvé par 0,0049.

Le rapport des acides fixes aux acides volatils est normalement de 30 à 1, sauf pour les bières belges.

Acide carbonique. — Ce dosage se fait par perte de poids, sur 200^{cc} de bière, ou au moyen du chlorure de baryum, en liqueur ammoniacale, procédés que nous avons déjà décrits page 208.

Cendres. — L'extrait, après avoir été pesé, est incinéré au rouge sombre et les cendres sont pesées.

Acide phosphorique. — Les cendres sont dissoutes dans 5^{cc} d'acide chlorhydrique et 5^{cc} d'eau. La solution est évaporée à sec sans dépasser 100°, le résidu est repris avec les mêmes quantités d'acide et d'eau; la solution filtrée et rendue ammoniacale est additionnée d'acide citrique pour redissoudre le précipité de fer et d'alumine formé. Dans le liquide clair, maintenu ammoniacal, on précipite l'acide phosphorique par le chlorure de magnésium. Au bout de douze heures le phosphate ammoniaco-magnésien formé est recueilli sur un filtre, lavé à l'eau ammoniacale, séché, incinéré et pesé. Le poids trouvé multiplié par 0,639 donne la teneur en acide phosphorique.

Chlore. — Le chlore est dosé comme nous l'avons indiqué précédemment (1).

Tous les résultats sont calculés par litre de bière.

Succédanés du malt. — Le dosage des cendres et l'acide phosphorique montreront l'addition à la bière d'amidon, de fécule de pomme de terre. La glucose commerciale renferme toujours des sels alcalins, chlorure ou sulfate de sodium ou de magnésium. On retrouvera un excès de ces sels dans les cendres, dont la proportion sera plus considérable.

Pour la *recherche du glucose*, on évapore 250^{cc} de bière dans le vide, on ajoute de l'alcool absolu qui précipite la dextrine, laquelle doit être en excès par rapport à la glucose. Si cette dernière est, au contraire, en plus grande quantité que la dextrine, on peut conclure à l'addition de glucose. La présence des sels de chaux dans les cendres, en quantité notable, ainsi que des sels de magnésie et de soude, viendra encore à l'appui de cette conclusion.

Glycérine. — On recherche la glycérine comme nous l'avons indiqué.

Saccharine. — La présence de la saccharine dans la bière est assez rare; nous avons déjà donné son procédé de recherche page 221.

Succédanés du houblon. — Les succédanés du houblon se recherchent par la méthode de Dragendorff et Kubicky et les procédés que nous avons indiqués.

Buis. — La présence du buis dans la bière est assez fréquente, mais il est

(1) Voir *Analyse des vins*, p. 158.

difficile de confirmer les conclusions de la dégustation par l'analyse. La buxine est enlevée par l'alcool amylique et donne des sels cristallisables; elle n'a pas de réactions colorées.

Agents de conservation. — Les principales substances employées pour la conservation des bières, sont : l'acide sulfureux et les sulfites, principalement le bisulfite de chaux; l'acide salicylique et les salicylates, l'acide borique et les borates; le fluoborate et le fluosilicate de potasse, l'acide oxalique.

Acide sulfureux et sulfites. — On additionne 50cc de bière de 5gr d'acide sulfurique pur, puis on fait passer dans le mélange un courant d'acide carbonique pur. L'acide sulfureux ainsi entraîné est dirigé dans une solution de chlorure de baryum mélangée d'eau iodée. S'il se forme un précipité de sulfate de baryte, on peut conclure à l'emploi de l'acide sulfureux ou des sulfites.

Acide salicylique. — L'acide salicylique est recherché et dosé comme dans les vins (voir p. 177).

Acide borique. — Nous avons indiqué sa recherche à la page 223; on l'emploie rarement pour la conservation des bières.

Fluoborate et fluosilicate de potasse. — Les fluoborates et les fluosilicates alcalins sont recherchés dans la bière par le procédé de M. Sanglé Ferrière, qui a été donné à l'analyse des vins, page 176.

Acide oxalique. — La bière est acidulée avec une petite quantité d'acide acétique, puis additionnée de chlorure de calcium, qui donne naissance à un précipité blanc insoluble dans l'acide acétique.

Matières colorantes. — La recherche des matières colorantes se fait comme nous l'avons indiqué page 223.

Examen des cendres. — Lorsqu'on trouve dans les cendres une quantité notable de carbonates, on peut soupçonner l'addition de carbonates alcalins, employés pour saturer les bières acides.

On devra chercher encore dans les cendres le cuivre, le plomb et le zinc, qui proviennent de vases en mauvais état.

Les bières sont quelquefois additionnées d'alun à la dose de 40 à 50gr par 10 hectolitres, pour les clarifier. Ce sel se retrouve dans les cendres, par le procédé suivi pour le vin (voir p. 179).

Nous donnons, pour terminer, un certain nombre d'analyses, faites au Laboratoire municipal, sur des bières françaises (1), d'origines bien connues, qui pourront fournir de bons renseignements pour les conclusions d'une expertise.

(1) Bières envoyées à l'exposition nationale de brasserie de 1887.

ORIGINE ET ESPÈCE		DENSITÉ DE LA BIÈRE A + 15°	ALCOOL P. 100 EN VOLUME	UN LITRE DE BIÈRE CONTIENT :							DEGRÉ DE CONCENTRATION DU MOUT POUR 100^{cc}	QUANTITÉ D'EXTRAIT P. 100 DISPARUE PAR LA FERMENTATION	RAPPORT DU POIDS DE L'EXTRAIT A CELUI DE L'ALCOOL
				EXTRAIT A 100°	SUCRE CALCULÉ EN GLUCOSE	DEXTRINE	MATIÈRES ALBUMINOÏDES	ACIDITÉ CALCULÉE EN ACIDE SULFURIQUE	CENDRES	ACIDE PHOSPHORIQUE			
Grande brasserie de l'Est, à Maxeville, près Nancy.	Bière-bock	1024,2	4,9	82,28	12,50	41,12	2,09	1,70	2,44	0,74	16,06	7,84	2,1
	Bière brune	1023,2	4,9	78,68	13,88	42,31	2,77	1,70	2,52	0,92	15,70	7,84	2,0
	Bière de garde	1025,2	4,9	82,84	14,70	38,83	3,45	1,87	2,64	0,92	16,12	7,84	2,1
Pavard et Cirier, à Saint-Germain-en-Laye.	Bière de conserve (4 mois)	1023,2	4,4	75,04	13,15	36,82	1,86	1,60	3,04	0,50	14,54	7,04	1,9
	Bière jeune (2 mois)	1025,2	4,4	83,24	11,36	38,38	2,74	1,84	3,20	0,72	15,36	7,04	2,3
Brasserie des Moulineaux (Seine)		1025,1	5,6	85,48	14,28	35,81	2,19	1,80	2,96	0,77	17,52	8,97	1,9
		1020,1	5,7	72,52	10,86	32,85	1,05	1,20	2,80	0,72	16,38	9,13	1,5
Brasserie de Chaune (Vosges), Hanus		1018,1	5,2	63,44	8,46	28,46	1,74	1,52	3,00	0,31	14,66	8,32	1,4
Seybolt et Cie, à Bar-le-Duc (Meuse)		1023,1	4,7	76,96	10,86	40,03	1,97	1,72	2,72	0,33	15,21	7,52	2,0
Brasserie La Lorraine, à Xertigny (Vosges)		1021,1	5,1	69,34	15,35	29,96	1,71	1,84	2,60	0,40	15,09	8,16	1,6
Grande brasserie de l'Ouest, Le Havre.	Bière de consommation locale	1021,1	4,8	65,88	11,11	23,05	1,23	1,72	2,28	0,61	14,26	7,68	1,6
	Bière d'exportation	1021,0	5,4	66,24	11,90	21,20	0,99	1,40	2,28	0,67	15,27	8,64	1,5
Brasserie de la Flèche d'Or, à Savigny-sur-Orge (Seine-et-Marne)		1025,1	4,5	74,80	12,48	31,30	1,48	1,20	2,41	0,66	14,68	7,20	2,0
Brasserie Vandenbroucque, à Bourbourg (Nord)		1013,0	4,2	41,36	3,84	12,74	1,26	1,44	2,84	0,77	10,85	6,72	1,2
Brasserie du Phénix, à Marseille.	Bière blonde fraîche	1022,4	5,6	68,52	7,04	33,05	1,55	1,34	2,64	0,64	15,82	8,97	1,5
	Bière blonde fraîche	1022,4	5,1	68,70	8,33	44,72	1,67	1,00	2,56	0,76	15,03	8,16	1,6
	Bière blonde pasteurisée	1025,4	4,9	70,20	6,17	36,76	1,88	1,22	2,68	0,51	14,86	7,84	1,8
	Bière blonde pasteurisée	1023,2	4,5	72,92	9,61	43,00	2,04	1,44	2,30	0,74	14,49	7,20	2,0
Brasserie de la Comète, à Châlons-sur-Marne (Marne)		1022,2	5,1	77,68	11,60	36,42	1,50	1,44	2,72	0,97	15,93	8,16	1,9
Jullien-Martin, à Aiglemont (Ardennes)		1008,2	5,5	36,96	2,08	19,63	1,17	1,32	1,92	0,43	12,50	8,81	1,3
Brasserie Gallia, à Paris-Montrouge		1020,2	5,5	70,92	7,93	42,06	1,82	1,44	2,28	0,32	15,90	8,81	1,6
Webel, à Tours (Indre-et-Loire)		1018,0	6,0	65,20	8,33	36,51	2,03	1,08	2,12	0,43	16,14	9,62	1,3
Brasserie de la Frise-Brun, à Grenoble.	Bière blonde, fermentation haute	1020,1	5,3	69,44	8,47	32,20	2,16	1,40	2,60	0,28	15,43	8,48	1,6
	Bière blonde, fermentation basse	1021,0	5,1	71,20	8,62	38,35	1,93	1,08	2,60	0,46	15,28	8,16	1,7
	Bière blonde, fermentation haute	1015,1	5,7	61,36	10,41	21,05	0,82	1,40	2,28	0,40	15,27	9,13	1,3
Brasserie de Wittel (Vosges)		1017,2	5,0	58,56	4,34	34,65	1,68	1,12	2,28	0,54	13,85	8,00	1,4
Laubenheimer fils, à Nérac (Lot-et-Garonne)		1026,2	4,1	51,48	6,66	31,05	1,52	0,72	2,28	0,47	12,70	7,56	1,5
Laubenheimer fils, à Nérac. — Bière-bock		1015,1	4,5	59,04	10,63	39,06	1,02	0,76	2,12	0,61	13,10	7,20	1,7
Brasserie Poters, à Puteaux.	Bière viennoise	1020,2	6,4	71,28	9,43	43,23	2,93	1,44	2,80	0,49	17,30	10,26	1,3
	Bière pasteurisée	1021,2	6,3	77,92	8,62	42,72	2,89	1,48	2,84	0,51	17,89	10,10	1,5
L. Arlen, à Montbéliard (Doubs).	Bière-bock	1018,2	4,0	65,80	7,14	36,78	2,42	1,12	2,44	0,61	14,42	7,84	1,6
	Bière de garde	1019,2	5,4	68,12	10,86	35,53	1,83	1,08	2,56	0,47	15,22	8,64	1,5

ORIGINE ET ESPÈCE	DENSITÉ DE LA BIÈRE À + 15°	ALCOOL P. 100 EN VOLUME	UN LITRE DE BIÈRE CONTIENT : EXTRAIT À 100°	SUCRE CALCULÉ EN GLUCOSE	DEXTRINE	MATIÈRES ALBUMINOÏDES	ACIDITÉ CALCULÉE EN ACIDE SULFURIQUE	CENDRES	ACIDE PHOSPHORIQUE	DEGRÉ DE CONCENTRATION DU MOÛT POUR 100°	QUANTITÉ D'EXTRAIT P. 100 DISPARUE PAR LA FERMENTATION	RAPPORT DU POIDS DE L'EXTRAIT À CELUI DE L'ALCOOL
Karscher, à Bar-le-Duc (Meuse). — Bière-bock blonde	1021,2	5,4	74,68	6,66	39,23	2,25	1,04	2,48	0,38	16,10	8,64	1,7
Karscher, à Bar-le-Duc. — Bière brune, genre Munich	1022,2	6,3	77,64	6,17	45,75	2,09	1,24	2,96	0,41	17,86	10,10	1,4
Brasserie Franco-Suisse, à Beaucaire (Gard). — Bière d'exportation	1020,1	5,5	72,48	5,74	42,39	2,17	0,96	2,16	0,44	16,05	8,81	1,6
Brasserie du Fort-Carré, à Saint-Dizier (Hte-Marne). — Bière-bock de garde	1026,1	5,6	88,64	9,25	36,40	1,40	1,08	2,32	0,36	17,83	8,97	1,9
Brasserie du Fort-Carré, à Saint-Dizier. — Bière de garde (6 mois de cave)	1024,1	5,6	85,48	10,13	42,42	2,26	1,24	2,40	0,41	17,50	8,97	1,9
Burgelin, à Nantes (Loire-Inférieure) . . Bière blonde	1021,1	4,9	72,60	9,43	36,87	2,25	1,20	2,40	0,52	11,18	7,84	1,8
Burgelin, à Nantes (Loire-Inférieure) . . Bière brune	1022,1	5,6	74,00	6,66	35,88	2,56	1,44	2,68	0,52	16,37	8,97	1,6
Bouvaist, à Abbeville (Somme)	1012,1	4,5	45,68	4,67	17,50	1,94	0,96	2,32	0,56	11,76	7,20	1,2
Schmitt	1019,1	5,9	65,52	5,68	41,66	3,34	1,56	3,20	0,44	17,01	9,45	1,3
Dehnarle, à Pont-sur-Sambre	1013,1	4,1	45,92	4,00	26,83	1,49	0,82	2,08	0,44	11,15	6,56	1,4
Wolton, à Marseille (Bouches-du-Rhône)	1020,1	6,1	61,96	7,14	37,95	2,17	1,24	2,28	0,41	16,97	9,78	1,3
Tourtel, à Tantonville (Meurthe-et-Moselle)	1022,1	5,5	68,24	6,25	37,91	2,17	1,40	2,28	0,79	15,61	8,81	1,3
	1022,1	5,5	68,04	8,33	38,55	2,57	1,28	2,60	0,77	15,61	8,81	1,4
	1021,1	5,5	65,24	8,33	37,99	2,17	1,32	2,32	0,61	15,35	8,81	1,2
Brasserie de Terre-Neuve. Caillic, à Montluçon (Allier)	1022,1	7,8	67,48	6,25	32,26	1,90	2,04	2,92	0,82	20,28	13,53	1,0
Brasserie Orléanaise. Schmitz. — Bière, fermentation basse	1020,1	5,4	67,00	7,35	29,21	1,72	1,80	2,64	0,87	15,34	8,64	1,5
Brasserie de la Jourdanie. Mapataud, à Limoges (Haute-Vienne)	1022,1	6,8	65,40	8,62	30,60	1,68	1,76	2,88	0,77	17,45	10,01	1,1
Brasserie de la Louvière. Macs fils, à Lille (Nord)	1015,1	5,4	53,04	7,57	21,48	1,36	1,96	2,52	0,71	13,95	8,64	1,2
Fontaine et Cie, à Louvroil (Nord)	1015,1	3,8	46,36	8,06	21,85	1,95	1,20	1,60	0,40	10,71	6,08	1,5
Bière de Saint-Amand-les-Eaux (Nord)	1008,1	4,7	37,68	5,56	15,98	0,78	1,20	2,12	0,49	11,18	7,52	1,0
Didy-Dubrulle, à Tourcoing (Nord)	1016,1	3,7	58,23	7,57	31,92	0,65	1,32	1,96	0,49	11,74	5,92	1,9
Eugène Guyot, à Saulieu (Côte-d'Or)	1015,0	5,2	56,30	4,30	30,35	1,49	1,56	2,56	0,43	13,96	8,32	1,3
P. Mathonnet, à Saint-Brieuc (Côtes-du-Nord)	1006,0	3,8	33,76	5,95	17,42	0,86	1,28	1,76	0,38	9,65	6,08	1,1
Ricaud frères, à Beaune (Côte-d'Or)	1015,0	4,8	55,72	8,33	25,71	0,85	1,00	2,28	0,43	13,25	7,68	1,5
Bière de Brienne-Fischer et Loppert, à Bordeaux (Gironde)	1028,0	4,7	84,20	10,00	45,71	1,89	0,80	1,88	0,46	15,94	7,52	2,6
G. Delannoy, à Beauvois (Nord). Bière blanche	1002,0	4,2	15,24	1,75	3,41	0,65	2,41	2,88	0,54	8,24	6,72	2,8
G. Delannoy, à Beauvois (Nord). Bière brune	1012,0	4,2	43,24	6,25	20,89	1,11	1,20	1,76	0,69	11,24	6,72	1,3
Cavette-Mairesse, à Saint-Waast (Nord)	1010,0	3,7	38,12	6,25	17,43	0,77	1,22	2,12	0,43	9,73	5,92	1,1

Partie supplémentaire.

BIÈRE

PAR M. J. DE BREVANS

Recherche de l'acide benzoïque.

La recherche de l'acide benzoïque ajouté à la bière est basée sur la formation du bleu d'aniline, lorsqu'on fait agir l'acide benzoïque sur le chlorhydrate de rosaniline dissous dans l'huile d'aniline, et se fait comme il suit :

Environ 200cc de bière sont additionnés de quelques centimètres cubes d'acide sulfurique dilué, pour décomposer éventuellement les benzoates alcalins et mettre l'acide benzoïque en liberté. Le liquide ainsi traité est agité à trois reprises différentes dans une boule à décantation, chaque fois avec environ 50cc d'éther éthylique. Les trois portions du dissolvant sont réunies, filtrées et évaporées, à la température ambiante, dans un vase en verre.

Le résidu laissé par l'évaporation de l'éther peut contenir de la saccharine, de l'acide salicylique ou de l'acide benzoïque.

S'il contient de la saccharine, sa saveur très sucrée l'indiquera; si l'on se trouve en présence d'acide salicylique, l'essai au perchlorure de fer permettra de le caractériser. Enfin la présence de l'acide benzoïque pourra être suspectée si la matière présente les caractères suivants : une odeur aromatique spéciale, l'émission de vapeurs très irritantes quand on la chauffe sur une lame de platine; enfin certains caractères cristallographiques spéciaux : l'acide benzoïque laisse déposer, par l'évaporation de ses solutions, des cristaux arborescents faciles à distinguer à la loupe.

L'absence de saccharine et d'acide salicylique étant constatée, il s'agit d'obtenir la réaction du bleu d'aniline. A cet effet, on fait tomber, dans un tube à essais bien sec, un demi-centimètre cube environ d'aniline contenant en dissolution 2cgr de chlorhydrate de rosaniline (ce réactif, pour être sensible, doit être préparé au moment de s'en servir) et une petite quantité de la matière suspecte. On chauffe le mélange au bain de sable, pendant vingt minutes environ, à la température de l'ébullition (184° environ). Au bout de ce temps, le liquide, primitivement rouge grenat, a pris, s'il existe de l'acide benzoïque, une teinte bleue plus ou moins violacée.

On y ajoute quelques gouttes d'acide chlorhydrique pour transformer l'excès d'aniline en chlorhydrate soluble dans l'eau, puis on agite avec de l'eau distillée pour dissoudre ce sel; il reste en suspension une matière bleu foncé, insoluble, qui adhère souvent aux parois du tube; on la recueille sur un petit filtre; on la lave jusqu'à ce que toute la matière violette, qui s'est formée en même temps, ait été entraînée, puis on dissout le bleu d'aniline dans l'alcool.

Pendant le chauffage, il est bon de placer sur l'orifice du tube une petite ampoule de verre, pour condenser les vapeurs d'aniline. On obtient très nettement la coloration bleue en opérant sur un milligramme d'acide benzoïque. Il est facile de contrôler les résultats par la réaction connue du perchlorure de fer neutre sur l'acide benzoïque exactement saturé par la potasse.

Recherche de la saccharine. — La méthode proposée par Schmitt pour la recherche de la saccharine ne donne pas de résultats certains lorsqu'on se trouve en présence de matières renfermant des tanins ou autres substances capables de donner de l'acide salicylique par fusion avec les alcalis; c'est le cas pour la bière. Elle doit donc être complétée par un traitement ayant pour but d'éliminer la cause de l'erreur et nous avons adopté le suivant :

Environ 200^{cc} de bière sont additionnés d'un excès de perchlorure de fer (10 à 15^{cc} d'une solution à 30° B.); le sel ferrique précipite les tanins à l'état de tannate de fer. On sature l'excès de perchlorure de fer et l'acide chlorhydrique mis en liberté par une quantité suffisante de carbonate de chaux pour rendre la liqueur neutre ou faiblement alcaline, ce dont on s'assure au moyen du papier de tournesol sensible. On lave ensuite le précipité de façon à obtenir un volume de liquide sensiblement égal à celui employé.

Ce traitement a non seulement pour effet d'éliminer les corps gênants, mais il sert encore à déféquer la liqueur; on obtient, en effet, après filtration, dans la plupart des cas, un liquide limpide et complètement incolore, ou seulement coloré en jaune paille.

Il est facile de s'assurer que les deux réactifs ont été employés en proportions convenables; on doit, en effet, obtenir une bouillie très fluide, ayant la couleur du peroxyde de fer, après que le dégagement d'acide carbonique a cessé. Dans ces conditions, les matières solides se précipitent complètement et rapidement. Lorsque le filtratum est coloré, un second traitement, fait avec de minimes quantités de chlorure ferrique et de carbonate de chaux, permet d'arriver au résultat désiré.

Le liquide filtré est acidulé avec quelques gouttes d'acide phosphorique et épuisé par l'éther éthylique (1); la recherche se poursuit comme cela a été indiqué par Schmitt.

Emploi des succédanés du malt. — La législation française ne prescrivant pas comme la législation allemande de ne donner le nom de *bière* qu'au liquide

(1) Nous avons renoncé à l'emploi du mélange d'éther et d'éther de pétrole préconisé par les chimistes allemands pour éliminer les tanins, comme ne donnant que des résultats médiocres à ce point de vue et dissolvant moins bien la saccharine que l'éther éthylique pur.

alcoolique résultant de la fermentation de moûts sucrés obtenus par infusions ou décoctions d'orge germé ou malt, sans autres additions de matières étrangères que d'une certaine quantité de houblon destiné à donner l'arome, on remplace très fréquemment une partie du malt par des produits industriels, tels que : la glucose, des matières amylacées, de la farine de maïs préparée d'une façon spéciale, dont une sorte est d'origine américaine et est connue sous le nom de *greetz* ou *gritz*.

On reconnaît une pareille addition à la bière en comparant la quantité de matières azotées trouvée au maltose total, c'est-à-dire à la somme du maltose existant encore dans la bière et de celui disparu pendant la fermentation, que l'on détermine en fonction de l'alcool dosé.

D'après les recherches effectuées au Laboratoire municipal par MM. Sanglé-Ferrière et Truchon, dans une bière préparée uniquement avec du malt, le rapport $\frac{\textit{maltose total}}{\textit{matières azotées totales}}$ ne doit pas être supérieur à 25. Il est essentiel de transformer l'alcool en maltose ; à cet effet il suffit de multiplier l'alcool en poids par 1,9.

CIDRE

PAR M. SANGLÉ FERRIÈRE

Le cidre est la boisson alcoolique qui résulte de la fermentation du jus de pommes.

C'est un liquide tonique, réconfortant, d'une couleur ambrée, d'un goût agréable et doué de propriétés lithotritiques incontestables, attribuées surtout à la présence d'une quantité importante d'acide malique.

On fabrique plus particulièrement le cidre dans certaines contrées où la culture de la vigne est inconnue, c'est-à-dire dans une partie du nord et de l'ouest de la France, en Picardie, en Normandie et en Bretagne.

Les habitants de ces provinces en font leur boisson ordinaire avec ou sans addition d'eau; l'excédent de leur consommation est livré au commerce, qui atteint souvent, tant en France qu'à l'étranger, une certaine importance.

Le tableau suivant fait connaître le mouvement de production, d'importation et d'exportation des cidres et poirés depuis 1882, en hectolitres :

ANNÉES	PRODUCTION	IMPORTATION	EXPORTATION
1882	8.921.000	912	10.000
1883	23.492.000	»	16.000
1884	11.907.000	»	17.000
1885	19.955.000	»	17.000
1886	8 301.000	»	16.000
1887	13.437.000	»	14.000
1888	9.767.000	941	13.000
1889	3.701.000	8.319	12.000
1890	11.095.000	7.035	9.000
1891	9.280.000	684	10.000
1892	15.141.000	402	10.000
1893	31.608.565	837	14.522
Moyenne	13.050.463	1.593	13.210

FABRICATION DU CIDRE

Cidre pur jus ou gros cidre. — Les pommes à cidre se divisent en trois espèces :

Les *pommes douces*,

Les *pommes amères ;*

Les *pommes acides.*

Les premières sont riches en sucre, mais elles donnent peu de jus et il est souvent nécessaire de les mélanger avec des fruits plus aqueux.

Les pommes amères sont riches en tanin, elles donnent un moût dense, coloré et de bon goût. Mélangées dans la proportion de 2/3 pour 1/3 de pommes douces, elles donnent un cidre agréable et de bonne conservation.

Les pommes acides fournissent beaucoup de jus, mais ne peuvent être employées que mélangées en petite proportion aux deux premières espèces.

COMPOSITION MOYENNE DE DIFFÉRENTES ESPÈCES DE POMMES

Pommes de Normandie.

Poids moyen d'une pomme.	64gr,0	sur	1.094	variétés.
Volume du jus extrait par Kg de fruit. .	625cc,0	—	285	—
Densité du jus.	1.062	—	1.261	—
Sucre total par litre de jus	124,46	—	1.276	—
Tanin —	2,38	—	1.264	—
Mucilage —	5,60	—	399	—
Acidité exprimée en acide sulfurique, par litre de jus.	1,99	—	1.208	—

Pommes de Bretagne.

Poids moyen d'une pomme.	70gr,4	sur	803	variétés.
Volume du jus extrait par Kg de fruit. .	621cc,8	—	181	—
Densité du jus	1.0619	—	1.073	—
Sucre total par litre de jus	127,48	—	1.144	—
Tanin —	2,15	—	1.139	—
Mucilage —	6,6	—	514	—
Acidité exprimée en acide sulfurique, par litre de jus.	2,61	—	894	—

Sur 2.420 variétés de fruits normands et bretons analysés, 50 espèces normandes et 45 variétés bretonnes ont fourni plus de 170gr de sucre pouvant donner du cidre à 10° d'alcool (1).

Au point de vue de leur maturité, les pommes se divisent en trois catégories :

1° Les pommes précoces, à fruits tendres, mûrissant en août et septembre;

(1) *Le Cidre et le Poiré*, 4e année, p. 18.

2° Les pommes à fruits demi-durs, mûrissant en octobre et novembre, qu'on cueille en octobre;

3° Les pommes tardives, à fruits durs, qui ne mûrissent qu'en novembre et décembre, mais qu'on récolte en novembre.

Il est nécessaire de ne pas mélanger les variétés de première, deuxième et troisième saison et de n'employer que des fruits parfaitement mûrs et non pourris, contrairement au préjugé qui règne dans beaucoup de campagnes et qui consiste à attendre qu'il y ait au moins un quart des fruits pourris avant de procéder au pilage. M. Hauchecorne a constaté, en effet, que l'altération du fruit était accompagnée d'une perte sensible de sucre; ainsi, un lot de pommes renfermant en moyenne 12 p. 100 de sucre au moment de la maturité, n'en contenait plus que 8,0 après le blettissement, et des traces seulement lorsque les fruits étaient pourris (1).

En Normandie, les pommes sont broyées à l'aide d'une meule en bois ou en pierre, de 1^{m},50 de diamètre, mue par un cheval et tournant régulièrement dans une grande auge circulaire et évasée, de 18 à 20^{m} de tour. Mais il est préférable d'employer le moulin à noix de Leblanc, qui concasse parfaitement le fruit, divise la chair, sans la mettre en bouillie et sans écraser les pépins.

Les pommes, réduites en pulpe, sont mises dans des cuves ouvertes et exposées à l'air libre de 12 à 24 heures. On retourne la masse de temps en temps avec des pelles de bois. Dans ces conditions il se produit un commencement de fermentation qui détermine le gonflement et la rupture des cellules du fruit épargnées par le moulin, facilite la dissolution du tanin et de la matière colorante contenus dans la peau, en donnant un moût bien parfumé et doué d'une belle couleur ambrée très recherchée.

A ce moment on a quelquefois l'habitude d'ajouter de l'eau sous le prétexte de faciliter la sortie du jus. C'est une pratique vicieuse qui ne peut qu'altérer le produit et donner une boisson ne pouvant être considérée comme du *cidre pur*.

Pressurage. — Cette opération a pour but de séparer complètement le moût de la pulpe. Celle-ci est disposée sur le parquet du pressoir, en une motte régulière, formée de couches de 10^{cm} de hauteur et séparées par des tissus de crin ou par des lits de paille. Cette disposition est adoptée pour éviter que la masse ne forme un tout compact, d'où le jus ne s'écoulerait que difficilement.

Le pressurage doit se faire avec précaution, surtout pendant la deuxième partie de l'opération, où on ne doit plus procéder que lentement et régulièrement : car il est évident que plus le jus aura traversé lentement la masse de pulpe et plus sera grande la part des matériaux solubles entraînés par le liquide.

La quantité de moût obtenu varie suivant l'espèce de pommes employée et suivant le mode de pressurage suivi. Les bonnes variétés de pommes renferment en moyenne 80 p. 100 de jus; on n'en extrait que 35 à 40 p. 100 avec la presse dite *presse à mouton*, tandis qu'avec une presse hydraulique on en obtient de 70 à 75 p. 100.

(1) *Le Cidre*, par MM. De Boutteville et Hauchecorne, p. 237.

COMPOSITION DES MOUTS DE POMMES ET DE POIRES

ÉLÉMENTS DOSÉS	POMMES			POIRES		
	vertes	mûres	blettes ou pourries	vertes	mûres	blettes ou pourries
Eau	85,50	83,20	63,35	86,28	83,28	62,73
Sucre	4,90	11,00	7,95	6,45	11,52	8,77
Tissu végétal	3,00	3,00	2,00	3,80	2,19	1,85
Gomme	4,01	2,10	2,00	3,17	2,07	2,62
Albumine	0,10	0,50	»	0,08	0,21	0,23
Acides malique, pectique, tannique, gallique; chaux, acétates alcalins, huiles grasses et volatiles, chlorophylle, matières azotées non solubles	0,49	0,20	0,60	0,22	0,73	0,85
	100,00	100,00	75,90	100,00	100,00	77,05

Analyses faites par Frésenius.

ÉLÉMENTS DOSÉS	POMMES ET POIRES		
	mûres et fraîches	conservées	molles et blettes
Chlorophylle résinoïde	0,08	0,01	0,04
Sucre	6,45	11,52	8,77
Gomme	3,17	2,07	2,62
Fibre végétale	3,80	2,19	1,85
Albumine végétale	0,08	0,21	0,23
Acide malique	0,11	0,08	0,61
Chaux	0,03	0,04	traces
Eau	86,28	83,88	62,73
	100,00	100,00	70,85

Analyses faites par Bérard.

On doit à M. Truelle un grand nombre d'analyses de moûts de différentes provenances.

Ces analyses ont été effectuées au laboratoire pomologique de Trouville-sur-Mer (Calvados) et ont été publiées dans le journal *le Cidre et le Poiré*, 4e année, nos 2, 3, 4; nous n'en reproduisons qu'une partie.

PROVENANCE DES FRUITS	DENSITÉ A + 15°	SUCRE INTERVERTI PAR LITRE	SACCHAROSE PAR LITRE	TOTAL DES DEUX SUCRES ÉVALUÉS EN GLUCOSE FERMENTESCIBLE PAR LITRE	TANIN PAR LITRE	MATIÈRES PECTIQUES ET ALBUMINOÏDES PAR LITRE	ACIDITÉ EXPRIMÉE EN SO^3HO PAR LITRE
MOUTS DE POMMES							
Vauville (Calvados)	1.087,5	153,37	36,27	193,55	3,02	17,0	1,39
Id.	1.081,0	117,79	55,30	176,00	4,33	23,0	1,61
Pont-l'Évêque (Calvados)	1.062,5	128,20	13,92	142,85	4,40	10,0	0,95
Id.	1.068,0	136,05	5,58	141,92	8,07	12,0	1,33
Id.	1.083,5	171,42	19,54	192,00	2,05	8,5	1,88
Gué, Boucé (Orne)	1.070,0	138,33	16,80	156,02	0,26	20,0	0,69
Cerlangue (Seine-Inférieure)	1.064,0	127,15	16,63	144,65	1,06	13,0	1,17
Id.	1.079,5	138,88	33,92	174,60	1,10	11,0	1,64
Onguemare-Guenouille (Eure)	1.068,0	113,63	41,32	157,13	1,06	11,5	0,93
Saint-Ouen-de-Thouberville (Eure)	1.057,5	117,64	12,71	131,03	4,11	6,0	1,14
Manche	1.063,0	123,45	8,62	132,52	2,38	9,0	2,46
Id.	1.089,0	148,14	27,80	177,40	3,18	19,0	2,52
La Guerche de Bretagne (Ille-et-Vilaine)	1.063,0	112,3	21,5	134,9	7,59	11,0	1,26
Id. Id.	1.110,0	135,4	71,7	211,00	2,12	6,5	2,91
Pré-en-Mail (Mayenne)	1.067,0	108,38	10,29	119,22	2,28	néant	7,41
Bréhan-Loudéac (Morbihan)	1.110,0	181,81	47,27	231,57	2,18	20,0	1,58
Beignon (Morbihan)	1.062,5	127,38	9,60	137,49	5,71	6,0	0,95
Ploërmel (Morbihan)	1.081,5	147,05	15,10	162,96	1,04	9,0	7,03
Quimperlé (Finistère)	1.066,5	128,20	16,66	145,74	1,08	17,5	1,45
Id.	1.086,0	162,60	19,69	183,32	0,95	10,3	2,46
MOUTS DE POIRÉS							
Tanville (Orne)	1.078,0	131,57	35,54	167,93	10,11	12,0	0,76
Id.	1.076,5	111,25	53,90	168,00	1,20	18,0	1,39
Id.	1.090,0	125,00	61,41	189,64	3,20	16,5	2,40
Id.	1.098,05	197,93	16,69	215,50	1,56	12,0	1,41
Id.	1.097,0	200,00	19,00	220,00	1,84	17,0	1,69
Id.	1.067,50	108,10	33,89	143,78	1,85	3,0	1,20

Fermentation. — La fermentation alcoolique qu'éprouve le jus de pommes lorsqu'il est exposé à une température de 15 à 18°, paraît due à la présence du *saccharomyces apiculatus*, que M. Hansen a trouvé répandu en abondance sur la pomme et dans le sol où croissent les pommiers.

On effectue généralement la fermentation dans de grands tonneaux en chêne, bien propres, qui sont remplis de moût jusqu'à la bonde, quand on ne doit pas soutirer plus tard. Sous l'influence de la fermentation, on voit apparaître à l'orifice du fût une écume brune d'abord, blanche ensuite, qui entraîne le chapeau au dehors. Au bout d'un mois environ la fermentation tumultueuse est terminée; on ferme la bonde, en ayant soin de percer une petite ouverture dans laquelle on passe une tige de paille.

Dans les grandes cidreries normandes on emploie avec avantage des foudres de 150 à 200^{hl} de capacité. Pour que la fermentation suive un cours normal, il est nécessaire que la température ne descende pas au-dessous de 12°, en ayant soin d'éviter les variations de température, une moyenne de 12 à 15° est excellente. Si la fermentation ne s'établit pas avec énergie, on brasse le moût deux fois par jour à l'aide d'un balai en osier, introduit par la bonde; si ce moyen est insuffisant, on fait chauffer une certaine quantité de moût qu'on reverse ensuite dans le tonneau, et on ajoute du moût puisé dans un autre fût en pleine fermentation.

Soutirage. — Peu de cultivateurs soutirent et clarifient leurs cidres, prétendant qu'il est préférable de le laisser sur lie, parce que le soutirage lui fait perdre de sa force alcoolique. On se contente, généralement, de l'abandonner à lui-même aussitôt sa mise en tonneaux; ceux-ci sont ensuite conservés dans des celliers souvent mal construits et où règne une température des plus variables.

Cette coutume est vicieuse sous tous les rapports, car un et même deux soutirages améliorent au contraire le cidre et en hâtent la clarification, tout en le débarrassant des ferments nuisibles, pouvant le prédisposer à la tourne ou à l'acescence.

M. Grignon, qui s'est particulièrement occupé de cette question importante, recommande de soutirer le cidre aussitôt la fermentation tumulteuse terminée, et de l'introduire dans de petits tonneaux, pour les cidres à consommer de suite, et dans des foudres pour les cidres à conserver.

Les précautions à prendre dans cette opération sont les mêmes que celles prises dans le soutirage du vin, c'est-à-dire opérer de préférence par un temps sec et par un vent du nord ou de l'est, et éviter le contact prolongé de l'air, par l'emploi de pompes ou de siphons.

Pour obtenir un cidre particulièrement doux et délicat, on doit même le soutirer entre deux lies, avant que le chapeau ne se crevasse, en un mot avant la fin de la fermentation.

Le cidre est alors dit *élié;* il subit ensuite une deuxième fermentation très lente qui le bonifie et augmente sa richesse alcoolique. On doit le surveiller avec attention et le soutirer à nouveau chaque fois qu'en ôtant la bonde on verra un peu de lie surnager.

En Angleterre et à Jersey, on fait fermenter le cidre dans des cuves ouvertes, placées dans des celliers où la température est invariablement fixée entre 12 et 15° et on soutire trois fois pendant la fermentation, le dernier soutirage étant fait aussitôt que l'acide carbonique ne se dégage plus. On obtient ainsi un cidre coloré, délicat, clair, d'une bonne conservation, avec une saveur piquante et agréable.

Collage. — Il est préférable d'employer le tanin ou le cachou qui forment, avec les matières albuminoïdes, la pectine et l'excès de levure, des combinaisons insolubles qui se précipitent en entraînant les matières en suspension. MM. de Boutteville et Hauchecorne conseillent d'ajouter à 60gr de cachou ou à 10gr de tanin (dose à employer par hectolitre) un peu de colle de poisson, qui donne au cidre une limpidité parfaite.

Cette opération est suivie d'un dernier soutirage, puis le cidre est introduit dans des tonneaux bien clos, en ménageant, toutefois, un vide de 3cc à l'intérieur, pour que l'acide carbonique, qui se dégage lentement, puisse s'y accumuler et maintenir le cidre sous une légère pression.

Le cidre est alors terminé ou *paré*, suivant l'expression admise, et il peut être livré à la consommation. Généralement le cidre fait pendant l'été est buvable du troisième au cinquième mois, celui d'automne du cinquième au huitième, et celui d'hiver du huitième au douzième.

Pour obtenir le cidre mousseux, on ne laisse fermenter dans les tonneaux que pendant un mois, et on met en bouteilles dès que le liquide est éclairci.

Cidre par diffusion. — Ce procédé de fabrication, pratiqué dans quelques cidreries, consiste à faire macérer la pulpe de pommes dans des cuves communiquant entre elles et dans lesquelles circule un courant d'eau. Le jus des cellules en sort par voie d'osmose et les pulpes sont assez rapidement épuisées. On arrive, par ce procédé, à extraire la totalité du liquide et des matières solubles qu'elles renferment, c'est-à-dire de 90 à 95 p. 100 du poids des fruits.

Petit cidre. — Le petit cidre est celui qu'on obtient en délayant le marc retiré du pressoir avec les 2/3 de son poids d'eau, en laissant séjourner quelques heures dans des cuves ouvertes et en pressant de nouveau.

On obtient ainsi un moût moins riche que la *mère-goutte* ou cidre de *première pression*, mais qui est néanmoins susceptible de donner une boisson agréable.

Au marc, déjà presque épuisé, on ajoute souvent encore 1/3 d'eau, on laisse macérer 24 heures et on porte au pressoir pour la dernière fois. Le liquide est cette fois peu chargé en matières extractives; mélangé au moût précédent, il donne le *cidre de ménage*.

Dans certaines contrées, on fabrique le cidre de ménage en ajoutant directement aux pommes broyées 6hl d'eau pour 8hl de fruits.

En mélangeant le produit des trois brassées, mère-goutte, petit cidre, cidre de ménage, on obtient un bon cidre moyen, mais qui ne doit, sous aucun prétexte, être mis en vente sous le nom de cidre. Il en est de même pour tous les cidres qui ont été additionnés d'eau, pendant ou après leur fabrication.

Maladies du cidre.

Le cidre se conserve rarement plus de 12 à 15 mois. Néanmoins, lorsque la fermentation et les soutirages ont été effectués avec soin, et lorsqu'il renferme une quantité suffisante d'alcool, on peut le conserver 3 à 4 ans, surtout lorsqu'il a été mis en bouteilles avec toutes les précautions nécessaires.

Les maladies auxquelles le cidre est sujet sont à peu près analogues à celles du vin.

L'*acescence* se déclare principalement dans les cidres faibles ou dans ceux qui restent longtemps en vidange. La meilleure précaution à prendre pour prévenir cette maladie est de recouvrir la surface du cidre d'une mince couche d'huile d'olive, on peut encore soutirer à l'aide d'une cannelle placée au milieu du tonneau. Mais lorsque le cidre est piqué, il ne faut plus songer à le rendre potable, toute tentative faite dans ce sens ne ferait qu'altérer davantage ses propriétés naturelles.

La *graisse* est caractérisée par la viscosité huileuse du cidre et provient d'une insuffisance de tanin. On y remédie en ajoutant 6gr de tanin ou 300 à 400gr d'alcool par hectolitre.

La *pousse* est une maladie plus spéciale aux cidres faibles, elle se manifeste généralement au printemps et se reconnaît à une pression qui se déclare à l'intérieur du tonneau, et à un trouble du liquide, causés par la présence des filaments organisés décrits par M. Pasteur.

On peut remédier à cette maladie en ajoutant du tanin ou du cachou, puis collant fortement le cidre, et le soutirant ensuite dans des tonneaux soufrés.

Le *noircissement* est une altération spéciale au cidre, qui est caractérisée par une coloration plus ou moins brunâtre. On dit alors que le cidre *se tue;* il devient, en effet, plat, sans saveur, sans montant, et est privé de cette saveur piquante qui caractérise le bon cidre. Cette altération provient, le plus ordinairement, de l'emploi d'eaux calcaires ou contaminées par des matières organiques, ou à la présence du fer. Dans ce dernier cas, on combat cette maladie en introduisant dans le tonneau de l'écorce de chêne ou des copeaux de hêtre.

L'*opacité* est l'état d'un cidre qui ne peut pas s'éclaircir, par suite de la pauvreté du moût en sucre et d'un arrêt subit de la fermentation. En ajoutant de 150 à 200gr de sucre par hectolitre, on peut rendre à la levure toute son activité et par suite faire repartir la fermentation.

COMPOSITION ET ANALYSE DU CIDRE

Le cidre contient, en outre des produits ordinaires de la fermentation, alcool, glycérine, acides succinique et carbonique, des substances pectiques et azotées, des matières grasses, un peu de matière colorante et de tanin, de l'acide malique libre et combiné, des substances minérales: potasse, soude, chaux, magnésie, etc., combinées surtout aux acides malique et phosphorique.

Les acides acétique, butyrique, valérianique, etc., auxquels certains cidres doivent leur odeur et leur goût désagréables, proviennent généralement d'une mauvaise fermentation ou d'une conservation défectueuse.

Le dosage des principaux matériaux, alcool, extrait à 100°, cendres, etc., est effectué comme il a été indiqué pour les vins (voir p. 118 et suivantes).

Dosage des matières réductrices. — On décolore, au noir animal, le cidre ayant subi au préalable une dilution proportionnelle à sa densité. C'est ainsi qu'un cidre ayant une densité comprise

Entre 1.000 et 1.006 sera décoloré sans dilution.			
— 1.006 et 1.008 sera décoloré après une dilution de moitié.			
— 1.008 et 1.012	—	—	au 1/5ᵉ.
— 1.012 et 1.022	—	—	au 1/10ᵉ.
au-dessus de 1.022	—	—	au 1/20ᵉ.

On fait ensuite l'examen polarimétrique et on dose le sucre réducteur à l'aide de la liqueur Neubauer et Vogel (voir p. 137).

Dosage des matières pectiques. — On concentre 100cc de cidre au bain-marie jusqu'à 10cc environ, et on ajoute au résidu 60cc d'alcool à 90°; on laisse reposer, on décante et on redissout le précipité formé dans une petite quantité d'eau pour le précipiter à nouveau par l'alcool. On le recueille ensuite sur un filtre taré, on le lave avec de l'alcool à 90° et on le pèse, après dessiccation à 100°.

Dosage de l'acide malique total. — Il n'y a guère que le procédé indiqué par M. Berthelot qui soit applicable, et encore doit-on prendre la précaution d'éliminer par fermentation la majeure partie du sucre qui existe dans les cidres doux.

On concentre, au bain-marie, 100cc de cidre au 1/10ᵉ de son volume primitif, on ajoute au résidu un volume égal d'alcool à 90°, on laisse reposer et on filtre. (Le précipité peut servir au dosage des matières pectiques.) La liqueur filtrée est saturée par un léger excès d'un lait de chaux très clair. Il se précipite du malate de chaux mêlé à un excès de chaux. On filtre, on lave avec de l'alcool à 90°, on dissout dans de l'acide azotique étendu de 10 parties d'eau et on fait cristalliser. Le poids de malate de chaux obtenu étant multiplié par 0,59, puis par 10, donne le poids de l'acide malique par litre.

Dosage de l'alcalinité des cendres. — Ce dosage donne la quantité de carbonate de potasse provenant de la décomposition du bimalate, et, par suite, la proportion de ce sel. Les cendres provenant de l'incinération de 25cc de cidre sont additionnés d'un volume connu de liqueur décime d'acide sulfurique, de façon à obtenir une solution franchement acide. On fait bouillir une demi-heure environ dans un vase conique, puis on titre l'excès d'acide à l'aide d'une liqueur décime de potasse. Le nombre de centimètres cubes d'acide qui a été saturé par les cendres, multiplié par 0,2764, donne le carbonate de potasse par litre. En multipliant ensuite par 2,48, on obtient le bimalate.

Dosage de l'acidité totale. — On procède comme pour les vins, en saturant exactement 25cc de cidre par une liqueur décime de potasse ajoutée par petites portions jusqu'à ce qu'une goutte du liquide à neutraliser déposée sur une bande de papier tournesol produise une auréole très légèrement bleuâtre. Le volume de liqueur acidimétrique employé étant multiplié par 0,196 donne l'acidité totale par litre, exprimée en acide sulfurique monohydraté.

Il est bon de compléter ce dosage en déterminant la proportion de l'acidité fixe, qui, seule, peut donner des indications exactes sur la valeur d'un cidre.

Dosage de l'acidité fixe. — Quand on le peut, il est préférable de recourir à l'évaporation dans le vide, reprendre ensuite le résidu deux fois par un peu d'eau et évaporer à nouveau en présence d'acide sulfurique. Dans ces conditions, il ne reste plus d'acide acétique en quantité appréciable.

Un dosage acidimétrique permet finalement d'obtenir l'acidité fixe.

La différence entre l'acidité totale et l'acidité fixe représente l'acidité due aux acides volatils.

Nous donnons dans le tableau ci-dessous la composition de quelques cidres naturels analysés au Laboratoire municipal (1).

Par *alcool existant* nous désignons l'alcool produit par la fermentation, et par alcool total l'alcool correspondant à la quantité de sucre total contenu primitivement dans le moût.

COMPOSITION DE CIDRES AUTHENTIQUES

PROVENANCE	ALCOOL EXISTANT P. 100 EN VOLUME	ALCOOL TOTAL P. 100 EN VOLUME	EXTRAIT A 100° PAR LITRE	EXTRAIT RÉDUIT PAR LITRE	SUCRE TOTAL PAR LITRE	ACIDITÉ TOTALE EN ACIDE SULFURIQUE PAR LITRE	ACIDITÉ FIXE PAR LITRE EN ACIDE SULFURIQUE	CENDRES PAR LITRE	CARBONATE DE POTASSE PAR LITRE	PHOSPHATES INSOLUBLES PAR LITRE
Cidre pur 1877, fruits de côte : Bois-Guillaume (env. de Rouen).	6°	7°,2	51,60	32,60	20,0	3,60	2,50	3,50	2,33	0,38
Cidre pur (récolte 1876), fruits de Mazure, Yvetot.	5°,2	5°,6	30,90	24,40	7,50	4,07	2,40	2,50	»	»
Cidre vieux.	4°,8	5°	20,90	17,50	4,40	5,36	2,59	2,50	1,40	0,25
Cidre pur, 1878. Yvetot, fruits de plaine.	4°,4	6°,6	61,30	25,30	37,0	4,54	2,31	3,00	2,00	0,30
Cidre pur, gros cidre 1880 (environs de Bayeux).	3°	4°	53,20	37,70	16,50	3,23	2,68	2,60	1,80	0,45
Cidre marchand	1°	3°,1	69,70	34,70	36,00	2,68	1,11	2,54	1,51	0,62
Cidre 1er choix.	3°,2	5°,5	81,20	43,20	39,00	»	»	2,30	»	0,17
Cidre pur, gros cidre 1880 . .	2°,5	4°	63,80	39,80	25,00	2,08	1,48	2,80	»	»
Moyenne.	3°,7	5°,1	54,00	31,9	23,1	3,65	2,15	2,71	1,74	0,36
Maximum.	6°	7°,2	81,20	43,20	39,00	5,36	2,68	3,50	2,2[illegible]	0,62
Minimum	1°	3°,1	20,90	17,50	4,4	2,08	1,11	2,30	1,40	0,17

(1) *Documents du Laboratoire municipal*, 2e rapport, édition de 1886, p. 243

ANALYSE DES CIDRES PRIMÉS A L'EXPOSITION NATIONALE DES CIDRES ET POIRÉS 1888 (1)

ANNÉES	DENSITÉ	ALCOOL EN VOLUME PAR LITRE	SUCRE PAR LITRE	TANIN PAR LITRE	GLYCÉRINE PAR LITRE	CENDRES PAR LITRE	MATIÈRES EXTRACTIVES NON DOSÉES PAR LITRE	ACIDITÉ TOTALE PAR LITRE	ACIDITÉ FIXE PAR LITRE	ACIDITÉ VOLATILE PAR LITRE	ACIDE ACÉTIQUE PAR LITRE	ACIDE BUTYRIQUE PAR LITRE
						CIDRES DE BRETAGNE						
1888	1,044	39,7	54,71	1,00	»	3,00	22,49	2,40	0,95	1,45	1,31	0,21
1884	1,028	37,5	42,96	1,30	1,90	2,90	17,74	3,15	2,65	0,50	0,40	0,18
1884	1,066	37,5	46,06	1,34	2,25	2,90	61,95	3,23	1,58	1,65	4,65	»
1887	0,998	47,5	24,15	1,60	1,00	2,40	10,44	2,48	1,36	1,12	0,91	0,31
1887	1,025	40,0	36,20	1,20	»	2,50	7,10	3,57	2,43	1,14	1,14	»
1887	1,020	60,0	29,00	1,80	»	2,80	16,00	2,61	1,71	0,90	0,82	0,13
1887	1,017	33,4	37,33	1,82	»	2,80	15,55	1,96	1,13	0,83	0,83	»
1886	1,024	17,5	43,18	1,30	0,90	2,80	29,22	2,59	1,16	1,43	1,43	»
1886	1,022	15,0	56,00	1,34	0,85	2,85	11,16	2,56	0,87	1,69	1,69	»
1886	1,035	12,5	68,28	0,80	1,00	3,00	28,80	1,32	0,33	0,99	0,99	»
						CIDRES DE NORMANDIE						
1886	1,035	14,5	67,44	2,20	1,80	2,50	23,96	1,21	0,80	0,41	0,38	0,04
1886	1,008	33,5	46,28	2,20	1,87	2,52	68,63	2,99	1,25	1,74	»	»
1888	1,010	50,0	16,11	1,80	1,68	2,40	14,51	1,56	0,97	0,59	0,50	0,14
1888	1,006	51,2	14,55	1,84	»	2,43	12,68	1,74	0,85	0,89	0,89	»
1885	1,018	37,5	37,84	1,80	1,38	3,50	19,88	2,71	1,33	1,38	1,38	»
1886	1,013	52,5	28,57	1,00	2,40	2,80	14,33	2,53	1,39	1,14	1,14	»
1886	1,006	50,0	11,84	1,58	»	2,20	12,48	2,33	1,62	0,71	0,71	»
1888	1,030	40,5	41,35	1,60	»	2,25	20,40	2,08	1,27	0,81	0,81	»
1886	1,029	35,0	31,15	1,60	»	2,20	21,35	1,21	0,98	0,23	0,19	0,06

(1) Analyses effectuées par M. Keyser, *Annales de l'Institut Pasteur*, t. IV, p. 321.

La composition des cidres est assez variable suivant leur provenance. On doit à M. Lechartier (1) une série d'analyses très intéressantes montrant les écarts qui peuvent exister entre les cidres de différents départements.

Cet auteur insiste sur le dosage de l'alcool, des matières réductrices, de l'acide acétique, de l'extrait et des cendres. D'après M. Lechartier, il y a intérêt à déterminer la proportion de l'alcool total, qui est la somme de l'alcool existant, de l'alcool disparu par acétification et de l'alcool qu'aurait pu donner, par une fermentation complète, le sucre non transformé.

PROVENANCE	ALCOOL EXISTANT EN VOLUME P. 100	ALCOOL TOTAL EN VOLUME P. 100	MATIÈRES SUCRÉES PAR LITRE	DIFFÉRENCE ENTRE L'EXTRAIT ET LE SUCRE	CENDRES PAR LITRE
Calvados	1,6 à 6,7	5,9 à 9,4	2,8 à 65,0	17,4 à 30,8	2,27 à 3,22
Seine-Inférieure . . .	2,2 à 6,5	6,0 à 8,9	21,7 à 78,3	18,9 à 34,5	1,84 à 4,91
Eure	3,6 à 4,6	5,3 à 7,6	6,4 à 68,0	20,2 à 21,3	2,28
Orne	3,7 à 6,7	6,1 à 7,2	1,7 à 43,6	15,1 à 24,2	2,22 à 2,86
Manche.	6,7 à 7,6	7,3 à 8,4	1,2 à 17,5	16,4 à 19,9	1,91
Sarthe	5,8 à 7,5	7,6 à 8,9	20,5 à 26,7	22,5 à 24,6	2,92 à 3,27
Mayenne	2,4 à 4,5	5,7	16,9 à 53,4	16,7 à 25,5	1,84 à 2,05
Ille-et-Vilaine	2,6 à 7,0	5,1 à 7,7	4,1 à 35,5	12,3 à 20,1	1,70 à 2,14
Côtes-du-Nord	3,4 à 4,9	6,4 à 6,6	25,3 à 48,4	14,7 à 21,3	2,09 à 2,72

M. Grignon, dans son ouvrage *le Cidre*, donne la composition suivante comme moyenne d'un certain nombre d'analyses de cidres purs bien fermentés :

Alcool.	5°,4 p. 100 en volume
Extrait à 100°.	30,32 par litre.
Cendres	2,70 —
Sucre.	6,21 —
Acidité totale en acide sulfurique.	5,21 —
Faible déviation lévogyre.	

Nous avons analysé, au Laboratoire municipal, quelques cidres d'origine authentique, que M. Demorieux, pharmacien à Pont-Lévêque (Calvados), a pu nous procurer, et dont nous donnons la composition dans le tableau ci-joint.

(1) *Journ. de Pharm. et de Chim.*, t. XV, p. 157.

NUMÉROS	PROVENANCE	DENSITÉ	ALCOOL EXISTANT P. 100 EN VOLUME	ALCOOL TOTAL P. 100 EN VOLUME	EXTRAIT A 100° PAR LITRE	EXTRAIT DIMINUÉ DE LA QUANTITÉ DE SUCRE SUPÉRIEURE A 1 GR	SUCRE PAR LITRE		DÉVIATION AU POLARIMÈTRE	CENDRES PAR LITRE	ALCALINITÉ DES CENDRES EN $KOCO^2$ PAR LITRE	ACIDITÉ EN SO^4H		OBSERVATIONS
							AVANT INTERVERSION	APRÈS INTERVERSION				TOTALE	FIXE	
	Département du Calvados.													
1	Blangy-le-Château	1.0081	3,5	4,0	31,60	23,70	8,22	9,08	— 1°,52	3,08	2,65	5,35	2,74	Cidre pur jus. Récolte 1891. Analysé en septembre 1892.
2	Clécy	1.0143	4,4	5,6	51,28	31,60	20,60	21,30	— 4°,16	2,80	2,07	5,31	2,74	Cidre pur jus. Récolte 1891.
3	Saint-Philibert-des-Champs	1.0210	3,8	5,6	68,16	40,46	28,70	29,40	— 6°,00	3,44	2,62	5,00	2,59	Id. Id.
4	Beaumont-en-Auge	1.0054	5,0	5,1	28,24	26,44	2,88	2,94	0°,00	4,08	3,09	6,59	2,84	Id. Id.
5	Authieux-sur-Calonne	1.0410	1,1	4,8	114,00	64,60	59,40	60,80	—11°,20	4,32	3,68	5,58	2,94	Id. Vieux. Récolte 1890.
6	Saint-Rémy-sur-Orne	1.0199	3,9	5,0	43,08	25,20	18,83	19,20	— 4°,00	2,48	2,04	4,20	2,49	Id. Récolte 1891.
7	Saint-Martin-aux-Chartrains	1.0124	3,7	4,9	44,60	35,80	19,80	20,00	— 4°,08	2,84	2,12	4,78	2,15	Id. Id.
8	Pont-l'Évêque	1.0064	3,4	3,5	25,56	23,42	3,14	3,40	— 0°,06	3,08	2,81	5,72	2,45	Id. Id.
9	La Vilette	1.0171	4,1	5,7	57,72	32,70	26,00	26,20	— 5°,20	3,24	2,26	5,41	2,89	Id. Id.
10	Clécy-le-Boche	1.0012	6,2	6,2	22,62	22,62	traces	traces	0°,00	3,08	2,59	4,20	1,47	Id. Id.
11	Authieux-sur-Calonne	1.0290	3,7	6,5	92,60	46,40	46,20	46,80	—10°,0[illegible]	3,44	2,29	5,88	2,74	Id. Id.
	Moyenne	1.0159	3,9	5,2	52,67	33,90	21,31	21,62	— 4°,26	3,26	2,56	5,27	2,55	
	Maximum	1.0410	6,2	6,5	114,00	64,60	59,40	60,80	—11°,20	4,32	3,68	6,59	2,94	
	Minimum	1.0012	1,1	3,5	22,62	22,62	traces	traces	0	2,48	2,04	4,20	1,47	
	Département de la Seine-Inférieure.													
12	Hameau du Bc uquet (près Elbeuf)	1.0067	5,1	5,1	33,08	33,08	traces	traces	0°,00	5,04	3,91	7,38	4,11	Poiré pur jus. Vieux. Récolte 1890.
13	Id. Id.	1.0174	4,4	5,5	58,48	41,70	17,70	17,70	— 3°,10	4,00	3,06	7,13	4,17	Id. Nouveau. Id. 1891.
14	Id. Id.	1.0010	4,7	»	16,20	»	traces	traces	0°,0	3,58	2,55	5,54	2, 9	Cidre vieux, *mouillé de moitié*.
15	Id. Id.	1.0068	3,2	4,0	27,36	13,66	14,70	15,00	— 3°,0	2,70	1,90	3,33	2,54	Cidre nouveau, *mouillé aux 2/3*.

En s'appuyant sur les travaux déjà faits et sur les nombreuses analyses de cidres purs que nous venons de citer, on voit que la proportion des principaux éléments varie dans des limites faciles à déterminer.

En supposant les cidres complètement fermentés on peut adopter la moyenne suivante comme représentant un type de cidre pur :

Alcool p. 100 en volume	5 à 6°
Extrait à 100° par litre	30gr
Cendres par litre	2,80
Acidité fixe par litre (en acide sulfurique)	2,00

Nous trouvons dans le livre de M. E. Burcker : *Falsifications et altérations des substances alimentaires*, les tableaux suivants, qui résument la composition des cendres du cidre.

Composition des cendres du cidre.

Poids des matières minérales insolubles dans l'eau.	
Silice	0,017
Acide phosphorique	0,229
Chaux	0,050
Magnésie	0,037
Oxyde de fer et de manganèse	0,017
Poids des matières minérales solubles dans l'eau.	
Potasse	0,970
Soude	0,020
Acide carbonique	0,480
Acide phosphorique	0,020

Composition centésimale des cendres de cidre.	
Silice	0,94
Acide phosphorique	12,68
Chaux	2,77
Magnésie	2,05
Oxyde de fer et de manganèse	0,94
Potasse	53,74
Soude	1,10
Acide carbonique	25,78
	100,00

COMPOSITION DES BOISSONS DE CIDRE VENDUES DANS LES PAYS DE PRODUCTION (1)

PROVENANCE	ALCOOL EXISTANT P. 100 EN VOLUME	ALCOOL TOTAL P. 100 EN VOLUME	EXTRAIT A 100° PAR LITRE	EXTRAIT RÉDUIT PAR LITRE	SUCRE TOTAL PAR LITRE	ACIDITÉ TOTALE EN ACIDE SULFURIQUE PAR LITRE	ACIDITÉ FIXE PAR LITRE	CENDRES PAR LITRE	CARBONATE DE POTASSE PAR LITRE	PHOSPHATES INSOLUBLES PAR LITRE
Boisson de ménage vendue chez les débitants. Yvetot, 1878.	2,8	2,8	10,7	10,7	1,50	2,71	1,22	1,45	1,12	0,12
Boisson de ménage. Yvetot, 1878. Boisson des particuliers aisés.	2,6	3,4	40,10	23,10	14,0	2,95	1,76	1,98	1,30	0,15
Moyenne.	2,7	3,1	25,4	16,9	7,75	2,83	1,49	1,71	1,21	0,13

RECHERCHE DES FALSIFICATIONS DU CIDRE

Mouillage. — Le cidre pur jus est très rare, même dans les centres de production, en Normandie et en Bretagne, où il est d'usage de couper le jus de la pomme d'une certaine quantité d'eau, variable selon les pays et les variétés de fruits.

Certains fermiers se contentent quelquefois de n'ajouter qu'un quart d'eau, soit pendant le broyage ou le pressurage des pommes, soit directement au cidre fermenté; dans les mauvaises années, ils vont presque au tiers. Dans certaines contrées de Normandie, où les pommes sont très riches, et donnent, par conséquent, un cidre fort en alcool, on mouille à la moitié et souvent même davantage.

La qualité de l'eau employée dans cette opération laisse quelquefois beaucoup à désirer. Il est en effet d'usage, dans certaines localités, de choisir de préférence à toute autre l'eau de mare où grouillent toutes les espèces animales de la basse cour et qui reçoit une partie du jus du fumier.

« Cette eau, dit le Dr Denis-Dumont dans ses leçons sur le cidre (2), espèce de purin, est fortement foncée en couleur, elle est légèrement onctueuse, deux conditions singulièrement appréciées, et on s'empresse d'y puiser. »

(1) *Documents du Laboratoire municipal*, 2e rapport, édition de 1886.

(2) *Propriétés médicales et hygiéniques du cidre*, par M. le Dr Denis-Dumont, de Caen, p. 211.

Nombre de gens éclairés partagent malheureusement cette opinion et soutiennent que cette eau infecte donne un meilleur cidre, la fermentation, d'après eux, détruisant toutes les substances nuisibles. Il est impossible d'admettre ces raisons; aussi doit-on protester énergiquement, au nom de l'hygiène, contre cette habitude invétérée (1), et souhaiter qu'on apporte dans la fabrication du cidre les précautions les plus élémentaires de propreté, qui ne feront qu'augmenter la qualité et les avantages de cette utile boisson.

Le mouillage est caractérisé par une diminution sensible des éléments du cidre. On doit insister surtout sur le dosage de l'alcool, de l'extrait sec, du sucre, des matières minérales et des acides fixes et volatils.

Lorsqu'on se trouve en présence d'un cidre incomplètement fermenté, on détermine par le calcul la quantité d'alcool que produirait le sucre alcoolisable restant.

Pour arriver à ce résultat il suffit de diviser par 2, puis par 0,79, la quantité de sucre supérieure à 1gr. La somme de l'alcool existant et de l'alcool ainsi calculé donnera la totalité de l'alcool qui aurait été produit si la fermentation avait été complète. Par contre, on retranche de l'extrait la quantité de sucre transformé en alcool.

Pour un liquide vendu comme *cidre*, les résultats obtenus ne devront jamais être inférieurs à la limite minima suivante :

Alcool p. 100 en volume	3°
Extrait à 100° par litre	18,0
Cendres	1,7

Lorsque le cidre suspect présentera une composition inférieure à cette limite, il ne pourra être vendu que sous le nom de *boisson*.

Si la proportion d'acide acétique est assez forte, on devra ajouter à *l'alcool total* l'alcool disparu par acétification, qui sera calculé en multipliant l'acide acétique par 0,766 et en divisant ensuite par 0,79.

La détermination de l'alcalinité des cendres fournit aussi d'utiles indications.

Enfin, si le mouillage a été effectué avec des eaux contenant des nitrates, on caractérisera ceux-ci à l'aide du sulfate de diphénylamine (2).

Vinage et sucrage. — La richesse alcoolique d'un cidre peut être augmentée soit par vinage direct, soit en ajoutant, avant la fermentation, une certaine quantité de saccharose ou de cidre doux évaporé à consistance sirupeuse. Cette pratique ne constitue pas une falsification, mais elle est quelquefois remplacée par l'addition de sucres impurs, de miel, de glucose et mêmes de betteraves cuites ou de pommes tapées et séchées.

L'addition d'alcool se reconnaît à la faiblesse des éléments du cidre par rapport à l'alcool contenu.

Le sucrage effectué avec de la saccharose est caractérisé par la présence d'une quantité assez considérable de sucre non interverti. On a constaté la présence

(1) *Encyclopédie d'hygiène* J. Rochard : *Boissons*, par M. A. Riche, p. 566.

(2) Pour ces différentes recherches, se reporter au vin.

de ce sucre dans des moûts de cidres purs et naturels; il est très vrai qu'il existe en proportions variables dans le jus de pommes non fermenté, mais il est presque complètement interverti sous l'action biologique de la levure et il n'en reste une quantité importante dans le cidre que lorsqu'on en a ajouté.

Recherche de la saccharose. — Le cidre, décoloré comme il a été dit plus haut, est examiné au polarimètre, puis on dose les matières réductrices.

On intervertit ensuite en ajoutant à 50^{cc} de cidre dilué et décoloré 5^{cc} d'acide sulfurique au 1/10e et chauffant un quart d'heure au bain-marie à une température de 70°. La liqueur refroidie est complétée à un volume de 55^{cc}, puis examinée de nouveau au polarimètre, dans un tube de 22^{cc}. Si la déviation obtenue est sensiblement plus accentuée vers la gauche que la déviation primitive, on fera un deuxième dosage des matières réductrices sur le cidre interverti, et lorsque la différence obtenue entre les deux dosages correspondra à plus du 1/10e du sucre primitivement dosé, on pourra conclure à l'addition de saccharose.

Recherche de la glucose. — Lorsque la déviation polarimétrique sera dextrogyre avant et après interversion, il y aura lieu de rechercher les impuretés qui existent ordinairement dans la glucose commerciale, en employant la méthode de Neubauer modifiée de la façon suivante: On fait fermenter le cidre aussi complètement que possible, de façon à le débarrasser du sucre interverti qui pourrait donner des résultats erronés.

Le liquide fermenté est saturé par un petit excès de carbonate de chaux; on évapore, puis on reprend par l'alcool absolu, qui dissout les impuretés de la glucose. La solution est filtrée, on évapore l'alcool, on reprend par l'eau, puis on décolore par le noir animal.

S'il y a eu addition de glucose, la solution obtenue déviera fortement à droite le plan de la lumière polarisée.

Recherche et dosage de l'acide tartrique. — La faible acidité des cidres fortement mouillés et des boissons est souvent corrigée par l'addition de 1 à 2^{gr} d'acide tartrique par litre.

On recherche cet acide en concentrant 100^{cc} de cidre au bain-marie, de façon à réduire au 1/4 du volume primitif. Après refroidissement, on ajoute 2^{cc} d'une solution acide d'acétate de potasse (250^{gr} d'acétate de potasse et 250^{cc} d'acide acétique cristallisable par litre) et 50^{cc} d'alcool absolu. On filtre rapidement en recueillant le liquide clair dans un tube à essai. S'il y a eu addition d'acide tartrique, on obtiendra au bout de quelques heures de petits cristaux de bitartrate de potasse, adhérents aux parois du tube. Ces cristaux sont lavés plusieurs fois à l'alcool et caractérisés par la réduction du nitrate d'argent ammoniacal

Après avoir ainsi déterminé la présence de l'acide tartrique, on le dose en le précipitant à l'état de bitartrate de potasse, par le mélange éthéro-alcoolique et en opérant comme il a été dit page 145. Quoique la quantité de potasse contenue dans le cidre soit presque toujours suffisante, il vaut mieux ajouter à 25^{cc} de cidre 2^{cc} de la solution d'acétate de potasse.

Après avoir calculé le tartre par litre et ajouté 0,20 correspondant à la solubilité de ce sel, on multiplie le chiffre obtenu par 0,79 pour avoir la quantite correspondante d'acide tartrique.

Recherche de la chaux et des carbonates alcalins. — Dans certaines localités on a la vicieuse habitude d'introduire de la craie ou de la cendre de pommier ou tout simplement du bicarbonate de soude, dans les moûts qui fermentent mal. Ces substances produisent un résultat tout à fait opposé, retardent la fermentation et souvent même elles font que le cidre *se tue*. On les emploie encore pour saturer un cidre trop acétique; dans ces conditions il se forme des acétates que l'on recherche d'après la méthode indiquée par M. Chevalier : on décolore le cidre par du noir animal bien lavé à l'acide, puis à l'eau distillée, on évapore presque à sec et on traite par l'alcool qui dissout les acétates. Ceux-ci sont ensuite caractérisés sur le résidu d'évaporation de la solution alcoolique.

Recherche de l'alumine. — La présence de l'alumine dans les cidres provient le plus généralement de l'emploi de colorants contenant une quantité d'alun souvent considérable. Nous avons eu récemment l'occasion d'examiner un colorant pour cidre, composé de cochenille et de caramel, qui contenait 26gr d'alun de potasse par litre.

On recherche l'alumine en reprenant les cendres faites sur 250cc de cidre, par un excès d'acide chlorhydrique; on chauffe, on met un peu d'eau, puis on filtre, et on ajoute un grand excès d'acétate d'ammoniaque. Dans ces conditions, le phosphate de chaux reste dissous, tandis que le phosphate d'alumine est précipité.

Pour le dosage, on suit un des procédés que nous avons indiqués (p. 180).

Recherche des métaux toxiques. — La céruse et la litharge ont été quelquefois employées pour saturer des moûts trop acides; mais cette coutume dangereuse a heureusement presque disparu, et c'est à une autre cause qu'il faut probablement attribuer la présence de ce métal dans les cidres. M. Duchemin, essayeur du bureau des garanties à Rouen, en a fait connaître une, qui résulte de ce qu'on peint quelquefois à la céruse ou au minium les parties inférieures du pressoir.

La recherche du plomb, du cuivre, du zinc, etc., s'effectue comme dans les vins (voir p. 181 et suivantes).

Acide sulfureux. — Cet acide est généralement introduit sous forme de bisulfite de chaux liquide, dans le but d'empêcher les fermentations secondaires. On le recherche et on le dose en ajoutant 5cc d'acide sulfurique pur à 50cc de cidre; on fait ensuite passer dans le mélange un courant d'acide carbonique, qui entraîne l'acide sulfureux dans une solution de chlorure de baryum additionnée d'eau iodée. Il se forme du sulfate de baryte que l'on recueille et que l'on pèse après calcination.

On peut aussi rechercher l'acide sulfureux en ajoutant directement à l'alcool distillé quelques gouttes de chlorure de baryum iodé.

Acide salicylique. — L'acide salicylique se caractérise comme dans le vin, en acidulant le cidre par un peu d'acide sulfurique et en agitant avec de l'éther. Ce dissolvant est décanté, lavé, évaporé, puis le résidu de l'évaporation traité par une ou deux gouttes d'une solution très diluée de perchlorure de fer qui produit la coloration violette caractéristique.

Recherche des matières colorantes étrangères au cidre.

L'intensité colorante des cidres est assez variable : elle dépend de l'espèce de fruits employés et de la durée du cuvage. On emploie les colorants artificiels soit pour relever la couleur d'un cidre peu teinté, soit pour donner à un cidre factice un aspect naturel.

Les matières colorantes dérivés de la houille sont peu employées. Néanmoins il est bon de s'assurer qu'elles n'existent pas, en alcalinisant le cidre par un peu d'ammoniaque, puis agitant avec quelques centimètres cubes d'alcool amylique. Ce dissolvant doit rester incolore, même si après l'avoir décanté on l'acidule par quelques gouttes d'acide acétique.

Les colorants les plus employés sont les suivants :

Cochenille.
Fernambouc.
Caramel.
Coquelicot.
Nitrorhubarbe.

Cochenille. — On acidule 50^{cc} de cidre par environ 5^{cc} d'acide chlorhydrique, puis on agite doucement avec 10^{cc} d'alcool amylique. On décante le liquide surnageant, on le lave à l'eau distillée, puis on en introduit une partie dans un tube à essai contenant quelques gouttes d'eau. En inclinant légèrement le tube, on laisse glisser sur les parois une seule goutte d'ammoniaque qui produira une teinte *violette*. Si on agite légèrement le liquide, la teinte violette passe au rouge carmin et se dissout dans les quelques gouttes d'eau qui sont au fond du tube.

Un cidre naturel donne, dans ces conditions, une teinte *brun rouge sale*.

M. Lagorce a utilisé la réaction que donne la cochenille avec l'acétate d'urane (1). Il conseille d'ajouter à une autre portion d'alcool amylique bien neutre une goutte de solution concentrée d'acétate d'urane. La cochenille donne une belle coloration *verte* qui, par agitation, se réunit au fond du tube.

Fernambouc. — Le fernambouc est très légèrement soluble dans l'alcool amylique en liqueur alcaline. Si le cidre en contient une certaine quantité, on constatera, 12 heures après l'agitation, une légère teinte dichroïque. On caractérise ce colorant plus facilement, en acidulant fortement le cidre par l'acide chlorhydrique ; en agitant ensuite avec l'alcool amylique, lavant, décantant et traitant par un peu d'ammoniaque, on obtiendra une coloration *grenat*.

On peut encore reconnaître le fernambouc en traitant 1^{cc} de cidre par 10^{cc} de carbonate de soude à 0,5 p. 100 : on obtient une teinte *lilas* passant au *grenat* par ébullition.

(1) *Journ. de Ph. et de Ch.*, t. XVIII, p. 499.

Caramel. — Le caramel est très employé, quelquefois seul, souvent mélangé à la cochenille. Dans ce dernier cas, ce colorant est caractérisé comme il a été dit plus haut, puis à une nouvelle portion de cidre on ajoute quelques centimètres cubes d'une solution de tanin au 1/50e et une quantité correspondante d'une solution de gélatine à 30 p. 100. Il se forme une laque qui entraîne les matières colorantes naturelles et étrangères sauf le caramel, qui communique au liquide surnageant une teinte jaune ambré.

Coquelicot. — En employant pour 4^{cc} de cidre 1^{cc} d'une solution d'alun à 10 p. 100., et 3^{cc} d'une solution de carbonate de soude également au 1/10e, on obtient une laque *rouge carmin*, tandis que la cochenille donne une laque lilas devenant bleu violacé au contact de l'air.

Nitrorhubarbe. — Un cidre qui contient ce colorant donne une laque *brune* lorsqu'il est traité par une solution de protochlorure d'étain. La cochenille donne une laque *rose violacé.*

La nitrorhubarbe est soluble dans l'éther; en traitant la solution éthérée par un peu d'ammoniaque, on obtient une coloration *rouge.*

VINAIGRE

PAR M. SANGLÉ FERRIÈRE

Le vinaigre est le produit de la fermentation acétique du vin ou de tout autre liquide alcoolique.

Le mot *vinaigre* employé seul est, comme l'indique son étymologie, plus particulièrement réservé au vinaigre de vin. Les produits provenant de l'acétification de liquides autres que le vin ne peuvent légalement être mis en vente que sous un nom indiquant leur véritable origine : *vinaigre d'alcool*, *vinaigre de glucose*, etc.

La loi du 17 juillet 1875 a institué sur les vinaigres de toute nature et sur les acides acétiques un droit qui est perçu par les employés des contributions indirectes, au moment de l'enlèvement des fabriques, magasins de gros et débits ; les formalités de circulation sont les mêmes que pour les vins, cidres et alcools. La taxe varie entre 4 et 42 francs en principal par hectolitre, suivant la richesse du liquide en acide acétique ; cette taxe rend environ 3 millions par an. Depuis 1875, le nombre des fabriques de vinaigres d'alcool s'est accru au détriment des fabriques de vinaigre de vin. La production totale et annuelle des vinaigres est évaluée de 600,000 à 700,000 hectolitres.

Le tableau suivant donne l'importation et l'exportation des vinaigres depuis 1888 :

Année.	Importation en hectolitres.	Exportation en hectolitres.
1888	1,267	26,461
1889	3,248	28,862
1890	3,712	28,503
1891	1,713	27,339
1892	1,505	25,017
1893	1,069	28,001

Le prix moyen des vinaigres reçus de l'étranger est de 25f,80 l'hectolitre environ. Le prix moyen des vinaigres exportés est de 34f,70 l'hectolitre environ. Les importations viennent surtout d'Allemagne, de Belgique et d'Espagne ; nous exportons en Belgique, Suisse, Angleterre, Allemagne, République Argentine, etc.

Jusqu'ici les droits d'entrée étaient de 4f,50 au tarif général, de 3f au tarif conventionnel. Les derniers tarifs douaniers établissent une distinction entre les vinaigres à 8° acétiques ou au-dessous, pour lesquels la taxe est de 8f par hectolitre au tarif spécial, et de 6f au tarif conventionnel, et les vinaigres au-dessus de 8° qui payent par degré et par hectolitre 1f au tarif général et 0f,75 au tarif minimum (1).

Acétification. — Comme nous l'avons vu en parlant succinctement des maladies du vin, l'acétification est le résultat d'une oxydation lente que subit l'alcool lorsqu'il est placé dans certaines conditions.

Contrairement à la théorie de Liebig, qui attribuait la fixation de l'oxygène à une absorption de ce gaz par les débris végétaux, tels que copeaux, sciure de bois, etc., ou par les matières azotées du vin, de la bière, etc., M. Pasteur a montré que la condensation et le transport de l'oxygène de l'air ne pouvaient s'effectuer que par l'intermédiaire d'un organisme vivant, le *mycoderma aceti*, remplissant le rôle d'un véritable ferment doué de fonctions chimiques particulières ignorées jusque-là.

Cet être organisé, soupçonné par M. Fabroni, entrevu par MM. Persoon, Turpin et Hutzing, n'avait jamais été isolé et étudié avant les célèbres travaux entrepris par M. Pasteur sur les phénomènes de l'acétification, travaux qui ont eu pour résultat de démontrer que c'est le mycoderma aceti qui intervient exclusivement dans les fermentations acétiques naturelles ou industrielles (2).

Ce ferment se présente au microscope sous la forme de chapelets composés d'articles généralement étranglés en leur milieu, et dont le diamètre est, en moyenne, de 1 à 1,5 millième de millimètre. La longueur de l'article est un peu plus du double et paraît formée de la réunion de deux globules.

La multiplication de ces articles s'opère d'une façon très simple : chacun d'eux, s'étranglant de plus en plus, finit par donner deux nouveaux globules complètement séparés, qui commencent par s'allonger, puis par s'étrangler à leur tour, en donnant deux autres globules, et ainsi de suite.

Le mycoderma aceti présente deux formes différentes de développement, suivant qu'il vit à la surface des liquides ou à leur intérieur. Dans le premier cas, il se développe sous la forme d'un voile mince, transparent, facile à briser au début (*fleurs du vinaigre*), mais qui ne tarde pas à s'épaissir par la multiplication des chapelets s'enchevêtrant les uns dans les autres.

Si, au contraire, le végétal se trouve répandu à l'intérieur de la masse, et si aucun voile ne vient lui enlever l'oxygène nécessaire à son existence, il se développe sous la forme d'une masse mucilagineuse atteignant peu à peu la surface et gagnant tout le liquide.

Cette matière mucilagineuse est formée d'articles reliés par un mucus trans-

---

(1) *Rapport de l'Exposition de* 1889, t. VIII, p. 118.

(2) *Études sur le vinaigre*, par M. Pasteur. Gauthier-Villars, 1868.

lucide qui, en vieillissant, prend l'aspect et la consistance d'une sorte de peau gélatineuse et gluante.

L'action chimique du mycoderma aceti se résume dans l'équation suivante :

$$C^4 H^6 O^2 + 4O = 2HO + C^4 H^4 O^4.$$

Dans la pratique, la combustion de l'alcool est plus complexe et il se forme, comme l'a encore montré M. Pasteur, d'autres produits acides et des corps neutres. Si même l'action du ferment est poussée trop loin, l'acide acétique est oxydé à son tour, pour ne donner finalement que de l'eau et de l'acide carbonique.

Les matériaux nécessaires à la vie et à la multiplication du ferment acétique sont : 1° les éléments carbonés, tels que l'alcool et l'acide acétique; 2° les substances azotées et minérales, comme l'ammoniaque et les phosphates alcalins ou alcalino-terreux ; 3° les matières albuminoïdes qui, loin de constituer le ferment, comme le croyait Liebig, servent seulement à sa nourriture.

FABRICATION DES VINAIGRES

Procédé d'Orléans. — Dans des celliers maintenus à une température de 26-28°, se trouvent disposées des rangées de tonneaux de 400[lit] environ, superposés par trois. Ces tonneaux sont couchés et portent, sur leur fond antérieur, deux ouvertures de 55[mm] de diamètre : l'une, appelée *œil*, sert à l'introduction et au soutirage du liquide; l'autre, appelée *fausset*, sert à la rentrée et à la sortie de l'air.

Ces tonneaux sont toujours maintenus à demi pleins; on choisit de préférence ceux qui ont déjà servi à la fabrication du vinaigre et qui, dans ce cas, portent le nom de *mère*.

On commence par verser, dans chaque tonneau, 100[lit] environ de vinaigre bouillant que l'on laisse séjourner 8 jours. Au bout de ce temps, on ajoute 10[lit] de vin dans chaque mère et, tous les jours, on renouvelle la même addition jusqu'à ce que les tonneaux soient à moitié remplis.

Quinze jours après, le vinaigre est fait; on soutire alors la moitié du produit, que l'on remplace par un volume égal de vin, ajouté par portions de 10[lit] et on continue ainsi la fabrication.

Ce procédé, indiqué par Chaptal, est un peu modifié aujourd'hui. Le vinaigre bouillant est remplacé par du vinaigre fort, titrant 8 p. 100 et aussi limpide que possible. Le vin destiné à la fabrication du vinaigre est conservé dans des tonneaux contenant une couche de copeaux de hêtre, qui le clarifient et retiennent la lie. On l'introduit par fractions de 10[l], de façon à ne remplir le tonneau qu'à la moitié; on attend 15 jours, puis on continue comme précédemment.

Pour voir si une *mère travaille*, les vinaigriers ont l'habitude, dans le cours de la fabrication, de plonger, par l'ouverture servant au remplissage, une douve ou un bâton légèrement courbé à l'extrémité, qu'ils retirent aussitôt et qui doit être chargé d'une écume blanchâtre qu'ils appellent *fleur du vinaigre*. Si cette écume est rouge et peu abondante, l'acétification est anormale et il y a lieu d'élever la température du cellier ou d'ajouter du vinaigre très fort.

Cette fabrication doit être surveillée avec soin; on doit veiller surtout à ce que le mycoderme se trouve toujours en présence d'un excès d'alcool, sur lequel il puisse exercer son action comburante. Sans cela, le ferment se porterait sur l'acide acétique formé et sur les éthers à odeur aromatique qui contribuent à donner au vinaigre sa force et son odeur, pour les transformer en eau et acide carbonique.

On doit donc toujours soutirer avant la disparition complète de l'alcool.

Les plus grands ennemis du mycoderma aceti sont les *anguillules* qui se multiplient, à son détriment, avec une rapidité extraordinaire.

Les anguillules, en effet, ne peuvent vivre qu'au contact de l'air et par conséquent à la surface du liquide; mais, d'autre part, le voile mycodermique leur intercepte l'oxygène; aussi, lorsque ce voile est insuffisamment résistant, les anguillules qui ont envahi les couches superficielles le disjoignent et l'entraînent au fond du liquide, en empêchant le développement du ferment. Quand, au contraire, c'est la plante qui l'emporte, les parasites se réfugient sur les parois intérieures du tonneau, plus particulièrement auprès d'une des ouvertures, où ils forment une couronne blanchâtre.

Les vinaigriers considèrent la marche d'un tonneau comme normale, lorsqu'en plongeant le doigt par *le fausset* ils sentent l'humidité gluante de cette réunion grouillante d'anguillules.

Le vinaigre terminé est ensuite collé, puis soutiré, et emmagasiné dans des fûts en chêne où on le laisse vieillir.

Procédé Pasteur. — Ce procédé de fabrication est plus rapide que le précédent, et permet d'obtenir, lorsqu'il est bien conduit, 5 à 6^{lit} de vinaigre par jour, pour une cuve de 1 mètre carré et d'une contenance de 50 à 100^{lit}.

L'opération s'effectue dans des cuves en bois, peu profondes, munies d'un couvercle. De chaque côté de la cuve, au-dessus du niveau du liquide, se trouvent des ouvertures de petites dimensions, destinées au renouvellement de l'air.

Les liquides alcooliques à acétifier sont introduits à l'aide de tubes en gutta-percha fixés à demeure au fond de la cuve. Cette disposition évite de soulever le couvercle et de déranger le voile mycodermique.

La fabrication est mise en train en semant à la surface du vin ou de tout autre liquide alcoolique, auquel on a préalablement ajouté un peu de vinaigre, du mycoderma aceti provenant d'une opération antérieure.

Au bout de 2 à 3 jours, la surface du liquide est couverte de fleurs de vinaigre; en même temps, l'acétification s'effectue. On ajoute, chaque jour, par petites portions, le liquide à acétifier, jusqu'à ce que l'action du mycoderma commence à se ralentir, ce que l'on constate en suivant la marche d'un thermomètre sensible placé dans le liquide; on laisse l'acétification se terminer et on soutire.

Ce procédé a l'avantage de ne pas produire d'anguillules.

Procédé allemand ou de Schützenbach et Vagemann. — Des copeaux de hêtre, roulés en ressort de montre et imbibés d'alcool fort, sont placés sur le double fond d'un tonneau de 2 à 3^{m} de hauteur sur 1^{m} de diamètre. Au-dessous de ce double fond, on a ménagé une chambre dans laquelle tombe le liquide acétifié. La partie supérieure du tonneau est fermée par un couvercle muni de deux tubes : l'un sert à l'introduction du liquide, l'autre au dégagement de l'air. Enfin, de petites ouvertures circulaires sont disposées sous le double fond, de façon à produire un courant d'air circulant dans l'appareil de bas en haut.

Un plateau de bois, placé à une certaine distance au-dessus des copeaux, est traversé verticalement par de petites cordes qui servent à l'écoulement lent du liquide placé à la partie supérieure du tonneau. Le liquide à acétifier doit avoir un titre alcoolique de 8 à 10 p. 100, on y ajoute un peu de matières minérales et des substances albuminoïdes pour servir d'aliments au mycoderme.

En se répandant uniformément sur les copeaux, ce liquide présente à l'air une grande surface et absorbe l'oxygène avec une telle rapidité que la température peut s'élever jusqu'à 40 et même 45°, d'où une déperdition d'alcool, d'acide acétique et d'éther.

Il suffit de faire passer une seconde fois sur les copeaux le liquide à moitié acétifié, pour obtenir une acétification complète.

M. Desseaux a pefectionné de la façon suivante le procédé allemand, qui a l'inconvénient, étant données la vigueur du courant d'air et l'élévation de température, de laisser perdre une partie de l'alcool et de l'acide acétique formé.

Le dispositif supérieur du tonneau de Schultzenbach est supprimé et remplacé par un disque de verre reposant sur un anneau de feutre. Le couvercle de verre condense beaucoup mieux l'alcool évaporé que le bois. Il est muni en son centre d'une ouverture circulaire donnant passage à un tourniquet hydraulique en verre, dont les bras sont percés de trous latéraux très fins, servant à l'arrosage automatique des copeaux.

Cette modification a été appliquée industriellement par l'auteur, qui a créé une fabrique importante à Orléans, dans laquelle fonctionnent cinq cents tonneaux munis de son perfectionnement qui permet, assure-t-on, d'obtenir du vinaigre d'alcool titrant 12^{gr} d'acide acétique p. 100.

Procédé luxembourgeois. — Le procédé imaginé par Michaelis tient à la fois du procédé d'Orléans et de la méthode allemande; mais les pertes n'atteignent pas les proportions constatées dans cette dernière méthode. L'acétification est produite dans des tonneaux contenant des copeaux de hêtre maintenus par une claie d'osier et baignés par le liquide alcoolique. Pour accélérer la fabrication et éviter que le ferment ne porte son action sur l'acide acétique formé au lieu de l'alcool, on a soin de faciliter l'introduction de l'oxygène de l'air, en faisant faire au tonneau, à l'aide d'appareils spéciaux, une révolution complète autour de son axe, toutes les 6 heures. On renouvelle ainsi la couche de vinaigre adhérente aux copeaux en lui substituant un nouveau liquide non acétifié. Dans ces conditions, l'acétification se fait en même temps à la surface du liquide et à la surface des copeaux qui occupent la partie supérieure du tonneau : il en résulte une augmentation de surface qui a pour résultat d'activer considérablement la fabrication.

MM. Agobet ont apporté quelques modifications à ce procédé, modifications qui leur permettent l'emploi des mélanges d'eau et d'alcool, des vins blancs et même des vins rouges, à la condition de faire subir à ces derniers un fort collage à la gélatine, pour leur enlever la plus grande partie de leur tanin.

ALTÉRATIONS DU VINAIGRE

Les altérations du vinaigre proviennent le plus souvent d'une fabrication mal conduite, de la mauvaise nature des matières premières dont on s'est servi pour le préparer, ou de la malpropreté des récipients dans lesquels il est conservé. Les vinaigres étendus d'eau, ou faibles en acide acétique, sont plus accessibles que les autres aux altérations et aux maladies. Les anguillules, notamment, s'y développent avec une grande facilité; ces petits vers filiformes, quelquefois visibles à l'œil nu, finissent même par altérer complètement le vinaigre si on ne prend la précaution de s'en débarrasser par filtration. On rencontre aussi des germes visibles au microscope et capables d'agir sur l'acide acétique en le transformant en acide carbonique et en eau.

Lorsque le vinaigre contient, en dissolution, des matières organiques étrangères, il s'altère rapidement en éprouvant une décomposition lente, surtout au contact de l'air; l'acide acétique disparaît peu à peu et est remplacé par des matières ayant un aspect gélatineux.

Pour éviter toutes ces altérations, M. Pasteur conseille de recourir à un chauffage méthodique, à une température maxima de 60°.

COMPOSITION DU VINAIGRE

La composition, la saveur et les propriétés du vinaigre varient avec son origine. Outre l'acide acétique, il contient une partie des substances caractéristiques des liquides qui ont servi à le fabriquer.

Vinaigre de vin. — Ce vinaigre est le plus recherché pour l'alimentation, c'est aussi celui dont le prix est le plus élevé. Un bon vinaigre de vin doit être limpide, d'une couleur jaunâtre ou rouge, suivant la couleur du vin employé; son odeur, pénétrante et agréable, laisse percevoir un bouquet particulier dû aux éthers spéciaux qui se sont formés pendant l'acétification. Sa saveur doit être franche, piquante et sans âcreté.

Sa densité est généralement comprise entre 1,015 et 1,020, son acidité est d'environ 60 à 80gr par litre exprimés en acide acétique monohydraté.

Ce vinaigre est caractérisé par la présence du bitartrate de potasse et par une proportion d'extrait et de cendres relativement grande. L'extrait est en général de 1 dixième plus faible que l'extrait du vin ayant servi à sa fabrication. Un vinaigre de vin bien préparé contient encore une certaine quantité d'alcool, environ 0°,7 p. 100 en volume; il se trouble peu par le chlorure de baryum et l'oxalate d'ammoniaque, à peine par l'azotate d'argent, et ne précipite ni dextrine ni matière gommeuse lorqu'il est mélangé avec l'alcool absolu.

Vinaigre de cidre et de poiré. — Ces vinaigres sont jaunâtres, ils possèdent le parfum spécial des boissons employées dans leur fabrication. Ils sont plus faibles en acide acétique que le vinaigre de vin, ils n'en contiennent guère que 30 à 40gr par litre, pour une moyenne de 15gr d'extrait. Leur extrait ne contient pas de tartre, il est rouge foncé, d'un aspect visqueux et d'une saveur astringente. Ces vinaigres renferment de l'acide malique et des malates ; leur densité est comprise entre 1,010 et 1,013.

Vinaigre de bière. — Le vinaigre de bière possède également une couleur jaune, sa densité varie entre 1,015 et 1,025, son acidité est à peu près la même que le précédent, en revanche son extrait est assez élevé et atteint 50 à 60gr par litre. Ce vinaigre est dépourvu de crème de tartre, il est doué d'une saveur amère et d'une odeur rappelant celle de la bière aigrie ; il se distingue surtout par une proportion assez grande de maltose, de phosphates et de matières albuminoïdes. La conservation de ce vinaigre et du précédent étant assez difficile, à cause de leur faible teneur en acide, on s'en sert ordinairement pour couper les vinaigres d'alcool.

Vinaigre d'alcool. — Ce vinaigre est incolore, mais on le teinte généralement avec un peu de caramel, il laisse à l'évaporation une proportion insignifiante d'extrait ; il est remarquable par sa faible densité, 1,010 environ ; il ne contient pas de tartre et ne donne que des traces de cendres ; il renferme toujours de l'alcool non acétifié et de l'aldéhyde. Le vinaigre d'alcool est très riche en acide acétique, la proportion de cet acide peut atteindre 12 p. 100. La fabrication de ce vinaigre a pris une extension considérable depuis l'apparition du phylloxera.

Vinaigre de glucose. — Cette variété de vinaigre possède presque toujours une odeur et une saveur de fécule fermentée. Son extrait est faible et presque entièrement formé de glucose non transformée. On reconnaît son origine à la présence des produits qui accompagnent ordinairement la glucose impure ; si on mélange ce vinaigre avec le double de son volume d'alcool à 90°, on obtient un précipité floconneux de dextrine. La présence du sulfate de chaux provenant de la fabrication de la glucose est caractérisée par les précipités abondants que ce sel donne avec le chlorure de baryum et l'oxalate d'ammoniaque. Ce vinaigre ne contient pas de tartre.

Vinaigre de bois. — Le vinaigre de bois ou acide pyroligneux ne donne qu'une proportion très faible d'extrait et de cendres. Il contient des substances empyreumatiques dont l'odeur se révèle plus nettement lorsqu'on sature son acidité par une base.

En distillant le vinaigre de bois, on obtient un liquide contenant du furfurol, réduisant le permanganate de potasse et donnant naissance à une coloration rouge cramoisi en présence de quelques gouttes d'aniline incolore. Ce vinaigre contient quelquefois du sulfate et de l'acétate de soude.

Vinaigre de piquette de raisins secs, vinaigre de dattes. — On a fabriqué beaucoup de ces vinaigres, qui se distinguent surtout par leur richesse en extrait, en matières réductrices et en cendres. Les vinaigres de raisins secs contiennent beaucoup de tartre ; on trouve toujours un peu de cette substance dans les vinaigres de dattes ; sa présence peut être attribuée à l'acide tartrique que l'on ajoute au moût pour favoriser la fermentation alcoolique.

Vinaigre de betteraves. — Ce vinaigre est préparé en étendant le jus de betteraves avec de l'eau jusqu'à ce que la densité soit égale à 1,025, puis on ajoute de la levure et on fait fermenter. Le liquide alcoolique est ensuite mélangé avec un volume égal de vinaigre, et on y fait passer, à l'aide d'un ventilateur, un courant d'air qui acétifie le tout rapidement.

On fabrique encore des vinaigres avec des marcs de vin, des malts de bière, et même avec des lies. Cette dernière substance donne des produits de mauvaise qualité, contenant peu d'extrait et peu d'acide acétique, on les mélange généralement avec des vinaigres d'alcool.

Nous donnons ci-dessous la composition de quelques vinaigres analysés au Laboratoire municipal.

		VINAIGRES DE VIN							
ÉCHANTILLONS ANALYSÉS EN		DENSITÉ A 15°	EXTRAIT A 100° PAR LITRE	SUCRE PAR LITRE	TARTRE PAR LITRE	CENDRES PAR LITRE	ACIDITÉ PAR LITRE EN ACIDE ACÉTIQUE	RAPPORT ENTRE L'ACIDITÉ ET L'EXTRAIT	OBSERVATIONS
1891. . .	1	1,0165	15,52	0,72	3,13	2,08	66,6	4,2	
	2	1,0138	15,96	0,73	2,76	2,72	44,4	2,8	
	3	1,0210	31,96	4,16	1,93	5,52	60,0	1,8	Provient d'un vin très plâtré.
	4	1,0145	13,80	3,62	0,65	1,60	56,4	4,0	
1892. . .	5	1,0152	23,00	1,37	0,95	6,88	46,2	2,0	Id.
	6	1,0169	14,36	1,58	1,30	2,60	71,4	4,9	
	7	1,0187	16,52	2,11	0,80	2,76	73,8	4,4	
	8	1,0180	16,32	1,72	2,55	2,52	72,0	4,4	
	9	1,0210	25,96	4,62	1,48	1,68	66,6	2,5	
	10	1,0173	18,96	3,96	3,57	2,72	60,0	3,1	
	11	1,0171	15,64	1,75	3,21	2,32	77,0	4,6	
	12	1,0182	16,38	2,27	0,87	2,88	68,4	4,1	
	13	1,0129	14,56	1,37	1,10	4,40	50,4	3,4	Id.
	14	1,0145	20,04	0,68	2,08	5,48	59,4	2,9	Id.
	15	1,0182	17,12	2,38	0,87	2,96	68,4	3,9	
1893. . .	16	1,0167	18,60	4,03	1,60	3,00	58,2	3,1	
	17	1,0192	19,84	2,94	2,68	3,04	70,2	3,5	
	18	1,0200	18,60	2,35	0,87	3,36	70,8	3,8	
	19	1,0213	25,36	1,46	1,02	4,16	72,6	2,8	Id.
	20	1,0183	17,60	1,51	0,80	3,60	66,0	3,7	
1893. . .	21	1,0189	17,44	1,21	1,48	2,52	72,0	4,1	
	22	1,0188	21,28	1,15	0,80	4,08	67,2	3,1	Id.
Moyenne. .		1,0175	19,31	2,16	1,65	3,21	63,3	3,5	
Maximum .		1,0213	31,96	4,62	3,57	6,88	73,8	4,9	
Minimum .		1,0129	13,80	0,68	0,65	1,60	44,4	1,8	

VINAIGRES D'ALCOOL

ÉCHANTILLONS ANALYSÉS EN		DENSITÉ A 15°	EXTRAIT A 100° PAR LITRE	SUCRE PAR LITRE	TARTRE PAR LITRE	CENDRES PAR LITRE	ACIDITÉ PAR LITRE EN ACIDE ACÉTIQUE	RAPPORT ENTRE L'ACIDITÉ ET L'EXTRAIT
1891	1	1,0082	3,00	0	0	0,80	52,2	17,4
	2	1,0094	3,12	0	0	0,84	57,0	18,2
1892	3	1,0131	5,76	Traces	0	0,40	75,6	13,1
	4	1,0109	4,16	Traces	0	0,44	62,4	15,0
	5	1,0122	5,00	Traces	0	0,32	79,80	15,9
	6	1,0109	3,20	Traces	0	0,24	67,8	21,0
	7	1,0111	3,12	Traces	0	Traces	68,4	21,0
	8	1,0118	4,56	Traces	0	0,52	70,2	15,3
	9	1,0084	1,84	Traces	0	Traces	49,8	27,0
1893	10	1,0092	3,60	Traces	0	0,40	54,0	15,0
	11	1,0087	1,64	Traces	0	0,88	54,0	32,9
	12	1,0113	3,28	Traces	0	0,64	76,80	21,5
Moyenne		1,0100	3,54	Traces	0	0,45	63,4	19,4
Minimum		1,0131	5,76	»	»	0,88	79,80	32,9
Maximum		1,0082	1,64	»	»	Traces	49,8	13,1

VINAIGRES DE DATTES

ÉCHANTILLONS ANALYSÉS EN		DENSITÉ A 15°	EXTRAIT A 100° PAR LITRE	SUCRE PAR LITRE	TARTRE PAR LITRE	CENDRES PAR LITRE	ACIDITÉ PAR LITRE EN ACIDE ACÉTIQUE	RAPPORT ENTRE L'ACIDITÉ ET L'EXTRAIT
1891	1	1,0190	26,80	3,20	1,25	4,72	64,20	2,3
	2	1,0170	22,96	2,60	0,95	4,64	63,00	2,7
1893	3	1,0195	23,44	2,17	1,63	4,00	66,00	2,8
Moyenne		1,0185	24,40	2,65	1,28	4,44	64,40	2,6
Minimum		1,0195	26,80	3,20	1,63	4,72	66,00	2,8
Maximum		1,0170	22,96	2,17	0,95	4,00	63,00	2,3

ANALYSE DES VINAIGRES

Densité. — On détermine la densité d'un vinaigre en faisant refroidir ce liquide à 15°, en l'introduisant ensuite dans une éprouvette à pied et en y plongeant un densimètre gradué de 1.000 à 1.030.

Cette opération ne peut donner que des indications, car la densité variant avec la nature et la quantité des matières extractives contenues, il est difficile d'en déduire la teneur en acide acétique.

Si la prise de densité d'un vinaigre a été effectuée à une température supérieure à + 15°, on fera la correction nécessaire à l'aide du tableau suivant :

TABLEAU INDIQUANT LA CORRECTION A EFFECTUER POUR OBTENIR LA DENSITÉ A + 15°

ACIDE ACÉTIQUE EN POIDS PAR LITRE	TEMPÉRATURE							
	16°	17°	18°	19°	20°	21°	22°	
40gr	0,1	0,2	0,3	0,5	0,7	1,0	1,3	A AJOUTER
50	0,1	0,3	0,5	0,7	0,9	1,1	1,4	
60	0,2	0,4	0,6	0,8	0,8	1,1	1,4	
70	0,2	0,4	0,6	0,8	1,0	1,3	1,5	
80	0,2	0,4	0,6	0,9	1,1	1,3	1,6	
90	0,2	0,4	0,7	1,1	1,3	1,6	1,9	
100	0,2	0,4	0,7	1,0	1,3	1,6	1,9	

Nous donnons, dans le tableau ci-dessous, la densité a + 15° des mélanges d'eau et d'acide acétique, correspondant à la force ordinaire des vinaigres.

DENSITÉ A + 15° DES MÉLANGES D'EAU ET D'ACIDE ACÉTIQUE

ACIDE ACÉTIQUE EN POIDS PAR LITRE	DENSITÉ A + 15°	ACIDE ACÉTIQUE EN POIDS PAR LITRE	DENSITÉ A + 15°	ACIDE ACÉTIQUE EN POIDS PAR LITRE	DENSITÉ A + 15°
40	1,0062	61	1,0091	82	1,0123
41	1,0063	62	1,0093	83	1,0124
42	1,0064	63	1,0094	84	1,0126
43	1,0065	64	1,0096	85	1,0127
44	1,0067	65	1,0097	86	1,0129
45	1,0068	66	1,0099	87	1,0130
46	1,0070	67	1,0100	88	1,0132
47	1,0071	68	1,0102	89	1,0133
48	1,0073	69	1,0103	90	1,0135
49	1,0074	70	1,0105	91	1,0136
50	1,0076	71	1,0106	92	1,0137
51	1,0077	72	1,0108	93	1,0138
52	1,0078	73	1,0109	94	1,0139
53	1,0079	74	1,0111	95	1,0140
54	1,0081	75	1,0112	96	1,0141
55	1,0083	76	1,0114	97	1,0142
56	1,0084	77	1,0115	98	1,0143
57	1,0085	78	1,0117	99	1,0144
58	1,0087	79	1,0118	100	1,0145
59	1,0088	80	1,0120		
60	1,0090	81	1,0121		

Dosage de l'extrait sec. — On introduit 25^{cc} de vinaigre dans une capsule de platine tarée, analogue à celles que l'on emploie pour doser l'extrait dans les vins; on laisse 7 heures au bain-marie à 100°, puis on pèse.

Dosage des matières réductrices. — 100^{cc} de vinaigre sont évaporés au bain-marie jusqu'à ce que le résidu ne dégage plus sensiblement l'odeur caractéristique de l'acide acétique, on reprend par l'eau et on complète exactement à 100^{cc} mesurés à + 15°. On décolore ensuite par un peu de noir animal, on filtre et on dose le sucre réducteur à l'aide de la liqueur cupropotassique, en opérant comme il a été dit pour le vin (p. 137).

Dosage du bitartrate de potasse. — Ce dosage présente un réel intérêt, parce que la présence d'une certaine quantité de tartre dans un vinaigre indique que l'on se trouve, tout au moins, en présence d'un vinaigre contenant du vinaigre de vin ou du vinaigre de raisins secs. On effectue ce dosage à l'aide de la méthode de MM. Berthelot et de Fleurieu, indiquée page 144.

Dosage des cendres. — Les cendres sont dosées en incinérant, au rouge sombre, l'extrait sec, préalablement pesé et séché à 110°

Dosage de l'acidité totale. — Au point de vue commercial, c'est le dosage le plus important du vinaigre; car cette acidité, exprimée en acide acétique, représente son titre acétimétrique, et, par suite, sa valeur.

On dose l'acidité de différentes façons :

Méthode employée au Laboratoire municipal. — A l'aide d'une pipette, on mesure 10^{cc} de vinaigre que l'on étend d'eau distillée, de façon à obtenir exactement un volume de 100^{cc}. On prend ensuite 10^{cc} du mélange, on les verse dans un verre à pied, puis on titre à l'aide d'une solution décime de potasse, en se servant de la phtaléine du phénol comme indicateur, ou, ce qui vaut mieux, en opérant à la touche, sur du papier tournesol.

Le nombre de centimètres cubes versés, multiplié par 0,0060, puis par 1.000, donne l'acidité totale du vinaigre, exprimée en acide acétique par litre.

Méthode de M. Descroizilles. — Cet auteur emploie une solution de soude à 31^{gr} par litre, chaque centimètre cube de cette solution contient donc 0,031 de soude correspondant à 0,060 d'acide acétique. On mesure 10^{cc} de vinaigre que l'on étend de deux ou trois volumes d'eau distillée, puis on ajoute quelques gouttes de teinture de tournesol. La liqueur acidimétrique étant contenue dans une burette de Gay-Lussac, on en verse jusqu'à saturation, c'est-à-dire jusqu'à apparition de la teinte *rouge vineux*.

Le nombre de centimètres cubes qu'il a fallu employer pour saturer 10^{cc} de vinaigre est multiplié par 0,060, puis par 100.

Procédé de M. Réveil. — La liqueur d'épreuve qu'emploie M. Réveil est préparée en dissolvant, dans un litre d'eau distillée, 45^{gr} de borate de soude et 11^{gr} de soude caustique, de façon que 20^{cc} de cette liqueur saturent exactement 4^{cc} de la liqueur alcalimétrique de Gay-Lussac contenant 100^{gr} d'acide sulfurique pur monohydraté par litre, ce qui revient à dire que 20^{cc} *de liqueur acétimétrique de M. Réveil* correspondent à 0,4 d'acide sulfurique ou à 0,480 d'acide acétique cristallisable. Cette liqueur est colorée en bleu par l'addition d'un peu de teinture de tournesol.

L'acétimètre proprement dit se compose d'un tube de verre fermé à son extrémité inférieure. Dans le bas du tube, à une certaine hauteur du fond, se trouve un trait de jauge marqué 0, indiquant le volume de vinaigre à employer, c'est-à-dire 4^{cc}. Au-dessus de 0, sont gravées les divisions 1, 2, 3, etc., jusqu'à 25, qui indiquent le degré acide du vinaigre.

On procède à l'essai de la façon suivante : A l'aide d'une pipette, on introduit 4^{cc} de vinaigre dans le tube, et on arrive ainsi à la division marquée 0; puis, on ajoute, petit à petit, la liqueur acétimétrique, en agitant, de temps en temps, jusqu'à ce que l'on obtienne la teinte *rouge vineux*, indiquant la fin de l'opération. On lit ensuite la division qui correspond au niveau du liquide et on obtient ainsi le poids d'acide acétique cristallisable contenu dans un hectolitre de vinaigre. Ainsi, la division 7, ou 7°, indique qu'un hectolitre du vinaigre essayé contient 7^{kg} d'acide acétique.

Pour transformer l'acide acétique en poids en acide acétique en volume, il suffit de multiplier la division obtenue par 0,949.

Ce procédé de dosage devient assez délicat, lorsque le vinaigre est très coloré; il est néanmoins employé couramment dans l'industrie et par les octrois; mais il est utile de vérifier souvent le titre de la liqueur d'épreuve.

Méthode indirecte. — Procédé de M. Mohr. — On commence par déterminer, une fois pour toutes, la quantité exacte d'acide nitrique nécessaire pour décomposer complètement un poids déterminé de carbonate de baryte. Il suffit d'introduire 4^{gr} de carbonate de baryte pur dans une fiole conique et d'y verser 10^{cc} d'acide nitrique étendu de son volume d'eau; lorsque la décomposition est terminée, on dose l'excès d'acide non saturé à l'aide d'une liqueur alcaline titrée.

La différence entre la quantité d'acide introduit et celle qui reste, représente l'acide nitrique employé pour saturer 4^{gr} de carbonate de baryte.

On effectue le dosage en versant 20^{cc} de vinaigre sur 4^{gr} de carbonate de baryte; on chauffe légèrement pour faciliter la réaction, puis on recueille sur un filtre le carbonate non décomposé; on le lave à l'eau chaude, jusqu'à ce que les eaux de lavage ne précipitent plus par l'acide sulfurique dilué, puis on dissout le précipité dans 10^{cc} d'acide nitrique étendu et on titre l'acidité en excès. La différence obtenue entre ce dosage et la quantité d'acide nitrique qu'il a fallu employer primitivement pour décomposer entièrement les 4^{gr} de carbonate de baryte, représente l'acidité du vinaigre analysé, que l'on transforme en acide acétique par le calcul.

On peut supprimer l'emploi de l'acide nitrique en recueillant sur un filtre taré le carbonate de baryte non dissous, par les 20^{cc} de vinaigre; on le lave, on le sèche et on le pèse. La différence entre le poids de carbonate introduit et le poids indiqué par la pesée correspond à l'acidité totale du vinaigre.

Tous ces procédés donnent exactement l'acidité totale d'un vinaigre, mais non le poids de l'acide acétique réellement contenu. L'acidité dosée n'est pas toujours due, en effet, à l'acide acétique seul; il faut tenir compte des acides organiques fixes, acide succinique, acide tartrique libre ou combiné partiellement, etc., contenus ordinairement dans le vin, et qui restent en partie dans le vinaigre.

D'autre part, M. Pasteur a montré que des acides volatils étrangers à l'acide acétique, les acides caproïque et valérianique notamment, étaient formés pendant l'acétification et étaient ensuite dosés comme acide acétique.

Dans un dosage rigoureusement exact, il est nécessaire de déterminer tout au moins la proportion des *acides fixes ;* on y arrive facilement en évaporant 10^{cc} de vinaigre dans le vide, en présence d'acide sulfurique; on reprend plusieurs fois le résidu de l'évaporation par un peu d'eau distillée, on évapore chaque fois et on titre finalement l'acidité restante, que l'on retranche de l'acidité totale.

FALSIFICATIONS DU VINAIGRE

Le vinaigre de vin étant le plus estimé et le plus recherché, malgré son prix relativement élevé, c'est lui qu'on falsifie le plus souvent, soit en l'additionnant d'eau, soit en le mélangeant avec des vinaigres de prix inférieur, vinaigres d'alcool, de bois, de glucose, etc.

On augmente quelquefois sa force par une addition d'acides minéraux ou d'acide acétique industriels; on lui donne de la couleur en y ajoutant du caramel ; puis l'arome et la saveur nécessaires en y faisant macérer des substances spéciales, telles que : poivre, racine de pyrèthre, piment, maniguette, moutarde, gingembre, etc.

Recherche des vinaigres étrangers dans le vinaigre de vin. — *Vinaigre d'alcool.* — Si l'on admet que dans un vin normal les poids de l'alcool et de l'extrait sont, entre eux, comme 4 est à 1, et si on tient compte d'une part de la perte de 10 p. 100 qu'éprouve l'extrait pendant l'acétification, et, d'autre part, du poids d'acide acétique produit par l'alcool, qui est, théoriquement, de 130^{gr} pour 100^{gr} d'alcool, mais qui est diminué, dans la pratique, de 15 p. 100, on obtiendra le tableau suivant donnant pour chaque degré d'alcool le poids d'acide acétique produit et l'extrait qui doit y correspondre.

Titre alcoolique des vins p. 100 en volume.	Acide acétique en poids par litre.	Extrait à 100° par litre de vinaigre.
6°	53^{gr},15	10^{gr},8
7°	62 ,11	12 ,6
8°	71 ,05	14 ,4
9°	80 ,00	16 ,2
10°	88 ,95	18 ,0
11°	98 ,01	19 ,8
12°	107 ,07	21 ,6

Si on détermine le rapport existant entre l'acide acétique formé et l'extrait, on verra que ce rapport est égal à 4, 9.

Lorsqu'un vinaigre suspect aura un rapport supérieur à ce nombre avec une tolérance de 1/10e en plus, on pourra conclure à une addition de vinaigre d'alcool.

Si le vin employé à la fabrication du vinaigre avait été viné avant l'acétification, la proportion d'acide sera anormale et, par suite, le rapport entre l'acide et l'extrait trop élevé. On retombe alors dans le cas précédent.

Le tableau ci-dessus indiquant, en outre, les quantités maxima et minima d'acide acétique pouvant être fournies par des vins marquant de 6 à 12° d'alcool, lorsque la proportion de cet acide sera sensiblement inférieure à 53gr, on pourra conclure à un *mouillage*, surtout si l'extrait, le tartre, les cendres, etc., ont diminué dans les mêmes proportions.

Un vinaigre peut avoir été mouillé d'abord, puis additionné ensuite de vinaigre d'alcool ou d'acide acétique; par le calcul du rapport de l'acidité à l'extrait, il sera classé comme étant un mélange de vinaigre de vin et de vinaigre d'alcool.

On reconnaîtra qu'un vinaigre de vin a été additionné de *vinaigre de glucose* par la forte proportion des matières réductrices, comparée au poids de l'extrait. La recherche du sulfate de chaux et de la dextrine ne pourront que confirmer ce premier résultat.

La présence du *vinaigre de bois* est décelée en caractérisant le furfurol dans le vinaigre distillé, à l'aide de quelques gouttes d'aniline incolore qui donnent naissance à une coloration rouge cramoisi fugace.

Recherche des acides minéraux libres. — On s'assure qu'un vinaigre est exempt d'acides minéraux libres, en utilisant la propriété que possède le violet de méthylaniline de devenir vert en présence de ces acides, tandis qu'il ne change pas par l'acide acétique.

On introduit 20cc de vinaigre dans un tube à essai et on ajoute ensuite quelques gouttes d'une solution de violet de méthylaniline à 0,01 p. 100. On compare la coloration produite avec un type contenant de l'eau distillée, de l'acide acétique et la même quantité de colorant. Si la liqueur du premier tube passe au bleu, puis au vert, il y a lieu de rechercher plus particulièrement l'acide minéral contenu.

Une bande de papier à filtrer, imbibée d'une solution de *rouge Congo* et séchée, constitue aussi un bon réactif pour la recherche générale des acides minéraux libres; il suffit d'y faire tomber une goutte du vinaigre à essayer qui ne doit pas modifier sensiblement la couleur primitive du papier, tandis que celui-ci virera au bleu s'il y a des acides minéraux.

Procédé de M. Payen (1). — Ce procédé est basé sur la saccharification de l'amidon par les acides minéraux libres. On fait bouillir, pendant 30 minutes, 100cc de vinaigre avec 0gr,05 au maximum d'amidon. Si, après refroidissement, quelques gouttes d'eau iodée, versées dans le vinaigre, ne donnent plus la colo-

(1) *Revue Int. des falsifications*, 15 déc. 1891, p. 26.

ration bleue de l'iodure d'amidon, on pourra conclure à la présence d'un acide minéral.

Cet essai peut être contrôlé en dosant les matières réductrices avant et après saccharification. L'excédent de sucre correspondra à l'amidon saccharifié.

M. J. Coreil (1) a vérifié l'exactitude du procédé Payen en additionnant des vinaigres de vin authentiques, de 1 à 5gr d'acide sulfurique par litre et de 1 à 6gr des acides chlorhydrique et nitrique. L'auteur n'a obtenu une saccharification qu'à partir de 4gr par litre, et il en a conclu que le procédé Payen n'est sensible qu'à partir de cette dose.

Pour la recherche particulière des acides minéraux libres et de l'acide tartrique, on suivra les méthodes déjà indiquées pour le vin, page 171.

Recherche du caramel. — *Procédé de M. Amthor* (2). — On introduit 10cc du liquide qu'on suppose contenir du caramel, dans un flacon avec 30 ou 50cc de paraldéhyde, suivant l'intensité de la couleur, et on ajoute de l'alcool absolu jusqu'à ce que les deux liquides se mêlent bien.

On bouche le flacon et on abandonne au repos pendant 24 heures ; au bout de ce temps, le caramel se dépose au fond du récipient. On décante le liquide surnageant et on lave le précipité avec un peu d'alcool, puis on le dissout dans de l'eau chaude, on filtre la solution et on la réduit par évaporation à 1cc.

D'autre part, on a préparé une solution de chlorhydrate de phénylhydrazine contenant 2 parties de ce sel pour 2 parties d'acétate de soude et 20 parties d'eau.

En versant, dans cette solution, le liquide concentré obtenu comme il a été dit plus haut, on obtient à froid, plus rapidement à chaud, une combinaison insoluble décrite par M. Fischer.

Si le vinaigre à essayer contient peu de caramel et une certaine quantité de matières réductrices, on le réduit au 1/3 ou au 1/4 de son volume par une évaporation dans le vide en présence de l'acide sulfurique, puis on ajoute la paraldéhyde et l'alcool nécessaires; on dissout le précipité obtenu dans un peu d'eau et on le précipite de nouveau par la paraldéhyde.

Les autres sucres donnent aussi différentes combinaisons avec le chlorhydrate de phénylhydrazine, mais on les élimine en partie en faisant deux précipitations successives; en outre la combinaison caramélique est amorphe et se fait à froid, tandis que la combinaison insoluble obtenue avec le sucre est cristallisée et ne se fait qu'à chaud.

Recherche des aromates. — Lorsqu'on a fait macérer des aromates dans un vinaigre pour relever sa saveur et son arome, ce vinaigre possède une saveur brûlante particulière, due aux résines et aux principes actifs de ces substances, saveur qui persiste même lorsque le vinaigre a été saturé par un alcali. On caractérise cette fraude plus nettement encore en évaporant le vinaigre au bain-marie; le résidu de l'évaporation possédera une âcreté caractéristique.

---

(1) *Revue Int. des falsifications*, 15 déc. 1891, p. 26.
(2) *Journ. de Pharm. et de Chim.*, t. XI, p. 560.

Pour augmenter la densité du vinaigre, on l'additionne quelquefois de sulfate ou d'acétate de soude, de chlorure de sodium, d'alun, dont on reconnaît la présence en faisant l'analyse des cendres.

Enfin, certains métaux toxiques, cuivre, plomb, zinc, peuvent être introduits accidentellement dans les vinaigres. La facilité avec laquelle ce liquide attaque les récipients métalliques dans lesquels on commet l'imprudence de le laisser séjourner, en est souvent la seule cause. Ces métaux sont recherchés comme il a été dit page 181.

ALCOOLS ET SPIRITUEUX

PAR M. A. SAGLIER

ORIGINE ET CLASSIFICATION DES ALCOOLS ET SPIRITUEUX

Le mérite de la découverte de l'alcool est généralement attribué aux Arabes, bien que de récents travaux sur les origines de l'alchimie ne laissent aucun doute sur les connaissances des Égyptiens et des Grecs relatives à la distillation.

Jusqu'au commencement du XVIIe siècle, l'alcool était obtenu, uniquement, par distillation de vin; son emploi était du reste fort restreint et limité aux usages médicaux. Comme le nom d'*eau-de-vie* l'indique, l'alcool était considéré comme une panacée universelle. Quand sa consommation prit une certaine extension, on réussit à l'extraire des moûts d'orge fermentés qui servaient à la préparation de la bière. C'est de cette époque que datent les débuts de la fabrication industrielle de l'alcool.

Quelle que soit la nature des produits qui ont servi à sa préparation, l'alcool est le résultat de l'action biologique d'un microorganisme, la *levure*, sur les sucres dits fermentescibles. Toute substance renfermant des sucres ou contenant des éléments saccharifiables est donc propre à fournir de l'alcool.

Après fermentation du moût, on met à profit la volatilité de l'alcool pour le séparer par distillation des principes plus fixes qui forment la vinasse.

On peut diviser les alcools en deux grands groupes d'après leur origine :

Les *spiritueux naturels;*

Les *spiritueux d'industrie.*

Spiritueux naturels

Le premier groupe comprend : 1° *Les eaux-de-vie.* Bien que le nom de cognac doive être exclusivement réservé aux produits qui proviennent de la distillation des vins des Charentes, l'usage a étendu cette dénomination à toutes les eaux-de-vie de vin, qu'elles soient naturelles ou factices. Le véritable cognac comprend trois grandes variétés correspondant à des qualités différentes : la grande fine champagne, les fins bois et les bois. A l'heure actuelle la production du véritable cognac est sinon nulle, du moins très faible; les approvisionnements de vieille eau-de-vie que possèdent les négociants des Charentes, ne sont guère employés que pour faire des coupages avec de l'alcool neutre d'industrie. La puissance aromatique de ces eaux-de-vie est telle qu'une petite proportion est suffisante pour donner du bouquet à un grand volume d'alcool neutre et faire un produit très agréable au goût. Les eaux-de-vie de Cognac n'acquièrent les qualités qui ont fait leur réputation qu'après plusieurs années de séjour en fût. Les vignobles des Charentes ayant été complètement ravagés par le phylloxera, la production d'eau-de-vie provenant de vins du cru a été pendant plus de quinze années presque entièrement suspendue, et les timides essais de reconstitution des vignes charentaises n'ont pas encore redonné à la distillation des vins l'activité qu'elle avait autrefois.

A côté des cognacs, les produits de l'Armagnac, quoique d'une qualité notablement inférieure, occupent une place très honorable.

Le surplus de la production des vins du Midi était autrefois passé à la chaudière pour en retirer l'alcool, que l'on connaissait dans le commerce sous le nom d'alcool de Montpellier. Cette fabrication, limitée aux années d'abondance, a dû être interrompue pendant longtemps; mais aujourd'hui que le vignoble français est en partie reconstitué, il y a lieu d'espérer que les fabricants de liqueurs fines trouveront, comme autrefois, à se réapprovisionner d'alcool de vin authentique.

La presque totalité des eaux-de-vie du commerce est préparée avec de l'alcool d'industrie, habituellement bien rectifié, auquel on communique le bouquet du cognac par addition de vieille eau-de-vie de vin, ou de bouquets artificiels dont l'huile de pépins de raisins, ou essence de cognac, forme la base.

2° Les *rhums* proviennent presque exclusivement des îles de l'archipel des Antilles. Ils sont préparés à l'aide du vesou, ou jus de canne à sucre, légèrement additionné de mélasses de canne pour les rhums dits d'habitation, ou uniquement avec les mélasses pour les qualités plus communes. Par suite du bon marché de la matière première, le rhum arrive à des prix relativement bas sur nos marchés, il n'en est pas moins fortement coupé avec des alcools d'industrie avant d'être livré à la consommation.

3° Le *kirsch* est préparé en distillant le jus de cerises fermenté; il provient des régions de l'Est de la France : du Jura, des Vosges et du grand-duché de Bade; ce dernier, sous le nom de *Kirsch de la Forêt Noire*, est le plus estimé. De tous les spiritueux, le kirsch est peut-être le plus falsifié; on se contente de le préparer de toutes pièces en aromatisant avec de l'essence d'amandes amères artificielle de l'alcool d'industrie dénué de tout goût d'origine.

4° Les *eaux-de-vie* de marc proviennent de la distillation des marcs de raisin, que l'on délaye dans l'eau, de façon à déterminer la fermentation des dernières traces de sucre qu'ils ont retenues.

Les marcs les plus estimés sont ceux de Bourgogne; ils sont caractérisés par un bouquet très puissant, dû à la forte proportion d'huile de raisin qu'ils renferment. Les eaux-de-vie de marc sont l'objet d'une consommation de moindre importance que l'eau-de-vie de vin; c'est sans doute à cette cause qu'ils doivent d'être moins souvent falsifiés. On se contente habituellement de les étendre d'alcool d'industrie.

5° *Les eaux-de-vie de cidre*, plus connues sous le nom de *calvados*, proviennent presque exclusivement de Normandie et de Bretagne. Leur consommation est, du reste, limitée à ces régions, et leur bas prix leur permet d'échapper à peu près à la falsification.

Alcools d'industrie

La distillerie industrielle emploie comme matières premières les betteraves et les mélasses qui proviennent de la fabrication du sucre; les matières amylacées, comme l'orge, le seigle, le maïs, plus rarement le froment et le riz, et, enfin, les féculents, topinambours et pommes de terre.

L'alcool est retiré du moût par une première distillation, il est ensuite soumis à la rectification pour être débarrassé du goût nauséabond qui caractérise les flegmes industriels. Convenablement purifié, il perd à peu près tout goût d'origine et est alors propre à être livré à la consommation.

Le *genièvre* n'est autre chose que de l'alcool de grains, le plus souvent mal rectifié; il doit son bouquet puissant à la présence de l'essence des baies de genièvre dont l'odeur et le goût suffisent à masquer la présence des impuretés de l'alcool.

ANALYSE DES ALCOOLS

ESSAI PRÉLIMINAIRE

Dégustation. — Toute analyse d'alcool ou de spiritueux doit être précédée par la dégustation. Faite par un expert exercé, cette opération donne des indications qui, rapprochées des résultats fournis par l'examen chimique, facilitent les conclusions à tirer de l'analyse.

La dégustation des alcools se fait dans un verre à pied de forme spéciale, évasé à la base, étroit à l'orifice, de façon à concentrer l'arome du produit. Les eaux-de-vie peuvent être dégustées sans aucune dilution, sauf les eaux-de-vie nouvelles qui renferment quelquefois jusqu'à 70 p. 100 d'alcool en volume. Les alcools d'industrie qui sont à un titre d'environ 95°, doivent être étendus d'eau, de façon à titrer au maximum 30°; la saveur brûlante de l'alcool éthylique à un titre plus élevé enlève toute délicatesse au palais du dégustateur et masque les impuretés.

L'odeur d'un alcool donne une première indication sur sa pureté; l'examen olfactif doit donc précéder la dégustation. Le verre étant plein à moitié au plus de l'échantillon convenablement étendu, l'opérateur, posant sa main sur l'orifice, imprime au liquide un mouvement giratoire, de façon à saturer l'espace vide de vapeurs alcoliques; découvrant ensuite l'ouverture, il apprécie l'odeur développée.

Pour déguster il suffit de se rincer quelques instants la bouche avec le liquide à essayer; la saveur propre à l'alcool éthylique est assez fugitive et disparaît la première; on perçoit ensuite nettement la saveur des produits qui l'accompagnent et constituent le bouquet d'origine.

Il n'est pas possible de fixer les principes sur lesquels repose la dégustation, ni de décrire les caractères organoleptiques qui différencient les eaux-de-vie suivant leur origine.

Au moins pour les alcools d'industrie, il est assez facile, après un peu de pratique, de reconnaître au goût leur origine et d'en apprécier la pureté. La dégustation est, du reste, la seule base sur laquelle reposent toutes les transactions commerciales dans le commerce des alcools.

A l'odorat, on peut facilement distinguer les eaux-de-vie provenant de la distillation du vin de leurs similaires du commerce par le procédé suivant : dans un verre à filtration chaude, on verse une petite quantité d'eau-de-vie et en imprimant au liquide un mouvement giratoire on humecte les parois du récipient; on rejette ensuite l'excédent. En chauffant le verre dans la main, on détermine assez rapidement l'évaporation de l'alcool éthylique, le bouquet de l'eau-de-vie de vin se perçoit ensuite très nettement pendant un temps assez long, tandis que l'odeur laissée par les eaux-de-vie fabriquées de toutes pièces est extrêmement fugace et disparaît au bout de quelques instants.

ANALYSE CHIMIQUE

Densité. — La densité des alcools devra être prise à la température rigoureusement exacte de 15°, si l'on veut utiliser les densimètres ordinaires et éviter les corrections; mais étant donnés la difficulté d'amener exactement le liquide à cette température et le temps assez long que nécessite cette opération, il est avantageux de se servir des alcoomètres. A l'aide du thermomètre on mesure, à un demi-degré près, la température du liquide; on prend ensuite le degré alcoolique; ce degré d'alcool est ramené à ce qu'il serait à la température de 15° en recourant aux tables de correction. La correspondance des degrés alcooliques et des densités est donnée par dixième de degré dans la table des densités des mélanges d'eau et d'alcool absolu dressée par le Bureau national des poids et mesures. Ces densités sont rapportées à l'eau à 15° et ramenées au vide. (Loi du 7 juillet 1881.)

TABLE DE CORRECTION DES RICHESSES ALCOOLIQUES DEPUIS 1° JUSQU'A 100°

EXEMPLE : Si l'alcoomètre marque 68 et le thermomètre 19, la richesse alcoolique réelle sera 66,5 ; c'est-à-dire qu'à la température de 15° 100 litres du liquide essayé contiennent 66 litres et 5 décilitres d'alcool pur.

TEMPÉRATURE. — DEGRÉS DU THERMOMÈTRE / DEGRÉ APPARENT	1	2	3	4	5	6	7	8	9	10	11	12	13	14	15	16	17	18	19	20	21	22	23	24	25
0	1,3	2,4	3,4	4,4	5,4	6,5	7,5	8,6	9,7	10,9	12,2	13,4	14,7	16,1	17,5	19	20,4	21,7	23	24,3	25,7	27,1	28,5	29,9	31,1
1	»	»	»	»	»	»	»	»	»	»	»	13,4	14,7	16	17,3	18,7	20,1	21,4	22,7	24	25,4	26,8	28,1	29,4	30,6
2	»	»	»	»	»	»	»	»	»	»	»	13,4	14,7	16	17,2	18,6	19,9	21,2	22,4	23,7	25	26,4	27,6	28,9	30,2
3	»	»	»	»	»	»	»	»	»	»	»	13,3	14,6	15,9	17,1	18,3	19,7	20,9	22,1	23,4	24,7	26	27,3	28,6	29,8
4	»	»	»	»	»	»	»	»	»	»	»	13,3	14,5	15,8	16,9	18,1	19,4	20,7	21,9	23,1	24,4	25,7	26,9	28,1	29,3
5	1	2,5	3,5	4,5	5,5	6,6	7,7	8,7	9,8	10,9	12,1	13,2	14,4	15,7	16,8	18	19,2	20,5	21,6	22,8	24,1	25,3	26,5	27,7	28,9
6	»	»	»	»	»	»	»	»	»	»	»	13,1	14,3	15,6	16,7	17,8	19	20,3	21,4	22,5	23,7	25	26,1	27,3	28,5
7	»	»	»	»	»	»	»	»	»	»	»	13	14,2	15,4	16,6	17,7	18,8	20	21	22,1	23,4	24,7	25,8	27	28,1
8	»	»	»	»	»	»	»	»	»	»	»	13	14,1	15,3	16,4	17,5	18,6	19,7	20,7	21,8	23	24,2	25,4	26,6	27,7
9	»	»	»	»	»	»	»	»	»	»	»	12,9	14	15,1	16,2	17,3	18,4	19,5	20,5	21,6	22,7	23,9	25	26,2	27,3
10	1,4	2,4	3,4	4,5	5,5	6,5	7,5	8,5	9,5	10,6	11,7	12,7	13,8	14,9	16	17	18,1	19,2	20,2	21,3	22,4	23,5	24,6	25,8	26,9
11	1,3	2,3	3,4	4,4	5,4	6,4	7,4	8,4	9,4	10,5	11,6	12,6	13,6	14,7	15,8	16,8	17,9	19	20	21	22,1	23,2	24,3	25,4	26,5
12	1,2	2,4	3,3	4,3	5,3	6,3	7,3	8,3	9,3	10,4	11,5	12,5	13,5	14,6	15,6	16,6	17,6	18,7	19,7	20,7	21,8	22,9	24	25,1	26,1
13	1,2	2,2	3,2	4,2	5,2	6,2	7,2	8,2	9,2	10,3	11,4	12,4	13,4	14,4	15,4	16,4	17,4	18,5	19,5	20,5	21,5	22,6	23,7	24,7	25,7
14	1,1	2,1	3,1	4,1	5,1	6,1	7,1	8,1	9,1	10,2	11,2	12,2	13,2	14,2	15,2	16,2	17,2	18,2	19,2	20,2	21,2	22,3	23,3	24,3	25,3
15	1	2	3	4	5	6	7	8	9	10	11	12	13	14	15	16	17	18	19	20	21	22	23	24	25
16	0,9	1,9	2,9	3,9	4,9	5,9	6,9	7,9	8,9	9,9	10,9	11,9	12,9	13,9	14,9	15,9	16,9	17,8	18,7	19,7	20,7	21,7	22,7	23,7	24,7
17	0,8	1,8	2,8	3,8	4,8	5,8	6,8	7,8	8,8	9,8	10,8	11,7	12,7	13,7	14,7	15,6	16,6	17,5	18,4	19,4	20,4	21,4	22,4	23,4	24,4
18	0,7	1,7	2,7	3,7	4,7	5,7	6,7	7,7	8,7	9,7	10,7	11,6	12,5	13,5	14,5	15,4	16,3	17,3	18,2	19,1	20,1	21,1	22	23	24
19	0,6	1,6	2,6	3,6	4,5	5,5	6,5	7,5	8,5	9,5	10,5	11,4	12,4	13,3	14,3	15,2	16,1	17	17,9	18,8	19,8	20,8	21,7	22,7	23,6
20	0,5	1,5	2,4	3,4	4,4	5,4	6,4	7,3	8,3	9,3	10,3	11,2	12,2	13,1	14	14,9	15,8	16,7	17,6	18,5	19,5	20,5	21,4	22,4	23,3
21	0,4	1,4	2,3	3,3	4,3	5,2	6,2	7,1	8,1	9,1	10,1	11	11,9	12,8	13,7	14,6	15,5	16,4	17,3	18,2	19,1	20,1	21,1	22,1	22,9
22	0,3	1,3	2,2	3,2	4,1	5,1	6,1	7	7,9	8,9	9,9	10,8	11,7	12,6	13,5	14,4	15,3	16,2	17	17,9	18,8	19,8	20,7	21,6	22,5
23	0,1	1,1	2,1	3,1	4,0	4,9	5,9	6,8	7,8	8,7	9,7	10,6	11,5	12,4	13,3	14,1	15	15,9	16,7	17,6	18,5	19,4	20,3	21,3	22,2
24	0,0	1	1,9	2,9	3,8	4,8	5,8	6,7	7,6	8,5	9,5	10,4	11,3	12,2	13,1	13,9	14,8	15,7	16,5	17,4	18,2	19,1	20	21	21,8
25	0,0	0,8	1,7	2,7	3.6	4,6	5,5	6,5	7,4	8,3	9,3	10,2	11,1	12	12,8	13,6	14,5	15,4	16,2	17,1	17,9	18,8	19,7	20,6	21,5
26	0,0	0,7	1,6	2,6	3,5	4,4	5,4	6,3	7,2	8,1	9	9,9	10,8	11,7	12,6	13,4	14,2	15,1	15,9	16,7	17,6	18,5	19,4	20,3	21,2
27	0,0	0,5	1,5	2,4	3,3	4,3	5,2	6,1	7	7,9	8,8	9,7	10,6	11,5	12,3	13,1	13,9	14,8	15,6	16,4	17,3	18,2	19,1	20	20,8
28	0,0	0,3	1,3	2,2	3,1	4,1	5	5,9	6,8	7,7	8,6	9,5	10,3	11,2	12	12,8	13,6	14,4	15,2	16	16,9	17,9	18,8	19,6	20,5
29	0,0	0,1	1,1	2	2,9	3,9	4,8	5,6	6,6	7,5	8,4	9,2	10,1	11	11,7	12,5	13,3	14,1	14,9	15,7	16,6	17,5	18,4	19,3	20,2
30	0,0	0,0	0,9	1,9	2,8	3,7	4,6	5,5	6,4	7,3	8,1	9	9,8	10,7	11,5	12,3	13	13,8	14,6	15,4	16,3	17,2	18,1	19	19,8

TABLE DE CORRECTION DES RICHESSES ALCOOLIQUES DEPUIS 1° JUSQU'A 100° (*suite*).

DEGRÉ APPARENT / TEMPÉRATURE. — DEGRÉS DU THERMOMÈTRE	26	27	28	29	30	31	32	33	34	35	36	37	38	39	40	41	42	43	44	45	46	47	48	49	50
0	32,3	33,4	34,5	35,6	36,6	37,6	38,6	39,6	40,6	41,5	42,5	43,5	44,4	45,4	46,4	47,4	48,4	49,3	50,3	51,3	52,3	53,2	54,1	55,1	56,1
1	31,8	32,9	34	35,1	36,1	37,1	38,1	39,1	40,1	41,2	42,2	43,1	44,1	45	46	47	48	48,9	49,9	50,8	51,8	52,8	53,7	54,7	55,7
2	31,4	32,5	33,5	34,6	35,6	36,7	37,7	38,7	39,7	40,7	41,7	42,7	43,7	44,6	45,5	46,5	47,5	48,4	49,5	50,4	51,4	52,3	53,3	54,3	55,3
3	31	32,1	33,1	34,1	35,2	36,2	37,3	38,3	39,3	40,3	41,3	42,3	43,2	44,2	45,2	46,2	47,1	48,1	49	50	51	52	52,9	53,9	54,8
4	30,6	31,6	32,7	33,7	34,7	35,7	36,7	37,7	38,8	39,8	40,8	41,8	42,8	43,8	44,8	45,8	46,7	47,7	48,7	49,6	50,6	51,5	52,5	53,5	54,5
5	30,1	31,2	32,3	33,3	34,3	35,3	36,3	37,3	38,3	39,3	40,3	41,4	42,4	43,4	44,3	45,3	46,2	47,2	48,4	49,2	50,2	51,1	52,1	53,1	54
6	29,7	30,8	31,8	32,8	33,8	34,9	35,9	36,9	37,9	38,9	39,9	40,9	41,9	42,9	43,9	44,9	45,8	46,8	47,8	48,8	49,8	50,8	51,7	52,7	53,7
7	29,3	30,3	31,3	32,3	33,3	34,3	35,4	36,4	37,4	38,4	39,4	40,4	41,4	42,4	43,4	44,4	45,4	46,4	47,4	48,4	49,4	50,4	51,3	52,3	53,2
8	28,9	29,9	30,9	31,9	32,9	33,9	34,9	35,9	36,9	38	39	40	41	42	43	44	45	46	47	47,9	48,9	49,9	50,9	51,9	52,9
9	28,5	29,5	30,5	31,5	32,5	33,5	34,5	35,5	36,5	37,5	38,6	39,6	40,6	41,6	42,6	43,6	44,6	45,6	46,6	47,5	48,5	49,5	50,5	51,5	52,5
10	28	29,1	30,1	31,1	32,1	33,1	34,1	35,1	36,1	37,1	38,1	39,1	40,1	41,1	42,1	43,1	44,1	45,1	46,1	47,1	48,1	49,1	50,1	51,1	52
11	27,7	28,7	29,7	30,7	31,7	32,7	33,7	34,7	35,7	36,7	37,7	38,7	39,7	40,7	41,7	42,7	43,7	44,7	45,7	46,7	47,7	48,7	49,7	50,7	51,7
12	27,2	28,2	29,2	30,2	31,2	32,2	33,2	34,3	35,3	36,3	37,3	38,3	39,3	40,3	41,3	42,3	43,3	44,3	45,3	46,3	47,3	48,3	49,3	50,3	51,2
13	26,8	27,8	28,8	29,8	30,8	31,8	32,8	33,8	34,8	35,8	36,8	37,8	38,8	39,8	40,9	41,9	42,9	43,9	44,9	45,9	46,9	47,9	48,9	49,9	50,9
14	26,4	27,4	28,4	29,4	30,4	31,4	32,4	33,4	34,4	35,4	36,4	37,4	38,4	39,4	40,4	41,4	42,4	43,4	44,4	45,4	46,4	47,4	48,4	49,4	50,4
15	26	27	28	29	30	31	32	33	34	35	36	37	38	39	40	41	42	43	44	45	46	47	48	49	50
16	25,7	26,6	27,6	28,6	29,6	30,6	31,6	32,5	33,5	34,5	35,5	36,5	37,5	38,5	39,5	40,6	41,6	42,6	43,6	44,6	45,6	46,6	47,6	48,6	49,6
17	25,4	26,3	27,3	28,2	29,2	30,2	31,2	32,1	33,1	34,1	35,1	36,1	37,1	38,1	39,1	40,1	41,1	42,1	43,1	44,1	45,2	46,2	47,2	48,2	49,2
18	25	25,9	26,9	27,8	28,8	29,8	30,8	31,7	32,6	33,6	34,6	35,6	36,6	37,6	38,6	39,7	40,7	41,7	42,7	43,7	44,8	45,8	46,8	47,8	48,8
19	24,6	25,5	26,4	27,3	28,3	29,3	30,3	31,2	32,2	33,2	34,2	35,2	36,2	37,2	38,2	39,3	40,3	41,3	42,4	43,4	44,4	45,4	46,4	47,4	48,4
20	24,3	25,2	26,1	27	27,9	28,9	29,9	30,8	31,8	32,8	33,8	34,8	35,8	36,8	37,8	38,9	39,9	40,9	42	43	44	45	46	47	48
21	23,9	24,8	25,6	26,6	27,5	28,5	29,5	30,4	31,4	32,4	33,4	34,4	35,4	36,4	37,4	38,4	39,4	40,4	41,5	42,5	43,5	44,6	45,6	46,6	47,6
22	23,5	24,3	25,2	26,2	27,1	28,1	29,1	30	31	32	33	34	35	36	36,9	38	39	40	41,1	42,1	43,1	44,1	45,1	46,1	47,1
23	23,1	24	24,9	25,8	26,7	27,7	28,7	29,6	30,6	31,6	32,6	33,5	34,5	35,5	36,5	37,6	38,6	39,6	40,6	41,6	42,5	43,6	44,6	45,7	46,7
24	22,7	23,6	24,5	25,4	26,3	27,3	28,3	29,2	30,2	31,1	32,1	33,1	34,1	35,1	36,1	37,2	38,2	39,2	40,2	41,2	42,2	43,3	44,3	45,3	46,3
25	22,4	23,2	24,2	25,1	26	26,9	27,9	28,8	29,7	30,7	31,7	32,7	33,7	34,7	35,7	36,7	37,7	38,7	39,8	40,8	41,9	42,9	43,9	44,9	46
26	22,1	22,9	23,8	24,7	25,6	26,5	27,5	28,4	29,3	30,3	31,3	32,3	33,3	34,3	35,3	36,3	37,3	38,3	39,4	40,4	41,5	42,5	43,5	44,5	45,5
27	21,7	22,6	23,5	24,3	25,2	26,1	27,1	27,9	28,9	28,9	30,9	31,9	32,9	33,9	34,8	35,9	36,9	37,9	39	40	41,1	42,1	43,1	44,1	45,1
28	21,4	22,2	23,1	23,9	24,8	25,7	26,6	27,5	28,5	29,5	30,5	31,5	32,5	33,5	34,4	35,4	36,5	37,5	38,6	39,6	40,6	41,6	42,6	43,7	44,7
29	21	21,8	22,7	23,6	24,4	25,2	26,2	27,1	28,1	29,1	30,1	31,1	32,1	33,1	34	35	36	37,1	38,1	39,1	40,2	41,2	42,2	43,3	44,3
30	20,7	21,5	22,4	23,2	24	24,9	25,8	26,7	27,7	28,7	29,7	30,7	31,6	32,6	33,6	34,6	35,6	36,6	37,7	38,7	39,8	40,8	41,8	42,8	43,8

TABLE DE CORRECTION DES RICHESSES ALCOOLIQUES DEPUIS 1° JUSQU'A 100° (*suite*).

DEGRÉ APPARENT / TEMPÉRATURE. — DEGRÉS DU THERMOMÈTRE	51	52	53	54	55	56	57	58	59	60	61	62	63	64	65	66	67	68	69	70	71	72	73	74	75
0	57,1	58	59	59,9	60,9	61,9	62,9	63,9	64,9	65,8	66,8	67,8	68,8	69,8	70,8	71,7	72,7	73,7	74,7	75,7	76,6	77,6	78,6	79,6	80,6
1	56,7	57,6	58,6	59,6	60,6	61,6	62,5	63,5	64,5	65,5	66,5	67,5	68,5	69,4	70,4	71,3	72,3	73,3	74,3	75,3	76,2	77,2	78,2	79,2	80,2
2	56,3	57,2	58,2	59,2	60,2	61,2	62,1	63,1	64,1	65,1	66,1	67,1	68,1	69,1	70,1	71	71,9	72,9	73,9	74,9	75,9	76,9	77,9	78,9	79,9
3	55,8	56,8	57,8	58,8	59,8	60,8	61,7	62,7	63,7	64,7	65,6	66,6	67,6	68,6	69,6	70,6	71,6	72,6	73,6	74,5	75,5	76,5	77,5	78,5	79,5
4	55,5	56,5	57,4	58,4	59,4	60,3	61,3	62,3	63,3	64,3	65,3	66,3	67,3	68,3	69,3	70,2	71,2	72,2	73,2	74,1	75,1	76,1	77,1	78,1	79,1
5	55	56	57	58	59	60	60,9	61,9	62,9	63,9	64,9	65,9	66,9	67,9	68,9	69,8	70,8	71,8	72,8	73,8	74,8	75,7	76,7	77,7	78,7
6	54,7	55,6	56,6	57,5	58,5	59,5	60,5	61,5	62,5	63,5	64,5	65,5	66,5	67,5	68,5	69,5	70,5	71,5	72,5	73,4	74,4	75,3	76,3	77,3	78,3
7	54,2	55,2	56,2	57,1	58,1	59,1	60,1	61,1	62,1	63,1	64,1	65,1	66,1	67,1	68,1	69,1	70,1	71,1	72	73	74	75	76	77	78
8	53,9	54,9	55,8	56,8	57,8	58,8	59,8	60,8	61,8	62,8	63,8	64,8	65,8	66,8	67,7	68,7	69,7	70,6	71,6	72,6	73,6	74,6	75,6	76,6	77,6
9	53,5	54,5	55,4	56,4	57,4	58,4	59,4	60,4	61,4	62,4	63,4	64,4	65,4	66,4	67,3	68,3	69,3	70,3	71,3	72,3	73,3	74,2	75,2	76,2	77,2
10	53	54	55	56	57	58	59	60	61	62	63	64	65	66	67	67,9	68,9	69,9	70,9	71,9	72,9	73,9	74,9	75,9	76,9
11	52,7	53,7	54,6	55,6	56,6	57,6	58,6	59,6	60,6	61,6	62,6	63,6	64,6	65,6	66,6	67,6	68,6	69,6	70,6	71,6	72,6	73,5	74,5	75,5	76,5
12	52,2	53,2	54,2	55,2	56,2	57,2	58,2	59,2	60,2	61,2	62,2	63,2	64,2	65,2	66,2	67,2	68,2	69,2	70,2	71,2	72,2	73,1	74,1	75,1	76,1
13	51,9	52,8	53,8	54,8	55,8	56,8	57,8	58,8	59,8	60,8	61,8	62,8	63,8	64,8	65,8	66,8	67,8	68,8	69,8	70,8	71,8	72,8	73,8	74,8	75,8
14	51,4	52,4	53,4	54,4	55,4	56,4	57,4	58,4	59,4	60,4	61,4	62,4	63,4	64,4	65,4	66,4	67,4	68,4	69,4	70,4	71,4	72,4	73,4	74,4	75,4
15	51	52	53	54	55	56	57	58	59	60	61	62	63	64	65	66	67	68	69	70	71	72	73	74	75
16	50,6	51,6	52,6	53,6	54,6	55,6	56,6	57,6	58,6	59,6	60,6	61,6	62,6	63,6	64,6	65,6	66,6	67,6	68,6	69,6	70,6	71,6	72,6	73,6	74,6
17	50,2	51,2	52,2	53,2	54,2	55,2	56,2	57,2	58,2	59,2	60,2	61,2	62,2	63,2	64,2	65,2	66,2	67,2	68,2	69,2	70,2	71,2	72,2	73,2	74,2
18	49,8	50,8	51,8	52,8	53,8	54,8	55,8	56,8	57,8	58,8	59,8	60,8	61,8	62,8	63,8	64,8	65,8	66,8	67,8	68,8	69,8	70,8	71,8	72,8	73,8
19	49,4	50,4	51,4	52,4	53,4	54,4	55,4	56,4	57,4	58,4	59,4	60,4	61,4	62,5	63,5	64,5	65,5	66,5	67,5	68,5	69,5	70,5	71,5	72,5	73,5
20	49	50	51	52	53	54	55	56	57	58	59	60	61	62	63	64	65,1	66,1	67,1	68,1	69,1	70,1	71,1	72,1	73,1
21	48,6	49,6	50,6	51,6	52,6	53,6	54,6	55,6	56,6	57,6	58,6	59,6	60,7	61,7	62,7	63,7	64,7	65,7	66,7	67,7	68,7	69,7	70,7	71,7	72,7
22	48,1	49,1	50,1	51,1	52,2	53,2	54,2	55,2	56,2	57,2	58,2	59,2	60,3	61,3	62,3	63,3	64,3	65,3	66,3	67,3	68,3	69,3	70,3	71,3	72,3
23	47,7	48,8	49,8	50,8	51,8	52,8	53,8	54,8	55,8	56,8	57,8	58,8	59,8	60,9	61,9	62,9	63,9	64,9	65,9	66,9	67,9	68,9	70	71	72
24	47,3	48,4	49,4	50,4	51,4	52,4	53,4	54,4	55,4	56,4	57,4	58,4	59,4	60,5	61,5	62,3	63,5	64,5	65,5	66,5	67,5	68,5	69,6	70,6	71,6
25	47	48	49	50	51	52	53	54	55	56	57	58	59	60,1	61,1	62,1	63,1	64,1	65,1	66,1	67,1	68,1	69,2	70,2	71,2
26	46,5	47,5	48,5	49,5	50,5	51,5	52,5	53,5	54,5	55,6	56,6	57,6	58,6	59,6	60,7	61,7	62,7	63,7	64,7	65,7	66,7	67,7	68,8	69,8	70,8
27	46,1	47,1	48,1	49.1	50.2	51,2	52,2	53,2	54,2	55,2	56,2	57,2	58,3	59,3	60,3	61,3	62,3	63,3	64,3	65,3	66,3	67,3	68,4	69,4	70,4
28	45,7	46,7	47,7	48.7	49,8	50,8	51,8	52,8	53,8	54,8	55,8	56,8	57,8	58,8	59,9	60,9	61,9	62,9	63,9	64,9	66	67	68	69,1	70,1
29	45,3	46,3	47,3	48,4	49,4	50,4	51,4	52,4	53,4	54,4	55,4	56,4	57,4	58,5	59,5	60,5	61,5	62,5	63,5	64,5	65,6	66,6	67,3	68,7	69,7
30	44,9	45,9	47	48	49	50	51	52	53	54	55	56	57,1	58,1	59,1	60,1	61,1	62,1	63,1	64,1	65,2	66,2	67,7	68,3	69,3

TABLE DE CORRECTION DES RICHESSES ALCOOLIQUES DEPUIS 1° JUSQU'A 100° (*suite*).

TEMPÉRATURE. — DEGRÉS DU THERMOMÈTRE. / DEGRÉ APPARENT	76	77	78	79	80	81	82	83	84	85	86	87	88	89	90	91	92	93	94	95	96	97	98	99	100
0	81,6	82,6	83,6	84,5	85,5	86,4	87,4	88,3	89,2	90,2	91,2	92,2	93,1	94	95	95,9	96,8	97,7	98,6	99,5	»	»	»	»	»
1	81,2	82,2	83,2	84,2	85,1	86,1	87	88	89	89,9	90,8	91,8	92,8	93,7	94,6	95,6	96,5	97,4	98,3	99,2	100	»	»	»	»
2	80,9	81,9	82,9	83,8	84,7	85,7	86,6	87,6	88,6	89,6	90,5	91,5	92,4	93,4	94,3	95,2	96,1	97	97,9	98,9	99,8	»	»	»	»
3	80,5	81,5	82,5	83,4	84,4	85,3	86,3	87,3	88,3	89,2	90,2	91,2	92,1	93	94	94,9	95,8	96,7	97,7	98,6	99,5	»	»	»	»
4	80,1	81,1	82,1	83	84	85	86	87	88	88,9	89,9	90,8	91,8	92,7	93,7	94,6	95,5	96,4	97,4	98,3	99,2	»	»	»	»
5	79,7	80,2	81,7	82,7	83,7	84,7	85,6	86,6	87,6	88,5	89,5	90,5	91,4	92,4	93,3	94,3	95,2	96,2	97,1	98	98,9	99,8	»	»	»
6	79,3	80,3	81,3	82,3	83,3	84,3	85,3	86,3	87,3	88,2	89,2	90,1	91	92	93	93,9	94,9	95,9	96,8	97,7	98,7	99,6	»	»	»
7	79	80	81	82	82,9	83,9	84,9	85,9	86,9	87,9	88,8	89,8	90,7	91,7	92,6	93,6	94,6	95,6	96,5	97,4	98,4	99,3	»	»	»
8	78,6	79,6	80,6	81,6	82,6	83,6	84,6	85,6	86,5	87,5	88,5	89,4	90,4	91,3	92,3	93,3	94,3	95,3	96,2	97,1	98,1	99	99,9	»	»
9	78,2	79,2	80,2	81,2	82,2	83,2	84,2	85,2	86,2	87,1	88,1	89,1	90	91	92	93	94	95	95,9	96,8	97,8	98,7	99,7	»	»
10	77,9	78,9	79,9	80,9	81,9	82,8	83,8	84,8	85,8	86,8	87,8	88,7	89,7	90,7	91,7	92,7	93,7	94,7	95,6	96,5	97,5	98,5	99,4	»	»
11	77,5	78,5	79,5	80,5	81,5	82,5	83,4	84,4	85,4	86,4	87,4	88,4	89,4	90,4	91,4	92,4	93,3	94,3	95,3	96,2	97,2	98,2	99,1	»	»
12	77,1	78,1	79,1	80,1	81,1	82,1	83,1	84,1	85	86	87	88	89	90	91	92	93	94	95	95,9	96,9	97,9	98,8	99,8	»
13	76,8	77,8	78,8	79,8	80,8	81,8	82,8	83,8	84,8	85,7	86,7	87,7	88,7	89,7	90,7	91,7	92,7	93,7	94,6	95,6	96,6	97,6	98,6	99,5	»
14	76,4	77,4	78,4	79,4	80,4	81,4	82,4	83,4	84,4	85,4	86,4	87,4	88,4	89,3	90,3	91,3	92,3	93,3	94,3	95,3	96,3	97,3	98,3	99,3	»
15	76	77	78	79	80	81	82	83	84	85	86	87	88	89	90	91	92	93	94	95	96	97	98	99	100
16	75,6	76,6	77,6	78,6	79,6	80,6	81,6	82,6	83,6	84,6	85,6	86,6	87,6	88,6	89,6	90,7	91,7	92,7	93,7	94,7	95,7	96,7	97,7	98,7	99,7
17	75,2	76,2	77,2	78,2	79,2	80,2	81,2	82,2	83,2	84,2	85,2	86,2	87,2	88,2	89,3	90,3	91,3	92,4	93,4	94,4	95,4	96,4	97,4	98,5	99,5
18	74,9	75,9	76,9	77,9	78,9	79,9	80,9	81,9	82,9	83,9	84,9	85,9	86,9	87,9	88,9	89,9	91	92	93	94	95,1	96,1	97,1	98,2	99,2
19	74,5	75,5	76,5	77,5	78,5	79,5	80,5	81,6	82,6	83,6	84,6	85,6	86,6	87,6	88,6	89,6	90,7	91,7	92,7	93,7	94,8	95,8	96,9	97,9	98,9
20	74,1	75,1	76,1	77,1	78,1	79,1	80,1	81,2	82,2	83,2	34,2	85,2	86,2	87,2	88,2	89,2	90,3	91,3	92,4	93,4	94,5	95,5	96,6	97,6	98,6
21	73,7	74,7	75,8	76,8	77,8	78,7	79,7	80,8	81,8	82,8	83,8	84,8	85,9	86,9	87,9	88,9	90	91	92	93,1	94,1	95,2	96,3	97,3	98,4
22	73,3	74,3	75,4	76,4	77,4	78,4	79,4	80,4	81,4	82,4	83,4	84,4	85,5	86,5	87,6	88,6	89,6	90,7	91,8	92,8	93,9	94,9	96	97	98,1
23	73	74	75	76	77	78	79	80,1	81,1	82,1	83,1	84,1	85,1	86,1	87,2	88,3	89,3	90,4	91,4	92,4	93,5	94,6	95,7	96,7	97,8
24	72,6	73,6	74,6	75,6	76,6	77,6	78,6	79,7	80,7	81,7	82,7	83,7	84,7	85,7	86,8	87,9	88,9	90	91,1	92,1	93,2	94,3	95,3	96,4	97,5
25	72,2	73,2	74,2	75,3	76,3	77,3	78,3	79,3	80,3	81,3	82,3	83,4	84,4	85,4	86,5	87,5	88,6	89,7	90,7	91,8	92,9	93,9	95	96,1	97,2
26	71,8	72,8	73,8	74,8	75,9	76,9	77,9	78,9	79,9	80,9	81,9	82,9	84	85	86,1	87,2	88,2	89,3	90,4	91,5	92,5	93,6	94,7	95,8	97
27	71,4	72,4	73,4	74,4	75,5	76,5	77,5	78,5	79,5	80,5	81,6	82,6	83,6	84,7	85,7	86,8	87,9	89	90	91,1	92,2	93,3	94,4	95,5	96,7
28	71,1	72,1	73,1	74,1	75,1	76,1	77,1	78,2	79,2	80,2	81,3	82,3	83,3	84,3	85,4	86,5	87,5	88,6	89,7	90,8	91,9	93	94,1	95,2	96,4
29	70,7	71,7	72,7	73,7	74,7	75,7	76,8	77,8	78,8	79,8	80,9	81,9	83	84	85	86,1	87,2	88,2	89,3	90,4	91,6	92,7	93,8	94,9	96,1
30	70,3	71,3	72,3	73,3	74,3	75,3	76,4	77,4	78,4	79,4	80,5	81,5	82,6	83,6	84,7	85,8	86,9	87,9	89	90,1	91,2	92,4	93,5	94,6	95,8

TABLEAU COMPARATIF DES DENSITÉS CORRESPONDANT AUX DEGRÉS DE L'ALCOOMÈTRE CENTÉSIMAL LÉGAL ET DE L'ALCOOMÈTRE GAY-LUSSAC

DEGRÉS	DENSITÉS CORRESPONDANT AUX DEGRÉS LUS SUR L'ALCOOMÈTRE		DEGRÉS	DENSITÉS CORRESPONDANT AUX DEGRÉS LUS SUR L'ALCOOMÈTRE	
	LÉGAL	GAY-LUSSAC		LÉGAL	GAY-LUSSAC
0	1,000 00	1,000 00	51	0,932 41	0,932 9
1	0,998 14	0,998 05	52	0,930 41	0,930 9
2	0,996 95	0,997 0	53	0,928 37	0,928 9
3	0,995 52	0,995 6	54	0,926 30	0,926 9
4	0,994 13	0,994 2	55	0,924 20	0,924 8
5	0,992 77	0,992 9	56	0,922 09	0,922 7
6	0,991 45	0,991 6	57	0,919 97	0,926 6
7	0,990 16	0,990 3	58	0,917 84	0,918 5
8	0,988 91	0,989 1	59	0,915 69	0,916 3
9	0,987 70	0,987 8	60	0,913 51	0,914 1
10	0,986 52	0,986 7	61	0,911 30	0,911 9
11	0,985 37	0,985 5	62	0,909 07	0,909 6
12	0,984 24	0,984 4	63	0,906 82	0,907 3
13	0,983 14	0,983 3	64	0,904 54	0,905 0
14	0,982 06	0,982 2	65	0,902 24	0,902 7
15	0,981 00	0,981 2	66	0,899 91	0,900 4
16	0,979 95	0,980 2	67	0,897 55	0,898 0
17	0,972 92	0,979 2	68	0,895 16	0,895 6
18	0,977 90	0,978 2	69	0,892 74	0,893 2
19	0,976 88	0,977 3	70	0,890 29	0,890 7
20	0,975 87	0,976 3	71	0,887 81	0,888 2
21	0,974 87	0,975 3	72	0,885 31	0,885 7
22	0,973 87	0,974 2	73	0,882 78	0,883 1
23	0,972 86	0,973 2	74	0,880 22	0,880 5
24	0,971 85	0,972 1	75	0,877 63	0,877 9
25	0,970 84	0,971 1	76	0,875 00	0,875 3
26	0,969 81	0,970 0	77	0,872 34	0,872 6
27	0,968 76	0,969 0	78	0,869 65	0,869 9
28	0,967 69	0,967 9	79	0,866 92	0,867 2
29	0,966 59	0,966 8	80	0,864 16	0,864 5
30	0,965 45	0,965 7	81	0,861 37	0,861 7
31	0,964 28	0,964 5	82	0,858 54	0,858 9
32	0,963 07	0,963 3	83	0,855 67	0,856 0
33	0,961 83	0,962 1	84	0,852 75	0,853 1
34	0,960 55	0,960 8	85	0,849 79	0,850 2
35	0,958 23	0,959 4	86	0,846 78	0,847 2
36	0,957 86	0,958 1	87	0,843 72	0,844 2
37	0,956 45	0,956 7	88	0,840 60	0,841 1
38	0,954 99	0,955 3	89	0,837 41	0,837 9
39	0,953 50	0,953 8	90	0,834 15	0,834 6
40	0,951 96	0,952 3	91	0,830 81	0,831 2
41	0,950 30	0,950 7	92	0,827 38	0,827 8
42	0,948 72	0,949 1	93	0,823 85	0,824 2
43	0,947 05	0,947 4	94	0,820 20	0,820 6
44	0,945 35	0,945 7	95	0,816 41	0,816 8
45	0,943 61	0,944 0	96	0,812 45	0,812 8
46	0,941 83	0,942 2	97	0,808 29	0,808 6
47	0,940 02	0,940 4	98	0,803 90	0,804 2
48	0,938 17	0,938 6	99	0,799 26	0,799 6
49	0,936 29	0,936 7	100	0,794 33	0,794 7
50	0,934 37	0,934 8			

Dosage de l'alcool.

A moins d'avoir séjourné pendant un certain temps dans des fûts en bois, les alcools d'industrie ne renferment pas de matières extractives : le dosage de l'alcool peut donc s'effectuer directement sur le liquide même. Les eaux-de-vie et les liqueurs contiennent toujours une certaine proportion d'extrait provenant soit d'un séjour prolongé dans un fût, dont le bois a cédé du tanin et des matières résineuses, soit d'une addition de sucre, de jus de fruits, etc. La présence de ces principes entraîne une élévation de densité qui peut fausser de plusieurs degrés les résultats qu'on obtient par lecture directe de l'alcoomètre. Il est donc indispensable de procéder à la distillation pour séparer l'alcool de ces principes fixes, avant d'effectuer la pesée à l'aide de l'alcoomètre.

Le produit obtenu par distillation devant être utilisé pour la recherche et le dosage des différentes impuretés qui accompagnent l'alcool éthylique, cette opération doit être pratiquée dans des conditions un peu spéciales.

Les réactions qui servent au dosage de ces impuretés sont extrêmement sensibles, mais elles peuvent être entravées par suite de la présence de matières organiques. Il est donc indispensable de conserver et de transvaser l'alcool distillé dans des vases de verre parfaitement propres, bouchés à l'émeri, toujours maintenus à l'abri des poussières atmosphériques par un capuchon de verre recouvrant le bouchon.

Nous avons imaginé pour la distillation des spiritueux un appareil d'un maniement peut-être un peu plus délicat que les alambics en usage pour l'extraction de l'alcool des vins, mais qui présente l'avantage d'éviter toute perte par évaporation de l'alcool condensé, et qui soustrait celui-ci à tout contact avec des parties métalliques et des bouchons de liège (fig. 1).

Cet appareil est construit de façon à mener de front quatre distillations; il comporte, par suite, quatre brûleurs, autant de ballons pour recevoir le produit à distiller, et quatre tubes réfrigérants renfermés dans une même cuve métallique, parcourue de bas en haut par un courant d'eau froide.

La rampe à gaz portant les brûleurs et le support métallique sur lequel sont posés les ballons, sont mobiles et permettent, en interposant un tube à reflux sur le trajet des vapeurs alcooliques, de doser l'alcool dans des solutions qui n'en renferment plus que des traces, comme les vinasses de distillerie. On peut même interposer entre les ballons et l'appareil réfrigérant des tubes à boules de Wurtz ou des colonnes Lebel et Henninger à quatre boules. Pour les distillations ordinaires, le ballon communique avec le réfrigérant par un tube de verre permettant un très léger reflux et portant un ajutage fermé à l'aide d'un bouchon de verre, que l'on soulève pour permettre la rentrée de l'air dans l'appareil. La condensation des vapeurs se fait dans un tube de verre vertical portant six olives de façon à augmenter la surface de refroidissement. Cette disposition a l'avantage d'être moins fragile que le serpentin de verre, tout en permettant la complète condensation des vapeurs alcooliques. Le tube réfrigérant est fixé à la partie inférieure de la cuve d'eau à l'aide d'un bouchon de caoutchouc; il est maintenu, à la partie supérieure, par un collier métallique démontable. Le liquide condensé descend par un tube effilé à quelques millimètres du fond du ballon jaugé destiné à recevoir le produit distillé. En ayant soin de placer dans ce ballon quelques centimètres cubes d'eau, de façon à faire plonger légèrement le tube de verre effilé, les principes très volatils qui passent au début de toute distillation, sont retenus sans aucun risque de perte. Quand on distille des alcools à haut titre (de 75 à 90°), il est prudent non seulement d'éviter le voisinage des

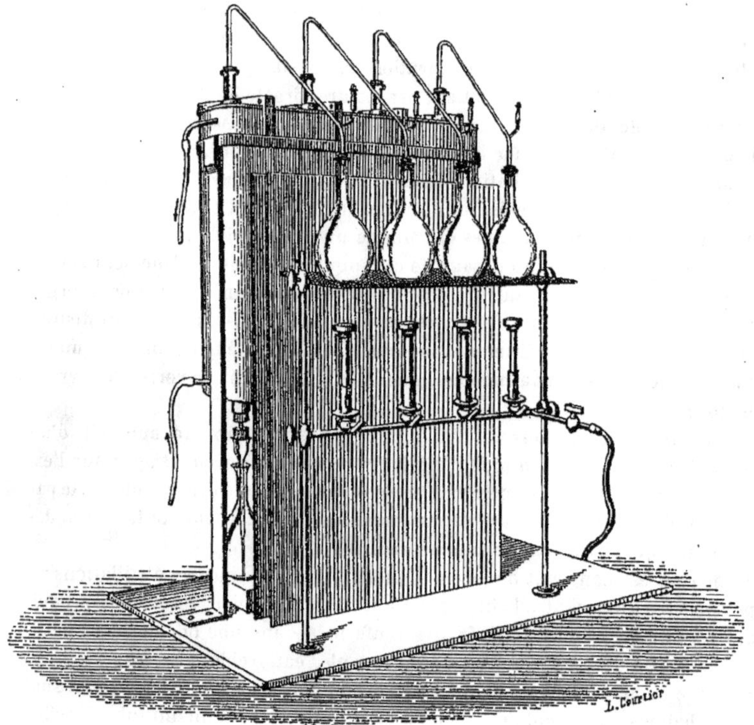

Fig. 1.

brûleurs à gaz qui pourraient échauffer le produit distillé et causer des pertes d'alcool, mais encore de refroidir, à l'aide d'un courant d'eau froide, les ballons qui servent à le recueillir.

En dehors de l'appareil à distiller, il est nécessaire de disposer d'une cuve à eau d'environ 15° de profondeur, en communication avec les conduites d'eau du laboratoire. Si la dimension de la cuve est suffisante et par suite le volume du liquide qu'elle renferme assez grand, il sera toujours facile de régler le courant d'eau de façon que la température demeure constante.

Le mesurage de l'alcool à distiller et celui du produit condensé doit être fait rigoureusement à la même température ; d'autre part, la lecture du degré à l'alcoomètre doit s'opérer exactement à la température de 15°, toute correction de température, d'après les tables en usage, pouvant entraîner une erreur. Les vases jaugés étant gradués pour une température de 15°, c'est donc à cette température qu'il convient de maintenir la cuve d'eau.

A l'aide d'un ballon jaugé, on mesure exactement 200^{cc} du produit à distiller; à cet effet, on remplit le ballon un peu au-dessus du trait de jauge et on l'abandonne pendant un quart d'heure au moins dans la cuve d'eau; quand il a pris la température de 15°, on amène le liquide exactement au volume. Le bord inférieur du ménisque doit affleurer le plan déterminé par le trait de jauge quand on maintient le ballon vertical. On verse ensuite l'alcool dans le ballon de l'appareil à distiller; ce ballon doit avoir une capacité d'au moins 400^{cc} pour éviter tout entraînement mécanique, s'il se produit une formation de mousse; le ballon jaugé est ensuite deux fois rincé avec 10 à 15^{cc} d'eau distillée, que l'on reverse dans le ballon de l'appareil à distiller. On verse dans le ballon jaugé, convenablement lavé, de 4 à 5^{cc} d'eau distillée, de façon qu'une fois en place, le tube d'écoulement des produits de condensation soit immergé de quelques millimètres.

La distillation doit d'abord être conduite très doucement, puis quand la plus grande partie de l'alcool éthylique a distillé, on élève la flamme du brûleur. Les alcools renfermant des principes à point d'ébullition très élevé mais entraînables par la vapeur d'eau, il est nécessaire de pousser la distillation le plus loin possible, tout en évitant soigneusement la formation des produits empyreumatiques qui se produisent dans les eaux-de-vie riches en matières extractives. Quand il ne reste plus dans le ballon qu'environ 20^{cc} de liquide, on éteint les brûleurs et on enlève immédiatement les bouchons des petits ajutages placés sur le parcours des vapeurs, de façon à permettre la rentrée de l'air dans l'appareil et à éviter l'absorption des produits condensés.

Quand le produit à distiller est très acide, il convient de le neutraliser avant la distillation, la présence d'un excès d'acide pouvant non seulement fausser la lecture du degré d'alcool, mais encore entraver les recherches auxquelles cet alcool doit être soumis après distillation. Cette neutralisation se fait avec une solution de potasse normale ou demi-normale, de façon à ne pas augmenter le volume trop sensiblement; il conviendra, en outre, de laisser à l'alcool une légère acidité. Un excès d'alcalinité déterminerait une saponification partielle des éthers et une élévation de la teneur en aldéhydes. Afin d'éviter ces inconvénients, nous préférons ne pas neutraliser les alcools, à moins que leur teneur en acides dépasse 0^{gr},500 par litre, l'acidité étant exprimée en acide acétique.

Le produit condensé est rendu homogène en retournant plusieurs fois sur lui-même le ballon bouché avec le pouce; on ajoute la quantité d'eau nécessaire pour l'amener au volume primitif, puis on le plonge dans la cuve à eau jusqu'à ce qu'il ait repris exactement la température de 15°; on complète alors très exactement au volume avec de l'eau distillée, elle-même à la température de 15°. Il n'y aurait pas d'inconvénient à mesurer le liquide à distiller à une autre température, à la condition expresse que le produit condensé serait ramené très exactement au même volume à la température initiale.

Le jaugeage étant opéré, il ne reste plus qu'à peser l'alcool.

On verse le liquide dans une éprouvette à pied et on en prend très exactement la température à l'aide d'un thermomètre contrôlé indiquant le demi-degré.

Afin d'éviter les corrections de température, qui toujours entraînent une cause d'erreur, l'administration des contributions indirectes prescrit à ses agents de ne prendre le degré alcoolique qu'à la température de 15°. Les tables de corrections construites d'après le coefficient de dilatation de l'alcool, coefficient variable suivant le degré de l'alcool et la température, peuvent être considérées comme mathématiquement exactes ; mais la dilatation ou la contraction du verre du pèse-alcool n'est pas constante, et vient apporter une cause d'erreur dont il est impossible de tenir compte dans le calcul des tables. On devra donc, autant que possible, ramener le liquide à peser à la température normale de 15°. Cette température étant obtenue, on place l'éprouvette sur un plan bien horizontal de façon que les parois en soient parfaitement verticales et on plonge l'alcoomètre. La carène du pèse-alcool aura été préalablement bien essuyée avec du papier de soie, et la tige légèrement passée au papier imbibé d'une lessive faible de soude caustique, puis essuyée. Après avoir fait une première lecture en lisant le point d'affleurement du ménisque inférieur sur la tige graduée, on soulève légèrement l'alcoomètre, on essuie la tige et on le replace doucement à la hauteur qu'il occupait. Une seconde lecture donnera le degré exact de la solution alcoolique. Il est nécessaire, afin de bien voir le point d'affleurement, d'amener l'œil à hauteur du ménisque et d'attendre que l'alcoomètre ait pris dans le liquide la position d'équilibre. Les deux lectures doivent être faites dans le moins de temps possible, afin que la température du liquide n'ait pas le temps de se modifier de plus d'un demi-degré. Afin d'éviter cette cause d'erreur on se sert, en Allemagne et dans les contrées voisines qui sont sous son influence scientifique, du thermo-alcoomètre qui permet de déterminer avec le même instrument la température et le degré alcoolique. Le lest de l'alcoomètre est formé par le réservoir du thermomètre, dont la tige graduée en demi-degrés occupe la carène. En France, la loi du 8 juillet 1881, rendue exécutoire par décret du 27 décembre 1884, a légalisé l'emploi de l'alcoomètre centésimal de Gay-Lussac, corrigé d'après les nouvelles évaluations des densités des mélanges d'alcool et d'eau, déterminées par le Bureau national des poids et mesures. La densité de l'alcool absolu admise par Gay-Lussac, comme étant de 0,7947 à la température de 15°, a été ramenée à 0,79433 ; il n'y a donc pas concordance absolue entre la graduation admise autrefois et celle des nouveaux instruments contrôlés par le Bureau de vérification des alcoomètres. La différence entre les deux graduations atteint plusieurs dixièmes de degré ; elle est maximum pour les titres de 20 et 21° en volume, pour lesquels elle atteint plus de 4 dixièmes de degré : les 20° et 21° degré de l'alcoomètre légal correspondent aux 20°,43 et 21°,43 du pèse-alcool de Gay-Lussac. D'après le décret du 27 décembre 1889, les degrés doivent être espacés sur la tige graduée d'au moins 5^{mm} de façon à pouvoir être divisés en cinquièmes ; chaque division correspondant à une hauteur de 1^{mm} peut facilement être fractionnée à l'œil de façon à permettre d'apprécier le dixième de degré. L'échelle complète est habituellement divisée en cinq tronçons, constituant autant d'instruments différents, de façon à ne pas exagérer la longueur des alcoomètres. Il importe qu'ils soient toujours conservés dans un parfait état de propreté ; il est même nécessaire d'en essuyer de temps en temps la tige avec un papier imbibé de lessive alcaline afin d'enlever la matière grasse laissée par le contact des doigts.

TABLEAU COMPARATIF DES DEGRÉS DE L'ALCOOMÈTRE LÉGAL ET DE L'ALCOOMÈTRE DE GAY-LUSSAC

ALCOOMÈTRE		ALCOOMÈTRE		ALCOOMÈTRE		ALCOOMÈTRE	
LÉGAL	GAY-LUSSAC	LÉGAL	GAY-LUSSAC	GAY-LUSSAC	LÉGAL	GAY-LUSSAC	LÉGAL
0	0	51	51,25	0	0	51	50,75
1	1,04	52	52,24	1	0,96	52	51,75
2	2,03	53	53,26	2	1,97	53	52,74
3	3,06	54	54,29	3	2,94	54	53,71
4	4,05	55	55,29	4	3,95	55	54,71
5	5,10	56	56,29	5	4,90	56	55,71
6	6,11	57	57,30	6	5,89	57	56,70
7	7,11	58	58,31	7	6,89	58	57,69
8	8,15	59	59,28	8	7,85	59	58,72
9	9,08	60	60,27	9	8,92	60	59,73
10	10,15	61	61,27	10	9,85	61	60,73
11	11,11	62	62,24	11	10,89	62	61,76
12	12,14	63	63,23	12	11,86	63	62,77
13	13,15	64	64,20	13	12,85	64	63,80
14	14,13	65	65,20	14	13,87	65	64,80
15	15,19	66	66,21	15	14,81	66	65,79
16	16,24	67	67,19	16	15,76	67	66,81
17	17,27	68	68,18	17	16,73	68	67,82
18	18,29	69	69,19	18	17,71	69	68,81
19	19,41	70	70,17	19	18,59	70	69,83
20	20,43	71	71,16	20	19,57	71	70,84
21	21,43	72	72,16	21	20,57	72	71,84
22	22,33	73	73,13	22	21,67	73	72,87
23	23,34	74	74,11	23	22,66	74	73,89
24	24,25	75	75,10	24	23,75	75	74,90
25	25,26	76	76,11	25	24,74	76	75,89
26	26,18	77	77,10	26	25,82	77	76,90
27	27,23	78	78,09	27	26,77	78	77,91
28	28,20	79	79,10	28	27,80	79	78,90
29	29,19	80	80,12	29	28,81	80	79,88
30	30,22	81	81,12	30	29,78	81	80,88
31	31,19	82	82,13	31	30,81	82	81,87
32	32,19	83	83,11	32	31,81	83	82,89
33	33,22	84	84,12	33	32,78	84	83,88
34	34,20	85	85,14	34	33,80	85	84,86
35	35,13	86	86,14	35	34,87	86	85,86
36	36,18	87	87,16	36	35,82	87	86,84
37	37,18	88	88,16	37	36,82	88	87,84
38	38,21	89	89,15	38	37,79	89	88,85
39	39,20	90	90,14	39	38,80	90	89,86
40	40,22	91	91,12	40	39,78	91	90,88
41	41,21	92	92,12	41	40,79	92	91,88
42	42,23	93	93,10	42	41,77	93	92,90
43	43,21	94	94,11	43	42,79	94	93,89
44	44,21	95	99,10	44	43,79	95	94,90
45	45,22	96	96,09	45	44,78	96	95,91
46	46,21	97	97,07	46	45,79	97	96,93
47	47,21	98	98,07	47	46,79	98	97,93
48	48,23	99	99,07	48	47,77	99	98,93
49	48,22	100	100,07	49	48,78	100	99,92
50	50,22			50	49,78		

Le ménisque qui se forme autour de la tige de l'alcoomètre au niveau du liquide a un poids variable suivant le degré de l'alcool, et sa hauteur dépend de l'état de propreté du verre. Si la tige était légèrement grasse, le liquide ne mouillant pas le verre ne formerait pas de ménisque, et par suite l'alcoomètre, allégé d'autant, indiquerait un chiffre trop faible. L'erreur est d'autant plus grande que le poids du ménisque est plus élevé et, par suite, que le titre de la solution alcoolique est plus faible.

Avec un appareil à distiller hermétiquement clos, et en prenant toutes les précautions que nous venons d'énumérer, on peut obtenir le degré alcoolique avec une approximation d'un ou deux dixièmes de degré pour les alcools titrant moins de 90°.

Étant donné le volume réduit sur lequel on opère, il est impossible de distiller sans perte sensible de l'alcool titrant plus de 90°, même en refroidissant le ballon dans lequel on recueille les produits de condensation. Pour déterminer le titre rigoureusement exact d'un alcool fort, il est avantageux de l'étendre avant la distillation et de ramener par le calcul le degré réel du produit condensé au volume primitif avant dilution.

Quand l'alcool ne renferme pas d'extrait, ce qui est le cas pour les alcools d'industrie, habituellement transportés dans des fûts en fer, le degré exact sera donné par pesée directe à l'aide de l'alcoomètre à la température normale de 15°.

Extrait et Cendres.

Récemment distillés, les alcools ne renferment pas d'extrait fixe; mais après un séjour, même très court, dans un fût de bois, ils dissolvent une quantité de matières tanniques et résineuses suffisante pour laisser un résidu à l'évaporation. La plupart des eaux-de-vie du commerce reçoivent une addition de sucre, d'extrait de tanin, de jus de fruits, qui atteint et dépasse même 15gr par litre, laissant à l'évaporation une quantité d'extrait voisine de celles des vins légers.

Les eaux-de-vie de vin d'origine reçoivent elles-mêmes une addition de sucre et de glycérine, afin d'édulcorer un peu leur bouquet. Il est nécessaire de signaler, à ce propos, le préjudice que cause au fisc cette pratique du sucrage. Dans les différents entrepôts publics ou particuliers, les employés de la régie prennent le degré alcoolique des spiritueux par pesée directe à l'aide de l'alcoomètre, sans tenir compte de l'abaissement de degré que peut produire l'addition des matières fixes ajoutées. Ce sucrage améliore réellement le goût de certaines eaux-de-vie, mais il peut constituer un préjudice pour le Trésor, étant donné le procédé adopté pour le contrôle du degré. Ainsi une eau-de-vie de grande marque renfermant par litre 19gr,96 d'extrait indiquait par la prise directe du degré alcoolique une force de 45°,4 alors que la teneur réelle en alcool était de 49°,2. Également dans un but de fraude, on additionne les alcools et boissons spiritueuses de glycérine dont la densité (1,240 pour la glycérine officinale à 28°) diffère assez de celles de l'eau et de l'alcool pour élever, même à petites doses, la densité d'une solution alcoolique et par suite abaisser son degré apparent.

Le dosage de l'extrait se fait en versant à l'aide d'une pipette ou d'un ballon jaugé une quantité exactement mesurée d'alcool dans une capsule de platine à fond plat, préalablement tarée à un 1mg près. Pour les liqueurs (eaux-de-vie, rhum, etc.), 25cc suffisent habituellement; pour les alcools d'industrie qui ne renferment que des traces de matières fixes, la prise d'échantillon devra être de 50 à 100cc. L'évaporation se fait dans de bonnes conditions dans une étuve à eau glycérinée ou dans une étuve à air dont la température est bien réglée. Au bout de 7 heures d'exposition à la température de 110° l'extrait n'accuse plus de perte de poids; on laisse refroidir la capsule dans le dessiccateur et on fait une nouvelle pesée. La différence de poids indique la quantité d'extrait correspondant au volume d'alcool employé. Le poids d'extrait est habituellement rapporté au litre. Il faut éviter de faire l'évaporation à l'air libre, la chute des poussières atmosphériques pouvant augmenter le poids du résidu et entraîner des erreurs.

La recherche de la glycérine pourra s'effectuer comme dans l'analyse des vins. La différence de poids entre l'extrait sec, fait à chaud, et l'extrait dans le vide, sera déjà un indice de la présence de la glycérine, que l'on caractérisera en chauffant dans un tube de verre une petite quantité du résidu de l'évaporation dans le vide avec un cristal d'acide oxalique. La formation d'acide formique, nettement reconnaissable à son odeur piquante, sera l'indice de la présence de la glycérine; il ne restera plus qu'à en faire le dosage par extraction à l'aide du mélange éthero-alcoolique, comme il est indiqué pour le dosage de la glycérine dans les vins.

Le *tranchage* des eaux-de-vie, qui a pour but d'en augmenter le volume tout en réduisant le degré alcoolique, se fait chez le distillateur avec de l'eau distillée; le débitant qui ne dispose pas d'eau distillée emploie l'eau des canalisations urbaines, eau toujours chargée de matières minérales. Le *dosage des cendres* peut donc donner une indication sur la manipulation subie par l'eau-de-vie. Cet essai se fera par incinération ménagée de l'extrait sec, en observant toutes les précautions recommandées par le dosage des cendres d'un vin.

Les eaux-de-vie de fruits, particulièrement les kirschs, renferment souvent une très petite quantité de cuivre. La présence de ce métal peut être facilement caractérisée sur les cendres. On humecte celles-ci de quelques gouttes d'acide nitrique que l'on fait évaporer doucement au bain de sable; le résidu est repris par une petite quantité d'eau; on filtre pour se débarrasser des cendres insolubles dans l'acide nitrique, et on additionne le filtratum de quelques gouttes de ferrocyanure de potassium très étendu. Une coloration rose sera l'indice de la présence du cuivre.

Recherche et dosage du sucre.

Nous avons signalé plus haut la pratique du sucrage des eaux-de-vie dans le but d'adoucir le bouquet et de lui donner du fondant; le poids élevé de l'extrait sec est déjà un indice de l'addition de sucre.

La *recherche qualitative* du sucre se fait en soumettant un petit volume de l'eau-de-vie à l'évaporation, afin de concentrer le sucre pour le cas où il n'y en aurait que des traces; on ajoute ensuite quelques gouttes d'acide chlorhydrique étendu de façon à invertir le saccharose. Une forte réduction de la liqueur cupro-potassique suffira à caractériser qualitativement la présence du sucre.

Pour *le dosage*, il faut tenir compte des différents sucres qui peuvent se trouver en présence. Le sucre ajouté sous forme d'un sirop cuit à feu doux a déjà subi un commencement de dédoublement ou d'inversion, phénomène qui s'accentue à la longue sous l'influence de l'acidité de l'eau-de-vie ; il est donc nécessaire de doser et le saccharose et le sucre interverti.

Le procédé le plus rapide consiste dans l'emploi de la liqueur cupro-potassique qui est réduite par le sucre interverti et que le saccharose n'altère pas. La liqueur préparée suivant la formule de Neubauer et Vogel se conserve sans altération pendant un temps assez long ; elle doit être titrée de façon telle que 10^{cc} de la liqueur correspondent à un poids de 0^{gr},025 de glucose.

La coloration de la plupart des spiritueux masquant la fin de la réaction, il est nécessaire de décolorer l'eau-de-vie soit avec une petite quantité de noir animal, soit en l'additionnant de quelques gouttes de sous-acétate de plomb. Un premier titrage à l'aide de la liqueur cupro-potassique donnera la quantité de sucre réducteur, exprimé en glucose, par litre de l'échantillon. Soit N le nombre de centimètres cubes nécessaires pour décolorer 10^{cc} de la liqueur de cuivre ; le poids de glucose sera donné par la formule :

$$\text{Glucose par litre} = \frac{0,025 \times 1000}{N}.$$

Le saccharose n'agissant pas sur la liqueur de cuivre, il est nécessaire pour le doser de le transformer par inversion en sucre réducteur. A cet effet, à 50^{cc} de l'échantillon on ajoutera 1/10°, soit 5^{cc} d'acide chlorhydrique étendu de moitié son volume d'eau ; après 5 minutes d'exposition au bain-marie le saccharose sera complètement dédoublé. On recommencera de nouveau le titrage. Soit N' le nombre de centimètres cubes employés pour décolorer 10^{cc} de la liqueur cupro-potassique.

Le poids total des sucres exprimés en glucose sera donné par la formule :

$$\text{Sucre total (en } \textit{glucose}) = \frac{0,025 \times 1000 \times 11}{10 \times N'}$$

La différence entre les nombres obtenus dans ces deux dosages correspondra au glucose provenant de l'interversion du saccharose ; soit P. cette différence.

Étant donné que 95 de saccharose correspondent à 100 de glucose, la quantité de saccharose sera exprimée par la formule :

$$\text{Saccharose} = \frac{P. 95}{100}.$$

Recherche des colorants.

Tous les spiritueux ne sont pas colorés ; les alcools d'industrie ne le sont jamais, à moins d'avoir séjourné dans des fûts de bois ; au contraire, la plupart des eaux-de-vie du commerce sont colorées. Cette coloration ne s'obtient qu'au bout d'un long séjour dans les futailles ; aussi pour rendre marchands les produits de fabrication récente et leur donner la couleur ambrée que le consommateur aime à trouver aux eaux-de-vie et aux rhums, les distillateurs ont l'habitude d'additionner leurs produits de colorants destinés à leur donner de suite cet aspect de vétusté. La coloration normale des eaux-de-vie est due au tanin que l'alcool séjournant dans des fûts de bois dissout à la longue ; les produits du commerce sont habituellement colorés à l'aide d'extrait de tanin et de caramel. Quelquefois, mais plus rarement, on a recours aux colorants dérivés de la houille.

La recherche des colorants d'un spiritueux se fera sur le résidu de la distillation. On reconnaîtra la présence du *tanin* à la coloration foncée allant du vert brun au noir franc que développera l'addition de quelques gouttes d'une solution très étendue de perchlorure de fer. L'eau-de-vie ne renfermant pas d'autre colorant que le tanin doit se décolorer complètement par addition d'albumine, qui, en se précipitant, entraînera toute la matière colorante ; si après filtration la liqueur restait colorée, on pourrait presque sûrement conclure à la présence du caramel.

La recherche du *caramel* se fait à l'aide du procédé d'Amthor, procédé qui repose sur la précipitation du caramel par la paraldéhyde.

On introduit 10^{cc} du liquide dans un flacon de 100^{cc} bouché à l'émeri et portant des graduations correspondant à 10^{cc}, à 40^{cc} et à 60^{cc}. On ajoute de 30 à 50^{cc} de paraldéhyde suivant la coloration plus ou moins intense, puis de l'alcool absolu jusqu'à ce que les deux liquides se mêlent (15 à 25^{cc} suffisent habituellement). Après 24 heures, il se forme en présence du caramel un précipité plus ou moins foncé qui adhère fortement au fond du flacon. On décante le liquide surnageant, qui doit être mis de côté, de façon à régénérer par distillation fractionnée la paraldéhyde ; le précipité est lavé avec un peu d'alcool, puis on le dissout dans l'eau chaude, on filtre la solution et on la ramène par évaporation à un volume de 1^{cc}. En comparant la coloration obtenue avec des solutions types on peut approximativement évaluer la quantité de caramel contenue dans le liquide essayé.

Si l'alcool renfermait beaucoup de sucre, la paraldéhyde pourrait, même en l'absence de caramel, donner un précipité ; il est donc nécessaire de contrôler la nature de celui que l'on obtient par ce réactif. On redissout le précipité dans une petite quantité d'eau et on y ajoute une solution de chlorhydrate phénylhydrazine préparée comme il suit :

Chlorhydrate de phénylhydrazine	2
Acétate de soude	3
Eau distillée.	20

Une précipitation à froid, accélérée par la chaleur, est l'indice certain de la présence du caramel.

Les *colorants de la houille* ne sont que rarement employés pour les eaux-de-vie proprement dites, telles que les rhums et les cognacs; par contre les liqueurs et les apéritifs en renferment assez souvent. La recherche complète de ces colorants s'effectue d'après les mêmes principes que la recherche des colorants artificiels dans les vins. Le résidu de la distillation rendu fortement ammoniacal est épuisé par l'alcool amylique; après lavage à l'eau, celui-ci est évaporé au bain-marie; on additionne le résidu de quelques gouttes d'acide sulfurique concentré. L'acide carbonisant le caramel qui a été entraîné par l'alcool amylique, laissera intact le colorant de la houille. On reprend le résidu par l'eau et on recommence le traitement à l'alcool amylique en liqueur ammoniacale. Après lavage à l'eau, celui-ci est de nouveau évaporé; il laisse alors comme résidu la matière colorante inaltérée. On caractérise sa nature par la touche à l'acide sulfurique et par teinture. Les colorants de la houille employés pour les eaux-de-vie virent au rouge par addition d'acide fort; un essai direct de teinture suffira le plus souvent à en caractériser la présence. A une certaine quantité de résidu de distillation, on ajoute une ou deux gouttes d'acide sulfurique, puis on porte la solution à l'ébullition. On plonge alors dans le liquide un mouchet de soie ou de laine. Si l'eau-de-vie essayée ne renferme que du tanin et du caramel, le mouchet sera à peine teinté; au contraire, dans les eaux-de-vie colorées à l'aide de dérivés de la houille, le liquide virera au rose après l'addition d'acide, la laine se colorera en brun havane et la soie en lilas.

ESSAI CHIMIQUE DE LA PURETÉ DE L'ALCOOL

Avant les remarquables travaux de M. Pasteur, la fermentation alcoolique était considérée comme un simple dédoublement chimique de la molécule de glucose en alcool éthylique et en acide carbonique; il est aujourd'hui parfaitement établi que la formation de l'alcool est une conséquence de la vie de la levure et que la fermentation alcoolique doit être assimilée aux phénomènes de la physiologie végétale dans toute leur complexité. L'alcool éthylique, l'acide carbonique, la glycérine et l'acide succinique sont les produits normaux de la fermentation alcoolique, mais en même temps qu'eux d'autres principes prennent naissance, en proportion variable suivant la nature de la levure ensemencée et les conditions de la fermentation. Ces produits secondaires appartiennent à différentes espèces chimiques; suivant leurs affinités ils subissent des modifications dans leur composition, se combinent entre eux ou avec l'alcool éthylique et forment de nouveaux composés qui passent à la distillation en même temps que l'alcool.

C'est justement à la présence de ces principes et à leur proportion variable que les alcools doivent leur bouquet, agréable quand ils proviennent de la fermentation des fruits, nauséabond quand ils sont le résultat de l'alcoolisation des grains, des betteraves, mélasses ou pommes de terre. Ces produits étant doués d'une saveur et d'une odeur agréables dans les eaux-de-vie de fruits, on se garde bien de les éliminer par la rectification; au contraire, dans la distillation industrielle on les sépare, ou du moins on cherche à en débarrasser le plus possible l'alcool éthylique. Il est donc de la plus grande importance, pour apprécier la qualité d'une eau-de-vie et pour reconnaître le degré d'épuration que l'on a fait subir à un alcool industriel, de séparer et de doser ces principes, qui, dans les deux cas, peuvent être considérés par rapport à l'alcool éthylique comme des impuretés.

Quelle que soit son origine, l'alcool renferme une certaine proportion d'impuretés, dont la quantité varie suivant le soin apporté à la fermentation et le degré de rectification que l'on a fait subir à l'alcool. Ces impuretés appartiennent à différentes espèces chimiques :

1° Les *acides;*
2° Les *aldéhydes;*
3° Le *furfurol* ou *aldéhyde pyromucique;*
4° Les *éthers;*
5° Les *alcools supérieurs;*
6° Les *matières azotées.*

Pour être complète, l'analyse d'un alcool exigerait la séparation et le dosage de chaque impureté. Cette séparation n'est possible qu'en mettant à profit les écarts des points d'ébullition de ces différents principes et en soumettant l'alcool à la distillation fractionnée. Dans la pratique cette méthode n'est pas possible; étant donnée la petite proportion de certaines impuretés, l'opération devrait porter sur un volume d'alcool d'au moins un hectolitre. D'autres méthodes plus pratiques ont été proposées : les unes permettent de doser chaque groupe d'impuretés séparément; d'autres, au contraire, indiquent, avec une approximation quelque peu défectueuse, la quantité totale de ces impuretés. Aucune de ces méthodes n'est exacte, dans le sens strict du mot; mais étant donné le but que l'on se propose, qui est moins de connaître la composition exacte d'un alcool que de connaître sa pureté par rapport à l'alcool éthylique chimiquement pur, on peut les considérer comme suffisantes dans la pratique.

Malgré les difficultés et le temps assez long que nécessite le dosage des impuretés par espèces chimiques, nous préférons cette méthode aux procédés empiriques qui prétendent indiquer, par un seul essai, l'ensemble de ces impuretés.

MÉTHODE D'ANALYSE DU LABORATOIRE MUNICIPAL DE PARIS

Cette méthode, adoptée à la suite des travaux de MM. Ch. Girard, Rocques et Mohler, sans résoudre complètement le problème de l'analyse d'un alcool, peut être considérée néanmoins comme celle qui se rapproche le plus de sa solution.

Chaque groupe d'impuretés est dosé en bloc et exprimé en poids de l'impureté dominante; cette méthode permet de calculer la proportion des principes suivants :

Les acides, exprimés en acide acétique.
Les aldéhydes, exprimées en aldéhyde acétique.
Le furfurol.
Les éthers, exprimés en acétate d'éthyle.
Les alcools supérieurs, exprimés en alcool isobutylique.
Les bases, exprimées en ammoniaque.

En même temps que nous indiquerons la méthode employée au Laboratoire municipal pour doser chaque groupe d'impuretés, nous exposerons les modifications proposées par divers auteurs.

Malgré le nombre assez grand d'éléments dosés, cette méthode n'exige qu'un volume assez restreint de l'échantillon, 500^{cc} au plus, pour l'analyse complète. Chaque essai nécessite le volume de liquide suivant :

Extrait sec	25^{cc} à 50^{cc}
Acidité totale	25 à 50
Acidité fixe	25 à 50
Aldéhydes } Furfurol }	50
Éthers	50
Alcools supérieurs	50
Bases	100
	325^{cc} à 400^{cc}

L'acidité totale, l'acidité fixe et les bases sont dosées sur le produit non distillé; les aldéhydes, le furfurol, les éthers et les alcools supérieurs sont dosés sur l'alcool distillé, car la présence des matières extractives entrave l'action des réactifs caractéristiques de ces groupes d'impuretés.

La distillation de l'alcool porte sur 200^{cc} au moins et 250^{cc} au plus. Le produit condensé et ramené au volume primitif sert à mesurer la force alcoolique de l'échantillon, il est mis ensuite en réserve pour le dosage des impuretés de l'alcool.

Le dosage des aldéhydes, du furfurol et des alcools supérieurs se fait à l'aide de réactions colorimétriques, en comparant l'intensité de coloration obtenue sur l'échantillon avec celle que donnent, dans les mêmes conditions, des solutions dans l'alcool éthylique pur d'aldéhyde acétique, de furfurol et d'alcool isobutylique. La force alcoolique agissant sur la sensibilité du réactif, il importe de toujours opérer sur des alcols de même titre. Les spiritueux étant à un degré assez voisin de 50°, c'est à cette teneur alcoolique que nous nous sommes arrêtés. Toutes les liqueurs types sont préparées à l'aide d'alcool à 50°; l'alcool à analyser sera ramené très exactement à ce titre, soit en le diluant avec de l'eau si la force alcoolique est plus élevée, soit en le renforçant avec de l'alcool à haut titre et chimiquement pur, si le titre alcoolique est inférieur à 50°.

Établissement de la formule donnant la quantité d'alcool fort ou faible ou d'eau à ajouter pour faire passer 100^{cc} d'un alcool du titre a au titre quelconque A.

Les mélanges d'alcool et d'eau se faisant avec contraction, il n'est pas possible de résoudre les problèmes de mouillage et de remontage des alcools sans faire intervenir les densités. La contraction est variable suivant le titre alcoolique, les densités ont donc dû être établies non par le calcul, mais par expérience.

Soit :

Alcool primitif de titre alcoolique	a	densité correspondante	d
Alcool modificateur	— a'	—	d'
Alcool à obtenir	— A	—	D

Dans deux solutions alcooliques de même titre, les volumes d'alcool absolu sont proportionnels aux volumes des solutions :

$$\frac{A}{100} = \frac{a + x\frac{a'}{100}}{\frac{100\,d + xd'}{D}}$$

a alcool absolu renfermé dans 100^{cc} d'alcool de titre a,
x volume d'alcool de degré a' à employer,
$x\frac{a'}{100}$ alcool absolu renfermé dans 100^{cc} d'alcool de titre a',
$\frac{100d + xd'}{D}$ volume obtenu par le mélange des deux alcools = V.

Développement de la formule :

$$\frac{A}{100} = \frac{100\,aD + xa'D}{100\,(100d + xd')},$$
$$100\,Ad + x\,Ad' = 100\,aD + x\,a'D$$
$$x(Ad' - a'D) = 100\,(aD - Ad),$$

d'où la valeur de x :

$$x = 100\,\frac{aD - Ad}{Ad' - a'D}.$$
$$\text{Volume obtenu} = \frac{100d + xd'}{D}.$$

Dans le cas où a > A, si l'on abaisse le degré par dilution avec de l'eau : $a' = 0 \quad d' = 1$,
la formule devient :

$$x = 100\left(\frac{aD - Ad}{A}\right).$$
$$\text{Volume obtenu} = \frac{100d + x}{D}.$$

Dans le cas particulier qui nous occupe :

$$A = 50,$$
$$D = 0{,}9343.$$

1er cas : $a > 50$ $\quad x = 100\left(\frac{a.0{,}9343 - 50\,d}{50}\right) = 1{,}8686\,a - 100\,d.$

$V = 2\,a.$

2e cas : $a < 50$. Pour remonter les alcools de titre alcoolique inférieur à 50°, nous employons de l'alcool éthylique chimiquement pur, extra-fin de cœur, au titre de 90°.

La formule devient, dans ce cas :

$$x = 100\left(\frac{50d - 0{,}9343a}{90.0{,}9343 - 50.0{,}8341}\right),$$

$$x = \frac{50.d - 0{,}9343.a}{0{,}4238},$$

$$V = \frac{100.d - x.0{,}8341}{0{,}9343}.$$

Chaque fois qu'il aura été nécessaire de modifier le degré de l'alcool avant de le soumettre à des essais chimiques, on devra tenir compte du volume obtenu après dilution dans le calcul des résultats analytiques.

I représentant le poids d'une impureté par litre d'alcool ramené à 50°, la teneur en même impureté de l'alcool primitif à t° sera exprimée par la formule : $\frac{I.V}{100}$.

Afin de rendre les résultats des analyses d'alcools à différents titres comparables entre eux, il est avantageux de les reporter à l'alcool au titre uniforme de 100°, et d'exprimer ces résultats en p. 100 d'alcool absolu. Si A représente un poids d'impureté par litre d'alcool à t°, la proportion de cette même impureté pour 100cc d'alcool à 100° sera exprimée par la formule : $\frac{A.10}{t}$.

QUANTITÉ D'ALCOOL A 90° A AJOUTER A 100cc D'ALCOOL TITRANT DE 30 A 50° POUR L'AMENER A 50° ET VOLUME OBTENU

DEGRÉ DE L'ALCOOL A REMONTER	VOLUME D'ALCOOL A 90° A AJOUTER	VOLUME OBTENU
30	47cc,7	145cc,9
31	45 ,4	143 ,7
32	43 ,1	141 ,5
33	40 ,7	139 ,3
34	38 ,4	137
35	36	134 ,8
36	33 ,6	132 ,5
37	31 ,3	130 ,3
38	28 ,9	128
39	26 ,5	125 ,6
40	24 ,1	123 ,3
41	21 ,8	121 ,1
42	19 ,3	118 ,7
43	16 ,9	116 ,4
44	14 ,5	114 ,1
45	12 ,1	111 ,8
46	9 ,7	109 ,4
47	7 ,3	107 ,1
48	4 ,9	104 ,7
49	2 ,4	102 ,3
50	0	100

QUANTITÉ D'EAU A AJOUTER A 100^{cc} D'ALCOOL TITRANT DE 100 A 90°
POUR L'AMENER A 90° ET VOLUME OBTENU

TITRE DE L'ALCOOL A RÉDUIRE	EAU A AJOUTER	VOLUME OBTENU
100	13^{cc},2	111^{cc}
99	11 ,8	109 ,9
98	10 ,4	108 ,8
97	9 ,0	107 ,6
96	7 ,7	106 ,6
95	6 ,4	105 ,5
94	5 ,1	104 ,3
93	3 ,8	103 ,3
92	2 ,5	102 ,1
91	1 ,2	101 ,0
90	0	100

QUANTITÉ D'EAU A AJOUTER A 100^{cc} D'ALCOOL TITRANT DE 100° A 50°
POUR L'AMENER A 50° ET VOLUME OBTENU APRÈS DILUTION

DEGRÉ INITIAL	EAU A AJOUTER	VOLUME PRODUIT	DEGRÉ INITIAL	EAU A AJOUTER	VOLUME PRODUIT	DEGRÉ INITIAL	EAU A AJOUTER	VOLUME PRODUIT
100	107^{cc},44	200^{cc}	83	69^{cc},53	166^{cc}	66	33^{cc},33	132^{cc}
99	105 ,06	198	82	67 ,37	164	65	31 ,23	130
98	102 ,73	196	81	65 ,22	162	64	29 ,14	128
97	100 ,43	194	80	63 ,07	160	63	27 ,04	126
96	98 ,14	192	79	60 ,93	158	62	24 ,95	124
95	95 ,87	190	78	58 ,79	156	61	22 ,83	122
94	93 ,62	188	77	56 ,63	154	60	20 ,76	120
93	91 ,40	186	76	54 ,51	152	59	18 ,18	118
92	89 ,18	184	75	52 ,38	150	58	16 ,60	116
91	86 ,96	182	74	50 ,25	148	57	14 ,52	114
90	84 ,76	180	73	48 ,13	146	56	12 ,44	112
89	82 ,56	178	72	46	144	55	10 ,36	110
88	80 ,37	176	71	43 ,89	142	54	3 ,28	108
87	78 ,19	174	70	41 ,78	140	53	6 ,20	106
86	76 ,02	172	69	39 ,66	138	52	4 ,13	104
85	73 ,85	170	68	37 ,55	136	51	2 ,06	102
84	71 ,69	168	67	35 ,44	134			

Dosage de l'acidité.

Le dosage de l'acidité se fait, comme pour les vins, à l'aide d'une solution de potasse décime normale. On constate le point de saturation en se servant, comme indicateur, de la phtaléine du phénol pour les alcools non colorés, et pour les spiritueux dont la coloration masquerait la netteté de la réaction, à l'aide de touches sur le papier de tournesol sensible. Une prise d'essai de 25^{cc} est suffisante dans la plupart des cas, mais certains alcools, ceux d'industrie entre autres, ont une acidité si faible qu'il est préférable d'employer un volume de 50 à 100^{cc}. 1^{cc} de liqueur normale décime de potasse neutralise une acidité de 0^{gr},006 exprimée en acide acétique anhydre ($C^2H^4O^2 = 60$). Pour une prise d'essai de 25^{cc}, 1^{cc} correspondra donc à une acidité de 0^{gr},240 d'acide acétique par litre.

En opérant avec soin on peut neutraliser la prise d'essai à 1/20e de centimètre cube près, c'est-à-dire obtenir une approximation de 0^{gr},012 par litre. Si E représente en centimètres cubes le volume de la prise d'essai et n le nombre de centimètres cubes de liqueur décime de potasse employés à la neutralisation, l'acidité par litre sera exprimée par la formule :

$$\text{Acidité par litre} = \frac{0{,}006 . n . 1000}{E}.$$

La saturation est obtenue lorsque la phtaléine de phénol prend une coloration rose, persistant pendant une demi-minute au moins, ou qu'à la touche sur le papier de tournesol la goutte de liquide développe autour d'elle une coloration très légèrement bleue.

L'acidité des alcools est due à des acides très volatils comme l'acide acétique, et à des acides d'une atomicité plus élevée présentant, par suite, une plus grande résistance à l'évaporation. Nous avons pensé qu'il serait intéressant, dans certains cas, de connaître les proportions respectives des acides fixes et des acides volatils. Le titrage direct donne *l'acidité totale;* en faisant la même opération sur le résidu de l'évaporation dans le vide, on obtient la proportion des *acides fixes* et par différence *l'acidité volatile.* A cet effet on mesure, dans une capsule de verre, à fond plat, 25^{cc} d'alcool que l'on soumet à l'évaporation dans le vide au-dessus d'un vase contenant de l'acide sulfurique. Au bout de 4 ou 5 jours d'évaporation on reprend le résidu par quelques centimètres cubes d'eau tiède et on procède à un nouveau titrage acidimétrique Nous employons cette méthode depuis trop peu de temps pour qu'il nous soit, dès maintenant, possible de tirer des conclusions; cependant, nous avons constaté que tandis que les alcools industriels ne renferment qu'une quantité absolument négligeable d'acides fixes, *les eaux-de-vie de vin possèdent une acidité fixe plus élevée que leur acidité volatile.*

Le tableau suivant donne sans calcul l'acidité calculée en acide acétique pour une prise d'essai de 25^{cc}.

ACIDITÉ PAR LITRE EN ACIDE ACÉTIQUE $C^2H^4O^2$. — PRISE D'ESSAI DE 25^{cc}											
		CENTIMÈTRES CUBES DE POTASSE DÉCIME									
		0	1	2	3	4	5	6	7	8	9
DIXIÈMES DE CENTIMÈTRE CUBE	0		0,2400	0,4800	0,7200	0,9600	1,2000	1,4400	1,6800	1,9200	2,1600
	1	0,0240	0,2640	0,5040	0,7440	0,9840	1,2240	1,4640	1,7040	1,9440	2,1840
	2	0,0480	0,2880	0,5280	0,7680	1,0080	1,2480	1,4880	1,7280	1,9680	2,2080
	3	0,720	0,3120	0,5520	0,7920	1,0320	1,2720	1,5120	1,7520	1,9920	2,2320
	4	0,960	0,3360	0,5760	0,8160	1,0560	1,2960	1,5360	1,7760	2,0160	2,2560
	5	0,1200	0,3600	0,6000	0,8400	1,0800	1,3200	1,5600	1,8000	2,0400	2,2800
	6	0,1440	0,3840	0,6240	0,8640	1,1040	1,3440	1,5840	1,8240	2,0640	2,3040
	7	0,1680	0,4080	0,6480	0,8880	1,1280	1,3680	1,6080	1,8480	2,0880	2,3280
	8	0,1920	0,4320	0,6720	0,9120	1,1520	1,3920	1,6320	1,8720	2,1120	2,3520
	9	0,2160	0,4560	0,6960	0,9360	1,1760	1,4160	1,6560	1,8960	2,1360	2,3760

Dosage des aldéhydes.

Les aldéhydes sont exprimées en aldéhyde acétique ou hydrure d'acétyle (C^2H^4O). De tous les réactifs proposés pour caractériser la présence des aldéhydes, le bisulfite de rosaniline qui, par oxydation, se colore en rouge violacé, nous paraît être non seulement le plus sensible, mais aussi le plus constant dans ses indications. Le réactif, préparé suivant la formule de l'auteur de ce procédé de recherche, M. Gayon (*Comptes rendus de l'Académie des sciences*, 1887, p. 1182), est trop faiblement acide; aussi donne-t-il quelquefois des colorations rosées avec de l'alcool exempt d'aldéhyde. M. Molher a déterminé les teneurs minima d'acide sulfurique et de bisulfite de soude à employer pour éviter cette cause d'erreur. Le réactif composé d'après la formule ci-dessous ne donne aucune coloration avec l'alcool chimiquement pur, ramené à 50°; il est, de plus, d'une grande sensibilité et peut se conserver sans altération pendant plusieurs mois :

Eau distillée.	1.000^{cc}
Bisulfite de soude (D = 1,308 2)	100
Solution aqueuse de fuchsine à 1/1.000°	150
Acide sulfurique pur 66°	15

Le bisulfite de soude doit être versé dans la solution de fuchsine; le mélange est agité, étendu d'eau distillée, puis additionné d'acide sulfurique monohydraté pur. La solution de fuchsine au $\frac{1}{1.000}$ doit être récemment préparée, sinon sa décoloration par le bisulfite alcalin reste incomplète.

La proportion de réactif la plus avantageuse est de 4cc pour 10cc d'alcool à essayer. La coloration développée au début est faible, elle va en s'accentuant et devient maximum au bout de vingt minutes; elle persiste pendant plus d'une heure, puis diminue et finit même par disparaître complètement. Il suit de là qu'il est nécessaire d'ajouter à l'échantillon et au même volume de liqueur-type contenant un poids connu d'aldéhyde éthylique, une même quantité de bisulfite de rosaniline et d'abandonner la réaction à elle-même pendant un même temps et dans des conditions identiques de température.

L'action de la chaleur favorise la réaction; une élévation de température peut même provoquer une coloration dans un alcool ne renfermant pas trace d'aldéhyde; cet inconvénient n'est pas à redouter si la température ne dépasse pas 30°, température rarement atteinte sous nos climats. La coloration développée persiste plus longtemps avec un réactif préparé de longue date, mais la solution récente est plus sensible.

Toutes les aldéhydes recolorent la rosaniline décolorée par le bisulfite de soude; mais l'aldéhyde acétique est de toutes la plus sensible au réactif. Le tableau ci-dessous indique la plus petite quantité des différentes aldéhydes qui, en solution dans l'alcool éthylique à 50°, peut être accusée par le réactif.

Produit mélangé à l'alcool à 50°.	Teneur de la solution.	Poids du produit mélangé par litre d'alcool à 50°.
Aldéhyde éthylique	1/200.000	0gr,005
Acétal	1/100.000	0 ,01
Aldéhyde œnanthylique	1/100.000	0 ,01
— valérianique	1/50.000	0 ,02
— propionique	1/20.000	0 ,05
— isobutyrique	1/20.000	0 ,05
Paraldéhyde	1/2.000	0 ,50
Méthylal	1/2.000	0 ,50
Furfurol	1/2.000	0 ,50
Aldéhyde butyrique	1/2.000	0 ,50

Toutes les aldéhydes ne sont pas également affectées par le réactif, c'est-à-dire qu'à poids égal elles ne donnent pas la même coloration sous l'action du bisulfite de rosaniline. Cependant les différences sont assez faibles pour que l'évaluation de la somme totale des aldéhydes en aldéhyde acétique puisse être considérée comme assez voisine de la teneur réelle, d'autant plus que cette aldéhyde constitue la presque totalité des produits de ce groupe contenus dans les spiritueux.

En prenant comme terme de comparaison la coloration obtenue avec l'aldéhyde acétique, on obtient pour les autres produits aldéhydiques les intensités colorantes qui suivent, pour une même teneur de $\frac{1}{1.000}$.

Aldéhyde acétique	10
Méthylal	Néant.
Acétal	8

Paraldéhyde.	Coloration rosée.
Acétone	Néant.
Aldéhyde propionique.	7,5
— butyrique.	8
— valérique	8
— œnanthylique.	8,5
Furfurol.	Coloration rosée.

Le type de comparaison qui nous a paru le plus convenable pour la plupart des essais, correspond à une teneur par litre de 0gr,050 d'aldéhyde acétique, soit une solution au $\frac{1}{20.000}$ dans l'alcool à 50°.

L'intensité de la coloration obtenue n'est proportionnelle à la teneur en aldéhyde qu'entre des limites très restreintes; le dosage colorimétrique n'est donc possible que pour des solutions dont la teneur en aldéhyde est très voisine de celle du type. Comme il est toujours possible d'abaisser par dilution avec de l'alcool à 50° la teneur en aldéhyde de l'échantillon examiné ou celle du type, le dosage colorimétrique est donc applicable dans tous les cas.

Pratique de l'essai. — Pour le dosage des aldéhydes et pour tous les essais qui vont suivre, il est avantageux d'opérer en même temps sur un certain nombre d'échantillons; en disposant du matériel nécessaire, il est possible de mener de front huit analyses d'alcool.

La réaction du bisulfite de rosaniline se fait dans des tubes à essai de 15 à 16cc de capacité, mesurant environ 1c de diamètre et portant un trait de jauge exactement mesuré à 10cc (fig. 2).

Ces tubes peuvent être bouchés à l'émeri, mais l'emploi de bouchons de liège parfaitement sains peut suffire. On garnit un porte-tube de deux séries de ces tubes à essai, l'une destinée à recevoir la solution-type, l'autre réservée aux échantillons.

Les tubes étant remplis de 10cc d'alcool exactement mesuré, on verse de cinq en cinq minutes la même dose de réactif, 4cc, dans les échantillons et dans la solution type au $\frac{1}{20.000}$.

Fig. 2.

On bouche les tubes immédiatement après l'addition du réactif et on mélange les liquides en retournant les tubes deux fois sur eux-mêmes. Au bout de vingt minutes, on procède à la comparaison colorimétrique des liquides des deux premiers tubes; cet examen ne demandant qu'un temps très court si l'opérateur est suffisamment exercé, il peut au bout de cinq minutes procéder au second essai, et ainsi de suite de cinq en cinq minutes.

Le colorimètre de Duboscq, qui permet d'examiner les liquides colorés sous une épaisseur de 4c au plus, convient parfaitement aux dosages colorimétriques de l'analyse des alcools.

Soit H la hauteur de la solution-type, h la hauteur de l'échantillon donnant même coloration. Si les intensités colorantes étaient directement proportionnelles aux teneurs, la quantité d'aldéhyde renfermée dans l'échantillon serait donnée par la proportion :

$$\frac{x}{0{,}050} = \frac{H}{h}$$

d'où :

$$x = 0{,}050\,\frac{H}{h}.$$

Cette formule n'est applicable que si le rapport $\frac{H}{h}$ est très voisin de l'unité. La valeur de x obtenue par le calcul, ou teneur apparente, n'est qu'approximative; elle sera d'autant plus rapprochée de la teneur réelle que le rapport $\frac{H}{h}$ sera plus près de l'unité.

Si la teneur en aldéhyde de l'échantillon est supérieure à celle du type, la valeur de x sera trop forte; dans le cas contraire, elle serait au-dessous de la teneur réelle.

Dans le premier cas, on diluera l'échantillon avec une solution d'alcool éthylique pur au titre de 50°, de façon à l'amener à une teneur très voisine de celle du type; dans le cas contraire on opérera de même sur le type de façon à abaisser sa teneur à celle de l'échantillon :

1er cas : $x > 0{,}050$.

Le rapport $\frac{H}{h}$ est plus grand que l'unité; comme il représente avec une certaine approximation le rapport des teneurs, on pourra s'en servir pour déterminer la dilution à faire subir à l'échantillon pour l'amener à une teneur voisine de 0^{gr},050 d'aldéhyde par litre.

Le volume d'échantillon à prendre pour un nouvel essai est donné par le produit : $\frac{10.h}{H}$. On complète à 10^{cc} avec de l'alcool pur ramené à 50°.

Un nouvel examen colorimétrique sur l'échantillon ainsi dilué donnera une nouvelle valeur de x' :

$$x' = 0{,}050\,\frac{H'}{h'}.$$

Si cette valeur de x' ne diffère de 0^{gr},050 que de 0^{gr},005 en plus ou en moins, on peut la considérer comme très sensiblement exacte, la proportionnalité des colorations et des teneurs en aldéhyde existant entre ces limites.

Dans le cas contraire on procédera à un nouvel essai, en utilisant le rapport $\frac{H'}{h'}$ pour calculer la dilution à faire subir à l'échantillon primitif.

Sauf des cas très rares, après un troisième essai, le rapport $\frac{H''}{h''}$ est assez voisin de l'unité pour qu'on puisse considérer la valeur de : $x'' = \frac{0{,}050\,.\,H''}{h''}$, comme représentant la teneur exacte en aldéhyde.

Cette valeur x'' se rapportant à l'alcool dilué, la teneur en aldéhyde par litre d'alcool ramené à 50° sera exprimée par la formule

$$X = x''\,\frac{H}{h}.\frac{H'}{h'}.$$

2e cas : $x < 0,050$.

Dans ce cas, le rapport $\frac{H}{h}$ est plus petit que l'unité; la valeur de x obtenue après le premier essai est au-dessous de la teneur réelle. Afin de rendre la comparaison colorimétrique possible, on dilue le type de façon à l'amener à une teneur voisine de celle de l'échantillon. La dilution à faire subir au type sera donnée par le quotient $\frac{H}{h}$, et le volume à prendre sera égal à $\frac{10 \cdot H}{h}$; on complète ensuite à 10^{cc} avec de l'alcool pur au titre de 50°.

Au bout de deux ou trois essais, on obtient un rapport $\frac{H''}{h''}$ assez voisin de l'unité pour qu'on puisse accepter comme exacte la valeur de X :

$$X = \frac{a \cdot H''}{h''},$$

a représentant la teneur en aldéhyde de la solution type après dilution.

Quand l'aldéhyde est à l'état de traces, la coloration développée par le bisulfite de rosaniline n'est apparente que sous une grande épaisseur ; l'emploi du colorimètre Duboscq, qui ne permet d'examiner les liquides que sous une épaisseur de 4^c, n'est plus possible. Dans ce cas particulier, on se contentera de faire cet examen en regardant au-dessus d'un papier blanc et suivant leur axe les tubes dans lesquels on a fait la réaction des aldéhydes; en rejetant de l'un ou de l'autre des liquides colorés on les amènera à présenter par transparence la même intensité colorante. A l'aide d'un double décimètre on mesure la hauteur du liquide dans chaque tube et l'on établit la proportionnalité :

$$\frac{X}{a} = \frac{H}{h}.$$

La méthode est assez sensible pour permettre le dosage de l'aldéhyde dans des solutions alcooliques en renfermant seulement 0^{gr},005 par litre, soit : $\frac{1}{200.000}$.

Le dosage des aldéhydes se faisant sur l'alcool ramené au titre de 50°, il est donc nécessaire de multiplier la valeur de X par le rapport $\frac{V}{100}$ pour exprimer la teneur en aldéhydes par litre d'alcool au titre primitif de t°; le volume obtenu en ramenant à 50° 100^{cc} d'alcool à t° étant représenté par V.

Dosage du furfurol.

Le réactif le plus sensible du furfurol est l'acétate d'aniline; sans action sur les autres impuretés qui accompagnent l'alcool éthylique, ce réactif développe une coloration rouge grenadine très nette en présence de quantités même très faibles de furfurol.

Les proportions de réactif les plus avantageuses sont, pour 10^{cc} d'alcool ramené au titre de 50°, de 10 gouttes ou 0^{cc},5 d'huile d'aniline chimiquement pure et incolore, et de 2^{cc} d'acide acétique glacial purissime.

L'acétate d'aniline préparé par mélange direct d'acide et d'aniline se colore presque toujours avec les produits purs du commerce; il n'est donc pas avantageux de préparer le réactif à l'avance, mais bien de verser séparément l'acide et la base dans l'alcool. Dans ces conditions, l'alcool chimiquement pur ne prend aucune coloration, même au bout d'un certain temps.

La teinte développée par l'acétate d'aniline est maximum au bout de vingt minutes ; elle va ensuite en s'affaiblissant et finit même par disparaître complètement.

Le dosage du furfurol est d'une exécution plus facile que celui des aldéhydes, l'intensité de la coloration développée par le réactif étant proportionnelle à la teneur en furfurol. Un seul examen colorimétrique suffit donc pour connaître la teneur exacte de l'échantillon.

Les alcools d'industrie ne renferment que des traces de furfurol; les boissons spiritueuses en renferment des quantités variables, mais ne dépassant jamais $0^{gr},010$ par litre. Une solution type au $\frac{1}{200.000}$, c'est-à-dire renfermant par litre d'alcool à 50°, $0^{gr},005$ de furfurol, convient parfaitement pour tous les dosages. Une teneur de $0^{gr},001$ par litre donne une coloration très nette, et il est encore possible d'apprécier et même de mesurer la coloration obtenue dans les solutions qui ne renferment par litre que $0^{gr},0001$, soit : $\frac{1}{10.000.000}$.

Si H et h représentent les hauteurs des liquides, type et échantillon, présentant au colorimètre l'égalité de teintes, la teneur en furfurol sera donnée par la formule $X = \frac{0,005 . H}{h}$. L'alcool ayant été ramené par dilution à 50°, la teneur au titre primitif de t° sera égale à $\frac{X . V}{100}$.

Dosage des éthers.

Les éthers sont dosés par saponification avec la potasse et évalués en acétate d'éthyle.

Le degré alcoolique étant sans influence sur la quantité de potasse absorbée, le titrage des éthers se fait directement sur l'alcool distillé, quel que soit son titre alcoolique.

La saponification des éthers a lieu d'après l'équation suivante :

$$C^2H^5 . C^2H^3O^2 + KOH = C^2H^5 . OH + C^2H^3O^2K,$$

une molécule de potasse, soit : 56 déterminant la saponification d'une molécule d'acétate d'éthyle, soit : 88.

Étant donnée la faible proportion des éthers que renferment les alcools, on effectue la saponification à l'aide de la solution décime normale de potasse. Chaque centimètre cube absorbé correspond donc à $0^{gr},0088$ d'acétate d'éthyle saponifié.

Pratique de l'essai. — On sature très exactement l'acidité de 50^{cc} d'alcool distillé, en employant comme indicateur la phtaléine de phénol.

La solution étant parfaitement neutre, on ajoute 10 ou 20^{cc} de potasse normale décime et on soumet le tout à l'ébullition pendant une heure, en surmontant le ballon d'un réfrigérant ascendant (fig. 3). Au bout de ce temps, la saponification est complète. M. Molher s'est assuré qu'une solution au $\frac{1}{1.000}$ d'acétate d'éthyle dans l'alcool à 50° était complètement saponifiée au bout d'une demi-heure. Cette teneur en éther étant rarement atteinte pour les alcools, la durée d'une heure présente donc toutes les garanties voulues d'exactitude.

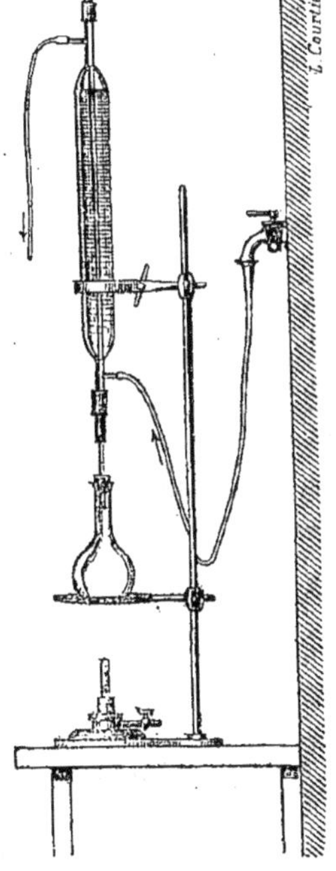

Fig. 3.

Après refroidissement, on ajoute 10 ou 20^cc d'acide sulfurique normal décime et l'on titre avec la potasse normale décime la quantité d'acide non saturée. Cette quantité correspond à celle de la potasse ayant servi à la saponification des éthers; n représentant le nombre de centimètres cubes de potasse absorbée, la quantité d'éthers, exprimée en acétate d'éthyle sera, par litre, de :

$$\text{Éthers p. } 1.000 = n \cdot 0{,}0088 \cdot 20 = n \cdot 0{,}176.$$

Les alcools d'industrie bien rectifiés ne renfermant que des traces d'éthers, il sera avantageux d'opérer leur saponification sur 100 ou 200^cc d'alcool.

Il est alors préférable de faire les titrages alcalimétriques à chaud; seulement, pour éviter que l'addition d'acide puisse provoquer la formation de nouveaux éthers, il faut procéder rapidement au titrage ou chasser l'alcool par évaporation avant d'ajouter l'acide sulfurique.

La sensibilité de la méthode dépend du volume de la prise d'échantillon : pour 50^cc, 100^cc, 200^cc de liquide employé, elle est respectivement de 0^gr,008, 0^gr,004, 0^gr,002 d'acétate d'éthyle, en admettant que tous les titrages soient faits à moins de 0^cc,05 près.

La potasse a également une action sur les aldéhydes dont elle détermine la résinification :

100^cc d'une solution au $\frac{1}{1.000}$ d'aldéhyde acétique dans l'alcool à 50° chauffés à l'ébullition pendant une heure au réfrigérant ascendant, en présence de 20^cc de potasse décime, ont absorbé 0^cc,2 de potasse. Cette teneur en aldéhyde n'est, pour pour ainsi dire, jamais atteinte, sauf dans les eaux-de-vie de marc qui en renferment quelquefois jusqu'à $\frac{1,5}{1.000}$. On pourra donc négliger, dans la plupart des cas, cette absorption de potasse, et en tenir compte seulement lorsque la teneur en aldéhyde dépassera $\frac{1}{2.000}$, soit 0^gr,500 par litre.

Le tableau suivant donne sans calcul le poids des éthers calculés en acétate d'éthyle pour une prise d'essai de 50^cc.

ÉTHERS PAR LITRE (EN ACÉTATE D'ÉTHYLE). — PRISE D'ESSAI DE 50cc

DIXIÈMES DE CENTIMÈTRE CUBE	CENTIMÈTRES CUBES DE POTASSE DÉCIME ABSORBÉE									
	0	1	2	3	4	5	6	7	8	9
0		0,176	0,352	0,528	0,704	0,880	1,056	1,232	1,408	1,584
1	0,0176	0,1936	0,3696	0,5456	0,7216	0,8976	1,0736	1,2496	1,4256	1,6016
2	0,0352	0,2112	0,3872	0,5632	0,7392	0,9152	1,0912	1,2672	1,4432	1,6192
3	0,0528	0,2288	0,4048	0,5808	0,7568	0,9328	1,1088	1,2848	1,4608	1,6368
4	0,0704	0,2464	0,4224	0,5984	0,7744	0,9504	1,1264	1,3024	1,4784	1,6544
5	0,0880	0,2640	0,4400	0,6160	0,7920	0,9680	1,1440	1,3200	1,4960	1,6720
6	0,1056	0,2816	0,4576	0,6336	0,8096	0,9856	1,1616	1,3376	1,5136	1,6896
7	0,1232	0,2992	0,4752	0,6512	0,8272	1,0032	1,1792	1,3552	1,5312	1,7072
8	0,1408	0,3168	0,4928	0,6688	0,8448	1,0208	1,1968	1,3728	1,5488	1,7248
9	0,1584	0,3344	0,5104	0,6864	0,8624	1,0384	1,2144	1,3904	1,5664	1,7424

Dosage des éthers par saponification à la baryte. — Ce procédé est assez avantageux pour le dosage des éthers dans les flegmes, il a été préconisé pour cet usage par M. Lindet.

500cc de flegmes sont additionnés de 100cc d'eau de baryte saturée, puis maintenus pendant six heures à l'ébullition dans un appareil à reflux.

La saponification est alors complète. On précipite l'excès de baryte par un courant de gaz carbonique, on chasse l'alcool par évaporation, et on ajoute au liquide filtré de l'acide sulfurique. Le précipité de sulfate de baryte formé est recueilli, puis pesé après calcination au rouge.

Du poids obtenu on déduit la quantité d'acide acétique, butyrique, propionique, etc., libres ou combinés, que l'on exprime en acide sulfurique.

De cette valeur on retranche la quantité d'acides libres exprimés en acide sulfurique, donnée par le titrage alcalimétrique fait directement sur le flegme. La différence correspond aux acides mis en liberté par la saponification des éthers, elle doit être exprimée en éther acétique; 1 d'acide sulfurique correspondant à 1,795 d'éther acétique, il suffit de multiplier par ce dernier nombre le poids d'acide sulfurique correspondant au sel de baryte provenant de la saponification des éthers pour avoir leur poids exprimé en acétate d'éthyle.

Dosage des alcools supérieurs.

Le dosage des alcools supérieurs est basé sur la coloration que développe, à l'ébullition, l'acide sulfurique monohydraté pur en présence de ces alcools. Cet acide n'a presque pas d'action sur les alcools normaux ; mais ceux-ci ne sont formés qu'en proportion infime pendant le phénomène de la fermentation alcoolique. Le procédé est donc applicable, à la condition de ne faire agir l'acide que sur l'alcool débarrassé des aldéhydes et du furfurol qui donnent la même réaction colorée que les isoalcools. Il ne faut pas demander à ce procédé de dosage autant d'exactitude ni de sensibilité qu'à la détermination des aldéhydes et du furfurol; d'une part, les différents alcools supérieurs ne donnent pas, à teneur égale, la même coloration sous l'action de l'acide sulfurique ; l'un d'eux, l'alcool propylique, échappe même à la réaction, et, d'autre part, leurs éthers acétique, formique, etc., donnant, dans ces conditions, une légère coloration, viennent par leur présence fausser les résultats de la méthode.

Le tableau suivant, dû à M. Molher, indique les rapports des colorations obtenues par traitement à l'acide sulfurique des principaux alcools supérieurs, en solution au 1/1.000e, dans l'alcool à 50°.

Alcool caprylique	11
— isobutylique	10
— œnanthylique	7
— amylique	3

L'acétate d'amyle donne, dans les mêmes conditions, une coloration égale à celle que développe l'alcool amylique.

La proportion des différents alcools supérieurs produits pendant la fermentation alcoolique, est variable suivant les conditions plus ou moins normales de la fermentation; elle dépend également de la matière première mise en œuvre.

Le tableau suivant indique la composition des alcools supérieurs de trois échantillons d'alcool analysés par MM. E. Claudon et Ch. Morin :

	Fermentation du sucre par la levure elliptique.	Eau-de-vie de Cognac. (*Fermentation vicieuse*).	Eau-de-vie de Surgères.
	—	—	—
Alcool propylique normal	3,7	11,8	12,1
— isobutylique	2,7	4,5	2,9
— butylique normal	0,0	49,3	0,0
— amylique	93,6	34,4	85,0
Somme des alcools supérieurs.	100,0	100,0	100,0

On voit, par l'examen de ce tableau, que l'alcool amylique représente environ les 9/10e des alcools supérieurs contenus dans un alcool provenant d'une fermentation normale.

Il paraîtrait donc logique d'exprimer en alcool amylique la totalité des alcools supérieurs; mais, étant donnée la plus grande sensibilité de l'alcool isobutylique sur le réactif sulfurique, c'est à ce dernier alcool que nous nous sommes arrêtés pour l'établissement des types de comparaison. Il y aurait avantage pour l'analyse des alcools d'industrie à posséder une série de types différents, préparés en dissolvant dans l'alcool éthylique à 50° un poids connu d'alcools supérieurs provenant de la rectification des alcools de grains, de betteraves, de mélasses et de pommes de terre. Ces alcools supérieurs seraient obtenus en traitant par l'eau salée des mauvais goûts de queue de rectification et en séchant la couche surnageante sur le chlorure de calcium fondu. La dégustation indiquant l'origine de l'alcool à analyser, on saurait facilement à quel type se reporter pour le dosage des alcools supérieurs.

Dans la pratique, nous ne nous sommes proposé que d'obtenir des résultats comparables entre eux; aussi avons-nous toujours exprimé les alcools supérieurs en alcool isobutylique.

Le meilleur procédé d'élimination des aldéhydes consiste à les engager dans une combinaison assez stable pour permettre de séparer par distillation l'alcool sur lequel on fait ensuite agir l'acide sulfurique. MM. Ch. Girard et Rocques ont proposé, pour retenir les aldéhydes, l'emploi du chlorhydrate de métaphénylènediamine qui forme une combinaison à raison de deux molécules de sel pour une molécule d'aldéhyde. M. Molher préconise l'emploi du phosphate acide d'aniline. D'après nos expériences, nous préférons l'usage du chlorhydrate de métaphénylènediamine qui forme avec les aldéhydes une combinaison plus stable que le sel d'aniline.

Le mode opératoire est le suivant: On verse dans un ballon 50^{cc} d'alcool ramené à 50° et on y ajoute 1^{gr} de chlorhydrate de métaphénylènediamine. Après une heure d'ébullition ménagée au réfrigérant ascendant, la combinaison de l'aldéhyde et du sel est complète. On laisse refroidir le liquide, puis on adapte le ballon à un réfrigérant de Liebig. La distillation doit être faite très lentement à feu nu, ou au bain de sel, et poussée aussi loin que possible, tout en évitant de surchauffer le résidu dont les produits de décomposition passeraient à la distillation. On ramène ensuite très exactement le produit distillé au volume primitif de 50^{cc} mesuré à la température initiale.

Le phosphate d'aniline est employé dans les mêmes conditions, à raison de 1^{cc} d'acide phosphorique, de 1,453 1 de densité, pour 1^{cc} d'huile d'aniline chimiquement pure. L'emploi du phosphate acide d'aniline présente l'avantage de retenir, en même temps que les aldéhydes, les produits basiques; mais nous nous sommes assurés que si la distillation de l'alcool était poussée un peu loin, la combinaison des aldéhydes et du sel d'aniline se détruisait en partie et qu'une quantité souvent notable d'aldéhyde passait à la distillation.

Débarrassé des produits aldéhydiques, l'alcool est prêt à être soumis à l'essai à l'acide sulfurique. La coloration obtenue dépendant non seulement de la proportion des impuretés ayant une action sur cet acide, mais aussi de la force alcoolique, il importe de ne le faire agir que sur un alcool exactement ramené au même degré que les liqueurs types, soit à 50°. Plus le titre alcoolique sera faible, plus l'acide sera dilué, et, par suite, la coloration développée moins intense. Pour l'analyse des spiritueux qui contiennent habituellement une proportion notable d'alcools supérieurs, nous employons une solution type au 1/2 000e, c'est-à-dire renfermant 0^{gr},500 d'alcool isobutylique par litre d'alcool exactement ramené à 50°. Les alcools d'industrie, en général assez bien rectifiés, ne renferment plus que des traces d'alcools supérieurs; ramenés à 50° ils ne donnent plus de coloration par traitement à l'acide sulfurique. Dans ce cas particulier, on profite du haut degré alcoolique qui exalte la sensibilité du réactif sulfurique en ramenant le titre alcoolique à 90°, et on fait la comparaison avec une solution type au 1/10.000, renfermant 0gr,100 d'alcool isobutylique par litre d'alcool pur ramené à 90°.

Pratique de l'essai : Dans des ballons parfaitement propres de 125cc, on verse 10cc de l'échantillon et 10cc de la liqueur type ; on ajoute ensuite, à chaque prise d'essai, 10cc d'acide sulfurique monohydraté pur ; il faut avoir soin de faire couler l'acide le long des parois du ballon, en appuyant la pipette contre le col, de façon à éviter l'échauffement qui résulterait du mélange des liquides. Il importe en effet, pour rendre les essais comparables entre eux, de les soumettre exactement, pendant le même temps, à la même température. On agite brusquement l'essai pour effectuer le mélange de l'acide sulfurique et de l'alcool dans le moins de temps possible, et on porte aussitôt le ballon au-dessus de la flamme d'un brûleur Bunsen, en ayant soin de maintenir le liquide en mouvement pour éviter une surchauffe en un point.

Dès qu'un commencement d'ébullition se manifeste, ce qui se produit en moins de 20 secondes, on éloigne le ballon de la flamme et on l'abandonne au refroidissement lent, à l'abri des courants d'air, en ayant soin de recouvrir le ballon d'un capuchon de verre, pour éviter la chute des poussières atmosphériques.

Un peu d'expérience est nécessaire pour arriver à chauffer exactement, pendant le même temps, les prises d'essai ; cependant, nous préférons ce procédé à celui qui consiste à maintenir, pendant une heure, au bain-marie les mélanges d'alcool et d'acide.

Les colorations développées ne sont pas proportionnelles aux teneurs, sauf entre des limites très restreintes ; de même que, pour le dosage des aldéhydes, un premier examen colorimétrique ne donne qu'une approximation. Soit H et h les hauteurs des liquides présentant une même intensité de teinte à l'examen colorimétrique, H correspondant à la liqueur type au 1/2.000e et h à l'échantillon. La teneur apparente est exprimée par la formule :

$$x = \frac{0{,}500 \times H}{h}$$

Cette teneur apparente sera d'autant plus voisine de la teneur réelle que le rapport $\frac{H}{h}$ sera plus près de l'unité ; elle sera supérieure si $\frac{H}{h}$ est plus grand que l'unité, inférieure dans le cas contraire.

A l'aide d'une série de dilutions successives, on arrive à rendre les solutions comparables, en étendant avec de l'alcool chimiquement pur et ramené à 50°, soit le type si $\frac{H}{h}$ est plus petit que 1, soit l'échantillon si $\frac{H}{h}$ est plus grand que 1.

Afin d'éviter ces essais toujours trop longs, nous avons déterminé, par expérience, les valeurs de la teneur apparente pour des teneurs réelles allant de 0 à 1gr,000 par litre d'alcool à 50°, la solution au 1/2.000e étant prise pour type de comparaison. La courbe ci-jointe permet de déduire la teneur réelle de la teneur apparente, calculée d'après un premier essai colorimétrique.

Dosage des Alcools supérieurs.

Type au $\frac{1}{2.000}$: 0gr,500 *alcool isobutylique par litre d'alcool à* 50°

Teneur réelle en alcool isobutylique d'après la teneur apparente donnée par l'essai au colorimètre, en prenant comme type de comparaison la solution d'alcool isobutylique : $\frac{1}{2.000}$

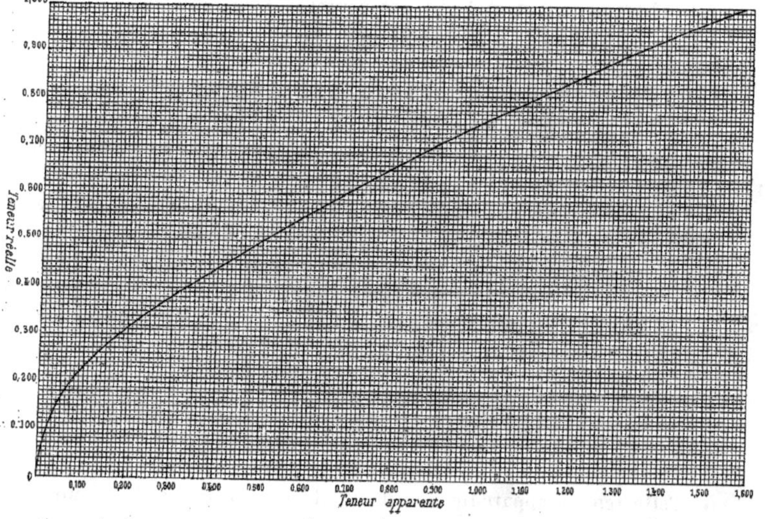

Il sera toujours prudent de faire en double l'essai des alcools supérieurs, ce dosage reposant sur une réaction très délicate.

Les ballons employés doivent, avant chaque essai, être lavés à l'acide nitrique fumant, pour détruire toute trace de matière organique, puis rincés à l'alcool, et enfin séchés à l'éther.

L'essai à l'acide sulfurique est d'autant plus sensible que le degré alcoolique est plus élevé; quand il n'y a que des traces d'alcools supérieurs, il est avantageux de faire la réaction sur l'alcool au titre de 90°, ce qui est possible pour les alcools d'industrie qui marquent habituellement 95 ou 96°; mais il n'en est pas de même pour les spiritueux de consommation, qui ne titrent quelquefois que 35°. Pour les amener à 90°, il faudrait les additionner d'une quantité telle d'alcool absolu, que ce qu'on gagnerait en sensibilisant la réaction, serait perdu par la dilution de l'alcool primitif. Il était donc nécessaire de trouver un procédé permettant le dosage des alcools supérieurs, même à l'état de traces, dans les alcools à bas titre.

L'*addition d'une quantité dosée de furfurol*, qui jouit de la propriété d'exalter l'action de l'acide sulfurique sur les alcools supérieurs, nous a fourni la solution du problème.

A partir d'une teneur en alcools supérieurs correspondant à 0gr,150 d'alcool isobutylique, la coloration développée par l'acide sulfurique est trop faible pour pouvoir être facilement examinée comparativement avec celle produite sur la solution type. Si, avant de porter à l'ébullition le mélange d'alcool impur à 50° et d'acide, on ajoute quelques gouttes d'une solution au 1/1.000e de furfurol, dans l'alcool éthylique à 50°, la coloration obtenue après chauffage n'est plus jaune brun, mais brun rouge, et possède une plus grande intensité. Une solution de 0gr,100 d'alcool isobutylique ne donne plus de coloration sensible par l'acide sulfurique; additionnée de 5 à 10 gouttes de solution de furfurol au 1/1.000e, la coloration développée est, par contre, très perceptible.

Il est nécessaire d'ajouter d'autant plus de furfurol que la teneur en alcool supérieur est plus faible. Par ce procédé, on peut caractériser la présence de 0gr,010 d'alcool isobutylique par litre d'alcool à 50°, en ajoutant au mélange d'alcool et d'acide 20 gouttes de solution de furfurol; la sensibilité de la méthode atteint donc le 1/100.000e.

L'addition de 10 gouttes de la solution de furfurol au 1/1.000e dans 10cc d'alcool pur à 50° détermine, après l'ébullition en présence d'acide sulfurique, une coloration très légèrement grise; avec une dose de 20 gouttes, la coloration est plus accentuée encore, mais seule la présence des alcools supérieurs développe la coloration rose. Cette réaction peut donc être considérée comme absolument caractéristique.

Les différents alcools supérieurs ne sont pas également sensibles à l'action de ce réactif, c'est-à-dire qu'à teneur égale ils ne donneront pas des colorations identiques, après le traitement sulfurique fait en présence d'une même quantité de furfurol.

En représentant par 10 la coloration obtenue sur l'alcool isobutylique, les principaux alcools supérieurs de fermentation donnent des colorations que l'on peut représenter par les nombres suivants :

Alcool isobutylique	10
— amylique brut de distillerie	6
— isoamylique chimiquement pur	4,5
— butylique normal	1
— isopropylique	0,5
— propylique	0

Quand, après un premier essai à l'acide sulfurique, la teneur réelle de l'échantillon n'atteint pas 0gr,150 par litre, on recommence l'essai en employant comme type une solution d'alcool isobutylique au 1/10.000e, renfermant 0gr,100 d'alcool isobutylique par litre d'alcool à 50°. Avant d'ajouter, à 10cc du type et de l'échantillon, 10cc d'acide sulfurique, on verse dans chaque ballon 10 gouttes de la solution de furfurol au 1/1.000e.

Pour une même teneur en alcools supérieurs, la coloration développée étant proportionnelle à la quantité de furfurol ajoutée, il importe d'ajouter au type et à l'échantillon exactement le même nombre de gouttes de furfurol. Après addition d'acide sulfurique, le mélange est chauffé jusqu'à commencement d'ébullition, puis, après refroidissement, on compare au colorimètre l'échantillon au type. Les teneurs n'étant pas proportionnelles aux intensités de coloration, il est nécessaire de faire un second essai, quand, par dilution du type au 1/10.000e ou de l'échantillon, on les a amenés tous deux à des teneurs très voisines.

Le dosage des alcools supérieurs étant toujours pratiqué sur l'échantillon ramené au titre normal de 50°, la teneur réelle en alcools supérieurs, par litre d'alcool au titre primitif de t°, sera donné par la formule $X = \frac{a.V}{100}$ (*Procédé inédit*).

Dosage des alcools supérieurs, d'après M. Bardy (1). — Cette méthode repose sur la séparation des alcools supérieurs à l'aide d'un liquide dans lequel ces alcools sont plus solubles que dans l'alcool éthylique, l'extraction de ces alcools du véhicule qui les a dissous et leur transformation ultérieure en éthers acétiques dont on mesure le volume.

On s'assure d'abord si l'alcool est plus ou moins riche en alcools supérieurs, en introduisant dans un tube à essai 5cc de l'échantillon et 30 à 35cc d'eau salée colorée au violet d'aniline :

a) Il ne surnage aucune couche huileuse.
b) Il flotte à la surface du liquide une couche d'alcools supérieurs colorée en violet.

a) Les spiritueux de consommation, les alcools rectifiés renferment une quantité d'alcools supérieurs trop faible pour que l'eau salée produise une séparation.

Dans une boule à décantation de 750cc environ, on introduit 100cc d'alcool, puis 450cc d'eau salée saturée ; une nouvelle addition de 50cc d'eau suffit à redissoudre le précipité de sel qui peut se former. On introduit ensuite 60 ou 70cc de sulfure de carbone et on agite vivement pour faciliter la dissolution des alcools supérieurs.

Après quelques minutes de repos, quand le sulfure de carbone s'est bien rassem-

(1) *C. R.*, 1892, t. CXIV, p. 1201.

blé, on le décante dans une boule à décantation de 300^{cc} environ, en évitant avec soin l'introduction de l'eau.

On fait successivement deux épuisements semblables et l'on réunit chaque fois le sulfure de carbone décanté au premier.

La totalité des alcools isobutylique et amylique se trouve en solution dans le sulfure de carbone.

Pour séparer ces alcools, on ajoute environ 2 à 3^{cc} d'acide sulfurique monohydraté pur de façon que la couche de cet acide soit plus dense que le sulfure et tombe dans la partie étranglée de la boule à décantation. On agite fortement pour effectuer la dissolution, puis on laisse reposer. Par un mouvement giratoire, on favorise le rassemblement de l'acide qu'on décante ensuite dans un ballon de 125^{cc}. On épuise de nouveau deux ou trois fois le sulfure de carbone avec 1^{cc} d'acide que l'on décante dans le ballon.

Afin de chasser la petite quantité de sulfure de carbone qui a pu être entraînée par l'acide sulfurique, on fait passer à sa surface un courant d'air en chauffant au besoin vers 60°.

Afin de former les *éthers acétiques* correspondant aux alcools supérieurs dissous, on ajoute à l'acide sulfurique 15^{gr} d'acétate de soude, puis on chauffe un quart d'heure au bain-marie, en surmontant le ballon d'un réfrigérant ascendant. On retire le ballon du bain-marie et on ajoute au liquide, après refroidissement, 100^{cc} d'eau salée saturée afin de déplacer les éthers qui viennent surnager à la surface sous la forme de gouttelettes huileuses. Pour apprécier leur volume, on verse le contenu du ballon dans une boule à décantation dont la partie inférieure est graduée en dixièmes de centimètre cube. Au bout d'un certain temps de repos, quand les éthers surnageants se sont bien rassemblés, on décante la couche inférieure, de façon à les amener dans la partie graduée de l'appareil. Avant de faire la lecture on laisse séjourner la boule à décantation dans la cuve à eau à 15° pendant environ dix minutes. Le volume occupé par les éthers multiplié par le coefficient 0,8 donne la proportion d'alcools isobutylique et amylique renfermée dans 100^{cc} de l'alcool essayé.

Pour que les éthers se rassemblent complètement et ne restent pas en partie adhérents sous forme de gouttelettes aux parois de l'appareil, il importe que celui-ci soit toujours maintenu dans un état parfait de propreté; avant chaque essai il sera nécessaire de le passer à l'acide nitrique fumant et d'achever de le laver à l'alcool et à l'éther.

b) On mesure 100^{cc} d'alcool que l'on verse dans une boule à décanter d'environ 1^{lit} avec 500^{cc} d'eau salée saturée et 50^{cc} d'eau distillée pour redissoudre le sel précipité; on agite pour déplacer les alcools insolubles, puis on laisse reposer. Après repos on décante la solution alcoolique que l'on soumet à l'épuisement par le sulfure de carbone, comme il est dit plus haut. On mesure très exactement les alcools supérieurs déplacés par le premier traitement; soit N leur volume et n celui des éthers, la teneur en alcools supérieurs pour les 100^{cc} d'alcool traité sera égale à : $N + n \times 0{,}8$.

L'alcool propylique est insoluble dans le sulfure de carbone : il échappe donc au dosage par transformation en éthers. Pour le doser M. Bardy recommande de filtrer sur du papier mouillé l'eau salée contenant l'alcool, afin de la débarrasser du sulfure de carbone, puis de concentrer par distillation jusqu'à ce que le produit condensé titre 50° à la température de 15°; à ce moment la totalité des alcools a passé à la distillation. On titre l'alcool recueilli au permanganate de potasse, en faisant couler goutte à goutte l'alcool d'une burette graduée dans un vase contenant 1^{cc} de permanganate à 1^{gr} p. 100 et 50^{cc} d'eau distillée, jusqu'à obtention d'une teinte rouge cuivre semblable à une teinte type.

Dans ces conditions il faut environ 2^{cc},5 d'alcool à 50° renfermant 1 p. 100 d'alcool propylique pour obtenir l'égalité de teinte. Si le nombre de centimètres cubes employé est égal à n, la teneur p. 100 en alcool propylique sera donnée par l'équation :

$$x = \frac{2,5}{n}.$$

Le nombre obtenu devra être ensuite rapporté au volume de la prise d'essai initiale.

La teinte type s'obtient en mélangeant 20^{cc} de fuchsine à 0^{gr},01 p. 100, et 30^{cc} de chromate neutre de potasse à 0,5 p. 100 et complétant le volume à 150^{cc} au moyen d'eau distillée.

Ce procédé ne donne qu'une teneur approchée; aussi M. Bardy recommande-t-il, pour le cas où un dosage plus exact serait nécessaire, d'avoir recours à la méthode homéotropique de M. Gossart. Ce procédé n'est malheureusement applicable que pour les solutions à titre élevé ; il ne nous paraît pas utilisable, du moins jusqu'à présent, pour le dosage des quantités très réduites d'alcool propylique qui peuvent exister dans les différents spiritueux.

Cette méthode nous paraît particulièrement recommandable pour le dosage des alcools supérieurs dans les spiritueux aromatisés à l'aide d'essences, comme l'absinthe, le bitter, etc. Les essences se charbonnant par l'acide sulfurique faussent les indications de ce réactif dans le dosage des alcools supérieurs.

Dosage des produits azotés.

Les produits basiques résultant de la fermentation alcoolique ou ajoutés aux spiritueux appartiennent à deux groupes bien distincts :

1° *Ammoniaque et sels ammoniacaux.* — L'ammoniaque ou les sels ammoniacaux peuvent, à des doses très faibles, être ajoutés aux eaux-de-vie pour en remonter la saveur. Qualitativement on les reconnaîtra en évaporant 100^{cc} d'alcool suspect avec un acide jusqu'à ce que le volume soit réduit à quelques centimètres cubes, traitant ensuite par la potasse, on caractérisera nettement l'odeur de l'ammoniaque.

2° *Amides.* — 3° *Bases pyridiques et alcaloïdes.* — D'après M. Morin, les *produits basiques* qui se forment pendant la fermentation alcoolique appartiennent aux trois groupes suivants :

Bouillant,	les uns.	de 155° à 160°
—	d'autres.	de 171° à 172°
—	les derniers. . .	de 185° à 190°

M. Molher recommande le dosage distinct de l'ammoniaque et des amides et celui des bases pyridiques et des alcaloïdes ; chaque groupe de produits azotés est exprimé en ammoniaque.

Procédé opératoire. — Dans une fiole à fond plat, on évapore presqu'à sec 100^{cc} de l'échantillon non distillé en présence de 2^{cc} d'acide phosphorique sirupeux, de façon à retenir les bases non combinées.

On fait subir à ce résidu le traitement préconisé par MM. Wanklyn et Chapmann pour le dosage de l'ammoniaque libre, salin et organique dans les eaux, à l'aide du réactif de Nessler.

Dans un ballon de 2^{lit} environ on chauffe à l'ébullition 1^{lit} d'eau distillée avec 20^{gr} de carbonate de soude, puis on distille jusqu'à ce que le liquide condensé dans un serpentin de verre adapté à l'appareil ne donne plus de réaction sensible au réactif de Nessler.

Après refroidissement, on verse dans le ballon le résidu de l'évaporation de l'alcool et on porte de nouveau le liquide à l'ébullition, en réglant le chauffage de façon que le liquide condensé s'écoule goutte à goutte du serpentin. En général la totalité de l'ammoniaque passe dans les premiers 250^{cc}. Pour s'en assurer, on continue la distillation, et sur quelques centimètres cubes du produit condensé on fait agir le réactif de Nessler qui ne doit plus donner la coloration jaune caractéristique de la présence de l'ammoniaque. Dans le cas contraire, on continue la distillation de façon à recueillir la totalité des bases déplacées par le carbonate alcalin. Toutes les eaux de condensation sont réunies et mélangées dans une éprouvette graduée; on note soigneusement leur volume.

Pour évaluer la quantité d'ammoniaque qui a passé à la distillation, on verse 50^{cc} de cette solution dans un tube à essai de 4^{c} de diamètre portant un trait de jauge à 50^{cc}. On verse dans un second tube semblable 50^{cc} d'eau distillée bien exempte d'ammoniaque. On ajoute aux deux tubes 2^{cc} du réactif de Nessler. Il se développe dans le premier une coloration jaune d'autant plus foncé qu'il y a plus d'ammoniaque; on fait alors couler goutte à goutte dans le second tube une solution titrée de chlorhydrate d'ammoniaque renfermant par litre $0^{gr},1$ d'ammoniaque. On arrête l'écoulement à l'identité de coloration; on lit sur la burette graduée renfermant la solution titrée le volume de liquide employé, et on fait un second essai en versant ce même volume de solution titrée avant d'ajouter le réactif dans les deux tubes. Si l'identité de teinte n'est plus obtenue, on recommence l'essai en versant un volume plus grand ou plus petit de solution titrée et en prenant chaque fois un nouveau volume de 50^{cc} de liqueur à doser, jusqu'à parfaite égalité des colorations.

Le nombre de centimètres cubes de solution type employés donne, en dixièmes de milligramme, la quantité d'ammoniaque correspondant à 50^{cc} de liqueur essayée ; si n représente le nombre de centimètres cubes versés et V le volume du produit condensé, la teneur par litre en ammoniaque et amides sera égale à :

$$x = \frac{0,0001 \times n \times V \times 10}{50} = 0,00002.\ n.\ V.$$

L'appréciation de la teinte doit être faite dans la première demi-minute qui suit l'addition du réactif, une coloration brune due, non pas à l'ammoniaque mais à la présence de principes résultant de l'action de l'alcali sur les sucres que renferment certaines eaux-de-vie, pouvant se développer immédiatement après.

Pour doser les bases du second groupe, *alcaloïdes* et *bases pyridiques*, on ajoute au résidu restant dans le ballon, 80[cc] d'une solution renfermant par litre 8[gr] de permanganate de potasse et 200[gr] de potasse. On reprend la distillation en recueillant 250[cc] de liquide, ou plus, jusqu'à ce que le produit condensé ne donne plus de réaction colorée à la liqueur de Nessler. Les eaux ammoniacales sont rassemblées, on note leur volume et le titrage en ammoniaque est pratiqué comme il vient d'être indiqué.

Dosage des bases, d'après M. L. Lindet. — Dans ce procédé l'auteur transforme la totalité des bases en sels ammoniacaux d'après la méthode de Kjeldahl, et dose l'ammoniaque d'après le procédé indiqué par M. Schlœsing.

On ramène à 50° alcooliques de 500[cc] à 1[lit] de l'échantillon que l'on additionne de 20[cc] d'acide sulfurique, puis on agite pendant un instant et on distille lentement jusqu'à ce que tout l'alcool et l'eau soient évaporés. On chauffe ensuite doucement au bain de sable de façon à brûler les matières organiques à l'aide de l'acide sulfurique. Quand le résidu est complètement éclairci, au bout d'une heure environ, on ajoute 0[gr],5 de mercure métallique et on continue le chauffage pendant deux heures en maintenant le liquide un peu au-dessous de son point d'ébullition. Au bout de ce temps, la totalité des produits basiques est transformée en sels ammoniacaux. On étend d'environ 100[cc] d'eau, et on verse la liqueur dans le ballon de l'appareil à déplacement de Schlœsing. L'ammoniaque est déplacée à l'aide d'une solution de potasse additionnée de sulfure de potassium qui précipite le mercure, et recueilie dans une solution titrée d'acide sulfurique normal décime.

Les bases sont exprimées en ammoniaque ; on peut toutefois se servir du coefficient $\frac{100}{23,5}$ proposé par M. Morin et correspondant aux bases bouillant de 178° à 180°.

L'acide phosphorique et l'acide sulfurique purs du commerce ne sont pas toujours exempts de sels ammoniacaux ; pour un dosage très exact, il conviendrait de titrer leur teneur en ammoniaque et de la défalquer des résultats trouvés, en tenant compte du volume d'acide employé dans chacun des procédés indiqués.

REPRÉSENTATION DES RÉSULTATS DE L'ANALYSE D'UN ALCOOL

Pour permettre de comparer entre eux des spiritueux de différents titres alcooliques, on exprime la proportion de chaque impureté par rapport à 100[cc] d'alcool absolu.

Le coefficient d'impureté p. 100 *d'alcool* à 100° est égal à la somme des impuretés contenues dans 100[cc] d'alcool à ce titre.

Pour permettre de comparer des produits de même nature, mais différant par le titre alcoolique et la somme des impuretés, on établit par le calcul *la proportion de chaque impureté p. 100 du total des impuretés.*

EAU-DE-VIE DE VIN

Densité à 15°		0 ,9414
Alcool p. 100	en volume.	48 ,2
Extrait	par litre.	12gr,64
Sucres. Saccharose	id.	8gr,2
Sucres. Sucre inverti	id.	3gr,7
Couleur		Tanin et caramel.

	EN GRAMMES — PAR LITRE D'EAU-DE-VIE	EN GRAMMES — P. 100 D'ALCOOL ABSOLU	PROPORTION DE CHAQUE IMPURETÉ P. 100 DU TOTAL D'IMPURETÉS
Acidité exprimée en acide acétique	0gr,3360	0gr,0697	32,23
Aldéhydes exprimées en aldéhyde acétique	0 ,0620	0 ,0130	6,01
Furfurol	0 ,0027	0 ,0005	0,26
Éthers exprimés en acétate d'éthyle	0 ,2024	0 ,0419	19,38
Alcools supérieurs exprimés en alcool isobutylique	0 ,3990	0 ,0828	38,29
Bases. Ammoniaque salin, Amides	0 ,0350	0 ,0072	3,33
Bases. Alcaloïdes et bases pyridiques	0 ,0056	0 ,0011	0,50
Coefficient d'impuretés p. 100 d'alcool à 100°		0gr,2162	100,00

Cette manière d'exprimer les résultats de l'analyse chimique permet, connaissant la composition d'un produit type, de vérifier si, par addition d'eau, on a abaissé le titre alcoolique, ou si, par addition d'alcool d'industrie bien rectifié et ramené à un titre convenable, on a étendu le produit initial. En effet, dans le premier cas, le titre alcoolique trouvé sera inférieur au précédent ; il en sera de même des quantités des diverses impuretés qui par litre de l'échantillon seront plus faibles, mais en les rapportant à 100 d'alcool à 100° on devra obtenir des résultats identiques; dans le second cas, si l'alcool d'industrie employé est bien rectifié, il n'apporte qu'une proportion d'impuretés insignifiante; on constatera donc une diminution dans la proportion de chaque impureté, soit par litre d'alcool, soit qu'on les rapporte à 100 d'alcool à 100°; mais si l'on établit la proportion de chaque impureté pour 100 du mélange des impuretés, on pourra constater que les mêmes rapports subsistent.

Il est permis d'espérer que, lorsqu'on disposera d'un nombre suffisant de résultats se rapportant à des produits d'origine certaine, analysés suivant cette méthode, il sera possible de fixer la proportion moyenne et les rapports des impuretés pour les divers spiritueux entrant dans la consommation, tels que les eaux-de-vie, les rhums, les eaux-de-vie de marc, etc.

EAUX-DE-VIE DE VIN

	PRODUITS PROVENANT DE LA DISTILLATION DU VIN			
	COGNAC 1860	ARMAGNACS 3 ANS	ARMAGNACS MOINS DE 1 AN	ALGÉRIE JEUNE
Degré alcoolique p. 100 vol. .	48,5	48,1	66,2	70,5
Extrait sec par litre en gram.	6,64	1,40	0,260	0,84
Couleur	Tanin.	Tanin.	Traces de Tanin.	Tanin.
Degré Savalle.		9°	13°	12°
Impuretés par litre de Cognac.				
Acidité . . . . . en grammes.	0,600	0,468	0,168	0,600
Aldéhydes. . . . —	0,106	0,063	0,153	0,135
Furfurol . . . . —	0,0065	0,0071	0,019	0,016
Éthers . . . . . —	0,422	0,360	0,488	0,373
Alcools supérieurs —	0,800	0,810	1,428	0,564
Impuretés p. 100 d'alcool à 100°.				
Acidité . . . . . en grammes.	0,1237	0,0972	0,0253	0,0851
Aldéhydes. . . . —	0,0218	0,0131	0,0231	0,0191
Furfurol . . . . —	0,0013	0,0014	0,0029	0,0023
Éthers . . . . . —	0,0869	0,0748	0,0737	0,0529
Alcools supérieurs —	0,1649	0,0972	0,2153	0,0800
Somme d'impuretés p. 100 d'alcool à 100°.	0,3986	0,3552	0,3409	0,2897

	PRODUITS DU COMMERCE OBTENUS A L'AIDE D'ALCOOL D'INDUSTRIE AROMATISÉ A L'AIDE DE SAUCES OU D'EAU-DE-VIE DE VIN (NATURE)			
	COGNAC ARTIFICIEL préparé à l'aide de sauce	ARMAGNAC	COGNAC ORDINAIRE	COGNAC
Degré alcoolique p 100 vol. .	48,3	34,6	48	38,4
Extrait sec par litre en gram.	7,44	2,08	15,6	1,72
Couleur	Caramel et Tanin.	Caramel et Tanin.	Caramel et Tanin.	Caramel.
Degré Savalle.	0°,2	0°,7	0°,3	0°,3
Impuretés par litre de Cognac.				
Acidité . . . . . en grammes.	0,060	0,084	0,384	0,060
Aldéhydes . . . —	0,008	0,031	0,047	0,031
Furfurol . . . . —	0,0008	0,002	0,001	0,0008
Éthers. . . . . —	0,080	0,088	0,123	0,1056
Alcools supérieurs —	0,034	0,021	0,054	0,087
Impuretés p. 100 d'alcool à 100°.				
Acidité . . . . . en grammes.	0,0124	0,0242	0,0800	0,0156
Aldéhydes . . . —	0,0017	0,0089	0,0098	0,0082
Furfurol. . . . . —	0,0001	0,0006	0,0002	0,0001
Éthers . . . . . —	0,0165	0,0254	0,0256	0,0275
Alcools supérieurs —	0,0071	0,0219	0,0113	0,0228
Somme d'impuretés p. 100 d'alcool à 100°.	0,0378	0,0810	0,1269	0,0742

RHUMS

	PRODUITS PROVENANT DE LA DISTILLATION DES JUS DE CANNE OU DES MÉLASSES DE CANNE		
	JAMAÏQUE 1875	RHUM DES ANTILLES	TAFIA
Alcool p. 100 vol.	50,6	48,3	55,0
Extrait par litre en grammes.	3,76	7,93	2,56
Couleur	Tanin.	Tanin.	Tanin.
Degré Savalle	»	8°	7°
	Par litre de Rhum.		
Acidité ... en grammes.	0,960	1,128	1,380
Aldéhydes. —	0,120	0,103	0,147
Furfurol. —	0,028	0,004	0,005
Éthers. —	1,056	1,020	1,977
Alcools supérieurs —	0,340	0,415	0,269
	P. 100 d'alcool à 100°		
Acidité ... en grammes.	0,1896	0,2335	0,2509
Aldéhydes. —	0,0237	0,0215	0,0268
Furfurol. —	0,0045	0,0009	0,0010
Éthers. —	0,2086	0,2113	0,3596
Alcools supérieurs —	0,0671	0,0860	0,0490
Somme d'impuretés p. 100 d'alcool à 100°	0,4935	0,5532	0,6873

	PRODUITS PRÉPARÉS A L'AIDE D'ALCOOL D'INDUSTRIE AROMATISÉ PAR DES SAUCES OU PAR ADDITION DE RHUM D'ORIGINE			
	RHUM ARTIFICIEL préparé à l'aide d'une sauce	RHUMS DE FANTAISIE		
Alcool p. 100 vol.	48	44,6	55,2	46,2
Extrait par litre. en grammes.	7,2	3,48	8,72	7,76
Couleur	Tanin et Caramel.	Tanin et Caramel.	Tanin et Caramel.	Caramel et Tanin.
Degré Savalle	0°,5	»	2°	2°
	Par litre de Rhum.			
Acidité ... en grammes.	0,192	0,060	0,504	0,312
Aldéhydes. —	0,016	0,026	0.060	0,059
Furfurol —	0,005	0,002	0,003	0,006
Éthers —	0,224	0,026	0,368	0,1848
Alcools supérieurs —	0,048	0,080	0,098	0,107
	P. 100 d'alcool à 100°.			
Acidité ... en grammes.	0,0400	0,0134	0,0900	0,0675
Aldéhydes —	0,0035	0,0058	0,0108	0,0128
Furfurol. —	0,0012	0,0004	0,0005	0,0013
Éthers —	0,0466	0,0058	0,0677	0,0400
Alcools supérieurs —	0,0100	0,0179	0,0171	0,0233
Somme d'impuretés p. 100 d'alcool à 100°.	0,1013	0,0433	0,1842	0,1449

EAUX-DE-VIE DE MARC

	Produits provenant de la distillation de marcs de raisins			
	Marc de Bourgogne	Mont.-Saint-Jean (Precy-s/-Thil) 7 à 8 ans	Mont.-Saint-Jean (Precy-s/-Thil) 1 an	Marc de Bourgogne
Alcool p. 100 vol.	48,6	47,7	48,4	49,5
Extrait par litre en grammes .	0,480	0,740	0,180	0,44
Degré Savalle.	Au-dessus de 15°.	Au-dessus de 15°.	Au-dessus de 15°.	Au-dessus de 15°.
	Par litre d'Eau-de-vie de Marc.			
Acidité ..... en grammes.	0,072	0,285	0,060	0,480
Aldéhydes. ... —	1,795	0,170	0,910	1,465
Furfurol .... —	0,004	0,006	0,007	9,007
Éthers ..... —	0,426	0,376	0,400	0,854
Alcools supérieurs —	0,980	0,800	1,000	1,000
	P. 100 d'alcool à 100°.			
Acidité ..... en grammes.	0,0148	0,0597	0,0124	0,0969
Aldéhydes. ... —	0,3693	0,2452	0,1894	0,2939
Furfurol .... —	0,0009	0,0014	0,0015	0,0014
Éthers ..... —	0,0878	0,0788	0,0826	0,1725
Alcools supérieurs —	0,2017	0,1677	0,2066	0,2020
Somme d'impuretés p. 100 d'alcool à 100°.	0,6745	0,5553	0,4946	0,7687

	Produits provenant du coupage de véritables eaux-de-vie de marc et d'alcool neutre d'industrie			
Alcool p. 100 vol.	44,5	50,3	41	40,8
Extrait par litre en grammes .	0,320	0,320	0,200	0,04
Degré Savalle.	»	9°	8°	7°
	Par litre d'Eau-de-vie de Marc.			
Acidité ..... en grammes.	0,252	0,192	0,144	0,036
Aldéhydes. ... —	0,105	0,392	0,332	0,363
Furfurol .... —	0,001	0,002	0,002	0,0007
Éthers ..... —	0,281	0,275	0,545	0,387
Alcools supérieurs —	0,130	0,308	0,100	0,218
	P. 100 d'alcool à 100°			
Acidité ..... en grammes.	0,0566	0,0381	0,0351	0,0088
Aldéhydes. ... —	0,0235	0,0781	0,0810	0,0891
Furfurol .... —	0,0002	0,0003	0,0006	0,0001
Éthers ..... —	0,0631	0,0547	0,1330	0,0949
Alcools supérieurs —	0,0292	0,0613	0,0244	0,0535
Somme d'impuretés p. 100 d'alcool à 100°.	0,1716	0,2325	0,2741	0,2464

KIRSCHS

	Produits provenant de la distillation de jus de cerises fermenté		Produits préparés à l'aide d'alcool d'industrie aromatisé par de l'aldéhyde benzoïque ou de l'eau de laurier-cerise		
	Rouffach 1886	Bas-Rhin 1888	Fantaisie	Kirsch (vieux) fantaisie	Kirsch du commerce
Degré alcoolique p. 100 vol.	47	51,2	43,6	34,4	De 35 à 45
Extrait par litre en grammes	0,176	0,160	0,800	0,200	Variable suivant la proportion de sucre.
Acide cyanhydrique	0,045	0,065	Néant.	Néant.	Habituellement Néant.
Coloration Savalle	Jaune.	Jaune.	Très légèrem. grise.	Pas de coloration.	Légèrement grise.
	Par litre de Kirsch.		*Par litre de Kirsch.*		
Acidité. . . . . . en grammes.	0,120	1,140	0,084	0,024	
Aldéhydes . . . . —	0,058	0,057	0,015	Néant.	
Furfurol. . . . . —	0,005	0,003	0,001	Néant.	
Éthers . . . . . . —	0,352	1,161	0,158	0,035	
Alcools supérieurs —	0,450	0,400	0,050	Au-dessous de 0,0025	
	P. 100 d'alcool à 100°.		*P. 100 d'alcool à 100°.*		
Acidité. . . . . . en grammes.	0,0252	0,2220	0,0192	0,0069	
Aldéhydes . . . . —	0,0121	0,0110	0,0034	0	
Furfurol. . . . . —	0,0012	0,0006	0,0002	0	
Éthers . . . . . . —	0,0739	0,2260	0,0362	0,0101	
Alcools supérieurs —	0,0945	0,0781	0,0114	Au-dessous de 0,0072	
Somme d'impuretés p. 100 d'alcool à 100°.	0,2069	0,5377	0,0704	Moins de 0,0242	

Préparation des liqueurs types et des réactifs.

Il est nécessaire, pour les différents essais, de posséder de l'alcool chimiquement pur aux titres de 90° et de 50°.

Alcool pur. — L'alcool extra-fin de cœur, soigneusement prélevé au cours d'une rectification bien conduite, peut être considéré comme chimiquement pur. Dans le cas où il ne serait pas complètement insensible à l'action des divers réactifs employés au cours de l'analyse, on pourrait le purifier d'après la méthode suivante.

On ajoute à l'alcool 1/1.000ᵉ de son poids de potasse pure en plaques, on fait chauffer pendant une heure à une température voisine du point d'ébullition, en surmontant le ballon d'un réfrigérant à reflux, puis on distille.

L'alcool est débarrassé par cette opération des éthers et des acides. Pour éliminer les aldéhydes et les bases, on ajoute à 1 litre d'alcool 10ᵍʳ de chlorhydrate de métaphénylènediamine et 1ᵍʳ d'acide phosphorique, de 1,4531 de densité, on chauffe une heure au réfrigérant ascendant à une température voisine du point d'ébullition, puis on distille lentement, en rejetant les 100 premiers centimètres cubes et en arrêtant la distillation avant que les 100 derniers aient été évaporés.

Préparation des solutions types d'aldéhyde, de furfurol et d'alcool isobutylique. — Il est nécessaire de s'assurer de la pureté de ces différents réactifs en contrôlant leurs constantes physiques :

		Point d'ébullition.	Densité à 15°.
Aldéhyde acétique	CH^3,CHO	20°,8	0,791
Furfurol	C^4H^3O,CHO	162°	1,166
Alcool isobutylique	$(CH^3)^2CH,CH^2OH$	108°	0,806

Les titres des liqueurs types employées couramment dans la pratique de l'analyse sont pour l'aldéhyde le 1/20.000ᵉ, pour le furfurol le 1/200.000ᵉ, et pour l'alcool isobutylique le 1/2.000ᵉ. Il n'est pas possible de préparer directement des solutions aussi diluées; en outre, il peut être nécessaire de posséder pour des essais spéciaux des solutions à des titres plus élevés. On commencera donc par préparer des solutions au 1/100ᵉ; ces liqueurs seront ensuite amenées par une série de dilutions au titre convenable.

La préparation de chacune de ces solutions se fait d'après les mêmes principes et nécessite un soin tout particulier, l'exactitude du titre de la liqueur type définitive ne pouvant être obtenue que si la solution primitive au 1/100ᵉ est elle-même rigoureusement titrée.

Soit, par exemple, à préparer la solution d'aldéhyde au 1/100ᵉ; cette liqueur doit renfermer pour un volume de 100ᶜᶜ un poids de 1ᵍʳ d'aldéhyde pur. Afin d'éviter les corrections de température, il est plus avantageux de peser l'alcool que de le mesurer.

On prend exactement le poids d'un ballon de verre de 250ᶜᶜ fermé par un bouchon de liège; on verse dans ce ballon environ 50ᶜᶜ d'alcool à 50° pour dissoudre l'aldéhyde et éviter son évaporation, puis on en prend ensuite la tare à un milligramme près. On verse ensuite dans ce ballon de 2 à 3^{cc} d'aldéhyde, on replace le bouchon de liège, on agite le ballon pour permettre la dissolution de l'aldéhyde et on pèse à nouveau. Par différence avec la pesée précédente on obtient exactement le poids d'aldéhyde ajoutée, soit 1^{gr},922 par exemple. La solution renfermant 1^{gr},922 d'aldéhyde au 1/100e devra occuper un volume de 192^{cc},2 ; l'aldéhyde ajoutée occupant elle-même un volume de $\frac{1.922}{0,791} = 2^{cc},40$, il ne reste donc plus à ajouter que 192,2 — 2,40 = 189^{cc},8 d'alcool, soit pour l'alcool à 50° un poids de : 189,8 × 0,9343 = 177^{gr},3. La solution définitive devant peser 177^{gr},3 + 1^{gr}, 922 = 179^{gr},222, il suffit d'ajouter au contenu du ballon, dont on connaît le poids vide, une quantité d'alcool à 50° pour que son poids soit augmenté de 179^{gr},22. La pesée de l'alcool à 0^{gr},05 près, correspondant à moins de 1/20e de centimètre cube, donne toute la précision nécessaire à l'exactitude de la liqueur titrée.

On prépare de même les solutions d'alcool isobutylique et de furfurol, en tenant compte de la densité propre à ces corps ; mais étant donnée leur moindre volatilité, la préparation de ces liqueurs offre moins de difficulté.

Possédant des solutions au 1/100e, on préparera des solutions à des titres inférieurs par des dilutions successives dans l'alcool à 50°.

Les solutions devront être conservées dans des flacons bien bouchés et recouverts de capuchons de verre, afin d'éviter la chute des poussières atmosphériques.

Nous nous sommes assurés par expérience de la stabilité de ces solutions titrées. Même au bout d'une année, la solution d'aldéhyde au 1/20.000^{e} avait conservé exactement son titre ; il est cependant avantageux de renouveler tous les six mois la solution au 1/100e, qui est la moins stable de toutes par suite de la grande volatilité de l'aldéhyde.

Pour les recherches analytiques que l'on peut avoir à faire sur les alcools, il est nécessaire de posséder les solutions titrées suivantes :

Solutions d'aldéhyde dans l'alcool à 50° :

$$\frac{1}{100}, \frac{1}{1.000}, \frac{1}{10.000}, \frac{1}{20.000}, \frac{1}{40.000}.$$

Solutions de furfurol dans l'alcool à 50° :

$$\frac{1}{100}, \frac{1}{1.000}, \frac{1}{10.000}, \frac{1}{100.000}, \frac{1}{200.000}.$$

Solutions d'alcool isobutylique dans l'alcool à 50° :

$$\frac{1}{100}, \frac{1}{1.000}, \frac{1}{2.000}, \frac{1}{5.000}, \frac{1}{10.000}.$$

Réactif et solution titrée pour le dosage des produits basiques. — Le réactif de Nessler se prépare comme il suit :

On dissout 2^{gr} d'iodure de potassium dans 5^{cc} d'eau et on ajoute à chaud et par petites portions de l'iodure de mercure jusqu'à refus ; après refroidissement on ajoute 20^{cc} d'eau et on filtre après repos. On alcalinise la solution en ajoutant à 20^{cc} du liquide 30^{cc} de lessive de soude, bien exempte de carbonate, et on filtre, si le liquide se trouble.

Le réactif de Nessler doit être conservé à l'abri de la lumière; comme il s'altère rapidement, il convient de ne le préparer chaque fois qu'en petite quantité.

La solution type de chlorhydrate d'ammoniaque se prépare en dissolvant par litre d'eau distillée bien exempte d'ammoniaque 0^{gr},314 de sel chimiquement pur et sec. Sa teneur en ammoniaque (AzH^3) correspond à 0^{gr},1 par litre, soit 0^{gr},0001 par centimètre cube.

Procédés d'essai des alcools basés sur l'action directe de l'acide sulfurique concentré sur les alcools.

I. Méthode de M. Savalle

La présence des matières extractives pouvant fausser les résultats de ces essais, il est nécessaire de toujours opérer sur l'alcool distillé.

Ce procédé qui, dans la pensée de son auteur, devait servir de base aux transactions commerciales sur les alcools est censé indiquer par un seul essai la proportion d'impuretés renfermées dans le produit analysé.

Le mode opératoire est le suivant :

On mesure 10^{cc} de l'alcool à essayer que l'on verse dans un ballon parfaitement propre, on ajoute 10^{cc} du réactif Savalle, réactif soi-disant spécial, qui n'est autre que de l'acide sulfurique pur, et on chauffe le mélange à la flamme d'une lampe à alcool jusqu'à commencement d'ébullition; aussitôt le premier bouillon jeté, on verse le contenu du ballon dans une bouteille dont les faces parallèles présentent un écartement de 2^{c},5 et on laisse refroidir. On examine ensuite la coloration obtenue par comparaison avec une série de lames de verre coloré dans la masse qui, par leur superposition, forment une gamme chromatique allant de 1° à 15°.

Suivant l'auteur, le degré serait établi empiriquement et correspondrait à une teneur en impuretés de 1/10.000^{e}. Ainsi un alcool marquant 10° au diaphanomètre Savalle aurait une teneur en impuretés correspondant à 1^{gr} par litre. L'auteur ne spécifie pas de quelles impuretés il est question et ne précise pas la méthode employée pour l'établissement de ses types colorés.

Cet essai est abandonné aujourd'hui dans le commerce des alcools. Comme nous allons le démontrer, la proportionnalité entre la coloration et la teneur en impuretés n'existe pas, et cette coloration est fonction non seulement de la proportion d'impuretés, mais encore du degré alcoolique; cependant ce procédé a pour lui une sensibilité très grande et est susceptible de donner des indications utiles, si l'on sait interpréter les résultats obtenus et qu'on ait soin de se placer dans des conditions d'essai toujours identiques. Les résultats obtenus dans l'essai Savalle dépendent en premier lieu du mode de chauffage, les impuretés très volatiles pouvant s'évaporer avant que la température soit suffisamment élevée pour permettre l'action carbonisante de l'acide sulfurique; il importe donc de verser l'acide dans le ballon en le faisant couler le long des parois du col, puis de mélanger brusquement et d'arrêter le chauffage au premier bouillon.

La coloration et son intensité varient avec la nature et la proportion des corps en présence. Dans le tableau suivant, dressé par M. Molher, on trouvera exprimées en degrés Savalle les colorations obtenues en soumettant à l'essai des solutions au 1/1.000e des différentes impuretés qui peuvent se rencontrer dans les alcools du commerce.

Dans tous ces essais l'alcool avait le titre uniforme de 50°.

ALCOOLS		ALDÉHYDES		ÉTHERS	
Caprylique	7°	Furfurol	Noir intense	Acétate d'amyle	3°
Isobutylique	6°	Isobutyrique	9°	— d'éthyle	0°
Œnanthylique	4°	Paraldéhyde	8°	Propionate d'éthyle	0°
Amylique	2°	Propioniaue	9°	Butyrate —	0°
Propylique	0°	Œnanthylique	5°	Isobutyrate —	0°
Isopropylique	0°	Valérianique	5°	Valérianate —	0°
Butylique normal	0°	Éthylique	3°,5	Caproate —	0°
Glycérine	0°	Méthylal	2°,5	Œnanthylate —	0°
Méthylique	0°	Acétal	1°,5	Sébate —	0°
		Butyrique	0°	Succinate —	0°
				Benzoate —	0°
				Salicylate —	0°
				— de méthyle	0°
				Formiate —	0°

Le réactif sulfurique n'a donc pas d'action sur toutes les impuretés alcooliques; d'autre part, la coloration obtenue n'étant pas identique pour une même teneur d'impuretés, il s'ensuit que la limite de sensibilité de cette réaction n'est pas constante. Les chiffres suivants montrent que la coloration obtenue n'est pas proportionnelle à la teneur en impuretés :

NATURE DES SOLUTIONS	DEGRÉS SAVALLE POUR DES SOLUTIONS A $\frac{1}{1.000}$	$\frac{1}{2.000}$	$\frac{1}{4.000}$
Aldéhyde isobutyrique	9°	3°	0°,25
— propionique	7°	2°,5	0°,25
Alcool œnanthylique	4°	Traces de coloration.	0°
— isobutylique	6°	2°,5	0°,25
Acétate d'amyle	3°	Traces de coloration.	0°

Cependant, d'après M. Rocques, en opérant sur des solutions d'alcool amylique dans l'alcool éthylique à 97°, on obtiendrait des résultats à peu près proportionnels aux teneurs.

Solution au $\frac{1}{1.000}$ . . . . 7°

Solution au $\frac{2}{1.000}$ . . . . 13°

Solution au $\frac{3}{1.000}$ . . . . 20°

Comme le montrent les résultats ci-dessous, plus l'alcool est concentré, plus la réaction est sensible, par suite de la moindre hydratation de l'acide sulfurique :

	Aldéhyde $\frac{1}{1.000}$	Alcool amylique $\frac{2}{1.000}$
	—	—
Alcool à 10°.	0°,5	0°,5
— 50°.	3°,5	3°,5
— 70°.	9°	9°

Il importe donc de toujours faire l'essai Savalle sur des alcools de même titre alcoolique.

Quand l'alcool renferme plusieurs corps en solution, ce qui est le cas général, l'intensité de la coloration obtenue n'est pas toujours égale à la somme des colorations que donnerait chaque corps pris isolément dans les mêmes proportions. Elle est en général plus forte ; la présence de l'aldéhyde et du furfurol, entre autres, exalte particulièrement la réaction à l'acide sulfurique.

Si le procédé Savalle doit être abandonné pour l'essai quantitatif, il n'en constitue pas moins un réactif des plus sensibles de la pureté des alcools. Il est particulièrement recommandable pour l'essai des alcools d'industrie, à la condition qu'on les ramène préalablement au même degré alcoolique, soit 90°. Si dans ces conditions l'acide sulfurique ne donne naissance à aucune coloration, il est permis d'affirmer que l'alcool essayé est de l'alcool éthylique pur ; l'absence de corps tels que le furfurol et l'aldéhyde qui sont des plus sensibles à l'action de ce réactif, entraînant forcément celle des autres produits secondaires de la fermentation alcoolique.

II. Procédé de M. I. Bang

La méthode d'analyse de M. I. Bang repose sur les réactions qui servent de base au procédé d'épuration des flegmes connu sous le nom de procédé Bang et Ruffin.

1° *Recherche des produits de tête.* — Dans 50 ou 60^{cc} d'alcool à essayer, on verse quelques centimètres cubes de solution de soude ou de potasse caustique, toutes deux à 150^{gr} par litre. On mélange les deux liquides et on porte au bain-marie. Une coloration variant du jaune paille au brun, suivant la proportion des aldéhydes, est l'indice certain de la présence des produits de tête. A froid, la réaction exige 24 heures de contact, mais n'est pas moins sensible. Même à chaud et après un temps très long, les alcools exempts de produits de tête ne donnent aucune coloration.

2° *Recherche des produits de queue.* — Dans 100^{cc} d'alcool à essayer, renfermés dans une boule à décantation, on verse de l'essence légère de pétrole jusqu'à ce que l'hydrocarbure cesse de s'y dissoudre instantanément. L'alcool a alors dissous une proportion d'essence variable suivant son degré alcoolique, mais qui, pour les produits du commerce au titre de 95 à 96°, est d'environ le 1/3. On étend le mélange de 5 à 6 fois son volume d'eau ; l'hydrocarbure insoluble dans l'alcool étendu se sépare et surnage. On sépare l'eau alcoolisée et on ajoute à l'hydrocarbure quelques centimètres cubes d'acide sulfurique pur à 66°; on agite et on laisse reposer. D'après l'auteur, l'acide sulfurique qui forme la couche inférieure se colore en jaune en présence d'alcool isobutylique, en brun si c'est l'alcool amylique qui domine. Seul, l'alcool chimiquement pur ne cède pas à l'hydrocarbure des produits colorables par l'acide sulfurique.

Il importe de n'employer que de l'essence de pétrole préalablement purifiée par distillation sur l'acide sulfurique, et de s'assurer que l'acide employé dans la réaction ne prend aucune coloration lorsqu'on l'ajoute directement à l'hydrocarbure.

Cette méthode de recherche des produits de queue présente des avantages pour l'essai qualitatif rapide des alcools d'industrie; mais l'emploi de la solution de bisulfite de rosaniline est de beaucoup préférable à l'essai alcalin pour caractériser la présence des produits de tête.

III. Procédé de M. Godefroy

Dans un tube à essai, on verse 6 à 7^{cc} de l'alcool à analyser, on y ajoute une seule goutte de benzine, on agite, puis on additionne la solution de 6 à 7^{cc} d'acide sulfurique à 66°, et l'on agite de nouveau.

Produits de tête. — Une coloration qui peut varier du jaune brun clair au noir est l'indice de la présence des produits aldéhydiques. L'alcool éthylique chimiquement pur ne donne pas de coloration au début; au bout de 8 à 10 minutes, le mélange prend seulement une coloration légèrement rosée. D'après l'auteur, la réaction serait extrêmement sensible et permettrait d'accuser 0^{gr},001 d'aldéhyde par litre d'alcool.

Produits de queue. — Le mélange ci-dessus est porté à l'ébullition pendant quelques instants, puis on l'abandonne pendant 2 ou 3 minutes à lui-même. L'alcool éthylique prend une coloration faible jaune d'ocre; la présence des produits de queue est caractérisée par une coloration franchement brune à fluorescence verte. Toujours d'après l'auteur, on pourrait constater, par cette méthode, la présence de 1/100 000e d'huiles essentielles.

L'auteur recommande d'employer de la benzine cristallisable chimiquement pure; mais M. Rocques s'est assuré que la benzine purifiée par cristallisations successives et lavage à l'acide sulfurique, n'augmentait pas la sensibilité de la réaction à l'acide sulfurique, et qu'au contraire, la benzine impure avait la propriété d'exalter à froid la réaction sur les aldéhydes, sans donner plus de sensibilité à la recherche, à chaud, des alcools supérieurs. M. Rocques a, en outre, constaté que l'essai proposé par M. Godefroy était absolument impraticable quand l'alcool renfermait à la fois, ce qui est le cas le plus général, des produits de tête et de queue, la coloration que développent ces derniers, sous l'action de la chaleur, étant en grande partie masquée par la coloration provoquée à froid par les aldéhydes.

IV. Méthode de M. Röse

Cette méthode repose sur la propriété que possède le chloroforme de dissoudre plus facilement les homologues supérieurs de l'alcool éthylique que cet alcool lui-même. L'alcool éthylique de haut titre est soluble dans le chloroforme, mais cette solubilité décroît à mesure que le degré alcoolique s'abaisse. En agitant avec du chloroforme une solution étendue d'alcool éthylique pur, un certain volume de celui-ci entrera en dissolution et déterminera une augmentation du volume primitif du chloroforme; mais si cette solution d'alcool éthylique renferme des homologues supérieurs, ceux-ci passeront dans le chloroforme et détermineront une augmentation de son volume plus élevée que dans le cas précédent. La différence entre les volumes du chloroforme après agitation avec l'alcool éthylique pur et l'alcool éthylique de même titre, mais chargé d'impuretés, est proportionnelle à la teneur de l'alcool en produits secondaires. Cependant, toutes les impuretés ne déterminent pas, à teneur égale, même augmentation de volume, et, dans le cas d'un mélange de produits secondaires, la dilatation du chloroforme n'est pas égale à la somme des dilatations que provoquerait chaque corps isolé. Dans un très remarquable rapport, M. Sell a consigné les résultats de ses expériences sur la solubilité dans le chloroforme des différents corps que l'on rencontre dans les alcools, et tout en étant favorable, en principe, au procédé de M. Röse, ce savant a présenté des objections très justifiées qui ont conduit à modifier la méthode primitive. C'est ainsi qu'il a reconnu que les essences d'anis, de kummel, etc., diminuaient le pouvoir absorbant du chloroforme; ce procédé est donc inapplicable pour l'analyse des spiritueux aromatisés par les essences. Les éthers déterminent une augmentation du volume du chloroforme moindre que celle de l'alcool amylique ; les aldéhydes sont elles-mêmes peu solubles, sauf l'aldéhyde pyromucique ou furfurol, qui détermine une augmentation de volume voisine de celle de l'alcool amylique; les alcools supérieurs ont également une solubilité différente pour chacun d'eux.

Afin de rendre les résultats de l'essai de M. Röse comparables entre eux, il est nécessaire de se débarrasser des produits qui, à teneur égale, déterminent une augmentation de volume différant par trop de celle que provoque le fusel ou alcool amylique; le chauffage au réfrigérant ascendant de l'alcool à essayer avec de la potasse qui résinifie les aldéhydes, saponifie les éthers et sature les acides, satisfait en partie à ces *desiderata*.

Malgré ses imperfections, ce procédé est encore le plus recommandable pour le dosage *in globo* des impuretés; c'est celui que l'administration du monopole des alcools de la Confédération suisse a adopté pour l'essai officiel des alcools.

Cette méthode doit être réservée à l'analyse des flegmes ou alcools bruts, ou encore, au dosage des alcools supérieurs dans les spiritueux naturels; les alcools rectifiés que livre l'industrie, sont presque toujours suffisamment purifiés pour que cette méthode ne donne plus d'indications. Les résultats fournis par le procédé de M. Röse sont exprimés en huile de fusel ou alcool amylique de fermentation; ils n'ont donc de valeur réelle que si cette impureté constitue la presque totalité des produits secondaires contenus dans l'alcool essayé. Il convient particulièrement à l'essai des alcools de pommes de terre, dont l'impureté dominante est l'alcool amylique.

Cette méthode étant officiellement adoptée en Suisse et y étant pratiquée avec les derniers perfectionnements, nous la décrirons telle qu'il nous a été donné de la voir employer au laboratoire de la régie du monopole à Berne.

Au procédé primitif de Röse, on a substitué celui qui résulte des perfectionnements apportés par MM. Stutzer et Reitmair, Delbrück et Sell, et M. Lang, directeur du laboratoire de Berne.

L'alcool soumis à l'expérience est amené très exactement à 30 p. 100 en volume à la température normale de 15° (Densité = 0,96545 ou 0,96564, suivant que le degré alcoolique est pris à l'alcoomètre légal français ou à l'alcoomètre de Tralles adopté officiellement en Suisse; ces deux instruments diffèrent entre eux de 0°,2 dans le voisinage du 30e degré.)

Le degré alcoolique de l'alcool primitif ayant été exactement mesuré, on l'amène à un titre très voisin de 30°, en l'additionnant, pour 100cc d'alcool, de la quantité d'eau indiquée dans la table ci-dessous que l'on doit à Brix.

TABLE DE BRIX

Donnant la quantité d'eau à ajouter à 100cc d'un alcool de 31° à 100° pour l'amener au titre de 30°.

DEGRÉ ALCOOLIQUE	QUANTITÉ D'EAU A AJOUTER	DEGRÉ ALCOOLIQUE	QUANTITÉ D'EAU A AJOUTER	DEGRÉ ALCOOLIQUE	QUANTITÉ D'EAU A AJOUTER	DEGRÉ ALCOOLIQUE	QUANTITÉ D'EAU A AJOUTER	DEGRÉ ALCOOLIQUE	QUANTITÉ D'EAU A AJOUTER	DEGRÉ ALCOOLIQUE	QUANTITÉ D'EAU A AJOUTER	DEGRÉ ALCOOLIQUE	QUANTITÉ D'EAU A AJOUTER
100	242,4	89	202,7	78	164,1	67	125,9	56	88,0	45	50,5	34	13,4
99	238,7	88	199,2	77	160,6	66	122,4	55	84,6	44	47,1	33	10,0
98	235,0	87	195,6	76	157,1	65	119,0	54	81,2	43	43,7	32	6,6
97	231,3	86	192,1	75	153,6	64	115,5	53	77,7	42	40,3	31	3,3
96	227,7	85	188,6	74	150,2	63	112,1	52	74,3	41	36,9		
95	224,1	84	185,1	73	146,7	62	108,6	51	70,9	40	33,5		
94	220,5	83	181,6	72	143,2	61	105,2	50	67,5	39	30,2		
93	216,9	82	178,1	71	139,7	60	101,8	49	64,1	38	26,8		
92	213,4	81	174,6	70	136,3	59	98,3	48	60,7	37	23,4		
91	209,8	80	171,1	69	132,8	58	94,9	47	57,3	36	20,1		
90	206,3	79	167,6	68	129,4	57	91,4	46	53,9	35	16,7		

A défaut de cette table, le 30e degré peut être obtenu à l'aide de la formule que nous avons établie plus haut (voy. p. 299 à 301).

Dans la pratique, par suite de l'imperfection des vases jaugés dans lesquels se fait le mesurage des liquides à mélanger, il peut arriver que l'on n'obtienne pas exactement une teneur alcoolique de 30° à la température de 15°. Une erreur en plus ou en moins de ± 0°,1 p. 100 en volume occasionne, d'après M. Sell, une différence de 0,0199 p. 100 en volume de fuselöl; il importe donc de vérifier avec soin le titre obtenu par dilution de l'alcool primitif.

Cette vérification se fait à l'aide d'un alcoomètre à longue tige donnant les dixièmes de degré et portant, dans le flotteur, un thermomètre indiquant le cinquième de degré. Pour éviter toute correction de température, la lecture se fait exactement à 15°. Dans le cas où le titre alcoolique de 30° n'est pas exactement obtenu, on procède par tâtonnements pour l'amener à marquer rigoureusement ce titre. On ajoutera donc, goutte à goutte, à l'aide d'une pipette, de l'eau ou de l'alcool, suivant le cas, de façon à obtenir le titre cherché.

L'appareil employé pour l'agitation avec le chloroforme est celui de MM. Röse et Herzfeld. Le modèle adopté par le laboratoire de Berne permet la lecture des volumes à $0^{cc},01$ près. Il se compose d'un réservoir inférieur cylindrique d'environ $19^{cc},5$ de capacité, surmonté d'un tube en verre épais de $18^{cm},5$ de longueur, portant des graduations de 19^{cc} à $22^{cc},5$ en 1/50e de centimètres cubes (Les divisions sont espacées d'environ $1^{mm},3$, ce qui permet d'apprécier nettement le 1/100e de centimètre cube). A la partie supérieure est soudé un réservoir de 200 à 250^{cc} de capacité. L'appareil mesure, de bout en bout, environ 39^{cm} de longueur (fig. 4).

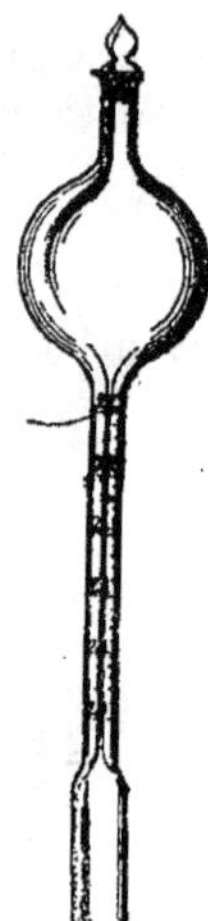
Fig. 4.

Avant de procéder aux essais, il faut s'assurer de la parfaite propreté des appareils; après chaque essai, ceux-ci devront être lavés à l'acide nitrique fumant, puis à l'eau et enfin séchés à l'alcool et à l'éther.

Il est nécessaire de disposer d'une cuve à eau, à parois de verre, d'environ 45^{cm} de hauteur, dans laquelle on laisse séjourner les appareils pour faire toutes les lectures de volume à la température exacte de 15° (fig. 5).

Par prudence, tous les essais sont faits en double; en outre, on en fait deux comme types de comparaison sur de l'alcool chimiquement pur ramené au titre exact de 30° en volume.

Au moyen d'un entonnoir à robinet et à long tube d'écoulement, on verse dans chaque appareil 20^{cc} de chloroforme; à la température de 15°, le ménisque inférieur du chloroforme doit affleurer exactement le trait de jauge gravé à la partie inférieure du tube gradué. Il est avantageux de verser un très léger excès de chloroforme; puis, après un séjour d'environ 15 minutes dans la cuve à eau, une fois la température de 15° bien établie, on enlève cette excès à l'aide d'un tube de verre terminé par un étirement capillaire.

Avec une pipette jaugée, on verse dans chaque appareil 100^{cc} des alcools à examiner, puis on ajoute 1^{cc} d'acide sulfurique de densité 1,2857.

On ferme l'appareil à l'aide d'un bouchon de liège parfaitement sain, puis on le retourne lentement, de façon que l'alcool et le chloroforme retombent dans le réservoir en forme de poire. D'après M. Sell, il faudrait soumettre l'alcool, pendant une minute, à l'action de 150 secousses.

Pratiquement, il est presque impossible de soumettre exactement, pendant le même temps, chaque essai au même nombre de secousses; il est donc avantageux d'employer, comme on le fait au laboratoire de Berne, un appareil qui soumet à la fois tous les essais, pendant le même nombre de minutes, à l'agitation mécanique (fig. 6).

L'appareil consiste essentiellement en une table de bois épais, guidée sur les grands côtés par deux traverses, et supportée par quatre ressorts d'acier fixés, à leur partie inférieure, à un solide bâti de chêne. Une roue à manivelle sert à imprimer le mouvement de rotation d'un arbre de métal par l'intermédiaire d'une courroie de transmission. Une tige métallique, fixée d'une part à la table de bois, et d'autre part à un collier monté excentriquement sur l'arbre, sert à transformer le mouvement de rotation en mouvement de va-et-vient. Deux

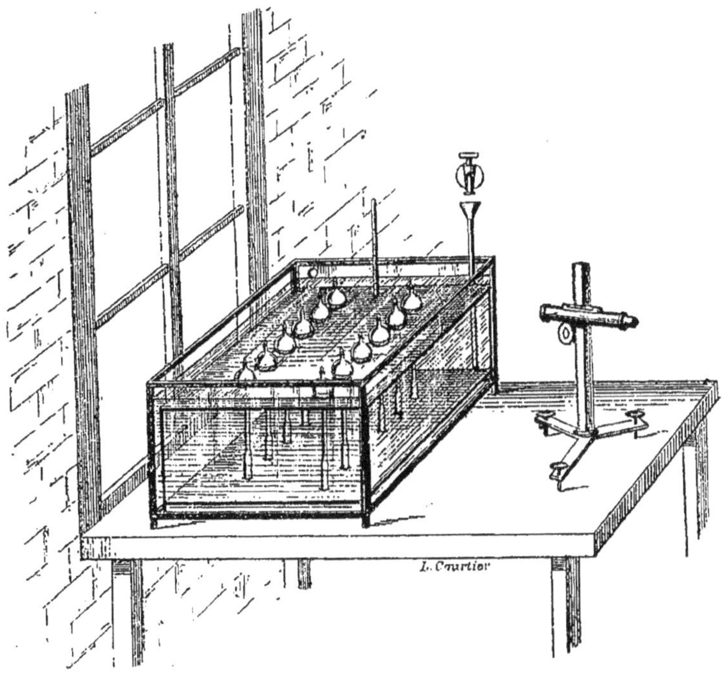

Fig. 5.

séries de tablettes à encoches permettent de fixer solidement sur la table douze appareils de Röse.

Fig. 6.

Comme l'essai se fait simultanément sur les alcools à analyser et sur l'alcool pur type, le temps d'agitation n'a plus la même importance que dans l'essai fait à la main. Une durée d'agitation de 5 minutes donne la dilatation maximum du chloroforme, pour une vitesse de rotation d'environ 400 à 500 tours par minute. Afin d'opérer dans des conditions toujours identiques, il y aurait avantage à provoquer ce mouvement de va-et-vient à l'aide d'un mécanisme d'horlogerie commandé par un contrepoids suffisamment loûrd.

Cette opération terminée, on enlève chaque appareil en le redressant doucement, puis on le place sur un support à trous pour laisser au chloroforme le temps de se rassembler. Des gouttelettes de chloroforme persistent quelquefois à la surface de l'alcool, d'autres peuvent rester fixées contre les parois de verre, surtout si l'instrument n'est pas dans un état absolu de propreté; en imprimant à l'appareil de légers mouvements de rotation, on détermine leur chute à la partie inférieure, puis leur rassemblement.

Ce résultat obtenu, on replace les appareils dans la cuve à eau et on laisse au liquide le temps nécessaire pour reprendre exactement la température de 15°, ce qui nécessite environ 15 minutes. On procède ensuite à la lecture des volumes de chloroforme.

Il est nécessaire de faire ces lectures en évitant tout échauffement du chloroforme par le contact des doigts; une différence de température de 1° centigrade détermine, suivant son sens, une augmentation ou une diminution de volume du chloroforme de 0^{cc},026. Il est donc avantageux de faire les lectures sans sortir les appareils de l'eau, en ayant soin de s'assurer que le tube gradué occupe une position parfaitement verticale et en amenant l'œil exactement à la hauteur de la ligne de séparation de l'alcool et du chloroforme.

L'emploi d'une petite lunette permettrait de faire ces lectures avec une précision plus grande qu'à l'œil nu.

On lit d'abord l'augmentation de volume du chloroforme dans les tubes témoins renfermant l'alcool type chimiquement pur. Ces deux résultats doivent être identiques. Soit V ce volume; v, v', v'... v^n la moyenne des volumes pour chacun des alcools essayés en double; les augmentations de volume du chloroforme dues à la présence des impuretés seront représentées par les différences :

$$v - V,\ v' - V,\ v'' - V \ldots\ldots v^n - V.$$

D'après la proposition de M. Stutzer, les impuretés alcooliques sont exprimées en alcool amylique. Une augmentation de volume de 0^{cc},01 représente, d'après M. Sell, une proportion d'alcool amylique de 0,006631 p. 100 en volume. La table suivante permet d'éviter tout calcul et indique la quantité d'alcool amylique contenue dans 100^{cc} d'alcool à 30°

TABLE DE M. SELL

Donnant la proportion en volume d'alcool amylique contenu dans 100cc d'alcool ramené à 30°, d'après l'augmentation du volume du chloroforme.

AUGMENTATION DE VOLUME	FUSELÖL P. 100 VOL.	AUGMENTATION DE VOLUME	FUSELÖL P. 100 VOL.	AUGMENTATION DE VOLUME	FUSELÖL P. 100 VOL.	AUGMENTATION DE VOLUME	FUSELÖL P. 100 VOL.
0cc	0	0cc,17	0,1127	0cc,34	0,2255	0cc,51	0,3382
0 ,01	0,0066	0 ,18	0,1194	0 ,35	0,2321	0 ,52	0,3448
0 ,02	0,0133	0 ,19	0,1260	0 ,36	0,2387	0 ,53	0,35144
0 ,03	0,0199	0 ,20	0,1326	0 ,37	0,24535	0 ,54	0,3581
0 ,04	0,0265	0 ,21	0,1393	0 ,38	0,2520	0 ,55	0,3647
0 ,05	0,0332	0 ,22	0,1459	0 ,39	0,2586	0 ,56	0,37134
0 ,06	0,0398	0 ,23	0,1525	0 ,40	0,26524	0 ,57	0,3780
0 ,07	0,0464	0 ,24	0,15914	0 ,41	0,2719	0 ,58	0,3846
0 ,08	0,05305	0 ,25	0,1658	0 ,42	0,2785	0 ,59	0,3912
0 ,09	0,0597	0 ,26	0,1724	0 ,43	0,2851	0 ,60	0,3979
0 ,10	0,0663	0 ,27	0,17904	0 ,44	0,2918	0 ,61	0,4045
0 ,11	0,07294	0 ,28	0,1857	0 ,45	0,2984	0 ,62	0,4111
0 ,12	0,0796	0 ,29	0,1923	0 ,46	0,3050	0 ,63	0,4178
0 ,13	0,0862	0 ,30	0,1989	0 ,47	0,3117	0 ,64	0,4244
0 ,14	0,0928	0 ,31	0,20554	0 ,48	0,3183	0 ,65	0,4310
0 ,15	0,0995	0 ,32	0,2122	0 ,49	0,3249		
0 ,16	0,1061	0 ,33	0,2188	0 ,50	0,3316		

Si D représente le degré alcoolique du produit initial, *t* la teneur en fusel au titre de 30°, sa teneur réelle en impuretés T sera égale à :

$$T = \frac{t.\,D}{30}.$$

Il est d'usage, pour permettre de comparer des alcools à des titres différents, de rapporter le volume d'impuretés à 100 d'alcool à 100°; la valeur de T devient alors :

$$T' = \frac{t.\,100}{30}.$$

En suivant rigoureusement les indications que nous venons d'énumérer, on peut, après quelques essais, obtenir des résultats très concordants. Cependant, la méthode aura toujours contre elle le temps assez long qu'elle exige; il est en effet difficile à un opérateur, même très exercé, de faire plus de dix essais pendant une journée de travail effectif de 10 heures.

Employé seul, le procédé de M. Röse nous semble insuffisant pour exprimer en poids la somme des impuretés d'un alcool; mais, si on rapproche les conclusions de cet essai des résultats fournis par le dosage des aldéhydes, du furfurol, des éthers et de l'acidité, on obtient un nombre suffisant de facteurs pour conclure.

V. Essai de la pureté des accools par le permanganate de potasse

Ce procédé a été proposé, dans ces dernières années, par M. Barbet pour l'analyse rapide des alcools, comme permettant d'apprécier par un seul essai l'ensemble des impuretés.

Le mode opératoire est le suivant : on mesure dans un flacon bouché à l'émeri 50cc d'alcool à essayer; on porte la température à 18°, en le chauffant dans la main, si elle est inférieure à ce degré, ou en le refroidissant dans une cuve à eau dans le cas contraire. Avec une pipette on verse rapidement dans l'alcool 2cc d'une dissolution de permanganate à 2/10.000°, renfermant par suite 0gr,2 de sel par litre, et l'on note l'heure exacte sur une montre à secondes. La teinte violacée du début va en s'affaiblissant et finit par disparaître complètement quand la réduction du permanganate est complète. Ce moment est difficile à saisir; aussi l'auteur recommande-t-il de s'arrêter à une teinte intermédiaire, de nuance saumon pâle. On compare la teinte que prend l'alcool à celle d'un type coloré de même volume renfermé dans un flacon de diamètre identique. Cette nuance saumon pâle s'obtient en mélangeant 5cc de solution de chlorure de cobalt à 50gr par litre avec 7cc de solution de nitrate d'urane à 40gr par litre et en complétant le volume à 50cc avec de l'eau distillée. Cette solution est assez stable et peut servir pendant longtemps comme type de comparaison.

Dès que la teinte de l'échantillon atteint celle du type, on note l'heure; par différence on obtient le temps de réduction qui sert à apprécier la pureté de l'alcool essayé.

Ce procédé n'a qu'une valeur comparative; le temps de décoloration est affecté en premier lieu par le degré alcoolique; l'auteur recommande de ramener l'alcool à essayer au titre uniforme de 42°,5, soit en l'étendant d'eau si le degré était plus élevé, soit en relevant le titre alcoolique avec de l'alcool à 90° chimiquement pur dans le cas contraire. Dans nos essais nous ramenons au titre de 50°, qui ne paraît pas présenter une sensibilité moindre que celui proposé par l'auteur du procédé.

La régie du monopole des alcools en Suisse a adopté officiellement cette méthode d'essai pour les analyses des alcools rectifiés. Ce procédé est, en effet, d'une sensibilité très grande et accuse des différences pour des alcools qui présentent une identité absolue à la dégustation. D'après ses indications, le laboratoire de Berne classe les alcools en : trois-six ordinaire (*feinsprit*) si le temps de réduction est inférieur à une minute; trois-six surfin (*primasprit*) si le temps de réduction est compris entre une et quinze minutes; trois-six extra-fin (*weinsprit*) si la réduction exige plus de quinze minutes. Les essais sont faits directement sur l'alcool au titre de 96°.

Ramenés à 50° les alcools bien rectifiés accusent un temps de réduction beaucoup trop long; il nous semble avantageux de faire l'essai au permanganate sur le trois-six ramené à 90°. Les flegmes ou les spiritueux qui renferment une forte proportion d'impuretés devront seuls être ramenés à 50°.

Les impuretés de tête, les aldéhydes particulièrement, déterminent une réduction rapide du permanganate; par contre, l'action des produits de queue est beaucoup plus faible; il suit de là que l'essai au permanganate n'a qu'une valeur purement relative et est impropre au dosage de l'ensemble des impuretés.

La lumière elle-même influe notablement sur la durée de l'essai. Un même alcool qui serait complètement réduit en 15 secondes au soleil, nécessitera plus de 15 minutes à la lumière diffuse et près d'une demi-heure à l'obscurité. Il est donc nécessaire de faire les essais dans des conditions d'éclairage aussi identiques que possible.

Ce procédé peut être utilisé à condition de posséder un alcool type de comparaison sur lequel on répète chaque fois l'essai dans les mêmes conditions de température et de lumière. Suivant que le temps de réduction est plus long ou plus court que pour le type, on peut conclure que l'alcool essayé est d'une pureté plus grande ou inférieure, mais on ne peut déduire aucune conclusion sur la proportion d'impuretés qu'il renferme, ce qui limite beaucoup l'emploi de la méthode.

ANALYSE DES KIRSCHS

Dosage de l'acide cyanhydrique.

Le kirsch est obtenu par la distillation des jus de cerises fermentés; il renferme toujours une proportion variable d'acide cyanhydrique. Les produits que l'on rencontre dans le commerce sous le nom de kirschs sont habituellement préparés en aromatisant de l'alcool d'industrie, habituellement bien rectifié pour qu'il soit dépourvu de goût d'origine, avec de l'essence d'amandes amères ou aldéhyde benzoïque ; quelquefois, mais plus rarement, on communique à l'alcool neutre l'odeur et l'arome du kirsch par addition d'eau de laurier-cerise.

L'analyse chimique de l'alcool provenant de la distillation d'un kirsch se fait d'après un des procédés que nous venons d'indiquer ; pour conclure, on comparera les résultats à ceux que donnent dans les mêmes conditions des kirschs d'origine connue.

La présence d'acide cyanhydrique étant en quelque sorte la caractéristique des kirschs d'origine, il convient de toujours en effectuer le dosage.

La recherche qualitative se fait en mettant à profit la coloration bleue que développe la teinture de gaïac dans les solutions même très étendues d'acide cyanhydrique en présence d'une petite quantité de sel de cuivre (une ou deux gouttes d'une solution à 0,5 p. 100 de sulfate de cuivre). Cette réaction peut servir au dosage rapide de l'acide cyanhydrique : à 10^{cc} du kirsch à examiner, on ajoute 3 gouttes d'une solution de sulfate de cuivre à 0,5 p. 100 et 1^{cc} de teinture alcoolique de gaïac récemment préparée (15^{gr} de bois de gaïac et 100^{cc} d'alcool à 50°) ; on verse la teinture de gaïac sur les parois du tube à essai de façon à ne pas mélanger immédiatement les liquides, on bouche le tube à essai et on mélange brusquement en retournant le tube. On compare la coloration bleue obtenue avec celles que donnent des solutions titrées d'eau de laurier-cerise. Beaucoup de kirschs renferment des traces de cuivre provenant des appareils à distiller et donnent directement, par addition de teinture de gaïac, la coloration bleue caractéristique ; il conviendrait donc de faire cet essai sur le produit distillé, mais comme ce dosage n'est pas susceptible d'une grande exactitude, nous préférons recourir à la méthode suivante.

On mesure 100^{cc} de kirsch que l'on additionne de 10 gouttes de lessive de potasse de 1,4531 de densité, on distille de façon à laisser dans le ballon un résidu d'environ 20 à 30^{cc}. L'alcool distillé est ramené au volume primitif et mis de côté pour être examiné. La potasse produit le plus souvent un précipité floconneux sur les kirschs fabriqués, tandis que les produits naturels restent limpides. Après refroidissement on ajoute au contenu du ballon 2^{cc} d'acide phosphorique sirupeux, de façon à le rendre franchement acide, puis on distille. L'acide cyanhydrique retenu par la potasse sous forme de cyanure de potassium est mis en liberté, puis entraîné par les vapeurs aqueuses. Le produit distillé est recueilli à l'aide d'un tube plongeant dans un ballon renfermant 20^{cc} d'eau additionnée de 10 gouttes de potasse. On continue la distillation jusqu'à ce qu'il ne reste plus que 10 à 15^{cc} de liquide dans le ballon ; à ce moment la totalité de l'acide cyanhydrique est passée à la distillation et a été retenue par le liquide alcalin. L'acide cyanhydrique est titré à l'acide d'une solution normale au cinquantième de nitrate d'argent, 3^{gr},40 par litre ; à cet effet, on ajoute à la liqueur alcaline une ou deux gouttes d'acide chlorhydrique, qui joue le rôle d'indicateur, et l'on verse la solution de sel d'argent à l'aide d'une burette graduée jusqu'à apparition du léger louche blanchâtre que produit la précipitation du chlorure d'argent. Pour une prise d'essai de kirsch de 100^{cc}, chaque centimètre cube de liqueur d'argent correspond à 0^{gr},0108 d'acide cyanhydrique par litre.

Nous nous sommes assurés que la présence des matières extractives que renferment habituellement les kirschs était sans grande influence sur la sensibilité et l'exactitude de ce dosage et qu'il était possible pour un essai rapide de l'effectuer directement. A cet effet on additionne 100^{cc} de kirsch de 10 gouttes d'alcali, puis d'une seule goutte d'acide, et on verse la liqueur titrée jusqu'à apparition du trouble blanchâtre. Sur un aussi grand volume la fin de la réaction est moins nette que dans le cas précédent : aussi est-il préférable, en principe, d'opérer, comme nous venons de l'indiquer, sur le produit distillé.

L'alcool distillé sur la potasse a conservé son odeur primitive d'amandes amères ; quand il provient de kirschs factices, il a une odeur de coing assez caractéristique et tout à fait différente de l'odeur de noyau quand le kirsch distillé provient de la fermentation des cerises.

Traité par l'acide sulfurique comme dans l'essai Savalle, la coloration développée est jaune pour les kirschs nature, nulle, grise ou rosée pour les kirschs factices.

La *présence de l'aldéhyde benzoïque*, qui se reconnaît déjà facilement à l'odorat, peut être caractérisée en épuisant le kirsch étendu de deux fois son volume d'eau par l'éther. Après décantation l'éther est épuisé par quelques centimètres cubes de bisulfite de soude qui, par combinaison, retient l'aldéhyde benzoïque ; le bisulfite est décanté, décomposé par un acide, puis traité par l'éther qui enlève de nouveau l'aldéhyde mise en liberté. Après évaporation de l'éther, il restera des gouttes huileuses d'aldéhyde benzoïque faciles à caractériser. La proportion d'acide cyanhydrique que renferment les kirschs naturels est très variable; accidentellement elle peut dépasser 100^{mgr} par litre, si les cerises ont été mises en fermentation en présence des noyaux écrasés; elle n'est jamais inférieure à 20^{mgr} par litre pour une teneur alcoolique de 45 à 50°.

RECHERCHE DE L'ALCOOL DÉNATURÉ DANS LES SPIRITUEUX

L'administration des contributions indirectes a fixé, par une circulaire du 25 juin 1893, les conditions nouvelles de dénaturation des alcools destinés aux usages industriels et qui, à ce titre, bénéficient de l'exemption des droits de consommation. Bien que la nature des substances dénaturantes rende pour l'avenir presque impossible la revivification de l'alcool, du moins dans des conditions économiques, il y a lieu de penser que cette fraude pourra encore être pratiquée. Certains spiritueux sont préparés avec des essences dont le pouvoir aromatique est assez puissant pour masquer presque totalement l'odeur et le goût nauséabonds des substances dénaturantes.

Toutes les fois qu'on supposera qu'un spiritueux aura pu être préparé à l'aide d'un alcool dénaturé au méthylène, il y aura lieu de rechercher la présence de l'acétone et de l'alcool méthylique.

La présence de l'aldéhyde qui agit de même que l'acétone sur le réactif iodé peut entraîner une cause d'erreur dans l'interprétation des résultats de l'essai; il convient de s'en débarrasser soit en la retenant par le chlorhydrate de métaphénylènediamine, soit, comme le recommande M. Bardy, en distillant 5^{cc} d'alcool avec 7^{cc} d'acide sulfurique et 10^{cc} d'eau, et en recueillant les vapeurs dans un ballon renfermant une petite quantité d'eau. Quand l'alcool est débarrassé de l'aldéhyde, on amène son titre à environ 1 p. 100. A 5^{cc} de dilution on ajoute dans un tube à essai 10^{cc} de solution binormale de soude (80^{gr} par litre), puis 0^{cc},5 de solution binormale d'iode (32^{gr},2 d'iodure de potassium et 25^{gr},4 d'iode pour 100^{cc}), on mélange les liquides en retournant le tube une seule fois sur lui-même, on ajoute 15^{cc} d'eau distillée, on mélange de nouveau et on examine si un précipité jaune ou seulement un louche s'est formé. Il sera avantageux de faire simultanément l'essai sur de l'alcool pur à 1 p. 100. A froid l'acétone, seule, développera un précipité jaune d'iodoforme; mais si la température s'élève un peu, l'alcool éthylique peut donner la même réaction. Si l'alcool essayé ne donne pas plus de précipité que le type d'alcool pur, on peut conclure de l'absence d'acétone à celle de l'alcool dénaturé; dans le cas contraire, il y a lieu de rechercher la présence de l'alcool méthylique.

MM. Riche et Bardy recommandent pour cette recherche de transformer l'alcool éthylique et l'alcool méthylique en iodures alcooliques, puis en éthyl et méthylaniline, bases qui, par oxydation, donnent naissance à des matières colorantes brun acajou et violette, bien distinctes. Dans un ballon de verre communiquant par un rodage à un réfrigérant ascendant on introduit : 3^{gr} de phosphore rouge et 10^{gr} d'iode. On ferme le ballon à l'aide d'un bouchon de verre portant une pipette à robinet de 10^{cc} de capacité. On laisse couler 10^{cc} d'alcool à essayer, goutte à goutte, de façon à éviter un trop grand échauffement; on lave la pipette avec quelques centimètres cubes d'acide iodhydrique, puis quand il cesse de se dégager des vapeurs, ce qui est l'indice de la fin de la réaction, on incline le réfrigérant et on distille au bain-marie les iodures alcooliques formés.

On les recueille dans des tubes à essai renfermant 20 à 30cc d'eau et on les abandonne au repos pendant 24 heures au moins, après addition de 6cc d'huile d'aniline pure.

On dissout dans l'eau les cristaux d'éthyl et méthylaniline formés et on déplace les bases par la soude de 1,332 4 de densité. On décante et on filtre, puis on en prélève 1cc que l'on verse sur 10gr d'un des mélanges oxydants suivants contenus dans une soucoupe de porcelaine :

Mélange Hoffmann.		Mélange plus actif.	
Sable.	100gr	Sel marin pulvérisé	100gr
Nitrate de cuivre.	3	Sulfate de cuivre	5
Sel marin	2	Acide phénique	4

Il se forme une pâte que l'on maintient, pendant 8 à 10 heures, à une température voisine de 70°. L'épuisement de la matière colorante est assez délicat. M. Bardy recommande de traiter la pâte formée par l'alcool, de verser la solution dans une capsule de 1lit, de chauffer à l'ébullition, et d'ajouter à ce moment 500cc d'eau et 2gr de carbonate de chaux. Quand l'alcool a été complètement chassé par l'ébullition, on reprend par l'acide acétique et on filtre la liqueur. On insolubilise la matière colorante par le sel marin, on recueille sur un filtre le précipité et on l'épuise de nouveau par l'alcool que l'on amène au volume de 250cc.

On peut encore traiter la pâte par l'eau et la chaux, puis saturer le résidu insoluble par l'hydrogène sulfuré ou une solution titrée de sulfure de sodium ; on épuise ensuite par l'acide chlorhydrique étendu. La matière colorante est précipitée par le sel marin, puis redissoute dans 250cc d'alcool. Il nous a semblé avantageux de soumettre la première solution alcoolique à l'électrolyse ; une fois le cuivre déposé sur une anode, il ne reste plus qu'à précipiter la matière colorante et à la redissoudre dans 250cc d'alcool.

L'éthylaniline donne par oxydation une matière colorante brun acajou; la méthylaniline forme du violet méthyle, dont le pouvoir tinctorial est assez puissant pour qu'on puisse en reconnaître la présence même à l'état de traces.

On verse 10cc de la solution alcoolique des matières colorantes dans 250cc d'eau, et on épuise la matière colorante à l'ébullition en teignant un morceau de cachemire bien dégraissé de 10c de côté. On peut faire des teintures avec la matière colorante provenant de solutions alcooliques renfermant des quantités connues d'alcool méthylique; en comparant l'échantillon teint après l'essai aux échantillons types, il devient possible de fixer avec une certaine approximation la teneur de l'alcool essayé en alcool méthylique.

Par ce procédé, on peut retrouver facilement jusqu'à 0,5 p. 100 d'alcool méthylique dans l'alcool éthylique.

Partie supplémentaire.

ALCOOLS ET SPIRITUEUX

PAR M. L. CUNIASSE

Modification de l'appareil à distiller les spiritueux.

Nous avons modifié l'appareil décrit page 289 dans le but de pouvoir l'utiliser pour les différentes opérations de l'analyse, afin de supprimer les réfrigérants de verre très fragiles et si encombrants.

La cuve de cuivre qui contient les tubes condenseurs a été construite dans des proportions un peu plus grandes. Elle mesure 45cm de hauteur sur 45cm de largeur. Les tubulures inférieures de cette cuve qui laissent passer les tubes condenseurs sont disposées sur le devant au bas de la paroi verticale.

Les tiges latérales qui supportent la grille et les brûleurs présentent la hauteur totale de l'appareil.

Sur les tubes de condensation, dont la hauteur a été portée à 55cm, les entonnoirs ont été supprimés, et les tubes sont coudés à angles obtus dans le haut et dans le bas.

Cette nouvelle disposition supprime les réfrigérants ascendants, puisqu'il devient possible avec le même appareil de faire simultanément quatre distillations ou de chauffer au réfrigérant à reflux quatre ballons contenant des liquides alcooliques.

Cet appareil est utilisé dans l'analyse :

1° Pour distiller les spiritueux ;

2° Pour saponifier la prise d'échantillon nécessaire au dosage des éthers ;

3° Pour cohober l'alcool en présence du chlorhydrate de métaphénylène-diamine dans l'opération préalable au dosage des alcools supérieurs ;

4° Pour distiller l'alcool ainsi traité.

Il présente l'avantage de pouvoir être manié d'un seul côté, les ballons chauffés et les récipients destinés à recevoir le liquide distillé se trouvant placés sur le devant de l'appareil et à une distance assez grande pour que la chaleur des brûleurs ne volatilise pas d'alcool distillé.

Le prolongement des tiges latérales permet l'usage de ballons de toutes les dimensions. Il permet l'emploi de ballons à col court surmontés de tubes courbés à angle aigu immédiatement au-dessus du bouchon pour éviter tout reflux et permettre l'entraînement des impuretés à point d'ébullition élevé ; cette dernière disposition n'empêchant pas, dans les cas utiles, l'interposition de tubes analyseurs.

Enfin c'est à l'aide de cet appareil que l'on distille les absinthes, d'après la dernière méthode de MM. Sanglé-Ferrière et L. Cuniasse.

Recherche et dosage de l'aldéhyde benzoïque dans les kirschs.

MÉTHODE DE MM. L. CUNIASSE ET S. DE RACZKOWSKI.

Cette méthode est basée sur la propriété que possède l'aldéhyde benzoïque de former avec le chlorhydrate de phénylhydrazine une combinaison cristallisée insoluble dans l'alcool faible.

On prépare une solution du réactif de la façon suivante :

Chlorhydrate de phénylhydrazine..................	2 gr.
Acétate de soude cristallisé........................	3 —
Eau distillée..	20 —

Dissoudre à chaud et filtrer. Ce réactif ne se conservant pas, il doit être préparé au moment de son emploi.

Recherche qualitative. — Pour la recherche qualitative, on verse, dans un petit ballon de 125^{cc}, cinquante centimètres cubes environ de kirsch préalablement distillé en présence d'un excès de potasse. La quantité de kirsch distillée pour le dosage de l'acide cyanhydrique et non employée au dosage peut être utilisée à cet effet.

On ajoute 10^{cc} environ de réactif, on agite pour mélanger, puis on complète le volume du ballon avec de l'eau distillée, afin de réduire le titre alcoolique du mélange au-dessous de 25°.

Si on se trouve en présence d'un kirsch aromatisé avec une essence artificielle ayant pour base l'aldéhyde benzoïque, on obtient un trouble abondant constitué par la benzylidènephénylhydrazine, qui se manifeste par la formation de petits cristaux soyeux très caractéristiques. Quand il n'y a qu'une très faible quantité d'aldéhyde benzoïque, le précipité ne se forme qu'après 10 ou 15 minutes.

Dosage de l'aldéhyde benzoïque. — Pour doser l'aldéhyde benzoïque, on distille, en présence d'un léger excès de potasse et de quelques centimètres cubes d'eau, 100 ou 200^{cc} de kirsch, on recueille exactement les 100 ou 200^{cc} correspondant à la prise d'échantillon. Sur ce liquide distillé on verse 5 à 10^{cc} de réactif à base de chlorhydrate de phénylhydrazine préparé dans les conditions indiquées ci-dessus.

On double ensuite le volume employé par une addition correspondante d'eau afin d'abaisser le degré alcoolique à 25° au maximum ; on agite, on laisse reposer une heure, on filtre sur un petit filtre sans plis, on lave une ou deux fois avec de l'eau faiblement alcoolisée, puis on traite à plusieurs reprises les cristaux maintenus sur le filtre par des petites quantités (10^{cc} environ) d'alcool absolu en recueillant le filtratum dans une petite capsule de verre tarée.

Après dissolution complète on évapore l'alcool dans l'étuve à 80° ou dans le vide.

Le poids de benzylidène phénylhydrazine trouvé $\times$ 0,540 correspond à la quantité d'aldéhyde benzoïque contenu dans la prise d'essai(1).

ANALYSE DES ABSINTHES

[NOUVELLE MÉTHODE DE MM. SANGLÉ-FERRIÈRE ET L. CUNIASSE (2).]

Afin de pouvoir analyser l'alcool ayant servi à préparer l'absinthe, on commence par séparer les essences de leur dissolution. Pour cela on prend très exactement le degré alcoolique apparent du spiritueux à 15° C.; puis on dilue l'absinthe dans des conditions identiques pour les différents titres.

Le titre adopté est de 25° avec un volume total de 600^{cc}.

Soit une absinthe au titre apparent T ayant une densité correspondante D. Pour obtenir 600^{cc} d'un mélange d'alcool et d'eau à 25° en tenant compte de la contraction, il faudra prendre :

$$V \frac{15000}{T} \text{ d'absinthe en volume,}$$

et y ajouter un volume d'eau déterminé d'après l'équation suivante :

$$x = 582{,}4 - VD,$$

582,4 représentant le poids de 600^{cc} d'alcool à 25°, ayant une densité égale à 0,97084.

Exemple : Absinthe de titre apparent 50°, ayant une densité correspondante 0,93437.

$$\frac{15000}{50} = 300 \text{ centimètres cubes d'absinthe,}$$

auxquels il y a lieu d'ajouter :

$$300{,}0 \times 0{,}93437 = 280{,}3$$
$$582{,}4 - 280{,}3 = 302^{cc}{,}1 \text{ d'eau.}$$

(1) Ch. Girard et L. Cuniasse, *Analyse des alcools et des spiritueux*. Masson et Cie, éditeurs, 1899.

(2) Sanglé-Ferrière et L. Cuniasse, *Nouvelle méthode d'analyse des absinthes*. Vve Ch. Dunod, éditeur, 1902.

Les 600^{cc} du liquide ainsi obtenus sont placés dans un ballon. On y ajoute 40^{gr} de noir végétal en poudre fine et bien sec, on agite et on laisse en contact vingt-quatre heures.

On filtre, on prélève 500^{cc} de liquide filtré et on distille à feu nu dans un ballon à col court, en recueillant exactement 300^{cc} de distillatum. On détermine le degré alcoolique de ce liquide.

Soit t le titre alcoolique trouvé par la distillation de 500^{cc} du mélange d'absinthe et d'eau mesuré au volume de 300.

L'alcool des 300^{cc}

$$= t \times 3 \text{ en volume},$$

et l'alcool total de 600^{cc},

$$= \frac{t \times 3 \times 6}{5}.$$

qui correspond à un volume V d'absinthe ; l'alcool total des 100^{cc} d'absinthe sera :

$$\frac{t \times 3 \times 6 \times 100}{5 \times V} = \frac{t \times 3 \times 3 \times 20}{60} = \frac{360 \times t}{V}.$$

Dosage des éthers.

On dose les éthers par saponification sur 50^{cc} d'alcool au titre t, d'après le procédé indiqué pour l'analyse des alcools (p. 309).

Quand on a le chiffre qui représente la quantité d'éthers par litre d'alcool au titre t, pour avoir la quantité d'éthers contenus dans 100^{cc} d'alcool à 100°, on applique la formule :

$$\frac{E \times 100}{t}.$$

Dosage des aldéhydes.

L'alcool au titre t est préalablement ramené au titre de 50°, à l'aide d'une addition d'alcool pur à 90° (p. 301).

On pratique le dosage colorimétriquement d'après les procédés indiqués, sur cet alcool ramené à 50° (p. 304).

La quantité d'aldéhydes est exprimée en éthanal pour 100 centimètres cubes d'alcool à 100° à l'aide des formules :

$$a \times V = a',$$
$$\frac{a' \times 100}{t},$$

dans lesquelles :

a = aldéhydes trouvés par litre d'alcool à 50° ;
V = volume obtenu après la concentration de l'alcool t ;
t = titre de l'alcool avant concentration.

Dosage du furfurol.

On opère ce dosage sur l'alcool *t* ramené au titre de 50° colorimétriquement avec l'acétate d'aniline (p. 308).

Il faut avoir soin de tenir compte des dilutions successives, comme cela a été fait pour les aldéhydes.

On exprime en furfurol pour 100 centimètres cubes d'alcool à 100°.

Dosage des alcools supérieurs.

Pour doser les alcools supérieurs, 50cc d'alcool *t* ramené au titre de 50° sont traités par 1gr de chlorhydrate de métaphénylènediamine pour fixer les aldéhydes. On procède au dosage (Voir p. 311).

Le chiffre trouvé par litre d'alcool à 50° est exprimé en alcool isobutylique pour 100cc d'alcool à 100°.

Dosage de l'acidité.

L'acidité de l'absinthe est prise directement sur le spiritueux même avec la liqueur de potasse normale décime en faisant des touches sur le papier de tournesol sensible.

Cette acidité est exprimée en acide acétique pour 100cc d'absinthe à 100°.

Recherche de l'alcool méthylique.

On peut rechercher l'alcool méthylique dans les absinthes par les procédés de MM. Riche et Bardy ou par la méthode de M. Trillat.

Nous avons néanmoins imaginé un nouveau procédé d'une technique très simple, qui nous permet, en quelques minutes et directement, de déceler avec une sensibilité très suffisante la présence de l'alcool méthylique dans l'alcool éthylique.

Pratique de notre méthode.

Pour les absinthes, nous effectuons cette recherche sur l'alcool au titre *t*.

Cinquante centimètres cubes de cet alcool sont additionnés de 1cc d'acide sulfurique pur. On y ajoute ensuite 5cc d'une solution de permanganate de potassium à saturation.

On attend quelques minutes, afin que la coloration du produit soit franchement brune sans coloration rouge due au permanganate en excès. On sature alors avec du carbonate de sodium pulvérisé ou en solution concentrée jusqu'à réaction légèrement alcaline. On filtre sur la solution claire, on verse 2cc d'une solution de phloroglucine à 1gr par litre et 1cc de potasse concentrée, qui produisent la coloration rouge très nette due à la présence de l'alcool méthylique.

S'il se produisait une faible coloration jaune rosé ou violacé, il n'y aurait pas lieu de s'y arrêter, la coloration obtenue en présence des produits d'oxydation de l'alcool méthylique étant franchement rouge. On peut contrôler le résultat de cet essai par la réaction de l'acide gallique; à cet effet on acidule la liqueur alcaline filtrée avec un peu d'acide sulfurique dilué. On ajoute quelques centigrammes d'acide gallique en poudre. On agite pour dissoudre. Quand l'acide gallique est bien dissous, on verse avec précaution un peu d'acide sulfurique pur qui tombe au fond du tube par différence de densité. On n'agite pas et, au bout de quelques instants, il se forme au plan de séparation de l'acide et du liquide alcoolique une coloration bleue, qui dans ce cas confirme la présence de l'alcool méthylique.

Recherche de l'acétone.

On procède à la recherche de l'acétone sur l'alcool au titre *t*, en appliquant la réaction de l'iodoforme (Voir p. 346).

Essai de l'alcool par l'acide sulfurique (Essai Lavalle).

Cet essai se fait, comme pour l'alcool des spiritueux, sur l'alcool au titre *t* ramené à 50° (Voir p. 329).

Dosage des essences.

On mesure 100cc d'absinthe que l'on verse dans un petit ballon de 250cc et auxquels on ajoute 10cc d'eau. On distille rapidement et on recueille exactement 100cc.

Cinquante centimètres cubes de cette absinthe distillée sont placés dans une fiole conique bouchée à l'émeri et additionnés de 25cc d'un mélange à parties égales des deux solutions ci-dessous, puis le tout est laissé en contact pendant trois heures :

1° Solution d'iode, 50gr d'iode bisublimé pour 1 litre d'alcool à 96° ;

2° Solution mercurique : 60gr de bichlorure de mercure dans 1 litre d'alcool à 96°.

Simultanément la même opération est faite dans une fiole semblable et de même capacité, dans laquelle il avait été préalablement placé 50cc d'alcool à 80° environ ou mieux au titre approché de l'absinthe sur laquelle le dosage des huiles essentielles est effectué.

Après trois heures, l'action de l'iode étant complète, les bouchons de verre et les parois des fioles sont lavés avec quelques centimètres cubes d'une solution concentrée d'iodure de potassium.

On procède alors au titrage de l'iode libre d'après la technique de Hübl, à l'aide d'une solution d'hyposulfite de sodium à 24gr,8 par litre et correspondant à la liqueur d'iode normale décime. On se sert, au besoin, comme indicateur, de quelques gouttes d'empois d'amidon.

La différence entre le nombre de centimètres cubes de liqueur d'hyposulfite de sodium employés pour décolorer l'alcool type et l'absinthe analysée $\times$ 0,2032 donne le poids d'huiles essentielles en grammes par litre d'absinthe.

ANALYSE DES APÉRITIFS AMERS

La méthode de MM. Sanglé-Ferrière et L. Cuniasse pour l'analyse des absinthes peut être appliquée à l'analyse des apéritifs amers (1).

Elle permet l'examen de l'alcool au point de vue de sa pureté. Pour cet examen on procède comme cela a été décrit pour l'absinthe.

On dose les essences comme pour l'absinthe, mais on exprime ces essences en essence d'orange ou de Portugal et, dans ce cas, la différence entre le nombre de centimètres cubes employés pour le titrage du type et le nombre de centimètres cubes trouvés pour le titrage de l'échantillon doit être $\times$ 0,0753 pour avoir la teneur en grammes par litre de spiritueux, la prise d'échantillon étant de 50 centimètres cubes comme pour le dosage des essences dans l'absinthe.

Étude des matières fixes.

On dose l'extrait sec comme dans les autres spiritueux. A ce propos, afin d'unifier les résultats obtenus par différents laboratoires, nous préférons laisser la prise d'échantillon huit heures sur un bain-marie alimenté avec de l'eau distillée. Dans ces conditions nous obtenons des résultats beaucoup plus constants que ceux donnés par les étuves.

Dosage du sucre. — Le sucre se trouve dans les amers à l'état de saccharose en partie interverti; pour le doser, on prend 10 centimètres cubes d'amer, on chasse l'alcool et on ajoute 5 centimètres cubes de perchlorure de fer en solution concentrée, on chauffe dix minutes au bain-marie, on laisse refroidir et on sature l'acidité en ajoutant avec précaution du carbonate de sodium en solution concentrée. On met une petite pincée de noir décolorant et on complète au volume de 100 centimètres cubes avec de l'eau distillée.

Après filtration, on dose sur 10 centimètres cubes de liqueur de Fehling. On exprime en glucose ou en saccharose.

On recherche le caramel, les alcaloïdes, les glucosides et on caractérise les colorants dérivés de la houille.

---

(1) Sanglé-Ferrière et L. Cuniasse, *Journal de Pharmacie et de Chimie*, 1er mars 1903.

Dosage des essences dans les liqueurs (1).

Dans le but de généraliser le procédé de dosage des huiles essentielles que nous avons indiqué dans notre méthode d'analyse des absinthes et de l'appliquer à la détermination de la richesse aromatique des liqueurs à essences, nous avons établi, d'une façon rigoureusement exacte, le chiffre d'absorption de l'iode pour un certain nombre d'essences dont voici les plus généralement employées :

IODE ABSORBÉ EN GRAMMES PAR GRAMME D'ESSENCE.

Essence d'angélique-racine (1902)	1,8542
Essence de menthe anglaise	0,5848
Essence de citron	3,0600
Essence de carvi	2,4190
Essence d'anis de Russie (1901)	1,4170

(1) Sanglé-Ferrière et L. Cuniasse, *Détermination de l'indice d'iode dans les essences*, (*Journal de Pharmacie et de Chimie*, 15 février 1903).

LAIT

PAR M. LADAN BOCKAIRY

Le lait est le liquide sécrété par les glandes mammaires des femelles après la naissance des petits. Ce liquide, devant servir de nourriture exclusive aux jeunes animaux pendant un temps plus ou moins long, renferme tous les éléments nécessaires à l'entretien de la vie.

L'analyse nous apprend en effet que l'on rencontre dans le lait un sucre, la lactose, une ou plusieurs matières albuminoïdes, la caséine et l'albumine, une matière grasse, le beurre, des sels et de l'eau.

Tous les mammifères pourraient fournir à l'homme une certaine quantité de lait, mais on utilise surtout dans l'alimentation et l'industrie le lait de vache. Cet animal donne pendant une longue période un lait abondant; la quantité de lait que produisent les chèvres, les ânesses, les brebis, etc., est insignifiante auprès de la quantité énorme de lait de vache qui est consommée chaque jour. Dans ce qui va suivre nous nous occuperons donc, pour ainsi dire, exclusivement du lait commercial par excellence, c'est-à-dire du lait de vache.

Le lait est un produit relativement bon marché; aussi les falsifications qu'on peut lui faire subir, pour être rémunératrices, sont-elles peu nombreuses. On ne rencontre, en effet, généralement que deux fraudes : le mouillage et l'écrémage. *Le mouillage* consiste à additionner le lait d'une certaine quantité d'eau, *l'écrémage* à enlever au lait sa matière grasse. On dit cependant que certains industriels commettraient une autre falsification qui consiste, après avoir écrémé le lait avec une écrémeuse centrifuge, à remplacer le beurre par une émulsion d'huile de graine.

Quels moyens le public et les chimistes ont-ils à leur disposition pour reconnaître la falsification et démasquer la fraude?

ANALYSE DU LAIT

Examen organoleptique. — Souvent un simple examen organoleptique suffit à une personne expérimentée pour s'apercevoir qu'on lui livre de mauvaise marchandise.

L'odeur, la couleur, la saveur, la consistance du lait sont en effet des éléments suffisants pour apprécier la qualité du lait. De plus l'examen organoleptique guide souvent le chimiste et lui permet de diriger plus spécialement ses recherches sur un point que sur un autre.

Le lait frais doit posséder une *odeur* faible mais agréable et caractéristique. Il ne doit jamais dégager d'odeur fétide, ce qui arrive quand la nourriture des vaches est très mauvaise ou quand le lait a été conservé dans des endroits malpropres : car le lait s'imprègne très rapidement des odeurs dont il est entouré.

Le lait qui a bouilli perd son odeur caractéristique et il devient très difficile de se servir de l'odeur qu'il dégage comme moyen de contrôle de la bonne qualité de la marchandise.

La couleur du lait peut également fournir de bonnes indications : une teinte jaune indique généralement que le lait est riche en crème; de même, si le lait est très opaque, on est en droit de croire qu'il contient un grand nombre de globules gras. Les laits écrémés ou additionnés d'eau deviennent légèrement bleuâtres : aussi les désigne-t-on dans le commerce sous le nom de laits bleus. Il est donc facile de reconnaître, rien qu'à sa couleur, un lait pauvre en matière grasse; d'ailleurs les marchands se trompent rarement sur la qualité du lait. Cependant l'on sait que la nourriture des vaches peut apporter quelques modifications à la couleur du lait; ainsi le lait de pâturage a généralement plus belle apparence que celui produit par la nourriture d'hiver. Avec la même quantité de beurre le premier lait est plus jaune que le second; ce dernier reste en effet toujours blanc, quelle que soit la quantité de crème qu'il contienne, mais son opacité augmentant avec la proportion de matière grasse qu'il renferme, le marchand sait fort bien à quoi s'en tenir.

La *dégustation* vient confirmer ces premières données: car le lait possède une saveur toute spéciale, corsée, franche, agréable quand le lait est de bonne qualité; elle est détruite à peu près complètement si l'on modifie la composition du lait d'une manière quelconque. L'addition d'eau, la soustraction de crème rendent le lait insipide. L'onctuosité si agréable de ce liquide disparaît également rapidement quand on l'additionne d'eau. Si le lait n'est pas frais, et qu'il commence à s'altérer, il prend une saveur légèrement acide, que l'on perçoit nettement avec un peu d'habitude.

L'emploi du bicarbonate de soude comme agent conservateur est révélé par la dégustation dès qu'on l'introduit dans le lait à une dose un peu élevée, car le lait prend alors un goût alcalin très désagréable, qui rappelle celui de la lessive.

Par l'application de la chaleur, le lait perd sa saveur douce et contracte un goût désagréable d'autant plus prononcé qu'on s'est plus rapproché de son point d'ébullition. Les indications de la dégustation deviennent alors moins concluantes et l'on est exposé à commettre des erreurs.

Examen optique du lait. — Les diverses propriétés du lait dont nous venons de parler, bien que suffisantes pour reconnaître la fraude, ne donnent absolument qu'une conviction personnelle, et il est difficile, pour ne pas dire impossible, à une personne qui n'a pas examiné elle-même l'échantillon d'utiliser des appréciations de cette nature.

Certains chimistes ont pensé que l'on tournerait cette difficulté si l'on disposait d'un instrument qui rendît comparables les observations relatives à l'opacité. Ce fut cette idée qui présida à l'invention des différents lactoscopes.

Lactoscope de Donné. — Cet instrument consiste essentiellement en un cylindre métallique muni d'une glace à chacune de ses extrémités. Le cylindre n'est pas venu d'une seule pièce et les deux parties qui le composent sont réunies au moyen d'un pas de vis; on peut donc, en serrant plus ou moins la vis, faire varier la longueur du cylindre et augmenter ou diminuer l'épaisseur de la cavité centrale. Un manche fixé à la partie antérieure de l'instrument permet de le soutenir, un entonnoir facilite le remplissage.

Un tour entier de la vis produit une variation de longueur de 1^{mm}, or la graduation que porte l'instrument est telle que 1° correspond à l'épaisseur de 1/100e de millimètre.

Pour se servir de l'appareil on verse du lait dans l'entonnoir; puis, se plaçant à un mètre d'une bougie dans une chambre obscure, on fait varier l'épaisseur de la couche de lait de façon à ne plus distinguer les contours de la flamme.

Il est évident que l'opacité du lait ayant pour cause principale les globules de matière grasse, un lait qui laisse difficilement passer la lumière sera un lait riche en crème; il ne faudra donc qu'une faible épaisseur de liquide pour rendre invisible la flamme de la bougie; si le lait a été écrémé ou additionné d'eau, comme la quantité de matière grasse nécessaire pour produire une même opacité est toujours la même, l'on sera obligé pour intercepter la flamme de la bougie d'augmenter le volume du lait au moyen de la vis de l'oculaire.

Le tableau suivant, dû à Bouchardat, montre comment se comporte le lactoscope comparativement à l'analyse chimique.

Degré au lactoscope.	Poids approximatif du beurre par litre.	Degré au lactoscope.	Poids approximatif du beurre par litre.
25	40	38	27
26	39	39	26
27	38	40	25,50
28	37	41	25
29	36	42	24,50
30	35	43	24
31	34	44	23,50
32	33	45	23
33	32	46	22,25
34	31	47	21,50
35	30	48	21
36	29	49	20,50
37	28	50	20

Cet appareil n'a pas rendu les services que l'on en attendait et est maintenant généralement abandonné. Le pas de vis s'use en effet assez rapidement et la graduation de l'appareil se trouve par suite faussée. Il faut, d'autre part, maintenir l'appareil dans le plus grand état de propreté si l'on veut éviter que le pas de vis ne s'engorge et que les glaces ne se ternissent.

Lactoscope de Vogel. — Vogel a essayé de remédier aux inconvénients du lactoscope de Donné tout en conservant le même principe. Sa méthode se résume à ceci : conserver la même épaisseur de liquide, mais ajouter à de l'eau une quantité de lait suffisante pour faire disparaître les contours de la flamme d'une bougie. On opère de la façon suivante : on remplit avec de l'eau une éprouvette de 100^{cc}, puis on ajoute 3^{cc} de lait, on agite et l'on remplit de ce mélange un vase de verre à faces parallèles, fixé dans une monture en laiton ; les faces sont distantes l'une de l'autre de 5^{mm}. On se place alors dans les mêmes conditions d'examen que pour le lactoscope de Donné ; si la flamme apparaît encore avec netteté on reverse le liquide dans l'éprouvette, l'on ajoute 0^{cc},5 de lait et l'on fait un nouvel examen. L'opération se continue ainsi par additions de 0^{cc},5 jusqu'à ce que l'on obtienne le résultat désiré. On trouve alors la richesse du lait en matière grasse à l'aide du tableau suivant :

TABLEAU DE VOGEL

1^{cc},0 de lait	p. 100 d'eau	correspond à	23,43	p. 100 de graisse.
1 ,5	—	—	15,46	—
2 ,0	—	—	11,83	—
2 ,5	—	—	9,51	—
3 ,0	—	—	7,96	—
3 ,5	—	—	6,86	—
4 ,0	—	—	6,03	—
4 ,5	—	—	5,38	—
5 ,0	—	—	4,87	—
5 ,5	—	—	4,45	—
6 ,0	—	—	4,09	—
6 ,5	—	—	3,80	—
7 ,0	—	—	3,54	—
7 ,5	—	—	3,32	—
8 ,0	—	—	3,13	—
8 ,5	—	—	2,96	—
9 ,0	—	—	2,80	—
9 ,5	—	—	2,77	—
10 ,0	—	—	2,55	—
11 ,0	—	—	2,43	—
12 ,0	—	—	2,16	—
13 ,0	—	—	2,01	—
14 ,0	—	—	1,88	—
15 ,0	—	—	1,78	—
16 ,0	—	—	1,68	—
17 ,0	—	—	1,60	—
18 ,0	—	—	1,52	—
19 ,0	—	—	1,45	—
20 ,0	—	—	1,39	—
22 ,0	—	—	1,28	—

24^{cc},0 de lait p. 100 d'eau	correspond	à	1,19 p. 100 de graisse.	
26 ,0	—	—	1,12	—
28 ,0	—	—	1,06	—
30 ,0	—	—	1,00	—
35 ,0	—	—	0,89	—
40 ,0	—	—	0,81	—
45 ,0	—	—	0,74	—
50 ,0	—	—	0,69	—
55 ,0	—	—	0,64	—
60 ,0	—	—	0,61	—
70 ,0	—	—	0,56	—
80 ,0	—	—	0,52	—
90 ,0	—	—	0,48	—
100 ,0	—	—	0,46	—

Lactoscope de Feser. — L'idée de Vogel a été reprise et modifiée par Feser de la façon suivante : on prend une quantité déterminée de lait, 4^{cc}, et on y mélange de l'eau dans une fiole ad hoc jusqu'à ce que l'on ne puisse plus distinguer les graduations d'une échelle noire placée dans l'appareil. L'auteur espérait ainsi obtenir des résultats plus comparables qu'avec la flamme d'une bougie, dont les contours ne sont pas nets, et surtout il voulait pouvoir opérer sur les lieux mêmes où sont faits les prélèvements de lait, tandis qu'il fallait une chambre noire pour les autres lactoscopes.

Lactoscope de Hager. — Le lactoscope de Feser laissait à désirer parce que la graduation s'effaçait petit à petit. Hager a pensé que l'on pouvait remédier à cet inconvénient et qu'il ne fallait pas demander à un instrument d'optique une analyse quantitative du lait. Voici comment il opère : on place dans une éprouvette d'un litre 11^{cc} de lait, puis on complète avec de l'eau, on agite et l'on remplit une petit vase de verre de 1^{cm} de haut avec ce mélange, on place le vase sur un mot imprimé ; peut-on lire ce mot, le lait est mauvais; ne distingue-t-on plus les caractères, le lait est bon.

La méthode de Hager peut donner des résultats pratiques très appréciables; elle est, en effet, simple et d'un maniement facile; de plus elle ne nécessite pour ainsi dire pas d'appareils spéciaux, elle est donc à la portée de tous.

Pioscope. — Le pioscope est également un appareil facile à manier, mais dont les indications sont moins précises et plus difficiles à saisir que celles fournies par le lactoscope de Hager.

Le pioscope est basé sur la teinte que prend le lait quand on l'examine sous une faible épaisseur par transparence sur un fond noir. Cette teinte qui varie du blanc jaunâtre au gris ardoise, selon la richesse du lait en matière grasse, sert à déterminer la qualité du lait. A cet effet on place une goutte de lait dans une petite cavité ménagée au centre d'une plaque d'ébonite, puis on l'écrase avec un disque en verre. On compare alors la teinte que prend le lait avec une série de nuances peintes sur les bords du disque de verre.

Plus le lait est mouillé ou écrémé, plus sa couleur tire sur le bleu; malheureusement la fraude n'est bien visible que quand elle atteint des proportions déjà considérables : car les nuances de la plaque de verre ne reproduisant pas absolument les teintes que prend le lait additionné d'eau, il faut savoir faire certains rapprochements de couleur pour utiliser l'instrument.

Les instruments tels que les lactoscope et les pioscopes ne donnent, comme nous venons de le voir, que des résultats très incertains, mais ils ne nécessitent l'emploi que d'une quantité très minime de lait et l'on obtient, de plus, très rapidement les renseignements qu'ils sont susceptibles de fournir. Cependant, leur emploi ne s'est pas généralisé et l'on préfère dans l'industrie recourir soit au crémomètre dans les petites installations, soit au contrôleur Fjord dans les grandes exploitations.

Dosage de la matière grasse.

Crémomètre. — Le crémomètre le plus employé est celui de Chevalier. C'est tout simplement une éprouvette à pied d'environ 38^{mm} de diamètre intérieur et de 220^{mm} de hauteur. La graduation ne part pas du sommet de l'éprouvette, mais commence seulement à environ 140^{mm} du fond. Les divisions n'occupent que le tiers supérieur de l'éprouvette qui porte, par conséquent, seulement la graduation de 33 centièmes.

La façon de se servir de cet instrument est des plus simples, elle consiste à remplir de lait l'éprouvette jusqu'au trait supérieur, puis à laisser monter la crème dans un endroit frais pendant vingt-quatre heures. On lit alors l'épaisseur de la crème qui s'est formée, en dirigeant le rayon visuel dans le plan inférieur de la couche de crème : on obtient ainsi, en centièmes, la teneur en crème de l'échantillon.

Les résultats sont loin d'être rigoureux : car la montée de la crème n'est pas régulière ; l'on sait, en effet, que si l'on trouble plusieurs fois l'ascension des globules, ceux-ci ne reprennent pas leur mouvement primitif avec une égale facilité.

D'autre part, si l'on a affaire à des laits additionnés d'eau, la séparation de la matière grasse s'opère plus rapidement que dans des laits entiers. Or, l'on a reconnu que la couche de crème tendait à se tasser lorsque les globules étaient réunis depuis un temps assez long. La question de température vient également jouer un certain rôle dans la rapidité de la formation de la crème, mais on peut se garantir de cette cause d'incertitude en opérant toujours dans un endroit frais à la température moyenne de 15°. On évite en même temps la coagulation du lait, qui empêcherait absolument la montée de la crème. Un lait de bonne qualité donne au crémomètre de 9 à 14 centièmes de crème, mais on ne peut pas conclure à la falsification si le premier chiffre n'est pas atteint : car, ainsi que nous venons de le dire, le mouvement ascensionnel de la matière grasse est influencé par un grand nombre de causes. Or, si les unes sont connues, les autres n'ont pas encore été étudiées. Le docteur Fjord a pensé que l'on pourrait annuler ces dernières et mesurer exactement la crème en soumettant le lait à l'action de la force centrifuge. Il a fait construire à cet usage un appareil appelé contrôleur Fjord.

Contrôleur Fjord. — Cet appareil consiste en une série de boîtes métalliques aménagées intérieurement de façon à pouvoir contenir plusieurs tubes de verre. Les boîtes sont munies de crochets qui permettent de les suspendre verticalement autour de l'arbre d'une écrémeuse centrifuge.

La façon de se servir de l'appareil est la suivante : on commence par remplir de lait les tubes de verre jusqu'au trait supérieur, soit en mesurant exactement le volume de liquide, soit en remplissant complètement les tubes et en faisant déborder l'excédent de liquide à l'aide d'un petit cylindre de fer-blanc, puis on place les tubes dans les cases ménagées dans les boîtes métalliques et l'on met l'appareil en mouvement; les boîtes prennent alors la position horizontale. Il est évident que l'on obtient ainsi un véritable écrémage centrifuge; mais il faut, pour obtenir des chiffres comparables, observer un certain nombre de précautions indispensables.

La température à laquelle a lieu l'écrémage doit être comprise entre 30 et 32°, et il est facile de se placer dans ces conditions de température en versant dans l'appareil, au moment de sa mise en marche, de l'eau à 40°.

Il est bon, pour ne pas détruire l'équilibre de l'appareil, de placer dans les cases dont on ne se sert pas des tubes remplis d'eau qui contrebalancent le poids des tubes de lait.

La vitesse de rotation n'est pas non plus indifférente et l'on doit se maintenir à 1.200 tours par minute pour obtenir un bon écrémage et éviter un trop grand tassement de la crème. L'appareil est d'ailleurs muni d'un compte-tours et il est facile de se rendre compte du nombre de tours que l'on a donnés pendant les trois quarts d'heure que doit durer l'opération.

En suivant toutes ces indications on obtient des résultats comparables; et cependant l'on n'extrait pas toute la crème du lait.

L'opération du turbinage terminée, on mesure, à l'aide d'une petite règle graduée, la couche de crème qui se trouve dans chaque tube. On a ainsi le pour 100 de crème.

Le docteur Viette a dressé le tableau suivant, qui établit la corrélation qui existe entre la quantité de crème obtenue à l'aide du contrôleur et la matière grasse du lait.

TABLEAU DE M. VIETTE

CRÈME P. 100	BEURRE P. 100	CRÈME P. 100	BEURRE P. 100
9,0	5,0	5,4	3,45
8,8	4,9	5,2	3,4
8,6	4,8	5,0	3,3
8,4	4,7	4,8	3,2
8,2	4,65	4,6	3,1
8,0	4,6	4,4	3,0
7,8	4,5	4,2	2,9
7,6	4,4	4,0	2,85
7,4	4,3	3,8	2,8
7,2	4,2	3,6	2,7
7,0	4,1	3,4	2,6
6,8	4,05	3,2	2,5
6,6	4,0	3,0	2,4
6,4	3,9	2,8	2,3
6,2	3,8	2,6	2,25
6,0	3,7	2,4	2,2
5,8	3,6	2,2	2,1
5,6	3,5	2,0	2,0

Le contrôleur de Fjord ne fournit pas des résultats suffisamment précis pour être employé autrement que comme renseignement; aussi l'ingénieur de Laval a-t-il pensé qu'on pourrait utiliser la force centrifuge plus utilement en isolant non plus la crème, mais la graisse elle-même, et que l'on aurait alors des résultats autrement précis et concluants.

Lactocrite de Laval. — La méthode imaginée par M. de Laval consiste à dissoudre la caséine et, au moyen de la turbine, à réunir la matière grasse ainsi mise en liberté. Voici comment on procède :

A l'aide d'une pipette on prélève 10cc de lait, que l'on mélange avec 10cc d'un acide spécial contenant 95 parties d'acide acétique et 5 parties d'acide sulfurique.

La pipette servant à faire ces prises est très ingénieusement construite, car l'on peut aspirer plus de 10cc de liquide sans avoir besoin de revenir au trait de repère. Elle se compose en effet d'une pipette graduée exactement à 10cc, surmontée d'une boule. Au trait de repère correspondant à 10cc est percé un petit trou. Pour remplir la pipette on bouche ce trou avec le doigt et l'on aspire le liquide par le haut de l'appareil; dès que l'on a dépassé le trait de repère on obture le tube d'aspiration en caoutchouc avec une pince de Mohr, l'on enlève le doigt qui fermait l'orifice du petit trou et on laisse écouler le liquide.

Il est évident que le contenu seul de la partie jaugée pourra sortir, le reste sera retenu par la pression atmosphérique.

Après mesurage le lait et l'acide sont mis ensemble dans un gros tube de verre muni d'un bouchon de caoutchouc, traversé lui-même par un petit tube de verre. Quand les tubes sont remplis, on les place dans des porte-tubes dont les cases sont numérotées et on les chauffe au bain-marie à 90° pendant huit à dix minutes. On agite de temps en temps pour bien mélanger les liquides et aider à la dissolution de la caséine; néanmoins on ne parvient pas à détruire complètement l'émulsion. Le liquide prend une teinte jaunâtre ou violacée, et l'on voit un grand nombre de globules de matière grasse monter à la surface, tandis que d'autres flottent encore au sein du liquide. On laisse refroidir entre 25 et 30°, puis après avoir vigoureusement agité on prélève dans chaque tube de quoi remplir un dé en métal nickelé. Chaque dé est construit de façon à pouvoir recevoir un bouchon en métal surmonté d'un tube capillaire en verre. Comme l'on doit enfoncer le bouchon vivement, de façon à faire déborder une partie du liquide, on place le dé, avant de le boucher, dans une petite coquille en porcelaine et l'on évite ainsi d'être atteint par le liquide projeté. Le bouchon est intérieurement légèrement conique, et grâce à cette disposition l'on est sûr de bien remplir l'appareil, et de plus l'arrivée de la matière grasse dans le tube capillaire est grandement facilitée.

Les dés étant remplis et bouchés, on les introduit dans une turbine spécialement construite pour cet usage.

Cette turbine se compose d'un disque d'acier dans lequel sont ménagés les logements des dés; grâce à un évidement de la partie centrale autour de laquelle sont placés ces logements on peut facilement mettre et enlever les dés. Le disque d'acier est enfermé dans une enveloppe métallique pour éviter les projections qui pourraient survenir accidentellement et maintenir facilement l'appareil à la température de 35 à 40°. Cette température est en effet nécessaire pour maintenir le beurre en fusion. On l'obtient soit en injectant de la vapeur, soit en chauffant directement le disque d'acier avant l'opération.

On met le disque en mouvement au moyen d'un système d'engrenage mû à la main, qui permet de donner un mouvement de rotation de 2,400 tours à la minute.

On admet qu'au bout de huit à dix minutes la séparation de la matière grasse est complète, on cesse alors de tourner et on laisse l'appareil s'arrêter de lui-même. On retire les dés et on lit sur le tube capillaire du bouchon la quantité de matière grasse qui s'y est accumulée. La graduation est telle que l'on obtient ainsi la quantité de matière grasse pour 100.

Il arrive quelquefois que, par suite d'un mauvais remplissage de l'appareil, la matière grasse n'est pas visible dans le tube capillaire : il suffit généralement, pour remédier à cet inconvénient, de chauffer un peu le dé, le liquide qu'il contient se dilate et l'on peut alors faire la lecture.

On a souvent fait de grands éloges de la méthode de Laval, il est en effet possible qu'elle donne de bons résultats entre les mains de personnes très expérimentées; il n'en est pas moins vrai qu'elle comporte des causes d'erreur multiples et qu'elle exige de la part des opérateurs une certaine dextérité pour ne pas être atteints par l'acide acétique concentré.

La principale cause d'erreur réside dans la difficulté d'obtenir avec le lait et l'acide un liquide homogène. Lorsque la caséine a été dissoute par l'action de l'acide acéto-sulfurique, on agite vigoureusement le tube avant de remplir le dé métallique, mais il est évident que la matière grasse tend à se séparer, remonte à la surface, ou tout au moins se réunit en gros globules avant que l'on ait eu le temps de remplir le dé; de même quand on procède à la fermeture de l'appareil on projette au dehors un liquide qui n'est nullement homogène, on peut donc avoir soit gain, soit perte de beurre.

Les essais qui ont été faits, en notre présence, au Laboratoire municipal de Paris, par les soins du constructeur, ont d'ailleurs donné de très médiocres résultats (qui ne concordaient nullement avec l'analyse par pesée). Peut-être a-t-on agi trop précipitamment, peut-être ne s'est-on pas entouré de précautions suffisantes : toujours est-il que cette méthode est au moins extrêmement délicate et donne lieu à des manipulations difficiles, puisque les employés de M. le docteur de Laval eux-mêmes n'ont pas pu en montrer l'excellence.

Pour doser la matière grasse dans le lait, l'on a eu recours non seulement aux procédés physiques que nous venons de décrire, mais on a également utilisé l'action de certains réactifs chimiques combinés de différentes façons avec les dissolvants. Nous allons passer en revue les principales méthodes et rechercher le degré de confiance qu'il convient de leur accorder.

Lacto-butyromètre de M. Marchand. — Le principe du lacto-butyromètre de M. Marchand est le suivant : dissoudre le plus complètement possible la caséine et aider la séparation de la matière grasse à l'aide de l'éther alcoolique, dans lequel le beurre est à peu près insoluble.

L'appareil de M. Marchand se compose d'un tube de verre gradué fermé à l'une de ses extrémités, la partie inférieure et la partie moyenne sont séparées par un

TABLEAU DES CONCORDANCES DES DEGRÉS DU LACTOBUTYROMÈTRE (MARCHAND) AVEC LES QUANTITÉS DE BEURRE CONTENUES DANS 1kg DE LAIT

DEGRÉS	POIDS DE BEURRE	DEGRÉS	POIDS DE BEURRE	DEGRÉS	POIDS DE BEURRE	DEGRÉS	POIDS DE BEURRE	DEGRÉS	POIDS DE BEURRE	DEGRÉS	POIDS DE BEURRE
	gr.		gr.		gr.		gr.		gr.		gr.
0,0	12,60	»	»	»	»	»	»	»	»	»	»
0,1	12,83	5,6	25,65	11,1	38,46	16,6	51,58	22,1	64,09	27,6	76,91
0,2	13,07	5,7	25,88	11,2	38,70	16,7	51,51	22,2	64,33	27,7	77,14
0,3	13,30	5,8	26,11	11,3	38,93	16,8	51,74	22,3	64,56	27,8	77,37
0,4	13,53	5,9	26,35	11,4	39,16	16,9	51,97	22,4	64,79	27,9	77,61
0,5	13,76	6,0	26,58	11,5	39,40	17,0	52,21	22,5	65,03	28,0	77,84
0,6	14,00	6,1	26,81	11,6	39,63	17,1	52,44	22,6	65,26	28,1	78,07
0,7	14,23	6,2	27,04	11,7	39,86	17,2	52,68	22,7	65,49	28,2	78,31
0,8	14,46	6,3	27,28	11,8	40,10	17,3	52,91	22,8	65,72	28,3	78,54
0,9	14,70	6,4	27,51	11,9	40,33	17,4	53,14	22,9	65,96	28,4	78,77
1,0	14,93	6,5	27,74	12,0	40,56	17,5	53,37	23,0	66,19	28,5	79,01
1,1	15,16	6,6	27,98	12,1	40,80	17,6	53,61	23,1	66,42	28,6	79,24
1,2	15,40	6,7	28,21	12,2	41,03	17,7	53,84	23,2	66,66	28,7	79,47
1,3	15,63	6,8	28,44	12,3	41,26	17,8	54,07	23,3	66,89	28,8	79,71
1,4	15,86	6,9	28,68	12,4	41,49	17,9	54,31	23,4	67,12	28,9	79,94
1,5	16,09	7,0	28,91	12,5	41,73	18,0	54,54	23,5	67,36	29,0	80,17
1,6	16,33	7,1	29,14	12,6	41,96	18,1	54,77	23,6	67,59	29,1	80,40
1,7	16,56	7,2	29,37	12,7	42,19	18,2	55,00	23,7	67,82	29,2	80,64
1,8	16,79	7,3	29,61	12,8	42,42	18,3	55,24	23,8	68,05	29,3	80,87
1,9	17,03	7,4	29,84	12,9	42,66	18,4	55,47	23,9	68,29	29,4	81,10
2,0	17,26	7,5	30,07	13,0	42,89	18,5	55,71	24,0	68,52	29,5	81,33
2,1	17,49	7,6	30,31	13,1	43,13	18,6	55,94	24,1	68,75	29,6	81,57
2,2	17,73	7,7	30,54	13,2	43,36	18,7	56,17	24,2	68,99	29,7	81,80
2,3	17,96	7,8	30,77	13,3	43,59	18,8	56,40	24,3	69,22	29,8	82,03
2,4	18,19	7,9	31,01	13,4	43,83	18,9	56,64	24,4	69,45	29,9	82,27
2,5	18,42	8,0	31,24	13,5	44,06	19,0	56,87	24,5	69,68	30,0	82,50
2,6	18,66	8,1	31,47	13,6	44,29	19,1	57,10	24,6	69,92	30,1	82,73
2,7	18,89	8,2	31,70	13,7	44,52	19,2	57,34	24,7	70,15	30,2	82,97
2,8	19,12	8,3	31,94	13,8	44,76	19,3	57,57	24,8	70,38	30,3	83,20
2,9	19,36	8,4	32,17	13,9	44,99	19,4	57.80	24,9	70,62	30,4	83,43
3,0	19,59	8,5	32,40	14,0	45,22	19,5	58,03	25,0	70,85	30,5	83,67
3,1	19,82	8,6	32,64	14,1	45,46	19,6	58,27	25,1	71,08	30,6	83,90
3,2	20,05	8,7	32,87	14,2	45,69	19,7	58,50	25,2	71,32	30,7	84,13
3,3	20,29	8,8	33,10	14,3	45,92	19,8	58,73	25,3	71.55	30,8	84,36
3,4	20,52	8,9	33,34	14,4	46,16	19,9	58,97	25,4	71,78	30,9	84,59
3,5	20,75	9,0	33,57	14,5	46,39	20,0	59,20	25,5	72,02		
3,6	20,99	9,1	33,80	14,6	46,62	20,1	59,43	25,6	72,25		
3,7	21,22	9,2	34,03	14,7	46,85	20,2	59,67	25,7	72,48		
3,8	21,45	9,3	34,27	14,8	47,09	20,3	59,90	25,8	72,71		
3,9	21,68	9,4	34,50	14,9	47,32	20,4	60,13	25,9	72,95		
4,0	21,92	9,5	34,73	15,0	47,55	20,5	60,36	26,0	73,18		
4,1	22,15	9,6	34,97	15,1	47,79	20,6	60,60	26,1	73,41		
4,2	22,39	9,7	35,20	15,2	48,02	20,7	60,83	26,2	73,65		
4,3	22,62	9,8	35,43	15,3	48,25	20,8	61,06	26,3	73,88		
4,4	22,85	9,9	35,67	15,4	48,48	20,9	61,30	26,4	74,11		
4,5	23,08	10,0	35,90	15,5	48,72	21,0	61,53	26,5	74,34		
4,6	23,32	10,1	36,13	15,6	48,95	21,1	61,76	26,6	74,58		
4,7	23,55	10,2	36,36	15,7	49,18	21,2	62,00	26,7	74,81		
4,8	23,78	10,3	36,60	15,8	49,42	21,3	62,23	26,8	75,04		
4,9	24,02	10,4	36,83	15,9	49,65	21,4	62,46	26,9	75,28		
5,0	24,25	10,5	37,06	16,0	49,88	21,5	62,69	27,0	75,51		
5,1	24,48	10,6	37,30	16,1	50,11	21,6	62,93	27,1	75,74		
5,2	24,72	10,7	37,53	16,2	50,34	21,7	63,16	27,2	75,98		
5,3	24,95	10,8	37,76	16,3	50,58	21,8	63,39	27,3	76,21		
5,4	25,18	10,9	38,00	16,4	50,81	21,9	63,63	27,4	76,44		
5,5	25,41	11,0	38,23	16,5	51,04	22,0	63,86	27,5	76,67		

simple trait; la partie supérieure est divisée en 100 parties d'égale capacité numérotées de 10 en 10, de 100 à 0. Le tube porte en outre 10 divisions supplémentaires au-dessus du 0, ces dernières sont destinées à permettre la lecture de la matière grasse quand les liquides se dilatent sous l'influence de la chaleur.

Sur le premier tiers du tube est gravé le mot LAIT, sur le second le mot ÉTHER, et l'on voit à la partie supérieure le mot ALCOOL. Il suffit, pour se servir de l'appareil, de se conformer aux indications que nous venons de rappeler; on verse donc le lait convenablement mélangé jusqu'au premier trait; on introduit ensuite l'éther dans l'espace qui lui est réservé, puis on ajoute l'alcool, et enfin on verse une ou deux gouttes de lessive de soude. On ferme l'appareil à l'aide d'un bouchon de liège et l'on agite avec soin pour mélanger les liquides; on place ensuite le tube debout dans un bain-marie maintenu à la température de 40 à 45° pendant environ vingt minutes, puis on le laisse refroidir à 20° et on lit le volume occupé par la couche butyreuse.

Il faut opérer la lecture de bas en haut, et s'arrêter au niveau inférieur du ménisque concave de la colonne butyreuse.

La formule suivante donne, si l'on désigne par n le nombre de degrés lus, la quantité de beurre contenue dans un kilogramme de lait :

$$p = 12^{gr},60 + n \times 2^{gr},33.$$

Ce calcul est, comme on le voit, d'une grande simplicité; cependant, pour éviter toute erreur et faciliter encore les opérations, M. Marchand a dressé le tableau ci-contre, qui donne immédiatement à l'opérateur la teneur du lait en beurre pour un nombre de degrés quelconque du lacto-butyromètre.

Il est nécessaire, si l'on veut obtenir avec le procédé Marchand des résultats comparables, d'employer toujours des liqueurs identiques: car l'on a remarqué que la solubilité du beurre dans le mélange éthéro-alcoolique variait rapidement avec la proportion d'alcool. Cependant un excès d'alcool est préférable à une trop grande proportion d'éther, car la séparation du beurre devient alors impossible. Pour remédier aux inconvénients de cette nature on peut se servir de la méthode employée au Laboratoire municipal de Paris. Elle consiste à préparer d'avance une liqueur éthéro-alcoolique que l'on ajoute au lait dans le tube de Marchand : de la sorte on ne risque pas de modifier la composition du mélange et quelques gouttes de plus ou de moins sont sans influence sur les résultats.

Il arrive quelquefois que la montée de la matière grasse, quelques précautions que l'on prenne, est entravée dans le tube, et c'est là une des principales causes d'erreur de cette méthode.

La caséine est en effet rarement complètement dissoute par l'alcali; il reste toujours dans le tube, après agitation, des flocons de matière albuminoïde et il n'est pas rare de voir des globules de graisse, même volumineux, retenus dans le liquide par la caséine; l'ascension des dernières portions du beurre, qui généralement sont de tout petit diamètre, est également entravée par les frottements sur les parois du tube, et il reste souvent une certaine quantité de beurre fixée aux parois du tube.

Quoi qu'il en soit, la simplicité du procédé et les résultats pratiques qu'il donne, en font une méthode très recommandable, lorsqu'on l'utilise pour l'analyse de laits moyens contenant entre 30 et 40gr de beurre par litre; pour les laits pauvres ou très riches on ne saurait l'employer sans s'exposer à de graves erreurs. La solubilité du beurre dans la liqueur éthéro-alcoolique, la rapidité de la montée de la matière grasse à la surface se trouvent en effet profondément modifiées quand la quantité de beurre contenue dans le lait n'est pas à peu près normale.

Procédé A. Adam. — Le principe sur lequel repose le procédé Adam a une assez grande analogie avec la méthode de M. Marchand. Les réactifs sont à peu près les mêmes, seul le mode opératoire est différent.

L'appareil d'Adam n'est pour ainsi dire qu'une double boule à décantation terminée par un tube cylindrique divisé en 80 parties et gradué seulement à partir de la 70e division; ce tube est fermé par un robinet, ce qui permet de faire écouler les liquides suivant leur ordre de densité.

Entre les deux ampoules en forme de double cône se trouve un rétrécissement sur lequel on remarque un trait de repère et l'indication 10cc, au milieu de la grande ampoule on rencontre un autre trait surmonté du chiffre 32.

Le maniement de l'appareil est des plus simples: on introduit du lait jusqu'au trait de repère 10cc, en ayant soin d'éviter d'enfermer de l'air dans la partie inférieure du tube gradué. Le mode de remplissage le plus commode consiste à aspirer le lait jusqu'au trait de repère en ouvrant le robinet. On referme ensuite ce dernier et l'on introduit par le haut de l'appareil, jusqu'au trait 32, 22cc du mélange suivant :

Alcool à 96°	833cc
Ammoniaque, densité 0,925	30cc
Compléter à 1lit avec de l'eau.	
Éther lavé à l'eau	1,100cc

on bouche à l'aide d'un bouchon de liège taillé en biseau et l'on agite vigoureusement après avoir fait refluer tout le liquide dans la boule supérieure. Quand le mélange est bien homogène, on suspend verticalement l'appareil et on laisse reposer pendant cinq à dix minutes. Il se forme deux couches : l'une, l'inférieure, opalescente; l'autre, la supérieure, claire. La couche inférieure contient tous les principes du lait sauf le beurre; il suffit donc, pour séparer ce dernier qui se trouve dissous dans la couche supérieure, de faire écouler, à l'aide du robinet, tout le liquide inférieur.

Pour doser le beurre deux méthodes se présentent alors. Si l'on ne possède pas de balance on peut utiliser la graduation qui se trouve sur l'appareil et se contenter de mesurer le beurre. A cet effet on traite par l'acide acétique à 15 pour 100 la liqueur éthéro-alcoolique qui contient le beurre, de façon à la débarrasser des impuretés qu'elle peut renfermer. Pour effectuer ce lavage, on remplit la boule jusqu'au trait 32, on agite, on laisse reposer, on décante. Un seul lavage est généralement insuffisant pour enlever toutes les impuretés : aussi est-il nécessaire de renouveler l'opération dans les mêmes conditions; mais avant de rejeter l'acide acétique on plonge l'appareil dans un bain-marie dont on élève lentement la température jusqu'à 75°. Le beurre se réunit alors à la surface et l'on obtient deux liquides parfaitement clairs, à l'aide du robinet on fait écouler la couche inférieure et l'on conserve le beurre dans l'appareil. Pour l'avoir à l'état de pureté absolue, il est bon de procéder à un troisième petit lavage. On introduit donc dans l'appareil 2 à 3^{cc} seulement d'acide et l'on élève la température jusqu'à 90°. Le beurre devient alors parfaitement pur et homogène et l'on peut conclure de son volume à son poids.

La lecture doit être faite à + 80°, mais comme souvent le robinet refuse de fonctionner à cette température, on est obligé de laisser refroidir pour enlever l'eau de lavage; on en est quitte pour ramener ensuite la température à 80°. La lecture doit être faite de bas en haut; chaque division représente 1^{gr} de beurre par litre.

Avec une certaine habitude on parvient, par cette méthode, à obtenir des résultats assez satisfaisants; il faut bien remarquer cependant que les chances de perte sont assez nombreuses, à cause des lavages successifs qui sont nécessaires pour purifier le beurre, et que, d'autre part, le dosage en volume de matière grasse est toujours très minutieux, par suite de la viscosité de la graisse et de sa tendance à demeurer le long des parois du vase, au lieu de se réunir au fond.

Quand on opère le dosage de la matière grasse par pesée, on évite une grande partie des inconvénients que nous venons de signaler, aussi nous semble-t-il préférable d'employer la balance toutes les fois que cela est possible. L'opération ne présente alors qu'une seule difficulté, se débarrasser du liquide aqueux.

Pour parvenir à ce résultat on laisse écouler lentement le liquide acétique et l'on ferme le robinet avant que les dernières portions ne soient écoulées, on imprime alors un mouvement de rotation vertical à l'appareil, en le faisant tourner rapidement entre les deux mains, puis on attend quelques instants pour donner le temps à l'eau de gagner le fond; on entr'ouvre alors le robinet et on ne le referme qu'au moment où la couche butyreuse arrive à 1^{mm} de l'orifice d'écoulement. On enlève les dernières traces d'eau à l'aide de papier à filtre, puis on vide la couche butyreuse dans une capsule tarée à large fond, on rince deux ou trois fois l'appareil avec quelques centimètres cubes d'éther et l'on réunit le tout dans la capsule. On évapore lentement pour éviter les projections, puis on élève la température jusqu'à + 100°. On ne doit peser que lorsque la capsule ne dégage plus aucune odeur d'éther ou d'acide acétique.

La méthode Adam permet non seulement le dosage du beurre, mais il est également facile de faire une analyse complète du lait avec les 10^{cc} que l'on a prélevés au début de l'opération. En effet, la couche éthérée contient exclusivement le beurre, en recueillant avec soin la couche sous-jacente et les eaux de lavage, on possède donc tous les autres éléments du lait. Il suffit, pour pouvoir les recueillir et les doser, d'enlever la petite quantité de lait qui se trouve audessous du robinet de l'appareil. Cette opération est des plus simples et peut s'effectuer de plusieurs façons; on peut, en effet, soit entr'ouvrir le robinet et profiter de la différence de densité des liquides pour faire écouler le lait, soit renverser l'appareil et utiliser la tension de vapeur de l'éther pour chasser le lait, en ouvrant le robinet.

Quoi qu'il en soit, on recueille le liquide, on complète à 100^{cc} avec de l'eau et l'on ajoute quelques gouttes d'acide acétique pour précipiter la caséine, on filtre sur un filtre taré, on lave à plusieurs reprises à l'eau distillée, on essore fortement entre 2 feuilles de papier, on dessèche à l'étuve et l'on pèse.

L'excès de poids sur la tare primitive donne la quantité de caséine contenue dans 10^{cc} de lait.

Dans le liquide filtré on dose la lactose au moyen de la liqueur de Fehling selon le procédé ordinaire.

On pourrait, au besoin, faire les cendres avec la liqueur recueillie, l'acétate d'ammoniaque étant complètement volatilisé à haute température. Cependant Adam recommande de faire, si l'on a suffisamment de liquide, un extrait à 100° sur 10^{cc} de lait et de brûler cet extrait pour obtenir les cendres. L'extrait ainsi obtenu vient confirmer les résultats de la méthode Adam et compléter l'analyse.

Méthode aréométrique de M. le docteur Soxhlet. — Le docteur Soxhlet a imaginé une méthode très ingénieuse pour le dosage de la matière grasse dans le lait. Elle consiste essentiellement à dissoudre la matière grasse dans l'éther et à prendre la densité du mélange d'éther et de beurre au moyen d'un aréomètre spécial. Il suffit de se reporter à une table donnée par l'auteur pour connaître immédiatement la quantité de beurre pour 100 qui correspond à la densité trouvée.

L'opération paraît assez simple au premier abord, elle présente cependant quelques difficultés et entraîne un assez grand nombre de manipulations délicates.

Pour que l'éther puisse dissoudre le beurre, il est nécessaire que l'on additionne le lait d'un réactif qui détruise l'émulsion et permette le contact intime de la matière grasse et du dissolvant. M. Soxhlet a recours à la potasse.

La première condition pour obtenir des résultats comparatifs dans une expérience de ce genre est d'employer toujours des réactifs identiques et d'opérer dans les mêmes conditions. Aussi M. Soxhlet a-t-il déterminé avec soin et la façon de préparer les réactifs et la manière de les employer.

L'éther dont on se sert est de l'éther aqueux, que l'on prépare en agitant l'éther ordinaire avec un peu d'eau et en laissant reposer jusqu'à ce que l'eau se sépare naturellement.

La potasse a une densité de 1,26 à 1,27. On l'obtient en dissolvant 400^{gr} de potasse caustique dans l'eau, et complétant à 1^{lit} après refroidissement.

Toutes les opérations, pour éviter les erreurs de mesurage, doivent être faites entre 17 et 18°; il est donc bon d'avoir un vase d'assez grande capacité contenant de l'eau à cette température, pour pouvoir amener les réactifs à la température voulue.

Le pied sur lequel est monté l'appareil de Soxhlet est garni de trois pipettes. La plus grande a une contenance de 200^{cc}, elle sert au mesurage du lait; la moyenne est jaugée à 60^{cc}, on l'emploie pour l'éther; la petite contient seulement 10^{cc}, elle sert à prélever la potasse.

Grâce à ces trois pipettes le début de l'opération est assez simple; on mesure 200^{cc} de lait à la température de 17°,5, on les fait écouler dans une bouteille de 300^{cc} de capacité, puis on ajoute 10^{cc} de potasse et l'on remue de façon à bien mélanger.

60^{cc} d'éther sont ensuite mesurés et versés dans la bouteille, cette dernière est bouchée et vigoureusement agitée pendant une demi-minute, puis elle est placée dans l'eau à la température de 17-18°. On laisse alors l'éther chargé de la matière grasse remonter à la surface. La séparation de l'éther ne demande généralement pas plus d'un quart d'heure, et se fait spontanément.

Il est bon cependant de la favoriser en imprimant à la bouteille un léger mouvement de rotation vers la fin de l'opération, on dégage ainsi toutes les gouttelettes dont le mouvement ascensionnel a été entravé et on permet à la couche éthérée de parvenir tout entière à la surface. Il faut maintenant prendre la densité de l'éther sans qu'il puisse se produire d'évaporation. M. Soxhlet a imaginé un appareil extrêmement ingénieux, grâce auquel on parvient facilement à ce résultat.

Dans un manchon de verre passe un tube de verre de fort diamètre muni à sa partie supérieure d'un bon bouchon et terminé en bas par un petit tube sur lequel on fixe un tube de caoutchouc.

Le manchon possède deux orifices d'écoulement qui permettent de le remplir d'eau à 18°; le tube intérieur est garni de trois pointes qui servent à diriger un aréomètre spécial qu'il renferme. Sur cet aréomètre sont gradués des degrés et demi-degrés de 76 à 43, correspondant aux densités réelles de 0,776 à 0,743 ; il porte de plus un thermomètre divisé en cinquièmes de degré centigrade.

Tout l'appareil est fixé à un pied par une vis de pression qui permet de le faire mouvoir dans le sens vertical, on peut également lui donner un mouvement oblique grâce à un axe horizontal. Ces dispositions ont une certaine importance, car elles permettent de donner plus de liberté à l'aréomètre et de l'empêcher d'adhérer aux parois du tube.

Pour transvaser l'éther contenu dans la bouteille dans le tube de verre de l'appareil, on commence par déboucher celle-ci, puis on la ferme à l'aide d'un bouchon muni de deux tubes de verre, on relie l'un d'eux à une poire en caoutchouc et l'on met l'autre en communication avec le tube de caoutchouc de l'appareil. Le premier tube de verre est court et ne dépasse pas la partie inférieure du bouchon, l'autre est un tube plongeant qui doit arriver dans l'éther.

L'appareil étant prêt à fonctionner, il suffit, pour faire monter l'éther, de soulever le bouchon du tube de verre dans lequel est le flotteur et de presser la poire. Dès que l'aréomètre flotte, on coupe la communication avec la bouteille à l'aide d'une pince placée sur le tube de caoutchouc et l'on assure le bouchon du tube de verre. L'on attend quelques instants que la température soit bien uniforme, l'on amène l'aréomètre à peu près au centre du liquide en inclinant convenablement l'appareil. On lit le degré sur l'échelle graduée et en même temps l'on note la température. La lecture du degré se fait en prenant le degré qui coïncide avec le bas du ménisque.

Si le thermomètre marque 17°,5 il n'y a pas à faire subir de correction au degré trouvé; si au contraire la température s'écarte un peu de ce chiffre, il faut ramener à 17°,5 les résultats obtenus. La correction est d'ailleurs des plus simples, 1° du thermomètre correspondant à 1° de l'aréomètre; au-dessus de 17°,5 on ajoute la correction au nombre obtenu, au-dessous on la retranche.

Il suffit alors de se reporter au tableau ci-contre, dressé par M. Soxhlet pour connaître la quantité de beurre correspondant à la densité trouvée :

Rapport de la densité du mélange éthéré à la quantité de matière grasse (M. Soxhlet).

DENSITÉ DU MÉLANGE ÉTHÉRÉ	MATIÈRE GRASSE P. 100 DE LAIT	DENSITÉ DU MÉLANGE ÉTHÉRÉ	MATIÈRE GRASSE P. 100 DE LAIT
21,0	0,00	44,0	2,18
22,0	0,09	45,0	2,30
23,0	0,19	46,0	2,40
24,0	0,28	47,0	2,52
25,0	0,37	48,0	2,62
26,0	0,46	49,0	2,76
27,0	0,55	50,0	2,88
28,0	0,64	51,0	3,00
29,0	0,74	52,0	3,12
30,0	0,83	53,0	3,25
31,0	0,92	54,0	3,37
32,0	1,01	55,0	3,49
33,0	1,10	56,0	3,63
34,0	1,19	57,0	3,75
35,0	1,28	58,0	3,90
36,0	1,37	59,0	4,03
37,0	1,47	60,0	4,18
38,0	1,57	61,0	4,32
39,0	1,67	62,0	4,47
40,0	1,77	63,0	4,63
41,0	1,87	64,0	4,79
42,0	1,97	65,0	4,95
43,0	2,07	66,0	5,12

Le nettoyage de l'appareil s'effectue assez facilement : on laisse écouler le liquide dans lequel flotte l'aréomètre, puis on enlève la bouteille et l'on remplit à nouveau le tube de verre avec de l'éther ordinaire ; celui-ci se charge de la matière grasse qui pouvait rester dans l'appareil, on le fait écouler et il suffit d'envoyer un peu d'air à l'aide d'une poire que l'on adapte au tube plongeant pour enlever les dernières traces d'éther et mettre l'appareil en état de fonctionner de nouveau.

L'appareil de Soxhlet donne de bons résultats quand on se conforme minutieusement à toutes les prescriptions de l'auteur, car tous les détails ont leur importance.

Ce dosage est donc assez délicat et, comme il n'est pas très rapide, on n'emploie que fort peu cette méthode en France.

Méthode de M. G. Quesneville. — Le docteur Quesneville a imaginé une méthode d'analyse du lait entièrement basée sur les procédés densimétriques et par conséquent n'ayant aucune ressemblance avec les procédés que nous avons déjà examinés.

La méthode de M. Quesneville consiste à enlever successivement au lait certains de ses éléments, à prendre la densité du liquide ainsi obtenu, et à reconnaître les fraudes par un simple calcul, en se servant de certaines relations déterminées par lui.

M. Quesneville a donné le nom de *caractéristique* d'une solution au quotient de la densité — 1000 de cette solution par son extrait. Or, si l'on appelle E la richesse de la solution, c'est-à-dire l'extrait, D sa densité — 1000 et *c* la caractéristique, on voit que *c* est constant dans des limites étendues de concentration et qu'il est facile, connaissant *c* et D, de calculer E l'extrait. La méthode permet donc de retrouver et le mouillage et l'écrémage. Pour arriver à ce résultat on commence par prendre la densité du lait à 15° au dix-millième près; puis on sépare la matière grasse à l'aide de la solution suivante, dont la densité est égale à 1000. Elle se compose de 32^{cc} de lessive de soude de densité 1,34 et de 225^{cc} d'ammoniaque de densité 0,93. On additionne 250^{cc} de lait de 4^{cc} de la liqueur ainsi préparée. On chauffe au bain-marie exactement à 40°, puis on verse dans un entonnoir à robinet. Au bout de douze heures on soutire le lactosérum et l'on mesure la couche de crème. On prend la densité du lactosérum à 15°.

Si la température est quelque peu différente de 15°, on ramène la densité à 15° au moyen de la correction suivante : 0,145 par degré. La correction est additive au-dessus de 15°, négative au-dessous.

On prépare en outre du petit-lait en additionnant 100^{cc} de lait de 0^{gr},5 d'acide acétique cristallisable et de 40^{cc} d'eau, on fait coaguler au bain-marie, on ramène à 15°, on complète à 150^{cc} et l'on filtre. On prend la densité à 15° ou on la ramène à cette température. La correction est seulement de 0,1 par degré, elle est additive au-dessus de 15°.

La caractéristique du petit-lait varie entre 2,26 et 2,33, elle est donc en moyenne de 2,30.

Or, en opérant comme nous l'avons dit, c'est-à-dire en formant 3 volumes avec 2 volumes de lait on obtient par litre les nombres suivants :

DENSITÉS	LACTOSE	ALBUMINE ET SELS	DENSITÉS	LACTOSE	ALBUMINE ET SELS
1,010	24,1	10,4	1,017	45,2	13,4
1,011	27,9	10,8	1,018	48,2	13,9
1,012	30,1	11,2	1,019	51,2	14,3
1,013	33,2	11,7	1,020	54,3	14,9
1,014	36,2	12,1	1,021	57,3	15,2
1,015	39,2	12,6	1,022	60,3	15,5
1,016	42,2	13,0	1,023	63,3	15,9

La caractéristique moyenne du lactosérum est de 2,68; or M. Quesneville a déterminé expérimentalement que l'extrait du lactosérum est compris entre les valeurs suivantes pour les différentes époques de l'année :

Printemps et été au pâturage.	88 ± 4^{gr}	par litre.
Automne et hiver à l'étable.	94 ± 4^{gr}	—

	Été.	Hiver.	
	—	—	
Vache de race Sorthon.	97^{gr}	92^{gr}	par litre.
— hollandaise	85^{gr}	86^{gr}	—

donc, si l'on détermine l'extrait à l'aide du calcul, puisque l'on connaît la caractéristique et la densité, il suffira, pour apprécier le mouillage pour 100, de se servir de la formule

$$100 = \frac{100\,E - e}{E},$$

dans laquelle E représente l'extrait ordinaire du lactosérum et e l'extrait calculé.

La caractéristique du lait entier varie avec la proportion du beurre et n'est pas influencée par le mouillage, elle équivaut à 2,68, celle du lactosérum, plus un nombre qui varie avec la richesse en beurre. Donc, pour apprécier l'écrémage, on déterminera la caractéristique n d'un lait type et la caractéristique n' du lait suspect, puis on déterminera le facteur

$$a = \frac{n - 2.68}{100},$$

et l'on aura l'écrémage pour 100 par la formule

$$100 = \frac{n' - 2.68}{a}.$$

Les diverses méthodes que nous avons examinées jusqu'à présent, tout en donnant des indications suffisantes pour apprécier la valeur du lait, ont généralement le défaut de ne pas isoler suffisamment les divers éléments du lait; mais elles ont un caractère original que nous ne retrouverons pas dans les procédés d'analyse dont nous allons nous occuper.

Méthode du Laboratoire municipal de Paris.

Dans la méthode d'analyse suivie au Laboratoire municipal de Paris nous retrouvons certains dosages que nous avons déjà exposés; il ne sera donc pas nécessaire d'entrer à nouveau dans tous les détails que nous avons mentionnés.

L'essai d'un lait (1) comprend un examen physique et une analyse chimique.

Examen organoleptique du lait. — On note l'odeur, la couleur, la saveur et la consistance du lait.

Examen microscopique. — On dilue une goutte de lait dans une petite quantité d'eau et on l'examine au microscope; on constate l'absence de globules de pus, de globules de sang, de colostrum, de fécule ou d'amidon.

Détermination de la densité. — On prend la densité du lait à l'aide du lactodensimètre de Bouchardat et Quévenne. Après avoir rendu le lait homogène par agitation, on remplit un crémomètre Chevalier, puis on plonge le lactodensimètre dans le liquide après en avoir essuyé la tige; au bout de quelques instants on ne constate plus aucun mouvement de l'instrument et l'on peut faire la lecture.

(1) Documents sur les falsifications des matières alimentaires et sur les travaux du Laboratoire municipal, édition de 1884.

LAIT ENTIER

INDICATIONS DU THERMOMÈTRE	INDICATIONS DU LACTODENSIMÈTRE																					
	14	15	16	17	18	19	20	21	22	23	24	25	26	27	28	29	30	31	32	33	34	35
0	12,9	13,9	14,9	15,9	16,9	17,8	18,7	19,6	20,6	21,5	22,4	23,3	24,3	25,2	26,1	27,0	27,9	28,8	29,7	30,6	31,5	32,4
1	12,9	13,9	14,9	15,9	16,9	17,8	18,7	19,6	20,6	21,5	22,4	23,3	24,3	25,3	26,2	27,1	28,0	28,9	29,8	30,7	31,6	32,5
2	12,9	13,9	14,9	15,9	16,9	17,8	18,7	19,7	20,7	21,6	22,5	23,4	24,4	25,4	26,3	27,2	28,1	29,0	29,9	30,8	31,7	32,6
3	13,0	14,0	15,0	16,0	17,0	17,9	18,8	19,7	20,7	21,7	22,6	23,5	24,5	25,5	26,4	27,3	28,2	29,1	30,0	30,9	31,8	32,7
4	13,0	14,0	15,0	16,0	17,0	17,9	18,8	19,7	20,7	21,7	22,7	23,6	24,6	25,6	26,5	27,4	28,3	29,2	30,1	31,0	31,9	32,8
5	13,1	14,1	15,1	16,1	17,1	18,0	18,9	19,8	20,8	21,8	22,8	23,7	24,7	25,7	26,6	27,5	28,4	29,3	30,3	31,2	32,1	33,0
6	13,1	14,1	15,1	16,1	17,1	18,1	19,0	19,9	20,9	21,9	22,9	23,8	24,8	25,8	26,7	27,6	28,5	29,5	30,4	31,3	32,2	33,1
7	13,1	14,1	15,1	16,1	17,1	18,1	19,0	20,0	21,0	22,0	23,0	23,9	24,9	25,9	26,8	27,7	28,6	29,6	30,5	31,4	32,3	33,2
8	13,2	14,2	15,2	16,2	17,2	18,2	19,1	20,1	21,1	22,1	23,1	24,0	25,0	26,0	26,9	27,8	28,7	29,7	30,6	31,6	32,5	33,4
9	13,3	14,3	15,3	16,3	17,3	18,3	19,2	20,2	21,2	22,2	23,2	24,1	25,1	26,1	27,0	27,9	28,8	29,8	30,8	31,8	32,7	33,6
10	13,4	14,4	15,4	16,4	17,4	18,4	19,3	20,3	21,3	22,3	23,3	24,2	25,2	26,2	27,1	28,1	29,0	30,0	31,0	32,0	32,9	33,8
11	13,5	14,5	15,5	16,5	17,5	18,5	19,4	20,4	21,4	22,4	23,4	24,3	25,3	26,3	27,2	28,2	29,2	30.2	31,2	32,2	33,1	34,0
12	13,6	14,6	15,6	16,6	17,6	18,6	19,5	20,5	21,5	22,5	23,5	24,5	25,5	26,5	27,4	28,4	29,4	30,4	31,4	32,4	33,3	34,2
13	13,7	14,7	15,7	16,7	17,7	18,7	19,6	20,6	21,6	22,6	23,6	24,6	25,6	26,6	27,6	28,6	29,6	30,6	31,6	32,6	33,5	34,4
14	13,8	14,8	15,8	16,8	17,8	18,8	19,8	20,7	21,8	22,8	23,8	24,8	25,8	26,8	27,8	28,8	29,8	30,8	31,8	32,8	33,8	34,7
15	14,0	15,0	16,0	17,0	18,0	19,0	20,0	21,0	22,0	23,0	24,0	25,0	26,0	27,0	28,0	29,0	30,0	31,0	32,0	33,0	34,0	35,0
16	14,1	15,1	16,1	17,1	18,1	19,1	20,1	21,2	22,2	23,2	24,2	25,2	26,2	27,2	28,2	29,2	30,2	31,2	32,2	33,2	34,2	35,2
17	14,2	15,2	16.3	17,3	18,3	19,3	20,3	21,4	22,4	23,4	24,4	25,4	26,4	27,4	28,4	29,4	30,4	31,4	32,4	33,4	34,4	35,4
18	14,4	15.4	16,5	17,5	18,5	19,5	20,5	21,6	22,6	23,6	24,6	25,6	26,6	27,6	28,6	29,6	30,6	31,7	32,7	33,7	34,7	35,7
19	14,6	15,6	16,7	17,7	18,7	19,7	20,7	21,8	22,8	33,8	24,8	25,8	26,9	27,9	28,9	29,9	30,9	32,0	33,0	34,0	35,0	36,0
20	14,8	15,8	16,9	17,9	18,9	19,9	20,9	22,0	23,0	24,0	25,0	26,0	27,1	28,2	29.2	30,2	31,2	32,3	33,3	34,3	35,3	36,3
21	15,0	16,0	17,1	18,1	19,1	20,1	21,1	22,2	23,2	24,2	25,2	26,2	27,3	28,4	29,4	30,4	31,4	32,5	33,6	34,6	35,6	36,6
22	15,2	16,2	17,3	18,3	19,3	20,3	21,3	22,4	23,4	24,4	25,4	26,4	27,5	28,6	29,6	30,6	31,6	32,7	33,8	34,9	35,9	36,9
23	15,4	16,4	17,5	18,5	19,5	20,5	21,5	22,6	23.6	24,6	25,6	26,6	27,7	28,8	29,9	30,9	31,9	33,0	34,1	35,2	36,2	37,2
24	15,6	16,6	17,7	18,7	19,7	20,7	21,7	22,8	23,8	24,8	25,7	26,8	27,9	29,0	20,1	31,2	32,2	33,3	34,4	35,5	36,5	37,5
25	15,8	16,8	17,9	18,9	19,9	20,9	21,9	23,0	24,1	25,1	26,1	27,1	28,2	29,3	30,4	31,5	32,5	33,6	34,7	35,8	36,8	37,8
26	16,0	17,0	18,1	19,1	20,1	21,1	22,1	23,2	24,3	25,3	26,3	27,3	28,4	29,5	30,6	31,7	32,7	33,8	34,9	36,0	37,1	38,1
27	16,2	17,2	18,3	19,3	20,3	21,3	22,3	23,4	24,5	25,5	26,5	27,5	28,6	29,7	30,8	31,9	33,0	34,1	35,2	36,3	37,4	38,4
28	16,4	17,4	18,5	19,5	20,5	21,5	22,5	23,6	24,7	25,7	26,7	27,7	28,9	30,0	31,1	32,2	33,3	34,4	35,5	36,6	37,7	38,7
29	16,6	17,6	18,7	19,7	20,7	21,7	22,7	23,8	24,9	26,0	27,0	28,0	29,2	30,3	31,4	32,5	33,6	34,7	35,8	36,9	38,0	39,1
30	16,8	17,8	18,9	20,0	21,0	22,0	23,0	24,1	25,2	26,3	27,3	28,3	29,5	30,6	31,7	32,8	33,9	35,1	36,2	37,3	38,4	39,5

LAIT ÉCRÉMÉ

INDICATIONS DU THERMOMÈTRE	INDICATIONS DU LACTODENSIMÈTRE																						
	18	19	20	21	22	23	24	25	26	27	28	29	30	31	32	33	34	35	36	37	38	39	40
0	17,2	18,2	19,2	20,2	21,1	22,0	22,9	23,8	24,8	25,8	26,8	27,8	28,7	29,7	30,7	31,7	32,6	33,5	34,4	35,3	36,2	37,1	38.1
1	17,2	18,2	19,2	20,2	21,1	22,0	22,9	23,8	24,8	25,8	26,8	27,8	28,7	29,7	30,7	31,7	32,6	33,5	34,4	35,4	36,3	37,2	38,2
2	17,2	18,2	19,2	20,2	21,1	22,0	22,9	23,8	24,8	25,8	26,8	27,8	28,7	29,7	30,7	31,7	32,6	33,5	34,4	35,5	36,4	37,3	38,3
3	17,2	18,2	19,2	20,2	21,1	22,0	22,9	23,8	24,8	25,8	26,8	27,8	28,7	29,7	30,7	31,7	32,7	33,6	34,6	35,6	36,5	37,4	38,4
4	17,2	18,2	19,2	20,2	21,1	22,1	23,0	23,9	24,9	25,9	26,9	27,9	28,8	29,8	30,8	31,8	32,8	33,7	34,7	35,7	36,6	37,5	38,5
5	17,3	18,3	19,3	20,3	21,3	22,2	23,1	24,0	25,0	26,0	27,0	28,0	28,9	29,9	30,9	31,9	32,9	33,8	34,8	35,8	36,7	37,6	38,6
6	17,3	18,3	19,3	20,3	21,3	22,3	23,2	24,1	25,1	26,1	27,1	28,1	29,0	30,0	31,0	32,0	33,9	33,8	34,8	35,8	36,8	37,7	38,7
7	17,3	18,3	19,3	20,3	21,3	22,3	23,2	24,1	25,1	26,1	27,1	28,1	29,1	30,1	31,1	32,1	33,0	33,9	34,9	35,9	36,9	37,8	38,8
8	17,3	18,3	19,3	20,3	21,3	22,3	23,2	24,1	25,1	26,1	27,1	28,1	29,1	30,1	31,1	32,1	33,1	34,0	35,0	36,0	37,0	37,8	38,9
9	17,4	18,4	19,4	20,4	21,4	22,4	23,3	24,2	25,2	26,2	27,2	28,2	29,2	30,2	31,2	32,2	33,2	34,1	35,1	36,1	37,1	38,0	39,1
10	17,5	18,5	19,5	20,5	21,5	22,5	23,4	24,3	25,3	26,3	27,3	28,3	29,3	30,3	31,3	32,3	33,3	34,2	35,2	36,2	37,2	38,2	39,2
11	17,6	18,6	19,6	20,6	21,6	22,6	23,5	24,4	25.4	26,4	27,4	28,4	29,4	30,4	31,4	32,4	33,4	34,3	35,8	36,3	37,3	38,3	39,3
12	17,7	18,7	19,7	20,7	21,7	22,7	23,6	24,5	25,5	26,5	27,5	28,5	29,5	30,5	31,5	32,5	33,5	34,4	35.4	36,4	37,4	38,4	39,4
13	17,8	18,8	19,8	20,8	21,8	22,8	23,7	24,6	25,6	26,6	27,6	28,6	29,6	30,6	31,6	32,6	33,6	34,6	35,6	36,6	37,6	38,6	39,6
14	17,9	18,9	19,9	20,9	21,9	22,9	23,9	24,8	25,8	26,8	27,8	28,8	29,8	30,8	31,8	32,8	33,8	34,8	35,8	36,8	37,8	38,8	39,8
15	18,0	19,0	20,0	21,0	22,0	23,0	24,0	25,0	26,0	27,0	28,0	29,0	30,0	31,0	32,0	33,0	34,0	35,0	36,0	37,0	38,0	39,0	40,0
16	18,1	19,1	20,1	21,1	22,1	23,1	24,1	25,1	26,1	27,1	28,1	29,1	30,1	31,2	32,2	33,2	34,2	35,2	36,2	37,2	38,2	39,2	40,2
17	18,2	19,2	20,2	21,2	22,2	23,2	24,2	25,2	26,3	27,3	28,3	29,3	30,3	31,4	32,4	33,4	34,4	35,4	36,4	37,4	38,4	39,4	40,4
18	18,4	19,4	20,4	21,4	22,4	23,4	24,4	25,4	26,4	27,5	28,5	29,5	30,5	31,6	32,6	33,6	34,6	35,6	36,6	37,6	38,6	39,6	40,6
19	18,6	19,6	20,6	21,6	22,6	23,6	24,6	25,6	26,7	27,7	28,7	29,7	30,7	31,8	32,8	33,8	34,8	35,8	36,9	37,9	38,9	39,9	40,9
20	18,8	19,8	20,8	21,8	22,8	23,8	24,8	25,8	26,9	27,9	28,9	29,9	30,9	32,0	33,0	34,0	35,0	36,0	37,1	38,2	39,2	40,2	41,2
21	18,9	19,9	20,9	21,9	22,9	23,9	24,9	25,9	27,0	28,1	29,1	30,1	31,2	32,2	33,2	34,2	35,2	36,2	37,3	38,4	39,4	40,4	41,4
22	19,1	20,1	21,1	22,1	23,1	24,1	25,1	26,1	27,2	28,3	29,3	30,3	31,3	32,4	33,4	34,4	35,4	36,4	37,5	38,6	39,7	40,7	41,7
23	19,3	20,3	21,3	22,3	23,3	24,3	25,3	26,3	27,4	28,5	29,5	30,5	31,5	32,6	33,6	34,6	35,6	36,6	37,7	38,9	39,9	41,0	42,0
24	19,5	20,5	21,5	22,5	23,5	24,5	25,5	26,5	27,6	28,7	29,7	30,7	31,7	32,8	33,9	34,9	35,9	36,9	38,0	39,2	40,2	41,3	42,3
25	19,7	20,7	21,7	22,7	23,7	24,7	25,7	26,7	27,8	28,9	29,9	30,9	31,9	33,0	34,1	35,2	36,2	37,2	38,3	39,4	40,5	41,6	42,6
26	19,9	20,9	21,9	22,9	23,9	24,9	25,9	26,9	28,0	29,1	30,1	31,1	32,1	33,2	34,3	35,4	36,4	37,4	38,5	39,7	40,7	41,8	42,9
27	20,1	21,1	22,1	23,1	24,1	25,1	26,1	27,1	28,2	29,3	30,3	31,3	32,3	33,4	34,5	35,6	36,7	37,7	38,8	39,9	41,0	42.1	43,2
28	20,3	21,3	22,3	23,3	24,3	25,3	26,3	27,3	28,4	29,5	30,5	31,5	32,5	33,6	34,7	35,8	36,9	38,0	39,1	40,2	41.3	42.4	43,5
29	20,5	21,5	22,5	23,5	24,5	25,5	26,5	27,5	28,6	29,7	30,7	31,7	32,7	33,9	35,0	36,1	37,2	38,3	39.4	40,5	41,6	42,0	43,8
30	20,7	21,7	22,7	23,7	24,7	25,7	26,7	27,7	28,8	29,9	31,0	31,9	32,7	34,1	35,2	36,3	37,4	38,5	39,7	40,8	41,9	43,0	44,1

La lecture est faite au haut du ménisque convexe. On retire alors le lacto-densimètre et on le remplace par un thermomètre, on note la température et l'on corrige les indications du lacto-densimètre, soit en se servant de la table ci-dessus, soit en diminuant ou augmentant d'une unité pour 5° de température (dans ce dernier cas la correction n'est pas absolument exacte). La correction est additive si la température est supérieure à 15°, soustractive au-dessous de 15°. Les indications du lactodensimètre peuvent être utilisées soit pour le lait entier, soit pour le lait écrémé.

S'il s'agit de lait entier, on prend la densité sur le côté jaune du densimètre qui porte le mot NON ÉCRÉMÉ; si, au contraire, l'on a affaire à du lait bleu, c'est-à-dire écrémé, on se sert de la graduation bleue. Que l'on lise la densité du côté jaune ou du côté bleu la densité est identique, on ne trouve de changements que lorsqu'il s'agit d'évaluer la proportion d'eau ajoutée. Cependant, comme les corrections à faire subir à cause de la température ne sont pas absolument les mêmes dans l'un ou l'autre cas, nous trouvons préférable de faire la lecture du côté correspondant à la nature du lait, on évite ainsi une chance d'erreur.

Les corrections à faire subir au lait entier ou écrémé sont contenues dans les tableaux ci-dessus.

Il est inutile d'indiquer longuement la manière de se servir du tableau de correction, car l'on opère exactement comme avec les tables de correction de l'alcoomètre. Ainsi, un lait marquant 1032 à 19° a pour densité 1033 à 15°, point de croisement des lignes 32 et 19.

Au Laboratoire municipal de Paris on néglige d'utiliser les indications ayant rapport à l'évaluation du mouillage, celui-ci étant donné d'une façon plus exacte par l'analyse chimique.

On a adopté, au Laboratoire municipal de Paris, 1033 comme densité moyenne du lait.

Détermination de la crème. — On se sert, pour mesurer la crème, du crémomètre Chevalier. On remplit celui-ci de lait jusqu'au trait de repère supérieur, puis on le place dans une cuve à eau maintenue à la température de 15° par un courant d'eau. On laisse monter la crème pendant vingt-quatre heures, puis on retire le crémomètre et on fait la lecture. La couche crémeuse est en moyenne de 10 centièmes du lait. Il ne faut pas oublier que les laits bouillis fournissent toujours des résultats erronés par suite de la difficulté qu'éprouve la matière grasse à se rassembler à la surface.

Extrait. — On mesure 10^{cc} de lait à l'aide d'une pipette de M. Dupré et on les verse dans une capsule de platine à fond plat de 70^{mm} de diamètre.

Cette pipette a l'avantage d'éviter toute erreur de mesurage, car dès qu'elle contient 10^{cc} le surplus s'écoule par un trop-plein. Cependant, si l'on a affaire à un lait bouilli, il vaut mieux mesurer les 10^{cc} avec une pipette ordinaire; il arrive, en effet, quelquefois que les grumeaux de graisse ou de caséine ne peuvent traverser la pipette de M. Dupré et bouchent complètement un des orifices. Il est alors assez long et délicat de la remettre en état.

La capsule de platine contenant le lait est maintenue pendant huit heures à la température de 95°, par le système de chauffage suivant :

Qu'on se figure un bain-marie porté à l'ébullition, recouvert d'une plaque de cuivre dans laquelle a été ménagée une série d'alvéoles de la taille de la capsule à lait; ces alvéoles plongent dans l'eau bouillante, mais la vapeur d'eau du bain-marie ne se dégageant pas directement dans l'atmosphère ne vient pas influencer les résultats.

L'extrait moyen du lait, dans ces conditions de température et de temps, est de 13^{gr} p. 100.

Cendres. — On obtient les cendres en calcinant les 10^{cc} de lait qui ont servi à déterminer l'extrait. Les cendres s'élèvent généralement à 0,60 p. 100.

Beurre et lactine. — On se sert, pour effectuer ces deux dosages, de la même prise d'essai, et l'on conduit l'opération de la manière suivante :

Dans un entonnoir muni d'une pince de Mohr que l'on ferme, on place un filtre, puis à l'aide d'une pipette de M. Dupré on verse sur le filtre 90^{cc} d'une liqueur préparée en mélangeant 1000^{cc} eau et 2^{cc} d'acide acétique cristallisable. On mesure alors 10^{cc} de lait que l'on fait couler lentement dans la liqueur acétique. La caséine se coagule en englobant toute la matière grasse. On laisse en contact pendant quelque temps pour que l'action de l'acide acétique s'achève, puis on filtre en ouvrant la pince de Mohr.

La liqueur filtrée contient la lactine diluée au 10e et le filtre retient la matière grasse et la caséine.

Dosage de la lactine. — Dans la liqueur filtrée on dose la lactine par réduction de la liqueur cupro-potassique; il suffit de se souvenir qu'avec cette liqueur, titrée de telle sorte que 10^{cc} correspondent à 0^{gr},05 de glucose ou de sucre interverti, il faut, pour obtenir la décoloration, 0^{gr},0635 de lactose anhydre ou 0^{gr},067 de lactose hydratée.

Si l'on tient compte de la dilution du lait, la formule que donne le poids de sucre de lait par litre est la suivante :

$$\frac{1000 \times 0,635}{n} = \frac{635}{n},$$

dans laquelle n représente le nombre de centimètres cubes de liquide acétique nécessaires pour réduire 10^{cc} de liqueur cupropotassique.

On peut également faire usage de la table suivante, ce qui évite tout calcul.

DOSAGE DE LA LACTOSE PAR LA LIQUEUR CUPRO-POTASSIQUE

CENTIMÈTRES CUBES	LACTOSE PAR LITRE anhydre $C^{12}H^{22}O^{11}$	LACTOSE PAR LITRE hydratée $C^{12}H^{22}O^{11}+H^{2}O$	CENTIMÈTRES CUBES	LACTOSE PAR LITRE anhydre $C^{12}H^{22}O^{11}$	LACTOSE PAR LITRE hydratée $C^{12}H^{22}O^{11}+H^{2}O$
5	127,00	130,00	23	27,61	21,93
6	105,83	111,70	24	26,43	27,92
7	90,71	95,71	25	25,40	26,80
8	79,38	83,75	26	24,42	25,77
9	70,56	74,45	27	23,54	24,81
10	63,50	67,00	28	22,68	23,93
11	57,73	60,91	29	21,89	23,10
12	52,92	55,83	30	21,17	22,33
13	48,84	51,53	31	20,49	21,62
14	45.36	47,86	32	19,84	20.94
15	42,33	44,67	33	19,24	20,30
16	39,69	41,87	34	18,68	19,71
17	37,44	39,40	35	18,14	19,14
18	35,28	37,22	36	17,64	18,61
19	33,42	35,26	37	17,17	18,11
20	31,75	33,50	38	16,71	17,63
21	30,24	31,90	39	16,28	17,17
22	28,86	30,45	40	15,88	16,75

La lactine atteint 5 p. 100 dans un lait ayant 13 p. 100 d'extrait.

Dosage du beurre en poids. — On laisse sécher à l'air libre le filtre qui contient le beurre et la caséine, puis on l'introduit dans un appareil à épuisement de M. Dupré (voir fig. 1).

Cet appareil se compose d'une allonge reliée d'un côté à un réfrigérant et de l'autre à une fiole tarée. A l'intérieur de l'allonge se trouve un petit appareil de verre formant siphon.

Ce siphon est disposé de la manière suivante.

Qu'on se figure un tube à essai portant à sa base un tube de verre de petit diamètre. Le tube de verre remonte latéralement presque jusqu'au haut du tube à essai, puis redescend et dépasse son point de départ de 5c environ; il forme donc siphon.

Au Laboratoire municipal on a groupé par quatre les appareils à épuisement et on a adopté le dispositif suivant qui permet d'opérer rapidement et sûrement.

Le bain-marie dans lequel plongent les fioles à épuisement est maintenu à la température de + 50° par un régulateur à mercure, qui modère l'arrivée du gaz dès que la température s'élève au-dessus de 50°. L'eau qui alimente le bain-marie provient du réfrigérant, elle n'est donc pas absolument froide lors de son arrivée. Le niveau du bain-marie est maintenu constant par un tube à déversement disposé de telle manière que l'eau du réfrigérant ne pénètre dans le bain-marie que juste en quantité suffisante pour compenser les pertes provenant de l'évaporation de l'eau.

Les quatre serpentins sont placés dans le même réfrigérant, et l'on peut, soit faire refluer l'éther dans les fioles à épuisement, soit le condenser et le faire passer dans le double fond de l'appareil grâce au mécanisme suivant :

Les serpentins, ainsi que le montre la figure ci-dessous, sont traversés dans leur partie inférieure par un tube métallique dans l'intérieur duquel on peut faire mouvoir à l'aide d'un pas de vis un obturateur. Le tube métallique aboutit à un double fond placé dans le réfrigérant.

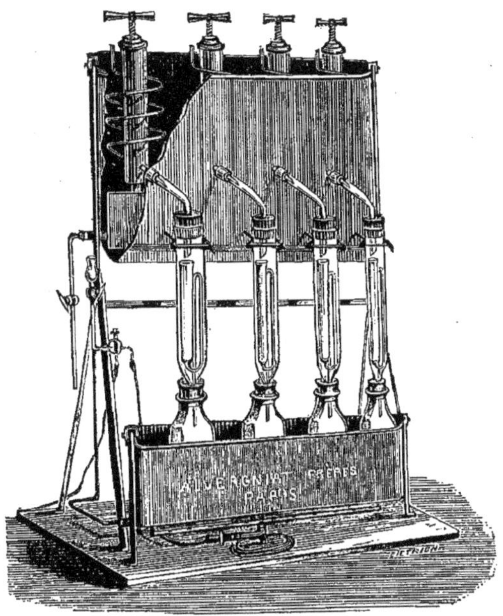

Fig. 1.

Si l'obturateur se trouve entre le double fond du réfrigérant et les orifices du serpentin, il empêche l'éther de tomber dans le double fond et le force à refluer dans l'appareil à épuisement. Si au contraire on remonte l'obturateur, l'éther pénètre dans le tube métallique et coule dans le double fond. En donnant une légère inclinaison en arrière à l'appareil on empêche absolument tout reflux d'éther dans l'allonge à épuisement.

Pour faire un épuisement on place le filtre dans le tube-siphon, on verse de 50 à 75^{cc} d'éther dans la fiole tarée, on réunit l'allonge au réfrigérant et l'on chauffe au bain-marie à 50°. L'éther distille, le réfrigérant le condense et le renvoie sur le filtre. Quand l'appareil est suffisamment rempli, le siphon s'amorce et l'éther entraînant la matière grasse tombe dans la fiole; subissant alors l'action de la chaleur l'éther, distille à nouveau et l'opération recommence.

Dans ces conditions la matière grasse est vite épuisée; cependant, pour plus de sûreté, on laisse fonctionner l'appareil toute une journée, puis on enlève la fiole, on évapore complètement l'éther et l'on pèse. L'augmentation de poids correspond à la matière grasse.

Le lait contient en moyenne 4 p. 100 de beurre.

Caséine. — On dose la caséine par différence. Son poids s'élève en moyenne à 3gr,40 p. 100.

Calcul du mouillage. — Il est évident que le mouillage fait diminuer l'extrait du lait proportionnellement à la quantité d'eau ajoutée; aussi la meilleure façon d'évaluer l'eau introduite dans le lait consiste-t-elle à prendre pour base de calcul l'extrait moyen du lait établi par le conseil d'hygiène de la Seine, soit 13gr p. 100.

La formule est donc celle-ci :

$$\frac{13}{E} = \frac{100}{x}$$

$$x = \frac{100 \times E}{13}$$

$$100 - x = \text{quantité d'eau y ajoutée.}$$

E représente l'extrait trouvé.
x la quantité de lait moyen p. 100.

Les tables suivantes dispensent, d'ailleurs, de tout calcul.

TABLE DE MOUILLAGE DU LAIT D'APRÈS LA TENEUR EN EXTRAIT

POIDS DE L'EXTRAIT PAR LITRE	QUANTITÉ D'EAU P. 100	QUANTITÉ DE LAIT MOYEN P. 100	POIDS DE L'EXTRAIT PAR LITRE	QUANTITÉ D'EAU P. 100	QUANTITÉ DE LAIT MOYEN P. 100	POIDS DE L'EXTRAIT PAR LITRE	QUANTITÉ D'EAU P. 100	QUANTITÉ DE LAIT MOYEN P. 100
130	0 000	100.000	124,5	4 231	95.769	119,0	8 462	91.538
129,9	0.077	99.923	124,4	4 308	95 692	118,9	8.539	91.461
129,8	0.154	99.846	124,3	4.385	95.615	118,8	8 616	91.384
129,7	0.231	99.769	124,2	4 462	95.538	118,7	8.693	91.307
129,6	0.308	99 692	124,1	4.539	95 461	118,6	8 770	91.230
129,5	0.385	99.615	124,0	4 616	95 384	118,5	8.847	91 153
129,4	0 462	99 538	123,9	4.693	95 307	118,4	8 924	91.076
129,3	0 539	99.461	123,8	4.770	95.230	118,3	**9.000**	91.000
129,2	0.616	99.384	123,7	4.847	95.153	118,2	9 077	90 923
129,1	0.693	99.307	123,6	4 924	95.076	118,1	9.154	90.846
129,0	0.770	99.230	123,5	**5.000**	95 000	118,0	9.231	90.769
128,9	0.847	99.153	123,4	5.077	94 923	117,9	9 308	90 692
128,8	0.924	99 076	123,3	5.154	94 846	117,8	9.385	90 615
128,7	**1.000**	99.000	123,2	5.231	94.769	117,7	9.462	90.538
128,6	1.077	98.923	123,1	5.308	34.692	117,6	9.539	90 461
128,5	1.154	98.846	123,0	5.386	94.615	117,5	9 616	90 384
128,4	1.231	98 769	122,9	5.462	94.538	117,4	9 993	90 307
128,3	1.308	98 692	122,8	5.539	94.461	117,3	9.770	90.230
128,2	1.385	98.615	122,7	5.616	94.384	117,2	9.847	90 153
128,1	1.462	98.538	122,6	5.693	94.307	117,1	9.924	90.076
128,0	1 539	98.461	122,5	5.770	94.230	117,0	**10.000**	90 000
127,9	1.616	98.384	122,4	5.847	94.153	116,9	10.077	89 923
127,8	1.693	98 307	122,3	5.924	94 076	116,8	10.154	89.846
127,7	1.770	98 230	122,2	**6.000**	94.000	116,7	10.231	89 769
127,6	1.847	98.153	122,1	6.077	93 923	116,6	10.308	89.692
127,5	1.924	98 076	122,0	6.154	93 846	116,5	10.385	89.615
127,4	**2.000**	98 000	121,9	6.231	93 769	116,4	10.462	89 538
127,3	2.077	97.923	121,8	6.308	93 692	116.3	10.539	89.461
127,2	2.154	97.846	121,7	6.385	93 615	116,2	10.616	89.384
127,1	2.231	97.769	121,6	6.462	93.538	116,1	10.693	89 307
127,0	2.308	97.692	121.5	6 539	93.461	116,0	10.770	89.230
126,9	2.385	97.615	121,4	6.616	93.384	115,9	10.847	89 153
126,8	2.462	97 538	121,3	6.693	93.307	115,8	10 924	89 076
126,7	2.539	97.461	121,2	6.770	93 230	115,7	**11.000**	89.000
126,6	2.616	97.384	121,1	6.847	93.153	115,6	11.077	88.923
126,5	2.693	97.307	121,0	6 924	93.076	115,5	11.154	88.846
126,4	2.770	97.230	120,9	**7.000**	93.000	115,4	11.231	88·769
126,3	2.847	97.153	120,8	7.077	92.923	115,3	11.308	88.692
126,2	2.924	97.076	120,7	7.154	92.846	115,2	11 385	88 615
126,1	**3.000**	97.000	120,6	7.231	92 769	115,1	11.462	88.538
126,0	3.077	96 923	120,5	7.308	92.692	115,0	11.539	88.461
125,9	3.154	96.846	120,4	7.385	92 615	114,9	11 616	88.384
125,8	3.231	96 769	120,3	7.462	92.538	114,8	11.693	88.307
125,7	3.308	96.692	120,2	7 539	92.461	114,7	11.770	88 230
125,6	3.385	96.615	120,1	7.616	92 384	114,6	11 847	88.153
125,5	3 462	96 538	120,0	7.693	92.307	114,5	11.924	88 076
125,4	3.539	96.461	119,9	7.770	92 230	114,4	**12.000**	88 000
125,3	3 616	96 384	119,8	7.847	92 153	114,3	12.077	87.923
125,2	3.693	96.307	119,7	7 924	92.076	114,2	12.154	87.846
125,1	3.770	96.230	119,6	**8.000**	92 000	114,1	12.231	87.769
125,0	3 847	96.153	119,5	8 077	91.923	114,0	12 308	87.692
124,9	3.924	96 076	119,4	8.154	91.846	113,9	12.385	87 615
124,8	**4.000**	96 000	119,3	8.231	91.769	113,8	12.462	87.538
124,7	4.077	95.923	119,2	8.308	91.692	113,7	12.539	87.461
124,6	4.154	95.846	119,1	8.385	91.615	113,6	12.616	87 384

TABLE DE MOUILLAGE DU LAIT (*suite*)

POIDS DE L'EXTRAIT PAR LITRE	QUANTITÉ D'EAU P. 100	QUANTITÉ DE LAIT MOYEN P. 100	POIDS DE L'EXTRAIT PAR LITRE	QUANTITÉ D'EAU P. 100	QUANTITÉ DE LAIT MOYEN P. 100	POIDS DE L'EXTRAIT PAR LITRE	QUANTITÉ D'EAU P. 100	QUANTITÉ DE LAIT MOYEN P. 100
113,5	12.693	87.307	108,0	16.924	83.076	102,5	21 154	78.846
113,4	12.770	87.230	107,9	**17.000**	83.000	102,4	21.231	78.769
113,3	12.847	87.153	107,8	17.077	82.923	102,3	21.308	78 692
113,2	12.924	87.076	107,7	17.154	82.846	102,2	21.385	78 615
113,1	**13.000**	87.000	107,6	17.231	82 769	102,1	21 462	78.538
113,0	13.077	86.933	107,5	17 308	82.692	102,0	21.539	78.461
112,9	13.154	86.846	107,4	17.385	82.615	101,9	21.616	78.384
112,8	13.231	86.769	107,3	17.462	82 538	101,8	21.693	78.307
112,7	13.308	86.692	107,2	17.539	82 461	101,7	21.770	78.230
112,6	13.385	86.615	107,1	17 616	82.384	101,6	21.847	78.153
112,5	13 462	86 538	107,0	17.693	82.307	101,5	21 924	78.076
112,4	13.539	86 461	106,9	17.770	82.230	101,4	**22.000**	78 000
112,3	13 616	86 384	106,8	17 847	82.153	101,3	22.077	77.923
112,2	13.693	86.307	106,7	17.924	82 076	101,2	22.154	77.846
112,1	13.770	86.230	106,6	**18.000**	82.000	101,1	22.231	77.769
112,0	13.847	86.153	106,5	18.077	81 923	101,0	22 308	77.692
111,9	13.924	86.076	106,4	18.154	81.846	100,9	22.385	77.615
111,8	**14.000**	86.000	106,3	18.231	81.769	100,8	22.462	77.538
111,7	14.077	85 923	106,2	18 308	81.692	100,7	22 539	77.461
111,6	14.154	85.846	106,1	17.385	81.615	100,6	22 616	77.384
111,5	14.231	85.769	106,0	18.462	81.538	100,5	22.693	77 307
111,4	14.308	85.692	105,9	18 539	81.461	100,4	22.770	77.230
111,3	14 385	85 615	105,8	18.616	81.384	100,3	22.847	77.153
111,2	14.462	85 538	105,7	18.693	81 307	100,2	22 924	77.076
111,1	14.539	85.461	105,6	18.770	81 230	100,1	**23.000**	77.000
111,0	14.616	85.384	105,5	18.847	81 153	100,0	23.077	76.923
110,9	14.693	85.307	105,4	18.924	81.076	99,9	23 154	76.846
110,8	14.770	85.230	105,3	**19.000**	81.000	99,8	23 231	76 769
110,7	14.847	85.153	105,2	19.077	80.923	99,7	23.308	76.692
110,6	14.924	85.076	105,1	19.154	80 846	99,6	23.385	76.615
110,5	**15.000**	85.000	105,0	19.231	80.769	99,5	23.462	76 538
110,4	15.077	84.923	104,9	19 308	80.692	99,4	23.539	76.461
110,3	15.154	84 846	104,8	19 385	80 615	99,3	23.616	76 384
110,2	15.231	84.769	104,7	19.462	80.538	99,2	23.693	76,307
110,1	15.308	84.692	104,6	19.539	80.461	99,1	23.770	76.230
110,0	15.385	84 615	104,5	19.616	80.384	99,0	23.847	76.153
109,9	15.462	84 538	104,4	19.693	80.307	98,9	23.924	76.076
109,8	15 539	84.461	104,3	19 770	80.230	98,8	**24.000**	76 000
109,7	15 616	84.384	104,2	19 847	80.153	98,7	24.077	75.923
109,6	15.693	84.307	104,1	19.924	80.076	98,6	24 154	75 846
109,5	15.770	84.230	104,0	**20.000**	80 000	98,5	24.231	75.769
109,4	15.847	84.153	103,9	20.077	79 923	98,4	24.308	75 692
109,3	15 924	84.076	103,8	10 154	79 846	98,3	24.385	75.615
109,2	**16.000**	84 000	103,7	20.231	79.769	98,2	24.462	75.538
109,1	16.077	83.923	103,6	20.308	79.692	98,1	24 539	75.461
109,0	16.154	83.846	103,5	20.385	79 615	98,0	24.616	75.384
108,9	16.231	83 769	103,4	20.462	79.538	97,9	24 693	75.307
108,8	16.308	83 692	103,3	20 539	79.461	97,8	24.770	75 230
108,7	16.385	83 615	103,2	20.616	79.384	97,7	24.847	75.153
108,6	16.462	83.538	103,1	20.693	79.307	97,6	24.924	75.076
108,5	16.539	83.461	103,0	20.770	79.230	97,5	**25.000**	75.000
108,4	16.616	83.384	102,9	20.847	79.153	97,4	25.077	74 923
108,3	16 693	83.307	102,8	20.924	79.076	97,3	25.154	74.846
108,2	16.770	83 230	102,7	**21.000**	79.000	97,2	25.231	74.769
108,1	16.847	83.153	102,6	21.077	78.923	97,1	25.308	74.692

TABLE DE MOUILLAGE DU LAIT (*suite*)

POIDS DE L'EXTRAIT PAR LITRE	QUANTITÉ D'EAU P. 100	QUANTITÉ DE LAIT MOYEN P. 100	POIDS DE L'EXTRAIT PAR LITRE	QUANTITÉ D'EAU P. 100	QUANTITÉ DE LAIT MOYEN P. 100	POIDS DE L'EXTRAIT PAR LITRE	QUANTITÉ D'EAU P. 100	QUANTITÉ DE LAIT MOYEN P. 100
97,0	25.385	74.615	91,5	29.616	70.384	86,0	33 847	66.153
96,9	25 462	74 538	91,4	29.693	70.307	85,9	33.924	66.076
96,8	25.539	74.461	91,3	29:770	7 ·.230	85,8	**34.000**	66 000
96,7	25 616	74 384	91,2	29.847	70 153	85,7	34.077	65.823
96,6	25.693	74.307	91,1	29 924	70.076	85,6	34.154	65.846
96,5	25 770	74.230	91,0	**30.000**	70.000	85,5	34.231	65.769
96,4	25.847	74.153	90,9	30 077	69.923	85,4	34.308	65.692
96,3	25.924	74.076	90,8	30.154	69 846	85,3	34.385	65.615
96,2	**26.000**	74.000	90,7	30.231	69.769	85,2	34.462	65.538
96,1	26.077	73.923	90,6	30.308	69.692	85,1	34.539	65.461
96,0	26.154	73.846	90,5	30.385	69 615	85,0	34 616	65.384
95,9	26.231	73 769	90,4	30.462	69.538	84,9	34 693	65.307
95,8	26 308	73 692	90,3	30 539	69.461	84,8	34 770	65.230
95,7	26.385	73 615	90,2	30.616	69 384	84,7	34 847	65.153
95,6	26 462	73.538	90,1	30.693	69 307	84,6	44.924	65.076
95,5	26 539	73.461	90,0	30.770	69.230	84,5	**35.000**	65.000
95,4	26.616	73 384	89,9	30 847	69 153	84,4	35 077	64.923
95,3	26 693	73.307	89,8	30.924	69 076	84,3	35.154	64.846
95,2	26.770	73.230	89,7	**31.000**	69.000	84,2	35.231	64 769
95,1	26 847	73.153	89,6	31.077	68.923	84,1	35.308	64.692
95,0	26 924	73.076	89,5	31.154	68 846	84,0	35.385	64.615
94,9	**27.000**	73 000	89,4	31.231	68.769	83,9	35 462	64.5.8
94,8	27 077	72.923	89,3	31.308	68.692	83,8	35 539	64.461
94,7	27 154	72 846	89,2	31.385	68 615	83,7	35.616	64.384
94,6	27.231	72.769	89,1	31.462	68 538	83,6	35.693	64.307
94,5	27.308	72.692	89,0	31 539	68.461	83,5	35.770	64 2.0
94,4	27 385	72.615	88,9	31.616	68.384	83,4	35.847	64 153
94,3	27.462	72.538	88,8	31 693	68.307	83,3	35.924	64 076
94,2	27.539	72 461	88,7	31.770	68.230	83,2	**36.000**	64 000
94,1	27.616	72 384	88,6	31.847	68.153	83,1	36.077	63.923
94,0	27.693	72.307	88,5	31.924	68.076	83,0	36.154	63.846
93,9	27.770	72.230	88,4	**32.000**	68.000	82,9	36.231	63.769
93,8	27.847	72 153	88,3	32.077	67.923	82,8	36.308	63 692
93,7	27.924	72 076	88,2	32.154	67.846	82,7	36.385	63.615
93,6	**28.000**	72.000	88,1	32 231	67.769	82,6	36.462	63 538
93,5	28.077	71.923	88,0	32.308	67.692	82,5	36.539	63.461
93,4	28.154	71.846	87,9	32.385	67.615	82,4	36 616	63.384
93,3	28.231	71.769	87,8	32,462	67.538	82,3	36 693	63.307
93,2	28 308	71.692	87,7	32.539	67.461	82,2	36 770	63 230
93,1	28.385	71.615	87,6	32.616	67 384	82,1	36 847	63.153
93,0	28.462	71.538	87,5	32 693	67.307	82,0	36.924	63.076
92,9	28.539	71 461	87,4	32.770	67 230	81,9	**37.000**	63 000
92,8	28.616	71.384	87,3	32 847	67.153	81,8	37.077	62.923
92,7	28.693	71.307	87,2	32.924	67.076	81,7	37.154	62.846
92,6	28.770	71.230	87,1	**33.000**	67 000	81,6	37.231	62 769
92,5	28 847	71.153	87,0	33.077	66.923	81,5	37.308	62.692
92,4	28 924	71.076	86,9	33.154	66.846	81,4	37.385	62.615
92,3	**29.000**	71.000	86,8	33.231	66.769	81,3	37.462	62.538
92,2	29.077	70.923	86,7	33.308	66.692	81,2	37.539	62.461
92,1	29.154	70 846	86,6	33.385	66.615	81,1	37.616	62.384
92,0	29 231	70 769	86,5	33.462	66 538	81,0	37.693	62.307
91,9	29.308	70 692	86,4	33.539	66.461	80,9	37.770	62.230
91,8	29.385	70 615	86,3	33.616	66.384	80,8	37 847	62.153
91,7	29.462	70.538	86,2	33 693	66.307	80,7	37.924	62.076
91,6	29.539	70 461	86,1	33.770	66.230	80,6	**38.000**	62.000

La moyenne de 13 p. 100 d'extrait sec admise par le conseil d'hygiène du département de la Seine ne s'applique pas indistinctement à toutes les espèces de laits; aussi au Laboratoire municipal de Paris fait-on faire, toutes les fois que cela est possible, une traite de l'étable pour avoir une base d'appréciation indiscutable.

Les vaches sont traites en présence d'un inspecteur, les laits sont mélangés avec soin et l'on prélève un échantillon moyen qui est analysé.

Nous avons résumé dans le tableau suivant les résultats obtenus avec ces échantillons d'une authenticité indiscutable, ils donneront une idée de ce que produisent dans les vacheries du département de la Seine les différentes races de vaches que l'on y rencontre.

ANALYSES DE LAITS TRAITS DANS LES VACHERIES DU DÉPARTEMENT DE LA SEINE

RACE DES VACHES		NOMBRE DE VACHES	DENSITÉ DU LAIT A 15°	DEGRÉS AU CRÉMOMÈTRE	EAU P. 100	EXTRAIT P. 100	CASÉINE P. 100	BEURRE P. 100	LACTINE P. 100	CENDRES P. 100	REMARQUES
Normandes.	moyenne.	176	1,0316	12	86,66	13,34	3,52	4,21	4,97	0,64	Traites faites sur 3 ou 4 vaches en moyenne.
	maximum.	2	1,0322	11	85,26	14,74	4,16	3,92	6	0,66	Nourriture : herbe, drèche solide, foin et son.
	minimum.	5	1,0312	11	88,23	11,77	2,82	3,69	4,61	0,65	Son, maïs, drèche.
Picardes.	moyenne.	69	1,0308	12	86,61	13,39	3,35	4,38	5,02	0,64	Étables de 2 ou 3 vaches.
	maximum.	3	1,031	16	84,89	15,11	3,15	6,50	4,74	0,72	Nourriture : son et drèche solide.
	minimum.	3	1,0293	12	87,57	12,43	2,87	3,80	5,17	0,59	Son, cosses de pois, luzerne, foin, trèfle.
Flamandes.	moyenne.	200	1,0324	11	87,19	12,81	3,03	4,32	4,73	0,63	Par étables de 3 et 4 vaches.
	maximum.	3	1,032	14	86,13	13,87	3,28	5,08	4,86	0,65	Nourriture : son, paille, betterave, drèche de brasserie.
	minimum	2	1,029	7	88,56	11,44	2,80	3,69	4,37	0,58	Herbe, paille, eau de drèche d'Alfort, avoine verte
Hollandaises.	moyenne.	350	1,0299	9	88,10	11,90	3,14	3,51	4,64	0,61	Par étables de 4 à 5 vaches.
	maximum.	1	1,0312	14	86,83	13,77	3,21	5,08	4,78	0,70	Nourriture: son, foin, paille, fourrage, drèche.
	minimum.	3	1,0282	9	89,34	10,66	2,80	2,87	4,45	0,54	Herbe.
Suisses.	moyenne.	56	1,032	11	86,91	13,09	3,59	4,15	4,73	0,64	Étables de 2 et 3 vaches.
	maximum.	3	1,033	16	85,76	14,24	5,36	5,20	4,98	0,70	Nourriture: son, foin, paille, féverolle, tourteau.
	minimum.	1	1,030	8	88,00	12,00	3,02	3,80	4,58	0,60	Son, betterave, paille, foin, féverolle, tourteau.
Belges.		9	1,027	6	89,50	10,50	2,57	3,27	4,15	0,50	2 étables, drèches sèches, recoupette, remoulage
Anglaises . . .		5	1,0314	15	85,66	14,34	3,07	5,92	4,63	0,72	1 étable, recoupage, herbe, paille.
Bretonnes . . .		1	1,0315	14	85,85	14,15	3,10	5,70	4,65	0,70	Recoupage, herbe, paille.
Nivernaises . .		9	1,0325	13	85,25	14,75	3,30	5,85	4,90	0,70	3 étables, son, paille, foin, pulpe.

Dans le cas où il y a *écrémage* il faut, pour calculer le mouillage, user d'un subterfuge. On déduit de l'extrait moyen le poids du beurre et l'extrait devient 13 — 4 = 9 ; on retranche également de l'extrait trouvé le poids du beurre obtenu par l'épuisement de la matière grasse et ce sont les extraits dégraissés qui servent de terme de comparaison.

Sauf cette modification, le calcul est le même que pour le lait entier.

Si le lait n'a pas été *mouillé*, le calcul de l'*écrémage* est des plus simples, il suffit de se rappeler que le lait entier renferme en moyenne 4 p. 100 de beurre.

Si donc nous ne trouvons que 3 p. 100 de matière grasse, par exemple, le calcul est celui-ci :

$$\frac{4}{3} = \frac{100}{x}$$

$$x = \frac{300}{4}$$

$$x = 75.$$

Le lait a donc été écrémé à 100 — 75, c'est-à-dire à 25 p. 100.

Quand le lait a été *écrémé et mouillé*, on commence par calculer le mouillage sur l'extrait dégraissé, puis on calcule le poids de beurre que devrait normalement contenir l'extrait du lait mouillé ; soit par exemple un lait ayant seulement 10 d'extrait, on trouvera le poids de beurre qu'il doit contenir s'il est simplement mouillé au moyen de la formule suivante :

$$\frac{13}{10} = \frac{4}{x}$$

$$x = \frac{4 \times 10}{13}$$

$$x = 3,07.$$

Ce lait, s'il n'a pas été écrémé, doit donc renfermer $3^{gr},07$ p. 100 de beurre ; si l'épuisement donne une quantité de matière grasse plus faible, on calcule l'écrémage en prenant pour base non plus 4 p. 100 de beurre, mais 3,07 p. 100.

Conservation du lait.

Emploi du froid. — Le lait, par suite de sa composition, est un bouillon de culture excellent, aussi tous les micro-organismes s'y développent-ils facilement et rapidement.

Par l'application du froid les cultivateurs avaient déjà fait faire un premier pas au problème de la conservation du lait et de son transport à longues distances. Mais une basse température, la congélation même, ne sont pas suffisantes pour détruire les germes qui infectent le lait aussitôt après sa sortie du pis de la vache. Le froid entrave seulement l'activité des microbes, s'oppose à leur développement rapide, en un mot les engourdit pour quelque temps; mais vient-on à laisser monter la température, aussitôt on voit le bactérium *acedi aceti* faire aigrir le lait, et tous les micro-organismes reprendre leur activité et leur virulence première.

Pasteurisation. — N'obtenant que des résultats imparfaits par le froid, il était naturel d'essayer si l'application de la chaleur serait plus favorable et détruirait tous les micro-organismes contenus dans le lait.

Malheureusement si l'on porte le lait entre 75 et 80°, il commence à prendre un goût de cuit assez prononcé, et cependant il n'est qu'incomplètement stérilisé, même par un brusque refroidissement, comme cela a lieu dans l'appareil de M. Thiel.

Il faut arriver jusqu'à l'ébullition pour détruire à peu près tous les micro-organismes, et encore ne parvient-on pas à se débarrasser de certaines spores. Dans ces conditions le lait contracte un goût *sui generis* qui le fait rejeter par une grande partie des consommateurs. Cet inconvénient serait déjà capital, mais s'il devait assurer la parfaite conservation du liquide on pourrait, dans certains cas, le négliger. Malheureusement dès que le lait est refroidi, les germes de l'air l'ensemencent de nouveau et s'y développent avec la même rapidité qu'avant la pasteurisation.

Stérilisation. — N'existe-il donc aucun moyen de fournir aux malades et aux enfants en bas âge cette nourriture saine dont ils ont le plus grand besoin?

Voyons d'abord à quelle température on parvient à se débarrasser des principaux germes, nous examinerons ensuite par quel procédé on les empêche de se développer à nouveau.

Suivant M. van Geuns un lait contenant 2.500.000 microbes par centimètre cube n'en renferme plus que 10.000 après un court passage entre 75 et 85° dans l'appareil de M. Thiel. En effet, le bacille du choléra disparaît à 58°, les spirilles de Pinkler et Prior entre 58 et 59°, le bacille typhique à 60°, le micro-organisme de la pneumonie entre 55 et 60°, à 100° il ne reste plus dans le lait aucune bactérie adulte, mais quelques spores résistent néanmoins jusqu'à + 107°. A cette température le lait est complètement stérilisé.

Quand le lait a été fortement chauffé il prend une teinte brunâtre que M. Duclaux attribue à un commencement de décomposition des matières albuminoïdes, et qui suffirait, à elle seule, à indiquer que le lait a été stérilisé. Ce petit inconvénient ne nuit d'ailleurs en rien à la valeur alimentaire du produit.

La stérilisation du lait s'effectue principalement d'après la méthode indiquée par M. Soxhlet.

On remplit de lait un certain nombre de bouteilles à goulot évasé et soigneusement rodé, on les place dans un porte-bouteilles et on plonge le tout dans un bain-marie bouillant, de façon à ce que l'eau n'atteigne pas le goulot des bouteilles; on laisse séjourner quarante minutes environ, puis on porte les bouteilles dans un endroit frais.

Le bouchage, qui est l'opération importante, est obtenu automatiquement d'une façon très ingénieuse. Sur chaque bouteille est disposé un disque de caoutchouc assez épais, maintenu sur le goulot par une petite armature en métal.

Pendant tout le temps que dure l'ébullition la vapeur d'eau soulève le caoutchouc, mais aussitôt que la pression diminue le disque retombe sur la surface rodée du goulot et y adhère.

Par suite du refroidissement, le vide se fait dans la bouteille, et la pression atmosphérique suffit non seulement à maintenir le disque de caoutchouc en place, mais encore à obtenir un bouchage hermétique. Si l'opération a été bien conduite, le caoutchouc est légèrement déprimé; si l'air a pu pénétrer dans la bouteille, le caoutchouc est plat et le lait n'est plus stérile.

Partie supplémentaire.

LAIT

PAR M. LEYS

Dans l'analyse du lait, les opérations qui donnent les poids de l'extrait et du beurre sont particulièrement importantes. Les analyses sont exécutées par série au laboratoire municipal; aussi, pour augmenter les garanties, ces deux dosages sont toujours faits en double et par deux méthodes différentes.

Pour la matière grasse, on contrôle le nombre obtenu précédemment en se servant de la méthode imaginée par Adam. En adoptant la modification qui consiste à peser le beurre obtenu par l'évaporation de la couche éthérée, on obtient des résultats d'une grande concordance.

Ils ne doivent pas différer de plus de 0,1 à 0,2 p. 100 de ceux que donne la méthode par épuisement.

Concurremment avec celle-ci, on se sert du procédé acidobutyrométrique de Gerber.

Avec des résultats comparables comme exactitude à ceux de la méthode d'Adam, ce dernier offre l'avantage très appréciable d'une grande célérité.

Il permet de faire en même temps un certain nombre de dosages.

La détermination du beurre se fait dans un tube fermé à l'une de ses extrémités par un renflement conique et s'ouvrant de l'autre sur un réservoir cylindrique de plus grand diamètre, réservoir que l'on peut fermer par un bouchon de caoutchouc.

On verse dans cette sorte d'ampoule 10^{cc} de liqueur sulfurique, 1^{cc} d'alcool amylique et 11^{cc} du lait à examiner, que l'on mesure au moyen d'une pipette spéciale.

La liqueur sulfurique est composée de 9 volumes d'acide sulfurique pur à 66° et de 1 volume d'eau.

L'ampoule est bouchée avec soin et, après agitation, introduite dans un bain-marie chauffé à 50°. Elle y repose sur un support qui lui fait prendre une position inclinée, le renflement conique émergeant de l'eau. La caséine, qui s'est d'abord coagulée, se redissout par l'agitation dans l'acide sulfoamylique porté à 50°.

On répète cette opération sur d'autres ampoules suivant le nombre d'échantillons que l'on a à examiner.

Quand toutes ont pris la température du bain-marie, on les introduit rapidement dans une turbine à plateau d'un modèle spécial. Elles y occupent la même position inclinée que dans le bain-marie, le renflement conique étant le plus voisin de l'axe. On les soumet ensuite pendant trois minutes à un mouvement de rotation excessivement rapide.

Par l'effet de la force centrifuge, il se produit une séparation complète, et la matière grasse, moins dense que le liquide acide, se rassemble dans le renflement conique.

On remet alors l'ampoule quelques instants au bain-marie pour ramener l'appareil à 50°, puis on lui fait prendre la position verticale, le renflement conique tourné vers le haut.

Le liquide acide, qui a pris une teinte noirâtre, remplit complètement le réservoir cylindrique, ainsi qu'une partie du tube, dont l'autre partie est occupée par la matière grasse en fusion.

Le tube porte une division de 0 à 90 allant du renflement conique au réservoir cylindrique; la matière grasse s'y détache avec une grande netteté.

On lit le nombre de divisions occupées par cette dernière et on a directement la richesse en beurre par litre.

On vérifie de même pour l'extrait l'exactitude du nombre obtenu. On applique la règle suivante, qui a l'avantage de s'appuyer sur la densité et le poids de la matière grasse, et d'exiger par conséquent l'entière vérité de ces chiffres.

Appelons : P, le poids spécifique du lait;

E, le poids de l'extrait sec de 100^{cc};

B, le poids du beurre de 100^{cc}.

On a la formule :

$$E = \frac{1.000\,(P - 1) + 5B}{4}.$$

Le résultat ne doit pas s'écarter de plus de 0,2 à 0,3 en plus ou en moins de celui trouvé directement. Quand cette concordance n'existe pas, il y a lieu de revoir les nombres obtenus dans l'analyse, et, si les opérations sont reconnues exactes, de suspecter le lait en expérience.

Nous avons trouvé cette règle si simple dans l'étude raisonnée de la formule de Fleischmann. Elle est également appliquée aux Etats-Unis, où M. H. Wily est arrivé d'une façon indépendante, et par d'autres considérations, à une formule identique.

Cette vérification peut également se faire au moyen de la formule de Fleischmann :

$$P = 1 + 0{,}00378E - 0{,}00448B,$$

d'où l'on tire la valeur de E.

Ce mode de contrôle du poids de l'extrait exige une grande précision dans l'évaluation de la densité, précision qui ne pouvait être obtenue avec le lacto-densimètre de Quévenne. Aussi a-t-on adopté une série de trois densimètres allant de 1020 à 1026, 1026 à 1032, 1032 à 1038. Les six degrés que chacun comporte sont très espacés, et permettent la lecture du dixième. Pour rendre les observations plus exactes, le constructeur les a gradués par plongée directe dans le lait, et la lecture du point d'affleurement se fait à l'extrémité de la lame liquide, soulevée par capillarité. La correction de température se fait comme pour le lacto-densimètre de Quévenne.

Dosage de la lactose. — Ce dosage s'effectue comme il est dit page 374; mais la liqueur cupropotassique dont on se sert est dédoublée suivant l'usage du Laboratoire.

10^{cc} de cette liqueur correspondent à 0gr,025 de glucose ou de sucre interverti et à 0gr,034 de lactose séchée à 100° (Soxhlet).

Si l'on tient compte de la dilution, la formule qui donne le poids de lactose pour 100cc de lait est la suivante :

$$\frac{0,034 \times 1.000}{n} = \frac{34}{n}.$$

FALSIFICATIONS DU LAIT

Le principales falsifications du lait sont l'écrémage et le mouillage. Ce sont les plus répandues, en raison de leur facilité et du bénéfice qu'elles procurent.

Calcul de l'écrémage. — On détermine successivement le beurre contenu dans une certaine partie du lait primitif, et dans la même partie du lait écrémé.

Soient B et b les deux nombres trouvés; B — b est la quantité de beurre enlevé à la partie de lait considérée, c'est l'écrémage de ce lait pour ladite partie.

Pour rendre les résultats facilement comparables, au lieu de rapporter l'écrémage à une certaine partie de lait dont il faudrait indiquer la richesse primitive en beurre, on le rapporte à 100gr de matière grasse.

Au Laboratoire municipal, l'analyse du lait se faisant en volume, pour un lait dont on ignore la provenance, on adopte pour le lait primitif le chiffre 4 qui représente la teneur moyenne en beurre des laits purs mélangés pour 100cc.

B et b sont alors les teneurs en beurre de 100cc du lait primitif et du lait écrémé, et, pour rapporter à 100gr de beurre, on pose

$$\frac{B}{b} \qquad \text{ou encore} \qquad \frac{4}{b} = \frac{100}{x},$$

$(100 - x)$ sera la quantité de beurre enlevé à 100gr de beurre du lait type; ce sera l'écrémage pour cent du lait en expérience.

Calcul du mouillage. — Le mouillage pourrait à la rigueur se calculer sur l'extrait entier, à condition d'être certain de l'homogénéité du lait pendant l'opération. Mais il n'en est pas ainsi dans la pratique : outre que l'on ignore si le lait primitif n'a pas subi un écrémage partiel avant son mouillage, on peut se demander, même en écartant cette hypothèse, si le mélange était parfait lors du mouillage et si la proportion de beurre qui se trouve dans l'échantillon de lait primitif qui sert de terme de comparaison, est bien celle que possédait le lait au moment de son mouillage.

Aussi, pour éviter de prendre pour un mouillage une diminution de pourcentage de l'extrait due à l'écrémage, calcule-t-on le mouillage sur l'extrait entier moins le beurre ou extrait dégraissé.

On peut définir le mouillage, le nombre de parties d'eau d'addition qui se trouvent dans 100 parties de lait mouillé.

Comme l'on opère en volumes, il faut donc déterminer l'extrait et le beurre de 100^{cc} du lait primitif et du lait mouillé. La différence entre le poids de l'extrait et celui du beurre donne l'extrait dégraissé A pour le lait primitif, a pour le lait incriminé.

A va nous servir de terme de comparaison ; ce sera la caractéristique, l'indice du lait type. Nous dirons que, si à une valeur A d'extrait dégraissé correspondent 100^{cc} du lait primitif, pour une valeur a plus petite que A on aura un nombre de centimètres cubes de lait primitif x plus petit que 100. x représentera donc le nombre de centimètres cubes de lait primitif renfermés dans 100^{cc} de lait mouillé, et $100 - x$ représenteront les centimètres cubes d'eau ajoutés ; ce sera, suivant la définition, le mouillage pour 100^{cc}.

En prenant comme point de comparaison la composition moyenne des laits purs admise par le Conseil d'Hygiène, 13^{gr} d'extrait entier et 4^{gr} de beurre pour 100^{cc}, A, dans ce cas, sera égal à 9 et l'on posera :

$$\frac{9}{a} = \frac{100}{x},$$

$100 - x$ sera le mouillage pour 100.

Mouillage et écrémage. — La réunion de ces deux falsifications est très fréquente. L'écrémage dans ce cas est volontaire ou peut être attribué à l'imprudence de l'opérateur, qui mouille une partie du lait primitif après avoir enlevé la partie supérieure plus riche en crème.

On connaît par l'analyse b le beurre et a l'extrait dégraissé de 100^{cc} du lait incriminé.

Calcul. — On commence par calculer le mouillage en opérant sur l'extrait dégraissé.

Soient m le nombre de centimètres cubes de lait pur renfermés dans 100^{cc} du lait incriminé, et $100 - m$ le mouillage.

Ces m^{cc} de lait pur ont précisément pour extrait et pour beurre les nombres donnés par l'analyse de 100^{cc} du lait incriminé. Il sera donc facile de faire la comparaison et de reconnaître si on se trouve en présence de lait pur non écrémé.

On aura q, quantité normale de beurre dans m^{cc} de lait type, par la proportion :

$$\frac{100}{4} = \frac{m}{q}.$$

Si q est plus grand que b, il y a écrémage.

On calcule alors ce dernier comme précédemment en le rapportant à 100^{gr} de matière grasse :

$$\frac{q}{b} = \frac{100}{x},$$

et $100 - x$ est la quantité de beurre pour 100 qui a été enlevée au lait primitif.

Nous donnons ci-dessous la reproduction de la feuille de calcul qui accompagne le bulletin d'analyse au Laboratoire municipal de Paris.

Un tableau lui fait suite, qui donne directement, d'après la formule propre de Fleischmann, la quantité d'extrait, connaissant la densité et le beurre. Il indique en outre la proportion d'eau ajoutée ainsi que l'écrémage, en prenant comme base la composition des laits purs mélangés, admise par le Conseil d'Hygiène de la Seine, c'est-à-dire 13gr d'extrait et 4gr de beurre.

Calcul du mouillage. — (Lait n°) d'après l'extrait moyen moins le beurre (extrait dégraissé) d'un lait pur de composition moyenne (13 — 4 = 9).

L'extrait moins le beurre du lait n° prélevé en étant de le mouillage est donné par la formule :

$$\frac{9,0}{} = \frac{100}{x}, \qquad x = \frac{100 \times}{9,0} = \quad .$$

$100 - x =$ quantité d'eau ajoutée au lait.

Le lait n° peut donc être considéré comme formé de :

Lait pur de composition moyenne............	parties.
Eau ajoutée..................................	parties.
Total............	

Calcul de l'écrémage. — (Lait n°) d'après la proportion de beurre contenu dans un lait pur de composition moyenne (4gr pour 100) :

$$\frac{4}{} = \frac{100}{x}, \qquad x = \frac{100 \times}{4} = \quad .$$

$100 - x =$ quantité de beurre enlevé au lait.

Le lait n° peut donc être considéré comme ayant été écrémé à pour 100.

Calcul du mouillage et de l'écrémage. — (Lorsqu'il y a eu écrémage et mouillage.) Lait n°

L'extrait moins le beurre du lait n° prélevé en étant de le mouillage est calculé d'après la première formule :

$$\frac{9}{} = \frac{100}{x}, \qquad x = \frac{100 \times}{9,0} = \quad .$$

$100 - x =$ quantité d'eau ajoutée au lait.

Le lait n° peut donc être considéré comme formé de :

Lait pur de composition moyenne...........	parties.
Eau ajoutée..................................	parties.
Total..........	

Détermination de la quantité de beurre contenu dans les parties de lait pur ci-dessus :

$$\frac{100}{4} = \frac{}{x} \qquad x = \frac{4 \times}{100} = \quad .$$

En comparant la proportion de beurre ainsi déterminée à celle trouvée à l'analyse dans le lait n° , l'écrémage est donné par la formule :

$$\frac{}{} = \frac{100}{x} \qquad x = \frac{100 \times}{} = \quad .$$

$100 - x =$ quantité de beurre qui a été enlevé au lait.

Le lait n° peut donc être considéré comme ayant été mouillé à pour 100 et écrémé à pour 100.

Beurre p. 100

$$E = \frac{(D + 0,00448B) - 1}{0,00378}$$

(Chaque case : mouillage / écrémage, puis densité D.)

EXTRAIT p. 100	4,0	3,8	3,6	3,4	3,2	3,0	2,8	2,6	2,4	2,2	2,0	1,8	1,6
	Mouillage / Écrémage	Mouillage / Écrémage	Mouillage / Écrémage	Mouillage / Écrémage	Mouillage / Écrémage	Mouillage / Écrémage	Mouillage / Écrémage	Mouillage / Écrémage	Mouillage / Écrémage	Mouillage / Écrémage	Mouillage / Écrémage	Mouillage / Écrémage	Mouillage / Écrémage
13,0..	0 / 0 D = 1032,5	0 / 5,0 1032,8	/ 10,0 1034,0	/ 15,0 1034,8	/ 20,0 1035,6	/ 25,0 1030,6	/ 30,0	/ 35,0	/ 40,0	/ 45,0	/ 50,0	/ 55,0	/ 60,0
12,8..	2,3 / D = 1031,0	/ 5,0 1032,0	/ 10,0 1033,0	/ 15,0 1033,8	/ 20,0 1034,8	/ 25,0 1035,8	/ 30,0 1036,8	/ 35,0	/ 40,0	/ 45,0	/ 50,0	/ 55,0	/ 60,0
12,6..	4,5 / D = 1030,2	2,3 / 2,8 1031,2	/ 10,0 1032,0	/ 15,0 1033,0	/ 20,0 1034,0	/ 25,0 1035,0	/ 30,0 1036,0	/ 35,0 1037,0	/ 40,0	/ 45,0	/ 50,0	/ 55,0	/ 60,0
12,4..	6,7 / D = 1029,4	4,5 / 1,74 1030,4	2,3 / 8,0 1031,4	/ 15,0 1032,2	/ 20,0 1033,2	/ 25,0 1035,2	/ 30,0 1035,0	/ 35,0 1036,0	/ 40,0 1037,0	/ 45,0	/ 50,0	/ 55,0	/ 60,0
12,2..	8,9 / D = 1028,6	6,7 / 1029,6	4,5 / 5,8 1030,6	2,3 / 13,0 1031,6	/ 20,0 1032,4	/ 25,0 1033,4	/ 30,0 1034,4	/ 35,0 1034,4	/ 40,0 1036,4	/ 45,0 1037,4	/ 50,0	/ 55,0	/ 60,0
12,0..	11,2 / D = 1027,8	8,9 / 1028,8	6,7 / 3,6 1029,8	4,5 / 11,0 1030,8	2,3 / 18,2 1031,6	/ 25,0 1032,6	/ 30,0 1033,6	/ 35,0 1034,6	/ 40,0 1035,4	/ 45,0 1036,4	/ 50,0 1037,4	/ 55,0	/ 60,0
11,8..	13,4 / D = 1027,0	11,2 / 1028,0	8,9 / 1,2 1029,0	6,7 / 9,0 1030,0	4,5 / 16,3 1030,8	2,3 / 23,8 1031,8	/ 30,0 1032,8	/ 35,0 1033,8	/ 40,0 1033,6	/ 45,0 1036,4	/ 50,0 1036,6	/ 55,0	/ 60,0
11,6..	15,6 / D = 1026,2	13,4 / 1027,2	11,2 / 1028,2	8,9 / 6,7 1029,0	6,7 / 14,2 1030,0	4,5 / 21,5 1031,0	2,8 / 28,4 1032,0	/ 35,0 1033,0	/ 40,0 1034,8	/ 45,0 1034,8	/ 50,0 1035,8	/ 55,0 1036,8	/ 60,0
11,4..	17,8 / D = 1025,4	15,6 / 1026,4	13,4 / 1027,4	11,2 / 4,4 1028,2	8,9 / 12,2 1029,2	6,7 / 19,6 1030,2	4,5 / 26,7 1031,2	2,3 / 33,5 1032,2	/ 40,0 1033,0	/ 45,0 1034,0	/ 50,0 1035,0	/ 55,0 1036,0	/ 60,0 1036,8
11,2..	20,0 / D = 1024,6	17,8 / 1025,6	15,6 / 1026,6	13,4 / 1,9 1027,6	11,2 / 10,0 1028,4	8,9 / 17,7 1029,4	6,7 / 25,0 1030,4	4,5 / 32,0 1031,4	2,3 / 38,6 1032,2	/ 45,0 1033,2	/ 50,0 1034,2	/ 55,0 1035,2	/ 60,0 1036,2
11,0..	22,3 / D = 1023,8	20,0 / 1024,8	17,8 / 1025,8	15,6 / 1026,6	13,4 / 7,7 1027,6	11,2 / 15,6 1028,8	8,9 / 23,2 1029,0	6,7 / 30,3 1030,6	4,5 / 37,2 1031,4	2,3 / 43,7 1032,4	/ 50,0 1033,4	/ 55,0 1034,4	/ 60,0 1035,2
10,8..	24,5 / D = 1023,0	22,3 / 1024,0	20,0 / 1025,0	17,8 / 1026,0	15,6 / 5,3 1026,8	13,4 / 13,5 1027,8	11,2 / 21,2 1028,8	8,9 / 28,0 1029,0	6,7 / 35,7 1030,8	4,5 / 42,4 1031,6	2,3 / 48,8 1032,6	/ 55,0 1033,6	/ 60,0 1034,4
10,6..	26,7 / D = 1022,2	24,5 / 1023,2	22,3 / 1024,2	20,0 / 1025,0	17,8 / 2,7 1026,0	15,6 / 11,1 1027,0	13,4 / 19,2 1028,0	11,2 / 26,9 1028,8	8,9 / 34,1 1029,8	6,7 / 41,1 1030,8	4,5 / 47,9 1031,8	2,3 / 54,0 1032,8	/ 60,0 1033,0
10,4..	28,9 / D = 1021,4	26,7 / 1022,4	24,5 / 1023,4	22,3 / 1024,4	20,0 / 1025,2	17,8 / 8,8 1026,2	15,6 / 17,1 1027,2	13,4 / 25,0 1028,0	11,2 / 32,5 1029,0	8,9 / 39,6 1030,0	6,7 / 46,4 1031,0	4,5 / 52,0 1032,0	2,3 / 59,1 1032,8
10,2..	31,2 / D = 1020,8	28,9 / 1021,6	26,7 / 1022,6	24,5 / 1023,6	22,3 / 1024,4	20,0 / 6,2 1025,4	17,8 / 14,9 1026,4	15,6 / 23,0 1027,4	13,4 / 30,8 1028,2	11,2 / 38,9 1029,2	8,9 / 45,1 1030,2	6,7 / 51,8 1031,2	4,5 / 58,1 1032,0
10,0..	33,4 / D = 1020,0	31,2 / 1020,8	28,9 / 1021,8	26,7 / 1022,8	24,5 / 1023,6	22,3 / 3,6 1024,6	20,0 / 12,5 1025,6	17,8 / 20,9 1026,6	15,6 / 28,9 1027,4	13,4 / 36,5 1028,4	11,2 / 43,7 1029,4	8,9 / 49,4 1030,4	6,7 / 57,1 1031,2
9,8..	35,6 /	33,4 / D = 1020,0	31,2 / 1021,0	28,9 / 1022,0	26,7 / 0,7 1022,8	24,5 / 0,7 1023,8	22,3 / 10,0 1024,8	20,0 / 18,7 1025,8	17,8 / 27,0 1026,6	15,6 / 34,8 1027,6	13,4 / 42,3 1028,6	11,2 / 48,1 1029,6	8,9 / 56,1 1030,6
9,6..	37,8 /	35,6 /	33,4 / D = 1020,2	31,2 / 1021,2	28,9 / 1022,2	26,7 / 1023,0	24,5 / 7,3 1024,0	22,3 / 16,4 1025,0	20,0 / 25,0 1025,8	17,8 / 33,1 1026,8	15,6 / 40,8 1027,8	13,4 / 46,8 1028,8	11,2 / 55,0 1029,6
9,4..	40,0 /	37,8 /	35,6 /	33,4 / D = 1020,4	31,2 / 1021,4	28,9 / 1022,2	26,7 / 4,1 1023,2	24,5 / 12,5 1024,2	22,3 / 22,8 1025,0	20,0 / 31,2 1026,0	17,8 / 39,2 1027,0	15,6 / 45,4 1028,0	13,4 / 53,9 1028,8
9,2..	42,3 /	40,0 /	37,8 /	35,6 /	33,4 / D = 1020,6	31,2 / 1021,4	28,9 / 1,5 1022,4	26,7 / 11,4 1023,4	24,5 / 20,6 1024,4	22,3 / 29,3 1025,2	20,0 / 37,5 1026,2	17,8 / 43,9 1027,2	15,6 / 52,6 1028,0
9,0..	44,5 /	42,3 /	40,0 /	37,8 /	35,6 /	33,4 / D = 1020,4	31,2 / 1021,6	28,9 / 8,6 1022,6	26,7 / 18,2 1023,6	24,5 / 27,2 1024,4	22,3 / 35,7 1025,4	20,0 / 42,3 1026,4	17,8 / 51,3 1027,4
8,8..	46,7 /	44,5 /	42,3 /	40,0 /	37,8 /	35,6 / D = 1020,0	33,4 / 1020,8	31,2 / 5,6 1021,8	28,9 / 15,6 1022,8	26,7 / 25,0 1023,6	24,5 / 33,0 1024,6	22,3 / 40,7 1025,6	20,0 / 50,0 1026,6
8,6..	48,9 /	46,7 /	44,5 /	42,3 /	40,0 /	37,8 /	35,6 / D = 1020,0	33,4 / 3,5 1021,0	31,2 / 12,9 1022,0	28,9 / 22,0 1022,8	36,7 / 31,8 1023,8	24,5 / 34,0 1024,8	22,3 / 48,6 1025,8
8,4..	51,2 /	48,9 /	46,7 /	44,5 /	42,3 /	40,0 /	37,8 /	35,6 / D = 1020,2	33,4 / 10,0 1021,2	31,2 / 20,1 1022,2	28,9 / 29,6 1023,0	26,7 / 38,6 1024,0	24,5 / 47,0 1025,0
8,2..	53,4 /	51,2 /	48,9 /	46,7 /	44,5 /	42,3 /	40,0 /	37,8 /	35,6 / 6,9 D = 1020,4	33,4 / 17,5 1021,4	31,2 / 27,4 1022,2	28,9 / 36,7 1023,2	26,7 / 45,4 1024,2
8,0..	556, /	53,4 /	51,2 /	48,9 /	46,7 /	44,5 /	42,3 /	40,0 /	37,8 / 3,6	35,6 / 14,6 D = 1020,6	33,4 / 25,0 1021,4	31,2 / 34,7 1022,4	28,9 / 43,7 1023,4

Écrémage seul.

Mouillage et écrémage.

Mouillage seul.

Quand il s'agit d'un lait provenant de vaches isolées, il est nécessaire de recourir à l'analyse du produit de la traite des vaches qui ont fourni le lait incriminé, et on prendra alors, comme point de comparaison, la composition moyenne du lait de toute l'étable.

La traite doit toujours être faite en présence d'un inspecteur qui s'assurera qu'il n'y a eu aucunes supercheries et que les vaches ont été traites à fond. On réunit le lait de toutes les vaches d'une même race, dont on note le volume total et dont on prélève un échantillon moyen pour l'analyse.

Cette dernière étant effectuée, on en multiplie les résultats par le nombre de litres représentant la valeur totale du lait de cette race. On additionne les nombres obtenus pour les différentes races et l'on divise la somme par le total des litres qu'a donnés la traite de toute l'étable. On a ainsi la composition moyenne du lait de l'étable, qui servait de point de comparaison.

Cette opération est indispensable quand on se trouve en présence d'un lait provenant de vaches isolées ou d'un groupement de vaches peu important; mais il n'en est pas de même si le lait incriminé provient du mélange de plusieurs sortes de laits, comme ceux qui sont centralisés par les marchands en gros, et c'est le cas le plus général pour Paris, car alors les conclusions du Rapport du Conseil d'Hygiène de la Seine, que l'on trouvera à la fin de ce chapitre, deviennent applicables et autorisent l'expert à prendre, comme terme de comparaison, la composition moyenne des laits purs mélangés qui est la suivante :

Densité à 15°	1033,00
Extrait à 95° p. 100^{cc}	13,00
Cendres	0,60
Beurre	4,00
Lactine	5,00
Caséine	3,10

Dans ces dernières années, on a proposé parmi bien d'autres méthodes l'emploi de la cryoscopie pour la recherche et l'évaluation du mouillage. L'abaissement du point de congélation pour les laits purs les plus divers oscillerait entre des limites très étroites et l'addition d'eau diminuerait cet abaissement d'une façon proportionnelle.

On aurait :

$$\frac{V}{V'} = \frac{a}{\Delta} \quad \text{et} \quad (V - V') \quad \text{ou} \quad E = V\frac{a - \Delta}{a},$$

E étant le volume d'eau ajoutée frauduleusement dans le volume V de lait examiné, a l'abaissement normal (0,55) et Δ l'abaissement observé.

A plusieurs reprises, ce procédé a été mis à l'essai au Laboratoire municipal; mais nous avons dû y renoncer, la méthode chimique que nous employons et qui porte sur le dosage de tous les éléments donnant de bien meilleurs résultats.

Comme contrôle de la méthode chimique, nous préférons de beaucoup à la cryoscopie le dosage rapide du beurre au Gerber ou à l'Adam, et la prise de densité avec un densimètre de précision. A l'aide de ces deux données et en appliquant soit la formule de M. Leys, soit celle de Fleischmann, soit même en recourant à la table figurant à la page 390, on obtient de suite l'extrait sec avec une exactitude donnant autant de garanties que l'indice cryoscopique.

Falsification par coloration.

Elle sert à masquer la teinte bleue des laits fortement mouillés.

On a employé ou on emploie la matière colorante des fleurs de souci fermentées, le safran, le curcuma, les fleurs de carthame, la solution alcaline du rocou fermenté en pâte, le caramel, l'orangé III, le jaune de chrysoïne, le chromate de potassium.

Le colorant le plus usité parmi tous ceux que nous venons d'énumérer, celui qui se marie le mieux au lait et qui reste le moins apparent, soit lorsque le lait s'altère, soit lorsqu'on l'additionne des réactifs usités pour son analyse, c'est sans contredit la solution de rocou.

Le rocou fermenté se présente dans le commerce sous forme de pâte rouge, d'odeur urineuse. Elle renferme une matière colorante soluble dans l'alcool fort, l'éther et les huiles grasses et une autre facilement soluble dans l'eau alcoolisée ou rendue alcaline par la potasse. Ces deux pigments sont du reste voisins et semblent dériver l'un de l'autre.

Le second, colorant à fonction acide, en solution alcaline, teint facilement la cellulose en jaune orangé; c'est un colorant direct pour coton au même titre que les matières colorantes du curcuma et du carthame. Au contraire, si, dans une telle solution alcaline, on vient à plonger une matière azotée comme la laine ou la caséine, il y a pénétration, mais non teinture, et il faut ensuite aciduler légèrement pour qu'il y ait fixation de la matière colorante, qui a éprouvé un changement et est devenue rose.

Ce virage au rose par une légère acidité s'observe bien mieux encore sur le coton teint en solution alcaline; très net, il est caractéristique de ce pigment et par conséquent du rocou. Aucune des matières colorantes énumérées précédemment ne donne à la fois et cette fixation directe sur coton et ce virage au rose sous l'influence des acides étendus.

Détermination de la matière colorante. — Quand un lait présente une teinte suspecte, on opère la recherche de la façon suivante :

On ajoute au lait un peu de lessive de potasse étendue d'eau. Un lait sain dans les premiers temps garde sa blancheur; s'il fonce instantanément et prend une teinte plus ou moins brune, il y a lieu de soupçonner le caramel ou le jaune de chrysoïne.

On en traite ensuite une autre partie par l'acide chlorhydrique concentré : une coloration rose intense indique l'orangé III.

Dix centimètres cubes sont mélangés avec 20^{cc} de la liqueur éthéro-alcoolique ammoniacale d'Adam : le mélange se sépare en deux couches.

Quand la couche supérieure est fortement colorée en jaune, les soupçons doivent se porter sur les fleurs de souci.

Si c'est, au contraire, la couche inférieure qui présente une forte coloration :

Jaune, il faut suspecter le safran, l'orangé;

Jaune verdâtre, le rocou;
Jaune rougeâtre, le jaune de chrysoïne;
Rouge franc, le curcuma.

Si, enfin, cette couche inférieure présentait une teinte brun sale et restait trouble, cela indiquerait un lait caramélisé.

Pour distinguer dans le cas où le colorant est en solution dans la couche inférieure, on le fait passer en solution dans l'alcool amylique, on évapore sur porcelaine, et l'on traite par une goutte d'acide sulfurique concentré :

Le rocou et le safran donnent une coloration bleu indigo;
Le curcuma, rouge brun;
L'orangé, rouge cramoisi;
Le jaune de chrysoïne ne vire pas.

Voici la façon d'opérer : la couche inférieure dont nous venons de parler est séparée et additionnée par fraction de la moitié de son volume d'une solution de sulfate de sodium à 10 p. 100 en retournant plusieurs fois le vase sans l'agiter.

La majeure partie de la caséine se sépare, et l'on peut alors traiter avec moins d'inconvénients le liquide décanté par l'alcool amylique. Il se forme une émulsion que l'on détruit par une douce chaleur, et l'alcool amylique se sépare, tenant en solution la matière colorante.

Dans le cas où l'acide sulfurique a donné une coloration bleue, pour distinguer le safran du rocou, on reprend la matière colorante par de l'alcool ammoniacal et on y plonge un tissu de coton ou une bande de papier qui se teignent. Il est alors facile de distinguer le rocou par le virage en présence d'un acide faible que le safran ne donne point.

Si on soupçonne uniquement le rocou, on simplifie de beaucoup les opérations en négligeant la précipitation de la caséine. On prend la couche inférieure du lait traité par le liquide d'Adam, on y plonge directement une bande de tissu de coton ou de papier-filtre, et l'on ferme le vase pour éviter l'évaporation. La matière colorante du rocou, qui, en solution alcaline, est un colorant direct pour la cellulose, se fixe lentement sur celle-ci, malgré la présence de la caséine pour laquelle elle a peu d'affinité, et il suffit alors, au bout de deux jours, de retirer la bande teinte, de la laver et de la traiter par un acide faible. Un virage au rose franc indique la présence du rocou dans le lait.

Le chromate de potassium étant employé tout à la fois comme colorant et comme conservateur, nous indiquons plus loin son mode de recherche.

Falsification par addition de conservateur.

On emploie le borax, le chromate de potassium, les fluoborates alcalins, l'acide salicylique, le borosalicylate de sodium, l'aldéhyde formique, l'eau oxygénée, les persulfates alcalins.

Recherche de certains conservateurs sur les cendres du lait. — *Le borax* (tétraborate disodique) *et le fluoborate de sodium* se retrouvent dans les cendres du lait où ils restent fixés.

Il suffit d'évaporer 100^{cc} de lait, puis de calciner le résidu dans une capsule de porcelaine jusqu'à l'obtention de cendres blanches.

On retire la capsule du feu et, après refroidissement, on arrose les cendres avec quelques gouttes d'acide sulfurique concentré. On y verse ensuite un peu d'alcool méthylique : il y a échauffement et la combinaison de l'acide borique avec l'alcool se produit. Il suffit ensuite d'approcher de la capsule une flamme bleue et d'observer l'éclair d'allumage. S'il est vert, on peut affirmer la présence de l'acide borique à l'état de borax ou de fluoborate.

Dans cette opération, deux précautions sont à observer : 1° il faut employer l'alcool méthylique de préférence à l'alcool ordinaire, car le premier brûle avec une flamme moins éclairante qui permet une facile reconnaissance de la coloration ; 2° cette coloration de la flamme ne peut s'observer avec certitude qu'au moment de l'allumage. Lorsque le mélange brûle depuis quelques instants, la flamme en contact avec les parois prend une légère teinte jaune verdâtre qu'un œil exercé ne saurait confondre avec la couleur franchement verte due à l'acide borique, mais qui pourrait jeter le doute dans l'esprit d'un débutant. Cette coloration spéciale de la flamme est due aux phosphates des cendres et ne se produit qu'au bout d'un certain temps, lorsque la température s'est élevée suffisamment.

Par l'éclair d'allumage on reconnait facilement 0^{gr},25 de borax cristallisé par litre de lait en opérant sur les cendres de 100^{cc}.

Le chromate de potassium se retrouve inaltéré dans les cendres, et c'est également sur celles-ci qu'on le recherche.

Il importe d'abord d'obtenir des cendres bien blanches. Si, après refroidissement, celles-ci restent légèrement teintées de jaune ou que leur arrosage avec l'acide sulfurique concentré provoque la coloration de ce dernier et le dégagement aisément visible d'un gaz de couleur rouge, il y a lieu de rechercher le chromate.

Pour cela, on lessive les cendres avec un peu d'eau distillée et l'on jette sur filtre. On fait tomber un peu de cette eau dans de l'acide chlorhydrique pur coloré en bleu par une trace de carmin d'indigo et porté à l'ébullition. En présence d'une quantité extrêmement petite de chromate, il y a dégagement de chlore et décoloration de l'acide. On complète cette recherche en traitant le restant du liquide après acidulation par quelques gouttes d'eau oxygénée. Il y a formation de la teinte bleue très visible due à l'acide perchromique.

Recherche des conservateurs sur le lait en nature. — *Acide salicylique et ses combinaisons.* — D'une façon générale, la recherche de l'acide salicylique en solution aqueuse s'opère ainsi : on acidule par l'acide sulfurique et ajoute un certain volume d'alcool. L'acide salicylique libre ou mis en liberté se dissout complètement. On ajoute alors au mélange une certaine proportion d'éther et on agite le tout dans une boule à décantation. Grâce à l'alcool, l'éther vient en contact avec toutes les parties du mélange, il lave pour ainsi dire le liquide et entraîne en se séparant une partie de cet alcool et la presque totalité de l'acide salicylique. Il n'y a plus qu'à le recueillir et l'évaporer.

Pour le lait, une difficulté se présente : la présence de la caséine, qui forme dans un pareil mélange une émulsion gélatineuse et empêche complètement la séparation de l'éther. On y remédie ainsi :

On prépare une solution de bisulfate de potassium à 10 p. 100 et, pour 100cc de celle-ci, on ajoute 10cc d'alcool éthylique à 90°. Cette liqueur précipite à froid la caséine et la crème sous une forme granuleuse qui se prête bien à la filtration. Elle a l'avantage de constituer un milieu acide dont les dissolvants ne peuvent, par agitation, entraîner une partie de l'acidité.

On verse 50 à 100cc du lait suspect dans 100cc de la liqueur précédente. On laisse le mélange en repos pendant un certain temps, puis l'on jette sur filtre. Le liquide limpide qui s'écoule est agité avec de l'éther. On laisse ce dernier se séparer, on le recueille, le lave et l'évapore sur une soucoupe de porcelaine. On reprend par quelques gouttes d'eau tiède et ajoute une solution très étendue de perchlorure de fer. En présence d'acide salicylique, la coloration violette se développe aussitôt. On opérera de la même façon pour la recherche de la saccharine, de la vanilline, etc., dans les laits sucrés et aromatisés.

Aldéhyde formique (*formol, méthanal*). — On opère sa recherche au moyen de réactions colorées soit sur le lait lui-même, soit sur le produit de sa distillation.

Disons, d'abord, que jamais un lait pur, même ayant subi un commencement d'altération, même caillé ou sur le point de se prendre, ne donne de coloration avec les réactifs employés pour la recherche du formol, lorsqu'on opère suivant les prescriptions qui vont suivre. Du reste l'affirmation qu'un lait est formolé ne repose pas sur une réaction, mais sur trois, opérées en milieu différent et avec formation de produits chimiques différents.

1° *Réaction à la phloroglucine en milieu alcalin.* — On dispose deux tubes à essai remplis chacun de lait à moitié de leur hauteur. Dans le premier, on verse 1cc d'une lessive de potasse étendue de 2 volumes d'eau et on agite. Si la coloration du premier tube n'a pas varié — et dans ce cas seulement — on fait sur le second la recherche à la phloroglucine. On y verse 2cc d'une solution de phloroglucine à 1 p. 1000, on agite et verse 1cc de la lessive de potasse précédente. Dans le cas où le lait est formolé, il se développe instantanément une coloration rose saumon. Cette coloration est extrêmement sensible, puisqu'elle est parfaitement nette avec un lait formolé à la dose de $\frac{1}{500.000}$.

2° *Réaction du bisulfite de rosaniline sur le produit de la distillation de 200cc de lait.* — On introduit le lait dans un ballon de 4 litres, chauffe rapidement et recueille 15 à 20cc de distillat. On y fait tomber 1cc du réactif spécial des aldéhydes, composé pour agir en solution aqueuse.

Voici sa formule :

1.000cc......................	Solution aqueuse de fuchsine à $\frac{1}{1.000}$;
10	Bisulfite de sodium à 30° Baumé ;
10	Acide chlorhydrique pur et concentré.

On verse le bisulfite dans la solution de fuchsine et, quand une forte atténuation de la coloration s'est produite, on ajoute l'acide. La liqueur brunit. Au bout d'un certain nombre de jours, on la passe sur une faible quantité de noir animal lavé à l'acide, d'où elle s'écoule incolore.

Dans le cas d'un lait formolé, même au $\frac{1}{1.000.000}$, on obtient rapidement la coloration rouge violet, tandis qu'un lait pur ne donne jamais de coloration.

3° *Réaction directe du bisulfite de rosaniline sur le lait en milieu acide.* — Tous les laits additionnés de bisulfite de rosaniline se colorent instantanément en rouge vif. Si on ajoute un petit excès d'acide chlorhydrique, la coloration disparaît définitivement pour les laits purs, temporairement pour les laits formolés qui, au bout d'un certain temps, se colorent faiblement en bleu violet.

Ces trois réactions sont également obtenues avec l'aldéhyde éthylique ; mais la sensibilité de ce dernier est bien moindre, de sorte que, pour la réaction de la phloroglucine en particulier, la coloration, au lieu d'être instantanée, ne se produit qu'au bout de quelques minutes, et que, pour les trois réactions précitées, les quantités qui produiraient la coloration seraient suffisantes pour rendre le lait incriminé imbuvable, l'aldéhyde éthylique étant un corps doué d'une odeur excessivement pénétrante.

On peut encore caractériser le formol dans le lait ou plutôt dans le produit de sa distillation au moyen de la réaction caractéristique consistant à condenser l'aldéhyde avec la diméthylaniline pour donner ensuite naissance par oxydation en milieu acétique au bleu d'hydrol ; mais cette réaction ne se produit plus quand on opère sur des liquides de dilution supérieure au $\frac{1}{100.000}$; ce qui est fréquemment le cas par suite de la facilité avec laquelle l'aldéhyde mélangé au lait se fixe sur la matière albuminoïde ou subit les effets des agents de réduction.

L'eau oxygénée, les persulfates alcalins sont des corps qui abandonnent facilement une partie de leur oxygène ; ils sont pour cette raison usités parfois comme agents de conservation des substances alimentaires.

Ajoutée récemment à un lait frais, l'eau oxygénée se reconnaît à ce que celui-ci donne une coloration rouge quand on y fait tomber quelques gouttes d'une solution à 1 p. 100 de gaïacol.

Il faut encore noter l'emploi de certains conservateurs qui, eux, n'agissent pas sur les bactéries, mais retardent la prise du lait envahi par le ferment lactique au moyen d'une action purement chimique.

De ce nombre sont le *bicarbonate de sodium*, le *chlorate de potassium;* on peut y joindre également le *borax*. Ces sels exercent une action retardante sur le moment de coagulation de la caséine en augmentant le coefficient salin du lait. De plus, pour le bicarbonate et le borax, il y a saturation de l'acide lactique formé et suppression d'un des facteurs de la coagulation.

Le borax mis à part, une addition de pareils sels se reconnaît au poids anormal des cendres, ainsi que par un examen analytique de leur partie soluble : augmentation des chlorures pour le chlorate, augmentation des phosphates solubles et formation d'une franche alcalinité pour le bicarbonate.

CARACTÉRISTIQUES DU LAIT FRAIS

Le lait normal sortant du pis de la vache a une saveur douce, onctueuse et une réaction amphichromatique. Abandonné à lui-même, il laisse monter la crème avec facilité et, soumis à l'action de la présure, ne tarde pas à se prendre en masse compacte.

Ces caractéristiques sont grandement modifiées par le chauffage. Un lait qui a été porté à 100° a perdu en grande partie sa saveur agréable; il a une réaction plutôt alcaline; la montée de la crème se fait avec lenteur et, sous l'influence de la présure, il ne se prend plus qu'avec difficulté. Cette dernière remarque indique le changement profond qui vient de s'accomplir; elle montre également l'intérêt qu'il peut y avoir, suivant le cas, à proscrire de l'alimentation le lait cuit ou le lait cru.

On a indiqué dans ces derniers temps un grand nombre de réactions servant à distinguer le lait cru du lait cuit. Presque toutes consistent dans l'addition de quelques gouttes d'eau oxygénée à du lait tenant en solution certaines substances : gaïacol, phénylènediamine méta et para, phénols diatomiques, pyrogallol, naphtols α et β, teinture de gaïac, iodure de potassium amidonné.

Dans le cas d'un lait cru, on obtient rapidement une coloration intense. Le gaïacol et la paraphénylènediamine donnent les meilleurs résultats. On les emploie en solution au centième.

On ajoute au lait cru son volume de solution aqueuse de gaïacol et une goutte d'eau oxygénée : on a une coloration rouge grenat.

Pour la paraphénylènediamine, on additionne le lait de quelques gouttes de la solution et d'une petite quantité d'eau oxygénée; le lait vire au bleu.

Un lait chauffé au-dessus de 80° ne donne plus ces réactions.

Inversement, ces caractères peuvent servir, ainsi que nous l'avons déjà vu, à reconnaître dans le lait la présence de l'eau oxygénée, à une condition toutefois : c'est que cette addition soit récente. Si l'on attend un certain temps, et si l'eau oxygénée a été ajoutée en quantité suffisante, les réactions colorées ne se produisent plus, même après une addition complémentaire de peroxyde d'hydrogène. Le lait oxygéné se conduira comme un lait chauffé et, pour faire la distinction, il faudra se servir d'une autre réaction.

Le seul but de cette dernière sera donc de distinguer un lait cuit d'un lait additionné d'eau oxygénée depuis un certain temps (six à huit heures).

On préparera une liqueur renfermant :

Solution alcoolique saturée de bleu de méthylène	5cc
Formol	5
Eau	190

On agitera 20cc de lait avec 1cc du mélange, et l'on chauffera à 45-50°.

Au bout de quinze minutes, il y aura décoloration pour un lait cru ou un lait oxygéné ancien, tandis que le lait cuit gardera sa teinte primitive.

Contre-expertise

En vue de permettre la contre-expertise des échantillons de lait prélevés par les experts-inspecteurs du Laboratoire municipal, le Conseil municipal de Paris a bien voulu, sur la demande du Directeur, accorder les crédits nécessaires à l'installation d'un appareil frigorifique.

Le générateur de froid est constitué par un bac contenant une solution de chlorure de calcium à 18° B., dont la température est abaissée à 10° au-dessous de zéro par détente d'ammoniaque liquide anhydre dans un serpentin en fer disposé contre les parois de ce bac. Une pompe aspirante et foulante, le compresseur, aspire l'ammoniac gazeux du serpentin et le refoule dans un réservoir cylindrique, le condenseur, qui sert à la fois de bâche de condensation et de récipient à ammoniaque liquide. L'ensemble du système, comprenant le compresseur, le condenseur, le frigorifère, la tuyauterie et les robinets ou vannes nécessaires à la circulation de l'ammoniaque, constitue le procédé Fixary.

Quatre cents échantillons peuvent être disposés dans ces caisses étanches qui plongent dans la solution saline du frigorifère. La congélation s'effectue en vingt-quatre à trente heures, et de nombreux essais ont démontré que, quelles que soient les conditions de saisons ou d'alimentation du bétail, la durée de conservation est en moyenne de vingt-cinq jours ; les résultats analytiques obtenus avant et après congélation sont sensiblement concordants ; les conclusions concernant le mouillage et l'écrémage sont identiques et même plutôt accentuées dans les laits ayant subi la congélation ; la caractérisation des antiseptiques est aussi nette, sauf cependant pour le formol et l'eau oxygénée, qui disparaissent à la longue, comme dans le lait frais.

La concordance des résultats analytiques avant et après congélation des laits ne s'obtient qu'en prenant certaines précautions dans la décongélation et qui ont pour but de rendre aux laits congelés leur homogénéité.

A cet effet, on place la bouteille dans un bac dans lequel circule un courant d'eau froide ; au bout de six à huit heures, la décongélation est complète ; on plonge alors la bouteille dans de l'eau tiède à 30-35°, et on l'y laisse encore cinq minutes. Il suffit ensuite d'agiter assez fortement le liquide. Il est même nécessaire de renouveler cette dernière opération avant chaque prise d'essai.

EXTRAIT DU RAPPORT DU CONSEIL D'HYGIÈNE

SUR LA COMPOSITION DU LAIT CONSOMMÉ A PARIS

La Commission, s'appuyant sur la grande analogie que les résultats présentent entre eux et avec ceux qui ont été obtenus par MM. Boussingault et Lebel, Quevenne, Lyon, Playfair, Schubler, Vernois et Becquerel, Joly et Filhol dans des conditions spéciales, pour l'âge du lait et le régime des vaches, et prenant surtout en considération les données extraites de l'ouvrage encore inédit de MM. Bouchardat et Quevenne, fournies par MM. Bussy et Boudet, à la suite d'expériences très nombreuses instituées précisément dans le but d'apprécier la composition moyenne du lait consommé à Paris et les variations extrêmes que cette composition peut offrir dans les conditions ordinaires ; remarquant, d'ailleurs, que les minimums sont représentés par quelques rares échantillons, tandis que le plus grand nombre des autres se rapproche beaucoup de la composition moyenne, a regardé et regarde comme suffisamment établi que le lait de vache se compose en moyenne et en nombres ronds de :

EAU	MATIÈRES FIXES EN TOTALITÉ	CASÉINE, EXTRACTIF ET SELS	BEURRE	LACTINE
87	13,00	4,00	4,00	5,00
Et que la limite minima peut être fixée à :				
88,50	11,50	»	2,70 à 3,00	4,58

La Commission déclare, toutefois, que la limite minima qu'elle indique pour les éléments du lait ne peut pas être considérée comme une limite absolue propre à fixer le terme où commence la fraude, qu'il ne suffit pas qu'un lait contienne plus de 11,50 de matières fixes ou de 2,70 de beurre ou de 4,50 de lactine pour être reconnu exempt de fraude et irréprochable, et que le jugement des chimistes experts chargés de la vérification du lait doit résulter d'une appréciation comparative de toutes les données de leurs analyses ; qu'ainsi, par exemple, on peut considérer comme falsifié non seulement tout échantillon de lait qui n'aura pas fourni pour l'ensemble des matières fixes qu'il contient un poids supérieur à 11,50, mais encore tout échantillon qui, donnant plus de 11,50 de ces matières, ne contiendrait pas au moins 2,70 de beurre et 4,50 de lactine.

Ne peut-il pas arriver, en effet, qu'un lait riche en matières fixes et contenant une proportion moyenne de beurre puisse être fortement écrémé et réduit ainsi à une proportion de beurre inférieure à 2,70 p. 100, tout en conservant une proportion de matières fixes supérieure à 11,50 ? Dans ce cas la fraude, c'est-à-dire la soustraction de la crème, serait signalée par le chiffre du beurre, et son auteur serait justement condamné comme coupable d'avoir dénaturé sa marchandise, bien que le lait qu'il aurait fourni contînt des proportions de matières fixes et de lactine supérieures au minimum.

D'autre part, supposons qu'un lait riche en matières fixes et en beurre et contenant une proportion moyenne de lactine ait été additionné d'eau dans des proportions telles que le poids des matières fixes et du beurre n'ait pas été abaissé par cette addition au-dessous du minimum, tandis que la proportion de lactine, au contraire, s'y trouve inférieure à 4,50 ; ne sera-t-on pas autorisé à conclure que le lait a été additionné d'eau et qu'il a été l'objet d'une manipulation frauduleuse, puisque sa proportion de lactine est devenue inférieure au minimum ?

Ainsi, comme la Commission l'a exposé dans son premier rapport, l'analyse complète du lait, la connaissance qu'elle donne aux experts des proportions de chacun de ses éléments, et la discussion attentive de ces proportions leur permet de suivre les falsifications de ce liquide dans toutes les conditions qu'elles peuvent présenter et de les constater dans des limites très étendues.

La Commission insiste, d'ailleurs, sur cette considération que, surtout pour le beurre et les matières fixes, *le lait ne peut approcher des limites minima que dans des circonstances exceptionnelles et lorsqu'il est fourni par des vaches isolées ; qu'en conséquence, ces limites ne peuvent pas être invoquées en faveur des marchands de lait en gros, qui ne livrent jamais au commerce que des laits mélangés, provenant de plusieurs vaches.*

BEURRE

PAR M. LADAN BOCKAIRY

Le beurre est le corps gras naturel qu'on extrait du lait, où il se trouve en suspension à l'état de globules.

Par conséquent, nous pouvons retrouver dans le beurre une petite quantité de caséine et de lactine, sans qu'il y ait falsification.

La fraude ne commence que lorsqu'on laisse dans le beurre une trop grande proportion des éléments du lait, ou que l'on tente d'incorporer dans le beurre, soit des corps n'ayant aucune analogie avec les corps gras, et qu'il est toujours facile d'isoler ensuite, soit des graisses, qui forment au contraire avec le beurre un mélange intime et que l'on n'est pas parvenu jusqu'ici à séparer du beurre, mais que l'on peut néanmoins doser en s'entourant de certaines précautions.

Les corps que l'on peut pratiquement incorporer au beurre ne sont pas très nombreux; quand nous aurons cité l'eau, la caséine et les fécules pour les beurres frais, le sel en proportion trop élevée pour les beurres salés, nous aurons nommé à peu près tous les corps que l'expert rencontre généralement dans une analyse de beurre. Quelle que soit d'ailleurs la nature de la falsification, si elle ne porte pas sur la matière grasse même, elle sera facilement découverte, en se conformant à la méthode d'analyse suivante, qui comporte le dosage de :

l'humidité,
des matières insolubles dans l'éther,
des cendres,
et de la matière grasse.

Humidité. — L'eau n'étant pas uniformément répartie dans le beurre, il importe, pour avoir une prise d'essai exacte, de ne pas doser l'humidité seulement dans les parties directement exposées à l'air.

On coupe donc l'échantillon en deux, vers le milieu, et l'on détache une tranche verticale de 10^{gr} que l'on fait sécher.

Il résulte des nombreuses expériences auxquelles nous nous sommes livrés que plusieurs prises d'essai ainsi effectuées sur un même beurre ne diffèrent pas sensiblement entre elles pour la teneur en eau.

Les procédés de dessiccation suivis par les chimistes présentent entre eux quelques différences. Ainsi, au Laboratoire municipal de Paris, on place les 10gr de beurre dans une capsule de platine de fort diamètre à fond plat et l'on porte à l'étuve à 100° jusqu'à poids constant; 8 heures suffisent, dans la plupart des cas, à obtenir ce résultat.

M. Hilger chauffe également dans une étuve à 100°, mais agite fréquemment. Il considère l'opération comme terminée au bout de 6 heures.

M. Bénédikt porte la température jusqu'à 120°; M. J. Bell ne prend que 5gr de beurre et opère la dessiccation, en 3 ou 4 heures, sur un bain-marie porté à l'ébullition.

Toutes ces façons de faire sont bonnes, mais il est évident que la manière d'opérer du Laboratoire municipal est, à la fois, plus commode et plus exacte; elle nécessite, il est vrai, deux pesées, mais elle ne peut laisser planer aucun doute dans l'esprit de l'expert.

Les beurres contiennent normalement une certaine quantité d'eau dont on ne peut les débarrasser que par la fusion. On a donc été forcé d'établir expérimentalement les limites dans lesquelles varie l'humidité de beurres bien fabriqués livrés à la consommation sans aucun esprit de fraude. Les beurres fins qui sont délaités avec soin contiennent généralement moins d'eau que les petits beurres; cependant, il est rare que la proportion d'eau descende au-dessous de 10 p. 100. Elle atteint en moyenne 11 à 12 p. 100, et l'on tolère jusqu'à 15 p. 100 comme limite extrême.

Les beurres qui contiennent au-dessus de 15 p. 100 d'eau se reconnaissent, dans le commerce, même sans procéder à aucune analyse, au caractère suivant. Ils laissent, sous l'effort d'une pression très modérée faite avec un couteau, suinter immédiatement une assez forte proportion d'eau.

Matières insolubles dans l'éther. — Le beurre, même lorsqu'il a été parfaitement préparé, renferme toujours un peu de caséine, de lactine et de sels. Tous ces corps étant insolubles dans l'éther, la manière la plus simple de les reconnaître et de les doser consiste à dissoudre dans l'éther la matière grasse de la prise d'essai sur laquelle on a dosé l'humidité. A cet effet, on liquéfie le beurre et on le filtre sur un filtre taré; on lave bien à l'éther, on sèche et on pèse.

L'augmentation de poids du filtre indique la proportion de matières étrangères au beurre. Dans les beurres non salés et bien préparés, ces matières sont en très minime quantité; leur poids varie entre 0gr,2 et 0gr,1 p. 100. Si le beurre a été salé, naturellement ce chiffre augmente avec la proportion de sel introduite. Il est d'ailleurs aisé de se rendre compte que l'augmentation de poids des matières insolubles dans l'éther provient du chlorure de sodium, en calcinant le filtre sur lequel on les a recueillies et en dosant le sel dans les cendres.

Dans certaines contrées on mélange au beurre, pour en assurer la conservation, non seulement du sel, mais également un peu de sucre de canne et de salpêtre. Il peut donc arriver que l'on rencontre des quantités assez notables de saccharose dans les beurres destinés à l'exportation; ce produit n'est pas ajouté dans une intention frauduleuse, mais seulement pour satisfaire aux exigences des consommateurs.

Cendres. — La matière grasse du beurre étant entièrement combustible, les corps minéraux que l'on trouve en calcinant le beurre, proviennent seulement de l'eau qui a servi au lavage et des sels que la caséine retient toujours en petite quantité; aussi le beurre naturel ne renferme-t-il, pour ainsi dire, pas de cendres. Si le beurre a été salé, la quantité de sel, qui varie généralement entre 2 et 6 p. 100, se retrouve entièrement dans les cendres et peut facilement être dosée. Il faut seulement avoir soin de ne pas exposer les cendres à une température trop élevée qui occasionnerait des pertes, par suite de la volatilisation du chlorure de sodium.

Certains expérimentateurs, considérant qu'il importe surtout au consommateur de savoir combien son beurre contient de matière grasse, ont inventé des procédés rapides qui permettent de doser simultanément l'eau, la caséine, la lactine et les sels.

Le procédé le plus simple est dû à M. G.-H. Hoorn, directeur du laboratoire municipal d'Amsterdam. Voici comment il opère : Dans un tube de verre de 2^cm^ de diamètre et de 24^cm^ de longueur, mais dont la partie inférieure, étirée et graduée, porte 90 divisions de 1/10e de centimètre cube de capacité, on introduit 5^gr^ de beurre; on chauffe au bain-marie pour liquéfier la matière grasse, puis on ajoute 30^cc^ de benzine de pétrole ou pétrole léger; on agite et l'on abandonne au repos jusqu'à ce que la couche supérieure, formée de benzine et de beurre, soit limpide. On décante alors cette couche et l'on remplace la matière enlevée par 20^cc^ de benzine; on agite de nouveau et on laisse reposer 12 heures. L'eau et toutes les impuretés tombent dans la partie rétrécie du tube, et il suffit de lire l'espace qu'elles occupent pour avoir une idée à peu près exacte de la quantité de matières étrangères que contient le beurre.

Chaque division de l'appareil correspond à peu près à 1 p. 100 de matières étrangères.

M. Hoorn a vérifié son appareil et a trouvé que 15 divisions de la graduation en volume correspondaient à 16 p. 100 en poids. L'erreur que l'on peut faire en transformant en poids le volume que l'on a relevé est donc à l'avantage du fabricant ou du fournisseur.

En résumé, toutes les fraudes qui ne portent pas sur la nature de la matière grasse même du beurre peuvent être facilement décelées par le chimiste et même être reconnues par le commerçant. Il en est tout autrement lorsque l'on introduit dans le beurre des matières grasses qui, comme l'oléo-margarine, présentent avec le beurre une grande analogie.

ESSAI DE LA MATIÈRE GRASSE

Le commerçant est alors souvent très embarrassé pour reconnaître la fraude, et le chimiste, malgré les nombreux moyens d'investigation qu'il a à sa disposition, ne peut pas toujours se prononcer. Tous les beurres n'ont pas en effet identiquement la même composition chimique, et les propriétés qui servent généralement à mettre la fraude en évidence peuvent être modifiées par un assez grand nombre de causes.

Quoi qu'il en soit, le beurre de vache se distingue des graisses animales et de la plupart des graisses végétales par la quantité relativement élevée de glycérides à acides volatils qu'il renferme. Suivant M. Winter Blyth, on rencontrerait, en effet, dans le beurre, jusqu'à 8 p. 100 de butyrine, mais seulement 0,1 p. 100 de caproïne et de caprylinc. M. Duclaux a obtenu des résultats un peu différents et, d'après ses recherches, l'acide caproïque s'élève à 2 et même 2,33 p. 100, tandis que l'acide butyrique n'atteint que 3,38 à 3,65 p. 100.

M. Bell trouve 6,13 d'acide butyrique et 2,09 d'acides caprique, caproïque et caprylique.

Les procédés chimiques d'analyse du beurre tendent presque tous à utiliser cette différence de composition du beurre et des graisses, tandis que nous verrons, au contraire, un certain nombre d'autres procédés physiques se baser seulement sur les particularités que présente généralement le beurre. Ces procédés ont naturellement une valeur bien inférieure aux premiers; nous les passerons, néanmoins, rapidement en revue, parce que, entre les mains de personnes expérimentées, ils peuvent souvent mettre sur la voie de la fraude et permettre de classer les échantillons en beurres purs, douteux ou mauvais.

On peut dire que l'on a mis à profit pour l'analyse sommaire du beurre à peu près toutes les propriétés de ce corps: l'odeur, les phénomènes de fusion, la densité, la solubilité dans divers réactifs, l'action sur la lumière polarisée, la forme cristalline, tout a été essayé.

Vérifie-Beurre. — Tout le monde connaît l'odeur désagréable qui se dégage des graisses, lorsqu'on les expose à une température un peu élevée, et le parfum *sui generis* du beurre dans les mêmes conditions. On a construit, pour utiliser cette propriété, un petit appareil très portatif nommé le vérifie-beurre.

Le vérifie-beurre consiste en une gaine de métal dans laquelle passe une tige métallique creuse. La tige est terminée à son extrémité inférieure par un tampon de feutre et est surmontée d'un petit godet; une mèche d'amiante la traverse de part en part un peu au-dessous du godet.

Le mode d'emploi est des plus simples. Après avoir imbibé d'alcool le feutre qui sert de réservoir à l'appareil, on tire la tige et on allume la petite mèche d'amiante qui la traverse. On laisse l'appareil s'échauffer, puis on place, dans la cuvette qui forme le sommet de l'appareil, gros comme un pois de beurre; on éteint rapidement en enfonçant la tige dans sa gaine, et l'on essaye de percevoir et de caractériser l'odeur qui se dégage.

Si la fumée sent le beurre fondu, le beurre est pur; si l'on reconnaît l'odeur de côtelettes grillées, il a été falsifié par des graisses. Si on l'a mélangé avec des huiles, il se dégage des vapeurs âcres et nauséabondes qui rappellent une lampe à huile mal éteinte.

Cet appareil peut évidemment rendre quelques services; il est simple, commode, peu fragile, mais il demande, de la part de la personne qui en fait usage, une grande expérience, car les odeurs qui se dégagent varient avec la température à laquelle on porte la matière grasse, et les odeurs du beurre, des graisses et de l'huile sont loin d'être tranchées, surtout lorsqu'il s'agit de mélanges.

Margarimètre de M. Drouot. — Le barattage du beurre et celui de l'oléo-margarine avec le lait donnent deux résultats absolument différents: dans le premier cas, on sépare la matière grasse du petit-lait et de la caséine; dans le second, au contraire, on incorpore dans de la matière grasse une certaine quantité de lait; on cherche en un mot à reconstituer une émulsion.

M. Drouot a pensé qu'en liquéfiant lentement la margarine, on pourrait ne pas détruire complètement l'émulsion et avoir ainsi un moyen simple de reconnaître l'oléo-margarine dans le beurre.

En effet, si l'on fait fondre l'oléo-margarine à une température qui ne dépasse pas son point de fusion de plus d'une dizaine de degrés, la matière grasse se sépare difficilement de l'eau et du lait et, au lieu de s'éclaircir rapidement comme le beurre naturel, reste trouble pendant un temps assez long.

L'appareil construit par M. Drouot pour utiliser cette observation se compose essentiellement d'une plaque en fer munie d'anses, d'un petit fourneau chauffé par une lampe à alcool, et d'une plaque en fer étamé dans laquelle sont ménagés six petits godets.

On chauffe la plaque de fer au moyen d'une double lampe à alcool; puis, quand on juge qu'elle a absorbé assez de chaleur, on l'enlève par les anses, on la pose sur une table et on place dessus la plaque aux godets. Ceux-ci ont été, au préalable, remplis du beurre à examiner. La chaleur se communique d'une plaque à l'autre et le beurre entre en fusion; si le beurre est pur, l'eau, la caséine et le petit-lait se séparent rapidement, tombent au fond du godet, et la matière grasse acquiert rapidement une limpidité parfaite. Si l'on a affaire à de l'oléo-margarine ou à un mélange d'oléo-margarine et de beurre, la fusion se produit, mais la matière grasse reste trouble. Ce trouble est d'ailleurs d'autant plus intense et d'autant plus persistant que la quantité de margarine ajoutée est plus considérable.

Il résulte de plusieurs milliers d'essais auxquels nous nous sommes livrés, qu'il faut que le mélange de beurre et d'oléo-margarine contienne au moins 20 p. 100 de cette dernière pour que le phénomène décrit par M. Drouot apparaisse nettement.

D'autre part, nous avons remarqué que certains beurres purs ne s'éclaircissent que lentement et présentent au margarimètre l'apparence de beurres fraudés. Comme, en général, ce sont les beurres d'été qui présentent une fusion trouble, il est probable que ces beurres ne se sont raffermis que difficilement et ont été en quelque sorte émulsionnés comme la margarine à la fin de l'opération du barattage.

En somme, l'appareil de M. Drouot est basé sur un fait incontestable : il peut être d'une grande utilité pour les négociants, mais l'expert ne doit en tirer que des indications et ne peut s'en servir que comme moyen d'investigation.

Appareil de M. Lézé. — M. Lézé, professeur d'agriculture à l'école de Grignon, a imaginé un petit appareil basé également sur la différence des phénomènes d'émulsion du beurre et de la margarine. Dans un tube dont la partie inférieure est rétrécie et divisée en dixièmes de centimètre cube, on introduit $1^{cc},5$ de sirop de sucre saturé, puis 10^{cc} de beurre. (Le sirop de sucre se prépare simplement en faisant fondre du sucre dans de l'eau à la température ordinaire.) On mesure le beurre assez facilement en le faisant fondre au bain-marie au fur et à mesure qu'on l'introduit dans le tube. Dès que l'on a terminé l'opération, on agite le beurre avec le sirop de façon à les mélanger le plus complètement possible, puis on laisse reposer une demi-heure au bain-marie. Dans ces conditions il se forme avec le beurre pur trois couches distinctes ; dans la partie supérieure du tube se réunit la matière grasse absolument limpide, au-dessous apparaît une espèce d'émulsion de 1 à 2^{cc}, puis enfin on trouve l'eau et le sirop de sucre.

La margarine se distingue du beurre par le fait suivant : il ne se forme pas de couche intermédiaire. M. Lézé a pensé qu'en appréciant l'épaisseur de cette couche émulsive, on pouvait non seulement reconnaître la pureté du beurre, mais également se rendre compte de la proportion de margarine ajoutée.

Le défaut de ce procédé vient de son principe même ; car il est évident que si l'on prend pour base de la pureté d'une marchandise une impureté qu'une bonne fabrication tend toujours à éliminer, on risque de commettre de grosses erreurs. Il n'est d'ailleurs pas prouvé qu'un beurre fait avec de la crème absolument douce et essayé par ce procédé immédiatement après le barattage donnerait la réaction indiquée par M. Lézé ; en tous cas ce procédé n'a pas encore fait ses preuves, on ne peut donc l'utiliser qu'avec une grande prudence jusqu'au moment où il sera définitivement jugé.

Densité. — La densité des corps gras est certainement, parmi leurs propriétés physiques, celle qui permet le plus facilement de se prononcer sur leur pureté. On l'emploie constamment dans l'analyse des huiles, mais on avait longtemps hésité à la faire figurer parmi les caractéristiques du beurre.

Avec ce corps son emploi rencontre en effet d'assez sérieuses difficultés de tous genres.

Le beurre ne peut pas en effet être analysé comme les autres corps gras : il faut, avant d'en prendre la densité, le débarrasser des impuretés qu'il renferme. Or, une seule méthode pratique se présente à l'expert pour obtenir ce résultat : il faut chauffer le beurre et le liquéfier pendant un temps assez long ; mais la température à laquelle a été porté le beurre et la longueur du temps pendant lequel il a subi l'action de la chaleur, influent dans certaines limites, peu considérables, il est vrai, sur la densité.

Une autre difficulté réside dans le choix de la température à laquelle il faut opérer. Certains chimistes adoptent la température de fusion du beurre, d'autres préfèrent opérer à 100° : dans les deux cas on est rarement absolument certain que toute la masse du beurre est bien à la température que l'on a choisie. Les corps gras sont en effet mauvais conducteurs de la chaleur, et la température de la surface du centre et du fond diffèrent souvent très sensiblement entre elles. Or, une variation de 1 degré correspond à une différence de densité d'environ 0,00064 qui suffirait à faire suspecter un beurre pur.

On a essayé de remédier à cet inconvénient en construisant des appareils assez compliqués, comme ceux de MM. Castcourt, Königs et Launay.

M. Castcourt détermine la densité du beurre à la température de 38°,8 au moyen d'une balance de Westphale. La température nécessaire à la fusion est obtenue au moyen d'un bain-marie dans lequel plonge un large tube contenant de la paraffine, on maintient cette paraffine exactement à la température de 38°,8 à l'aide d'un thermomètre et l'on place au centre le tube contenant le beurre. On détermine alors la densité.

M. Königs opère à 100°. Dans un bain-marie à niveau constant, que l'on chauffe jusqu'à l'ébullition, on place les tubes contenant la matière grasse. Ces tubes s'adaptent exactement sur l'ouverture du bain-marie et la vapeur s'échappe par un tuyau spécial. La densité est prise au moyen d'un aréomètre construit spécialement. Malgré ces précautions, l'on est forcé d'opérer p r comparaison avec un beurre pur placé dans les conditions de chaque expérience, car la température n'est pas absolument uniforme d'une expérience à l'autre.

M. Launay, en faisant construire son appareil, s'est surtout attaché à obtenir un instrument pratique et d'un emploi commode pour le commerce. Il est donc peut-être moins précis que les précédents, mais offre l'avantage de pouvoir être manié beaucoup plus facilement. L'appareil imaginé par M. Launay consiste essentiellement en un manchon que l'on remplit d'eau, et en un tube de fer-blanc à large diamètre qui s'adapte au manchon; on porte l'eau à l'ébullition et l'on place au centre du manchon le tube en fer-blanc contenant le beurre. Le beurre ne tarde pas à s'échauffer, on y plonge alors un aréomètre spécial. Celui-ci est construit de telle façon que lorsque le thermomètre qu'il renferme marque 96°, la matière grasse affleure au sommet de la colonne thermométrique. Si le beurre est pur, il y a donc concordance à 96° entre les indications du thermomètre et du densimètre ; s'il est falsifié, on ne peut pas observer les indications du thermomètre : car l'appareil étant réglé à 96°, la différence de densité du beurre et des matières grasses qui servent à le falsifier est telle que l'aréomètre s'enfonce plus rapidement que le thermomètre ne s'élève, on ne peut donc pas voir le mercure du thermomètre.

La densité du beurre est de 0,920 à + 15°.
— 0,911 à 0,913 à + 30°.
— 0,866 à 0,868 à + 100°.

Voici d'ailleurs le tableau que M. Königs a dressé et qui donne à différentes températures la densité du beurre et de diverses graisses.

TEMPÉRATURE	GRAISSES ANIMALES	OLÉO	MARGARINE	BEURRE NATUREL
35°.	0,9019	0,9017	0,9019	0,9121
50°.	0,8923	0,8921	0,8921	0,9017
60°	0,8859	0,8857	0,8858	0,8948
70°.	0,8795	0,8793	0,8793	0,8879
80°.	0,8731	0,8729	0,8728	0,8810
90°.	0,8668	0,8665	0,8663	0,8741
100°.	0,8605	0,8601	0,8598	0,8672

Tous les beurres n'ont pas exactement la même densité, et l'on pourra se rendre compte des variations que l'on est exposé à rencontrer en consultant le tableau suivant. Sur 113 beurres dont on a pris la densité, à 100° Fahr. (37°,7 C.) on a trouvé :

Sur 113 beurres,	4	de densité,	0,909-0,910
—	25	—	0,910-0,911
—	37	—	0,911-0,912
—	39	—	0,912-0,913
—	8	—	0,913-0,914

Les différences très notables qui existent entre les densités des échantillons de beurre, la difficulté d'obtenir une température toujours uniforme pendant l'opération, ont été cause que l'on a renoncé dans beaucoup de laboratoires à utiliser dans l'analyse du beurre les indications que l'on pourrait tirer de la densité.

Si ce procédé n'est pas suffisamment exact pour des experts, il ne doit cependant pas être négligé par les industriels. En opérant dans l'eau bouillante, avec l'appareil de M. Launay, on peut en effet sans aucune connaissance spéciale se rendre compte qu'un beurre contient une quantité notable d'oléo-margarine ; si la marchandise paraît douteuse ou mauvaise, on peut alors la soumettre à une analyse chimique et acquérir la certitude qu'elle a été falsifiée.

Procédés basés sur la solubilité du beurre dans divers liquides.

Le beurre possède la propriété d'être plus facilement dissous par certains liquides appropriés que les graisses. On a basé sur ce fait quelques méthodes dont nous allons passer rapidement les principales en revue.

Procédé au phénol, de M. Crooks. — On introduit 0gr,618 de beurre filtré dans un tube gradué, on fait fondre en plongeant le tube dans l'eau à 66° et l'on agite avec 1cc,5 de phénol liquide, obtenu en mélangeant 373gr de phénol cristallisé et 56gr d'eau. On chauffe au bain-marie jusqu'à ce que le mélange soit clair, puis on laisse refroidir à la température ordinaire. Le beurre pur se dissout entièrement ; les graisses de bœuf, de mouton, de porc donnent deux couches séparées par une ligne nette.

Procédé de M. Husson. — Mélange éthéro-alcoolique. — M. Husson opère d'une façon un peu différente de celle de M. Crooks; il fait dissoudre 10 parties de beurre dans 100 parties d'un mélange à volumes égaux d'alcool à 90° et d'éther à 66°. On chauffe à 40° pour amener la dissolution complète, puis on laisse refroidir à 18° pendant 24 heures. Dans ces conditions une partie de la matière grasse se dépose, on filtre, on recueille la graisse solidifiée, on la sèche et l'on pèse. Si le résidu ainsi obtenu s'élève à plus de 40 p. 100, M. Husson conclut à une falsification par la graisse de bœuf, de veau ou de mouton. Si, au contraire, la proportion de substance solide s'abaisse au-dessous de 35 p. 100, le beurre a été falsifié par la graisse d'oie, l'oléo-margarine ou le saindoux.

Procédé de M. Balard. — Ce procédé a une grande analogie avec le précédent : il est fondé sur la plus ou moins grande rapidité de dissolution des graisses dans l'éther froid. On place une petite quantité de graisse dans un tube ouvert dont une des extrémités est fermée par une toile, on plonge quelques instants dans l'éther, puis on pèse le résidu après avoir chassé l'éther.

Le beurre laisse ainsi	12 p. 100 de résidu.
La graisse de bœuf.	63 —
La graisse de porc.	60 —

Procédé de M. Scheffer, à l'éther et à l'alcool amylique. — M. Scheffer a basé son procédé sur la remarque suivante : à la température de 27°,7, 1gr de beurre demande pour se dissoudre 3cc d'un mélange de 40 volumes d'alcool amylique et 60 volumes d'éther, tandis que 1gr de suif de bœuf exige dans les mêmes conditions 50cc du réactif ; 1gr de graisse de porc, 16cc ; 1gr de stéarine, 530cc.

M. Scheffer opère de la manière suivante : on place dans un tube 1gr de beurre, 3cc de réactif et l'on chauffe au bain-marie jusqu'à 27°,7. Si l'on a affaire à du beurre pur, la matière grasse se dissout entièrement; si le beurre est falsifié, on ajoute avec une burette graduée du dissolvant jusqu'à ce que l'on obtienne une dissolution complète. L'auteur a fait des mélanges de beurre et de saindoux et a obtenu les résultats consignés dans le tableau suivant :

Pour se dissoudre	1gr,00 de beurre pur exige.				3cc,0 de dissolvant.	
—	0 ,95	de beurre	+ 0gr,05	de saindoux exigent	3 ,5	—
—	0 ,90	—	+ 0 ,1	—	3 ,9	—
—	0 ,80	—	+ 0 ,2	—	4 ,8	—
—	0 ,70	—	+ 0 ,3	—	5 ,7	—
—	0 ,60	—	+ 0 ,4	—	6 ,5	—
—	0 ,50	—	+ 0 ,5	—	7 ,8	—
—	0 ,40	—	+ 0 ,6	—	9 ,6	—
—	0 ,30	—	+ 0 ,7	—	11 ,4	—
—	0 ,20	—	+ 0 ,8	—	13 ,0	—
—	0 ,1	—	+ 0 ,9	—	14 ,4	—
—	0 ,0	—	+ 1 ,0	—	16 ,0	—

Procédé de M. P. Bockairy. — Par le mélange de la benzine ou du toluène à l'alcool à 96°. Ce procédé est basé sur le fait suivant : les matières grasses en solution dans un quelconque de leurs dissolvants sont précipitées par l'alcool à un certain degré d'hydratation.

Si l'on fait dissoudre, par exemple, 10cc d'une graisse dans 20cc de benzine cristallisable, on constate qu'à la température de 18° environ, on peut ajouter à la solution ainsi obtenue un certain nombre de centimètres cubes d'alcool à 96°,7 sans qu'il se produise aucun trouble. Il arrive cependant un moment où la solution se trouble et laisse, par le repos, déposer au fond de l'éprouvette un liquide d'aspect huileux pour les graisses riches en oléine, floconneux au contraire pour les corps riches en stéarine, palmitine et margarine. De tous les corps gras le beurre est celui qui, dans les conditions précédemment décrites, nécessite la plus grande quantité d'alcool pour se troubler ; c'est de même celui qui laisse déposer, par le repos, la plus petite couche inférieure liquide.

Voici d'ailleurs, exactement, comment M. Bockairy opère et les résultats qu'il a obtenus :

On fait fondre le corps gras pour en séparer l'eau, on décante sur un filtre pour enlever les impuretés, puis on verse 10cc du corps gras, ainsi purifié maintenu en fusion dans 20cc de benzine cristallisable; on ajoute alors de l'alcool à 96°,7, jusqu'à ce que, à la température de 18°, il se produise un trouble.

Quand le trouble est bien manifeste, on note le nombre de centimètres cubes d'alcool employés, et l'on place l'éprouvette dans une cuve à eau dont la température est de 12° environ. Au bout d'une heure, le précipité est formé et n'augmente plus sensiblement; on retire alors l'éprouvette et on lit le nombre de centimètres cubes dont se compose la couche inférieure; on observe également si cette couche est liquide, contient des flocons de matières grasses, ou bien est entièrement floconneuse.

M. Bockairy s'est livré à de nombreuses expériences dont les résultats sont consignés dans les tableaux suivants :

NATURE DE LA GRAISSE	NOMBRE DE CENTIMÈTRES CUBES D'ALCOOL A 90° NÉCESSAIRES POUR TROUBLER A 18° LA SOLUTION DE BENZINE	NOMBRE DE CENTIMÈTRES CUBES PRÉCIPITÉS A 12° AU BOUT D'UNE HEURE	ASPECT DE LA COUCHE INFÉRIEURE
Mouton	20	22	Flocons.
Bœuf	20	22	Flocons; il y a cependant quelques parties liquides.
Veau	25	19	Liquide; mais il se forme aux 2/3 une tranche solide caractéristique.
Huile d'olive	20	19	Liquide; mais il y a au fond de l'éprouvette 2 ou 3cc de flocons très denses.
Oléo-margarine	20	19	Liquide.
Margarine brute	30	18	Liquide; mais il y a des flocons au fond et sur les parois de l'éprouvette.
Beurre	35 à 40	8-10	Liquide; mais il y a des flocons au fond et sur les parois de l'éprouvette.
Beurre breton	40	8	Quelques flocons.
Isigny	40	9	Id.
Gournay	40	9	Id.
Picardie	40	9	Id.
Touraine	40	7,5	Id.
Italien	40	10	Id.

En mélangeant un beurre pur à 8f le kilogramme avec de l'oléo-margarine en diverses proportions, on obtient les résultats suivants:

NATURE DU MÉLANGE	ALCOOL AJOUTÉ	VOLUME DE LA COUCHE INFÉRIEURE	REMARQUE
Beurre pur.	35cc	10cc	Quelques flocons.
10 p. 100 d'oléo-margarine.	30	12	Rares flocons.
25 — —	30	13	Liquide.
50 — —	25	18	Id.
75 — —	20	19	Id.
Oléo-margarine	20	19	Id.

En continuant ses recherches sur les falsifications du beurre, M. Bockairy a été amené à employer le toluène au lieu de la benzine, et à modifier ainsi le mode opératoire.

On place dans une éprouvette 15cc de toluène; on ajoute 15cc du corps gras fondu et filtré, puis on verse 40cc d'alcool à 96°. A la température de 18°, le toluène, tenant en dissolution le corps gras, reste au fond de l'éprouvette, tandis que l'alcool occupe la partie supérieure du vase. On chauffe alors l'éprouvette à 50°, puis on agite de façon à mélanger les deux couches de liquide. Si l'on a affaire à une graisse, il se produit immédiatement un trouble; si, au contraire, le beurre soumis à l'expérience est du beurre même additionné de graisse en notable quantité, les deux liquides se mélangent. Pour savoir si le beurre est pur, il suffit de placer l'éprouvette, après l'avoir rapidement agitée, dans un bain-marie à 40°, et de la maintenir à cette température pendant 30 minutes.

Dans ces conditions, le beurre pur ne se trouble pas ou se trouble à peine; si, au contraire, il contient une graisse étrangère, il se manifeste d'abord un trouble, puis il se forme un précipité liquide.

Les mélanges de beurre et de diverses graisses donnent, dans ces conditions, les résultats consignés dans les tableaux suivants :

NATURE DE LA MATIÈRE GRASSE	NOMBRE DE CENTIMÈTRES CUBES D'ALCOOL AJOUTÉS	NOMBRE DE CENTIMÈTRES CUBES PRÉCIPITÉS	REMARQUE
	Beurre et oléo-margarine.		
Beurre pur	40	néant	En mettant 45cc d'alcool, le beurre pur laisse déposer 4cc
10 p. 100 d'oléo-margarine	40	12	
20 — —	40	13	
50 — —	40	18	
75 — —	40	21	
Oléo-margarine	40	21	
	Beurre et margarine.		
Beurre pur	40	rien	
10 p. 100 margarine	40	11	
20 — —	40	14	
50 — —	40	19	
75 — —	40	20	
Margarine	40	21	
	Beurre et graisse de bœuf.		
Beurre pur	40	rien	
10 p. 100 graisse de bœuf	40	12	
20 — —	40	15	
50 — —	40	17	
75 — —	40	19	
Graisse de bœuf	40	24	
	Beurre et graisse de veau.		
Beurre pur	40	trouble prononcé	
10 p. 100 graisse de veau	40	10	
20 — —	40	15	
50 — —	40	20	
75 — —	40	21	
Graisse de veau	40	22	
	Beurre et axonge.		
Beurre pur	40	léger trouble	
10 p. 100 axonge	40	10	
20 — —	40	15	
50 — —	40	18	
75 — —	40	19	
Axonge	40	20	
	Beurre et graisse de mouton.		
Beurre pur	40	trouble très prononcé et léger précipité	
10 p. 100 graisse de mouton	40	11	
20 — —	40	15	
50 — —	40	20	
75 — —	40	22	
Graisse de mouton	40	24	
	Beurre et huile d'olive.		
Beurre pur	40	rien	
10 p. 100 huile d'olive	40	10	
20 — —	40	15	
50 — —	40	21	
75 — —	40	22	
Huile d'olive	40	23	

Le chiffre de 40^cc^ d'alcool a été adopté pour tous ces essais, parce qu'il est très rare qu'avec cette quantité d'alcool un beurre pur soit précipité à la température de 40°. Le précipité ne se produit généralement qu'après l'addition de 45^cc^ d'alcool.

Dix beurres, fabriqués spécialement pour ces essais au Laboratoire même, ont donné les résultats suivants :

Beurre pur + 40^cc^ d'alcool.		Rien.	Beurre pur + 45^cc^ d'alcool.		6^cc^,0
—	—	Rien.	—	—	9 ,0
—	—	Rien.	—	—	6 ,5
—	—	Rien.	—	—	6 ,5
—	—	Rien.	—	—	6 ,0
—	—	2^cc^	—	—	7 ,0
—	—	2^cc^	—	—	8 ,0
—	—	Rien.	—	—	3 ,0
—	—	Rien.	—	—	3 ,0
—	—	Rien.	—	—	5 ,0

Les graisses sont d'ailleurs précipitées de leur solution dans le toluène par une quantité d'alcool bien inférieure à 40^cc^, comme on pourra s'en rendre compte en consultant le tableau suivant. Le nombre de centimètres cubes dont se compose la couche inférieure augmente également.

NATURE DU CORPS GRAS	NOMBRE DE CENT. CUBES D'ALCOOL NÉCESSAIRES POUR AMENER LA PRÉCIPITATION A 40° DES GRAISSES DANS LE TOLUÈNE		NOMBRE DE CENTIMÈTRES CUBES DONT SE COMPOSE LA COUCHE INFÉRIEURE QUAND ON AJOUTE 40^cc^ D'ALCOOL
	alcool ajouté	couche inférieure	
Oléo-margarine	20	34	21
Margarine brute	20	33	21
Huile d'olive	15	39	23
Graisse de bœuf	15	43	24
Graisse de veau	15	38	22
Graisse de mouton	15	39	24
Graisse de porc	25	29	20
Beurre	40	rien ou trouble léger	rien
	45	3 à 8	3 à 8

Tous les procédés basés sur la solubilité du beurre dans les mélanges de dissolvants se heurtent à deux difficultés principales. D'un côté, il est difficile d'obtenir ces dissolvants absolument identiques et d'opérer, par suite, exactement dans les mêmes conditions de solubilité ; d'autre part, la matière grasse du beurre est loin d'avoir toujours la même composition. Nous avons vu, en effet, des beurres d'hiver, à pâte cassante, présenter une solubilité beaucoup plus considérable que les beurres fins d'Isigny dont la pâte est longue et onctueuse.

Le procédé de M. Crooks est difficile à employer ; celui de M. Husson ne présente pas de garanties ; il est, en effet, facile d'obtenir une oléo-margarine qui laisse entre 35 et 40 p. 100 de résidu, et qu'on pourrait, par suite, confondre avec le beurre.

Le mécanisme imaginé par M. Balard ne peut pas rendre grand service : car il est évident que, toute graisse étant soluble dans l'éther, au bout de plus ou moins de temps, l'habileté de l'opérateur joue, dans ce procédé, un rôle prépondérant.

M. Scheffer opère d'une façon plus pratique, mais il emploie trop peu de beurre, et l'alcool amylique est, d'autre part, difficile à obtenir pur et d'une odeur peu agréable.

M. Bockairy s'est placé dans de meilleures conditions et, si les beurres avaient une composition uniforme, son procédé serait commode et pratique.

Examen microscopique de la matière grasse.

L'emploi du microscope pour reconnaître les falsifications du beurre est certes une des opérations les plus délicates. Il faut, en effet, arriver à établir une distinction entre des cristaux de matières grasses qui, par suite de leur composition, ont une grande analogie entre elles.

Quoi qu'il en soit, trois méthodes principales se présentent à nous pour reconnaître les cristaux de margarine dans le beurre.

Le moyen le plus simple consiste à faire dissoudre le beurre dans un dissolvant approprié et à examiner les cristaux qui se forment au bout d'un certain temps.

Procédé de M. Husson. — M. Husson, pharmacien à Toul, imagina le premier de distinguer les graisses d'après la forme de leurs cristaux. La difficulté consistait à trouver un liquide dans lequel on pût faire dissoudre la matière grasse, et qui se saturât de façon à permettre la cristallisation lente de la graisse. Pour obtenir ce résultat, M. Husson operait de la façon suivante : il faisait fondre 1^{gr} de matière grasse dans 10^{gr} de glycérine, puis ajoutait au mélange ainsi formé 10^{gr} d'alcool à 90° et 10^{gr} d'éther à 66°, il agitait, puis laissait reposer vingt-quatre heures à la température de 18°. Il se formait alors deux couches, l'une glycérineuse, l'autre éthérée. Au point de contact des deux liquides on voyait apparaître des cristaux qui étaient examinés au microscope. M Husson avait réussi, en opérant ainsi avec beaucoup de précaution, à caractériser le beurre et à reconnaître certaines graisses ; mais il ne pouvait se prononcer quand la fraude était pratiquée avec de l'oléo-margarine. Il faut d'ailleurs remarquer que la forme des cristaux peut être modifiée par un grand nombre de causes et que, par suite, il est très rare d'obtenir nettement des cristaux absolument caractéristiques même en employant des graisses pures. Quand il s'agit de melanges, il est impossible à l'expert de tirer aucune indication sérieuse de l'examen microscopique.

Procédé de MM. Padé et Dubois. — Ces chimistes ont pensé que les phénomènes observés par M. Husson devaient se reproduire et même s'accentuer en opérant non plus sur la graisse, mais sur les acides gras obtenus par la décomposition de son savon alcalin. Ils ont décrit et photographié les acides gras d'un certain nombre de graisses.

Les acides gras de la graisse de porc se présentent sous forme de fines aiguilles réunies par groupes. Sous l'action de la lumière polarisée, ces aiguilles s'illuminent de vives couleurs, et, dans le fond de la préparation, on remarque des lamelles agissant sur la lumière polarisée.

Les acides gras de la graisse de veau cristallisent en très petites paillettes réunies en groupes de 4 ou 5, formant ainsi de petites masses, sans forme bien définie. Avec un grossissement de 200 diamètres, les cristaux se colorent faiblement sous l'action de la lumière polarisée.

Les acides gras de la graisse de bœuf se présentent sous forme d'aiguilles plus ou moins longues, s'élargissant au centre et se terminant en pointe; souvent cette pointe fait complètement défaut. Ces aiguilles sont quelquefois réunies par une de leurs extrémités en groupes de 5 ou 6. Elles agissent fortement sur la lumière polarisée. On remarque, en outre, dans le fond de la préparation, de larges lamelles, agissant également sur la lumière polarisée.

Pour les acides gras de la graisse de mouton, la cristallisation affecte la forme de petites houppes composées d'une infinité de petits cristaux qui semblent converger vers un centre. A la lumière polarisée, les cristaux sont faiblement colorés. La coloration devient plus nette si l'on emploie un grossissement un peu fort (200 diamètres).

Les acides gras du beurre cristallisent en houppes de fines aiguilles; agissant sur la lumière polarisée, ceux de l'oléo-margarine se réunissent en groupes de 4 ou 5 aiguilles agissant également sur la lumière polarisée.

MM. Padé et Dubois ne bornaient d'ailleurs pas leurs recherches sur les acides gras au simple examen microscopique; ils déterminaient également la solubilité de ces acides dans l'alcool absolu et prenaient leur point de solidification.

Les tableaux suivants donnent les résultats de leurs expériences :

SOLUBILITÉ DANS L'ALCOOL ABSOLU DES ACIDES GRAS
DE DIFFÉRENTES GRAISSES ANIMALES

ACIDES GRAS BRUTS DES GRAISSES ANIMALES	SOLUBILITÉ DANS 100gr D'ALCOOL ABSOLU A			SOLUBILITÉ DANS 100gr DE BENZINE A 12°
	0°	10°	26°	
Mouton	2,48	5,02	67,96	14,70
Bœuf	2,51	6,05	82,23	15,89
Veau	5,00	13,78	137,11	26,08
Porc	5,63	11,23	118,98	27,30
Beurre	10,61	24,81	158,2	69,61
Margarine brute	2,37	4,94	47,06	13,53

SOLUBILITÉ DES ACIDES GRAS, DES MÉLANGES DE BEURRE ET DE GRAISSES À 12° DANS L'ALCOOL ABSOLU

QUANTITÉ DE BEURRE P. 100	SOLUBILITÉ DES MÉLANGES DE BEURRE ET DE				
	MARGARINE	GRAISSE DE BOEUF	GRAISSE DE VEAU	GRAISSE DE PORC	GRAISSE DE MOUTON
0	6,07	7,57	17,55	13,86	6,13
5	6,33	8,00	17,80	14,15	6,26
10	6,64	8,47	18,08	14,46	6,45
15	6,98	8,98	18,38	14,83	6,66
20	7,37	9,53	18,72	15,22	6,94
25	7,82	10,12	19,09	15,64	7,26
30	8,33	10,76	19,50	16,13	7,66
35	8,90	11,50	19,95	16,67	8,12
40	9,56	12,28	20,44	17,25	8,66
45	10,30	13,16	20,97	17,89	9,28
50	11,14	14,10	21,54	18,63	10,05
55	12,20	15,13	22,15	19,42	10,93
60	13,20	16,27	22,84	20,29	11,95
65	14,46	17,51	23,57	21,20	13,15
70	15,90	18,88	24,36	22,24	14,56
75	17,56	20,38	25,21	23,32	16,23
80	19,46	22,04	26,13	24,53	18,20
85	21,66	23,86	27,12	26,00	20,53
90	24,20	25,88	28,30	27,40	23,30
95	27,16	28,18	29,35	28,95	26,61
100	30,59	30,59	30,59	30,59	30,59

Il est quelquefois utile, dans l'analyse du beurre, de déterminer *le point de solidification des acides gras;* pour le beurre, la solidification a lieu entre 37°,5 et 38°. MM. Dubois et Padé ont fait une série de mélanges pour montrer l'influence des graisses ajoutées frauduleusement au beurre sur le point de solidification des acides gras. Le tableau suivant résume leurs travaux :

TEMPÉRATURE DE SOLIDIFICATION DES ACIDES GRAS DES MÉLANGES DE GRAISSES ANIMALES AVEC LE BEURRE

QUANTITÉ DE BEURRE P. 100	MARGARINE BRUTE	BŒUF	MOUTON	VEAU	PORC
0	45°,6	44°,2	49°,4	42°,7	42°
20	44	43 ,3	47 ,1	41 ,8	41 ,2
40	42 ,4	42 ,2	44 ,7	40 ,8	40 ,4
60	40 ,8	40 ,7	42 ,3	39 ,8	39 ,5
80	39 ,2	39 ,2	40	38 ,7	38 ,5
100	37 ,5	37 ,5	37 ,5	37 ,5	37 ,5

Emploi d'une plaque de sélénite pour l'analyse microscopique du beurre. — Les corps gras qui ont subi la fusion, contiennent dans leur masse, lorsqu'ils viennent ensuite à se solidifier lentement, un certain nombre de cristaux de graisse. Ainsi, les marchands de beurre prétendent pouvoir reconnaître la présence de l'oléo-margarine dans le beurre rien qu'en écrasant avec précaution, entre le pouce et l'index, une parcelle de beurre. Ils percevraient, disent-ils, dans le cas de fraude, des granulations qui n'existent pas dans le beurre. On a essayé, avec l'aide du microscope, de voir effectivement ces cristaux.

En utilisant simplement les grossissements que produit le microscope, on n'obtient pas de bons résultats; car il est très difficile, même à une personne très expérimentée, de distinguer les cristaux de margarine noyés dans la masse du corps gras. En employant la lumière polarisée, on commence à apercevoir des points lumineux qui apparaissent sur le fond noir de la préparation, mais les cristaux ne deviennent faciles à distinguer qu'en se servant d'une lame de sélénite rouge.

C'est M. Pennetier qui a essayé de vulgariser en France l'emploi de la lame de sélénite; mais, depuis longtemps, on s'en servait aux États-Unis, où M. Thomas Tailor introduisit ce procédé parmi les méthodes officielles américaines. Le mode opératoire est des plus simples. On place une très petite quantité du corps à analyser sur le porte-objet du microscope; on l'écrase à l'aide d'une lamelle, de manière à obtenir une couche mince que la lumière peut facilement traverser, puis on porte sous le microscope. Celui-ci est muni d'un polariseur et d'un analyseur; l'on ajoute en sus une plaque de sélénite entre le polariseur et le porte-objet; l'on fait tourner l'analyseur, de manière à obtenir une lumière verte, et l'on examine les phénomènes qui se produisent. Si le beurre est pur, le champ du microscope reste coloré en vert et l'on aperçoit seulement une multitude de petits globules verts; s'il contient de la margarine, on voit immédiatement des petits points cristallisés apparaissant en rouge, en nombre d'autant plus grand que la quantité de margarine est plus forte. Déjà M. Eugène Collin, pharmacien à Colombes, avait déclaré que ce procédé ne donnait pas les résultats annoncés par son auteur; MM. Ch. Girard et Müntz l'avaient également condamné, quand de nouveau on appela sur lui l'attention des chimistes français. Il résulte des expériences que nous avons entreprises que toutes les oléo-margarines ne contiennent pas également de cristaux, et que l'on voit souvent disparaître au bout de quelque temps les phénomènes lumineux observés primitivement. Nous croyons que la température à laquelle est soumise la margarine après sa fabrication entre, pour la plus grande part, dans la destruction des cristaux de graisse.

Si, en effet, l'on place un pain de margarine dans lequel on a observé les phénomènes décrits par M. Pennetier, pendant une journée, à la température de 18 à 20°, la margarine ne fond pas, mais elle prend l'état pâteux.

Dans ces conditions, les cristaux de graisse se dissolvent dans l'oléine, et la cristallisation, qui nécessite une fusion presque complète, ne se produit plus même par le refroidissement à zéro.

Procédé à l'oxyde de cuivre ammoniacal de M. Piallat. — Le procédé de M. Piallat repose sur la coloration du beurre par l'oxyde de cuivre. On prépare le réactif en faisant dissoudre 100gr de sulfate de cuivre dans 320cc d'eau; puis on ajoute, goutte à goutte, de l'ammoniaque jusqu'à précipitation. On obtient un précipité bleu verdâtre que l'on lave, sèche et pulvérise. 0gr,02 de ce réactif mélangés avec 2gr de beurre produisent une coloration bleu turquoise clair, tandis que l'on obtient avec la margarine du bleu verdâtre plus ou moins intense.

Oléo-réfractomètre de MM. Amagat et F. Jean. — La difficulté d'utiliser l'indice de réfraction du beurre comme moyen d'analyse, réside surtout dans la nécessité de prendre toujours l'indice de réfraction à la même température; il faut, en effet, faire fondre le beurre pour permettre aux rayons lumineux de le traverser et l'on ne peut opérer avec assez de rapidité pour empêcher la température de varier de quelques degrés pendant l'opération.

M. Müller avait bien essayé de remédier à cet inconvénient en retirant l'oléine du beurre, par pression, à la température de 17° et en soumettant seulement le liquide huileux à l'examen optique. Dans ces conditions, le beurre donne à peu près moitié de son poids de corps solides et 50 p. 100 d'huile liquide; cette dernière a un indice de réfraction égal à 1,465, celui de l'eau étant de 1,333.

M. Skalweit, en opérant dans les mêmes conditions, a confirmé les résultats obtenus par M. Müller, et trouvé que l'oléo-margarine renferme 75 p. 100 de graisse liquide, dont l'indice varie entre 1,4698 et 1,4728. Il est néanmoins évident que ce procédé est d'une application difficile, et c'est à MM. Amagat et F. Jean que revient l'honneur d'avoir trouvé un appareil véritablement pratique pour l'examen au réfractomètre des corps gras solides.

L'instrument qu'ils ont imaginé est un réfractomètre spécialement disposé pour cet usage. Le corps gras à examiner est placé dans un petit cylindre métallique, muni de glaces formant un prisme de 107°; ce prisme est lui-même enfermé dans une petite cuve cylindrique, également métallique, portant deux fenêtres parallèles, fermées par des glaces, auxquelles le collimateur et le viseur sont normalement fixés. L'espace annulaire ainsi formé autour du prisme est rempli par une huile type. Les déviations de rayons lumineux obtenues dans ces conditions sont lues sur une très petite échelle photographique transparente, à divisions arbitraires, placée devant l'oculaire, et sur laquelle vient se projeter l'image fournie par le collimateur; cette image n'est point produite par une fente ou un réticule, mais par le bord vertical d'un volet partageant le champ en deux parties, l'une sombre et l'autre lumineuse. L'éclairage peut être par une surface lumineuse quelconque.

L'appareil est complété par le robinet de vidange du prisme et par une cuve-enveloppe servant de régulateur de température. Une vis de rappel sert à déplacer le volet du collimateur; grâce à ce mécanisme, on peut faire marquer zéro à l'instrument; quand on verse de l'huile type dans le prisme et dans l'espace annulaire, il suffit de déplacer le volet à l'aide de la vis de rappel.

Le mode d'emploi est des plus simples: on chauffe la cuve-enveloppe à 45°, puis on place, dans le prisme et dans la petite cuve métallique, de l'huile type; on laisse la température devenir uniforme dans tout l'appareil, et, avec la vis de rappel, on fait coïncider le zéro de l'échelle inférieure avec la séparation du champ lumineux et du champ sombre. On vide alors le prisme et l'on remplace l'huile type par du beurre fondu et filtré. Il est évident que de petites modifications dans la température n'influent que très faiblement sur les résultats, puisque l'huile type subit également le changement.

Le point capital est de laisser l'huile type et le beurre prendre une température uniforme.

Il résulte des expériences de M. F. Jean que le beurre donne une déviation à gauche de — 30, l'oléo-margarine de — 15, les suifs de — 16 à — 20, le saindoux de — 12; quant aux huiles végétales, leurs déviations sont toutes à droites du zéro.

Cet appareil serait parfait si tous les beurres donnaient le même indice de réfraction; malheureusement, nous avons constaté qu'il n'en était pas ainsi. Certains beurres ont une déviation qui atteint jusqu'à — 36, tandis que d'autres donnent seulement — 27. Nous avons, de plus, constaté que le beurre de certains animaux, nourris d'une façon spéciale, pouvait fournir des chiffres absolument anormaux. Ainsi, une vache à laquelle on avait donné des tourteaux de lin pendant 15 jours, fournissait un beurre dont la déviation était seulement de — 21.

Ces faits prouvent que, sans négliger les indications précieuses et rapides de l'oléo-réfractomètre, on ne doit, néanmoins, pas trop se hâter de conclure, car l'on s'exposerait à de graves erreurs. Il existe d'ailleurs des beurres végétaux, tels que le beurre de coco, qui donnent à l'oléo-réfractomètre des déviations gauches supérieures à celle du beurre. Il sera donc très aisé au fraudeur de corriger la faible déviation de l'oléo-margarine par le beurre de coco ou végétaline et d'obtenir ainsi la déviation normale du beurre de vache. Le jour où l'emploi de l'oléo-réfractomètre viendrait à se généraliser et à tenir lieu d'analyse chimique, il est évident que ce genre de fraude serait très employé.

L'analyse chimique du beurre est d'ailleurs, elle-même, loin d'être parfaite, et les différents procédés que nous allons maintenant examiner, laisseront malheureusement souvent passer la fraude inaperçue, ou, tout au moins, ne seront pas toujours suffisants pour la caractériser nettement.

PROCÉDÉS CHIMIQUES

Toutes les méthodes d'analyse chimique du beurre peuvent se rapporter à trois types; on dose, en effet, soit les acides gras fixes, soit les acides volatils, soit les acides totaux.

Dosage des acides gras fixes. — *Procédés de MM. Hehner, Angell et Dalican.* — L'idée de doser les acides gras fixes dans le beurre revient à M. Hehner et à M. Angell. M. Dalican apporta ensuite quelques modifications de détail qui servirent de base au procédé suivant adopté au Laboratoire municipal de Paris.

On pèse 10^{gr} de beurre dans une capsule de porcelaine, on chauffe au bain-marie et l'on ajoute 50^{cc} d'alcool à 95° dans lesquels on a fait dissoudre, au moyen d'un peu d'eau chaude, 5^{gr} de potasse à l'alcool. La saponification se fait presque immédiatement, si l'on a soin de remuer pendant quelques instants, après avoir versé la solution potassique. On laisse le savon formé se dessécher, puis on l'introduit dans une fiole conique de 500cc; on lave bien la capsule à l'eau chaude, on verse les eaux de lavage sur ce savon et l'on fait dissoudre.

On décompose alors le savon au moyen de 20cc d'acide chlorhydrique que l'on étend d'environ quatre fois son volume d'eau. L'addition d'acide doit se faire en plusieurs fois pour éviter de faire mousser le savon, ce qui occasionne souvent des pertes.

Les acides gras, ainsi obtenus, ne sont généralement pas clairs; il suffit, pour les rendre limpides, de les chauffer pendant quelques heures au bain-marie. Ils se rassemblent alors parfaitement et l'on obtient, par le refroidissement, un gâteau solide.

On décante, sur un petit filtre taré, l'eau acide qui a servi à la décomposition du savon, en évitant de faire tomber aucune parcelle du gâteau d'acides gras, puis on lave les acides gras, en les agitant dans la fiole avec de l'eau chaude, et on laisse le gâteau se reformer et se solidifier. On recommence ainsi le lavage huit ou dix fois. A la dernière opération, on s'assure que l'eau n'est plus acide; on casse alors le gâteau avec un agitateur de verre, et l'on reçoit les acides gras dans un vase taré en verre.

Il est bon, pour recueillir les dernières parties qui adhèrent légèrement au verre de la fiole, de laver cette dernière avec un mélange d'alcool à 95° et d'éther. L'on verse le mélange dans le vase taré et l'on ajoute, après l'avoir fait sécher, le filtre qui a servi à la décantation des eaux de lavage.

On porte le tout à l'étuve à 100° et, au bout de 8 heures, on peut faire la pesée. Il faut naturellement retrancher du poids trouvé celui du filtre.

En opérant avec toutes les précautions que nous venons d'énumérer, on ne risque pas d'avoir de pertes; cependant, il est rare que l'on obtienne pour toute une série d'échantillons de beurre pur un chiffre identique. Le Laboratoire municipal de Paris a adopté, comme moyenne, le chiffre de 87,5 p. 100 d'acides gras fixes dans le beurre et, en effet, les résultats varient généralement entre 87 et 88 p. 100 d'acides fixes; mais l'on ne doit cependant pas oublier que si, 90 fois sur 100, la moyenne est exacte, l'on rencontre également des beurres qui ne donnent que 86,5 et même 86 d'acides gras fixes, tandis que pour un certain nombre on voit, au contraire, ce chiffre atteindre 89,5 et même 90 p. 100.

Les opérations que nécessite le dosage en poids des acides gras sont, comme on le voit, longues et délicates; M. Müntz a essayé de les réduire considérablement et d'opérer le dosage des acides en volume.

Dosage volumétrique des acides gras fixes. — Voici comment opère M. Müntz. A l'aide d'une pipette, il prélève, dans une éprouvette portée à la température de 100° par l'eau bouillante, 20cc de beurre, que l'on fait couler dans un ballon construit spécialement. On lave la pipette à l'éther et l'on introduit dans le ballon 5cc de solution de potasse à 100 p. 100 et 60cc d'alcool à 84°. On agite et l'on place sur un bain-marie; la saponification se fait rapidement et l'alcool s'évapore. On introduit alors, par un tube latéral fixé au col du ballon, 100 à 150cc d'eau chaude. Dès que le savon est complètement dissous, on met les acides gras en liberté au moyen de 20cc d'acide chlorhydrique. On peut alors soit chasser les acides volatils par l'ébullition soit les enlever par lavage.

Si l'on emploie le premier moyen, il suffit de placer le ballon pendant deux heures sur un bec Bunsen en ayant soin de remplacer par de l'eau bouillante le liquide qui s'évapore. Dans le second cas, on opère les lavages dans le ballon même, au moyen d'eau chaude, et l'on siphone les eaux de lavage. Comme il pourrait y avoir des acides gras entraînés pendant le lavage, sans que l'on s'en aperçût, on colore les acides en rouge au moyen de quelques gouttes d'orcanette; il est alors facile de les distinguer et d'éviter des pertes. Les acides fixes ayant été débarrassés des acides volatils, on les mesure. M. Müntz a inventé pour cela les appareils et le dispositif suivant :

On place le ballon sous le mesureur et l'on réunit les deux appareils ensemble au moyen d'un tube de caoutchouc muni d'une pince. On relie également le tube latéral du ballon à une pissette remplie d'eau bouillante et formant siphon; on amorce le siphon et on le munit d'une pince de Mohr que l'on ferme. Quand tout est en place, on ouvre les pinces du siphon et du mesureur, l'eau remplit le ballon et les acides gras s'engagent dans le mesureur; on ferme alors un instant la pince du mesureur pour permettre aux acides gras de se rassembler, puis on l'entr'ouvre pour terminer l'opération. On la ferme complètement quand les dernières portions d'acides arrivent un peu au-dessous du point de repère. On fait alors passer un courant d'eau bouillante dans l'enveloppe du mesureur, et l'on fait la lecture. L'intervalle compris entre les deux points de repère est l'espace nécessaire pour contenir les acides gras du beurre pur. Chaque graduation du tube représente 10 p. 100 d'oléo-margarine.

Dosage des acides gras volatils.. — L'idée de doser les acides volatils du beurre en opérant leur séparation par distillation, revient à M. Reichert; MM. Meissl et Wollny modifièrent quelques-uns des détails de l'opération, ce qui fit donner à la méthode le nom de procédé Reichert-Meissl-Wollny. Voici exactement comment, au Laboratoire municipal, on opère pour doser les acides volatils du beurre.

On pèse, dans une capsule de porcelaine, 5^{gr} de beurre fondu et filtré, on porte la capsule au bain-marie, on ajoute $2^{gr},5$ de potasse à l'alcool, dissoute dans 50^{cc} d'alcool à 95°; l'on agite pour aider à la formation du savon, puis on abandonne pendant 4 heures au bain-marie pour permettre au savon de se dessécher complètement. On l'introduit alors par morceaux dans un ballon de distillation de 500^{cc}, on lave la capsule avec 100^{cc} d'eau que l'on transvase dans le ballon.

On laisse le savon se dissoudre, on le décompose à l'aide de 40^{cc} d'une dissolution d'acide phosphorique préparée en mélangeant 170^{gr} d'acide phosphorique sirupeux avec un litre d'eau; on met dans la fiole quelques fragments de pierre ponce et l'on distille. Les vapeurs se condensent dans un serpentin de verre refroidi par un courant d'eau; on recueille 110^{cc} et l'on arrête la distillation.

Comme la vapeur d'eau entraîne souvent des acides gras fixes, on filtre, on prélève 100^{cc}, et on titre les acides gras volatils au moyen d'une liqueur de potasse déci-normale en se servant comme indicateur de la phtaléine de phénol; on ajoute 1/10e au résultat obtenu pour compenser la perte provenant des 10^{cc} dont on n'a pas fait usage, et l'on exprime le tout en centimètres cubes de liqueur déci-normale. On doit éviter, dans le dosage des acides volatils du beurre, d'employer pour la saponification de la potasse carbonatée, car l'acide carbonique que l'on met ensuite en liberté a une certaine influence sur les résultats.

Pour la même raison, il faut éviter de laisser trop longtemps les savons au bain-marie, car l'excès d'alcali qu'ils contiennent se carbonate et les résultats se trouvent faussés.

Il est évident que les chiffres que l'on obtient par le procédé que nous venons de décrire, ne représentent pas exactement la quantité d'acides volatils que contient le beurre; il reste de ces acides dans les derniers 30cc de liquide que l'on laisse dans le ballon de distillation, et il doit s'en volatiliser quelque peu à l'état d'éther pendant la saponification alcoolique. L'odeur d'ananas qui se dégage du beurre au moment de la saponification montre assez qu'il se forme un peu de butyrate d'éthyle pour qu'il ne soit pas nécessaire d'insister sur ce sujet. Cependant, si l'on opère toujours dans les mêmes conditions, on obtient des résultats parfaitement comparables entre eux.

Un même échantillon, analysé plusieurs fois et par des chimistes différents, a donné des écarts de quelques dixièmes de centimètre cube seulement. Si tous les beurres contenaient la même quantité d'acides volatils, il serait donc facile de déterminer très exactement la proportion de matière grasse ajoutée frauduleusement, puisque l'on sait qu'à la distillation :

5gr d'oléo-margarine	saturent de	0cc,5 à 1cc	de liqueur déci-normale.
5gr de graisse de veau	—	0 ,5 à 1	—
5gr de graisse de bœuf	—	0 ,5 à 1	—
5gr d'axonge	—	0 ,6 à 1	—
5gr d'huiles végétales	—	0 ,5 à 1	—
5gr de beurre de palme	—	4 ,8 à 1	—
5gr de beurre de coco	—	7 ,4 à 1	—
5gr de beurre en moyenne	—	26 ,0 à 28	—

Mais nous avons eu entre les mains des beurres qui saturaient jusqu'à 33cc de potasse déci-normale, tandis que les chimistes belges et allemands ont obtenu, avec des beurres fabriqués devant eux, 21 et même 20cc seulement par 5gr de beurre.

Quoi qu'il en soit, on peut facilement calculer, à l'aide de la courbe suivante, la quantité moyenne d'oléo-margarine obtenue dans le beurre; il suffit, pour cela, de chercher dans la colonne verticale le chiffre qui correspond à celui obtenu pour la distillation de 5gr du beurre analysé.

On trace une ligne horizontale allant de ce chiffre à la courbe, et l'on trouve la proportion de margarine sur la ligne verticale qui passe par ce point; ainsi, un beurre qui sature 14cc de liqueur normale décime accuse 50 p. 100 de margarine.

Courbe indiquant la quantité d'oléo-margarine contenue dans le beurre d'après la distillation des acides volatils.

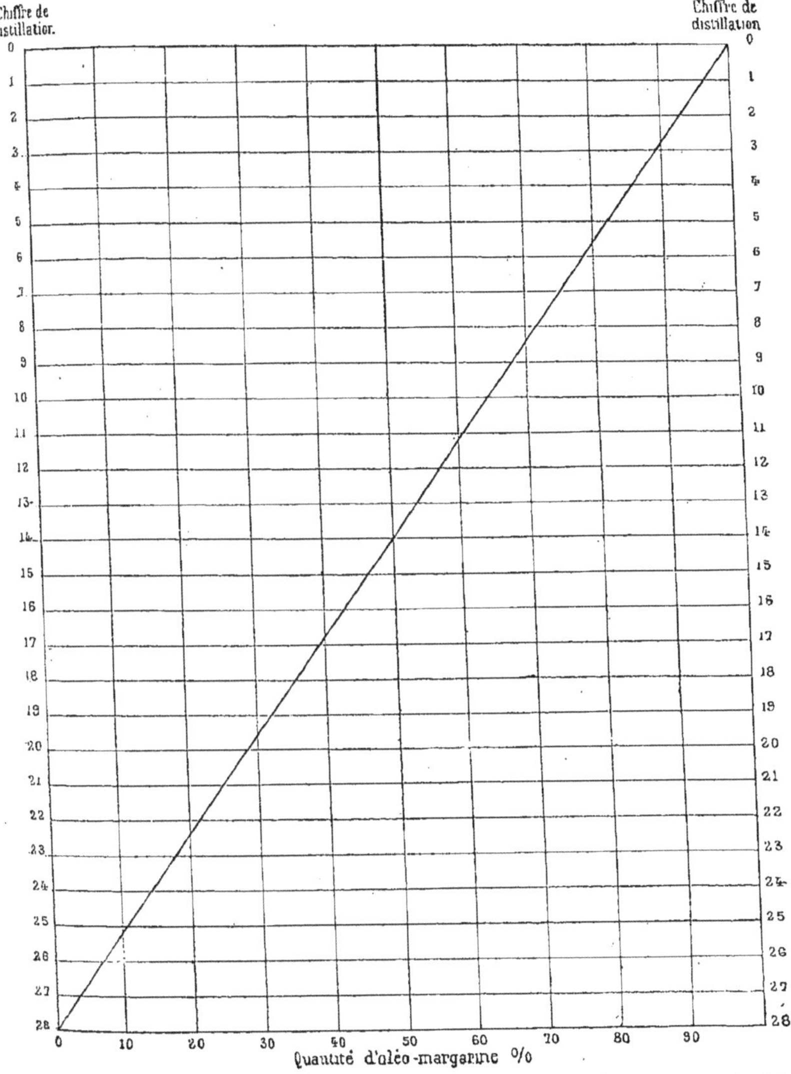

M. Violette, dans une étude approfondie, a montré que l'on pouvait éviter d'avoir des pertes d'acides volatils. Mais son mode opératoire présente de trop grandes difficultés pour pouvoir entrer dans la pratique des analyses courantes. M. Violette distille dans une atmosphère close et dans un courant de vapeur d'eau les acides gras provenant d'environ 50gr de beurre pur et sec saponifié par une solution aqueuse de potasse; on ne recueille pas moins de 10lit de liquide de condensation, provenant du barbotage de 17.000lit de vapeur. Dans les beurres ordinaires, la moyenne des acides volatils est de 7.60 p. 100 avec minimum de 7. Si l'on dose également les acides fixes en recueillant les acides qui n'ont pas passé à la distillation, on trouve 84 p. 100 d'acides gras fixes.

M. Duclaux a trouvé qu'il n'était pas suffisant, dans l'analyse du beurre, de constater la présence des acides volatils et de les doser en bloc, mais qu'il était également important de connaître la nature de ces acides et le rapport qui existe entre les différents glycérides. Pour arriver à ce résultat, M. Duclaux pèse de 3 à 5gr de beurre sec et les saponifie au moyen d'une lessive de potasse contenant 1gr,5 de potasse caustique. Quand la saponification est complète, ce qui exige environ 1 heure 1/2, on transvase le savon dans une fiole en verre de Bohême de 250cc environ; on le décompose par 110cc d'eau aiguisée d'acide sulfurique et l'on distille.

Or, si l'on recueille, en 10 prises de 10cc chacune, les acides butyrique, caproïque et caprylique dissous dans 100cc d'eau, les nombres suivants donnent les rapports des quantités d'acides passées dans les 10, 20, 30..... premiers centimètres cubes à la quantité totale d'acides contenue dans la cornue. Ces nombres sont les suivants :

NOMBRE DE CENTIMÈTRES CUBES	ACIDE BUTYRIQUE	ACIDE CAPROÏQUE	ACIDE CAPRYLIQUE
10	17,1	33,5	55,5
20	32,7	56,0	78,0
30	46,3	75,5	91,0
40	58,5	86,0	93,0
50	68,8	92,5	95,0
60	77,5	96,5	96,8
70	84,3	97,5	97,8
80	90,2	98,4	99,0
90	94,6	99,3	99,5
100	97,5	100,0	100,0

En utilisant ces données, M. Duclaux est arrivé par des distillations fractionnées à calculer le rapport qui existe entre les deux principaux acides volatils que l'on rencontre dans le beurre. Cette méthode très scientifique n'a pas reçu d'application dans la pratique. Elle conduit au résultat suivant : le beurre contient 3,38 à 3,65 p. 100 d'acide butyrique, 2 à 2,23 p. 100 d'acide caproïque.

M. Emile Koefoed, qui a examiné les acides volatils du beurre par une autre méthode, celle des précipitations fractionnées, trouve des résultats un peu différents : 2 p. 100 d'acide caprique, 0,5 p. 100 d'acide caprylique, 2 p. 100 d'acide caproïque, 1,5 p. 100 d'acide butyrique.

Dosage Kœttstorfer. — Ce procédé consiste à rechercher la quantité de potasse KO.HO nécessaire pour saponifier 1gr de matière grasse. On procède de la façon suivante : on introduit dans une fiole 2 à 3gr de la matière à analyser séchée et filtrée, on pèse exactement, puis on ajoute 25cc d'une solution alcoolique de potasse et l'on met au bain-marie pour saponifier. On obtient facilement la solution alcoolique de potasse en se servant d'alcool absolu dans lequel on ajoute, par petites portions, la lessive de potasse ; les carbonates alcalins se précipitent et l'on n'a plus qu'à filtrer pour obtenir une solution limpide et homogène. Pour opérer dans de bonnes conditions il faut que la liqueur alcoolique contienne environ 40gr de potasse par litre.

On titre 25cc de cette liqueur avec une solution d'acide chlorhydrique demi-normale contenant 18gr,25 d'acide par litre; puis on sature avec cette même liqueur l'excès d'alcali que l'on a introduit dans le savon; par différence on connaît la quantité de potasse qui a été employée à la saponification. En rapportant cette quantité à 1gr de graisse on obtient l'indice de saponification.

L'indice de saponification ou de *Kœttstorfer* est de 195 à 196mg de potasse pour presque toutes les graisses et les huiles; il s'élève, pour le beurre, jusqu'à 232mg ; mais l'on n'obtient guère, avec les beurres français, que 222mg, et nous avons vu ce chiffre tomber à 217 pendant l'hiver et l'été. D'autre part, il ne faut pas oublier que l'huile de coco et l'huile de pépins de palme ont un indice de saponification plus élevé que celui du beurre. Il atteint, en effet, environ 0gr,250.

Si nous adoptons pour le beurre pur l'indice de Kœttstorfer de 0gr,222 et pour la margarine celui de 0gr,195, la formule suivante donnera la proportion de margarine contenue dans un mélange :

$$\frac{100\,(222 - n)}{222 - 195},$$

n représente l'indice de Kœttstorfer trouvé.

On peut également faire usage de la courbe suivante, qui dispense de tout calcul. Il suffit, en effet, de chercher dans la colonne verticale du tableau le poids de potasse consommé pour la saponification de 1gr de l'échantillon, et de conduire une ligne horizontale de ce poids à la courbe pour trouver sur la ligne verticale qui arrive au point de croisement la quantité d'oléo-margarine contenue dans le mélange. Ainsi un échantillon qui a comme indice de Kœttstorfer 0,217 contient 20 p. 100 de margarine.

Courbe indiquant la quantité d'oléo-margarine contenue dans le beurre d'après l'indice de saponification.

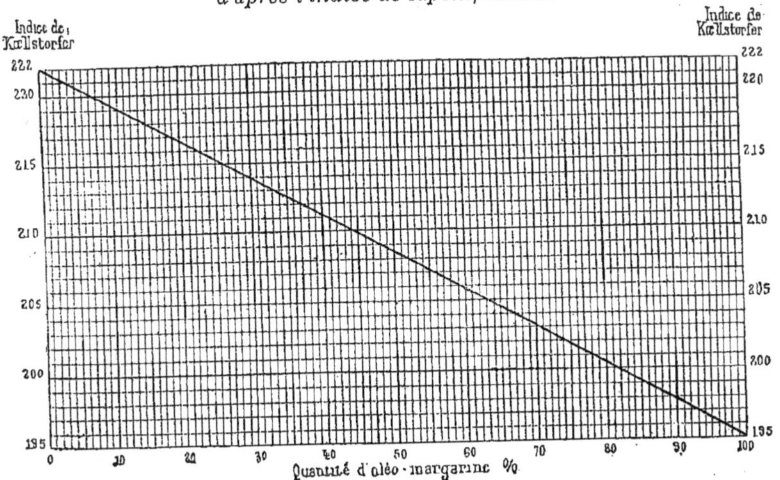

Procédé de M. V. Planchon. — Ce chimiste a eu l'idée de combiner ensemble le dosage des acides totaux, celui des acides volatils et celui des acides fixes. On utilise, dans cette méthode, trois sortes de liqueurs titrées :

1° De l'acide sulfurique à un demi-équivalent par litre.

2° Une solution alcoolique normale de soude caustique que l'on prépare en dissolvant 45^{gr} de soude caustique dans le moins d'eau possible et que l'on complète à 1^{lit} avec de l'alcool à 97°. On dose avec l'acide sulfurique et l'on amène la liqueur au titre exact en ajoutant soit de l'alcool, soit de la soude. 25^{cc} doivent correspondre exactement à 50^{cc} d'acide sulfurique.

3° Une solution aqueuse de soude à $1/5^{e}$ d'équivalent par litre.

On opère de la façon suivante : on fait couler dans un matras 5^{gr} de beurre fondu, débarrassé de l'eau et de la caséine par un court séjour au bain-marie à la température de 50°, on ajoute 25^{cc} de soude alcoolique normale et l'on fait bouillir 20 minutes au réfrigérant ascendant, on laisse refroidir quelques instants et l'on introduit dans le ballon 60^{cc} environ d'eau et quelques gouttes de phtaléine du phénol.

On neutralise l'excès de soude employée à l'aide de l'acide sulfurique demi-normal, par différence on obtient l'indice de Kœttstorfer. Ce résultat obtenu, on continue l'addition d'acide jusqu'à saturation complète de toute la soude employée; les acides gras se trouvent donc mis en liberté. On chauffe au bain-marie à 50-55°, les acides fondent, et se réunissent à la surface, on agite, puis on complète avec de l'eau tiède un volume de 150^{cc}, non compris les acides gras. On agite de nouveau, et on laisse refroidir, les acides gras se prennent en masse et cristallisent, on filtre sur un filtre taré et l'on titre l'acidité de l'eau sur 100^{cc}. Il est évident que cette acidité est due aux acides solubles du beurre, puisque l'on a neutralisé exactement la soude par l'acide sulfurique.

On calcule le résultat en acide butyrique par 100^{gr} de beurre, en multipliant par 0,528 le nombre de centimètres cubes de soude au $1/5^{e}$ d'équivalent nécessaire pour amener la neutralité des 100^{cc} de la dissolution des acides volatils.

Les acides gras fixes ne sont pas perdus: on les recueille sur un filtre taré, on les lave à l'eau bouillante pour éliminer le sulfate de soude, puis on les sèche pendant 6 à 7 heures dans une capsule avec le filtre sur lequel on les a lavés. On pèse, on défalque le poids du filtre et l'on obtient ainsi le poids des acides fixes.

M. V. Planchon a obtenu les résultats ci-après avec des beurres purs des Flandres :

NATURE DES ÉCHANTILLONS	SOUDE DEMI-NORMALE POUR SAPONIFICATION	SOUDE AU 1/5e POUR 100cc DE LIQUEUR	POIDS DES ACIDES INSOLUBLES	RÉSULTATS P. 100 DE PRODUIT — NaOH PAR SAPONIFICATION	ACIDE BUTYRIQUE	ACIDES INSOLUBLES
	cent. cub.	cent. cub.	grammes	grammes		
Beurre pur I	40,3	7,7	4,390	16,12	4,06	87,8
Beurre pur II	40,8	7,3	4,381	16,32	3,85	87,62
Beurre pur III	40,65	8,35	4,396	16,26	4,41	87,92
Beurre pur à 4f le kilo	40,5	7,6	4,400	16,20	4,01	88,00
Beurre pur à 3f le kilo	41,0	7,7	4,384	16,40	4,06	87,63
Margarine I	34,9	0,4	4,788	13,96	0,21	95,76
Margarine II	35,0	0,3	4,780	14,00	0,16	95,60
Margarine à 2f le kilo	34,8	0,4	4,786	13,92	0,21	95,72
Margarine à 1f,60 le kilo	35,4	0,5	4,770	14,16	0,26	95,40

Des mélanges de beurre et de margarine ont donné les chiffres suivants :

NATURE DES ÉCHANTILLONS	RÉSULTATS DES DOSAGES — NaOH NÉCESSAIRE P. 100	ACIDE BUTYRIQUE P. 100	ACIDES INSOLUBLES P. 100	ADDITION P. 100 — D'APRÈS LA SOUDE	D'APRÈS L'ACIDE BUTYRIQUE	D'APRÈS LES ACIDES INSOLUBLES	MOYENNE DES RÉSULTATS	PROPORTION EXACTE P. 100
Beurre pur I	16,12	4,06	87,80	—	—	—	—	—
Beurre pur I 4gr, margarine 1gr	15,74	3,27	89,16	17,9	20,5	17,44	18,6	20
Beurre pur I 3gr,5, margarine 1gr,5	15,44	2,97	90,00	31,9	28,3	24,98	28,4	30
Beurre pur I 2gr,5, — 2gr,5	15,00	1,98	91,42	52,13	54,0	46,40	50,8	50
Beurre pur III	16,26	3,88	87,92	—	—	—	—	—
Beurre III 4gr,5, margarine 0gr,5	15,95	3,59	88,24	13,80	7,9	4,10	8,6	10
Beurre pur III 3gr,5, margarine 1gr,5	15,60	2,74	90,78	29,10	31,0	23,83	28,0	30

Ce procédé, qui a l'avantage de faire tous les dosages sur une seule prise d'essai, paraît néanmoins avoir certains inconvénients qui ont empêché son adoption comme procédé pratique d'analyse. En premier lieu la liqueur titrée de soude alcoolique se modifie continuellement, et il est impossible de la conserver par suite de la formation de petites quantités de carbonate de soude, insoluble dans les conditions où l'on opère. Il est, en second lieu, fort long de saturer absolument exactement, les unes par les autres, les liqueurs titrées que l'on emploie, et la moindre erreur peut avoir des conséquences graves sur les résultats.

D'autre part, l'on sait que les acides fixes dissolvent très facilement les acides volatils ; il semble donc qu'une partie des acides solubles dans l'eau doit être retenue par les autres acides gras et échapper au dosage acidimétrique. Nous préférons également annoncer les résultats de ce dosage en centimètres cubes d'alcali déci-normal, au lieu de les calculer en acide butyrique, puisque l'on sait que cet acide n'est pas seul dans le beurre.

L'emploi de l'acide chlorhydrique, comme liqueur titrée, est également plus commode que celui de l'acide sulfurique, car l'on n'a pas à craindre la formation de corps insolubles dans l'alcool, qui gênent les opérations suivantes.

Dosage des acides gras solubles et insolubles à l'état de savons magnésiens. — M. J. Bellier a renoncé complètement au dosage des acides solubles par les procédés de distillation, qui comportent toujours des erreurs; il a basé son procédé sur le fait incontesté que les savons de magnésie des acides gras fixes sont insolubles dans l'eau, tandis que ceux des acides solubles et volatils se dissolvent, au contraire, assez facilement.

La première opération à effectuer est un dosage Kœttstorfer; on pèse 2gr de beurre dans un ballon et l'on saponifie au réfrigérant à reflux avec 10cc de soude alcoolique normale. En 20 minutes l'opération est terminée et l'on titre l'excès de soude avec une liqueur acide demi-normale en se servant, comme indicateur, de la phtaléine du phénol. On chasse alors l'alcool et l'on amène le volume du liquide à 50 ou 60cc, on introduit dans le ballon 20cc d'une solution de sulfate de magnésie, contenant 50gr de sel cristallisé par litre. Il se forme un abondant précipité que l'on recueille sur un filtre taré, après l'avoir fait bouillir pour le rendre plus dense. On lave, on sèche et l'on pèse. Le poids du savon magnésien ainsi obtenu est de 1gr,79 à 1gr,83 pour le beurre, de 2gr environ pour les graisses et huiles, et de 1gr,77 seulement pour l'huile de coco. Si l'on brûle le savon, on ne peut tirer aucune indication du poids des cendres, car il est compris, pour le beurre et les graisses, à peu près dans les mêmes limites, soit 0gr,136 à 0gr,140; il est néanmoins utile de faire cette opération pour s'assurer que le savon magnésien a été bien lavé. En multipliant le poids de ce savon par le facteur 47,70, on obtient la quantité pour 100 d'acides fixes contenus dans l'échantillon examiné.

Pour doser les acides volatils on introduit dans une boule à décantation toutes les eaux provenant du traitement des acides fixes. Il est bon de s'arranger de façon à ce que leur volume ne dépasse pas 120 à 130cc. On ajoute 5cc d'acide demi-normal et 50cc d'éther et l'on agite vigoureusement. On décante l'éther et l'on renouvelle l'opération. L'éther s'empare des acides volatils; il suffit alors, pour les doser, soit de verser dans l'éther une liqueur de soude titrée jusqu'à coloration rouge de la phtaléine, soit d'introduire un excès de soude connu et de déterminer, par différence avec l'acide déci-normal, la quantité qui a été saturée par les acides du beurre. Cette dernière méthode est d'un emploi plus commode que la précédente, car l'on est moins gêné par la présence de l'éther.

Dosage par les savons de baryte. — M. G. Firtsch combine directement les graisses avec la baryte et dose d'abord le baryum combiné aux acides gras solubles, puis celui combiné aux acides insolubles, et pense, par ce moyen, pouvoir déterminer la quantité de beurre contenue dans un mélange. Son mode opératoire est le suivant :

Il introduit 1gr de matière grasse dans un vase à pression en verre, avec 50cc de baryte normale-décime, et chauffe 6 à 8 heures à 140°. La saponification est alors complète, ainsi qu'il est facile de s'en rendre compte. Il ne se forme plus, en effet, par refroidissement d'anneau de graisse à la surface du liquide.

Le vase à saponification est introduit dans un bain-marie chauffé à 100°, on filtre bouillant dans un ballon jaugé de 500cc et on lave rapidement à l'eau bouillante, pour éviter que l'excès de baryte ne se carbonate sur l'entonnoir. On remplit ensuite à moitié d'eau distillée bouillante la fiole à saponification, on ferme avec un bouchon de caoutchouc, on agite vigoureusement pour détacher les sels de baryte, on jette sur le filtre, et l'on répète cette opération jusqu'à ce que le ballon de 500gr soit plein aux trois quarts. On complète alors le volume en lavant le filtre. Avec une barbe de plume on fait ensuite tomber du filtre dans la fiole à saponification les sels insolubles, puis on lave le filtre à l'eau chaude. On décompose alors le savon en ajoutant 25cc d'acide chlorhydrique demi-normal, et l'on chauffe au bain-marie. Quand les acides gras sont rassemblés on filtre et l'on pèse, d'une part, les acides gras; d'autre part, dans le liquide filtré, on dose la baryte à l'état de sulfate.

Dans le ballon jaugé refroidi on prélève 50cc de liquide et l'on dose la baryte en excès par l'acide normal décime.

Dans 200cc on dose la baryte totale par pesée à l'état de sulfate, par différence on connaît la baryte combinée; ou bien dans 200cc on fait passer à l'ébullition un courant d'acide carbonique, on filtre et, dans le liquide filtré, on dose la baryte à l'état de sulfate.

On calcule alors la quantité de baryte totale employée à la saponification, et la quantité absorbée par chaque groupe d'acides. L'auteur a obtenu les résultats suivants :

NATURE DES ÉCHANTILLONS	BARYUM INSOLUBLE	BARYUM SOLUBLE
Beurre	67,26	32,70
Saindoux	80,82	19,18
Suif	87,07	12,93
Margarine	75,89	24,11
Huile de coco	66,98	33,02
Huile de palme	73,24	27,76
70 p. 100 beurre, 30 p. 100 graisse	70,87	29,14
50 — — 50 — —	74,02	25,94
30 — — 70 — —	78,37	21,64

M. Firtsch considère cependant ce rapport de la baryte combinée aux acides solubles et insolubles comme trop variable pour pouvoir déterminer quantitativement, par ce procédé, de petites additions de graisse au beurre. Les chiffres obtenus par ce procédé diffèrent essentiellement de ceux de Kœttstorfer. Les acides solubles ne sont pas non plus identiques dans le procédé à la baryte et dans la méthode Reichert-Meissl-Wollny.

Les dosages qu'exige la méthode que nous venons de décrire ont été simplifiés depuis, et l'on se contente de doser simplement les sels de baryte solubles en opérant de la façon suivante : on pèse environ 5gr de la graisse à essayer dans un ballon jaugé de 300cc, on ajoute 60cc d'alcool, on chauffe au bain-marie, de façon à obtenir un mélange intime, et l'on introduit 40cc d'eau de baryte chaude (17gr d'hydrate de baryte dissous dans 100 d'eau), on fait bouillir au réfrigérant ascendant pendant 3 à 4 heures. Quand la saponification est obtenue, on laisse refroidir, on verse de l'eau jusqu'au trait de jauge, l'on agite vigoureusement, on filtre et dans 250cc du liquide filtré on fait passer, pendant 20 minutes, un courant modéré d'acide carbonique. La réaction alcaline disparaît. On décante dans une capsule de porcelaine, on évapore à feu nu, puis au bain-marie jusqu'à complète dessiccation. Après refroidissement on reprend par 250cc d'eau que l'on ajoute peu à peu en remuant, on filtre 200cc dans lesquels on dose la baryte à l'état de sulfate. Le poids de sulfate multiplié par 0,657 donne la quantité de baryte anhydre correspondant aux acides gras solubles qu'on multiplie par 3/2e et qu'on ramène à 5gr, pour avoir des nombres comparables à celui de MM. Reichert-Meissl-Wollny.

La quantité de baryte ainsi trouvée, correspondant aux acides gras solubles, s'appelle *nombre de baryte*. Comme l'hydrate de baryte est rarement pur, que l'alcool est quelquefois faiblement acide, il faut faire une expérience de contrôle à blanc.

Malgré les avantages scientifiques que peuvent présenter les méthodes de dosage des acides solubles par la magnésie ou la baryte, nous croyons que les difficultés que rencontre leur application en restreignent considérablement l'emploi.

La méthode de MM. Reichert-Meissl-Wollny, malgré quelques imperfections de détail, que l'on peut d'ailleurs négliger, puisque l'on doit toujours opérer dans les mêmes conditions, nous paraît donc préférable, pour l'analyse courante des beurres, aux méthodes compliquées que l'on a tenté de lui substituer.

Recherches des conservateurs.

Pour protéger leurs marchandises et leur assurer une plus longue conservation, il n'est pas rare que les commerçants aient recours à des antiseptiques dont l'emploi peut être nuisible. La recherche de ces substances dans le beurre présente certaines difficultés lorsqu'on ne peut les retrouver dans les cendres, car il faut les débarrasser de la matière grasse qui masquerait toutes les réactions.

Recherche et dosage de l'acide salicylique et des salicylates. — On traite 20gr de beurre, à plusieurs reprises, par une solution de bicarbonate de soude. Les liqueurs réunies renferment l'acide salicylique à l'état de salicylate de soude; on y verse de l'acide sulfurique en excès; on épuise par l'éther et l'on évapore. Le résidu est ensuite traité par une solution de nitrate mercureux; il se produit un précipité presque complètement insoluble dans l'eau.

Le précipité est recueilli sur un filtre, lavé à l'eau et décomposé par l'acide sulfhydrique, qui met en liberté l'acide salicylique. On enlève alors complètement ce dernier par un nouveau traitement à l'éther.

Pour opérer le dosage on évapore la solution éthérée et l'on porte à 80 ou

100°, presqu'à dessiccation absolue; on traite par la benzine neutre qui enlève l'acide salicylique et ne dissout pas les autres acides; on décante, on ajoute un volume d'alcool à 95°, égal à celui de la benzine et l'on titre au moyen de la liqueur de soude décime.

Recherches du borax et de l'acide borique. — Les composés boriqués se rencontrent fréquemment dans les beurres. Ils sont heureusement faciles à retrouver dans les cendres : il suffit en effet pour les caractériser d'ajouter à ces dernières quelques gouttes d'acide sulfurique, un peu d'alcool et d'enflammer. L'acide borique manifeste sa présence par la coloration verte qu'il communique à la flamme.

Généralement on ne pousse pas plus loin les recherches et l'on n'opère pas le dosage. Celui-ci ne présente d'ailleurs pas de difficultés particulières.

Dosage du chlorure de sodium. — L'addition au beurre de petites quantités de sel marin ne doit pas être considérée comme délictueuse, car il est d'usage dans certaines provinces, comme la Bretagne par exemple, de toujours saler le beurre Suivant la quantité de sel introduite, le beurre est dit *demi-sel* ou *salé*. Le demi-sel contient 5 p. 100 de sel ; le salé le double environ. Le dosage rapide du sel dans le beurre peut se faire de la manière suivante :

On pèse 10gr de beurre dans une capsule de platine, on enlève grossièrement la matière grasse par décantation avec de l'éther, puis on calcine au petit rouge les matières insolubles dans l'éther.

On reprend les cendres par un peu d'eau acidulée d'acide nitrique, on ajoute un peu d'alun de fer et 10cc d'une liqueur normale-décime de nitrate d'argent (si la liqueur d'argent n'était pas en excès, il faudrait y ajouter 10 nouveaux centimètres cubes); puis avec une liqueur normale-décime de sulfocyanure de potassium on cherche la quantité d'azotate d'argent qui n'a pas été décomposée par les chlorures contenus dans les cendres. On verse donc le sulfocyanure jusqu'à ce qu'un très léger excès produise une coloration rouge du sel de fer qui sert d'indicateur. En retranchant la quantité de sulfocyanure employée de la quantité totale d'azotate d'argent, on obtient le nombre de centimètres cubes décomposés par les chlorures; il suffit de le multiplier par 0,0058 pour avoir le poids du chlorure de sodium contenu dans les 10gr de beurre employés.

Matières colorantes.

On a rarement à rechercher les colorants dont on se sert pour donner au beurre, surtout à celui d'hiver, la belle teinte jaune que recherche la consommation. Cette coutume est en effet généralement admise dans le commerce. Pour extraire la couleur ajoutée au beurre, le moyen le plus simple consiste à agiter pendant quelque temps un poids quelconque de beurre avec de l'alcool faible, on décante et l'on évapore la solution. Les colorants usuels se reconnaissent aux réactions suivantes :

Le curcuma devient jaune brun foncé par l'addition de quelques gouttes d'ammoniaque, et rouge brun par l'acide sulfurique.

Le rocou bleuit par l'acide sulfurique concentré.

Le safran précipite en orangé par le sous-acétate de plomb.

Les colorants dérivés des couleurs *d'aniline* se distinguent des colorants végétaux par leur insolubilité dans l'ammoniaque.

Matières d'origine organique.

Nous pouvons dire que le beurre ne contient presque jamais d'autres substances organiques que celles que l'on y rencontre normalement. Cependant nous avons eu l'occasion de constater quelquefois la présence d'un peu d'amidon; mais ce fait était accidentel. Quoi qu'il en soit, la recherche des substances d'origine organique ajoutées dans un but frauduleux peut facilement se faire de la façon suivante :

On prend une quantité quelconque de beurre que l'on fait fondre au bain-marie ; la matière grasse s'éclaircit et toutes les substances étrangères tombent au fond de la capsule avec l'eau ; on décante la matière grasse, puis on laisse refroidir, ce qui permet d'enlever les dernières traces de beurre, quand celui-ci s'est solidifié à la surface.

On peut alors soit examiner directement au microscope le dépôt, soit dissoudre au préalable la caséine dans l'ammoniaque ; quand on a affaire à de l'amidon, il suffit pour découvrir la fraude de verser quelques gouttes d'eau iodée dans la capsule et l'on obtient la belle coloration bleue de l'empois d'amidon.

Nous terminerons l'exposé des diverses méthodes d'analyse en donnant la marche suivie pour l'analyse des beurres au Laboratoire municipal de Paris.

MÉTHODE D'ANALYSE EMPLOYÉE AU LABORATOIRE MUNICIPAL DE PARIS

On dose :

L'humidité ;

Les matières insolubles dans l'éther (lactine et caséine) ;

Les cendres ;

La matière grasse ;

Puis on fait une étude spéciale sur la matière grasse qui comprend :

L'examen de la fusion du beurre ;

Le dosage des acides volatils ;

La détermination de l'indice de Kœttstorfer ;

Dans les cas douteux on passe l'échantillon à *l'oléo-réfractomètre* de Amagat et F. Jean ;

Recherche des conservateurs et couleurs, recherches spéciales.

Dosage de l'humidité. — On pèse 10^{gr} de beurre dans une capsule de platine à fond plat que l'on abandonne pendant 8 heures dans une étuve à 100° ; on pèse, puis l'on s'assure que toute l'humidité a bien disparu en pesant une seconde fois après une nouvelle dessiccation d'une heure.

Si la capsule n'a pas varié de poids, l'on n'a pas à craindre d'erreur.

Matières insolubles dans l'éther. — On épuise par l'éther la prise d'essai qui a servi au dosage de l'humidité. On n'a généralement pas besoin de se servir de filtre, car en décantant avec soin l'éther les matières insolubles restent au fond de la capsule ; après deux ou trois lavages à l'éther on sèche et l'on pèse. Si l'on veut connaître le poids de la lactine et de la caséine, il suffira de défalquer du chiffre obtenu le poids des cendres.

Cendres. — On calcine au rouge naissant les matières insolubles dans l'éther.

Matière grasse. — On obtient le poids de la matière grasse par différence en additionnant les poids de l'eau et des matières insolubles dans l'éther que l'on retranche du poids de la prise d'essai.

Essai de la matière grasse. — Toutes les opérations qui exigent une pesée exacte du beurre, doivent être faites sur la matière grasse débarrassée des impuretés qui l'accompagnent toujours dans le beurre. On fait donc fondre le beurre au bain-marie dans une capsule de porcelaine, et quand la matière est éclaircie, on décante et on filtre. C'est de ce beurre ainsi purifié que l'on se servira pour les besoins ultérieurs.

Il est bon de ne pas laisser le beurre par trop longtemps au bain-marie, on évite ainsi toute modification dans la matière grasse par suite de l'action prolongée de la chaleur.

Fusion. — On se sert pour la fusion du beurre, soit de l'appareil de M. Drouot, soit plus simplement des capsules, où l'on opère la séparation de la matière grasse et des impuretés.

Dosage des acides volatils. — On dose les acides volatils suivant la méthode Reichert, page 421.

On pèse donc dans une capsule de porcelaine 5gr de beurre filtré ; on saponifie rapidement au bain-marie avec une solution alcoolique de potasse (2gr,5 de potasse pure dissoute dans 50cc d'alcool à 97°), et on laisse le savon se dessécher.

4 heures suffisent pour obtenir ce résultat.

On introduit alors le savon dans une fiole à distillation de 500cc, on lave la capsule avec 100cc d'eau que l'on verse dans la fiole ; on laisse le savon se dissoudre, puis on ajoute 40cc d'acide phosphorique dilué et quelques morceaux de pierre ponce. La dissolution d'acide phosphorique se prépare en faisant un litre de liqueur avec 170gr d'acide phosphorique sirupeux et de l'eau distillée. On distille, on recueille 110cc, on filtre, on prélève 100cc que l'on titre avec la potasse normale décime en se servant de la phtaléine du phénol comme indicateur ; on ajoute 1/10e au chiffre trouvé et l'on exprime les résultats en centimètres cubes de la liqueur titrée.

Détermination de l'indice de Kœttstorfer. — On pèse dans une fiole 3 à 4gr de beurre filtré, on saponifie avec un excès de potasse alcoolique, l'on titre à l'acide chlorhydrique demi-normal, et l'on exprime les résultats en potasse pour 1gr de beurre.

Oléo-réfractomètre. — Quand on a du beurre à point de fusion peu élevé, on caractérise les huiles en se servant des indications de l'oléo-réfractomètre.

Cet instrument accuse en effet dans ce cas des proportions de margarine qui ne concordent pas avec les résultats obtenus par le dosage des acides volatils, et l'indice de Kœttstorfer. La fraude paraît toujours trop élevée, puisque les huiles ont une déviation droite plus ou moins prononcée, tandis que les graisses animales ont une déviation gauche variant de — 15 à 0, et généralement comprise entre — 15 et — 12 pour les graisses qui servent à la fraude du beurre. Une indication trop élevée correspond donc généralement à une addition d'huile.

Recherches des couleurs et des conservateurs. — On complète l'analyse quand il y a lieu par la recherche des couleurs et des conservateurs, comme il a été dit page 430 et suivantes.

SUCCÉDANÉS DU BEURRE

Oléo-margarine.

L'invention de l'oléo-margarine est due à un Français, M. Mège-Mouriès, qui, après une série d'expériences faites en 1869 à la ferme de Vincennes, pensa qu'il serait possible de retirer de la graisse de bœuf un produit analogue au beurre de lait de vache.

La graisse de bœuf se distingue, à première vue, du beurre par la quantité considérable de stéarine qu'elle renferme; or, le beurre, suivant M. Mège-Mouriès, aurait pour origine la graisse de l'animal, et le rôle de la glande mammaire se bornerait à éliminer du suif une partie des glycérides solides qu'il contient et à doter l'oléo-margarine ainsi obtenue de glycérides à acides volatils qui donnent au beurre son arome et son goût.

Pour obtenir du beurre artificiel, en partant du suif de bœuf, il suffisait donc de déstéariner cette matière grasse, puis de la faire digérer avec des mamelles de vaches pour tâcher, grâce à la pepsine mammaire, d'émulsionner et d'aromatiser le produit.

La description rapide du brevet pris par M. Mège-Mouriès montrera d'ailleurs le point de départ de cette industrie de l'oléo-margarine, et il nous sera ensuite facile d'expliquer les différentes modifications que l'industrie lui a fait subir.

D'après le brevet de M. Mège-Mouriès, le suif de bœuf qui entoure les rognons et les intestins est enlevé aussitôt l'abatage de l'animal; on nettoie à l'eau froide les parties tachées de sang, puis on déchire les membranes qui renferment la matière grasse. Le suif, désagrégé par son passage entre des cylindres munis de dents, est ensuite haché en menus morceaux, puis porté dans des cuves chauffées à la vapeur à la température de 45°. Par 1000^{kg} de graisse on ajoute 300^{kg} d'eau, 1^{kg} de carbonate de potasse et deux estomacs de mouton; puis on laisse macérer 2 heures en agitant mécaniquement; au bout de ce temps on laisse reposer; les membranes se déposent et l'on peut transvaser la matière grasse limpide dans des cuves en bois, dans lesquelles on la maintient 24 heures à la température de + 30°. La stéarine cristallise et donne à la masse un aspect grenu; on l'introduit alors dans des sacs et on la soumet à l'action de la presse hydraulique à la température de 25 à 28°. Il s'écoule une substance liquide ou *jus*, tandis qu'il reste dans les sacs 40 à 50 p. 100 de stéarine et de palmitine.

Ce résidu solide est livré aux stéarineries; quant au jus, il est coloré, baratté avec du lait et constitue l'*oléo-margarine;* on a donné depuis à ce produit les noms de *simili-beurre, beurrine, dansk, oléo-normand*, etc., pour dérouter le public et lui faire acheter l'oléo-margarine.

Le procédé Mège-Mouriès ne donnait qu'un rendement de 50 p. 100, mais l'oléo-margarine ainsi obtenue constituait un produit sain, ne renfermant que de la graisse animale dont les propriétés culinaires sont, on le sait, un peu différentes de celles des huiles végétales; d'autre part, il permettait de séparer du suif frais un produit jusque-là sans grande valeur et par conséquent ouvrait un débouché nouveau au suif français. Si l'oléo-margarine faisait quelque peu tomber le prix du beurre, on avait lieu de croire que le producteur compenserait facilement cette perte par la plus-value de son bétail.

Aujourd'hui, les conditions sont absolument changées, et agriculteurs et consommateurs sont également lésés dans leurs intérêts par l'oléo-margarine. C'est que, depuis M. Mège-Mouriès, la fabrication de l'oléo-margarine a été totalement transformée. Les fabricants de ce produit ont d'abord trouvé qu'en pressant le suif plus fort et à plus haute température on augmenterait le rendement en oléo; mais quand on arrive à extraire du suif 60 p. 100 et plus d'oléo, le point de fusion du jus dépasse sensiblement celui du beurre; on l'abaisse alors par une addition d'huile de graine.

Si l'on ajoute de l'huile au jus obtenu par le pressage du suif, on peut aussi bien, en poussant les choses à l'extrême, se dispenser de presser et additionner simplement le suif même de la quantité d'huile nécessaire pour obtenir le point de fusion du beurre.

Mais avec cette nouvelle manière d'opérer, il est inutile d'employer des suifs frais et de première qualité, comme il était indispensable de le faire en suivant le procédé Mège-Mouriès. On sait, en effet, que dans les graisses, l'oléine s'empare des produits colorés, des mauvaises odeurs et des acides gras oxydés; or, en pressant un suif de mauvaise qualité pour en extraire l'oléo, on aurait obtenu un produit infect, rance et coloré, tandis qu'en noyant dans l'huile toutes les imperfections du suif, celles-ci ne se manifestent pas sensiblement. Le suif de place perd donc toute sa supériorité sur le suif étranger, et l'oléo-margarine, qui devait faciliter l'écoulement du suif français et indemniser le producteur de la dépréciation de son beurre, vient, au contraire, apporter sur le marché deux produits étrangers, le suif et l'huile, sans aucune compensation pour l'agriculture française.

Aussi voyons-nous chaque jour grandir les importations de l'étranger et tomber les cours de nos suifs; ceux-ci se vendaient, en 1870, 108 francs les 100^{kg}; ils ne valent plus aujourd'hui que 69 francs.

Cependant si l'oléo-margarine était un produit absolument sain, si elle venait réellement en aide aux classes peu aisées, il faudrait néanmoins encourager cette industrie; mais, en France, sur les 15 à 20 millions de kilogrammes que l'on fabrique annuellement, on peut dire que 1 p. 100 seulement est consommé sous son véritable nom. Le reste est ou exporté ou mélangé au beurre.

Ne conviendrait-il pas, dans ces conditions, de protéger à la fois et l'agriculture et le consommateur, en employant un procédé permettant de reconnaître facilement l'oléo-margarine et en réglementant sa vente?

Nous ne voyons qu'une seule façon pratique de distinguer la margarine du beurre, c'est de la colorer avec une matière facile à retrouver. On a proposé de l'additionner de substances colorantes qui lui donneraient une teinte absolument différente de celles du beurre et des graisses en général; mais les fabricants ont fait observer qu'il vaudrait autant supprimer leur industrie que de leur imposer une teinte rouge ou bleue.

Il nous semble que, sans prendre une couleur apparente et prohibitive, on pourrait introduire dans l'oléo-margarine des traces d'un indicateur comme la phtaléine du phénol, que tout le monde reconnaîtrait en alcalinisant le beurre. Dans tous les cas, puisque le public ne peut pas distinguer le beurre de la margarine et qu'il est avéré que ce produit n'est utilisé que pour la fraude, on pourrait, ainsi que cela a été fait dans la boucherie pour la viande de cheval, défendre de vendre dans le même endroit du beurre et de l'oléo-margarine; le trafic de cette marchandise cesserait alors d'être protégé par l'obscurité qui l'enveloppe et serait contraint de se faire au grand jour. Or, les marchands de beurre en gros n'aiment pas à informer leurs concurrents et le public des relations qu'ils peuvent avoir avec les fabricants de simili-beurre, et la difficulté de se procurer l'oléo-margarine restreindrait certainement la fraude pratiquée sur les beurres.

Nous avons, dans le cours de ce chapitre, appliqué indifféremment le nom d'oléo-margarine au produit obtenu par expression du suif et à celui fabriqué par l'addition d'huile de graine; une distinction s'impose cependant.

L'oléo-margarine ne doit pas renfermer d'huile végétale; d'après le brevet de M. Mège-Mouriès qui, le premier, désigna sous ce nom le jus provenant du suif, on est en effet en droit d'exiger que l'oléo-margarine soit fabriquée exclusivement avec des graisses animales.

Ce fait a son importance, car les usages culinaires des huiles et des graisses ne sont pas les mêmes.

Nous considérerons donc comme une fraude l'introduction d'huile végétale dans un produit désigné sous le nom d'oléo-margarine.

Les huiles généralement employées à la fabrication de l'oléo-margarine sont: l'huile d'arachide, l'huile de coton et l'huile de sésame.

L'*huile d'arachide*, ne possédant pas de réaction colorée caractéristique, est difficile à reconnaître et à doser; cependant en combinant les indications fournies par la densité à la température de 100°, l'oléo-réfractomètre et l'indice d'iode, le tableau suivant montre qu'on n'est pas absolument désarmé vis-à-vis de cette fraude :

	Oléo-margarine.	Huile d'arachide.
	—	—
Densité à 100°.	0,859 — 0,860	0,868
Déviation à l'oléo-réfractomètre.	— 15	+ 4
Indice d'iode.	50 — 55	98 — 103

L'huile de sésame est aisément décelée par sa coloration rouge cerise avec l'acide chlorhydrique sucré et la teinte vert pré que lui communique l'acide sulfo-nitrique. Il y a lieu d'observer que le rocou donne également avec l'acide chlorhydrique sucré une teinte présentant quelque analogie avec celle du sésame; ce colorant étant fréquemment employé pour colorer les oléo-margarines, il convient donc d'éviter toute précipitation dans les conclusions.

L'huile de colon est facilement mise en évidence par le réactif de M. Becchi, au nitrate d'argent alcoolique.

La densité à + 100° de l'huile de sésame est de 0,873 2, celle de l'huile de coton 0,873 ; on trouvera les autres propriétés de ces huiles au chapitre Huiles.

Végétaline. — On a donné le nom de végétaline au *beurre de coco purifié.* Celui-ci est consommé en Afrique à l'état frais et fournit un aliment excellent; mais la rapidité avec laquelle il s'oxyde l'avait fait rejeter jusqu'ici de l'alimentation en Europe; récemment plusieurs brevets ont été pris pour purifier cette graisse et la rendre propre à l'alimentation.

La purification est obtenue en traitant le beurre de coco par l'alcool, puis en le filtrant sur du charbon de bois; le produit devient alors à peu près insipide, mais il ne tarde pas, si on le laisse exposé à l'air, à s'oxyder de nouveau et à acquérir un goût très prononcé et fort désagréable.

Bien purifiée, la végétaline est blanche et fond sur la langue à la façon du beurre. C'est une huile végétale concrète qui possède des réactions caractéristiques grâce auxquelles on la distingue aisément des graisses animales et végétales.

Elle fond à + 24° et cependant ne renferme que fort peu d'acide oléique, puisque son indice d'iode est seulement de 8.

Par la méthode Reschert-Messl-Wollny, 5^{gr} de beurre de coco fournissent à la distillation de 5 à 8^{cc} d'alcali normal décime; la déviation à l'oléo-réfractomètre atteint — 54°, l'indice de Kœttstorfer varie entre 0,268 et 0,258, la densité à 100° est de 0,843.

Il est facile, avec ces données, de reconnaître et de doser la végétaline dans un mélange.

Température critique de dissolution du beurre dans l'alcool.

Cette détermination est basée sur la différence de solubilité dans l'alcool des beurres purs et des matières grasses, qui servent le plus souvent à les falsifier (oléo-margarine, beurre de coco).

Voici le mode opératoire :

Dans un tube à essais de 9^{cm} de long et de 15^{mm} de diamètre, on verse un demi-centimètre cube environ de beurre fondu et filtré, puis un volume à peu près double d'alcool absolu du commerce de densité 0,7967 à 15°.

On ferme le tube avec un bouchon livrant passage à un thermomètre. Le réservoir de ce dernier doit plonger dans le mélange d'alcool et de beurre.

Le tube à essais est alors introduit dans un verre de lampe cylindrique, dans lequel il est maintenu au moyen d'un bouchon.

On chauffe doucement le tube en agitant à plusieurs reprises jusqu'à dissolution complète. On cesse alors de chauffer et on observe le moment où le trouble se produit. On note ce degré du trouble, c'est-à-dire la température critique de dissolution du beurre dans l'alcool.

Les beurres purs donnent une température critique moyenne de 54°.

L'oléo-margarine présente une température critique variant de 74 à 78°.

Pour le beurre de coco, nous avons obtenu une température critique variant de 28 à 35°.

Un assez grand nombre de beurres purs donnent des chiffres notablement inférieurs à ceux que nous venons de citer. Cette anomalie tient à la rancidité des beurres. Si on neutralise ces beurres par une solution faible de carbonate de soude, on obtient en effet, après traitement, des beurres donnant une température critique normale.

M. Crismer a fait la remarque suivante, qui simplifie cet essai en évitant cette neutralisation pour les beurres rances ou acides :

La température critique de dissolution du beurre neutralisé est sensiblement égale à la température critique du beurre acide augmentée du nombre de centimètres cubes de potasse alcoolique N/20 *nécessaires pour neutraliser* 2^{cc} *du beurre considéré.*

Recherche des fluorures alcalins. — Pour procéder à cette recherche, l'eau provenant de la fusion du beurre est additionnée de 10 centimètres cubes environ du réactif acéto-picrique d'Esbach, lequel précipite les matières albuminoïdes. On filtre et, à 1 partie du liquide clair ainsi obtenue, on ajoute quelques gouttes d'une solution saturée de chlorure de calcium.

Si l'on obtient un précipité ou même un trouble notable, on contrôle la présence du fluorure par la méthode décrite à l'article *Vin* (p. 160), en opérant sur l'autre partie du résidu provenant de la fusion du beurre.

Essai Dubernard. — Il y a quelque temps, M. Dubernard a préconisé un essai simple et rapide permettant de déceler la présence de la margarine dans le beurre. Voici en quoi il consiste :

On prend gros comme une noisette du beurre à essayer, on l'introduit au fond d'un tube à essai. On ajoute un volume égal d'ammoniaque, et le tout est porté à l'ébullition durant quelques secondes. On ajoute un second volume d'ammoniaque légèrement supérieur au premier et l'on agite le tube en fermant ce dernier avec le pouce.

S'il se produit une mousse persistante, on a affaire à un beurre margariné ou rance.

Le beurre pur et frais ne donne au contraire aucune trace de mousse.

Le procédé Dubernard permet de rendre de très réels services dans l'examen rapide d'un beurre; mais il est nécessaire de s'assurer au préalable de sa fraîcheur.

FROMAGES

PAR M. LADAN BOCKAIRY

Le fromage est le produit résultant de la précipitation de la caséine du lait par la présure ou par un acide.

Tous les fromages ont donc pour origine le lait, dont ils renferment tous les éléments en quantité variable; cependant, suivant les procédés qui ont présidé à leur fabrication et à leur maturation, ils présentent entre eux des différences telles qu'il est nécessaire d'entrer dans quelques détails pour les classer.

La précipitation de la caséine s'effectue presque toujours par la *présure*, et ce n'est qu'accidentellement que les acides viennent jouer un rôle dans la formation du *caillé;* mais, suivant que la précipitation de la caséine a eu lieu à température plus ou moins élevée, le caillé jouit de propriétés différentes.

Ainsi met-on en présure vers 30 ou 35°, il se forme un coagulum qui retient une très forte quantité d'eau ; si, au contraire, on chauffe fortement le lait, la caséine se contracte et expulse facilement le petit-lait.

Il est facile de comprendre que dans le premier cas, quand on séparera le coagulum du petit-lait, on obtiendra un produit très friable, qui se cassera à la moindre pression ; il faudra donc le laisser s'égoutter spontanément.

Pendant l'élimination de l'eau, les micro-organismes commencent à se développer à la surface du fromage et l'enveloppent de tous côtés.

Si au contraire le caillé est sec et contracté, on pourra sans difficulté lui faire subir une pression suffisante pour éliminer rapidement le petit-lait. Les moisissures ne trouvant plus à la surface du fromage un milieu acide propice à leur développement, on ne les voit point apparaître ; ce sont alors les microbes anaérobies qui envahissent la pâte et provoquent la maturation.

Dans les fromages non pressés, le petit-lait s'acidifie et rend le milieu acide avant d'avoir été expulsé ; les moisissures trouvent donc un terrain qui leur convient, tandis que les bactéries, qui s'accommodent seulement des milieux alcalins et neutres, ne peuvent se développer.

Elles ne pourront prendre un certain essor et concourir à la maturation du fromage que lorsque le mycélium de la végétation cryptogamique se sera enfoncé dans la masse et aura transformé une partie de la caséine en carbonate d'ammoniaque.

Le milieu redevient alors alcalin ; les bactéries peuvent s'y implanter et la diastase qu'elles sécrètent, achever de transformer en caséine soluble la caséine insoluble.

Nous pouvons, dès à présent, classer les fromages en deux catégories : 1° ceux dont la maturation est commencée, à la surface, par les moisissures, ce sont les *fromages mous;* 2° ceux sur lesquels il ne se développe pas de végétations cryptogamiques et qui sont envahis par les bactéries anaérobies, ce sont les *fromages durs.*

Les droits perçus, à l'entrée des villes, par l'octroi sont souvent différents pour les fromages mous et pour les fromages durs : à Paris, par exemple, les premiers entrent en franchise tandis que les autres sont taxés ; il importe donc au chimiste de pouvoir les reconnaître.

A quels caractères peut-on distinguer les deux sortes de fromages ? Il est évident que l'analyse chimique ne saurait être d'un grand secours pour différencier des produits obtenus avec une même matière première, et contenant par suite les mêmes éléments.

Heureusement les phénomènes de la maturation nous permettent, dans la plupart des cas, d'établir avec certitude auquel des deux groupes appartient un échantillon.

Prenons comme type des fromages mous le brie, et identifions les fromages durs avec le gruyère.

Nous savons déjà que le fromage mou est généralement acide, tandis que le fromage dur est alcalin ; mais faisons une coupe dans un morceau de brie et supposons que le fromage ne soit pas complètement mûr ; nous voyons alors, en allant de la périphérie au centre, une croûte formée de moisissures, puis une couche jaunâtre visqueuse plus ou moins épaisse, et enfin au centre on distingue une matière caséeuse blanche et sèche.

L'explication de ces phénomènes est des plus simples.

Nous savons en effet que le brie est mis en présure à basse température (30°), que son coagulum est simplement égoutté, que la pâte s'acidifie sous l'influence du ferment lactique, que le *penicillium glaucum*, le *mucor racemosus*, l'*aspergillus niger* s'ensemencent et se développent rapidement à la surface du fromage transformant à leur contact la caséine solide en caséine soluble et fluide.

Le fromage mou se reconnaît donc aux caractères suivants :

1° La pâte est généralement acide ;

2° La croûte est formée de moisissures ;

3° La maturation se produit de la périphérie au centre ;

4° Le fromage mou possède une caséine fluidifiable (on dit vulgairement qu'il coule).

Si nous opérons une section dans un morceau de gruyère, nous ne remarquons rien de semblable ; la croûte est sèche et la pâte est homogène ; la caséine est solide.

En effet, la croûte n'a pas été envahie par les végétations cryptogamiques ; le coagulum ayant été obtenu à chaud et pressé, le petit-lait s'est écoulé avant d'avoir pu s'acidifier, le milieu est resté neutre, mais par suite de l'évaporation la surface du fromage a durci et a constitué une enveloppe.

A l'intérieur, la pâte est restée homogène, la fermentation s'est établie dans toute la masse, les microbes anaérobies se sont développés également sur tous les points, et la *caséase* sécrétée par les microbes a agi sur la caséine, mais sans la fluidifier.

On reconnaît donc le fromage dur aux caractères suivants :

1° La pâte est alcaline ;

2° La croûte du fromage dur est sèche et ne porte pas la trace de moisissures ;

3° La maturation se fait en même temps dans toute la masse ;

4° La caséine est solide.

Le nombre des fromages que l'industrie est parvenue à créer est considérable ; aussi, sans essayer de dresser une liste qui serait forcément incomplète, allons-nous simplement donner la classification proposée par M. Pouriau et décrire les principaux types de fromages.

Suivant M. Pouriau, les fromages se divisent en deux classes : 1° les fromages mous ; 2° les fromages fermes.

La première classe se subdivise en deux catégories : 1° les fromages frais ; 2° les fromages affinés.

La seconde classe comporte également deux catégories : 1° les fromages pressés ; 2° les fromages cuits et pressés.

Le tableau suivant donnera d'ailleurs un aperçu de la classification de M. Pouriau.

Classification des fromages d'après M. Pouriau.

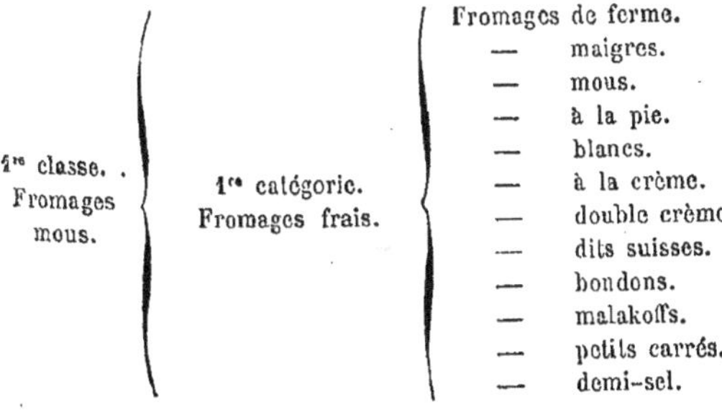

1re classe. Fromages mous.	1re catégorie. Fromages frais.	Fromages de ferme.
		— maigres.
		— mous.
		— à la pie.
		— blancs.
		— à la crème.
		— double crème.
		— dits suisses.
		— bondons.
		— malakoffs.
		— petits carrés.
		— demi-sel.

1re classe. Fromages mous (*suite*)	2e catégorie. Fromages affinés.		Fromages de Brie.
			— de Camembert.
			— de Coulommiers.
			— de Neufchâtel.
			— petits bondons } affinés.
			— malakoffs } affinés.
			— carrés } affinés.
			— du Mont-d'Or.
			— de Pont-l'Évêque.
			— de Void.
			— de Géromé.
			— de Munster.
			— de Foix.
			— de Livarot.
2e classe. Fromages fermes.	1re catégorie. Fromages pressés ou pressés et salés.	Pressés.	Fromages maigres de Hollande.
			— d'Édam (tête de maure ou croûte rouge).
			— de Cantal ou de la Guiole
		Pressés et salés.	Fromages de Roquefort.
			— de Gex.
			— de Septmoncel.
			— de Sassenage.
			— du Mont-Cenis.
	2e catégorie. Fromages cuits et pressés.		Fromages de Gruyère.
			— de Port-du-Salut.
			— de la Gautrais.
			— de la Providence.

Fromages frais. — Les fromages frais sont presque tous fabriqués avec du lait écrémé; ils ne renferment donc qu'une très petite quantité de beurre et beaucoup de caséine. Il faut cependant faire une exception pour les fromages à la crème, double crème et suisse qui n'ont de fromage que le nom. Ces produits sont en effet fabriqués avec de la crème pure et ressemblent beaucoup par leur composition à du beurre mal lavé.

Les chiffres suivants donneront une idée de la composition, d'ailleurs essentiellement variable, de ces fromages :

Composition du fromage suisse.

Eau	37,87
Caséine	17,43
Matière grasse	41,30
Cendres	3,40
	100,00

Composition du fromage à la crème.

Eau	28
Caséine	3
Matière grasse	68
Cendres	1
	100

Fromages affinés. — Les fromages affinés présentent entre eux de grandes ressemblances; ils ne diffèrent que par de très petits détails de fabrication : aussi leurs qualités et leurs défauts sont-ils à peu près identiques. Il suffira donc de passer très rapidement en revue la fabrication de l'un d'eux, du brie, par exemple, pour connaître la fabrication et les propriétés de tout le groupe.

On distingue dans les fromages de brie trois qualités de fromages : 1° les fromages gras ; 2° les fromages demi-gras ; 3° les fromages maigres.

Il est à peine utile de dire que les fromages gras sont fabriqués avec du lait entier, les fromages demi-gras avec la réunion de deux traites dont l'une a été écrémée, et enfin les fromages maigres avec du lait complètement écrémé.

Quoi qu'il en soit, le lait destiné à la fabrication du fromage est porté à la température de 30 à 35° ; on ajoute la présure et on laisse la coagulation de la caséine s'effectuer pendant trois à quatre heures.

On coupe alors, à l'aide de grandes cuillères, des tranches de caillé aussi larges que possible, mais peu épaisses, on les place dans les moules et on les laisse égoutter dans un endroit frais. Quand l'égouttage est terminé, soit au bout de 36 ou de 48 heures, on sale les fromages avec les précautions nécessaires, puis on les porte au séchoir. Ils se recouvrent alors de moisissures bleues. C'est le moment de procéder à l'affinage, c'est-à-dire à la transformation de la caséine solide et insoluble en un produit onctueux, mou et soluble.

L'affinage est évidemment l'opération délicate de la fabrication du brie ; si on ne l'entoure pas de précautions et de soins minutieux, les produits contractent mauvais goût et subissent des dépréciations considérables.

Les caves où l'on transporte les fromages ne doivent pas être trop humides : car avec une humidité trop considérable apparaît le goût de moisi ou goût de cave ; elles ne doivent pas non plus être tenues à une température supérieure à 10 ou 12°, car l'action des micro-organismes deviendrait trop rapide, et la pâte du fromage se fluidifierait complètement au lieu de conserver une certaine fermeté.

Quand cet accident se produit, le fromage se gerce et la pâte s'écoule au dehors ; il faut alors le consommer rapidement, car il ne tarde pas à devenir piquant.

Le salage a également une grande importance, car si la quantité de sel absorbé par le fromage est trop minime, le goût du produit laisse toujours à désirer ; si, au contraire, on dépasse la mesure, l'inconvénient est encore plus grave.

On assigne généralement au fromage de Brie la composition suivante :

Composition du fromage de Brie (lait non écrémé).

Eau	51,87
Caséine	18,30
Matière grasse	24,83
Cendres	5,00
	100,00

Fromages pressés. — Les fromages de cette catégorie peuvent se ramener à trois types principaux : le hollande, le cantal et le roquefort.

Hollande. — Le hollande ou fromage d'Edam est celui dont la fabrication est la plus simple. On coagule rapidement le lait à la température de 30°, puis on chauffe jusqu'à 36° pour séparer le petit-lait ; on laisse écouler celui-ci et l'on pétrit le caillé avec les mains. On l'introduit alors dans des moules hémisphériques et on le presse méthodiquement. Quand le fromage a acquis une solidité suffisante, on le plonge, pendant une ou deux minutes dans un bain de petit-lait porté à la température de 52-55°. Sous l'influence de cette température, la surface du fromage se fluidifie et en se refroidissant forme une enveloppe protectrice. Les microbes aérobies et anaérobies envahissent alors la pâte et procèdent à la maturation par la caséase qu'ils sécrètent. On empêche l'action des microbes d'être trop rapide en salant extérieurement les fromages. Enfin, quand le fromage est à point, on le peint à l'huile pour pouvoir le conserver plus facilement.

Composition du fromage de Hollande.

Eau	35 à 40 p. 100
Matière grasse	24 à 25 —
Caséine	30 à 35 —
Cendres	5 à 6 —

Cantal. — Le fromage du Cantal a tout particulièrement été étudié par M. Duclaux, qui donne sur sa fabrication les détails suivants :

La coagulation du lait a lieu à 34°, le caillé est rompu, puis légèrement pressé dans la cuve même, de façon à expulser le sérum et à obtenir un gâteau élastique ou *tome*.

Cette tome est alors portée dans un endroit où elle fermente rapidement, puis elle est de nouveau concassée, salée, moulée et pressée.

La maturation, grâce à la fermentation préliminaire, s'effectue rapidement; aussi les fromages du Cantal ne peuvent-ils se garder longtemps. M. Duclaux leur assigne la composition suivante :

Composition du fromage du Cantal.

	Salers.	Cuelhes.
Eau	44,8	44,2
Matière grasse	22,5	24,0
Caséine	27,4	25,7
Sel marin	2,2	3,1
Cendres	3,1	3,6
	100,0	100,0

Roquefort. — Le fromage de Roquefort se distingue des fromages de Hollande et du Cantal par la nature même du lait qui est employé à sa fabrication ; ce n'est plus, en effet, le lait de vaches que l'on utilise, mais le lait de brebis. De plus le fromager s'attache à développer, dans la pâte de ses produits, un champignon spécial, le *penicillium glaucum*, qui, en fructifiant, forme des taches bleu verdâtre dans la masse du fromage.

Le lait mis en œuvre est généralement traité de la manière suivante : On mélange une partie de lait débarrassée de sa crème avec une partie de lait entier, on coagule à l'aide de la présure, on expulse le petit-lait et l'on introduit le caillé dans les moules en saupoudrant avec du pain moisi. On presse progressivement les pains de fromage, de façon à pouvoir les démouler, puis on les enveloppe de linges et on les porte à la cave.

L'opération délicate de la fabrication du roquefort est d'assurer le développement du penicillium glaucum; or, celui-ci a besoin d'oxygène, on lui en procure en perçant le fromage d'un grand nombre de petits trous, et en veillant à ce qu'il ne se forme pas, à la surface du fromage, une couche de végétation cryptogamiques qui étoufferaient le penicillium.

Les caves de Roquefort, dont la température est très froide, assurent d'ailleurs au penicillium glaucum une supériorité marquée sur tous les autres ferments que contient le fromage et qui concourent également à la maturation.

L'analyse suivante, due à M. Duclaux, indique la composition d'un fromage de Roquefort de bonne qualité :

Composition du fromage de Roquefort.

Eau	38,84
Matière grasse	35,18
Caséine	20,00
Sel marin	4,21
Sels minéraux	1,77
	100,00

Fromages pressés et cuits. — Le véritable type de ces fromages, le plus commun en France, est le gruyère.

Gruyère. — Le gruyère est fabriqué soit avec du lait entier, soit avec du lait plus ou moins écrémé ; mais il est bien évident que moins le fromage est gras, plus il est déprécié, et la supériorité de l'émmenthal suisse tient autant à la qualité du lait mis en œuvre qu'aux soins minutieux que l'on apporte à la fabrication du fromage. Quoi qu'il en soit, le lait destiné à la fabrication du gruyère est porté à une température comprise entre 30 et 40°, on ajoute la quantité de présure nécessaire pour amener la coagulation complète en 30 ou 40 minutes et on laisse le lait se prendre en masse. A l'aide d'instruments spéciaux à chaque contrée, on divise alors le caillé, grossièrement d'abord, puis de plus en plus finement, on reporte la chaudière sur le feu et, sans cesser de remuer, on élève lentement et progressivement la température jusqu'à 55 ou 60°.

Quand le fromager juge qu'il a obtenu un grain convenable, il rassemble la caséine au fond et au centre de sa chaudière, et à l'aide d'une toile il enlève le coagulum, le dispose dans un moule et commence à exercer sur le fromage une certaine pression en changeant la toile-enveloppe aussi souvent qu'il est nécessaire pour absorber l'humidité.

L'humidité que doit renfermer un pain de gruyère varie dans des limites très étroites dont il ne faut pas s'écarter, si l'on veut obtenir un produit de bonne qualité; la pression à exercer sur la pâte, pour lui enlever son humidité et assurer son homogénéité, présente donc une grande importance; on l'évalue à 18^{kg},95 en moyenne par kilogramme de fromage fabriqué.

Au sortir de la presse, le fromage est porté à la cave; alors commence l'opération du salage en même temps que se produit la maturation du fromage.

Si la cuisson du fromage a été bien conduite, si la pression à laquelle a été soumis le caillé a été bien proportionnée à la masse mise en œuvre, si le salage et la maturation ont été effectués dans de bonnes conditions, le fromage présente les caractères suivants :

La pâte jaune clair est moelleuse et fine, elle s'écrase facilement sans cependant s'émietter, elle laisse dans la bouche une saveur légèrement salée, les yeux ou trous produits par la fermentation sont clairsemés et leur diamètre n'excède pas 6 à 8mm.

Mais si, par suite d'accidents de fabrication, il se développe des fermentations anormales dans la pâte du fromage ou si, la tome étant trop sèche, les microbes ne peuvent se développer, il résulte des imperfections qui, dans le commerce, ont reçu les noms suivants :

Les défauts du fromage de Gruyère qui se rapportent à un manque de fermentation font toujours diminuer le nombre des yeux : ainsi un fromage est dit *mort* quand sa pâte est unie et sans yeux ; *lainé* quand on remarque dans la pâte de longues fentes transversales ; si, au contraire, la fermentation a été trop active, le fromage est dit *éraillé* quand il présente des trous nombreux et irréguliers ; *mille yeux* quand il est percé d'un très grand nombre de petits trous ; *monté* ou *levé* quand la fermentation a soulevé la croûte. Enfin on trouve des fromages gercés, c'est-à-dire fendus extérieurement ; ce défaut est peu important si le fromage n'a pas eu le temps de s'altérer.

En été, il arrive fréquemment que le lait employé à la fabrication est acide et tourne par la simple application de la chaleur : on obtient alors des fromages *bréchés*, qui sont toujours de qualité très inférieure et dont la pâte reste quelquefois très peu agglutinative, à la moindre pression elle s'émiette ; le fromage est alors dit *chailleux*.

Un fromage de Gruyère, primé au concours de Paris, a fourni à M. Duclaux les résultats suivants :

Composition du fromage de Gruyère.

Eau	36,00
Matière grasse	29,29
Caséine	30,84
Sel marin	0,57
Sels minéraux	3,30
	100,00

Dans un gruyère de bonne qualité la proportion de matière grasse est donc sensiblement égale à la caséine.

Des quelques données de fabrication que nous avons exposées, il résulte que dans l'analyse du fromage l'examen organoleptique a une importance assez considérable, puisqu'il permet de reconnaître la qualité et d'apprécier la valeur marchande d'un échantillon.

Cet examen complète donc et corrobore les résultats obtenus par l'analyse chimique.

ANALYSE CHIMIQUE DU FROMAGE

L'analyse chimique du fromage ne comporte qu'un nombre très restreint de dosages; on se contente, en effet, généralement d'apprécier l'humidité, les cendres, la matière grasse et la caséine; mais il est bon, également, de faire une étude particulière de la matière grasse et de distinguer, dans les matières albuminoïdes, celles qui ont été transformées par les micro-organismes de celles qui n'ont pas subi l'action de la caséase.

Humidité. — On pèse, dans une capsule de platine, 10^{gr} de fromage que l'on coupe en tranches minces. Pour avoir un échantillon moyen, il est bon de faire la prise d'essai à l'aide d'une sonde, en traversant le fromage de part en part. Quoi qu'il en soit, on dessèche progressivement le fromage en évitant de faire fondre l'échantillon au début de l'opération, on porte ensuite à la température de 110° pendant 4 heures. La caséine se racornit et la matière grasse exsude. On pèse alors et la perte de poids subie par la capsule est comptée comme humidité, bien que l'évaporation de l'eau ait entraîné une très petite quantité de matières volatiles et de principes odorants.

Nous avons vu que l'humidité des fromages est assez peu constante, puisqu'elle s'élève à 50 p. 100 environ dans les fromages affinés, et varie de 30 à 40 p. 100 dans les fromages cuits et les fromages pressés.

Cendres. — Pour connaître la proportion d'éléments minéraux que renferme le fromage, on calcine la prise d'essai sur laquelle on a opéré le dosage de l'humidité.

Chlorure de sodium. — En ayant soin de ne pas calciner les cendres à trop haute température, il est facile de les utiliser pour le dosage du chlorure de sodium. Le caséum ne renfermant par lui-même que fort peu de chlorure, il suffit de connaître la proportion de chlore contenu dans les cendres pour établir la quantité de sel marin ajoutée au fromage.

Ce dosage peut se faire très rapidement au moyen de liqueurs titrées en employant le procédé suivant :

On ajoute aux cendres 5^{cc} d'acide nitrique, quand la dissolution est complète, selon la quantité de chlorure de sodium présumée, on étend à 50 ou 100^{cc}. On prélève 10^{cc} auxquels on ajoute 2 ou 3^{cc} d'alun de fer, on verse un excès de solution titrée normale décime de nitrate d'argent, puis, à l'aide d'une liqueur titrée de sulfocyanure de potassium, on dose l'excès de nitrate d'argent. La coloration rouge que prend la liqueur indique la fin de l'opération.

On multiplie le nombre de centimètres cubes de liqueur normale décime de nitrate d'argent saturé par les chlorures par 0,00585 et l'on a la proportion de sel marin contenu dans les 10^{cc} de liqueur employée. Il suffit alors de rapporter à 100^{gr} de fromage.

Matière grasse. — Le dosage de la matière grasse dans un fromage peut se faire soit en épuisant à l'aide d'un dissolvant approprié la graisse englobée dans la caséine, soit en détruisant la caséine pour mettre en liberté la matière grasse.

Si l'on veut opérer par la première méthode, on pèse 10^{gr} de fromage que l'on pulvérise avec du sable lavé, on dessèche la masse, puis on la pulvérise à nouveau et on l'introduit dans une allonge.

Le fond de cette allonge est muni d'un tampon de ouate et garni d'une couche de sable lavé; on tasse légèrement, et l'on fait tomber goutte à goutte 200^{cc} de sulfure de carbone; ce corps se charge de toute la matière grasse et arrive dans un ballon placé au-dessous de l'allonge. On distille le sulfure de carbone et on pèse le beurre.

Si l'on a affaire à un fromage de pâte ferme, comme le gruyère, on peut également arriver à un bon résultat en découpant le fromage en languettes peu épaisses que l'on introduit, sans les dessécher, dans une cartouche en papier à filtrer; on place la cartouche dans l'appareil à épuisement par l'éther, que nous avons décrit au chapitre LAIT, et au bout de 8 heures il ne reste plus trace de matière grasse dans la caséine. Ce procédé est surtout avantageux à employer quand on veut postérieurement procéder à une analyse spéciale de la matière grasse.

Procédé de M. Lezé. — La méthode imaginée par M. Lezé pour le dosage de la matière grasse dans le lait s'applique parfaitement à l'analyse des fromages. On pèse 10^{gr} de fromage que l'on divise aussi bien que possible, puis on les met macérer dans une capsule avec 200^{cc} d'acide chlorhydrique; on porte au bain-marie, et on laisse l'action dissolvante de l'acide chlorhydrique s'accomplir; on refroidit et l'on filtre sur un filtre mouillé, sans pli. On lave ensuite à l'eau froide, puis à l'eau chaude, mais il est difficile d'enlever les dernières traces d'acidité. Quand l'eau de lavage s'écoule à peine acide, on laisse sécher le filtre, on l'imprègne d'alcool absolu et l'on dissout la matière grasse dans l'éther. On recueille le dissolvant dans une capsule tarée, on évapore, on dessèche à 100° et l'on pèse.

La matière grasse du fromage étant une denrée d'un prix relativement élevé, on a tenté de remplacer le beurre par des graisses de moindre valeur; il est donc souvent utile de procéder à une analyse spéciale de la matière grasse. On conduit cette analyse comme celle d'un beurre, après avoir extrait la matière grasse à l'aide de l'éther; mais il ne faut pas oublier que le beurre du fromage a subi une légère oxydation; aussi 5^{gr} de ce beurre ne donnent-ils généralement à la distillation que 25 à 26^{cc} de potasse normale décime.

Caséine. — La caséine du fromage est devenue par suite de la maturation une matière tellement complexe que l'on renonce généralement à la doser directement; on l'obtient par différence.

Cependant si l'on veut avoir une analyse véritablement complète du fromage, il est bon de prendre ce que M. Duclaux appelle le *rapport de maturation*, c'est-à-dire le rapport entre la caséine insoluble dans l'eau, et la matière albuminoïde transformée par la caséase et les microbes de la pâte.

A cet effet on pèse 10gr de fromage que l'on broie dans un mortier en y ajoutant peu à peu de l'eau, de manière à obtenir une masse pâteuse bien homogène; on étend à 100cc et l'on soumet à l'action d'un filtre de porcelaine. On recueille les 10 premiers centimètres cubes qui passent; on évapore, on dessèche et l'on pèse; on calcine ensuite à basse température et on pèse de nouveau; la différence entre les deux pesées donne la matière organique.

Le rapport du poids de cette matière organique à celui de la caséine contenue dans l'échantillon donne le rapport de maturation.

HUILES COMESTIBLES

PAR M. LADAN BOCKAIRY

Les procédés employés pour l'analyse des huiles comestibles peuvent se diviser en deux catégories : dans la première, nous rangerons les essais généraux que comporte l'analyse d'une huile quelconque ; dans la seconde, les réactions particulières à chaque huile qui permettent de préciser les indications fournies par l'analyse générale, et de caractériser les huiles. L'analyse générale comprend les examens suivants :

Examen organoleptique.
Densité.
Échauffement sulfurique.
Déviation du plan de polarisation.
Indice à l'oléo-réfractomètre.
Indice de brome.
Indice d'iode.
Acidité.

Examen organoleptique. — L'*odeur* et la *saveur* d'une huile permettent souvent à une personne expérimentée de reconnaître si un échantillon est pur ou mélangé. Par exemple, si l'on frotte entre les mains une goutte d'huile, l'on perçoit parfaitement les odeurs caractéristiques de l'olive ou des graines oléagineuses.

Tout le monde connaît le goût caractéristique de certaines huiles, et il n'est pas nécessaire d'être expert pour retrouver la saveur des huiles d'olive, d'arachide, de sésame et d'œillette ; il est donc évident qu'avec un peu d'habitude on arriverait non seulement à distinguer les mélanges d'huiles, mais encore à apprécier approximativement la quantité de chaque huile qui entre dans un mélange.

Densité. — On attache, dans l'analyse des huiles, une grande importance à la densité. Trouve-t-on, en effet, pour une huile une densité qui s'éloigne un peu de celle qui lui est assignée, on soupçonne immédiatement la fraude.

On a construit pour prendre la densité des huiles un certain nombre de densimètres qui n'ont rien de bien particulier, aussi ne nous occuperons-nous pas de l'oléomètre de Lefèbre, de l'oléomètre à chaud de Laurot, de l'élaïomètre de Goblet, du densimètre de Massie, ni des balances de Westphal ou de Mohr. Il suffira de dire que l'oléomètre de Lefebre est un densimètre ordinaire marquant de 900 à 940, que l'oléomètre de Laurot s'emploie à 100° et a été construit spécialement pour l'huile de colza, que l'élaïomètre de Goblet est gradué spécialement pour doser l'huile d'œillette dans l'huile d'olive, et que le densimètre de Massie est un densimètre ordinaire allant de 0,900 à 0,975, pour montrer le peu d'intérêt de ces instruments.

Aréomètre de Pinchon. — Les aréomètres de Pinchon méritent, au contraire, une mention particulière. La personne la plus inexpérimentée peut, en effet, en plongeant simplement dans l'huile le densimètre de Pinchon, voir immédiatement, sans correction d'aucune sorte, si une huile est pure ou falsifiée.

L'instrument imaginé par Pinchon est un densimètre à tige plate. A l'intérieur de la tige se trouve, d'un côté, une échelle densimétrique allant généralement de 0,905 à 0,935, de l'autre une échelle graduée spéciale à chaque huile, donnant ce que Pinchon appelle le degré thermique. Ce degré thermique a été calculé pour chaque huile de façon à varier d'une unité par degré de température. Il doit donc y avoir toujours concordance pour une huile pure, entre son

DENSITÉ DES HUILES A + 15°

	NOM DES HUILES	DENSITÉ A + 15°	CORRECTION A FAIRE SUBIR PAR DEGRÉ DE TEMPÉRATURE
Huiles comestibles.	Olive	0,915,5 à 0,917,5	0,000 64
	Arachide	0,917 à 0,918	0,000 65
	Faîne	0,920 à 0,920,5	0,000 71
	Sésame	0,923 à 0,924	0,000 62
	Coton	0,923 à 0,925	0,000 63
	Œillette	0,924 à 0,925	0,000 69
	Noix	0,927	0,000 74
Huiles industrielles communes.	Colza	0,914 à 0,915	0,000 687
	Navette	,915,1	»
	Noisette	0,917	0,000 62
	Moutarde	0,918	»
	Amande douce	0,918,3	0,000 695
	Abricot	0,918,5	0,000 696
	Chènevis	0,925,5	0,000 826
	Cameline	0,925,9	»
	Lin	0,932,5	0,000 649
	Ricin	0,964,5	0,000 653

degré thermique, basé sur sa dilatation spéciale, et les indications du thermomètre qui se trouve enfermé dans l'aréomètre. L'instrument donne donc, d'une part, la densité de l'huile, d'autre part la température à laquelle on opère, et en troisième lieu le degré thermique. Si l'on ne se contente pas de constater simplement la concordance du degré thermique et du thermomètre et que l'on veuille avoir la *densité* de l'huile à 15°, on peut facilement, connaissant la dilatation de l'huile et la température, ramener à la température de 15° ses observations par une correction appropriée. Les corrections sont additives au-dessus de 15° et soustractives au-dessous.

Les densités et les corrections à faire subir aux principales huiles sont contenues dans le tableau ci-contre.

Il suffit de jeter un coup d'œil sur ce tableau pour voir que la densité d'une même huile varie quelque peu ; il n'est donc pas extraordinaire de constater que les indications concordantes du densimètre de Pinchon puissent, même avec une huile pure, se trouver quelquefois en désaccord de 1 à 2 degrés.

Échauffement sulfurique. — *Procédé de M. Maumené.* — Le procédé imaginé par M. Maumené consiste à mélanger, à l'aide d'un thermomètre, 50^{gr} d'huile et 20^{cc} d'acide sulfurique; on note la température avant le mélange, puis on observe l'échauffement maximum.

M. Maumené opérait dans un vase cylindrique en verre entouré de coton. M. Jean a modifié les dispositions primitivement adoptées par M. Maumené et fait construire un appareil spécial, le *thermélæomètre* destiné à mesurer l'échauffement de l'huile, ou mieux de ses acides gras. Le thermélæomètre se compose d'un vase servant de bain-marie, dans lequel est placé un autre vase cylindrique en verre destiné à recevoir 15^{cc} de corps gras, puis 5^{cc} d'acide sulfurique à 65°. L'acide sulfurique est contenu dans un petit flacon que l'on peut vider à l'aide d'une poire en caoutchouc. Le flacon est lui-même relié par le col avec un thermomètre et forme agitateur.

L'appareil étant prêt à fonctionner, on projette en une fois l'acide dans l'huile, puis on agite le mélange circulairement et l'on note la température maxima. Il est évident qu'il faut défalquer de la température finale la température initiale pour obtenir l'échauffement dû à l'acide sulfurique. M. Maumené avait obtenu par sa méthode les résultats suivants, qui sont à peu près les mêmes que ceux de M. P. Girard :

ÉCHAUFFEMENT SULFURIQUE DES HUILES COMESTIBLES

	SUIVANT M. MAUMENÉ	SUIVANT M. P. GIRARD
Olive	+ 42°	+ 42°
Faîne	+ 65°	+ 65°
Arachide	+ 67°	+ 44°
Coton	»	+ 55°
Sésame	+ 68°	+ 68°
Œillette	+ 74°,5	+ 86°,4
Noix	+ 101°	+ 101°

En opérant toujours dans les mêmes conditions, l'échauffement sulfurique peut servir à distinguer les huiles *siccatives* des huiles non *siccatives;* mais la moindre modification apportée dans le mode opératoire et la concentration de l'acide change les résultats, aussi ne doit-on pas attacher une importance extrême aux indications de l'échauffement sulfurique des huiles.

On a essayé de substituer à l'acide sulfurique le *chlorure de soufre,* mais les résultats sont inférieurs à ceux obtenus avec l'acide sulfurique. Le chlorure de soufre est, d'autre part, loin d'être toujours de composition uniforme, et les résultats sont, par suite, moins comparables qu'avec l'acide sulfurique.

Action des huiles sur la lumière. — M. Torchon avait reconnu, dès 1863, que toutes les huiles n'ont pas le même indice de réfraction et avait songé à utiliser les différences d'indice pour reconnaître les huiles ; puis MM. Bishop et Peters, en employant le saccharimètre Laurent, avec un tube de 20 centimètres, étaient parvenus à établir que certaines huiles dévient la lumière polarisée ; mais les déviations observées étaient très voisines les unes des autres, ainsi qu'on peut le voir dans le tableau suivant, où nous avons relaté également quelques indices de réfraction :

NATURE DES HUILES	DÉVIATION DU PLAN DE POLARISATION EN DEGRÉS SACCHARIMÉTRIQUES A + 15° (TUBE DE 20cc)	INDICE DE RÉFRACTION A + 21° D'APRÈS TORCHON
Arachide	— 0,3	1,4695
Coton	— 1	
Faîne	— 0,8	
Noix	— 0	1,4751
Œillette	— 0,7	1,4753
Olive	+ 0,5	1,4671
Sésame	+ 5	1,4703

Or, une variation de quelques degrés dans la température suffit à amener des confusions entre les déviations des huiles. Le procédé fut donc peu utilisable jusqu'au jour où MM. Amagat et F. Jean firent construire leur oléo-réfractomètre.

Oléo-réfractomètre. — La graduation de l'oléo-réfractomètre est arbitraire, ainsi que nous l'avons dit page 368, ce qui est un petit inconvénient ; mais cet instrument a sur les autres réfractomètres l'avantage de pouvoir être facilement chauffé et maintenu à une température donnée ; de plus, comme l'huile type qui sert de terme de comparaison, subit les mêmes modifications de température que l'échantillon que l'on examine, une variation thermométrique de plusieurs degrés devient sans grande importance.

Les huiles destinées à être examinées à l'oléo-réfractomètre doivent être limpides et neutres. Si elles ne remplissent pas ces deux conditions, on doit les purifier. Si l'huile est trouble, on l'agite avec du noir animal et on filtre, pour permettre à la lumière de la traverser ; si l'huile est acide, on la traite à deux reprises par l'alcool chaud dans une boule à décantation, puis on la chauffe à 110° pour chasser les dernières traces d'alcool; on la laisse refroidir et on la passe à l'oléo-réfractomètre, après avoir réglé le zéro avec l'huile type.

Il arrive quelquefois que la limite du champ obscur n'est pas nette, par suite de la coloration que prend le bord de l'image ; il suffit, dans ce cas, pour pouvoir faire la lecture, d'interposer le verre rouge entre la lumière et l'appareil.

M. F. Jean a obtenu avec l'oléo-réfractomètre les résultats consignés dans le tableau suivant :

DÉVIATION A L'OLÉO-RÉFRACTOMÈTRE DES HUILES COMESTIBLES

NOM DES HUILES	DENSITÉ	ACIDITÉ	DÉVIATION DE L'HUILE		OBSERVATIONS
			BRUTE	PURIFIÉE	
Arachide Rufisque	0,916,7	»	+ 3,5	+ 3,5	Le traitement par l'alcool augmente la déviation des arachides.
— Gambie	0,918,7	4,4	+ 4	+ 4,5	
— Boulam	0,917,6	8	+ 5	+ 6,5	
Coton. Blanche	0,924,9	0,4	+ 20	»	
— Ambrée	0,925	0,3	+ 20	»	
Faine	0,920	»	+ 18	»	
Lard (Huile de)	0,916	»	+ 5,5	»	
Noix de Nice	0,927	»	+ 36	»	
— de la Corrèze	0,926,6	»	+ 35	»	
Œillette (type laboratoire)	»	»	+ 29	»	
— Pas-de-Calais	0,926,5	»	+ 29	»	
— très vieille	0,936,6	2,6	+ 35	+ 38	
Olive vierge. Nice	0,916,6	1,2	+ 1	+ 1,5	
— Provence	0,916,3	3	+ 1	»	
— Antibes	»	0	+ 1,5	»	
— Aix	0,916	3,8	0	+ 1	
— Suranée	0,913,5	9,4	+ 9	»	
— Tunisie	»	1	+ 1,5	+ 1	
— Bari	»	1,2	+ 1	+ 2	
— Malaga	»	5,2	+ 1,5	+ 2	
Sésame Bombay	0,921	4,1	+ 17,5	+ 17	

Les indications de l'oléo-réfractomètre présentent donc de petites différences pour une même huile, et 1 ou 2 degrés en plus ou en moins ne prouvent pas la falsification ; mais si cet instrument n'est pas suffisant pour déceler tous les mélanges, il permet, tout au moins, de distinguer facilement les huiles siccatives des huiles non siccatives. Les indications qu'il fournit sont d'ailleurs corroborées par l'indice d'iode avec lequel elles paraissent avoir un rapport direct.

Indice d'iode. — *Méthode de M. Hübl.* — Certains acides gras des huiles sont capables de fixer à froid une petite quantité d'iode ; mais si l'on veut régulariser l'action de l'iode et obtenir des résultats comparables, il est nécessaire d'opérer en présence de bichlorure de mercure, ainsi que cela a été démontré par M. Hübl.

Dans ces conditions, les acides gras non saturés, qu'ils soient libres ou comr binés à la glycérine, fixent une quantité d'iode déterminée et toujours la même, qui a reçu le nom d'indice d'iode.

Cet indice est le suivant pour les acides :

Hypogéique.	$C^{16}H^{30}O^2$	100,00
Oléique	$C^{18}H^{32}O^2$	89,8 à 90,5
Érucique.	$C^{22}H^{42}O^2$	75,15
Ricinoléique	$C^{18}H^{34}O^3$	85,24
Linoléique	$C^{16}H^{28}O^2$	201,59
Linolénique		274,10

La méthode de M. Hübl nécessite l'emploi de plusieurs liqueurs, que l'on prépare de la façon suivante :

Solution d'iode.

Iode bisublimé	25gr
Alcool à 95°	500cc

Solution de bichlorure de mercure.

Bichlorure de mercure.	30gr
Alcool à 95°.	500cc

Solution normale d'hyposulfite de soude.

Liqueur normale à 24gr,8 d'hyposulfite de soude par litre.

Solution d'iodure de potassium.

Iodure de potassium.	1gr
Eau distillée.	10gr

Solution d'amidon.

Amidon.	2gr
Eau distillée	100gr

Voici comment on conduit l'essai :

On pèse dans une fiole bouchée à l'émeri entre 0gr,3 et 0gr,5 d'huile, l'on fait dissoudre le corps gras dans 10cc de chloroforme, puis on fait un mélange à parties égales de la solution d'iode et de celle de bichlorure de mercure ; on prélève 25cc du mélange que l'on introduit dans la fiole et l'on bouche hermétiquement.

Si la quantité d'iode mise en réaction n'est pas suffisante, il se produit assez rapidement une décoloration, et il faut dans ce cas ajouter du mélange iodo-mercurique jusqu'à ce que la coloration brune persiste au bout de deux heures. Il arrive alors fréquemment que l'huile se sépare du chloroforme et il faut ajouter du dissolvant pour pouvoir continuer l'opération. Pour éviter ces ennuis, on opère généralement sur 0gr,5 d'huile non siccative, et sur 0gr,3 seulement d'huile siccative.

Quoi qu'il en soit, au bout de 2 heures on débouche le flacon et l'on titre l'iode en excès qu'il contient. A cet effet l'on introduit dans la solution 20cc d'iodure de potassium en ayant soin de laver avec la liqueur le bouchon et le col du flacon, puis 100cc d'eau ; on agite, le chloroforme contenant encore quelques traces d'iode se sépare et l'on peut doser l'iode par l'hyposulfite de soude selon la méthode ordinaire. Quand on a obtenu la décoloration, on agite de nouveau la fiole, on introduit quelques gouttes d'empois d'amidon et l'on voit celui-ci se colorer en bleu.

Ce sont les dernières traces d'iode retenues par le chloroforme qui se dissolvent dans l'iodure de potassium; il faut alors verser l'hyposulfite avec les plus grandes précautions, car quelques gouttes suffisent généralement pour amener la décoloration définitive.

Pour connaître exactement la quantité d'iode qui a été absorbée par l'huile, il est bon de prendre chaque fois le titre de la liqueur iodo-mercurique.

Le mieux est de prendre ce titre dans les conditions mêmes où a lieu l'expérience, ce qui permet de ne pas s'occuper de la pureté du chloroforme. On rapporte les résultats trouvés à 100gr d'huile. *L'indice d'iode* ou *chiffre de Hübl* est donc la quantité d'iode fixée par 100gr de corps gras.

Si l'on opère sur les acides gras, ceux-ci se dissolvant facilement dans l'alcool, il n'est pas nécessaire d'employer le chloroforme comme dissolvant.

Pour donner une idée des résultats que l'on peut obtenir par ce procédé, nous emprunterons à M. P. Girard le tableau suivant, en nous réservant une colonne pour consigner les limites d'absorption maxima qu'il nous a été donné d'observer :

INDICE D'IODE

CARACTÈRES DES HUILES	NOM DES HUILES	INDICE D'IODE TROUVÉ PAR MM.					ABSORPTION MAXIMA
		HÜBL	MOORE (R.)	MERKLING	MORAWSKI ET DEMSKI	GIRARD	
Siccatives.	Huile de lin.	158,0	155,2	156,0	155,2 à 155,9	156,23	180
	— de chènevis. . . .	143,0	»	»	122,2 à 125,2	127,10	175
	— de noix.	143,0	»	»	»	144,51	»
	— d'œillette.	136,0	134,0	130,5	»	130,92	143
Huiles indéterminées.	Huile de sésame	106,0	102,7	102,0	»	105,14	109
	— de coton	106,0	108,7	»	110,9 à 111,4	108,74	115
	— d'arachide	103,6	87,4	98,3	95,5 à 96,9	98,22	101
	— de colza.	100,0	»	99,3	96,3 à 99,02	99,91	»
Non siccatives.	Huile d'abricot.	100,0	»	»	»	99,77	»
	— d'amande douce. .	78,4	98,4	98,4	»	98,85	»
	— de moutarde . . .	»	96,0	»	»	96	»
	— de ricin	84,4	»	82,5	86,6 à 88,3	84,79	»
	— d'olive	82,8	83,0	79,7 à 82,5	86,1	82,50	»
	— de navette	»	103,6	»	»	102,90	107
	— de faine.	»	»	»	»	104,39	»
	— de noisette. . . .	»	»	»	»	87,88	»
	— de cameline . . .	»	»	»	»	132,58	»

Si nous examinons l'ensemble des résultats obtenus par les divers expérimentateurs dont les noms figurent dans ce tableau, nous trouvons que l'indice d'iode est assez constant pour les huiles non siccatives ou à peine siccatives, et nous ne constatons que de faibles différences pour les huiles siccatives; cependant il faut remarquer que ces dernières sont sujettes à se polymériser, ainsi que cela a été démontré par M. le docteur Fahrion, et il est très probable qu'une huile légèrement résinifiée absorberait une quantité d'iode très inférieure à celle que nous avons indiquée. On éviterait en partie les inconvénients de la polymérisation en opérant sur les acides gras.

Indice de brome. — M. Levallois, en simplifiant et en combinant diverses méthodes d'absorption du brome par les corps gras, est arrivé à opérer de la façon suivante: il saponifie 5gr d'huile par une solution alcoolique de potasse, porte le volume à 50cc avec de l'alcool et prélève 5cc de la solution. Il décompose le savon par l'acide chlorhydrique, puis ajoute, en agitant, de l'eau bromée titrée jusqu'à légère coloration jaune persistante. On fait une correction de 1/10e de centimètre cube pour tenir compte du brome en liberté et l'on calcule la quantité absorbée pour 1gr d'huile.

MM. Levallois et P. Girard ont obtenu les résultats ci-contre :

INDICE DE BROME

NOM DES HUILES	QUANTITÉ DE BROME ABSORBÉE PAR 1gr D'HUILE D'APRÈS MM.	
	A. LEVALLOIS	P. GIRARD
Huile d'olive.	0,500 à 0,544	»
— d'arachide.	0,530	»
— de ricin.	»	0,559
— de noisette.	»	0,561
— de navette.	»	0,632
— de colza.	0,640	»
— d'amande douce. . .	»	0,644
— de coton.	0,645	»
— de faîne.	»	0,652
— d'abricot.	»	0,666
— de sésame.	0,695	»
— de noix.	»	0,737
— de moutarde.	»	0,763
— de chènevis.	»	0,786
— de cameline.	0,817	»
— d'œillette.	0,835	»
— de lin.	1,000	»

Si l'on compare ce tableau à celui qui contient les indices d'iode, l'on voit que l'indice de brome ne suit pas exactement les mêmes variations que celui de Hübl ; il peut donc être utile pour reconnaître certaines huiles de prendre simultanément les deux indices.

Acidité. — Pour doser l'acidité d'une huile, on pèse 5gr d'huile dans un bécher, on ajoute 50^{cc} d'alcool absolu et avec un agitateur on bat fortement l'huile et l'alcool. Les acides gras se dissolvent dans l'alcool, et il suffit, pour doser l'acidité, de mettre quelques gouttes de phtaléine de phénol et de ramener l'indicateur au rouge avec une liqueur normale décime de potasse.

On exprime les résultats en acide oléique par 100^{gr} d'huile. L'équivalent de l'acide oléique étant 282, le calcul revient à multiplier le nombre de centimètres cubes de liqueur titrée employé pour neutraliser l'huile par 0,0282, puis par 20 pour rapporter à 100^{gr} d'huile.

L'acidité des huiles comestibles exprimée en acide oléique dépasse rarement 1 p. 100.

RÉACTIONS CARACTÉRISTIQUES DES DIFFÉRENTES HUILES COMESTIBLES

Il existe un nombre assez considérable de méthodes colorimétriques, basées soit sur l'action de l'acide nitrique, soit sur l'action de l'acide nitrique contenant de l'acide hypoazotique, connues sous le nom de méthodes de MM. Poutet, Boudet, Diésel, Barbot, qui ne fournissent, à notre avis, que des distinctions insignifiantes pour reconnaître les mélanges d'huiles; nous n'en donnerons donc ni la description ni les résultats.

Les procédés de M. Heydenreich à l'acide sulfurique, et de M. Penot à l'acide sulfurique saturé de bichromate de potasse, ne nous paraissent pas donner non plus de colorations caractéristiques suffisamment tranchées.

Les méthodes de MM. Crace Calvert, de Cailletet, de Chateau, de Massie, reposant seulement sur des colorations dont les teintes sont loin d'être définies, ne sauraient, il nous semble, être d'aucune utilité quand on a appliqué la méthode générale dont les indications sont beaucoup plus précises.

Il faut donc arriver aux réactifs spéciaux qui permettent de reconnaître nettement une huile et de la caractériser pour pouvoir compléter les données de l'analyse générale.

Toutes les huiles ne possèdent malheureusement pas de réactions caractéristiques; cependant comme l'on est parvenu à distinguer l'arachide, le coton et le sésame dans les huiles comestibles, le ricin et l'huile de foie de morue dans les huiles médicinales, le chimiste peut généralement reconnaître la nature des mélanges, même quand ils sont complexes.

Huile d'arachide. — *Procédé Renard.* — Le procédé Renard consiste à isoler l'acide arachidique qui se trouve dans l'huile d'arachide. A cet effet on saponifie 10^{gr} d'huile, on décompose le savon par l'acide chlorhydrique, on dissout les acides gras dans 50^{cc} d'alcool à 90°, on précipite par l'acétate de plomb alcoolique, on laisse refroidir, on filtre et l'on épuise par l'éther qui dissout tout l'oléate de plomb.

On décompose par l'acide chlorhydrique les sels de plomb insolubles, on lave à l'eau chaude et l'on obtient un gâteau d'acide gras de 1 à 2gr, composé d'acides stéarique, palmitique et arachidique.

Pour isoler ce dernier, on introduit les acides gras dans 20cc d'alcool à 90° centésimaux, on fait dissoudre au bain-marie, puis on refroidit à + 15°.

L'acide arachidique cristallise facilement dans ces conditions; on le jette sur un filtre, on lave d'abord avec 10 ou 20cc d'alcool à 90°, puis avec de l'alcool à 70°, dans lequel l'acide arachidique est complètement insoluble; on prend alors le point de fusion de l'acide gras après avoir chassé l'alcool.

Suivant M. Renard, ce point de fusion dépasse toujours celui de l'acide stéarique qui est de + 69° et atteint au moins + 70 ou + 71°, sans toutefois s'élever jusqu'à + 74, qui est le point de fusion de l'acide arachidique pur.

M. Renard a basé sur son procédé une méthode d'analyse quantitative qui peut se résumer à ceci : 100cc d'alcool à 90° dissolvent à + 15° 0gr,25, et à + 25° 0gr,45 d'acide arachidique; or les huiles d'arachide contiennent en moyenne 4,51 p. 100 d'acide arachidique, tandis que les autres huiles comestibles n'en renferment que des traces; il suffit donc d'apprécier la proportion d'acide arachidique contenue dans un mélange d'huiles pour pouvoir déterminer la quantité d'arachide qu'il renferme.

M. Renard reconnaît lui-même que le point de fusion de son acide arachidique est trop faible et, par suite, il admet que la base de ses calculs est fausse, puisqu'il pèse un mélange d'acide arachidique et d'un autre acide gras.

Nous avons plusieurs fois essayé d'obtenir de l'acide arachidique par le procédé de M. Renard; mais jamais nous ne sommes parvenus, même après deux cristallisations dans l'alcool à 90°, à obtenir des acides gras dont le point de fusion fût supérieur à + 69°.

Procédé de M. Cloez. — L'acide arachidique forme avec la potasse un savon qui est peu soluble dans l'alcool concentré; aussi a-t-on songé à simplifier le procédé de M. Renard et à reconnaître l'acide arachidique par le simple aspect du savon alcoolique.

M. Cloez recommande d'employer les quantités suivantes :

Huile	20gr
Alcool à 85°.	40cc
Potasse caustique.	4gr

On fait le mélange dans une fiole de 100cc, on chauffe au bain-marie jusqu'à saponification complète, on refroidit à + 15° et l'on abandonne 12 heures dans un endroit frais.

Si l'huile essayée est de l'huile d'arachide pure, le savon se prend en masse; si elle ne contient que 20 à 25 p. 100 d'arachide, on remarque dans la fiole une cristallisation d'arachidate de potasse.

Il est bon de noter que quelques huiles de graine produisent également des savons qui se solidifient dans l'alcool; le coton et le sésame, par exemple, pourraient être confondus avec l'arachide si l'on s'en tenait à ce seul procédé.

La formation de cristaux d'acides gras n'est donc pas toujours une preuve certaine de la présence de l'acide arachidique.

Huile de coton. — *Procédé de M. Becchi.* — M. Becchi a découvert que l'huile de coton jouissait de la propriété de réduire le nitrate d'argent en solution alcoolique, et il a utilisé cette propriété de la façon suivante :

Dans un petit bécher on verse approximativement 10gr d'huile, 10cc d'alcool absolu et 2cc d'une liqueur d'azotate d'argent alcoolique, préparée en dissolvant 2gr d'azotate d'argent dans le moins d'eau possible et complétant à 100cc avec de l'alcool à 95°.

On porte au bain-marie pendant 10 minutes, et l'on voit apparaître une forte réduction du nitrate d'argent dans l'huile et dans l'alcool si l'on a affaire à une forte proportion d'huile de coton, une simple coloration rose dans l'alcool si le coton est en minime quantité.

Procédé de M. E. Milliau. — M. E. Milliau a pensé que l'on obtiendrait des résultats supérieurs à ceux de M. Becchi si l'on opérait, non plus sur l'huile, mais sur les acides gras ; on évite ainsi d'être induit en erreur par les impuretés que contiennent souvent les huiles, et d'autre part le nitrate d'argent agit plus efficacement, puisqu'il se trouve en solution dans l'alcool avec les acides gras.

E. Milliau, en opérant de la façon suivante, prétend retrouver jusqu'à 1 p. 100 d'huile de coton. On saponifie 15cc d'huile par la soude alcoolique, on dissout le savon dans 500cc d'eau ; on met les acides gras en liberté à l'aide d'acide sulfurique au dixième, et l'on en recueille immédiatement 5cc que l'on introduit dans un tube à essai. On verse sur les acides gras 20cc d'alcool à 92° ; on chauffe légèrement pour obtenir la dissolution, puis on ajoute 2cc d'azotate d'argent à 30 p. 100. On porte au bain-marie et on laisse évaporer 1/3 de la masse. Si l'huile essayée contient du coton, les acides gras se colorent en noir par suite de la réduction du nitrate d'argent.

Dans ces conditions l'huile d'abricot et l'huile de sésame donnent également une très faible réduction, égale au dixième de celle de l'huile de coton.

Huile de sésame. — *Procédé de M. Behrens.* — Le réactif imaginé par M. Behrens se compose de parties égales d'acide sulfurique et d'acide nitrique. Voici, à notre avis, la meilleure façon de l'employer pour obtenir la réaction caractéristique de l'huile de sésame.

Dans un large tube à essai on verse environ 10cc de réactif, puis une quantité à peu près égale d'huile. Si l'huile renferme une forte proportion d'huile de sésame, on voit se former, au contact des deux liquides, une bande verte ; en tout cas on agite légèrement, et la présence, même d'une très faible proportion d'huile de sésame, se manifeste par une coloration vert pré. Cette coloration est passagère, les expériences doivent donc être faites rapidement et avec soin, sans quoi l'acide sulfurique colore immédiatement l'huile en brun et l'on ne perçoit pas la coloration verte, caractéristique du sésame.

Procédé de M. Baudoin. — Le procédé de M. Baudoin, à l'acide chlorhydrique sucré, est aussi sensible que le procédé de M. Behrens, mais il demande également à être appliqué avec précaution. Voici la manière d'opérer la plus sensible. On verse dans un tube à essai 10 à 15cc d'acide chlorhydrique pur ; on fait dissoudre dans l'acide une faible pincée de sucre en poudre (2 p. 100 environ) ; on ajoute 15cc d'huile et l'on chauffe légèrement l'huile ; l'on agite vigoureusement et l'on chauffe à nouveau sur le bec Bunsen. Si l'huile contient du sésame, il se développe dans l'acide chlorhydrique une magnifique coloration rouge cerise, bien différente de la coloration brun acajou que prend l'acide chlorhydrique sucré sous l'influence d'une chaleur un peu élevée.

Si l'échantillon ne contient pas plus de 5 p. 100 de sésame, l'acide chlorhydrique prend seulement une teinte rose fleur de pêcher; or il est bon de noter que les huiles d'olive d'Italie et de Tunisie donnent quelquefois avec le réactif de M Baudoin une teinte rosée ayant une certaine analogie avec celle produite par une très faible quantité de sésame. Il faut donc une certaine habitude pour distinguer une petite quantité de sésame dans un mélange.

FALSIFICATIONS DES HUILES COMESTIBLES

Huile d'olive. — L'huile d'olive est la plus chère des huiles comestibles; aussi est-elle fréquemment falsifiée. Heureusement, les propriétés de cette huile permettent généralement de découvrir la fraude.

Les propriétés chimiques et physiques de l'huile d'olive sont :

Densité à 15° = 0,915,5 à 0,917 pour les huiles françaises; 0,917 à 0,918 pour les huiles italiennes et tunisiennes.
Échauffement sulfurique + 42°.
Déviation du plan de polarisation + 0°,5 en degrés saccharimétriques.
Oléo-réfractomètre + 1°,5.
Indice d'iode, 82 à 86.
Indice de brome, 0,500 à 0,544.
Coloration par l'acide nitrique, l'huile se décolore, puis brunit légèrement.

L'huile d'olive se distingue des huiles de graine en général par la réaction suivante : si l'on agite, à froid, dans un tube à essai, pendant quelques instants seulement, 10 à 15^{cc} d'huile et une quantité sensiblement égale d'acide nitrique de densité 1,38, l'huile d'olive se décolore, tandis que toutes les huiles de graine prennent une teinte acajou plus ou moins foncée. Cependant l'arachide et l'œillette se colorent peu, et il faut au moins 20 p. 100 de ces huiles dans un mélange pour que l'on puisse découvrir nettement la fraude.

Le sésame et le coton sont, au contraire, facilement décelés.

Nous avons vu que, grâce à leurs réactions caractéristiques, le coton et le sésame pouvaient facilement se reconnaître dans toutes les huiles; il est donc facile de les mettre en évidence dans une huile d'olive fraudée et de les doser, soit au moyen de la densité, soit en utilisant l'oléo-réfractomètre et les indices d'iode et de brome.

L'huile d'œillette est déjà plus difficile à reconnaître, mais sa siccativité trahit généralement sa présence, et l'ensemble des réactions permet de la doser.

L'huile d'arachide se rapproche, au contraire, de l'huile d'olive par presque tous ses caractères, et il n'y a guère que la réaction de l'acide arachidique qui permette d'établir une distinction. Or, par le procédé de M. Cloez, il n'y a formation de cristaux d'arachidate de potasse que si la proportion d'huile d'arachide s'élève au moins à 20 p. 100; d'autre part, les huiles de coton et de sésame se prennent en masse, comme l'huile d'arachide, quand on les saponifie par la potasse alcoolique, et même, si l'on élève le titre de l'alcool, le savon d'huile d'olive devient lui-même insoluble. Cette réaction laisse donc toujours subsister une certaine incertitude.

Le procédé de M. Renard est-il plus affirmatif? Nous ne le croyons pas. Par conséquent, la reconnaissance de petites quantités d'huile d'arachide dans l'huile d'olive présente de sérieuses difficultés, et les procédés de dosage font presque complètement défaut.

Huile d'arachide. — Par suite de son bas prix, l'huile d'arachide est rarement falsifiée.

L'on pourrait, d'ailleurs, assez facilement reconnaître le mélange des autres huiles comestibles avec l'huile d'arachide : car les propriétés de l'huile d'arachide sont différentes de celles du coton, du sésame et de l'œillette. Elles se rapprochent seulement de celles de l'huile d'olive, ainsi que le montre le tableau suivant :

Densité à 15° = 0,917 à 0,918.
Échauffement sulfurique + 44°.
Déviation du plan de polarisation, 0°,4 en degrés saccharimétriques.
Oléo-réfractomètre + 3°,5 à + 5°.
Indice d'iode, 98 à 103.
Indice de brome, 0,530.
Procédé de M. Cloez. — Prise en masse du savon.
Procédé de M. Renard. — Acide arachidique.

Huile de coton. — Avant d'être livrée à la consommation, l'huile de coton subit une opération chimique qui a pour but de la décolorer, puis on la congèle et, à l'aide de presses, on lui enlève une grande partie des glycérides à point de fusion élevé qu'elle contient. Il est évident que toutes ces opérations doivent apporter quelques perturbations dans les propriétés de cette huile. Voici, cependant, les caractères généraux auxquels on la reconnaît :

Densité à 15° = 0,923 à 0,925.
Échauffement sulfurique + 45°.
Déviation du plan de polarisation — 1° en degrés saccharimétriques.
Oléo-réfractomètre + 20°.
Indice d'iode, 106 à 115.
Indice de brome, 0,645.
Procédé de M. Becchi. — Réduction du nitrate d'argent alcoolique.
Procédé de M. Ernest Milliau. — Réduction du nitrate d'argent alcoolique.

On ne mélange guère à l'huile de coton que l'huile d'arachide et l'huile de sésame.

L'huile d'arachide se reconnaît à l'abaissement de la densité, mais ne doit pas être recherchée par le procédé de M. Cloez, car le savon de coton se prend en masse comme celui d'arachide.

L'huile de sésame se reconnaît facilement par ses réactions colorées caractéristiques, mais il est à peu près impossible de la doser.

Huile de sésame. — L'huile de sésame est surtout utilisée pour frauder les autres huiles; aussi, a-t-on rarement à rechercher si elle est pure. Il serait, d'ailleurs, aisé de la caractériser par ses propriétés, que nous indiquons ci-dessous :

Densité à 15° = 0,923 à 0,924.
Échauffement sulfurique + 68°.
Déviation du plan de polarisation + 3°,1 à + 7°,7 en degrés saccharimétriques.
Oléo-réfractomètre + 17° à + 18°.
Indice d'iode, 102 à 106.
Indice de brome, 0,695.
Réactif de M. Behrens. — Coloration verte.
Réactif de M. Baudoin. — Coloration rouge cerise.

L'huile d'arachide se reconnaît facilement par l'ensemble des réactions; mais le réactif de M. Cloez ne fournit pas d'indications, car l'huile de sésame donne un savon qui se prend en masse comme celui de l'arachide.

Huile de faîne. — Les réactions caractéristiques de l'huile de faîne sont les suivantes :

Densité à 15° = 0,9205.
Échauffement sulfurique + 65°.
Déviation du plan de polarisation — 0°,8 en degrés saccharimétriques.
Oléo-réfractomètre + 16°,5 à + 18°.
Indice d'iode, 104,39.
Indice de brome, 0,652.

Huile d'œillette. — L'huile d'œillette est une huile très siccative employée aussi bien dans l'alimentation que dans les arts. Elle était, autrefois, désignée dans le commerce sous le nom d'huile blanche, mais aujourd'hui on donne ce nom à tout mélange d'huile de graine.

L'huile d'œillette destinée à l'alimentation est rarement pure, mais la fraude est généralement facile à démasquer, grâce à la siccativité de l'huile d'œillette.

Les propriétés de l'huile d'œillette sont les suivantes :

Densité à 15° = 0,924 à 0,925.
Échauffement sulfurique + 86°.
Déviation du plan de polarisation — 0°,7 en degrés saccharimétriques.
Oléo-réfractomètre + 29.
Indice d'iode, 130 à 136.
Indice de brome, 0,835.
Coloration par l'acide nitrique. — L'huile se décolore, puis prend une teinte rougeâtre très claire.

La coloration que prend l'huile d'œillette quand on l'agite à froid avec l'acide nitrique, est caractéristique, aucune autre huile de graine n'ayant les mêmes propriétés avec ce réactif.

Huile de noix. — L'huile de noix possède un goût *sui generis* assez prononcé qui en restreint considérablement l'usage; d'ailleurs, cette huile est difficile à conserver et on ne l'utilise guère dans l'alimentation que pendant les trois ou quatre mois qui suivent son extraction.

Ses propriétés sont les suivantes :

Densité, 0,926 à 0,927.
Échauffement sulfurique + 101.
Déviation du plan de polarisation inactive.
Oléo-réfractomètre + 35.
Indice d'iode, 143 à 145.
Indice de brome, 0,737.

Partie supplémentaire.

Huiles comestibles.

Recherche de l'huile de coton. — *Essai Halphen.* — Dans un tube à essais, on verse environ 2cc d'huile et un volume double d'un mélange à parties égales d'alcool amylique et de sulfure de carbone (contenant 1 p. 100 de soufre précipité). Ce tube est plongé dans l'eau bouillante durant un quart d'heure, temps au bout duquel on peut observer une coloration variant de l'orangé au rouge cerise, selon la proportion d'huile de coton contenue dans l'huile examinée.

Recherche de l'huile de sésame. — 1° *Procédé de MM. Villavechia et Fabris.* — Dans un tube à essais, on introduit 10cc environ d'acide chlorhydrique, deux gouttes d'une solution alcoolique de furfurol à 2 p. 100, puis un volume égal d'huile.

On agite fortement une demi-minute; une coloration rouge cerise indiquant la présence de l'huile de sésame ne tarde pas à apparaître.

2° *Procédé Toches.* — On introduit dans un tube à essais 10cc d'une solution chlorhydrique de pyrogallol (1gr de pyrogallol pour 14gr d'acide chlorhydrique concentré), puis un volume égal d'huile. On agite un certain temps, on laisse reposer jusqu'à séparation de l'huile. L'acide chlorhydrique, décanté (au moyen d'une pipette), est chauffé jusqu'à réduction très forte du volume primitif.

L'huile de sésame donne dans ces conditions une coloration pourpre. Par transparence, la couleur est comprise entre le rouge vineux et le pourpre. Par réflexion, elle est bleue.

3° *Essai Bellier.* — On verse dans un tube à essais 2cc d'huile, 2cc de benzine saturée de résorcine, et enfin 2cc d'acide azotique. On agite ; au bout de peu de temps on observe dans le fond du tube une magnifique coloration vert émeraude caractéristique de l'huile de sésame.

Les autres huiles ne donnent dans les mêmes conditions qu'une coloration allant du jaune verdâtre à l'orangé.

Partie supplémentaire.

SAINDOUX

PAR M. PONS

On désigne sous le nom de saindoux ou d'axonge la graisse de porc extraite de la panne, c'est-à-dire du tissu adipeux qui enveloppe les intestins.

Le saindoux de panne est blanc, presque inodore.

Soumis à l'action de la presse, il fournit :

62 parties d'oléine ;

32 parties de stéarine ou saindoux pressé.

Voici les propriétés physiques et chimiques du saindoux européen :

Densité :

A 50°	0,889-0,8915 (Bockairy) ;
A 100°	0,861-0,862 (Königs).

Point de fusion	31 à 33°
Point de fusion des acides gras	35°
Indice de saponification	190,196
Indice d'iode	53-60
Indice d'iode des acides gras liquides	92,7-93,5
Réfractomètre Jean	— 12,5

La France reçoit d'Amérique des quantités considérables de graisse de porc, a production du saindoux indigène ne suffisant pas aux besoins de la consommation. Ces graisses d'Amérique ne sont le plus souvent que des mélanges en proportions variables de suif, d'huile végétale et de graisse de porc et font, à cause de leur prix peu élevé, une concurrence énorme à notre saindoux.

A côté de ces produits on rencontre également dans le commerce des graisses alimentaires de compositions très différentes, dont la fabrication en France a pris dans ces dernières années un grand développement.

Parmi ces graisses alimentaires, les unes sont vendues sous leur désignation propre et contiennent alors généralement une très forte proportion d'huile de coton.

Ce sont des produits qui, préparés avec soin, peuvent rendre des services aux classes peu aisées et entrer, vu leur bas prix, en concurrence avec les produits d'importation américaine.

Les autres, au contraire, destinées à être vendues sous le nom impropre de saindoux, présentent une composition qui se rapproche de celle des graisses alimentaires de bonne qualité et désignées dans le commerce sous le nom de saindoux d'Amérique. On sait, en effet, que ces derniers contiennent une proportion d'oléine légèrement supérieure à celle des saindoux européens, due non seulement à la nature de l'alimentation des porcs aux États-Unis, mais aussi à leur mode de fabrication.

Les graisses d'Amérique ne sont pas obtenues exclusivement avec la panne, comme les saindoux indigènes, mais sont préparées avec le lard des diverses régions du corps de l'animal.

Voici, d'après M. Dupont, les constantes des graisses dites « saindoux américains » :

	RÉFRACTOMÈTRE JEAN	INDICE D'IODE
Saindoux (panne)	— 11,5	58
Graisse (dos)	— 5	64
— (ventre)	— 7	62
— (tête)	— 7	63
— (pieds)	— 4	65
Saindoux (intestins)	— 11	60
Produit (marchand) tiré au hasard des chaudières	— 7	63

Nous donnons dans le tableau ci-dessous les principales constantes du saindoux et des produits qui servent le plus communément à le falsifier.

NATURE DU CORPS GRAS	INDICE D'IODE	INDICE D'IODE des ACIDES GRAS liquides	INDICE de SAPONIFICATION	DÉVIATION à L'OLÉO-RÉFRACTOMÈTRE
Saindoux	53-60	92,7-96	190-196	— 12,5
Suif de mouton	33-39	92,7	190-195	— 20
Suif de bœuf	37-42	92,2	190-195	— 17
Oléomargarine	44-47	»	190-196	— 15 — 16
Suif pressé	17	»	»	— 34
Huile de sésame	103-106	»	188-193	+ 16 + 18
Huile de coton	110-115	144-147	190-195	+ 20
Huile d'arachide	86-98	128,5	187-194	+ 3 à + 5
Beurre de coco	7-8	»	248-254	— 52 à — 54

Analyse du saindoux. — Elle comporte :

1° La détermination de l'indice d'iode ;

2° La détermination de l'indice d'iode des acides gras liquides ;

3° L'examen à l'oléoréfractomètre Jean ;

4° La recherche des huiles végétales ;

5° La détermination de l'indice de saponification.

Indice d'iode. — Méthode de M. Hübl. — On procédera à cet essai comme il a été dit page 456. Si l'on se reporte au tableau précédent, on voit que l'addition d'huiles végétales au saindoux aura pour effet d'augmenter sensiblement l'indice d'iode (les indices d'iode des huiles étant de beaucoup supérieurs à l'indice d'iode du saindoux).

Indice d'iode des acides gras liquides. — L'indice d'iode obtenu en opérant sur le saindoux même ne permet pas toujours de déceler la présence de l'huile, quand, par exemple, l'huile ajoutée ne fournit pas de réaction colorée ou lorsqu'il y a eu addition concomitante de graisse animale étrangère.

Dans ce cas, il y a lieu de déterminer l'indice d'iode des acides gras liquides. Cet essai exige au préalable la séparation de ces derniers basée sur la différence de solubilité dans l'éther des savons plombiques des acides gras solides et liquides.

Procédé Wallenstein et Finck. — Dans une fiole conique de 250^{cc}, on pèse 3^{gr} de saindoux; puis on ajoute 30^{cc} d'une solution alcoolique de potasse 1/2 normale.

Après saponification au bain-marie, la solution savonneuse est neutralisée avec de l'acide acétique en présence de phtaléine du phénol jusqu'à disparition de la teinte rouge, puis introduite dans une fiole de bohême contenant une solution bouillante d'acétate de plomb (200^{cc} eau distillée, 30^{cc} d'acétate de plomb à 10 p. 100).

Après agitation durant dix minutes sous un courant d'eau froide, on obtient un savon de plomb qui adhère aux parois de la fiole et une solution surnageante claire que l'on peut décanter.

Le précipité est lavé rapidement plusieurs fois à l'eau bouillante, séché et introduit dans un flacon laveur avec 100^{cc} d'éther. On y fait alors passer un courant d'hydrogène et, quand l'air du flacon est complètement chassé, on ferme les tubes abducteurs et on abandonne au repos durant douze heures. Au bout de ce temps, la solution est claire et incolore. Cette dernière est filtrée, puis agitée avec de l'acide chlorhydrique dilué. La liqueur éthérée, lavée plusieurs fois avec de l'eau distillée, est enfin évaporée en présence d'un courant d'acide carbonique.

On obtient ainsi les acides gras liquides sur lesquels on prélève de 0^{gr},2 à 0^{gr},3 pour la détermination de l'indice d'iode.

En opérant ainsi, les auteurs ont cherché à éviter autant que possible l'action oxydante de l'air sur les savons plombiques, cause d'erreur qui peut modifier sensiblement les indices d'iode des acides gras liquides.

Voici quelques résultats obtenus par M. Finck et Wallenstein :

Saindoux européen	93 à 96
— d'Amérique	103 à 105

Cette différence ne peut tenir, selon nous, qu'au mode d'alimentation des porcs en Amérique.

Suif de bœuf	92,2 à 92,7
Huile de coton	147
Huile d'arachide	128,5

Procédé Bockairy. — La méthode de M. Finck nous a paru très précise, mais d'une application difficile ; aussi avons-nous le plus souvent recours à la méthode de M. Bockairy qui, tout en étant plus simple et plus rapide, nous a généralement donné des résultats satisfaisants.

Voici comment on opère :

On pèse 2gr d'acide gras, on les introduit dans une fiole conique avec 25cc d'alcool à 95°. On chauffe au bain-marie jusqu'à dissolution, puis on ajoute 10cc d'une solution alcoolique chaude d'acétate de plomb à 10 p. 100.

Au bout d'un instant, le savon de plomb se précipite, mais les acides gras liquides restent dissous dans l'alcool.

En effet, une partie des sels de plomb qu'ils forment est décomposée par l'acide acétique mis en liberté, une partie reste dissoute dans l'alcool à l'état d'oléate de plomb. On laisse digérer à la température du laboratoire pendant une heure, puis on place la fiole durant le même temps dans une cuve à eau à 15°. Les acides gras solides sont complètement précipités, on les sépare en filtrant rapidement sur une fiole conique. On ajoute quelques gouttes d'acide nitrique au liquide filtré et l'on remplit la fiole d'eau chaude. Les acides gras liquides viennent surnager. On en prélève avec un tube effilé 0gr,2 à 0gr,3 pour la détermination de l'indice d'iode.

M. Bockairy a obtenu, pour l'indice d'iode des acides gras liquides du saindoux des chiffres variant de 88 à 95. La majeure partie de ces indices était comprise entre 92 et 93.

Par ce même procédé nous avons trouvé, pour les acides gras liquides du saindoux de panne, des indices d'iode compris entre 91,3 et 94,2 avec une moyenne de 93.

On remarquera que ces indices sont légèrement supérieurs à 90, chiffre théorique qu'on devrait trouver pour les graisses animales.

Cette différence tiendrait-elle, comme l'a affirmé récemment M. Tortelli, à la présence dans la graisse de porc d'un acide moins saturé que l'acide oléique? C'est peu probable.

Néanmoins M. Fahrion aurait obtenu un peu d'acide satyvique en oxydant le saindoux par le permanganate de potasse.

Dans tous les cas, cette hypothèse demande confirmation.

Examen à l'oléoréfractomètre. — Les indications fournies par l'oléoréfractomètre dans l'analyse de saindoux sont souvent précieuses.

Si l'on se reporte au tableau des constantes que nous avons donné plus haut, on peut voir :

1° Qu'une addition de graisses animales étrangères ou de beurre de coco augmentera la déviation gauche du saindoux (les graisses animales donnant toutes, ainsi que le beurre de coco, une déviation gauche supérieure à celle du saindoux);

2° Qu'une addition d'huile végétale aura, au contraire, pour effet de déplacer fortement vers la droite la déviation du saindoux (les huiles végétales déviant toutes à droite du zéro).

Dans le cas d'une addition concomitante d'huiles végétales et de graisses animales, la déviation obtenue sera subordonnée à la composition du mélange ajouté au saindoux.

Recherche des huiles. — L'addition d'huiles végétales au saindoux se traduira par une augmentation sensible de l'indice d'iode (Voir *Tableau des constantes*). La présence de l'huile de sésame sera nettement indiquée par la coloration rouge qu'on obtient avec l'acide chlorhydrique et le furfurol.

L'huile de coton sera facilement décelée par le réactif Halphen (mélange à volumes égaux d'alcool amylique, de sulfure de carbone (contenant 1 p. 100 de soufre). A défaut de réactions colorées caractéristiques, on procédera, s'il y a lieu, à la détermination de l'indice d'iode des acides gras liquides.

Indice de saponification. — La détermination de cet indice se fait comme il a été dit page 424. Elle permet de reconnaître l'addition du beurre de coco au saindoux, laquelle a pour effet d'augmenter d'une quantité notable l'indice de saponification de ce dernier.

GRAISSES

On donne le nom de graisses aux produits que l'on extrait des tissus adipeux des animaux. Elles sont généralement constituées par un mélange en proportions variables de stéarine, palmitine, oléine.

Les graisses sont plus légères que l'eau; elles sont insolubles dans l'eau, peu solubles dans l'alcool froid, solubles dans l'éther, la benzine, le chloroforme, le sulfure de carbone, etc. Mises en contact avec le papier, elles y laissent une tache translucide ne disparaissant pas sous l'influence de la chaleur.

Elles sont neutres, mais s'altèrent au contact de l'air ; on dit qu'elles rancissent.

Elles fondent à une température qui varie beaucoup avec la proportion d'oléine.

Les corps gras ne sont pas volatils ; ils se décomposent à une température supérieure à 300° en donnant des acides, de l'acroléine, des carbures, de l'acide carbonique et de l'oxyde de carbone.

Sous l'action des alcalis, les glycérides des graisses se dédoublent en donnant naissance, d'une part, à un acide gras qui se combine à l'alcali pour former un savon et, d'autre part, à un alcool : la glycérine.

SUIFS

On donne plus particulièrement le nom de suif à la matière grasse retirée des tissus adipeux des ruminants, tels que le bœuf, veau, mouton.

On donne à ces tissus adipeux le nom de suif en branches. Pour en séparer la matière grasse, on les hache en menus morceaux qu'on fait fondre soit à feu nu, soit de préférence à la vapeur en présence d'acide sulfurique ou de soude.

La fusion à feu nu offre de grands inconvénients : dangers d'incendie, odeur infecte.

Fonte à l'acide. — Ce procédé est basé sur ce principe que l'acide sulfurique étendu dissout les membranes animales sans exercer d'action sur les graisses.

Dans une chaudière, on introduit le suif en branches, sur lequel on verse pour 1.000kg de suif 200lit d'eau additionnée de 6kg d'acide sulfurique. On porte à l'ébullition et, au bout de trois heures, le suif séparé des membranes surnage. On le décante dans des cuves en bois doublées de plomb; puis on le filtre dans des vases cylindro-coniques.

Fonte à l'alcali. — Dans une chaudière cylindrique garnie d'un double fond percé de trous, on place 150kg de suif. On ajoute 1hl d'eau et 400gr de soude caustique; puis, on porte à l'ébullition au moyen d'un courant de vapeur.

Les membranes se dissolvent en grande partie dans l'alcali. La graisse se sépare, vient surnager et peut être facilement décantée. Par ce procédé on obtient des suifs plus blancs n'ayant aucune odeur désagréable.

Usages. — Les suifs de qualité supérieure servent surtout à la fabrication de l'oléomargarine et de bougies, les sortes inférieures servent à la fabrication des savons.

La valeur des suifs varie avec leur blancheur, leur odeur et leur titre.

Il y a différentes espèces de suifs.

Suif de bœuf. — Ce suif est blanc jaunâtre et commence à se figer à 36-37°.

Point de fusion	38 à 43°
Indice d'iode	37 à 42°
— Hehner	95,6
— Reichert	0,5 à 1c
— de saponification	190 à 195
Oléoréfractomètre	— 16 à — 17

Suif de mouton. — Le suif de mouton est plus blanc et plus ferme que le suif de bœuf, il rancit facilement.

Point de fusion	41 à 47
Indice Hehner	95
— Reichert	0,5 à 1c
— de saponification	190 à 195
— d'iode	33 à 39
Oléoréfractomètre	— 20

Suif de veau. — Il est blanc rosé, ne présente aucune odeur désagréable.

Suif d'os. — Se retire des os broyés que l'on traite dans une chaudière contenant de l'eau bouillante.

Les os frais fournissent en moyenne 5 0/0 de graisse.

Essai des suifs. — L'essai des suifs comporte généralement :

1° Le dosage de l'eau ;

2° La recherche des impuretés ;

3° Le point de solidification des acides gras; c'est-à-dire le titre.

Dosage de l'humidité. — On pèse 50gr de suif dans une capsule de platine que l'on porte à l'étuve 100-110° durant huit heures. Au bout de ce temps on fait une première pesée, puis on abandonne à nouveau la capsule dans l'étuve. Après nouvelle dessiccation d'une heure on pèse ; si cette deuxième pesée est identique à la première, on note le chiffre trouvé.

Recherche des impuretés. — Pour déterminer la présence des impuretés, on traite un poids connu de suif par l'éther ou mieux par le sulfure de carbone. On filtre, on lave le résidu et on pèse.

On pourra examiner, s'il y a lieu, le résidu au microscope, ou le soumettre à l'analyse chimique.

Filtrage des suifs. — Point de solidification des acides gras. — *Procédé Dalican.* — On pèse dans une capsule de 1 litre 50gr de suif. On chauffe jusqu'à 125° et on y ajoute alors une solution alcoolique de lessive de soude à 36° B. (40cc de lessive de soude et 30cc d'alcool à 95°), en ayant soin d'agiter jusqu'à ce que le savon se prenne en masse. On verse sur le savon 1lit d'eau, et on fait bouillir le tout pendant quarante-cinq minutes.

Le savon est alors décomposé par 60cc d'acide sulfurique à 25° B. Les acides gras mis en liberté viennent surnager le liquide aqueux. On les sépare par décantation et on les lave à l'eau bouillante. L'acide gras obtenu est introduit dans un tube à essai de 10 à 12cm de longueur sur 1cm et demi à 2cm de diamètre en quantité suffisante pour le remplir aux 2/3 environ. On le chauffe au bain-marie sans trop dépasser le point de fusion. Le tube contenant la matière grasse est placé dans un flacon muni d'un bouchon percé donnant passage au tube à essai. On plonge alors dans la matière grasse un thermomètre dont chaque degré est divisé en dixièmes de degré.

Lorsque la matière commence à se solidifier au bas du tube, puis s'étend sur la partie latérale, on note le degré marqué et on agite le thermomètre en imprimant à celui-ci un mouvement circulaire trois fois à droite, trois fois à gauche. Le mercure descend encore un peu, puis remonte rapidement au-dessus du premier degré noté et reste stationnaire au moins deux minutes à un nouveau point. C'est *ce dernier degré qui est pris pour le titre de suif.*

Le titre du suif étant connu, on peut en déduire la proportion des acides stéarique et oléique, d'après le tableau suivant dressé par MM. Dalican et Jean.

TABLEAU INDIQUANT POUR CHAQUE DEGRÉ DU THERMOMÈTRE LA QUANTITÉ D'ACIDES STÉARIQUE ET OLÉIQUE CONTENUE DANS UN SUIF (DÉFALCATION FAITE DE 4 0/0 POUR LA GLYCÉRINE ET DE 1 0/0 POUR HUMIDITÉ ET IMPURETÉS).

POINTS de SOLIDIFICATION	ACIDE STÉARIQUE 0/0	ACIDE OLÉIQUE 0/0	POINTS de SOLIDIFICATION	ACIDE STÉARIQUE 0/0	ACIDE OLÉIQUE 0/0
40	35,15	59,85	45,5	52,25	42,75
40,5	36,10	58,90	46	53,20	41,80
41	38	57	46,5	55,10	39,90
41,5	38,95	56,05	47	57,95	37,05
42	39,90	55,10	47,5	58,90	36,10
42,5	42,75	52,25	48	61,75	33,25
43	43,70	51,30	48,5	66,50	28,50
43,5	44,65	50,35	49	71,25	23,75
44	47,50	47,50	49,5	72,20	22,80
44,5	49,40	45,60	50	75,05	19,95
45	51,31	43,70			

Voici quel est, d'après M. J. Bouis, le titre moyen des principales sortes commerciales de suif :

France	Suif de la place de Paris	43°,5
	— de bœuf ordinaire	44
	— de rognons purs	45,5
	— de mouton	46
	— — (rognons)	48
	— d'os	42,5
	— de boyaux	41
Russie	Suif de Saint-Pétersbourg	43°,5
	— d'Odessa (bœuf)	44,5
	— — (mouton)	45
États-Unis	Suif New-York (association des bouchers)	43°,5
	— New-York (Penne City)	44
	— L'ouest	45
Plata	Suif de Buenos-Ayres (bœuf)	45
	— — (mouton)	43°,2
Australie	Suif de mouton	44°,8
	— de bœuf et mouton	44,5
	— de bœuf	43,5
Italie	Suif de Florence	44
Autriche	Suif de Vienne	44°,5

VIANDES

PAR M. TRUCHON

Parmi les substances d'origine animale nécessaires à notre alimentation, la viande vient prendre la première place.

Sous cette dénomination générale, nous étudierons la chair musculaire des mammifères, des oiseaux, des poissons et de tous les êtres du règne animal susceptibles d'apporter les éléments nécessaires à l'entretien, au renouvellement et à l'accroissement de nos forces.

Les viandes consommées quotidiennement proviennent, pour la plus grande part, d'animaux domestiques; les animaux sauvages ne nous en fournissent qu'une faible portion. Elles peuvent être divisées en deux classes :

1° Viandes fraîches;
2° Viandes travaillées.

Dans la première classe, nous ferons entrer :

a) La viande de boucherie proprement dite : bœuf, taureau, vache, veau. mouton, chèvre, chevreau, porc.

b) La viande de boucherie hippophagique : cheval, âne et mulet.

c) La viande dite de luxe : volaille en général, gibier à poil et à plume

d) Les poissons de mer, d'eau douce, les reptiles, les batraciens, les mollusques et les crustacés.

Dans la seconde classe, nous comprendrons les viandes ayant subi une préparation culinaire ou une manipulation changeant leur état et leur aspect: tels les différents produits de la charcuterie.

La viande est un reconstituant énergique. C'est l'aliment de la force par excelence, indispensable entre tous, et particulièrement aux peuples du Nord, aux travailleurs, surtout à ceux des villes. « Aucun aliment, dit Liebig, n'agit aussi rapidement que la viande elle-même pour reproduire de la chair, pour réparer par une aussi faible dépense de force organique la substance musculaire dépensée par le travail. »

Dans les grands centres industriels où l'ouvrier fait une dépense importante de force musculaire, la consommation de la viande devient plus grande. Il importe donc d'avoir un aliment de bonne qualité capable de jouer le rôle de réparateur qu'on lui demande.

A Paris, où toutes les classes de la société se coudoient, où, suivant sa bourse, chacun peut choisir ses mets, où le commerce poussé par la concurrence atteint chaque jour un développement plus considérable, on devra mieux que partout ailleurs trouver en abondance les aliments sains et à bon marché; mais, dans aucun cas, on ne devra sacrifier la qualité pour une faible économie.

VIANDES FRAICHES

La viande, ou chair musculaire des animaux, se compose de tissus adipeux et de fibres charnues. Une viande de bonne qualité doit contenir une certaine proportion de graisse, sans excès cependant.

C'est le muscle proprement dit qui possède la plus grande valeur nutritive. C'est lui qui contient l'azote, élément principal de la nutrition.

La graisse ne contenant que du carbone, de l'hydrogène et de l'oxygène est un aliment dit de combustion.

Il y a deux espèces de muscles: les muscles extérieurs et les muscles intérieurs ou involontaires.

Les premiers président aux mouvements volontaires et sont *striés transversalement;* les seconds, à l'exception du cœur, sont composés de *fibres lisses.*

Ce sont les premiers qui fournissent les viandes de boucherie de première catégorie et qui sont le plus employés dans la préparation des conserves animales.

Les muscles sont constitués par des faisceaux primitifs formés de tubes creux. L'enveloppe de ces muscles est élastique, ferme, et se nomme *sarcolemme;* dans le muscle vivant, le contenu des tubes est une substance liquide très contractile appelée *protoplasma.* A l'aide du microscope, on distingue à l'intérieur des faisceaux primitifs, des stries ou raies transversales, rarement longitudinales, très rapprochées, formées de petites granulations dont le pouvoir réfringent est plus considérable que celui de la substance fondamentale.

Par l'acide acétique et les acides minéraux étendus, les faisceaux primitifs pâlissent, se gonflent; les stries sont plus visibles, les noyaux semblent s'allonger, mais le sarcolemme reste intact.

Coupée en petits morceaux, la chair musculaire se fond en masse poisseuse si on la traite par l'acide chlorhydrique concentré ou l'acide sulfurique dilué. Les faisceaux primitifs se réduisent alors en courts parallélipipèdes à stries transversales.

L'eau iodée colore les faisceaux primitifs en jaune; la soude caustique les réduit en masse poisseuse gélatiniforme; un mélange de vapeur nitreuse et de nitrate mercureux colore la fibre musculaire en rouge pourpre.

Par la mort, les muscles perdent leur élasticité, se raccourcissent, deviennent opaques et ont une réaction acide prononcée.

Composition chimique des viandes.

La chair musculaire renferme les éléments suivants : eau, matières azotées, graisse, matières non azotées et sels.

La teneur en eau varie suivant la place d'insertion du muscle et la quantité de graisse qu'il contient. Elle est en général inversement proportionnelle à cette dernière.

Les principales matières azotées sont : la myosine, l'albumine, la créatine, la créatinine, la fibrine musculaire qui donnera la syntonine, le tissu conjonctif; puis viennent la sarcine, la xanthine, l'élastine, la kératine, etc., etc.

La graisse est composée d'oléine, de palmitine et de stéarine.

Les matières non azotées comprennent les sucres infermentescibles, les acides lactique, butyrique, formique et acétique. Elles ne sont qu'en faible proportion dans la chair musculaire.

La viande laisse à l'incinération de 1 à 2 p. 100 de sels minéraux.

La composition moyenne de 100 parties de cendres de viande est indiquée ci-dessous :

Potasse	40,85
Soude	4,52
Magnésie	3,30
Chaux	3,21
Oxyde de fer	0,96
Acide phosphorique	40,45
Chlore	4,85
Acide sulfurique	2,01

Voici, d'après M. Lehmann, une analyse assez complète de la chair de bœuf qui peut être prise comme type :

Eau	74,0 à 80,0
Matières solides	26,0 à 20,0
Albuminoïdes coagulés Myosine, sarcolemme, noyaux Vaisseaux et fibres élastiques	15,4 à 17,7
Glutine	0,6 à 1,9
Albuminate, albumine coagulable à 45° Albumine ordinaire	2,2 à 3,0
Créatine	2,7 à 0,14
Graisse	1,5 à 2,30
Potasse	0,50 à 0,54

Soude	0,07 à 0,09
Magnésie	0,04 à 0,05
Acide lactique	1,50 à 2,30
— phosphorique	0,66 à 0,70
Sel marin	0,04 à 0,89
Chaux	0,12 à 0,13

Un animal ayant souffert, soit par insuffisance de nourriture, soit par un travail forcé, ou un animal sacrifié trop jeune ou trop vieux, donnera une chair musculaire de qualité inférieure; en en mot, la qualité de la viande dépendra toujours de l'âge, de l'alimentation, de l'état pathologique et souvent du sexe de l'animal qui l'a fournie.

Nous donnerons, à l'appui de cette assertion, l'analyse immédiate suivante, faite à la station agricole de Schland (Bohême) et citée par M. Baillet :

	Bœuf gras.	Bœuf maigre.
Eau	300	597
Chair musculaire	456	308
Graisse	229	81
Matières extractives	15	14
	1000	1000

MM. Lawes et Gilbert assignent la composition suivante aux parties comestibles des animaux de boucherie arrivés à un bon état d'engraissement :

Eau	46,0
Substances azotées (chair pure)	12,7
Graisse	32,8
Matières minérales	3,0
Estomac et son contenu	5,5
	100,0

Toutes les parties du corps d'un animal n'ont pas la même valeur nutritive. Au point de vue chimique et physiologique, la valeur d'une viande est basée sur sa richesse en principes azotés d'une part et, de l'autre, en principes hydrocarbonés.

Les parties les plus riches en azote sont, par ordre de décroissance: faux-gîte, tranche, gîte à la noix, cœur, faux-filet, cuisse, gîte, épaule, cou, collier, poitrine, joue, culotte, filet, entrecôte, mou, paleron, aloyau, foie, rognon, surlonge, côte longe, langue, queue, cervelle, moelle.

D'après leur richesse en principes hydrocarbonés, ou mieux, suivant la quantité de calories résultant de la combustion de ces principes, les différents morceaux sont rangés dans l'ordre suivant : moelle, épaule, aloyau, côte longe, queue, cœur, rognon, cuisse, surlonge, gîte, filet, cou, collier, entrecôte, poitrine, foie, gîte à la noix, faux-filet, paleron, mou, tranche de culotte, faux-gîte, joue et cervelle.

Cette classification est purement scientifique. Aussi, doit-on tenir compte de la facilité d'assimilation; et, bien qu'une partie de l'animal renferme plus d'azote que telle autre, si elle est digérée plus difficilement, il en résultera, pour l'estomac, une fatigue qui portera préjudice à l'économie tout entière.

La composition chimique de la chair musculaire varie avec les différentes espèces d'animaux auxquels elle appartient.

Le tableau suivant, tiré des analyses de M. Bibra, nous montre les différences trouvées dans la composition des viandes servant à notre alimentation :

NOM DES ANIMAUX	EAU ET PERTE	EXTRAIT AQUEUX ET SELS	EXTRAIT ALCOOLIQUE ET SELS	ALBUMINE	HÉMATOSINE	FIBRES MUSCULAIRES VAISSEAUX ET NERFS	SUBSTANCE ALBUMINEUSE RETIRÉE DU TISSU MUSCULAIRE	GRAISSE	PHOSPHATE DE CHAUX ET MATIÈRE MINÉRALE
Bœuf (*muscles*)	77,2	1,8	1,3	2,2		17,5	»	»	traces
Cochon (*cœur*)	78,3	0,8	1,17	2,4	»	16,8	»	»	»
Chevreuil (*muscles*)	76,9	2,8		2,3		18,00	»	»	»
Cerf (*cœur*)	76,9	»	2,4	1,38	»	18,00	»	»	0,4
Chat (*muscles*)	75,15	2,93		2,00		16,39	1,79	1,80	»
Marte (*muscles*)	73,00	3,13		1,99		15,74	2,11	2,03	»
Renard (*muscles*)	»	4,30		2,89		15,53	1,98	2,47	»
Poulet (*cœur*)	77,3	1,2	1,4	3,00	»	16,5	»	»	0,6
Poule (*muscles*)	77,3	1,2	1,4	3,00		16,5	»	»	0,6
Pigeon (*cœur*)	76,00	1,5	1	4,50	»	17,00	»	»	»
Moineau (*muscles*)	70,32	7,49		1,69		15,98	2,50	2,02	»
Faucon (*cœur*)	71,30	7,33		1,08		17,59	2,70	»	»
Hirondelle (*muscles*)	64,96	6,97		2,69		16,27	6,88	2,23	»
Canard sauvage (*muscles pectoraux*)	71,76	4,12		2,62		17,68 2	1,23 »	2,53 »	» »
Carpe (*cœur*)	90,00	1,7	1	5,2	»				
Grenouille (*muscles pectoraux*)	80,38	3,46		1,86		11,77	2,48	0,10	»
Truite (*cœur*)	81,2	0,2	0,6	4,4	»	11,10	»	»	2,2

Comme nous venons de l'indiquer dans le tableau précédent, la chair des animaux a en moyenne 77 p. 100 d'eau et 23 p. 100 de substances diverses.

Parmi ces substances les unes sont assimilables et réparatrices, les autres n'ont qu'un rôle mécanique encore peu connu, mais facilitent l'assimilation des premières.

Le tableau suivant que nous empruntons au traité de chimie physiologique de M. Gorup Bézanez, nous donne, en principes albuminoïdes, c'est-à-dire en matières azotées, la richesse pour 100 parties des différents morceaux des divers animaux entrant dans l'alimentation animale :

NATURE DES ALIMENTS	EAU	MATIÈRES ALBUMINOÏDES	CORPS GRAS	MATIÈRES EXTRACTIVES ET PERTES	MATIÈRES SALINES
Bœuf moyennement gras :					
Aloyau	73,48	19,17	5,86	0,11	1,38
Filet	65,11	17,94	15,55	0,62	0,78
Rognon)	76,93	15,23	6,66	0,08	1,10
Bœuf gras :	55,01	20,81	23,32	»	0,86
Filet 1re qualité	65,05	19,94	13,97	»	1,14
Bouts de filet	32,49	10,87	56,11	»	0,53
Cœur	71,41	14,65	12,64	0,32	0,98
Poumon	78,97	17,37	2,19	0,40	1,07
Rate	75,71	19,87	2,55	0,17	1,70
Foie	71,17	17,94	8,38	0,47	2,04
Veau :	73,91	19,51	5,57	»	1,01
Poitrine	64,66	18,81	16,05	»	0,92
Gigot	70,30	18,87	9,25	0,44	1,14
Cœur	72,48	15,39	10,85	0,18	1,06
Poumon	78,34	16,33	2,32	»	1,32
Mouton :					
Rognon	78,60	16,56	3,33	0,21	1,31
Foie	68,18	23,22	5,08	1,68	1,84
Langue	68,31	15,44	15,99	»	1,12
Porc de 133 kilos :					
Jambon	48,71	15,98	34,62	»	0,69
Id.	54,93	16,58	28,03	»	0,76
Côtelettes	43,44	13,37	42,59	»	0,60
Épaule	40,27	12,55	46,71	»	0,46
Tête	49,97	14,23	34,74	»	1,07
Cœur	75,07	17,65	5,73	0,64	0,91
Poumon	81,61	13,96	2,92	0,54	0,97
Foie	71,16	18,61	8,32	»	1,91
Rate	75,24	15,67	5,83	1,84	1,42
Gibier :					
Lièvre — Lombes	73,73	23,54	1,19	0,47	1,07
Lièvre — Cuisses et épaules	74,59	23,14	1,07	»	1,29
Lièvre — Poumon	78,56	18,17	2,18	»	1,16
Lièvre — Cœur	77,57	18,82	1,62	0,86	1,13
Lièvre — Reins	75,17	20,11	1,82	1,53	1,36
Lièvre — Foie	73,81	21,84	1,58	1,09	1,68
Coq de bruyère	71,96	25,26	1,43	»	1,39
Grive	73,13	22,19	1,77	1 39	1,52

NATURE DES ALIMENTS	EAU	MATIÈRES ALBU-MINOÏDES	CORPS GRAS	MATIÈRES EXTRAC-TIVES ET PERTES	MATIÈRES SALINES
Poissons :					
Hareng fumé	47,12	18,97	16,67	»	17,24
Hareng saur	80,96	17,09	0,35	»	1,64
Morue salée	18,60	77,90	0,36	0,15	1,51
Morue fraîche	64,49	21,12	8,51	»	1,24
Sardine	51,77	22,30	2,21	»	23,72
Saumon	51,89	26,00	11,72	»	9,39
Caviar	45,05	31,90	14,14	»	8,91
Divers :					
Bœuf fumé	47,68	27,10	15,35	»	10,59
Langue de bœuf fumée	35,74	24,31	31,61	»	8,51
Jambon fumé	25,98	23,97	36,48	1,50	10,07
Cervelas	37,37	17,64	39,76	»	5,44
Petites saucisses	42,79	11,69	39,61	2,25	3,66
Boudin	49,93	11,81	11,48	25,09	1,69
Saucisse 1re qualité	48,70	15,93	26,33	6,38	2,66
Saucisse 2e qualité	47,58	12,89	25,10	12,22	2,21
Saucisse 3e qualité	50,12	18,87	14,43	20,71	2,87
Saindoux 1re qualité	0,14	0,11	99,95	»	traces
Saindoux 2e qualité	1,26	0,41	98,33	»	id.

VIANDES DE BOUCHERIE

La meilleure viande, la plus nourrissante, la plus digestive, est celle des animaux adultes ayant acquis leur complet développement. La viande d'animaux trop jeunes est plus riche en gélatine et en graisse qu'en albumine et en fibrine; elle est peu nutritive.

Celle provenant d'animaux trop vieux est riche en fibrine, mais dure, coriace, de digestion difficile.

A âge égal, la différence n'est pas très sensible entre deux animaux de sexe différent, ayant vécu de la même façon. Cependant, cette différence sera plus marquée entre le taureau et le bœuf qu'entre ce dernier et la vache. De même, la chair du mouton ou de la brebis sera préférée à celle du bélier.

Considérée au point de vue alimentaire, la viande a deux valeurs bien différentes, l'une absolue, l'autre relative.

La valeur absolue d'une viande est celle qu'elle doit à la nature et à la proportion des éléments nutritifs qui entrent dans sa composition, en même temps qu'à ses qualités organoleptiques, abstraction faite de la place qu'elle occupe dans l'animal.

C'est à cette valeur que se rattachent les *différentes qualités* de viandes établies par le commerce.

La valeur relative est celle que tire la viande de la place qu'elle occupe dans l'animal ; c'est sur cette valeur que repose la division des viandes par catégories.

La valeur absolue ou la qualité de la viande repose :

1° Sur les caractères physiques ou extérieurs;

2° Sur la proportion plus ou moins grande de graisse qu'elle renferme;

3° Sur sa saveur et autres propriétés qui la rendent plus ou moins agréable au goût.

Les caractères physiques sont : la couleur, la consistance, l'aspect de la fibre musculaire.

Les viandes de boucherie ont été divisées en deux classes : les *viandes blanches* et les *viandes colorées*. Les premières proviennent d'animaux jeunes; les secondes d'animaux adultes. On peut dire qu'en général la viande est d'autant plus foncée que l'animal est plus âgé.

Caractères de la viande saine. — Une viande de bonne qualité doit être ferme au toucher. Cette consistance augmente par le froid sec; l'humidité la diminue.

La viande d'un animal fraîchement tué est plus molle qu'une viande de un ou deux jours.

Sur la coupe d'une viande fraîche se dessinent de petits faisceaux musculaires plus ou moins rapprochés qui constituent le *grain;* la viande a d'autant plus de qualité que le grain est plus fin et plus serré.

Le grain est plus fin chez les animaux jeunes que chez les animaux âgés; il varie surtout avec la région qu'occupe la viande sur l'animal vivant.

La coupe de la viande permet encore, par l'uniformité de la coloration, de voir si la viande ne renferme pas d'infiltrations sanguines ou séreuses, d'ecchymoses, etc. Elle permet, surtout, de se rendre compte de la répartition de la graisse dans la chair, ce qui constitue le *persillé* ou *marbré*.

Ce dernier caractère est très important au point de vue des propriétés alimentaires de la viande. La viande grasse à point est non seulement plus tendre et plus savoureuse, mais elle renferme une proportion bien plus élevée de principes nutritifs.

La quantité, la nature et la disposition de la graisse jointe à la viande varient avec :

1° L'espèce de laquelle provient cette viande;

2° L'âge du sujet qui l'a fournie;

3° L'état d'engraissement de l'animal;

4° La situation occupée dans l'animal par la viande que l'on examine.

La graisse extérieure qui constitue la couverture, chez un animal de bonne qualité, doit avoir 1 à 2^{cm} d'épaisseur et être blanche ou jaune beurre frais. Elle doit être épaisse, blanche et ferme autour des reins (rognons).

Si on constate, dans un morceau de viande, l'absence absolue de couverture, on peut affirmer que cette viande a été prise dans une région profonde ou provient d'un taureau ou d'un animal maigre.

Si le suif est abondant, s'il se solidifie rapidement à l'air, si sa couleur est blanche ou légèrement jaunâtre, l'animal abattu était de bonne qualité.

Le commerce a divisé les viandes en trois qualités :

La viande de bœuf de *première qualité* est rouge vif ; le persillé est abondant et blanc, le grain fin et serré ; la viande est ferme et élastique, abandonnant sous une légère pression un jus rouge, faiblement acide, d'une odeur douce et fraîche. Elle est fournie par des animaux adultes, des bœufs de quatre à huit ans, ou des vaches n'ayant que peu ou pas porté.

Chez le mouton, la viande de première qualité est ferme, dense, d'un rouge vif, non persillée, mais garnie en différents endroits d'un suif ferme et bien blanc.

Chez le veau, le persillé n'existe pas, la chair doit être blanche ou rosée, et les rognons entourés d'une graisse abondante, ferme, blanche. Les veaux non sevrés, de 5 à 6 semaines, ou ceux élevés au lait et aux œufs donnent seuls cette qualité.

Chez le porc la chair sera rosée, imitant assez celle du veau, mais marbrée de graisse, et plus ferme ; le lard est blanc, ou légèrement rosé. Cette qualité est fournie par des animaux de douze à quinze mois, castrés, nourris avec des pommes de terre et du lait. Ceux engraissés avec les déchets de brasserie, de clos d'équarissage, des eaux grasses, ont une chair coriace, qui se corrompt facilement. La chair des verrats est plus rouge, et le lard souvent d'une extrême dureté (sclérodermie).

Les viandes de *seconde qualité* ou viandes de fournitures (lycées, hôpitaux) sont bonnes, mais moins fines que les précédentes.

Chez le bœuf, la chair est rouge, ferme, plus marbrée que persillée, moins juteuse que celle de la viande de première qualité, le grain moins fin ; la graisse intérieure peu abondante, la couverture moins épaisse et moins fine. Elle est fournie par des bœufs ayant été mis à l'engraissement trop tard ou par des vaches ayant porté déjà plusieurs fois, ou engraissées pleines de quatre à sept mois.

Chez le veau la chair est rougeâtre, très ferme ; elle provient de jeunes veaux de quatre à six mois, nourris avec des farineux ou des racines.

Les moutons engraissés à la longue et les porcs trop jeunes ou tardivement castrés fournissent des viandes de seconde qualité.

La viande de *troisième qualité* est fournie par des animaux trop jeunes ou trop vieux, ou des animaux maigres. La chair est sans élasticité ; son grain grossier, non serré, manque totalement de marbré ou de persillé.

Abandonnée à l'air pendant quelques heures cette viande se dessèche, devient noire, perd une notable quantité de son poids ; la graisse est jaunâtre et rancit rapidement.

La valeur nutritive de ces viandes a considérablement diminué.

Cette qualité est fournie par les gros veaux, les vaches âgées, les taureaux de trois à cinq ans, les animaux fatigués, soit par la marche, soit par un travail excessif.

La valeur *relative* d'une viande repose :

1° Sur le plus ou moins d'épaisseur des couches musculaires qui la composent ;

2° Sur la proportion relative d'intersections tendineuses, ou des parties osseuses entrant dans sa composition ;

3° Sur le rôle plus ou moins actif accompli, durant la vie, par les muscles qui la constituent.

On a donc divisé la viande en *trois catégories* correspondant à la valeur des morceaux, selon la place occupée par eux dans un animal, que celui-ci soit gras ou maigre.

Chez le bœuf, la *première catégorie* se compose des muscles les plus fins, elle représente environ 30 p. 100 du poids net de l'animal ; elle est constituée par les régions fessières et lombaires comprenant : la tranche, le gîte à la noix, la culotte et l'aloyau, et l'entrecôte première.

La *seconde catégorie*, qui représente environ 25 p. 100 du poids de l'animal, comprend les muscles de l'épaule et de la région costale, soit : talon de collier, paleron, côtes couvertes, plat de côtes, côtes à la noix, bavette d'aloyau ou flanchet.

La *troisième catégorie*, formant environ 40 p. 100 du poids net, comprend les muscles de la tête, du cou, abdominaux, et la partie inférieure des membres, soit : plats de joues, collier, surlonges, pis et gîtes.

Chez le veau, la *première catégorie* comprend les cuissots, longes et rognons, et les carrés couverts.

La *seconde catégorie* est constituée par la poitrine et les épaules.

La *troisième*, par le collet.

Chez le mouton, la *première catégorie* comprend les régions fessières et lombaires constituées par les carrés et les gigots.

La *deuxième catégorie* comprend les épaules,

Et la *troisième*, le collet et la poitrine.

MALADIES ET ALTÉRATIONS DES VIANDES

Étant donnée l'importance de la viande comme aliment, on devra rejeter de la consommation toutes les viandes ne présentant pas les caractères que nous venons de décrire ; de plus :

1° Toute viande dont la *maigreur* est telle qu'elle entraîne l'absence complète des propriétés qui caractérisent un aliment véritable.

2° Les viandes *gélatineuses*, qui proviennent d'animaux trop jeunes ; ces viandes par la cuisson se réduisent presque totalement en gélatine, laquelle se retrouve en grande partie dans les urines. Les propriétés nutritives de ces viandes sont donc presque nulles, de plus elles déterminent des effets laxatifs.

Cette viande est molle, la graisse peu abondante, grisâtre, ou même bistrée, grenue, et nullement onctueuse; le rognon toujours foncé en couleur, tantôt verdâtre ou violacé, à peine recouvert de graisse; les os flexibles renferment une moelle de couleur rouge.

3° Les *viandes saigneuses*, qui proviennent d'animaux mal saignés ou saignés tardivement, gardent une certaine quantité de sang qui bientôt se décompose, en donnant à la viande une teinte pâle, une odeur cadavérique due au développement d'un vibrion septique anaérobie.

4° Les *viandes fiévreuses*. — Ces viandes proviennent d'animaux malades :

c'est à la fièvre qui se développe à la suite d'inflammations localisées qu'est due l'insalubrité de ces viandes.

La viande fiévreuse est de couleur foncée rouge brun, elle a l'apparence de viande mal saignée; elle est molle, facile à déchirer; elle dégage une odeur aigre bien marquée; elle se putréfie très vite, et devient par conséquent dangereuse.

L'examen microscopique du sang devra être fait avec le plus grand soin.

Maladies bactériennes. — La *tuberculose*, si funeste à l'homme, n'épargne pas les bovidés. Il est démontré aujourd'hui que cette terrible maladie peut être transmise de l'animal à l homme par ingestion de produits tuberculeux crus ou insuffisamment cuits; aussi serait-il de toute nécessité de rejeter de l'alimentation tous les produits tuberculeux.

L'arrêté ministériel du 28 juillet 1888 prescrit la destruction des viandes provenant d'animaux tuberculeux, si :

1° Les lésions sont généralisées, c'est-à-dire non confinées exclusivement dans les organes viscéraux et leurs ganglions lymphatiques;

2° Si les lésions, bien que localisées, ont envahi la plus grande partie d'un viscère, ou se traduisent par une éruption sur les parois de la poitrine ou de la cavité abdominale.

M. Koch a démontré que la tuberculose était due au développement d'un bacille spécial, facile à reconnaître dans les produits tuberculeux.

La manière dont cette bactérie se comporte envers les matières colorantes en rend la recherche facile et permet, lorsqu'on la rencontre, d'affirmer sa nature.

La recherche des bacilles de la tuberculose dans les tissus nécessite une technique spéciale : il faut préparer les tissus, les durcir afin de pouvoir pratiquer des coupes très fines et ensuite soumettre ces coupes aux réactifs colorés spéciaux, afin de pouvoir différencier les bacilles de Koch des autres bacilles qui s'y trouvent.

On laisse d'habitude durcir les organes, coupés en petits morceaux, soit dans l'alcool absolu, soit dans la liqueur de Muller (1).

Les tissus durcis sont débités en coupes très minces à l'aide de microtomes.

La coloration s'opère par la méthode d'Ehrlich, qui consiste à laisser séjourner les préparations pendant quelques instants dans une solution d'eau anilinée, mélangée d'un dixième de solution alcoolique concentré de violet de gentiane ou de fuchsine.

Ce bain est employé à chaud afin d'avoir une coloration plus rapide. La décoloration se fait par l'acide nitrique au 1/3 ou par l'alcool et la double coloration suivant la convenance.

Afin d'obtenir une préparation plus nette, de mise au point plus facile, et en même temps plus complète, on peut colorer les autres éléments d'une teinte différente. Pour cela on opérera de la façon suivante :

(1) Composition de la liqueur de Muller :

Bichromate de potasse	2
Sulfate de soude	1
Eau distillée.	100

La lamelle, lavée à l'acide azotique, est soumise à l'action du mélange suivant :

Alcool	50
Eau distillée	30
Acide azotique	20

auquel on a ajouté un excès de colorant de fond, bleu de méthyle pour la fuchsine, vésuvine pour le violet; on lave et on examine dans l'eau. Pour conserver cette préparation on devra la monter, après dessiccation, dans le baume du Canada.

Le bacille de la tuberculose se trouvera principalement dans le poumon, le foie, le rein, les ganglions lymphatiques.

Il sera très rare, au contraire, dans le muscle et le tissu cellulaire ; si on le rencontre dans le sang, c'est à l'intérieur de leucocytes qui l'ont amené d'un organe attaqué.

Les bacilles de la tuberculose (fig. 1) mesurent de 1,5 μ à 3,5 μ de longueur; la largeur, plus uniforme, est environ de 0,3 μ.

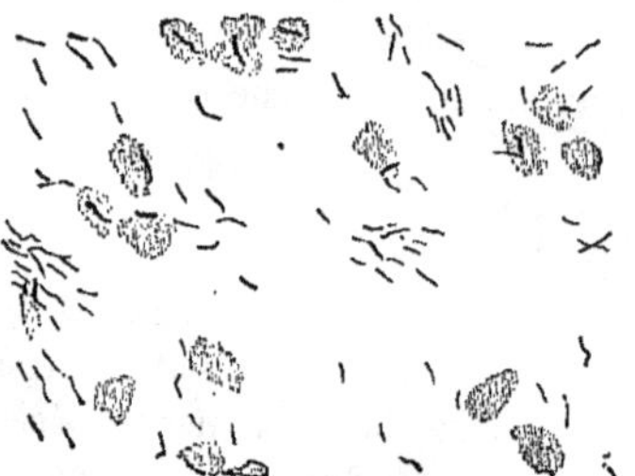

Fig. 1. — Bacilles tuberculeux.

Fig. 1 *bis*. — Bacilles tuberculeux à un très fort grossissement (1000/1 environ). D'après M. Koch.

Ils sont droits ou légèrement courbés. Parfois ils présentent une série d'étranglements qui leur donnent l'aspect d'une chaînette. Avec un fort grossissement, on peut distinguer, dans le corps du bâtonnet, un nombre variable de vacuoles (fig. 1 *bis*) incolores, quatre à six ordinairement. M. Kock pense que ce sont des spores.

Les *viandes charbonneuses* peuvent être divisées en trois classes, suivant la nature du bacille infectant :

Le charbon bactéridien.

Le charbon symptomatique.

Le charbon du porc.

Le charbon vrai attaque la plupart des animaux domestiques, et se transmet à l'homme; il est très connu sous le nom de *sang de rate*.

Le charbon peut être inoculé à l'homme soit par ingestion, ou simplement en manipulant une viande charbonneuse.

Les caractères des viandes charbonneuses sont les suivants : Les muscles sont d'une couleur brun rouge pâle, quelquefois jaunâtre; le tissu est mou friable; le sang est noir, visqueux, tachant les doigts en rouge brun, et garde sa teinte foncée à l'air.

Un examen direct d'une goutte de sang peut, dans bien des cas, suffire à caractériser le *bacillus anthracis*.

Il est préférable de faire une préparation colorée, comme il a été dit pour la tuberculose.

Le *bacillus anthracis* (fig. 2) a une longueur de 5 à 6 μ et une largeur de 1 à 1,5 μ.

Il est en bâtonnets réunis parfois en forme de chaîne; les interstices libres entre eux ne sont pas toujours nettement visibles, mais, à l'aide de bons objectifs, on apercevra aux extrémités de chacun des bâtonnets une sorte de sinuosité qui, d'après M. Koch, est spéciale au *bacillus anthracis*.

Le *charbon symptomatique* (fig. 3) est une affection presque toujours mortelle; elle est caractérisée par l'apparition d'une tumeur située, le plus souvent, dans les grosses masses musculaires; en 8 ou 10 heures, elle peut atteindre un développement énorme. Cette tumeur, dont la section est noire, d'où son nom de

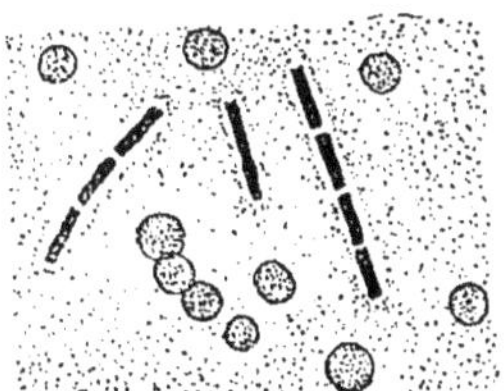

Fig. 2. — Sang charbonneux.

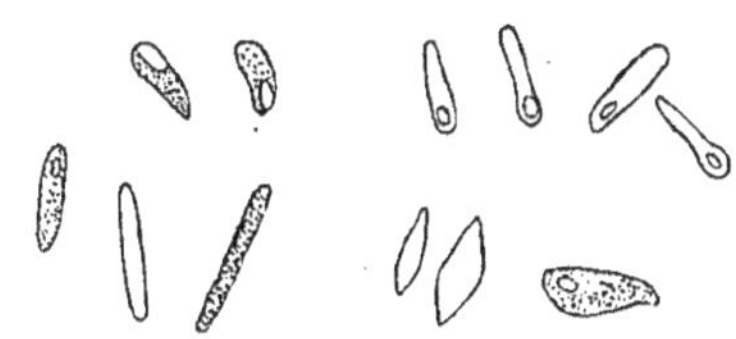

Fig. 3. — Bacilles du charbon symptomatique de la sérosité d'une tumeur du bœuf (obj. 10, oc. 1, Vérick).

charbon, laisse écouler un sang noirâtre. C'est surtout après la mort de l'animal que, dans le sang, le nombre des bacilles (*bacillus Chauvœi*) augmente rapidement. La bile en contient des quantités considérables. La chair d'animaux atteints de charbon symptomatique dégage, d'après M. Nocard, *une odeur de beurre rance*.

Le *bacillus Chauvœi* est en forme de bâtonnets droits, mesurant en longueur de 5 à 8 μ avec une largeur de 1 μ, isolés ou parfois réunis. Cette bactérie est anaérobie. Beaucoup de bâtonnets renferment des spores à une de leurs extrémités, ce qui a fait dire à certains auteurs qu'ils affectaient la forme d'une massue, ou de baguette de tambour. La longueur de ces bâtonnets sporifères peut atteindre 10 μ, avec une largeur de 1,1 à 1,3 μ; ils sont souvent entourés entièrement, ou à leur extrémité renflée, d'une auréole transparente.

Viandes septicémiques. — Cette appellation, dit M. Villain, sert dans l'inspection de la boucherie à caractériser des viandes qui présentent des signes cadavériques manifestes, avec la présence du *vibrion septique* dans les liquides de l'économie et dans le sang.

Les viandes septiques sont sales, molles; les muscles, d'un rose pâle, moins accentué que celui de la viande du saumon. Elles dégagent une odeur fétide annonçant la fermentation putride.

L'examen microscopique peut se faire avec rapidité si l'on dispose du foie. Il suffira, dans la majorité des cas, de porter un couvre-objet à la surface de ce viscère pour déceler, à l'aide du microscope, le vibrion septique.

Le *bacillus septicus* (fig. 4) est un anaérobie vrai, de forme analogue au bacillus anthracis; il se distingue de ce dernier en ce que l'extrémité de ses articles est nettement carrée. Leur longueur est de 3 μ en moyenne et de 1 μ de largeur, et ils sont isolés ou réunis par deux ou plus en chaîne.

Une variété de septicémie que, suivant M. Macé, on rencontre surtout chez la vache, est la *septicémie puerpérale*. La viande provenant d'animaux qui en sont atteints, est rouge brun, très molle, et se putréfie très vite.

Le sang et les humeurs pathologiques des organes du bassin renferment de nombreuses chaînettes de *micrococus* offrant tous les caractères du *Streptocoque pyogène* (fig. 5).

Les articles de ces chaînettes sont ronds et mesurent en moyenne 0,8 μ à 1 μ de diamètre, ils sont réunis en chapelets de quatre à dix éléments.

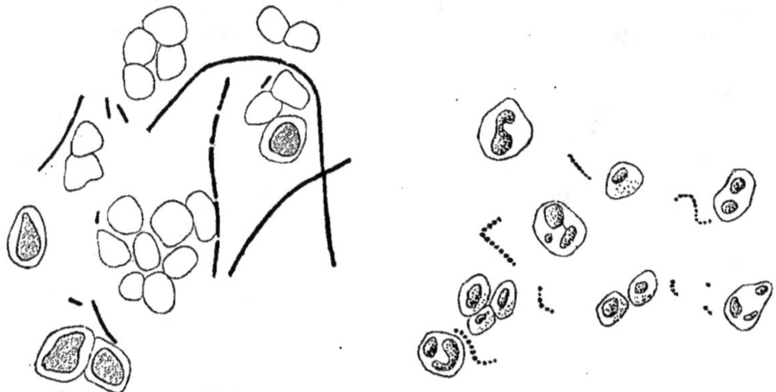

Fig. 4. — Sang avec des éléments de vibrions septiques, en courts articles ou en longs filaments.

Fig. 5. — Streptocoque pyogène dans le pus.

La *pyémie* est due à la pénétration et au développement de microbes pyogènes dans le sang; c'est, le plus souvent, le *micrococus pyogenes aureus* ainsi nommé de la teinte jaune d'or de ses cultures sur milieu solide. Ce sont de petits éléments sphériques, mesurant 0,9 μ à 1,2 μ de diamètre, isolés ou disposés par deux, quatre au plus, en petits amas irréguliers. Ils se colorent très bien aux couleurs d'aniline et ne se décolorent pas par la méthode de Gram.

Il se cultive très facilement. L'examen du sang, les inoculations, les cultures, permettent de le caractériser.

La viande a une apparence fiévreuse très nette; les principaux organes sont infectés par des abcès nombreux; le pus de ces abcès contient la bactérie pathogène.

Le décret du 22 juin 1882 interdit formellement la mise en vente des herbivores mordus par des *chiens enragés*. Ils doivent être abattus et livrés à l'équarrisseur.

La *morve* est une affection contagieuse qui sévit surtout sur les chevaux; elle est caractérisée par le chancre, le jetage et la glande. Nous renvoyons, pour l'étude de cette maladie toute spéciale, au savant ouvrage de MM. Villain et Bascou (1).

(1) *Manuel de l'inspecteur des viandes*, Paris, 1890.

Les viandes provenant d'animaux atteints du *typhus* contagieux ou de *clavelée* peuvent être livrées à la consommation; elles n'ont pas de caractères nettement particuliers. Il en est de même de la viande des animaux atteints de fièvre aphteuse ou *cocotte;* cette dernière maladie amenant l'animal à une extrême maigreur, ce fait seul peut la faire rejeter.

Maladies parasitaires. — Les principales maladies parasitaires sont la trichinose et la ladrerie.

La *trichinose* est une affection fréquente chez le porc; elle est produite par un helminthe (ordre

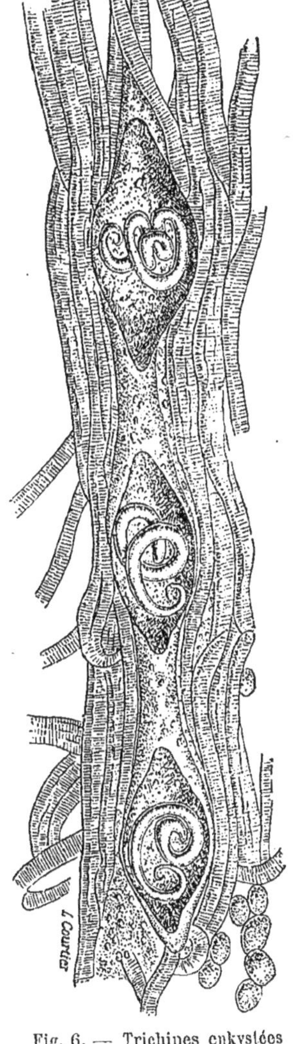

Fig. 6. — Trichines enkystées dans un muscle.

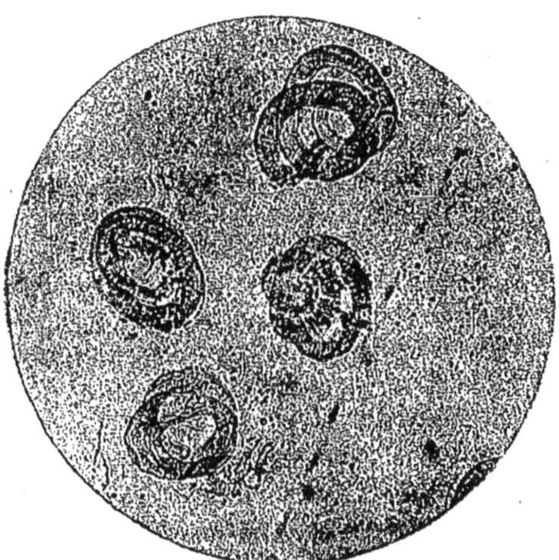

Fig. 6 *bis*. — Trichines isolées.

des Nématodes), la trichine spiralée (*trichina spiralis*). Elle est cylindrique, filiforme; l'extrémité buccale est un peu effilée; sa longueur est d'environ $1^{mm},5$. La femelle est plus grande que le mâle et peut pondre environ 10.000 embryons. La trichine roulée en spirale occupe dans le muscle le milieu de petites granulations incrustées de sels calcaires; elle y vit à l'état larvaire.

Lorsqu'elles sont ingérées, le suc gastrique dissout cette enveloppe extérieure, et, une fois libres, les trichines deviennent aussitôt sexuées dans l'intestin, traversent celui-ci et vont s'enkyster dans les muscles. C'est ainsi que se reproduisent indéfiniment un nombre considérable de sujets par une ingestion nouvelle.

Il faut une température d'au moins 70° pour être sûr de les détruire dans la viande.

C'est surtout dans les parties musculaires, principalement près des os et des tendons, que se rencontrent les trichines.

Les kystes se distinguent facilement à l'œil nu; ils ont l'aspect de points blancs. Le lard, comme les fibres striées, en renferme souvent beaucoup.

Pour les rechercher, on procède de la manière suivante : à l'aide de ciseaux fins, on prélève dans la partie suspecte un échantillon de la grosseur d'un grain de millet; on dispose cette prise d'essai sur une lame de verre; on ajoute une goutte d'eau ou mieux une goutte de potasse à 1/40ᵉ, puis on recouvre d'une seconde lame et on comprime légèrement pour amincir la préparation.

Puis, avec un grossissement de 80 à 100 diamètres environ, on examine au microscope. Les trichines apparaîtront nettement comme l'indiquent les fig. 6 et 6 *bis*.

On devra toujours, autant que possible, faire une dizaine d'essais sur des prises effectuées dans des endroits différents.

Pour éviter la contagion, on ne saurait trop recommander de s'abstenir de

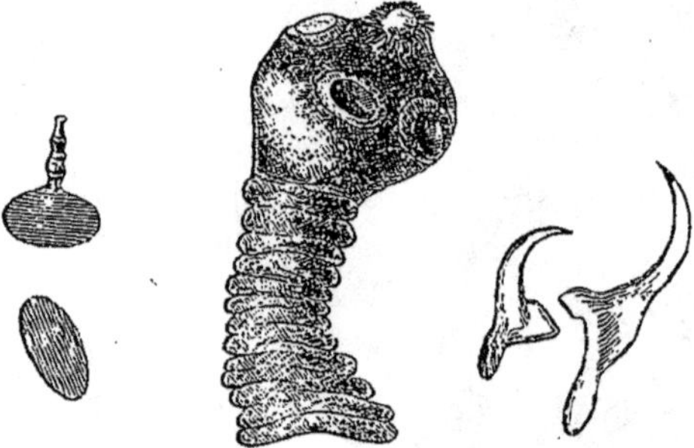

Fig. 7. — Cysticercus cellulosæ. A gauche, deux vésicules de grandeur naturelle : celle du haut présente le scolex dévaginé; au milieu, le scolex grossi; à droite, deux crochets fortement grossis.

manger la viande de porc crue, de quelque partie de l'animal qu'elle provienne.

La température de cuisson devra toujours atteindre 70° au minimum, dans les parties centrales des morceaux assez forts (filets, jambons, etc., etc.).

La *ladrerie* du porc est due à la présence et au développement du cysticerque du tissu celluleux (*cysticercus cellulosæ*). Ce cysticerque ingéré par l'homme engendre le *tænia solium* ou ver solitaire.

De même, un porc devient ladre en ingérant les œufs du *tænia solium* rejetés dans les déjections de l'homme.

Ainsi absorbés par le porc, les œufs du tænia éclosent dans l'intestin en donnant naissance à un embryon muni de six crochets à l'aide desquels il traverse l'intestin et vient s'enkyster dans les tissus à l'état de *scolex*. Celui-ci est une petite vésicule qui, à l'intérieur, porte, sur un prolongement qui peut saillir à volonté, la tête de l'animal.

Cette tête est armée de ventouses et de crochets (fig. 7).

Les vésicules du *tænia armé* sont assez développées; elles ont quelquefois la grosseur d'une tête d'épingle et, d'autres fois, atteignent les dimensions d'un grain de millet. Leur couleur est blanchâtre.

La face inférieure de la langue du porc est un des endroits où on rencontre le plus fréquemment le cysticerque.

Cette particularité est mise à profit dans les abattoirs pour l'examen des animaux sur pied. Par le *langueyage*, des hommes exercés (langueyeurs) reconnaissent immédiatement un port ladre. L'opération du langueyage est pratiquée par deux hommes de la manière suivante : l'un d'eux jette l'animal à terre et lui

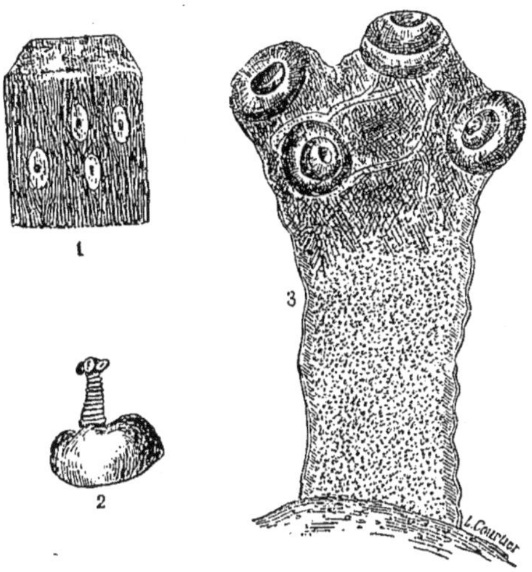

Fig. 8. — Cysticerque du bœuf. — 1. Viande avec vésicules de grandeur naturelle; 2. Cysticerque avec scolex dévaginé, grossi quatre fois; 3. Tête du scolex fortement grossie.

écarte les mâchoires avec un bâton ; l'autre saisit la langue de l'animal et passe son doigt sur la face inférieure. Il sent alors les grains enkystés. Un porc est dit *épinglé* quand, à l'aide d'une pointe quelconque, on a extrait les vésicules L'animal est alors de vente plus facile.

Le porc n'est pas le seul animal de boucherie pouvant contracter la *ladrerie*. Le bœuf n'en est pas exempt.

Le cysticerque du *tænia inerme* (*tænia saginata*) (fig. 8) se développe particulièrement chez le bœuf. Il est transmissible à l'homme.

La vésicule du cysticerque du bœuf est en général plus petite que celle du porc et de forme elliptique.

La tête, conique et armée de crochets dans le cysticerque du porc, est ici aplatie et *dépourvue de crochets;* les quatre ventouses sont plus fortes.

La recherche des vésicules se fera de la même façon que pour la trichine du porc.

On trouve, en général, ces cysticerques dans tous les organes, mais principalement dans le cœur, les muscles du dos et les muscles masticateurs.

On rencontre quelquefois, chez le mouton, le chien, le lapin, etc., d'autres cysticerques pour l'étude desquels nous renverrons le lecteur à l'ouvrage de MM. Bascou et Villain déjà cité.

La viande ladre doit être rejetée de la consommation. Le tribunal correctionnel de la Seine a condamné, le 23 septembre 1876, à trois mois de prison et 50 francs d'amende, un charcutier de Vincennes qui avait mis en vente de la viande ladre.

ALTÉRATIONS DES VIANDES

Sous l'influence des variations atmosphériques, la viande entre facilement en décomposition.

L'été, une autre cause vient encore en activer la putréfaction : c'est le dépôt de larves produit par différents genres de mouches, telles que :

La mouche bleue (*musca vomitoria*) qui engendre les asticots ;

La mouche grise, ou mouche carnassière, très grosse, et qui, en peu de temps et sur une petite surface, peut déposer de 15 à 20.000 larves ;

La mouche ordinaire, redoutable à cause de sa multiplicité ;

Enfin la mouche dorée qui affectionne surtout les viandes déjà avariées et qui en active la décomposition.

Ces larves, introduites vivantes dans le tube digestif de l'homme, y déterminent des accidents que le Dr Hope a décrits sous le nom de « myasis ».

La putréfaction donne naissance aux *ptomaïnes* que l'on peut appeler des alcaloïdes cadavériques. De nombreux travaux dus à MM. A. Gautier, Selmi, Brouardel, Boutmy, etc., etc., en ont montré la toxicité.

Pour la **recherche des ptomaïnes**, nous opérons, au Laboratoire municipal, de la façon suivante :

La viande à examiner est hachée et mise en contact, pendant 24 heures, avec deux fois son volume d'alcool à 95° acidifié par l'acide tartrique (1gr d'acide pour 500cc d'alcool). Puis on filtre et on distille l'alcool dans le vide en ne dépassant pas la température de 35 à 40° au maximum.

Le résidu est repris par l'alcool absolu et filtré jusqu'à ce qu'il ne se produise plus de précipité par une nouvelle addition d'alcool.

Le liquide clair est alors distillé de nouveau dans les mêmes conditions que précédemment ; le résidu repris par l'eau est filtré. On s'assure qu'il est toujours acide. Puis on l'agite à plusieurs reprises avec de l'éther qui dissout les matières grasses et des glucosides.

Après épuisement par l'éther, la liqueur aqueuse est rendue alcaline par le bicarbonate de soude et épuisée de nouveau par l'éther.

Les liqueurs éthérées sont réunies et concentrées par évaporation spontanée. On en prélèvera de petites portions sur lesquelles, après addition de quelques gouttes d'acide chlorhydrique au 1/20e, on fera agir le réactif de Mayer, l'iodure de potassium ioduré, qui donneront un précipité dans le cas de présence de ptomaïnes.

Les viandes offrent parfois un phénomène particulier ; elles sont *phosphorescentes*.

Les causes de cette phosphorescence ne sont pas encore bien connues, bien que MM. Villain et Bascou aient pu donner cet aspect à une viande saine, en l'ensemençant avec des points lumineux prélevés sur des harengs.

Nous avons eu, au Laboratoire municipal, deux échantillons de viande présentant ce caractère particulier.

C'est surtout dans le voisinage des os, à la surface des muscles, que la phosphorescence est le plus développée, rarement dans la graisse et jamais dans l'épaisseur des tissus.

D'après les auteurs cités plus haut, la phosphorescence n'étant pas due à la putréfaction, on peut consommer sans danger la viande qui présente ce phénomène. Nous croyons néanmoins prudent de la faire cuire complètement.

Les moisissures se développent très rarement sur les viandes fraîches. Nous ferons leur étude plus loin en parlant de la charcuterie.

Viandes altérées par les médicaments ou les poisons. — Dans les campagnes où la viande n'est pas, comme aujourd'hui dans la plupart des grandes villes, soumise à l'examen d'inspecteurs spéciaux, non seulement le marchand peu scrupuleux écoule une marchandise de qualité inférieure, mais encore livre à la consommation certains animaux qui, de leur vivant, ont été soumis à des traitements médicamenteux qui les ont rendus impropres à la consommation et souvent même nuisibles.

Il est souvent difficile, même pour quelqu'un de très exercé, de spécifier à quel genre de médicament sont dues les modifications de la chair, et encore celles-ci ne sont pas toujours visibles. La plupart du temps, l'analyse chimique seule peut en déterminer la nature.

Cependant ces viandes auront souvent un aspect très approché de celui des viandes fiévreuses, et l'examen chimique des viscères permettra de les rejeter.

Les corps les plus dangereux sont certainement l'arsenic, le mercure et l'antimoine, — d'autant plus qu'ils sont très fréquemment employés en médecine vétérinaire. Nous ne décrirons pas ici les procédés de recherche de ces corps qui seront donnés au chapitre *Conserves alimentaires.*

Certains médicaments, tels que l'assa-fetida, le camphre, donnent à la chair des animaux qui ont été traités par ces corps, une odeur caractéristique qui, à elle seule, suffit à en proscrire l'usage.

VIANDES DE BOUCHERIE HIPPOPHAGIQUE

Viande de cheval. — Pendant longtemps, plutôt par préjugé que par raison, la viande des solipèdes a été dédaignée. La famine seule avait raison des répugnances et on ne consommait de la viande de cheval que forcé par les circonstances.

Aujourd'hui, l'expérience a eu raison des préjugés et, dans les grandes villes, les boucheries hippophagiques s'établissent de plus en plus nombreuses.

La viande de cheval est saine, succulente et très substantielle; celles du mulet et de l'âne sont supérieures.

Le filet de mulet est préféré, par les gourmets, au filet de bœuf.

En dehors des maladies bactériennes que nous avons examinées précédemment, il en est une plus spéciale aux solipèdes, qui mérite d'attirer notre attention : c'est la *morve farcineuse*.

Quand l'animal est sur pied, la maladie est caractérisée par des symptômes classiques : le *chancre*, que l'on rencontre sur les joues, l'encolure, les épaules, le flanc, les membres ; le *jetage*, sorte de pus s'écoulant par les ailes du nez, d'une couleur roussâtre, lie de vin, et strié de sang dans la morve chronique ; la *glande de l'auge*, d'autant plus indurée que la morve est plus ancienne.

Quand l'animal est abattu, la maladie laisse des lésions importantes, surtout dans la rate, les poumons, les testicules, les ganglions lymphatiques.

Dans les lésions aiguës on retrouve aisément le *bacillus mallei*, bactérie spécifique de cette maladie ; dans les cas chroniques, il est très difficile à rencontrer. On doit, dans ce cas, avoir recours à l'inoculation sur un autre animal qui ne tardera pas à donner les signes caractéristiques dont nous avons parlé, précédemment.

Le bacille de la morve se rencontre dans le jetage, les poumons, etc.

Il est constitué par de fins bâtonnets mesurant de 2 à 5 μ de long sur 0,5 à 1,4 de large, d'une mobilité très nette. Ils prennent difficilement les couleurs d'aniline, et se décolorent par la méthode de Gram.

Toute viande atteinte de la morve doit être rejetée de la consommation. L'homme contracte assez facilement cette maladie par le maniement de viandes morveuses. Aussi des mesures très sévères ont été prises à Paris et règlent actuellement le débit des boucheries hippophagiques.

Voir l'ordonnance de police du 9 juin 1866.

ABATS ET ISSUES

Indépendamment de la chair, l'alimentation utilise certains viscères et certaines parties des animaux.

Nous voulons parler des abats.

Les abats se divisent en abats *rouges* et abats *blancs ;* les premiers comprennent le cœur, les poumons ou mou, le foie, la rate ; les seconds, le cerveau, les ris, la langue, le mufle, l'estomac ou tripes, les intestins, la vessie et les pieds.

Tous ces organes, lorsqu'ils sont sains, constituent des aliments de bonne qualité, et leur bas prix rend de précieux services à la classe peu aisée.

Le *poumon* du veau est à peu près le seul qui soit consommé par nous ; ceux des autres animaux servent de nourriture aux chiens et aux chats.

Le *cœur*, quoique très riche en azote, est maigre, d'un grain grossier ; il est peu savoureux et difficile à digérer.

Le *foie*, surtout celui du veau et celui du porc, est très apprécié.

Il doit être rejeté de la consommation :

1° Lorsqu'il provient d'animaux atteints de cachexie aqueuse, maladie épizootique, caractérisée par la présence de *douves*, entozoaires à corps d'un blanc sale, longs de 10 à 30mm, larges de 4 à 13mm, et présentant deux ventouses, l'une buccale, l'autre ventrale.

C'est la douve hépatique (fig. 9) que l'on rencontre le plus fréquemment, surtout chez le mouton. On trouve aussi parfois la douve lancéolée.

2° Lorsqu'ils contiennent des échinocoques (fig. 10), petits tænias mesurant de

Fig. 9. — Douve hépatique (grandeur naturelle), vue par la face ventrale.

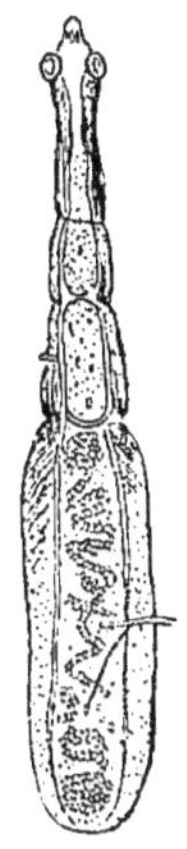

Fig. 10. — Tænia echinococus du chien, grossi 12 fois.

3 à 5mm; la tête, qui possède seulement trois ou quatre anneaux, est armée de quatre ventouses.

Le *cerveau* est un aliment de digestion facile, que l'on donne surtout aux convalescents ; il est très riche en phosphore.

Le *ris* constitue un mets très délicat, celui de veau est le plus communément employé dans l'alimentation.

La *langue*, très recherchée des gourmets, a des propriétés éminemment nutritives.

L'*estomac* des ruminants sert à la confection des tripes. On en extrait aussi un liquide acide qui a la propriété de faire cailler le lait, et qui est très employé dans les fromageries.

VIANDES DE LUXE

Volaille. — La volaille comprend, en général, les animaux de basse-cour, le lapin excepté.

Le *poulet* est certainement le plus répandu, et, à certaines époques de l'année, il atteint des prix assez bas pour être consommé par la classe ouvrière.

C'est une nourriture saine, de digestion facile, que l'on donne aux malades, qui, en général, retrouvent leur appétit devant le morceau le plus délicat de l'animal : l'aile.

Il est une maladie éminemment contagieuse qui décime rapidement une basse-cour : c'est le choléra des poules.

Elle est due à un bacille particulier, constitué par des bâtonnets ovoïdes de 0,6 à 1 μ de long sur 0,4 μ de large. Ils prennent facilement les couleurs d'aniline, surtout à leurs extrémités. On les rencontre dans le sang et dans le mucus visqueux qui s'écoule du bec de l'animal contaminé.

Jeunes, les volailles sont tendres; la chair est blanche une fois rôtie.

Vieilles, leur viande est dure, coriace une fois rôtie, et plus ou moins rougeâtre.

L'âge d'une volaille est déterminé par les caractères suivants. Une vieille volaille a la crête très développée, les pattes recouvertes d'un épiderme rougeâtre, rude et écailleux. Chez les mâles, l'ergot est long et fort ; le sternum ne cède pas sous une légère pression des doigts. Aussi certains marchands trompent-ils leurs acheteurs en coupant les pattes, la tête et les ailes, qui, avec le gésier, constituent l'abatis, et souvent aussi brisent le sternum, afin de lui donner une souplesse suffisante.

Il faudra donc toujours se méfier des volailles vendues dans ces conditions.

L'*oie* rend de précieux services aux petites bourses, elle atteint rarement un prix élevé, et, bien engraissée, représente un aliment peu coûteux. Sa graisse, fine et délicate, remplace souvent le beurre dans la préparation de beaucoup de mets.

C'est surtout le foie qui est la partie recherchée de l'animal. Par un engraissement spécial on arrive à donner à cet organe un développement relativement considérable. Certains foies atteignent de une à deux livres. Pour arriver à ce résultat, l'oie est emprisonnée dans une sorte de boîte étroite dans laquelle elle ne peut se retourner ; un orifice seul lui permet de passer la tête. Deux fois par jour, à l'aide d'un bâton et d'un entonnoir, on gave l'animal avec de la bouillie de maïs qui, vers la fin de l'engraissement, est mélangée d'huile d'œillette. Après un semblable traitement, qui varie de 21 à 30 jours, l'animal est sacrifié.

Ces foies servent à confectionner d'excellentes terrines que l'on parfume avec des truffes.

Le *lapin* domestique est un aliment sain et agréable. Sa chair blanche, légèrement rosée, est de digestion facile. Etant très prolifique, son prix de vente le rend abordable à toutes les bourses.

Il peut contracter le choléra des poules lorsqu'il vit en contact avec des volailles malades.

On rencontre assez fréquemment, surtout appendues au mésentère, une quantité considérable de petites vésicules blanchâtres opalines, de la grosseur d'un pois : le *cysticercus pisiformis*.

On en dévagine facilement un cou de 6 à 9^{mm}, cylindrique, aminci en avant, portant une tête ronde armée d'une double couronne de crochets.

Ce cysticerque ne constitue, suivant M. Macé, aucun danger pour l'homme.

Vendu sans la tête et les pattes, on peut substituer au lapin *le chat* domestique, dont la chair n'offre pas de différence sensible comme aspect.

Le squelette permet de caractériser nettement cette fraude.

Chez le lapin, l'omoplate a une forme demi-circulaire, en demi-lune ; chez le chat, elle est triangulaire et est pourvue d'une épine très développée.

L'humérus du chat, plus long et plus gros que celui du lapin, n'a qu'une seule trochlée, il en existe deux chez le lapin ; de plus, il est pourvu, à sa base, d'une ramification osseuse formant anneau.

Tandis que chez le chat le radius et le cubitus sont distincts et séparés l'un de l'autre et droits; chez le lapin, ils sont soudés et fortement courbés.

Le tibia et le péroné du chat sont séparés sur toute leur longueur ; le péroné du lapin est soudé, à sa partie médiane, au tibia avec lequel il ne forme plus qu'un même os.

Les côtes du chat, au nombre de treize, sont très arrondies, sans tubérosité ; les côtes du lapin sont plates, avec une tubérosité marquée au point d'attache avec les vertèbres ; elles sont au nombre de douze.

Gibier. — Le gibier est constitué par tous les animaux sauvages bons à manger, a dit Brillat-Savarin. La façon de vivre, la nourriture, souvent de nature très différente, donnent à ces animaux un fumet particulier. Les exercices souvent forcés, les variations atmosphériques et météoriques, rendent la chair plus ferme, plus colorée et de digestion plus difficile que celle des animaux de basse-cour.

Afin de faciliter la digestibilité de la chair des animaux sauvages, on laisse fréquemment cette dernière entrer légèrement en décomposition, c'est le *faisandage ;* certaines personnes même ne consomment le gibier que lorsque la putréfaction est déjà très avancée.

Nous ne saurions trop recommander d'éviter ces excès de goût, qui peuvent avoir pour le consommateur de réels dangers.

Certaines espèces sont plus agréables après une marinade de quelques jours : tels sont le chevreuil, le sanglier, etc., etc.

Les altérations du gibier sont celles communes à toutes les viandes, mais surtout aux viandes d'animaux surmenés.

Dès que la peau prend une teinte verdâtre, on peut être certain que commence la décomposition ; c'est surtout dans les plis des cuisses, sous le ventre qu'apparaît ce caractère, aussi bien pour le gibier à poil que pour le gibier à plume. Etant donnés les goûts différents des consommateurs, on ne pourra qualifier de nuisible qu'une viande de cette nature qui serait en complète putréfaction.

La famine a souvent fait consommer des viandes qu'on rejette en temps ordinaire, telles sont : les viandes de chien, de chat, de rat, de serpent ; nous ne parlerons pas de ces aliments, qui n'entrent qu'à de rares exceptions dans l'alimentation.

POISSONS, CRUSTACÉS, MOLLUSQUES

La chair des poissons, soit d'eau douce, soit de mer, bien que moins nourrissante que celle des mammifères et des oiseaux, est un aliment précieux, très digestible.

Les habitants du littoral en font leur nourriture presque exclusive.

M. Bouchardat a partagé les poissons en quatre classes :

1° Les poissons à chair blanche : c'est une nourriture précieuse pour les malades et les convalescents ;

2° Les poissons à chair colorée ;

3° Les poissons à chair entourée de graisse ;

4° Les poissons vénéneux.

Chez les poissons comme chez les autres animaux les propriétés nutritives et digestives varient avec l'espèce.

Le tableau suivant, dû à Payen, donne pour 100 parties de chair brute des résultats analytiques qui font ressortir ces différences.

NOMS DES POISSONS	CHAIR NETTE	MATIÈRE SÈCHE	PROTÉINE	MATIÈRE GRASSE	MATIÈRES MINÉRALES PHOSPHATE CARBONATE CHLORURE
Raie	87,72	26,23	24,00	0,47	1,706
Anguille de mer, congre	85,08	20,09	13,97	5,02	1,106
Hareng	»	30,00	11,43	0,03	»
Merlan	59,12	17,05	16,59	10,38	2,08
Maquereau	77,87	34,72	23,12	6,76	1,84
Sole	86,14	13,86	11,71	0,25	1,90
Limande	75,34	20,59	16,01	2,05	1,93
Saumon	90,52	24,00	17,48	4,85	1,27
Brochet	68,12	22,47	20,58	»	1,29
Carpe	62,85	23,03	20,61	1,09	1,39
Barbillon	53,05	10,65	9,54	0,21	0,90
Gardon	»	32,94	20,80	3,25	»
Goujon	100,00	23,41	17,00	12,67	3,44
Anguille	75,80	37,93	13,36	3,86	0,77
Ablette	100,00	27,11	15,83	23,03	3,35

Le *poisson frais* a les ouies rouges ou rose vif; souvent les marchands les colorent avec du sang ou à l'aide d'une matière colorante rouge; nous avons eu à analyser une poudre spécialement vendue pour ce genre de fraude. C'est une laque de cochenille à base de chaux, rehaussée par un peu de fuchsine. Cette fraude se décèle facilement soit en frottant légèrement avec le doigt la partie douteuse, le doigt prendra alors une teinte rose, ou encore par le lavage à l'eau qui entraîne le sang et laisse les ouïes plus ou moins blanches.

Le poisson ne saurait être consommé qu'absolument frais; on le rejettera impitoyablement si l'on perçoit une odeur ammoniacale, fût-elle légère.

Les *crustacés* nous donnent une chair de digestion difficile, bien que très recherchée; les écrevisses, la langouste, le homard, la crevette et le crabe sont les plus répandus. Comme les poissons, ils ne peuvent être consommés que frais ou en bon état de conservation. (Voir *Conserves alimentaires*.)

Les *mollusques* les plus estimés sont les huîtres, les moules et les escargots, dont la chair musculaire possède à peu près la même composition que celle des animaux de boucherie.

Les *huîtres* crues ont une chair légère, savoureuse, et se digèrent par leur propre diastase. Cuites, elles sont de digestion plus difficile. A certaines époques de l'année, elles deviennent parfois malsaines (de mai à août). Les uns attribuent leur propriété nocive à l'introduction dans leurs valves d'un petit crabe nommé pinnathère; quelques-uns accusent l'époque de la ponte; d'autres enfin supposent qu'elles absorbent le frai toxique des astéries ou étoiles de mer.

En général, on ne consomme l'huître que pendant les mois de l'année dont le nom renferme un R.

Les *moules*, comme les huîtres, ne se consomment guère en été. Moins délicates et moins digestives que les huîtres, elles ont besoin d'être très épicées pour être digérées plus aisément.

On a longtemps attribué les cas d'intoxication par les moules à la quantité de cuivre qu'elles pouvaient contenir lorsqu'elles s'attachent aux navires blindés en cuivre. Aujourd'hui, d'après les expériences de MM. Wolf, Lustig, Brieger, etc., le foie paraît être le siège du poison.

M. Lustig a isolé deux microbes distincts, l'un inoffensif, l'autre pathogène. Ce dernier, introduit par les voies digestives chez les lapins ou les cobayes, a déterminé tous les symptômes de l'empoisonnement observés chez l'homme.

Il est donc à supposer que l'empoisonnement produit par les moules est dû à des ptomaïnes d'origine microbienne qui seraient les produits d'élaboration des microbes vivants que la cuisson doit détruire.

L'*escargot* est un mollusque terrestre très estimé. Les plus renommés sont ceux de Bourgogne, ils doivent cette faveur à la vigne sur laquelle ils vivent; l'escargot de haies est moins recherché. Sa chair est de digestion difficile; aussi doit-on la préparer avec force assaisonnements. Les escargots vendus tout préparés sont parfois confectionnés de toute pièce. Les coquilles ayant déjà servi sont remplies avec un mélange de lanières de poumon, de sel, de farine et de moutarde; d'autres fois, on emploie des morceaux de foie ou de mou; le tout est recouvert de beurre et vendu comme de bons escargots.

Nous avons eu à examiner, au Laboratoire municipal, une certaine quantité d'escargots qui avaient indisposé plusieurs personnes. Ces dernières avaient préparé elles-mêmes les mollusques et leur avaient trouvé un goût excellent. L'analyse décela la présence d'une grande quantité de cuivre (0^{gr},645 p. 100 en sulfate), provenant d'une vigne traitée par le sulfate de cuivre, et dans laquelle ces escargots avaient été recueillis. Le corps et la bave de ces mollusques étaient légèrement bleuâtres.

VIANDES TRAVAILLÉES

Avant d'être consommées, les viandes subissent différentes préparations culinaires qui les rendent plus ou moins agréables au goût et qui modifient quelque peu leur composition.

La *cuisson* de la viande se pratique soit par coction en la laissant un certain temps dans l'eau à une température voisine de 100°, soit en la soumettant à un des procédés de rôtissage.

Dans le premier cas on obtient deux aliments : le bouillon dans lequel la cuisson a eu lieu et la viande privée de tout ce que l'eau a pu dissoudre. La viande et le bouillon réunis contiennent donc la somme des éléments nutritifs, mais chacun d'eux séparé ne forme plus qu'un aliment appauvri.

Suivant que l'on veut un bouillon excellent ou un bouillon léger, on prépare le pot-au-feu de deux manières différentes, les qualités du bouillon étant toujours acquises au détriment de la viande, et réciproquement.

Dans le premier cas la viande est mise dans l'eau froide, dont la température est élevée graduellement à 100° pendant plusieurs heures (5 heures environ) : l'eau se charge alors de tous les principes solubles et aromatiques du bœuf, qui perd une grande partie de ses propriétés nutritives.

Dans le second cas, la viande n'est introduite que lorsque l'eau est en pleine ébullition. Il se forme par la coagulation de l'albumine une couche protectrice à la surface du bœuf, dont les principes solubles ne passent plus dans le bouillon ; la viande conserve alors la plus grande partie de sa valeur nutritive aux dépens du bouillon. Pour aromatiser le bouillon on y ajoute des légumes : carottes, navets, poireaux, etc.

Par l'ébullition, une certaine quantité de matières albuminoïdes se coagulent et montent à la surface, ce qui constitue l'écume, que l'on doit enlever afin d'avoir un bouillon clair et de conservation plus facile.

Les résultats suivants de l'analyse des cendres du bouillon et de la viande épuisée montrent l'insuffisance de cette dernière, au point de vue nutritif.

PRINCIPES MINÉRAUX	BOUILLON — DANS 100 PARTIES DE CENDRES		VIANDE ÉPUISÉE — DANS 100 PARTIES DE CENDRES	
	Sels solubles	Sels insolubles mélangés au charbon	Sels solubles	Sels insolubles mélangés au charbon
Potassium	34,18	4,69	5,76	20,13
Acide phosphorique	23,55	2,72	5,92	32,48
Chlorure de potassium	17,13	0,80	»	»
Sulfate de potassium	6,39	0,83	»	»
Phosphate terreux et oxyde de fer	»	9,39	0,91	33,28
	81,35	18,43	12,59	85,89

En calculant d'après ces données, on obtient pour la quantité de cendres contenues dans la chair musculaire :

Acide phosphorique	36,60
Potassium	40,20

Oxydes terreux et oxydes de fer.	5,69
Acide sulfurique	2,95
Chlorure de potassium.	14,81

Une fois la viande cuite, ces principes se répartissent ainsi :

PRINCIPES MINÉRAUX	DISSOUS DANS LE BOUILLON	RESTÉS DANS LA VIANDE
Acide phosphorique.	26,24	10,36
Potassium.	35,42	4,78
Oxydes terreux et de fer.	3,15	2,54
Acide sulfurique.	2,95	»
Chlorure de potassium	14,81	»
	82,57	17,68

Si la viande bouillie ne renferme pas beaucoup de matières salines, elle n'en subit pas moins des transformations au sein de l'organisme ; ses principes essentiels (la fibrine et l'albumine) sont dépourvus des intermédiaires indispensables pour effectuer les échanges ; il s'ensuit que dans cet état la viande ne peut plus régénérer le liquide sanguin.

Quelquefois, cela est rare, le bouillon est falsifié par addition de gélatine. Cette fraude se reconnaîtra facilement par les réactifs de la gélatine et en séparant d'abord la graisse et concentrant le bouillon, qui sous un petit volume se prendra en gelée.

Malgré les critiques qui s'élèveront toujours contre le pot-au-feu, il restera longtemps encore l'aliment économique par excellence, et, tout en reconnaissant le peu de valeur nutritive du bouillon et du bouilli, on ne saurait en proscrire l'usage.

La soupe excite les estomacs fatigués, c'est un peptogène qui permet à l'estomac de digérer les aliments, alors qu'il ne pourrait le faire sans elle.

Les différents procédés de rôtissage ont pour but de former autour de la viande, par la coagulation de l'albumine, une couche protectrice qui s'oppose à la sortie des sucs que contient la viande.

Soit à la flamme, soit à la casserole, la viande rôtie constitue l'aliment sain et nutritif par excellence.

Pour conserver à la viande ses qualités nutritives, il est nécessaire de porter vivement la surface du morceau à une température de 100 à 120° ; la partie interne n'atteint guère que 65 à 70°.

On obtient de cette façon une viande tendre, juteuse, sapide. Suivant Payen, toutes ces qualités proviennent de ce que « la coagulation de plusieurs matières organiques et la contraction ou le retrait des tissus dans la couche superficielle auront suffi pour empêcher l'évaporation ou la dessiccation des parties internes ; celles-ci, en présence des sucs liquides, auront subi une macération et une température capables de désagréger les fibres et de coaguler seulement en partie l'albumine, laissant dans le liquide l'hématosine qui le colore en rouge, enfin développant assez l'arome pour rendre la substance alimentaire fort agréable au goût ».

CHARCUTERIE

Sous la dénomination de charcuterie, on trouve dans le commerce un grand nombre de préparations diverses dont la chair du porc est le principal élément. Lorsqu'elles sont faites avec soin ces préparations constituent d'excellents aliments, très variés. Malheureusement, certains débitants peu scrupuleux livrent à la consommation une agglomération de produits de qualité inférieure dont le goût désagréable est masqué par une forte addition de divers épices et condiments.

Lorsqu'elle est de bonne qualité, la charcuterie prise en petite quantité n'est pas mauvaise, les condiments qu'elle contient en font un excitant énergique, elle stimule l'estomac et active la digestion.

La digestion des produits de la charcuterie est souvent rendue très difficile par la quantité anormale de liquide que l'on est obligé d'absorber pour éteindre la soif occasionnée par la forte proportion d'épices qu'ils contiennent.

Pendant l'été les différentes préparations de charcuterie se corrompent aisément. Une des principales causes de cette corruption rapide est la présence de viandes vieillies, commençant à piquer, qui, comme nous le disions plus haut, entrent quelquefois dans différentes préparations.

Fréquemment on nous apporte des produits de la charcuterie « ayant rendu malade »; nous ne trouvons que bien rarement des métaux toxiques pouvant provenir des vases ayant servi à leur préparation. Leur nocuité provient presque toujours de la mauvaise qualité des viandes qui les composent.

Les préparations de la charcuterie doivent être tenues dans des endroits secs et, autant que possible, recouvertes de graisse ou d'un enrobage quelconque empêchant l'action de l'air. Lorsqu'on néglige ces précautions, on ne tarde pas à voir apparaître les moisissures.

Les moisissures les plus communes appartiennent à la classe des champignons : tels sont le penicillium crustaceum, l'aspergillus glaucus, le mucor mucedo.

Le *penicillium crustaceum* forme au début de l'envahissement de petites taches blanches, qui, s'étendant, deviennent bleuâtres. « Le thalle est formé de pédicelles cloisonnés en cellules. La cellule extrême, terminée en pointe, produit une première spore; au-dessus de celle-ci une deuxième, puis une troisième, une quatrième et plus, de sorte que la spore la plus âgée et la plus volumineuse est celle qui s'éloigne le plus de l'extrémité du pédicelle. La cellule située immédiatement au-dessous de la cellule terminale pousse à son tour des branches chargées de spores, et ainsi de suite; il se forme ainsi un pinceau de spores qui arrivent à peu près à la même hauteur; ces spores sont d'ailleurs recouvertes d'une matière cireuse d'un vert glauque (1). »

(1) Villain et Bascou, p. 348.

Aspergillus glaucus.— Dans l'aspergillus glaucus (fig. 11) des filaments sporifères sont situés à l'extrémité libre des stérigmates qui sont produits par le bourgeonnement de l'extrémité de la branche du mycelium. Cette branche se dresse à peu près verticalement sans se cloisonner.

Le *mucor mucedo* (1) forme un long duvet blanchâtre sur lequel apparaissent les sporanges, noirs lorsqu'ils sont mûrs, portés par de longs pédicelles (fig. 12).

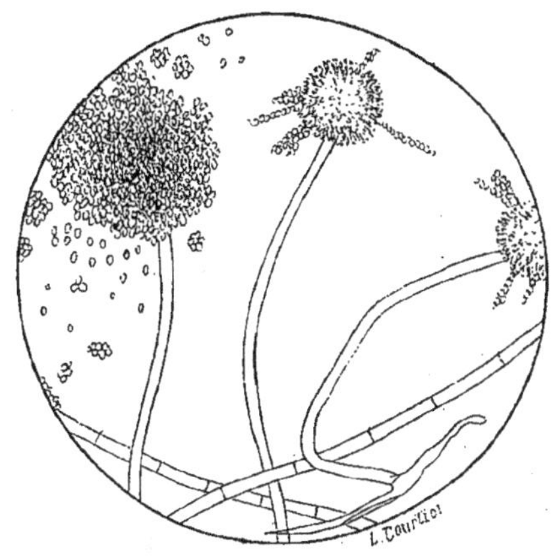

Fig. 11. — Aspergillus glaucus (170 diam.).

Le sporange est sphérique, il est limité par une membrane assez épaisse incrustée de cristaux en aiguilles d'oxalate de chaux. La cloison qui sépare le sporange du pédicelle bombe fortement dans l'intérieur du sporange, constituant une columelle bien marquée. La cavité qui subsiste à l'intérieur du sporange se remplit de spores. Ces spores mûres sont ovales, incolores; portées dans un milieu nutritif, elles germent rapidement en donnant un ou deux tubes mycéliens.

Ces moisissures sont les plus communes. Dans toutes les préparations où elles

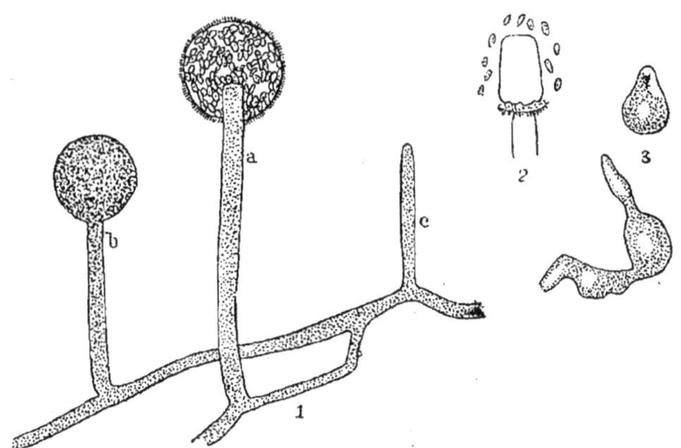

Fig. 12. — Mucor mucedo. — 1. Portion du thalle avec un tube sporangifère à sporange mûr (*a*), un sporange jeune (*b*) et un n'ayant pas encore différencié son sporange (*c*); 2. Columelle d'un sporange rompu autour de laquelle se trouvent encore quelques spores; 3. Sporanges germant.

n'auront envahi que la surface, il suffira de rejeter la partie atteinte. Les parties non atteintes pourront être consommées sans crainte. Si les parties centrales

(1) Macé, p. 313.

ont été envahies, on devra rejeter cette substance de la consommation, car l'action des ferments est toujours dangereuse sur les matières alimentaires.

Les produits manipulés sont falsifiés soit par addition de fécule, d'amidon, de mie de pain, ou par substitution de viande de cheval à celle du porc.

La première de ces falsifications est courante pour la chair à saucisses, le fromage d'Italie, les saucissons cuits; elle sera facilement décelée par l'eau iodée et l'examen microscopique.

La viande de cheval est très employée dans la fabrication du saucisson dit de Lyon; certains fabricants prétendent qu'elle donne une plus belle apparence au produit.

Pour caractériser cette falsification, il serait bon d'opérer par comparaison avec des mélanges de composition connue. Cependant la coupe du saucisson est d'autant plus foncée qu'il est vieux, ou qu'il contient plus de cheval ou de taureau.

Sur le saucisson qui a vieilli, et parfois à l'intérieur, on rencontre des acariens, le *dermeste* du lard ou sa larve, et plus souvent encore les moisissures que nous venons de citer.

On devra toujours faire la recherche des ptomaïnes dans les produits manipulés dont l'odeur fétide sera assez prononcée.

Partie supplémentaire.

VIANDES

PAR M. J. FROIDEVAUX

Intoxications causées par les viandes.

De nombreux travaux ont été publiés sur ce sujet; il convient surtout de citer ceux de M. le professeur A. Gautier, de MM. Polin, Labit, Martha et enfin de M. Van Ermengem.

Ces intoxications sont provoquées le plus ordinairement par l'ingestion de viandes putréfiées ou par des viandes provenant d'animaux atteints de maladies infectieuses. M. Van Ermengem, qui a étudié un grand nombre de cas très différents, ayant comme point de départ des empoisonnements par les viandes putréfiées ou d'origines pathologiques, a remarqué que les accidents de cette nature suivent dès le début une marche très rapide. Ces accidents présentent la plupart du temps les symptômes de la gastro-entérite ou du choléra nostras; ils sont dus à la présence de nombreux bacilles pathogènes, dont quelques-uns se rapprochent du bacille typhique et appartiennent au groupe des coli-bacilles. Cependant, suivant les circonstances, il peut ne se produire que des affections bénignes des voies digestives. L'élément toxique serait constitué alors par la masse protoplasmique même de ces microbes qui se trouvent toujours en très grande quantité dans les viandes avariées. Cet élément toxique résisterait à une température supérieure à 100°.

A côté des intoxications par les viandes putréfiées ou d'origines pathologiques, il existe d'autres cas qui s'en distinguent complètement et dont l'origine était restée obscure jusqu'à ces derniers temps, parce qu'ils étaient occasionnés par des viandes d'apparence saine; c'est à cette catégorie d'accidents que M. Van Ermengem a donné le nom de Botulisme, pour les distinguer des empoisonnements ordinaires.

Botulisme. — Les viandes qui provoquent ce genre d'intoxications sont remarquables par l'absence des microbes de la putréfaction; on n'y rencontre pas non plus la moindre trace de ptomaïnes. Les symptômes d'empoisonnement sont tout différents de ceux qui viennent d'être décrits pour les viandes putréfiées. Les troubles des fonctions digestives sont beaucoup moins importants ; mais en revanche on constate des phénomènes caractéristiques du côté du système nerveux (paralysies diverses, sécheresse des muqueuses, troubles de la vue, rétention d'urine, constipation, etc.).

Les milieux acides sont favorables aux cultures du *Bacillus botulinus*, par contre il ne se développe pas dans les milieux renfermant plus de 8 p. 100 de sel ; ses spores, peu résistantes à l'action de la chaleur, sont tuées à 85° ; les toxines qu'il sécrète sont excessivement dangereuses et déterminent à très petites doses des accidents mortels, elles sont détruites à une température n'excédant pas 60 à 70°.

On rencontre le *Bacillus botulinus* dans tous les produits où il peut trouver les conditions nécessaires à sa vie anaérobie, tels que : viandes fumées, jambons, conserves de viandes en boîtes, pâtés de gibier conservés sous la graisse, boudins, saucisses, poissons salés, etc.

Analyse des viandes toxiques.

L'analyse des viandes toxiques présente un grand intérêt, il est indispensable en effet de déterminer aussi exactement que possible les causes de l'empoisonnement. M. Van Ermengem, qui a eu l'occasion de procéder fréquemment à ce genre de recherches, préconise la marche ci-après pour l'examen des saucissons [*Recherches sur des cas d'accidents alimentaires* (*Revue d'hygiène*, 1896, t. XVIII)] ; cette méthode peut être appliquée d'une façon générale à l'analyse de toutes les viandes.

1° Examen des caractères extérieurs et physiques ;

2° La recherche des signes de la putréfaction ;

3° L'analyse bactériologique (comprenant l'examen microscopique, des essais de culture et des expériences physiologiques).

Examen des caractères extérieurs. — Absence, sur l'enveloppe, de végétations cryptogamiques, de moisissures ; la surface ne doit pas être collante, visqueuse ou poisseuse, l'odeur doit être agréable. A la coupe, le saucisson doit être d'une couleur uniforme, ne pas présenter de colorations verdâtres dans les parties périphériques ; on doit également constater si les différents éléments qui le constituent ont été finement ou grossièrement hachés, et vérifier l'odeur, la couleur et la consistance de la graisse.

Signes de la putréfaction. — On considère en Allemagne cette partie de l'expertise comme des plus importantes, et on exécute une série d'essais qui viennent confirmer l'examen précédent.

D'après M. W. Eber (1), les viandes et leurs sous-produits sont plus ou moins atteints par la putréfaction quand :

1° La réaction est neutre, alcaline ou amphotère ;

---

(1) W. Eber, *Instruction für Untersuch. animaler Nahrungs* (Berlin, 1895).

2° Quand il se produit des fumées persistantes, grises, bleuâtres ou blanchâtres au contact du réactif suivant :

Acide chlorhydrique pur	1 partie
Alcool à 96°	3 —
Ether sulfurique	1 —

3° Quand ils noircissent le papier imprégné d'une solution d'acétate de plomb.

Examen microscopique. — Cet examen permet de constater si le saucisson n'a pas été additionné de déchets de viandes, de viscères ; si la graisse et les parties musculaires présentent leur aspect normal ; si les fibres musculaires offrent toujours leur double striation et n'ont pas subi de dégénérescence graisseuse ; enfin s'il n'y a aucun parasite, « échinocoques, trichines, etc. », ou des lésions quelconques pouvant faire soupçonner la présence d'organismes infectieux.

On procède à cet examen en mettant la préparation en suspension dans de l'eau glycérinée, additionnée d'acide acétique, ou en opérant sur des coupes pratiquées au microtome. Il est indispensable de compléter l'étude microscopique par une analyse bactériologique et des expériences physiologiques ; ce n'est qu'après ces dernières épreuves seulement que l'on peut se prononcer d'une façon certaine et déterminer si l'empoisonnement occasionné par la viande suspecte est dû à son état de décomposition plus ou moins avancé, s'il provient de l'état pathologique des animaux abattus, ou si on est en présence d'accidents de botulisme.

Enfin il est une question qui a été fréquemment agitée dans ces derniers temps : les viandes provenant d'animaux atteints de maladies infectieuses sont-elles dangereuses ? M. le professeur Pouchet cite le cas d'une épidémie cholériforme qui aurait pris naissance dans un département du Nord à la suite de l'ingestion, par les personnes qui contractèrent la maladie, de viande de porcs atteints de pneumo-entérite infectieuse. Cet exemple ferait pencher pour l'affirmative ; cependant toutes les maladies contagieuses, à cet égard, ne présenteraient pas un égal danger.

M. Thomassen (d'Utrecht), au VIe Congrès pour l'étude de la tuberculose, affirma que l'ingestion dans l'estomac et même l'injection dans le péritoine du suc frais de viande crue provenant d'animaux tuberculeux ne transmettaient qu'exceptionnellement la maladie (1) ; cette transmission se fait sûrement s'il se produit accidentellement des plaies aux muqueuses de la bouche et de l'œsophage, par de petites esquilles d'os par exemple.

Quoi qu'il en soit, la loi du 21 juin 1898, qui apporte de profondes modifications au Code rural, concilie autant que possible l'intérêt du producteur avec la santé du consommateur (2). Cette loi interdit la vente de la viande des animaux *morts* de maladies contagieuses quelles qu'elles soient, ainsi que de celle

(1) *Revue d'Hygiène*, septembre 1898 ; — *Journal de Pharmacie et de Chimie*, 1899.

(2) Loi du 21 juin 1898 : Code rural, livre III, De la police rurale ; — Chap. II, De la salubrité publique ; — IIe section, De la police sanitaire des animaux ; Art. 42, 43, 44.

qui provient d'animaux *abattus* comme atteints de peste bovine, de morve ou farcin, de maladies charbonneuses, du rouget et de la rage. La vente de la viande provenant des animaux ayant été *abattus* comme étant atteints de péripneumonie contagieuse, de tuberculose, de pneumo-entérite est tolérée après autorisation du maire, sur l'avis conforme du vétérinaire sanitaire, à la condition que tous les viscères de ces animaux soient détruits.

Recherche de la viande de cheval et de l'amidon dans les viandes de boucherie, les produits de charcuterie (saucissons, saucisses, etc.).

D'après M. Nocard (1), on abat à Paris environ 20.000 chevaux par an ; leur viande est débitée dans 120 boucheries hippophagiques, mais on ne livre guère à la consommation sous le nom de viande de cheval que les meilleurs morceaux (filet, aloyau, culotte) ; ce qui reste est livré aux charcutiers et transformé en saucissons et autres produits analogues. Certains restaurateurs peu scrupuleux transformeraient le filet de cheval, après l'avoir fait mariner quelques jours, en filet de chevreuil ; les plus fins gourmets s'y tromperaient.

Les solipèdes (chevaux, ânes, mulets) ne possédant pas de vésicules biliaires, leur viande contient une quantité beaucoup plus élevée de glycogène que la viande des autres animaux de boucherie (bœufs, veaux, porcs, moutons). La recherche de la viande de cheval est basée sur cette propriété ; son examen n'offre aucune difficulté avec les viandes de boucherie, mais il est rendu assez délicat par la présence de l'amidon dans les saucissons. En effet l'amidon porté à une température élevée est transformé en érythrodextrines, celles-ci ont des propriétés communes avec le glycogène ; comme ce dernier, les érythrodextrines donnent une coloration rouge violacé par l'iode, dévient à droite le plan de polarisation et sont également transformées en glucose lorsqu'elles sont chauffées avec les acides étendus.

La détermination de la viande de cheval est également rendue très difficile lorsque le produit sur lequel se fait la recherche a subi une longue cuisson ; cette cuisson se faisant, pour les saucissons, dans l'eau bouillante, le glycogène s'y dissout en grande partie.

Avec les procédés chimiques basés sur la caractérisation ou le dosage du glycogène, on ne pourra donc affirmer la présence de la viande de cheval d'une façon certaine qu'en présence de produits crus et non additionnés d'amidon.

Les méthodes biologiques donneraient de même un résultat positif avec la viande crue ou des mélanges de viandes crues, la présence de l'amidon ne gênerait pas les réactions ; mais les produits ayant subi une longue cuisson échapperaient également à ce mode d'investigation.

Méthode de M. Cugini (2). — La viande finement hachée est mise à digérer dans l'eau froide pendant douze heures, puis le liquide est chauffé lentement

(1) A. Villiers et Eug. Collin, *Traité des altérations et falsifications des substances alimentaires*; — *Annales d'hygiène publique et de médecine légale*, 1895.

(2) *Staz. sperim. agr. ital.*, 1898; — *Zeitschr. f. Untersuch. der Nahrungs und Genussmittel*, novembre 1898.

jusqu'à ébullition, on décante alors la solution, on l'additionne d'un volume égal d'alcool, et après avoir agité on laisse déposer le précipité; celui-ci est recueilli sur un filtre, lavé à l'alcool et séché. Enfin, le précipité est dissous dans une petite quantité d'eau bouillante, et la solution additionnée de quelques gouttes d'iode ioduré ; en présence de la viande de cheval, il se produit une coloration rouge violacé.

Méthode de M. F. Jean(1). — Le saucisson finement haché est épuisé par macération dans l'eau pendant une heure, à une température de 60° à 70°, on presse pour séparer le bouillon, on ajoute quelques gouttes d'acide acétique, puis le liquide est porté à l'ébullition et filtré. La liqueur filtrée est réduite par évaporation à un volume de 20^{cc}, on laisse refroidir et on ajoute 100^{cc} d'alcool à 95° ; lorsque le précipité est déposé, on le jette sur un filtre, puis il est lavé à l'alcool, à l'éther et séché. Le résidu est dissous alors dans 5 à 6^{cc} d'eau bouillante; après refroidissement, on ajoute un volume égal d'acide acétique, on agite pour rassembler le nouveau précipité qui s'est formé, et on filtre. Pour faire la réaction, on verse dans un verre de montre placé sur un fond blanc quelques centimètres cubes d'une solution d'iode ioduré à 0,25 p. 100, puis on laisse tomber 10 gouttes de la liqueur filtrée. La présence d'une forte proportion de glycogène est décelée par une coloration rouge virant au brun; s'il y a peu de glycogène, il se produit une zone rouge striée de brun au fond du verre de montre.

On pourrait encore citer de nombreuses méthodes pour la recherche de la viande de cheval, parmi lesquelles celle de MM. Bräutigam et Edelmann (2), qui ont été des premiers à utiliser la coloration rouge violet que produit le glycogène en présence d'une solution d'iode; leur méthode ne donne de résultats certains qu'en présence d'une très forte proportion de viande de cheval; — les méthodes de M. G. Nussberger (3), qui décèle l'addition de viande de cheval par le dosage du glucose ; de M. Frühling (4), qui se base sur la détermination de l'indice d'iode de la matière grasse ; ces deux derniers procédés sont fort longs et très peu précis.

Méthodes biologiques. — On ne peut terminer ce rapide exposé sans parler de la recherche de la viande de cheval basée sur le séro-diagnostic.

Jess et Uhlenhuth ont songé à appliquer la méthode de Wassermann pour déterminer l'origine des viandes. Le principe de cette méthode est le suivant :

L'extrait de viande ou le sérum que l'on veut reconnaître est inoculé à un animal ; si l'on ajoute au sérum de cet animal des extraits de viande ou des sérums de même origine que ceux qui lui ont été inoculés, il se produit un précipité. Un lapin, par exemple, ayant été inoculé à l'aide d'extrait de viande de cheval ou de sérum de cheval, le sérum de ce lapin produira un précipité dans une solution d'extrait de viande ou de sérum de cheval; il n'en produira aucun dans les liquides provenant du bœuf ou du mouton.

(1) *Revue de Chimie industrielle*, février, 1899.
(2) *Pharm. Centralblatt*, 34.
(3) *Chem. Rundsch.*, 1896.
(4) *Zeitschrift f. augem. Chemie*, 1896.

D'après le Dr E. Ruppin (1), le procédé suivant donnerait d'excellents résultats : On injecte deux fois par semaine, à l'intérieur du péritoine de plusieurs lapins, des quantités croissantes de suc de viande de cheval, allant jusqu'à 20cc à la fois ; on obtient ainsi un sérum très actif.

On ajoute alors directement les décoctions de viandes au sérum ainsi obtenu ; les solutions de saucissons sont au préalable alcalinisées, filtrées et éventuellement additionnées de 0,8 à 1,6 p. 100 de chlorure de sodium préalablement dissous.

La réaction caractéristique (trouble et précipitation) apparaîtrait aussi bien, d'après l'auteur, avec les décoctions de viandes qu'avec les solutions provenant de saucissons crus, fumés ou faiblement cuits ; les agents de conservation ne modifieraient en rien la réaction. Les saucissons soumis à une longue cuisson n'ont aucune action sur le sérum.

Ces procédés très intéressants pourront certainement, dans l'avenir, recevoir des perfectionnements qui les rendront tout à fait pratiques.

Méthode du Laboratoire municipal. — Nous utilisons la réaction du glycogène en présence de l'iode. Lorsque le saucisson ne contient pas d'amidon, nous suivons la marche suivante, qui est due à M. Py, ancien chimiste au Laboratoire : 20gr de saucisson débarrassés de l'enveloppe extérieure, de la majeure partie de la graisse et des grains de poivre qui peuvent s'y rencontrer, sont finement hachés et placés dans un becherglass avec 100cc d'eau distillée ; on fait bouillir le temps suffisant pour réduire le volume du liquide à 20cc environ ; après refroidissement, on ajoute 1 ou 2cc d'acide nitrique et on filtre. La liqueur filtrée est additionnée de quelques gouttes d'une solution d'iode présentant la composition suivante :

Iode bisublimé	1	gramme
Iodure de potassium	2	—
Eau distillée	100	—

La présence de la viande de cheval est décelée par la coloration caractéristique du glycogène.

On ne peut appliquer cette méthode lorsque les saucissons sont additionnés d'amidon, parce que la coloration bleue produite en présence de l'iode par l'amidon masquerait complètement la réaction.

Méthode de M. Bastien. — On fait bouillir le saucisson haché comme précédemment, puis on concentre la liqueur ; après refroidissement, on sépare le bouillon par décantation, on ajoute 1 à 2 volumes d'acide acétique cristallisable, suivant la quantité d'amidon, et on laisse reposer cinq minutes, puis on filtre. A 10cc du filtrat clair, on ajoute quelques gouttes de la solution d'iode. La présence de la viande de cheval est indiquée par la coloration rouge violacé obtenue.

D'après M. Bastien, certaines parties de la viande de bœuf, « le rumsteck par exemple », donneraient une légère coloration rouge brun avec l'iode. Cette colo-

(1) *Pharmaceutische Central.*, 1902.

ration, qui pourrait faire naître quelques doutes, quoiqu'elle différât comme teinte de celle que l'on obtient avec la viande de cheval, ne se produit plus lorsque le bouillon est additionné d'acide acétique.

Toutes ces différentes méthodes, sauf celle pourtant de M. G. Nussberger, ne font que déceler qualitativement la viande de cheval. Si l'on veut se rendre compte des proportions qui existent dans un mélange, on est obligé de procéder au dosage du glycogène. D'après M. Villiers, la proportion de glycogène (dosée d'après la méthode ci-après), serait, pour la viande de cheval, de 3,8 à 6 p. 100 ; pour les autres viandes, la limite extrême serait de 1 p. 100 ; ces nombres étant rapportés à la viande sèche ne contenant pas de matières grasses.

Dosage du dextrose et du glycogène (1). — On pèse 100gr de viande finement hachée, on les traite par 500cc d'eau bouillante pendant deux minutes ; la solution décolorée est ramenée à 100cc par la concentration et titrée avec le réactif cupropotassique. Si on calcule en dextrose, il faut se rappeler que 162 parties de glycogène = 180 parties de dextrose.

Dosage de l'amidon dans les saucissons, cervelas, saucisses, etc.

L'addition d'amidon aux préparations de la charcuterie est une regrettable habitude qui tend de plus en plus à se généraliser; cette addition, qui constitue déjà par elle-même une falsification, est aggravée par le fait qu'elle permet l'introduction d'une certaine quantité d'eau. Le poids de ces produits, lorsqu'ils sont vendus après cuisson dans l'eau bouillante, est augmenté frauduleusement par suite de la formation d'empois d'amidon.

Il n'est pas rare de trouver dans des saucissons et cervelas cuits contenant de l'amidon une quantité d'eau atteignant 55 et 60 p. 100 ; tandis que dans ces mêmes saucissons et cervelas cuits, mais non additionnés d'amidon, la proportion d'eau ne varie guère que de 20 à 30 p. 100.

Cette importante falsification doit donc être mise en évidence par la recherche et le dosage de l'amidon.

Méthode du Laboratoire municipal. — 10gr de saucisson très finement haché sont débarrassés de leur matière grasse par un épuisement à froid à l'aide d'un mélange éthéro-alcoolique (alcool et éther en parties égales). L'excès d'alcool et d'éther est chassé par évaporation au bain-marie. Le saucisson dégraissé est introduit dans un flacon avec 100cc d'acide sulfurique étendu à 3 p. 100. On chasse l'air en partie en plaçant le flacon et son contenu au bain-marie pendant un quart d'heure ; puis, après l'avoir bouché hermétiquement, on le plonge dans un bain de sel dont on maintient l'ébullition pendant cinq heures. Au bout de ce temps, on laisse refroidir, on filtre, on complète le volume à 100cc et on prélève 50cc du liquide auxquels on ajoute : 20cc d'une solution d'acide phosphomolybdique à 20 p. 100, 20cc de sous-acétate de plomb à 20 p. 100 et 10cc d'une solution

(1) *Traité des altérations et falsifications des substances alimentaires*, par A. Villiers et Eug. Collin.

saturée de sulfate de soude. Après filtration, les matières réductrices sont dosées à l'aide de la liqueur de Fehling; x étant le nombre de centimètres cubes employés, on obtient l'amidon sec a en résolvant l'équation suivante :

$$a = \frac{0,025 \times 100}{x} \times 20 \times 0,900.$$

Dans le cas d'un saucisson ou cervelas cru, préparé avec de la viande de cheval et additionné d'amidon, il est évident que ce chiffre représente la proportion d'amidon et de glycogène que contient le produit.

Recherche de la matière colorante dans les saucissons. — Des charcutiers, dans le but de donner un aspect plus appétissant aux saucissons, colorent soit la viande, soit l'enveloppe de baudruche qui l'entoure. Cette opération constitue une véritable tromperie sur la qualité de la marchandise, elle masque complètement la couleur brun verdâtre des saucissons lorsqu'ils sont avariés. Le colorant employé presque exclusivement à cet usage est l'orangé II. Nous employons la méthode suivante pour le rechercher :

Une quantité suffisante de la viande suspecte, débarrassée de ses parties grasses, ou l'enveloppe du saucisson si elle paraît colorée, est mise à macérer dans un becher avec de l'alcool à 95°. Le becher, recouvert d'un verre de montre, est chauffé au bain-marie pendant cinq heures; au bout de ce temps, on laisse refroidir, et la solution alcoolique filtrée est évaporée à sec.

Le résidu est repris par l'eau; le colorant étant très soluble en liqueur aqueuse, cette solution est épuisée par l'alcool amylique. Après évaporation, on vérifie sur le résidu les réactions de l'orangé II. Ce dernier donne avec l'acide sulfurique concentré une coloration rouge fuchsine; si l'on étend d'eau, il se produit un précipité jaune brun. L'acide chlorhydrique donne un précipité brun jaune et la soude une coloration brun foncé.

M. Kellermann (1) signale dans les viandes fumées la présence du safran.

Pour le rechercher, l'auteur divise la viande en petits morceaux et la laisse macérer vingt-quatre heures dans l'alcool.

Si la viande est colorée artificiellement, l'alcool prend une teinte jaune foncé intense. On caractérise alors le safran sur le résidu provenant de la solution alcoolique évaporée à sec.

L'acide sulfurique concentré donne une coloration bleue, puis violette, qui passe au jaune clair par addition d'eau.

L'acide nitrique donne une coloration bleue, qui disparaît presque instantanément. L'hypochlorite de soude produit une décoloration complète. L'acide chlorhydrique n'occasionne aucun changement.

Recherche des antiseptiques. — On devra se reporter pour la recherche des antiseptiques aux méthodes décrites page 725.

Pour la détermination de l'acide borique dans les saucissons, cervelas, saucisses, etc., l'essai doit toujours être fait séparément sur la viande elle-même et sur son enveloppe, les parties d'intestins destinées à cet usage étant quelquefois additionnées d'acide borique avant leur livraison aux charcutiers.

---

(1) *Zeitsch. f. Unters. d. Nahrungs und Genussm*, 1898.

CÉRÉALES, FARINES, PAIN,

PATES ALIMENTAIRES ET PATISSERIES

PAR M. J. DE BREVANS

CÉRÉALES

Sous le nom de *céréales*, on comprend un certain nombre de plantes de la famille des *graminées* dont les grains jouent, dans l'alimentation de l'homme civilisé, un rôle considérable; tels sont le *froment* ou *blé*, le *seigle*, l'*orge*, l'*avoine*, le *riz*, le *maïs*, auxquels on joint le *sarrasin*, bien qu'il appartienne à la famille des *polygonées*.

Les substances immédiates qui constituent le fruit des céréales sont :

1° Des hydrates de carbone : l'amidon, la dextrine, la glucose, la cellulose;

2° Des matières azotées, solubles ou insolubles dans l'eau, dont les principales sont : la légumine ou caséine végétale, la fibrine végétale, la glutine;

3° Des matières grasses composées d'oléine et de margarine;

4° Des matières minérales dont les éléments principaux sont : des phosphates de chaux et de magnésie, des sels de potasse et de soude, de la silice et du soufre.

Analyse des céréales.

L'analyse des céréales, au point de vue de la détermination de leur valeur alimentaire, comprend les dosages suivants :

Densité. — Il est assez important, dans certains cas, de déterminer la densité des céréales. Ce résultat est donné, d'une manière très approximative, par poids d'un hectolitre de grain.

M. Mœrker (1) propose la méthode exacte suivante : un flacon contenant 50^{cc} et pesant vide un poids g, est rempli de pétrole. Soit G le poids du flacon plein de pétrole. On vide alors le pétrole du flacon et on verse dans celui-ci un poids M de grain, puis on ajoute du pétrole, de manière que le flacon soit aussi plein que lors de la pesée du pétrole seul ; soit P le poids du flacon contenant le grain et le pétrole. La densité S du grain sera donnée par la formule :

$$S = \frac{0,02\,M\,(G - g)}{M - (P - G)}.$$

Cette formule est établie de la manière suivante : le poids spécifique S du grain étant égal à son poids M divisé par son volume, on a : (1) $S = \frac{M}{V}$.

Or, le volume de l'orge est égal au poids du pétrole déplacé, divisé par la densité d du pétrole, c'est-à-dire :

$$\frac{G - g - (P - M - g)}{d} = \frac{G - P + M}{d} = \frac{M - (P - G)}{d}.$$

La densité du pétrole est connue, puisque le poids $G - g$ de ce corps correspond à un volume de 50^{cc}, elle est égale à $\frac{G - g}{50}$, ou pour simplifier à $(G\text{-}g)\ 0,02$ et, par suite, le volume du pétrole déplacé, par conséquent celui de l'orge, est égal à

$$50 \times \frac{M - (P - G)}{G - g} = \frac{M - (P - G)}{0,02\,(G - g)}.$$

En remplaçant V par sa valeur dans la formule (1), donnant la densité de l'orge, on obtient :

$$S = \frac{0,02\,M\,(G - g)}{M - (P - G)}.$$

Rapport du grain à la balle. — Il est intéressant de déterminer, pour les grains vêtus, tels que l'orge et l'avoine, la proportion des balles. On opère sur un poids connu de grains ; on les dépouille à la main et on pèse les balles et le grain proprement dit ; on calcule le rapport de ces deux éléments.

Dosage de l'humidité. — L'échantillon prélevé est aussitôt renfermé dans un flacon bien bouché ; on en prend 20^{gr} que l'on dessèche à l'étuve à 100°, jusqu'à ce que le poids ne varie plus. La perte de poids trouvée multipliée par 5 donne le taux pour 100 d'humidité de la matière au moment de son entrée au laboratoire.

Une autre portion de l'échantillon est réduite en poudre aussi fine que possible dans un moulin à café ; elle servira à l'analyse complète. On la place dans un flacon hermétiquement bouché, et on détermine son humidité en desséchant 5^{gr}

(1) Fabrication de l'alcool.

de matière, à 100°, jusqu'à ce que le poids ne varie plus. Le résultat est multiplié par 20 pour avoir l'humidité de 100gr de la substance au moment où on en fait l'analyse.

Dosage de la graisse. — L'échantillon desséché dans l'opération précédente est introduit dans un appareil à épuisement et traité par le sulfure de carbone ou par l'éther, pour dissoudre la matière grasse. Le dissolvant est évaporé et le résidu est desséché et pesé. Le poids trouvé, multiplié par 20, représente la graisse et une petite quantité de résine contenue dans 100gr de matière.

Dosage du sucre. — La matière débarrassée de la graisse est épuisée par l'alcool à 90°, qui dissout en même temps les acides végétaux, les tanins, etc. La solution alcoolique est évaporée et le résidu est desséché à 100° et pesé. On le reprend par 30cc d'eau contenant 2 p. 100 en volume d'acide sulfurique. Cette solution est portée à l'ébullition et maintenue une ou deux minutes à ce point. On la verse, après le refroidissement, dans un ballon jaugé à 50cc, on complète son volume avec de l'eau distillée et on y dose le sucre par la liqueur cupro-potassique.

Dosage de l'amidon. — La matière épuisée par l'alcool est desséchée, puis placée dans un flacon d'environ 200cc. On chauffe le mélange au bain-marie pendant une demi-heure en l'agitant souvent, pour gonfler l'amidon. Après le refroidissement, le contenu du flacon est additionné de 5cc d'une solution filtrée de 2gr d'orge germée moulue, dans 20cc d'eau ; on chauffe le mélange pendant 24 heures au bain-marie à 64-68°, température la plus favorable à l'action de la diastase sur l'amidon.

Comme la solution d'orge contient une petite quantité de glucose et de dextrine qui influerait sur les résultats, on fait un essai avec 5cc de cette liqueur que l'on chauffe pendant 24 heures avec 60 à 80cc d'eau, à 65-68°. Cette température ne doit jamais être dépassée.

Lorsque la saccharification à la diastase est terminée, on filtre le contenu des deux flacons; on lave le résidu et on amène le volume de la liqueur filtrée à 100cc. Celle-ci est additionnée de 4gr d'acide sulfurique et chauffée au bain-marie à 100°, dans un flacon de 200cc, que l'on a soin de boucher et de ficeler, dès que l'air en est chassé. Au bout de 5 heures de chauffage sous pression, la saccharification est complète et on peut faire le dosage du glucose. Cette opération se fait au moyen de la liqueur cupro-potassique, soit par décoloration, soit en pesant le précipité de protoxyde de cuivre formé.

Dans ce but, M. A. Girard place, dans un ballon d'environ 400cc, 40cc de la solution sucrée, représentant 1gr de matière, avec 10cc de lessive de potasse à 1/10e et 100cc de liqueur cupro-potassique. Le mélange est porté à l'ébullition, qu'on maintient 2 ou 3 minutes, et immédiatement filtré sur un petit filtre en papier Berzélius de 12cm de diamètre; on lave rapidement le précipité à l'eau bouillante jusqu'à ce que la liqueur ne soit plus alcaline. Pour le dosage de sucre dans la solution de malt, on n'emploie que 20cc de liqueur cuivrique.

Le filtre contenant le protoxyde de cuivre est desséché et placé dans une nacelle de platine tarée ; on l'incinère avec précaution, on place la nacelle dans un tube dans lequel on fait passer un courant d'hydrogène pur pendant qu'on chauffe le tube au rouge sombre; quand tout l'oxyde est réduit, on laisse refroidir la nacelle dans le courant d'hydrogène, puis on la pèse. Du poids du cuivre trouvé, déduction faite des cendres du filtre, on retranche la quantité de cuivre correspondant à la solution de malt : la différence multipliée par 0,5121 donne la quantité d'amidon contenue dans 1gr de matière.

Cellulose saccharifiable. — On introduit le résidu du traitement de la matière par la diastase dans un flacon avec 100cc d'eau contenant 2gr d'acide sulfurique monohydraté.

Le mélange est chauffé dans le flacon bouché au bain-marie pendant 6 heures. Le liquide est filtré sur un tampon d'amiante; le résidu est lavé à l'eau chaude. Le volume du liquide filtré, qui contient la glucose provenant de la cellulose saccharifiée, est amené à 200cc. On y dose le sucre au moyen de la liqueur cupro-potassique, comme il a été dit plus haut. Les résultats sont calculés en amidon en multipliant la quantité de glucose trouvée par 0,818.

Cellulose brute. — La matière non saccharifiée est introduite dans un flacon de 100cc avec une solution de potasse à 10 p. 100, et chauffée au bain-marie, à 100° pendant une heure. Le liquide, encore chaud, est filtré sur un tampon d'amiante; le résidu est lavé à l'eau chaude, jusqu'à ce que la liqueur qui passe ne soit plus alcaline, puis à l'acide acétique dilué, et de nouveau à l'eau jusqu'à ce que la liqueur ne soit plus acide. Le résidu et l'amiante sont introduits dans une capsule de platine, desséchés et pesés, puis incinérés; on détermine le poids de la matière incinérée et on le retranche du poids du résidu et de l'amiante; la différence donne la quantité de cellulose brute contenue dans 5gr de la matière, le résultat trouvé est multiplié par 20 pour avoir la proportion de cellulose brute pour 100gr de matière.

Matières azotées. — Le dosage de l'azote se fait sur 0gr,5 ou 1gr de matière par la méthode de Will et Warentrapp, ou par celle de Kjeldahl. Pour cette dernière, l'attaque se fait avec 20cc d'acide sulfurique concentré et 1gr ou 0gr,5 de mercure.

La quantité d'azote trouvée, multipliée par 6,25 et par 200 ou 100, donne la teneur p. 100 des grains en matières azotées.

Dosage des cendres. — On dose les cendres en incinérant, à une température aussi basse que possible, 5gr de matière. On calcule le taux p. 100 de cendres en multipliant le poids trouvé par 20.

Dans les cendres, on recherche les métaux toxiques, cuivre ou zinc, qui ont pu être introduits par le traitement des grains en vue de leur conservation.

MÉTHODE ADOPTÉE AU LABORATOIRE MUNICIPAL

L'échantillon est finement moulu dans un moulin à café et enfermé dans un flacon hermétiquement bouché.

Humidité. — Le dosage de l'humidité se fait sur 5 à 10gr de matière moulue que l'on dessèche à l'étuve à 100°, jusqu'à ce que le poids reste constant. La perte de poids multipliée par 20 ou par 10 donne l'humidité pour 100gr de matière.

Le blé fraîchement récolté renferme de 17 à 20 p. 100 d'eau; le blé conservé au grenier n'en contient plus que de 10 à 15 p. 100.

Matières grasses. — On épuise par l'éther ou le sulfure de carbone 5gr de grain moulu. On distille le dissolvant, on dessèche le résidu à 100° et on le pèse. Le poids trouvé est multiplié par 20.

Le blé contient normalement de 1,5 à 1,8 p. 100 de matière grasse.

Matières azotées. — Les matières azotées sont dosées soit par la méthode de Will et Warentrapp, soit par la méthode de Kjeldahl, sur 0gr,5 à 1gr de matière.

Le blé renferme environ 16 p. 100 d'azote. Ce nombre, multiplié par 6,25, donne la proportion de matières azotées.

Amidon. — Le dosage rigoureux de l'amidon se fait par le procédé que nous avons indiqué plus haut. Cependant, une détermination moins rigoureuse suffit souvent. On détermine en bloc les hydrates de carbone autres que la cellulose (amidon, sucre, gommes) par différence, en retranchant de 100 la somme de l'eau, des matières azotées, de la graisse, de la cellulose et des cendres.

Cellulose. — Le dosage rigoureux de la cellulose et de la cellulose brute se fait comme nous l'avons dit précédemment.

Pour doser rapidement la cellulose brute, on opère comme il suit :

2gr de matière épuisée par l'éther sont introduits dans un flacon de 200cc avec 80cc d'eau contenant 2gr d'acide sulfurique p. 100. Le flacon est chauffé au bain-marie à 100°, et bouché et ficelé dès qu'on en a chassé l'air. La durée du chauffage est de 5 heures. Après ce temps, on filtre la solution sur un tampon d'amiante; on lave le flacon et le résidu à l'eau chaude. Le liquide filtré est amené à un volume déterminé, si on veut y doser l'amidon et le sucre.

Le résidu est introduit de nouveau dans le flacon et chauffé une heure avec une solution de potasse à 10 p. 100. Le reste de l'opération, dont le résultat doit nous donner la cellulose brute, est conduit comme nous l'avons dit en parlant des méthodes diverses.

Cendres. — On dose les cendres sur 5gr de matière que l'on incinère avec précaution à une température assez basse pour ne pas volatiliser les chlorures. Les résultats sont ramenés à 100 en multipliant le nombre trouvé par 20.

Le blé renferme de 1,5 à 1,8 p. 100 de cendres.

Altérations des céréales.

Après le battage, lorsque les céréales ont été mal nettoyées, elles sont mélangées de graines étrangères, de poussières et de terre.

Parmi les graines étrangères, il y a lieu de redouter, à cause de leurs propriétés vénéneuses, la *nielle des blés* (Agrostemma githago), dont le principe actif est la saponine, la *ravenelle*, l'*ivraie* (Lolium temulentum), le *mélampyre* (Melampyrum arvense).

Un certain nombre de végétaux cryptogames se développent sur les grains, avant la récolte ou pendant leur conservation, surtout par les années humides. Nous citerons particulièrement l'*ergot* (Claviceps purpurea) qui se développe sur le seigle et sur le blé.

Le seigle ergoté se présente en grains violacés sur les épis. Le premier symptôme est l'apparition d'un mucus jaunâtre désigné sous le nom de nielle du seigle. Au bout de quelque temps le mucus disparaît, les grains attaqués sont mous et recouverts d'un tissu spongieux, feutré, blanc, qui est le mycélium du champignon. La base du grain devient plus compacte; c'est l'ergot qui apparaît; sa forme est celle d'un cylindre allongé, long de 1 à 2 centimètres et large de 2 à 4 millimètres. Elle est amincie à ses extrémités et plus ou moins recourbée en croissant. L'ergot est ferme et corné, un peu élastique; sa cassure est compacte, blanche à l'intérieur, légèrement rouge près de la surface; la couleur extérieure est violet noirâtre.

D'après Winzel, le principe actif de l'ergot est constitué par deux alcaloïdes: l'*ergotine* et l'*ecboline*.

Nous signalerons encore le *charbon* (Ustilago carbo), la *carie* (Tilletia caries), la *rouille* (Puccinia graminis), et un certain nombre de *mucédinées*.

Un grand nombre d'insectes attaquent les céréales, notamment le *charançon*, l'*alucite*, la *nielle* du blé produite par l'*anguilla tritici*.

FARINES

Sous le nom de farine on désigne le produit de la mouture des céréales débarrassé d'une partie des enveloppes du grain, qui constituent le son.

Les éléments à doser dans les farines sont les mêmes que dans le grain lui-même.

Analyse des farines.

Dosage de l'humidité. — On dessèche, à 100°, 5 à 10gr de farine dans une capsule tarée, jusqu'à ce que le poids demeure constant. La perte de poids multipliée par 20 ou 10 donne le taux p. 100 d'humidité.

Dosage des matières solubles dans l'eau (amidon, sucre, dextrine). — On épuise 20 à 30gr de farine, à huit ou dix reprises, par un volume total de 200 à 300cc d'eau. La solution est filtrée aussi rapidement que possible et amenée à un volume déterminé.

Sur une partie on dose l'amidon par le procédé que nous avons indiqué pour l'analyse des céréales. Sur une autre, préalablement saccharifiée par l'acide sulfurique, on détermine la somme de l'amidon, de la dextrine et du sucre. La différence de ces deux résultats donne la dextrine et le sucre.

Sur une troisième portion, on peut doser l'*acidité* de la farine, au moyen d'une liqueur normale décime de potasse, en se servant de la phtaléine du phénol comme indicateur.

La totalité des matières solubles dans l'eau est dosée par évaporation et dessiccation d'un volume déterminé de la solution. L'extrait incinéré permet de déterminer la teneur en matières minérales.

Dosage du gluten. — On pèse 30gr de farine que l'on malaxe dans un mortier avec 15^{cc} d'eau, de manière à en former une pâte ferme bien homogène que l'on enferme dans un nouet en toile fine et que l'on malaxe sous un filet d'eau jusqu'à ce que le liquide passe parfaitement clair ; de cette manière, on sépare l'amidon emprisonné par la matière azotée. Le liquide trouble qui l'entraîne est recueilli dans un grand verre à précipité.

Le gluten est enlevé du nouet; on achève de le laver en le malaxant dans les mains ; on le dessèche à 110-120°, on le pèse et on en détermine la proportion p. 100 en multipliant le poids trouvé par 3,33. Son élasticité et sa consistance à l'état humide permettent, jusqu'à un certain point, d'apprécier la valeur d'une farine. Dans les farines altérées le gluten est bien moins consistant et moins élastique que celui d'une bonne farine.

Dosage de l'amidon. — Le liquide trouble provenant de la lixiviation du gluten est abandonné au repos, pendant 24 heures, dans une capsule ou dans un grand verre à précipité. On décante la partie claire, et on verse ensuite l'amidon dans une capsule tarée ; on le dessèche, on le pèse, on calcule la proportion p. 100. Ce procédé est rapide, mais très approximatif.

Si l'on veut déterminer exactement l'amidon, on doit opérer par le procédé indiqué pour les céréales et faire le dosage sur 5^{gr} de farine épuisée par l'éther. La saccharification se fait au moyen de 30^{cc} de la solution d'orge germée, auxquels on ajoute 20^{cc} d'eau distillée.

Dosage de la cellulose. — Le dosage de la cellulose saccharifiable et celui de la cellulose brute se font comme dans le cas des céréales.

Dosage de l'azote total. — Dans certains cas, par exemple pour les farines de céréales autres que le blé, qui ne renferment pas de gluten, il est nécessaire de doser les matières azotées. Souvent aussi, si on veut déterminer la proportion de gluten très exactement, on dose directement l'azote dans la farine.

On opère sur 0^{gr},5 à 1^{gr} de matière, par la méthode de Will et Warentrapp ou par celle de Kjeldahl.

Dosage des cendres. — Le dosage des cendres se fait sur 5^{gr} de farine que l'on incinère à une température aussi basse que possible, en remuant de temps en temps la masse, tant qu'il s'y trouve des particules charbonneuses. Le résidu est pesé : son poids, multiplié par 20, donne la teneur p. 100 de cendres.

CARACTÈRES MICROGRAPHIQUES DES DIFFÉRENTS AMIDONS

L'analyse micrographique des farines a une très grande importance au point de vue de leur identification et de la recherche des altérations et des falsifications.

Les amidons des céréales présentent les caractères suivants, qui permettent de les distinguer entre eux, et aussi de ceux d'autres plantes que nous indiquons également :

Amidon des céréales.

Blé. — L'amidon du blé est composé de grains de différentes grosseurs. Les plus gros sont lenticulaires ; ils sont formés par un noyau central autour duquel sont disposées des couches concentriques. Le diamètre de ces grains et de 20 μ à 30 μ et même 50 μ. Les petits grains sont tantôt ronds, tantôt anguleux, libres ou réunis en masses plus ou moins grandes ; leur diamètre est au maximum de 6 μ.

Seigle. — Les grains de l'amidon du seigle sont assez semblables à ceux de l'amidon de blé. Les plus gros ont un diamètre de 30 μ à 35 μ et même 50 μ ; ils sont formés de couches concentriques. Le hile est étoilé, ce caractère est assez important pour la détermination de la farine de seigle ; il est à remarquer aussi que les grains sont irréguliers. Les plus petits grains sont presque toujours ronds, et rarement agglomérés.

Orge. — Les grains de l'amidon de l'orge se distinguent peu de ceux du froment et du seigle. Ils sont ronds, ovales ou réniformes; on y distingue des couches concentriques et une fissure centrale, allongée et souvent étoilée. Le diamètre des gros grains est de 20 μ à 30 μ, au maximum 35 μ. Les petits grains sont très nombreux et généralement ronds.

Avoine. — L'amidon de l'avoine est formé de grains sphériques ou ovoïdes, souvent agglomérés, d'environ 60 μ de diamètre. On trouve aussi des grains anguleux, à arêtes tranchantes, libres ou réunis en masses, de 3 μ à 7 μ de diamètre. Les grains fusiformes sont caractéristiques de l'amidon d'avoine.

Sarrasin. — La farine est formée de cellules parenchymateuses remplies de grains d'amidon qui s'en séparent facilement. Elles forment des masses à arêtes tranchantes, et les grains qu'elles renferment ont de 4 μ à 6 μ, rarement 10 μ de diamètre. Ils sont ronds ou anguleux, à arêtes mousses; ils ont une cavité nucléaire qui les distingue de ceux de l'amidon d'avoine et de riz. On trouve des agglomérations très variées et composées de 2, 3 et jusqu'à un très grand nombre de grains.

Riz. — Les grains de l'amidon de riz sont libres ou réunis; leur diamètre est de 3 μ à 10 μ; ils sont très anguleux. Les agglomérations affectent une forme ovale, ovoïde ou anguleuse.

Maïs. — L'amidon de maïs est assez semblable à l'amidon de riz; ses grains sont cependant plus gros en général et à arêtes moins tranchantes. Ils mesurent 15 μ à 30 μ ou 35 μ; des grains plus petits, au-dessous de 5 μ de diamètre, s'y rencontrent quelquefois. On ne trouve pas d'agglomérations. Les gros grains ont un hile plus ou moins étoilé.

Amidon des légumineuses.

Pois (Pisum sativum). — La plupart des grains de l'amidon de pois sont ronds, peu réniformes, avec une excroissance en forme de bourrelet. Le hile manque généralement, ainsi que les couches concentriques. Leur diamètre est de 30 μ à 54 μ.

Haricot. — Les grains de l'amidon du haricot sont réniformes, elliptiques et quelquefois sphériques ; ils ont un hile très apparent, long et souvent ramifié. Les couches concentriques ne sont pas toujours très visibles. Les grains les plus gros ont un diamètre de 40 μ à 42 μ, au maximum 56 μ ; les grains ronds sont beaucoup plus petits.

Lentille. — L'amidon de lentille est formé principalement de grains ronds ou ovoïdes, rarement réniformes. Les couches concentriques sont visibles et le hile est souvent ramifié ; leur diamètre est de 30 μ à 33 μ, rarement de 40 μ.

Fécules.

Pomme de terre. — Les grains de la fécule de pomme de terre sont en moyenne très gros ; leur diamètre est de 70 μ à 90 μ, rarement 100 μ à 140 μ ; on y trouve aussi des grains souvent extrêmement petits. Les grains sont ovales, ovoïdes, ou ellipsoïdes aplatis, ou conchoïdes à trois angles arrondis. Le hile a généralement un nucléus excentrique et situé vers l'extrémité amincie du grain de fécule ; on y distingue très nettement de nombreuses couches concentriques. Les petits grains ont une forme globulaire ; ils sont isolés ou groupés régulièrement par 2 à 4.

Méthode du Laboratoire central de l'Administration de la Guerre (1).

Dosage de l'eau. — On chauffe progressivement 10gr de farine dans une capsule en cuivre à fond plat, tarée, jusqu'à 105°. On la maintient à cette température pendant 7 heures et on la pèse. La perte de poids multipliée par 10 donne le taux p. 100 d'humidité.

Dosage des cendres. — On pèse 5gr de farine dans une capsule de porcelaine tarée. On chauffe graduellement dans un moufle pendant 2 heures. On pèse les cendres après refroidissement dans un exsiccateur. On multiplie le poids trouvé par 20 pour avoir le taux p. 10 de cendres.

Si la proportion des cendres est anormale, on recherche les matières étrangères qui ont pu être ajoutées à la farine.

Dosage de l'acidité. — On introduit 5gr de farine dans un flacon à large ouverture, bouché à l'émeri et rincé à l'eau distillée. On ajoute 25cc d'alcool à 85°. On agite de temps à autre. On laisse reposer pendant la nuit et le lendemain ; on prélève, à l'aide d'une pipette, 10cc du liquide surnageant. On les met dans un verre à expérience ; on y laisse tomber une goutte de teinture de curcuma, obtenue en traitant une partie de racine de curcuma pulvérisée pour 10 parties d'alcool à 60° ; on laisse macérer pendant quelques jours ; on décante en exprimant et on filtre ; on dose l'acidité en versant goutte à goutte, à l'aide d'une burette graduée en dixièmes de centimètre cube, une solution alcoolique de soude normale étendue à 1/20e (2) jusqu'à persistance de la teinte brune du curcuma.

---

(1) Balland, pharmacien principal de 2e classe, *Sur les causes d'erreurs d'analyse des farines.* Revue du service de l'intendance militaire. Paris, 1893.

(2) Cette solution se prépare en dissolvant à 15° de température 1gr,55 de soude caustique dans

Toutes ces opérations se font, autant que possible, à la température de 15°.

Pour chaque série de dosages, on opère comparativement sur 10cc du même alcool, afin de s'assurer s'il n'est pas acide. On tient compte de la correction avant d'évaluer en acide sulfurique monohydraté l'acidité contenue dans les 25cc d'alcool ajoutés aux 5gr de farine, et on multiplie par 20 le chiffre représentant cette acidité.

Dosage de la cellulose. — On pèse 25 grammes de farine qu'on met dans une capsule de porcelaine et l'on y verse peu à peu, en agitant avec une baguette de verre, de façon à éviter les grumeaux, 150cc d'une eau acidulée contenant 50gr d'acide chlorhydrique fumant pour 1000gr d'eau. On chauffe à l'ébullition pendant environ 20 minutes et en agitant jusqu'à ce que tout l'amidon soit bien transformé et ne se colore plus en bleu au contact de l'eau iodée. On jette, en une seule fois, la liqueur bouillante sur un filtre sans plis, préalablement humecté avec de l'eau chaude. La filtration achevée, le résidu suffisamment égoutté est détaché avec soin du filtre, remis dans la capsule et traité à l'ébullition pendant 15 à 20 minutes par 100cc d'une lessive renfermant 100gr de potasse caustique pour 1000gr d'eau. On agite comme précédemment avec une baguette de verre pour éviter la carbonisation sur les bords ; on jette sur un filtre sans plis humecté au préalable avec de l'eau chaude, et dès que le liquide est passé, on rince la capsule avec un peu de lessive alcaline qu'on reporte chaude sur le filtre; puis on continue les lavages à l'eau chaude, à l'aide d'une pissette, de façon à rassembler la cellulose au fond du filtre et jusqu'à ce qu'il n'y ait plus trace de saveur lixivielle. On laisse égoutter, on reprend le lavage avec de l'alcool fort et finalement avec un peu d'éther. La cellulose est alors enlevée, étendue sur une lame de verre, desséchée et pesée. Le résultat trouvé est multiplié par 4.

Dosage de l'azote total. — Le dosage de l'azote se fait par la méthode de Kjeldahl, en opérant d'après les prescriptions suivantes du comité des stations agronomiques.

Dans un ballon d'environ 250cc on met 0gr,5 de farine, 0gr,5 de mercure mesuré à l'aide d'un tube capillaire jaugé une fois pour toutes, et 20cc d'acide sulfurique pur monohydraté. On porte lentement à l'ébullition, que l'on maintient pendant environ une demi-heure en tenant le ballon incliné et jusqu'à ce que le liquide soit devenu d'une limpidité parfaite. Après refroidissement complet, on ajoute 100cc d'eau distillée, on agite et on transverse dans un ballon de distillation d'environ un litre en lavant à différentes reprises avec 80 à 100cc d'eau. On sature l'acide avec un excès de lessive de soude (à peu près 60cc de lessive à 36° Baumé). On transforme le sel de mercure formé en sulfure par addition de quelques centimètres cubes (4 à 5) d'une solution saturée de sulfure de sodium. On laisse tomber quelques parcelles de zinc en grenaille, afin d'avoir une ébullition régulière, et on adapte le ballon à l'appareil distillateur de M. Schlœsing, modifié par M. Aubin. Ces quatre dernières opérations doivent être menées très rapidement pour éviter toute perte d'ammoniaque. On chauffe le ballon et l'on

---

1.000cc d'alcool à 60°. Chaque centimètre cube de la liqueur contenant 0gr,00155 de soude correspond à 0gr,00245 d'acide sulfurique monohydraté. On vérifie de temps en temps le titre avec une solution d'acide sulfurique normale étendu à 1/20°.

recueille les produits de la distillation (60 à 80^cc^) dans un vase à précipiter contenant 10^cc^ d'acide sulfurique normal à 1/10e. On arrête l'ébullition au bout d'une demi-heure après s'être assuré que les dernières gouttes du liquide distillé n'ont plus d'action sur le papier rouge de tournesol et on dose l'excès d'acide suivant les procédés ordinaires avec une solution de soude normale à 1/10e.

On multiplie la quantité d'azote trouvée par 6,25 pour avoir le poids des matières azotées, puis par 200 pour avoir le poids des mêmes matières dans 100^gr^ de farine

Dosage du gluten humide. — On fait une pâte avec 33^gr^,33 de farine et 15 à 18^cc^ d'eau; on laisse au repos pendant une demi-heure; puis on procède au lavage du pâton à la main en se plaçant sous un mince filet d'eau et au-dessus d'un tamis à mailles serrées, pour éviter toute perte de gluten. On lave, en comprimant la masse, jusqu'à ce que l'eau de lavage s'écoule très claire; on rassemble les débris de gluten tombés sur le tamis; on exprime pour se débarrasser de l'eau retenue mécaniquement, on pèse et on multiplie par 3 le nombre trouvé, pour avoir la teneur pour 100.

Lorsque la quantité de gluten est inférieure au taux réglementaire, on recommence le dosage d'après les indications suivantes :

Faire un pâton avec 50^gr^ de farine et 20 à 25^gr^ d'eau; laisser ce pâton au repos pendant 25 minutes, puis le partager en deux parties égales; retirer le gluten de l'une immédiatement, et celui de l'autre une heure après. Dans les deux cas, peser le gluten après l'avoir fortement serré dans la main dès que l'eau de lavage s'écoule claire; continuer le lavage pendant 5 minutes et peser de nouveau. On a ainsi trois données dont le total représente la moyenne du gluten pour 100^gr^ de farine.

Dosage des matières azotées insolubles. — Le poids des matières azotées insolubles s'obtient en étendant le gluten humide sur une lame de verre tarée et en le desséchant à 105°, pendant environ 8 heures, jusqu'à ce que le poids ne varie plus. Le gluten ainsi desséché renferme exactement 16 p. 100 d'azote, soit $(16 \times 6{,}25) = 99$ p. 100 de matières azotées.

Dosage des matières azotées solubles. — En retranchant les matières azotées insolubles des matières azotées calculées d'après l'azote total, on a la proportion des matières azotées solubles.

Dosage des matières grasses. — On se sert de tubes en verre, de 25^cm^ de long, étirés en pointe à la partie inférieure et placés sur un support au-dessus de capsules en verre tarées. On introduit dans chacun d'eux un petit tampon de coton, et par-dessus, après l'avoir convenablement tassé, 5^gr^ de farine non desséchée. On verse rapidement 15 à 20^cc^ d'éther à 65° et l'on bouche ensuite l'ouverture supérieure avec un bon bouchon de liège. On laisse au repos pendant 3 heures; on enlève alors le bouchon pour permettre à l'éther de s'écouler dans la capsule placée au-dessous et on lave la farine à nouveau avec 8 à 10^cc^ d'éther qui suffisent pour entraîner tout ce qui reste de matières grasses. Après l'évaporation de l'éther à l'air libre, on porte la capsule à l'étuve pendant une heure et l'on pèse. Le poids est multiplié par 20.

Dosage des matières sucrées. — Pour apprécier la proportion des matières sucrées, on met dans des flacons bouchés à l'émeri 20^gr^ de farine avec 100^cc^ d'eau;

on agite fréquemment et, après 6 heures de contact à une température voisine de 15°, on filtre et on dose par la liqueur cupro-potassique. On rapporte par le calcul le chiffre trouvé à 100^{cc}, ce qui correspond à 20^{gr} de farine, on ramène à 100^{gr} en multipliant le résultat trouvé par 20.

Dosage de l'amidon. — Lorsque le dosage de l'amidon est jugé nécessaire, on opère sa transformation en sucre dans des tubes fermés à la lampe en suivant les indications contenues dans le *Traité d'analyse chimique quantitative de Frésénius.* Pour chaque dosage on fait trois expériences simultanées dans trois forts tubes en verre. Dans chacun d'eux on met 0^{gr},5 de farine, puis 10^{cc} d'eau et 1^{cc},5 d'acide sulfurique étendu (160^{gr} d'acide monohydraté dans un litre d'eau). On ferme les trois tubes à la lampe et on les chauffe dans un bain formé par une solution saturée de sel, l'un pendant 3 heures et les autres pendant 6 heures. Après le refroidissement, on ouvre le premier tube, on étend d'eau son contenu pour faire 100^{cc} et, après avoir neutralisé l'acide libre avec un peu de lessive de soude, on procède à l'essai avec la liqueur cupro-potassique. On répète la même opération avec un des tubes chauffés pendant 6 heures, et si l'essai diffère du premier (ce qui arrive rarement), on chauffe de nouveau le dernier tube pendant 3 heures et on dose la glucose ; les résultats doivent concorder avec les deux essais précédents.

On calcule pour 100 parties de farine, on retranche les matières sucrées dosées précédemment et on établit la proportion d'amidon en se rappelant que 100 parties de glucose correspondent à 90 parties d'amidon.

Dans ces différents dosages, les résultats trouvés sont ramenés par le calcul à 100 parties de farine.

MÉTHODE ADOPTÉE AU LABORATOIRE MUNICIPAL

L'examen d'une farine de blé comprend :

Le dosage de l'humidité ;

Le dosage des cendres ;

Le dosage du gluten, son pouvoir de dilatation ;

L'examen microscopique.

Pour les autre farines, on remplace le dosage du gluten par un dosage d'azote, exécuté comme nous l'avons dit plus haut.

Les résultats sont calculés pour 100^{gr} de farine.

Dosage de l'humidité. — On dessèche 10^{gr} de farine à l'étuve à 100°, jusqu'à ce que le poids ne change plus. On pèse et la perte de poids est multipliée par 10.

Dosage des cendres. — On incinère les 10^{gr} de matière qui ont servi au dosage de l'humidité, avec les précautions que nous avons indiquées pour l'analyse des céréales. Le poids des cendres est multiplié par 10.

Dosage du gluten humide. — Pour doser le gluten, on pèse 30 ou 35^{gr} de farine que l'on triture dans un mortier avec 15 ou 17^{gr} d'eau, jusqu'à ce qu'on ait une pâte bien homogène ; on l'enferme dans un nouet de linge fin que l'on malaxe dans une certaine quantité d'eau. Lorsque le gluten est presque complètement séparé de l'amidon, on l'enlève du linge et on le malaxe fortement dans une grande quantité d'eau, en le plaçant dans le creux de la main, afin d'enlever les dernières traces d'amidon.

On continue à le pétrir dans la main, jusqu'à ce qu'il commence à adhérer aux doigts ; il ne contient plus alors que l'eau qui lui est combinée ; on le pèse humide, et du poids trouvé on déduit la quantité de gluten humide que contiennent 100^{gr} de farine.

Il est important de laisser la pâte en contact avec l'eau du vase pendant au moins une heure, avant de la malaxer, pour que le gluten absorbe toute l'eau nécessaire à son hydratation.

Le gluten d'une bonne farine est blond jaunâtre, homogène, plastique ; sa consistance et son élasticité s'accroissent très vite après sa dessiccation.

Pouvoir de dilatation. — On prélève 7^{gr} de gluten humide, et on détermine sa dilatation à l'aleuromètre de Boland. Cet appareil donne de bonnes indications pratiques.

Une farine de bonne qualité doit marquer 25 à 26° à l'aleuromètre. Les mauvais glutens se sèchent et se racornissent.

Dosage de l'amidon. — On dose l'amidon sur le dépôt formé au fond du vase dans lequel on a malaxé la farine, ou plus exactement par les méthodes que nous avons données précédemment.

Dosage de l'extrait aqueux. — On agite 100^{gr} de farine avec de l'eau distillée dans une capsule de porcelaine, puis le mélange est versé dans un flacon jaugé d'un litre ; on ajoute de l'eau jusqu'au trait de jauge ; on agite bien la masse, puis on filtre rapidement le liquide ; on évapore 50^{cc} à siccité dans une capsule de platine pour doser la somme des matières extraites.

Sur d'autres portions de la solution on dose, comme nous l'avons déjà dit, le sucre et la dextrine, les matières azotées solubles, l'amidon, les cendres et l'acidité.

Examen microscopique. — L'examen microscopique se fait sur la farine directement et sur l'amidon extrait par lixiviation pour le dosage du glucose. Il permet de reconnaître si la farine ne contient pas une quantité anormale de son et si elle n'a pas été mélangée de farines étrangères.

ALTÉRATIONS ET FALSIFICATIONS DES FARINES

Altérations. — Les farines sont fréquemment altérées par la présence d'éléments étrangers à la céréale qui en est la matière première. Ces altérations sont généralement produites par un mauvais nettoyage des grains qui laisse passer des graines de plantes sauvages, des petites pierres, de la terre, etc. Les meules des moulins, par leur usure pendant le broyage, introduisent dans les farines une certaine quantité de matières minérales, principalement de la silice et même du plomb, si les joints des pierres qui les forment ont été faits avec ce métal, ce qu'on doit proscrire formellement.

D'autres altérations sont dues à l'échauffement des farines pendant la mouture, à la mauvaise conservation qui amène une certaine fermentation et le développement de végétaux cryptogamiques, et, dans la farine de maïs, le rancissement de la matière grasse; enfin, à des insectes parasites.

Nous allons examiner les différents cas qui peuvent se présenter.

Graines étrangères. — La présence de certaines graines vénéneuses dans les farines a une très grande importance au point de vue de l'hygiène; les plus communes sont :

Le melampyrum arvense. — On décèle sa présence, d'après M. Bizé, en pétrissant 15gr de farine avec une quantité suffisante d'acide acétique étendu de 2/3 d'eau, on en forme une pâte très molle que l'on chauffe dans une cuiller d'argent. On chauffe doucement jusqu'à l'évaporation de l'eau et de l'acide. La pâte coupée présente une section colorée en rouge violacé.

L'ivraie (Lolium temulentum). — L'infusion alcoolique de farine d'ivraie a une teinte verdâtre qui se fonce peu à peu; sa saveur est astringente, désagréable et nauséabonde; évaporée à sec, elle laisse une résine jaune verdâtre, offrant les mêmes caractères que la teinture.

La nielle (Agrostemma githago). — La farine a une saveur âcre, accompagnée d'une sensation de chaleur et d'irritation.

Végétaux cryptogamiques. — Les uns se sont développés sur les graines des céréales, les autres sur la farine elle-même.

Le plus dangereux est l'*ergot du seigle* (Claviceps purpurea), qui donne à la farine des propriétés vénéneuses. Le tissu de ce champignon est formé par des cellules flexueuses cylindriques, à parois peu épaisses, remplies de matière grasse, soudées les unes aux autres en filaments extérieurement d'un noir violacé et intérieurement blanchâtres. Transversalement ces cellules sont polygonales ou arrondies, formant un fin réseau. Ce tissu n'est pas coloré en bleu par l'iode et l'acide sulfurique.

Plusieurs procédés chimiques ont été proposés pour la recherche de l'ergot de seigle ; voici les principaux :

D'après M. Wittstein on développe une odeur de triméthylamine en chauffant la farine contenant de l'ergot de seigle avec de la potasse; agitée avec de l'eau, elle donne, d'après M. Elsner, une bouillie brun rouge. Si l'on épuise la farine par l'éther et si l'on chauffe la solution avec de l'acide oxalique, elle prend une teinte rougeâtre.

M. Holmann-Kandel fait digérer pendant un jour 15gr de farine ou de pain avec 30gr d'éther additionné de 15 gouttes d'acide sulfurique étendu à 1/3. La solution filtrée est traitée par 10 à 20 gouttes d'une solution saturée de bicarbonate de soude et fortement agitée. La couche aqueuse se colore en violet, tandis que l'éther conserve en dissolution la matière grasse et la chlorophylle. L'éther est décanté et le bicarbonate est saturé avec de l'acide sulfurique ; le liquide est agité avec de l'éther qui prend la matière colorante pure de l'ergot. D'après M. Hilger, on peut déceler par cette méthode de 0,01 à 0,005 p. 100 d'ergot de seigle.

Les autres champignons que l'on peut trouver dans les farines sont : la *carie du blé* (Tilletia caries) reconnaissable à ses spores sphériques, noires, réticulées et munies quelquefois d'un très court pédicelle; la *rouille* (Puccinia graminis) dont les spores ovoïdes sont rouge orangé; différentes mucorinées, le *mucor mucedo*, le *penicillium glaucum*, l'*aspergillus glaucus*.

On trouve encore dans les farines un certain nombre de bactéries.

Insectes. — Les farines sont attaquées par un grand nombre d'insectes, parmi lesquels nous citerons un acarien, le *tyroglyphus farinæ*, que l'on reconnaîtra facilement à la loupe et au microscope.

Farines gâtées. — On reconnaît les farines gâtées à leur odeur, à leur plus grande acidité et au peu de consistance du gluten. La proportion des matières azotées solubles augmente dans les farines avariées, d'après M. Poleck, tandis que celle du gluten diminue.

	Farine bien conservée.	Farines gâtées.
Gluten	11,06 p. 100	8,37 p. 100 à 6,54 p. 100
Matières azotées solubles.	1,44 —	2,14 — à 6,46 —

Matières minérales. — Les matières minérales accidentellement introduites dans les farines se retrouvent dans les cendres, dont le taux est alors plus élevé.

Falsifications. — Les farines sont sujettes à de nombreuses manipulations frauduleuses, dont nous allons indiquer les principales.

Farine de blé. — La farine de blé est mélangée de farines de moindre valeur, telles que des farines de légumineuses, des farines d'autres céréales, de la fécule de pomme de terre On y a trouvé des os moulus, du sable, du plâtre, de la craie, de l'alun, du carbonate de magnésie, du sulfate de baryte.

Farine de seigle. — La farine de seigle est peu falsifiée; on a signalé quelquefois l'addition de farine de lin et de matières minérales.

Farine d'orge. — On prépare rarement de la farine d'orge. La seule falsification à signaler est l'addition de carbonate de chaux.

Farine de maïs. — La farine de maïs est quelquefois additionnée de farine de seigle, d'orge, de sarrasin, et aussi de matières minérales.

Farine de riz. — La farine de riz est falsifiée avec de la fécule de pomme de terre, de la farine de blé et des matières minérales.

Une falsification très commune des farines consiste à les mélanger d'une certaine quantité de farine avariée.

La recherche des falsifications par addition de matières amylacées étrangères se fait au moyen du microscope.

La *farine de féverole* se retrouve chimiquement de la manière suivante :

On prend 1 à 2gr de la farine à essayer, on en enduit les parois préalablement humectées d'une capsule de 11 centimètres de diamètre. Dans celle-ci on place une petite capsule contenant de l'acide nitrique. On couvre la grande capsule avec un disque de verre, puis on chauffe légèrement au bain de sable. La farine prend, au bout d'un certain temps, une teinte jaunâtre. On retire l'acide nitrique et on met à sa place de l'ammoniaque, qui donne en peu de temps à la farine de féverole une coloration rouge.

On recherche les éléments minéraux, ajoutés frauduleusement aux farines, dans les cendres, par les procédés de l'analyse minérale.

Nous venons de dire quelles étaient les altérations et falsifications des farines, et indiqués les moyens de les déceler ; il ne nous reste que quelques mots à dire pour compléter ces indications.

Falsification de la farine de blé par d'autres farines. — Le gluten d'un pareil mélange présente, d'après M. Villain, les caractères suivants :

Un mélange de blé et de seigle donne un gluten noirâtre, visqueux, sans homogénéité.

Le gluten d'un mélange de blé et d'orge est sec, non visqueux, d'une couleur brun rougeâtre sale.

Le gluten de blé et d'avoine est jaune noirâtre.

Le gluten d'un mélange de blé et de maïs est jaunâtre; il ne s'étale pas.

Un mélange de farine de blé et de pois donne un gluten d'une couleur verdâtre lorsqu'il est humide, et vert foncé lorsqu'il est sec.

Avec la farine de haricots, le gluten est difficile à obtenir; sa couleur est blond jaunâtre.

Le gluten de la farine de lentille est jaune brun.

La farine de blé et de vesces donne un gluten noir verdâtre, rosé avec la farine de féverole.

Farine de grains de blé germés. — Une farine préparée avec du blé ayant subi un commencement de germination montre, au microscope, des grains d'amidon très altérés. Les moins attaqués laissent voir nettement le hile et de nombreuses couches concentriques ; les autres présentent des vides nombreux, des trous, des cavités ramifiées qui pénètrent dans les couches superposées.

PAIN

Le pain est une pâte préparée avec une certaine proportion de farine et d'eau, mise en fermentation par addition de levure de bière et cuite ensuite au four. Seules les farines contenant du gluten peuvent donner du pain, et la farine de froment est la plus convenable pour cette préparation.

Le pain est formé des mêmes principes immédiats que la farine qui a servi à le préparer ; nous avons donc à les doser comme dans ce dernier cas. Un certain nombre d'éléments, et particulièrement l'amidon, ont subi des transformations pendant la fermentation panaire et pendant la cuisson : de là une variation dans leurs proportions respectives.

Analyse du pain.

L'analyse du pain comprend les essais et dosages suivants :

Examen des caractères extérieurs, du degré de cuisson, de l'odeur, du goût, du durcissement par dessiccation.

On apprécie la qualité du pain en observant la croûte supérieure et inférieure, la mie, la forme extérieure et le goût.

La croûte inférieure doit être très légèrement brune et bien formée; la croûte supérieure doit adhérer à la mie, être lisse, fine, de couleur franche tirant sur le jaune foncé, sans soufflures ni crevasses. La mie du pain bien fabriqué est parsemée de cavités régulières; elle présente assez d'élasticité pour reprendre sa forme naturelle après avoir subi une forte pression.

Dans son ensemble, le bon pain est léger, bien développé et d'une belle apparence. L'odeur est douce; la saveur agréable rappelle celle de la noisette.

Dosage de l'humidité. — On dose l'humidité sur 10 à 20gr de pain prélevés de manière à ce que l'échantillon renferme de la mie et de la croûte dans la proportion qui existe dans le pain; on dessèche à l'étuve à 100° jusqu'à ce que le poids ne varie plus.

La quantité d'humidité du pain doit être au maximum de 31 p. 100.

Pour une détermination très exacte de l'humidité, le dosage se fait sur la mie et sur la croûte séparément.

Dosage des cendres. — Les cendres sont déterminées par l'incinération de 5 à 10gr de pain, à basse température.

L'analyse plus complète du pain se fait comme celle des farines et on y dose les mêmes éléments. Les résultats sont calculés pour 100gr de matière.

ALTÉRATIONS ET FALSIFICATIONS DU PAIN

Une des principales fraudes du pain consiste dans l'incorporation à la pâte d'un plus ou moins grand excès d'eau. Ce mouillage est masqué par le mélange de farine de riz ou de pommes de terre bouillies; ces substances sont faciles à reconnaître au microscope.

Le *pain trop hydraté* est lourd et indigeste; il se conserve mal et se recouvre rapidement de moisissures souvent vénéneuses; nous citerons: la *rhizopus nigricans*, qui forme des taches noires; le *mucor mucedo* et le *botrytis grisea* forment des taches blanches; les taches oranges sont constituées par le *thamnidium* et par l'*oïdium aureum*; quelquefois on y rencontre aussi des taches vertes ou bleues formées par le *penicillium glaucum*.

Le pain est souvent falsifié par l'emploi de farines de blé mélangées d'autres *farines d'un prix moins élevé* ou de fécules de pomme de terre. Le microscope permet de déceler cette fraude; pour cet examen, on recherche dans la masse du pain les petites pelotes de farine non complètement hydratées; les grains d'amidon sont peu altérés et on peut les caractériser, ce qui n'est pas toujours facile si on les recherche dans la mie.

Le pain est falsifié quelquefois par addition de différentes *matières minérales* destinées à augmenter son poids ou à masquer l'emploi de farine de basse qualité en lui donnant une blancheur plus grande.

L'*emploi de l'alun* a pour but de rendre le pain plus blanc, mais il durcit le gluten. D'après M. Kuhlmann, on le recherche de la manière suivante : On incinère 200^{gr} de pain; on traite les cendres par l'acide nitrique; on évapore à sec pour chasser l'excès d'acide; on délaie le résidu dans 20^{cc} d'eau; on traite la solution par la potasse chaude. L'alumine précipitée se redissout dans l'excès de réactif. On filtre, on lave le filtre avec de la potasse chaude. On traite la solution filtrée par le chlorhydrate d'ammoniaque et on la porte à l'ébullition; l'alumine se précipite, on la recueille sur un filtre, on la lave, on la sèche et on l'incinère. Son poids permet de calculer la quantité d'alun employé.

La recherche qualitative de l'alun, qui suffit dans la plupart des cas, se fait sur les cendres d'une dizaine de grammes de pain. On traite les cendres par un peu d'acide nitrique étendu; on filtre et on additionne la liqueur filtrée d'ammoniaque; le précipité formé, qui contient l'alumine, est traité, sur une lame de platine, par une goutte ou deux de chlorure de cobalt; le mélange est séché et porté à une très haute température. Si les cendres renferment de l'alun, il se produit une coloration bleue très belle, caractéristique.

Le *sulfate de cuivre* a aussi été employé pour blanchir les farines de basse qualité et faciliter la panification. Le cuivre est recherché dans les cendres par les procédés connus. Il est avantageux de se servir de l'électrolyse dans cette recherche.

On a signalé quelquefois, dans le pain, la présence du borax, du sulfate de zinc, du plâtre, de la craie, de la terre de pipe et aussi, ce qui est plus grave, celle du plomb. Ce métal provenait de l'emploi de vieux bois recouverts de peinture pour chauffer les fours. L'usage d'un semblable combustible est interdit.

Les falsifications du pain sont heureusement très rares.

PATES ALIMENTAIRES

Sous le nom général de pâtes alimentaires, on comprend un certain nombre de produits connus sous les noms de : *vermicelle, semoule, macaroni, nouilles, lazagne, pâtes à potages*, préparés avec de la farine de gruaux pétrie avec de l'eau bouillante. La pâte, ainsi obtenue, est moulée de différentes manières.

L'industrie des pâtes alimentaires emploie de préférence la farine des blés durs, plus riches en gluten. La qualité du produit dépend uniquement de celle de la matière première.

Les éléments à doser, dans les pâtes alimentaires, sont les mêmes que ceux des farines :

l'humidité;
les cendres;
les matières azotées;
les matières grasses;
l'amidon et les hydrates de carbone solubles;

la cellulose;
la recherche des falsifications.

L'analyse des pâtes alimentaires se fait comme celle du pain. On y dose les mêmes éléments et par les mêmes méthodes.

Altérations et falsifications. — Les pâtes alimentaires de basse qualité sont souvent préparées avec des farines avariées. Pour reconnaître cette falsification, il suffit de séparer l'amidon du gluten par l'action de la diastase et d'examiner la qualité de ce dernier.

Souvent, les pâtes sont colorées artificiellement au moyen de curcuma, de dérivés de la houille ou de jaunes minéraux, tels que les chromates de zinc et de plomb.

Pour la recherche des matières colorantes végétales ou dérivées de la houille, on opère sur la solution aqueuse des pâtes dans l'eau additionnée d'un peu d'alcool et on procède comme il sera indiqué pour l'analyse des sucreries. Les matières colorantes minérales sont décelées par la présence du zinc ou du plomb dans les cendres.

PATISSERIES

Sous le nom de pâtisseries, on comprend un très grand nombre de produits ayant pour base la farine de blé ou d'autres céréales et aussi la fécule de pomme de terre, et contenant, en outre, du beurre et autres matières grasses, quelquefois du sucre, de la mélasse, des aromates. La pâte, suivant les cas, est employée sans avoir subi la fermentation, ou après avoir levé comme celle du pain.

Les pâtisseries renferment les éléments de la farine; dans ces produits, on les dosera comme on a fait pour la première. On recherchera, en outre, les produits ajoutés et on les dosera.

L'examen et le dosage des matières grasses est important; on opère par les procédés indiqués à l'analyse des beurres. On recherchera si elles n'ont pas été remplacées par de la vaseline, ce qui a été constaté assez souvent.

Il y a lieu de rechercher les métaux toxiques dans les cendres; ils peuvent provenir des vases dans lesquels les pâtisseries ont été préparées et aussi des ornements en sucrerie qui se trouvent souvent sur ces préparations.

Souvent, au lieu de levure de bière, on emploie, pour faire lever la pâte, du bicarbonate de soude et du bitartrate de potasse, ou du bicarbonate d'ammoniaque; il y a lieu de rechercher ces sels.

Le *pain d'épice*, qui est normalement préparé avec de la farine de seigle et du miel, renferme souvent du bichlorure d'étain et du savon, l'un et l'autre employés pour faciliter la panification et, le premier, aussi pour blanchir la farine.

On recherchera, dans l'infusion aqueuse de pain d'épice, la présence des acides gras et des sels de potasse, dont la présence indiquera l'addition de savon.

L'étain sera déterminé et dosé de la manière suivante:

On incinère 150 à 200^{gr} de pain d'épice en présence de carbonate de soude. Dans les cendres, on recherche et on dose l'étain par les procédés de l'analyse minérale.

On peut aussi détruire la matière organique par les méthodes indiquées pour la recherche de l'arsenic.

Les autres métaux toxiques et les matières minérales se recherchent comme dans le cas des farines.

Partie supplémentaire.

FARINES

PAR M. J. DE BREVANS

Analyse microscopique des farines.

L'analyse microscopique est un des facteurs importants de l'expertise des farines, car elle seule permet de caractériser les différentes farines entre elles. L'examen microscopique ne doit pas porter seulement sur les caractères des grains d'amidon, qui ne sont pas toujours suffisamment tranchés, mais encore sur les éléments anatomiques des diverses enveloppes du grain des céréales que la farine renferme toujours en petite quantité.

L'analyse microscopique des farines peut se faire soit directement sur celle-ci, soit après en avoir séparé le gluten ; mais il y a grand avantage à y apporter le perfectionnement suivant dû à M. Lucas, directeur de la Commission des blés et farines, à la Bourse du commerce de Paris. L'amidon dont on a séparé le gluten est lavé sur un tamis de soie n° 240 ; le résidu retenu par les mailles de l'étoffe et la partie qui les traverse sont examinés séparément au microscope.

Le résidu est composé presque exclusivement des débris d'enveloppes et dans certains cas de gruaux d'amidons à grains polygonaux, tels que ceux de l'amidon de riz, de l'amidon de maïs, etc., que leurs arêtes vives retiennent à la surface du tamis. Ce procédé est excellent pour séparer ce genre d'amidons et pour isoler les éléments anatomiques.

Caractères anatomiques du grain des céréales.

Les fruits des différentes céréales présentent entre eux une très grande analogie ; si nous prenons, par exemple, un grain de blé, nous voyons qu'il est formé :

1° D'un épicarpe constitué par des cellules vides, disposées en couches minces, généralement ligneuses. Sur une préparation traitée par la potasse très diluée et bouillante et vue de face, on distingue trois couches :

a) L'*épicarpe* ou membrane externe constituée par des cellules aplaties, à parois épaisses, ponctuées, rectilignes ou ondulées ; vues de face, elles affectent la forme polygonale et sont allongées parallèlement au grand axe du fruit. La surface externe de l'épicarpe est généralement garnie de poils unicellulaires, coniques;

b) Le *mésocarpe*, membrane parfois très mince, parfois très développée, ayant souvent la même forme que l'épicarpe;

c) L'*endocarpe* formé de cellules transversales. A la partie interne on remarque fréquemment des cellules allongées qui parfois communiquent entre elles (*Schlauchzellen* des botanistes allemands).

2° D'un *épisperme*, enveloppe brune formée d'une ou deux rangées de cellules allongées, assez régulières, à parois minces et colorées.

Au-dessous de l'épisperme, on trouve une couche hyaline formée d'un rang de cellules aplaties, à parois faiblement épaissies et incolores qui, vues de face, affectent la forme polygonale.

Sous cette enveloppe, on trouve la couche à gluten qui entoure l'albumen. Elle est constituée par une ou plusieurs assises de cellules à parois très épaisses contenant le gluten sous forme de petits globules.

3° D'un *albumen* farineux, formé par de grandes cellules polygonales, irrégulières, à parois minces, remplies de matière amylacée.

Caractères spéciaux du grain de blé.

L'épicarpe, constitué par des cellules à parois très épaisses et ponctuées, est garni de poils coniques, unicellulaires, dont la cavité, très étroite dans presque toute sa longueur, s'élargit brusquement en entonnoir à la partie inférieure.

L'épisperme est composé de deux couches de cellules allongées, assez régulières, placées obliquement les unes par rapport aux autres.

La couche à gluten est formée par une seule rangée de cellules presque carrées.

Caractères spéciaux du grain de seigle.

La structure du grain de seigle est très semblable à celle du grain de blé; il se distingue de celui-ci par les caractères suivants :

Les poils ont des parois moins épaisses; leur cavité est légèrement conique. Les cellules de la couche à gluten sont rectangulaires.

Caractères spéciaux du grain d'orge.

La couche à gluten est en général composée de trois rangées de cellules cubiques, tantôt carrées, tantôt rectangulaires ou peu allongées. Elles sont plus petites que celles du blé.

Caractères spéciaux du grain d'avoine.

Les poils qui recouvrent l'épicarpe sont moins larges que ceux du blé, mais plus longs; ils sont quelquefois accouplés.

La forme et l'orientation des cellules de l'endocarpe sont moins régulières que dans les autres céréales; il n'existe pas de cellules transversales. La couche à gluten est formée d'une seule rangée de cellules transversales.

Caractères spéciaux du grain de riz.

Les téguments du grain de riz sont très minces et peu ponctués. Les cellules transversales ne sont pas ramifiées. La couche à gluten est souvent composée de deux rangs de cellules allongées. La forme spéciale des grains d'amidon permet d'ailleurs de le caractériser.

Caractères spéciaux du grain de maïs.

Le mésocarpe est composé, à la partie externe, de cellules fibreuses à parois très sinueuses et à lumen rétréci; la partie interne comprend des cellules à parois moins épaisses et bien ponctuées. Au-dessous de cette assise on rencontre un parenchyme très irrégulier, vu de face, suivi d'une couche de cellules tubulaires. L'albumen est entouré d'une assise de cellules transversales, d'une couche hyaline et de cellules à gluten.

Acidité des farines.

M. Balland(1) a reconnu que les matières grasses dans les farines fraîches sont constituées par une huile très fluide et des acides gras solides. Avec le temps, l'huile, qui est en très forte proportion au début, va en diminuant progressivement et finit par disparaître, alors que la proportion des acides gras augmente. Le rapport entre l'huile et les acides gras permet de s'assurer si une mouture est récente ou ancienne.

Les acides gras, formés aux dépens de l'huile, disparaissent à leur tour; on ne rencontre plus dans les très vieilles farines que des acides organiques (acétique, lactique).

L'acidité des farines est produite par des acides gras solubles dans l'alcool à 95°.

L'acidité, indice de l'altération des farines, ne se rattache pas à des transformations microbiennes éprouvées par le gluten, mais vient directement des matières grasses.

---

(1) *Journal de Pharmacie*, 15 janvier 1904.

Partie supplémentaire.

AMIDONS ET FÉCULES DIVERS

PAR M. J. DE BREVANS

Sagou. — Le sagou proprement dit ou vrai sagou des Indes orientales se prépare avec la moelle ou la partie centrale farineuse du stipe de différentes espèces de sagoutiers (*Metroxylon lœve*, Mart.; *M. Sagus*, Rottb.; *M. fariniferum*, Mart.; *M. Rumphii*, *Raphia ruffia*, Mart.), sorte de palmiers très répandus dans la presqu'île de Malacca, à Sumatra, à Bornéo, aux Célèbes et aux Moluques.

Préparation. — La matière, détachée par grattage de l'intérieur des arbres, est broyée de manière à la réduire en une poudre fine comme la sciure de bois. Cette poudre est pétrie sous l'eau pour enlever une partie des impuretés; pour séparer le tissu cellulaire, la matière est délayée dans l'eau et filtrée à travers une toile ; on laisse déposer le liquide tenant en suspension la fécule et on achève la purification par plusieurs lavages; on la dessèche et, sous cette forme, elle est connue sous le nom de farine de palmier.

Le sagou proprement dit est obtenu en faisant passer la fécule humide à travers des cribles à mailles plus ou moins larges; les grains ainsi obtenus sont secoués dans des appareils spéciaux pour les arrondir; on les sépare ensuite par grosseurs au moyen de cribles; enfin on les sèche sur des plaques de tôle agitées continuellement au-dessus d'un feu de charbon très doux.

Il existe dans le commerce plusieurs sortes de sagou, caractérisées par la forme des grains, la coloration et la provenance.

Le sagou se compose le plus généralement de grains ronds de la grosseur d'un grain de millet ou d'un grain de navette, rarement irréguliers et anguleux ; sa coloration est tantôt jaunâtre, tantôt brunâtre ou rougeâtre. Une sorte particulière, le *sagou perlé*, est composée de grains blancs transparents.

Les granules qui composent le sagou sont ovales ou ovoïdes, quelquefois un peu recourbées ou arrondies, présentant trois ou quatre facettes et un hile rond, excentrique; les couches de matières amylacées sont très apparentes. Certains grains sont composés d'un grain principal auquel un ou deux granules très petits sont accolés. On trouve souvent mélangés au sagou des cristaux étoilés d'oxalate de chaux.

La longueur des grains de sagou varie de $0^{mm},0350$ à $0^{mm},0660$.

On extrait du sagou d'autres espèces de palmiers que du *Metroxilon lœve*;

les plus importants sont : le *Phœnix farinifera*, Roxb., l'*Arenga saccharifera*, Labill ; l'*Areca oleracca*, L., et de plantes appartenant à la famille des Cycadées, telles que : le *Cycas circinalis*, L., et le *Cycas revoluta*, L.

Manioc. — Le manioc est une plante du genre Manihot, famille des Euphorbiacées, cultivée dans la région intertropicale de l'Afrique et de l'Amérique, dont la racine fournit une grande quantité d'une fécule alimentaire connue sous les noms de *manioc*, *conaque* ou *conac*, *cassave*, *moussache*, *tapioca*. Il existe deux espèces de manioc : le *manioc amer* (*Manihot utilissima*, Pohl., *Jatropha manihot*, L.) ou *Juca amara*, *Mandiocca-Mandybá*, dont les racines renferment un suc laiteux très abondant et vénéneux ; et le *manioc doux* (*Manihot dulcis*, H. Bn, *Jatropha dulcis*, L.) ou *Juca dulce*, *aipi*, *camagnac*, qui ne renferme aucun principe nocif dans ses racines, que l'on peut consommer comme la pomme de terre.

Préparations. — On râpe les racines de manioc sur une planche de bois hérissée de petites pointes, après les avoir débarrassées de leur écorce et les avoir lavées. La pulpe est abandonnée à elle-même pendant vingt-quatre heures et subit un commencement de fermentation qui détruit une partie des principes vénéneux ; on l'introduit dans de très longs sacs en jonc qu'on suspend à un arbre et qu'on agite, puis à l'extrémité inférieure on attache un poids très lourd qui étire le sac et exprime son contenu, et on achève d'essorer la pulpe en la soumettant à l'action d'une presse ; on la sèche au feu, on la pulvérise et on obtient ainsi le produit connu sous le nom de *farine de manioc*. Pour achever de débarrasser cette matière des substances nocives qu'elle contient, on la chauffe à 100°, après tamisage, sur des plaques de fonte en la remuant constamment.

La matière connue sous le nom de conaque ou conac dans les colonies françaises est obtenue en faisant subir un commencement de torréfaction dans des chaudières à la pulpe de manioc exprimée et séchée sur des claies ; elle se présente sous forme de grains durs assez semblables à ceux de la semoule.

La *cassave* se prépare au moyen de farine plus soigneusement tamisée dont on forme une pâte que l'on sèche sur des plaques de tôle chauffée ; on obtient ainsi une sorte de biscuit.

Le *tapioca* est obtenu en desséchant la fécule encore humide sur des plaques de tôle et en l'agitant continuellement pendant cette opération.

La fécule de manioc se présente sous deux formes dans le commerce :

1° Lorsque la fécule n'a été que lavée et séchée, c'est une poudre fine, d'un blanc sale, mate, formée de grains rarement groupés, arrondis d'un côté et présentant de l'autre une surface plane ou polyédrique à trois ou quatre faces. Vus de face, ils paraissent globuleux et présentent un hile bien net qui se prolonge souvent vers le côté aplati. Les couches concentriques ne sont pas toujours très visibles. Les grains d'amidon ont un diamètre qui varie entre 0mm,0080 et 0mm,0220 ;

2° Lorsque la fécule a été chauffée, ce qui a lieu pour le tapioca, elle se présente sous l'aspect de masses agglomérées, blanches, très dures, élastiques, formées de grains irréguliers. Elle est incomplètement soluble dans l'eau, avec laquelle elle forme un empois visqueux demi-transparent. Les grains d'amidon sont généralement déformés; quelques-uns conservent leur forme et leurs dimensions primitives.

Arrow-root. — L'arrow-root est une fécule que l'on retire de la souche du *Maranta arondinacea*, L., et du *Maranta indica* (*amomacées*), plantes cultivées dans l'Amérique tropicale, aux Antilles, dans le Bengale, à Java, aux îles Philippines.

Préparation. — La plante, arrivée à complète maturité, est arrachée; les rhizomes, débarrassés des écailles et lavés, sont broyés dans un moulin ou réduits en pulpe par une machine spéciale. La pulpe est lavée sur des tamis qui laissent passer l'amidon; celui-ci est purifié par plusieurs lavages après qu'il s'est déposé; enfin on le fait égoutter et on le sèche à une douce chaleur.

La fécule d'arrow-root est une poudre blanche, brillante, insipide, quelquefois agglomérée en petites masses de la grosseur d'un pois. Elle craque bien nettement entre les doigts. Les grains d'amidon qui la composent sont souples, ovales ou pyriformes, assez semblables à ceux de la fécule de pomme de terre, mais plus transparents; les couches excentriques sont très apparentes; souvent on observe à l'extrémité la plus large un hile arrondi ou une fente transversale parfois étoilée. Le grand diamètre des grains mesure $0^{mm},0220$ à $0^{mm},0600$.

Sous le nom d'arrow-root des Indes orientales, on trouve une fécule moins estimée que la précédente et qui provient des rhizomes du *Curcuma leucorrhiza*, Roxb., et du *C. angustifolia*, Roxb., plantes cultivées sur la côte de Malabar. C'est une poudre d'un blanc mat, formée de grains elliptiques, ou ovoïdes, aplatis, terminés par une pointe courte et mousse ou complètement tronquée. A l'extrémité effilée, près du bord, se trouve un hile; on remarque les couches concentriques en forme de croissant ou de ménisque sur toute la surface du grain. Le grand diamètre des grains varie de $0^{mm},060$ à $0^{mm},070$.

Il existe une troisième sorte d'arrow-root connue sous le nom d'arrow-root de Queensland et qui est produite par plusieurs espèces du genre *Canna*, le *C. coccinea*, Roxb., le *C. indica*, L., le *C. achiras*, Gill., le *C. edulis*, Edw.; on utilise aussi dans le même but quelques cycadées du genre *Zamia*.

L'arrow-root de Queensland est une poudre blanche, satinée ou lustrée, formée de gros grains de $0^{mm},132$ de longueur, aplatis, ovoïdes, ellipsoïdaux, réniformes ou conchoïdes, prolongés parfois à une extrémité par une pointe courte et obtuse; plus souvent cette extrémité est tronquée ou échancrée. Les stries concentriques sont très nettes sur toute la surface du grain; le hile est placé vers l'extrémité la plus étroite.

Fécule des Aroïdées. — L'*Arum maculatum*, L., qui croît en abondance dans les lieux humides dans toute l'Europe centrale, produit des tubercules renfermant une fécule qui peut être utilisée pour l'alimentation, après que la pulpe a été débarrassée des principes âcres abondants dans la plante, par un traitement analogue à celui qu'on fait subir au manioc amer.

Dans l'Inde, dans l'Océanie, dans l'Amérique du Sud et aux Antilles, on utilise différentes plantes appartenant à la même famille pour l'usage alimentaire. Ce sont : le *Colocasia antiquorum*, Schott, et le *C. esculenta*, Schott.

Les grains d'amidon composant la fécule du *Colocasia antiquorum* sont, d'après un échantillon provenant des Indes néerlandaises, assez irréguliers comme grosseur, sphériques, mais souvent déformés.

Fécule de patate. — La patate douce, *Ipomea Batatas*, Lam. Convolvulacées, est une plante originaire de l'Amérique du Sud, cultivée aux Antilles et en Afrique, dont la racine, qui forme des tubercules assez volumineux, renferme une fécule assez semblable au manioc.

Elle est formée de granules agglomérés d'inégales dimensions dont le diamètre peut varier de $0^{mm},006$ à $0^{mm},352$. Ils sont très irréguliers de forme; ils ont un hile excentrique ou une fente étoilée et les couches concentriques sont assez apparentes.

Fécule de bananes. — Les fruits produits par les différentes espèces de bananiers (*Musa paradisiaca*, L.; *M. sapientium*, L.; *M. Fei*, Bert.; *M. enset*, Bune, Musacées) renferment une fécule très appréciée dans les pays où ils croissent et notamment dans l'Amérique du Sud. Cette fécule se présente sous l'aspect d'une poussière blanche, fine, composée de grains aplatis et allongés, ellipsoïdes, ovoïdes, réniformes ou en massues, dont le plus grand diamètre mesure de $0^{mm},044$ à $0^{mm},0750$. Ils sont élargis à une extrémité et tronqués à l'autre. Le hile est placé à l'extrémité la plus large; les stries superposées sont assez apparentes.

Fécule de pomme de terre. — La fécule de pomme de terre est composée de grains de dimensions très variables, mais faciles à reconnaître à leurs formes particulières. Les uns sont sphériques ou presque sphériques et mesurent de 6 à 10 μ de diamètre. Le plus grand nombre est ovoïde, régulier ou irrégulier, quelquefois elliptique ou piriforme. A la petite extrémité, on découvre un hile très visible, autour duquel sont disposées des couches concentriques très nettes, surtout lorsqu'on traite la fécule par l'eau iodée étendue. Les dimensions de ces grains sont en moyenne de 35 à 45 μ de longueur et 25 μ de largeur. Les grains sont quelquefois soudés ensemble.

Tapioca indigène. — Sous ce nom on désigne la pulpe de pomme de terre traitée comme le vrai tapioca. Elle sert aux mêmes usages, mais aussi fréquemment à falsifier le tapioca du Brésil. Cette fraude est facile à distinguer au microscope.

CAFÉ, CHICORÉE

PAR M. V. GÉNIN

CAFÉ

Le café est la graine de plusieurs espèces de *caféiers*, arbrisseaux, arbustes ou arbres constituant le genre *Coffea*, de la famille des *Rubiacées-Coffées*. Les *Coffea*, originaires de l'Afrique tropicale et de l'Arabie, ont été répandus par la culture dans la plupart des autres régions tropicales (Antilles, Amérique centrale, Brésil, Réunion, Indes anglaises, Archipel indien). L'espèce la plus répandue est le *Coffea arabica*, caractéristique du genre.

Le produit alimentaire est le café torréfié.

Description du fruit du caféier (*Coffea arabica*). — Le fruit est une baie de la grosseur d'une petite cerise (1 centimètre 1/2 à 2 sur 1-1 1/4) : on l'appelle d'ailleurs *cerise du café*. Sa forme est plus ou moins ronde ou ovale. Cette baie est d'abord verte, puis rouge; elle devient très foncée à l'époque de la maturité. Elle contient une pulpe peu épaisse, mucilagineuse, jaunâtre, qui entoure une coque jaune, parcheminée. Cette coque est divisée en deux compartiments, qui contiennent généralement chacun une graine.

Les graines sont des noyaux durs, plans-convexes, dont les faces planes sont en face l'une de l'autre. Le fruit entier desséché est dit *café en cerise*, la graine encore entourée de sa coque parcheminée est appelée *café en parche;* si elle est décortiquée, elle forme le grain de café ou *fève*.

La fève a la forme générale d'un demi-ellipsoïde. La partie renflée ou *dôme* est plus ou moins bombée, lisse ou granulée. La base est généralement plane ; le contour de la base a une forme variable qui peut se rapprocher de l'une des suivantes : ronde, ovale courte, ovale allongée, ovale pointue. La base est partagée dans sa longueur en deux parties égales ou inégales par un sillon profond. Ce sillon pénètre comme une crevasse dans l'intérieur de la graine.

Enfin la fève entière, telle qu'on l'extrait de sa coque parcheminée, est enveloppée d'un fin tégument dit *pellicule*. Les manipulations que subissent les cafés ont pour effet d'enlever la plus grande partie de cette pellicule ; on obtient ainsi des cafés plus ou moins *pelliculés*, mais le sillon contient presque toujours des restes de cette pellicule. La graine, sous la pellicule, est formée d'un albumen corné contenant l'embryon à sa base.

En général, la coque parcheminée renferme deux graines. Mais si l'une des deux graines avorte, l'autre occupe un volume plus considérable et affecte une forme ovoïde plus ou moins complète ; les fèves de cette espèce sont dites *caracolis*.

La couleur des fèves est fort variable ; elle peut présenter toutes les teintes du jaune, du vert et du roux. Elle varie d'ailleurs avec le degré de siccité et de vieillesse du café.

La transparence et l'opacité des cafés varient également suivant les manipulations qu'ils ont subies.

L'odeur et le goût des fèves sont très divers. Nous noterons seulement les fèves noirâtres, dites *puantes*, dont la présence, en très petite quantité, suffit pour infecter une grande quantité de café sain.

Traitement des fruits. — Le traitement des baies récoltées sèches est simple. On achève la dessiccation complète des graines en les exposant pendant quelques jours sur des nattes au soleil ; ensuite on les écrase sous des rouleaux de pierre ou de bois pesant pour en faire sortir la fève, ou bien on les triture au mortier, on les bat au fléau ; on les froisse légèrement dans la main. On vanne pour séparer l'enveloppe du fruit et le parchemin, et on obtient le produit commercial fortement pelliculé.

Les baies récoltées non sèches se traitent de différentes manières pour l'obtention des fèves :

1° Dans les Antilles et dans d'autres régions on étend les cerises par couches de $0^{m},15$ au plus d'épaisseur sur des aires spacieuses situées en plein air. On les retourne souvent dans la journée. Cette exposition dure trois à quatre semaines. La chaleur dessèche la pulpe de la cerise ; il faut éviter que cette pulpe entre en fermentation, ce qui donnerait aux fèves un goût aigre et une odeur désagréable. Quand l'enveloppe extérieure de la cerise est devenue cassante, on porte les baies dans des moulins spéciaux qui en extraient la fève.

2° Dans les régions où les pluies sont fréquentes, on opère la dessiccation des baies dans des étuves ou des séchoirs artificiels et on porte au moulin.

Les fèves obtenues doivent encore être séchées, après vannage, soit à l'air libre, soit artificiellement.

3° Enfin, dans l'Amérique centrale, au Brésil, dans l'Inde anglaise, on traite immédiatement les baies de certaines variétés par une machine dite *épulpeuse*, composée essentiellement de deux cylindres appelés *grageurs*, qui se meuvent très près l'un de l'autre et qui écrasent la pulpe des baies. Les baies ainsi écrasées sont lavées par une grande quantité d'eau pendant quelques heures; on les agite fréquemment et on parvient à séparer complètement la pulpe. On sèche les graines soit à l'air libre, soit dans des séchoirs ou des étuves, et on obtient ainsi le café en parche. On enlève le parchemin au moyen d'un moulin spécial. On vanne et on sèche de nouveau.

Les cafés obtenus par ce procédé sont appelés *gragés* dans l'Amérique centrale, *lavés* au Brésil, *plantation* dans l'Inde anglaise; ceux obtenus par fermentation étant respectivement appelés dans ces pays *non gragés*, *non lavés*, *natifs*.

Caractères des sortes de cafés. — Il existe un très grand nombre de sortes de cafés : outre la diversité des provenances, il faut tenir compte des différences souvent importantes dues à la culture, au climat et au sol, au mode d'extraction; de plus, les cafés sont souvent triés et mélangés dans les ports d'importation et chez les commerçants. La détermination de la provenance exacte d'un café est donc très difficile; il faut une très grande habitude pour y réussir et on ne peut y parvenir que par une longue pratique.

Les caractères sur lesquels on se base sont la forme, la couleur, l'odeur, le goût, la nature des corps étrangers que l'on peut y rencontrer.

Altérations du café. — Toutes les sortes peuvent parvenir dans les ports d'importation dans des états différents. Le café *sain* est celui qui n'a pas été détérioré par les conditions de la récolte ou du transport.

Le café *fermenté* est celui qui provient d'une récolte faite pendant des pluies abondantes : la fève est gonflée, blanchie, cède à la pression des doigts et a une odeur plus ou moins forte de moisissure. C'est ce café qui constitue le café *vice-propre* d'Haïti et de Colombie. Ce café, malgré son goût défectueux, peut fournir un produit alimentaire passable.

Le café *avarié* est celui qui a été détérioré pendant son transport. L'avarie peut être produite par l'eau de mer, par la pluie, par la décomposition de matières animales (dans ce cas les fèves présentent des taches vertes), par le contact de matières grasses ou de charbon.

Ces avaries diverses ont pour effet de modifier le goût et l'odeur des cafés d'une manière désagréable. On y remédie par des *triages* qui s'appliquent également aux fèves puantes et aux corps étrangers (pierres, bois, graines étrangères et poussières). Le triage se fait mécaniquement ou à la main. Les cafés moisis sont fortement remués, exposés à l'air et pelletés fréquemment.

Préparation du produit alimentaire. — Pour obtenir le café destiné à la consommation, il faut torréfier le café tel qu'il est fourni par les importateurs. La *torréfaction* modifie notablement la composition chimique, comme nous le verrons plus loin. Elle modifie également les propriétés physiques des fèves. La torréfaction se fait à une température voisine de 200°; les fèves prennent une couleur brune plus ou moins foncée, leur volume augmente au moins de un tiers et même plus.

Avant de procéder à la torréfaction du café, il est nécessaire d'opérer un *triage* minutieux pour enlever les matières étrangères, les fèves défectueuses, avariées, et surtout les fèves puantes. Ce triage achevé, pour nettoyer complètement le café, on le trempe pendant quelques instants dans de l'eau aussi pure que possible et on le fait sécher rapidement.

On l'introduit ensuite dans des brûloirs. Ces brûloirs sont de différentes formes, ils possèdent diverses dispositions mécaniques dont le but est d'assurer une torréfaction égale pour toute la masse des fèves; nous ne les décrirons pas.

Il est difficile d'indiquer exactement quel doit être le point exact où il faut s'arrêter pour la torréfaction : c'est une affaire d'habitude. On peut remarquer que, quand les fèves sont près d'être torréfiées à point, elles font entendre une certaine crépitation.

Un café trop torréfié est d'un brun plus ou moins noirâtre, couvert d'un enduit luisant; l'infusion est noire, d'une odeur désagréable et d'une saveur amère.

Quand la torréfaction n'a pas été poussée assez loin, la mouture est pénible, l'infusion est d'un brun verdâtre, peu aromatique et d'une saveur âpre.

Quand la torréfaction est supposée terminée, on retire rapidement les fèves du brûloir et on les étale sur une table en pierre pour les refroidir. On peut aussi faciliter le refroidissement par un vannage. On enlève facilement, de cette manière, les dernières traces de certains produits volatils qui prennent naissance pendant la torréfaction et qui communiqueraient au café une odeur désagréable.

Le café torréfié doit être consommé rapidement; car, avec le temps, il perd une partie de son arome. On peut le préparer par *décoction* ou par *infusion;* nous n'insisterons pas sur les procédés de préparation. Nous remarquerons seulement que dans certains pays orientaux on a l'habitude de consommer le marc du café qui se prépare par décoction.

Composition chimique. — Le café contient tous les éléments qui se rencontrent en général dans les graines : cellulose, matières grasses, matières azotées, matières extractives. On y trouve aussi d'autres éléments qui, malgré leur faible proportion, contribuent à donner au café toute sa valeur au point de vue alimentaire; ce sont : une matière odorante, un composé dérivant d'un tanin, l'acide cafétannique, et la caféine.

La matière odorante est un mélange de deux huiles essentielles, l'une soluble, l'autre insoluble dans l'eau; on les extrait par distillation fractionnée d'une infusion de café. Ces essences se transforment en partie pendant la torréfaction et donnent naissance à un nouveau produit aromatique, la *caféone*. Ce composé est une huile brune peu soluble dans l'eau. On l'obtient en solution éthérée en agitant avec de l'éther le produit de la distillation d'une infusion de café grillé.

L'acide cafétannique, qui donne à l'infusion de café sa saveur amère, est très altérable. Sa solution aqueuse a la propriété de donner une magnifique coloration verte en présence de l'air et de quelques gouttes d'ammoniaque. C'est à cause de ce fait que ce corps avait été autrefois nommé acide chlorogénique. La production des taches vertes qui se manifestent dans les cafés avariés par suite de leur contact plus ou moins intime avec des substances animales en décomposition, est due à la présence de ce corps.

Enfin, le café contient de la *caféine*, à laquelle il doit son action stimulante. La caféine est une théobromine méthylée; on a pu en faire la synthèse par l'action de l'iodure de méthyle sur la théobromine argentique. La caféine possède les propriétés physiologiques de la théobromine; comme celle-ci, elle ralentit la nutrition.

Voici, d'après les tableaux d'analyse de Köning, la proportion p. 100 des principaux éléments des cafés vert et torréfié :

NATURE DU CAFÉ		EAU	CAFÉINE	MATIÈRES GRASSES	SUCRE RÉDUCTEUR	CELLULOSE	CENDRES	AZOTE TOTAL
Café vert . .	minimum.	8,0	0,8	11,4	5,8	16,6	3,5	1,1
	maximum.	12,0	1,8	14,2	7,8	42,3	4,0	2,2
Café torréfié.	minimum.	0,4	0,8	10,5	0,0	26,3	4,0	1.3
	maximum.	4,0	1,8	16,5	1,1	51,0	5,0	2,7

L'*extrait aqueux* du café torréfié, qui s'obtient en évaporant le liquide provenant de l'épuisement du café par l'eau, varie de 22 à 37 p. 100.

Comme on le voit, la composition du café torréfié est notablement différente de celle du café vert. Dans celui-ci, on constate la présence d'une notable quantité d'eau qui diminue beaucoup par la torréfaction ; il en résulte une augmentation pour les autres éléments du café torréfié, sauf pour le sucre réducteur, qui y existe presque à l'état de traces. La torréfaction du café produit dans sa composition de bien plus grandes différences que celles qu'on remarque dans le cacao; cela tient d'abord à la température à laquelle s'opère la torréfaction qui est plus élevée pour le café, et ensuite à la composition différente du café et du cacao. Pour celui-ci, la torréfaction est surtout destinée à faciliter la décortication ; pour celui-là, c'est une véritable transformation chimique.

Caractères microscopiques. — Nous donnons ci-après les caractères du fruit entier du caféier, car on peut trouver dans certains cafés des éléments appartenant à la chair du fruit et au parchemin (endocarpe du fruit).

L'épiderme du fruit est formé de petites cellules (35 µ), à parois planes, fortement serrées et très épaissies vers l'extérieur. On y rencontre de rares stomates. Cet épiderme recouvre la chair du fruit, constituée par un parenchyme lacuneux, de grandes cellules (100 µ) à parois épaisses et arrondies, colorées en brun sombre. Ces cellules se transforment en petites cellules collenchymateuses au voisinage de faisceaux de vaisseaux qui parcourent la chair du fruit. On remarque dans les grandes cellules des masses brunes grenues et quelquefois un gros cristal. Dans les faisceaux de vaisseaux, la partie libérienne est très développée. Les fibres ont 1^{mm} et plus de longueur, une largeur de 25 µ et des parois fortement épaissies. Les vaisseaux spiralés sont très étroits, les spires sont très épaisses.

Le parenchyme de la chair du fruit se termine intérieurement par une assise de cellules tendres remplies de cristaux. Cette couche adhère fortement au parchemin, qui est l'endocarpe du fruit. Le parchemin a environ 150 μ d'épaisseur; il est formé de plusieurs rangées de cellules scléreuses allongées, dont les axes se croisent dans les différentes couches. Dans les couches externes, ces cellules ont une largeur de 40 μ et leurs parois portent de fines ouvertures ramifiées. Dans les couches internes, les cellules sont beaucoup moins épaisses. Les éléments de cette partie du fruit du café ressemblent beaucoup à ceux de la caroube.

Il nous reste à décrire la graine proprement dite du fruit du café; celle-ci se compose de trois parties : la pellicule qui est le spermoderme, l'endosperme et l'embryon.

La pellicule est une membrane mince, chatoyante. Dans le café du commerce on n'en trouve que des fragments, car elle est enlevée en grande partie dans les manipulations que subit le café; elle se maintient dans le sillon creusé dans la fève. Cette membrane est formée de plusieurs assises, mais celles-ci sont tellement serrées que leur structure est difficile à reconnaître. En la traitant par la soude, puis par l'acide acétique, on trouve une assise de cellules très aplaties, à parois très minces, presque transparentes, puis une assise de grandes cellules scléreuses, généralement en forme de fuseau, quelquefois irrégulièrement rameuses, d'une longueur de 300 à 600 μ, d'une largeur de 30 μ et à parois fortement épaissies; elles sont canaliculées, et généralement ces canaux vus sous le microscope apparaissent comme des fentes obliques. Ces cellules forment une assise continue sur la pellicule non déroulée; mais après déroulement elles se séparent en groupes discontinus, disséminés au milieu d'une membrane sans structure apparente.

L'endosperme, qui constitue la masse principale de la fève, se compose de cellules unies sans lacunes, à parois épaisses (6 μ), très noueuses. La forme des cellules est différente dans les diverses parties de l'endosperme. Dans la partie superficielle, les cellules sont cubiques (dimensions, 30 μ), les cellules adjacentes sont plus grandes, plus allongées, à peu près disposées en fibres radiales. Elles deviennent ensuite plus irrégulières et ont des directions inclinées; vers la partie centrale, elles sont disposées transversalement. Enfin, les dernières parties de l'endosperme renferment des cellules en partie détruites, facilement reconnaissables dans une coupe à leur coloration plus sombre. Les parois des cellules sont incolores et fortement réfringentes; elles paraissent noueuses en coupe, et vues de face elles sont réticulées. Le contenu des cellules est formé d'une masse grenue renfermant de fines gouttelettes d'huile.

L'embryon est très petit par rapport à l'endosperme; il se trouve vers la partie plane de l'endosperme, vers la terminaison du sillon. Les cellules qui le composent sont petites, polygonales, arrondies, à parois très tendres; elles sont remplies de protoplasma et de petits globules huileux.

Cette description s'applique au café non grillé. La torréfaction et la mouture modifient assez peu les éléments, qui sont toujours reconnaissables. Dans le cas du café moulu, il est utile de traiter la poudre par de la lessive de potasse diluée pour éclaircir les éléments brunis par la chaleur. Les plus petits fragments sont examinés directement, les plus gros doivent être divisés.

Les éléments caractéristiques du café pur sont les cellules noueuses de l'endosperme et les cellules scléreuses du spermoderme; le tissu embryonnaire est assez peu caractéristique et d'ailleurs se trouve rarement.

Falsifications. — Nous allons énumérer les falsifications que peut subir le café à l'état vert, à l'état torréfié en grains et moulu.

Café vert. — Une première falsification consiste à vendre une sorte de café vert, de prix inférieur, à la place d'une sorte demandée. La substitution peut être totale ou partielle. On peut aussi vendre une sorte non triée au lieu d'une sorte triée, mélanger une forte proportion de triages dans une sorte triée. Mais on peut aussi mélanger des cafés ayant subi des avaries à des cafés sains, après avoir fait subir certains traitements à ces cafés avariés; on peut même vendre des cafés totalement avariés; ces cafés, modifiés profondément dans leur composition chimique et dont la valeur nutritive est presque nulle, ne sont pas marchands.

Une falsification très commune consiste à teindre les cafés soit par une torréfaction légère, soit au moyen de substances minérales plus ou moins toxiques ou de couleurs organiques; on peut ainsi faire passer une sorte avariée ou très inférieure pour une sorte de qualité supérieure; la différence de prix entre les qualités extrêmes est assez considérable pour produire un grand bénéfice. Ces diverses falsifications sont des tromperies sur la qualité de la marchandise.

On fait aussi absorber une grande quantité d'eau à un café déjà mal desséché; il y a tromperie sur le poids de la marchandise.

Enfin, on a trompé sur la nature de la marchandise en fabriquant de toutes pièces des grains de café artificiels au moyen de moules appropriés. On a employé à cet usage des terres argileuses; mais cette falsification grossière est rare, car elle est très facile à découvrir.

Café torréfié en grains. — Il faut d'abord noter l'emploi de cafés verts ayant subi une des falsifications décrites plus haut. De plus, on peut faire absorber au café torréfié une très grande quantité d'eau, en proportion bien supérieure à celle qui existe normalement dans le café vert. On fait arriver cette eau en vapeur sur les fèves chaudes. On a également trempé les graines de café dans une partie des produits qu'on obtient par la condensation des vapeurs qui s'échappent pendant la torréfaction du café.

On a fabriqué aussi un café torréfié factice avec une pâte composée d'un peu de marc de café ou de café en poudre et d'une grande quantité d'une farine grillée. Cette pâte, intimement mélangée, est délayée dans l'eau chaude, légèrement desséchée et moulée; les grains sont enduits d'une solution appropriée destinée à leur donner l'apparence des grains de café.

Une dernière falsification est due à l'enrobage; elle consiste à introduire dans le brûloir contenant le café à torréfier certaines substances: des matières grasses, des œufs et surtout du sucre, ou plus souvent des mélasses. Les matières sucrées se caramélisent et donnent à l'infusion la couleur foncée et le goût du caramel, surtout si elles ont été ajoutées en assez grande quantité. En moins grande proportion, le sucre en fondant recouvre les fèves d'un vernis imperméable à l'air et permet de conserver au café son arome jusqu'au moment de la consommation.

Café torréfié moulu. — En dehors de l'emploi des cafés torréfiés en grains falsifiés, il existe de nombreuses falsifications particulières au café moulu. On peut dire qu'étant donnée une poudre, ses falsifications sont presque innombrables. On peut introduire dans une poudre donnée une ou plusieurs substances pulvérisées étrangères, en ajoutant des colorants pour masquer l'addition.

On ajoute en général au café moulu des poudres torréfiées dont la couleur est semblable à celle du café. On emploie pour la falsification un grand nombre de produits; ce sont des racines, des rhizomes, des graines des fruits torréfiés. Voici les principaux : chicorée, betterave, carotte, navet, panais, dent de lion, scorsonère, souchet comestible, chervis, chiendent, pistaches, amandes, noix et glands de terre, farine de céréales, de légumineuses, de polygonées, glands doux, marrons d'Inde, châtaignes, amandes, noix, noisettes, figues, dattes, pommes, poires, pruneaux, cerises, caroubes. Tous ces produits sont torréfiés, mélangés les uns aux autres ou à un peu de café moulu ou de marc de café.

ANALYSE CHIMIQUE ET RECHERCHE DES FALSIFICATIONS

Analyse sommaire. — On peut avoir de bons renseignements sur la qualité d'un café par les déterminations suivantes : eau, cendres, chlore, densité.

Eau. — On pèse 10gr de café dans un vase taré et on porte le vase dans une étuve à 110°. On le laisse pendant 6 à 8 heures, temps suffisant pour opérer la dessiccation. On pèse le vase refroidi ; la perte de poids, multipliée par 10, donne l'eau p. 100.

Cendres. — On pèse 10gr de café dans une capsule de platine tarée, on porte dans le moufle, à l'entrée, en ayant soin de couvrir la capsule d'un couvercle de platine pour éviter les projections, surtout pour les cafés en grains. Quand la combustion est terminée, on enlève le couvercle, on pousse la capsule plus avant dans le moufle et on prolonge l'incinération jusqu'à l'obtention de cendres bien blanches. Il faut cependant avoir soin d'éviter une trop grande chaleur qui produirait la volatilisation de certains sels minéraux, notamment celle des chlorures. Pour les cafés moulus, dont les cendres sont souvent charbonneuses, il faut reprendre la masse par l'eau, évaporer et calciner de nouveau. La différence de poids entre la tare de la capsule et le nouveau poids obtenu, multipliée par 10, donne le poids des cendres p. 100.

Chlore. — On dose le chlore dans les cendres en les reprenant par de l'eau fortement acidulée par l'acide nitrique. On verse dans la liqueur ainsi obtenue quelques centimètres cubes d'une solution d'alun de fer à 20 p. 100 et 10cc de solution décime de nitrate d'argent. On verse ensuite une solution décime de sulfocyanure de potassium jusqu'à apparition de la teinte rouge que donnent les sels ferriques avec ce dernier réactif. Si n est le complément à 10 du nombre de centimètres cubes de la solution du sulfocyanure versée, $n \times 0,0355$ est la quantité de chlore pour 100gr de café. On verra plus loin à quoi sert ce dosage.

Densité. — Pour les cafés en grains verts ou torréfiés, il est utile de prendre la densité. Cette détermination s'opère au Laboratoire municipal au moyen du voluménomètre de Regnault, modifié par M. Dupré.

L'appareil se compose d'un cylindre vertical en verre épais V, mastiqué à ses

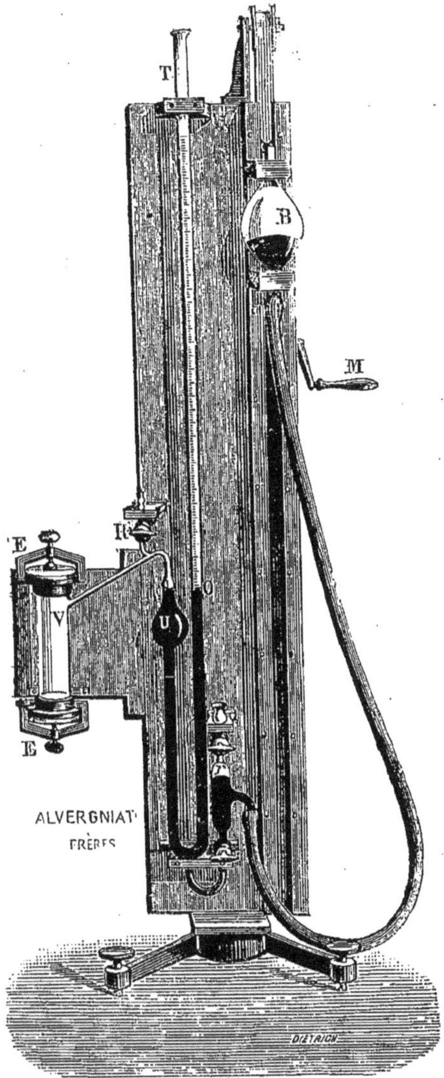

Fig. 1.

deux extrémités dans des montures en cuivre dont les bords libres sont parfaitement horizontaux. Sur ces bords, on applique des glaces rodées, légèrement enduites de vaseline et maintenues par des vis de pression E. On a ainsi une fermeture hermétique. Ce cylindre communique par un tube très étroit avec une boule de verre U de capacité déterminée. Cette boule est reliée à un tube manométrique T à air libre, dans lequel on peut introduire du mercure au moyen d'un réservoir à mercure B qu'une crémaillère mue par une manivelle M déplace verticalement. Sur le trajet du tube qui joint le cylindre vertical à la boule de verre se trouve un petit tube de verre, muni d'un robinet R, qui communique avec l'air libre. Un robinet r permet de chasser l'air provenant du tube de caoutchouc.

La détermination de la densité nécessite les opérations et les mesures suivantes : On pèse 50gr de café torréfié ou 100gr de café vert, on introduit le café dans le cylindre vertical, que l'on ferme hermétiquement au moyen des glaces rodées et de leurs vis de pression, on met le cylindre en communication avec l'atmosphère en ouvrant le robinet R, on fait arriver le mercure jusqu'au trait qui limite inférieurement le volume de la boule de verre ; on note la pression atmosphérique H. On ferme ensuite en R la communication avec l'air, on fait monter le mercure jusqu'au deuxième trait qui limite supérieurement le volume de la boule de verre U ; le mercure est monté dans la grande branche du tube manométrique, soit h sa hauteur. On connaît d'ailleurs le volume v de la boule de verre et celui V du cylindre vertical et du petit tube jusqu'au trait limitant supérieurement le volume v de la boule de verre.

Les données V, v, les mesures H, h permettent de calculer la densité ; appelons u le volume du café placé dans le cylindre ; il suffit d'appliquer la loi de Mariotte pour les deux états caractérisés par les volumes et les pressions correspondantes :

VOLUMES	PRESSIONS
$V - u + v$	H
$V - u$	$H + h$

On obtient alors pour u la valeur suivante :

$$u = V - v \frac{H}{h}. \qquad (1)$$

On sait que si u le volume et p le poids du café introduit dans le cylindre sont connus, la densité d sera donnée par la formule

$$d = \frac{p}{u}.$$

Si dans cette formule on porte la valeur de u tirée de l'expression précédente (1), on trouve pour d la valeur

$$d = \frac{p}{V - v \frac{H}{h}}.$$

Examen microscopique. — Les opérations précédentes sont complétées par un examen microscopique. Si le café est en grains, on pratique une coupe; si le café est moulu, on examine la poudre humectée d'eau. Dans certains cas, il est utile d'employer de l'eau légèrement alcaline, ce afin d'observer plus facilement certains éléments torréfiés.

Le café examiné doit présenter les caractères microscopiques qui ont été décrits plus haut. La chicorée se reconnaît dans le café moulu à ses caractères qui seront décrits plus loin.

Discussion des résultats. — La détermination de l'eau, des cendres, du chlore dans les cendres et l'examen microscopique permettent de déceler les falsifications les plus communes. L'eau trouvée montrera si le café a été mouillé; on ne devra pas en trouver plus de 12 p. 100 pour le café vert et plus de 3 p. 100 pour le café torréfié en grains. Cette limite de 3 p. 100, inférieure à celle donnée dans le tableau de la composition chimique, a été déterminée par de nombreuses analyses faites au Laboratoire municipal.

Une diminution du poids des cendres peut correspondre au mouillage, une augmentation à la présence de matières minérales ayant servi soit à la coloration du café en grains, soit à la falsification du café moulu ou à la fabrication de grains factices.

La détermination du chlore dans les cendres est importante; en effet, un café contient au maximum 0,04 p. 100 de chlore; la présence d'une plus grande quantité de chlore indique une avarie par eau de mer pour le café en grains, l'addition d'une substance étrangère pour le café moulu; c'est le cas de la chicorée, qui contient en moyenne 0,20 p. 100 de chlore.

L'examen qualitatif des cendres permet de rechercher les matières minérales ajoutées: le plomb et le cuivre, dont les sels peuvent être employés comme colorants; le cuivre se trouve quelquefois dans les cas d'avarie par eau de mer par suite de l'attaque d'objets de ce métal en contact avec le café. On peut d'ailleurs rechercher les colorants au moyen des dissolvants habituels.

La densité peut donner de bons renseignements au point de vue du mouillage des cafés en grains. D'expériences faites au Laboratoire municipal il résulte que les densités extrêmes pour les cafés en grains verts et torréfiés sont les suivantes :

	Minimum.	Maximum.
	—	—
Café vert	1,041	1,368
Café torréfié	0,500	0,635

Le café torréfié l'était modérément; une plus grande torréfaction donnerait une densité plus faible que 0,500.

Quand les cafés verts sont manipulés par une torréfaction légère dans le but d'en modifier la couleur, leur densité est bien inférieure au minimum 1,041. Les cafés verts mouillés pourront avoir une densité plus grande que 1,368. Le mouillage sera indéniable si en même temps l'eau trouvée est notablement supérieure à 12 p. 100.

Les mêmes conclusions s'imposent pour les cafés torréfiés mouillés ou imprégnés des produits liquides de la torréfaction du café. Nous remarquerons cependant qu'un café torréfié peut avoir une densité supérieure au maximum sans cependant présenter une quantité excessive d'eau, et inversement : ceci tient aux conditions de la torréfaction et aux limites entre lesquelles peuvent varier la densité et la teneur en eau du café. Mais dans les cas ordinaires il n'y a pas de difficulté : car le mouillage est assez fort pour augmenter la densité bien au delà du maximum. La densité permet de reconnaître également les cafés factices et l'enrobage.

L'examen microscopique met en évidence les diverses falsifications du café moulu.

Examen organoleptique. — Les résultats obtenus doivent être contrôlés par un examen organoleptique, surtout pour les cafés en grains.

L'absence de pellicule dans le sillon médian du grain, la forme identique de toutes les graines font reconnaître immédiatement le café factice.

Le mouillage peut se soupçonner à l'état des grains ; ils sont élastiques et comme cornés sous la dent au lieu d'être durs et croquants.

Les cafés avariés se reconnaissent facilement à l'odeur, à la saveur.

Enfin, l'examen organoleptique des cafés verts est le seul moyen qui existe pour déterminer la provenance d'un café. Cette détermination nécessite une grande habitude ; la comparaison de l'espèce à déterminer avec des types connus n'est pas toujours suffisante, car les caractères organoleptiques du café varient pour la même plantation d'une année à l'autre, et dépendent du mode de transport et de conservation.

Voici un essai spécial à la recherche de la chicorée dans le café moulu. On projette une pincée du mélange suspecté dans un verre d'eau : le café surnage, la chicorée tombe au fond en colorant le liquide en brun.

Analyse complète. — Une analyse complète doit donner, outre les déterminations précédentes, la proportion p. 100 de matières grasses, de sucre réducteur, de cellulose, d'azote total, de caféine.

Matières grasses. — On prend 10gr de café, on les dessèche à 100-110°, on pulvérise finement. La poudre ainsi obtenue est traitée par l'éther de pétrole à froid (100cc). On fait macérer pendant 8 jours, en agitant fréquemment. On prend un volume déterminé de la liqueur éthérée; on l'évapore dans un vase à extrait taré, d'abord à la température ordinaire, puis à 100-110°. L'augmentation de poids, multipliée par 10, donne la matière grasse p. 100. Il y a lieu de faire une seconde extraction par l'éther de pétrole pour enlever les dernières traces de matières grasses.

Sucre réducteur. — Le résidu de l'opération précédente est épuisé par l'éther, l'alcool et l'eau. La solution aqueuse est traitée par l'alcool qui précipite les matières albuminoïdes, on évapore l'alcool, on ramène la solution à son volume primitif par addition d'eau. On précipite par le sous-acétate de plomb des traces de tanin non enlevé par l'alcool, on élimine l'excès de plomb par l'acide sulfurique, et dans la liqueur filtrée, étendue d'eau s'il y a lieu, on dose le sucre réducteur par la liqueur cupro-potassique; on calcule le sucre réducteur contenu dans le volume primitif. En multipliant par 10 on a le sucre réducteur p. 100.

Cellulose. — Le résidu de l'épuisement par l'eau provenant du dosage précédent est traité par 100^{cc} d'une eau légèrement alcaline (1 à 2 p. 1.000 d'hydrate de sodium). On fait macérer pendant 24 heures et on recommence deux fois l'opération. Le résidu de ces macérations est épuisé par de l'eau acidulée par 1 p. 100 d'acide chlorhydrique. On lave à l'eau le dernier résidu provenant de cet épuisement, on le sèche à 110° et on le pèse. En multipliant le poids obtenu par 10 et déduisant le poids des cendres p. 100 on a la quantité de cellulose brute ou ligneux p. 100.

Azote total. — On le dose au moyen de la chaux sodée en opérant sur 1^{gr} de café. Pour déduire de l'azote p. 100 le poids des matières albuminoïdes, il faut retrancher, avant de multiplier par 6,25, le poids d'azote qui existe dans la caféine p. 100.

Caféine. — *Procédé de MM. Paul et Cownley.* — On prend 50^{gr} de café finement pulvérisé, on le mélange à 5^{gr} de chaux récemment éteinte et on épuise le mélange par l'alcool. La solution alcoolique est évaporée, le résidu sec est additionné d'une petite quantité d'eau et de quelques gouttes d'acide sulfurique dilué qui précipite la chaux à l'état de sulfate. La liqueur filtrée et refroidie donne par évaporation la caféine cristallisée. On peut aussi traiter la liqueur par le chloroforme : on enlève ainsi la caféine qui cristallise par évaporation de la solution chloroformique.

Procédé de M. Herlant. — Ce procédé est fondé sur la solubilité du benzoate double de sodium et de caféine.

On mélange intimement un poids connu de café finement pulvérisé avec le dixième de son poids de chaux éteinte. Le mélange est épuisé avec une solution à 5 p. 100 de benzoate sodique. La solution du benzoate double de sodium et de caféine est alcalinisée avec du carbonate de sodium, puis filtrée. On agite avec du chloroforme qu'on évapore ensuite et on obtient la caféine cristallisée en cristaux blancs soyeux.

Dans le cas de cafés moulus falsifiés, le dosage de la caféine donne une indication sur la quantité de café existant dans le mélange.

Détermination quantitative d'une matière ajoutée. — Si l'on a affaire à un mélange de café moulu et d'une seule autre substance, on peut calculer la proportion de matière ajoutée en se servant des résultats de la composition élémentaire p. 100 des succédanés du café dont nous donnons le tableau, d'après divers auteurs :

NOMS DES MATIÈRES TORRÉFIÉES	EAU	MATIÈRES AZOTÉES	MATIÈRES GRASSES	SUCRE RÉDUCTEUR	AUTRES MATIÈRES NON AZOTÉES	CELLULOSE	CENDRES	MATIÈRES SOLUBLES DANS L'EAU
Chicorée.	13,16	6,53	2,74	17,89	41,42	12,07	6,19	61,02
Id.	12,16	6,09	2,05	15,87	46,71	11,00	6,12	63,05
Id.	10,69	6,29	1,52	15,54	55,00	6,11	4,85	58,52
Glands épluchés	12,85	6,13	4,01	8,01	62,00	4,98	2,02	—
Figues	18,98	4,25	2,83	34,19	29,15	7,16	3,44	73,91
Caroubes.	5,35	8,93	3,65	69,83		10,15	2,09	63,71
Dattes	9,27	5,46	8,50	52,86		23,97	1,05	—
Haricots	4,22	27,06	1,19	3,25	40,37	17,28	4,63	21,55
Céréales	15,22	11,84	3,46	3,92	49,37	11,35	4,84	45,11

On peut aussi se servir avec avantage de l'extrait. On détermine l'extrait d'un café pur et celui de la substance qui lui a été ajoutée, et par une simple règle de mélange on a la proportion de la substance étrangère ajoutée au café.

On peut déterminer l'extrait de diverses manières.

On peut peser un certain poids de matière, l'épuiser à chaud par un excès d'eau faiblement acidulée et évaporer dans un vase taré les eaux d'épuisement. On peut aussi peser le résidu insoluble ou prendre la densité de la solution faite dans des conditions déterminées. Il faut avoir soin de déduire la proportion d'eau qui existe dans le produit quand on se sert du résidu insoluble.

Le tableau précédent de la composition élémentaire de quelques succédanés de cafés montrent qu'ils diffèrent beaucoup du café; une analyse immédiate sera très utile au point de vue quantitatif; au point de vue qualitatif, le microscope est suffisant.

L'enrobage au sucre est facile à déceler dans le café en grains torréfié; il suffit de doser le sucre réducteur qui se trouve en excès dans le café enrobé. De plus, la densité d'un café enrobé est généralement plus grande que le maximum.

CHICORÉE

La chicorée est le produit de la torréfaction des racines du *Chicorium intybus*, espèce de la famille des *Composées-Chicoriées*.

Préparation. — On enlève aux racines leur chevelu et on les lave. Ensuite on les coupe, au moyen d'un coupe-racine, en petits morceaux de 4 à 5^{mm} de longueur. Ces morceaux s'appellent des *cossettes*. On les sèche à l'étuve; cette dessiccation dure 24 heures environ. Puis on les torréfie dans des appareils semblables à ceux qui servent à brûler le café; on y ajoute quelquefois des mélasses qui leur donnent un aspect vernissé. Les cossettes torréfiées sont écrasées au moyen de meules ou pulvérisées dans un grand moulin à café. On les blute ensuite finalement.

On distingue quatre qualités de chicorée :

1° La chicorée semoule gros grains; elle s'obtient avec les belles cossettes triées;

2° La chicorée semoule demi-grains, obtenue avec les belles cossettes non triées;

3° La chicorée produite par les petites cossettes;

4° La chicorée en poudre, obtenue avec les cossettes inférieures et les débris de blutage.

Composition chimique. — Nous avons donné plus haut, page 480, la composition centésimale de la chicorée torréfiée. Les cendres indiquées se rapportent à de bonnes qualités triées. Des qualités inférieures donnent beaucoup plus de cendres. Une circulaire ministérielle du 9 mars 1855 a fixé la quantité maxima des cendres que doivent donner les semoules à 6 p. 100 et à 12 p. 100 pour les poudres. Nous noterons la proportion considérable de sucre qui existe dans la chicorée torréfiée; cette proportion est encore plus considérable dans la chicorée non torréfiée : elle varie de 24 à 35 p. 100.

Description de la racine. — La racine de chicorée se présente sous la forme de fuseau, elle est peu ramifiée. A l'état frais, elle est tendre et laiteuse; par la dessiccation, elle diminue beaucoup de volume et devient dure et coriace. Dans l'état sec, sa surface est brune et souvent porte des rides en spirale. Une coupe transversale montre le liège brun très mince, l'écorce blanche assez mince, les masses libéroligneuses d'un jaune citron et la moelle polygonale à angles aigus. A la loupe, on distingue dans l'écorce les terminaisons des éléments libéroligneux, la zone génératrice de couleur plus foncée et les extrémités des rayons médullaires. Dans le bois, on reconnaît les pores des vaisseaux.

Caractères microscopiques. — Le liège est constitué par un petit nombre d'assises de cellules brunes, à parois tendres, de contours rectilignes, quadrangulaires. Vus de face, les éléments du liège forment un amas assez confus. L'écorce primaire et le liber sont privés complètement d'éléments scléreux. Ces deux tissus sont parcourus par un grand nombre de vaisseaux laticifères (largeur, 6 à 10 μ), réunis par des ramifications obliques ou à angle droit. Ces vaisseaux ont un contenu grenu et une couleur pâle. On ne peut les confondre avec les vaisseaux criblés du liber qui sont plus colorés que le parenchyme environnant. Ces vaisseaux non ramifiés forment des articles longs de 120 μ environ avec des extremités fortement épaissies par le cal.

Les éléments du bois, qui sont en plus grand nombre, sont très caractéristiques. Les vaisseaux ligneux sont formés d'articulations courtes (200 μ en général), très larges (20 à 50 μ). Leurs séparations transversales, qui sont obliques à l'axe, ne sont pas perforées ou le sont entièrement. Les parois latérales sont épaisses et possèdent de nombreuses ponctuations transversales. Il existe aussi des vaisseaux réticulés. Les cellules parenchymateuses du bois sont très fortement canaliculées. Les fibres ligneuses possèdent quelques fentes obliques, mais on ne peut les confondre avec les fibres scléreuses du spermoderme du café dont les fentes sont plus nombreuses. D'ailleurs, ces deux sortes de fibres se distinguent par leurs rapports avec les éléments voisins. Les cellules parenchymateuses et les fibres sont en petit nombre relativement aux vaisseaux. Les rayons médullaires sont peu développés. Une coupe transversale montre leur faible largeur ; ils sont formés de une ou deux assises ; on en trouve rarement trois.

Falsifications. — La chicorée, qui est employée à la falsification du café moulu, est falsifiée elle-même. On peut y rencontrer toutes les substances qui sont ajoutées au café moulu. Voici quelles sont les principales falsifications rencontrées : graines de céréales et de légumineuses plus ou moins avariées, betteraves, carottes, panais, choux, glands doux, pain, biscuit de mer, marc de café et débris de vannage, résidus des brasseries, des distilleries de grains et des fabriques de sucre ; résidus divers provenant de la préparation de la chicorée, noir animal épuisé, tan, tourbe, sciure de bois, sable, oxyde de fer, brique pilée, cendres.

ANALYSE CHIMIQUE ET RECHERCHE DES FALSIFICATIONS

On détermine le poids des *cendres* sur 10gr de chicorée en opérant de la même manière que pour le café. On détermine aussi l'*eau* sur 10gr.

Un poids de cendres supérieur à 12 p. 100 fera suspecter la présence de matières minérales ajoutées, qu'on reconnaîtra par l'analyse des cendres. *L'examen microscopique* du produit permettra de reconnaître aussi les falsifications d'origine végétale.

Une chicorée pure devra présenter les caractères donnés plus haut. La présence exclusive des cellules du périsperme du café dénote l'addition de débris de vannage ; s'il y a des cellules de l'endosperme, on peut conclure à l'addition de marc de café.

Une analyse complète de la chicorée se fait par les procédés ordinaires de l'analyse immédiate. Au point de vue des falsifications, on a de bons renseignements en déterminant l'extrait de l'infusion ou de la décoction faites dans des conditions déterminées en comparaison avec l'extrait d'un produit pur, dans les mêmes conditions.

S'il s'agit d'un mélange de chicorée avec une seule substance étrangère, une simple règle de mélange suffira pour obtenir la proportion de substance étrangère ajoutée.

Partie supplémentaire.

CAFÉ

PAR M. GÉNIN

Dosage de la caféine.

Parmi les nouvelles méthodes de dosage de la caféine dans les matières végétales qui contiennent ce dérivé urique, nous décrirons la méthode de M. *Tassilly*. Cette méthode est pratique, surtout pour les extraits de café.

On traite 10^{gr} de café pulvérisé ou moulu par 200^{cc} d'eau bouillante et on laisse infuser pendant dix minutes. On décante le liquide. Cette opération est renouvelée deux fois. On ajoute au résidu environ 200^{cc} d'eau, et on chauffe jusqu'à ce que la liqueur commence à se colorer; on décante et on recommence une seconde fois. En réunissant les liquides qui proviennent de ces cinq opérations, on obtient un volume d'environ 1^{lit} que l'on complète exactement à 1^{lit}. On prend 500^{cc} de la liqueur bien mélangée; on l'évapore à sec au bain-marie. L'extrait sec ainsi obtenu est additionné de 1 à 2^{cc} d'acide sulfurique dilué au dixième que l'on mélange à la matière sèche avec un agitateur de façon à obtenir une masse pâteuse. Cette pâte est abandonnée à elle-même pendant une heure et triturée de temps en temps au moyen d'un agitateur en verre. Au bout de ce temps, on traite la masse par de petites quantités d'eau bouillante; le liquide chaud est jeté sur un filtre. Cette opération est continuée jusqu'à ce que l'épuisement soit complet. On vérifie qu'il en est ainsi en ajoutant à une petite quantité du liquide filtré et refroidi une goutte d'une solution aqueuse concentrée de tanin, il ne doit pas se produire de louche. On emploie 300 à 400^{cc} d'eau. La liqueur filtrée est une solution légèrement sulfurique contenant la caféine. Pour extraire cette caféine, M. *Tassilly* indique deux procédés.

a) On évapore à sec au bain-marie en ajoutant à la fin de l'opération 20^{gr} de sable quartzeux lavé et 2^{gr} de magnésie calcinée, le tout bien mélangé au résidu liquide. Le mélange bien sec est placé dans un appareil à épuisement continu pouvant fonctionner à chaud et épuisé pendant trois à quatre heures par 100^{cc} de chloroforme. On distille ensuite la majeure partie du chloroforme; le résidu, repris par un peu de chloroforme chaud, est introduit dans un vase taré et évaporé à l'air libre. Le poids obtenu après refroidissement donne la caféine existant dans 5gr de café.

b) La solution sulfurique contenant la caféine est alcalinisée avec de l'ammoniaque, puis épuisée à froid par le chloroforme dans une boule à décantation. Pour éviter les émulsions, il est bon de remplir presque complètement la boule à décantation. On épuise trois ou quatre fois avec le chloroforme en employant chaque fois 100 à 125cc de chloroforme ; la solution chloroformique est traitée comme en *a*.

Comme on a opéré l'épuisement aqueux de 10gr de café de façon à obtenir 1lit de liquide et comme l'épuisement chloroformique par l'un des procédés se fait sur un volume de liquide correspondant à 500cc de liquide aqueux primitif, on peut opérer sur l'autre moitié du liquide par le second procédé, ce qui fournira un contrôle.

Pour appliquer cette méthode aux extraits de café, il suffira d'en peser 5 ou 10gr et de les évaporer à sec au bain-marie ; on continue ensuite comme il est dit plus haut. Les extraits de café étant souvent très visqueux, il est plus facile d'opérer par pesées que de prendre des volumes.

Enrobage des cafés.

On a signalé récemment deux nouveaux procédés d'enrobage du café au moyen de la gomme laque et du borax. Ces produits sont ajoutés au café immédiatement après la torréfaction, dans le but de diminuer la perte en eau et matières volatiles qui se produit pendant la torréfaction et le refroidissement du café torréfié.

Enrobage à la gomme-laque. — La gomme-laque employée pour l'enrobage est la gomme-laque brune en grains ou en écailles. Elle est vendue sous des noms de fantaisie, en particulier sous le nom d'enrobine. Les doses indiquées sont de 1 à 2 p. 100 du poids du café torréfié.

Pour déceler cet enrobage, il suffit de traiter le café en grains par de l'alcool à 95° et de laisser macérer pendant vingt-quatre heures.

On décante la solution alcoolique. Une portion de la solution alcoolique est versée dans un tube à essais et additionnée de sous-acétate de plomb ; s'il y a de la gomme-laque, on obtiendra un précipité d'un rose violacé. Une autre portion de la solution alcoolique est évaporée à sec au bain-marie, dans une capsule de porcelaine. Le résidu refroidi est additionné d'ammoniaque en petite quantité, il se produit sur les points de la capsule qui ont retenu des portions du résidu une coloration d'un rose violacé.

Un autre essai consiste à projeter le café en grains sur de l'eau faiblement ammoniacale contenue dans un verre à pied ; si le café est enrobé à la gomme-laque, on verra des stries rose violacé fugaces se former au contact des grains et du liquide et descendre dans celui-ci.

Ces colorations sont dues à la présence dans la gomme-laque employée d'une matière soluble dans l'eau et qui vire au rose violacé par l'ammoniaque. Enfin, si ces réactions étaient douteuses à cause de la faible quantité de gomme-laque employée, il y aurait lieu de caractériser la gomme-laque par l'étude de sa solubilité dans différents dissolvants comparativement à celle des principes du café. L'extrait alcoolique du café est presque complètement soluble dans la benzine; la gomme-laque est peu soluble dans ce corps.

Cette méthode des dissolvants peut s'appliquer à l'étude de l'enrobage de toutes sortes de résines.

Enrobage au borax. — Cet enrobage se pratique en aspergeant le café sorti du torréfacteur d'une solution aqueuse de borax tiède à 5 p. 100 environ.

Dans ces conditions, le café regagne en poids presque tout ce qu'il avait perdu pendant la torréfaction.

Nous avons torréfié 100gr de café vert, la perte à la torréfaction a été de 15gr,33; le café torréfié et aspergé de borax a fixé 10gr,06 de solution de borax. Nous avons dosé comparativement l'eau et les cendres du même café torréfié avec et sans addition de borax; les résultats ont été les suivants:

DOSAGES	SANS BORAX	AVEC BORAX
Eau........................	2,76 0/0	12,36 0/0
Cendres.......	4,77 0/0	4,15 0/0

On voit donc qu'une manipulation de ce genre est très avantageuse pour le fraudeur. Elle permet d'incorporer au café environ 10 p. 100 d'eau, qui est vendue au prix de la même quantité de café.

Mais il est très facile de déceler le borax : il suffit de traiter les cendres par une petite quantité d'acide sulfurique concentré, puis d'ajouter de l'alcool méthylique. Par inflammation de l'alcool, on obtient une flamme colorée en vert.

D'ailleurs le dosage de l'eau indiquera une quantité anormale qui conduira à rechercher le borax.

THÉ, MATÉ, COCA

PAR M. V. GÉNIN

THÉ

Le thé est la feuille de plusieurs espèces de *thés*, arbustes qui constituent le genre *Thea* de la famille des *Ternstrœmiacées-Théées*. Le genre Thea est formé par une douzaine d'espèces cultivées en Asie (Japon, Chine, Inde), dans l'Archipel indien et au Brésil. L'espèce la plus commune est le *Thea chinensis*.

Le produit alimentaire est la feuille de thé torréfiée légèrement.

Description de la feuille de thé (*Thea chinensis*). — Les feuilles sont persistantes, courtement pétiolées, ovales, lancéolées (5 à 8^{cm} de long sur 2 à 3 de large), épaisses, un peu coriaces, d'un vert foncé et glabres à la partie supérieure, plus pâles et souvent un peu pubescentes à la partie inférieure.

Le limbe a ses bords taillés en dents de scie, sinueuses et un peu écartées. Le centre de la feuille porte une forte nervure d'où se détache, sous un angle presque droit dans les feuilles en pleine croissance, et d'environ 45° dans les jeunes feuilles, de nombreuses nervures latérales qui à peu de distance du bord communiquent les unes avec les autres en formant un réseau de fines nervures.

Préparation du produit alimentaire. — Les feuilles, suivant le traitement qu'on leur fait subir, donnent le thé *vert* ou le thé *noir*.

Thé vert. — Aussitôt les feuilles cueillies, on les place sur une platine de fer chauffée à feu doux et, quand elles sont encore chaudes, on les enroule avec les paumes des deux mains. Cette torréfaction doit avoir lieu le jour même de la cueillette; si on attendait plus longtemps, les feuilles deviendraient noires et perdraient leur arome. Il faut avoir soin de rendre la torréfaction bien uniforme, en traitant une faible quantité à la fois et en remuant constamment.

Les feuilles sont roulées rapidement de façon à être également frisées. Pendant cette opération, il s'écoule des feuilles un liquide vert jaunâtre d'odeur âcre et qui attaque sensiblement les mains. On continue à rouler les feuilles jusqu'à complet refroidissement. Dès que les feuilles sont froides, on les chauffe de nouveau jusqu'à expression totale du liquide âcre. Il faut avoir soin de ne pas gâter la frisure. Les feuilles sont de nouveau roulées. Si elles sont complètement sèches, l'opération est terminée. Sinon, on recommence la torréfaction une troisième fois, en ayant soin de modérer la chaleur pour ne pas brûler les feuilles. Celles-ci gardent une belle couleur verte. On a d'ailleurs soin, à chaque opération, de laver la platine avec de l'eau chaude pour enlever le liquide qui suinte des feuilles. Les feuilles torréfiées et frisées sont triées. Ces manipulations sont souvent remplacées par une torréfaction dans des vases en terre effectuée sans trop de précautions.

Quelquefois, les très jeunes feuilles de thé sont simplement plongées dans l'eau chaude, égouttées sur un papier épais et séchées sur un feu très doux.

La couleur des thés verts exportés est souvent rehaussée par un mélange de plâtre, de curcuma et d'indigo. On a soin de fermer hermétiquement les boîtes dans lesquelles on conserve le thé récemment préparé, car il perd peu à peu son odeur et sa saveur au contact de l'air.

Thé noir. — Les feuilles, aussitôt après leur récolte, sont portées sur des nattes; on les y étend pendant plusieurs heures en les remuant fréquemment. Quand les feuilles sont fanées, on les entasse; il se produit au bout d'un certain temps une fermentation qui noircit la feuille. A ce moment on fait subir aux feuilles les manipulations décrites plus haut pour les thés verts. 4^{kg} de feuilles produisent environ 1^{kg} de thé préparé.

Sortes commerciales. — Il existe une très grande variété de sortes commerciales de thé : les différences proviennent soit du mode de préparation, soit de la nature du terrain.

Il y a trois époques principales pour la récolte du thé : la qualité des feuilles est en raison inverse de l'ordre des récoltes et de la grandeur des feuilles; on a donné des noms aux thés provenant de ces trois récoltes. Ces noms sont empruntés en partie aux thés chinois, mais on les applique également aux thés des autres provenances (Japon, Indes anglaises et hollandaises, Brésil).

Thés verts. — 1re récolte, *Hyson :* les feuilles sont petites, fortement roulées, d'un vert bleuâtre; l'odeur est suave et aromatique, l'infusion est jaune. On distingue quelques variétés parmi lesquelles nous citerons : *Hyson impérial*, *Schoulong*, *Ya-tseen*.

2e récolte. — Thé *poudre à canon* ou *Gunpowder :* feuilles roulées en gros globules d'un vert un peu noirâtre, infusion jaune verdâtre.

3e récolte. — *Tonkay :* feuilles d'un vert jaunâtre, grossièrement roulées, saveur peu agréable, infusion très colorée.

Thés noirs. — 1re récolte, *Pekoë* : feuilles d'un noir argenté, à pointes blanches, saveur fine et aromatique, infusion d'un jaune doré. Variété : *Pekoë orange.*

2e récolte, *Souchong* : très noir, infusion d'un jaune clair, saveur douce.

3e récolte, *Congo* : feuilles d'un noir grisâtre, infusion moins claire que les précédentes.

Enfin, on désigne sous le nom de *Bohea* un thé noir composé de feuilles non triées, de différentes grandeurs, renfermant des substances étrangères.

Composition chimique. — Le thé contient de la caféine, une huile essentielle, de la chlorophylle, de la cire, de la résine, de la gomme, un tanin, des matières albuminoïdes, de la cellulose et des sels minéraux. Le tanin et les matières albuminoïdes existent en grande quantité. La caféine donne au thé ses propriétés physiologiques.

Voici, d'après Kœnig, la composition centésimale des thés vert et noir :

ÉLÉMENTS PRINCIPAUX

NATURE DU THÉ		EAU	CAFÉINE	EXTRAIT AQUEUX	TANIN	CENDRES	CENDRES SOLUBLES
Thé vert.	minimum.	4,7	1,5	27,4	8,4	4,9	2,0
	maximum.	7,8	2,9	50,0	22,1	8,2	5,0
Thé noir.	minimum.	5,1	1,2	26,4	8,2	5,5	2,6
	maximum.	9,2	3,5	44,3	14,1	7,3	3,7

On voit que le thé vert se distingue surtout par la proportion plus grande de tanin.

Voici les nombres relatifs aux autres éléments du thé (noir et vert) :

Matières azotées totales.	15,9 à 36,6	p. 100
Huile essentielle.	0,54 à 0,89	—
Cire, résine, chlorophylle.	1,3 à 15,4	—
Gomme, dextrine	0,5 à 10,0	—
Cellulose.	9,9 à 15,7	—

Caractères microscopiques. — L'épiderme supérieur de la feuille de thé, qui est recouvert d'une cuticule assez épaisse et lisse, est formé d'une rangée de cellules à parois épaisses. Leur section transversale est rectangulaire. Vues de face, elles sont polygonales (diamètre : 50 μ), à côtés légèrement sinueux. On n'observe ni stomates ni poils.

L'épiderme inférieur présente des cellules analogues à parois épaisses, à section transversale quadrangulaire. Vues de face, elles forment des polygones plus irréguliers, plus grands (70 μ), à contours plus sinueux. On y rencontre des stomates et des poils.

Les stomates sont nombreux et de grandes dimensions (40 à 60 μ) ; ils sont bicellulaires et ont la forme d'ellipses aplaties Ils sont entourés par trois cellules épidermiques plus petites que les autres et disposées tangentiellement au système stomatique.

Les poils unicellulaires sont plus ou moins nombreux. La portion de l'épiderme de laquelle partent ces poils est entourée d'anneaux concentriques de cellules épidermiques, formant des files radiales dans lesquelles les diamètres vont en croissant à partir du centre. On a ainsi une sorte de rosette qui entoure la base du poil. Cette disposition persiste quand le poil disparaît. Certains poils ont une cavité intérieure très petite et limitée au voisinage de la base ; dans d'autres, cette cavité se prolonge beaucoup plus loin. Les jeunes feuilles possèdent une très grande quantité de poils formant un duvet visible. Ces poils sont très longs (1^{mm} et plus, leur largeur est de 15 μ) ; ils sont unicellulaires, à parois dures, généralement recourbés à la base. Enfin, sur les deux épidermes on trouve de petites glandes généralement unicellulaires, contenant une huile volatile.

Au-dessous de l'épiderme supérieur se trouvent deux rangs de cellules palissadées. Ces cellules sont très riches en chlorophylle. Dans les thés noirs, les masses chlorophylliennes sont remplacées par des masses brunes granuleuses. La première rangée de cellules palissadées présente le type habituel : ce sont des cellules de section rectangulaire allongée, très serrées. La seconde assise est à section presque carrée. Elle sert de passage au tissu sous-jacent, qui forme le reste du parenchyme. Ce tissu est formé de cellules globuleuses présentant de nombreuses lacunes ; leurs parois sont tendres et minces ; elles contiennent soit de la chlorophylle, soit des cristaux d'oxalate de calcium, tous maclés.

Ces deux parenchymes sont traversés par des vaisseaux libéro-ligneux, très riches en trachées déroulables, prolongements de la nervure centrale, et par de grandes cellules scléreuses isolées. Ces cellules sont de formes très diverses, rameuses, fourchues, très élargies dans leur partie terminale. Elles ont une épaisseur de parois très grande (15 μ), un lumen très étroit Elles sont incolores, brillantes, paraissent légèrement striées et n'ont pas de pores. Ces cellules prennent naissance immédiatement au-dessus d'un épiderme et s'étendent presque jusqu'à l'autre ou tout au moins dans les deux tiers de l'épaisseur de la feuille. Leur longueur ainsi que celle de leurs prolongements dépend de l'épaisseur de la feuille. Elle est généralement de 300 μ.

Ces cellules scléreuses manquent dans les feuilles jeunes et n'existent que dans la nervure centrale pour les feuilles moyennes (longueur : 2^{cm} à $2^{cm},5$).

La nervure centrale est biconvexe, beaucoup plus développée à la partie inférieure de la feuille qu'à la partie supérieure.

Le système libéro-ligneux occupe le centre de la nervure, et le parenchyme qui l'entoure est formé d'éléments analogues à ceux du parenchyme de la feuille. On trouve des cellules contenant des cristaux d'oxalate de calcium et aussi les grandes cellules scléreuses ramifiées. Le système libéro-ligneux affecte une forme plan-convexe, l'extrémité plane se trouvant du côté de l'épiderme supérieur de la feuille. Ce système est limité inférieurement par plusieurs assises de fibres libériennes qui entourent tout le parenchyme libérien. Ces fibres de section polygonale sont fortement épaissies et ponctuées. Le parenchyme libérien contient des cristaux d'oxalate de calcium maclés.

Au-dessus du liber se trouve le bois dont les lames rayonnantes, amincies vers la face supérieure, sont séparées par de petits rayons médullaires à une rangée de cellules. La partie supérieure du système est remplie par des fibres libériennes qui rejoignent les assises inférieures situées vers la partie convexe.

Cette disposition, les grandes cellules scléreuses, les épidermes, les stomates caractérisent nettement la feuille de thé.

Falsifications. — Indépendamment de la vente d'un thé inférieur comme thé de qualité supérieure, il faut noter les manipulations qu'on fait subir au thé dans le but de lui rendre son aspect extérieur quand il a été modifié ou détruit par des avaries diverses. Ces avaries (action de la lumière, de l'eau de pluie ou de l'eau de mer) ont pour effet de décolorer le thé.

On rend ces thés avariés marchands en les colorant artificiellement; on emploie dans ce but la plombagine et l'indigo pour les thés noirs, et des mélanges d'indigo, de bleu de Prusse, de curcuma, de cachou avec le kaolin, le gypse, le talc, la stéatite pour les thés verts.

On remet en vente les thés épuisés en les additionnant de gomme et d'amidon et en leur faisant subir une torréfaction légère. Tous ces thés falsifiés peuvent être mélangés avec des thés marchands.

D'autres substances sont ajoutées au thé dans le but d'augmenter le poids du produit; ce sont des oxydes de fer, des matières siliceuses et d'autres poudres minérales.

La falsification la plus usitée consiste dans l'addition de feuilles étrangères, auxquelles on fait subir une torréfaction semblable à celle du thé. Nous citerons parmi les feuilles employées celles de fraisier, de prunellier, de frêne, de sureau, de saule, de laurier, de rosier, de peuplier, de platane, de chêne, de hêtre, d'orme, d'aubépine, de marronnier, de camélia.

On trouve aussi, dans les sortes supérieures de thé, des fragments de certaines fleurs odorantes employées par les Chinois à parfumer ces thés : cette addition n'est pas une falsification, si la proportion des éléments étrangers est petite.

ANALYSE CHIMIQUE ET RECHERCHE DES FALSIFICATIONS

Analyse sommaire. — Elle comporte les opérations suivantes :

Eau. — On pèse 5gr de thé dans un vase taré et on porte le vase dans l'étuve à 110°; on le laisse pendant 7 à 8 heures.

La perte de poids, multipliée par 20, donne l'eau p. 100.

Cendres. — On pèse 5gr de thé dans une capsule de platine tarée, on porte dans le moufle et on incinère jusqu'à obtention de cendres verdâtres.

La différence entre la tare et le nouveau poids de la capsule refroidie, multipliée par 20, donne le poids des cendres p. 100.

Extrait aqueux. — On pèse 2gr de thé, on les fait bouillir avec de l'eau distillée que l'on change plusieurs fois jusqu'à ce que l'eau ne soit plus colorée. On recueille les feuilles de thé dans un vase taré ou sur un filtre taré. On fait sécher à 100°.

La perte de poids, multipliée par 50, diminuée de l'eau p. 100, donne l'extrait aqueux p. 100.

Examen microscopique. — On développe une certaine quantité des feuilles suspectes dans l'eau tiède, on les décolore avec de l'eau régale très faible et on examine les feuilles suspectes ; les feuilles d'un thé pur doivent présenter les caractères décrits plus haut.

Discussion des résultats. — Ces opérations sont complétées par un examen organoleptique de l'échantillon, examen qui peut mettre sur la voie des falsifications.

Ces essais permettent de conclure facilement à certaines falsifications. Les nombres trouvés pour l'eau ne servent que dans des cas restreints. Une augmentation du poids des cendres peut indiquer une addition de matières minérales.

Pour les thés épuisés, on cherche la proportion de cendres solubles et insolubles ; nous avons indiqué les quantités p. 100 au paragraphe de la composition chimique des thés. La diminution de l'extrait aqueux indique également un thé épuisé.

Recherche des feuilles étrangères. — Enfin, l'addition de certaines feuilles étrangères peut aussi augmenter les cendres ; la détermination de la nature de ces feuilles se fait au moyen des caractères microscopiques. Nous ne pouvons donner les caractères microscopiques des nombreuses feuilles qui ont été ajoutées au thé ; voici un tableau dichotomique des feuilles les plus communément employées. Ce tableau a été dressé par M. Camille Brunotte, dans une thèse sur la détermination histologique des falsifications du thé :

Pour déterminer la nature des feuilles, il faut se reporter des numéros de droite du tableau aux numéros correspondants de gauche.

1	Absence complète de poils ou de glandes pédicellées aux deux faces	2
	Poils ou glandes pédicellées à la face inférieure seulement	4
	Poils ou glandes pédicellées aux deux faces	12
2	Cristaux en macles ou en enveloppe de lettre, système libéro-ligneux principal fermé.	3
	Cristaux en raphides, système libéro-ligneux ouvert	*Epilobium angustifolium.*
	Pas de cristaux, glandes dans le parenchyme	*Laurus nobilis.*
3	Deux anneaux libéro-ligneux latéraux au-dessus du système principal de la nervure	*Populus tremulo.*
	Deux anneaux libéro-ligneux superposés au-dessus du grand faisceau central et sur la ligne médiane de cette nervure	*Populus nigra.*
4	Poils unicellulaires	5
	Poils pluricellulaires	11
5	Poils tuberculeux. Faisceau fermé. Épiderme supérieur plus épais que l'inférieur	*Æsculus hippocastanum.*
	Poils à parois lisses	6
6	Un rang de cellules en palissade. Système libéro-ligneux central fermé	*Fagus silvatica*
	Deux ou plusieurs rangs de cellules en palissade	7
7	Cellules lignifiées dans le mésophylle	8
	Pas de cellules lignifiées dans le mésophylle	9

8 Parenchyme en palissade occupant le tiers du parenchyme total. Pas de cristaux dans le liber . . . . *Camellia japonica* (feuille âgée).
Parenchyme en palissade occupant la moitié du parenchyme total; cristaux dans le liber . . . . *Thea chinensis.*

9 Faisceau libéro-ligneux possédant des fibres libériennes à sa face externe, celles-ci formant des îlots ou une lame continue lignifiée. 10
Pas de tissu lignifié à la face externe du faisceau. . *Camellia japonica* (feuille jeune).

10 Épiderme supérieur plus épais que l'inférieur . . . . *Rosa canina.*
Les deux épidermes de même épaisseur. . . . . *Malus communis.*

11 Système libéro-ligneux principal fermé : pas de cristaux dans le liber. . . . . *Quercus pedunculata.*
ouvert : cristaux dans le liber. *Prunus Mahalel.*

12 Poils tous de même forme 13
Poils de plusieurs formes, les uns simples pointus . . . . Les autres à extrémités arrondies ou glanduleux 17

13 Poils unicellulaires ou pluricellulaires, mais à cellules placées bout à bout 14
Poils scarieux, fibres rameuses dans le parenchyme . . . . *Olea europa.*

14 Base de ces poils toujours nue 15
Base de ces poils enchâssée dans des concrétions de carbonate de calcium. . . . . *Lithospermum officinale.*

15 Système libéro-ligneux principal fermé . . . . *Salix capræa.*
ouvert. 16

16 Tissu de protection du faisceau lignifié. . . . . *Cratægus oxyachanta.*
Tissu extérieur au parenchyme libérien du faisceau non lignifié. *Prunus spinosa.*

17 Cristaux dans le limbe et dans la nervure 18
Pas de cristaux. 20

18 Une seule rangée de cellules en palissade, cristaux pulvérulents. *Sambucus nigra.*
Une ou deux rangées de cellules en palissade, cristaux toujours en raphides. . . . . *Epilobium hirsutium.*
Deux rangées de cellules en palissade, cristaux en macles et en enveloppe de lettre. 19

19 Faisceau ouvert avec tissu lignifié extérieur au liber . . . . *Ulmus campestris.*
Faisceau ouvert, tissu extérieur à la face du parenchyme libérien, non lignifié mais cellulosique . . . . *Fragaria vesca.*

20 Stomates aux deux faces de la feuille. système libéro-ligneux. ouvert . *Veronica officinalis.*
à la face inférieure seulement. fermé. . *Fraxinus excelsior.*

Analyse complète. — Outre les déterminations précédentes, une analyse complète nécessite le dosage des autres principes immédiats du thé, notamment la cire, la résine, la cellulose, l'azote total, la caféine et le tanin.

Cire. — La cire est enlevée au thé par l'éther de pétrole. La solution qui contient de la chlorophylle qu'on peut doser colorimétriquement est évaporée à 110° pour enlever une petite quantité d'huile essentielle. Le poids du résidu diminué du poids de la chlorophylle donne la cire.

Résine. — Le résidu de l'extraction par l'éther de pétrole est épuisé à l'éther. La liqueur éthérée est évaporée rapidement à la température ordinaire. La résine est la partie de l'extrait éthéré qui est insoluble dans l'eau.

Cellulose. — On suit la même marche que pour le café (voir p. 553).

Azote total. — On dose par la chaux sodée en opérant sur 2gr de thé. Il y a lieu de déduire de l'azote total p. 100 le poids de l'azote de la caféine p. 100 quand on veut calculer les matières albuminoïdes en multipliant par 6,25. La teneur du thé en azote est généralement supérieure à celle des feuilles employées à sa falsification.

Caféine. — La caféine se dose par les procédés employés pour le dosage de ce corps dans le café; voici un autre procédé assez simple :

On épuise par l'éther 30gr de thé. On agite la solution éthérée avec de l'acide sulfurique étendu. La solution acide est neutralisée par de la magnésie et évaporée au bain-marie. On épuise de nouveau par l'éther le résidu ainsi obtenu. En évaporant cette solution éthérée, on obtient des cristaux de caféine que l'on pèse.

Tanin. — Le tanin, qui existe dans le thé en forte proportion, se dose par un des nombreux procédés qui ont été imaginés. Voici un procédé volumétrique dû à Allen :

On fait bouillir pendant une demi-heure 2gr de thé finement pulvérisé dans 80cc d'eau; on passe la décoction à travers une fine mousseline et on fait bouillir le thé déjà épuisé dans une même quantité d'eau; on répète les décoctions jusqu'à enlèvement complet de la matière colorante, on réunit les décoctions filtrées et on réduit à 250cc.

On prépare une liqueur A contenant 5gr d'acétate de plomb dans 1 litre d'eau; 10cc de cette liqueur sont précipités par 10mgr de tanin pur. On prépare une liqueur B en dissolvant 10mgr de ferricyanure de potassium dans 10cc d'eau, on ajoute à la solution un égal volume d'ammoniaque concentrée; cette solution se colore en rose par l'addition d'une solution aqueuse très diluée de tanin. On forme une liqueur type C contenant 1gr de tanin pur dissous dans 1000cc d'eau.

Pour vérifier la liqueur C, on prend 10cc de la liqueur A, on y ajoute environ 100cc d'eau bouillante et on y verse avec une burette graduée la solution C de tanin. Quand on a versé 10cc de cette solution, on prend avec une pipette 1cc du liquide sur lequel on opère et on le verse sur un petit filtre disposé de telle sorte que les gouttes tombent sur une soucoupe de porcelaine contenant un certain nombre de gouttes espacées de la liqueur B. Si la liqueur C est exacte, on doit avoir une coloration rose des gouttes de B indiquant que le tanin a été précipité entièrement par l'acétate de plomb. Si on n'a pas cette coloration, il est facile de l'obtenir en ajoutant un volume déterminé de la liqueur C. On a ainsi le titre de cette liqueur. Soit T ce titre, c'est-à-dire la quantité de tanin correspondant à 10cc de la liqueur A.

Pour doser volumétriquement le tanin d'un thé, on recommence l'opération précédente en substituant à la liqueur C la solution de 250cc, résultant de l'épuisement de 2gr de thé. Soit n le nombre de centimètres cubes nécessaires pour amener la coloration rose avec des gouttes de B. La quantité de tanin contenue dans 1gr de thé est $\frac{125\ T}{n}$. En multipliant par 100 on a le tanin p. 100.

Cendres. — Enfin, si les cendres ont un poids plus fort que la quantité normale, on dose dans ces cendres la silice, le fer, la magnésie. Une quantité notable de magnésie indique l'addition de talc ou de stéatite.

Matières colorantes. — Les matières colorantes minérales se retrouvent directement dans les cendres, sauf le bleu de Prusse. Pour déceler ce colorant, on traite le thé par la potasse, on filtre, on acidifie fortement avec l'acide chlorhydrique et on cherche dans la solution le ferrocyanure de potassium qui doit précipiter en bleu par addition de chlorure ferrique.

En général, les matières colorantes ajoutées sont enlevées au thé par l'eau bouillante et se déposent après refroidissement. Le dépôt ainsi obtenu sert à rechercher le bleu de Prusse, l'indigo, la plombagine, par les méthodes connues.

MATÉ

Le maté, ou thé du Paraguay, est la feuille torréfiée d'une espèce de houx, *Ilex paraguaiensis*, arbuste ou petit arbre du genre *ilex* de la famille des *Ilicinées*. On rencontre ce houx dans les régions tempérées de l'Amérique du Sud, principalement dans le Paraguay. Ses feuilles sont alternes, oblongues, pédonculées (longueur de 7 à 10^{cm}), lisses, glabres, coriaces, irrégulièrement dentées. Les nervures latérales forment des réseaux.

Préparation. — On coupe les branches garnies de feuilles et on les passe rapidement à travers la flamme d'un feu vif. On les étend ensuite sur une grossière charpente peu élevée au-dessus du sol. La torréfaction s'achève en allumant sous cette charpente un feu fumeux. Au bout de deux à trois jours, on enlève le feu, on nettoie le sol avec soin et on y fait tomber les feuilles torréfiées. Ces feuilles sont grossièrement concassées et ensuite broyées avec des meules en pierre ou des pilons en bois. La poudre ainsi obtenue est abandonnée pendant quelques mois sous des toiles et enfin enfermée dans des peaux cousues. Dans d'autres contrées, ces manipulations primitives sont perfectionnées et l'on traite les feuilles à peu près comme celles du thé en les torréfiant dans une poêle en fer. On les pulvérise ensuite au moulin.

Le produit obtenu est une poudre grossière, d'un vert brunâtre. On y remarque des fragments assez gros de feuilles et de rameaux. L'infusion, d'un jaune brun, a un fort goût de brûlé mêlé à un goût légèrement amer.

Composition chimique. — On rencontre principalement dans le maté de la caféine, des matières grasses et résineuses, des matières albuminoïdes, un peu de sucre et un tanin. Les quantités de caféine trouvées dans le maté varient de 0,3 à 1,85 p. 100. Les cendres varient de 3,9 à 5,5 p. 100. La caféine se dose par un des procédés décrits pour le café et le thé. (Voir pages 553 et 568.)

Caractères microscopiques. — L'épiderme supérieur des feuilles est formé de cellules assez petites (50 μ), à parois minces, légèrement sinueuses, avec une cuticule rayée de lignes ondulées. Les cellules épidermiques inférieures sont à peu près semblables ; la cuticule est beaucoup moins rayée.

Les stomates sont extrêmement nombreux ; en certains endroits, ils se touchent presque. Ces stomates sont presque circulaires, assez petits (30 μ). Dans l'épiderme inférieur, on trouve aussi des glandes sous-épidermiques à contenu rouge brun. Sous les épidermes, se trouve une assise unique de cellules palissadées. Le parenchyme intermédiaire est formé de cellules très anguleuses avec de nombreuses lacunes. On y remarque aussi des cellules contenant des druses d'oxalate de calcium. Toutes les cellules contiennent du tanin et de la chlorophylle. De nombreux faisceaux vasculaires parcourent le parenchyme.

COCA

Le coca est la feuille séchée d'espèces du genre *Coca*, de la famille des *Linacées-Erythroxylées*. Ces espèces sont des arbustes qui croissent spontanément et se cultivent au Pérou, au Chili, au Brésil et au Paraguay. Les feuilles sont alternes, rapprochées, courtement pétiolées, stipulées, ovales, atténuées vers la base, aiguës ou émarginées au sommet, entières, caduques, membraneuses, d'un vert clair à la partie supérieure et plus pâles à la partie inférieure, glabres, avec la nervure centrale proéminente à la partie inférieure (dimensions de 5 à 7^{cm} sur 2 à 3) La feuille offre une disposition spéciale de nervures surtout apparente quand elle est sèche et que nous décrirons plus loin.

Préparation. — Les feuilles sont récoltées de deux à quatre fois par an quand elles sont bien développées. On les cueille aussi entières que possible, on les fait sécher lentement en les étalant au soleil sur des planches ou des couvertures de laine.

On obtient ainsi une masse sèche formée en grande partie de feuilles entières, avec des fragments de feuilles, des morceaux plus ou moins considérables de jeunes branches et quelques graines.

La feuille sèche est très bien caractérisée par la disposition de sa face inférieure, qui se rencontre sur presque toutes les feuilles. De chaque côté de la nervure médiane saillante on remarque une zone brunâtre et terne qui se dégage sur le fond plus clair du vert de la feuille. Cette zone, qui dans sa plus grande largeur occupe le quart de la largeur de la feuille, est limitée par deux lignes courbes fines et saillantes qui viennent rejoindre la nervure centrale à ses deux extrémités.

De la nervure centrale partent, presque perpendiculairement, des nervures secondaires très fines, qui restent sensiblement parallèles jusqu'aux deux tiers de la moitié de la feuille et ensuite se bifurquent de manière à former un réseau fin et saillant.

L'infusion des feuilles est d'un beau jaune clair; son odeur est agréable mais faible, la saveur en est âpre et un peu amère.

Caractéres microscopiques. — L'épiderme supérieur des feuilles est formé de petites cellules de section presque carrée, avec une mince cuticule. Vu de face, cet épiderme est formé de cellules polygonales, assez irrégulières. Sous cet épiderme se trouve une assise de cellules palissadées, assez peu allongées. Le reste du parenchyme est formé par des cellules irrégulières, avec nombreuses lacunes. Elles sont parcourues par des faisceaux de vaisseaux formés de petits groupes séparés les uns des autres par des cellules ponctuées à parois assez épaisses, contenant des cristaux d'oxalate de calcium. Les cellules du parenchyme contiennent du tanin, de la chlorophylle, des gouttes d'huile et aussi quelques cristaux. Au voisinage de l'épiderme inférieur, les cellules parenchymateuses deviennent rameuses. En coupe, l'épiderme inférieur présente d'élégantes saillies. Vu de face, il est formé de cellules polygonales à parois légèrement sinueuses et présentant un double contour, constitué par la projection des saillies précédentes. Il y a de nombreux stomates petits (20 à 30 μ), avec deux cellules compagnes.

Cocaïne. — Le principe actif du coca est la cocaïne, alcaloïde complexe qui se rattache à la série pyridique. Voici un procédé d'extraction et de dosage dû à M. V. Truphème :

On traite par l'éther les feuilles de coca finement hachées dans un appareil à épuisement continu. On évapore à siccité la solution éthérée, qui est d'un vert noirâtre. On obtient ainsi un produit vert foncé qui fond à 75°. On le traite par de l'eau distillée bouillante. Le résidu constitue la cire de coca impure. La solution aqueuse est mélangée avec de la magnésie et évaporée à siccité. Le résidu sec est finement pulvérisé et traité par l'alcool amylique qui, après deux cristallisations, donne des cristaux de cocaïne pure.

On a trouvé dans les feuilles de coca des quantités de cocaïne variant de 0,043 à 0,387 p. 100. Ces différences sont dues à ce que les feuilles fermentées ne contiennent qu'une très petite quantité de cocaïne.

Outre la cocaïne, les feuilles de coca contiennent deux autres alcaloïdes : la *benzoylecgonine* et l'*hygrine*. L'hygrine est peu connue ; c'est un liquide qui distille sans altération à une température élevée.

La constitution de la cocaïne et celle de la benzoylecgonine sont mieux connues. La cocaïne $C^{17}H^{21}AzO^{4}$ perd facilement par simple ébullition en solution aqueuse un radical CH^{3} en donnant de la benzoylecgonine.

$$\underset{\text{Cocaïne.}}{C^{17}H^{21}AzO^{4}} + H^{2}O = \underset{\text{Benzoylecgonine.}}{C^{16}H^{19}AzO^{4}} + \underset{\text{Alcool méthylique.}}{HCH^{2}OH.}$$

La benzoylecgonine, traitée elle-même par les acides concentrés ou l'eau de baryte, donne de l'acide benzoïque et une nouvelle base, l'ecgonine.

$$\underset{\text{Benzoylecgonine.}}{C^{16}H^{19}AzO^{4}} + H^{2}O = \underset{\text{Ecgonine.}}{C^{9}H^{15}AzO^{3}} + \underset{\text{Acide benzoïque.}}{C^{6}H^{5}CO^{2}H.}$$

On a d'ailleurs réussi à faire la synthèse partielle de la cocaïne en traitant l'ecgonine par un mélange d'iodure de méthyle et d'anhydride benzoïque.

Des recherches faites sur l'ecgonine il résulte que cet alcaloïde est un dérivé d'une pyridine tétrahydrogénée (dans laquelle l'hydrogène, lié à l'azote, serait remplacé par un groupe méthyle) et possède une chaîne latérale.

$$- CHOH - CH^2 - CO^2 H.$$

La benzoylecgonine posséderait la chaîne latérale suivante :

$$\begin{array}{l} - CH - O - CO - C^6 H^5 \\ | \\ CH^2 - CO^2 H, \end{array}$$

et la cocaïne la chaîne

$$\begin{array}{l} - CH - O - CO - C^6 H^5 \\ | \\ CH^2 - O - CO - CH^3. \end{array}$$

Partie supplémentaire.

THÉ

PAR M. GÉNIN

Caractères microscopiques. — Les thés du commerce contiennent souvent une grande quantité de débris de pétioles et de tigelles. Ces éléments sont caractérisés au microscope par des cellules scléreuses et des cristaux étoilés que l'on rencontre dans le parenchyme cortical ; de plus, on trouve dans la moelle des cellules scléreuses dont la cavité est plus large que celle des cellules scléreuses précédentes et dont les parois sont moins épaisses.

Succédanés. — Voici, d'après M. *E. Collin*, les caractères de deux succédanés du thé qui sont fréquemment employés en Russie (*Journal de Pharmacie et de Chimie*, 1900).

Thé de Kaporie. — Ce thé est préparé avec les feuilles de l'*Epilobium angustifolium* de la famille des Onagrariées. Ce nom de Kaporie est le nom d'un village situé près de Saint-Pétersbourg et dont les habitants sont employés à la préparation de ce succédané. Les feuilles sont faiblement dentées, allongées en forme de lancette étroite et pointue; elles ont de 4 à 5^{cm} de longueur et une largeur d'environ 1^{cm}. Les nervures latérales se détachent de la nervure centrale sous un angle aigu ou à peine droit; elles se réunissent au voisinage du bord par de larges lacets assez saillants.

L'épiderme supérieur de la feuille ne porte pas de poils : il est formé de cellules polygonales à parois légèrement ondulées, recouvert par une cuticule lisse.

L'épiderme inférieur est constitué par des cellules sinueuses recouvertes par une cuticule striée; on y rencontre des stomates et des poils. Les poils sont cylindriques, arrondis au sommet, recourbés en forme de hameçon et à parois minces. Les stomates sont entourés par trois ou quatre cellules dont la forme et la direction n'ont rien de régulier. Le mésophylle est formé supérieurement d'une seule rangée de cellules palissadées et en bas d'un parenchyme lâche contenant de larges cellules ovales, qui renferment des amas en forme de pinceau constitués par des aiguilles d'oxalate de chaux.

Thé du Caucase ou de Coutaïs. — Ce thé est préparé le plus généralement avec les feuilles du *Vaccinium arctostaphylos* de la famille des Éricacées.

Les feuilles sont ovales-oblongues, ont 6 centimètres de longueur et 3 de largeur ; le limbe est très finement denté. Les nervures secondaires se détachent de la nervure centrale sous un angle de 45° et se rejoignent en courbes douces à quelque distance des bords du limbe en donnant naissance à des nervures tertiaires, qui, en s'anastomosant, forment un réseau à mailles assez larges.

L'épiderme est formé de cellules très sinueuses recouvertes par une cuticule striée. On rencontre sur les deux faces des stomates, des poils tecteurs et des poils glanduleux.

Les stomates sont plus rares sur la face supérieure ; ils sont accompagnés de deux cellules annexes parallèles à la direction allongée du stomate.

Les poils tecteurs sont très longs, unicellulaires, coniques, plus ou moins flexueux, munis de parois minces et finement striées. Les poils glanduleux sont formés d'une grosse glande ovale pluricellulaire, divisée par des parois verticales et horizontales et supportée par un pédicelle formé de plusieurs séries de cellules.

Le mésophylle est formé supérieurement d'une seule assise de cellules palissadées et inférieurement d'un parenchyme lacuneux ; on y rencontre quelques rares cristaux étoilés.

CACAO, CHOCOLAT

PAR M. V. GÉNIN

CACAO

Le cacao est la graine de plusieurs espèces de *cacaoyers*, arbustes ou arbres, qui constituent le genre *Theobroma*, de la famille des *Malvacées-Bytlnériacées*. Les *Theobroma*, originaires du Mexique, ont été répandus par la culture dans l'Amérique centrale et la partie nord de l'Amérique méridionale, aux Antilles et à la Réunion. La plus grande partie du cacao provient de l'espèce appelée *Theobroma cacao.*

Le cacao qui est employé à l'alimentation, ou cacao alimentaire, est le cacao séché, torréfié, soumis à diverses manipulations, pulvérisé ou réduit en pâte.

Description du fruit du cacao (*Theobroma cacao*). — Le fruit pendant, volumineux (15 à 25^{cm} de longueur sur 6 à 10 de largeur), est une sorte de capsule glabre, raboteuse, coriace, ayant la forme et la grosseur d'un concombre, de couleur verte d'abord, puis variant du jaune vert au jaune rougeâtre. Cette capsule, inégalement bombée, est creusée extérieurement de dix sillons longitudinaux, séparés par des côtes assez prononcées. On l'appelle vulgairement *cabosse;* elle est divisée intérieurement en cinq loges, membraneuses, non persistantes, remplies d'une pulpe gélatineuse et acide, d'une saveur agréable, de couleur jaunâtre. C'est dans cette pulpe que sont placées les graines, attachées à un placenta commun, situé à la partie centrale.

Les *graines*, qui ont la forme et la grosseur d'une amande (2 à 4^{cm} sur 1 à 3), sont au nombre de 25 à 40. Les graines, qui constituent le cacao, sont généralement ovoïdes, aplaties à leur grosse extrémité et présentant dans cette partie un hile plat. De ce hile part un sillon qui suit la surface latérale la plus fortement courbée et vient se perdre à l'extrémité la moins aplatie en formant plusieurs faisceaux vasculaires qui se terminent vers le hile sous forme de lignes délicates. Le tégument extérieur de la graine est mince, cassant, d'un brun plus ou moins rouge; il est tapissé intérieurement d'une pellicule très mince, incolore, qui pénètre dans la substance des cotylédons et les divise en plusieurs lobes irréguliers. Ce tégument s'appelle *coque*.

La *coque* recouvre deux cotylédons épais, repliés sur eux-mêmes et logeant entre leurs plis des fragments d'albumen qui peut manquer complètement. Ils se divisent facilement en fragments irréguliers à cause des prolongements de la membrane interne de la *coque*. Ils enferment à leur base la gemmule, qui est courte et presque cylindrique. Leur chair est compacte, cassante, huileuse, de couleur blanche avant la maturité, passant ensuite au violet foncé ou au brun noir. L'odeur des graines est faible, leur saveur plus ou moins amère.

Traitement des fruits. — Les fruits ou *cabosses* que l'on a récoltés sont mis en tas sur le sol pendant quelques jours; pour compléter leur maturité, on a soin de les remuer de temps en temps. On ouvre alors les *cabosses* et on sépare les amandes de la pulpe qui les entoure au moyen d'un petit morceau de bois.

Les amandes encore imprégnées de pulpe sont disposées sous des hangars en couches peu épaisses. La pulpe sèche peu à peu, on complète la dessiccation par une exposition au soleil, en ayant soin de faire des couches peu épaisses et de remuer fréquemment.

Puis on fait subir aux amandes une fermentation dite *ressuage*. Son but est de les débarrasser complètement de la pulpe et de leur enlever certaines matières organiques facilement altérables, qui nuiraient à leur conservation. Pour réaliser cette fermentation, on entasse les amandes en couches assez épaisses : la masse s'échauffe et répand une odeur forte; elle se couvre d'un enduit qui laisse écouler un liquide plus ou moins visqueux. On arrête la fermentation quand les amandes ont acquis une certaine couleur foncée.

Le *ressuage* peut s'effectuer de différentes manières :

1° Dans certaines régions, on entasse les amandes dans des tonneaux en bois qu'on enfonce dans la terre ou bien on les place simplement dans des fossés qu'on recouvre de terre. Les cacaos ainsi traités sont dits *terrés*. On les reconnaît généralement à une légère couche rougeâtre, jaunâtre ou brunâtre, pulvérulente, qui recouvre les amandes qui ont été en contact direct avec la terre. Les cacaos terrés ont une saveur agréable.

2° Les autres procédés de ressuage fournissent les cacaos *non terrés*, de saveur quelquefois désagréable.

Ces procédés consistent à accumuler les amandes dans de vastes récipients (auges en bois, vases en terre), et à les couvrir de feuilles maintenues par des planches chargées de pierres. Dans d'autres endroits, on se contente d'entasser les amandes dans des magasins et de les couvrir. La durée du ressuage est variable et dépend de la température et du degré de maturité des amandes; trois à cinq jours suffisent.

Cette opération terminée, on procède à la dessiccation des amandes en les exposant au soleil et les remuant fréquemment. On les livre alors au commerce.

Sortes de cacaos. — Le cacao porte le nom des contrées dans lesquelles il a été récolté ou celui des ports d'exportation. Les cacaos se distinguent les uns des autres au moyen des différences souvent très légères qui se présentent dans la dimension et la forme des amandes, la couleur de leur coque et celle de leur chair, leur saveur et leur odeur.

Voici les caractères différentiels des principales sortes commerciales :

On peut distinguer deux grandes classes de cacaos : ceux de *terre ferme*, provenant de l'Amérique centrale et de l'Amérique du Sud et ceux des *îles*, provenant des Antilles et de la Réunion.

C'est parmi les cacaos de *terre ferme* que se rencontrent la plupart des cacaos terrés que leur saveur agréable fait rechercher pour les produits alimentaires dans lesquels entre le cacao.

Les cacaos des *îles*, sauf celui provenant de l'île de la Trinité (Antilles anglaises), sont surtout employés pour l'extraction de la matière grasse des amandes.

Les cacaos terrés ont une coque peu adhérente, recouverte d'un enduit terreux de couleur variant du jaune clair au brun rouge foncé; la saveur, très agréable pour les premières qualités, l'est moins pour les sortes inférieures.

Les cacaos non terrés ont une coque généralement adhérente, leur saveur est souvent faible ou désagréable. Une sorte de provenance déterminée peut présenter des cacaos terrés ou non terrés.

CARACTÈRES DES CACAOS DE TERRE FERME

Cacaos du Vénézuéla. — On distingue différentes sortes :

1° Les *Caraques* 1er choix (*Puerto-Cabello, La Guayra*), cacaos terrés; l'amande est régulièrement elliptique ou triangulaire arrondie, un peu aplatie ou fortement convexe, la coque épaisse et peu adhérente est recouverte d'une terre micacée de couleur jaune d'ocre ou rouge brunâtre; les cotylédons sont d'un brun violet, l'odeur et la saveur sont très agréables.

Les amandes ont pour dimensions moyennes : longueur, 24mm; largeur, 15mm; épaisseur, 8mm.

2° Les *Caraques* 2e choix (*Irapa, Guiria, Yagarapara, Rio-Chico, Rio-Carribe*), l'amande est assez régulièrement elliptique; ils ne sont pas toujours terrés, dans ce cas la coque est lisse; elle est un peu moins épaisse que dans les *Caraques* 1er choix, les cotylédons sont également d'un brun violet, la saveur est moins agréable que dans la sorte précédente.

3° Cacao *Maracaïbo* (terré), les amandes sont un peu plus grosses que celles des *Caraques* 1er choix, elles sont de forme moins régulière; la coque est moins épaisse, elle est peu adhérente et recouverte d'une terre grise ou brune, les cotylédons sont d'un brun violet; leur chair paraît plus grasse que celle des sortes précédentes; leur saveur est peu prononcée.

Cacaos du Guatémala (*Soconusco*). — Terrés, les amandes sont très grosses, allongées, fortement convexes; la coque peu adhérente est recouverte d'une terre dont la couleur varie du jaune au gris; la chair des cotylédons est d'un brun clair ou d'un brun rouge, leur saveur agréable est peu prononcée.

Cacaos de l'Équateur (se distinguant en *Guayaquil*, *Ariba*, *Machala*, *Balaco*). — Terrés, les amandes sont grandes, larges, aplaties, leurs contours sont irréguliers, la coque est d'un brun plus ou moins foncé, recouverte d'une terre micacée; la chair des cotylédons est d'un brun plus ou moins foncé, quelquefois noirâtre; la saveur est forte, souvent amère. Les dimensions moyennes des amandes sont de 22 à 24^{mm} de longueur, 13 à 15^{mm} de largeur, 5 à 6^{mm} d'épaisseur.

Cacaos du Brésil (*Maragnan* ou *Para*, *Bahia*). — Ces cacaos ne sont pas terrés.

Les *Maragnan* sont de petites amandes allongées, souvent aplaties, arrondies à une de leurs extrémités, la coque est adhérente, lisse, rougeâtre ou d'un gris plus ou moins foncé; les cotylédons sont d'un brun clair, quelquefois bleutés, la saveur est faible.

Les *Bahia* sont arrondis et aplatis, à contours irréguliers; la coque adhérente est d'un brun rougeâtre foncé, avec des veines d'un rouge plus clair; les cotylédons sont violacés ou bleutés, la saveur est fumeuse.

Cacaos de la Guyane (*Cayenne*, *Berbice*, *Exquibo*, *Surinam*). — Ils sont rarement terrés.

Ceux de *Cayenne* sont petits, de forme variable, aplatis aux extrémités; la coque est grise, les cotylédons sont bruns, la saveur est fumeuse.

Ceux de *Surinam* sont plus gros, la coque est d'un gris brun, les cotylédons sont d'un rouge brun foncé, la saveur est amère. Les dimensions moyennes sont : 23^{mm} de longueur, 12^{mm} de largeur, 6^{mm} d'épaisseur.

CARACTÈRES DES CACAOS DES ILES

Cacaos de la Trinité (*Trinidad*). — Cette sorte, généralement non terrée, se rapproche des cacaos du *Vénézuéla*. Les amandes sont plus aplaties et plus larges que celle des *Caraques*, la coque est grise, brun rouge ou rougeâtre, peu adhérente, recouverte d'une terre non micacée, les cotylédons sont violacés ou noirâtres, la saveur est forte et souvent très agréable. La longueur moyenne est de 25^{mm}; la largeur de 18^{mm}; l'épaisseur de 4^{mm}.

Les autres cacaos des Iles ne sont pas terrés.

Cacaos de Haïti (*Port-au-Prince, Domingo*). — Les amandes sont elliptiques, aplaties, la coque est brune, plus ou moins foncée, les cotylédons sont d'un brun noirâtre; la saveur est assez amère. Les dimensions moyennes sont 23mm de longueur, 14mm de largeur, 4mm d'épaisseur.

Cacaos de la Jamaïque. — Les amandes sont allongées et aplaties, la pellicule grise est ponctuée, les cotylédons sont d'un brun violet ou noirâtre.

Cacaos de Sainte-Croix — Ces cacaos sont voisins des cacaos de *Haïti*, les amandes sont plus grosses.

Cacaos de la Martinique. — Les amandes sont en général aplaties, légèrement concaves, une des extrémités est plus large que l'autre, la coque est d'un rouge vif, les cotylédons sont violets, ardoisés ou verdâtres, la saveur est peu agréable.

Cacao de la Guadeloupe. — Ses caractères sont voisins de ceux de la sorte précédente, les amandes sont plus arrondies et plus aplaties.

Cacaos de Sainte-Lucie. — Ils ressemblent aux cacaos de la *Martinique*.

Cacaos de la Réunion (*Bourbon*). — Les amandes sont rondes et à contours assez réguliers, elles sont plus petites que celles des sortes précédentes; la coque est mince, peu adhérente, fendillée, d'un rouge clair ou d'un brun très foncé; les cotylédons sont d'un brun violacé; la saveur est peu agréable et souvent vineuse.

AVARIES DU CACAO

Toutes ces sortes de cacaos peuvent présenter des avaries de diverses natures. Il y a d'abord des avaries dues à une récolte faite négligemment ou dans de mauvaises conditions atmosphériques. On rencontre alors des amandes attaquées par des insectes ou d'autres animaux, et aussi des amandes non complètement mûries. Ces amandes vertes, caractérisées par les rides qu'on observe à leur surface et leur goût désagréable donnent aux produits alimentaires à base de cacao une saveur âcre. On trouve aussi des matières étrangères recueillies avec les amandes : poussières, terre, petits cailloux, graines diverses et débris ligneux.

Une seconde espèce d'avarie est causée par une fermentation ou une dessiccation mal conduites. Les amandes ont alors un goût et une odeur désagréables, elles sont plus ou moins moisies. Les amandes ainsi avariées doivent naturellement être rejetées de la consommation.

Ces propriétés nuisibles se rencontrent également dans les avaries commerciales produites par le contact de l'eau de mer ou de l'eau de pluie, par celui des substances grasses ou putréfiées, par l'attaque des vers soit pendant le transport en mer, soit dans les entrepôts. De plus, les amandes peuvent contracter une odeur étrangère si elles se trouvent près de substances odorantes comme le musc, le cubèbe, le copahu.

PRÉPARATION DU CACAO ET DU BEURRE DE CACAO

En soumettant le cacao à diverses manipulations, on obtient le cacao alimentaire. On peut aussi se proposer d'extraire la matière grasse contenue dans les amandes; cette matière, dite beurre de cacao, est employée en pharmacie. Pour l'extraction du beurre de cacao, on emploie surtout les cacaos non terrés, dont le rendement en matière grasse est généralement supérieur à celui des cacaos terrés.

Les premières opérations de la préparation du cacao sont les suivantes : On commence par débarrasser les amandes de cacao des matières étrangères qui y sont mêlées (poussières, terre, débris ligneux et pierres) au moyen de *vannages* et de *triages*. On enlève les amandes avariées, puis on trie les amandes par grosseur pour faciliter la torréfaction et la rendre plus régulière.

La *torréfaction* s'opère dans des brûloirs à une température pas trop élevée. La forme, la matière, les dimensions des brûloirs sont très variables, et nous ne décrirons pas les diverses combinaisons employées, pas plus que les mécanismes au moyen desquels on arrive à torréfier également toute la masse des amandes contenues dans un brûloir. La torréfaction produit deux effets : elle facilite l'enlèvement ultérieur de la coque et elle modifie légèrement la composition chimique du cacao en développant surtout l'arome qui le caractérise.

Il est impossible de donner des limites exactes de température et de temps pour la torréfaction; ces limites dépendent essentiellement de l'état des amandes et aussi du produit que l'on veut obtenir. L'expérience a montré que l'on obtient un bon produit entre des températures variant de 125° à 150°. Le cacao trop torréfié perd tout ou partie de son pouvoir nutritif, et celui qui n'est pas assez torréfié est moins assimilable. Quand la torréfaction est terminée, on enlève les amandes et on les étale en couches minces jusqu'à complet refroidissement.

On procède ensuite à la *décortication* au moyen d'appareils concasseurs qui brisent les coques et entraînent les *germes* (gemmules). Les coques et les germes sont séparés des amandes au moyen d'un vannage. Ces résidus sont employés soit pour la nourriture des bestiaux, soit comme engrais, ou même comme base d'une infusion dite thé de cacao. On opère enfin un dernier triage pour enlever les amandes avariées qui auraient échappé au premier triage.

On procède ensuite au *broyage*. Les appareils destinés au broyage sont de matière, de forme, de dispositions encore plus variables que les brûloirs. Nous mentionnerons seulement le remplacement des surfaces broyantes en fer ou en fonte par des surfaces en granit ou en porphyre; cette substitution supprime la saveur désagréable due au contact du cacao et du fer.

Ensuite, la majeure partie des cacaos destinés à la vente sont modérément pressés à chaud pour l'extraction d'une partie de la graisse qu'ils contiennent. Au lieu de presser le cacao, on peut aussi le traiter dans des autoclaves, par de l'eau surchauffée. Dans ces conditions, une partie de la matière grasse se sépare. Pour le cacao destiné à être consommé en poudre, le broyage peut se faire à froid; pour le cacao en tablettes, il faut broyer à chaud, de façon à obtenir une pâte que l'on introduit dans des moules, refroidis ensuite convenablement.

COMPOSITION CHIMIQUE DU CACAO

Dans le cacao on trouve : une matière grasse dite *beurre de cacao;* une matière azotée, la *théobromine* ($C^7 H^8 Az^4 O^2$) qui se rattache par sa constitution au groupe de l'acide urique ; une substance colorante et odorante mal définie, le *rouge de cacao*, que l'on peut considérer comme un glucoside d'un tanin mélangé à des produits de décomposition ; de l'eau hygroscopique, de l'amidon, de la cellulose, des matières hydrocarbonées et azotées et enfin une petite quantité de sels minéraux. Les éléments les plus importants sont le beurre de cacao, la théobromine et le rouge de cacao.

Le beurre de cacao existe en très grande quantité dans le cacao et en constitue la partie nutritive par excellence.

La théobromine, qui n'existe qu'en très petite quantité, possède des propriétés actives qui donnent au cacao une action stimulante et en font un aliment d'épargne. On trouve d'ailleurs la théobromine, ou bien son dérivé méthylé, la caféine, dans le guarana, le café, le thé, le maté, substances dites d'épargne, dont l'ingestion permet de supporter pendant un certain temps de grandes fatigues et la privation d'autre nourriture. Cette propriété commune à ces substances, qu'on ne peut attribuer à leur valeur alimentaire assez faible (le cacao excepté), a été rapportée à une action spéciale de la théobromine et de la caféine sur les parties du système nerveux qui règlent la nutrition. De l'avis de la majorité des chimistes, la théobromine est un élément essentiel du cacao.

Le rouge de cacao est le principe immédiat qui, par ses transformations pendant la torréfaction, donne au cacao son goût agréable et sa couleur définitive. Les autres éléments du cacao sont ceux que l'on retrouve dans les matières végétales.

Voici, d'après Weigmann et Zipperer, la composition centésimale de quelques sortes de cacaos sous forme d'amandes crues ou torréfiées, entières ou décortiquées, et celle des coques

COMPOSITION DES AMANDES DE CACAO

ANALYSES DE WEIGMANN	NOMS DES SORTES	EAU	MATIÈRES GRASSES	MATIÈRES AZOTÉES TOTALES	THÉOBROMINE	AMIDON HYDRATES DE CARBONE	CELLULOSE	CENDRES	SILICE	AZOTE TOTAL
Amandes crues entières.	Caraque	7,77	45,54	14,13	1,48	19,40	6,19	4,91	2,06	2,26
	Puerto-Cabello	8,08	46,61	13,50	1,51	22,92	4,43	4,28	0,18	2,16
	Trinidad	7,87	44,62	14,06	1,31	25,39	4,55	3,48	0,10	2,25
	Ariba	8,25	45,15	15,37	—	5,83 16,96	4,48	3,88	0,14	2,46
	Machala	8,17	45,93	14,06	—	5,69 17,50	4,36	4,09	0,22	2,25
	Port-au-Prince	7,77	46,35	14,56	—	5,97 15,53	5,19	4,15	1,48	2,33
	Surinam	7,53	44,74	13,69	1,66	26,46	4,30	3,16	0,13	2,19
Amandes torréfiées entières.	Caraque	6,73	45,95	13,66	1,62	22,75	5,40	4,49	1,02	2,17
	Puerto-Cabello	5,95	46,55	13,68	1,52	24,75	4,74	4,28	0,05	2,19
	Trinidad	6,32	45,06	13,68	1,44	26,40	4,92	3,55	0,07	2,19
	Ariba	8,17	45,53	15,75	—	22,45	4,17	3,83	0,10	2,52
	Machala	7,97	46,21	13,56	—	24,17	4,01	3,85	0,23	2,17
	Port-au-Prince	7,14	48,35	14,31	—	21,64	4,35	3,80	0,41	2,2
	Surinam	5,26	45,53	14,25	1,75	26,69	4,80	3,33	0,14	2,28
Amandes torréfiées, décortiquées, réduites en pâte.	Caraque	5,03	50,37	14,05	1,57	22,76	3,60	3,87	0,32	2,25
	Puerto-Cabello	4,93	50,83	13,25	1,65	24,53	3,60	3,88	0,08	2.18
	Trinidad	4,49	54,17	13,50	1,25	21,38	3,51	2,88	0,07	2.16
	Ariba	4,16	49,86	15,81	—	22,81	3,48	3,74	0,14	2,53
	Machala	3,46	54,64	13,62	1,40	21,55	3,11	3,49	0,13	2.18
	Port-au-Prince	3,10	55,51	14,19	1,75	19,85	3,57	3,41	0,34	2,27
	Surinam	3,92	55,81	13,37	1,74	20,97	2,92	2,93	0,08	2,11

COMPOSITION DES AMANDES ET DES COQUES DE CACAO

ANALYSES DE ZIPPERER	NOMS DES SORTES	EAU	MATIÈRES GRASSES	THÉOBROMINE	AUTRES MATIÈRES AZOTÉES	ROUGE DE CACAO	AMIDON	CELLULOSE	CENDRES
	AMANDES DE CACAO								
Amandes crues décortiquées.	Caraque	6,50	50,31	0,77	17,22	10,76	7,65	2,61	4,17
	Puerto-Cabello	8,40	53,01	0,54	13,32	7,85	10,05	2,51	4,32
	Trinidad	6,20	51,57	0,40	15,80	9,46	11,07	2,63	2,87
	Ariba	8,35	50,39	0,35	19,44	8,91	5,78	2,66	4,12
	Machala	6,32	52,68	0,33	12,04	13,72	8,39	2,41	4,11
	Port-au-Prince	6,94	53,66	0,32	13,28	11,39	8,96	2,53	2,92
	Surinam	7,07	50,86	0,50	21,44	8,31	6,41	2,69	2,72
Amandes torréfiées décortiquées.	Caraque	7,48	49,24	0,50	19,62	6,85	9,85	2,54	3,92
	Puerto-Cabello	6,58	48,40	0,52	18,56	8,25	10,96	2,65	4,08
	Trinidad	7,85	48,14	0,42	20,38	7,69	8,72	2,68	4,12
	Ariba	8,52	50,07	0,38	16,84	8,61	9,10	2,59	3,89
	Machala	6,25	52,09	0,31	15,58	7,84	11,59	2,59	3,75
	Port-au-Prince	6,27	46,90	0,36	19,20	7,19	12,64	2,62	4,82
	Surinam	4,04	49,88	0,54	21,68	8,08	10,19	2,71	2,88
	COQUES DE CACAO								
Coques non torréfiées.	Caraque	11,90	4,15	0,30	—	3,80	—	17,99	16,73
	Puerto-Cabello	12,04	4,00	0,32	—	9,15	—	15,98	8,99
	Trinidad	13,09	4,74	0,40	—	4,87	—	18,04	7,78
	Surinam	13,[illegible]2	4,17	0,33	—	5,1	—	14,85	7,31

Zipperer a trouvé les nombres suivants pour le rapport p. 100 du poids des coques au poids des amandes crues entières :

Caraques	15,00
Puerto-Cabello	12,28
Trinidad	14,68
Ariba	18,68
Machala	16,14
Port-au-Prince	16,00
Surinam	14,60

Pour d'autres sortes, ce rapport varie de 8 à 20. Ces proportions de coques correspondent à des amandes choisies ; dans la pratique commerciale on peut avoir jusqu'à 25 p. 100.

D'après ces tableaux, on voit que pour les différentes espèces d'amandes les variations des éléments sont assez faibles ; on constate au contraire de notables différences pour les amandes décortiquées ou non ; ceci tient à la composition des coques, pauvres en matières grasses et riches en cellulose et en matières minérales (cendres).

Par la torréfaction, il s'introduit aussi de légères différences ; on doit les attribuer en grande partie à la perte d'eau et à la transformation du rouge de cacao.

Il est peu utile de donner les moyennes et les limites maximum et minimum entre lesquelles varient les différents éléments du cacao, car ces limites obtenues sur une série d'analyses de sortes déterminées ont peu de valeur si on veut les appliquer à d'autres sortes ou à un cacao dont on ne connaît pas l'origine. D'ailleurs, les analyses de fèves se présentent rarement. En général, le chimiste se trouve en présence de cacaos du commerce, réduits en poudre ou façonnés en tablettes, et la préparation de ces cacaos commerciaux rend généralement impossible l'emploi immédiat des moyennes et des limites.

Il faut, en effet, distinguer plusieurs sortes de cacaos commerciaux :

1° Les *cacaos* souvent appelés *chocolats sans sucre*, non dégraissés, provenant de la pulvérisation de l'amande, sans aucune addition. Ils sont souvent façonnés en tablettes. Leur composition est celle des amandes de cacao.

2° Les *cacaos* dits *solubles*, plus ou moins dégraissés, généralement en poudre. L'enlèvement de la matière grasse est effectué par l'eau chauffée sous pression ; il en résulte une désagrégation des éléments insolubles de l'amande qui facilite leur suspension dans l'eau, mais la proportion des matières réellement solubles est peu augmentée.

3° Les *cacaos solubles* dits *hollandais* dégraissés et, de plus, additionnés à un certain moment de leur fabrication de sels de potassium. Cette addition augmente encore la désagrégation des éléments insolubles dans l'eau ; mais, comme pour les cacaos précédents, la proportion des matières réellement solubles n'est pas beaucoup plus grande que dans les cacaos de la première catégorie.

L'addition de sels de potassium se révèle par l'augmentation du poids des cendres dont la composition est d'ailleurs profondément changée ; l'utilité de cette addition est très contestable, car l'action des sels de potassium à haute température peut détruire en partie la théobromine ; d'ailleurs, il est facile de produire la désagrégation du cacao par l'emploi seul de l'eau chaude sous pression. Certains cacaos de fabrication hollandaise ne sont pas additionnés de sels de potassium.

La composition des cacaos solubles diffère de celle des amandes : les éléments autres que la matière grasse augmentent proportionnellement à la quantité de matière grasse enlevée.

Voici, d'après Kœnig, la composition p. 100 de quelques cacaos commerciaux dégraissés :

SORTES DE CACAOS DÉGRAISSÉS	Nos D'ORDRE	EAU	MATIÈRES GRASSES	MATIÈRES AZOTÉES TOTALES	THÉOBROMINE	AMIDON	AUTRES MATIÈRES NON AZOTÉES	CELLULOSE	CENDRES	AZOTE TOTAL
Cacaos allemands dégraissés.	1	6,86	32,55	18,91	—	17,11	17,79		5,18	3,02
	2	6,50	32,31	20,29	—	13,56	19,44		5,37	3,25
	3	6,81	21,95	22,50	2,12	15,20	20,71	4,64	5,22	3,60
	4	6,67	23,31	23,62	2,25	14,26	18,72	4,72	5,04	3,78
	5	5,10	21,81	22,31	—	17,34	22,50	5,42	5,47	3,57
	6	7,62	26,23	19,81	—	13,30	22,79	4,67	5,58	3,17
	7	7,10	21,68	25,18	—	13,84	20,45	6,05	5,70	4,03
	8	6,49	28,07	21,94	1,64	16,82	14,63	6,68	5,37	3,51
Cacaos hollandais dégraissés.	1	8,00	28,26	17,50	1,78	11,09	26,24	4,21	4,70	2,80
	2	3,81	28,45	23,12	1,26	15,08	18,43	5,85	5,26	3,70
	3	5,42	29,27	18,97	—	13,38	20,24	4,88	7,84	3,17
	4	4,27	32,30	20,50	0,95	11,85	13,18	8,78	9,12	3,28

CARACTÈRES MICROSCOPIQUES DU CACAO

On remarque à la surface de la coque de cacao quelques débris de la pulpe desséchée du fruit. Ce sont des éléments tubuleux, assemblés en séries parallèles, contenant une matière granuleuse. Quand ces éléments sont en grand nombre, ils constituent un fin réseau qui donne à la coque un aspect un peu chatoyant.

La coque qui, à l'état frais, a environ une épaisseur de un demi-millimètre, est formée à sa surface d'une assise de grandes cellules affaissées, à parois assez dures, d'un brun pâle, presque complètement vides, disposées à peu près longitudinalement, de contours irrégulièrement polygonaux.

Cette assise recouvre une couche de cellules transversales très tendres, plus petites que les premières, peu colorées. La masse principale de la coque est formée par un parenchyme lacuneux de cellules à parois minces et brunâtres. Ce tissu est parcouru par des faisceaux de vaisseaux contenant des trachées déroulables très étroites. Ce parenchyme est limité intérieurement par une assise de cellules très petites, fortement épaissies, sans pores ; ces cellules sont lignifiées, on trouve aussi des cellules scléreuses, d'ailleurs très petites comme les précédentes, au voisinage des faisceaux de vaisseaux.

Tels sont les éléments qui appartiennent en propre à la coque du cacao. On y a quelquefois rattaché, mais à tort, la pellicule délicate qui recouvre les cotylédons et pénètre dans leurs replis; cette pellicule doit être regardée comme l'assise plus extérieure du spermoderme. Cette pellicule est formée de cellules à parois minces, polygonales, un peu affaissées. Il y a au moins deux assises de ces cellules et souvent un plus grand nombre, surtout dans les replis des cotylédons.

Ces cellules contiennent des amas cristallins de matière grasse et aussi des cristaux prismatiques qui sont probablement de la théobromine. Enfin cette couche contient des éléments appelés *corps de Mitscherlich* : ce sont des tubes allongés en forme de massue ; la base est formée par une seule rangée de cellules; la partie supérieure, qui forme la tête de la massue, contient plusieurs rangées de cellules ; leurs parois sont très fines; elles renferment chacune une masse résineuse d'un brun jaune. On trouve souvent sur cette pellicule des mycéliums et des mites.

La pellicule recouvre le parenchyme des cotylédons qui est constitué par un tissu uniforme de cellules polygonales à parois minces, liées sans lacunes. Ce parenchyme est parcouru par un petit nombre de faisceaux de vaisseaux.

Les parties de parenchyme voisines de la pellicule sont constituées par des cellules de même forme, mais plus grandes, allongées, à parois très minces ; ces parois s'élargissent un peu dans les replis de la pellicule et l'observation en est plus facile.

Les cellules du parenchyme contiennent pour la plupart des grains d'amidon très petits (diamètre maximum : 5 μ), mêlés à une masse grenue de matières grasses et albuminoïdes. Les matières albuminoïdes existent en plus grande quantité dans les couches extérieures. La matière grasse se présente quelquefois en masses cristallines rayonnées. L'amidon n'a aucune forme caractéristique ; il se distingue surtout des autres amidons par sa petitesse. Ces grains sont généralement arrondis et simples; quelquefois ils sont réunis par groupes de deux ou trois; leur hile est peu apparent. Ces grains d'amidon se transforment difficilement en empois par l'action des lessives alcalines ; l'iode les colore lentement en bleu et la coloration est assez fugace.

Le germe (gemmule), situé à la base des amandes, se compose de tissus peu différenciés. On y remarque de fins vaisseaux accompagnés d'éléments fibreux parallèles, un parenchyme de cellules à mince paroi, presque carrées, disposées en files parallèles, et des groupes de cellules plus ou moins collenchymateuses.

Un certain nombre de cellules du parenchyme des cotylédons, isolées ou en groupes, contiennent des pigments de différentes couleurs, suivant les sortes de cacao : violet, violet bleu, violet rouge, brun, brun jaune, orange. Ces pigments constituent des masses homogènes. Ils sont peu développés dans les semences fraîches. Ils ont été attribués aux produits de décomposition d'un tanin et constitueraient la partie essentielle du rouge de cacao. On a employé la différence de couleur de ces pigments et la situation relative des cellules et des groupes de cellules pigmentées pour caractériser les sortes de cacao. Il semble que ces caractères doivent varier beaucoup suivant les conditions de croissance, de récolte, même pour une sorte déterminée.

Voici, d'après Zipperer, les caractères des cellules à pigment pour différentes sortes de cacaos. Les coupes des cotylédons provenant d'amandes non torréfiées sont observées dans l'huile d'olive :

Puerto-Cabello (Caraques). — Nombreuses cellules colorées en rouge violet, assez transparentes pour laisser voir les cellules sous-jacentes.

La Guayra (Caraques). — Nombreuses cellules transparentes colorées en violet bleuâtre.

Ariba (Équateur). — Nombreuses cellules colorées en violet, formant souvent des assemblages contigus.

Machala (Équateur). — Les cellules périphériques sont colorées en brun ; à l'intérieur se trouvent un certain nombre de cellules isolées colorées en jaune brun.

Surinam (Guyane). — Les cellules périphériques sont colorées en brun assez foncé; la teinte diminue graduellement d'intensité jusqu'aux cellules centrales qui sont d'un blanc jaunâtre.

Port-au-Prince (Haïti). — Nombreuses cellules; les plus grandes sont colorées en violet foncé, les plus petites en violet rouge plus clair.

Trinidad (Trinité). — Les cotylédons sont colorés uniformément en gris brun sale. Quelques cellules intérieures sont d'un jaune brun sale, ainsi que les cellules périphériques.

Tels sont les éléments que l'on rencontre dans l'amande de cacao à l'état frais. La dessiccation, la torréfaction et une pulvérisation ménagée les modifient peu, et on pourra les retrouver dans une préparation à base de cacao.

Pour faciliter l'observation, il est utile d'enlever la matière grasse par l'éther ; si l'on a ensuite reconnu la nature des amidons (amidon de cacao ou amidons étrangers), on traitera par la potasse pour transformer l'amidon en empois, et on pourra étudier les autres éléments.

Les préparations de cacao devant être faites avec du cacao décortiqué et dégermé, il y a lieu d'y rechercher les coques et les germes; leurs éléments caractéristiques sont les grandes cellules épidermiques brun pâle et les petites cellules à parois dures, lignifiées pour les coques et les tissus embryonnaires pour les germes.

Un cacao pur débarrassé de la graisse devra présenter seulement les cellules polygonales du tissu des cotylédons, remplies d'amidon ou pigmentées, les éléments de la pellicule, avec les corps de Mitscherlich assez difficiles à trouver et les éléments des faisceaux de vaisseaux en petit nombre.

FALSIFICATIONS DU CACAO

Les falsifications du cacao sont nombreuses. Il faut d'abord mentionner l'emploi d'amandes avariées, puis l'addition de coques et de germes, ou, ce qui revient au même, l'emploi d'amandes non décortiquées et non nettoyées ; dans ce cas, il s'introduit dans la substance alimentaire une certaine quantité de matières terreuses, ligneuses et siliceuses.

Vient ensuite l'addition de matières étrangères. Une première falsification consiste dans l'addition aux fèves de cacao, non torréfiées ou torréfiées, de sels de potassium qui réagissent partiellement sur les éléments du cacao et en modifient la nature et les proportions. Cette addition est toujours accompagnée d'un enlèvement partiel de matière grasse.

Quand on enlève une grande quantité de matière grasse, ce qui permet de vendre à part le beurre de cacao dont la valeur est très grande, on remplace cette substance essentielle du cacao par une matière grasse de moindre valeur (huiles de sésame, d'œillette, d'amandes douces, de navette, graisse de veau, suif de bœuf et de mouton, beurre de coco, etc.). On emploie aussi des tourteaux plus ou moins épuisés de graines oléagineuses.

On additionne également le cacao d'amidons étrangers (farines de céréales et de légumineuses, fécule de pommes de terre et fécules exotiques, glands doux), de dextrine et de gomme.

L'addition de ces substances diminuant le poids des cendres, la quantité de matière grasse, et modifiant la teinte du produit, il est presque nécessaire d'ajouter des graisses étrangères et des matières minérales, comme l'ocre rouge, qui servent en même temps à augmenter le poids des cendres et à rehausser la couleur.

ANALYSE CHIMIQUE ET RECHERCHE DES FALSIFICATIONS

Analyse chimique sommaire d'un cacao (*Cendres, matière grasse, son poids de fusion, examen microscopique*).

Cendres. — On pèse dix grammes du produit dans une capsule de platine tarée, on porte dans le moufle en ayant soin de placer la capsule près de l'entrée ; le produit fond, dégage des vapeurs qui s'enflamment. Quand la combustion est terminée, on avance la capsule vers l'intérieur et on opère l'incinération jusqu'à ce qu'on obtienne des cendres blanchâtres ne contenant plus de charbon. On porte la capsule dans un exsiccateur et on pèse après refroidissement. La différence entre la tare et le poids obtenu, multipliée par 10, donne le poids des cendres p. 100.

L'odeur que dégage le produit en brûlant peut mettre sur la trace de falsifications par addition de matières balsamiques, destinées à remplacer les aromates. Il faut tenir compte également de la couleur plus ou moins jaunâtre des cendres, qui indique souvent une addition d'oxyde de fer.

Enfin, si le poids des cendres est très élevé, il y a lieu, en l'absence d'oxyde de fer, de soupçonner une addition de sels de potassium. On la caractérise nettement par la détermination des cendres solubles dans l'eau. Dans le cacao pur ou simplement dégraissé en partie, les cendres solubles forment 30 à 40 p. 100 du poids total des cendres ; dans les cacaos additionnés de sels de potassium, les cendres solubles forment 60 à 80 p. 100 du poids total des cendres.

D'ailleurs, dans ce cas, l'analyse complète des cendres donnera une proportion d'oxyde de potassium très considérable et par suite une diminution proportionnelle des autres éléments. Les corps à doser sont le potassium, le calcium, le magnésium, l'anhydride phosphorique, l'anhydride sulfurique, le chlore.

Matière grasse. — On la détermine en épuisant le produit par le sulfure de carbone. On réduit le cacao en poudre très fine. On en pèse exactement 3gr. On mélange intimement la poudre avec 30 à 40gr de sable blanc lavé. On prend une allonge cylindrique en verre (16cm de hauteur, 2cm,5 de diamètre), étirée à sa partie inférieure et terminée par un tube ouvert (3mm de diamètre et 5cm de longueur), coupé en biseau à son extrémité. On tasse à la partie inférieure une petite quantité de coton qui forme tampon, puis au-dessus du coton, une couche de sable lavé (3cm de hauteur), ensuite le mélange du produit avec le sable (4 à 6cm de hauteur), puis une seconde couche de sable lavé. On doit tasser légèrement avec un cylindre en bois. Quand l'allonge est chargée, on engage le tube inférieur dans un bouchon, muni d'une fente latérale et placé sur un ballon de 250cc. La partie supérieure de l'allonge est fermée par un bouchon, muni également d'une fente latérale et traversé par le tube inférieur d'une boule à décantation d'une contenance de 200 à 250cc.

Cette boule à décantation porte un robinet en verre et est fermée supérieurement par un bouchon muni d'une fente latérale. On remplit la boule à décantation de sulfure de carbone pur et volatil sans résidu. On ouvre le robinet inférieur de façon à faire couler assez rapidement le sulfure de carbone sur le mélange du produit et du sable. Quand toute la masse est humectée, on ferme le robinet et on attend une ou deux heures. Le sulfure de carbone introduit se répand dans toute la masse et commence la dissolution. On ouvre alors le robinet de façon à faire couler le sulfure de carbone goutte à goutte dans l'allonge. Au bout de 6 à 7 heures, le sulfure de carbone remplit le ballon inférieur, tenant en dissolution la matière grasse. La circulation se fait facilement à cause des fentes latérales des bouchons qui rendent partout la pression uniforme. On enlève le ballon inférieur, et dans ce ballon même on opère la distillation du sulfure de carbone. La matière grasse reste dans le ballon. On la reprend par une certaine quantité d'éther et on verse la solution éthérée dans un vase à extrait taré. On fait évaporer à l'air libre. Quand il ne reste plus d'éther, on porte pendant quelques instants le vase dans l'étuve à 100°, on refroidit et on pèse.

La différence entre la tare du vase et le poids obtenu, divisée par 3 et multipliée par 100, donne la quantité p. 100 de matière grasse du produit.

Point de fusion de la matière grasse. — Le vase taré que l'on vient de peser est porté dans un exsiccateur. On l'y laisse pendant trois jours. On prend alors une petite parcelle de matière grasse et on observe son point de fusion sur un bain de mercure, chauffé doucement, et dans lequel plonge un thermomètre donnant le 5e de degré.

Il est nécessaire d'attendre au moins trois jours avant de prendre le point de fusion de la matière grasse, parce qu'on a observé qu'en prenant immédiatement le point de fusion on obtenait un degré moins élevé. Ainsi, on a trouvé au Laboratoire municipal qu'un beurre extrait d'un cacao Trinidad fondait à 27°,2 une heure après l'extraction, à 28°,5 au bout de vingt-quatre heures, à 32°,5 au bout de trois jours, ce dernier degré restant constant en général; mais il faut ajouter que ce maximum n'est quelquefois atteint qu'au bout de huit jours.

Examen microscopique. — On prend une petite quantité du produit réduit en poudre, on enlève la matière grasse par l'éther. Le résidu examiné dans l'eau ne doit présenter que les éléments microscopiques du cacao décrits plus haut; on reconnaîtra facilement les débris de coques et de germe, les aromates à leurs caractères microscopiques. La présence de tout autre élément indique une falsification.

Discussion des résultats. — Les déterminations précédentes: cendres, matière grasse, point de fusion, examen microscopique, permettent de déceler les principales falsifications.

L'addition de coques et de germes ou l'emploi d'amandes non décortiquées se reconnaît par l'examen microscopique, l'augmentation du poids des cendres, la diminution de la matière grasse.

L'augmentation du poids des cendres, en dehors de toute autre variation marquée, indique une addition de matières minérales; on les caractérise par l'analyse chimique des cendres.

L'addition d'amidons étrangers se reconnaît surtout au microscope; elle correspond, toutes choses égales d'ailleurs, à une diminution sur le poids des cendres.

Enfin le point de fusion de la matière grasse peut indiquer la présence de graisses étrangères. En effet, le beurre de cacao pur a un point de fusion variant de 29° à 33° quand on le prend dans les conditions énoncées plus haut. L'addition de matières grasses étrangères modifie ce point de fusion et, dans la plupart des cas, l'abaisse. Si on trouve un point de fusion inférieur à 29°, on peut conclure à la présence d'une matière grasse étrangère.

Le tableau suivant, extrait des documents du Laboratoire municipal, donne les points de fusion de mélanges de beurre de cacao et de certaines matières grasses étrangères:

TABLEAU DES POINTS DE FUSION DU BEURRE DE CACAO ADDITIONNÉ DE MATIÈRES GRASSES ÉTRANGÈRES

NATURE DES MÉLANGES	GRAISSE p. 100	POINT DE FUSION	NATURE DES MÉLANGES	GRAISSE p. 100	POINT DE FUSION
Beurre de cacao et graisse de veau.	5	25°-26°	Beurre de cacao et huile d'amandes douces.	5	26°-27°
	10	24°-25°		10	25°-26°
	15	23°-24°		15	25°-26°
	20	20°-21°		20	24°-25°
	25	20°-21°		25	24°-25°
Beurre de cacao et huile d'œillette.	5	24°-25°	Beurre de cacao et huile de navette.	5	26°-27°
	10	23°-24°		10	26°-27°
	15	21°-23°		15	25°-26°
	20	20°-21°		20	24°-25°
	25	20°-21°		25	23°-24°

Si on possède une certaine quantité de la matière grasse suspecte, on peut essayer de déterminer sa nature en la soumettant aux essais habituels des matières grasses, en particulier aux essais de Huebl et de Koettstorfer, dont le détail est exposé dans une autre partie de cet ouvrage.

Analyse complète du cacao. — Pour des recherches plus exactes, il faut doser les autres éléments importants du cacao : l'amidon, la cellulose, l'azote total, le rouge de cacao, la théobromine.

Amidon. — On dose l'amidon par saccharification. On prend 10^{gr} de cacao finement pulvérisé et on épuise le produit successivement par l'éther de pétrole, l'éther, l'alcool, l'eau, l'eau légèrement alcaline (contenant 1 à 2 p. 1000 d'hydrate de sodium). Le résidu de l'épuisement par l'eau alcaline est lavé à l'eau par décantation et mis en suspension dans 200^{cc} d'eau acidulée par 2^{gr} d'acide chlorhydrique. On introduit le mélange dans un appareil à reflux et on fait bouillir pendant 24 heures. On a eu soin de tarer avant l'opération le ballon dans lequel se trouve le mélange; on ajoute, après refroidissement, la quantité d'eau nécessaire pour rétablir le poids primitif. L'amidon est ainsi transformé en glucose que l'on dose au moyen de la liqueur cupro-potassique. En multipliant par 10 la quantité de glucose trouvée pour les 10^{gr} de produit, on a le poids de glucose contenu dans 100^{gr} : soit g ce poids; le poids d'amidon p. 100 sera $g \times 0{,}916$.

Cellulose. — Le résidu de la recherche précédente lavé, séché à 110° et pesé constitue la cellulose brute ou ligneux. En multipliant le poids obtenu par 10 pour le cacao on obtient la quantité pour 100^{gr} de produit. Il faut déduire de cette quantité le poids des cendres du résidu.

Azote total. — On le dose par la méthode ordinaire au moyen de la chaux sodée. On opère sur 1^{gr} de cacao. En multipliant le chiffre trouvé pour l'azote pour 100 par 6,25, on a le poids de substances albuminoïdes. Il faut retrancher de l'azote total la quantité d'azote qui existe dans la théobromine, dont le dosage sera donné plus loin.

Rouge de cacao. — Le rouge de cacao est un glucoside d'un tanin, mélangé à une résine et à un phlobaphène, produit de décomposition, du glucoside.

Pour doser ce produit complexe, Zipperer a donné la méthode suivante, applicable spécialement au cacao :

On épuise par l'éther de pétrole 100^{gr} de cacao; on dessèche le cacao ainsi dégraissé et on le fait macérer pendant huit jours dans un litre d'alcool absolu. On filtre, on distille une partie de la liqueur alcoolique, on évapore le résidu et on pèse. Soit p le poids obtenu. Ce poids est la somme du glucoside du tanin, de la résine et du phlobaphène qui constituent la partie du rouge de cacao soluble dans l'alcool absolu.

Le cacao épuisé par l'alcool absolu est traité par un litre d'eau; on fait macérer pendant deux jours et on filtre. Le liquide filtré est traité par quatre volumes d'alcool absolu pour précipiter les matières azotées solubles. On filtre de nouveau et on évapore. L'extrait ainsi obtenu est traité par l'eau ; on note le volume de la solution aqueuse. On prend une portion de ce volume et on précipite le tanin soluble au moyen de l'acétate de cuivre neutre. On sèche le précipité, on le pèse dans une capsule de platine, on porte au rouge et on pèse de nouveau. De la différence des deux poids, on déduit la quantité de tanin soluble, soit p'.

Le rouge de cacao total p. 100 est $p + p'$.

On peut séparer le phlobaphène et la résine. Pour cela, on prend le poids p de l'extrait alcoolique, on le traite sur un filtre par l'eau acidulée qui dissout le tanin, on lave à l'eau. Le résidu est traité par 200^{cc} d'eau ammoniacale au cinquantième, qui dissout le phlobaphène. On filtre; le poids du résidu est compté comme résine; la liqueur filtrée évaporée donne un résidu dont le poids est celui du phlobaphène.

On peut aussi doser le glucose qui est combiné au tanin. Une première partie du glucose s'obtient en traitant par un acide dilué la solution qui a dissous le tanin de l'extrait alcoolique; on dose par la liqueur de cuivre. Le reste du glucose est dosé dans la seconde partie de la solution aqueuse, dont la première partie a servi à doser le tanin soluble dans l'eau. On précipite le volume restant de cette solution aqueuse par l'acétate de plomb basique, on traite le précipité additionné d'eau par l'hydrogène sulfuré; on filtre, la liqueur filtrée est légèrement évaporée et on dose le glucose par la liqueur cuivrique.

Voici les nombres p. 100 de caco obtenus par Zipperer dans un dosage : $p = 2,64$; $p' = 2,85$; phlobaphène 2, résine 0,07.

Le rouge de cacao total est donc 5,49 avec glucoside du tanin égal à 5,49-2,07 ou 3,42.

Les quantités de glucose furent trouvées égales à 0,14 et 0,15, soit 0,29 de glucose total contenu dans les 3,42 de glucoside de tanin.

Le rouge de cacao présente les caractères suivants : il est amorphe, d'un brun sombre; il devient vert par les sels de fer au maximum ; il se colore en rouge écarlate par l'acide chlorhydrique et en jaune brun par la potasse.

Théobromine. — Méthode de Trojanowski. — Le cacao dégraissé est mélangé à son poids de magnésie calcinée et traité avec dix fois son poids d'alcool à 80 p. 100, d'abord pendant une demi-heure, puis par une nouvelle dose d'alcool pendant un quart d'heure. La liqueur filtrée à l'ébullition est distillée en partie, puis évaporée à sec. On place le résidu sur un filtre, on le traite par l'éther de pétrole, puis par l'alcool absolu. On compte comme théobromine le poids de la matière restée sur le filtre et on ajoute la quantité de théobromine dissoute par l'alcool qui a servi au lavage, après traitement à l'éther de pétrole, en admettant que 1160^{gr} d'alcool dissolvent 1^{gr} de théobromine à la température ordinaire. Cette méthode donne des chiffres trop élevés, car la théobromine ainsi obtenue n'est pas pure.

Méthode de M. Wolfram. — Cette méthode est fondée sur la précipitation en liqueur fortement acide de la théobromine par le phosphotungstate de sodium en grand excès. La liqueur acide doit contenir au moins 6 p. 100 d'acide sulfurique. La liqueur phosphotungstique est formée d'une solution de 100^{gr} de tungstate de sodium et 60 à 80^{gr} de phosphate de sodium dans 500^{cc} d'eau acidulée par l'acide nitrique.

On prend 10^{gr} de cacao pulvérisé, on fait bouillir pendant longtemps avec de l'eau additionnée d'acétate ou de sous-acétate de plomb ammoniacal, en léger excès, on filtre à chaud et on épuise à l'eau bouillante jusqu'à ce que la liqueur filtrée, refroidie et acidulée ne donne plus de précipité par le phosphotungstate.

Pour la quantité de produit employée, il faut épuiser par 700 à 800^{cc} d'eau. La liqueur filtrée, qui est claire, est traitée par la soude, réduite à 50^{cc}, fortement acidulée par l'acide sulfurique ; on sépare le sulfate de plomb précipité par filtration. Le liquide filtré est précipité par un grand excès de phosphotungstate de sodium. Le précipité d'abord mucilagineux et jaunâtre devient floconneux par l'agitation et une douce chaleur. Après quelques heures de repos, la solution refroidie est filtrée ; on lave le filtre avec de l'acide sulfurique à 6 p. 100.

Le poids du précipité obtenu ne permettrait pas de calculer la théobromine, car sa composition n'est pas constante. On combine la théobromine avec la baryte et on détruit la combinaison par l'eau bouillante. Pour cela, on introduit le filtre et le précipité dans un becherglas et on traite à chaud par l'eau de baryte jusqu'à forte réaction alcaline. On enlève l'excès de baryte soit par l'acide carbonique soit par l'acide sulfurique et le carbonate de baryum. Le contenu du becherglas est filtré bouillant et épuisé par l'eau bouillante. On évapore la liqueur dans une capsule de platine tarée. On sèche et on pèse.

La différence entre la tare et le poids obtenu donne le poids de la théobromine, plus le poids d'une petite quantité de sels de baryum entraînés par l'eau bouillante ; on aura le poids de ces sels en portant la capsule au rouge: la théobromine se brûle ; on retire la capsule, on l'humecte de carbonate d'ammonium, on la sèche à 100° et on la pèse ; la différence entre la tare et le nouveau poids obtenu donne le poids de sels de baryum que l'on retranche du poids primitif. De ces données on conclut facilement la théobromine p. 100.

Méthode de M. Wolfram modifiée par M. Legler. — On prend 20 ou 25^{gr} de cacao pulvérisé et dégraissé ; on fait digérer pendant quelques heures au bain-marie avec 50^{cc} d'acide sulfurique à 4 à 5 p. 100 ; la théobromine est précipitée de la solution acide filtrée par un excès de phosphotungstate de sodium. Le précipité qui renferme des matières albuminoïdes est abandonné au repos pendant 24 heures. On le filtre, on le lave avec de l'acide sulfurique à 8 p. 100 ; on le traite par une solution de carbonate de sodium jusqu'à faible réaction alcaline. On évapore la solution additionnée de sable jusqu'à siccité complète. On traite le résidu par l'alcool amylique à une température de 70°-90°. On réduit notablement la solution amylique ; le reste est évaporé dans une capsule de platine tarée, séché et pesé. Comme il y a une petite quantité de sels entraînés par l'alcool amylique, on fait chauffer la capsule doucement au rouge et on la pèse de nouveau après refroidissement ; la différence des deux poids donne la théobromine.

Les méthodes de Wolfram et de Legler sont longues et minutieuses ; de plus, la détermination de la théobromine est indirecte et on ne peut vérifier la pureté du produit compté comme théobromine.

Méthode de M. Zipperer. — Cette méthode offre de grandes analogies avec la méthode générale de MM. Cazeneuve et Caillol, publiée antérieurement (1). Le cacao (10^{gr}) est d'abord dégraissé à l'éther de pétrole, qui enlève également la méthylthéobromine ou caféine dont il existe des traces dans certains cacaos. Si

(1) *Journ. de Pharm. et de Chim.*, t. 51 et 52.

l'on opère sur de grandes quantités de cacao, on peut séparer la caféine en traitant par l'eau chaude la matière extraite par l'éther de pétrole.

Le cacao dégraissé est ensuite traité pendant 3 heures par 100^cc d'alcool à 80 p. 100; on recommence cette opération deux fois avec des quantités égales d'alcool. On dissout ainsi la théobromine, le sucre qui peut se trouver dans les chocolats et une grande partie du rouge de cacao. Les liqueurs alcooliques sont distillées en partie, puis évaporées à sec au bain-marie avec 15^gr de chaux éteinte. On réduit le résidu de l'évaporation en poudre fine, qui est introduite dans une cartouche de papier filtre que l'on place dans un appareil à épuisement. On épuise pendant trois heures à l'ébullition avec 100^cc de chloroforme. On enlève le chloroforme encore chaud, on lave l'appareil avec du chloroforme, on réunit les liqueurs chloroformiques et on les évapore à sec. On obtient une masse blanchâtre formée d'aiguilles cristallines que l'on dissout dans l'eau bouillante, en facilitant la dissolution au moyen d'une barbe de plume.

On filtre la solution chaude au-dessus d'une capsule de platine tarée, on lave le filtre à l'eau bouillante et on reçoit les eaux de lavage dans la capsule de platine. On évapore le contenu de la capsule au bain-marie; on fait refroidir dans un exsiccateur et on pèse le produit comme théobromine.

Le traitement par la chaux éteinte transforme le sucre en saccharate de calcium et produit une combinaison de la chaux avec la résine et le tanin du rouge de cacao. Par l'épuisement ultérieur au chloroforme, on dissout toute la théobromine et une faible partie des combinaisons calciques précédentes. La théobromine est seule dissoute par le dernier traitement à l'eau bouillante. On obtient ainsi un produit presque blanc, donnant les réactions de la théobromine, et en particulier la coloration pourpre par l'eau de chlore et l'ammoniaque.

Méthode de M. Kunze. — On détermine d'abord les alcaloïdes totaux (théobromine et caféine), on dose ensuite la théobromine.

On fait bouillir pendant 20 minutes un mélange de 10^gr de cacao et de 150^cc d'eau contenant 5 p. 100 d'acide sulfurique. On filtre et on épuise le résidu à l'eau bouillante. Les liqueurs réunies sont précipitées à chaud par un grand excès d'acide phosphomolybdique. On laisse déposer pendant 24 heures, on filtre et on lave le précipité par de l'eau contenant 5 p. 100 d'acide sulfurique (800 à 1000^cc). Le filtre et le précipité encore humides sont introduits dans un becherglas, on les traite par l'eau de baryte dont on précipite l'excès par un courant d'acide carbonique. La liqueur filtrée est évaporée au bain-marie jusqu'à siccité. Le résidu sec est épuisé par le chloroforme bouillant dans un appareil à reflux. Le poids de l'extrait sec de la liqueur chloroformique donne les alcaloïdes totaux.

Pour doser la théobromine qui forme la plus grande partie des alcaloïdes totaux, on dissout les alcaloïdes de l'opération ci-dessus dans l'eau ammoniacale, on ajoute une solution de nitrate d'argent et on fait bouillir jusqu'à ce qu'il ne se dégage plus d'ammoniaque, on concentre sous un petit volume. Il se produit un précipité de théobromine argentique, la caféine restant dissoute. Le précipité est lavé, séché et introduit dans une capsule tarée; on porte au rouge, la théobromine argentique se décompose et laisse un résidu formé d'argent; son poids multiplié par 1,66 donne la théobromine.

On peut aussi opérer volumétriquement en ajoutant à la solution ammoniacale des alcaloïdes un volume déterminé d'une solution titrée du nitrate d'argent. On sépare la théobromine argentique par filtration, on lave et dans la liqueur filtrée, réunie aux eaux de lavage et refroidie, on détermine l'excès de nitrate d'argent au moyen d'une solution titrée de sulfocyanure de potassium. Si l'on emploie des liqueurs décinormales, n étant le nombre de centimètres cubes du nitrate d'argent employé, n' le nombre de centimètres cubes de nitrate d'argent trouvé dans la liqueur filtrée, la théobromine contenue dans le mélange sera $(n - n')$ 0,0166.

Après le dosage, on peut retrouver la théobromine et la caféine pour les caractériser.

La théobromine argentique restée sur le filtre est dissoute dans de l'acide nitrique étendu, on neutralise la solution par de la soude étendue et on évapore à siccité ; le produit sec épuisé par le chloroforme abandonne la théobromine à ce dissolvant.

Pour la caféine, on filtre la solution dans laquelle on a titré l'excès de nitrate d'argent, on neutralise, on évapore à sec et on traite par le chloroforme, qui enlève la caféine.

Cette méthode, établie par M. Kunze après un examen critique des méthodes antérieures dont les principales ont été décrites plus haut, doit être employée de préférence aux premières.

Quand on effectue l'analyse complète d'un cacao, on peut déterminer quantitativement l'addition de matières étrangères, mais l'approximation est toujours assez limitée à cause des variations assez grandes qui existent dans la composition des cacaos de diverses origines. Il est indispensable de compléter l'analyse chimique par un examen microscopique.

Caractérisation chimique des fèves de diverses provenances. — Nous avons vu (voir page 586) que, suivant les espèces de cacao, certaines cellules des cotylédons étaient diversement colorées et que les groupes de cellules colorées étaient diversement situées. M. Trojanowski a indiqué une série de réactions sur l'extrait aqueux des fèves dont la couleur est déterminée par la nature du pigment. Les caractères observés sont utiles; mais comme ils varient beaucoup, même pour une sorte déterminée, suivant les conditions de la récolte, ils ne peuvent servir seuls à différencier les espèces ; il faut y ajouter les caractères physiques et organoleptiques des fèves pour arriver à une détermination exacte.

M. Trojanowski fait un mélange intime de 2^{gr} de sucre en poudre et de 2^{gr} de cotylédons de la fève à examiner, traite par 30^{cc} d'eau, laisse en contact pendant 24 heures et filtre ensuite. L'extrait aqueux ainsi obtenu, dont on note la couleur, est divisé en petites portions sur lesquelles on fait agir différents réactifs. On fait d'abord agir l'acide sulfurique goutte à goutte ; suivant les sortes de cacao, on observe ou non un changement de coloration par les premières gouttes ; la couleur peut changer par l'emploi d'un excès de réactif. On note les variations de couleur.

Sur d'autres portions de l'extrait aqueux, on fait agir les réactifs suivants :

Acide chlorhydrique, acide nitrique, nitrate d'argent, sous-acétate de plomb, acétate neutre de plomb, teinture d'iode, chlorure stanneux, nitrate mercureux, chlorure ferrique, sulfate de cuivre. On note les changements de couleur, la formation et la coloration des précipités et des flocons, la coloration de la liqueur. On fait ensuite bouillir l'extrait aqueux, additionné des réactifs précédents, et on note les changements qui se produisent.

Les réactions colorées données par différentes sortes de cacaos sont résumées dans le tableau suivant, dû à Zipperer (Untersuchungen ueber kakao und dessen praeparate, Hamburg und Leipzig, 1887) :

TABLEAU DES RÉACTIONS COLORÉES DE DIFFÉRENTES SORTES DE CACAOS

SORTES ET COULEUR DU FILTRAT	ACIDE SULFURIQUE	ACIDE CHLORHYDRIQUE	ACIDE NITRIQUE	NITRATE D'ARGENT	SOUS-ACÉTATE DE PLOMB
La Guayra (*Vénézuéla*) Jaune paille foncé.	Rien par les premières gouttes, puis brun rouge, enfin trouble et noir brun.	Rose très pâle; après ébullition orange, rouge de sang et trouble.	Rose très pâle; après ébullition jaune verdâtre pâle et trouble.	Précipité blanc, solution incolore; après ébullition précipité brun, solution plus foncée.	Précipité blanc, solution jaunâtre; après ébullition flocons brunâtres; solution gris orange.
Puerto-Cabello (*Vénézuéla*) Jaune paille foncé.	Comme le La Guayra.	Trouble; après ébullition rouge de sang et trouble.	Jaune vif; après ébullition plus clair.	Flocons blancs; après ébullition fortement soluble et plus foncé.	Précipité blanc; après ébullition flocons jaunâtres, solution jaune orange.
Trinidad (*Trinité*). Jaune paille foncé.	Rose faible, passe ensuite du rouge brun au noir brun.	Rouge groseille très faible; après ébullition orange, puis rouge de sang et trouble.	Rouge orange faible; après ébullition jaune clair et trouble.	Précipité blanc, solution incolore, brunissant après ébullition.	Précipité blanc, solution jaune; après ébullition flocons gris orange, solution incolore.
Guayaquil (*Équateur*). Brun clair.	Rouge groseille par les premières gouttes, puis trouble, brun, et enfin noir brun.	Rouge groseille clair; après ébullition rouge de sang et trouble.	Rouge par les premières gouttes, revient ensuite à la couleur primitive; après ébullition, flocons jaunes, solution jaune clair.	Trouble blanc, après ébullition brunâtre.	Trouble gris brunâtre; après ébullition jaune brunâtre.
Ariba (*Équateur*). Brun rougeâtre clair.	Rouge de feu, puis orange, enfin noir brun.	Comme le Guayaquil.	Orangé; après ébullition trouble.	Flocons blancs; après ébullition flocons bruns, solution brune.	Précipité blanc; après ébullition flocons brunâtres, solution incolore.

TABLEAU DES RÉACTIONS COLORÉES DE DIFFÉRENTES SORTES DE CACAOS (*suite*).

SORTES ET COULEUR DU FILTRAT	ACÉTATE NEUTRE DE PLOMB	TEINTURE D'IODE	CHLORURE STANNEUX	NITRATE MERCUREUX	CHLORURE FERRIQUE	SULFATE DE CUIVRE
La Guayra (*Vénézuéla*). Jaune paille foncé.	Précipité blanc, solution jaunâtre; après ébullition flocons brunâtres; solution incolore.	Plus foncé; après ébullition trouble.	Flocons blancs, solution rouge jaunâtre faible.	Précipité blanc; après ébullition précipité gris brun, solution incolore.	Passe du vert au brun; après ébullition se trouble faiblement.	Bleu et légèrement trouble; après ébullition flocons bleus, solution verte.
Puerto-Cabello (*Vénézuéla*). Jaune paille foncé.	Faible précipité blanc, qui augmente après ébullition.	Rouge brun clair; après ébullition flocons bruns.	Précipité blanc, devenant brunâtre après ébullition.	Jaunâtre et trouble; après ébullition gris brun et trouble.	Passe du vert au brun; pas de changement après ébullition.	Précipité vert, solution bleue; après ébullition flocons brunâtres.
Trinidad (*Trinité*). Jaune paille foncé.	Précipité blanc, solution jaunâtre; après ébullition flocons gris brun, solution incolore.	Pas de changement.	Flocons blancs, solution rosée; après ébullition flocons violet faible.	Solution gris rosé; après ébullition précipité gris brun, solution incolore.	Passe du vert au brun; après ébullition se trouble faiblement.	Flocons bleu clair, solution verte; pas de changement après ébullition.
Guayaquil (*Équateur*). Brun clair.	Flocons blancs, après ébullition brunâtres.	Rouge brun; après ébullition flocons bruns.	Flocons faiblement rosés, solution rosée; plus claire après ébullition, les flocons augmentent.	Trouble rosé brunâtre; plus brun après ébullition.	Passe du vert au brun; après ébullition se trouble.	Flocons bleus, solution verte; après ébullition les flocons augmentent.
Ariba (*Equateur*). Brun rougeâtre clair.	Comme le Trinidad.	Trouble brun; après ébullition flocons bruns.	Faiblement rosé; après ébullition flocons blancs, solution rosée.	Rosé; pas de changement après ébullition.	Comme le Guayaquil.	Trouble blanc jaunâtre; après ébullition vert jaunâtre.

TABLEAU DES RÉACTIONS COLORÉES DE DIFFÉRENTES SORTES DE CACAOS (*suite*).

SORTES ET COULEUR DU FILTRAT	ACIDE SULFURIQUE	ACIDE CHLORHYDRIQUE	ACIDE NITRIQUE	NITRATE D'ARGENT	SOUS-ACÉTATE DE PLOMB
Para (*Brésil*). Brun clair.	Comme le Guayaquil.	Légèrement trouble, rouge groseille; après ébullition rouge de sang.	Rouge groseille par les premières gouttes, puis rouge de sang plus clair; après ébullition flocons jaunes, solution orangée.	Flocons blancs; après ébullition rien d'abord, puis flocons bruns, solution brunâtre.	Flocons blancs; après ébullition flocons gris violet, solution jaune.
Bahia (*Brésil*). Rouge brun.	Comme le Guayaquil.	Comme le Guayaquil.	Rougeâtre, clair; après ébullition, flocons passant du jaune verdâtre au jaune orangé.	Précipité gris violet, solution rougeâtre; après ébullition flocons gris brun, solution plus foncée.	Précipité gris bleuâtre; après ébullition précipité verdâtre, solution incolore.
Surinam (*Guyane*). Jaune paille.	Comme le La Guayra.	Comme le La Guayra.	Jaune assez vif après ébullition.	Trouble blanc; après ébullition, flocons brunâtres.	Comme l'Ariba.
Domingo (*île d'Haïti*). Brun rougeâtre clair.	Comme le Guayaquil.	Comme le Guayaquil.	Rouge groseille par les premières gouttes, puis orangé; après ébullition, flocons jaune orangé clairs, solution jaune clair.	Trouble gris violet; après ébullition, flocons gris violet, solution incolore.	Trouble gris verdâtre; après ébullition, flocons gris jaunâtre; solution jaune
Port-au-Prince (*île d'Haïti*) Rouge vineux.	Écarlate, puis brun foncé, rouge et enfin noir brun.	Rouge groseille; après ébullition orangé, puis violet cochenille, enfin trouble rouge brun.	Rouge groseille, puis trouble orangé; après ébullition flocons jaunes, solution jaune paille.	Flocons blancs, puis brunâtres, solution brun clair; après ébullition, flocons brun foncé, puis gris noir.	Flocons blancs; après ébullition flocons jaune gris, solution incolore.
Martinique. Marron.	Comme le Guayaquil.	Comme le Guayaquil.	Rouge groseille clair; après ébullition, flocons orangé, solution jaune.	Précipité bleu violet, solution rosée; après ébullition le tout se fonce.	Précipité bleu vert; après ébullition, pas de changement.

TABLEAU DES RÉACTIONS COLORÉES DE DIFFÉRENTES SORTES DE CACAOS (*suite*).

SORTES ET COULEUR DU FILTRAT	ACÉTATE NEUTRE DE PLOMB	TEINTURE D'IODE	CHLORURE STANNEUX	NITRATE MERCUREUX	CHLORURE FERRIQUE	SULFATE DE CUIVRE
Para (*Brésil*). Brun clair.	Flocons brunâtres clairs; solution rougeâtre; rien après ébullition.	Trouble, gris rougeâtre; rien après ébullition.	Rouge groseille; après ébullition flocons violet faible.	Précipité rosé; gris brun après ébullition.	Flocons brun rouge; rien après ébullition.	Trouble, vert; après ébullition flocons verdâtres.
Bahia (*Brésil*). Rouge brun.	Précipité violet rougeâtre; après ébullition précipité plus bleuâtre, solution rosée.	Pas de changement.	Flocons blancs, solution rouge carmin; après ébullition flocons rosés.	Précipité violet rosé; après ébullition précipité gris brunâtre.	Coloration brune; après ébullition flocons brun verdâtre.	Gris bleu; après ébullition flocons bleuâtres, solution verte.
Surinam (*Guyane*). Jaune paille.	Flocons blancs; après ébullition flocons brunâtres, solution incolore.	Pas de changement.	Flocons blancs; pas de changement après ébullition.	Précipité blanc; gris brun après ébullition.	Passe du vert au brun verdâtre; après ébullition trouble jaunâtre, puis précipité brun.	Flocons bleus, solution vert clair.
Domingo (*île d'Haïti*). Brun rougeâtre clair.	Trouble gris bleuâtre; après ébullition flocons gris bleuâtre, solution incolore.	Faible trouble; après ébullition flocons bruns, solution rouge.	Rouge carmin clair; après ébullition faible trouble.	Précipité rosé; après ébullition précipité gris brun, solution presque incolore.	Passe du vert au brun foncé; après ébullition flocons bruns, solution jaunâtre, puis brune.	Comme le La Guayra.
Port-au-Prince (*île d'Haïti*). Rouge vineux.	Flocons blancs; après ébullition la solution passe du jaune gris au brun.	Trouble; après ébullition flocons jaunes, solution brune.	Flocons blancs, solution rosée; après ébullition flocons blancs, solution rouge feu.	Flocons gris violet, solution rosée.	Trouble, passe du vert d'herbe au vert clair; après ébullition flocons jaune vert.	Comme l'Ariba.
Martinique. Marron.	Flocons rosés, solution rosée; après ébullition pas de changement.	Comme le Para.	Flocons rouge carmin, solution rosée; après ébullition pas de changement.	Précipité rosé; devenant gris brun après ébullition.	Comme le Para.	Flocons bleu violet; après ébullition flocons bleu verdâtre, solution bleue.

CHOCOLAT

Le *chocolat* est un mélange homogène et réduit en pâte de cacao alimentaire et de sucre, contenant ou non des aromates. La proportion de sucre dans le chocolat varie en général de 50 à 60 p. 100. Les aromates sont en très petite quantité.

Préparation du chocolat. — Les premières opérations de la fabrication du chocolat sont les mêmes que pour le cacao (voir p. 580) jusqu'au moment où le cacao se trouve dans les broyeuses uniformément chauffées.

On opère ensuite le broyage de façon à transformer les amandes en une masse suffisamment fluide.

On ajoute à cette masse une proportion déterminée de sucre (50 à 60 p. 100 environ). Il faut avoir soin de faire l'addition peu à peu, de façon à conserver une certaine fluidité à la masse; de cette manière il n'y a pas de refroidissement sensible et l'incorporation se fait mieux. Quand tout le sucre est ajouté, on soumet la masse à l'action de broyeurs plus énergiques. Un système de couteaux permet de ramener incessamment la pâte sous les broyeurs. Quand le mélange est homogène, on ajoute, s'il y a lieu, les aromates destinés à parfumer le chocolat. Ces aromates (vanille, cannelle) sont d'abord découpés en minces morceaux, puis broyés avec du sucre. La poudre grossière ainsi obtenue est ajoutée à la pâte, qui est de nouveau soigneusement broyée.

On fait ensuite passer la pâte dans un autre appareil qui la pétrit, la divise et la fait tomber par morceaux que l'on pèse dans des moules portant les noms et marques usités dans le commerce. Des dispositions spéciales permettent de chasser les bulles d'air interposées. On refroidit alors les moules, les tablettes se durcissent et se contractent. On les enlève facilement du moule et on les enveloppe de feuilles d'étain.

Ces diverses opérations demandent beaucoup de soin, surtout en ce qui concerne la température. Il faut que les différents appareils broyeurs soient maintenus à une température constante, pas trop élevée, pour ne pas décomposer les éléments du cacao. De plus le refroidissement de la pâte doit être effectué assez brusquement pour empêcher la formation de grumeaux.

COMPOSITION CHIMIQUE DU CHOCOLAT

Nous avons vu que le chocolat s'obtient en ajoutant au cacao, privé de la coque et du germe non dégraissé, du sucre et, dans certains cas, des aromates.

Il n'existe pas de règles fixes pour la quantité de sucre à ajouter; la proportion peut varier suivant les cours et dans chaque fabrique. Voici quelles sont les quantités indiquées par le Codex, calculées en p. 100 :

Chocolat à la cannelle.		Chocolat à la vanille.	
Cacao	54,39	Cacao	52,45
Sucre	45,33	Sucre	43,70
Cannelle	0,28	Sucre vanillé	3,85

Le sucre vanillé est un mélange intime de 10 p. 100 de vanille et de 90 p. 100 de sucre.

Il est facile, connaissant la teneur en sucre d'un chocolat sans aromates et la composition du cacao torréfié, d'en déduire la composition du chocolat : car la quantité de sucre ajoutée n'augmente pas sensiblement les cendres et les éléments se trouvent diminués dans le rapport du sucre au poids total. Comme pour les cacaos commerciaux, il est peu utile de déterminer des limites maximum et minimum et des moyennes relatives à la composition du chocolat. Voici la composition p. 100 de quelques chocolats, d'après les tableaux de Kœnig :

SORTES DES CHOCOLATS	Nos D'ORDRE	EAU	MATIÈRES GRASSES	MATIÈRES AZOTÉES TOTALES	THÉOBROMINE	SACCHAROSE	AMIDON	AUTRES MATIÈRES NON AZOTÉES	CELLULOSE	CENDRES
Chocolats allemands.	1	2,50	27,31	6,62	0,66	48,59	4,59	5,40	1,30	1,69
	2	2,06	28,55	6,89	0,79	37,86	5,85	14,68	2,10	2,01
	3	2,11	25,54	6,75	0,68	45,37	5,83	11,25	1,50	1,65
	4	2,19	24,10	6,93	0,69	47,29	5,83	12,48	1,50	1,68
	5	1,93	22,50	8,18	0,56	55,31	4,44	5,50	0,70	1,44
	6	1,88	24,12	5,81	0,80	45,67	6,49	12,14	2,05	1,84
Chocolats français.	1	1,22	21,40	4,57	1,26	59,07	1,83	—	—	1,79
	2	1,28	22,20	4,57	1,33	57,47	1,83	—	—	1,75
	3	0,98	23,80	4,99	1,43	56,34	0,97	—	—	1,87
Chocolats espagnols.	1	1,50	20,50	6,45	1,82	54,00	1,33	—	—	2,43
	2	1,20	24,80	8,67	2,64	41,46	1,84	—	—	3,23
	3	1,33	26,60	8,21	2,50	41,40	1,74	—	—	3,06

CARACTÈRES MICROSCOPIQUES DU CHOCOLAT

Le chocolat doit être formé de cacao décortiqué, additionné de sucre et d'une petite quantité d'aromates. Si donc on a enlevé la graisse par l'éther, le sucre par l'eau, le résidu devra être formé des éléments du cacao pur, décrits plus haut page 584, et de ceux des aromates. Nous renvoyons pour ces derniers à leur description microscopique. L'examen microscopique du chocolat est souvent rendu difficile à cause de la pulvérisation excessive des matières. Il en résulte que les tissus cellulaires sont complètement désagrégés et difficiles à reconnaître.

Il est nécessaire, dans ce cas, d'employer une assez grande quantité de matière. On la dégraisse, on la traite par l'eau et, quand on a reconnu la nature des amidons, par la potasse étendue; dans le résidu, on recherche les éléments qui peuvent servir à caractériser une falsification ou une addition de coques ou de germes. Dans le cas de produits très finement pulvérisés, l'examen microscopique seul ne permet pas de conclure; il faut tenir compte du poids des cendres et de celui de la matière grasse.

FALSIFICATIONS DU CHOCOLAT

Dans la fabrication du chocolat, outre l'emploi de cacaos falsifiés, décrits plus haut page 586, on remplace quelquefois le sucre par des sucres de qualité inférieure, bruts, mal décolorés, par de la cassonade et des résidus de sucreries. De plus, on a substitué aux aromates du baume de Tolu ou du Pérou, du storax et du benjoin.

Toutes ces additions de substances étrangères doivent être considérées comme des falsifications et poursuivies comme telles quand le produit ainsi additionné est vendu comme pur. Il est évident qu'il n'en est pas ainsi quand la nature de l'addition est clairement indiquée sur les étiquettes et les boîtes.

ANALYSE CHIMIQUE ET RECHERCHE DES FALSIFICATIONS

Analyse sommaire. — Les dosages, les opérations et les prises d'essai sont les mêmes que pour le cacao (voir p. 587 à 589).

Outre ces caractères chimiques, les caractères organoleptiques du produit doivent être pris en considération. Les bons chocolats doivent être lisses, brillants, compacts, sans yeux ni cavités; leur cassure doit être nette, leur saveur agréable. Une saveur amère ou marine indique la présence de cacao avarié. Le chocolat doit se dissoudre dans l'eau sans trop de résidu et s'épaissir très peu par une cuisson prolongée. Un résidu abondant et formé d'éléments assez durs indique l'addition de germes, un résidu qui s'épaissit indique l'addition d'amidon. Enfin le chocolat doit être exempt de moisissures et ne pas trop blanchir avec le temps. Une odeur rance ou de colle indique la présence de graisse étrangère ou d'amidon. Tous ces caractères peuvent être utiles et confirmer l'examen chimique.

Analyse complète. — On dose les mêmes éléments que pour le cacao et en plus le sucre.

Sucre. — La saccharose se dose au moyen du polarimètre. On pulvérise finement 5gr de chocolat, on ajoute à la poudre introduite dans un ballon jaugé assez d'eau pour obtenir 100cc, on agite vivement et, après 1 heure de repos, on ajoute 10cc de sous-acétate de plomb; on agite de nouveau et on filtre. La liqueur filtrée est examinée au polarimètre, de la déviation observée on déduit la quantité de saccharose contenue dans la liqueur et on calcule la quantité p. 100 du produit.

On peut contrôler ce dosage, en intervertissant la liqueur et dosant le glucose formé au moyen de la liqueur cupro-potassique, en ayant soin de diluer au dixième.

La quantité de glucose trouvée p. 100 multipliée par 0,95 doit être égale à la quantité de saccharose trouvée précédemment. S'il y a une différence notable, il y a lieu de rechercher et de doser : 1° le glucose par réduction de la liqueur cupro-potassique avant interversion ; 2° la dextrine par précipitation de la liqueur filtrée au moyen de l'alcool absolu.

Pour les éléments communs, on opère comme pour le cacao en doublant la prise d'essai indiquée pour le cacao (voir p. 590 à 594).

Dans le dosage du rouge de cacao, il faut naturellement déduire du glucose trouvé la quantité correspondant au sucre.

Partie supplémentaire.

CACAO, CHOCOLAT

PAR M. G. LAFAYE

Dans l'analyse des chocolats, le beurre de cacao est un élément important. Il est nécessaire, après en avoir déterminé le poids, de vérifier sa pureté. L'addition ou la substitution au beurre de cacao de matières grasses étrangères est une falsification des plus communes et des plus fréquentes.

Nous avons vu (p. 589) que la détermination du point de fusion, trois jours après son extraction, peut déceler cette falsification.

Il n'en est plus ainsi quand on substitue au beurre de cacao une substance aujourd'hui très répandue dans le commerce, le beurre de coco pressé. Le pressurage a pour effet d'augmenter le point de fusion et de le faire concorder avec celui du beurre de cacao.

L'analyse de deux échantillons nous a donné :

	N° 1.	N° 2.
Point de fusion	31°,8	33°,2
Indice Reichert	5 ,2	3 ,3
Réfractomètre Jean	— 53	— 52
Indice d'iode	3 ,7	3 ,4
Indice de saponification	249 ,5	247 ,5

On comprend qu'en faisant entrer un de ces produits dans la composition d'un chocolat, le chimiste ne peut plus se contenter, pour apprécier la pureté de la matière grasse, de déterminer simplement son point de fusion.

Oléo-butyromètre de Abbe-Zeiss. — En Allemagne, l'usage de l'oléo-butyromètre est d'un emploi courant ; il permet de faire une sélection entre les beurres de cacao purs et les beurres douteux ou mauvais.

L'instrument consiste en deux prismes s'appliquant l'un sur l'autre par leurs faces hypoténuses.

Deux faces parallèles du système sont transparentes ; toutes les autres faces sont recouvertes de métal.

Pour que le liquide à examiner ne soit pas complètement chassé par la superposition des prismes, le prisme supérieur a été poli légèrement concave.

La lumière d'une lampe quelconque suffit à l'éclairage ; celle-ci est projetée sur les prismes au moyen d'un miroir, et observée par une lunette. L'oculaire porte une échelle centésimale. L'avantage de ce réfractomètre consiste à pouvoir faire la détermination à des températures variables ; il est muni d'un appareil pour la production d'eau chaude, qui permet de maintenir le système presque indéfiniment à une température constante.

Pour faire une observation, on ouvre la monture des prismes, puis, au moyen d'un agitateur, on dépose sur le prisme inférieur un peu de beurre de cacao préalablement fondu. Après avoir ramené le prisme inférieur dans sa position primitive, on donne au miroir une position telle que, regardant à travers la lunette, on voie bien distinctement la ligne de démarcation séparant la moitié fortement éclairée du champ de la moitié obscure ; cette ligne est la ligne d'extinction. D'abord indécise, elle prend son maximum de netteté quand le courant d'eau chaude a amené les deux prismes à la même température. Toute variation est indiquée par un thermomètre gradué en demi-degrés. Il ne reste plus qu'à mettre au point l'échelle de l'oculaire et à faire la lecture.

Il résulte de déterminations faites sur un grand nombre d'échantillons dont on connaissait la provenance que l'indice de réfraction des beurres de cacao à la température de 40° varie de 1,4565 à 1,4578, nombres correspondants aux degrés 46 à 47,8 de l'échelle du réfractomètre.

Indice d'iode. — Il est souvent nécessaire, surtout si le chiffre obtenu s'écarte sensiblement de ceux précédemment indiqués, de déterminer l'indice d'iode selon la méthode de Hübl.

M. Ströhl a déterminé cet indice pour les différentes sortes de cacao, et a obtenu les chiffres suivants :

		Indices d'iode.
Brésil	Bahia 1882	40,3
	— 1891	34,6
	— 1892	34,7
	— 1893	41,7
	— 1894	41,4
	— 1895	39,8
Guayaquil	Ariba	34,5
	Balao	35,6
	Bahia de Caraquez	34,2
	Machala	36 »
	Tumaco	35,5
Madagascar	1890	41,1
	1895	40,4
Cameroun	1894	35,4
	1895	38,1
Thomé	1895, mûr	35,6
	1895, insuffisamment mûr	37,5

Ce tableau nous montre que les indices d'iode varient entre 34,2 et 41,7.

Une même variété peut fournir des indices différents suivant l'époque, le lieu de la récolte et le degré de maturité des fruits.

Les procédés généralement employés pour rendre soluble le cacao ne changent pas l'indice d'iode; en général, un beurre de cacao d'indice d'iode faible aura un indice de réfraction faible et *vice versa*.

Indice de saponification. — L'indice de saponification peut varier, pour les différentes sortes de cacao, de 190 à 198; il est utile de le déterminer, car les divers produits du commerce, vendus sous le nom de végétaline, de nucoline, de cacaoline, etc., se distinguent tous du beurre de cacao par leur faible indice d'iode et par un indice de saponification élevé.

Dosage de la théobromine, procédé Eminger. — 10gr de matière pulvérisée sont traités par 150gr d'éther de pétrole dans un flacon bouché. Après un contact de douze heures, on prend 5gr de matière dégraissée et desséchée pour le dosage de la théobromine; on les traite par 100cc d'acide sulfurique à 3 ou 4 p. 100; on maintient l'ébullition pendant une demi-heure dans un appareil muni d'un réfrigérant à reflux, jusqu'à formation du rouge de cacao. On transvase dans un verre et on sature exactement par l'eau de baryte, puis on évapore dans une capsule en présence de sable. Le résidu est épuisé pendant cinq heures dans un appareil de Soxhlet; après distillation du chloroforme, on dessèche à 100°. Ce résidu est mis en contact avec 100gr de tétrachlorure de carbone pendant une heure; la graisse et la caféine se dissolvent, l'insolubilité complète de la théobromine dans le tétrachlorure de carbone peut servir à sa séparation quantitative d'avec la caféine. La solution est distillée ou évaporée, le résidu, repris par l'eau bouillante, donne une solution aqueuse que l'on évapore à nouveau dans une capsule tarée. On a ainsi le poids de la caféine. La théobromine restant dans le ballon est reprise par l'eau à l'ébullition. On filtre, on lave, on évapore et on pèse la théobromine.

Voici les nombres trouvés par l'auteur :

	Théobromine p. 100.	Caféine p. 100.
Puerto-Cabello	1,05	0,16
Maracaïbo	1,84	0,15
Cauca	2,03	0,36
Caracas	1,43	0,07
Ceylan	2,06	0,30
Java	2,34	0,05
Trinidad	1,98	0,09
Para	1,08	0,20
Granada	1,90	»
Surinam	1,83	»
Guayaquil Ariba	1,20	»
— Marsala	0,88	»
Cameroun	1,83	0,12
Saint-Thomé	2,09	»
Bahia	2,04	0,16
Samana	1,82	»
Cap Haïti	2,07	»
Domingo	1,98	»

Dosage de la théobromine, procédé Marpy. — 5gr de cacao finement broyé sont introduits dans un flacon avec 60gr d'éther de pétrole pendant douze heures. Le cacao dégraissé est trituré avec 2gr d'eau distillée, puis introduit humide dans un matras avec 20gr d'un mélange :

Phénol pur	15 grammes
Chloroforme	85 —

On adapte à un réfrigérant à reflux, et le chloroforme est maintenu à l'ébullition pendant une heure. Après refroidissement, on filtre; le résidu extrait du filtre est soumis à deux décoctions successives d'une demi-heure avec 15gr de chloroforme pur. Les liqueurs chloroformiques sont distillées. Après refroidissement, on ajoute 40gr d'éther à 66°; on agite et on abandonne au repos pendant six heures; la théobromine se précipite, tandis que la caféine et des traces de matière grasse restent en dissolution. On décante l'éther et on recueille le précipité sur un filtre taré. On lave avec quelques centimètres cubes d'éther et on pèse.

Par ce procédé, l'auteur a obtenu pour différents cacaos les chiffres suivants :

	Théobromine p. 100.
Cacao Trinidad	1,44
— Caracas	1,38
— Para	1,28
— Grenada	1,60
— Martinique	1,52

Cacao-avoine. — On désigne sous ce nom, en Allemagne, des préparations formées de poudre de cacao dégraissé et de farine d'avoine.

Souvent la farine d'avoine a été chauffée en vase clos pour transformer une partie de l'amidon en amidon soluble. Cette farine ainsi préparée contient 6 0/0 de corps gras, dont l'indice d'iode est très différent de celui du beurre de cacao (98 au lieu de 36). Après avoir déterminé cet indice d'iode et fixé ainsi la composition de la graisse extraite du cacao-avoine, il suffit de multiplier le poids de cette graisse par 16,6 pour avoir le poids de la farine d'avoine et par différence celui du cacao.

Cette proportion détermine la valeur alimentaire du produit.

Recherche de l'arachide dans le chocolat (1). — Le chocolat, débarrassé de la matière grasse et du sucre, est soumis à l'examen microscopique; indépendamment d'un amidon particulier plus volumineux que celui du cacao, on distingue des cellules à sculptures internes très prononcées et très caractéristiques.

L'examen chimique comporte, outre l'étude de la matière grasse, le dosage des matières albuminoïdes.

Le chocolat renferme 9 p. 100 environ de matières albuminoïdes, le cacao 18 p. 100, les arachides 20 p. 100 et les tourteaux d'arachides 45 à 47 p. 100.

(1) Bilteryst, *Bull. de l'Ass. belge des Chimistes*, mars 1897.

SUCRES

PAR M. L. ROBIN

Les matières alimentaires peuvent contenir les composés suivants, faisant partie de la classe des sucres :

Glucose,
Lévulose,
Maltose,
Lactose,
Saccharose,
Raffinose,
Mannite.

Nous dirons quelques mots sur chacun d'eux en exposant leurs principales propriétés ; on s'occupera également des principales propriétés de la *dextrine.*

GLUCOSE

Ce corps, qu'on appelle aussi *dextrose*, se rencontre dans un grand nombre de fruits, dans le raisin en particulier, ce qui lui a fait donner le nom de *sucre de raisin ;* on le trouve aussi dans le miel.

Les efflorescences que l'on remarque à la surface des figues, des pruneaux, des raisins secs, ne sont autre chose que du glucose.

Rarement on le rencontre pur, il est le plus souvent associé à d'autres sucres tels que le lévulose et la saccharose.

On fabrique le glucose industriellement en faisant agir sous pression de l'acide sulfurique étendu sur de l'amidon. C'est alors un corps cristallisé, mais impur; on y rencontre en effet de la dextrine qui prend naissance pendant la saccharification et une certaine quantité de cendres, dont la nature varie avec la matière qui a servi à neutraliser l'excès d'acide.

Le glucose est soluble dans l'eau bouillante en toutes proportions; il se dissout assez bien dans l'alcool absolu.

Suivant Dubrunfaut, il faut 2 parties 1/2 de glucose pour produire la même saveur sucrée qu'avec 1 partie de sucre de canne.

Mis en contact avec la levure de bière, le glucose fermente en donnant de l'alcool et de l'acide carbonique.

Sa dissolution réduit plusieurs oxydes métalliques de leur solution alcaline; si dans une dissolution de sulfate de cuivre additionnée de potasse caustique et de sel de seignette nous ajoutons du glucose, on obtient, à chaud, un précipité jaune ou rouge d'oxydule de cuivre; de là un procédé de dosage de ce sucre dont on parlera plus loin.

Mis en présence des alcalis ou des carbonates alcalins le glucose donne à chaud, et même à froid, une dissolution colorée en brun avec formation d'acides saccharique et glucique qui saturent une partie de l'alcali. Les terres alcalines agissent de même.

Quand on dissout de l'hydrate de chaux dans une solution de glucose, on observe qu'après un certain temps l'alcalinité et le pouvoir rotatoire diminuent; il y a précipitation d'un sel basique de l'acide glucinique, et il reste en dissolution un sel neutre. On trouve alors dans les eaux mères de l'acide glucinique et de la saccharine qu'on peut obtenir en cristaux brillants.

Cette saccharine (1) est volatile, sans saveur douce, dextrogyre et infermentescible. On la trouve en petite quantité dans le sucre obtenu par l'osmose (2).

Le glucose est dextrogyre et ses dissolutions fraîches possèdent le phénomène de *birotation*, c'est-à-dire qu'elles ont un pouvoir rotatoire qui est presque le double du pouvoir normal; on obvie à cet inconvénient en portant la dissolution à l'ébullition avant de procéder à l'examen polarimétrique.

Falsifications. — Les sirops de glucose sont rarement additionnés de substances étrangères, on n'y trouve guère que quelques impuretés provenant du mode de fabrication; ainsi les sirops concentrés fabriqués à l'aide de fécule et d'acide sulfurique ont à peu près la composition moyenne suivante :

Glucose.	45	à	50	p. 100
Matières non fermentescibles (dextrine)	20	à	35	—
Cendres.	0,36	à	0,50	—
Eau.	20		»	—

La partie minérale est souvent constituée par du sulfate de chaux provenant de ce que l'acide employé a été saturé par un lait de chaux.

(1) Cette saccharine dite de *Péligot* n'a aucune analogie avec celle de Fahlberg, qui, quoique très sucrée, est un dérivé de la benzine.

(2) Sidersky, *Analyse des matières sucrées*. 1890.

Le glucose solide ou en masse est obtenu en concentrant les sirops, et après les avoir laissés cristalliser, faisant égoutter la masse obtenue.

Le glucose solide renferme en moyenne :

Glucose	65 p. 100
Matières non fermentescibles (dextrine)	15 —
Cendres	1 —
Eau	17 —

On arrive en purifiant ces glucoses à obtenir des produits contenant jusqu'à 85 p. 100 de glucose avec 6 p. 100 de matières infermentescibles et 0,2 p. 100 de cendres ; certains glucoses ont encore une pureté plus grande et la dextrine ne s'y trouve qu'en quantité très petite.

La diastase, ce principe azoté qui se développe dans les grains d'orge germée, peut convertir environ 2.000 fois son poids d'amidon en glucose et dextrine; aussi s'en sert-on quelquefois dans la fabrication du glucose; mais ces produits ont un goût spécial, dont il est difficile de les débarrasser : aussi ne sont-ils guère employés que par les brasseries.

En général l'examen d'un sirop de glucose portera sur l'acidité libre, sur la recherche ou le dosage de la dextrine et enfin sur les cendres dans lesquelles on recherchera le corps qui aura servi à la saturation de l'acide employé : baryte, magnésie, chaux, alumine; on y retrouvera aussi le cuivre ou le plomb.

Dans certains cas on pourrait rechercher la présence de l'arsenic.

LÉVULOSE

Ce sucre se trouve associé au glucose dans un grand nombre de fruits : raisins, groseilles, cerises, etc., ainsi que dans le miel.

Il est très soluble dans l'eau et dans l'alcool étendu, et insoluble dans l'alcool absolu.

Quand on fait agir à chaud un acide étendu sur la saccharose, il y a formation de *sucre inverti;* ce dernier est formé de glucose et de lévulose en parties égales, et il dévie le plan de polarisation à gauche, parce que le lévulose possède un pouvoir rotatoire lévogyre supérieur au pouvoir dextrogyre du glucose.

Le nom d'*inverti* ou d'*interverti* vient de ce que la saccharose étant dextrogyre, son pouvoir rotatoire devient lévogyre après traitement par les acides étendus, c'est-à-dire qu'il est inverse ; le sucre inverti est soluble dans l'eau et dans l'alcool.

On peut préparer le lévulose en additionnant une solution de saccharose à 10 p. 100 de 2 millièmes d'acide chlorhydrique et abandonnant à 60°.

Dans ce cas, l'interversion est longue (700^{gr} de sucre demandent 17 heures), mais la liqueur reste incolore. Le liquide, refroidi à — 5°, est additionné de 6^{gr} de chaux éteinte finement tamisée par 10^{gr} de sucre employé ; on agite, la masse se prend rapidement, on presse le lévulosate, ou mieux, on l'essore. On le décompose ensuite par une solution d'acide oxalique très étendue : le lévulose reste en dissolution. Pour extraire le lévulose de cette solution, on la refroidit à — 10° en agitant jusqu'à ce que le 1/3 de la solution soit pris en glace.

Les cristaux sont alors exprimés et la solution soumise de nouveau à la congélation. On obtient en répétant cette opération un sirop de lévulose très concentré, que l'on évapore dans le vide.

Les autres propriétés du lévulose ressemblent, dans la plupart des cas, à celles du glucose : comme lui il peut entrer en fermentation à l'aide de la levure de bière et il réduit la solution alcaline de sulfate de cuivre.

MALTOSE

Si l'on fait agir de la diastase (ferment de l'orge germée) sur de l'amidon, il y a formation de dextrine et d'un sucre particulier, qu'on appelle *maltose*. Ce sucre a longtemps été confondu avec le glucose, parce qu'il dévie comme lui la lumière polarisée à droite, et qu'il réduit la solution alcaline de sulfate de cuivre; Dubrunfaut a démontré qu'il n'y avait pas identité entre ces sucres; depuis on est parvenu à les séparer et leur étude a confirmé les vues de ce savant.

On peut le préparer ainsi : on dissout 200^{gr} de fécule dans 2 litres d'eau. On y ajoute de la diastase et on chauffe à 60°. Le lendemain, on ajoute 4 litres d'alcool afin de précipiter la dextrine formée en même temps que la maltose ; après deux jours, la liqueur est filtrée, puis additionnée d'éther; la maltose se précipite (1). Si on veut l'avoir cristallisée, on la redissout dans de l'alcool à 80 p. 100 et à chaud et la solution est évaporée le lendemain ; on l'obtient alors anhydre et facilement cristallisable, tandis que si l'on évapore, sitôt la dissolution opérée on n'obtient qu'un hydrate déliquescent (2).

La maltose est soluble dans l'alcool, mais moins que le glucose; elle ne se dissout point dans l'éther, elle se dissout facilement dans l'eau.

Mis en présence de levure de bière, ce sucre subit la fermentation alcoolique (fabrication de la bière).

Son pouvoir rotatoire, qui est variable avec les températures, est à peu près le triple de celui du glucose.

Il réduit moins la liqueur cuivrique que le glucose et son pouvoir réducteur varie avec la concentration de la liqueur Soxhlet.

Sous l'influence des acides étendus la maltose se transforme en deux molécules de glucose; elle est isomérique avec la lactose qui subit la même modification, mais en donnant une molécule de galactose et une de glucose.

(1) Schulze, *Deutsch. Chem. Gesellsch.* (1874), p. 1858.
(2) Herzfeld, *Deutsch. Chem. Gesellsch.* (1879), p. 2120.

LACTOSE

La *lactose* ou *sucre de lait* cristallise sous la forme de prismes rhomboïdaux droits; ils sont incolores et assez durs.

On peut l'extraire du lait, quand, après avoir séparé le beurre, on évapore le petit-lait; on fait recristalliser la lactose brute, ainsi obtenue, après l'avoir dissoute dans l'eau chaude avec un peu de noir animal; après plusieurs traitements, on obtient des cristaux parfaitement purs.

Soluble dans l'eau, la lactose ne se dissout point dans l'alcool ni dans l'éther.

Elle subit la fermentation alcoolique, mais assez difficilement.

Dans le lait, ce sucre se transforme en acide lactique sous l'influence du caséum; puis, comme le ferment lactique ne se développe que dans des liquides neutres, cette fermentation s'arrête dès que le lait est devenu acide; puis l'acide lactique engendré, agissant sur le sucre restant, le dédouble en galactose et en glucose et c'est alors que la fermentation alcoolique s'établit. C'est en se basant sur ces faits que dans certains pays, en Russie par exemple, on prépare des boissons alcooliques à l'aide du lait (*Koumys*).

La lactose dévie à droite le plan de polarisation et, comme pour le glucose, ses dissolutions fraîches possèdent le phénomène de *birotation*.

Elle réduit la liqueur cupro-alcaline, mais moins énergiquement que le glucose.

SACCHAROSE

La saccharose, qu'on appelle aussi *sucre de canne* ou *sucre cristallisable*, se trouve en assez grande abondance et toute formée dans certaines plantes : la canne à sucre, le palmier, l'érable, le sorgho, etc.; la betterave, le melon, la carotte, en contiennent aussi.

Le sucre cristallisable est extrait de la canne à sucre, de la betterave, et, dans quelques contrées de l'Amérique du Nord, de la sève de l'érable.

On avait essayé d'employer le sorgho; mais les quantités relativement grandes de glucose qui se trouve associé à la saccharose dans cette plante, en rendent les procédés d'extraction difficiles.

La saccharose cristallise sous la forme de prismes rhomboïdaux obliques, qui quelquefois sont hémiédriques; ces cristaux sont transparents et brillants, ils ne s'altèrent pas à l'air.

Quand le sucre est extrait des mélasses par les procédés des sucrates, ses cristaux ont souvent un aspect particulier et se présentent sous la forme de tablettes aplaties et prolongées en aiguilles (1).

(1) Sidersky, *Analyse des matières sucrées*. 1890.

Sa densité, suivant Biot, est de 1,5893 ; M. Maumené donne 1,5951.

Elle est soluble dans l'eau froide, qui peut en dissoudre deux fois son poids; l'eau chaude en dissout beaucoup plus ; elle est insoluble dans l'alcool et dans l'éther.

L'acide sulfurique à chaud attaque rapidement le sucre et le carbonise avec dégagement d'acide sulfureux. L'acide azotique le transforme en acide oxalique.

Si on fait agir à chaud des acides étendus sur une dissolution de sucre, ce dernier se convertit, comme nous l'avons vu, en un mélange à parties égales de glucose et de lévulose, en absorbant les éléments d'une molécule d'eau :

$$\underbrace{C^{12}H^{22}O^{11}}_{\text{Saccharose.}} + H^2O = \underbrace{C^6H^{12}O^6 + C^6H^{12}O^6}_{\text{Sucre inverti.}}$$

Si l'ébullition est maintenue longtemps, il y a formation d'acide glucique, puis de principes ulmiques ; la couleur de la liqueur devient alors plus ou moins jaune.

Nous avons déjà vu que la saccharose est dextrogyre, tandis que le sucre inverti est lévogyre ; de plus, la saccharose n'a aucune action sur la liqueur cupro-potassique, tandis que le sucre inverti la réduit énergiquement, ce qui lui a valu le nom de sucre réducteur, qui est également donné au glucose.

D'autre part, la saccharose n'entre en fermentation alcoolique qu'après avoir été invertie.

Cette inversion peut être opérée lentement, par la présence de levure et de matières albumineuses.

Il est à noter que les acides étendus ne font, en quelque sorte, qu'activer la transformation de la saccharose en glucose et lévulose : car faisant bouillir assez longtemps une dissolution de sucre pur, on parvient après quelque temps à l'invertir, au moins en partie.

Le sucre forme avec beaucoup d'oxydes basiques des composés appelés *sucrates ;* nous verrons qu'on met à profit cette propriété dans la fabrication du sucre; les sucrates sont en général solubles dans l'eau et insolubles dans l'alcool; cependant les sucrates de baryte, de strontiane et de chaux sont peu solubles dans l'eau.

On sait que le sucre empêche certains oxydes de précipiter par l'addition d'alcalis; cela tient à ce que le sucre est considéré comme pouvant former des sucrates avec certains métaux : le cuivre, le fer, la chaux, etc.

Si le sucre est porté à une température de 160°, il fond et, par refroidissement, il se prend en une masse vitreuse et amorphe ; aromatisé et coulé, le sucre ainsi traité constitue le *sucre d'orge* ou de *pomme*.

Si cette température de 160° est maintenue quelque temps, le sucre s'altère et donne naissance à du glucose mélangé de lévulosane ; cette dernière est l'anhydride du lévulose, lequel peut être régénéré en acidifiant légèrement la liqueur :

$$\underbrace{C^{12}H^{22}O^{11}}_{\text{Saccharose.}} = C^6H^{12}O^6 + \underbrace{C^6H^{10}O^5}_{\text{Lévulosane.}}$$

A une température supérieure à 160°, le sucre se *caramélise* et prend un goût amer, dû à la production d'un principe spécial appelé *assamar*.

Extraction du sucre.

Les sucres (1) se divisent en sucres bruts et en sucres raffinés; les sucres bruts sont eux-mêmes différenciés en sucres exotiques, ce sont ceux provenant de la canne, et en sucres indigènes, qui sont les produits de la betterave.

Extraction du sucre de canne (exotique). — Les cannes sont écrasées entre des cylindres et le jus ou vesou qui s'en écoule, est porté dans des chaudières; on y ajoute de la chaux et on fait bouillir; les écumes sont soigneusement enlevées; après cette défécation, on concentre les sirops dans d'autres chaudières dites à triple effet, après les avoir traités par du noir; ces chaudières sont disposées pour que le vide puisse y être fait; on évite ainsi la formation d'une grande partie de produits colorés et de sucre inverti qui pourraient prendre naissance par suite de la durée du chauffage et de la température élevée; au sortir de ces appareils, le sirop pèse 25° Baumé; il est traité de nouveau par du noir et concentré dans le vide jusqu'à cristallisation.

Ce sucre, appelé *cassonade*, est ensuite expédié aux raffineurs; ce produit est plus beau que celui obtenu en concentrant les jus au sortir des cuves à défécation à l'aide de la chaleur seule. Dans ce dernier procédé, quand le sirop a été concentré, on le coule dans des refroidissoirs; puis quand la cristallisation commence, on le verse dans des barriques dont le fond inférieur est percé de trous bouchés à l'aide de faussets. Quand la cristallisation est complète, les faussets sont retirés et la *mélasse* s'écoule.

La cassonade renferme en moyenne :

Saccharose	94	p. 100
Sucre inverti	1 à 2	—
Impuretés diverses	0,5	—
Cendres	3	—
Eau	2	—

On y trouve également une petite quantité de gomme ou d'acide pectique et de la matière azotée.

Extraction du sucre de betterave (indigène). — L'industrie du sucre de betterave est d'une importance considérable en France, où cette racine peut être cultivée à peu près partout. En moyenne, la betterave renferme, d'après Payen :

Eau	83,5
Sucre	10,5
Cellulose	0,8
Matières albuminoïdes	1,5
Autres matières organiques	3,0
Cendres	0,7

Pour en extraire le sucre, on commence par priver les betteraves de leurs feuilles, on les lave, et on supprime la partie supérieure, qu'on appelle collet.

Pour en exprimer le jus, on emploie soit le procédé par râpage et expression, soit le procédé par diffusion.

(1) Quand, sans autre dénomination, on emploie le mot *sucre*, il s'agit toujours de *saccharose*, de provenance exotique ou indigène.

1° On introduit les betteraves dans des appareils spéciaux qui les réduisent en pulpes. Ces pulpes sont ensuite dirigées dans des presses et le jus est recueilli.

2° Dans le procédé par diffusion, les betteraves sont découpées en tranches très minces et aussi égales que possible, à l'aide de couteaux mécaniques disposés spécialement et qu'on appelle faîtières; ces tranches, appelées cossettes, sont introduites dans une série de vases communiquants, reliés par des tuyaux à robinets dont le jeu permet de régler la circulation du jus ; c'est dans ces appareils que les cossettes subissent un épuisement méthodique; l'eau nécessaire à cet épuisement est amenée par un conduit spécial, et une prise de vapeur à robinet permet d'envoyer la vapeur dans tout l'appareil. La chaleur des diffuseurs varie et peut atteindre 90°. Le résidu exprimé est employé à la nourriture du bétail.

Les jus obtenus par l'une ou l'autre méthode sont traités par la chaux et chauffés vers 60° ; on se débarrasse ensuite de la chaux par l'acide carbonique ; le carbonate formé entraîne la plus grande partie des impuretés; après s'être débarrassé de l'acide carbonique par ébullition, on abandonne au repos et le liquide clair est passé sur du noir animal. Les boues exprimées sont utilisées comme engrais.

Les sucres indigènes bruts ont à peu près la composition moyenne suivante (1):

Saccharose	88,2 à 93,1	p. 100
Glucose	9,3 à »	—
Cendres	2,9 à 1,6	—
Eau	4,2 à 2,8	—
Inconnue	4,6 à 2,4	—
Rendement effectif	75,6 à 83,5	—

Traitement des résidus. — Les résidus de cette fabrication sont les mélasses, qui peuvent encore renfermer de 40 à 45 p. 100 de saccharose mélangée à du sucre inverti, à des matières azotées et à une certaine quantité de matières salines; ce sont ces impuretés qui empêchent la cristallisation de la saccharose des mélasses.

Ces mélasses ont été pendant longtemps réservées à la fabrication de l'alcool; mais aujourd'hui on les traite, et on parvient à en retirer la presque totalité du sucre cristallisable qu'elles renferment. On emploie pour cela soit le procédé par osmose, ou dialyse, soit le procédé qui consiste à faire entrer le sucre en combinaison avec des bases alcalino-terreuses, dont on le sépare ensuite.

1° *Procédé par osmose.* — L'appareil se compose de cadres sur lesquels sont tendues des feuilles de papier parchemin; ces cloisons sont disposées de façon à former des chambres dont les numéros pairs communiquent ensemble; d'autre part, les chambres impaires sont également reliées.

La mélasse, entrant d'un côté par une chambre paire, et l'eau pénétrant de l'autre côté par une chambre impaire, on a deux courants opposés, séparés, pendant tout leur parcours, par des feuilles de papier parchemin qui se laissent traverser par les matières salines, qui vont se dissoudre dans l'eau.

On opère à la température de 100° environ.

(1) Analyse des laboratoires de l'administration des finances.

Les mélasses, ainsi osmosées, sont recuites et soumises à la cristallisation, où elles abandonnent environ 15 à 25^{kg} de sucre par hectolitre.

Le restant est traité de nouveau par osmose, et cela plusieurs fois encore pour certaines mélasses.

Les petites eaux concentrées, c'est-à-dire celles qui ont dissous les sels pendant la dialyse, fournissent des cristaux salins contenant des chlorures et des nitrates de potasse et de soude. Quelquefois encore, on soumet ces petites eaux à la fermentation pour en extraire ensuite, par distillation, l'alcool qu'a pu engendrer le sucre qui s'y est dissous en petite quantité, et le résidu de distillation évaporé et calciné, ou mélangé à de la chaux, est vendu comme engrais.

2° *Procédé par les bases alcalino-terreuses.* — Ce procédé est basé sur ce fait : la saccharose se combine à une molécule de baryte et à trois de chaux, pour former des sucrates insolubles dans l'eau bouillante et solubles dans l'eau froide, tandis que le lévulose et le glucose donnent des composés solubles dans l'eau bouillante.

On se débarrasse de la baryte ou de la chaux par l'acide carbonique, après avoir lavé les sucrates à l'eau chaude; les sirops, traités par le noir, sont mis à cristalliser.

Dubrunfaut avait, en même temps que la baryte, proposé l'emploi de la strontiane, qui, suivant M. Stammer, permet de recueillir immédiatement un sucre plus pur que par le traitement à la chaux.

Un procédé breveté de M. Scheibler (1881) permet de retrouver une grande partie de la strontiane employée sous forme d'hydrate cristallisé; ce corps peut alors servir à de nouvelles manipulations. Diverses modifications, dans le détail desquelles nous n'entrerons pas, ont été apportées depuis.

Sucre candi. — On l'obtient, soit avec du sucre en pain, du sucre de betterave en grains, ou de la cassonade. On l'appelle, suivant sa teinte, sucre blanc, paille ou roux.

Il est préparé en faisant fondre le sucre correspondant dans de l'eau; on ajoute un peu d'albumine et de noir, et on chauffe à la vapeur; après filtration et traitement au noir animal, on concentre le sirop jusqu'à 40° Baumé, puis il est versé dans de grandes terrines garnies de treillages en gros fil, autour duquel le sucre cristallise. Les cristaux recueillis sont séchés à l'étuve et livrés au commerce.

Les sucres candis colorés sont employés dans la fabrication des sirops et dans l'usage domestique.

Les sucres candis blancs représentant la saccharose sont des sucres raffinés.

Sucres raffinés. — Ils proviennent de la clarification et de la décoloration des sucres indigènes ou exotiques. On les trouve, dans le commerce, sous forme de pains coniques et sous forme granulée.

Cette dernière est obtenue en troublant la cristallisation des sirops raffinés et faisant égoutter les cristaux à l'essoreuse. Ce sucre, qui est d'une grande pureté, est employé dans la confiserie fine.

Les qualités inférieures de sucre portent le nom de *lumps*, *vergeoises* ou *bâtardes*. Les vergeoises ont une couleur brune plus ou moins foncée et sont vendues sous le nom de cassonade sous la forme pulvérulente.

Les lumps et les bâtardes sont en pains tronconiques, la pointe ayant été supprimée à cause de sa coloration brune prononcée.

Ces qualités inférieures sont fournies par les sirops qui s'écoulent pendant l'égouttage et le clairçage des pains.

RAFFINOSE

Le raffinose, extrait de la manne d'Australie par M. Berthelot (1), a été aussi retiré par M. Loiseau (2) de certaines mélasses de raffinerie. On le trouve aussi dans le jus de betterave (3).

Il a pour formule $C^{18}H^{32}O^{16} + 5H^2O$; il est très soluble dans l'eau et dans l'alcool méthylique, insoluble dans l'éther et peu soluble dans l'alcool ordinaire absolu; cependant, il s'y dissout mieux à chaud. Il cristallise en aiguilles longues et transparentes, qui, chauffées jusqu'à 100°, perdent leur eau de cristallisation (4).

Le raffinose peut entrer en fermentation; cependant, pour que celle-ci soit complète, il faut employer de la levure issue de fermentation basse; autrement, avec celle de fermentation haute, un tiers seulement de raffinose subit la fermentation; la partie infermentescible réduit la liqueur cupro-potassique dans la proportion de glucose correspondant à la moitié du raffinose mis en fermentation. Cette observation, faite par MM. Berthelot et Loiseau, démontre qu'il se sépare du lévulose, alors qu'il reste un sucre déviant à droite la lumière polarisée, lequel sucre est un mélange de glucose et de galactose (5), le raffinose étant, en effet, composé de ces 3 sucres : glucose, galactose et lévulose (Sidersky).

Son pouvoir rotatoire est de $(\alpha)_D = +105$, et si on le soumet à l'inversion par l'acide chlorhydrique étendu, on observe que le liquide inverti est encore dextrogyre, mais le pouvoir rotatoire s'est abaissé à + 53°; cette liqueur réduit la liqueur cupro-potassique. Il s'est passé ici le même fait que dans la fermentation partielle; le lévulose s'est trouvé séparé, alors que le glucose et le galactose sont restés unis (Sidersky).

MM. Tollens et Beythien ont démontré que le raffinose formait moins facilement des combinaisons avec les bases alcalino-terreuses que la saccharose.

M. Scheibler a constaté que le raffinose ne formait pas, à froid, avec la strontiane, de combinaison monobasique, et il a mis à profit cette propriété pour extraire le raffinose des mélasses.

(1) *Comptes rendus*, t. CIII, p. 533.

(2) *Comptes rendus*, t. LXXXII, p. 1058.

(3) Sidersky, *Analyse des matières sucrées.*

(4) Sidersky, *Analyse des matières sucrées.*

(5) Le galactose est la variété de glucose qui se forme par l'action des acides étendus sur la lactose ou sucre de lait.

MANNITE

Ce corps, qui a pour formule $C^6H^{14}O^6$, fut découvert par Proust en 1806; c'est le sucre de la manne, laquelle est le suc sécrété par le *fraxinus ornus rotundifolia*. On obtient la mannite en dissolvant la manne dans son poids d'eau; on colle à l'aide d'un blanc d'œuf et à l'ébullition, puis on filtre sur une étoffe de laine. Après refroidissement, le liquide se prend en une masse que l'on presse fortement et le résidu, délayé dans son poids d'eau froide, est soumis à une nouvelle expression; la mannite est encore colorée; on la dissout alors dans de l'eau bouillante additionnée d'un peu de noir animal. Après filtration, la liqueur est concentrée; elle abandonne des cristaux de mannite pure. La mannite cristallise en prismes rhomboïdaux droits. Elle possède une saveur sucrée. Elle est soluble dans l'alcool bouillant et insoluble dans l'éther.

La dissolution n'agit pas sur la lumière polarisée, et elle ne réduit pas la liqueur de cuivre.

La mannite prend naissance par hydrogénation des glucoses; aussi, la rencontre-t-on dans les produits de fermentations visqueuses des sucres; on l'a trouvée dans les jus fermentés de betterave et dans les miels avariés. Frémy a pu la découvrir dans la fabrication du glucose ordinaire.

DEXTRINE

La dextrine existe dans un nombre assez grand de produits végétaux.

Le léiocome, la gommeline, la gomméine, la gomme indigène, sont des produits industriels divers dont la dextrine est la principale partie.

La dextrine prend naissance aux dépens de la matière amylacée, soit en soumettant cette matière à l'action de températures variant entre 160 et 210°, soit en la traitant par les acides chlorhydrique, sulfurique, ou même oxalique, dilués, et chauffant vers 80°; soit enfin sous l'influence de la diastase, qui transforme l'empois d'amidon en dextrine d'abord, puis en *sucre réducteur*, surtout quand on opère entre 70 et 75°.

La dextrine s'hydrate facilement en présence de l'eau sous l'action de la chaleur; aussi est-il difficile d'obtenir de la dextrine absolument exempte de glucose, de sorte qu'on est conduit à désigner, comme espèces, des mélanges de dextrine et de glucose. Toutefois, il existe des dextrines différant suivant leur mode de préparation et leurs propriétés physiques.

M. Bondonneau a indiqué le procédé suivant pour débarrasser la dextrine du glucose : on la dissout dans l'eau et on la précipite par l'alcool. Après avoir subi cinq fois ce traitement, la dextrine contient encore 9,80 p. 100 de glucose; on la fait alors bouillir avec un excès de chlorure de cuivre et de soude caustique. La liqueur filtrée est refroidie, additionnée d'acide chlorhydrique, puis traitée par l'alcool. La dextrine ainsi recueillie ne se colore pas par l'iode et ne donne plus de précipité avec la liqueur cupro-potassique.

La dextrine est un corps solide, incolore, amorphe, très soluble dans l'eau et insoluble dans l'alcool absolu et l'éther.

Elle se présente sous l'aspect d'une masse gommeuse, quand elle est obtenue par dessiccation de ses solutions aqueuses.

Suivant MM. Musculus et Gruber, les dextrines qui prennent naissance par l'action de quantités variables de diastase ou d'acides dilués sont au nombre de quatre (1).

M. O'Sullivan admet l'existence de quatre dextrines, provenant du dédoublement de l'amidon, suivant quatre équations distinctes; il les considère comme ne réduisant pas la liqueur cupro-potassique et comme possédant le même pouvoir rotatoire.

La dextrine ne fermente pas en présence de la levure de bière; cependant, cette dernière peut agir sur la dextrine, mais en présence de la diastase (M. O'Sullivan).

La dextrine est précipitable par l'acétate de plomb ammoniacal et le chlorure stannique; l'acétate de plomb neutre ou bibasique ne la précipite pas.

---

(1) Voir *Dictionnaire de Wurtz*, supplément t. I, p. 622-623.

SACCHARIMÉTRIE

PAR M. L. ROBIN

La saccharimétrie constitue l'ensemble des procédés employés pour le dosage des sucres; ils sont basés sur les principes suivants :

1° Les sucres agissent sur la liqueur alcaline de cuivre, en faisant passer le bioxyde, CuO, à l'état de protoxyde de couleur rouge, Cu^2O. La saccharose n'agit qu'après avoir subi l'action des acides étendus (c'est-à-dire après inversion.)

2° Les sucres fermentent en donnant de l'alcool, de l'acide carbonique et des produits secondaires: glycérine, acide succinique, matières grasses. La lactose et la saccharose ne subissent la fermentation qu'après avoir été inverties; les dextrines ne fermentent pas.

3° Les sucres peuvent se diffuser au travers de membranes en papier parchemin. Les dextrines ne se diffusent pas, ou, du moins, très peu.

4° Les sucres et les dextrines en dissolution possèdent la propriété de dévier le plan de la lumière polarisée.

PROCÉDÉS BASÉS SUR L'ACTION RÉDUCTRICE DES SUCRES

Le procédé de dosage des sucres par la liqueur cupropotassique est basé sur ce principe : certains sucres ont la propriété de réduire les dissolutions d'oxydes de certains métaux, et, spécialement, celle d'oxyde de cuivre.

Si nous dissolvons, dans l'eau, un poids déterminé de sulfate de cuivre, que nous ajoutions du sel de seignette et un excès de soude ou de potasse caustique, nous aurons une liqueur qui pourra être employée au dosage de certains sucres.

Si, en effet, nous en prenons un volume fixe, qu'après l'avoir porté à l'ébullition nous ajoutions goutte à goutte une solution d'un sucre réducteur, nous verrons la liqueur se troubler par suite de la précipitation d'un oxyde rouge de cuivre, et cette précipitation ne cessera que quand tout l'oxyde cuivrique (CuO) de la solution sera passé à l'état d'oxyde cuivreux (Cu^2O).

Si donc nous avons déterminé, à l'avance, le poids de sucre réducteur nécessaire pour réduire ce volume fixe de liqueur de cuivre, il nous sera facile de déterminer la quantité de sucre que contiendra le volume de la liqueur employée à faire la réduction, puisque précisément ce poids de sucre est contenu dans le volume qu'il sera nécessaire d'employer pour réduire la même quantité de liqueur de cuivre.

La liqueur qu'on emploie le plus fréquemment pour ces sortes de dosages est celle de Neubauer, que l'on prépare de la façon suivante : on dissout dans 5 à 600^cc d'eau distillée chaude et dans un ballon jaugé à 1^lit, 173^gr de sel de seignette avec 480^cc de potasse pure à 1,14 de densité ; quand cette dissolution est opérée, on y ajoute, par petites portions et en agitant chaque fois, une liqueur composée de sulfate de cuivre pur et non effleuri : 34^gr,650, eau distillée environ 100^cc ; après avoir lavé soigneusement le récipient contenant cette dernière liqueur, et ajouté toutes les eaux de lavage au liquide du ballon jaugé, on laisse refroidir à 15° ; on complète au trait de jauge, on agite pour rendre homogène et on conserve la liqueur dans des flacons bleus. 10^cc de cette liqueur doivent correspondre à 0^gr,05 de sucre inverti ; pour vérifier ce titre, on se sert d'une solution de sucre inverti préparée de telle façon que 10^cc contiennent exactement 0^gr,05 de ce sucre. Pour avoir cette solution normale, on opère ainsi : on dissout, dans environ 50^cc d'eau distillée et dans un ballon jaugé, de 1^lit, 4^gr,75 de sucre raffiné pur et préalablement desséché dans le dessicateur ; puis on ajoute 5^cc d'acide chlorhydrique et on agite ; on porte alors au bain-marie, jusqu'à ce qu'on observe une teinte jaune paille (10 minutes environ) sensible à l'œil, mais pas davantage. On ajoute 3 ou 400^cc d'eau distillée et un petit fragment de papier tournesol bleu, puis on sature l'acide aussi exactement que possible avec une solution de carbonate de soude ; mieux vaut laisser la liqueur légèrement alcaline ; après avoir ramené à 1^lit à la température de 15°, on rend homogène par l'agitation. Cette liqueur peut ainsi se conserver plusieurs semaines sans s'altérer ; elle contient 5^gr de sucre inverti par litre (1)

Pour procéder à la vérification de la liqueur cupro-potassique, on en introduit 10^cc dans un ballon ; on ajoute environ 30^cc d'eau distillée et 2 ou 3 gouttes d'une solution de potasse pure, et on porte à l'ébullition.

On verse alors goutte à goutte, et à l'aide d'une burette, la dissolution normale de sucre inverti, et, cela, jusqu'à ce que le précipité d'oxydule de cuivre qui se forme, ayant passé du jaune au rouge, cesse de se produire et que la liqueur qui se décolore au fur et à mesure soit devenue complètement incolore,

(1) Le titre de la liqueur employée au Laboratoire municipal pour l'analyse des vins est légèrement modifié. Son titre est moitié moindre ; 10^cc correspondent à 0^gr,025 de sucre réducteur.

ce qu'on reconnaît aisément en plaçant derrière le ballon un papier blanc. On doit alors avoir employé exactement 10^{cc} de liquide sucré, si la liqueur cuivrique est exacte.

On reconnaîtra si on a ajouté un excès de sucre, à ce que le liquide du ballon qui surnage le précipité rouge, aura pris une teinte jaune plus ou moins foncée selon l'excès. Pour se rendre compte aussi de la réduction complète du cuivre, on filtrera rapidement un peu de la liqueur du ballon; on acidifiera par un excès d'acide acétique et on recherchera la présence du cuivre par le cyanure jaune.

Si donc :

1° Le liquide surnageant le précipité d'oxydule de cuivre est parfaitement incolore;

2° Si le cuivre n'est pas décelé par le cyanure jaune,

Et 3° si on a exactement employé 10^{cc} de sucre inverti, la liqueur de dosage sera bonne.

Pour doser le sucre réducteur contenu dans une liqueur, on prend 10^{cc} de liqueur de Neubauer, on les introduit dans un ballon bien propre avec un peu d'eau et quelques gouttes de potasse pure, et on chauffe; quand l'ébullition est atteinte, on ajoute le liquide sucré et quand la liqueur est devenue incolore, on lit sur la burette le volume de liqueur employé; supposons $11^{cc},5$, la proportion suivante indiquera la teneur en sucre inverti par litre : $1000 : x :: 11^{cc},5 : 0,05$,

$$x = \frac{1000 \times 0,05}{11,5} = 4,34.$$

Il faut remarquer que ce mode de dosage ne peut s'appliquer directement en se servant de cette formule qu'au sucre inverti, ou à la saccharose, après inversion préalable, cette dernière ne réduisant pas directement la liqueur de cuivre : car les proportions dans lesquelles les différents sucres réducteurs agissent sur la liqueur cuivrique, ne sont pas identiques; ainsi, 1^{gr} de lactose réduit moins de cuivre que 1^{gr} de lévulose, et ce dernier en réduit moins que le glucose.

En se servant de la liqueur cupro-potassique, dont la formule est donnée plus haut, les quantités de sucre nécessaires pour en réduire 10^{cc} sont les suivantes, d'après Sidersky :

Glucose	48^{mgr}
Lévulose	52^{mgr}
Sucre inverti	50^{mgr}
Lactose (sucre de lait)	68^{mgr}
Maltose (sucre de bière)	79^{mgr}

On remarque que le sucre inverti, qui est un mélange à parties égales de glucose et de lévulose, possède un pouvoir réducteur moyen; ajoutons que, le plus souvent, on exprime les sucres réducteurs en sucre inverti et que lorsque, sans autre détail, on parle de sucre réducteur, on sous-entend toujours un mélange à parties égales de glucose et de lévulose.

Nous dirons aussi que M. Soxhlet a démontré que le pouvoir réducteur variait selon la concentration de la liqueur d'épreuve ou de celle d'essai, ainsi qu'avec la durée d'ébullition. Nous ne nous appesantirons pas davantage sur ce sujet, les erreurs faites ainsi étant négligeables dans la plupart des cas.

TABLE

indiquant le nombre de grammes de sucre réducteur contenu dans 1 litre de liqueur sucrée, d'après le volume employé de cette dernière pour réduire 10cc de Neubauer.

CENTIMÈTRES CUBES	GLUCOSE ET LÉVULOSE	Différence.	LACTOSE ANHYDRE (1)	MALTOSE ANHYDRE (1)	CENTIMÈTRES CUBES	GLUCOSE ET LÉVULOSE	Différence.	LACTOSE ANHYDRE (1)	MALTOSE ANHYDRE (1)
5	10,000	1,667	12,700	15,000	22	2,273	0,099	2,886	3,409
6	8,333	1,189	10,584	12,500	23	2,174	0,091	2,761	3,261
7	7,144	0,894	9,071	10,715	24	2,083	0,083	2,643	3,125
8	6,250	0,694	7,937	9,375	25	2,000	0,077	2,540	3,000
9	5,556	0,556	7,056	8,334	26	1,923	0,071	2,442	2,884
10	5,000	0,454	6,350	7,500	27	1,852	0,066	2,354	2,778
11	4,546	0,379	5,773	6,818	28	1,786	0,062	2,268	2,679
12	4,167	0,321	5,292	6,250	29	1,724	0,057	2,189	2,586
13	3,846	0,275	4,884	5,770	30	1,667	0,054	2,117	2,500
14	3,571	0,237	4,536	5,357	31	1,613	0,050	2,049	2,419
15	3,334	0,209	4,233	5,000	32	1,563	0,048	1,984	2,344
16	3,125	0,184	3,969	4,687	33	1,515	0,044	1,924	2,272
17	2,941	0,163	3,744	4,412	34	1,471	0,042	1,868	2,206
18	2,778	0,146	3,528	4,167	35	1,429	0,040	1,814	2,143
19	2,632	0,132	3,342	3,947	36	1,389	0,038	1,764	2,083
20	2,500	0,119	3,175	3,750	37	1,351	0,035	1,717	2,027
21	2,381		3,024	3,571	38	1,316	0,034	1,671	1,973
					39	1,282		1,628	1,923

(1) *N. B.* — Pour avoir la valeur en lactose et maltose hydratées, il faut multiplier par $\frac{100}{95}$ ou ajouter $\frac{1}{19^e}$.

Cette table a été déterminée d'après les formules suivantes : n étant le nombre de centimètres cubes de liquide sucré employé pour réduire 10cc de liqueur de cuivre, et sachant que les quantités de sucre nécessaire pour réduire les 10cc de liqueur de cuivre sont pour le glucose 0gr,05, pour la lactose 0gr,0635, pour la maltose 0gr,075 :

$$x = \frac{0,05 \times 1000}{n}; \qquad x = \frac{0,0635 \times 1000}{n}; \qquad x = \frac{0,075 \times 1000}{n}.$$

Procédé de M. Weil (par liqueurs titrées) (1).

La théorie de ce procédé est la suivante : ayant ajouté à un volume déterminé de liqueur cupro-potassique une quantité également déterminée de solution de sucre réducteur, mais de façon que la liqueur de cuivre reste bleue, c'est-à-dire qu'on n'atteigne pas la réduction complète du cuivre ; cela étant fait, si nous ajoutons un excès d'acide chlorhydrique dans le liquide en ébullition, le sel cuivrique non attaqué donnera une coloration jaune verdâtre, due au chlorure cuivrique, tandis que le protoxyde de cuivre se dissoudra sans coloration.

Si maintenant nous versons goutte à goutte d'une solution titrée de protochlorure d'étain, jusqu'à ce que la teinte verte disparaisse, nous pourrons, connaissant le volume de liqueur d'étain employé, en déduire la quantité de cuivre non réduite par le sucre, et, retranchant cette quantité de cuivre de la quantité totale contenue dans le volume de liqueur de cuivre employée, nous aurons le poids du cuivre réduit correspondant au sucre.

Voici l'équation qui explique l'action du protochlorure d'étain :

$$2Cu\,Cl^2 + Sn\,Cl^2 = 2Cu\,Cl + Sn\,Cl^4.$$

Pour s'assurer dans le titrage qu'on n'a pas ajouté trop de sel d'étain, on se sert du bichlorure de mercure qui, dans ce cas, donnerait un précipité de calomel.

Préparation et titrage des liqueurs. — On dissout 12 à 15^{gr} de protochlorure d'étain cristallisé dans 100^{cc} d'eau distillée environ et 30^{cc} d'acide chlorhydrique pur, après filtration on ajoute 300^{cc} d'acide chlorhydrique et on complète au litre avec de l'eau distillée. La liqueur est conservée dans un flacon, sous une couche d'éther de pétrole.

Pour titrer cette liqueur, on prélève 10^{cc} de liqueur de cuivre auxquels on ajoute 25^{cc} d'acide chlorhydrique pur et on porte à l'ébullition (il est bon de s'assurer, à l'aide du sulfate d'indigo, que l'acide dont on se sert est bien exempt de chlore ; au cas où il en contiendrait, on ferait bouillir pendant au moins 10 minutes avant de titrer), on verse la solution de protochlorure d'étain à l'aide d'une burette graduée, jusqu'à ce que la liqueur de cuivre ne soit plus que faiblement colorée, puis on ne verse plus alors que goutte à goutte ; quand le liquide est absolument incolore, on en prélève une petite fraction à laquelle on ajoute, après l'avoir refroidi rapidement, une goutte ou deux de dissolution aqueuse et concentrée de bichlorure de mercure ; si aucun précipité sensible ne se manifeste, on ajoute encore une goutte de liqueur d'étain et on fait un nouvel essai au bichlorure ; si on obtient alors un trouble, on a terminé l'opération ; on prend note du volume de liqueur d'étain employé, en le diminuant d'une demi-division.

Application du procédé. — Pour connaître la quantité de sucre inverti que con-

(1) *Annales de physique et de chimie*, t. VII, p. 152-155.

tient une liqueur, on prélève 10 ou 20^{cc} liqueur cupro-potassique, on ajoute une quantité quelconque, mais dont on prend note, de liqueur sucrée, en quantité insuffisante cependant pour réduire tout le bioxyde de cuivre, on maintient une minute à l'ébullition ; on verse 25^{cc} d'acide chlorhydrique pur et chaud, afin d'éviter l'oxydation du cuivre réduit qui pourrait avoir lieu, pendant le temps nécessaire à atteindre de nouveau l'ébullition ; puis on verse de la solution de chlorure d'étain, en opérant exactement comme pour son titrage.

Supposons que nous ayons employé 17^{cc} pour réduire les 10^{cc} de liqueur cuivrique; autrement dit, supposons que le titre de la liqueur stanneuse soit 17 et que dans le dosage précédent nous en ayons employé 8^{cc},3, nous nous tiendrons e raisonnement suivant : 10^{cc} de liqueur de cuivre correspondent à 0^{gr},05 de sucre inverti, c'est-à-dire que 17^{cc} de protochlorure d'étain agissent comme le feraient ces 0^{gr},05 de sucre ; or, si nous avons employé 8^{cc},3 pour réduire l'excès de bioxyde de cuivre, la différence représentera celui qui a été réduit par le sucre, soit :

$$17^{cc} - 8^{cc},3 = 8^{cc},7,$$

d'où

$$\frac{8,7 \times 0,05}{17} = 0^{gr},0256 \text{ de sucre inverti.}$$

Si enfin nous avons versé 5^{cc} de notre solution sucrée à essayer, pour obtenir la réduction partielle, nous aurons par litre :

$$\frac{8,7 \times 0,05 \times 1.000}{17 \times 5} = 5^{gr},12 \text{ de sucre inverti par litre.}$$

Procédé par pesée du cuivre réduit. — M. A. Girard a indiqué un procédé de dosage qui permet d'opérer des dosages sur des liquides sucrés plus ou moins colorés (1). Voici succinctement le mode opératoire : on porte à l'ébullition 100^{cc} de liqueur de cuivre, on y ajoute brusquement un volume déterminé de solution de sucre, insuffisant cependant pour réduire les 100^{cc} de liqueur cuivrique; après 2 minutes d'ébullition, on filtre rapidement et on lave l'oxyde rouge, jusqu'à neutralité des eaux de filtration ; on introduit le filtre dans une nacelle de platine, on sèche à la lampe et on calcine. La nacelle est introduite dans un tube de verre, et l'oxyde est réduit par un courant d'hydrogène lavé et desséché. On pèse ensuite le cuivre métallique. L'expérience ayant démontré que 1 gramme de cuivre réduit correspond à 0^{gr},569 de sucre réducteur, on déduit le poids du sucre de celui du cuivre pesé. On peut appliquer cette méthode au dosage de la saccharose et du sucre réducteur qui peut l'accompagner dans un sirop ou un jus sucré. Pour cela, on invertit la liqueur sucrée, puis on opère comme il vient d'être dit; en retranchant le poids du premier dosage de celui du second, et faisant subir à ce reste une correction proportionnelle à la différence des équivalents de sucre réducteur et de la saccharose $\frac{180}{171}$, on déduit le poids de saccharose.

(1) *Comptes rendus*, 29 octobre 1877.

Ce procédé est sujet à critique : car nous savons, d'une part, que la concentration de la liqueur de cuivre modifie le pouvoir réducteur du sucre à doser et, d'autre part, que si la saccharose ne réduit pas la liqueur cupro-potassique, sa présence influence l'action réductrice du sucre inverti. MM. Maerker et Allihn, et plus récemment MM. Meisel et Soxhlet (1) ont cherché à résoudre le problème et à rendre le procédé applicable ; ces derniers ont également déterminé les formules de réduction de la maltose et de la lactose de façon à pouvoir les doser à l'aide de cette méthode.

Remarquons, cependant, que la méthode de M. A. Girard peut rendre des services, tout en n'étant pas d'une exactitude parfaite.

PROCÉDÉ DE DOSAGE PAR FERMENTATION

On distingue deux espèces de fermentations : les fermentations vraies ou à ferment organisé, et les fermentations fausses ou à ferment soluble.

La fermentation alcoolique due à l'influence de la levure est une fermentation vraie.

De toutes les fermentations que peut éprouver le glucose : alcoolique, lactique, butyrique, visqueuse, etc., la première seule peut être employée pour son dosage.

Le ferment qu'on emploie pour engendrer la fermentation alcoolique s'appelle : *Saccharomyces cerevisiæ* ou, plus simplement, levure. La levure est un champignon qui se reproduit généralement par bourgeonnement.

Pour que la levure puisse se développer et, par conséquent, agir sur le sucre, une température de + 25 à + 30° est nécessaire ; de plus, comme cette levure a besoin pour se reproduire d'acide phosphorique et d'azote, il faut que le milieu où on la place contienne des matières azotées et phosphatées en dissolution ; cependant si la levure se trouve en quantité relativement élevée, la fermentation pourra s'établir, grâce aux matières solubles que cette levure aura apportées avec elle, et qui constituent une sorte de réserve ; quant aux éléments nécessaires à la formation de cellulose et de graisse qui sont indispensables aussi à sa vie, elle les empruntera au sucre lui-même. Malgré tout, quand la levure aura épuisé toutes ses réserves, si le milieu ne peut lui fournir ni azote ni phosphore, la fermentation végétera.

Une levure analysée par M. Dumas a donné pour 100 (2) :

Carbone	50,6
Azote	15,0
Hydrogène	7,0
Oxygène, Soufre, Phosphore	27,1
Cendres	»

(1) *Chemisches Centralblatt*, 1878, p. 221.
(2) *Ferments et fermentations*, par L. Garnier. (J.-B. Baillière, 1888.)

100gr de cendres de levure ont fourni, selon M. Belohoubeck (1), 96gr,13 p. 100 de principes solubles dans l'eau. Leur analyse lui a fourni les nombres suivants :

Acide phosphorique	51,09
— sulfurique	0,57
— silicique	1,60
Chlore	0,03
Potasse	38,68
Soude	1,82
Magnésie	4,16
Chaux	1,99
Oxyde de fer	0,06
Protoxyde de manganèse	traces

La fermentation alcoolique peut être arrêtée par la présence de certains corps : le chlore, l'iode, l'azotate d'argent, les sels ferriques, ceux de plomb, de cuivre, les bases et acides forts ; le tanin, le phénol, l'alcool fort, les sulfites, le chlorure de mercure, les essences de citron et de térébenthine entravent la fermentation ; suivant M. Schutzenberger, une température de 100° l'arrête.

Pour qu'une fermentation s'établisse et fonctionne bien, il faut, en résumé, une température de 25 à 30°, une solution plutôt neutre qu'acide ou alcaline, et enfin les matériaux divers déjà indiqués et nécessaires à la vie de la levure ; on a cependant remarqué qu'une petite quantité d'acide activait le phénomène.

M. Pasteur admet que sur 100 parties de saccharose, 95 à 96 se transforment en alcool et acide carbonique ; les 4 à 5 parties restantes donnant de l'acide succinique, de la glycérine, un peu de cellulose et de graisse.

Dans les fermentations, les quantités de glycérine et d'acide succinique varient : pour la première, entre 2,5 et 3,6, et pour le second, entre 0,5 et 0,7 p. 100 du poids de sucre, selon que la levure employée est plus ou moins jeune, ou qu'elle trouve un milieu plus ou moins nutritif, ou qu'enfin la liqueur est plus ou moins acide ; les quantités d'alcool produites sont corrélatives ; par conséquent, le procédé de dosage par fermentation est très approximatif ; pourtant on ne s'éloigne pas trop de la vérité en admettant que 100gr de glucose anhydre donnent 47gr d'acide carbonique, ou plus exactement 46gr,4.

Le mode de dosage par ce procédé ne permet pas d'établir la part qui revient à chaque sucre dans un mélange ; en outre, il ne peut servir que pour le dosage de la saccharose après inversion, ou pour celui des sucres fermentescibles ; encore ne peut-on exprimer les résultats que *in globo*, soit en glucose, soit en saccharose.

M. Leplay a cependant indiqué une méthode qui permet de doser le sucre cristallisable et le sucre incristallisable dans les mélasses, en employant la fermentation : 1° sur la mélasse telle quelle ; 2° après traitement de la mélasse par la chaux et à l'ébullition, puis saturant la chaux restée libre par l'acide sulfurique. On distille le produit de fermentation, et la quantité d'alcool recueillie est déterminée.

La première fermentation donne l'alcool représentant la quantité totale des sucres.

(1) *Ferments et fermentations*, par L. Garnier. 1888.

La seconde donne l'alcool représentant la quantité de sucre cristallisable ; la différence entre les deux quantités d'alcool obtenues dans la première et la deuxième fermentation correspond à la quantité de sucre non cristallisable calculée en saccharose.

Si donc on établit une moyenne d'alcool fourni par un poids donné de saccharose pure, on conçoit qu'on aura les éléments nécessaires pour doser les quantités respectives de saccharose et de glucose contenues dans la mélasse. Ce moyen de dosage est loin de fournir des résultats très exacts.

PROCÉDÉ BASÉ SUR LA DIALYSE

Quand deux solutions de principes différents se trouvent séparées par une membrane, il se fait un échange réciproque ; mais si un de ces deux principes peut traverser plus facilement la membrane, ce principe se diffusera davantage, c'est-à-dire passera plus vite à travers la membrane, et cet échange ne cessera que lorsque l'égalité d'action sera atteinte de chaque côté de la membrane.

Si, en effet, nous remplissons un tube d'eau salée, après l'avoir fermé à sa partie inférieure par une membrane de parchemin, que nous placions la base de ce tube dans un vase contenant de l'eau, de telle façon que la membrane soit submergée, nous verrons le liquide du tube augmenter de volume ; si nous renversons l'expérience, nous aurons de l'eau salée dans le vase et de l'eau pure dans le tube ; en ce cas, le niveau du liquide du tube baissera, et ce qu'il importe de remarquer, c'est que l'eau pure ne traverse pas seule la membrane, la dissolution saline la traverse aussi, en sens inverse, mais en plus petite quantité ; c'est ce qui donne lieu à la baisse ou à la hausse du niveau d'eau dans le tube.

L'opération qui consiste à séparer certains corps en dissolution, à l'aide de la dialyse, est basée sur cette observation.

Les sucres traversent facilement les membranes de parchemin, tandis que les dextrines ne les traversent que très peu.

Si donc nous introduisons dans un dialyseur (1) une quantité donnée de dissolution de substance sucrée, que nous placions ce dialyseur dans un vase dont l'eau soit renouvelée sans cesse, la diffusion des sucres s'opérera très vite (24 heures environ, en agissant sur 8 à 10^{gr} de sucre) ; le résidu non dialysé, c'est-à-dire les substances qui seront restées sur le parchemin pourront être séparées par décantation et évaporation de la liqueur au bain-marie.

On aura ainsi recueilli la presque totalité des dextrines ; pour les doser on les saccharifie en additionnant leur solution aqueuse d'acide sulfurique, dans la proportion de 10 d'acide pour 100 d'eau, puis on chauffe au bain-marie, jusqu'à ce qu'une tâte ne précipite plus, par addition d'un excès d'alcool pur. On peut aussi chauffer pendant 15 à 20 minutes et au bain de sel, dans un vase en verre épais, dont le bouchon est retenu par une ficelle.

---

(1) Le dialyseur que nous employons au Laboratoire est celui décrit à la page 166.

Après cette opération, on dose à l'aide de la liqueur cupro-potassique le glucose formé.

On peut, au lieu de saccharifier, précipiter la solution aqueuse de dextrine par l'alcool, en ayant soin de verser la solution de dextrine dans l'alcool en agitant sans cesse, en imprimant au vase d'alcool un petit mouvement circulaire. On laisse déposer au frais pendant 12 heures et on filtre rapidement. On lave avec un peu d'alcool, on sèche au dessiccateur et on pèse.

PROCÉDÉ D'ANALYSE DES SUCRES BASÉ SUR LEURS PROPRIÉTÉS OPTIQUES

On se sert pour les déterminations nécessaires au dosage des sucres, par ce procédé, d'appareils appelés *polarimètres* ou *saccharimètres;* avant d'indiquer le mode d'emploi de ces instruments, nous rappellerons succinctement ce qu'on entend par polarisation.

On admet, dans la théorie des ondulations, que la lumière est le résultat des vibrations qu'éprouve l'éther; on démontre en physique que les molécules d'éther se déplacent toutes en ligne droite, de sorte que dans le mouvement ondulatoire qui s'opère sur une sinusoïde, chacune des molécules prend, immédiatement après celle qui la précède, la même position qu'occupait cette dernière, dans le sens même de la marche du rayon. On dit que dans ce système d'émission, qui est celui de la lumière ordinaire, les molécules lumineuses prennent des *pôles* et s'orientent dans une même direction, à la façon des aimants. D'où le mot *polarisation.*

On dit qu'un rayon de lumière ordinaire est polarisé quand, ayant subi, dans sa nature intime, une modification particulière, il a perdu plus ou moins la propriété de se réfléchir de nouveau.

Parmi les causes nombreuses qui peuvent produire la polarisation d'un rayon lumineux, on distingue : l'électricité, la réflexion, la réfraction, la double réfraction, etc. La saccharimétrie optique est basée sur la polarisation par réflexion simple et sur la polarisation par double réfraction.

Polarisation par réflexion simple. — Si nous faisons tomber sous un angle d'incidence de 35° 25′ un rayon de lumière ordinaire sur une glace de verre, ce rayon perd la propriété de se réfléchir sous une même incidence sur une seconde plaque de verre, dont le plan est perpendiculaire à la première; ce rayon est polarisé par réflexion, et il s'éclairera d'autant plus que les deux plans qui le réfléchissent se rapprocheront du parallélisme, tandis qu'au contraire, si l'on fait tourner une des glaces, de façon que les deux plans soient perpendiculaires, le rayon ne sera plus réfléchi par la seconde plaque de verre et il s'éteindra de nouveau.

On appelle angle de polarisation, l'angle que fait le rayon incident avec la surface polie qui le reçoit, lorsque le rayon réfléchi est perpendiculaire au rayon réfracté, ou, autrement dit, lorsque le rayon réfléchi est complètement polarisé. Nous venons de voir que cet angle est de 35° 25′ pour le verre; rappelons que cet angle varie avec la nature de la substance réfléchissante.

Polarisation par réfraction simple. — Un rayon lumineux passant d'un milieu homogène et transparent dans un autre milieu également homogène et transparent, modifie sa direction chaque fois que ce passage ne s'opère pas normalement à la surface de séparation des deux milieux et ce rayon se trouve polarisé. La déviation du rayon réfracté s'opère suivant des lois spéciales.

Polarisation par double réfraction. — Un corps présente le phénomène de la double réfraction, quand un rayon lumineux qui le traverse, se dédouble en deux rayons distincts : l'un est appelé rayon ordinaire, parce qu'il suit les lois de la réfraction ordinaire, l'autre se nomme rayon extraordinaire et suit dès lois particulières (lois de Huygens).

Le phénomène peut s'obtenir en faisant passer un rayon au travers d'un cristal de spath d'Islande.

En ce cas, pour reconnaître le fait de la polarisation, on se sert de l'éclat plus ou moins grand que ces rayons possèdent, quand on les reçoit sur une lame de verre et sous un angle de 35°25', et cela en variant la position du plan de réflexion, sans modifier l'angle d'incidence.

On obtient généralement la lumière polarisée par double réfraction, à l'aide d'un rhomboèdre de spath d'Islande, clivé de telle façon que ses quatre arêtes latérales aient une longueur égale à celle de l'arête de base multipliée par 3,7. On scie ce cristal suivant ses grandes diagonales et les deux surfaces de section sont appliquées l'une sur l'autre, à l'aide du baume de Canada dont l'indice de réfraction est compris entre 1,654 et 1,483, indices de réfraction du rayon ordinaire et du rayon extraordinaire. Ce prisme porte le nom de *Nicol*, c'est celui de son inventeur.

Si l'on fait passer un rayon de lumière au travers de ce prisme, et dans le sens de sa longueur, on aura une double réfraction : l'un des rayons polarisés, le rayon ordinaire, subit les lois ordinaires et est rejeté en dehors du prisme, puis le rayon extraordinaire traverse le prisme en conservant ses propriétés de rayon polarisé.

Polarisation rotatoire. — Si, entre deux miroirs disposés de façon à ce que la lumière polarisée par le premier soit éteinte par le second, nous plaçons une lamelle biréfringente de quartz, taillée perpendiculairement à l'axe du cristal dont elle provient, les rayons lumineux reparaîtront. En pénétrant dans cette lame, le faisceau de lumière se décomposera, en effet, en deux nouveaux faisceaux polarisés, tous deux circulairement et se propageant ensemble dans le cristal, mais avec des vitesses différentes. En sortant de cette lamelle, les deux faisceaux seront réunis et alors le faisceau régénéré se trouve polarisé dans un autre plan que le faisceau primitif. On dit alors que *le plan de polarisation a tourné d'un certain angle.*

Si nous plaçons cette lame de quartz entre deux prismes de Nicol, le même effet se produira, et ces faits constituent ce qu'on nomme *polarisation rotatoire.*

Tous les polarimètres sont pourvus de deux prismes, ordinairement de même nature; l'un, appelé *polariseur*, est destiné à polariser la lumière; le second, l'*analyseur*, sert à reconnaître l'angle de polarisation ou de rotation; cet angle est déterminé dans les instruments en faisant tourner l'analyseur.

Biot a démontré que la rotation qu'éprouve le plan de polarisation est proportionnelle à l'épaisseur de la lame de quartz interposée, de même que le plan de polarisation peut être dévié soit à droite, soit à gauche, suivant la nature du quartz employé, certains cristaux ayant leurs facettes hémiédriques tournées à droite, d'autres les ayant tournées à gauche. La première nature de quartz est dite *dextrogyre* et la seconde *lévogyre*.

Biot a également démontré que, pour les deux variétés de quartz, les lames de même épaisseur produisent des déviations égales, mais de signe contraire.

Le quartz n'est pas la seule substance capable de faire tourner le plan de polarisation; certains composés minéraux et certaines matières organiques possèdent cette propriété. Les sucres, en particulier, agissent sur la lumière polarisée à la manière du quartz et chacun dans des proportions et dans des sens particuliers, d'où un moyen de les doser.

Des saccharimètres et des polarimètres. — Les polarimètres sont des instruments destinés à mesurer l'angle de rotation imprimée au plan de la lumière polarisée par une substance active; les saccharimètres sont plus spécialement destinés à exprimer, à l'aide d'une échelle spéciale, les richesses des dissolutions de sucres.

Dans les polarimètres, on mesure directement la déviation imprimée au plan de polarisation par la solution active; dans les saccharimètres, cette action est compensée par un quartz de pouvoir contraire et d'épaisseur variable.

Saccharimètre de Soleil. — Parmi les saccharimètres, celui de Soleil est le plus usité de ceux qui ont été construits, en modifiant plus ou moins l'ancien polarimètre de Mitscherlich. Il se compose d'un prisme achromatique de Nicol qui sert de polariseur; le rayon lumineux est, au sortir de ce prisme, reçu par une plaque de quartz formée de deux demi-disques, dont l'un est lévogyre et l'autre dextrogyre; puis vient le tube contenant la liqueur à examiner; à sa suite, dans la seconde partie de l'instrument, et toujours dans l'ordre que nous indiquons, un compensateur formé d'une plaque de quartz d'épaisseur déterminée et de deux coins de quartz dont l'un est lévogyre, l'autre dextrogyre, mais de même épaisseur, et pouvant être déplacés parallèlement au moyen d'un mécanisme mû par un bouton. Vient ensuite un prisme biréfringent et achromatisé, qui reproduit la teinte sensible et une lame de quartz perpendiculaire, puis le prisme de Nicol, analyseur, suivi d'une lunette de Galilée.

Pour faire l'observation, on interpose un tube plein d'eau sur le trajet des rayons lumineux, puis à l'aide du bouton placé sous la règle en ivoire, on amène le compensateur au zéro. Après avoir mis au point sur la ligne de séparation des demi-disques, en tirant plus ou moins l'oculaire, puis tournant la molette qui se trouve en avant du compensateur, on recherche la teinte sensible qui est, selon les observateurs, le jaune chamois ou le bleu violacé.

Cela fait, on établit l'identité parfaite de la nuance des demi-disques en tournant la molette horizontale qui se trouve à l'extrémité gauche de la règle; l'appareil est alors prêt à servir.

On remplace le tube plein d'eau par un tube contenant le liquide actif; on remarque alors que les deux demi-disques offrent une teinte différente; pour rétablir l'égalité de teinte, on tournera le bouton du compensateur, jusqu'à ce que cette égalité soit rétablie; on lira sur la règle du compensateur le nombre de degrés saccharimétriques, lequel indiquera les centièmes de sucre.

Il est à remarquer que le saccharimètre Soleil permet d'opérer à l'aide d'une lampe ou d'un bec de gaz, c'est-à-dire avec une lumière blanche.

Polarimètre de M. Laurent. — Le saccharimètre oblige à de grandes précautions et son maniement n'est pas très facile; aussi est-il presque partout remplacé par les polarimètres à pénombre, soit celui de Duboscq, dans lequel le polariseur est un prisme de Jellet perfectionné par MM. Duboscq et Cornu, soit celui de M. Laurent. Ces appareils sont aussi appelés polarimètres à pénombre.

Ce dernier est le plus répandu, au moins en France.

Ces instruments exigent l'emploi d'une lumière monochromatique; on se sert généralement de la flamme du sodium.

Le polarimètre Laurent est ainsi disposé: un brûleur qui consiste en un bec Bunsen, surmonté d'une cheminée; à l'un des montants de la cheminée se trouve un godet ou cuiller en fil de platine, réuni à un gros fil de même métal; on place dans ce godet du chlorure de sodium fondu qui, après fusion, grimpe le long du bord du godet, de sorte qu'on obtient une flamme jaune très brillante. La cuiller doit être placée sur le côté de la flamme, le bord relevé baignant dans la partie violette de la flamme.

Le rayon lumineux traverse d'abord une dissolution de bichromate de potasse destiné à absorber les rayons violets et bleus; à la suite se trouve le polariseur formé d'un prisme lenticulaire de verre, dont la partie convexe est tournée vers la flamme, et de deux pièces réunies de façon à former un prisme triangulaire de spath; ce prisme est destiné à achromatiser les rayons, et, en même temps, à les rassembler en un faisceau parallèle. Le rayon ordinaire ne traverse pas le prisme, mais est rejeté de côté et arrêté par des diaphragmes.

Le polariseur est disposé de façon à pouvoir tourner autour de l'axe de l'appareil; après lui, vient un diaphragme portant une lame de quartz taillée parallèlement à son axe optique, et dont l'épaisseur est d'une demi-onde pour les rayons jaunes; elle ne recouvre que la moitié du diaphragme; vient après, l'intervalle nécessaire à l'interposition du tube, puis un autre diaphragme; un Nicol analyseur et une lunette de Galilée. Le Nicol analyseur et l'objectif sont montés sur une alidade à vernier, qui tourne autour de l'axe de l'appareil, sur un cadran portant deux graduations: l'une spéciale au sucre, c'est celle qui est à la partie inférieure du cadran, et l'autre, en demi-degrés qui peut servir pour les substances quelconques. Un miroir renvoie la lumière sur les divisions et au-dessous de lui, une loupe sert à en faire la lecture.

Pour mettre l'appareil en fonction, on le règle en plaçant d'abord un tube rempli d'eau, et, après avoir dirigé l'appareil sur la partie la plus éclairée du bec Bunsen, on règle la quantité de lumière que l'on veut admettre dans l'appareil, en levant ou abaissant un levier placé en avant de l'appareil du côté de la flamme et qui agit sur le prisme de Nicol; on amène alors le zéro du vernier sur la 7e division environ, à gauche ou à droite de la division en centièmes de sucre, et cela, en tournant le bouton molleté qui se trouve sur le bord du cadran. On regarde à l'oculaire et on aperçoit un côté jaune clair et l'autre gris; on avance et on retire doucement la lunette, jusqu'à apercevoir nettement la limite de séparation des demi-disques (lesquels sont rigoureusement en contact, de sorte que la différence des tons est très sensible). On dirige alors l'appareil sur le point le mieux éclairé.

Ensuite, on fait coïncider très exactement le zéro du vernier avec celui du cadran et on regarde s'il y a égalité de teinte; si cela n'était pas, il faudrait tourner doucement le bouton qui se trouve au-dessus de l'appareil et à sa droite, de telle façon que le côté obscur s'éclaircisse et que le côté clair s'assombrisse jusqu'à ce qu'on ait obtenu l'égalité de teinte.

Il est bon de s'assurer de la sensibilité et de l'exactitude de l'appareil en imprimant au bouton du cadran un quart de tour à droite ou à gauche et en ramenant les teintes égales, comme si on opérait un dosage; les deux zéros, celui du vernier et celui du cadran, doivent coïncider; l'appareil est alors réglé, mais pour un seul opérateur.

Pour faire une observation, il n'y a plus qu'à placer le tube contenant le liquide à examiner; si le demi-disque de droite s'assombrit, la substance est dextrogyre; si c'est le côté gauche, elle est lévogyre. Pour rétablir l'égalité de teinte, il faudra tourner le bouton de l'alidade du côté le plus obscur, jusqu'à ce qu'en lui imprimant une série d'oscillations de plus en plus petites, on arrive à l'égalité parfaite des teintes. Il est très bon de faire deux ou trois lectures successives, lesquelles, si on opère bien, doivent coïncider à très peu près.

Du pouvoir rotatoire spécifique et de sa détermination. — Biot a établi les lois suivantes qui régissent les corps actifs liquides et les solutions des corps actifs dans des liquides inactifs:

1° L'angle de rotation est proportionnel à l'épaisseur de la solution que traverse le rayon polarisé;

2° Si le rayon polarisé passe à travers plusieurs liquides différents, l'angle de polarisation est égal à la somme ou à la différence des rotations produites par chaque liquide séparément.

Biot a proposé que les rotations produites par les différentes matières soient ramenées à l'unité de densité et d'épaisseur, en adoptant comme unité un millimètre pour les solides et un décimètre pour les liquides, car le pouvoir rotatoire de ces derniers est très inférieur à celui des solides.

Si nous appelons :

a l'angle observé,

l l'épaisseur de la solution (le décimètre étant pris pour unité),

d la densité de la solution,

p le poids en grammes de matière active contenu dans 100 *grammes* de solution,

c qui égale $p\,d$, poids en grammes de substance active dissoute dans 100 centimètres cubes de solution,

nous aurons pour le pouvoir rotatoire spécifique de la matière :

$$[\alpha] = \frac{100\,a}{l\,p\,d}.$$

Si nous remplaçons p et d par la valeur de c, c'est-à-dire par la quantité en grammes de substance active contenue dans 100^{cc} de la solution, notre formule deviendra :

$$[\alpha] = \frac{100\,a}{l\,c}.$$

Les *pouvoirs rotatoires* des sucres ont été déterminés par beaucoup de savants et, malgré cela, les chiffres ne sont pas absolument concordants.

On a remarqué que le pouvoir rotatoire de certains sucres offre des différences de rotation, selon qu'on examine des dissolutions plus ou moins concentrées et à des températures plus ou moins élevées. Ainsi, pour la saccharose, le pouvoir rotatoire est proportionnellement plus élevé dans les solutions faibles que dans les solutions concentrées; le glucose, au contraire, a son pouvoir rotatoire spécifique augmenté avec les solutions concentrées.

D'après M. Tollens, voici les déterminations du pouvoir rotatoire spécifique des principaux sucres, en appelant :

p le poids du sucre dans 100 grammes de solution.

Le *pouvoir rotatoire du sucre de canne* est :

$$[\alpha]_D = 66{,}386 + 0{,}015035\,p - 0{,}0003986\,p^2,$$

d'où on a $[\alpha]_D = +\ 66{,}5$ pour des solutions contenant plus de 10 p. 100 de sucre (Voir le tableau ci-après).

TABLE DE SCHMITZ

indiquant : c *nombre de grammes de sucre dans* 100 *centimètres cubes de solution,* p *nombre de grammes de sucre dans* 100 *grammes de solution.* a *est l'angle observé.*

a	*c*		*p*		*a*	*c*		*p*	
1°	0,751		0,745		26°	19,568		18,265	0,066
2°	1,051		1,488	0,074	27°	20,323		18,921	
3°	2,253		2,226		28°	21,078		19,573	0,065
4°	3,004		2,961		29°	21,833		20,223	0,064
5°	3,755		3,693	0,073	30°	22,588		20,868	
6°	4,507		4,422		31°	23,343		21,510	
7°	5,259		5,147		32°	24,098		22,149	
8°	6,010		5,868	0,072	33°	24,853		22,784	0,063
9°	6,762		6,586		34°	25,611		23,416	
10°	7,514		7,301		35°	26,366		24,044	
11°	8,266		8,011	0,071	36°	27,122		24,670	0,062
12°	9,019		8,719		37°	27,878		25,291	
13°	9,771	0,075	9,424		38°	28,635	0,076	25,909	
14°	10,529		10,124	0,070	39°	29,392		26,523	0,061
15°	11,277		10,821		40°	30,148		27,134	
16°	12,030		11,516		41°	30,905		27,743	
17°	12,783		12,206	0,069	42°	31,662		28,347	0,060
18°	13,536		12,893		43°	32,420		28,948	
19°	14,290		13,576		44°	33,176		29,545	
20°	15,044		14,257	0,068	45°	33,933		30,139	0,059
21°	15,797		14,933		46°	34,691		30,729	
22°	16,551		15,606		47°	35,449		31,317	
23°	17,306		16,277	0,067	48°	36,207		31,900	
24°	18,059		16,943		49°	36,966		32,481	0,058
25°	18,814		17,605		50°	37,724		33,057	

Cette table est calculée d'après la formule de Tollens, l'observation étant faite dans un tube de 20^{cm} et suivant les formules :

$$c = 0{,}75063\, a + 0{,}0000766\, a^2,$$
$$p = 0{,}74730\, a - 0{,}001723\, a^2.$$

La première formule peut se remplacer par une formule approchée :

$$c = 0{,}752\, a.$$

Les valeurs de p ne peuvent être employées que pour les solutions de sucre pur, dans le cas contraire, c'est-à-dire si la solution renferme d'autres matières dissoutes, on prend sa densité d, on détermine c et on calcule $p = \frac{c}{d}$. Les différences indiquées en marge des accolades correspondent à 6′ ou 1/10e de degré.

Le *pouvoir rotatoire du sucre de raisin* (ou glucose) est :

$$[\alpha]_D = 52{,}5 + 0{,}018796\, p - 0{,}00051683\, p^2,$$

d'où on a

$$[\alpha]_D = +53$$

pour une concentration ne dépassant pas 14 pour 100.

Pouvoir rotatoire du lévulose. — Son pouvoir est très variable suivant les températures; les auteurs donnent des chiffres un peu différents. Cependant, le chiffre 100 est généralement admis pour une température de + 15°. On a, pour les pouvoirs correspondant aux diverses températures, la formule :

$$\alpha_D = -100 \pm 0{,}7\,(t - 15),$$

t étant la température au-dessus ou au-dessous de 15°. Pour une température de 17°, par exemple, le pouvoir deviendra 98°,6. (Voir la table ci-dessous.)

TABLE

indiquant, suivant la température, les déviations données par les solutions de lévulose.

TEMPÉRATURE	DÉVIATION PAR 1 P. 100 DE LÉVULOSE	VALEUR DE α	TEMPÉRATURE	DÉVIATION PAR 1 P. 100 DE LÉVULOSE	VALEUR DE α
10°	2°,4′	103,5	16°	1°,59′	99,3
11°	2°,3′	102,8	17°	1°,58′	98,6
12°	2°,2′	102,1	18°	1°,58′	97,9
13°	2°,2′	101,4	19°	1°,57′	97,2
14°	2°,1′	101,7	20°	1°,56′	96,5
15°	2°,0′	100,0			

Le pouvoir rotatoire du lévulose = — 100 à 15°; or, une solution contenant 1 p. 100 de lévulose donnera une déviation à gauche de 2°. Si la température est supérieure ou inférieure à 15°, le pouvoir rotatoire deviendra 100 ± (0,7 t); cette formule a servi au calcul de la table ci-dessus.

Le *pouvoir rotatoire du sucre inverti*, résultant de l'action d'un acide étendu sur la saccharose, varie suivant les températures, sachant que $[\alpha]_D$ à 0° est égal à — 27,9; on a

$$[\alpha]_D = -27{,}9 - 0{,}32\,t,$$

soit

$$[\alpha]_D = -23°{,}1 \text{ à } +15° \text{ et } [\alpha]_D = -22{,}4 \text{ à } +17°{,}5.$$

Le *pouvoir rotatoire de la lactose* est $[\alpha]_D = +52{,}7$ à + 17°,5 pour des solutions dont la teneur n'excède pas 35 p. 100.

Le *pouvoir rotatoire de la maltose* est $[\alpha]_D = +140{,}375 - 0{,}01837\,p - 0{,}095\,t$, ce qui donne 138,3 pour une température de 20° et une solution contenant environ 10 p. 100.

Le *pouvoir rotatoire du raffinose* est $[\alpha]_D = +104{,}5$; sa solution dévie encore à droite après inversion.

La *saccharine de Péligot* a un pouvoir de $[\alpha]_D = + 93,5$.
Les *dextrines* ont un pouvoir moyen d'à peu près $[\alpha]_D = + 194,8$.

CALCUL DES QUANTITÉS DES DIFFÉRENTS SUCRES EXISTANT DANS UNE SOLUTION

Nous exposerons les cas d'un mélange de deux ou trois sucres : *saccharose*, *glucose*, *lévulose*, ces sucres étant ceux que l'on rencontre le plus généralement dans les substances alimentaires ; il sera du reste facile d'appliquer le calcul à d'autres sucres, d'après cet exposé.

1° Cas d'un mélange de sucre non réducteur et de sucre réducteur. — On commence par déterminer la déviation polarimétrique de la liqueur contenant les substances sucrées ; cette rotation sera due à la saccharose et au glucose, ou au lévulose préexistant dans le mélange.

Si nous dosons, à l'aide de la liqueur de Neubauer, la quantité de sucre réducteur, nous pourrons calculer la déviation polarimétrique correspondante, puis, retranchant cette déviation ainsi obtenue de la déviation totale, nous aurons celle qui correspond à la saccharose, d'où nous déduirons le poids de celle-ci.

Soit :

a' = déviation polarimétrique totale dans un tube de 2^{dm} et en degrés sexagésimaux,
a'' = déviation polarimétrique correspondant au sucre réducteur seul,
S = poids de saccharose contenue dans la solution,
R = poids de sucre réducteur dosé par la liqueur de cuivre.

α étant le pouvoir rotatoire spécifique de la saccharose et α' du glucose ; l égal à 2 décimètres et v le volume de la solution : 100^{cc}.

Nous aurons :

$$a' + a'' = S + R;$$

$$R \times \frac{\alpha' l}{v} = a'';$$

d'où :

$$a' - a'' = \beta \text{ (déviation correspondant à la saccharose seule)};$$

$$S = \frac{\beta}{\frac{\alpha l}{v}}.$$

Si nous avons déterminé, à l'avance, les valeurs de $\frac{\alpha l}{v}$ pour les différents sucres, les formules se simplifient et, en appelant ces valeurs n pour la saccharose et m pour le glucose, on aura :

$$R \times m = a'';$$

$$a' - a'' = \beta;$$

d'où :

$$S = \frac{\beta}{n}.$$

2° Cas d'un mélange de deux sucres réduisant tous les deux la liqueur de Fehling. — Soit une liqueur contenant du glucose et du lévulose; nous en déterminerons la déviation polarimétrique, soit a; puis nous les *dosons en bloc* à l'aide de la liqueur de cuivre; nous en obtenons le poids, soit C pour 100^{cc} de la solution.

Appelant G le poids du glucose, L celui du lévulose, puis m et m' les valeurs calculées de $\frac{\alpha l}{v}$, nous aurons:

$$G + L = C$$

et

$$G + L = a\,;$$

d'où :

$$\frac{a - m'C}{m - m'} = G,$$

m' étant $\frac{\alpha l}{v}$ du lévulose et $m = \frac{\alpha l}{v}$ du glucose; puis nous avons pour le lévulose

$$L = C - G.$$

Nota. — Quand les deux sucres réducteurs agissent sur la liqueur cuivrique d'une manière différente, comme le glucose et la maltose, par exemple, on calcule le poids C en sucre le moins actif sur la liqueur de cuivre; on sait que 1 de glucose équivaut, dans ce cas, à 1 1/2 de maltose.

3° Cas d'un mélange de trois sucres. — Dans le cas de trois sucres, on comprend que si nous ajoutons la fermentation aux procédés sus-indiqués, nous aurons simplement une équation de plus; de même, si nous employons la dialyse.

Dans le cas de *dextrine*, il est difficile d'arriver à des résultats bien sérieux; car on sait que les dextrines ont un pouvoir rotatoire qui peut varier entre + 210 et + 190, soit environ + 200 (+ 198,4 suivant certains auteurs); de sorte qu'en déterminant son poids après dialyse par pesée directe ou dosage par la liqueur de cuivre après saccharification, il sera impossible d'en déduire exactement la part qui lui revient dans la déviation de la liqueur sucrée à analyser.

Nous donnerons ci-après la marche pour déterminer le poids respectif de *saccharose*, *lévulose* et *glucose*, qui sont les sucres qu'on rencontre associés le plus souvent dans les matières alimentaires.

Détermination de la formule de Clerget. — Clerget a été conduit à l'aide des principes suivants à établir une formule qui sert à calculer le sucre de canne contenu dans une liqueur lorsqu'on a déterminé: 1° la déviation de la solution sucrée telle quelle; 2° la déviation de la solution sucrée après inversion; 3° la température à laquelle on fait l'observation.

Si nous soumettons une solution de sucre de canne, qui est dextrogyre, à la pratique de l'inversion, nous obtiendrons une liqueur dont l'action sera lévogyre, par suite de la formation de glucose et de lévulose à parties égales: car, quoiqu'il y ait présence de glucose, qui est dextrogyre, le lévulose, qui est lévogyre, ayant un pouvoir rotatoire supérieur à celui du glucose, il l'emportera et la liqueur tournera à gauche.

Supposons donc que la solution primitive nous donne une déviation de $+100°$ avant inversion; on sait, par expérience, que cette solution invertie nous donnera 44° à gauche (1), si nous opérons à la température de 0°; ou $44 - \frac{t}{2}$ à une température de t, on voit ainsi que la déviation sera nulle à 88° de température.

Donc, soit :

t = température d'observation,

A = somme ou différence des déviations saccharimétriques avant et après inversion,

D étant la déviation saccharimétrique à déterminer, nous aurons la relation :

$$D = \frac{200 \times A}{288 - t}.$$

Puis, pour connaître la quantité de saccharose contenue dans 100^{cc} de la solution, nous appliquerons la formule suivante :

$$S = \frac{D \times 16,19}{100} = D \times 0,1619.$$

Ce chiffre 16,19 est le poids de saccharose calculé d'après les formules que nous avons indiquées, c'est-à-dire le poids de sucre qui, dissous dans 100^{cc} d'eau pure, donne une liqueur qui, examinée dans le tube de 2^{dm} au polarimètre Laurent, compense exactement l'action de 1^{mm} de quartz. Ce poids, 16 grammes 19, a été déterminé par MM. A. Girard et de Luynes, qui ont trouvé pour le pouvoir rotatoire de la saccharose : $[\alpha]_D = 67°,18$.

Pour procéder à l'analyse d'un liquide sucré renfermant trois sucres, nous en déterminerons :

1° La déviation saccharimétrique, soit $+ a$ à la température de 17°.

2° Nous en doserons les sucres réducteurs par la liqueur de cuivre, soit C le poids pour 100^{cc} de solution.

3° Après avoir prélevé un volume de liqueur et lui avoir ajouté 1/10ᵉ de son volume d'acide chlorhydrique pur, nous portons au bain-marie pendant 10 minutes, à une température voisine de + 80°; nous refroidissons ensuite jusqu'à 17° et on observe la déviation dans un tube de 22^{cm}; *si nous nous servons d'un tube de* 20^{cm}, *il est nécessaire d'augmenter le nombre lu de 1/10ᵉ, à cause de la dilution occasionnée par l'addition d'acide;* nous avons une seconde déviation, soit $- a'$.

Nous avons ainsi les éléments nécessaires aux calculs qui restent à opérer, car nous possédons : la déviation du liquide normal, c'est-à-dire celle qui correspond à la saccharose plus celle qui correspond au glucose et au lévulose préexistants dans la liqueur; si nous y ajoutons la déviation obtenue par la liqueur après inversion,

Nous aurons donc :

$$+ a + (- a') = \beta,$$

(1) M. Landolt indique 42°4 comme étant plus exact.

β étant la déviation qui, en appliquant la formule de Clerget, va servir à calculer la saccharose :

$$S = \frac{200 \times (a - a')}{288 - t} \times 16,19.$$

Connaissant le poids de saccharose, nous chercherons quelle est la déviation qui y correspond, d'où

$$\frac{\alpha l}{v} \text{ de la saccharose étant } n,$$

nous aurons :

$nS = + d =$ déviation correspondant au poids de la saccharose pour 100cc de solution.

En retranchant cette déviation d de celle indiquée par le liquide primitif a, nous obtiendrons la déviation d' due aux autres sucres préexistants dans la liqueur, c'est-à-dire mélangés à la saccharose :

$$a - d = \pm d'.$$

Nous nous trouvons donc ici dans le cas d'un mélange de deux sucres réduisant la liqueur cupro-potassique, et il ne nous reste plus qu'à employer la formule :

$$G = \frac{\pm d' + m' C}{m + m'},$$

m étant la valeur calculée de $\frac{\alpha l}{v}$ du glucose et m' celle du lévulose.

On aura le lévulose en retranchant le poids de glucose ainsi calculé de celui des sucres réducteurs obtenus par le dosage à la liqueur de cuivre.

Voici les valeurs déterminées de $\frac{\alpha l}{v}$, l'observation étant faite dans des tubes de 2dm et ramenant à un volume de 100cc de solution pour

Saccharose + 1,33 à 1,35, suivant la concentration (1,33 pour des concentrations supérieures à 10).

Glucose + 1,054 à 1,059 (soit en moyenne 1,056).

Lévulose — 2,116 à 1,884, suivant la température (soit 1,972 pour une température de 17°).

Lactose + 1,057.

Maltose + 2,77.

Sucre inverti — 0,462 à + 15° et 0,448 à + 17°.

Si, dans l'exemple que nous avons cité en dernier lieu, nous remplaçons les lettres m et n par leur valeur, nous obtenons pour notre dernière équation

$$G = \frac{\pm d' + 1,97 C}{1,056 + 1,97}. \text{ (1)}$$

et pour le lévulose $L = C - G.$

(1) Notons que les chiffres de cette dernière formule s'appliquent à des lectures faites en degrés d'arc et que 1° polarimétrique = 4°,615 saccharimétriques (jaune moyen).

Notre formule précédente devient alors, avec la division saccharimétrique :

$$G = \frac{\pm d' + 9,06 C}{13,919}.$$

ANALYSE DES SUCRES BRUTS (1)

On pèse 80gr,95 de sucre, qu'on dissout dans environ 160cc d'eau ; on laisse reposer, puis on décante sur un filtre placé sur un ballon jaugé de 250cc ; après avoir soigneusement lavé quatre ou cinq fois le premier vase, on complète les 250cc à l'aide des eaux de lavage et on rend homogène par agitation.

1° *Dosage du sucre au polarimètre.* — On prélève 50cc du liquide sucré, auxquels on ajoute quelques centimètres cubes de sous-acétate de plomb (2), qui précipite les matières organiques non sucrées qui existent toujours, en plus ou moins grande proportion, dans les sucres bruts ; on complète à 100cc, on filtre et on examine le liquide clair au tube de 20 centimètres. Il est absolument indispensable que le liquide soit parfaitement limpide : car la précision de l'examen optique dépend beaucoup de la transparence de la liqueur que l'on examine ; néanmoins il n'est pas nécessaire qu'elle soit complètement incolore, une teinte ambrée n'empêche pas du tout l'observation, surtout dans les appareils à pénombre.

2° *Interversion.* — On prélève dans un ballon 50cc de liqueur sucrée, on ajoute 5cc d'acide chlorhydrique pur et on fait 100cc ; on chauffe pendant une demi-heure à 68° ; après refroidissement, on examine au tube de 20 centimètres ; on a les éléments nécessaires au dosage de la saccharose, d'après la formule de Clerget.

Les matières salines influent très peu sur le pouvoir rotatoire du sucre. L'asparagine, que l'on rencontre souvent dans les produits de la betterave, peut influencer le pouvoir des sucres, mais ce pouvoir est annulé par une addition de 10 p. 100 d'acide acétique qui, lui, n'a pas d'action sur la lumière polarisée. La chaux diminue notablement le pouvoir du sucre, on la reconnaît avec l'oxalate d'ammoniaque, qui, du reste, peut être employé à sa séparation, puisqu'il est optiquement sans action sur le sucre.

3° *Le sucre réducteur* est dosé à la liqueur de cuivre par le procédé ordinaire, en employant la solution primitive de sucre. On peut employer pour ce dosage le procédé de M. Weill ou celui de M. A. Girard, sachant que 1gr de Cu réduit = 0,569 de sucre réducteur.

4° *Dosage de l'eau.* — On pèse 2gr de sucre et on porte à l'étuve à 110°, en ayant

---

(1) D'après la méthode commerciale officielle.

(2) Sidersky, *Matières sucrées*, conseille de préparer le sous-acétate de plomb de la manière suivante : On fait digérer pendant 5 à 6 heures et à une température de 60° environ les quantités suivantes de matière : acétate neutre de plomb, 1 900gr ; litharge pulvérisée, 560gr ; eau distillée, 5 litres. On laisse alors refroidir et déposer, et on conserve dans un flacon dont le bouchon en caoutchouc possède deux trous : dans l'un s'engage un tube descendant jusqu'au fond du vase, il est recourbé à sa sortie et muni d'un bout de caoutchouc fermé par une pince de Mohr ; dans l'autre, un tube recourbé deux fois sur lui-même, mais dont l'extrémité ne plonge pas dans le liquide ; la partie libre de la seconde courbe est remplie de chaux sodée, granulée, destinée à retenir l'acide carbonique de l'air.

soin de ne pas dépasser cette température. Quand deux pesées, faites à une demi-heure d'intervalle, sont concordantes, la dessiccation est terminée.

5° *Dosage des cendres totales.* — Le résidu du dosage de l'eau est porté au moufle, en ayant soin de chauffer progressivement jusqu'au rouge sombre, car la masse se boursoufle beaucoup.

6° *Dosage des cendres solubles sulfatées.* — On prélève exactement 12cc,35 de la solution sucrée, dans une capsule de platine tarée (ce volume correspond à 4gr de sucre), puis on ajoute 1cc d'acide sulfurique. Après une évaporation de 2 heures, à 130°, on calcine et on pèse. Il faut prendre garde à ce que la matière ne déborde pas quand on l'introduit dans le moufle.

Selon MM. Laugier et Commerson, on a un boursouflement moins considérable en portant immédiatement la capsule dans la partie du moufle chauffée au rouge vif; mais alors, dès que le charbon commence à brûler, il faut abaisser la température, car l'incinération ne doit se faire qu'au rouge sombre. Pour activer la combustion, qui est assez longue, on retire de temps en temps la capsule du moufle, on remue le charbon à l'aide d'un fil de platine ou d'une petite spatule de même métal, et cela, en prenant de grandes précautions pour n'en pas projeter au dehors.

Quand l'incinération est terminée, c'est-à-dire que les cendres sont grises ou rougeâtres, on porte quelques instants au rouge vif pour décomposer tous les bisulfates; on doit alors avoir des cendres blanches ou ocreuses.

On laisse refroidir dans le dessiccateur et on pèse.

7° *Matières organiques.* — On les a par différence, en additionnant le poids du sucre cristallisable, du sucre réducteur, de l'humidité et des cendres totales p. 100, et retranchant cette somme de 100.

Calcul de l'analyse. — Le poids des cendres sulfatées est diminué de 10 p. 100, afin d'avoir à peu près celui des cendres normales dont le poids est multiplié par 5; du chiffre représentant le sucre cristallisable on retranche cette valeur; puis de la différence obtenue ainsi on déduit encore le poids du sucre réducteur après l'avoir multiplié par 2; le reste représente le rendement imposable en sucre (1).

M. A. Girard propose de multiplier les cendres corrigées par 4, puis le glucose par 2, et de soustraire du titre saccharimétrique les deux produits, plus 1, 5 représentant les déchets de fabrication.

Dubrunfaut a indiqué le chiffre 3,73 comme multiplicateur des cendres.

Observations. — La méthode sus-indiquée exige pour le dosage des cendres une pipette d'un volume spécial; on peut s'en passer en opérant ainsi :

1° L'humidité est dosée sur 5gr, dans une capsule de platine;

2° Le résidu du dosage précédent est additionné de 2cc d'acide sulfurique; après incinération au rouge sombre, on humecte le charbon avec un peu d'eau, on dessèche et on calcine de nouveau, jusqu'à ce qu'on obtienne des cendres blanches.

---

(1) Ces coefficients sont déduits de l'expérience qui a démontré que pendant le raffinage on obtient une mélasse contenant 4 parties de sucre contre 1 partie de cendres, d'où l'on a conclu que 1 partie de cendres empêche la cristallisation de 4 parties de saccharose.

Quant au coefficient du glucose, il ne repose que sur quelques données expérimentales. (Voir le *Journal des Fabricants de sucre* du 15 septembre 1877.)

3° On détermine sur un autre essai les cendres insolubles, que l'on déduit des cendres sulfatées.

Pour cela, on chauffe le sucre jusqu'à carbonisation complète, le charbon est ensuite trituré plusieurs fois avec de l'eau chaude, et on le fait passer, au moyen d'un jet de pissette, sur un petit filtre, puis on le lave. Le charbon ainsi épuisé est remis dans la capsule, on l'incinère, après avoir chassé l'eau à l'étuve.

Les eaux de lavage du charbon sont évaporées dans une capsule tarée, et le résidu est incinéré et pesé ; il représente les cendres solubles. Ce poids, ajouté à celui obtenu par l'incinération du charbon épuisé, donne les cendres totales.

On remarquera que les cendres sulfatées réduites de 1/10e représentent les cendres carbonatées, mais à peu près seulement. Pourtant cela n'est pas de grande importance, car le poids précis des cendres carbonatées n'a pas un intérêt bien grand, puisqu'il ne correspond nullement à la forme sous laquelle se trouvent les sels dans la matière analysée, et que cette manière d'opérer est purement conventionnelle.

Dosage du raffinose. — On sait que certains sucres, et en particulier ceux qui ont été extraits des mélasses à l'aide du procédé des sucrates, peuvent contenir du raffinose.

Or, nous avons dit que le pouvoir rotatoire du raffinose était supérieur à celui de la saccharose, de telle sorte que, parfois, il arrive que dans les dosages habituels des éléments contenus dans un sucre brut, on arrive à avoir un total supérieur à 100, de sorte qu'il ne reste rien pour les matières organiques, qui se calculent par différence.

Il devient donc nécessaire de doser le raffinose et de s'en servir pour rectifier le poids de la saccharose.

M. Creydt (1) a trouvé par expérience que, lorsqu'on fait l'inversion d'une solution de saccharose marquant + 100° au saccharimètre, la solution invertie marque — 32° à la température de 20° C, et qu'une solution de raffinose marquant + 100° marquera + 50°,7 après inversion à la température de 20°. Donc un mélange en proportion déterminée des deux substances fournira, après un traitement semblable, une déviation intermédiaire.

Appelons A la déviation donnée directement par la liqueur.
— B — — après inversion à 20° C.
— D la différence entre ces deux nombres.

La teneur en sucre cristallisable x, et en raffinose y, sera donnée par les formules suivantes :

$$x = \frac{D - 0{,}493\ A}{0{,}827},$$

$$y = \frac{A - x}{1{,}57} = 1{,}017\ A - \frac{D}{1{,}298}.$$

Ces formules peuvent s'appliquer en opérant à des températures comprises entre 15° et 25°.

(1) Voir Scheibler, *Neue Zeitschrift für Zuckerindustrie*, t. XIX.

Pour obtenir des résultats satisfaisants, il faut se placer dans les mêmes conditions que l'auteur : c'est-à-dire que l'inversion doit se faire à une température constante de 68°.

M. Lindet a proposé d'additionner la liqueur à l'ébullition et après l'addition d'acide, de zinc en poudre, ce qui fait que le liquide se décolore sous l'influence de l'hydrogène naissant et, en même temps, cette addition de zinc modère l'action de l'acide sur les sucres et l'arrête dès que l'inversion est terminée. Voici le détail du procédé :

On pèse 16gr20, de sucre à essayer, on les dissout dans 60 à 75cc d'eau ; on ajoute du sous-acétate de plomb et on amène à 100cc ; on agite, on filtre, puis on observe au saccharimètre. Soit A la déviation observée. On prend 40cc du liquide qu'on place dans une fiole de 100cc, qui n'a pas besoin d'être jaugée. Cette fiole est suspendue au-dessus d'un bain-marie, de sorte qu'elle soit bien noyée dans la vapeur, et on ajoute environ 5gr de poudre de zinc ; quand le liquide aura pris la température du bain-marie, on y fera tomber 20cc d'acide chlorhydrique étendu de son volume d'eau. Cette addition devra être faite en 15 à 20 minutes, à intervalles réguliers, toutes les 5 minutes par exemple.

Ceci fait, on laissera refroidir la fiole et on filtrera dans un ballon de 100cc, dont on complétera le volume. On refroidira exactement à 20cc, et on passera la solution au saccharimètre, en multipliant par 2,5 la déviation observée ; en appelant B cette déviation et D la différence (A — B) des deux déviations, on trouve les quantités respectives de sucre S et de raffinose R par les formules suivantes :

$$S = \frac{D - 0,489\,A}{0,810}, \qquad R = \frac{A - S}{1,54} \text{ (1)}.$$

On ne peut, bien entendu, appliquer rigoureusement ce calcul que pour des mélanges de ces deux substances actives seules. Plus les substances actives sont en grande quantité, et plus le dosage devient approximatif.

Une méthode de dosage du raffinose a été aussi indiquée par M. Scheibler; elle repose sur sa grande solubilité dans l'alcool méthylique (2).

ANALYSE DES SUCRES RAFFINÉS

On y dosera : 1° la *saccharose* en dissolvant 16gr,2 dans 100cc, filtrant et examinant au polarimètre Laurent. La teneur en saccharose sera donnée par la graduation même de l'instrument sur l'échelle inférieure.

2° Le dosage des matières insolubles se fait en recueillant sur un filtre taré la dissolution d'un poids déterminé de sucre, lavant, séchant à l'étuve à 100°, et pesant.

(1) Voir *Journal des fabricants de sucre*, 18 septembre 1889.
(2) Voir *Bulletin de l'Association des chimistes*, t. IV, p. 332-335.

3° On dose l'humidité sur 5gr introduits dans une capsule de platine tarée ; on porte à l'étuve à 110°, et quand deux pesées, faites à intervalle d'une demi-heure, sont concordantes, on calcule par différence la perte de poids, laquelle est due à l'humidité.

4° Les cendres sont dosées en incinérant le résidu du dosage de l'humidité; on a par différence entre le poids de la capsule plus les cendres et la tare, le poids des cendres.

5° On fera un examen microscopique afin de rechercher l'amidon qui peut avoir été ajouté dans un but frauduleux. Pour cela, on dissout une certaine quantité de sucre dans un verre conique, on laisse déposer, puis on décante; on prélève sur le dépôt et on caractérise l'amidon au microscope par sa forme, celle de son hile, et la place qu'il occupe. Dans le cas d'amidon, le dépôt bleuira par l'eau iodée.

6° On pourra reconnaître la présence de la chaux à l'aide de l'oxalate d'ammoniaque, après dissolution des cendres par l'acide chlorhydrique et saturation de ce dernier par l'ammoniaque.

7° S'il y avait un résidu insoluble dans l'acide chlorhydrique, on pourrait soupçonner la présence du sulfate de baryte. Pour s'en assurer, on fond ce résidu avec quatre parties de carbonate de soude dans un creuset de platine, on reprend par l'eau bouillante. Le carbonate de baryte insoluble est attaqué par l'acide chlorhydrique, et la baryte précipitée en liqueur acide par l'acide sulfurique ou par le sulfate de soude est recueillie, séchée, incinérée et pesée sous forme de sulfate de baryte.

8° Enfin on recherchera la strontiane; pour cela, on incinère 10gr de sucre en présence d'acide sulfurique, on fond les cendres avec le carbonate de soude, on reprend par l'acide chlorhydrique, et on examine au spectroscope. La strontiane donne une raie orangée, très près de la ligne de la soude, plusieurs raies rouges dépassant à peine celle de la lithine, et une ligne bleue. La ligne orangée est la plus persistante (1).

L'*outremer*, qui est souvent employé pour l'azurage des pains, est reconnu en ajoutant un peu d'albumine à une dissolution de sucre et faisant bouillir; l'outremer est entraîné par l'albumine coagulée, à laquelle il communique une teinte gris bleuâtre; en outre, l'outremer soumis à l'action de l'acide chlorhydrique se décolore en dégageant de l'acide sulfhydrique, qui noircit le papier à l'acétate de plomb.

Le *bleu de Prusse* résiste au contraire à l'action de l'acide, mais il se décolore par la potasse, et est régénéré par l'addition d'un sel ferrique, en solution acide.

ANALYSE DES MÉLASSES

Les mélasses forment la matière première des sucrateries et des distilleries; on en extrait quelquefois le sucre, au moyen de l'osmose.

Les déterminations à faire sur une mélasse sont :

(1) Voir *Agenda du Chimiste. — Analyse spectrale.*

La densité, le sucre cristallisable, le sucre inverti, l'humidité, les cendres, les matières organiques.

Densité. — On peut prendre la densité d'une mélasse au moyen d'un aréomètre Baumé, mais quelquefois les mélasses sont si visqueuses que l'instrument ne peut y flotter assez librement ; en outre, il se peut que ces mélasses renferment beaucoup d'air emprisonné, ce qui pourrait fausser le résultat.

Pour procéder avec plus de précision, on commence par chauffer la mélasse au bain-marie (1) (100^{gr} environ). On écume et on verse chaud dans un flacon de 50^{cc}, jaugé et taré; on le remplit jusqu'à un centimètre à peu près du trait de jauge ; il faut avoir soin de ne pas couler de mélasse sur la partie de la paroi du ballon supérieure au trait de jauge; on place le ballon dans l'eau froide jusqu'à ce que sa température atteigne 15° à peu près. On essuie le ballon, on le pèse, puis, soustrayant la tare, on a le poids de la mélasse. Le flacon est alors rempli jusqu'au trait d'eau distillée à 15°, à l'aide d'une burette graduée, pour mesurer la contraction subie par la mélasse pendant le refroidissement. On note le volume employé, pour le retrancher de 50^{cc}, afin d'avoir le volume réel occupé par la mélasse à 15° : soit V ce volume. En divisant le poids de mélasse P par son volume V, on a sa densité d'après la formule :

$$D = \frac{P}{V}.$$

Le tableau suivant, calculé par MM. Pellet et Biard (2), indiquera les corrections de température, si on a opéré au-dessus ou au-dessous de 15° :

NOMBRE DE GRAMMES A RETRANCHER OU A AJOUTER AU POIDS DU LITRE DE MÉLASSE POUR LE RAMENER A 15° DE TEMPÉRATURE

TEMPÉRATURE CENTIGRADE	NOMBRE DE GRAMMES A RETRANCHER	TEMPÉRATUTE CENTIGRADE	NOMBRE DE GRAMMES A AJOUTER
0	2,0	16	0,2
1	1,9	17	0,5
2	1,8	18	0,7
3	1,7	19	1,0
4	1,6	20	1,2
5	1,5	21	1,5
6	1,4	22	1,7
7	1,3	23	2,0
8	1,2	24	2,2
9	1,1	25	2,5
10	1,0	26	2,8
11	0,9	27	3,1
12	0,7	28	3,4
13	0,5	29	3,7
14	0,2	30	4,0
15	0,0		

(1) Sidersky, *Matières sucrées.*
(2) Spenlé, *Agenda du fabricant de sucre.*

Dosage du sucre cristallisable. — On opère à peu près comme pour les sucres bruts ; mais si nous nous contentions de la lecture directe comme avec les sucres raffinés, on commettrait une erreur, car le plus souvent les mélasses contiennent d'autres substances optiquement actives que le sucre.

On pèse un certain poids de mélasse que l'on dissout dans de l'eau chaude de façon à en faire un volume connu ; on en prélève 50^{cc} qu'on additionne de sous-acétate de plomb en très léger excès, on fait 100^{cc}, on agite, puis on filtre, on examine au saccharimètre et on multiplie le résultat par 2. D'autre part, on prend 50 nouveaux centimètres cubes de la solution, on ajoute 5^{cc} d'acide chlorhydrique et on porte 10 minutes à 80°, on refrodit et on étend à 100^{cc}, on ajoute une pincée de noir animal et on filtre. On observe au saccharimètre en notant la température. On multiplie le résultat par deux, et on calcule la saccharose par la formule de Clerget.

On peut aussi tout traiter par l'acétate de plomb, filtrer, ajouter, si c'est nécessaire, une pincée de noir et filtrer de nouveau ; on fait l'observation directe. Pour l'inversion, on se débarrasse du plomb par un courant d'hydrogène sulfuré, on filtre et on procède à l'inversion.

Dosage du sucre inverti. — Ce dosage se fait sur la liqueur traitée par le sous-acétate de plomb ; l'excès de plomb est précipité par le sulfate de soude, puis après filtration on dose à la liqueur de Neubauer.

Dosage de l'humidité. — On prélève 5 ou 10^{cc} de la solution aqueuse de mélasse, qu'on introduit dans une capsule de porcelaine ou de platine tarée et contenant une dizaine de grammes de sable fin lavé et calciné ; on porte à l'étuve à 110° et on remue fréquemment la masse ; on a terminé l'opération quand deux pesées, faites à une heure d'intervalle, sont semblables. Connaissant, d'une part, le poids de mélasse qu'on a dissous et le volume qu'on en a fait ; d'autre part, sachant le volume qu'on a pris de cette liqueur, on y rapporte le poids de mélasse qui y est contenu ; il est alors facile de calculer l'humidité p. 100.

Dosage des cendres. — On prend 5 ou 10^{cc} de la solution de mélasse, et on traite exactement comme dans l'analyse officielle des sucres (voir p. 643).

Matières organiques ou indéterminées. — Les chiffres obtenus dans les différents dosages ci-dessus, calculés p. 100, sont additionnés, puis la somme soustraite de 100 ; le reste est considéré comme représentant les matières organiques. Certains chimistes emploient la rubrique : *Matières indéterminées.*

Quotient réel de pureté et coefficient salin. — Pour avoir le premier, on multiplie par 100 le quotient obtenu en divisant le sucre par les matières solides ; en divisant le sucre par les cendres, on a le coefficient salin.

Dosage de l'alcalinité. — On prend 10^{gr} de mélasse que l'on fait dissoudre dans 100^{cc} d'eau environ, places dans un becherglas ou une fiole conique ; puis on titre avec une solution normale centime d'acide sulfurique, préparée en prenant 10^{cc} d'acide sulfurique normal ($SO^4H = 49^{gr}$ par litre) et les étendant à 1 litre. Chaque centimètre cube de cette liqueur correspond à 0^{gr},00028 de chaux, l'alcalinité s'exprimant ainsi.

Comme indicateur, on se servira de papier tournesol sensible, sur lequel on fera des touches jusqu'à ce qu'on aperçoive une pointe de rouge. Pour plus de précision on peut faire deux opérations, la première servant d'indication approximative.

Dosage de la chaux. — On peut opérer sur les cendres. On ajoute de l'acide chlorhydrique pur, on laisse digérer quelques instants, on ajoute un peu d'eau et on porte à ébullition pendant quelques minutes. On fait passer dans un becherglas, on lave soigneusement la capsule, on ajoute du chlorhydrate d'ammoniaque, un léger excès d'ammoniaque et on porte à l'ébullition, puis on filtre; le liquide filtré est additionné d'oxalate d'ammoniaque; après un repos de 12 heures, on filtre, on lave, on sèche, puis on incinère. On reprend par un peu d'eau aiguisée d'acide azotique, on ajoute un peu d'acide sulfurique étendu de cinq volumes d'eau; puis, après évaporation au bain de sable et disparition des fumées blanches, on porte au bord du moufle et, quand les dernières traces d'acide sulfurique en excès sont évaporées, on incinère doucement pendant une ou deux minutes. Le sulfate de chaux obtenu, multiplié par 0,4118, donne la chaux correspondant au volume de solution de mélasse employée.

ANALYSE DES GLUCOSES

On dose : le glucose, la dextrine, l'humidité, l'acidité ou l'alcalinité, les cendres, et on prend la densité. Pour cette dernière, on opère comme pour les mélasses.

Dosage du glucose. — On peut doser directement le glucose en dissolvant $20^{gr},32$ dans 60 à 80^{cc} d'eau, ajoutant un peu de sous-acétate de plomb si le liquide était trop coloré, amenant à 100^{cc}, puis, après filtration, observant au polarimètre Laurent : les degrés saccharimétriques lus indiqueront la teneur p. 100 en glucose. Il est recommandable de soumettre la liqueur à l'ébullition, puis de faire refroidir avant de lire au saccharimètre, afin d'éviter le phénomène de la birotation.

Ce dosage ne peut s'appliquer qu'aux glucoses purs; mais la plupart contenant de la dextrine, il faut recourir au mode de dosage par la liqueur de cuivre.

Dosage de la dextrine. — La solution de glucose, qui doit être à l'état sirupeux, est additionnée de dix fois son volume d'alcool à 90°. Après quelques heures de repos au frais, le précipité est recueilli sur un filtre et lavé à l'alcool, puis il est séché et pesé. On en prend 2^{gr}, qu'après dissolution dans l'eau on traite par 50^{cc} à 60^{cc} d'alcool à 56°, et quatre gouttes de perchlorure de fer neutre, on ajoute quelques décigrammes de craie en poudre; les matières gommeuses sont ainsi précipitées. On complète à 100^{cc} avec de l'acool à 56°, puis on agite et on filtre. On traite 50^{cc} de la liqueur filtrée par cinq fois son volume d'alcool à 90°, on lave à l'alcool, puis on sèche et on pèse. On aura la dextrine, dont on rapportera le poids à 100 de matière.

Dosage de l'acidité et de l'alcalinité. — Pour l'alcalinité on opère comme pour les mélasses.

L'acidité est déterminée au moyen d'une liqueur centime de potasse dont 1^{cc} correspond à $0^{gr}00049$ de SO^4H.

Dosage de l'humidité et des cendres. — On opère absolument comme pour les sucres bruts. Si on avait affaire à un sirop de glucose, on opérerait comme pour une mélasse.

Il arrive quelquefois que les sirops de glucose contiennent de la maltose. On pourra doser ce corps, ainsi que le glucose et la dextrine, en se basant sur les propriétés optiques de ces corps et sur l'action du cyanure de mercure (1).

Si, en effet, nous traitons une dissolution de ces trois corps par un excès de cyanure de mercure (2), le glucose et la maltose seront entièrement détruits, la dextrine seule restera. Si donc nous examinons la liqueur, débarrassée de glucose et de maltose, au polarimètre, la déviation nous indiquera la quantité de dextrine présente.

Sachant que chaque degré saccharimétrique correspond à 0gr,055 de dextrine, D étant la déviation fournie par la liqueur contenant les trois corps actifs et D' celle de la dextrine, nous aurons :

$$D - D' = D''$$

la déviation correspondant aux autres sucres.

Nous serons alors dans le cas d'un mélange de deux sucres réduisant la liqueur de cuivre (voir p. 555).

Recherches diverses. — On pourra rechercher dans les glucoses : le cuivre, le plomb, le zinc, l'arsenic. La recherche de l'alumine, de la magnésie et de la baryte se fera également, car ces bases peuvent avoir été ajoutées pour saturer l'excès d'acide employé à la saccharification, et il est utile qu'il n'en reste pas dans le glucose.

Dosage des matières fermentescibles. — Quand le glucose doit être employé à la fabrication de l'alcool, il est utile de faire un essai appelé *essai de fermentation.*

Pour cela, on pèse 5gr de glucose que l'on dissout dans un peu d'eau distillée et dans un ballon à dosage d'acide carbonique. On fait ensuite une bouillie assez claire avec de la levure fraîche délayée dans de l'eau, on ajoute environ 20cc de cette bouillie au liquide sucré, puis un peu d'acide tartrique. L'appareil, après avoir été taré, est placé dans une étuve dont la température est de 25° à 30°. Quand la fermentation est terminée, on chasse l'acide carbonique du ballon à l'aide d'un courant d'air sec, puis on pèse l'appareil de nouveau. La différence des deux pesées multipliée par 2,16 donnera le poids de glucose contenu dans les 5gr de matière essayée.

(1) Méthode de M. Wiley.

(2) M. Wiley préconise la solution suivante de cyanure de mercure : 120gr de cyanure de mercure et 25gr d'hydrate de potasse pour 1lit d'eau.

Partie supplémentaire.

SACCHARIMÉTRIE

PAR SIG. DE RACZKOWSKI

Nous ne nous occupons exclusivement, dans ce qui suit, que du dosage des sucres entrant dans la composition des matières alimentaires *sucrées*. Nous ne considérons que les dosages basés sur les deux propriétés essentielles de ces sucres, action sur la lumière polarisée, action réductrice exercée par certains d'entre eux sur les solutions cuivriques.

Ne pouvant entrer dans le détail de l'étude de la polarisation rotatoire, ainsi que des propriétés chimiques des sucres, nous nous contenterons de rappeler et de préciser certaines de ses propriétés optiques ou chimiques, afin de faciliter la compréhension des formules saccharimétriques et de leurs applications pratiques.

I

ACTION DES SUCRES SUR LA LUMIÈRE POLARISÉE

Substances et liquides actifs. — Angle de polarisation. — Lorsqu'un rayon de lumière polarisée subit une déviation après son passage au travers d'une substance, celle-ci est dite *active;* elle est *dextrogyre* ou *lévogyre*, suivant que cette déviation se produit de gauche à droite ou inversement. Il en est de même d'un liquide.

On appelle *angle de polarisation* ou *déviation* la valeur, exprimée en degrés d'arc, de l'angle dont a tourné le rayon de lumière polarisée.

Cet angle est mesuré avec un appareil désigné sous le nom de *polarimètre*.

Polarimètres. — Ces instruments permettent de mesurer l'angle de rotation imprimée au plan de polarisation par une solution active. Leur dispositif varie avec le constructeur; mais, si les variations concernent des conditions de détail dans le but de perfectionnements pratiques, les grandes lignes sont les mêmes pour tous, c'est-à-dire qu'ils se composent essentiellement d'un *système d'éclairage* permettant l'obtention d'une lumière monochromatique; d'un *polariseur* qui imprime à cette lumière naturelle les propriétés de la lumière polarisée d'un *analyseur* avec lequel on détermine l'effet de la polarisation. Ce polariseur et cet analyseur sont placés chacun à l'extrémité d'un support horizontal, maintenu sur une colonne verticale. Entre eux se place un tube contenant la solution active. Tandis que le polariseur est fixe, l'analyseur peut se mouvoir sur un limbe gradué sur lequel on peut évaluer son déplacement.

Les appareils les plus répandus en France sont ceux de MM. Duboscq et Laurent, ou *polarimètres à pénombre*, pour lesquels le dispositif est le suivant :

La lumière est produite par la flamme d'un brûleur Bunsen, dans laquelle se trouve suspendu un petit panier en fil de platine, destiné à recevoir du chlorure de sodium fondu, qui communique à la flamme une teinte jaune très vive. La lumière jaune ainsi obtenue est rendue monochromatique par son passage au travers d'une solution de bichromate de potasse, qui absorbe les rayons bleus et violets. Ainsi purifiée, elle traverse le polariseur, formé d'un prisme lenticulaire, dont la convexité est tournée vers la flamme, et d'un prisme Nicol, qui est composé des deux moitiés d'un rhomboèdre de spath d'Islande scié suivant ses diagonales, et soudées dans la même position avec du baume de Canada.

On sait que le spath présente le phénomène de la double réfraction, c'est-à-dire qu'un rayon lumineux qui le traverse se dédouble en deux rayons distincts, l'un appelé rayon ordinaire parce qu'il suit les lois de la réfraction, l'autre rayon extraordinaire parce qu'il suit d'autres lois (lois de Huygens).

Comme le baume de Canada possède un indice de réfraction intermédiaire entre ceux du rayon ordinaire et du rayon extraordinaire, il s'ensuit que le rayon polarisé qui pénètre dans le prisme Nicol dans le sens de sa longueur se dédouble en rayon ordinaire qui subit la réflexion totale et se trouve arrêté par un diaphragme, tandis que le rayon extraordinaire passe seul avec ses propriétés de rayon polarisé.

Le polariseur est disposé de façon à pouvoir tourner autour de l'axe de l'appareil; après lui vient un diaphragme portant une lame de quartz taillée parallèlement à son axe optique, et dont l'épaisseur est d'une demi-onde pour les rayons jaunes; elle ne recouvre que la moitié du diaphragme; un intervalle permet l'interposition du tube destiné à recevoir la solution active, puis vient un autre diaphragme, un prisme Nicol analyseur et enfin une lunette de Galilée.

Le nicol analyseur et l'objectif sont fixés sur une alidade à vernier, qui tourne autour de l'axe de l'appareil sur un cadran portant deux graduations, l'une en demi-degrés qui peut servir pour les substances quelconques, l'autre spéciale aux sucres ou graduation saccharimétrique, dont nous parlerons plus loin.

L'appareil étant réglé au zéro, lorsque l'on regarde dans la lunette d'un tel polarimètre en interposant un tube rempli d'eau, on doit voir deux demi-disques d'intensités rigoureusement égales, présentant la même teinte jaune. Si on remplace l'eau du tube par une solution active, l'un des demi-disques prendra une teinte grise, celui de gauche pour une solution lévogyre, celui de droite pour une solution dextrogyre. En faisant tourner d'une quantité convenable l'alidade de droite à gauche dans le premier cas, et de gauche à droite dans le second, on amènera les deux demi-disques à la même intensité, et cette quantité représentera l'angle de polarisation.

Variations de l'angle de polarisation. — La rotation produite par le passage d'un rayon de lumière polarisée, au travers de la solution d'une substance active dans un liquide inactif, varie avec la nature et la proportion de substance dissoute dans le liquide inactif ; l'épaisseur de la couche liquide, c'est-à-dire la longueur du tube contenant la solution ; la couleur de la lumière monochromatique employée pour l'éclairage du polarimètre.

Cette lumière peut être une des couleurs simples qui composent la lumière blanche, violet, indigo, bleu, vert, jaune, orangé et rouge. La déviation est minimum pour les rayons rouges et maximum pour les rayons violets, c'est-à-dire qu'elle croît à mesure que lal ongueur d'onde diminue. On donne aujourd'hui, dans la pratique, la préférence à la lumière jaune correspondant à la raie D du spectre, lumière facile à obtenir par l'introduction, dans la flamme éclairante, de chlorure de sodium fondu. Certains appareils sont cependant disposés pour l'emploi de la lumière blanche ; mais il est facile de rapporter la déviation observée à celle que donnerait la lumière jaune, en la multipliant par un coefficient convenable appelé *coefficient de déperdition*.

Le degré de concentration et la température des solutions exercent également une influence sur la valeur de l'angle de polarisation ; quoique faible, cette influence ne doit pas être négligée dans les calculs qui établissent les formules appliquées dans les dosages.

Lois de Biot. — Biot a constaté qu'on pouvait appliquer aux solutions de substances actives les lois qu'il avait établies pour le quartz.

La première de ces lois peut s'énoncer ainsi :

Lorsqu'un rayon de lumière polarisée traverse la solution d'une substance active dans un liquide inactif, l'angle de polarisation correspondant est proportionnel à la longueur du tube contenant la solution.

La deuxième loi, qui est relative à la solution d'un mélange de plusieurs substances actives, est la suivante :

Lorsqu'un rayon de lumière polarisée traverse la solution de plusieurs substances actives dans un liquide inactif, ces substances n'ayant aucune action chimique les unes sur les autres, l'angle de polarisation est égal à la somme algébrique des rotations que produirait chacune de ces substances dissoute isolément dans le même volume de liquide.

Ces deux lois servent de bases à la saccharimétrie optique.

Pouvoir rotatoire spécifique. — Pour une même épaisseur de solution et pour une même proportion de substance dissoute, la rotation variant avec la nature de cette substance, Biot a proposé de comparer entre elles les rotations produites par les solutions de diverses substances actives en ramenant chacune de ces rotations à l'unité d'épaisseur et de densité. La rotation ainsi exprimée a été désignée sous le nom de *pouvoir rotatoire spécifique*. L'unité d'épaisseur choisie a été le décimètre.

La notion *unité de densité* nécessite quelques explications. En effet, la densité considérée par Biot est non pas la densité de la solution, mais celle de la substance active dans le liquide inactif. Autrement dit, la solution de la substance n'est autre chose que sa diffusion dans le volume occupé par le liquide inactif.

Si on désigne par :

p, le poids de substance contenu dans 100gr de solution ;

V, le volume occupé par 100gr de solution,

$$\frac{p}{V} \text{ est la densité considérée.}$$

Représentant par :

α, la rotation observée ;

$[\alpha]$, le pouvoir rotatoire de la substance dissoute ;

d, la densité de la solution ;

l, l'épaisseur en décimètres de solution sous laquelle a été faite l'observation,

$$[\alpha] = \frac{100\,\alpha}{lpd}.$$

Car, d'après ce que l'on vient de dire,

$$[\alpha] = \frac{\alpha}{\frac{lp}{V}}.$$

Or $$V = \frac{100}{d}.$$

Il est plus commode, dans la pratique, d'exprimer le pouvoir rotatoire spécifique en fonction de la proportion C de substance active contenue dans 100cc de solution.

A cet effet, on peut écrire la proportion :

$$\frac{p}{C} = \frac{V}{100} \qquad \text{et} \qquad V = \frac{100}{d}.$$

De sorte que $pd = C$ et l'expression du pouvoir rotatoire devient :

$$[\alpha] = \frac{100\,\alpha}{lC}.$$

Le pouvoir rotatoire spécifique, étant une rotation, est sujet aux mêmes variations que celle-ci ; sa valeur dépend de la couleur de la lumière monochromatique.

On précise par un indice, placé dans le bas et à droite du symbole $[\alpha]$, avec quelle lumière celui-ci a été déterminé. Ainsi on écrit $[\alpha]_D$ pour la lumière monochromatique jaune correspondant à la raie D du spectre ; $[\alpha]_j$ pour la lumière blanche, etc.

Valeurs des pouvoirs rotatoires spécifiques de quelques sucres. — Nous ne nous occupons que de ceux qui entrent dans la composition des matières alimentaires sucrées.

Ces pouvoirs rotatoires étant, pour certains sucres, variables avec la concentration des solutions observées ou leur température, et même avec ces deux conditions à la fois pour d'autres, nous adoptons les valeurs qu'ils prennent pour la lumière monochromatique jaune, correspondant à la raie D du spectre; pour une concentration moyenne de 14 p. 100 en volume, qui est celle que l'on rencontre en général dans la pratique de l'analyse, et enfin pour une température quelconque t d'observation.

Ces valeurs, qui résultent d'un travail antérieur(1), sont les suivantes :

Saccharose	$[\alpha]_D$	$= + 66,5$
Sucre interverti	»	$= - 27,9 + 0,33 \times t$
Glucose	»	$= + 53$
Lévulose	»	$= - 101,22 + 0,56 \times t$

Poids normal. — Une lame de quartz de 1^{mm} d'épaisseur, interposée sur le parcours d'un rayon de lumière polarisée, le fait dévier de 21° 40, ou 21°,67 si on divise les degrés en centièmes, vers la gauche ou vers la droite, suivant qu'il est lévogyre ou dextrogyre.

On compare l'action des diverses substances actives à celle du quartz.

On appelle *poids normal* d'une substance active le poids de cette substance qui, dissoute dans un liquide inactif, donne une solution qui, amenée à un volume de 100^{cc} et observée ensuite sous une épaisseur de 2^{dcm} produit une déviation de 21°,67, c'est-à-dire égale à celle que produirait 1^{mm} de quartz.

Connaissant le pouvoir rotatoire spécifique d'une substance active, on en déduit facilement la valeur de son poids normal :

$$[\alpha]_D = \frac{100\ \alpha}{lC},$$

expression de laquelle on tire la valeur de C :

$$C = \frac{100\ \alpha}{l\,[\alpha]_D},$$

et, faisant $\alpha = 21,67$ et $l = 2$, on a le poids normal P :

$$P = \frac{2167}{2\,[\alpha]_D}.$$

Les poids normaux des sucres qui nous intéressent sont pour les appareils français :

Saccharose	$P = 16^{gr},29$
Glucose	$P = 20\ ,44$

Si l'on considère comme poids normaux des sucres lévogyres les quantités de ces sucres qui dévient la lumière polarisée de la même quantité à gauche, on aura :

(1) De Raczkowski, *Moniteur scientifique*, décembre 1895.

sucre interverti :

$$P = \frac{2167}{0,66t - 55,8} = 50^{gr},80 \text{ (à } 20^{\circ}\text{)};$$

lévulose :

$$P = \frac{2167}{1,12 \times t - 202,44} = 12^{gr},03 \text{ (à } 20^{\circ}\text{)}.$$

Graduation saccharimétrique. — On a substitué à la graduation en degrés et minutes du polarimètre une graduation spéciale en centièmes obtenue en divisant en 100 parties égales l'arc de 21°40, représentant l'angle de polarisation produit par le millimètre de quartz. C'est l'échelle saccharimétrique. On a donné à l'appareil ainsi gradué le nom de *saccharimètre*.

On passe facilement de la graduation polarimétrique à la graduation saccharimétrique, car

$$1^{\circ} \text{ polarimétrique} = 4^{\circ},615 \text{ saccharimétriques.}$$

Une solution dont 100^{cc} contiennent exactement le poids normal d'un sucre, observée sous une épaisseur de 2^{dcm}, donnera une déviation égale à 100, si ce sucre considéré est pur. S'il ne l'est pas, ses impuretés étant inactives, la déviation observée donnera, en centièmes, la proportion du sucre pur qu'il contient.

D'autre part, si 100^{cc} d'une solution contiennent une quantité quelconque X d'un sucre, cette quantité s'obtiendra en multipliant la déviation D observée par le centième du poids normal P de ce sucre.

Car on a en effet :

$$\frac{100}{P} = \frac{D}{X},$$

d'où

$$X = \frac{P}{100} D.$$

II

ACTION RÉDUCTRICE DES SUCRES

Les sucres désignés sous le nom de *glucoses*, y compris le sucre interverti résultant de l'action des acides sur le saccharose, possèdent la propriété de réduire les oxydes de certains métaux en solution alcaline.

Diverses méthodes de dosage ont été établies sur cette action réductrice, par le mercure, le cuivre, etc. ; mais il semble que, seules, celles qui sont basées sur la réduction du cuivre sont d'un emploi plus facile à cause de la formation de l'oxyde rouge de cuivre caractéristique.

Plusieurs liqueurs cuivriques alcalines ont été proposées par MM. Barreswil,

Mohr, Neubauer, Violette, Tellet, etc. Elles sont en général composées de sulfate de cuivre, tartrate de potasse ou sel de Seignette et alcali en proportions différentes (1).

Une des plus employées est celle de Fehling, modifiée par MM. Neubauer et Vogel. On la prépare de la façon suivante :

On fait dissoudre $1^{kg},738$ de sel de Seignette dans $4^{lit},800$ de potasse pure (D = 1,14), obtenue en mélangeant $8^{lit},660$ d'eau avec $1^{lit},230$ de lessive de potasse à 45° B. Après dissolution complète, on verse par petites portions et en agitant la solution tiède de $340^{gr},5$ de sulfate de cuivre pur cristallisé dans 2^{lit} d'eau. On filtre, s'il y a lieu, sur du coton de verre et on ajoute 3^{lit} de lessive de potasse, de façon à faire 10^{lit}. On prend 10^{cc} de cette liqueur et on titre avec une solution de sucre interverti contenant 0,25 de sucre p. 100. On dédouble ensuite la liqueur à l'aide d'une lessive de potasse au tiers et on vérifie le titre.

Cette liqueur peut se conserver longtemps sans que son titre varie. Il est bon de la garder en flacons colorés, pour la soustraire à l'action de la lumière.

La quantité de cuivre réduit par un poids donné de sucre réducteur n'est pas la même pour tous les sucres, ou inversement un volume déterminé de liqueur cuivrique est réduit par des proportions de sucres variables avec leur nature.

Soxhlet a trouvé que 10^{cc} de liqueur de Fehling sont réduits par :

Glucose	0,048
Lévulose	0,052
Sucre interverti	0,050

Comme la proportion de cuivre réduit est en rapport avec la quantité de sucre employé, on peut, et c'est en cela que consistent les méthodes gravimétriques, peser le cuivre provenant de la réduction et en déduire la quantité de sucre réducteur : on obtient également un dosage suffisamment précis en opérant volumétriquement, c'est-à-dire en versant la solution sucrée dans la liqueur cuivrique à l'ébullition jusqu'à ce que cette liqueur soit complètement décolorée, puis en calculant la quantité de sucre en se basant sur ce que 10^{cc} de liqueur de Fehling de composition établie précédemment correspondent à 0,025 de sucre interverti. C'est cette méthode que nous appliquons.

MM. Soxhlet, Maercker, Allihn, etc., ont étudié cette action réductrice des divers sucres sur la liqueur de Fehling et sont arrivés à des conclusions qui ont été confirmées, en ce qui concerne le glucose, le lévulose et le sucre inverti, par les essais que nous avons faits.

Ces conclusions peuvent se résumer ainsi :

La proportion de cuivre réduit par un certain poids de sucre réducteur varie avec la nature du sucre, les degrés de concentration de la liqueur de Fehling et de la solution sucrée, la durée de l'ébullition.

Cette proportion diminue avec la dilution de la liqueur de Fehling et se

(1) Voir Sidersky, *Analyse des matières sucrées*, 1890.

trouve au contraire augmentée si celle-ci se trouve en excès par rapport à la quantité de sucre ; la durée de l'ébullition nécessaire pour la réduction complète varie avec la nature du sucre.

On voit donc que le dosage des sucres, basé sur leur action réductrice, si simple en apparence, est au contraire très délicat, si on veut obtenir de bons résultats. Nous indiquons plus loin les précautions qu'il nous semble indispensable de prendre pour effectuer cette détermination.

III

FORMULES PERMETTANT DE DÉTERMINER LES QUANTITÉS DE UN OU PLUSIEURS SUCRES CONTENUS DANS 100cc D'UNE SOLUTION

Nous supposons dans ce qui suit que la solution ne contient aucune substance active autre que les sucres considérés.

1° Cas d'un sucre.

D'après ce qui a été dit pages 651 et 656, on voit que l'on peut doser un sucre en appliquant soit son action sur la lumière polarisée, soit son action réductrice s'il est réducteur.

a) **Par la déviation saccharimétrique.** — Si on désigne par :

D, la déviation saccharimétrique observée avec le tube de 2^{dcm} ;

t, la température du liquide pendant l'observation ;

P, le poids normal du sucre considéré ;

X, le poids de sucre contenu dans 100^{cc} de solution,

d'après la définition du poids normal et la base de la graduation du saccharimètre, on a, entre P, D, X, la relation :

$$\frac{100}{P} = \frac{D}{X},$$

d'où

$$X = \frac{P}{100} D.$$

Étant donné qu'il est d'usage d'exprimer l'action d'un sucre sur la lumière polarisée par son pouvoir rotatoire spécifique, nous remplaçons le poids normal P en fonction de ce pouvoir rotatoire, ce qui donne :

$$X = \frac{21,67}{2\,[\alpha]_D} \times D.$$

b) **Par l'action réductrice.** — Si on désigne par :

p, la quantité du sucre pur considéré nécessaire pour réduire exactement 10^{cc} de liqueur de Fehling ;

n, le nombre de centimètres cubes de solution employés pour obtenir cette réduction ;

X, le poids du sucre contenu dans 100[cc] de solution :

$$X = \frac{p \times 100}{n}.$$

On a, en ce qui concerne le sucre interverti, dressé une table donnant pour diverses valeurs de n la quantité de sucre interverti correspondante dissoute dans 100[cc] de solution, de sorte qu'il est commode de rapporter le poids X d'un autre sucre aux nombres donnés dans cette table. Il suffit de multiplier ces nombres par le rapport $\frac{p}{0,050}$.

Autrement dit, si SR est la proportion du sucre réducteur, exprimé en sucre interverti, pour 100[cc] de solution,

$$\frac{0,050 \times 100}{n} = SR$$

$$X = \frac{p}{0,050} \times SR.$$

Nous donnons ci-après les quantités de sucres contenues dans 100[cc] d'une solution, en fonction de la déviation observée D et du sucre réducteur SR.

	En fonction D.	En fonction SR.
Saccharose..........................	$0,162 \times D$	»
Glucose..........................	$0,204 \times D$	0,96 SR
Lévulose..........................	$\frac{D}{0,0013t - 0,246}$	1,04 SR
Sucre interverti..................	$\frac{D}{0,0009t - 0,068}$	SR

2° Cas de plusieurs sucres.

D'après la deuxième loi de Biot :

Lorsqu'un rayon de lumière polarisée traverse la solution de plusieurs substances actives dans un liquide inactif, ces substances n'ayant aucune action chimique les unes sur les autres, la déviation produite est égale à la somme algébrique des déviations que produirait chacune de ces substances dissoute isolément dans le même volume de liquide.

Dès lors, si on représente par :

S_1, S_2, S_3, etc., les quantités de différents sucres dissoutes dans 100[cc] de solution ;

P_1, P_2, P_3, etc., les poids normaux de ces sucres ;

$[S_1]_D$, $[S_2]_D$, $[S_3]_D$, etc., leurs pouvoirs rotatoires spécifiques;

d_1, d_2, d_3, les déviations saccharimétriques produites isolément par chaque sucre ;

D, la déviation saccharimétrique totale, observée avec un tube de 2[dcm], on aura :

$$D = d_1 + d_2 + d_3 + \text{etc.}$$

Or, on a vu précédemment que le poids normal d'un sucre est la quantité de ce sucre qui, contenue dans 100cc de solution, donne une déviation de 100cc saccharimétrique, de sorte que l'on peut écrire :

$$\frac{P_1}{100} = \frac{S_1}{d_1}, \qquad \frac{P_2}{100} = \frac{S_2}{d_2}, \text{ etc.,}$$

d'où on tire :

$$d_1 = \frac{100\,S_1}{P_1}, \qquad d_2 = \frac{100\,S_2}{P_2}, \text{ etc.}$$

Portant ces valeurs dans la première relation, on a :

$$D = \frac{100\,S_1}{P_1} + \frac{100\,S_2}{P_2} + \text{etc.}$$

Supposons que π représente le poids normal du saccharose et multiplions par $\frac{\pi}{100}$ les deux membres de la relation précédente, il vient :

$$\frac{\pi}{100}\,D = S_1\,\frac{\pi}{P_1} + S^2\,\frac{\pi}{P_2} + \text{etc.}$$

Remplaçons maintenant les poids normaux P_1, P_2, etc., par leurs valeurs en fonction des pouvoirs rotatoires :

$$\pi = \frac{100 \times 21{,}67}{2 \times 66{,}5}, \qquad P_1 = \frac{100 \times 21{,}67}{2\,[S_1]_D}, \qquad P_2 = \frac{100 \times 21{,}67}{2\,[S_2]_D}, \text{ etc.}$$

L'équation devient :

$$0{,}162\,D = S_1\,\frac{[S_1]_D}{66{,}5} + S_2\,\frac{[S_2]_D}{66{,}5} + \text{etc.,}$$

ou en posant :

$$\frac{[S_1]_D}{66{,}5} = s_1, \qquad \frac{[S_2]_D}{66{,}5} = s_2, \text{ etc.,}$$

l'équation générale prend la forme :

$$0{,}162\,D = S_1 s_1 + S_2 s_2 + \text{etc.}$$

Nous allons appliquer cette formule générale à la détermination des quantités de plusieurs sucres en solution. Nous considérons les mélanges correspondants aux cas les plus fréquents se présentant dans l'analyse des matières alimentaires sucrées et qui sont les suivants :

1° *Saccharose, sucre interverti, glucose.* } Sirops, confitures, liqueurs, miels,
2° *Saccharose, sucre interverti, lévulose.* } sucs de fruits.
3° *Saccharose, sucre interverti.*

Les formules établies ci-après présentent l'avantage de donner les proportions de sucres *en fonction de la température des observations saccharimétriques*, ce qui est très important, car il est toujours difficile, pour ne pas dire impossible, de pratiquer une telle observation dans des conditions déterminées de température.

Dans ces formules interviennent:

D et D_1, les déviations saccharimétriques observées avant et après inversion de la solution;

t et T, la température des liquides pendant les observations saccharimétriques avant et après inversion;

SR, la proportion des sucres réducteurs, *exprimée en sucre interverti*, dosée avec la liqueur de Fehling et rapportée à 100^{cc} de solution;

g, i, l_c, les rapports des pouvoirs rotatoires spécifiques des divers sucres, glucose, sucre interverti et lévulose, à celui du saccharose.

Les valeurs de ces différents rapports sont les suivantes :

Glucose.............................	$g = 0{,}796$
Sucre interverti......................	$i = 0{,}0049t - 0{,}419$
Lévulose............................	$l_c = 0{,}0084t - 1{,}522.$

S, SI, G, L_c, les quantités respectives de saccharose, sucre interverti, glucose, lévulose contenues dans 100^{cc} de solution sucrée.

1° **Saccharose. — Sucre interverti. — Glucose.** — On a d'après l'équation générale :

avant inversion :

(1) $$0{,}162\ D = S + SI \times i + G \times g \text{ à la température } t;$$

après inversion :

(2) $$0{,}162\ D_1 = \frac{S}{0{,}95}\, i + SI i' + G \times g \text{ à la température T.}$$

Car 95 parties de saccharose correspondent à 100 parties de sucre interverti.

Supposant t voisin de T, ce qui est facile à obtenir dans la pratique, i devient sensiblement égal à i'.

Comme le sucre réducteur dosé est égal à la somme des deux sucres réducteurs et qu'il est exprimé en sucre interverti, on a:

(3) $$SR = SI + 1{,}04\ G.$$

Remplaçant i par sa valeur en fonction de T, 0,0049 T — 0,419, et résolvant ces trois équations en prenant S, SI, G, pour inconnues, on obtient :

$$\left\{\begin{aligned} S &= \frac{D - D_1}{8{,}89 - 0{,}032\ T} \\ SI &= \frac{(6{,}827 - 0{,}0245\ T)SR - (0{,}44 - 0{,}0052\ T)D - D_1}{10{,}55 - 0{,}081\ T} \\ G &= 0{,}96\ (SR - SI). \end{aligned}\right.$$

2° **Saccharose. — Sucre interverti. — Lévulose.** — On a dans ce cas les trois équations suivantes :
avant inversion :

(1) $0{,}162\,D = S + SIi + L_c lc$ à la température t ;

après inversion :

(2) $0{,}162\,D_1 = \dfrac{S}{0{,}95}\,i + SIi' + L_c lc$ à la température T,

(3) $SR = SI + 0{,}96\,L_c$.

Supposant t très voisin de T et résolvant après avoir remplacé i par sa valeur en fonction de T :

$$\begin{cases} S = \dfrac{D - D_1}{8{,}89 - 0{,}032\,T} \\ SI = \dfrac{(14{,}07 - 0{,}126\,T)\,SR + (0{,}44 - 0{,}0052\,T)\,D + D_1}{10{,}35 - 0{,}070\,T} \\ L_c = 1{,}04\,(SR - SI). \end{cases}$$

3° **Saccharose. — Sucre interverti.** — Les deux équations saccharimétriques étant avant et après inversion :

(1) $0{,}162\,D = S + SIi$ à $t°$;

(2) $0{,}162\,D_1 = \dfrac{S}{0{,}95}\,i' + SIi'$ à T°,

remplaçant i et i' par leurs valeurs en fonction de t et T, supposant t voisin de T, on a en résolvant :

$$\begin{cases} S = \dfrac{D - D_1}{8{,}89 - 0{,}032\,T} \\ SI = \dfrac{(0{,}0052\,T - 0{,}44)\,D - D_1}{3{,}725 - 0{,}037\,T}. \end{cases}$$

IV

CARACTÉRISATION DE LA NATURE DES SUCRES CONTENUS DANS UNE SOLUTION

Il est intéressant de reconnaître par les relations qui existent entre D, D_1 et SR quels sont les sucres contenus dans la solution examinée. Ceci a surtout son importance dans le cas où la solution contient en outre du saccharose et du sucre interverti, du glucose ou du lévulose, car, suivant le cas, on devra, pour calculer les sucres, appliquer l'une ou l'autre des formules exposées précédemment.

Comme une exactitude rigoureuse n'est pas nécessaire pour cette détermination qui n'est qu'une approximation, nous simplifions cet exposé en supposant la température des observations saccharimétriques voisine de 20°. Appelant R la quantité de sucre réducteur, glucose ou lévulose contenue dans 100cc de solution, et K le rapport du pouvoir rotatoire de ce sucre réducteur à celui du saccharose, l'équation saccharimétrique avant inversion a pour expression :

$$0{,}162\,D = SK - 0{,}32\,SI + R.$$

Si nous supposons $SR = SI + R$, ce qui n'est qu'approximatif, car il faudrait multiplier R par 1,04 ou 0,96, suivant que ce poids représenterait du glucose ou du lévulose, on peut remplacer SI par $SR - R$. Nous savons, de plus, que S a pour valeur $0{,}121\,(D - D_1)$.

On a donc :

$$0{,}162\,D = 0{,}121\,(D - D_1) + 0{,}32\,SR = R(K + 0{,}32)$$

ou en définitive :

$$(A) \qquad 0{,}041\,D + 0{,}121\,D_1 + 0{,}32\,SR = R(K + 0{,}32).$$

Examinons les cas les plus fréquents qui peuvent se rencontrer dans la pratique :

1° *La solution ne contient que du saccharose.* — Il suffit d'annuler SR et R dans l'expression (A), et il reste :

$$0{,}041\,D + 0{,}121\,D_1 = 0;$$

on aura donc :

$$\begin{cases} D_1 = -\,0{,}33\,D \\ SR = 0. \end{cases}$$

2° *La solution ne contient que du sucre interverti.* — Dans ce cas, les deux déviations D et D_1 sont lévogyres et égales, et on a :

$$-\,0{,}162\,D = -\,0{,}32 \times SR$$

$$\begin{cases} D = D_1 \text{ et sont négatives} \\ D = 1{,}97 \times SR \text{ en valeur absolue.} \end{cases}$$

3° *La solution ne contient que du glucose.* — Les deux déviations sont égales, mais dextrogyres ; si on fait :

$$K = 0{,}8 \qquad \text{et} \qquad R = SR \text{ dans l'expression (A),}$$

on a :

$$0{,}162\,D = 0{,}8\,SR$$

$$\begin{cases} D = D_1 \text{ et sont positives} \\ D = 4{,}74 \times SR. \end{cases}$$

4° *La solution ne contient que du lévulose.* — Les déviations D et D_1 sont égales et lévogyres ; faisant dans (A)

$$K = -\,1{,}35, \qquad R = SR,$$

$$-\,0{,}162\,D = -\,1{,}35\,SR$$

$$\begin{cases} D = D_1 \text{ et sont négatives} \\ D = 8{,}33 \times SR \text{ en valeur absolue.} \end{cases}$$

5° *La solution contient du saccharose, et l'un des sucres interverti, glucose, lévulose.* — Dans tous ces cas, D est évidemment différent de D_1. Remplaçons R par SR, (A) devient :

$$0{,}041\,D + 0{,}121\,D_1 = K \times SR.$$

Il suffit alors de remplacer K par — 0,32 : 0,8 : — 1,35, et on aura pour chacun des trois sucres :

Sucre interverti..................	$0{,}041\,D + 0{,}121\,D_1 = -\ 0{,}32\,SR$
Glucose..........................	$0{,}041\,D + 0{,}121\,D_1 = \ 0{,}8 \times SR$
Lévulose.........................	$0{,}041\,D + 0{,}121\,D_1 = -\ 1{,}35\,SR$

Ainsi donc, si la somme $0{,}041\,D + 0{,}121\,D_1$ est positive, la présence du glucose est certaine ; si elle est négative et plus petite que la proportion de sucre réducteur en valeur absolue, il y a du sucre interverti. Enfin, si cette somme est négative et plus grande que la quantité de sucre réducteur, il y a du lévulose.

6° *La solution ne contient que du saccharose et du sucre interverti.* — D'après le cas précédent, on voit que la relation qui doit exister entre D, D_1 et SR est la suivante :

$$0{,}041\,D + 0{,}121\,D_1 + 0{,}32\,SR = 0.$$

7° *La solution contient, en outre du saccharose et du sucre interverti, du glucose ou du lévulose.* — Il est facile de voir que, comme il faut que la somme

$$0{,}041\,D + 0{,}121\,D_1 + 0{,}32\,SR$$

soit nulle pour qu'il n'y ait ni glucose, ni lévulose, si cette somme n'est pas nulle, elle peut donner une quantité positive, et alors *la solution contient du glucose*, ou être négative, et *elle contient du lévulose.*

MATIÈRES SUCRÉES

PAR M. L. ROBIN

MIEL

Le miel est un mélange de glucose et de lévulose avec des principes aromatiques et colorants, des matières grasses et azotées, quelques acides organiques et des matières colorantes ; on y trouve aussi des grains de pollen et de la mannite.

Il n'est pas rare de découvrir, dans un miel, des débris divers et, entre autres, des fragments de cire et d'insectes. Les matières étrangères peuvent rendre le miel susceptible de fermenter; dans ce cas, il possède une odeur désagréable et se forme, à sa surface, une espèce d'écume.

La falsification la plus fréquente du miel consiste à l'additionner de sirop de glucose ou d'eau. Certains miels sont aussi fournis par des abeilles nourries presque exclusivement de glucose ; le miel obtenu ainsi est de qualité inférieure. Le miel est aussi additionné quelquefois de mélasse, de gélatine, de gomme adragante, de matières amylacées.

Dosage de l'humidité. — On pèse 10gr de miel qui sont introduits dans une capsule tarée; on ajoute du sable calciné et lavé, et on opère comme pour la mélasse. Les miels purs renferment de 16 à 25 p. 100 d'eau.

Recherche du glucose. — On a constaté (1) que les miels pouvaient être divisés en deux classes : 1° les miels de fleurs, qui tous dévient le plan de polarisation à gauche; 2° les miels de conifères, qui tous dévient à droite; de sorte que la

(1) Oscar Haenlé, Rapport du 9 juin 1890, lu au 16e Congrès agricole de Strasbourg.

déviation donnée directement par un miel ne peut fournir de résultats certains pour distinguer un miel pur d'un miel artificiel ou falsifié.

On a indiqué plusieurs méthodes de recherche du glucose. Voici celles qui paraissent être les plus exactes :

1° On dose le sucre inverti par la liqueur cupro-potassique en opérant sur une solution contenant 1 p. 100 de miel. On traite ensuite 50^{cc} de la même solution par 5^{cc} d'acide chlorhydrique et on fait bouillir pendant 30 minutes; on fait un nouveau dosage à la liqueur cuivrique. La différence est multipliée par 0,95 pour avoir le sucre de canne qui varie entre 2 et 3 p. 100. Si la différence est plus grande, surtout si elle dépasse 10 p. 100, on peut être certain que le miel a été additionné de sucre de fécule (1).

2° On se base sur ce que le glucose commercial renferme des substances dextrogyres infermentescibles et ne dialysant pas. On opère de la façon suivante : 100^{gr} de matière sont dissous dans un litre d'eau environ et soumis à la fermentation. Quand tout dégagement d'acide carbonique a cessé, on soumet la liqueur à la dialyse en renouvelant journellement l'eau extérieure jusqu'à ce qu'elle ne dévie plus le plan de la lumière polarisée.

a) Le liquide restant sur le dialyseur est décoloré avec un peu de noir, filtré, puis examiné au polarimètre.

b) On s'assure que le liquide non dialysé ne réduit pas la liqueur de Neubauer.

c) On remplit un tube à essai d'alcool à 95° et on y laisse tomber un filet du liquide non dialysé.

Si (a), la liqueur a donné une déviation à droite; si (b), elle ne contient pas de sucre réducteur, et, qu'enfin (c), elle ait fourni un précipité avec l'alcool, on peut conclure à la présence du glucose, puisqu'on retrouve les substances caractéristiques des glucoses commerciaux.

3° Le docteur Oscar Haenlé a fait un grand nombre d'expériences sur des miels naturels et glucosés, et il est arrivé aux conclusions suivantes : 1° qu'un miel qui après dialyse (24 heures avec un courant d'eau continu) dévie la polarisation à droite, est falsifié avec du glucose; 2° qu'un miel qui, après dialyse, ne dévie pas la polarisation à droite, n'est pas mélangé de glucose.

Il sera bon de faire un essai des cendres afin de rechercher le sulfate de chaux, qui est souvent un indice de la présence du glucose.

Dosage et examen des cendres. — On pèse 20^{gr} de miel que l'on soumet à l'incinération ménagée dans une capsule tarée. Quand les cendres sont bien blanches, on laisse refroidir dans le dessiccateur et on pèse. Les miels ne renferment que des traces de cendres, 0,6 p. 100 au maximum. Si le poids en était supérieur, on doserait le chlore, ce qui donnerait un soupçon sur l'addition de mélasse, dans le cas où il s'y trouverait dans une notable proportion (Voir plus loin, Recherche de la mélasse.)

Pour rechercher le sulfate de chaux, on mouille les cendres avec un peu d'acide chlorhydrique pur et on laisse digérer quelques minutes; on ajoute de l'eau chaude et on fait bouillir quelques instants. La liqueur est partagée en deux portions: dans l'une, on ajoute du chlorure de baryum qui donne un pré-

(1) Sidersky, *Analyse des matières sucrées*, p. 355.

cipité de sulfate de baryte insoluble dans l'acide chlorhydrique; l'autre est additionnée d'un léger excès d'ammoniaque, puis d'oxalate de même base, qui donne un précipité d'oxalate de chaux.

Recherche de la mélasse. — Quand un miel renferme une notable quantité de chlorure de sodium; quand il ne réduit directement la liqueur de cuivre qu'en faible proportion, relativement à la réduction que donne un miel pur et que la quantité de sucre de canne est supérieure à 8 p. 100, on peut être certain de l'addition de mélasse.

Dosage du chlore. — On pèse 10gr de miel et on incinère au petit rouge. Quand l'incinération est achevée, on ajoute de l'eau bouillante et un filet d'acide azotique; on ajoute un volume connu de nitrate d'argent normal décime, puis deux gouttes d'une solution d'alun de fer. Cela fait, on dose l'excès de nitrate d'argent avec une solution normale décime de sulfocyanure de potassium, que l'on ajoute goutte à goutte et en agitant, jusqu'à ce que la coloration rose, due à la formation de sulfocyanure de fer, apparaisse. On lit le nombre de centimètres cubes employés, puis on le retranche du volume de nitrate d'argent; la différence correspond au nitrate employé à la précipitation du chlore.

On multiplie cette différence par 0gr,00585 pour avoir la quantité de chlore en chlorure de sodium contenue dans 10gr de miel.

Recherche des matières amylacées. — On distingue ces matières à leur insolubilité dans l'eau et dans l'alcool; l'iode les colore en bleu. On peut les caractériser au microscope; pour cela, on dissout le miel dans l'eau, on laisse déposer 24 heures et on examine le dépôt après décantation.

Recherche de la gélatine et de la gomme. — Cette recherche se fait comme dans les confitures.

Pour le dosage des différents sucres que contient le miel, on opère comme pour les confitures et les sirops.

SIROPS

Les sirops sont des liquides dans lesquels le sucre est le principe dominant; ce sucre est, le plus souvent, en dissolution dans l'eau, puis additionné de sucs de fruits destinés à communiquer la saveur et l'arome; quelquefois, au lieu de sucs de fruits, on emploie, comme dans les confitures et confiseries, des bouquets qui consistent en des mélanges d'éthers divers et de glycérine, puis pour les produits de fantaisie le tout est ensuite additionné d'un colorant destiné à lui donner la teinte du fruit sous le nom duquel on le désigne.

Les *sucs* destinés à la confection des sirops sont retirés des baies et des fruits soit par pressurage, soit par écrasement et fermentation du jus en présence de la pulpe. Ceux préparés par ce dernier procédé et que l'on désigne quelquefois sous le nom de conserves, sont plus colorés et leur arome est plus développé.

Les acides que l'on rencontre le plus souvent dans les fruits sont les acides citrique, malique, tartrique.

A côté de ces acides, on trouve encore dans les sucs de fruits: des gommes, des mucilages, de la pectine et des sels.

Les citrons, les oranges, les groseilles, les fraises, contiennent surtout de l'acide citrique.

Dans les cerises et les framboises, les acides citrique et malique se trouvent à peu près en parties égales.

Dans les pommes, les coings, on trouve de l'acide malique, et, dans le raisin, des acides tartrique et malique.

Nous donnons, ci-après, un tableau d'analyse de quelques sucs de fruits.

Parfois, les sucs végétaux sont additionnés de colorants ainsi que d'acides tartrique et citrique, destinés à masquer une addition d'eau. Le salicylage a été quelquefois employé pour assurer leur conservation; ces falsifications se retrouvent par les procédés employés pour l'analyse des sirops et des confitures.

COMPOSITION DE QUELQUES SUCS DE FRUITS (1).

ESPÈCES	100cc DE SUC CONTIENNENT :										
	EXTRAIT SEC	SUCRE INVERTI	SUCRE DE CANNE	ACIDITÉ EN ACIDE TARTRIQUE	MATIÈRES PECTIQUES	MATIÈRES MINÉRALES	POTASSE	CHAUX	MAGNÉSIE	ACIDE PHOSPHORIQUE	ACIDE SULFURIQUE
	gr.	gr.	gr.	gr.	gr.	gr.	gr.	gr.	gr.	gr.	gr.
Groseilles sans la grappe, blanches	12,96	7,84	»	2,39	0,90	0,38	0,204	0,016	0,016	0,079	0,005
Groseilles sans la grappe, rouges	12,68	6,89	»	2,71	1,08	0,50	0,212	0,021	0,015	0,032	0,005
Cerises douces	18,00	13,82	0,68	0,88	0,15	C,42	0,220	»	0,009	0,031	0,003
Cerises grillottes	16,00	10,06	»	2,28	»	0,60	0,392	»	0,014	0,032	0,007
Fraises des bois	8,11	4,15	0,17	1,23	0,56	0,76	»	»	»	»	»
Abricots	15,28	3,89	7,03	1,96	»	0,80	»	»	»	»	»
Myrtilles fraîches	12,36	7,76	»	1,20	»	0,38	0,22	0,024	0,016	0,076	»
	p. 100	p. 100	p. 100	p. 100							
Fraises des jardins	»	6,89	1,37	1,03	»	»	»	»	»	»	»
Framboises cultivées	»	6,97	»	1,59	»	»	»	»	»	»	»
Myrtilles	»	6,66	»	1,11	»	»	»	»	»	»	»
Cerises	»	12,00	»	1,43	»	»	»	»	»	»	»
Groseilles à maquereau	»	8,83	»	0,79	»	»	»	»	»	»	»
Mûres rouges	»	13,88	»	2,06	»	»	»	»	»	»	»
Id. sauvages	»	7,26	»	0,76	»	»	»	»	»	»	»
Abricots	»	traces	5,95	1,29	»	»	»	»	»	»	»
Coings	»	9,60	»	1,92	»	»	»	»	»	»	»
		gr.	gr.								
Groseilles grosses précoces	»	4,61	2,23	»	»	»	»	»	»	»	»
Groseilles moyennes tardives	»	6,99	2,40	»	»	»	»	»	»	»	»
Id. blanches	»	5,57	2,04	»	»	»	»	»	»	»	»
Id. à maquereau	»	7,25	1,55	»	»	»	»	»	»	»	»

(1) D'après, *König-Chemische Zusammensetzung der Menschlichen Nahrungs und Genussmittel* (Berlin, 1889).

COMPOSITION DE SUCS DE FRUITS DE PROVENANCES DIVERSES P. 100 EN POIDS (1).

ESPÈCES ET PROVENANCES	DENSITÉ	EAU	SUCRE INVERTI	SUCRE DE CANNE	MATIÈRES PRÉCIPITABLES PAR L'ALCOOL A 90°	CENDRES	POTASSE	ACIDE PHOSPHORIQUE	ACIDE SULFURIQUE	LA MATIÈRE SÈCHE RENFERME SUCRE DE FRUITS	SUCRE DE CANNE
Framboises (pharmacien).	1,2971	39,00	20,50	39,25	0,169	0,383	0,164	0,016	0,049	33,61	65,41
Id. (d'un ménage).	1,1513	54,40	21,18	24,34	0,023	0,062	0,023	0,007	traces	46,41	53,38
Id. (d'un épicier).	1,2867	41,59	22,54	35,5[illegible]	5,245	0,123	0,041	0,028	d°	38,58	60,77
Groseilles (d'un épicier).	1,2518	46,35	24,8[illegible]	27,5[illegible]	0,901	0,329	0,149	0,020	0,039	48,30	51,41
Id. (d'un ménage).	1,8835	50,42	23,66	25,63	0,145	0,144	0,043	0,014	traces	47,72	51,69
Fraises (d'un épicier).	1,2584	40,37	20,57	38,62	0,284	0,160	0,069	0,009	0,033	34,49	64,77
Cerises (d'un épicier).	1,2474	43,18	15,2[illegible]	37,44	0,943	0,174	0,035	0,023	0,012	28,35	60,57

COMPOSITION DE QUELQUES SUCS DE CITRONS P. 100 EN POIDS (1).

CITRONS ACIDES					CITRONS DOUX				
DENSITÉ	ACIDE ACÉTIQUE	EXTRAIT	CENDRES	ACIDE SULFURIQUE	DENSITÉ	ACIDE ACÉTIQUE	EXTRAIT	CENDRES	ACIDE SULFURIQUE
1,03516	7,776	8,990	0,262	0,002	1,03604	7,168	8,915	0,465	0,002
1,03472	7,648	8,976	0,314	0,002	1,03784	7,680	9,412	0,473	0,002
1,03520	7,782	9,270	0,353	0,002	1,02648	6,605	8,583	0,399	0,002
1,02356	4,081	7,154	0,110	0,001	1,03492	7,155	9,530	0,340	0,001
					1,03888	7,309	9,670	0,437	0,001
MOYENNES					MOYENNES				
1,03213	**6,822**	8,597	0,259	0,002	1,03484	**7,201**	9,002	0,524	0,002

Falsifications des sirops. — Elles consistent, le plus souvent, à remplacer le sucre par du glucose commercial, les sucs de fruits par les parfums artificiels dont nous avons parlé et à les additionner de matières colorantes étrangères. Le sirop de gomme ne contient parfois pas la plus petite trace de gomme et il consiste simplement en du sirop de sucre ou de glucose additionné d'un peu d'eau de fleurs d'oranger. Voici un tableau donnant, d'après MM. Kranck et von der Becke la composition de quelques sirops de fruits considérés comme purs.

(1) D'après *König-Chemische Zusammensetzung der Menschlichen Nahrungs und Genussmittel*. (Berlin, 1889.)

COMPOSITION DE SIROPS DE FRUITS CONSIDÉRÉS COMME PURS.

NATURE DES DOSAGES	FRAISES (CONFISERIE)	FRAMBOISES (PHARMACIE)	GROSEILLES (CONFISERIE)	CERISES (CONFISERIE)
Densité	1,2584	1,297	1,2518	1,2474
Eau pour 100	40,37	39,0	46,35	46,18
Glucose	20,57	20,5	24,85	25,26
Saccharose	38,62	39,95	27,58	37,44
Dextrines précipitées par l'alcool	0,284	0,169	0,901	0,943
Cendres	0,160	0,383	0,329	0,174
Potasse	0,069	0,164	0,440	0,035
Acide phosphorique	0,009	0,016	0,020	0,023
Acide sulfurique	0,033	0,049	0,069	0,012

Analyse des sirops.

L'analyse d'un sirop nécessite en général les déterminations suivantes : sucres, dextrine, cendres (cuivre, plomb, etc.), acide salicylique, colorant, vanilline.

Le *dosage des sucres* se fait de la façon suivante :

On prélève 50^{cc} de sirop et on dilue à 200^{cc}. Après agitation, on fait passer dans un verre à précipiter, on ajoute un peu de noir animal lavé (1), puis on agite avec une baguette de verre.

1° Après une demi-heure de contact on filtre, et le liquide décoloré est examiné au polarimètre dans un tube de 20^{cm} et à la température de 17°, soit A (degrés saccharimétriques).

2° 50^{cc} du sirop dilué au 1/4 et décoloré sont additionnés de 5^{cc} d'acide chlorhydrique pur et placés pendant 10 minutes à 80°. On laisse refroidir et on examine au polarimètre, dans un tube de 22, soit B (degrés saccharimétriques).

3° On prélève 10^{cc} du sirop décoloré et on fait 100^{cc} ; on a ainsi un liquide étendu au 1/40e, sur lequel on dose les sucres réducteurs à la liqueur de cuivre, soit : C p. 100 de sirop non dilué.

Nous aurons à calculer la saccharose suivant la formule de Clerget. (Voir p. 639.)

Soit :

$$\text{Saccharose p. }100 = \frac{200\,A \times 4 \pm B \times 4}{288 - 17} \times 16{,}19. \quad (2)$$

(1) On peut, au lieu de noir, employer le sous-acétate de plomb, qui retient moins de sucre que le noir.

(2) La formule de Clerget peut être simplifiée et celle donnée ci-dessus ramenée à :

$$\text{Saccharose p. }100 = \frac{A \times 4 \pm B \times 4}{8{,}36};$$

car :

$$16{,}19 \times \frac{200}{288 - 17} = 16{,}19 \times \frac{200}{271} = 16{,}19 \times \frac{100}{135{,}5},$$

d'où :

$$\frac{100}{\frac{135{,}5}{16{,}19}} \text{ ce qui revient à : } \frac{1}{8{,}36}.$$

On calculera ensuite la déviation qui revient à la saccharose dans la déviation A, soit : $S \times 6,1$, valeur de $\frac{\alpha l}{v}$ de la solution en degrés saccharimétriques. (Voir p. 639).

Ce produit, retranché de A, donnera la déviation qui correspond aux autres sucres :

$$A \times 4 - S \times 6,1 = \pm d',$$

et enfin le glucose sera calculé par la formule suivante :

$$\text{Glucose p. } 100 = \frac{d' + 9,06 \times C}{13,92}.$$

Le poids du lévulose p. 100 = C — glucose p. 100.

Nota. — On trouvera les détails relatifs à ces calculs à la page 640.

Recherche de la dextrine. — On introduit, dans un tube à essai, 25 à 30^{cc} d'alcool absolu dans lequel on fait tomber une goutte ou deux de sirop décoloré étendu au 1/4. Dans le cas de dextrine, on a un précipité. Si le liquide a donné, avant et après inversion, une déviation à droite, on a de grandes raisons pour soupçonner l'addition de glucose commercial, ce qui est confirmé par la présence de dextrine.

Dans le cas de dextrine, on conçoit que le calcul des sucres réducteurs devient difficile. Cependant, on peut y parvenir approximativement en opérant comme nous indiquons à la saccharimétrie, ou en précipitant la dextrine par l'alcool (10 fois le volume du sirop), et après filtration évaporant au bain-marie, redissolvant le résidu dans un volume d'eau déterminé, et dosant les sucres par le procédé ordinaire.

Cendres. — On pourra rechercher le cuivre dans les cendres par le même procédé que celui indiqué pour les vins; si le cuivre est découvert dans les cendres d'un sirop coloré en vert ou en bleu, on pourra rechercher l'arsenic, par le procédé indiqué au chapitre Conserves alimentaires.

Recherche du plomb. — Cette recherche se fait comme dans les conserves alimentaires, en opérant sur 100^{cc} de sirop.

Sirop de gomme. — Le glucose s'y reconnaît par les moyens déjà indiqués. La gomme est souvent remplacée par de la dextrine; cette dernière est facilement retrouvée par la dialyse.

Pour rechercher la gomme, on opère soit sur le sirop lui-même, soit après l'avoir débarrassé de son sucre par la dialyse. Dans ce cas, la liqueur du dialyseur est concentrée et divisée en deux parties placées chacune dans un tube à essais.

La liqueur du premier tube est additionnée d'un peu de poudre de craie et de trois ou quatre gouttes de perchlorure de fer concentré et neutre. On a un précipité jaune cailleboté de gummate de fer.

La seconde portion du liquide est mise à bouillir avec de l'acide sulfurique dilué. Par ce traitement, la gomme est transformée en arabinose, substance réduisant la liqueur de cuivre et douée d'un pouvoir rotatoire dextrogyre considérable.

La dextrine pourra être séparée de la gomme et caractérisée en soumettant le liquide du dialyseur au traitement que, pour la même recherche, nous avons donné pour les glucoses.

Dans le cas de la présence de la dextrine, la réaction de l'arabinose perd de sa valeur : car la première peut être en partie saccharifiée par l'action de l'acide et réduire alors la liqueur de cuivre. Du reste, la réaction du perchlorure de fer est très sensible et caractéristique.

L'acide salicylique se recherche dans les sirops de la même façon que dans les vins.

Matières colorantes. — La recherche de la matière colorante des sirops se fait comme pour les confiseries ; mais, pour la recherche des matières colorantes rouges qui sont les plus fréquentes, on suit la même marche que pour les vins.

Indiquons cependant que l'on a quelquefois trouvé des liqueurs de mauvaise qualité colorées à l'aide de *chromate de potasse*. Dans ce cas, la liqueur étendue d'eau et additionnée d'acide acétique et de sous-acétate de plomb donnera un précipité jaune de chromate de plomb. D'autre part, si nous versons un peu de cette liqueur étendue d'eau dans un tube, que nous y ajoutions un peu d'éther et d'eau oxygénée, nous obtiendrons, en agitant doucement, une coloration bleue qui passera dans l'éther ; cette couleur due à la formation d'acide perchromique est caractéristique.

Recherche de la vanilline (1). — On peut avoir à rechercher cette substance soit dans les sirops, soit dans les confiseries, quand il s'agit de savoir si ces substances ont été aromatisées artificiellement.

Pour cela, on concentre le sirop, et l'extrait est redissous dans l'eau et épuisé par l'éther ; on lave celui-ci, puis on le traite par du bisulfite de soude. La couche inférieure étant décantée, on y ajoute un excès d'acide chlorhydrique. Quand le bisulfite est décomposé, on chasse le gaz restant à l'aide d'un courant d'air sec.

On épuise à nouveau par l'éther qui est décanté et évaporé. La vanilline est très reconnaissable à l'odeur du résidu.

Recherche et dosage des acides tartrique, citrique, malique. — Les dosages de ces acides peuvent quelquefois fournir de bonnes indications dans l'analyse des sirops, des confitures et des jus de fruits. Voici le procédé à employer.

Les liqueurs sirupeuses sont traitées par leur volume d'alcool à 90°. Après repos de plusieurs heures, on décante, puis on filtre. Le dépôt, jeté ensuite sur le filtre, est lavé à l'eau bouillante. La liqueur filtrée est additionnée de sous-acétate de plomb. Le précipité recueilli est lavé avec de l'alcool à 60°. On l'arrose ensuite d'ammoniaque et on recueille le liquide filtré qui contient les acides citrique, malique et tartrique, plus ou moins mélangés de matière colorante.

Cette liqueur est additionnée de sulfure ammonique et acidifiée par de l'acide acétique ; on filtre, la liqueur filtrée est additionnée d'un petit excès d'une solution d'acétate de potasse, afin de combiner l'acide tartrique, et on ajoute à la liqueur deux fois son volume d'alcool à 95°. On agite énergiquement et on laisse déposer dans un endroit frais pendant quelques heures. On filtre sans s'inquiéter

(1) D'après le procédé de MM. Tiemann et Haimann.

du précipité adhérent au vase. On lave le vase et le précipité à l'aide d'alcool à 60°. La liqueur filtrée mise de côté va servir au dosage des acides citrique et malique.

Dosage de l'acide tartrique. — Le filtre sur lequel on vient de passer la liqueur est placé sur le vase qui a servi à la précipitation et sur la paroi duquel des cristaux de bitartrate sont restés adhérents. On lave le filtre à l'eau bouillante qui dissout le tartre, puis on ajoute au liquide deux gouttes d'une solution alcoolique de phtaléine du phénol; on verse goutte à goutte, à l'aide d'une burette graduée, de la solution décime de potasse, jusqu'à ce qu'on aperçoive la teinte rose de la phtaléine. Le nombre de centimètres cubes de liqueur de potasse multiplié par 0,0188 donne la quantité de bitartrate de potasse qui, multipliée par 0,79, donne celle d'acide tartrique correspondant (1).

Dosage des acides citrique et malique. — Le liquide contenant ces acides est additionné d'un peu de chlorure de calcium, puis d'un petit excès d'ammoniaque et d'un peu d'alcool; on porte au bain-marie pendant une demi-heure et on filtre. On lave avec de l'eau de chaux bouillante. Le liquide filtré contient l'acide malique; sur le filtre est resté le citrate de chaux, lequel est dissous à l'aide de l'acide azotique et précipité par l'acétate de plomb. Après dépôt, on filtre et on lave par décantation avec de l'alcool à 60°. Le précipité est décomposé par l'hydrogène sulfuré, après l'avoir fait passer à l'aide d'un jet de pissette dans un vase à large ouverture.

On filtre, on lave, et la liqueur est mise à bouillir jusqu'à disparition d'odeur d'acide sulfhydrique.

On titre avec la potasse décime, comme pour le tartre. Chaque centimètre cube de cette dernière correspond à $0^{gr},0070$ d'acide citrique.

La liqueur contenant l'acide malique à l'état de malate de chaux est concentrée, puis on lui ajoute un petit excès de carbonate de soude; on filtre et on lave à l'eau bouillante; on concentre et on ajoute un peu de chlorure de calcium et 2^{vol} d'alcool à 90°.

On laisse déposer, on recueille, on dissout dans un peu d'acide chlorhydrique ou azotique; on précipite par l'acétate de plomb. Le précipité est décomposé par l'hydrogène sulfuré et on titre avec la solution de potasse décime dont $1^{cc} = 0,0067$ d'acide malique.

CONFISERIES

Les confiseries, au point de vue de leur analyse, peuvent être divisées en deux grandes classes : 1° les confitures, les gelées de fruits et les fruits confits ; 2° les sucreries (pastilles, dragées, etc.).

(1) On ajoute $0^{gr},2$ par litre au poids de tartre obtenu, ce qui correspond au tartre resté dissous dans l'alcool éthéré.

CONFITURES ET GELÉES DE FRUITS

Ces substances doivent renfermer, outre des éléments des fruits : de l'eau, du sucre cristallisable et une certaine quantité de sucre inverti provenant de l'action des acides des fruits employés sur la saccharose, à laquelle s'ajoute celui que ces fruits contiennent en propre.

Les confitures bien préparées ont un bel aspect, une odeur agréable et se conservent fort bien. Les produits de qualité inférieure ou falsifiés fermentent assez promptement; ils deviennent fluides et mousseux et se recouvrent de champignons dès qu'on les abandonne quelque temps à l'air.

Les *principales falsifications* consistent dans l'addition de glucose, de gomme ou de mucilages, de gélose, de gélatine, de matières colorantes et d'essences ou parfums. Quelquefois même le fruit est remplacé par une purée soit de navets soit de potirons.

On trouve aussi quelquefois de l'amidon.

Enfin, les produits de mauvaise qualité sont additionnés d'antiseptiques destinés à assurer leur conservation : acides salicylique, borique, oxalique.

Analyse des confitures.

On dose le sucre dans une confiture ou une gelée de fruits de la même façon que dans les sirops, en pesant 50^{gr} de matière que l'on dissout de façon à faire 200^{cc}.

Recherche du glucose commercial. — On se base sur les déviations avant et après inversion, et sur la présence de la dextrine qui peut être décelée comme dans les sirops ou dans le miel.

Recherche de la gomme. — On emploie le procédé indiqué pour les sirops. Il en est de même pour l'amidon.

La recherche des substances employées comme succédanées des fruits se fait au microscope, comme dans l'analyse des conserves.

Recherche de la gélose. — Cette substance gélatiniforme est extraite de certains varechs.

La substance qu'on appelle *mousse de Chine* est formée de gélose en grande partie; on l'emploie dans la préparation de gelées alimentaires.

La recherche de la gélose est subordonnée à celle d'une diatomée spéciale : l'*arachnoïdiscus japonicus*, que l'on trouve spécialement sur les varechs à gélose.

On sait que les diatomées sont des algues microscopiques formées d'une seule cellule renfermée dans une charpente siliceuse incombustible (1).

Pour isoler l'arachnoïdiscus, on se base précisément sur la nature chimique de son squelette; à cet effet, on soumet à la dialyse 100^{gr} de confitures. Le liquide

(1) Voir Pelletan, *Le microscope*.

resté sur le dialyseur est passé sur un petit filtre qui est ensuite séché et détruit, ainsi que son contenu, au moyen d'un mélange d'une partie d'acide sulfurique et de trois parties d'acide azotique. Quand les matières organiques sont complètement détruites, on étend d'eau dans un vase conique et on laisse déposer. Au bout de 24 heures, on examine le dépôt au microscope. L'arachnoïdiscus a une forme caractéristique. (Voir Pelletan, *Le microscope*, page 566.)

Recherche de la gélatine. — On ajoute à 20gr de confitures une quantité assez grande d'alcool à 80°; la gélatine est précipitée. On décante, on met de côté un peu du précipité et le reste est dissous dans l'eau; la liqueur obtenue est séparée en deux parties: dans l'une on ajoute, goutte à goutte, une dissolution fraîche de tanin qui précipite la gélatine; dans l'autre, on verse quelques gouttes d'acide picrique qui donne également un précipité de picrate de gélatine. Enfin, la portion du précipité mise à part est additionnée de chaux vive, puis chauffée à la flamme d'un bec Bunsen, après avoir recouvert le tube d'un petit morceau de papier de tournesol rouge et humide, recouvert lui-même d'un verre de montre.

Dans le cas de gélatine, on a un dégagement d'ammoniaque qui bleuit le papier réactif; on peut aussi reconnaître l'ammoniaque à son odeur et aux fumées blanches qui prendront naissance, si l'on approche de l'ouverture du tube une baguette de verre dont l'extrémité sera mouillée par de l'acide chlorhydrique.

Dosage de l'acidité. — On dissout 10gr de confitures dans l'eau distillée, puis on titre à l'aide d'une solution de potasse décime en se servant, comme indicateur, de papier bleu de tournesol, sur lequel on fait des touches à l'aide d'un agitateur. Quand une touche indique que la liqueur est neutre, on lit le nombre de centimètres cubes de potasse employés. Chaque centimètre cube = 0gr,0075 d'acide tartrique, forme sous laquelle s'exprime généralement cette acidité.

Recherche du cuivre, de la strontiane. — La strontiane se recherche comme dans les sucres raffinés, et le cuivre comme dans les vins.

Recherche des antiseptiques. — L'acide salicylique est caractérisé comme dans les sirops et les vins. L'*acide oxalique* est facilement décelé en dissolvant dans l'eau distillée 50gr de confitures; on filtre, on ajoute quelques centimètres cubes de chlorhydrate d'ammoniaque, puis un léger excès d'ammoniaque. On précipite alors l'acide oxalique par une solution de chlorure de calcium et on abandonne à une douce chaleur pour favoriser la précipitation.

L'*acide borique* se retrouve dans les cendres. On incinère 20 à 25gr de confitures; les cendres sont additionnées d'un peu de fluorure de calcium, d'acide sulfurique et d'alcool que l'on enflamme. En recouvrant aux 3/4 la capsule avec un couvercle de platine, on aperçoit nettement la coloration verte de la flamme due au fluorure de bore.

SUCRERIES

La recherche à faire le plus souvent, dans l'examen des sucreries, est celle de la nature du colorant.

Cependant, pour les pralines, les dragées, etc., il sera bon de rechercher les matières amylacées et même la dextrine.

Les boules de gomme sont quelquefois formées simplement de gélatine et d'une matière colorante, le tout additionné d'une essence.

La recherche de la gélatine se fera par le procédé indiqué pour les confitures, mais on opère sur la dissolution directe, dans l'eau chaude, de la substance à examiner; un caractère de la gélatine que l'on peut mettre à profit, c'est celui de se dilater considérablement au sein de l'eau; on abandonne pendant 24 heures une ou deux boules de gomme dans un vase rempli d'eau; on constate, au bout de ce temps, une augmentation très notable de leur volume.

RECHERCHE DES MATIÈRES COLORANTES DANS LES CONFISERIES

Nous donnons plus loin le texte de l'ordonnance concernant la coloration des matières alimentaires.

Pour la recherche des matières colorantes dans les confitures et les sucreries, on les dissout dans l'eau et on se trouve dans les conditions ordinaires.

Quelquefois, ces substances peuvent être colorées à l'aide de laques; en ce cas, il est nécessaire de les faire bouillir dans l'eau additionnée d'un excès d'acide chlorhydrique, afin de décomposer la laque.

Notons que les couleurs rouges végétales donnent, presque sans exception, une coloration passant du violet au bleu, puis au vert brun, quand on y ajoute de l'ammoniaque petit à petit jusqu'à excès.

De sorte que le premier essai à faire sera d'additionner la liqueur d'ammoniaque, et si, par un excès, la coloration ne vire pas au vert, on pourra soupçonner la présence soit d'orseille, de campêche, de cochenille, ou d'un dérivé de la houille.

Les tableaux suivants indiquent les réactions des principales couleurs végétales.

Réactions des principaux colorants végétaux rouges.

NATURE DES COLORANTS	AMMONIAQUE	ALUN ET CARBONATE DE SOUDE A 20 p. 100		MÉLANGE DE CARBONATE DE SOUDE ET ACÉTATE D'ALUMINE
		LAQUE	LIQUEUR FILTRÉE	
Airelle Myrtille.	Gris verdâtre.	Bleu verdâtre, rosé sur les bords.	»	Bleu violet.
Betterave. . . .	Jaune brun sale ou rosé.	Vert sale ou rosée.	»	Grenat.
Cassis	Vert foncé.	Bleu verdâtre.	Vert bouteille.	Violet bleu.
Campêche . . .	Rouge violacé.	Bleu violacé ou rose.	»	Violacé.
Fernambouc. .	Groseille.	Rose.	Rosée.	Lilas vineux.
Framboises. . .	Vert bleuâtre.	Rosée.	Vert bleuâtre.	Lilas violacé.
Groseilles.. . .	Jaune brun verdâtre.	Gris, pointe de lilas.	Gris marron, pointe de vert bouteille.	Roux marron.
Mauve noire. .	Vert foncé, puis jaune.	Vert foncé.	»	Bleu mauve.
Mûre des haies.	Vert jaunâtre.	Blanc ou rose violet.	Bleutée.	Violet verdâtre.
Phytolacca. . .	Lilas.	Violet.	»	Liquide violet passant au jaune par l'ammoniaque.
Sureau.	Vert franc.	Bleu violacé.	»	Violet virant au bleu par acétate de cuivre.

L'orseille se retrouve facilement en agitant le liquide coloré avec de l'éther, décantant et traitant l'éther, qui s'est coloré en jaune, par l'ammoniaque, la coloration passe au violet; l'addition d'acide acétique fait virer le violet au rouge. Traitée par l'alun et le carbonate de soude, la liqueur colorée à l'orseille donne un liquide filtré rose, tandis que la laque est noirâtre avec une pointe de rose.

Le campêche colore également l'éther en jaune, mais l'addition d'ammoniaque fait passer la couleur au rouge à peine violacé. Le bichromate de potasse donne une coloration violette mélangée de jaune verdâtre.

La cochenille se retrouve de la façon suivante : On acidule la liqueur par de l'acide chlorhydrique, puis on l'agite avec de l'alcool amylique, lequel prend une couleur plus ou moins jaune, suivant la quantité de cochenille. On sépare la liqueur aqueuse et on lave l'alcool amylique jusqu'à ce qu'il soit neutre. Après l'avoir décanté dans un tube à essais, on y ajoute un peu d'eau, puis, goutte à goutte, une dissolution d'acétate d'urane, en agitant chaque fois; dans le cas de cochenille, l'eau prend une couleur vert émeraude qui est caractéristique. L'ammoniaque communique à l'alcool une coloration violette, très sensible, même avec des traces de colorant.

Réactions des principaux colorants jaunes.

COLORANTS	AMMONIAQUE	ACIDE CHLORHYDRIQUE	ALUN ET CARBONATE DE SOUDE A 20 P. 100	
			LAQUE	LIQUEUR FILTRÉE
Graine de Perse. .	Jaune rouge.	Préc. jaune brun.	Orange.	»
— d'Avignon.	Jaune rouge.	Préc. jaune brun.	Orange.	»
Bois jaune. . . .	Jaune plus clair.	Jaune orange.	Orange.	»
Quercitron. . . .	Devient plus clair.	Préc. jaune clair.	Jaune rouge avec pointe de vert.	»
Gaude	Jaune d'or.	La nuance forcée.	Jaune verdâtre.	»
Bois de fustet . .	Rouge jaunâtre.	Devient plus jaune.	Jaune clair.	»
Curcuma.	Brun rouge.	Préc. cramoisi.	Jaune clair.	»

Les confiseries sont souvent colorées en *vert* ou en *bleu* par l'indigo, le bleu de Prusse, l'outremer. L'indigo vire au vert par l'ammoniaque; puis si l'on fait bouillir, la liqueur devient bleu clair.

Le bleu de Prusse est insoluble dans l'eau; l'addition de potasse le décolore; si on acidifie ensuite la liqueur filtrée par l'acide chlorhydrique, on a un nouveau précipité de bleu de Prusse par l'addition d'un sel ferrique.

L'outremer se reconnaît facilement à ce qu'il se décolore par l'acide chlorhydrique en dégageant de l'hydrogène sulfuré qui noircit un papier imprégné d'acétate de plomb.

Matières colorantes de la houille. — Pour la recherche des matières colorantes artificielles dans les sirops, confitures, etc., les procédés à employer sont les mêmes que pour les vins. Nous donnons, néanmoins, dans les tableaux suivants, les réactions et les propriétés des principaux colorants, ce qui permettra de les caractériser, d'après les méthodes de MM. Otto Witt et Ed. Weingaertner.

Les colorants sont classés en colorants basiques solubles dans l'eau, en colorants acides également solubles, et, enfin, en colorants insolubles dans l'eau.

Nous rappellerons que les colorants basiques sont ceux qui précipitent par le tanin, tandis que les colorants acides ne précipitent pas par ce réactif.

Pour isoler les colorants basiques, on agitera la liqueur rendue alcaline par l'eau de baryte, ou une solution de soude, ou de potasse, avec de l'éther acétique qui sera ensuite lavé, filtré et évaporé en présence d'un mouchet de soie ou d'un fil de laine, sur lequel on fera les réactions; si la liqueur éthérée s'est colorée, on pourra aussi évaporer l'éther décanté sur une soucoupe et faire les réactions sur le résidu.

Pour la recherche des colorants acides, on ajoute à la liqueur à essayer un excès de magnésie calcinée, puis d'une solution d'acétate mercurique à 20gr p. 100.

On fait bouillir et on filtre. La liqueur filtrée est colorée ou ne l'est pas; mais, dans ce dernier cas, elle se colore par l'addition d'acide acétique dans le cas d'un colorant de la houille.

Le sulfo de la rosaniline se distingue parce qu'il se décolore par l'ammoniaque, tandis que les sulfo-azoïques restent colorés; les dérivés azoïques et les éosines se dissolvent presque tous dans l'éther acétique, ou l'alcool amylique, en liqueur ammoniacale; le sulfo de la rosaniline est complètement insoluble dans ces conditions.

Pour la recherche des dérivés azoïques et des phtaléines, on isole le colorant: 1° en agitant la liqueur saturée d'ammoniaque, avec de l'alcool amylique; 2° la liqueur est acidifiée par l'acide chlorhydrique ou sulfurique, et agitée avec l'alcool amylique.

Dans ces deux cas, l'alcool est lavé et chassé par évaporation, et sur le résidu, on caractérise la matière colorante.

TABLEAU DES RÉACTIONS DES PRINCIPAUX COLORANTS BASIQUES

Ces colorants se dissolvent dans l'éther acétique en présence d'eau de baryte ; ils sont également solubles dans l'alcool amylique ammoniacal qu'ils colorent ou ne colorent pas, mais dans ce dernier cas l'addition d'acide acétique fait reparaître la coloration (ils précipitent par le tanin).

COLORANTS	ACTION DE SO^4H^2 CONCENTRÉ	ACTION DE SO^4H^2 + EAU	ACTION DE HCl	ACTION DES ALCALIS	COULEUR DE LA SOLUTION ÉTHÉRÉE	COULEUR DE LA SOLUTION DANS L'ALCOOL AMYLIQUE	OBSERVATIONS ET REMARQUES
Rouges.							
Fuchsine (Rouge d'aniline, Magenta.	Colorat. jaune brun.	SO^4H^2 + acétate de soude fait reparaître la couleur	Colorat. jaune brun.	Tendent à se décolorer.	»	+ AzH^3, très soluble.	Solution aqueuse rouge bleuâtre.
Rouge de toluylène (Rouge neutre)	Col. vert brun.	Bleu, violet, puis rouge.	Col. bleue.	Avec AzH^3, préc. brun ou coloration.	+ AzH^3, fluorescence jaune verdâtre.	»	Solution aqueuse rouge bleuâtre.
Safranine.	— verte.	Dev. bleue, puis violette, puis rouge.	— bleue.	»	+ AzH^3 est très peu soluble dans l'éther.	+ AzH^3, solution rose rouge et fluorescence orange.	Solution aqueuse + alcool donne fluorescence orange.
Jaunes et Oranges.							
Phosphine ou Chrysaniline. .	»	»	»	Préc. floconneux jaune.	+ AzH^3, jaune avec dichroïsme vert.	»	Assez facilement soluble dans l'eau.
Flavaniline	»	»	»	— blanc laiteux.	+ AzH^3, incolore mais fluorescence bleu verdâtre	»	»

TABLEAU DES RÉACTIONS DES PRINCIPAUX COLORANTS BASIQUES (*suite*).

COLORANTS	ACTION DE SO^4H^2 CONCENTRÉ	ACTION DE SO^4H^2 + EAU	ACTION DE HCl	ACTION DES ALCALIS	COULEUR DE LA SOLUTION ÉTHÉRÉE	COULEUR DE LA SOLUTION DANS L'ALCOOL AMYLIQUE	OBSERVATIONS ET REMARQUES
Jaunes et Orangés (suite).							
Auramine.	Bouillie avec SO^4H^2, étendu, se décolore.	»	Bouillie avec acide étendu, la couleur pâlit, puis disparaît.	Préc. blanc laiteux.	Incolore.	»	Solution aqueuse jaune, + HCl et à l'ébullition, se décolore peu à peu.
Chrysoïdine.	Col. brun jaunâtre ou rougeâtre.	Dev. rouge.	»	»	»	»	Teint la laine en jaune.
Vésuvine (ou Brun de diphénylène diamine ou Bismarck)	Col. brune.	»	Rouge brun + eau dev. jaune.	»	»	+ AzH^4, jaune d'or virant au rouge brun par l'acide acétique.	Le brun Bismark donne du rose. Teint la laine en orangé brunâtre.
Verts.							
Vert brillant (vert Victoria).	Col. jaune.	Devient vert faible.	Col. jaune.	Préc. rose ou gris faible.	»	»	Solution aqueuse verte, un peu jaunâtre.
Vert malachite.	— jaune.	Dev. verte.	»	— rose ou gris faible.	»	»	Très soluble dans l'eau avec une belle couleur verte.
Vert de méthyle (vert à l'iode).	— jaune ou brune.	— verte.	Col. jaune.	Se décolore sans précipité.	»	»	Solution aqueuse, bleu verdâtre, un échantillon de laine teint avec cette couleur prend une teinte violette si on chauffe à 110°.
Vert de méthylène.	Col. vert foncé	»	»	»	»	»	Solution vert foncé se décolorant absolument par réduction, mais au contact de l'air passe au bleu ciel.

TABLEAU DES RÉACTIONS DES PRINCIPAUX COLORANTS BASIQUES (*suite*).

COLORANTS	ACTION DE SO^4H^2 CONCENTRÉ	ACTION DE SO^4H^2 + EAU	ACTION DE H Cl	ACTION DES ALCALIS	COULEUR DE LA SOLUTION ÉTHÉRÉE	COULEUR DE LA SOLUTION DANS L'ALCOOL AMYLIQUE	OBSERVATIONS ET REMARQUES
Bleus.							
Bleu de méthylène.	Col. vert pré.	»	Précip. vert, puis pâlit.	Préc. violet rouge.	»	»	Facilement soluble dans l'eau, résiste assez longtemps à l'action des hypochlorites.
Bleu nouveau.	— verte ou violette.	Devient bleue, puis violette.	»	Na OH préc. brun noir.	»	»	Solution aqueuse bleu violacé.
Bleu Victoria.	Colorat. jaune brunâtre.	Reprend sa couleur.	Colorat. jaune brunâtre.	Préc. rouge brun.	»	+ Az H^3, très soluble.	Se dissout assez bien dans l'eau en bleu violet.
Violets.							
Violet de méthyle	Colorat. jaune brun.	Devient verte, puis bleue, puis violette.	Colorat. jaune brun.	Préc. brun violacé.	»	+ AzH^3, passe un peu, l'acide acétique avive.	Facilement soluble dans l'eau; passe très bien en violet dans l'alcool amylique; + H Cl, la liqueur se colore en vert bleu.
Violet Hoffmann (violet neutre).	Colorat. violet sale.	Devient bleue, puis violet sale.	Col. bleue.	— brun.	»	»	Pas très soluble dans l'eau.
Mauvéine (violet Perkin, rosolane).	Col. grise.	Dev. gris vert, puis bleue, puis violette.	»	— violet.	»	»	Assez peu soluble dans l'eau.
Violet cristallisé	— orangée.	Ne change pas	Col. orangée.	»	»	»	Solution aqueuse violet pure; + H Cl, la coloration devient orange.

TABLEAU DES RÉACTIONS DES PRINCIPAUX COLORANTS ACIDES

Ces colorants sont insolubles ou peu solubles dans l'éther acétique en présence d'eau de baryte et, en tout cas, l'addition d'acide acétique n'augmente pas la coloration; ils sont aussi peu ou pas solubles dans l'alcool amylique (ces colorants ne précipitent pas par le tanin).

COLORANTS	ACTION DE SO^4H^2 CONCENTRÉ	ACTION DE SO^4H^2 + EAU	ACTION DE H Cl	ACTION DES ALCALIS	COULEUR DE LA SOLUTION ÉTHÉRÉE	OBSERVATIONS ET REMARQUES
Rouges.						
Éosine	Col. jaune ou brune.	»	Col. jaune.	Fluorescence.	+ acide, col. jaune non fluorescente.	La solution alcaline a une fluorescence jaune verte qui augmente par la dilution.
Safrosine (écarlate d'éosine)	Col. jaune d'or	»	— orangée faible.	»	Jaune.	Solution rouge bleu, peu fluorescente; si fait brûler, serpents de Pharaon.
Phloxine	— jaune orangé.	»	Col. orangée faible.	»	+ H Cl, jaune orangé.	Solution légère fluorescence verte; solution rouge bleuté.
Rose Bengale	Col. orangé.	»	Préc. rouge ponceau	»	»	Solution aqueuse non fluorescente; solution bleu foncé; solution alcoolique à fluorescence jaune d'or.
Écarlate Biebrich (écarlate double)	— vert pré	Devient bleue, puis brune.	Préc. brun et color. violet sale.	»	»	
Crocéine (écarlate de crocéine 3 B).	— bleu indigo.	Dev. violette, puis rouge.	»	Az H^3 + eau, solution étant réduite ne redevient pas jaune.	»	
Rouge Congo ou Congo 6 R	Col. bleu ardoise.	Ne change pas ou peu.	+ eau, bleu pur.	»	»	Teint le coton en rouge; une trace d'acide fait virer la solution aqueuse au bleu franc.
Ponceau de xylidine	Col. violet.	Préc. brun.	»	»	»	
Coccine (Coccinine)	Colorat. rouge violet.	Rouge.	»	Az H^3 + eau, solution brune.	»	Solution aqueuse d'un beau rouge, passant au brun par l'ammoniaque.
Ponceau R. 2 R. 3 R. (dérivés des homologues sup. des xylidines)	Col. rouge.	Rouge brun.	»	»	»	Solution aqueuse rouge.

TABLEAU DES RÉACTIONS DES PRINCIPAUX COLORANTS ACIDES (*suite*).

COLORANTS	ACTION DE SO^4H^2 CONCENTRÉ	ACTION DE SO^4H^2 + EAU	ACTION DE HCl	ACTION DES ALCALIS	COULEUR DE LA SOLUTION ÉTHÉRÉE	OBSERVATIONS ET REMARQUES
Rouges (suite).						
Roccelline (R. solide)	Colorat. bleu violet.	Préc. brun jaunâtre.	»	»	»	Solution aqueuse rouge brun foncé.
Bordeaux B ou GR	Colorat bleu indigo.	Dev. rouge.	»	AzH^3 décolore lentement.	»	Solution aqueuse rouge grenat.
Fuchsine acide	Colorat. jaune brun.	Rouge.	»	AzH^3 décolore, ac. acétique fait reparaître la couleur.	»	Solution aqueuse rouge.
Coralline et Aurine	Col. jaune.	Reste jaune.	Préc. rouge.	Ne se dissout pas dans l'alcool amylique en présence d'ammoniaque, mais cette dernière donne une coloration violette.	»	Solution aqueuse rouge, possède une odeur de phénol.
Benzopurpurine (B) (4 B)	— bleu indigo.	Préc. violet noir.	»	»	»	Solution rouge écarlate, stable avec les acides dilués.
Deltapurpurine 5 B	Col. bleu vert.	Dev. violette, puis rouge sale.	Noir olive.	»	»	Solution aqueuse rouge orangé.
Congo Corinthe	— bleue.	Devient brun rouge.	»	»	»	Solution aqueuse rouge fuchsine.
Congo Corinthe B	— bleue.	Dev. violette.	»	»	»	Solution aqueuse rouge Bordeaux.
Erythrosine	— brun orange.	»	Préc. orangé.	»	»	Solution aqueuse rouge bleuâtre.
Ponceau S	Col. bleue.	»	»	AzH^3 étendu donne du violet rouge.	»	Solution ammoniacale réduite revient au jaune intense sur le papier à filtrer.
Pourpre N	Col. bleue verdâtre.	Devient rouge sale.	»	»	»	Solution aqueuse rouge.

TABLEAU DES RÉACTIONS DES PRINCIPAUX COLORANTS ACIDES (*suite*).

COLORANTS	ACTION DE SO^4H^2 CONCENTRÉ	ACTION DE SO^4H^2 + EAU	ACTION DE H Cl	ACTION DES ALCALIS	COULEUR DE LA SOLUTION ÉTHÉRÉE	OBSERVATIONS ET REMARQUES
***Rouges** (suite).*						
Héliotrope	Col. bleue.	Préc. rouge, puis brun.	»	»	»	Solution aqueuse rouge bleuâtre.
Rosazurine G et B.	Colorat. bleue terne.	Devient rouge sale.	Col. vert olive.	»	»	Solution aqueuse rouge.
Induline, Nigrosine	»	»	Préc. gris rougeâtre.	Préc. rouge ou violet.	»	Solution aqueuse allant du bleu gris au rouge gris, acide nitrique ne décolore pas, même à chaud.
Jaunes et Orangés.						
Fluorescéine (Uranine). . . . . . . Benzilfluorescéine (Chrysoline) . . .	Col. jaune.	»	Solution aq. + H Cl détruit la fluorescence et donne préc. jaune.	Fluorescence verte.	»	Solution aqueuse brun jaune avec fluorescence verte intense que les acides font disparaître.
Acide picrique	Rien.	»	Rien.	La couleur se fonce.	»	Solution aqueuse jaune verdâtre, d'un goût amer.
Jaune Martius	Préc. blanchâtre.	»	Préc. blanchâtre.	»	+ H Cl donne du jaune clair.	Solution aqueuse jaune d'or.
Jaune Naphtol S.	»	»	»	»	Sol. aq. agitée avec éther ne donne rien.	Solution jaune d'or.
Aurantia	Rien.	»	Préc. jaune.	+ alcalis en excès, préc. rouge foncé.	»	Solution aqueuse rouge devenant jaune par dilution.
Chrysamine G et R (voir col. insolubles	Colorat. rouge fuchsine.	Préc. brun ou olive.	»	»	»	Soluble surtout dans l'eau chaude.

TABLEAU DES RÉACTIONS DES PRINCIPAUX COLORANTS ACIDES (*suite*).

COLORANTS	ACTION DE SO^4H^2 CONCENTRÉ	ACTION DE SO^4H^2 + EAU	ACTION DE HCl	ACTION DES ALCALIS	COULEUR DE LA SOLUTION ÉTHÉRÉE	OBSERVATIONS ET REMARQUES
Jaunes et Orangés (suite).						
Jaune brillant	Colorat. rouge fuchsine.	Dev. violet.	»	»	»	Solution aqueuse jaune orangé.
Chrysophénine	Colorat violet rougeâtre.	Préc. bleu.	»	»	»	Solution aqueuse jaune orangé.
Jaune solide R et G	Col. jaune.	Devient rouge brun, puis orangé.	»	»	»	Solution aqueuse jaune.
J. de diphénylamine Tropéoline OO, Orangé IV	— violette.	Dev. rougeâtre et préc. bleu.	»	»	»	Solutions aqueuses jaunes.
Orangé de méthyle (Tropéoline D) Orangé III, Orangé d'éthyle et de diméthylaniline	— rouge.	Devient rouge carmin.	Préc. rouge violet.	»	»	Solutions aqueuses jaunes.
Jaune N (Poirier)	Colorat. vert bleuâtre.	Col. violette, puis préc. bleu ardoise.	»	»	»	Solution aqueuse jaune; n'est pas très soluble.
Jaune de métanile	Colorat. violet sale.	Devient rouge fuchsine.	»	»	»	Solution aqueuse orange.
Lutéoline	Col. vert jaunâtre.	Dev. violette, puis préc. gris.	»	»	»	Solution aqueuse jaune.
Citronine, Jaune indien Curcumine	Colorat. rouge carmin.	Dev. jaune.	»	»	»	Solution aqueuse jaune et trouble, si on chauffe sur lame de platine, formation de serpents de Pharaon.
Orangé (DRP 3229)	Color. orangé foncé.	Ne change pas.	»	»	»	Solution aqueuse orangée.
Tropéoline O, Orangé O Chrysoïne	Col. orangé.	Ne change pas.	HCl en excès dans sol. aq. préc. gris.	»	»	Solution jaune.

TABLEAU DES RÉACTIONS DES PRINCIPAUX COLORANTS ACIDES (*suite*).

COLORANTS	ACTION DE SO^4H^2 CONCENTRÉ	ACTION DE SO^4H^2 + EAU	ACTION DE HCl	ACTION DES ALCALIS	COULEUR DE LA SOLUTION ÉTHÉRÉE	OBSERVATIONS ET REMARQUES
Jaunes et Orangés (suite).						
Orangé II, Tropéoline 000 (1) ... Mandarine, Orangé du β-naphtol ..	Colorat. rouge carmin.	Préc. orangé.	»	La soude ne change pas la couleur de la solution aqueuse.	»	Solution rouge orange.
Orangé I, Tropéoline 000 (2)	Col. violette.	Préc. brun, puis solution orange.	»	La soude donne dans la solution aqueuse une coloration carmin.	»	Solution rouge orange.
Tartrazine	— jaune.	»	»	La soude est sans action	»	Solution orangée.
Alizarine S (Nitroalizarine)	— jaune d'or	Devient jaune paille.	Col. jaune.	Solution aq. concentrée + soude, devient violette; + AzH^3 devient rouge.	»	Solution jaune brun.
Violets.						
Violet acide	Col. orangé.	Dev. bleu vert, puis violet.	»	AzH^3 décolore solution aqueuse.	»	Solution violette.
Azoviolet (violet azoïque)	— bleu indigo.	Devient bleu violet.	»	»	»	Solution rouge violet.
Héliotrope (voir rouges)	»	»	»	»	»	»
Induline et Nigrosine (voir rouges).	»	»	Préc. bleuté ou rougeâtre	Donnent préc. rouges ou violets.	»	Solution variant du bleu gris au rouge gris; ne se décolore pas par acide nitrique à chaud.
Bleus.						
Bleus alcalins	Colorat. rouge brun.	Donne préc. bleu.	Préc. bleu.	Décolorent presque entièrement la solution aqueuse.	»	Teint la laine en solution AzH^3 qui, lavée et plongée dans bain acide, prend coloration bleu foncé.
Bleu soluble (bleu coton)	»	»	»	Ne précipite pas la solution aqueuse.	»	Très soluble dans l'eau; ne teint la laine qu'en bain acide.

TABLEAU DES RÉACTIONS DES PRINCIPAUX COLORANTS ACIDES (*suite*).

COLORANTS	ACTION DE SO^4H^2 CONCENTRÉ	ACTION DE SO^4H^2 + EAU	ACTION DE H Cl	ACTION DES ALCALIS	COULEUR DE LA SOLUTION ÉTHÉRÉE	OBSERVATIONS ET REMARQUES
Bleus (suite).						
Benzoazurine G	Col. bleu verdâtre.	Préc. bleu franc.	»	»	»	Solution aqueuse bleue.
Benzoazurine R.	Col. bleue.	Préc. bleu violet.	»	»	»	Solution violette.
Azobleu (bleu azoïque)	— bleue.	Préc bleu violet.	»	Dissolvent en rouge.	»	Solution aqueuse violet rouge.
Bleu d'alizarine S	— jaune d'or	Devient jaune paille.	Dissout en jaune.	Az H^3 dissout en rouge. Na OH ajouté à solution aqueuse donne violet.	»	Solution aqueuse jaune brunâtre.
Carmin d'indigo.	»	»	»	Az H^3 et poudre de zinc donnent liqueur incolore dont la nuance reparaît à l'air.	»	Soluble dans l'eau ; ne teint la laine que sur bain acide. L'acide nitrique étendu décolore définitivement à chaud.
Indulines solubles.	Préc. sol. aq. en bleu.	»	Préc. sol aq. en bleu.	Colorent la solution aq. en nuances allant du rouge au violet. Az H^3 et poudre de zinc agissent comme pour carmin d'indigo.	»	Sont solubles dans l'eau ; l'acide nitrique ne décolore pas la solution aqueuse, même à chaud.
Verts.						
Vert à l'essence d'amandes amères (sulfo-conjugué). Vert lumière. vert Helvétia, vert acide.	Ajouté à sol. aq. donne col. plus foncée; si ajoute excès devient jaune.	»	Comme SO^4H^2	Décolorent entièrement la solution aqueuse.	»	Se dissout bien dans l'eau en donnant une liqueur verte assez faible. Ne teint laine et soie soufrée que sur bain acide; les échantillons teints peuvent résister pendant quelques instants à une température de 150°.

TABLEAU DES RÉACTIONS DES PRINCIPAUX COLORANTS INSOLUBLES DANS L'EAU

En général, ces colorants ne se dissolvent que dans la soude concentrée ou l'alcool.

COLORANTS	ACTION DE SO^4H^2 CONCENTRÉ	ACTION DE SO^4H^2 + EAU	ACTION DE HCl	ACTION DES ALCALIS	OBSERVATIONS ET REMARQUES
Rouges et Violets.					
Galléine	Col. orangée brune	Dev. rouge.	»	»	Solution dans la soude, bleu indigo qui, par dilution, passe au violet rouge.
Alizarine	— jaune rouge.	»	Col. jaune rouge.	La sol. sodique, additionnée de poudre de zinc, donne à froid, sur papier, col. violet rouge.	Solution dans la soude, bleu violet.
Anthrapurpurine. Flavopurpurine	»	»	»	Donnent du rouge fuchsine.	Solution dans la soude, rouge fuchsine.
Rouge de Magdala (Rose de naphtaline)	Col. gris verdâtre ou noir bleuté.	Devient rouge ou violet.	Étendu, donne bleu violet.	Bien si la liqueur est étendue.	Solution alcoolique rouge bleuâtre avec fluorescence rouge intense.
Éosines à l'alcool. Primerose à l'alcool	Colorat. jaune ou orange.	»	Col. jaune.	»	Solution alcoolique rouge bleu avec fluorescence jaune verte disparaissant par HCl.
Carminaphte	Col. rouge violet.	»	»	»	Solution alcoolique rouge saumon non fluorescente.
Gallocyanine (Violet solide)	— bleue.	Dev. rouge.	Col. rouge.	»	Solution sodique violette; elle se dissout aussi dans l'eau bouillante.
Rouge de Quinoléine	Pas de col., mais chaque goutte d'eau que l'on ajoute donne une col. rouge qui disparaît par agitation.		»	»	Se dissout assez bien dans l'eau bouillante, a la propriété caractéristique des quinoléines, de donner une solution incolore avec SO^4H^2 concentré.
Rhodindine (Indulines de la naphtaline)	Col. verte.	Dev. rouge bleuté.	»	»	Solution alcoolique rouge bleu sombre.

TABLEAU DES RÉACTIONS DES PRINCIPAUX COLORANTS INSOLUBLES DANS L'EAU (*suite*).

COLORANTS	ACTION DE SO^4H^2 CONCENTRÉ	ACTION DE SO^4H^2 + EAU	ACTION DE HCl	ACTION DES ALCALIS	OBSERVATIONS ET REMARQUES
Jaunes et Orangés.					
Canarine.	»	»	»	La soude donne coloration jaune.	Solution sodique jaune ; teint la laine non mordancée en jaune.
Chrysamine (voir colorants solubles).	Col. rouge fuchsine	Préc. brun.	»	Coloration orangée.	Solution sodique orangée. Certaines marques ne sont pas très solubles dans l'eau.
Marron d'alizarine.	— rouge brun.	»	»	— brun olive.	Solution sodique brun olive.
Galloflavine.	— jaune.	»	»	— jaune sale.	Solution sodique jaune sale, assez difficilement réductible.
Quinophtalone.	Fonce la nuance de la sol. alcoolique.	»	Comme SO^4H^2.	»	Solution alcoolique jaune citron.
Curcuma (Matières colorantes du) .	»	»	»	Coloration rouge brun foncé.	Solution alcoolique jaune d'or ; l'acide borique donne du brun foncé.
Bleus.					
Nitroalizarine	»	»	»	Coloration rouge.	Solution sodique rouge.
Bleu d'alizarine	»	»	»	— verte.	Se dissout difficilement dans la soude en donnant coloration verte.
Induline, Nigrosine	»	»	»	Substance sèche chauffée avec soude et benzine donne solution incolore ou jaune avec fluorescence rouge brun.	Solution alcoolique allant du bleu gris au gris rouge.
Bleu de rosaniline. . . . . } Bleu de diphénylamine . . . . . . }	Col. rouge brun.	»	Col. verdâtre.	La soude donne teinte brunâtre.	Solution alcoolique bleu intense.
Indophénol.	»	»	Fait passer la solution au brun rouge.	»	Solution alcoolique bleue, passant au brun rouge par HCl.
Vert solide (Dinitroso-résorcine) . .	Col. brun foncé.	»	»	Col. jaune foncé.	Se dissout dans la soude étendue en jaune foncé. Teint en vert sur mordant de fer.

EXTRAIT DE L'ORDONNANCE

CONCERNANT

LA COLORATION DES SUBSTANCES ALIMENTAIRES, LES PAPIERS ET CARTONS SERVANT A LES ENVELOPPER ET LES VASES DESTINÉS A LES CONTENIR.

Paris, le 31 décembre 1890.

Nous, Préfet de police,

Vu : 1° les lois des 16-24 août 1790 et 22 juillet 1791 ;

2° Les arrêtés des consuls des 12 messidor an VIII et 3 brumaire an XI et la loi du 7 août 1850 ;

3° Les ordonnances de police des 21 mai 1885 et 5 février 1889 ;

4° Les circulaires ministérielles des 17 décembre 1888 et 16 janvier 1889, relatives à l'emploi des feuilles d'étain pour envelopper les substances alimentaires ;

5° L'avis émis par le Comité consultatif d'hygiène publique de France et les instructions de M. le Ministre de l'intérieur des 7 mai 1889, 29 août et 29 septembre 1890,

Ordonnons ce qui suit :

Art. 1er. — L'emploi des couleurs ci-après désignées est interdit pour la coloration de toute substance entrant dans l'alimentation à quelque titre que ce soit :

COULEURS MINÉRALES.

Composés de cuivre. — Cendres bleues, bleu de montagne.

Composés de plomb. — Massicot, minium, mine orange. Carbonate de plomb (blanc de plomb, céruse, blanc d'argent). Oxychlorures de plomb (jaune de Cassel, jaune de Turner, jaune de Paris). Antimoniate de plomb (jaune de Naples). Sulfate de plomb. Chromates de plomb (jaune de chrome, jaune de Cologne).

Chromate de baryte. — Outremer jaune.

Composés d'arsenic. — Arsénite de cuivre, vert de Scheele, vert de Schweinfurt.

Sulfure de mercure. — Vermillon.

COULEURS ORGANIQUES.

Gomme-gutte. Aconit-Napel.

Matières colorantes dérivées des goudrons de houille, telles que fuchsine, bleu de Lyon, flavaniline, bleu de méthylène; phtaléines et leurs dérivés substitués : éosine, érythrosine.

Matières colorantes renfermant au nombre de leurs éléments la vapeur nitreuse, telles que jaune de naphtol, jaune Victoria.

Matières colorantes préparées à l'aide de composés diazoïques, telles que tropéolines, rouges de xylidines.

Art. 2. — A titre exceptionnel, il est permis d'employer pour la coloration des bonbons, des pastillages, des sucreries, des glaces, des pâtes de fruits et de certaines liqueurs qui ne sont pas naturellement colorées, telles que la menthe verte, les couleurs ci-après, dérivées des goudrons de houille, en raison de leur emploi restreint et de la très minime quantité de substances colorantes que ces produits renferment :

Couleurs roses :

Eosine (tétrabromo-fluorescéine).

Erythrosine (dérivés méthylés et éthylés de l'éosine).

Rose bengale, phloxine (dérivés iodés et bromés de la fluorescéine chlorée).

Rouges de Bordeaux, ponceau (résultant de l'action des dérivés sulfoconjugués du naphtol sur les diazoxylènes).

Fuchsine acide (sans arsenic et préparée par le procédé Coupier).

Couleurs jaunes :

Jaune acide, etc. (dérivés sulfoconjugués du naphtol).

Couleurs bleues :

Bleu de Lyon, bleu lumière, bleu Coupier, etc. (dérivés de la rosaniline triphénylée ou de la diphénylamine).

Couleurs vertes :

Mélanges de bleu et de jaune ci-dessus.

Vert malachite (éther chlorhydrique du tétraméthyl-diamidotriphénylcarbinol).

Couleurs violettes :

Violet de Paris ou de méthylaniline.

Art. 3, 4, 5, 6, 7, 8, 9.

Art. 10 — Le chef de la police municipale, les commissaires de police de la ville de Paris, les maires et les commissaires de police des communes du ressort de la préfecture de police, le chef du Laboratoire municipal et les autres préposés de la Préfecture de police sont chargés de l'exécution de la présente ordonnance.

Pour le Préfet de police,
Le Secrétaire général,
L. LÉPINE.

Le Préfet de police,
H. LOZÉ.

Partie supplémentaire.

MATIÈRES SUCRÉES

PAR SIG. DE RACZKOWSKI

Les différentes préparations sucrées, si diverses tant par l'arome que par l'aspect, sont toutes obtenues par la dissolution de principes aromatiques, colorés ou non, dans des proportions variables de sucre cristallisé.

Ces substances sont sujettes aux falsifications les plus diverses. C'est ainsi que leur consistance est souvent produite par substitution partielle ou totale, au sucre, de glucose, ou sirop de glucose et de dextrine; que les principes pectiques, mucilagineux, gommeux, etc., des fruits sont remplacés, comme dans les confitures, par de la gélose ou de la gélatine; qu'on substitue aux sucs de fruits des mélanges plus ou moins complexes de composés chimiques imitant quelquefois d'une façon assez parfaite l'arome et les caractères apparents du fruit qu'ils sont destinés à remplacer. Ces mélanges, dont une dose minime suffit pour parfumer une certaine quantité de sirop ou de confiture, se vendent dans le commerce sous les noms *d'extraits* ou *d'éthers* de cassis, groseille, citron, etc.; ils contiennent, en général, des acides tartrique ou citrique, et des colorants, tels que la cochenille, l'orseille, ou des matières colorantes dérivées de la houille.

Citons également les sirops d'orgeat fabriqués avec des extraits dans la composition desquels entrent, en solution alcoolique, de l'aldéhyde benzoïque, de la vanilline, du benjoin, de l'iris, le tout formant avec l'eau une émulsion laiteuse présentant les apparences du produit véritable.

Les investigations de l'analyse d'une préparation sucrée doivent porter sur trois points essentiels qui sont les suivants :

1° La consistance et le degré d'édulcoration donnant des produits fluides, demi-fluides, demi-solides et solides, plus ou moins sucrés, les divisant en diverses catégories comprenant les liqueurs, sirops, confitures, bonbons;

2° La nature des principes qui leur communiquent l'arome et la saveur particulière les caractérisant : infusion de fruits dans l'alcool, fruits et sucs de fruits, gomme arabique, émulsion d'amandes, et qui donnent les liqueurs telles que le guignolet, le cassis, le curaçao, les sirops de fruits, de gomme, d'orgeat, etc.;

3° La coloration provenant, dans les préparations à base de fruits, de la matière colorante qui leur est propre. Elle peut être conventionnelle dans celles qui sont obtenues avec des essences, alcoolats, ou tout autre principe non coloré ; mais elle doit toujours être d'origine végétale ou, tout au moins, présenter une innocuité absolue.

On ne peut prétendre définir dans tous les cas la nature des éléments qui constituent le parfum et la saveur d'une préparation, étant donné la proportion minime et la complexité des mélanges qui sont parfois employés; aussi est-il plus simple de rechercher à constater l'absence, dans de tels produits, des sucs de fruits ou principes auxquels ils empruntent les noms.

Nous diviserons donc l'essai d'une préparation sucrée en deux parties :

1° Le dosage des sucres, comprenant également la recherche du glucose commercial et de la dextrine;

2° Distinction entre les produits naturels et ceux qui sont factices.

I

DOSAGE DES SUCRES

Nous dosons actuellement les sucres en nous basant exclusivement, d'une part, sur l'action qu'ils exercent sur la lumière polarisée et, de l'autre, sur la propriété que possèdent certains d'entre eux de réduire les sels cuivriques. De même que l'action optique est différente pour chaque sucre et déterminée par le pouvoir rotatoire spécifique, l'action réductrice diffère également pour chacun d'eux par la proportion de sucre qui réduit complètement un même volume de liqueur cupropotassique de Fehling.

Nous utilisons enfin l'inversion produite par les acides dilués, qui, pour des conditions déterminées d'expérience, produisent le dédoublement des sucres, tels que le saccharose, en un mélange dont le pouvoir rotatoire a été étudié.

Le dosage des sucres dans une substance sucrée consiste en principe :

1° A séparer d'abord de la solution de cette substance les corps, autres que les sucres, qui pourraient agir sur la lumière polarisée ou réduire la liqueur de Fehling;

2° A rendre la solution polarisable, c'est-à-dire à précipiter les impuretés qui pourraient lui communiquer une coloration quelconque ou une certaine opacité;

3° A diluer cette solution de façon à se placer dans des conditions convenables de concentration. On sait, en effet, quelle est l'influence exercée par le degré de concentration des solutions sur les pouvoirs rotatoires des sucres qu'elles contiennent. Nous avons calculé les valeurs des pouvoirs rotatoires spécifiques pour une concentration moyenne de 10 à 14 p. 100 en volume; c'est donc dans ces conditions de dilution que nous nous plaçons;

4° La solution étant ainsi convenablement préparée, on pratique les observations saccharimétriques avant et après inversion, celles-ci étant effectuées dans des conditions identiques pour tous les cas, conditions que nous préciserons plus loin. On détermine également le volume de solution non invertie nécessaire pour réduire 10^{cc} de liqueur de Fehling, volume duquel on déduit la proportion de sucre réducteur;

5° On fait alors intervenir ces données pratiques dans des calculs qui permettent de déterminer les proportions de sucres contenues dans la substance examinée.

Nous ferons remarquer que la température exerçant une notable influence sur les pouvoirs rotatoires de certains sucres, il est indispensable d'en tenir rigoureusement compte dans ces calculs. Or il est très difficile, *pour ne pas dire impossible*, d'effectuer une observation saccharimétrique à une température déterminée, car les causes extérieures susceptibles de la faire varier sont très nombreuses. Nous avons établi, dans un chapitre précédent, des formules dans lesquelles entrent des coefficients fonctions de la température du liquide au moment de l'observation, de sorte que celle-ci peut être quelconque, il suffit de la noter soigneusement.

Nous indiquons dans ce qui suit le mode opératoire permettant de déterminer les données pratiques intervenant dans les calculs, l'application des formules aux cas particuliers que comporte l'analyse des matières alimentaires sucrées, et enfin l'interprétation des résultats amenant à la caractérisation de l'addition de glucose ou de dextrine dans les produits ne devant exclusivement contenir que du sucre cristallisable.

Détermination des déviations saccharimétriques avant et après inversion, et de la quantité de sucres réducteurs avant inversion. — Lorsque l'échantillon contient de l'alcool, il faut tout d'abord en soumettre un volume déterminé à l'évaporation au bain-marie afin de chasser cet alcool, puis ramener au volume primitif avec de l'eau distillée et à la température de 15°. Cette opération préliminaire a son importance, surtout dans les produits contenant du sucre interverti.

Comme les formules qui suivent ont été établies pour une concentration maximum de 14 p. 100, il faut diluer l'échantillon de façon à se placer dans ces conditions. Les dilutions au 1/4 ou au 1/5 pour les sirops, 1/10 pour les miels et les confitures conviennent bien. Quant aux liqueurs et jus de fruits, on ne peut adopter de dilution uniforme, leur teneur en sucre variant avec leur nature. On peut évaluer cette teneur avec une approximation suffisante, soit par la densité, soit en faisant un extrait de l'échantillon dilué. Pour les produits contenant de l'alcool on prendra évidemment la densité après avoir chassé ce dernier.

Pour effectuer la dilution, on opère de la façon suivante :

Dans le cas des produits fluides, on mesure exactement avec un ballon jaugé et à la température de 15° un volume déterminé d'eau distillée, puis on enlève un volume déterminé de cette eau correspondant à la dilution que l'on veut obtenir, et on complète de nouveau le volume primitif à l'aide de l'échantillon.

Pour les produits demi-solides ou solides, on en pèse un poids déterminé que l'on fait digérer avec un peu d'eau chaude, on agite pour favoriser la dissolution, puis, après avoir amené le liquide à la température de 15°, on complète le volume correspondant à la dilution que l'on veut obtenir, avec de l'eau distillée à cette température.

Une fois le produit dilué, il présente le plus souvent une coloration plus ou moins intense, qui peut gêner et même empêcher totalement les observations saccharimétriques; il est donc nécessaire de décolorer cette solution.

Le noir animal présentant de graves inconvénients, nous déconseillons absolument son emploi pour cet usage. Le sous-acétate de plomb, en outre de son action sur le lévulose, donne des précipités très volumineux, difficiles à filtrer, et des solutions qui se troublent assez rapidement. Nous avons constaté maintes fois que les matières colorantes qui n'étaient pas entièrement précipitées par l'acétate neutre de plomb ne l'étaient guère plus par le sous-acétate, que les filtrations des précipités qu'il produit étaient rapides et les solutions filtrées parfaitement claires en conservant cet aspect.

a) On mesure dans un ballon jaugé à 100-110^{cc}, 100^{cc} de la liqueur provenant de l'échantillon convenablement dilué, on neutralise par un peu de carbonate de chaux, puis on complète les 110^{cc} avec une solution d'acétate neutre de plomb à 10 p. 100, on agite et on filtre immédiatement. Après précipitation de la solution pour 1/10 de son volume de ce réactif, la liqueur présente parfois une légère coloration; mais celle-ci ne gêne pas en général les observations saccharimétriques; d'ailleurs, la moindre trace de noir, sans influence à une si faible dose, suffit pour rendre ce liquide incolore. On remplit alors le tube de 0^{m},22 muni d'un ajutage dans lequel est fixé, par un bouchon, un thermomètre plongeant à la surface du liquide, on fait l'observation saccharimétrique en notant la température du liquide au moment de l'observation. La déviation observée, multipliée par la dilution, représente la *déviation saccharimétrique* D *avant inversion à la température t*.

b) On mesure, à la température de 15°, 50^{cc} de cette solution dans un ballon jaugé à 50-55^{cc}; on complète les 55^{cc} avec de l'acide chlorhydrique pur dilué de moitié; on agite doucement et on porte le ballon, dans lequel on a plongé un thermomètre, soit dans une étuve à 70°, soit dans un bain-marie dont la température ne dépasse pas 70°. Le liquide du ballon doit mettre environ 10 minutes pour atteindre 68°; on le laisse 10 à 15 minutes à cette température, puis on retire le ballon pour le porter dans un réfrigérant où on le laisse jusqu'à ce que la température se soit abaissée à 15°; on complète les 55^{cc} avec de l'eau distillée, puis on filtre pour séparer le chlorure de plomb. Cette opération est souvent inutile, le chlorure de plomb précipité étant, par l'emploi de l'acétate neutre, en petite quantité. On fait alors la seconde observation saccharimétrique avec le tube de 0^{m},22 en notant la température T, qui doit être aussi voisine de *t* que possible, condition facile à obtenir si l'on prend la précaution de faire au même moment les deux observations, avant et après inversion.

La déviation observée, augmentée de 1/10, *en valeur absolue*, multipliée par la dilution, représente *la déviation saccharimétrique* D_1 *après inversion à la température* T.

c) Il ne reste plus maintenant qu'à effectuer le dosage des sucres réducteurs.

A cet effet, on verse, d'une part, dans un ballon d'une capacité de 250^{cc} environ, 10^{cc} de liqueur cuivrique de composition établie d'autre part (p. 657).

D'autre part, on dilue de nouveau la solution déjà diluée dans le but d'effectuer des observations saccharimétriques, de manière à l'amener à une teneur d'environ 0,25 p. 100 de sucre réducteur. Avec un peu de pratique, on atteint assez rapidement ce résultat par un ou deux essais préliminaires.

La liqueur cuivrique étant en pleine ébullition, on ajoute la solution sucrée à l'aide d'une burette de Gay-Lussac par petites portions, puis goutte à goutte jusqu'à décoloration complète de la liqueur, ce dont on s'assure en regardant le liquide par transparence après avoir placé une feuille de papier blanc derrière le ballon.

La petite quantité de sel de plomb existant dans la liqueur n'influence nullement le dosage.

Cela fait, on renouvelle l'essai en ajoutant en une seule fois un peu moins de solution qu'il n'en a fallu dans l'essai précédent pour obtenir la décoloration, on laisse l'ébullition se prolonger une minute ; si la réduction n'est pas terminée, on ajoute alors, goutte à goutte, la quantité nécessaire de solution pour atteindre ce but.

On note la quantité de solution sucrée employée, soit n^{cc}.

$$\frac{(0,025 \times 100) \times 11}{n \times 10} \times d = \text{SR p. } 100,$$

c'est-à-dire :

$$\frac{2,75}{n} \times d = \text{SR p. } 100.$$

d représente la dilution que l'on a dû faire subir à la solution : le facteur 11/10 correspond à l'augmentation de 1/10 qu'a subie le volume par l'addition de l'acétate neutre de plomb ; 0,025 est le titre de la liqueur cuivrique que nous employons, qui est celle de Fehling modifiée par MM. Neubauer et Vogel.

On obtient ainsi la quantité SR très approximative de sucre réducteur exprimé en sucre interverti.

Nous disons très approximative, car il faudrait tenir compte des observations de MM. Zulkowski et Meissl sur l'influence qu'exerce, sur le pouvoir réducteur du sucre interverti, la présence de quantités notables de saccharose ; mais il nous semble que, dans le but que nous poursuivons, on peut se dispenser de faire cette correction.

Calculs permettant de déterminer les proportions des divers sucres. — Les bases des formules que nous indiquons ci-après ayant été expliquées dans nos travaux antérieurs (1), et exposées dans le chapitre précédent, nous ne donnons ici que les applications pratiques que l'on peut en faire.

---

(1) *Moniteur scientifique*, 1896 ; — *Bulletin de l'Association des Chimistes de sucrerie et de distillerie*, 1896 ; — *Comptes Rendus du Congrès de Chimie appliquée*, 1896.

Rappelons que dans ces formules nous désignons par: D, D_1 et SR, les déviations saccharimétriques avant et après inversion, et la quantité de sucres réducteurs dosés par la liqueur de Fehling avant inversion, exprimée en sucre interverti, et calculés pour 100cc ou 100gr du produit, suivant que ce dernier est fluide ou solide ;

T, la température du liquide sucré pendant l'observation saccharimétrique.

Sirops. — Confitures. — Liqueurs. — Limonades. — Les sucres dont on a à effectuer le dosage sont : le *saccharose*, le *sucre interverti* et le *glucose*.

Les formules pour le cas de mélange de ces trois sucres sont les suivantes :

$$S = \frac{D - D_1}{8,89 - 0,032\,T}$$

$$SI = \frac{(6,827 - 0,0245\,T)\,SR - (0,44 - 0,0052\,T)\,D - D_1}{10,55 - 0,081\,T}$$

$$G = 0,96\,(SR - SI).$$

Si on pose :

$$\frac{1}{8,89 - 0,032\,T} = A$$

$$\frac{6,827 - 0,0245\,T}{10,55 - 0,081\,T} = B$$

$$\frac{0,44 - 0,0052\,T}{10,55 - 0,081} = C$$

$$\frac{1}{10,55 - 0,081\,T} = E$$

ces formules prennent les formes simples

$$\begin{cases} S = A\,(D - D_1) \\ SI = B \times SR - CD - ED_1 \\ G = 0,96\,(SR - SI), \end{cases}$$

A, B, C, E étant des coefficients fonction de la température T du liquide pendant l'observation après inversion.

Les valeurs de ces divers coefficients se trouvent calculées, pour les températures comprises entre 10 et 30°, dans le tableau suivant.

S, SI, G représentent les quantités de saccharose, de sucre interverti et de glucose contenues dans 100cc de sirop ou liqueur ou 100gr de confitures.

Tableau I

VALEURS DES COEFFICIENTS POUR LES TEMPÉRATURES COMPRISES ENTRE 10 ET 30°

TEMPÉRATURE T	A	B	C	E
10°...........	0,1166	0,6755	0,039	0,1026
11°...........	0,1171	0,6788	0,039	0,1035
12°...........	0,1175	0,6820	0,039	0,1044
13°...........	0,1180	0,6853	0,039	0,1053
14°...........	0,1184	0,6879	0,039	0,1061
15°...........	0,1189	0,6911	0,038	0,1070
16°...........	0,1193	0,6949	0,038	0,1080
17°...........	0,1198	0,6987	0,038	0,1090
18°...........	0,1202	0,7024	0,038	0,1100
19°...........	0,1207	0,7061	0,038	0,1110
20°...........	0,1212	0,7097	0,037	0,1120
21°...........	0,1216	0,7133	0,036	0,1130
22°...........	0,1221	0,7168	0,036	0,1140
23°...........	0,1226	0,7209	0,036	0,1151
24°...........	0,1231	0,7249	0,036	0,1162
25°...........	0,1236	0,7289	0,036	0,1173
26°...........	0,1241	0,7316	0,035	0,1182
27°...........	0,1245	0,7343	0,035	0,1191
28°...........	0,1250	0,7412	0,035	0,1207
29°...........	0,1257	0,7449	0,035	0,1218
30°...........	0,1260	0,7498	0,035	0,1231

EXEMPLE I. — *Sirop de gomme.* — On a trouvé pour une dilution au 1/5 :

$$d = +\ 97{,}5, \quad d_1 = -\ 32{,}5, \quad T = 20°.$$

La solution ne réduit que d'une façon peu sensible la liqueur de Fehling, d'où

$$SR = \text{trace}.$$

Rapportant ces valeurs à 100cc de sirop, on a :

$$D = +\ 487{,}5, \quad D_1 = -\ 162{,}5, \quad T = 20°, \quad SR = \text{trace}.$$

Appliquant les formules :

$$S = 0{,}1212\,(487{,}5 + 162{,}5) = 78{,}78$$
$$SI = 487{,}5 \times 0{,}037 + 162{,}5 \times 0{,}112 = 0{,}17$$
$$G = 0{,}96\,(\text{trace} - 0{,}17) = 0,$$

on obtient donc :

Saccharose pour 100cc..................................	78,78
Sucre interverti..................................	Trace
Glucose..................................	Néant

EXEMPLE II. — *Gelée de groseille.* — On a trouvé pour une dilution au 1/10 :

$$d = -7{,}2, \qquad d_1 = -12{,}1, \qquad T = 20°.$$

D'autre part, il a fallu 4cc,9 de la solution précédente diluée au 1/10 (soit une dilution totale de 1/100) pour réduire 10cc de liqueur de Fehling.

Rapportant les déviations et la quantité des sucres réducteurs à 100gr de gelée, on a :

$$D = -72, \quad D_1 = -121, \quad T = 20°, \quad SR = \frac{2{,}75}{4{,}9} \times 100 = 56{,}12.$$

Appliquant les formules :

$$S = 0{,}1212(-72 + 121) = 5{,}94$$
$$SI = 0{,}7097 \times 56{,}12 + 0{,}037 \times 72 + 0{,}112 \times 121 = 56{,}04$$
$$G = 0{,}96(56{,}12 - 56{,}04) = 0{,}07,$$

c'est-à-dire :

Saccharose pour 100gr de gelée	5,74
Sucre interverti	56,04
Glucose	Néant

EXEMPLE III. — *Sirop de grenadine.* — On a trouvé :

$$d = -12{,}8, \qquad d_1 = -12{,}76, \qquad T = 20°,$$

pour une dilution au 1/5 du sirop.

Il a fallu 7cc de la solution diluée elle-même au 1/40 (soit une dilution totale au 1/200) pour réduire 10cc de liqueur de Fehling.

Rapportant ces valeurs à 100cc de sirop, on a :

$$D = -64, \quad D_1 = -63{,}8, \quad T = 20°, \quad SR = \frac{2{,}75}{7} \times 200 = 78{,}56.$$

Appliquant les formules :

$$S = 0{,}1212(-64 + 63{,}8) = 0$$
$$SI = 0{,}7097 \times 78{,}56 + 0{,}037 \times 64 + 0{,}112 \times 63{,}8 = 65{,}26$$
$$G = 0{,}96(78{,}56 - 65{,}26) = 12{,}78,$$

c'est-à-dire :

Saccharose pour 100cc de sirop	Néant
Sucre interverti	65,26
Glucose	12,78

EXEMPLE IV. — *Raisiné.* — On a obtenu :

$$d = +70, \qquad d_1 = +4{,}4, \qquad T = 20°,$$

pour une dilution au 1/10 du raisiné.

On a employé $11^{cc},4$ de cette solution diluée au 1/20 (soit une dilution totale 1/200) pour réduire 10^{cc} de liqueur de Fehling.

Rapportant les déviations et la quantité des sucres réducteurs à 100^{gr} de raisiné, il vient :

$$D = +70, \quad D_1 = +44, \quad T = 20^\circ, \quad SR = \frac{2,75}{11} \times 200 = 48,23.$$

Appliquant les formules :

$$S = 0,1212(70 - 44) = 3,15$$
$$SI = 0,7097 \times 48,23 - 0,037 \times 70 - 44 \times 0,112 = 26,77$$
$$G = 0,96(48,24 - 26,77) = 20,61,$$

c'est-à-dire :

Saccharose pour 100^{gr} de raisiné	3,15
Sucre interverti	26,77
Glucose	20,61

Exemple V. — *Sirop de citron*. — Le sirop dilué au 1/5 a donné :

$$d = +45, \quad d_1 = +45, \quad T = 20^\circ.$$

Il a fallu $10^{cc},2$ de cette solution diluée au 1/40 (soit une dilution totale de 1/200) pour réduire 10^{cc} de Fehling.

On a donc pour 100^{cc} de sirop :

$$D = +215, \quad D_1 = +215, \quad T = 20^\circ, \quad SR = 54,88.$$

D étant égal à D_1, il n'y a pas de saccharose :

$$SI = 0,7097 \times 54,88 - 0,037 \times 215 - 0,112 \times 215 = 9,51$$
$$G = 0,96(54,88 - 9,51) = 43,55,$$

on a donc :

Saccharose pour 100^{cc} de sirop	Néant
Sucre interverti	9,51
Glucose	43,55

Exemple VI. — *Limonade gazeuse*. — On a trouvé pour 100^{cc} de limonade sans dilution :

$$d = +59, \quad d_1 = -18,7, \quad T = 25^\circ,$$

une réduction insensible de la liqueur de Fehling,

$$D = +59, \quad D_1 = -18,7, \quad T = 25^\circ, \quad SR = \text{trace}.$$

Ce qui donne en appliquant les formules :

$$S = 0,1226(59 + 18,7) = 9,52$$
$$SI = -0,036 \times 59 + 0,117 \times 18,7 = 0,06$$
$$G = 0;$$

on a donc :

Saccharose pour 100cc de limonade	9,52
Sucre interverti	Trace
Glucose	Néant

c'est-à-dire

Saccharose pour 100gr de raisiné	3,15
Sucre interverti	26,77
Glucose	20,61

Sucs et jus de fruits. — Miels. — Comme on peut trouver dans ces substances soit du glucose libre, soit du lévulose libre, il faut adjoindre aux formules données précédemment pour les sirops celles qui s'appliquent au cas du mélange des trois sucres, *saccharose, sucre interverti, lévulose.*

Ces formules sont les suivantes :

$$S = \frac{D - D_1}{8{,}89 - 0{,}032\,T}$$

$$SI = \frac{(14{,}07 - 0{,}126\,T)\,SR + (0{,}44 - 0{,}0052\,T)\,D + D_1}{10{,}35 - 0{,}070\,T}$$

$$L_e = 1{,}04\,(SR - SI).$$

Si on pose :

$$\frac{1}{8{,}89 - 0{,}032\,T} = A$$

$$\frac{14{,}07 - 0{,}126\,T}{10{,}35 - 0{,}070\,T} = B_1$$

$$\frac{0{,}44 - 0{,}0052\,T}{10{,}35 - 0{,}070\,T} = C_1$$

$$\frac{1}{10{,}35 - 0{,}070\,T} = E_1$$

les formules prennent des formes simples :

$$S = A\,(D - D_1)$$

$$SI = B_1 SR + C_1 D + E_1 D_1$$

$$L = 1{,}04\,(SR - SI),$$

S, SI, L représentant les quantités des sucres, saccharose, sucre interverti, lévulose, contenues dans 100 parties de substance.

Les coefficients A, B_1, C_1, E_1 sont donnés dans le tableau ci-après pour les températures comprises entre 10 et 30°.

Tableau II

VALEURS DES COEFFICIENTS POUR LES TEMPÉRATURES COMPRISES ENTRE 10° ET 30°

TEMPÉRATURE T	A	B_1	C_1	E_1
10°...........	0,1166	1,3247	0,0401	0,1034
11°...........	0,1171	1,3212	0,0398	0,1041
12°...........	0,1175	1,3177	0,0396	0,1049
13°...........	0,1180	1,3141	0,0393	0,1057
14°...........	0,1184	1,3105	0,0391	0,1064
15°...........	0,1189	1,3068	0,0388	0,1072
16°...........	0,1193	1,3031	0,0385	0,1081
17°...........	0,1198	1,2993	0,0382	0,1089
18°...........	0,1202	1,2954	0,0380	0,1097
19°...........	8,1207	1,2915	0,0377	0,1106
20°...........	0,1212	1,2876	0,0374	0,1114
21°...........	0,1216	1,2836	0,0371	0,1123
22°...........	0,1221	1,2795	0,0368	0,1132
23°...........	0,1226	1,2753	0,0365	0,1141
24°...........	0,1231	1,2711	0,0362	0,1150
25°...........	0,1236	1,2668	0,0359	0,1160
26°...........	0,1241	1,2624	0,0356	0,1169
27°...........	0,1245	1,2580	0,0353	0,1179
28°...........	0,1250	1,2542	0,0350	0,1189
29°...........	0,1257	1,2489	0,0346	0,1199
30°...........	0,1260	1,2442	0,0343	0,1209

Suivant que l'on vérifiera qu'il y a du glucose ou du lévulose libre, on appliquera donc, soit les formules indiquées pour le cas des sirops, soit ces dernières.

Ayant D, D_1 et SR, il est simple de savoir lequel des deux sucres se trouve dans le mélange de saccharose et de sucre interverti.

Il suffit d'effectuer la somme :

$$0{,}042\,D + 0{,}12\,D_1 + 0{,}32\,SR\ (1).$$

Si celle-ci donne une valeur positive, il y a du glucose ; il y a du lévulose si elle est négative ; il n'y a ni l'un ni l'autre de ces sucres si elle est nulle.

Exemple VII. — *Jus de cerises.* — On a trouvé pour 100^{cc} de jus additionné d'acétate de plomb, puis complété à 110^{cc} :

$$d = -8{,}9, \qquad d_1 = -9{,}6, \qquad T = 22.$$

D'autre part, il a fallu $13^{cc},1$ de jus dilué au 1/40 pour réduire 10^{cc} de liqueur de Fehling.

(1) Voir p. 664.

Ramenant à 100^{cc} de jus, on a :

$$D = -8,9, \quad D_1 = -9,6, \quad T = 22^o, \quad SR = \frac{2,75}{13,1} \times 40 = 8,39.$$

Faisant la somme $0,042\ D + 0,12\ D_1 + 0,32\ SR$, on voit qu'elle donne une quantité positive; il y a donc du glucose, et il faut appliquer la formule indiquée pour le cas des sirops, ce qui donne :

$$S = 0,1221\,(-8,9 + 9,6) = 0,085$$
$$SI = 0,7168 \times 8,39 + 0,036 \times 8,9 + 0,114 \times 9,6 = 6,16$$
$$G = 0,96\,(8,39 - 6,16) = 2,15;$$

on a donc :

Saccharose pour 100^{cc} de jus........................	0,085
Sucre interverti..	6,16
Glucose..	2,15

Exemple VIII. — *Jus de poires.* — Les données pratiques rapportées à 100^{cc} de jus ont été les suivantes :

$$D = -51, \quad D_1 = -51, \quad T = 20^o, \quad SR = 8,50.$$

Si on effectue la somme $0,042\ D + 0,12\ D_1 + 0,32\ SR$, on trouve $-5,52$, quantité négative; il y a donc une lévulose libre, et il faut appliquer les secondes formules qui donnent :

$$S = 0$$
$$SI = 1,287 \times 8,58 - 0,037 \times 51 - 0,111 \times 51 = 3,494$$
$$L_e = 1,04\,(8,58 - 3,494) = 5,27,$$

c'est-à-dire :

Saccharose pour 100^{cc} de jus de fruits....................	Néant
Sucre interverti..	3,50
Lévulose..	5,27

Exemple IX. — *Jus de cassis.* — Les données pratiques rapportées à 100^{cc} de jus ont été :

$$D = -25, \quad D_1 = -25, \quad T = 20^o, \quad SR = 12,60.$$

Faisant la somme $0,042\ D + 0,12\ D_1 + 0,32\ SR$, on trouve une valeur approximativement nulle; il n'y a donc ni glucose ni lévulose et, comme les deux déviations avant et après inversion sont égales, il n'y a pas non plus de saccharose. On a donc :

$$SI = SR = 12,60,$$

c'est-à-dire :

Saccharose pour 100^{cc} de jus........................	Néant
Sucre interverti..	12,60

REMARQUE. — Si on applique les formules concernant le mélange saccharose, sucre interverti, glucose, on trouve 12,66 et, avec les autres, 12,69, c'est-à-dire des valeurs concordantes avec celles que l'on a trouvées précédemment.

Détermination de la richesse saccharine d'un sucre solide. — On pèse le poids normal de ce sucre que l'on dissout dans l'eau et complète le volume à 100^{cc} à 15°, puis on pratique l'observation saccharimétrique. La déviation D représente la proportion en centièmes du sucre pur contenu dans l'échantillon du sucre examiné.

Rappelons les poids normaux de quelques sucres.

Saccharose	P = 16^{gr},29
Glucose	P = 20 ,44
Lactose	P = 20 ,60
Maltose	P = 7 ,80
Sucre interverti	P = 50 ,80 à 20°
Lévulose	P = 12 ,03 à 20°

Expression et interprétation des résultats.

Nous n'envisagerons ici que les préparations alimentaires sucrées, sujettes aux falsifications, c'est-à-dire sirops, confitures, liqueurs, limonades, etc., pour lesquelles il est intéressant d'interpréter les résultats de façon à rechercher et caractériser ces falsifications, consistant dans la substitution, totale ou partielle, au sucre cristallisable, de glucose, dextrine, saccharine.

Comme dans les produits qui contiennent du saccharose, l'acidité du milieu a pour effet de transformer lentement celui-ci en sucre interverti; il est préférable, dans certains cas, de transformer le sucre interverti en saccharose, de façon à pouvoir comparer les échantillons entre eux après un temps quelconque de leur préparation.

Nous rapportons les quantités de sucres dosés en poids par litre pour les sirops, les liqueurs, et en général pour les produits liquides, en grammes pour 100^{gr}, lorsque ceux-ci sont solides, comme les confitures, gelées, miels, etc.

Nous exprimons les résultats de la façon suivante :

Saccharose	en saccharose
Sucre interverti	en sucre interverti
Glucose ou lévulose	en glucose ou lévulose

Le sucre total est représenté par la somme de ces sucres.

Nous évaluons enfin chaque sucre par rapport à 100^{gr} des sucres totaux.

Ainsi, dans l'exemple IV, nous avons trouvé :

Saccharose	3,15
Sucre interverti	26,77
Glucose	20,61
SUCRES TOTAUX	50,53

c'est-à-dire

Saccharose....................	6,20	p. 100 des sucres totaux
Sucre interverti..............	53,00	— — —
Glucose.......................	40,80	— — —

et pour comparer avec les analyses d'un même échantillon effectuées à deux époques différentes :

Saccharose..................................	28,58	48,19
Glucose.....................................	20,61	

c'est-à-dire :

Saccharose.........................	59	p. 100 des sucres totaux
Glucose............................	41	— — —

Caractérisation d'un produit pur sucre. — Recherche et dosage du glucose commercial et de la dextrine. — L'échantillon est pur sucre :

La déviation due au saccharose est égale à $6,17 \times S$. Si on la retranche de la déviation D avant inversion, on obtient évidemment celle qui est due aux autres sucres.

Si on désigne par i le rapport existant entre le pouvoir rotatoire du sucre interverti à la température t et celui du saccharose, par Δ la déviation due aux autres sucres que le saccharose, en admettant que la préparation ne contient que ces deux sucres, on a :

$$0,162\Delta = I \times SI.$$

On voit qu'on aura sensiblement Δ en multipliant SR par $6,17 \times i$; $SR = SI$, car la quantité de glucose que peut contenir la préparation, si elle est à base de fruits, peut être considérée comme négligeable.

VALEUR DE $6,1 \times i$ POUR LES TEMPÉRATURES COMPRISES ENTRE 10° ET 30°

10°	— 2,257	17°	— 2,048	24°	— 1,838
11°	— 2,226	18°	— 2,018	25°	— 1,808
12°	— 2,202	19°	— 1,988	26°	— 1,778
13°	— 2,185	20°	— 1,958	27°	— 1,750
14°	— 2,141	21°	— 1,928	28°	— 1,720
15°	— 2,105	22°	— 1,899	29°	— 1,689
16°	— 2,077	23°	— 1,868	30°	— 1,659

Glucose commercial et dextrine. — Le glucose peut être ajouté sous deux formes, soit à l'état de glucose massé, soit de sirop de glucose. On est arrivé aujourd'hui à fabriquer des glucoses massés pour ainsi dire exempts de dextrine.

Les sirops de glucose, au contraire, en contiennent des proportions notables et sont en outre le plus souvent souillés par du sulfate de chaux. Ce n'est donc que dans le cas d'addition du glucose sous cette forme qu'on pourra le caractériser par la recherche qualitative de ces impuretés.

La dextrine est employée, dans les produits inférieurs, comme épaississant et pour entraver la cristallisation et la fermentation du sucre cristallisable.

Les sirops de dextrine contiennent presque généralement du glucose; aussi celui que l'on rencontre dans certains produits provient-il quelquefois non pas de l'addition de ce dernier, mais constitue une impureté de ces sirops.

La déviation Δ due aux autres sucres que le saccharose, obtenue en retranchant $S \times 0{,}17$ de la déviation D avant inversion, est dextrogyre dans le cas d'addition de glucose ; elle l'est fortement s'il y a de la dextrine.

La déviation D, après inversion, est même le plus souvent également dextrogyre, mais il ne faudrait pas conclure à l'absence de l'une ou de l'autre de ces substances dans le cas où elle serait lévogyre. On s'exposerait aussi à laisser échapper une quantité de glucose pouvant atteindre 28 p. 100 du poids des sucres totaux, surtout dans le cas de l'addition exclusive de ce dernier.

Le glucose commercial sera d'ailleurs caractérisé par le calcul des sucres lorsqu'on trouvera une quantité de glucose qui, exprimée pour 100 gr des sucres totaux, sera supérieure à 2 (la quantité maximum que pourrait introduire un suc de fruit étant environ 1). L'écart existant entre ce chiffre et celui trouvé représentera approximativement la quantité introduite dans la préparation.

La présence de dextrine rend les formules inapplicables, cette dernière n'étant pas précipitée par l'acétate de plomb. D'autre part, comme il existe une très grande variété de dextrines, toute méthode de dosage basée sur l'emploi du pouvoir rotatoire ne semble devoir donner que des résultats trop incertains, ce dernier variant d'une façon indéterminée jusqu'à présent; aussi n'avons-nous pas introduit cette substance comme inconnue dans nos formules.

Elle se trouve également caractérisée par la déviation Δ, qui sera considérable par rapport au poids des sucres réducteurs.

Si les formules ne sont pas applicables telles qu'elles se trouvent exposées précédemment, on peut toutefois tourner la difficulté en remplaçant D et D_1 par deux nouvelles déviations D' et D'_1, que l'on obtient en retranchant de chacune d'elles la déviation due à la dextrine.

Nous opérons, à cet effet, de la façon suivante : Nous versons par petites portions, et en remuant continuellement, 10cc de sirop dans 100cc d'alcool à 95°, dans lequel nous ajoutons 3 à 4 gouttes d'acide chlorhydrique.

La présence de 0,05 p. 100 de dextrine donne dans ces conditions un précipité très net, et le sirop ainsi versé dans l'alcool peut contenir jusqu'à 60 à 70 p. 100 de sucres sans qu'il y ait aucun entraînement de ceux-ci dans le précipité dextriniforme.

Ce précipité se sépare aisément ; la filtration et les lavages s'opèrent très facilement.

Nous filtrons donc et lavons deux ou trois fois le précipité avec de l'alcool à 95°, puis nous le dissolvons dans l'eau chaude et, suivant son importance, nous ramenons le volume du liquide à 50 ou 100cc avec de l'eau distillée à la température de 15°. Nous ajoutons 1/10 du volume d'acétate neutre de plomb et polarisons.

La déviation δ observée, multipliée par 5 ou par 10, suivant que le volume du liquide était de 50cc ou 100cc, représente la déviation Δ due à la dextrine.

Exemple X. — *Sirop de groseilles.* — On a trouvé pour la dilution au 1/5 :

$$d = +91,5 \quad \text{et} \quad d_1 = +85,9, \quad T = 20°,$$

et il a fallu 7cc,4 de cette solution diluée au 1/40 pour réduire 10cc de liqueur de Fehling. D'autre part, la précipitation de la dextrine effectuée comme il vient d'être dit a donné, le liquide étant amené à 100cc :

$$\delta = 22°.$$

Ramenant ces données à 100cc de sirop, on a :

$$D = +457,5, \quad D_1 = +429,5, \quad \Delta = +220,0, \quad SR = 74,00.$$

Les déviations avec lesquelles on effectue les calculs des sucres seront :

$$D' = 457,5 - 220,0 = +237,5$$
$$D'_1 = 429,5 - 220,0 = +209,5$$

On vérifiera aisément que les calculs effectués avec D et D_1 donnent pour SI une valeur négative, tandis qu'au contraire l'introduction des deux nouvelles déviations rend les calculs possibles.

II

CARACTÉRISATION DES PRODUITS NATURELS

1° Préparations à base de fruits.

Sirops et liqueurs. — Lorsque l'échantillon est alcoolisé, on en évapore 100cc au bain-marie, de façon à chasser l'alcool, puis on ramène au volume primitif.

Si l'addition d'ammoniaque ne produit pas de virage vert, ou si, en ajoutant un volume égal d'acétate d'alumine à 10 p. 100, la couleur change de teinte, on peut considérer l'échantillon comme suspect.

On neutralise exactement 50cc de l'échantillon dilué au 1/4 par une solution normale décime de potasse. On note le nombre de centimètres cubes nécessaires, et on calcule l'acidité correspondante en acide tartrique en grammes par litre ; on ajoute, dans la solution ainsi neutralisée, un léger excès d'acétate neutre de plomb à 10 p. 100, on agite, filtre, lave à plusieurs reprises avec de l'eau contenant de l'acétate de plomb, puis on fait tomber le précipité dans un ballon avec un jet d'eau distillée, on porte un instant à ébullition pour chasser l'acide carbonique, et on verse du carbonate de potasse à 10 p. 100 ; on laisse reposer, on filtre, on lave à l'eau bouillie, et on ajoute de l'acide acétique dans la solution filtrée, jusqu'à réaction acide. Si l'échantillon contient de l'acide tartrique, il a été précipité par l'acétate de plomb et se trouve dans la solution à l'état de bitartrate de potasse. Il ne reste plus qu'à le doser, après avoir concentré le volume à environ 25cc, en le précipitant par le mélange éthéro-alcoolique. Si la quantité trouvée, rapportée à 1 litre, correspond à l'acidité totale dosée précédemment, on peut être certain que l'échantillon ne contient pas de sucs de fruits. Si elle en représente une fraction, la fraude est partielle.

Le dosage de l'extrait, obtenu en évaporant pendant sept heures 20cc de l'échantillon dilué au 1/4, donne aussi de bonnes indications. D'après M. Py, le poids de cet extrait, déduction faite du poids total des sucres, varie, pour les sirops purs, de 12 à 15 p. 100.

Si on précipite l'échantillon dilué par l'acétate de plomb, et que, après séparation du plomb par l'acide sulfhydrique, on traite par l'alcool la solution préalablement débarrassée de ce dernier par l'ébullition et filtrée, on obtient un précipité dû aux principes pectiques et gommeux du fruit, s'il y en a, lesquels ont été précipités par le réactif plombique. Il faut faire une exception pour ceux préparés avec des infusions alcooliques du fruit ou des essences, comme le cassis, le sirop de citron, etc.

Le précipité produit par l'acétate de plomb est caractéristique. Il est brun verdâtre pour un produit naturel; violacé, bleu violacé, rose violacé, s'il contient de la cochenille, de l'orseille, du campêche. Enfin, si le liquide filtré n'est pas décoloré, comme dans le cas de certains sirops de groseilles ou de cassis, on peut se trouver en présence d'une matière colorante de la houille.

Confitures. — Ce que nous venons de dire concernant l'acidité, la couleur, etc. s'applique également aux confitures. Il y a lieu d'ajouter, en outre, que les produits de qualité inférieure ou falsifiés fermentent assez rapidement, deviennent fluides et mousseux et moisissent lorsqu'ils sont abandonnés quelque temps à l'air. Ceux de bonne qualité, au contraire, se conservent bien et gardent leur aspect primitif. Lorsqu'on se trouvera en présence d'une gelée se dissolvant difficilement dans l'eau, on pourra soupçonner l'addition de *gélose*, substance gélatiniforme extraite de certains varechs. On sait que les varechs à gélose contiennent une diatomée spéciale, l'*Arachnoïdiscus japonicus*, qui, comme les autres diatomées, est une algue microscopique formée d'une cellule unique renfermée dans une charpente siliceuse incombustible. Pour rechercher la gélose, on se base donc sur la présence de cette diatomée. A cet effet, on soumet 100gr de confitures à la dialyse. Le liquide resté sur le dialyseur est filtré ; le petit filtre est ensuite desséché, puis détruit avec son contenu au moyen d'un mélange d'une partie d'acide sulfurique pour 3 parties d'acide nitrique. Après destruction complète des matières organiques, on étend d'eau et on laisse déposer. C'est dans ce dépôt que l'on recherche, au microscope, la présence de l'*Arachnoïdiscus* dont la forme est caractéristique.

La recherche de la *gélatine* s'effectue en traitant une vingtaine de grammes de confitures par l'alcool à 80°, qui précipite la gélatine. On lave plusieurs fois le résidu par décantation, puis on dissout dans l'eau ; la solution ainsi obtenue précipite par l'acide picrique et par le tanin ; on peut également appliquer la réaction du biuret.

2° Préparations diverses.

Sirop d'orgeat. — On prend 100^{cc} de sirop que l'on étend à 200 avec de l'eau distillée, puis on distille; on recherche l'alcool sur une partie du produit distillé par la réduction du bichromate de potasse en présence d'acide sulfurique ou tout autre moyen.

Dans une autre partie, on ajoute du réactif de Fischer (chlorhydrate de phénylhydrazine acétique), qui produit un précipité cristallin miroitant de benzylidène-phénylhydrazine, s'il y a de l'*aldéhyde benzoïque*.

Une petite quantité du résidu de la distillation est évaporée, puis traitée par un peu d'acide sulfurique, qui développe une coloration rouge passant au lilas vineux par addition d'eau, s'il y a du *benjoin*.

La présence de la *vanilline* peut être caractérisée par la résorcine et l'acide sulfurique, qui produisent une coloration rouge sang sur le résidu de l'extrait. Le résidu de l'évaporation du sirop dégage d'ailleurs l'odeur de vanille, lorsqu'on le chauffe légèrement.

La présence d'alcool n'est pas le critérium d'une préparation factice, car un commencement de fermentation du sirop peut donner lieu à la formation de petites quantités d'alcool. Mais il n'en est pas de même de l'aldéhyde benzoïque et du benjoin, car un produit naturel, c'est-à-dire préparé avec une émulsion d'amandes, ne donne dans aucun cas la réaction que nous venons de signaler.

Sirop de gomme. — Ce dernier ne contient souvent que de petites quantités de gomme et se trouve constitué par du sirop de sucre ou de glucose additionné d'un peu d'eau de fleur d'oranger.

Comme un tel sirop doit contenir environ 1 partie de gomme pour 10 de sucre, la recherche de cette dernière présente donc un réel intérêt. Cette recherche peut se faire sur le sirop dilué, dans lequel il suffit d'ajouter un peu de carbonate de chaux pour neutraliser l'acidité et du perchlorure de fer neutre qui produit du gummate de fer insoluble. Cette réaction très sensible est caractéristique. La substitution de dextrine à la gomme est d'ailleurs nettement distinguée, car l'acétate neutre de plomb précipite cette dernière à l'état de gummate de plomb, tandis qu'il ne précipite pas la dextrine. De sorte que la déviation saccharimétrique est très élevée dans le cas d'addition de dextrine, puisque celle-ci n'est pas séparée par la défécation du sirop.

Bonbons. — Sucreries. — Il n'y a guère que l'examen de la matière colorante à faire dans ces sortes de préparations, car le sucre est le plus souvent constitué par du saccharose.

On pourra cependant vérifier si, dans les *boules de gomme*, il n'y a pas eu addition de gélatine. Cette caractérisation s'effectuera comme il vient d'être dit à propos des confitures. On peut suspecter la présence de celle-ci lorsque le bonbon immergé dans l'eau froide augmente notablement de volume après quelques heures et s'y dissout incomplètement.

On ajoute parfois des matières amylacées dans les *dragées*, *pralines*, etc.; mais cette addition est facile à caractériser soit par un examen microscopique du dépôt résultant de la dissolution du bonbon dans l'eau, soit par l'addition d'eau iodée, qui développe une coloration bleue.

III

RECHERCHE DES ANTISEPTIQUES

Les produits de mauvaise qualité, fabriqués avec du glucose, s'altérant assez rapidement, on leur ajoute quelquefois de l'acide borique, salicylique, benzoïque et voire même de la saccharine pour prolonger leur état de conservation. Cette dernière substance, outre qu'elle agit comme antiseptique, produit une édulcoration très prononcée, qui permet de ne faire intervenir dans la fabrication qu'une faible proportion de sucre.

Les procédés de recherche de ces divers antiseptiques ont été décrits d'autre part [Voir p. 175, et recherche de l'acide benzoïque (Voir *Bière*, p. 240)].

IV

RECHERCHE DE LA MATIÈRE COLORANTE

Nous avons indiqué précédemment quels étaient les caractères d'une préparation à base de fruits et comment on pouvait être amené à suspecter l'addition d'une matière colorante végétale ou dérivée de la houille.

Pour caractériser ces matières colorantes (1), il suffit d'étendre d'eau les produits fluides ou de dissoudre ceux qui sont solides. Il est quelquefois nécessaire de faire bouillir avec de l'acide chlorhydrique ceux qui peuvent être colorés avec une laque, afin de décomposer celle-ci.

(1) Pages 678 et suivantes.

CONSERVES ALIMENTAIRES

PAR M. TRUCHON

Les matières alimentaires destinées à n'être consommées que dans un temps plus ou moins éloigné sont soumises à l'action de différents agents tantôt chimiques, tantôt physiques, qui ont pour but de s'opposer à leur décomposition.

Toute décomposition est due à une fermentation.

Les conditions favorables aux fermentations sont :

Présence de l'air ;

Présence de l'eau ;

Une certaine chaleur.

L'action simultanée de ces agents est indispensable pour que la décomposition se produise. Il suffit, en effet, de soustraire les matières organiques à l'action d'un seul d'entre eux pour que la marche régulière de la décomposition soit enrayée pour un temps plus ou moins long.

La prédominance des matières azotées dans les substances organiques rend les phénomènes de décomposition plus prompts et engendre la fermentation putride ou putréfaction.

Certains procédés de conservation modifient l'apparence, la consistance, le goût et les propriétés des aliments et les transforment, pour ainsi dire, en de nouveaux produits plus ou moins assimilables : tels sont, par exemple, la dessiccation des légumes, des viandes, le boucanage, etc., etc.

D'autres, au contraire, permettent de conserver les aliments avec toutes leurs qualités, tels qu'ils étaient à l'état frais ou après leur cuisson ; exemple : les viandes en sauces conservées en boîtes ; les tomates, l'oseille, etc., etc. Entre les deux modes opératoires on devra toujours choisir celui qui ne change pas la nature du produit.

Il existe des substances dites antiputrides et antiseptiques, qui préviennent ou retardent la décomposition des matières organisées, soit en s'opposant au développement des ferments, soit en raison de la propriété qu'elles possèdent de retenir l'eau à l'état de combinaison plus ou moins stable, ou de coaguler l'albumine, corps très putrescible, ou de tuer les ferments, etc.

CLASSIFICATION DES PROCÉDÉS DE CONSERVATION

Les procédés de conservation des substances alimentaires peuvent se diviser en quatre classes :

1° Procédé par concentration ou dessiccation ;

2° Procédé par le froid ;

3° Procédé par la chaleur et élimination de l'air ;

4° Procédé par les antiseptiques ou antiputrides.

Ces différents procédés sont appliqués soit seuls, soit combinés, afin d'éliminer le plus possible les chances d'altération.

Chacune de ces classes a des applications diverses et suit des méthodes différentes ; les tableaux suivants donneront un aperçu des procédés usités ou les plus connus, avec l'exposé succinct du principe sur lequel est basé chacun d'eux. Les uns sont encore usités de nos jours, d'autres sont oubliés ou n'ont été employés qu'à titre d'expérience.

1° Procédés par concentration et dessiccation.

Par la compression.

Bœuf comprimé de Martin de Lignac	Bœuf comprimé après dessiccation partielle par un courant d'air chaud.
Tasajo ou Charqué des Saladeros (Amérique du Sud)	Bœuf salé, comprimé, puis desséché au soleil.
Pain Laignel et Malepeyre (Académie, 1859)	Pain comprimé à la presse hydraulique, puis desséché à l'air libre.

Par la chaleur. — Au soleil.

Carne seca (Amérique du Sud). .	Bœuf salé desséché avec ou sans enrobage préalable avec de la farine grenue de maïs qui en absorbe les sucs.
Viande sèche biltung (Arabie, Afrique).	Viande légèrement salée et desséchée au soleil.
Fruits secs, légumes secs	Certains fruits et légumes.

Etuve, four, ou courant d'air chaud.

Fruits secs, légumes secs.	La plupart des racines, tubercules, fruits, légumes.
Procédés Masson et Gannat (1845).	Dessiccation, par un courant d'air chaud, des légumes verts et racines après coction partielle à la vapeur d'eau et compression ménagée.
Procédé Dézé (1794)	Dessiccation de la viande préalablement dégorgée de la lymphe par une très légère coction à 100°

Lactéine Grimaud et Gallais (1850).	Lait concentré au 1/4 par un courant d'air au-dessus de 30° et mis en bouteilles.
Poudres alimentaires (1756 et Crimée 1855).	Viandes réduites en poudre après dessiccation complète.

Par la coction.

Soupe portative des Russes. . . .	Bouillon réduit à l'état sec.
Tablettes de bouillon Ozy (1869).	Bouillon réduit à consistance pâteuse dégraissé.
Bouillon de Martin de Lignac . .	Bouillon réduit à 6° ou 7° Baumé et mis en bouteilles bien bouchées.
Bouillon Liebig (brevet 1854) . .	Bouillon concentré et enfermé dans des boîtes de fer-blanc.
Tablettes de lait Appert (1811). .	Lait concentré jusqu'à dessiccation, d'abord au bain-marie, puis par un courant d'air chaud.
Extrait de lait de Malbec (1826).	Lait concentré jusqu'à consistance de pâte dure et cassante, après écrémage et addition de sucre (1/16 en poids).
Lait en poudre de Grimewade (Angleterre, 1856)	Lait légèrement sucré traité par du carbonate de soude et évaporé rapidement par la vapeur et le balancement des chaudières, jusqu'à consistance de pâte ferme, puis laminé et pulvérisé et enfin mis en boîtes de fer-blanc soudées.
Caséine de Braconnot (1830). . .	Lait coagulé à la température de 45° par l'acide chlorhydrique étendu et repris par du sous-carbonate de soude, puis concentré sur un feu doux jusqu'à consistance de bouillie; addition de 1/3 en poids de sucre; mis en bouteilles.
Lait Appert (1810)	Lait concentré par dessiccation, d'abord au bain-marie, puis par un courant d'air chaud.
Laits concentrés de Martin de Lignac et autres (1847). Lait suisse.	Concentration du lait jusqu'à consistance de crème sur une large surface de chauffe, par la vapeur aidée de la ventilation et de l'agitation; puis addition de 1/15 de sucre environ et fermeture par le procédé Appert, soit dans des flacons, soit dans des boîtes de fer-blanc.

2° Procédés par le froid.

1° Mélanges réfrigérants . . . . 2° Atmosphère à 0° ou au-dessous (le *Frigorifique* et presque tous les paquebots des pays chauds) . . . . 3° Enrobage par la glace ou la neige.	Viandes et poissons, gibiers, fruits.

3° Procédés par la chaleur et par élimination de l'air.

ENROBAGES SOLIDES A LA TEMPÉRATURE ORDINAIRE

Poudres : sable, craie, plâtre, talc.	Viandes, poissons, le plus souvent directement enveloppés de feuilles d'étain ou de papier goudronné, et surtout œufs, racines et tubercules.
Sucre en poudre	Fruits.
Sciure de bois, de liège, etc.. . .	Poissons, viandes, œufs.
Dextrines et fécules	Racines, tubercules.
Terre noire, glaise	Truffes.
Cendres tamisées (procédé Cadet de Vaux)	Œufs plongés dans l'eau bouillante pendant une vingtaine de secondes, simplement pour coaguler l'albumine, séchés à l'air et enterrés dans les cendres.
Œufs (procédé Appert, 1814). . .	Œufs entassés dans des bocaux avec de la chapelure, exposés au bain-marie et fermés hermétiquement.

Sel	Œufs trempés dans de l'eau salée (8 à 10 p. 100 de sel) et séchés à l'air libre.
Suie (procédé Bottcher, Saxe) . .	La viande, d'abord imprégnée de sel ordinaire, puis humectée pendant 48 heures avec de l'eau saturée de sel, est enfin roulée dans la suie.
Paille, etc. : paille de blé et fanes de pommes de terre	Racines, tubercules et principalement pommes de terre.
Vernis-enduits ; caramel	Fruits.
Gomme arabique, ichtyocolle. . .	Œufs, fruits, etc.
Solution alcoolique de laque (procédé Plowdin, 1818)	Viandes, légumes entourés de gélatine, salés et séchés.
Goudron, cire, stéarine, caoutchouc, collodion, gutta.	Viandes, œufs, poissons, fruits.
Galipot, cire à cacheter	Œufs.
Albumine, plâtre gâché.	Œufs, viandes.
Vernis (procédé Cormier, du Mans)	Vernis spécial pour les œufs.

Enrobages mi-solides.

Miel.	Fruits, viandes.
Gélatine, gelées.	Viande, gibier, volaille, champignons.
Pâtes	Boites d'asperges enveloppées dans une pâte épaisse de farine et d'eau, avec addition d'une certaine quantité de sel.
Lait caillé.	Conservation momentanée (une semaine) de la viande et de la volaille.
Corps gras : margarine, beurre, suif, graisse.	Viandes, volailles et gibier, légumes.
Procédés Réaumur, Noblet et Musschenbrock.	Conservation des œufs dans un mélange pâteux de suif et d'huile d'olive.

Enrobages liquides.

Huiles.	Viandes et surtout poissons (sardines et thon), souvent fermeture hermétique.
Glycérine, bière, etc..	Viandes (dans les pays du Nord).

(Voir aux antiseptiques pour les autres enrobages liquides.)

Vases à fermeture hermétique, expulsion de l'air.

Procédés Appert et autres semblables (1809)	Toutes espèces de produits au naturel, mi-cuits ou préparés et assaisonnés.
Conserves Liebig : sardines et thon marinés, légumes, etc. . .	En général, les produits cuits partiellement sont enfermés soit dans des bocaux de verre, soit dans des boîtes de fer-blanc, puis exposés au bain-marie, à température constante, pendant un temps plus ou moins long, selon les substances, et fermés hermétiquement aussitôt après. Dans les boites de fer-blanc, on ménage un petit orifice sur le couvercle pour le dégagement de l'air et de la vapeur d'eau. Un grain de soudure la ferme rapidement et les met ainsi à l'abri de l'air.

4° Procédés par les antiseptiques.

La plupart des enrobages mi-solides et liquides (particulièrement les corps gras)	Le principal rôle des substances servant à l'enrobage est de mettre les aliments ainsi conservés à l'abri de l'air ; mais la plupart ont aussi une certaine action conservatrice, quoique limitée. C'est à ce titre que nous les rappelons ici.

Alcools, eau-de-vie généralement avec addition de sucre.	Fruits.
Eau salée, saumure.	Cornichons, olives, poissons, viandes, œufs.
Sel, salpêtre	Viandes et poissons.
Borax et acide borique avec ou sans glycérine	Viandes, poissons et légumes.
Vinaigres (généralement avec sel et condiment : poivre, piment, etc.)	Légumes verts (cornichons, variantes, choucroute, etc.).
Eau acidulée d'acide chlorhydrique	Viandes.
Acide pyroligneux, créosote, acide phénique, suie, etc. (boucanage)	Viandes trempées dans l'acide pyroligneux et desséchées à l'air (viandes et poissons conservés plusieurs jours dans un garde-manger contenant un vase rempli de créosote). Viandes et poissons fumés.
Charbon pulvérisé.	Viandes, poissons, carottes et racines en général.
Sirops de sucre et de glucose, miel.	Fruits (confitures, marmelades).
Eau saturée d'acide sulfureux et acide sulfureux gazeux (procédés Braconnot, de Nancy ; Mathieu de Dombasle et Lamy, procédé du docteur Vernois). .	Viandes, légumes verts, fruits, poissons. Dans le procédé Lamy, les viandes (de préférence les viandes non soufflées) sont enfermées dans des caisses ou boîtes de fer-blanc qu'on emplit ensuite de gaz acide sulfureux. Les caisses sont munies d'un double fond contenant une dissolution alcaline de protoxyde de fer, ou une dissolution de couperose saturée de bioxyde d'azote, pour absorber l'oxygène de l'air et éviter la production d'acide sulfurique. Le procédé du docteur Vernois consiste à enfermer les viandes dans des caisses de bois hermétiquement fermées et à les y exposer près d'une demi-heure aux vapeurs de fleur de soufre qu'on allume dans l'intérieur ou plus simplement d'une mèche soufrée. Pour les légumes, on les met dans des tonneaux dans lesquels on fait brûler, par la bonde, une mèche soufrée. On les agite et on recommence l'opération trois ou quatre fois.
Eau de chaux.	Œufs.
Solution aqueuse de tanin	Viandes.
Acide salicylique	A été employé pour tous les produits.
Carbonate de soude.	Lait concentré.

La fabrication des conserves alimentaires s'est considérablement développée depuis une vingtaine d'années, et grâce aux perfectionnements nombreux et successifs apportés dans les procédés employés, on peut avoir aujourd'hui des conserves de légumes et de fruits qui, si elles ne remplacent pas complètement les légumes et les fruits frais, rendent, en hiver, de grands services dans nos ménages et, en tout temps, aux armées en campagne, aux navires devant faire un long séjour en mer et aux explorateurs. Le nombre et la nature de ces produits augmentent chaque jour. Le règne végétal nous fournit la plus grande quantité de sujets. Nous étudierons d'abord leurs adultérations générales, puis les familles botaniques qui nous fournissent les végétaux comestibles dont on fait le plus fréquent usage à l'état de conserves, et nous étudierons les falsifications particulières à chacune d'elles. Leur mode préparatoire a été décrit succinctement dans les tableaux qui précèdent.

Altérations des conserves.

Le mauvais état des conserves peut dépendre de deux causes :

1° *La substance alimentaire était mauvaise, ou avait déjà subi un commencement d'altération avant son emploi.* — C'est ce qui arrive si fréquemment dans les produits de la charcuterie. « Pour ne rien perdre, dit le Dr Vernois, certains marchands soumettent à l'ébullition tous les déchets de viande crue ou cuite, atteinte quelquefois en partie déjà de fermentation, hachent tous ces débris, les assaisonnent fortement et en font des conserves, des saucissons ou des pâtés à très bas prix. Ils y font même entrer parfois les utérus purulents de vaches mortes après le part. »

2° *La stérilisation est imparfaite.* — Soit que le procédé employé soit inefficace, ou qu'il ait été mal appliqué, si l'on n'a pas détruit les causes de fermentation, le produit s'altérera certainement. Il n'est pas rare de rencontrer des conserves de légumes en décomposition, bien que, d'une manière générale, le procédé Appert, appliqué avec soin, donne d'excellents résultats. Quoi qu'il en soit, que les altérations proviennent d'un mauvais procédé employé dans un but de lucre, ou qu'elles soient accidentelles, les produits ainsi altérés ne doivent pas être livrés à la consommation.

GÉNÉRALITÉS SUR L'ANALYSE DES CONSERVES

Les falsifications des conserves alimentaires peuvent être de différentes natures :

1° *Substitution d'un produit de valeur moindre à un autre.*

2° *Addition d'un agent étranger dont le but est de parer la marchandise et souvent de masquer une manipulation frauduleuse.*

L'expert ne pourra bien déterminer ces deux genres de fraude que par l'analyse chimique ou par l'examen microscopique, et, dans certains cas, par les deux réunis.

L'examen d'une conserve alimentaire devra porter sur les points suivants :

1° *Examen organoleptique* : *aspect, odeur*, etc. ;

2° *Réaction au papier tournesol ;*

3° *Recherche des métaux toxiques ;*

4° *Recherche des alcaloïdes animaux* (*ptomaïnes*) ;

5° *Recherche des antiseptiques ;*

6° *Examen microscopique.*

Les cinq premiers points sont communs à toutes les conserves ; nous donnerons donc en premier la marche générale à suivre ; l'examen microscopique étant spécial à chaque substance, nous en parlerons pour chacune d'elles spécialement.

EXAMEN ORGANOLEPTIQUE

L'examen organoleptique comprend l'appréciation de l'ensemble des phénomènes qui sont perçus par les sens.

Aspect extérieur pour les substances conservées en vases de métal. — Lorsque le couvercle de la boîte sera bombé, on sera certainement en présence d'une altération plus ou moins profonde de la substance qu'elle contient.

Il en est de même pour les produits en flacons, lorsque le bouchon tendra à sortir du col.

Odeur. — Chaque produit ayant son odeur sui generis, on peut exiger qu'aucune odeur étrangère ne soit perçue.

Réaction au papier tournesol. — Toute conserve présentant une réaction alcaline doit être considérée comme suspecte. Exception est faite pour les conserves de lait.

RECHERCHE DES MÉTAUX TOXIQUES

Les métaux toxiques que l'on peut rencontrer le plus souvent dans les produits conservés, sont : le *plomb*, qui peut provenir soit d'un mauvais étamage, soit d'un contact prolongé avec des soudures internes très plombifères, ou des vernis provenant de vases ayant servi à les préparer. — Le *cuivre*, dans les légumes verts, reverdis au sulfate de cuivre, ou dans les autres aliments, parfois très acides, comme les fruits, par exemple : tomate, groseille, cuits dans des vases non étamés, ou dans des raisins provenant des vignes traitées par la bouillie bordelaise (eau de chaux et sulfate de cuivre). — L'*étain*, provenant surtout des laques de cochenille servant à la coloration artificielle. — L'*arsenic* et l'*antimoine*, provenant des impuretés des métaux employés à l'étamage et à la confection des boîtes, et parfois, comme nous l'avons vu pour des viandes, de l'ingestion par l'animal de produits médicamenteux à base d'arsenic et d'antimoine.

Recherche et dosage du cuivre et du plomb. — On pèse exactement 100^{gr} de matière. Si ce sont des légumes, on a soin de les laisser bien égoutter, puis on dessèche et on incinère. Les cendres sont traitées par l'acide azotique en excès, desséchées au bain-marie, et reprises par l'eau distillée. On aura ainsi le plomb et le cuivre à l'état de nitrates. On dosera alors ces deux métaux, soit par voie humide, soit par l'électrolyse.

1° *Par voie humide.* — On amène par évaporation le volume de la liqueur à 50^{cc}, puis on ajoute 100^{cc} d'alcool absolu, et on acidule fortement par l'acide sulfurique : le cuivre reste en solution ; le sulfate de plomb formé se dépose ; quand la liqueur surnageante est claire, on recueille le précipité sur un filtre, on lave à l'alcool jusqu'à ce que le filtrat ne soit plus acide, on incinère et on pèse ; il est bon d'ajouter quelques gouttes d'acide azotique pour éviter la formation de sulfure de plomb.

La partie de la liqueur contenant le sulfate de cuivre est portée à l'ébullition pour en chasser l'alcool ; le cuivre est dosé, soit par la potasse, soit par l'hydrogène sulfuré.

2° *Par l'électrolyse.* — La solution étant ramenée au volume de 70 à 80^{cc} environ, on opère comme il est dit au chapitre *Étamage* : séparation du cuivre et du plomb.

Recherche et dosage de l'étain. — On pèse 100^{gr} de la substance à examiner. On l'introduit dans une capsule de platine, on ajoute environ 30 à 40^{cc} d'une solution de carbonate de soude pure, puis on dessèche, et on incinère au rouge sombre. On reprend les cendres par l'acide chlorhydrique, jusqu'à réaction acide, et on fait passer lentement un courant d'hydrogène sulfuré. Le sulfure d'étain est recueilli sur un filtre, lavé, séché, calciné. Le résidu est de l'oxyde d'étain qui est pesé.

Recherche de l'arsenic et de l'antimoine — La recherche de l'arsenic comporte comme opération première la destruction des matières organiques. Pour arriver à ce résultat, divers procédés sont employés :

La méthode à l'acide sulfurique et à l'acide nitrique, qui a été modifiée de différentes façons, n'est pas toujours très aisée à conduire ; elle est très longue, si l'on veut arriver à la destruction complète des matières carbonées ; de plus, elle nécessite l'emploi de vases de grande dimension. Il n'est pas rare, au cours de l'opération, de voir des déflagrations se produire.

La méthode de M. G. Pouchet, qui repose sur l'emploi combiné de l'acide sulfurique, du bisulfate de potasse et de l'acide nitrique, nous paraît déjà plus pratique que la précédente.

Le procédé de Frésenius et Babo, dit procédé au chlorate de potasse et à l'acide chlorhydrique, est, à notre avis, préférable aux précédents ; il est cependant peu employé.

On lui reproche : de laisser perdre de l'arsenic à l'état de chlorure volatil, de ne pas arriver à détruire complètement la matière organique, de ne pas employer tout le chlore dégagé à la destruction des matières organiques ; il s'en dégage, en effet, une grande quantité.

Tous ces reproches sont donc quelque peu fondés, et c'est pour y remédier que M. J. Ogier a modifié, comme il suit, le procédé au chlorate (1).

La modification consiste à faire agir le gaz chlorhydrique sur les matières à détruire additionnées de chlorate. Le dispositif est le suivant.

Les matières sont broyées, délayées dans de l'eau de manière à former une bouillie un peu fluide, introduites dans un grand ballon (de 3 à 4 litres) ; on ajoute au mélange un excès de chlorate de potasse pur, environ le 1/8e du poids de la matière à détruire. Sur le col du ballon s'ajuste un rodage à l'émeri qui

(1) Documents sur les travaux du Laboratoire de toxicologie. 1891.

porte un tube de sûreté, un tube destiné à l'arrivée du gaz chlorhydrique et un tube à dégagement.

L'appareil producteur du gaz chlorhydrique est formé d'un grand ballon, contenant de l'acide chlorhydrique liquide pur, dans lequel on verse, goutte à goutte, par une ampoule à robinet, de l'acide sulfurique pur. Il y a lieu d'insister sur la nécessité d'employer pour cette préparation des acides purs, et notamment exempts d'arsenic; nous avons vérifié que l'acide sulfurique arsenical dégage, dans ces conditions, un gaz contenant de l'arsenic. Le gaz dégagé traverse un flacon laveur contenant de l'acide chlorhydrique pur; il passe ensuite à travers un robinet à trois voies, dont l'une des branches plonge dans un flacon rempli d'eau; cette disposition a pour but de permettre l'interruption immédiate du dégagement gazeux, lorsque l'expérience l'exige, interruption qu'on obtient en tournant le robinet à trois voies de manière à condenser le gaz dans l'eau. De là, le courant gazeux est dirigé dans le ballon contenant les matières à détruire.

Le tube à dégagement de ce ballon communique avec une longue éprouvette pleine d'eau, où sont condensées les traces de chlorure d'arsenic qui pourraient être entraînées.

Le fonctionnement de cet appareil est aisé à comprendre; lorsque la concentration de l'acide formé par la dissolution du gaz chlorhydrique dans le ballon est suffisante, le chlorate commence à se décomposer; les gaz chlorés qui résultent de cette décomposition se forment au sein même de la masse qu'ils doivent détruire, et sont, par conséquent, plus complètement utilisés. Lorsque l'opération est bien conduite, il ne se perd pas de chlore, l'atmosphère du ballon reste incolore, et il n'en sort que de l'acide carbonique. L'expérience demande, toutefois, à être surveillée de près; il arrive parfois que quelques petites explosions se produisent à l'intérieur du ballon; elles sont dues à l'acide chloreux, mais n'ont jamais occasionné d'accident.

Il faut éviter d'appliquer cette méthode à des produits contenant de l'alcool, de l'éther, etc. L'auteur recommande d'arrêter le dégagement de gaz chlorhydrique dès que l'on voit apparaître des vapeurs jaunâtres dans le ballon. Lorsque la réaction est trop violente, on la modère en arrosant le ballon avec de l'eau froide. La destruction des matières organiques par ce procédé est très rapide.

L'auteur détruit couramment de 1.000 à 1.500^{gr} de viscères en une demi-heure.

Les matières grasses sont en partie inaltérées ou transformées en composé chloré.

On obtient ainsi une solution jaune qu'on filtre sur un filtre en papier; les matières grasses restées sur le filtre sont triturées dans un mortier et lavées à l'eau; ce nouveau liquide est filtré, réuni au premier, ainsi que l'eau contenue dans l'éprouvette où se sont lavés les gaz dégagés, et qui peut contenir des traces d'arsenic.

On enlève l'excès de chlore au moyen d'un courant d'acide sulfureux gazeux. L'emploi de l'acide sulfureux a encore pour effet de réduire l'acide arsénique à l'état d'acide arsénieux, dont la précipitation par l'hydrogène sulfuré est plus facile et plus prompte; nous produisons rapidement cet acide sulfureux en versant goutte à goutte, par une ampoule à robinet, de l'acide sulfurique sur du bisulfite de soude pur. On élimine par ébullition l'excès de gaz sulfureux dissous. Dans le liquide final, en partie neutralisé, s'il y a lieu, par l'ammoniaque, on fait passer un courant lent d'hydrogène sulfuré pendant 10 à 12 heures. Qu'il y ait ou non des métaux toxiques précipitables par l'hydrogène sulfuré, il se forme toujours un précipité en majeure partie composé de sulfure et de matières organiques. Ce précipité est recueilli sur un filtre et divisé en deux parts, dont l'une est employée à la recherche spéciale de l'arsenic et de l'antimoine. A cet effet, on traite le précipité par l'ammoniaque, qui dissout le sulfure d'arsenic (et aussi le sulfure d'antimoine à la faveur de l'excès de soufre mêlé au précipité). La solution ammoniacale est filtrée et évaporée au bain-marie. Elle laisse un résidu contenant encore du soufre. On l'oxyde par l'acide nitrique, dont on évapore l'excès au bain-marie. Il importe surtout de chasser totalement l'acide azotique; dans ce but, on chauffe quelque temps le résidu vers 150° avec de l'acide sulfurique pur. La solution sulfurique finale est étendue d'eau. Elle peut alors être introduite dans l'appareil de Marsh.

Avant d'introduire ainsi le liquide, on devra faire fonctionner l'appareil à blanc pendant une heure au moins et s'assurer qu'il est parfaitement exempt d'arsenic.

Si l'on veut faire la recherche et non le dosage, dès que l'appareil est purgé on enflamme le gaz qui se dégage, et en écrasant la flamme avec une soucoupe de porcelaine on recueillera des taches, à reflets irisés et métalliques, qui serviront à caractériser l'arsenic et l'antimoine.

Si l'on veut faire le *dosage* de l'arsenic, on maintiendra le dégagement de gaz très lent, et, sur une petite grille, au gaz ou à l'aide d'un bec Bunsen, on chauffera le tube abducteur à environ 6 à 8^{cm} de l'extrémité, l'hydrure gazeux d'arsenic se décompose en hydrogène et en arsenic métallique qui se dépose sous forme d'anneau sur la partie refroidie du tube. On laisse marcher l'appareil dans ces conditions pendant 12 heures; on coupe le tube, on le pèse; puis on le traite par l'acide azotique, on le lave, on le sèche et on le pèse de nouveau; la différence donnera le poids de l'arsenic. Il est bon, pour ce genre de dosage, d'opérer sur une balance donnant le 1/10e de milligramme.

L'antimoine se comporte à peu de chose près comme l'arsenic. Il donne également un anneau et des taches dont la couleur diffère sensiblement de celle des dépôts d'arsenic; l'hydrure d'antimoine n'a pas d'odeur alliacée; mais pour distinguer parfaitement celui-ci de l'hydrure d'arsenic, il faut avoir recours aux réactifs et à certains caractères particuliers à chacun d'eux. On sait, par exemple, que l'anneau arsenical est volatil, et par cela même facile à déplacer dans le tube par la chaleur; celui d'antimoine est fixe. L'hydrure d'arsenic brûle en répandant une odeur fortement alliacée; celui d'antimoine brûle sans odeur sensible. Les taches, dans un cas comme dans l'autre, disparaissent par l'acide azotique. Après l'évaporation de l'acide, il reste une tache blanche d'acide arsénique ou antimonieux; l'azotate d'argent transforme celui-là en un précipité rouge brique (arséniate d'argent), tandis que par le même réactif la tache d'acide antimonieux noircit. Enfin l'hypochlorite de soude dissout les taches d'arsenic et est sans action sur celles d'antimoine.

L'électrolyse a été employée avec succès pour isoler l'arsenic d'une façon très exacte. Dans un tube en **U**, on verse une certaine quantité d'acide sulfurique et du liquide à examiner. Une des branches du tube en **U** est fermée par un bouchon à trois trous; par le premier trou passe un fil métallique isolé, terminé par une lame de platine (électrode négative d'une pile de Grove); dans le second, se trouve un tube à dégagement et un tube à entonnoir traverse le troisième pour plonger jusqu'au fond du tube. L'hydrure d'arsenic se dégage par le tube à dégagement, se dessèche dans des tubes contenant du chlorure de calcium et est enfin décomposé par la chaleur comme dans le procédé de Marsh. La seconde branche du tube en **U** reçoit l'électrode positive.

La recherche qualitative de l'arsenic dans les matières alimentaires peut se faire avec suffisamment d'exactitude par la méthode suivante.

On dessèche la matière à examiner, après y avoir ajouté un excès de carbonate de soude pur en solution, et un peu de nitrate de potasse pur. On incinère avec précaution pour éviter les déflagrations, puis on reprend par l'acide sulfurique, on filtre et on essaie à l'appareil de Marsh.

Traité de cette façon, l'arsenic contenu dans le produit suspect se transforme en arséniate de potasse, et on peut ainsi trouver de faibles traces d'arsenic (même aux doses non toxiques); ce procédé a l'avantage d'être très rapide: nous l'avons expérimenté maintes fois; il nous a toujours donné des résultats satisfaisants.

RECHERCHE DES ANTISEPTIQUES

Recherche de l'acide salicylique. — Deux cas se présentent :

1° *La matière est liquide* (solution antiseptique, sirop, etc.).

Dans une boule à robinet on introduit environ 100^{cc} de liqueur, qu'on acidule faiblement par l'acide chlorhydrique pur, on ajoute quelques gouttes de perchlorure de fer, et environ 30^{cc} d'éther.

On agite vivement, l'acide salicylique passera dans l'éther acide. On décante après repos, on lave à l'eau distillée; on décante de nouveau et on reçoit l'éther dans une soucoupe en porcelaine. On laisse évaporer spontanément. Sur le résidu restant dans la soucoupe on verse quelques gouttes de perchlorure de fer très étendu. S'il y a de l'acide salicylique, on obtiendra immédiatement la coloration violette caractéristique du salicylate de fer.

2° *La matière est solide* (haricots, pois) *ou pâteuse* (tomates, oseille, épinards).

On triture, dans un mortier, s'il y a lieu, environ 50 à 100^{gr} de la substance avec une quantité d'eau distillée telle que la substance devienne suffisamment fluide, et on opère comme ci-dessus.

Recherche de l'acide sulfureux. — On prélève 100^{gr} de liquide environ que l'on acidule par l'acide chlorhydrique, et que l'on introduit dans une fiole; on bouche à l'aide d'un bouchon à deux trous : dans l'un on fera passer un tube qui plongera dans le liquide; le second trou portera le tube à dégagement.

L'extrémité extérieure de ce tube plongera dans une solution de chlorure de baryum iodé et acide.

On fait alors passer un courant d'acide carbonique à travers le liquide; l'acide sulfureux entraîné donnera naissance à un précipité de sulfate de baryte.

Si la substance avait une consistance pâteuse, on l'étendrait en la triturant, après l'avoir acidifiée, avec de l'eau distillée, de manière à la rendre suffisamment liquide pour permettre au courant d'acide carbonique de passer, et on opérerait comme ci-dessus.

Recherche de l'acide borique. — La recherche de l'acide borique se fait de la façon suivante : on incinère une certaine quantité de la substance à examiner, puis on acidule les cendres par quelques gouttes d'acide sulfurique dont on chasse l'excès au bain de sable. On ajoute environ 20cc d'alcool à 95° et on l'enflamme. L'acide borique communiquera à la flamme une couleur verte caractéristique.

Le papier de curcuma, trempé dans la solution d'un borate, préalablement traité par les acides chlorhydrique ou sulfurique, prend par la dessiccation une coloration brun rougeâtre.

Recherche des phénols. — Après avoir réduit les matières à l'état pâteux, presque liquide, on les acidule par l'acide sulfurique, puis on distille dans un courant de vapeur d'eau. La plupart des phénols sont entraînés dans ces conditions; les premières portions recueillies à la distillation pourront servir à les caractériser : il suffira d'agiter dans une boule à décantation avec un peu de chloroforme auquel on ajoutera, après séparation, un peu de potasse; on portera à l'ébullition la solution chloroformique, dans laquelle il se produira une coloration variant du rouge au bleu et au violet, suivant la nature du phénol.

Phénol C^6H^5OH =	Coloration rouge pâle qui, peu à peu à froid, assez rapidement à l'ébullition, passe au brun, puis jaune clair, et se décolore.
O-Crésol $C^6H^4 \langle {CH^3 \atop OH}$	Coloration lilas teinté d'une légère nuance orange.
β-Naphtol $C^{10}H^7OH$.	Coloration bleu de Prusse foncé, qui passe au vert, puis au brun.
Salol $C^6H^4 \langle {OH \atop CO\,OC^6H^5}$	Coloration rouge comme le phénol.

CONSERVES DE LÉGUMES ET FRUITS

Les végétaux alimentaires sont conservés, suivant leur espèce, sous deux aspects différents : à l'état sec à l'air libre, à l'état frais ou humide en vases clos.

A l'état sec ils peuvent être transportés facilement, et se conservent très bien en évitant toutefois de les déposer et de les laisser séjourner dans des endroits humides. Sans cette précaution ils ne tardent pas à reprendre une partie de l'eau qu'ils ont perdue, par suite se couvrent de moisissure et même s'altèrent complètement.

Conservés à l'état frais ou humide les végétaux alimentaires doivent être soustraits aux causes de la fermentation. Le procédé Appert rendra donc, ici encore, de précieux services.

Les enrobages et certains antiseptiques, tels que l'alcool, l'acide sulfureux, seront employés avec succès.

Légumes conservés à l'état sec. — Les légumes et les fruits se prêtent parfaitement à ce mode de conservation. On les obtient à cet état soit par dessiccation au soleil ou à l'aide de la chaleur : pruneaux, cerises, etc., etc., ou encore par action de la chaleur et de la compression (procédé Chollet et Cie). Dans ce procédé, les légumes sont cuits par la vapeur, puis séchés à l'air chaud à 45°, abandonnés à eux-mêmes pendant une heure ou deux pour reprendre 1 à 2 p. 100 d'humidité, ce qui leur rend l'élasticité qu'ils avaient perdue. Enfin on les comprime pour les expédier. Ce procédé a l'avantage de donner sous un très petit volume une énorme quantité de matières alimentaires (40.000 portions dans 1[mc]).

Les différents groupes de légumineuses nous fournissent principalement les haricots, les pois et les lentilles.

Les haricots et les lentilles sont séchés soit au soleil, soit au four, puis triés et nettoyés à la machine.

La lentille et le haricot arrivent aujourd'hui principalement de Moravie, de Bohême, de Trieste et du nord de l'Italie.

Les pois, après avoir été nettoyés, c'est-à-dire séparés des terres, des graines étrangères de toutes sortes, des pierres, etc., sont classés par grosseur : gros, moyens et fins, et séchés à l'étuve à 50 ou 60°. Ils passent ensuite dans des moulins disposés de façon telle que les meules cassent le grain en deux parties égales. Dans ce cassage, il se produit toujours un peu de farine, qui est enlevée au tarare.

Après l'épuration et le cassage, le pois subit une friction lente et douce qui lui rend son lustre et sa couleur primitive. Il est ainsi livré au commerce.

Les légumes secs sont peu sujets aux falsifications. On y mélange parfois des produits de qualité inférieure, ou piqués par les insectes. L'œil le moins exercé découvre aisément ce genre de fraude.

Une fraude particulière aux haricots secs vendus comme haricots frais consiste à les faire tremper dans de l'eau tiède pendant 12 heures, puis à les égoutter. On a un rendement de 100 p. 100. Des marchands peu consciencieux ont pu réaliser ainsi un bénéfice assez considérable. Mais, traités de cette façon, ces haricots ne tardent pas à fermenter, parfois ils commencent à germer; il se forme des dérivés toxiques, des albumines ou des ptomaïnes ayant une action souvent aussi nocive que celles des viandes putréfiées.

L'odeur spéciale dégagée par le commencement de fermentation décèle ce genre de fraude.

Fruits secs. — Dans le commerce, on comprend sous cette dénomination non seulement les pommes, les poires, les pruneaux, etc., etc., séchés au soleil ou dans des fours, mais encore les amandes, les noix, les noisettes, etc., etc.

Parmi les fruits secs, les raisins peuvent être classés au premier rang. Ils sont produits principalement par l'Espagne, la Grèce, l'Italie, l'Asie Mineure. Leur importation a atteint, dans ces dernières années, environ 78.000.000 de kilogrammes. La majeure partie est employée pour faire des vins de raisins secs, vendus trop souvent comme vins de vendange. Le falsificateur a également recours pour ce genre de fraude aux figues, dattes, etc., etc. (voir à ce sujet le chapitre *Vin*).

Comme falsification des fruits secs nous devons mentionner le mouillage ou l'hydratation, qui s'obtient en laissant séjourner, pendant un certain temps, les balles dans un lieu humide. Dans ces conditions, les fruits peuvent retenir jusqu'à 47 p. 100 d'eau, tandis que l'humidité normale est de 15 p. 100.

Les vieilles noix sont souvent soumises à un lavage, voir même à un léger blanchiment, dans le but de leur donner l'aspect des noix fraîches. Dans cet état, elles ne tardent pas à moisir ; il suffira d'en ouvrir quelques-unes pour découvrir la fraude.

Légumes et fruits conservés en vases clos.

Conservés en vases clos les végétaux ont le même aspect et les mêmes propriétés qu'à l'état frais et par ce fait sont plus digestes que ceux conservés à l'état sec.

Nous nous occuperons des familles des végétaux dont on fait le plus fréquent usage, étudiant leurs caractères principaux et les falsifications qu'on leur fait subir.

Les **polygonées** nous fournissent l'oseille, et les **chénopodées** les épinards. Ces deux plantes, dont la culture est facile, sont rarement falsifiées. La cuisson change peu leurs propriétés physiques, et leur conservation n'offre aucune difficulté.

Dans les ménages, le procédé le plus employé consiste à recouvrir de graisse ou de beurre les épinards, ou l'oseille, qui ont été mis dans des pots de grès après cuisson.

On conserve encore ces deux plantes en feuilles entières et crues en les plaçant dans des pots et alternant un lit de feuilles et un lit de sel, et empêchant l'accès de l'air par une couche de beurre fondu.

Dans le commerce, les conserves d'oseille et d'épinards sont obtenues par le procédé Appert et livrées à la consommation soit en boîtes, soit en flacons.

Les fruitiers de Paris vendent, à peu près en toutes saisons, de l'oseille et des épinards cuits ; mais dans les grands hivers leur prix subit une légère augmentation ; on leur substitue alors des plantes plus communes, présentant pour le débitant peu scrupuleux de sérieux avantages; l'arrêt à peu près complet de toute végétation, par les grands froids, rend peu facile cette substitution.

Cette fraude étant signalée, il importe donc à l'expert de bien connaître la constitution anatomique de ces plantes, afin qu'il puisse s'assurer de l'absence de toute feuille étrangère.

Cette recherche s'impose surtout dans le cas suivant. Le public, à tort ou à raison, tient souvent pour suspectes bien des conserves ; le bon marché fait qu'il s'en sert, mais la plus légère indisposition survenant après son repas le porte à regarder la conserve comme seule cause de son mal.

Les pulpes d'oseille et d'épinards ne font pas exception, et l'analyse chimique y décèle souvent, surtout dans l'oseille, la présence du cuivre, du plomb et de l'antimoine. La recherche de ces métaux sera faite par les méthodes précédemment indiquées.

La présence de métaux toxiques ne devra jamais exclure la recherche des plantes toxiques : nous étudierons celles d'entre elles que l'on rencontre parfois à proximité des champs de culture.

Ce sont : la jusquiame, la belladone, la digitale, le datura, l'aconit et la ciguë.

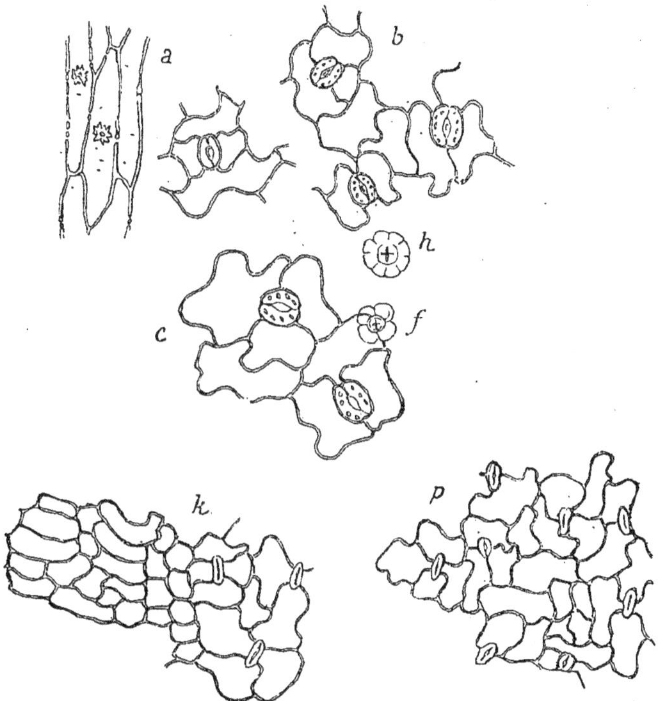

Fig. 1. — Oseille : *a* épiderme inférieur, dans le voisinage de la nervure médiane; *b* épiderme inférieur; *c* épiderme supérieur; *f* poil vu en dessous; *h* poil vu en dessus. — Épinard : *k* épiderme supérieur; *p* épiderme inférieur.

Puis, nous examinerons la constitution anatomique de la feuille de *Bette* ou *Poirée*, qui, sans être toxique, est la plante la plus commune servant à la falsification des pulpes qui nous occupent.

L'examen microscopique, plus rapidement que l'analyse chimique, permettra de les reconnaître.

L'examen d'une pulpe d'épinard ou d'oseille comprendra donc les recherches suivantes :

Caractériser l'une et l'autre de ces deux feuilles, afin de s'assurer de l'absence de toute feuille étrangère.

La présence de feuilles étrangères ayant été constatée, s'assurer qu'elles ne donnent pas les caractères des plantes toxiques sus-mentionnées.

Caractères de l'oseille (fig. 1). — Les deux épidermes possèdent des stomates; ceux-ci sont cependant plus nombreux à la face inférieure de la feuille; les parois cellulaires sont sinueuses et peu différentes sur les deux faces; les stomates sont généralement placés à l'intersection de trois parois cellulaires, quelquefois de quatre, sans ordre apparent, excepté sur des lambeaux d'épiderme provenant de la nervure centrale. L'épiderme de cette nervure à cellules très allongées montre des parois cellulaires renflées de distance en distance, et offre de nombreuses solutions de continuité; les stomates ont un certain parallélisme; le mésophylle est homogène, contient de nombreux cristaux d'oxalate de chaux.

Les poils de l'épiderme supérieur, vus de face, paraissent formés de 8 cellules réunies en rosette; vus en dessous, de quatre cellules; enfin, vus de côté, ils ont l'aspect d'une petite coupe fortement évasée.

Les cellules collenchymateuses sont très grandes, les épaississements cellulosiques en font le vrai type des cellules de ce genre.

Caractères de l'épinard (fig. 1). — Les deux épidermes sont pourvus de stomates; les cellules de l'épiderme supérieur sont moins sinueuses que les cellules de l'épiderme inférieur; les stomates, plus petits que ceux de l'oseille, sont plus nombreux à la face inférieure, et placés sans ordre apparent; on les rencontre généralement à l'intersection de quatre parois cellulaires, rarement de trois; quelquefois deux stomates sont accolés.

Le mésophylle est hétérogène et asymétrique, c'est-à-dire qu'il offre des cellules en palissade vers l'épiderme supérieur, et un parenchyme lacuneux vers l'épiderme inférieur.

On trouve dans le parenchyme quelques cristaux.

Caractères de la bette (fig. 2). — La nervure centrale est souvent très développée; sur l'épiderme inférieur et sur l'épiderme supérieur on rencontre des stomates; ces derniers, plus nombreux sur l'épiderme inférieur, sont presque toujours placés à l'intersection de quatre parois cellulaires.

Le parenchyme généralement homogène, comme celui de l'oseille, renferme de nombreuses cellules à cristaux d'oxalate de chaux; mais tandis que dans cette dernière l'oxalate est cristallisé et aggloméré sous forme de petites masses hérissées de pointes, à 350 diamètres, il est très difficile de définir la forme des masses cristallines de la bette, ce qui permet de les regarder comme formées d'oxalate de chaux amorphe.

L'absence de poils, l'oxalate de chaux amorphe et la position des stomates permettent de ne pas confondre la bette avec l'oseille.

Un mésophylle généralement homogène, des stomates de plus grande dimension et de nombreuses cellules à cristaux d'oxalate de chaux amorphe différencient la bette de l'épinard.

Caractères de la stramoine (*Datura stramonium*) (fig. 3). — Les stomates peuvent se rencontrer sur les deux épidermes, et sont bien plus nombreux sur l'épiderme inférieur. L'épiderme supérieur est formé de cellules polygonales, l'inférieur de cellules sinueuses et plus petites. Tous deux offrent des poils qui peuvent se ramener à deux types : les uns sont des poils articulés, hérissés de petites pointes; les autres sont des poils glandulaires. Les cellules du parenchyme con-

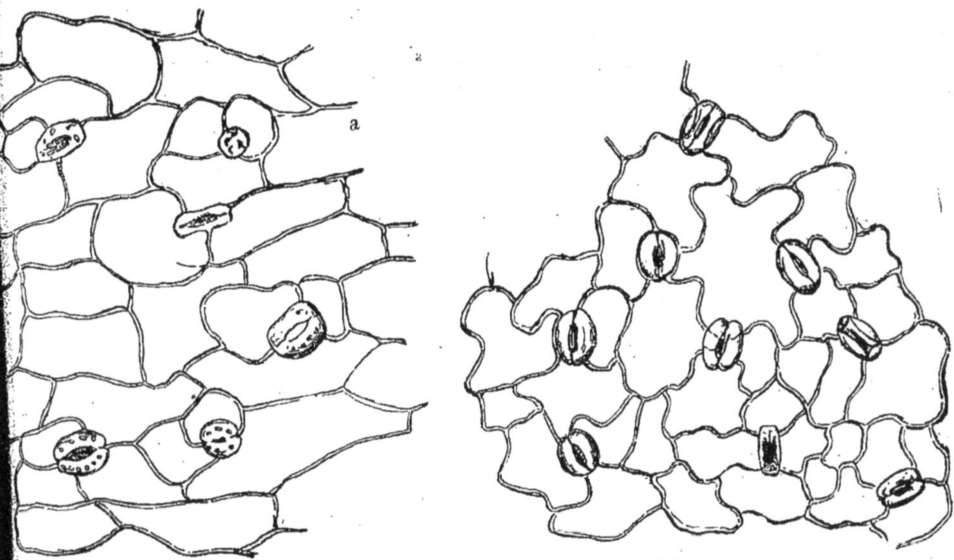

Fig. 2. — Bette : *a* épiderme supérieur; *b* épiderme inférieur.

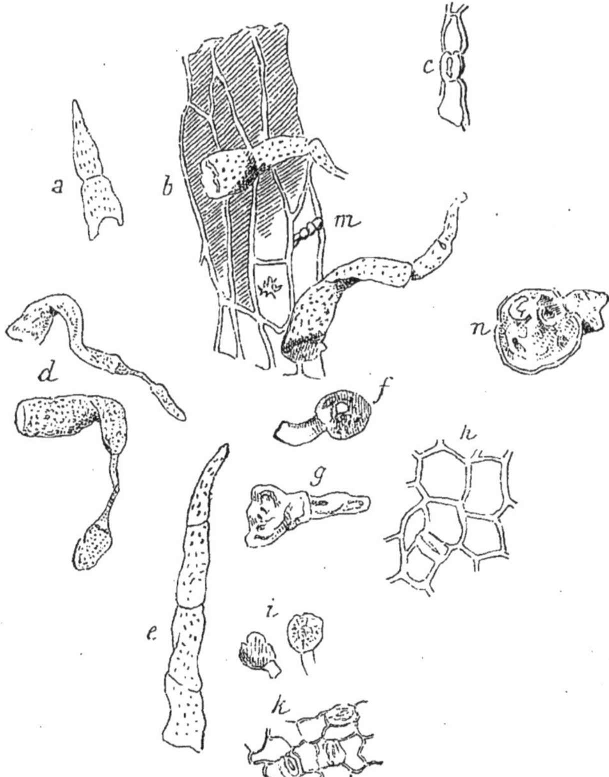

Fig. 3. — Datura stramonium : *a d* poils de l'épiderme supérieur; *b* épiderme supérieur au voisinage de la nervure; *m* poil à contenu brun; *c* stomate de l'épiderme supérieur; *e g i* poils de l'épiderme inférieur; *h* épiderme supérieur; *k* épiderme inférieur; *f n* poils glanduluires de l'épiderme inférieur.

tiennent quelques cristaux d'oxalate de chaux, et on rencontre quelquefois à la surface des feuilles des grains de pollen.

Caractères de la digitale (*Digitalis purpurea*) (fig. 4). — Les deux épidermes et

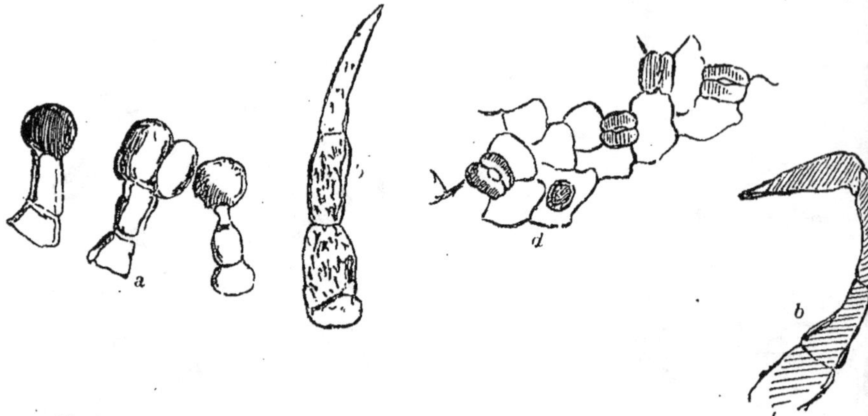

Fig. 4. — Digitale : *a* poils glandulaires; *b* poils articulés; *c* épiderme inférieur; *d* traces de poil.

les stomates diffèrent peu de ceux du datura; les poils sont aussi de deux sortes: articulés et glandulaires; les poils articulés ne sont pas sur tout leur parcours

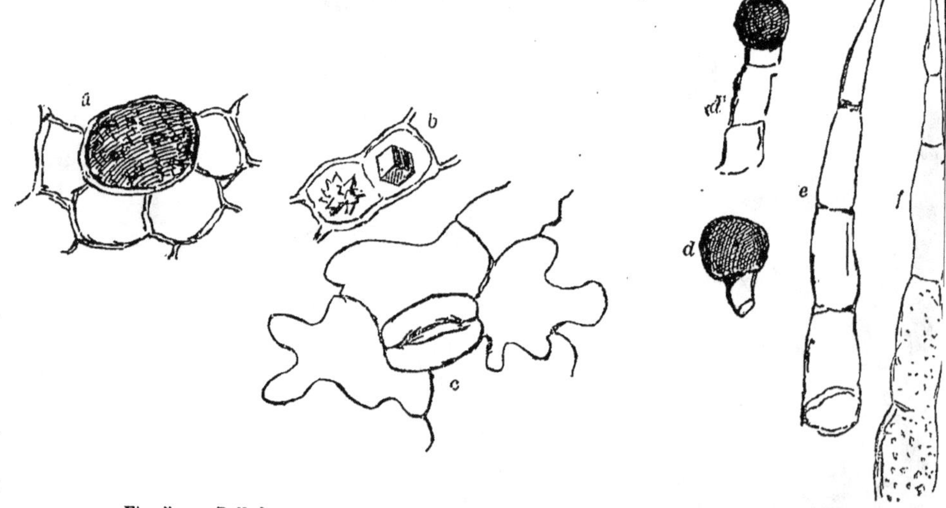

Fig. 5. — Belladone : *a* parenchyme et cellules à oxalate de chaux amorphe; *b* cellules à cristaux du parenchyme lacuneux; *c* épiderme inférieur; *d* poils glandulaires; *e* poil articulé; *f* poil articulé et glandulaire.

hérissés de petites pointes; les poils glandulaires sont plus longuement pédicellés.

Caractères de la belladone (*Atropa belladona*) (fig. 5). — Les stomates se rencontrent à l'intersection de quatre parois cellulaires ; l'épiderme inférieur est sinueux ; les poils sont encore et glandulaires et articulés, seulement on peut rencontrer des poils qui affectent ces deux formes, c'est-à-dire que sur un poil

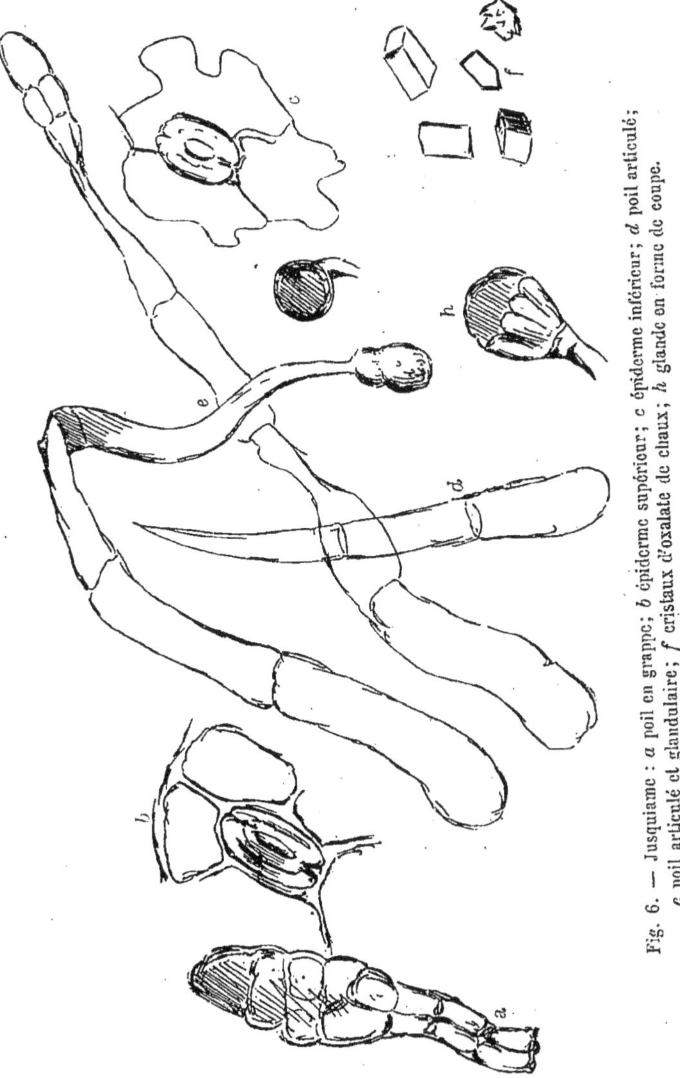

Fig. 6. — Jusquiame : *a* poil en grappe; *b* épiderme supérieur; *c* épiderme inférieur; *d* poil articulé; *e* poil articulé et glandulaire; *f* cristaux d'oxalate de chaux; *h* glande en forme de coupe.

articulé prend naissance un poil glandulaire, et cela vers l'extrémité supérieure du poil; les cellules du paranchyme renferment de l'oxalate de chaux, tantôt cristallisé, tantôt amorphe.

Caractères de la jusquiame (*Hyosciamus niger*) (fig. 6). — Stomates sur les deux épidermes; épiderme supérieur à cellules polygonales, épiderme inférieur à cellules sinueuses; on rencontre encore des cristaux d'oxalate de chaux dans le parenchyme.

Les poils sont articulés et glandulaires. Les poils articulés se terminent souvent par une petite glande offrant deux cellules superposées ou un amas de cellules affectant presque la forme de la glande en grappe ; les poils glandulaires peuvent être formés d'une ou plusieurs cellules; vus de face, les poils pluricellulaires offrent l'aspect d'une rosette; vus de côté, la forme en coupe; les grains de pollen sont encore assez fréquents à la surface des feuilles.

Caractères de la ciguë (*Conium maculatum*) (fig. 7). — Les épidermes ne présentent rien de bien particulier; des stomates sur les deux faces, ni poils, ni cristaux bien nets; on rencontre souvent des débris de fleurs mélangés aux feuilles; l'épiderme du pétale diffère peu de celui de la feuille, il est cependant de plus

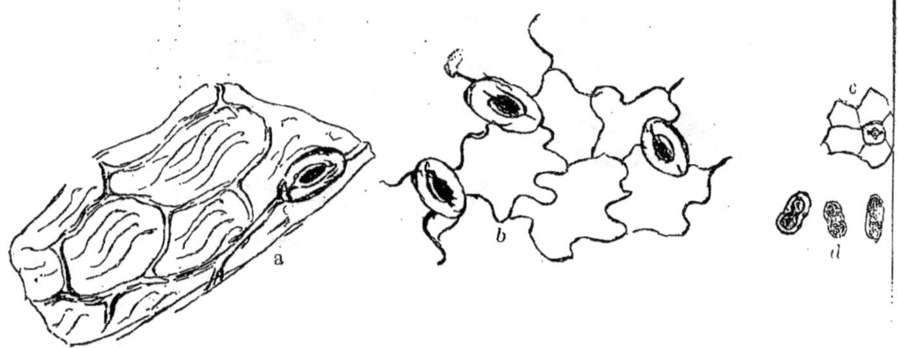

Fig. 7. — Ciguë : *a* épiderme supérieur; *b* épiderme inférieur; *c* épiderme du pétale; *d* pollen.

petite dimension ; les grains de pollen doivent avoir l'apect indiqué par la figure, c'est la forme dite en biscuit; les nervures secondaires accompagnant toujours les feuilles, une coupe y révélera la présence de canaux sécréteurs à contenu brun.

Caractères de l'aconit (*Aconitum napellus*) (fig. 8). — L'épiderme supérieur formé de cellules polygonales à parois épaisses; en coupe ces cellules apparaissent fortement cuticularisées; l'épiderme inférieur à cellules sinueuses montre de nombreux stomates, ceux-ci se trouvent généralement placés à l'intersection de quatre ou cinq parois cellulaires, quelquefois trois. Sur cet épiderme se rencontrent encore des cellules fortement lignifiées et à cavités colorées en brun.

Les poils, plus nombreux au voisinage des nervures et situés sur l'épiderme supérieur, sont divisés généralement en deux parties par une cloison. La chambre inférieure renferme une matière colorante brun verdâtre. Les dimensions de ces poils sont assez constantes; leur longueur est de 250 μ environ;

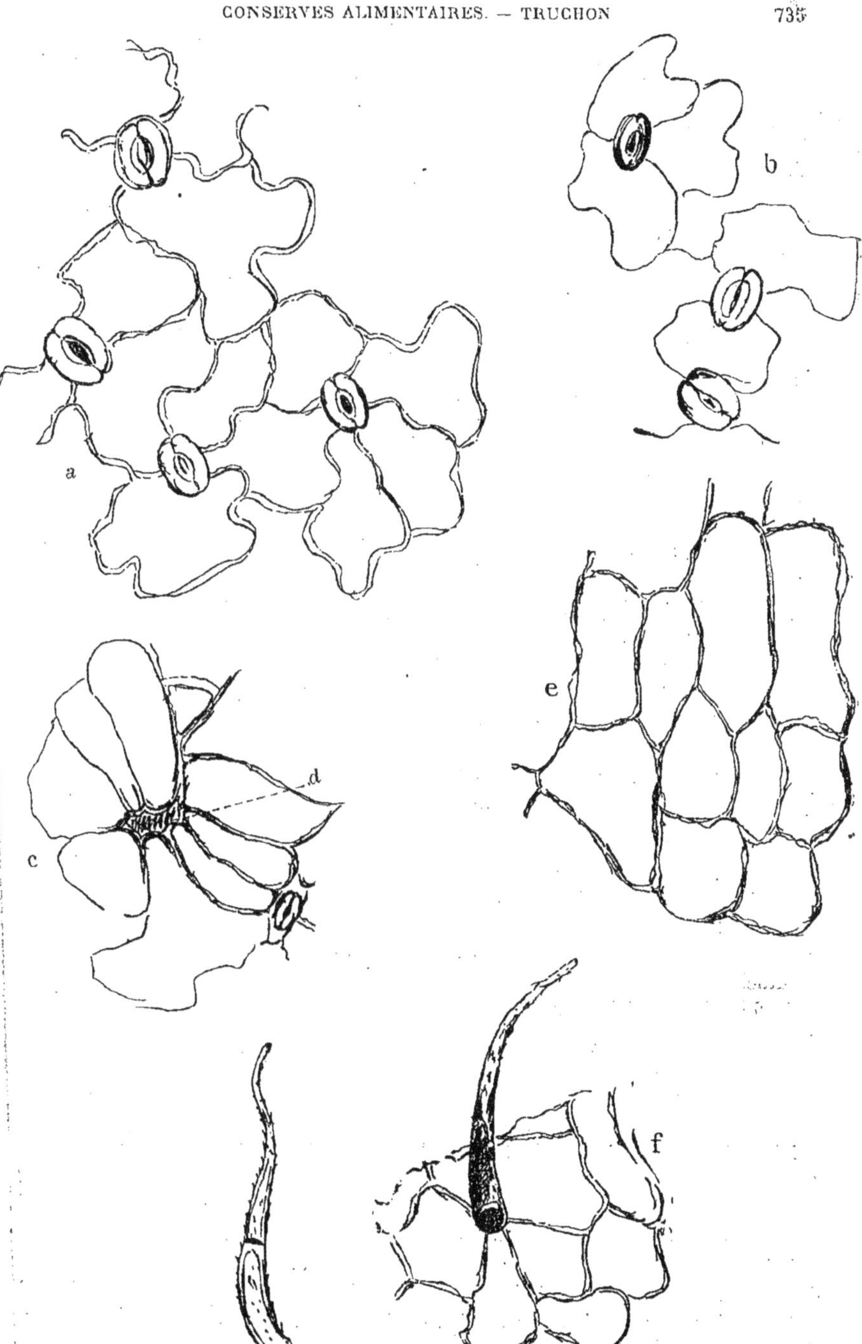

Fig. 8. — Aconit : *a b* épiderme inférieur ; *c e* épiderme supérieur ; *d* cellule à contenu brun ; *f* épiderme supérieur et poils.

leur largeur, à la partie la plus renflée de la base, est de 23 μ ; leur pointe, souvent brisée, est généralement arrondie au sommet; ce sont des poils dits *scarieux*.

Ces deux dernières feuilles, aconit et ciguë, largement découpées, seraient, du reste, très faciles à isoler.

Le procédé le plus pratique pour rechercher les feuilles étrangères dans une pulpe consiste à en délayer une petite quantité dans un grand verre à pied ; les lambeaux de feuilles qui paraîtront suspects, par leur forme, seront saisis avec une pince et étalés sur une plaque de verre. En regardant par transparence, la direction et l'angle formé par les nervures donneront déjà une indication. Sur des débris isolés on examinera les épidermes, et on pratiquera des coupes, s'il y a lieu.

Les **liliacées** nous fournissent l'ail, l'oignon et l'échalote, qui ordinairement sont simplement séchés à l'air.

Les **smilacées** donnent l'asperge, dont on fait beaucoup de conserves par le procédé Appert.

Les **ombellifères** nous donnent la carotte.

Crucifères : le chou, le navet, qui sont ordinairement coupés en tranches minces et séchés au soleil, à l'étuve ou au four, ou sont épluchés et conservés entiers à l'état frais par le procédé Appert.

Une des variétés de choux, le chou blanc d'Alsace, portée à un certain degré de fermentation et convenablement épicée, nous donne la choucroute.

Le pickles n'est autre chose qu'un mélange de carottes, de choux, de haricots, de légumineuses diverses, confit dans le vinaigre.

Cucurbitacées. — Les cornichons et les petits melons confits dans le vinaigre sont souvent servis comme condiments. La principale falsification de ces produits est le reverdissage qui se fait par le sulfate de cuivre.

Pour la recherche et le dosage du cuivre, on incinère 50^{gr} environ ; on reprend par l'acide azotique, et la liqueur filtrée est soumise à l'électrolyse.

Afin de tromper l'acheteur, ces différents produits sont le plus souvent conservés dans des flacons en verre vert. Leur aspect défectueux se trouve ainsi modifié.

Parfois, les cornichons sont conservés dans des vases en poterie vernissée, et, par suite de la mauvaise qualité du vernis, contiennent du plomb provenant de celui-ci. On devra donc toujours rechercher ce métal dans le liquide conservateur et dans le produit conservé.

Légumineuses. — Les haricots flageolets, les pois, les haricots verts constituent les légumes de conserve de consommation courante. Grâce aux perfectionnements apportés dans les différentes phases de cette industrie, on trouve dans le commerce d'excellentes conserves à très bon marché.

Autrefois les gousses étaient ouvertes à la main et leur contenu trié en produits gros, moyens et fins. Aujourd'hui les opérations d'épluchage et de triage se font, mieux et plus vite, à la machine : d'où économie considérable de main-d'œuvre.

Aussitôt épluchés, les légumes sont mis dans des boîtes métalliques calibrées (kilog., demi-kilog.) et soumises à l'application du procédé Appert.

La cuisson qu'ils subissent dans ces conditions fait perdre aux légumes une partie de leur chlorophylle, leur couleur devient alors grisâtre et ne flatte plus l'œil du consommateur; pour leur rendre leur aspect primitif on les reverdit soit à l'aide de la chlorophylle extraite d'autres plantes, soit à l'aide du sulfate de cuivre.

Dans ce dernier cas, en incinérant un poids connu du produit à examiner et reprenant les cendres par l'acide azotique, on pourra doser le cuivre par l'électrolyse.

CHAMPIGNONS

Les champignons ont de tout temps été employés à l'alimentation. Très riches en principes azotés, ils possèdent des propriétés alimentaires très prononcées. Beaucoup sont très estimés; mais, dans cette classe, dont les sujets sont si nombreux, à côté des espèces comestibles se rencontrent des espèces toxiques à un haut degré, qui occasionnent trop souvent encore de graves accidents, parfois mortels.

Si l'on ne peut pas toujours affirmer qu'un champignon est comestible, certains caractères indiquent qu'un champignon est suspect et, par prudence, il doit être rejeté.

Voici les caractères extérieurs qui permettront de faire un choix parmi les sujets de cette grande famille.

On doit considérer comme dangereux tout champignon dont la chair change de couleur, quand on la coupe ou qu'on la casse; ceux dont la chair est ligneuse, filandreuse, cotonneuse, molle ou laiteuse; ceux dont la saveur est acide, âcre, poivrée, brûlante, ou dont l'odeur est désagréable. Toute odeur pénétrante est suspecte. La pulpe des bons champignons reste, à peu d'exceptions près, blanche et ferme, après avoir été coupée. Elle est sèche et cassante et a toujours une odeur agréable.

Il ne faut pas oublier que les meilleurs champignons deviennent malfaisants quand ils se fanent.

L'examen microscopique donnera à l'expert d'excellentes indications.

Suivant M. E. Macé, on ne peut se baser sur les caractères du faux tissu ou pseudo-parenchyme qui forme la plus grande masse du champignon.

« Ce faux tissu ne renferme rien qui puisse servir d'indication; il ne contient jamais d'amidon, jamais de granulation pigmentaire, quelquefois seulement des cristaux d'oxalate de chaux qui n'offrent rien de particulier. »

La cuisson, voire même la digestion, altèrent peu le champignon; on pourra donc, toujours avec succès, examiner un débris de champignon, en cas d'empoisonnement.

On divise les champignons alimentaires en deux classes principales :

1° Les *basidomycètes*,

2° Les *ascomycètes*.

Chez les premiers, les spores se produisent par bourgeonnement au sommet des cellules mères spéciales, les *basides;* chez les seconds, les spores se forment par divisions à l'intérieur des cellules mères, les *asques*. Il sera donc très facile de rapporter une espèce observée à celui des deux ordres auquel elle appartient.

Champignons basidomycètes (1). — Les espèces comestibles appartiennent toutes au sous-ordre des hyménomycètes, où la couche de tissu qui produit les basides et partant les spores, l'*hymenium*, comme on l'appelle, se trouve à l'extérieur du champignon.

La structure de l'hymenium ne varie guère dans le groupe. On reconnaît dans cette couche deux sortes d'éléments : ceux dont nous avons déjà parlé, les basides, et d'autres éléments stériles, les *paraphyses*, pouvant se rapprocher, comme forme, des premiers ou être plus allongées, parfois même ressemblant à de longs poils. Les basides ont souvent la forme de massue; elles peuvent être plus courtes, presque sphériques, plus allongées, quasi-cylindriques. Elles portent, à leur extrémité libre, d'ordinaire quatre prolongements aigus, les *stérigmates*, au bout desquels se produisent les spores.

Dans la majeure partie des espèces qui entrent dans l'alimentation, la couche hyméniale recouvre la surface libre de prolongements qui s'observent à la face inférieure du chapeau du champignon. Ces prolongements affectent souvent la forme de lamelles rayonnantes; ils ressemblent quelquefois à des dents ou à des aiguillons, comme chez les hérissons (*hydnum*).

Chez les polypores, l'hymenium revêt la face interne de dépressions irrégulières qui se trouvent sous le chapeau, et chez les bolets et les fistulines, la surface intérieure de tubes que l'on voit au même endroit. A l'aide de ces données, on peut déjà reconnaître auquel de ces groupes appartient un champignon que l'on veut étudier. Il suffit, pour observer l'hymenium, de faire une coupe mince d'une partie choisie de la face inférieure du chapeau.

La forme des spores varie beaucoup d'un genre à l'autre, mais très peu et souvent pas du tout entre les espèces d'un même genre. Elle ne pourrait donc pas servir pour distinguer dans un même genre les espèces comestibles des espèces vénéneuses. Elle peut, cependant, donner de bonnes indications.

Les *amanites* ont toutes les spores blanches sphériques, présentant à un pôle un petit apicule (fig. 9).

Le *champignon de couche* (*Psalliota campestris*), ainsi que ses congénères voisins, très estimés également, a des spores elliptiques d'un beau pourpre (fig. 10).

La *grande coulemelle* (*Gepiota procera*) a des spores ovoïdes apiculées blanches.

---

(1) E. Macé, *Les substances alimentaires.*

Le *mousseron* (*Tricholoma Georgii*) a des spores blanches, ovoïdes, elliptiques.

Le *grand coprin* (*Coprinus ovatus*) a des spores ovoïdes noirâtres.

Le *lactaire délicieux* (*Lactarius deliciosus*) et le *lactaire poivré* (*Lactarius piperatus*) ont des spores elliptiques, verruqueuses, échinulées, blanches.

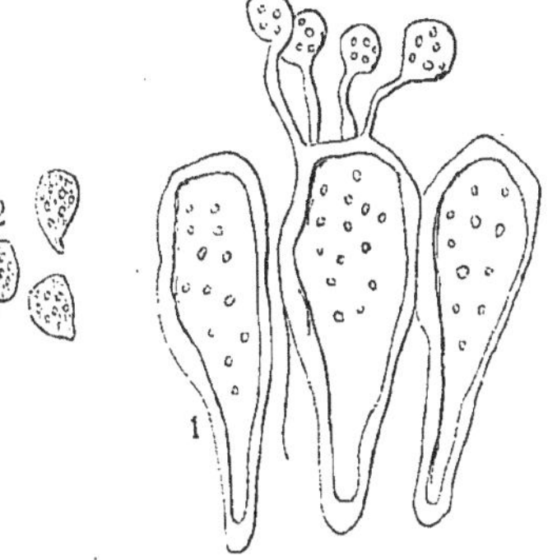

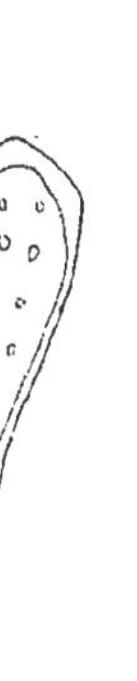

Fig. 9. — Amanite citrine :
1. Basides avec spores.
2. Spores isolées.

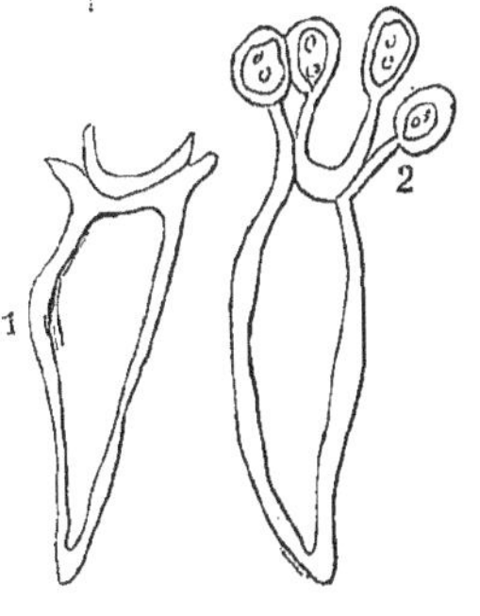

Fig. 10. — Champignon de couche :
1. Baside.
2. Baside avec spores.

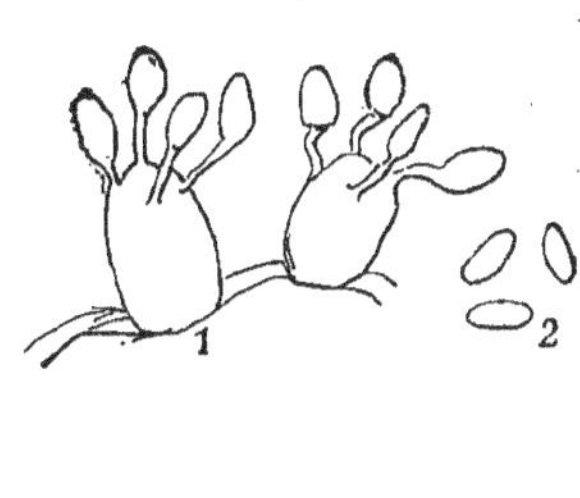

Fig. 11 — Chanterelle comestible :
1. Basides avec spores.
2. Spores isolées.

Le *rougillon* (*Russula alutacia*) a des spores jaunâtres, sphériques, verruqueuses.

La *chanterelle* (*Cantarellus cibarius*) a des spores blanches, oblongues et apiculées (fig. 11).

Champignons ascomycètes. — Les morilles, les helvelles, les truffes, sont les genres que l'on consomme le plus fréquemment.

Dans les premiers, les spores jaunâtres de forme oblongue, au nombre de 8, se développent à l'extérieur des *asques*.

Truffes (fig. 12). — Le prix élevé de la truffe, dû à sa rareté, a tenté bien des falsificateurs. La fraude la plus commune consiste à sécher des pommes de terre dans un courant d'air chaud, à les tremper ensuite, pendant 24 heures environ, dans une infusion de noix de galle ou dans une solution de tanin, les laisser sécher et les tremper de nouveau dans la solution d'un sel de fer. Pour un œil exercé, cette fraude se reconnaîtra simplement à l'aspect Cette falsification sera confirmée par l'analyse des cendres et par l'examen microscopique.

Une autre fraude, moins aisée à reconnaître, consiste à substituer à des truffes de première qualité des truffes de qualité secondaire. C'est surtout dans les conserves qu'on retrouve cette fraude.

La truffe du Périgord (*Tuber melanosporum*) est de beaucoup la préférée. Elle

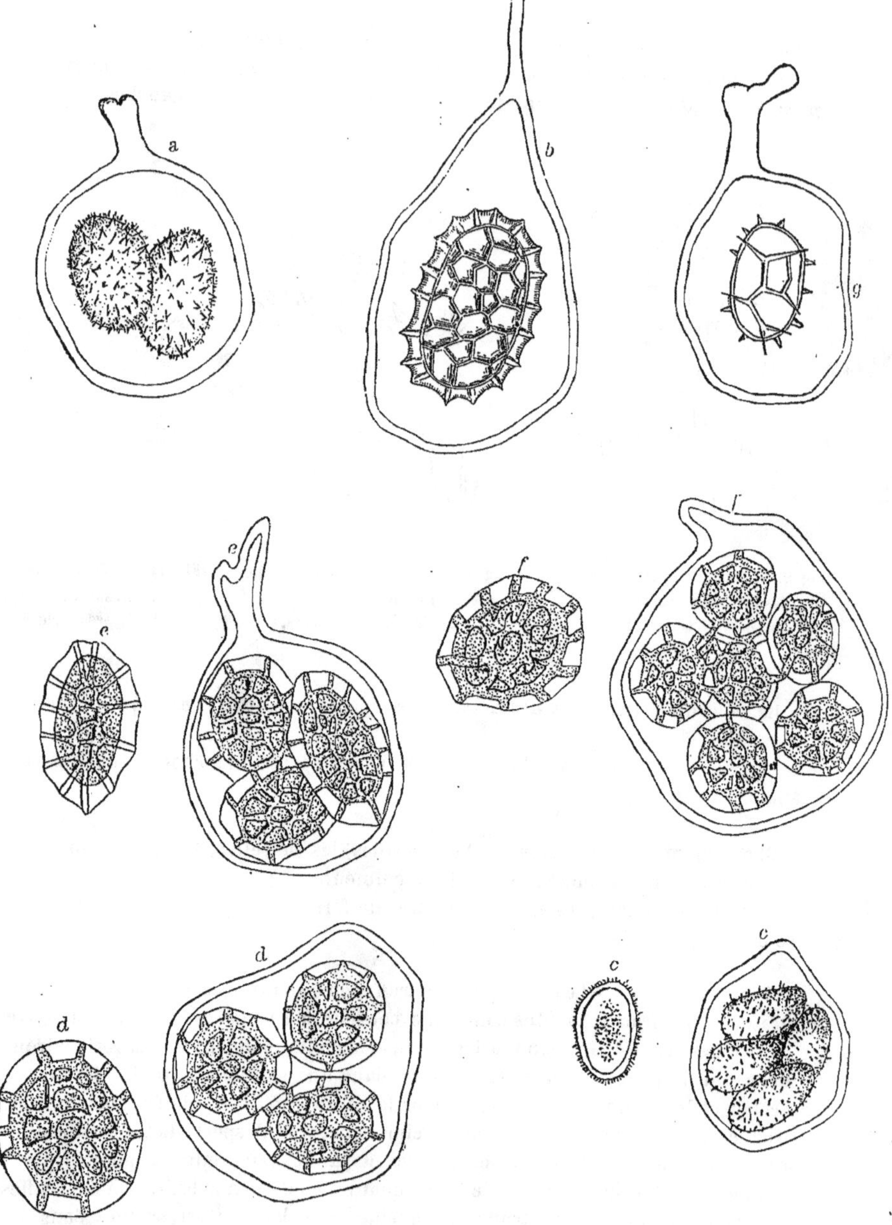

Fig. 12. — Asques et spores de diverses espèces de truffes : *a* Tuber melanosporum; *b* Tuber macrosporum; *c c* Tuber brumale; *d d* Tuber magnatum; *e e* Tuber mesantericum; *f f* Tuber uncinatum; *g* Tuber æstivum.

est noire; sa chair est d'un noir violet, marbré de lignes d'un blanc roussâtre. Les asques sont ovales et renferment quatre ou six spores hérissées de pointes aiguës.

On vend aussi dans le commerce des boîtes de conserves d'épluchures de truffes. C'est la partie externe du cryptogame, qui possède faiblement le parfum recherché des gourmets.

Ces épluchures baignent dans un liquide conservateur (acide borique), et, lorsqu'on ouvre une de ces boîtes, on s'aperçoit, mais trop tard, qu'il n'y a pas la moitié de la substance que paraît contenir le vase.

On est toujours trompé sur la qualité et sur la quantité.

L'examen microscopique décèlera les spores. Suivant la forme et le nombre de ces dernières, on verra en présence de quelle espèce on se trouve (1).

Solanées.

La *tomate* (*Solanum lycopersicum*) est un fruit rouge fort employé de nos jours. Son goût faiblement acidulé, sa chair pulpeuse assez aromatique, l'ont fait rechercher par les gourmets.

La culture de la tomate se fait en grand dans le midi de la France et en Italie.

Mais il n'est pas de conserves qui se prêtent mieux à la falsification que celle de la tomate. Son état pulpeux, sa couleur, son prix, ont tenté bien des commerçants peu scrupuleux, et on rencontre parfois des conserves n'ayant de tomate que le nom sur l'étiquette. La carotte, le potiron, surtout, réduits en pulpe, y ont été substitués.

En 1886, M. Famel a signalé la présence de ces pulpes dans les conserves répandues dans le commerce (2).

Son attention s'était surtout portée sur l'examen microscopique.

Très net pour la carotte, il devenait douteux et souvent incertain pour le potiron. Néanmoins, il y avait un pas de fait pour découvrir les fraudes de ce genre.

Notre collègue M. Py, chimiste au Laboratoire municipal, s'est chargé de compléter le travail de M. Famel, en cherchant des éléments microscopiques nouveaux et bien caractéristiques.

Les conserves de pulpe de tomates peuvent se diviser en deux groupes : les conserves en boîtes et les conserves en flacons, presque toujours en verre blanc.

Le mode d'obtention est le même : stérilisation de la pulpe par la chaleur et exclusion de l'air; seulement, tandis que les unes sont rarement falsifiées, les autres, au contraire, le sont dans une assez forte proportion.

La falsification la plus commune est l'addition de matière colorante.

---

(1) Voir Macé, *Les substances alimentaires*, p. 386.

(2) *Journal de Pharmacie* de 1886, t. XIII, p. 109.

Par la cuisson, et sous l'action des rayons lumineux, la matière colorante de la tomate subit une profonde altération; son rouge brillant se fonce de plus en plus pour en arriver à une teinte brune moins engageante. Dans cet état, la tomate a perdu de son bel aspect et serait d'une vente plus difficile si le négociant ne lui rendait sa belle couleur rouge par l'addition d'un colorant étranger.

C'est la cochenille qui est la plus employée. Autrefois, l'éosine était en grande faveur ainsi que d'autres colorants de la houille, tels que le sulfo de fuchsine, l'orangé II.

L'addition de cochenille ou de tout autre colorant n'a pas toujours exclusivement pour effet de contrebalancer l'action de la lumière; elle sert parfois à masquer une falsification. Il est d'autres pulpes de prix inférieur que le fabricant peu scrupuleux a tout intérêt à substituer à la tomate, sinon en totalité, du moins en partie.

Nous voulons parler des pulpes de carotte et de potiron. La carotte est très facile à retrouver; le potiron, si la pulpe est bien préparée, offre des difficultés plus grandes.

A côté de ces falsifications, il en est qui, pour être moins employées, se rencontreront encore quelquefois. Dans le but de dissimuler une addition d'eau, la pulpe de tomate est additionnée soit de matières amylacées, soit de fécule mélangée de dextrine; le microscope et l'examen optique permettront de déceler ces deux nouvelles fraudes.

La marche à suivre pour s'assurer de la pureté relative d'une pulpe de tomate est la suivante :

Examen organoleptique,
Recherche des antiseptiques,
Recherche de la matière colorante,
Examen polarimétrique,
Examen microscopique.

L'examen organoleptique reposera sur l'aspect extérieur des vases (boîtes ou flacons), comme nous l'avons indiqué déjà aux recherches générales, et sur l'odeur et la saveur de la conserve, odeur et saveur qui devront lui être propres, sans goût aigre ni étranger.

Les antiseptiques seront recherchés comme il a été dit précédemment aux articles *Acide salicylique*, *sulfureux*, etc., etc.

Recherche de la matière colorante dans la tomate. — Introduire dans un verre 50^{cc} de pulpe de tomate; ajouter 10^{cc} d'ammoniaque; agiter fortement avec un agitateur à bouton ou, mieux, avec une spatule, jusqu'à ce que la teinte soit uniforme. Verser dans ce mélange 30 à 40^{cc} environ d'alcool amylique et agiter fortement en ramenant continuellement la couche inférieure à la partie supérieure du vase. Laisser déposer et décanter dans une soucoupe l'alcool amylique, qui sera évaporé complètement *à sec* au bain-marie.

On reprend par l'eau bouillante (en jetant rapidement la première eau qui est toujours teintée de jaune), qui dissout le colorant. On teint un mouchet de soie et, sur le reste de la liqueur, on fait l'examen spectroscopique et on essaie les réactions caractéristiques du colorant supposé.

Par ce traitement seront décelés les dérivés acides de la houille.

Un traitement analogue dans lequel l'acide sulfurique (5cc environ) sera substitué à l'ammoniaque, décèlera les dérivés basiques.

L'addition de fruits rouges étrangers se reconnaît sur la pulpe même par l'ammoniaque et l'acétate d'alumine; l'ammoniaque colore en brun la tomate pure; la moindre trace de vert ou de bleu serait suspecte. L'acétate d'alumine est sans action bien sensible sur la tomate. Les réactions données par la carotte et le potiron ont de bien grands points de ressemblance avec celles de la tomate. S'il en est de caractéristiques quand on compare les pulpes séparées, leur mélange fait disparaître ces différences.

Un procédé rapide, qui peut donner quelques indications et que nous donnons parce qu'il ne vient en rien compliquer l'analyse, consiste à traiter les laques plombiques obtenues pour la recherche de matières sucrées successivement par l'alcool et l'éther.

	Tomate.	Carotte.	Potiron.
Couleur de la laque plombique	Rouge orangé.	Marron.	Jaune.
— l'alcool après épuisement de la laque.	Jaune.	Incolore.	Jaune clair.
— l'éther après épuisement de la laque.	Couleur madère.	Incolore.	Jaune clair.

Pour rechercher la cochenille on prend environ 50cc de purée de tomate qu'on étend de son volume d'eau. On ajoute 5cc d'acide sulfurique au 1/10e et on porte à l'ébullition. Dès que le liquide entre en ébullition, on filtre et on laisse refroidir. On prélève environ 25cc du filtrat qu'on agite avec l'alcool amylique; quand les deux liquides sont nettement séparés, on décante une partie de l'alcool amylique qu'on introduit dans un tube à essai, qu'on emplit d'eau distillée; on agite pour laver l'alcool amylique, puis on décante de nouveau ce dernier qui, traité par quelques gouttes d'acétate d'urane étendu, donne, en présence de la cochenille, une belle coloration verte.

Lorsqu'on se trouve en présence du carmin de cochenille, il est parfois nécessaire d'épuiser d'abord complètement la tomate par l'alcool amylique ammoniacal; puis, lorsque l'alcool amylique passe incolore, on traite le résidu par l'alcool à 75e ammoniacal qui dissout le carmin de cochenille dont on essaie les réactions.

L'examen microscopique sera d'une grande utilité pour la recherche de la matière colorante : car une tomate colorée artificiellement laissera toujours voir au microscope certaines parties ayant retenu une grande quantité de colorant ajouté qui ne pourra jamais être confondu avec la couleur naturelle de la tomate.

L'examen microspectroscopique donnera souvent d'utiles indications par la différence des spectres d'absorption.

Examen polarimétrique. — La pulpe pure de tomate étendue de trois fois son volume d eau donne au saccharimètre une déviation moyenne de — 4° ou de — 5°, et cette déviation ne varie pas quand le suc acidulé par l'acide chlorhydrique est soumis pendant 1/4 d'heure à la chaleur du bain-marie.

La pulpe de carotte, dans les mêmes conditions, donne une légère déviation à droite, environ + 1° 2/10e ou + 1° 5/10e; par l'inversion, la déviation devient très sensible à gauche, quoique très variable; chauffée avec la pulpe de la tomate, la saccharose de la carotte s'intervertit, mais la déviation à gauche est plus faible que la déviation normale de la tomate.

La pulpe de potiron dévie encore plus faiblement à droite que la carotte et l'interversion ne paraît guère atténuer sa rotation primitive.

Si, enfin, la pulpe a été additionnée de sirop de fécule ou de dextrine, la rotation devient très sensible à droite.

L'examen polarimétrique est indispensable pour constater la présence de la dextrine; car l'essai par l'alcool absolu, avant ou après dialyse, entraînerait à des causes d'erreurs, la pulpe de tomate donnant dans ces conditions un précipité assez abondant.

Le potiron précipite aussi par l'alcool, mais plus faiblement. Quant à la carotte, le précipité obtenu par l'alcool est hyalin et difficile à apercevoir; il est dû aux matières pectiques.

La prise d'essai pour ces différentes pulpes doit varier de 50 à 60gr suivant que la pulpe est [illegible]s ou moins épaisse. Ces 50 ou 60gr sont versés dans un ballon jaugé de 200cc; on ajoute 10cc de sous-acétate de plomb et l'on achève de remplir avec de l'eau distillée.

Sur le liquide filtré, on prélève 50cc que l'on additionne de 5cc d'acide chlorhydrique et que l'on soumet pendant 1/4 d'heure à la chaleur du bain-marie.

Examen microscopique de la tomate. — L'examen microscopique comprend :

1° La recherche des moisissures et des ferments;

2° La recherche des matières amylacées;

3° La recherche des pulpes étrangères.

Des grossissements de 60 à 80 D et de 200 à 250 D sont très suffisants

La stérilisation à chaud a fait en partie le vide dans le récipient; or, souvent à l'ouverture d'une boîte ou d'un flacon, un très léger sifflement se fait entendre et on ne sait si l'on doit l'attribuer à la rentrée brusque de l'air ou à la sortie des gaz produits par la fermentation.

La recherche des moisissures se fait immédiatement après l'ouverture de la boîte ou du flacon; elle vient, en quelque sorte, contrôler l'examen organoleptique, car elle permet de constater si l'échantillon est en bon état de conservation.

L'examen est assez délicat, car la présence constante de spores et de thalles de moisissures en voie de bourgeonnement peut porter à regarder l'échantillon comme avarié, lorsque le plus souvent il n'en est rien. Ces moisissures existent dans les tomates bien mûres et surtout dans les fruits talés soit par un excès de maturité, soit par la compression.

Les spores de ces moisissures, probablement des ascomycètes, résistent à la stérilisation imparfaite que subit la conserve; mais, privées du contact de l'air, elles vivent en ferments et acquièrent alors des formes tourmentées et souvent monstrueuses.

Quand l'échantillon est en bon état de conservation, ces moisissures sont toujours granuleuses; de très courtes ramifications sont seules transparentes; la moisissure a souffert.

C'est le contraire quand, par suite d'une occlusion incomplète, l'échantillon a fermenté : alors le nombre des spores est bien plus grand.

Pour déceler *l'amidon*, rien n'est plus facile si l'addition en a été assez forte. Il n'en est plus de même dans le cas d'une petite quantité. Le mélange de grains d'orge ou de blé avec de nombreuses spores et avec la matière grasse dont est souvent additionnée la pulpe, peut laisser dans l'incertitude celui qui n'a pas la pratique constante du microscope.

Dans ce cas, il sera bon de recourir à l'action de l'iode et de la lumière polarisée. Les deux sont nécessaires: car, de même que l'amidon additionné d'urine ne se colore quelquefois par l'iode qu'après évaporation du liquide à l'air, de même il peut arriver que, dans une tomate additionnée d'amidon, la totalité des grains échappe à l'action colorante de l'iode.

Pour la recherche des *pulpes étrangères*, il est bon de compléter l'examen direct de la pulpe par le tour de main suivant :

Dans un verre à pied de 250^{cc}, on introduit à peu près 20^{cc} de tomate; le verre est rempli d'eau. On laisse déposer et on décante plusieurs fois. Les graines, les débris d'épicarpe et les vaisseaux ligneux se déposent et sont retrouvés ainsi plus facilement. Nous allons voir leur importance.

Les éléments de *la pulpe de tomate* (fig. 13), examinés au microscope, sont par ordre de fréquence :

1° Les cellules du mésocarpe.

Ce sont de grandes cellules sphériques offrant, quand on les rencontre groupées, de nombreux méats; leurs parois sont minces, incolores, en partie gélifiées; elles renferment la matière colorante sous forme de granulation rouge tirant sur l'orangé.

2° Les cellules de l'épicarpe.

Ces cellules réunies forment un tissu très serré, sans vacuoles; elles sont hexagonales et régulières sur la plus grande partie du fruit, mais deviennent polygonales et allongées vers les deux pôles, c'est-à-dire au voisinage du calice et du stigmate. Les parois en sont jaune verdâtre.

Si des cellules du mésocarpe adhèrent encore à l'épicarpe, l'ensemble paraît rouge; la paroi cellulaire n'est pas toujours continue; à égale distance du centre de la paroi, on remarque deux solutions de continuité, et le fragment de paroi compris entre ces deux solutions de continuité prend une forme ronde, ce qui donne un ensemble du plus gracieux effet.

3° Le faisceau libéro-ligneux est surtout formé de vaisseaux libériens et de vaisseaux spiralés à trachées déroulables. Le diamètre de ces divers vaisseaux n'est pas toujours constant; il varie entre 8 et 11 μ et peut atteindre 20 et 23 μ; ces derniers sont pourtant assez rares.

4° La graine est caractéristique; elle est entourée de poils unicellulaires très allongés, dilatés inégalement à la base, se terminant en pointe; ils sont, en outre, très rapprochés les uns des autres.

L'épisperme sur lequel ces poils sont implantés est formé de cellules dont les parois sinueuses semblent parfois constituées par la réunion de petites massues juxtaposées.

Si on regarde ce même épisperme sous une autre incidence, il appparaît mamelonné.

Ces sinuosités et cet aspect sont très fréquents chez les graines des solanées.

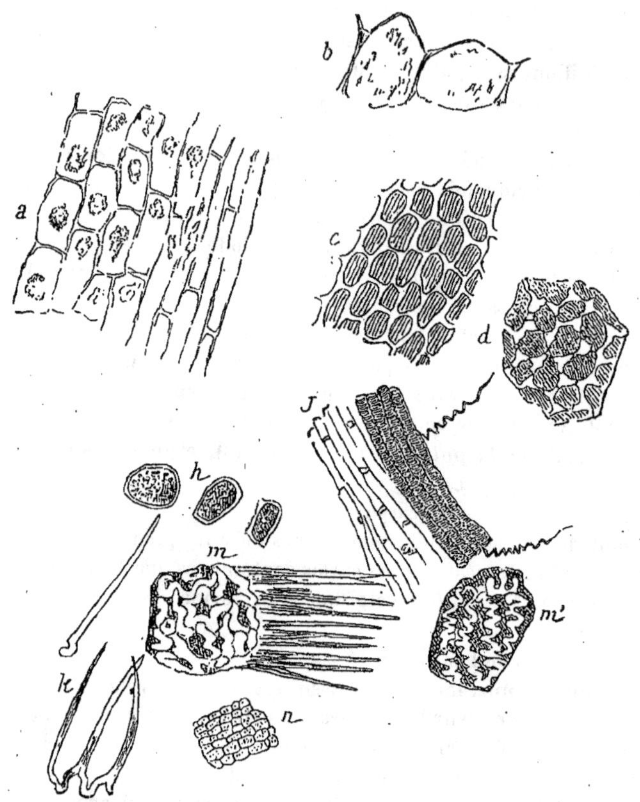

Fig. 13. — Tomate : *a b* cellules du mésocarpe; *d* épicarpe; *c* épicarpe au voisinage du stigmate; *f* faisceaux libéro-ligneux; *h* cellules à aleurone de la graine; *k* poils isolés; *m m'* épiderme de la graine; *n* cellules de l'embryon.

Lorsque la graine a été écrasée dans la pulpe, on aperçoit de grosses cellules à parois incolores et épaisses; l'intérieur en est granuleux; elles offrent comme dimension et comme aspect une grande ressemblance avec les cellules de la couche à gluten des graminées; seulement, à l'inverse de celles-ci, elles sont presque toujours isolées. Ces cellules, placées immédiatement au-dessous de l'épisperme, renferment de la matière grasse et des granulations d'aleurone de diamètre assez uniforme.

Les couches les plus internes de la graine et le tissu embryonnaire sont constitués par de petites cellules incolores à minces parois formant un parenchyme serré et sans méat.

Eléments de la pulpe de carotte (fig. 14). — La pulpe de carotte n'offre aucune ressemblance avec la pulpe de tomate. Les cellules de la couche subéreuse sont allongées et rectangulaires. Elles renferment la matière colorante sous forme d'aiguilles.

Les cellules du parenchyme sont moins grandes que celles de la tomate ; le tissu en est plus serré. Enfin, ce qui empêchera surtout de confondre la carotte

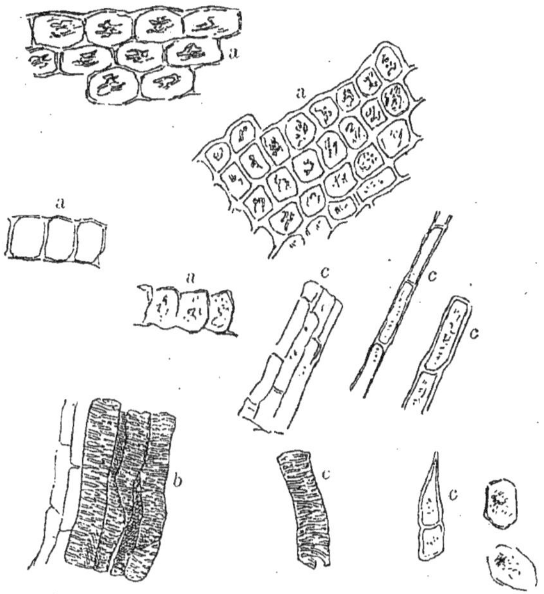

Fig. 14. — Carotte : *a* cellules du parenchyme ; *b* faisceaux libéro-ligneux ; *c* éléments de la pulpe.

avec cette dernière, c'est la présence de gros vaisseaux rayés dont le diamètre varie de 30 à 40 µ. Quelques auteurs (Macé) leur donnent jusqu'à 50 µ. La dimension moyenne est de 40 à 43 µ. Les rayures sont des plus marquées et leurs anastomoses très faciles à distinguer.

Eléments de la pulpe de potiron (fig. 15). — L'épicarpe ne se rencontre jamais dans la pulpe ; son tissu offre assez d'analogie avec celui de la tomate, mais s'en différencie complètement par la présence de stomates caractéristiques. Autour de ces stomates, le tissu cellulaire est plus dense, ce qui rend leur recherche très facile.

Les cellules du mésocarpe n'offrent rien de bien caractéristique. Comme pour la tomate, elles sont sphériques, plus ou moins comprimées ; les parois en sont minces et comme gélifiées. Elles offrent, groupées, de nombreux méats.

De loin en loin, on rencontre de grosses cellules irrégulières à paroi nettement rayée. Le faisceau libéro-ligneux analogue à celui de la tomate s'en différencie par les dimensions. Celles-ci varient de 30 μ à 45 μ, mais l'on peut en trouver de 18 à 20 μ.

Par la moyenne de ces dimensions, on a donc en général un excellent élément de différenciation; seulement les vaisseaux ligneux sont encore assez rares dans la pulpe et il est des cas où l'on peut conserver quelques doutes, les gros vaisseaux de la tomate ayant les mêmes dimensions que les petits vaisseaux du

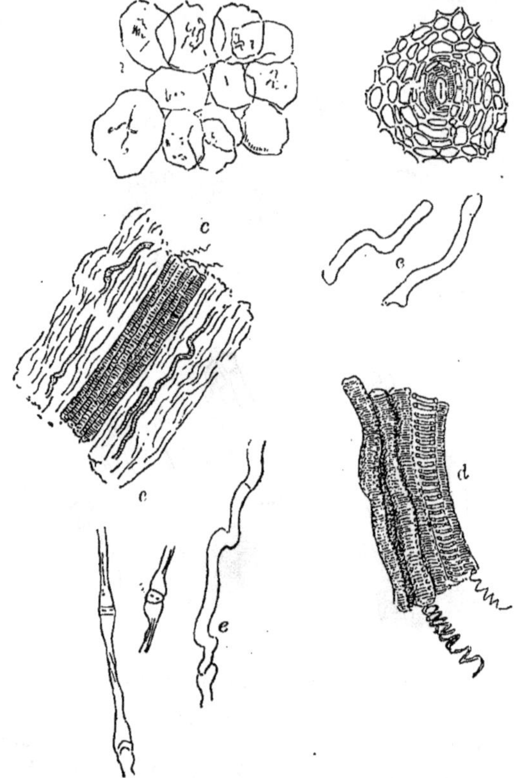

Fig. 15. — Potiron : *a* mésocarpe; *b* épicarpe avec stomate; *c* ensemble de faisceaux libéro-ligneux à 80 D.; *d* vaisseaux ligneux; *e e* débris du liber dans la pulpe.

potiron. L'examen du liber fera disparaître ces doutes. Les vaisseaux cribleux en sont très développés surtout au voisinage des graines : les parties criblées n'en sont pas toujours très faciles à distinguer, mais l'aspect général est bien caractéristique, ce sont de gros tubes tantôt très sinueux, tantôt faiblement incurvés; on les dirait articulés et cela, dans quelques cas, à la façon des os, c'est-à-dire que l'extrémité convexe de l'un vient s'emboîter dans la concavité de l'autre.

Ces éléments libériens sont caractéristiques dans la pulpe et très faciles à retrouver avec un faible grossissement, surtout quand ils ont subi l'action de l'iode qui les colore en brun.

CONSERVES DE VIANDES

De toutes les conserves alimentaires celles qui doivent attirer la plus grande attention sont certainement les conserves de viandes.

La viande n'est-elle pas l'aliment le plus nécessaire à notre existence? Les végétariens s'élèvent contre cette assertion, mais les médecins, hygiénistes, chimistes, ont prouvé que nul autre aliment ne pouvait à une aussi faible dose reconstituer l'énergie vitale que nous dépensons chaque jour.

Le meilleur procédé de conservation d'un aliment aussi précieux devait tenter les esprits inventifs. Aussi, depuis une vingtaine d'années, les progrès réalisés ont-ils été immenses.

On peut aujourd'hui, par le froid, conserver des animaux entiers pendant cinq ou six mois et plus, et les livrer à la consommation aussi frais que s'ils venaient d'être abattus.

Nous allons étudier les différents procédés de conservation employés.

Procédés domestiques. — A défaut de connaissances scientifiques, l'expérience de chaque jour, les enseignements du hasard ont donné à la mère de famille, aux habitants des campagnes, des moyens à la fois simples et pratiques pour empêcher, du moins pendant quelques jours, la décomposition si rapide des viandes.

Le bœuf destiné au pot-au-feu est plongé dans l'eau bouillante. Sous l'influence de la chaleur, l'albumine se coagule et forme un enduit protecteur à la surface de la viande.

Les autres viandes de boucherie peuvent être cuites à moitié, mais on perd ainsi une partie des substances aromatiques et nutritives.

Les poissons, le gibier, la volaille sont vidés et lavés intérieurement avec du vinaigre dans lequel on fait dissoudre un peu de sel de cuisine; quand ils sont bien égouttés, on les essuie pour enlever ensuite l'humidité.

Les oiseaux, la volaille sont passés au beurre bouillant et enfermés ensuite sous une couche d'huile, de saindoux ou de beurre fondu, dans des pots parfaitement clos.

Le poisson peut être conservé vivant hors de l'eau par le moyen suivant : on lui emplit la bouche avec de la mie de pain détrempée dans de l'eau-de-vie dont on a soin de l'arroser, et on l'enveloppe de paille. Sous l'action de l'alcool le poisson semble s'engourdir; il peut rester dans cet état plusieurs jours, et si, après lui avoir dégagé la bouche on le plonge dans de l'eau bien fraîche, on lui voit reprendre, au bout de quelques heures, toute sa vigueur.

Enfin il faut éviter de poser la viande sur la pierre, le fer, etc., et surtout d'entasser les morceaux les uns sur les autres. On devra, au contraire, les tenir séparés, suspendus, dans un garde-manger grillagé, afin d'en empêcher l'accès aux mouches et aux autres insectes. Ce garde-manger sera placé, autant que possible, à l'abri du soleil, dans un courant d'air.

Tous ces procédés ne conservent la viande que peu de temps ; cependant ils ne sont pas à dédaigner à la campagne, où souvent on est obligé de faire des provisions pour toute une semaine, dans les petites villes où les marchés ne se tiennent pas tous les jours, et souvent dans tous les ménages, en été surtout, où la température active la décomposition.

Conservation par le froid. — Bien que le moins ancien, le procédé de conservation par le froid est aujourd'hui le plus intéressant.

Il existe dans l'Amérique du Sud d'immenses troupeaux de bétail desquels on ne retirait autrefois d'autre bénéfice que celui produit par la vente du cuir et de la graisse. Cet excès d'animaux vivants, sans valeur, rapproché des produits de l'élevage d'Europe, dont les prix sont bien supérieurs étant donnée l'insuffisance de production, a fait naître l'idée d'importer une grande partie de l'excédent du Nouveau Monde dans l'Ancien.

Le transport du bétail vivant n'a pas donné de bons résultats. Les dépenses de la traversée jointes à la mortalité des animaux n'ont pas permis aux importateurs d'amener sur notre marché un grand nombre de sujets exotiques; cependant il est paru 200 bœufs argentins sur le marché de la Villette ; ces bœufs y ont fait prime. Nous n'avons pas connaissance qu'une nouvelle tentative de ce genre ait été faite.

La viande en boîte a donné lieu à différentes expéditions. On a d'abord expédié des conserves faites par le procédé Appert ; mais leur prix de revient étant très voisin de celui de la viande fraîche (1f,20 à 1f,60 le kil.), ce genre de commerce n'eut qu'un succès relatif. Ce procédé reçut par la suite d'importantes améliorations; il obtient aujourd'hui assez de faveur du public et permet de constituer d'excellents approvisionnements de réserve pour les armées en campagne.

Nous avons eu aussi à examiner des viandes américaines expédiées dans des barils à bière goudronnés extérieurement. Cette viande était conservée dans de la saumure, ou dans une solution d'acide borique; mais dans aucun des deux cas l'état de conservation n'était satisfaisant.

L'échantillon expédié dans la saumure était dans un tel état de décomposition que tout examen était devenu inutile.

Devant ces insuccès répétés, un autre genre de conservation était tout indiqué: la conservation par le froid.

Les premières expériences furent faites, en 1874, par M. Tellier, ingénieur civil à Auteuil ; elles donnèrent de bons résultats ; il put conserver de la viande fraîche pendant quarante-cinq jours dans une chambre dont la température était maintenue à — 1°.

Son procédé, basé sur l'évaporation et la condensation de l'éther méthylique, a donné lieu à deux rapports favorables, l'un de M. Poggiale, pharmacien-inspecteur, l'autre, de M. Bouley, inspecteur général des écoles vétérinaires.

Pour le transport des viandes venant d'Amérique on construisit un bâtiment de 900 tonneaux, *le Frigorifique*, muni de machines à produire le froid, système Tellier.

Mais ces premiers essais ne donnèrent pas de résultats satisfaisants. Bien que parfaitement conservées, les viandes avaient l'aspect noirâtre des viandes halées. Ce défaut aurait suffi à lui seul pour les faire rejeter par le public, habitué à voir dans nos étaux des viandes juteuses et parées avec soin ; mais, de plus, elles ne se conservaient pas aussi longtemps que les viandes fraîchement abattues.

Malgré cet insuccès, purement commercial, les perfectionnements se succédèrent. Après M. Tellier, MM. Fixary, Raoul Pictet, Crespin et Rouart (système Carré) construisirent différents types de machines à gaz liquéfiés capables de donner un abaissement notable de température.

M. P. Giffard a établi une machine à air comprimé qui, au point de vue économique, paraît inférieure aux précédentes.

Un concours organisé par la ville de Paris pour l'établissement de machines à froid destinées à permettre la conservation des cadavres de la Morgue, mit en présence ces différents concurrents ; la préférence fut accordée à M. Rouart (système Carré), qui devait, plus tard, remporter un autre succès ; ce constructeur fut désigné par le ministère de la guerre pour construire l'établissement frigorifique de Billancourt, destiné à pourvoir de viande fraîche, en temps de siège, les troupes de la garnison de Paris.

En Angleterre, MM. Hall et Haslam construisirent des machines à froid basées sur la compression et la détente de l'air, qui aujourd'hui sont employées par différentes compagnies.

La Société Sansinena emploie les machines de Hall ; elle possède des établissements à Buenos-Ayres, à Liverpool, au Havre et à Paris. Deux bâtiments de la Compagnie des Chargeurs réunis ont été aménagés spécialement pour le transport des viandes de La Plata : ce sont le *Belgrano* et le *San-Martino*.

En 1888, la maison principale de Buenos-Ayres a expédié dans différents pays 360.000 moutons.

Pour la consommation de ces viandes, le point délicat est la décongélation. Elle est obtenue par le procédé imaginé par MM. Lafabrègue, Walton et Sansinena. Ce procédé consiste à exposer les viandes dans des chambre aérées par des courants d'air rapides.

La décongélation nécessite, en été, de 12 à 15 heures environ, 24 à 30 heures en hiver.

Avant d'adopter le procédé de conservation par le froid, l'administration de la guerre fit faire des expériences sur le transport des viandes congelées, par voie ferrée et par voie de terre.

Des wagons entiers furent expédiés de Billancourt dans différentes directions : à Châlons-sur-Marne, à Montpellier, etc., etc. Voici les conclusions du rapporteur sur l'état de ces viandes arrivées à destinations.

De ces diverses expériences, il résulte :

1° Que le meilleur isolateur est la poussière de tourbe ;

2° Que le transport en vrac est préférable au transport en caisse ;

3° Que la viande congelée peut supporter un transport de quatre jours et plus, même par une température élevée ;

4° Que le transport en voiture est plus désavantageux que celui en chemin de fer, mais que, néanmoins, on peut :

a) Transporter la viande en vrac pendant six jours sur une voiture de réquisition, en entourant la viande de tourbe, et pendant quatre jours si on l'entoure de paille.

b) Porter de six à huit jours, dans l'un et l'autre cas, la durée du transport avec des fourgons du train des équipages. De plus, à la suite de divers transports effectués, la viande peut encore être conservée pendant 48 heures, avant d'être distribuée, dans des magasins dont la température sera de + 12° environ.

Ces conclusions prouvent quel parti on peut tirer d'un procédé aussi perfectionné, surtout si l'on considère combien ce mode de conservation est peu coûteux. Dans une chambre de congélation, le mètre cube peut recevoir en moyenne 100 kilog. de viande, et occasionne une dépense de 0 fr. 002 par jour et par kilogramme.

Conservation par les antiseptiques et les enrobages. — Bien que, à l'aide d'agents chimiques, la conservation des matières organiques soit très simplifiée, on ne peut, pour les substances alimentaires, avoir recours à ces agents sans de nombreux inconvénients.

Les antiseptiques sont employés soit à l'état gazeux, soit à l'état solide, liquide ou en solution.

L'oxyde de carbone et l'acide sulfureux furent préconisés par un Anglais, M. le docteur Gangel. Ce savant tuait l'animal à l'aide de l'oxyde de carbone, et, après avoir tranché la tête et retiré les intestins, exposait les parties à conserver dans une chambre hermétiquement close et privée d'air, dans laquelle on faisait arriver un fort courant d'acide sulfureux et d'oxyde de carbone. On laissait en contact pendant huit jours. Ce procédé empêche la putréfaction, mais ne livre à la consommation qu'une viande plus ou moins saine, étant donnée la toxicité de l'oxyde de carbone.

Ce procédé n'eut pas de succès.

M. Scollay crut apporter un meilleur procédé en injectant de l'oxyde de carbone par le ventricule gauche du cœur, sitôt après la mort de l'animal, puis en plongeant les morceaux dans un liquide conservateur très complexe; il se composait de carbonate et de biborate de soude soumis à l'action de l'acide sulfureux; on ajoutait encore un peu d'acide phénique, d'acide benzoïque et d'acide salicylique. Nous ne croyons pas devoir nous étendre sur les motifs qui ont fait rejeter un tel procédé. Cette multitude de produits qui, séparés, sont déjà exclus par la plupart des hygiénistes, ne pouvaient, réunis, entrer en faveur près du consommateur.

L'acide sulfureux, employé seul, donne d'assez bons résultats, lorsqu'on en sature une viande en boîte métallique. *Les sulfites alcalins* donnent les mêmes résultats, mais les viandes ont l'inconvénient de s'altérer très promptement lorsqu'elles ne sont plus en contact avec ces antiseptiques.

Le principal agent conservateur dans le fumage, la *créosote* a été essayée de différentes manières, ainsi que l'acide phénique; mais ces produits communiquent aux viandes une odeur et un goût peu estimés, l'acide phénique surtout, et qui n'ont pas tardé à les faire rejeter par le consommateur.

L'*acide salicylique* jouit d'une préférence marquée de la part du falsificateur.

Bien qu'il soit regardé par quelques hygiénistes comme inoffensif à la dose de 1gr, 1gr,50 par jour pour un adulte, son emploi a été défendu par circulaire ministérielle en date du 7 février 1885.

Nous avons donné, dans les recherches générales, le procédé permettant de déceler l'acide salicylique dans les matières alimentaires; nous n'y reviendrons pas ici.

Le *borax* en solution a dû être rejeté, d'après les avis de MM. Peligot et Lebon : car, d'après ces savants, ce sel est toxique même à petites doses, et, dans tous les cas, cause des troubles intestinaux.

On trouve dans le commerce certaines préparations portant le nom de *sel de conserve*. Leur composition varie. Nous donnerons celles que nous avons eu occasion d'examiner :

Borax anhydre	52,20
Chlorure de sodium	0,20
Eau	47,60

Autre formule :

Acide borique	10,00
Borax anhydre	48,15
Eau	40,76
Chlorure de sodium	traces.

Ces compositions sont répandues sur la viande, soit à la main, soit à l'aide d'un soufflet analogue à celui dont on se sert pour les poudres insecticides. Leur efficacité est de courte durée à l'air libre; en solution concentrée, elles donnent de bons résultats au point de vue de l'état de conservation, mais elles imprègnent les tissus d'un produit que l'estomac du consommateur supporte difficilement. Le borax du commerce contenant fréquemment des sels de plomb, la recherche de ce métal devra toujours être faite dans un sel de conserve.

Enrobage. — Les viandes conservées par l'enrobage, dans différents produits, gardent ordinairement le goût que leur communique celui-ci.

On a employé à cet usage les produits suivants : fécules, gomme arabique, sucre, goudron, son, talc, gélatine, graisse, glycérine; mais ces procédés ont été successivement abandonnés; seuls les enrobages à la graisse, et à la gélatine surtout, sont encore employés.

L'enrobage à la gélatine donne un produit sain, d'une saveur assez agréable, pourvu que la couche enveloppante ait une certaine épaisseur. Mais cette gélatine peut s'altérer au contact de l'air; pour éviter cette altération M. Lanjunois ajoutait à la gélatine un centième de fuchsine. On retarde beaucoup la décomposition de la gélatine par l'addition de 1 à 2 p. 100 d'acide tartrique.

Conservation par la dessiccation et le fumage. — *Dessiccation*. — Ce procédé était surtout employé dans l'Amérique du Sud avant le développement de l'exploitation de la viande. Il donnait plusieurs sortes de produits : les plus connus sont la *carne-secca* et le *tasajo*.

On obtient la carne-secca en découpant la viande en lanières que l'on roule dans la farine de maïs, qui absorbe tous les sucs, puis on l'expose ainsi au soleil jusqu'à dessiccation.

Le tasajo est obtenu en coupant la viande en bandelettes que l'on dispose en couches superposées, et séparées entre elles par un lit de sel marin ; on soumet à une légère pression pendant 24 heures ; passé ce délai la pile est défaite, retournée, salée, et mise à nouveau sous presse ; on laisse ainsi quatre jours. Après ce temps, on achève la dessiccation au soleil.

Ces deux produits ont été pendant longtemps l'unique nourriture des Indiens et des Gauchos. Ces mets ne sont pas utilisés en Europe.

Fumage. — Ce procédé consiste à exposer, pendant un certain temps, à une fumée de bois verts, odorants, comme le sapin, le bouleau, le genévrier, ce dernier surtout, des quartiers de bœuf ou de porc, modérément salés au préalable. Sous l'action de la chaleur l'eau disparaît en majeure partie, et, grâce aux principes antiseptiques (créosote, phénols) contenus dans la fumée, les ferments sont détruits. Le fumage n'assure pas néanmoins une conservation prolongée et rend la viande d'une digestion difficile.

Salaisons. — Le procédé de conservation par le chlorure de sodium est certainement le plus usité et le plus anciennement connu.

Il existe deux méthodes différentes de salaison : la salaison sèche et la salaison à la saumure.

Quelle que soit la méthode employée, il faut tenir compte au moment d'opérer de l'état atmosphérique et de l'état pathologique de l'animal immolé.

On devra toujours éviter de sacrifier ce dernier, s'il n'est à jeun depuis 16 heures au moins, et on ne doit pas manquer de faire reposer, avant l'abatage, les animaux qui auraient effectué un long parcours. On choisira aussi de préférence un temps sec.

L'action du sel marin sur la viande est assez complexe et assez mal définie ; le sel enlève à la viande de l'eau et des sucs ; il pénètre dans les tissus, les resserre et rend l'albumine plus résistante ; en outre il est antiseptique. Donc dans une bonne salaison la viande se conservera parfaitement, mais aura perdu une partie de son pouvoir nutritif.

Salaison sèche. — On opère généralement de la façon suivante. Après avoir été soigneusement désossée, afin de la débarrasser de la moelle et des matières grasses des os sur lesquelles le sel est sans action, la viande, coupée en morceaux de 2 à 4 kilog. environ, est placée dans un saloir, sorte de tonneau défoncé d'un côté. On place successivement les morceaux en alternant avec une couche de sel, le fond du saloir en étant préalablement garni. On recouvre le tout d'une forte couche de sel et on comprime à l'aide d'une planche chargée de poids. Au bout de huit à dix jours la saumure surnage au-dessus de la viande ; on peut alors retirer les morceaux du saloir et les pendre dans des endroits bien aérés et à l'abri des mouches et des insectes.

Parfois aussi on les met dans de la saumure fraîche aromatisée au thym, au laurier et au genièvre ; ce dernier communique à la viande une odeur généralement estimée.

Salaison humide. — Ce procédé est surtout employé pour le porc. Sa saumure provient de la salaison sèche, ou est une dissolution de sel de cuisine à laquelle on ajoute un peu de nitrate de potasse ou salpêtre.

Le sel donne à la chair du bœuf, comme à celle du porc, une couleur verdâtre. Le salpêtre leur rend leur couleur primitive ; mais lorsqu'il est employé en trop grande quantité, la chair s'altère, durcit, prend souvent un goût désagréable. Une saumure ne doit pas contenir plus de un centième de nitrate de potasse, par rapport au chlorure de sodium employé.

Nous avons eu à examiner au Laboratoire une saumure qui a donné les résultats suivants :

Eau	65,32
Matières organiques	7,78
Chlorure de sodium	22,00
Salpêtre (nitrate de potasse)	4,90
	100,00

Certains charcutiers conservent la même saumure pendant plusieurs années, se contentant d'y ajouter, de temps en temps, un peu de chlorure de sodium et de nitrate de potasse.

La toxicité de ce dernier sel, à haute dose, a été depuis longtemps démontrée ; aussi doit-on porter toute son attention sur la quantité d'azotate de potasse que contiendra une saumure.

On emploie souvent la vieille saumure pour accommoder les aliments ; on utilise ainsi les sucs dissous.

A la suite de cette pratique, il peut se produire des cas d'intoxication ; les uns (MM. Raynal et Goubeaux) attribuent ces accidents au sel ; d'autres auteurs ont cherché la cause dans un état particulier de la matière organique dissoute dans la saumure ou dans la production d'une plante qui peut s'y développer, *Sarcina botulina* (Coulier).

Cependant il résulte des expériences de M. Raynal, professeur à l'école d'Alfort :

1° Que la saumure administrée pure à la dose de 5 centilitres est un vomitif pour le chien

2° Qu'à la dose de 2 à 3 décilitres, elle produit des phénomènes d'intoxication sans occasionner la mort, si l'animal peut vomir ; mais que cette quantité tue le chien en un temps très court si, par un artifice, on empêche le vomissement ;

3° Qu'à la dose de 1^{lit}, la saumure provoque chez le cheval une irritation de la muqueuse intestinale ;

4° Qu'à la dose de 2 à 3^{lit}, la saumure empoisonne le même animal dans le court espace de 24 à 48 heures;

5° Qu'à la dose de $1/2^{lit}$ elle est toxique pour le porc ;

6° Enfin que cette substance est toxique pour les volailles à la dose de 2 à 4 centilitres.

L'action de la saumure sur l'économie est d'autant plus active que sa préparation remonte à une date plus éloignée; les propriétés toxiques de la saumure provenant des viandes rances sont beaucoup plus actives.

Depuis quelques années, certains charcutiers de Paris se servent d'une pompe spéciale permettant d'injecter dans la chair la solution suivante :

Chlorure de sodium.	15^{kg}
Sucre	2
Eau	100

Ce système permet d'obtenir une salaison plus complète et plus rapide; le sucre, qui est substitué au salpêtre, adoucit la viande au lieu de la durcir.

Examen d'une saumure. — Une saumure fraîche doit être acide au papier de tournesol; sa densité est d'environ 1,210, son odeur rappelle celle d'une décoction concentrée de viande; elle a une couleur roussâtre.

Abandonnée à elle-même, elle se séparera en trois couches :

A la partie supérieure nagent des corpuscules blanchâtres, que l'examen microscopique nous montre essentiellement formés de cellules graisseuses, de cristaux de sel marin et de margarine.

La couche intermédiaire de la saumure proprement dite, examinée au microscope, ne présente rien de particulier; évaporée, cette saumure laisse déposer de nombreux cristaux de chlorure de sodium et une certaine quantité de matières organiques.

La partie inférieure est un dépôt d'une teinte blanchâtre, de consistance sirupeuse; elle contient principalement du sel marin.

La saumure forte ou ancienne contient une trop grande proportion de jus de viande et d'éléments azotés. Elle fermente facilement et sale bien moins, bien qu'elle rougisse encore le tournesol et que son odeur et son goût n'aient rien d'anormal; le microscope y montre quelques vibrions, des granules appelés microzymas qui sont des agents de fermentation putride.

Une saumure altérée est louche, d'une odeur et d'un goût désagréables; des composés ammoniacaux s'y sont formés; elle ne rougit plus le papier de tournesol.

L'examen microscopique y constate la présence de nombreux vibrioniens vivants.

Analyse d'une saumure. — *Dosage du chlorure de sodium.* — On porte à l'ébullition 100^{cc} de la saumure à examiner, afin de coaguler les matières albuminoïdes et de décolorer la solution. On laisse refroidir et on ramène à 100^{cc} avec de l'eau distillée à la température de 15°.

On prélève 10^{cc} du liquide ayant bouilli qu'on étend à 100^{cc}; on agite avec soin et, à l'aide d'une pipette, on introduit dans un ballon de 125^{cc} environ 10^{cc} de la nouvelle solution. On étend d'environ quatre à cinq fois son volume en ajoutant deux gouttes de nitrate de fer et quelques gouttes d'acide azotique; puis on verse un excès d'une liqueur titrée de nitrate d'argent (liqueur décime) et on titre cet excès à l'aide d'une liqueur de sulfocyanure de potassium correspondante; la quantité de nitrate d'argent employée donnera par le calcul la quantité de chlorure contenu dans la saumure.

Dosage des matières organiques. — Les matières organiques totales sont dosées en évaporant au bain-marie 10^{cc} de saumure dans une capsule de platine.

Du poids trouvé on retranche le chlorure de sodium et le nitrate de potasse, s'il y en a.

Dosage du nitrate de potasse. Méthode de M. Schlœsing (1). — Ce procédé est basé sur la transformation intégrale de l'acide nitrique en bioxyde d'azote, qu'on recueille à l'état gazeux et dont on mesure le volume qui, comparé à celui que donne une quantité connue de nitrate parfaitement pur, permet d'évaluer la quantité de nitrate contenu dans le produit à essayer.

On prépare, d'un côté, une solution de nitrate de soude pur et sec, contenant 66^{gr} de sel par litre.

D'un autre côté, on dissout 6^{gr},60 de la saumure à examiner dans 100^{cc} d'eau distillée.

L'appareil (fig. 16) dans lequel se produit la réaction est un ballon de 150^{cc}; ce ballon est muni d'un bouchon en caoutchouc percé de deux trous, qui porte un tube capillaire de 30^{cm} de longueur plongeant à 2^{cm} du fond du ballon; l'autre bout du tube est relié par un tube de caoutchouc assez étroit, mais épais, à un petit entonnoir; il existe un intervalle de 25^{mm} entre le bout du tube et la douille de l'entonnoir; à l'endroit libre du caoutchouc, on place une pince qui, serrant le caoutchouc, ferme d'une manière complète. L'autre trou du bouchon porte un tube à gaz recourbé; la partie plongeant dans l'eau doit avoir de 20 à 30^{cm} de longueur, afin de condenser la vapeur d'eau; le tube plonge dans une cuve remplie d'eau.

Si on fait une série de dosages successifs, il est bon de renouveler constamment l'eau de la cuve et d'éliminer à mesure l'eau devenue chaude et chargée d'acide chlorhydrique, par un trop plein.

Dans le ballon, on verse d'abord 40^{cc} de solution de protochlorure de fer; on place le bouchon et, par l'entonnoir, on fait couler 40^{cc} d'acide chlorhydrique en pinçant le caoutchouc au moment où il reste encore un peu d'acide chlorhydrique dans l'entonnoir. Cette opération a pour but d'éviter l'emprisonnement de l'air dans le tube capillaire ou la douille de l'entonnoir; cet air serait entraîné dans la suite et augmenterait le volume du bioyde d'azote.

L'appareil étant ainsi disposé, on place sous le ballon un bec de gaz muni d'une couronne et on chauffe de manière à produire une ébullition régulière; l'air se trouve expulsé et sort bulle à bulle; lorsque, par une ébullition de 5 à 6 minutes, tout l'air est expulsé, que, par suite, il ne se dégage plus que de la vapeur d'eau qui se condense au contact de l'eau froide, on place sur l'extrémité recourbée du tube à dégagement un têt à gaz sur lequel on renverse une cloche graduée de 100^{cc}, exactement remplie d'eau; puis on verse dans l'entonnoir, au moyen d'une pipette jaugée, 5^{cc} de la *liqueur titrée* de nitrate pur et, ouvrant légèrement la pince, on laisse couler ce liquide très lentement dans le ballon; on referme la pince avant que le niveau du liquide ait atteint la douille de l'entonnoir; puis on lave celui-ci avec 5^{cc} d'acide chlorhydrique

(1) Muntz, *Analyse des substances agricoles.* (Encyclopédie chimique.)

qu'on verse avec un tube étiré sur tout le pourtour supérieur. Ce liquide est introduit, à son tour, avec les mêmes précautions ; on renouvelle ce lavage trois fois en ayant constamment soin d'empêcher toute rentrée de l'air; l'ébullition, maintenue constamment dans le ballon, fait dégager le bioxyde d'azote qui se rend sous la cloche. On prolonge l'ébullition jusqu'au moment où le volume de gaz n'augmente plus; alors, sans arrêter l'ébullition, on amène, en enfonçant plus ou moins la cloche, le niveau de l'eau dans celle-ci au niveau de l'eau dans la cuve; il faut avoir soin de tenir la cloche avec une pince et non avec la main; puis on lit le volume occupé par le gaz dans la cloche, soit V.

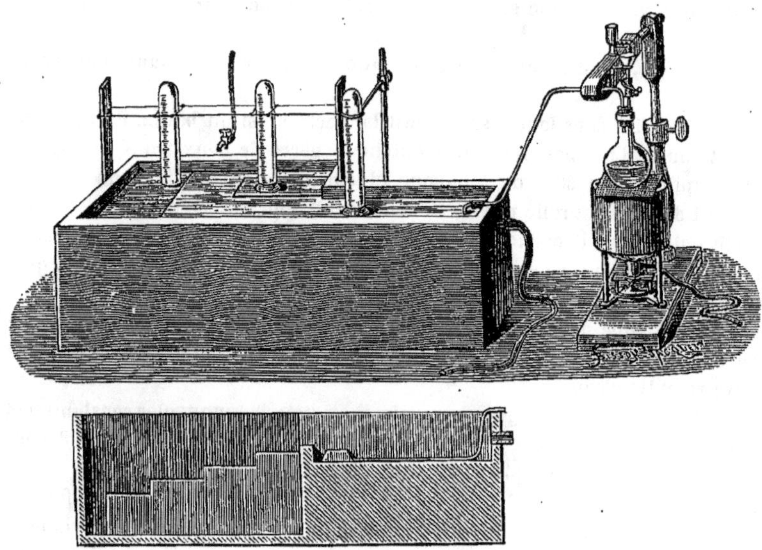

Fig. 16.

On remplit de nouveau la cloche avec de l'eau, on la place sur le têt à gaz, le vide s'étant maintenu dans le ballon par l'ébullition qu'on a laissé se continuer. On introduit, par l'entonnoir, 5[cc] de la solution du nitrate à essayer, en opérant exactement de la même manière et prenant les mêmes précautions que dans l'opération qui précède ; on recueille de nouveau le bioxyde d'azote, on lit son volume, comme on vient de l'indiquer; soit V' le second volume obtenu, le rapport $\frac{V'}{V}$ donnera la quantité de nitrate réelle dans 100 parties du produit à essayer; on peut faire 5 ou 6 dosages consécutifs sans renouveler les liquides du ballon et sans interrompre l'ébullition ; dans ces conditions, les dosages se font très rapidement, mais il faut avoir soin de maintenir les liquides du ballon à un volume sensiblement égal au volume primitif, les liquides qu'on introduit devant remplacer à mesure ceux qui disparaissent par l'ébullition.

Si la concentration devenait trop forte, il faudrait ajouter assez d'acide chlorhydrique pour conserver le volume voulu primitif.

Pour préparer la solution de protochlorure de fer on prend 200gr de pointes de Paris que l'on introduit dans un ballon avec 100cc d'eau; on y ajoute peu à peu, et en chauffant, assez d'acide chlorhydrique pour que le fer soit dissous; on amène le volume de la liqueur à 1000cc.

Conservation par la chaleur et l'exclusion de l'air. — Le procédé Appert, modifié ou non, est basé sur la stérilisation par la chaleur et l'exclusion de l'air. Il offre donc plus de garantie que toutes les autres méthodes que nous avons examinées jusqu'ici. Par ce procédé, on peut conserver la viande en parfait état pendant plusieurs années.

Ce procédé consiste à cuire presque complètement les morceaux de viande désossée et à les mettre dans des boîtes en fer-blanc qui sont ensuite soudées avec soin et placées dans un bain-marie dont la température est portée à 100°, et où on les laisse un temps plus ou moins long, suivant leur capacité.

A la sortie du bain-marie, les boîtes doivent être légèrement bombées par la dilatation des gaz. Cette convexité doit disparaître par le refroidissement, et si elle se maintient, la conserve sera exposée à se gâter.

Fastier perfectionna le procédé en perforant le couvercle des boîtes afin de permettre à tout l'air contenu d'être expulsé. L'ouverture ainsi faite est rebouchée par un grain de soudure avant refroidissement de la boîte.

En 1850, Favre reconnut que la température de 100° était insuffisante pour une stérilisation parfaite et mit en usage le bain de sel et de sucre qui donne une température de 110°.

Enfin, en 1851, Chevalier-Appert eut l'idée d'opérer la stérilisation des conserves en autoclave.

Martin de Lignac a, de son côté, apporté deux modifications aux procédés Appert.

Le premier est celui des conserves dites autoclaves. Le second est connu sous le nom de « bœuf comprimé ».

Le premier procédé réunit les perfectionnements successifs de Fastier et de Favre.

Conserves de bœuf comprimé. — Le second procédé a été imaginé pour résoudre le problème de la conservation des viandes sous un volume réduit. Il consiste à couper la viande en petits cubes de 3cm de côté environ, à lui faire perdre par dessiccation, à l'étuve à 30 ou 35°, environ 40 à 50 p. 100 de son poids, à placer les morceaux obtenus dans des boîtes en fer-blanc de 1lit dans lesquelles on introduit ainsi, par la pression, la valeur de 2.400gr de viande fraîche.

Les boîtes sont alors remplies de bouillon, portées à l'autoclave et terminées d'après le perfectionnement de Fastier.

La viande préparée à l'autoclave est d'un goût agréable, donne de bon bouillon et un bouilli excellent.

Le bœuf comprimé peut se manger tel qu'il sort de la boîte; il a un goût qui tient le milieu entre celui de la viande bouillie et celui de la viande cuite au four.

Ainsi conservées, ces viandes devraient pouvoir être livrées à la consommation sans la moindre crainte; malheureusement, les étamages des boîtes étant parfois de mauvaise qualité, ils abandonnent des métaux toxiques aux produits avec lesquels ils sont en contact. Plusieurs cas d'intoxication ont été observés et certains fournisseurs se sont vu refuser leurs livraisons aux ministères de la Guerre et de la Marine, par suite d'un mauvais étamage.

Les arsenaux maritimes de Toulon, Cherbourg, Rochefort, ont rejeté des conserves devenues plombifères par le contact des boîtes. A l'analyse ces conserves ont donné les résultats suivants :

Bœuf provenant de l'arsenal de Toulon.

Étain	p. 100.	0,005	0,080	0,125
Plomb.	—	0,008	0,019	0,023
Cuivre.	—	traces	traces	»

Bœuf provenant de l'arsenal de Cherbourg.

Étain.	p. 100	0,016	0,013
Plomb	—	0,025	0,012
Cuivre	—	traces	traces très notables

Bœuf provenant de l'arsenal de Rochefort.

Étain.	p. 100	0,052	0,045	0,085
Plomb	—	0,031	0,010	0,034
Cuivre	—	traces notables	quantité notable	traces

Ces différents dosages prouvent que les métaux de la boîte passent dans les conserves et qu'il est utile d'appliquer avec rigueur les ordonnances de police prescrites à ce sujet.

Nous avons donné aux *Recherches générales* la séparation et le dosage de ces métaux.

Toute viande de conserve doit être examinée au microscope avec le plus grand soin. On peut, en effet, y découvrir les parasites ordinaires que l'on trouve dans la viande fraîche. Nous les avons décrits au chapitre *Viandes*, ainsi que les moyens de les rechercher et de les caractériser. Nous n'y reviendrons pas ici.

POUDRES ET EXTRAITS DE VIANDE, PEPTONES

Poudres de viande. — Dès 1756, on faisait usage de poudres dites alimentaires et confectionnées avec de la viande. Un siècle plus tard, nos troupes en firent un fréquent usage en Crimée. La bonne poudre de viande possède une valeur nutritive réelle. Elle représente cinq ou six fois son volume de viande fraîche. Grâce à son état de division extrême, la poudre de viande jouit d'une digestibilité et d'une peptonisation faciles.

M. Dujardin-Beaumetz recommande de substituer les poudres de viande à la viande crue, « à cause de leur digestibilité beaucoup plus facile, de leur valeur nutritive plus grande et de l'impossibilité de produire le ténia ».

Les procédés de fabrication varient avec les fabricants, mais d'une manière générale ils consistent à dessécher la viande à une température inférieure à 100°, puis à réduire cette viande en poudre impalpable.

On emploie, pour cet usage, les viandes de première qualité et les morceaux choisis.

Extraits de viande. — L'industrie des extraits de viande a été considérablement développée par Liebig. Primitivement, le savant chimiste préparait son extrait en dissolvant dans l'eau toutes les substances solubles de la viande de bœuf préalablement débarrassée des os, des tendons et de la graisse. L'extrait aqueux était ensuite évaporé au bain-marie jusqu'à consistance convenable et conservé en vases stérilisés et clos.

Ce mode de préparation a été très perfectionné. Actuellement, dans les établissements de Fray-Bentos, on opère de la façon suivante :

« La chair des animaux abattus, immédiatement découpée, est conduite par des wagons jusqu'à des hachoirs mécaniques et, de là, dans de grandes marmites où la vapeur en extrait tous les sucs. Le liquide ainsi obtenu passe dans des vaporisateurs qui en retirent l'eau et ensuite dans des appareils de distillation qui séparent toutes les matières non dissoutes ; surchauffé, filtré, il tombe clarifié dans une nouvelle marmite et se rend à un condensateur où un appareil giratoire le refroidit en le conservant liquide, et dans un autre où il se refroidit complètement et se réduit en pâte. Le résidu est conduit au moulin, réduit en farine et sert à engraisser les bœufs. »

TABLEAU DONNANT L'ANALYSE DE QUELQUES EXTRAITS DE VIANDES

ORIGINE DES EXTRAITS	NOMBRE D'ANALYSES	EAU P. 100	SELS P. 100	MATIÈRES ORGANIQUES P. 100	AZOTE P. 100	MATIÈRES SOLUBLES DANS L'ALCOOL A 80° P. 100	DANS LES MATIÈRES SOLIDES : AZOTE P. 100	DANS LES MATIÈRES SOLIDES : MATIÈRES ORGANIQUES P. 100
Extrait de viande Liebig. — Fray-Bentos	14	22,49	17,43	60,08	7,36	59,91	9,49	77,51
Extrait de Buchenthale	2	16,91	19,39	63,70	»	69,11	»	76,66
Extrait de Kemmerich	3	16,21	20,59	63,20	8,96	70,34	10,69	75,43
Extrait du docteur Von Papilsky	4	29,24	15,43	55,33	8,70	64,47	12,29	78,19
Extrait de mouton d'Australie	1	29,20	10,32	60,48	8,68	»	12,26	85,42
Extrait de viande de cheval	1	18,00	23,10	58,90	»	»	»	81,80
Moyenne de 38 analyses d'extrait de viandes solides	38	21,64	17,89	60,47	8,27	61,83	10,55	77,14
Moyenne de 5 analyses d'extrait de viandes liquides	5	65,35	18,89	15,76	2,01	29,98	5,79	81,80

Les extraits de viande ne doivent contenir ni graisse, ni albumine, celle-ci ayant été coagulée. Ils contiendront exclusivement les matières extractives; il en résulte que ces préparations sont dépourvues des principaux éléments nutritifs. Quand un extrait de viande est bien conservé, il peut fournir un bouillon agréable au goût et à l'odorat.

Les extraits de viande ont une acidité assez considérable; elle varie entre 4,10 et 5,20 p. 100, calculée en acide sulfurique monohydraté. Aussi, est-il important d'en tenir compte pour les extraits en boîte. En effet, des expériences de M. Balland, pharmacien-major, il résulte que cette acidité ne tarde pas à attaquer les boîtes et les soudures toujours très plombifères; or, il existe souvent à l'intérieur quelques bavures; n'en existerait-il pas, le liquide s'infiltrant petit à petit ne tarde pas à attaquer la soudure elle-même et devient toxique.

Analyse d'un extrait de viande. — L'analyse d'un extrait de viande comporte les dosages suivants :

Eau, extrait sec, matière organique totale, extrait alcoolique, extrait aqueux, azote total, azote soluble dans l'alcool, azote soluble dans l'eau, graisse, cendres.

Dosage de l'eau et de l'extrait sec. — La moyenne d'eau contenue dans un extrait varie de 16 à 22 p. 100.

On prend 2gr d'extrait que l'on introduit dans une capsule tarée avec un agitateur en verre; on les mélange intimement avec 6gr de sable lavé et calciné, de manière à former une pâte demi-fluide par addition suffisante d'eau distillée; puis on porte au bain-marie pour chasser la plus grande partie de l'eau. Lorsque le mélange arrive à consistance pâteuse, on termine l'évaporation dans le vide, jusqu'à poids constant.

La perte de poids donnera l'humidité.

En retranchant du poids de la matière restant dans la capsule la quantité de sable ajoutée, on aura l'extrait sec.

Matière organique totale et cendres. — On pèse 2gr d'extrait que l'on dessèche et que l'on incinère; le poids restant donnera les cendres.

En retranchant la somme des cendres et de l'humidité dosée plus haut, du poids employé, on aura la matière organique totale.

Extrait alcoolique. — On dissout 2gr de l'extrait à examiner dans 10cc d'eau distillée; on ajoute 50cc d'alcool à 95° qui précipitera une certaine quantité de matières albuminoïdes; on filtre, on lave deux fois avec environ 50cc d'alcool à 80°, on ramène à un volume connu que l'on divise en deux parts, qui sont portées au bain-marie : l'une servira au dosage de l'extrait alcoolique brut et des cendres; l'autre, après en avoir chassé l'alcool, servira au dosage de l'azote soluble dans l'alcool.

La première part, pesée après évaporation, donnera un poids a; on l'incinère, on aura alors un poids de cendres b.

$a - b$ donnera l'extrait alcoolique réel.

Extrait aqueux. — Le résidu de l'opération précédente est lavé à l'eau distillée jusqu'à ce que le filtrat ne laisse aucun résidu par évaporation sur une lame de platine.

On ramène les eaux de lavage à un volume connu qu'on divise en deux parts: l'une servira au dosage des matières solubles dans l'eau, l'autre au dosage de l'azote soluble dans l'eau.

Ces deux solutions sont évaporées à sec, au bain-marie, dans des capsules tarées.

L'une de ces capsules est pesée; on aura une augmentation de poids a. On incinère et on obtient un poids de cendres b.

a — b donnera l'extrait aqueux réel.

L'azote total est dosé sur l'extrait brut, soit par la chaux sodée, soit par le procédé de Kjeldhal.

L'azote soluble dans l'alcool et l'azote soluble dans l'eau sont dosés sur la deuxième partie des extraits alcoolique et aqueux qui ont été évaporés, à consistance convenable et par l'une des deux méthodes citées plus haut.

Cette méthode d'analyse, employée par M. Roettger, donnera assez exactement la valeur nutritive d'un extrait de viande.

Peptones. — Les peptones se préparent par les digestions artificielles des viandes. La viande désossée et dégraissée est introduite dans quatre fois son poids d'eau avec la quantité nécessaire de ferment digestif (pepsine, papaïne, etc.) et d'acide sulfurique ou chlorhydrique (1/300e de son poids environ).

On chauffe vers 40 ou 50°, jusqu'à ce qu'une tâte de liquide ne précipite plus sensiblement par le ferrocyanure de potassium et l'acide acétique; on sature alors l'acide par du carbonate de soude (ou de baryte pour l'acide sulfurique); on filtre et on évapore rapidement à basse température, jusqu'à ce que la solution marque 18° Baumé; on ajoute un peu d'alcool pour conserver le produit.

Dans certaines marques, les acides minéraux sont remplacés par des acides organiques: citrique ou tartrique.

Les peptones sont insolubles dans l'alcool et l'éther; elles sont précipitées par le tanin, le phosphomolybdate de soude, les sels de mercure, mais non par l'acétate de plomb neutre et basique, l'alun, ce qui les distingue de la gélatine. Les peptones ne précipitent ni par l'acide nitrique ni par le ferrocyanure de potassium, en présence d'acide acétique, tandis que les matières albuminoïdes précipitent par ces réactifs.

Dans l'action de la pancréatine ou de la papaïne il se forme, en même temps que les peptones, des quantités notables de leucine et de tyrosine; l'extrait alcoolique de ces peptones rougit assez fortement par le perchlorure de fer.

Les peptones sont falsifiées par la gélatine; dans ce cas, la densité est très faible et peut tomber à 12 ou 14° Baumé pour 30gr de résidu sec. La solution est visqueuse et la quantité d'acide phosphorique très faible; on les additionne aussi de glycérine; enfin on emploie quelquefois des viandes avariées, etc., etc.

Analyse des peptones. — *Dosage de l'eau.* — Ce dosage se fait par la même méthode que pour les extraits de viande. On opère sur 3 à 5gr.

L'azote total est dosé par la méthode de Kjeldhal; on opère sur 1 à 2gr.

Albumine insoluble et coagulable. — On prend 5gr d'une peptone solide, ou 10gr de peptone sirupeuse, ou 20gr d'une peptone liquide que l'on dissout dans l'eau; on filtre; les matières insolubles restent sur le filtre qui est lavé avec soin. Quand le lavage est terminé, on introduit le filtre encore humide dans le ballon de Kjeldhal et on fait un dosage d'azote.

Le résultat obtenu est multiplié par 6,25.

La liqueur, filtrée, additionnée d'acide acétique, est portée à l'ébullition pour coaguler l'albumine ; les flocons sont recueillis sur un filtre, lavés et, comme ci-dessus, on fait un dosage d'azote. Il est préférable de faire ce dosage d'azote que de peser directement le précipité obtenu ; ce dernier retient presque toujours des sels et un peu de graisse.

Dosage des albumoses et des peptones. — Les albumoses sont précipitées complètement par une solution saturée de sulfate d'ammoniaque. L'acide phosphomolybdique précipite les peptones et les albumoses. En faisant agir ces deux réactifs sur une même liqueur, on pourra donc, par différence, doser ces deux corps.

Précipitation par le sulfate d'ammoniaque. — Pour effectuer ces dosages, on opère de la façon suivante :

La solution, débarrassée de l'albumine insoluble et de l'albumine coagulable, est ramenée à 500^{cc} ; suivant sa concentration, c'est-à-dire suivant que l'on aura opéré sur une peptone solide, sirupeuse ou liquide, on prélève de 50 à 100^{cc} qu'on évapore à 10^{cc} ; on ajoute alors 100^{cc} d'une solution saturée de sulfate d'ammoniaque. La précipitation se fait mieux à froid ; on recueille le précipité sur un filtre taré qui est lavé au sulfate d'ammoniaque saturé ; puis on dessèche et on pèse. On traite ensuite le filtre et son contenu par l'eau qui dissout l'excès de sel ammoniacal.

On amène le volume du liquide à 500^{cc} ; on prélève 100^{cc} de cette liqueur, qui est acidulée par l'acide chlorhydrique et dans laquelle on dose le sulfate d'ammoniaque en précipitant par le chlorure de baryum ; on recueille le précipité de sulfate de baryte qui est lavé, incinéré et pesé ; en multipliant le poids trouvé par le coefficient 0,566, on aura le sulfate d'ammoniaque, et, par différence, l'albumose.

Précipitation par le phosphomolybdate de soude. — On prélève sur la même liqueur que précédemment de 50 à 100^{cc} suivant sa concentration, que l'on acidule fortement par l'acide sulfurique ; puis on ajoute de la solution de phosphomolybdate de soude aussi longtemps qu'il se forme un précipité. Celui-ci est recueilli sur un filtre et lavé avec de l'acide sulfurique au 1/3 ; ce filtre est introduit dans l'appareil de Kjeldhal et on dose l'azote.

On exprime l'albumose plus la peptone en matières azotées, en multiplian l'azote trouvé par 6,25.

La différence entre le poids d'albumose, obtenu par la première précipitation au sulfate d'ammoniaque, et ce dernier résultat, donnera la peptone.

Dosage de la graisse. — Suivant le degré de concentration de la peptone, on prélève 10 à 20^{gr} que l'on mélange intimement avec du sable. On ajoute la quantité d'eau suffisante et on triture avec un agitateur pour faciliter le mélange. On évapore à sec et, après avoir réduit en poudre fine, on épuise par l'éther qui, évaporé, laissera comme résidu les matières grasses.

Dosage des matières minérales. — On incinère, après dessiccation, 5 à 10^{gr} de matière dans une capsule de platine tarée et on pèse.

Dans les cendres, on dosera par les méthodes ordinaires a potasse, les acides phosphorique et sulfurique, et le chlore.

Suivant la quantité de potasse et d'acide phosphorique trouvée, on pourra conclure que la préparation de l'échantillon a été faite avec de la viande débarrassée de la gélatine et des sels.

Différenciation de l'albumine-peptone et de la gélatine-peptone. — Puisque la gélatine-peptone possède un pouvoir nutritif plus faible que l'albumine-peptone, de même que la gélatine est moins nutritive que l'albumine, il est important d'essayer, à ce point de vue, les préparations données sous le nom de peptones.

M. E. Salkowski emploie la méthode suivante, en opérant sur des solutions de 3 à 5 p. 100.

RÉACTIFS EMPLOYÉS	ALBUMINE-PEPTONE	GÉLATINE	GÉLATINE-PEPTONE
1° 1^cc^ de la solution, plus 5^cc^ d'acide acétique, plus 5^cc^ d'acide sulfurique donnent une coloration	Violet.	Jaunâtre.	Jaunâtre.
2° Un mélange à volume égal de la solution et d'acide sulfurique concentré et froid donne une coloration.	Brun foncé.	Jaune.	Jaune.
3° Le réactif de Millon (1) donne un précipité.	Rougeâtre.	Incolore.	Incolore.
4° 5^cc^ de la solution, plus 1^cc^ d'acide azotique de 1,2 de densité, chauffés et saturés avec de la soude en excès, donnent une coloration	Orangé foncé.	Jaune citron.	Jaune citron.

(1) Pour préparer le réactif de Millon on dissout 1 partie de mercure dans 2 parties d'acide nitrique d'une densité de 1,42 à froid d'abord, ensuite en chauffant. Quand la dissolution est complète, on ajoute au liquide le double de son volume d'eau, on laisse déposer et on décante la portion claire.

Dosage des matières solubles dans l'alcool. — Ce dosage n'est pas aussi important pour les peptones que pour les extraits de viande, bien qu'il puisse servir à caractériser les peptones d'avec les extraits de viande.

Dans ce but, on dissout 5^gr^ de matière sèche ou sirupeuse dans 20^cc^ d'eau; on ajoute 100^cc^ d'alcool à 90° et on opère comme il a été dit pour les extraits de viande.

CONSERVES DE POISSONS, CRUSTACÉS, MOLLUSQUES

Les procédés de conservation employés pour les poissons sont ceux que nous avons énumérés pour la viande.

Le procédé par le froid permet l'importation d'une certaine quantité de saumons d'Écosse. Le poisson, maintenu dans de la glace, se conserve très longtemps, mais se gâte beaucoup plus rapidement dès que l'action du froid cesse. Les autres méthodes les plus employées sont : la dessiccation, le salage, le fumage, l'enrobage en vases clos.

La dessiccation et le salage sont surtout employés pour la *morue*.

Dans le premier cas, elle porte le nom de stockfish; elle est roulée sur elle-même en forme de bâton. Dans le second cas, elle est vendue sous le nom de morue verte ou morue salée.

La morue fumée ou boucanée peut être atteinte d'un parasite qui lui donne une teinte rouge vermillon et une légère odeur putride. Cette coloration est due à la présence d'un cryptogame appelé *Doniothecium Bertherandi*; son introduction dans les voies digestives peut donner lieu à des symptômes d'empoisonnement. Bien des auteurs se sont occupés de l'étude de cette coloration. Heckel a supposé qu'elle était due « à un champignon parasite, le *Sarcina morphus*, qui se formerait dans le sel employé pour la salaison. Ce parasite vit de la chair du poisson à la manière des ferments; sous l'action de la chaleur et de l'humidité la fermentation putride se développe et donne naissance à des ptomaïnes toxiques.

Les *harengs* sont conservés salés et fumés. Ils portent, suivant leur mode de conservation, les noms de harengs blancs ou harengs saurs.

Les *sardines* et les *anchois* sont livrés à la consommation soit salés, soit cuits dans l'huile et conservés en vases clos.

L'industrie des conserves de *sardines* est une des plus importantes et occupe 150 usines du littoral français.

Elles sont principalement cuites à l'huile. A la Société commerciale de Lorient, M. de Lagillardaie emploie pour la cuisson des sardines une chaudière spéciale en forme de **U** renversé (**∩**); la partie supérieure seule de cette chaudière est chauffée, de sorte que les déchets qui se produisent forcément pendant la cuisson du poisson tombent à la partie inférieure de la chaudière; et comme ils ne reçoivent pas l'action directe du feu, on évite ainsi leur carbonisation, qui donnait un mauvais goût par l'ancienne cuisson à la petite chaudière. Une fois cuits, les poissons sont égouttés et mis dans des boîtes, que l'on achève de remplir avec de l'huile. Les boîtes sont soudées et finalement stérilisées à l'ébullition.

C'est surtout dans les boîtes à sardines que se rencontrent les soudures plombifères; aussi doit-on examiner ces dernières avec soin, le plomb étant facilement absorbé par les huiles.

Une falsification courante consiste à substituer des huiles inférieures à l'huile d'olives pure annoncée sur le couvercle de la boîte.

Nous renvoyons, pour la recherche de ces dernières, au chapitre *Huiles*.

Les conserves d'anchois, de thon, de saumon et de petits maquereaux sont préparées de la même façon et sont sujettes aux mêmes adultérations.

Le *homard* et la *langouste*, pêchés sur les côtes de Terre-Neuve principalement, sont conservés par le procédé Appert. Aussitôt pêchés, ils sont jetés dans d'immenses chaudières d'eau bouillante; on remue avec un filet supporté par un long manche en bois. Dès qu'ils sont cuits on les égoutte, on les range sur des dalles autour de la pièce; aussitôt refroidis, un homme les dépèce avec un couperet. La chair est mise en boîte en fer-blanc; on soude le couvercle en y laissant un trou, on les dépose sur des plaques percées entourées d'eau bouillante; après un instant de cuisson, on ferme le trou par une goutte de soudure et la conserve est terminée. On substitue souvent des pattes de crabes aux pinces de homards; cette fraude est très reconnaissable : la dimension plus petite et de forme moins allongée des pinces de crabes les différencient suffisamment.

Depuis quelques années on trouve répandues dans le commerce des conserves d'huîtres et de moules. Le procédé de conservation et la préparation sont les mêmes que pour le homard. Dans les huîtres et les moules nous avons rencontré parfois d'assez notables quantités de cuivre. On devra toujours dans des conserves de ce genre rechercher les métaux toxiques.

ŒUFS

L'œuf est un des produits animaux les plus nutritifs sous un petit volume : 18 à 20 œufs représentent environ 1kg de viande moyennement grasse.

Les œufs des oiseaux soit domestiques, soit sauvages, peuvent tous concourir à notre alimentation; mais c'est surtout aux gallinacés que nous empruntons la majeure partie de ceux que nous consommons.

Nous prendrons l'œuf de poule comme type.

L'œuf est formé d'une coquille, le plus ordinairement blanche, poreuse et perméable à l'air; d'une double membrane feutrée, formée de deux feuillets, qu'on nomme *membrane de la coquille;* à la grosse extrémité de l'œuf, entre les deux feuillets de cette membrane, existe un espace vide appelé *chambre à air;* de trois couches albumineuses : la première, dite superficielle, est fluide; la seconde, dite moyenne, est épaisse; la troisième, dite profonde, est liquide; d'une membrane *chalazifère*, dont les extrémités polaires présentent deux prolongements tordus appelés *chalazes*, qui maintiennent le jaune au milieu de l'albumen; d'une *membrane vitelline* entourant le *vitellus* ou *jaune.* Ce dernier renferme une substance azotée nommée *vitelline*, et tient en émulsion des corps gras, de la matière colorante et une matière phosphorée (lécithine).

L'œuf contient de l'eau, des matières azotées, de la matière grasse, des matières non azotées et des sels.

Voici, d'après König (*Die menschlichen Nahrungs-und-Genussmittel*), les résultats analytiques trouvés par divers auteurs :

AUTEURS	EAU	MATIÈRES AZOTÉES	GRAISSE	MATIÈRES EXTRACTIVES NON AZOTÉES	CENDRES	DANS LA MATIÈRE SÈCHE		
						MATIÈRES AZOTÉES	GRAISSE	AZOTE
Kœnig et Farwick	72,46	11,36	13,40	1,73	1,05	41,25	48,66	6,60
Commaille	73,99	13,71	11,27	»	1,03	52,71	43,33	8,43
Payen	74,64	13,63	10,43	»	1,34	53,75	41,13	8,59
Kœnig et Krauck	73,61	11,49	13,36	0,46	1,08	43,54	50,62	7,01
Moyenne	73,67	12,55	12,11	0,55	1,12	47,81	45,99	7,66

La *coquille* est composée de : carbonate de chaux, carbonate de magnésie, phosphate de chaux et oxyde de fer.

Le *blanc* ou *albumine* a la composition suivante :

AUTEURS	EAU	MATIÈRES AZOTÉES	GRAISSE	MATIÈRES EXTRACTIVES NON AZOTÉES	CENDRES	DANS LA MATIÈRE SÈCHE		
						MATIÈRES AZOTÉES	GRAISSE	AZOTE
Kœnig et Krauck	86,36	12,71	0,24	»	0,69	93,18	1,76	14,88
Émile Wolff	85,90	13,30	»	»	0,80	94,33	»	15,08
Bostock	85,00	12,00	0,27	»	0,30	80,00	1,80	12,80
A. Stutzer	84,76	13,48	0,26	0,87	0,63	88,57	1,71	14,16
Moyenne	85,50	12,87	0,25	0,77	0,61	88,79	1,76	14,21

L'albumine de l'œuf a pour formule $C^{144} H^{122} Az^{18} S^2 O^{44}$.

Elle emplit environ les 2/3 de l'œuf qui, en moyenne, en contient 58,5 p. 100 de son poids.

Le *jaune* ou *vitellus* a une consistance épaisse et une saveur douce; sa composition est la suivante :

AUTEURS	EAU	MATIÈRES AZOTÉES	GRAISSE	MATIÈRES EXTRACTIVES NON AZOTÉES	CENDRES	DANS LA MATIÈRE SÈCHE		
						MATIÈRES AZOTÉES	GRAISSE	AZOTE
Gobley	57,48	15,76	31,43	»	1,33	32,48	64,82	5,19
J. Parkes	47,19	15,63	36,21	»	0,97	29,60	68,57	4,73
Kœnig et Krauck	50,84	16,12	30,54	0,94	1,55	32,79	62,13	5,25
Prout	53,78	17,48	28,75	»	0,53	37,80	62,20	6,03
A. Stutzer	51,85	15,62	30,00	0,88	1,65	32,44	62,31	5,19
Moyenne	51,03	16,12	31,39	0,48	1,01	33,12	64,10	5,30

Le jaune représente environ 30 p. 100 du poids total de l'œuf.

Gobley lui assigne la composition suivante :

Eau	51,8
Vitelline	15,8
Nucléine	»
Palmitine, Stéarine, Oléine	20,3
Cholestérine	0,4
Acide glycérophosphorique	1,2
Lécithine	7,2
Cérébrine	0,3
Colorants	0,5
Sels	1,0

Du jaune on extrait, pour les usages pharmaceutiques, l'*huile d'œuf*.

Voici, d'après König, la composition des cendres de l'œuf ou de ses différentes parties soumises à la calcination :

PARTIES SOUMISES A L'ANALYSE	CENDRES P. 100 DE LA MATIÈRE SÈCHE	POTASSE P. 100	SOUDE P. 100	CHAUX P. 100	MAGNÉSIE P. 100	OXYDE DE FER P. 100	ACIDE PHOSPHORIQUE P. 100	ACIDE SULFURIQUE P. 100	SILICE P. 100	CHLORE P. 100
Totalité de l'intérieur de l'œuf. .	3,48	17,37	22,87	10,91	1,14	0,39	37,62	0,32	0,31	8,98
Blanc.	4,61	31,41	31,57	2,78	2,79	0,57	4,41	2,12	1,06	28,82
Jaune.	2,91	9,29	5,87	13,04	2,13	1,65	65,46	—	0,86	1,95

Altération des œufs. — Grâce à la porosité de la coquille, l'œuf perd peu à peu de son poids sous forme de vapeur d'eau, laquelle est remplacée par de l'air, qui apporte avec lui les germes de la décomposition. Les matières organiques se décomposent, le soufre contenu dans l'albumine forme de l'hydrogène sulfuré, dont l'odeur caractéristique est celle des œufs pourris. La chambre à air qui, l'œuf étant frais, était petite, devient de plus en plus grande au fur et à mesure du vieillissement. L'œuf devient de plus en plus léger.

Conservation des œufs. — De ce qui précède, il résulte que l'air paraît être l'agent par excellence de l'altération des œufs; il suffira donc de les soustraire à son action pour en assurer la conservation.

Les différents procédés employés à cet effet sont les suivants :

Le premier qui, vu sa simplicité, est le plus en usage dans les campagnes e dans les ménages, consiste à disposer les œufs par couches dans un tonneau ou dans une caisse, sur un lit de cendres, de sciure de bois, de charbon de bois en poudre, etc., etc., en évitant que les œufs se touchent; on les recouvre ensuite d'une couche épaisse de la matière isolante employée; ils conservent ainsi, pendant longtemps, toutes leurs qualités.

Un autre procédé consiste à plonger et maintenir les œufs dans un lait de chaux. C'est ce mode de conservation qu'emploient les marchands en gros.

On peut encore les conserver soit par enrobage à la graisse, au beurre fondu, à la cire, etc., ou en enduisant la coquille d'une couche de vernis ou de collodion.

Cadet de Vaux a proposé de plonger les œufs pendant vingt secondes dans l'eau bouillante, afin de coaguler l'albumine qui touche à la coquille et former ainsi une sorte de vernis à l'intérieur.

Le procédé Appert consiste à prendre des œufs du jour qu'on range dans un bocal avec de la chapelure de pain pour remplir les vides et les garantir de la casse. On bouche, on lute, on ficelle, puis on place le flacon dans de l'eau que l'on porte à 75°. On retire ensuite le bain-marie du feu; lorsqu'il a été refroid. au point de pouvoir y tenir la main, on retire le flacon, et les œufs peuvent ainsi se conserver fort longtemps, six mois par exemple.

Œufs en poudre. — Un procédé de conservation peu employé aujourd'hui, et qui n'a rien de commun avec les précédents, fut préconisé, il y a une trentaine d'années, par Chambord. Il consiste à dessécher, étendus en une couche mince et à une douce chaleur, les blancs et les jaunes; puis, après les avoir réduits en poudre, les conserver à l'abri de l'air, dans des flacons bouchés et stérilisés. Lorsque l'on voudra faire usage de cette poudre, il suffira d'en délayer dans une quantité d'eau suffisante et on l'emploiera alors comme un produit frais.

1^{kg} de cette poudre équivaut à 100 œufs.

Pour conserver les jaunes séparément, on les additionne, avant dessiccation, de 125^{gr} de sucre en poudre pour 8 jaunes.

Examen des œufs. — Différents moyens sont en usage pour reconnaître la fraîcheur des œufs; nous donnerons, en première ligne, celui qui est le plus employé : l'examen optique connu sous le nom de *mirage*.

Lorsque l'on interpose un œuf entre l'œil et la lumière, s'il est frais, il prend une teinte uniforme, rose, sans ponctuation translucide; la chambre à air est petite et occupe environ 1/20° de la capacité de l'œuf. Un œuf qui n'est pas frais prend une teinte noirâtre, laisse voir au sein de sa masse une multitude de ponctuations; la chambre à air est d'autant plus grande que l'œuf est plus ancien. Parfois même, les rayons lumineux ne peuvent traverser l'œuf : il reste complètement opaque. Dans ces conditions, il doit être rejeté de la consommation.

Les habitants des campagnes et les marchands mirent les œufs de la façon suivante. L'œuf est placé entre le pouce et l'index, de manière à l'entourer aussi complètement que possible; puis arrondissant les autres doigts et réunissant les deux mains dans la même position, on forme ainsi, en arrière de l'œuf, une sorte de chambre noire; l'œuf est placé, tenu de cette façon, entre l'œil et la lumière.

Nous nous servons, au Laboratoire municipal, d'un appareil spécial. C'est une lanterne à bougie du genre des lanternes de voiture, dont les verres sont remplacés par des lames de métal. L'un des côtés (la porte) est percé d'une ouverture ovale; en avant de cette ouverture, et au quart de la hauteur, est soudée en demi-cercle une lame de métal de 2 à 3^{mm} de largeur qui sert de support à l'œuf. Le mirage est des plus faciles dans ces conditions, et, de plus, permet d'établir des termes exacts de comparaison.

Un autre moyen de reconnaître si un œuf est bon ou mauvais est basé sur la densité.

Si, dans une solution de sel marin à 125^{gr} de sel par litre, on plonge les œufs à examiner, ils s'enfonceront, n'atteindront pas le fond ou flotteront suivant leur degré de fraîcheur.

M. Delarue se sert de ce moyen pour *déterminer l'âge d'un œuf*. Si l'œuf est du jour, il se précipite au fond; s'il a plus de trois jours, il flotte dans le liquide; s'il a plus de cinq jours, il remonte à la surface. Ce moyen, qui peut être bon pour des œufs qui sont restés exposés à l'air libre, est sans valeur pour des œufs conservés, surtout à l'eau de chaux. Cependant, d'une manière générale, l'œuf qui tombera au fond du liquide salin pourra toujours être consommé ; celui qui flottera entre deux eaux sera douteux et on rejettera toujours celui qui surnagera.

De plus, un œuf suffisamment frais ne fera pas entendre de clapotement par agitation.

Œufs rouges. — Les œufs, considérés aujourd'hui comme aliment maigre, ne pouvaient, autrefois, figurer pendant le carême sur les tables des croyants. On les faisait alors cuire dur pour les conserver, puis on les teignait soit en jaune, soit en rouge ; de là l'origine des œufs de Pâques et des œufs rouges que l'on consomme en tous temps aujourd'hui, et aussi l'origine des œufs de Pâques.

Les œufs livrés à la consommation sont teints, après cuisson, à la fuchsine, à l'éosine, au ponceau ou, mais rarement, à la cochenille.

Quand l'œuf ne se casse pas et que la teinture ne pénètre pas à l'intérieur, il peut être mangé sans danger.

Dans le cas contraire, il sera prudent de s'en abstenir, surtout lorsque le colorant employé sera un dérivé de la houille.

Les œufs durs étant très indigestes, on devra éviter d'en faire un abus. Ils ont de plus souvent l'inconvénient d'être préparés avec des produits peu frais qui, conservés trop longtemps, peuvent devenir nuisibles.

Partie supplémentaire.

CONSERVES ALIMENTAIRES

PAR M. J. FROIDEVAUX

CONSERVES DE VIANDES

Les conserves de viandes doivent renfermer tous les éléments nutritifs de la viande; c'est dans ce but que l'Administration de la Guerre a fait inscrire dans son cahier des charges les conditions suivantes, exigées de ses fournisseurs; ces prescriptions peuvent guider dans l'appréciation des produits préparés par l'industrie privée :

« Employer exclusivement les parties musculaires de la viande, en éliminant les os, les parties tendineuses, aponévrotiques ou grasses, que découvrent le dépeçage ou le découpage par morceaux de 400 à 500gr, ainsi que celles qui apparaissent après la première cuisson appelée « blanchiment ». Cette première cuisson est poussée jusqu'à ce que la viande ait perdu 45 p. 100 de son poids. Le bouillon obtenu est dégraissé, clarifié, concentré, de façon à être introduit avec la viande qui l'a fourni dans les boîtes métalliques. Les boîtes de 1kgr sont constituées de la façon suivante :

Viande blanchie (à 45 p. 100)	800 grammes
Bouillon concentré	200 grammes

Il faut, pour obtenir dans ces conditions 1kgr de conserve contenant 800gr de viande cuite, opérer sur 1kg,454 de viande nette.

Analyse des conserves de viandes (1). — La viande de bœuf présente de grandes différences dans sa composition immédiate, suivant les diverses parties de l'animal; le bouillon d'une conserve fabriquée d'après le procédé décrit ci-dessus offre au contraire une composition assez uniforme; en voici la teneur moyenne :

	BOUILLON de blanchiment.	BOUILLON de conserve.
Extrait sec p. 100 de bouillon	11gr,52	12gr,75
Matières minérales	1 ,93	1 ,65
Principes solubles dans l'alcool à 80°, p. 100 d'extrait	61 ,00	57 ,00

(1) Bousson, *Étude sur la conserve de viande* (*Journ. du service de l'Intendance militaire*, 1897).

Séparation et dosage du bouillon. — La boîte est immergée un quart d'heure dans l'eau bouillante; après l'avoir pesée, on y fait deux fentes, le bouillon est recueilli, pesé de nouveau, puis on laisse la graisse se solidifier et on la pèse; ce poids défalqué du chiffre précédent donne la quantité de bouillon nette. Enfin, après ouverture de la boîte, la viande est retirée et on pèse l'une et l'autre. Toute la gelée de bouillon est mise dans une capsule chauffée à 60° environ, puis le liquide est passé sur une étamine préalablement humectée d'eau chaude et bien essorée.

Extrait sec. — Sur 20gr, au bain-marie d'abord, puis à + 105°.

Matières minérales. — Sur la prise d'essai précédente, en évitant la perte des chlorures.

Les cendres renferment 3 parties d'acide phosphorique pour 1 partie de chlore. D'après l'auteur, les dosages accusent, à cet égard, une grande constance.

Chlore et acide phosphorique. — Les cendres sont acidifiées par l'acide azotique étendu de son volume d'eau; on les dissout dans l'eau bouillante et on ramène le volume à 50cc; 10cc sont employés au dosage de l'acide phosphorique par l'acétate d'urane; 10 autres centimètres cubes sont utilisés pour le dosage du chlore par le nitrate d'argent et le sulfocyanure.

Principes solubles dans l'alcool à 80°. — 20gr de bouillon sont pesés dans un becher de 150cc, on les porte à la température de 25° à 27°, puis on ajoute très lentement 100cc d'alcool à 80°. On maintient vingt-quatre heures à la température de 20° pour laisser déposer la gélatine; les matières extractives et la plus grande partie des sels alcalins restent en dissolution. La partie liquide est décantée sur un filtre, on lave le précipité à l'éther, la solution alcoolique est évaporée au bain-marie, puis portée à + 103°. La somme des poids du résidu alcoolique et du précipité gélatineux doit être égale au poids de l'extrait sec.

Eau et matières minérales de la viande. — On prélève de 20 à 30gr sur chacun des divers morceaux qui constituent la conserve; le tout est haché et, après avoir mélangé intimement, on pèse 20gr sur lesquels on dose l'humidité, puis les cendres. Il faut, pour obtenir des cendres suffisamment blanches, opérer quatre lavages successifs.

Avec ces divers chiffres, on peut évaluer la valeur nutritive de la conserve.

La viande de conserve contient 58 p. 100 d'eau, soit 42 p. 100 de matières sèches; le bouillon 87 p. 100 à 88 p. 100 d'eau et de 12 p. 100 à 13 p. 100 d'extrait sec.

Comparée à la viande crue, la conserve contient environ 6/10 de son poids d'eau, la viande crue 7/10 et demi.

Analyse des extraits de viandes.

Méthode Bruylants. — M. J. Bruylants, professeur à Louvain, préconise une méthode basée sur des traitements successifs par des solutions alcooliques à

40°, 80°, 93° et 94° (1). Il procède ainsi à la séparation et au dosage de la gélatine, des albumoses, des peptones, des matières azotées non albumoïdes, solubles et non solubles dans l'alcool.

L'alcool à 40° précipite la gélatine; l'alcool à 80° insolubilise les albumoses, et l'alcool à 93°-94° laisse déposer les peptones. Les différents précipités ainsi obtenus sont loin d'être purs; les deux derniers notamment contiennent des sels minéraux et des matières azotées non albumoïdes.

L'auteur purifie ensuite ces précipités, celui qui provient de l'alcool à 80° par le sulfate d'ammoniaque, celui qui contient les peptones par un traitement au sous-acétate de plomb.

L'azote est dosé dans chacun de ces précipités et la proportion obtenue est multipliée par 6,25 pour le calcul de la gélatine, des albumoses et des peptones.

Dosage du glycogène (Lebbin) (2). — 25gr d'extrait sont dissous dans 100cc d'eau, on ajoute ensuite 100cc d'alcool à 90° contenant 4 p. 100 d'alcali caustique; au bout d'une heure ou deux de contact, la solution est filtrée et le précipité lavé à l'alcool alcalinisé. La liqueur filtrée est alors additionnée de 50cc d'eau distillée et acidifiée très légèrement par l'acide chlorhydrique; on ajoute environ 10cc d'une solution d'iodure double de mercure et de potassium (3). Le précipité qui prend ainsi naissance est séparé par filtration et lavé à l'eau chaude. La liqueur filtrée additionnée d'alcool à 95° précipite le glycogène. Le précipité est jeté sur un filtre taré, lavé à l'alcool, puis à l'éther et enfin pesé après dessiccation.

Dosage de l'azote albuminoïde (Stutzer) (4). — On prend 1 à 2gr du produit desséché, réduit en poudre et passé au tamis de 1mm, que l'on traite par 100cc d'eau. Le mélange est porté à l'ébullition, puis on ajoute 0gr,3 à 0gr,4 d'oxyde de cuivre. Après refroidissement, on jette le précipité sur un filtre Berzélius et on le lave avec soin à l'eau distillée.

Le filtre et son contenu sont alors introduits encore humides dans un ballon, et on dose l'azote par la méthode Kjeldahl.

Si la substance contenait une très forte proportion de phosphates alcalins (lesquels pourraient donner naissance à du phosphate de cuivre, et mettre en liberté l'alcali qui dissoudrait la matière albuminoïde), il conviendrait, avant d'ajouter l'oxyde de cuivre, de traiter la masse par quelques centimètres cubes

(1) *Journal de Pharmacie et de Chimie*; 1897.
(2) Lebbin, *Zeitsch. des allg. öster. Apotheker Vereines*, 1898:
(3) Cette solution est obtenue en mélangeant les deux liqueurs suivantes :

LIQ. A.		LIQ. B.	
Bichlorure de mercure....	20 grammes	Iodure de potassium......	20 grammes
Eau distillée.............	300 —	Eau distillée.............	100 —

On ajoute ensuite au mélange une solution de bichlorure de mercure jusqu'à redissolution du précipité.
(4) König, *Chem. der menschl. Nahrungs und Genussmittel.*

d'une solution d'alun, pour transformer les phosphates dissous en phosphate d'alumine insoluble; puis on continue l'opération comme plus haut.

Le chiffre d'azote trouvé multiplié par 6,25 donne la proportion des matières albuminoïdes.

Préparation de l'oxyde de cuivre. — 100gr de sulfate de cuivre sont dissous dans 5lit d'eau additionnée de 2gr,5 de glycérine. On précipite l'oxyde de cuivre de cette solution, sous forme d'oxyde hydraté, en y versant de la lessive de soude étendue jusqu'à ce que le liquide soit faiblement alcalin. On décante le liquide qui surnage le dépôt d'oxyde. Celui-ci est lavé avec de l'eau contenant 5gr de glycérine par litre, jusqu'à ce que les dernières traces d'alcali soient éliminées. L'oxyde de cuivre est mis en suspension dans une quantité déterminée d'eau additionnée de 10 p. 100 de glycérine, et suffisante pour qu'on puisse mesurer le mélange à la pipette. On conserve le réactif dans un flacon bien bouché, à l'abri de la lumière, et on détermine sa teneur en oxyde de cuivre, en évaporant et calcinant un volume déterminé.

Peptones et autres matières albuminoïdes dérivées des substances musculaires.

Les peptones provenant de la transformation des substances musculaires sont encore mal définies. Les uns, avec Meissner, Henninger, Maly, Herth, Kemmerich, etc., admettent que les peptones précipitent par le sulfate d'ammoniaque, l'acide picrique, l'iode ioduré. Les autres, avec Kühne, Chittenden, Denayer, etc., pensent que les albumoses seules sont précipitées par le sulfate d'ammoniaque, et que le résidu qui serait constitué par de la peptone vraie ne précipiterait ni par l'acide picrique, ni par l'iode ioduré, mais par le tanin et le bichlorure de mercure.

Les peptones de viande que l'on trouve dans le commerce peuvent être considérées comme un mélange de peptones et d'albumoses; les albumoses étant d'une assimilation aussi facile que la peptone vraie, on doit, pour éviter toute confusion dans l'analyse de ces substances, adopter la théorie d'Henninger et de ses élèves.

D'après M. Denayer, on peut classer les peptones de viandes en trois catégories : 1° les peptones obtenues par l'action de la vapeur sur la viande; 2° par digestion en présence d'acide tartrique ou citrique; 3° par digestion sulfo ou chlorhydro-pepsique. M. Armand Gautier estime que les peptones d'hydrolyse chimique sont préférables aux autres peptones, parce qu'elles ne contiennent pas, comme ces dernières, des substances de goût amer, irritantes et peut-être même nuisibles.

Les peptones de viandes, ainsi que les autres matières albuminoïdes provenant de la transformation des substances musculaires, ne sont guère employées jusqu'à présent que comme fortifiants et comme médicaments; elles ne peuvent au point de vue alimentaire détrôner la viande, qui, à poids d'albumine égal, coûte 1/3 meilleur marché. Voici, d'après le Dr Laves (1), la nomenclature et la composition des principaux de ces produits :

Action de la vapeur d'eau surchauffée sur la viande de bœuf. Peuvent être considérées à la fois comme extraits de viande et aliments à base d'albumoses.	Peptones	Liebig
	—	Kemmerich
	—	Koch
	—	Rosenthal
	—	Leube
	—	Valentine
Extraits de viandes auxquels sont ajoutées, soit des albumoses, soit des albumines.	Extraits	Puro
	—	Toril
	—	Bovril
Digestion partielle avec la pepsine.	Peptones	Denayer
	—	de Vitte
Digestion partielle avec la pancréatine.	—	Merck
	—	Cibils
Digestion partielle avec la papaïne.	—	Antweiler
	—	Finzelberg

A ces préparations il faut encore ajouter :

La somatose obtenue par l'action d'acides organiques étendus (acide oxalique, acide tartrique) sur la viande à une température variant de 90° à 105°; l'acidité est ensuite saturée à l'aide de la chaux. D'après M. Denayer, la solution de ce produit précipite, comme l'albumine, par l'acide acétique et le ferrocyanure de potassium; il ne renfermerait donc ni albumoses réelles, ni peptones vraies.

Le tropon a pour point de départ les matières albuminoïdes du sang ou de la viande, auxquelles on ajoute 2/3 d'albumines végétales extraites du lupin.

Dosage des syntonines, des albumoses et des peptones dans les peptones brutes (Effront) (2). — M. J. Effront a constaté que les solubilités des matières albuminoïdes varient dans l'eau et dans l'alcool, suivant que le milieu est neutre ou acide.

Syntonines. — On prend 50^{cc} d'une solution à 5 p. 100 de peptone brute, on neutralise à l'aide de la soude décinormale et on laisse reposer pendant deux heures; le précipité de syntonine est recueilli sur un filtre ; il est lavé successivement à l'eau, à l'alcool absolu, puis pesé.

On déduit de ce poids le poids des cendres.

Albumoses. — 50^{cc} de la solution de peptone brute sont neutralisés à l'aide de la soude normale ; le volume est complété avec de l'eau à 55^{cc}, on filtre après un repos de deux heures ; 44^{cc} du filtratum sont prélevés, ils correspondent à 40^{cc} de la liqueur primitive, on ajoute alors 8^{cc} d'acide chlorhydrique normal, puis 250^{cc} d'alcool à 95°. A la solution alcoolique restée claire, on ajoute 8^{cc} de soude normale; on agite et on laisse reposer. Au bout de deux heures, on

(1) *Pharmaceutische Centralhall*, 1901.

(2) *Bulletin de la Société de Chimie*, 20 juillet 1899; — *Annales de Chimie analytique*, 1900.

détache le précipité qui adhère aux parois du vase, on le jette sur un filtre taré, puis il est lavé à l'alcool à 75° et desséché à +100°. Le poids de la substance sèche représente les albumoses, dont il faut soustraire le poids des matières minérales.

Peptones. — La solution alcoolique filtrée est évaporée au bain-marie ; le résidu desséché à 100°, diminué du poids des cendres, indique la proportion de peptones que contient le produit.

Lorsque la substance contient une très grande quantité de matières minérales, il est utile de corriger les résultats par un dosage de l'azote contenu dans les albumoses et les peptones.

Précipitation des albumoses au moyen du sulfate de zinc (1). — MM. K. Baumann et A. Bomer proposent de remplacer par le sulfate de zinc le sulfate d'ammoniaque employé jusqu'ici pour la précipitation des albumoses, afin d'éviter l'emploi d'une substance azotée (quoique minérale) pour le dosage d'autres substances azotées. Des essais ont démontré que le sulfate de zinc est très approprié à ce rôle ; que ni les sels ammoniacaux, ni l'asparagine, la leucine, la tyrosine, la créatinine, quelles qu'en soient les quantités, ne sont entraînés dans le précipité des albumoses et que, d'autre part, après la précipitation et la filtration, on peut précipiter complètement dans la liqueur zincique les bases organiques de la viande et les peptones par l'acide phosphomolybdique. Enfin l'ammoniaque et la créatinine sont séparées presque quantitativement de leurs solutions par le phosphomolybdate de soude.

Différenciation des albumines, des syntonines, des albumoses et des peptones musculaires. — D'après les derniers travaux parus concernant ces différents corps, on constate que les réactions chimiques qualitatives propres aux albumines, syntonines, albumoses et peptones musculaires sont loin d'être bien établies. Afin d'éclaircir cette question, M. Bilteryst (2) a repris toutes les réactions sur ces corps qu'il a préparés lui-même. Ces réactions sont résumées dans le tableau suivant :

(1) *Zeits. f. Unters. u. Nahrungsm.*, 1898 ; — *Annales de Chimie analytique*, 1898.
(2) *Annales de Chimie analytique*, 1901.

TABLEAU DES PRINCIPALES RÉACTIONS DIFFÉRENTIELLES DES PRÉPARATIONS DE CHAIR MUSCULAIRE DES BOVIDÉS

RÉACTIFS	ALBUMINES	SYNTONINES	ALBUMOSES	PEPTONES
Solubilité dans l'eau.	Solubles en partie.	Solubles.	Solubles.	Solubles.
Solubilité dans l'alcool à 95°.	Insolubles.	Insolubles.	Insolubles.	Assez solubles.
Chaleur.	Coagulées à l'ébullition.	Non coagulées.	Non coagulées.	Non coagulées.
Acide acétique.	Précipité.	Précipité.	Pas de précipité.	Pas de précipité.
Acide chlorhydrique.	Précipité.	Précipité.	Pas de précipité.	Pas de précipité.
Acide nitrique.	Précipité.	Précipité soluble à chaud, se reformant par refroidissement.	Léger trouble, soluble à chaud, se reformant par refroidissement.	Pas de précipité.
Ferrocyanure acétique.	Précipité.	Précipité.	Trouble léger.	Pas de précipité.
Sulfate ammonique.	Précipité.	Précipité.	Précipité.	Pas de précipité.
Biuret.	Pas de coloration rose.	Pas de coloration rose.	Pas de coloration rose.	Coloration rose, susceptible de se montrer dans la solution alcoolique.

COMPOSITION DE QUELQUES PEPTONES DE VIANDE COMMERCIALES (KÖNIG)

			Peptones de viande Kemmerich			Peptones de viande Kochs		Produits Maggi		
			Solide	Liquide (dénommé bouillon de viande)	En poudre	Solide	Liquide (bouillon peptonisé)	Peptones pour malades	Bouillon concentré pour malades	Bouillon concentré
Eau		0/0	33,30	62,19	10,30	40,16	61,87	5,15	43,93	60,23
Matières organiques		0/0	58,47	20,14	79,92	52,65	21,71	85,44	44,70	17,65
Matières organiques	Matières azotées	0/0	9,78	3,17	13,94	7,80	3,50	37,09	19,75	10,37
	Albumines insolubles × 6,25	0/0	1,10	0,18	0,93	1,42	0,38	0,27	0,42	—
	Propeptones ou hémialbumoses × 6,25	0/0	14,56	5,09	31,43	15,95	7,16	5,75	3,81	2,31
	Peptones × 6,25	0/0	32,57	9,11	36,31	18,83	6,09	28,90	10,98	0,83
	Autres combinaisons	0/0	9,97	4,70	7,67	13,96	7,03	2,77	4,54	7,23
	Matières grasses (solubles dans l'éther)	0/0	0,30	0,97	0,63	0,79	1,05	—	0,69	0,82
Matières minérales		0/0	7,73	17,67	9,73	6,89	16,42	9,41	11,37	22,12
Matières minérales	Potasse	0/0	3,32	1,82	3,87	1,88	2,35	1,05	1,24	1,26
	Acide phosphorique	0/0	2,49	1,63	3,22	1,88	1,69	0,22	0,76	0,49
	Chlore ou chlorure de sodium	0/0	Cl 0,66	NaCl 12,66	—	Cl 0,49	Cl 7,62	NaCl 6,55	NaCl 8,96	NaCl 20,24
Alcool à 80 0/0	Solubilité	0/0	26,82	—	—	36,18	—	15,42	18,82	—
	Insolubilité	0/0	40,88	—	—	23,66	—	32,33	5,44	6,42

Recherche des antiseptiques.

Recherche de l'acide borique (1). — M. Hæfelin (2) indique un procédé qui, d'après lui, est encore plus rapide que la méthode basée sur la coloration de la flamme. Il l'applique principalement pour déceler l'acide borique dans les viandes, les saucissons et les conserves de viandes.

La viande ayant été débarrassée de sa graisse et hachée en très petits morceaux est traitée pendant une minute par le mélange suivant :

Glycérine............................	2 centimètres cubes
Alcool................................	4 —
Eau....................................	4 —
Acide chlorhydrique..................	quelques gouttes

On trempe alors dans la solution une bande de papier de curcuma, que l'on sèche rapidement au-dessus de la flamme d'un bec de Bunsen. En présence de l'acide borique, il se produit une coloration rouge cerise ou brune. Lorsque le papier est humecté d'eau, la coloration doit persister; enfin, si on fait une touche avec une goutte de soude caustique sur la partie où s'est produite la réaction, la coloration vire au bleu noirâtre. Cette recherche peut servir à contrôler la présence de l'acide borique, dans les cas douteux.

Dosage de l'acide borique (3). — Le procédé que l'on emploie habituellement pour ce dosage consiste à distiller le produit contenant de l'acide borique, après l'avoir additionné d'acide sulfurique et d'alcool méthylique, et à recevoir le distillatum sur de la magnésie ou de la chaux, qui fixent énergiquement l'acide borique.

Ces corps réagissant avec une extrême lenteur, MM. Gooch et Jones ont adopté le tungstate de soude.

Ils opèrent de la façon suivante : On calcine, dans un creuset d'une contenance de 50^{cc}, de 4 à 7^{gr} de tungstate de soude contenant un léger excès d'acide tungstique pour éviter la présence des carbonates. Après refroidissement, le creuset est pesé avec son contenu. Le sel est alors dissous dans l'eau, et on reçoit l'éther borique dans cette solution. Après évaporation dans une capsule de platine et réduction à un faible volume, la liqueur est versée dans le creuset, on évapore à sec et on calcine le résidu. Une seconde pesée donne par différence la quantité d'anhydride borique B^2O^3 fixée.

Méthode L. de Koningh (4). — 5^{gr} de l'échantillon sont additionnés de 15 à 20 gouttes de soude caustique, on sèche et on incinère. Le charbon obtenu est

---

(1) Voir page 175.

(2) Hæfelin, *Journal de Ph. de Liège*, 1898.

(3) F.-A. Gooch, L.-C. Jones (*American Journ. of science*, t. VII, p. 34, janvier 1899; — *Journal de Pharmacie et de Chimie*, 1900).

(4) *Journ. of Americ. Chim.*, 1897.

pulvérisé, bouilli avec de l'eau, la masse résiduelle noire est recalcinée, et les cendres sont traitées par l'eau bouillante. Après avoir réuni les deux solutions aqueuses, on ajoute une certaine quantité d'eau de chaux jusqu'à ce qu'une nouvelle addition de ce réactif n'occasionne plus de précipité. La liqueur, faiblement colorée par quelques gouttes d'une solution d'orangé de méthyle, est alors additionnée d'acide sulfurique au dixième jusqu'à légère coloration rose. Après ébullition de quelques minutes pour chasser l'acide carbonique, on laisse refroidir et on ajoute la moitié du volume de glycérine. La liqueur est titrée ensuite avec une solution de potasse décinormale, en employant la phtaléine de phénol comme indicateur. Il est utile de prendre chaque fois le titre de la solution de potasse avec de l'acide borique cristallisé pur, en employant environ la même quantité que celle existant dans le produit, et en ajoutant exactement le même volume d'eau et de glycérine.

Recherche de l'acide salicylique (1). — Si l'on ajoute de l'eau oxygénée à une solution de salicylate de soude contenant de l'ammoniaque libre et du carbonate d'ammoniaque, on obtient une coloration qui peut varier du rose tendre au grenat foncé, suivant les proportions d'acide salicylique (2). Il est essentiel que l'eau oxygénée soit à 2 volumes ou 2 volumes et demi et ne dépasse pas ce titre.

On extrait comme d'habitude l'acide salicylique en solution acide par l'éther, on évapore à sec, on sature exactement par la soude, on reprend par l'eau. La liqueur est additionnée d'ammoniaque, de carbonate d'ammoniaque et d'eau oxygénée à la dilution indiquée ci-dessus.

L'acide gallique, dans les mêmes conditions, donnerait une coloration jaune : l'iodure de potassium, une coloration améthyste.

Recherche de l'aldéhyde formique (3). — 5gr de viande de conserve hachée sont agités vigoureusement une minute avec 10cc d'alcool absolu, on filtre sur un filtre sec. Puis 4 à 5cc de la liqueur filtrée sont additionnés de 0gr,03 de chlorhydrate de phénylhydrazine, de 4 gouttes de perchlorure de fer et de 10 gouttes d'acide sulfurique, que l'on ajoute peu à peu en agitant le mélange ; il se produit une coloration rouge. Pour conclure à la présence du formol, il faut que cette coloration se soit produite immédiatement.

En opérant ainsi, le formol en solution alcoolique à $\frac{1}{50.000}$ donne encore une réaction nette. L'aldéhyde acétique donnerait la même réaction, quoique plus faiblement. L'aldéhyde benzoïque, le chloral, l'acétone ne produisent aucune coloration.

---

(1) Voir page 725.

(2) W.-E. Ridenour (*American Journ. of Pharmacy*, 1899) ; — *Annales de Chimie analytique*, 1900.

(3) C. Arnold et C. Mentzel, *Zeitschrift f. Nahr. und Genuss.*, 1902, d'après *Schweize. Woch. f. Ch. u. Ph.*, 1902.

Méthode F. Jean (1). — L'auteur arriverait à déceler par sa méthode le formol, lorsqu'il s'est polymérisé en se combinant aux matières albuminoïdes et à la gélatine, et à le différencier des autres aldéhydes, l'aldéhyde acétique notamment, qui se rencontre souvent dans les viandes fumées.

Lorsqu'il s'agit de rechercher le formol dans les viandes et les conserves alimentaires, la matière est divisée, broyée avec de l'eau acidulée par l'acide sulfurique. Le tout est soumis à la distillation en présence d'un excès de sulfate de soude, et l'on recherche dans le distillatum le formol par les réactions habituelles.

En opérant la distillation en solution saturée de sulfate de soude, tout le formol combiné aux matières albuminoïdes passe dans le produit distillé.

Parmi les diverses réactions de l'aldéhyde formique, l'auteur préconise surtout le bisulfite de rosaniline; l'eau d'aniline, qui donne par agitation un trouble laiteux; le réactif de Nessler, un précipité jaune rougeâtre passant au brun noirâtre; enfin la réaction indiquée par Cavali : il se produit, en présence d'une solution de chlorhydrate de phénylhydrazine, un trouble laiteux qui vire au bleu par addition de nitro-prussiate de soude et de lessive de soude; l'aldéhyde acétique donnerait dans ces conditions une coloration rouge groseille.

CONSERVES DE POISSONS

Analyse des gaz qui se développent dans les conserves de poissons (2). — M. Doremus eut l'occasion d'examiner des boîtes de conserves de poissons fortement bombées. A l'ouverture, ces boîtes montraient des poissons en très bon état de conservation, de consistance ferme et ne présentant aucune mauvaise odeur.

L'auteur procéda alors à l'analyse des gaz, qui fut faite par les méthodes ordinaires; il constata que ces gaz étaient constitués par 80 p. 100 d'hydrogène et de petites quantités d'acide carbonique, d'oxygène et d'azote.

L'examen de la surface intérieure des boîtes révéla des corrosions étendues sur les côtés et sur les fonds, tandis que le couvercle était intact. M. Doremus en conclut que l'étamage du couvercle n'avait pas la même composition que celui du fond et des parois, que ce dernier par conséquent était de mauvaise qualité.

Nous avons fait souvent au laboratoire la même observation sur des boîtes de harengs; ces poissons sont cuits sans huile, dans une sauce aqueuse additionnée de vinaigre, de ronds de citron, etc., et présentant une réaction franchement acide; mais nous n'avons jamais remarqué une composition différente dans les diverses parties de l'étamage interne des boîtes, lequel se composait uniquement d'étain fin.

---

(1) *Revue de Chimie industrielle*, février 1899; — *Journal de Pharmacie et de Chimie*, 1899.

(2) *Comptes Rendus du IIe Congrès international de Chimie appliquée.*

La corrosion du fond et des côtés de la boîte s'explique par ce fait que seules ces parties se trouvent en contact prolongé avec le liquide acide; le couvercle qui n'y plonge pas reste tout à fait indemne.

Altération des sardines. — M. Dubois-Saint-Séverin en 1893, M. Augé en 1894 observèrent une altération survenue sur des sardines avant leur mise en boîtes, et avant qu'elles n'aient été arrosées d'huile. Cette altération consistait en une coloration rouge très marquée, qui persistait après la stérilisation par l'huile bouillante. L'organisme chromogène qui en est la cause se rapproche beaucoup du *Micrococcus prodigiosus*, mais s'en distingue cependant par plusieurs caractères. Il occasionne une odeur infecte dans les boîtes où il se développe. C'est probablement à cet agent infectieux ou à l'action de ses toxines qu'il faut rapporter les accidents souvent si dangereux qui ont suivi l'absorption des sardines.

Examen de l'huile des boîtes de sardines. — Certaines boîtes, quoique portant la mention *sardines à l'huile d'olive*, contiennent une huile étrangère quelconque, le plus généralement de l'huile d'arachide. Cette falsification, qui doit être considérée comme une tromperie sur la qualité de la marchandise, est décelée d'après les méthodes décrites au chapitre *Huiles*.

CONSERVES DE LÉGUMES

Recherche de la cochenille dans les conserves de tomates. — Le procédé décrit dans le corps de cet ouvrage pour la recherche de la cochenille dans les conserves de tomates donne de très bons résultats lorsque la proportion du colorant est assez forte; mais, lorsque celui-ci est en petite quantité, les réactions de l'acétate d'urane et de l'ammoniaque sont entièrement masquées par la matière colorante naturelle de la tomate, que l'alcool amylique dissout en même temps. On fait donc subir à la méthode la modification suivante :

Après avoir dissous la cochenille par plusieurs épuisements dans l'alcool amylique en liqueur acide, on réunit les différentes solutions amyliques dans un verre à pied, et on ajoute une certaine quantité de carbonate de chaux pur. Le mélange est agité énergiquement à plusieurs reprises; dans ces conditions, le carbonate de chaux se colore en rose en formant une laque de carminate de chaux. La liqueur amylique surnageante est colorée en jaune et renferme toutes les matières colorantes étrangères à la cochenille.

La laque est jetée sur un filtre après décantation de l'alcool amylique; on la lave à l'alcool à 95°, jusqu'à ce que le liquide passe incolore; puis on décompose cette laque, après l'avoir additionnée d'eau et mise dans un becher, par un léger excès d'acide chlorhydrique. L'addition d'acide doit être faite avec précaution afin d'éviter une trop grande effervescence.

Lorsque l'effervescence a cessé, on chauffe le mélange vers 90-95° pendant quelques minutes et, après refroidissement, la solution est épuisée par une petite quantité d'alcool amylique.

On caractérise alors par l'acétate d'urane et l'ammoniaque. Les réactions ainsi obtenues sont d'une grande netteté, quelle que soit la proportion du colorant (1).

Falsification des conserves d'artichauts. — Le réceptacle charnu de l'artichaut, désigné communément sous le nom de « cœur d'artichaut », constitue un mets très fin et très recherché; on le conserve en rondelles plus ou moins épaisses, que l'on conserve par le procédé Appert.

MM. A. Villiers et E. Collin signalent une falsification des conserves d'artichauts, qui consiste à substituer à ces derniers des tubercules de topinambours.

Le topinambour, qui a une valeur bien inférieure à l'artichaut, donne des récoltes très abondantes; cuit, il présente une saveur analogue à celle du « cœur d'artichaut ».

Le goût particulier du topinambour comme celui de l'artichaut sont dus à la présence de l'inuline; mais leurs caractères microscopiques diffèrent entièrement et font déceler la fraude.

La section transversale pratiquée dans le réceptacle de l'artichaut est caractérisée par la présence de faisceaux fibro-vasculaires ovales ou elliptiques plus ou moins gros, entourés par un endoderme très apparent et disséminés dans un parenchyme de cellules arrondies. Chacun de ces faisceaux est composé d'une zone ligneuse semi-elliptique, formée de faisceaux ou de trachées plus ou moins larges entourés de petites cellules; cette zone ligneuse est recouverte d'un liber assez épais et d'un péricycle mou; sur la partie extérieure du péricycle et de la zone ligneuse, on observe très distinctement des cellules résinifiées isolées et appliquées immédiatement contre l'endoderme.

Cette disposition de l'appareil sécréteur caractérise le groupe des Carducées, auquel appartient l'artichaut.

Si l'on pratique des sections dans le tubercule de topinambour, au lieu de faisceaux fibro-vasculaires très larges et très apparents, on distingue de petits vaisseaux isolés ou groupés au nombre de deux ou trois seulement, et disséminés dans un parenchyme de cellules polygonales.

L'appareil sécréteur est représenté par des canaux bien isolés, et entourés par quatre ou cinq cellules plus petites que celles qui constituent le parenchyme. Ces canaux sont remplis d'un suc coloré, permettant de les distinguer nettement; ils sont tantôt coupés transversalement, tantôt ils apparaissent dans le sens de leur longueur.

Les caractères du tubercule de topinambour sont donc très nets, et diffèrent entièrement de ceux du réceptacle de l'artichaut.

(1) On a prétendu dans ces derniers temps que l'on pouvait colorer les conserves de tomates à l'aide de cochenille, cette matière colorante n'étant ni toxique, ni prévue par l'ordonnance de police du 31 décembre 1890. Il n'en est rien, car le fait de colorer artificiellement une substance naturelle, colorée naturellement, constitue un délit à la loi du 27 mars 1851 au même titre qu'un vin dont on aurait remonté la couleur à l'aide de cochenille, d'orseille, etc.

Ordonnance concernant la fabrication des boites de conserves alimentaires.

Paris, le 29 juin 1895.

Nous, Préfet de Police,

Vu les arrêtés des Consuls des 12 messidor an VIII et 3 brumaire an IX, et la loi du 7 août 1850;

Vu les articles 413, 471 (§ 15) et 477 du Code pénal;

Vu la loi du 27 mars 1851 et celle du 5 avril 1884;

Vu l'ordonnance de police du 23 août 1889;

Vu les instructions de M. le Ministre de l'Intérieur en date du 15 juin 1895;

Ordonnons :

Article premier. — Il est interdit aux fabricants de boîtes de conserves alimentaires de se servir, pour la confection desdites boîtes, d'autre fer-blanc que celui étamé à l'étain fin.

Les soudures faites à l'intérieur des boîtes de conserves devront être pratiquées à l'étain fin, comme celui qui sert à l'étamage desdites boîtes.

Tout procédé de sertissage des boîtes de conserves qui comporte l'emploi de substances plombifères est interdit.

Art. 2. — Il est interdit à tout débitant ou marchand quelconque de vendre et de mettre en vente des boîtes de conserves fabriquées contrairement aux prescriptions énoncées dans l'article 1er.

Art. 3. — Les contrevenants aux dispositions de la présente ordonnance seront poursuivis devant les tribunaux compétents.

Les Maires des communes du ressort de la Préfecture de Police, le Chef du Laboratoire de chimie de notre Préfecture et les Commissaires de police sont chargés, chacun en ce qui le concerne, d'en assurer l'exécution.

Le Préfet de Police,
Lépine.

Par le Préfet :
Le Secrétaire général,
E. Laurent.

ÉPICES ET AROMATES

PAR M. V. GÉNIN

Généralités. — Nous étudierons les épices et aromates en les classant suivant les organes des plantes dont ces produits proviennent. Comme quelques épices fournissent des produits de différents organes, nous les rapporterons au produit principal. L'ordre suivant sera adopté : *girofle* (boutons floraux); *vanille*, *poivre*, *piment de la Jamaïque*, *piment des jardins* (fruits); *moutarde*, *muscade*, *macis* (graines); *cannelle* (écorce); *gingembre* (rhizome).

Dosage des huiles volatiles. — Presque toutes ces substances renferment des huiles volatiles ou essences qui leur donnent leur odeur et leur saveur. On extrait, en général, les essences en distillant à la vapeur d'eau le produit divisé et mis en suspension dans l'eau. On reçoit le produit de la distillation (eau et essence entraînée) dans un récipient florentin qui permet de séparer l'eau et l'essence.

Si on remplace le récipient florentin par une burette graduée, on peut lire le volume occupé par l'essence; on a ainsi un procédé de dosage qui peut donner des résultats comparables pour deux produits : l'un pur, l'autre partiellement épuisé.

Certaines essences étant un peu solubles dans l'eau, il faut, pour un dosage exact, recueillir l'eau qui a passé avec l'essence, l'agiter avec de l'éther de pétrole qui enlève l'essence à l'eau. La solution éthérée est placée dans un vase à extrait et évaporée dans un courant d'acide carbonique pur et sec. Dans ces conditions, l'essence n'est pas sensiblement volatilisée et on ajoute son poids au poids du volume contenu dans la burette.

GIROFLE

Le girofle ou clou de girofle est constitué par le bouton desséché des fleurs du giroflier, *Caryophyllus aromaticus* ou *Eugenia aromatica*, espèce du genre *Eugenia*, de la famille des *Myrtacées-Myrtées*.

C'est un arbre originaire des Moluques, qui est cultivé maintenant dans les Indes hollandaises, à la Réunion, à Zanzibar, en Guyane et dans les Antilles.

Description des fleurs et du fruit du giroflier. — Les fleurs sont disposées à l'extrémité des rameaux, sur lesquels elles forment des cimes ramifiées. Elles sont portées 3 par 3 sur un pédoncule commun. Ces pédoncules se réunissent au nombre de 3, 5 ou 7. Chaque fleur odorante, hermaphrodite, complète, possède un petit calice oblong, découpé à son extrémité en quatre parties pointues, surmontant un réceptacle tubuleux, une corolle à quatre pétales fortement imbriqués, de nombreuses étamines rassemblées en quatre groupes, un ovaire infère muni d'un style conique à stigmate simple. La fleur séchée avant son parfait développement constitue le *clou de girofle*.

Le fruit, couronné des sépales pointus du calice et enfoncé dans le réceptacle, est allongé, de couleur violette à sa maturité; il renferme de nombreuses petites graines sans albumen et dont les cotylédons s'enveloppent mutuellement. (Dimensions du fruit : 2 à 3^{cm} sur 1 à 1 1/2.)

Les fruits mûris se rencontrent quelquefois dans le commerce sous le nom d'*anthofles de girofle* ou *mères de girofle*. Les pédoncules qui portent les fleurs se trouvent aussi sous le nom de *griffes de girofle*.

Récolte du clou de girofle. — La récolte se fait au moment où les boutons, qui sont d'abord verts, sont devenus rouges. La récolte se fait quelquefois à la main; mais généralement on fait tomber les boutons avec de longs roseaux sur le sol, qui a été bien nettoyé ou recouvert d'une étoffe. On les fait sécher soit à la fumée, soit au soleil, soit à l'étuve. Ils prennent alors une couleur d'un brun rouge plus ou moins foncé.

Le clou ainsi séché se compose d'un pédoncule à quatre côtés, un peu plus étroit vers la partie inférieure. A la partie supérieure se trouvent les quatre sépales du calice; ils entourent la base d'une petite calotte, divisée en quatre parties, formée par la corolle non épanouie, dont les pétales recourbés l'un sur l'autre forment les divisions de la calotte. Ces pétales recouvrent les étamines et le style de l'ovaire.

Composition chimique. — Les clous de girofle contiennent une huile volatile, un tanin, des matières grasses, gommeuses et résineuses. Voici, d'après Kœnig, la composition p. 100 des clous de girofle :

	Minimum.	Maximum.
	—	—
Eau	2,9	16,4
Matières azotées	4,2	7,0
Matières grasses	6,2	10,2
Huile volatile (essence)	10,2	18,9
Hydrates de carbone	39,0	51,0
Cellulose	8,6	10,6
Cendres	4,8	13,1
Extrait alcoolique total	39,2	48,7
Extrait alcoolique séché à 100°	23,7	27,5

L'essence de girofle s'obtient par le procédé général, page 655. Sa densité varie de 1,04 à 1,54, elle est faiblement lévogyre. Elle contient une petite quantité d'un carbure térébénique $C^{10}H^{16}$ qui bout à 112° et une très forte proportion d'eugénol $C^{10}H^{12}O^{2}$ qui bout à 248°. L'eugénol est un dérivé trisubstitué de la benzine, dont les substitutions sont les groupes

$$CH = CH - CH^3_{(1)},\ OCH^3_{(2)}.\ OH_{(4)}.$$

Caractères microscopiques. — *Clous de girofle.* — Si l'on opère une coupe transversale du clou de girofle immédiatement au-dessous du calice, on trouve une couche épidermique de très petites cellules. Elle est recouverte d'une cuticule très épaisse (15 μ) et fortement plissée. Le parenchyme sous-jacent est formé de plus grandes cellules à parois minces disposées radialement. On y trouve de grandes cellules à huile, elliptiques ou arrondies (200 μ), disposées irrégulièrement sur trois anneaux concentriques. Les bords de ces réservoirs sont formés de cellules à parois tendres, fortement serrées; ils contiennent une huile épaisse, jaune, complètement soluble dans l'alcool et les alcalis. Les cellules du parenchyme qui les renferment contiennent aussi de l'huile et des masses amorphes d'un brun jaune. A l'intérieur de cette zone de cellules à huile, se trouve un parenchyme de cellules rondes, un peu collenchymateuses, suivi d'une couche de cellules à parois assez épaisses, grossièrement ponctuées.

Cette dernière couche est limitée par un anneau de faisceaux de vaisseaux, composés de vaisseaux minces avec spires et de fibres à parois minces. On trouve aussi des fibres isolées à parois très épaisses. Le parenchyme séparant les divers faisceaux est formé de petites cellules, dont beaucoup contiennent des cristaux d'oxalate de calcium. Dans les cellules immédiatement voisines des faisceaux, les cristaux sont disposés parallèlement et constituent des rangées linéaires le long des vaisseaux; dans les cellules plus éloignées, les cristaux sont en petits groupes.

L'anneau de faisceaux de vaisseaux entoure un parenchyme de cellules irrégulières, à parois assez dures, avec de nombreuses lacunes donnant à la couche un aspect étoilé, leur contenu est une masse jaune amorphe ayant les réactions du tanin. Vers la partie centrale, se trouve un deuxième anneau de faisceaux de vaisseaux sans fibres libériennes; comme dans le premier, les faisceaux sont accompagnés de cellules à cristaux d'oxalate. Dans ces tissus, on ne rencontre pas d'amidon.

Des coupes faites dans la tête du clou montrent les mêmes éléments dans les sépales et les pétales. Il y a, de plus, un épiderme intérieur moins fortement cuticularisé que l'épiderme extérieur; les faisceaux de vaisseaux sont moins développés. Les autres éléments de la fleur (anthères, style) ont aussi la même structure, mais les cellules sont à parois beaucoup plus tendres et liées lâchement. Les cellules à huile ne sont pas beaucoup plus grandes que les cellules environnantes; elles se distinguent seulement par leur forme arrondie. Les anthères sont remplies de grains de pollen, tétraédriques, à angles arrondis (15 μ).

Vu de face, l'épiderme de la partie inférieure du calice présente des cellules polygonales avec stomates. L'épiderme extérieur des sépales est formé de petites cellules à bords légèrement sinueux, sans stomates; leur épiderme intérieur, assez tendre, laisse voir les glandes à huile sous-jacentes; les cellules sont à parois planes, allongées longitudinalement ou disposées autour d'un centre.

La poudre de clous de girofle ou les préparations contenant des clous pulvérisés devront posséder les éléments décrits plus haut.

On recherchera surtout les épidermes, les cellules à cristaux, les débris des cellules à huile et les grains de pollen.

Pédoncules ou griffes de girofle. — Leur épiderme ressemble à celui du calice et possède aussi des stomates. L'écorce est épaisse et fortement sclérifiée; elle contient de grandes cellules à huile. Les cellules scléreuses sont de formes assez irrégulières. Celles qui sont voisines de l'épiderme sont assez petites, avec des parois d'épaississement inégal; plus loin, on en rencontre de grandes (100 μ) disposées tangentiellement, à parois fortement épaissies, striées et munies de pores simples ou ramifiés. Les stries sont rendues plus apparentes par l'action des alcalis chauds qui dilatent les parois et les colorent en beau jaune. La partie libérienne est mince par rapport à l'écorce.

On y trouve extérieurement des fibres en forme de fuseau, d'une longueur de 400 μ, d'une largeur de 35 μ, à lumen étroit, peu canaliculées. Le bois se compose principalement de vaisseaux réticulés et spiralés, assez étroits (25 μ) et de parenchyme ligneux. Il est entouré intérieurement et extérieurement de faisceaux libériens. La moelle contient des groupes de cellules scléreuses, plus régulières que les précédentes; elles ont souvent une forme étoilée.

Les pédoncules sont caractérisés par leurs cellules scléreuses, leurs fibres libériennes et leurs vaisseaux ligneux.

Mères de girofle. — La coque du fruit est peu épaisse et possède la structure générale de la partie du clou de girofle située au voisinage du calice. On y trouve en plus de petits groupes de cellules scléreuses. Ces cellules sont plus ou moins grandes et de formes très irrégulières : elles sont rameuses, fuselées ou à section rectangulaire : leur grandeur maximum est de 800 μ, leur largeur moyenne est de 40 μ; leurs parois sont très épaisses, peu canaliculées et faiblement striées.

La semence remplit presque complètement la cavité du fruit et possède la forme d'un petit noyau de datte. Elle se compose de deux cotylédons d'un brun rouge foncé. Ils sont recouverts d'un épiderme à petites cellules (12 μ). Le parenchyme est formé de grandes cellules globuleuses (45 μ), à parois dures, liées lâchement. Ces cellules sont remplies d'une grande quantité de grains d'amidon, piriformes ou quadrangulaires arrondis, avec un petit noyau situé à la partie la plus large et entouré de fines stratifications.

La plupart des grains sont simples; leur grandeur varie de 10 µ à 80 µ: elle est généralement de 40 µ ; leur extrémité la plus courte est souvent terminée par une face plane. Souvent le noyau est remplacé par une fente. Les cellules renferment aussi des grains de matière protoplasmique et des druses d'oxalate. Les couches extérieures des cotylédons renferment de grands réservoirs (200 µ) remplis d'huile ou d'un pigment rouge brun. Les mères de girofle sont bien caractérisées par les cellules scléreuses de la coque et l'amidon des cotylédons.

Falsifications. — Les clous de girofle entiers peuvent être plus ou moins épuisés par distillation. On le reconnaît par leur moindre pesanteur, leur couleur moins foncée; de plus ils ne laissent pas exsuder d'huile quand on les comprime avec l'ongle. On peut, d'ailleurs, doser l'essence (voir page 787).

Les clous pulvérisés peuvent être falsifiés par toutes les substances qu'on ajoute aux épices en poudre (voir page 800). Un examen microscopique fera connaître la nature de la falsification. S'il y a doute, on procède à l'analyse comparative du produit suspect et du produit pur.

VANILLE

La vanille est le fruit séché de plusieurs espèces de *vanilliers*, plantes grimpantes et presque parasites du genre *Vanilla* de la famille des *Orchidées-Aréthusées*. Les *vanilliers* qui vivent à l'état sauvage dans les forêts de certaines parties du Mexique sont cultivés dans ce pays, dans l'Amérique centrale et méridionale, aux Antilles, au Brésil, aux Indes hollandaises, à Madagascar, à Maurice et à la Réunion. L'espèce la plus répandue est la *Vanilla claviculata* ou *planifolia*.

Description du fruit des vanilliers. — Le fruit, dont la forme varie un peu suivant les variétés, est une gousse (15 à 20^{cm} de longueur sur 1^{cm} de largeur) allongée, de section triangulaire à angles arrondis, plus ou moins recourbée, ferme, charnue, finement striée en long, uniloculaire, déhiscente incomplètement à partir du sommet en deux valves inégales.

Ce fruit d'abord vert, charnu et inodore, devient à sa maturité extrême brun, blet et odorant. Il renferme dans sa cavité de nombreuses graines noirâtres, ovoïdes, imprégnées d'un liquide visqueux jaunâtre et aromatique. Ces graines possèdent un tégument épais et réticulé recouvrant un petit embryon (dimensions : 1/2 à 1^{mm}).

Récolte et préparation. — On récolte les gousses une à une au moment où elles font entendre un léger bruissement quand on les presse entre les doigts

Leur teinte est jaunâtre ou bien elle est restée verte. Le fruit ainsi recueilli ne possède pas d'odeur; celle-ci se développe par une espèce de fermentation.

Cette fermentation s'obtient de différentes manières, suivant les pays (1).

En *Guyane*, on place les gousses dans des cendres jusqu'à ce qu'elles se vident. On les essuie, on les imprègne d'huile, en ayant soin de lier leur extrémité inférieure pour empêcher l'ouverture des valves. Enfin on les fait sécher à l'air libre.

Au *Pérou*, un certain nombre de gousses sont attachées par leur extrémité inférieure et plongées dans l'eau bouillante jusqu'à ce qu'elles soient devenues blanchâtres. On les fait sécher à l'air pendant trois semaines ou bien on les expose pendant quelques heures aux rayons du soleil. Ensuite on les enduit d'huile de ricin ou d'huile de noix d'acajou.

Au *Mexique*, on commence par entasser les gousses sous un hangar jusqu'à ce qu'elles se vident. On opère ensuite leur fermentation.

1° Si la saison est pluvieuse, on réunit les gousses en petits paquets qu'on enveloppe d'une couverture de laine et qu'on entoure de feuilles en les arrosant d'eau. On porte ces paquets dans des fours chauffés à 60°; on les laisse de 24 à 36 heures dans ce four, suivant la grosseur des gousses. La vanille, ainsi traitée, a fermenté; sa teinte est devenue brunâtre.

On opère ensuite la dessiccation au soleil et on l'achève à l'ombre. Il faut au moins deux mois pour cette dernière opération.

2° Si la saison n'est pas pluvieuse, on étale les gousses sur de grandes couvertures en laine et on les expose au soleil pendant la journée. Le soir, on les enferme dans des boîtes hermétiquement fermées, dans lesquelles elles fermentent. Cette manipulation se continue jusqu'à coloration brune.

A la *Réunion*, les gousses liées sont plongées dans de l'eau à 90° pendant 10, 15, 30 secondes, suivant leur longueur; on les enroule ensuite dans une couverture de laine et on les expose au soleil jusqu'à ce qu'elles aient pris leur teinte brune. On les dessèche ensuite sous des hangars. Après la dessiccation, on les presse entre les doigts pour porter à leur surface une partie de l'huile qu'elles contiennent.

Les gousses sont généralement réunies en paquets de 50. Leur forme a été décrite plus haut; leur couleur est d'un brun noir; leur éclat est gras; elles sont plus ou moins sèches ou gluantes; leur odeur est plus ou moins forte et aromatique.

Enfin les qualités les plus fines ont leur surface entièrement couverte de cristaux blancs, aciculaires (vanilline): ces vanilles sont dites *givrées*.

Sortes commerciales. — On distingue trois sortes de vanilles commerciales, indépendamment de la provenance :

1° Les vanilles fines ont une longueur de 20 à 30^{cm}, sont d'un brun noir, onctueuses, luisantes, givrées.

2° Les vanilles ligneuses ont 15 à 20^{cm} de long, sont d'un brun rouge foncé, non luisantes, non givrées ou givrées par places.

(1) De Lanessan, *Plantes utiles des colonies françaises.*

Ces sortes sont plus ou moins parfumées.

3° Les vanillons, gousses épaisses et aplaties (10 à 12^{cm} de longueur), proviennent soit de fruits non mûrs ou avortés, soit de fruits bien développés, de petite taille. Ils sont givrés ou non.

Outre cette classification générale, les vanilles se distinguent commercialement par leurs provenances. La plus estimée est la vanille fine du Mexique, dite vanille de Leq. Nous citerons les provenances des colonies françaises : Guyane, Guadeloupe, Réunion.

Composition chimique. — On trouve dans la vanille : de la cire, du tanin, des matières sucrées, grasses, azotées et gommeuses, de la cellulose et un principe particulier, la vanilline.

La *vanilline* est l'éther méthylique de l'aldéhyde protocatéchique. C'est un corps solide, en cristaux aciculaires incolores. Sa saveur est piquante, son odeur, qui est celle de la vanille, devient plus forte par l'action de la chaleur. Elle est peu soluble dans l'eau froide, très soluble dans l'eau bouillante, l'alcool, l'éther, le chloroforme, le sulfure de carbone. Elle fond à 80°. Elle se combine avec le bisulfite de sodium. Chauffée vers 200° avec de l'acide chlorhydrique étendu en tube scellé, elle donne du chlorure de méthyle et de l'aldéhyde protocatéchique ; cette réaction établit sa constitution.

On a réussi à produire de la vanilline artificielle. On l'obtient au moyen de réactions assez simples sur certains produits végétaux qui contiennent des dérivés substitués de la benzine, facilement transformables en vanilline. Parmi ces produits, nous citerons la coniférine extraite de la sève de quelques conifères, l'essence de girofle, l'avénéine, principe immédiat de l'avoine, les sucres bruts, la résine d'olivier et les semences du lupin blanc. On a également préparé des vanillines substituées. La vanilline se vend généralement mélangée à du sucre (99 p. 100 de sucre, 1 p. 100 de vanilline).

Voici, d'après Kœnig, la composition centésimale de deux vanilles :

EAU	MATIÈRES AZOTÉES	CIRE ET GRAISSE	SUCRE RÉDUCTEUR	MATIÈRES NON AZOTÉES	CELLULOSE	CENDRES
25,85	4,87	6,74	7,07	30,50	19,60	4,73
30,94	2,56	4,68	9,12	32,90	15,27	4,53

La vanilline, qui se trouve comprise dans les matières non azotées, varie de 1 à 2,5 p. 100.

Caractères microscopiques. — Le péricarpe forme la partie la plus considérable de la vanille. Il est recouvert d'une couche épidermique formée de cellules à parois dures, en majeure partie disposées longitudinalement; elles sont trouées de pores assez petits, leur grandeur est de 40 à 80 μ. Une mince cuticule jaunâtre les recouvre. Leur contenu est formé de masses granuleuses et d'un corps brun (10 μ), toujours accompagné d'un cristal en forme de prisme court; le corps brun est dissous par la potasse, le cristal par l'alcool. Enfin, on trouve dans cette couche un petit nombre de stomates elliptiques ou circulaires.

Le parenchyme sous-jacent est formé de cellules également longitudinales, possédant quelques pores et faiblement collenchymateuses; elles présentent quelquefois des épaississements en spirale. Ces cellules sont plus grandes que les cellules épidermiques. Les parties profondes du parenchyme, qui forment la chair du fruit, sont formées des mêmes éléments; ils sont un peu plus petits et disposés tangentiellement. Ces cellules contiennent généralement des masses brunes amorphes composées de matières grasses résineuses et sucrées. Un certain nombre de cellules contiennent des amas cristallins d'aiguilles d'oxalate de calcium; souvent on trouve aussi des cristaux octaédriques.

Les parties moyennes du parenchyme sont parcourues par de nombreux faisceaux de vaisseaux. Ces vaisseaux sont formés de longues articulations; ils sont assez larges (80 µ) et fortement épaissis en forme de spirale ou de réseau. Les vaisseaux extérieurs sont courtement articulés et simplement ponctués. La surface intérieure du péricarpe porte de nombreux replis recouverts d'un épithélium à petites cellules; de plus, on y observe des appendices tubulés à parois tendres (20 µ de largeur sur 300 µ de longueur); ces appendices sont considérés comme des poils unicellulaires glanduleux produisant la matière jaune odorante qui enveloppe les graines.

Les graines de forme ovoïde (300 µ sur 400 µ) sont très dures et fortement colorées. Pour apercevoir leur structure, il faut les faire bouillir avec une lessive alcaline et les écraser. On distingue alors: les cellules scléreuses, à parois fortement épaisses, colorées en brun rouge foncé appartenant à l'épiderme; les cellules anguleuses et pigmentées du parenchyme, et les petites cellules non différenciées de l'embryon.

Ces éléments se retrouvent dans la vanille pulvérisée ou dans les produits qui, comme le chocolat, peuvent contenir cet aromate.

Il faut remarquer que les poils glanduleux qui sont assez caractéristiques se rencontrent rarement, car le broyage les détruit à cause de la nature tendre de leurs parois.

On rencontrera les éléments parenchymateux de la chair du fruit avec leurs cellules à cristaux et les vaisseaux spiralés et réticulés. L'épiderme ne sera caractéristique que s'il est accompagné de débris du parenchyme sous-jacent. Enfin, on trouvera les éléments constituant la graine.

Le vanillon se distingue par la grandeur de ses cellules épidermiques (en moyenne 400 µ sur 150 µ) avec de petits stomates (60 µ). Les cellules du parenchyme ont aussi de très grandes dimensions; enfin on ne trouve pas de vaisseaux spiralés.

Falsifications. — Les falsifications de la vanille en morceaux sont peu nombreuses. On peut tromper sur la qualité de la marchandise en vendant des vanilles ayant subi diverses avaries, en substituant à une sorte demandée des gousses d'une autre provenance.

La principale tromperie consiste à vendre de la vanille épuisée par l'alcool et imprégnée de baume du Pérou pour lui rendre de l'odeur. Quelquefois on imite la vanille givrée en roulant les morceaux dans une poudre formée de cristaux d'acide benzoïque. Si l'on avait à examiner de la vanille réduite en poudre, on pourrait trouver les nombreuses falsifications qui sont employées pour les épices pulvérisées (voir page 800).

Recherche des falsifications. — Un simple examen organoleptique permet de reconnaître les falsifications de la vanille en gousse.

Une comparaison attentive avec des types déterminés fera connaître la substitution d'une espèce à une autre. L'odeur des gousses indiquera les vanilles avariées ou imprégnées de baume du Pérou après épuisement.

L'imitation du givre par l'acide benzoïque est facile à reconnaître. Les cristaux d'acide benzoïque sont plus gros et plus courts que ceux de vanilline; de plus, ceux-ci sont, en général, placés parallèlement à la surface de la gousse, tandis que ceux-là y sont perpendiculaires.

Outre ces différences, il suffit de rappeler que l'acide benzoïque fond à 120° et se sublime à 240° sans décomposition à l'air libre et que dans les mêmes conditions la vanilline fond à 80° et se sublime à 280° en se résinifiant en partie. On pourrait d'ailleurs caractériser la vanilline par des réactions colorées : en solution aqueuse, coloration bleue par le perchlorure de fer; coloration écarlate par l'acide sulfurique, contenant des traces d'acide nitrique. Enfin, on peut se servir de la combinaison de la vanilline avec le bisulfite de sodium.

On doit soupçonner l'épuisement des gousses dépourvues de leur pédoncule, car cette partie du fruit devient cassante après l'épuisement des gousses à l'alcool; aussi est-elle enlevée par les falsificateurs.

Dosage de la vanilline. — La vanille épuisée se reconnaît facilement par un dosage de vanilline; dans ce cas, on trouvera des nombres inférieurs à 1 p. 100.

Ce dosage s'effectue par le procédé de MM. Tiemann et Haarmann.

On prend 50gr de vanille coupée en morceaux et on les place dans un flacon contenant 1 litre d'éther. On bouche avec un bouchon à émeri, on agite pendant quelque temps et on laisse reposer pendant 8 heures environ. On décante alors le liquide éthéré. On recommence cette opération deux fois. Les trois litres d'éther réunis sont distillés et réduits à environ 200cc. On ajoute à ce résidu un mélange de 200cc formé de parties égales d'eau et de solution saturée de bisulfite de sodium. On agite pendant un quart d'heure, on laisse reposer, on sépare les deux couches au moyen d'un entonnoir à robinet. On traite de nouveau la couche éthérée par 100cc du mélange du bisulfite. Les liqueurs bisulfitiques sont réunies, agitées avec 200cc d'éther pur qui enlève certaines impuretés, puis décomposées par un mélange de 3 volumes d'acide sulfurique à 5 volumes d'eau (on ajoute à la liqueur bisulfitique une fois et demie son volume du mélange sulfurique).

L'opération peut se faire dans un appareil permettant de recueillir l'acide sulfureux produit et de le faire arriver dans une solution de carbonate de sodium pour reformer du bisulfite. La liqueur aqueuse précédente est débarrassée par un courant d'hydrogène de l'acide sulfureux dissous; on la reprend en trois fois différentes par 500cc d'éther. On réunit les solutions éthérées, on les distille de façon à obtenir un volume de 15 à 20cc. On évapore sur un verre de montre taré placé au-dessus d'acide sulfurique concentré. La vanilline cristallise. Les dosages de vanilline ont montré que les vanilles les plus estimées au point de vue commercial contenaient moins de vanilline que les sortes inférieures. Ainsi, on a trouvé p. 100 :

Vanille mexicaine	1,69
— de la Réunion	1,91
— —	2,48
— de Java	2,75

Il existe, en effet, dans la vanille d'autres principes odorants, gras et résineux, qui altèrent l'odeur des vanilles et qui se trouvent en moindre quantité dans les vanilles mexicaines.

Enfin, si l'on rencontre de la vanille en poudre, un simple examen microscopique permettra de reconnaître sa pureté; la poudre devra présenter les caractères qui ont été donnés plus haut.

POIVRE

Le poivre est le fruit desséché des *poivriers*, arbrisseaux grimpants qui forment le genre *Piper* de la famille des *Pipéracées*. L'espèce la plus répandue, *Piper nigrum*, qui paraît originaire de l'Inde, se trouve aujourd'hui dans l'Indo-Chine, les Indes hollandaises, les Philippines et peut être cultivée dans toutes les régions intertropicales (Guyane, par exemple).

Description du fruit du poivrier (*Piper nigrum*). — Le fruit est charnu, presque sphérique, d'abord vert, puis rouge, enfin brunâtre à la maturité. Son diamètre varie de 0,4 à $0,5^{cm}$. Ces fruits, au nombre de 20 ou 30, forment une grappe. Ces fruits, desséchés, prennent une couleur d'un brun noir et constituent le grain de poivre du commerce. La partie extérieure du grain a seule la couleur brun noirâtre; elle présente des sillons plus ou moins prononcés; si on l'enlève, on a la graine proprement dite, brune et cornée superficiellement, blanchâtre et féculente au centre. A l'une des extrémités se trouve l'embryon, ordinairement peu développé, entouré d'un albumen intérieur.

Le fruit complet et desséché est le *poivre noir;* si on enlève la partie extérieure colorée, on a le *poivre blanc.*

Récolte. — On récolte les grappes une à une; elles se cassent sans effort. On n'attend pas que la grappe entière soit mûre, c'est-à-dire d'un rouge brun; il suffit que les grains de la partie inférieure aient atteint cette couleur. Si on attendait plus longtemps, la récolte serait en partie mangée par les oiseaux.

Préparation. — On sèche ensuite les grappes en les exposant au soleil pendant 5 à 6 jours ou à un feu modéré. Les fruits, alors détachés de leur grappe et triés, fournissent le *poivre noir*.

Si on fait fermenter le poivre dans de l'eau de mer ou de l'eau de chaux, les couches superficielles de la graine se gonflent par la macération; au bout d'un certain temps, on retire le fruit, on le sèche au soleil et on en retire facilement la graine dépouillée de son enveloppe. C'est le *poivre blanc*, qui se distingue du précédent par un goût plus doux et une saveur moins brûlante. Son grain, un peu aplati au sommet, est d'un blanc gris; la surface est divisée en fuseaux alternativement clairs et foncés.

Sortes de poivre. — Au point de vue commercial, on distingue les poivres d'après leur provenance ou les ports d'exportation. On a établi, de plus, trois catégories qui se rapportent spécialement aux poivres noirs :

1° Le poivre *lourd* ou *dur*, à grain rond, plein, très dur, d'un brun foncé; il est peu ridé et tombe au fond d'un vase plein d'eau. Ce poivre provient surtout de l'Inde.

2° Le poivre *demi-lourd* ou *demi-dur*, à grain plus petit que le précédent, moins lourd, ridé et d'une couleur brun gris; projeté dans un vase plein d'eau, il surnage. Il provient de Singapour et de Saïgon et est moins estimé que le précédent, mais plus que le suivant.

3° Le poivre *léger*, à grains de grosseur inégale, se cassant facilement entre les doigts, légers, d'un noir gris. Il provient principalement de Java et de Sumatra.

Composition chimique. — Le poivre présente la composition chimique des graines : on y trouve des matières extractives et albuminoïdes, de la gomme, de l'amidon, de la cellulose, des sels minéraux et organiques, une huile volatile et une matière azotée particulière, la pipérine.

La *pipérine*, qui, avec l'huile volatile, constitue la partie active du poivre, est un dérivé amidé de l'acide pipérique. Elle a pour formule brute :

$$C^{17} H^{19} Az O^3$$

et pour formule développée :

$$C^{11} H^9 O^2 - CO - Az C^5 H^{10}.$$

Le groupe AzC^5H^{10} appartient à la pipéridine $HAzC^5H^{10}$ qui est l'hexahydropyridine. Le groupe $C^{11}H^9O^2-CO$ appartient à l'acide pipérique $C^{11}H^9O^2-COOH$ qui est un dérivé trisubstitué de la benzine. La substitution porte sur deux hydrogènes voisins qui sont remplacés par le groupe bivalent $O-CH^2-O$ et sur un troisième hydrogène remplacé par le groupe non saturé

$$CH = CH - CH = CH - COOH.$$

M. Rügheiner a effectué la synthèse de la pipérine en chauffant au bain-marie la pipérine et le chlorure pipérique en solution dans la benzine :

$$\underset{\text{Pipéridine.}}{C^5H^{10}AzH} + \underset{\text{Chlorure pipérique.}}{C^{11}H^9O^2 - COCl} = \underbrace{C^{11}H^9O^2 - CO - AzC^5H^{10}}_{\text{Pipérine.}} + HCl.$$

La pipérine cristallise en prismes blancs et transparents ou quelquefois en aiguilles déliées. Sa saveur est âcre et brûlante, sa poudre est sternutatoire. Elle fond à 100° et n'est pas volatile.

L'huile essentielle est un carbure $C^{10}H^{16}$. On l'obtient par la méthode de la page 655.

Voici la composition centésimale p. 100 des poivres noir et blanc pour les principaux éléments :

NATURE DU POIVRE		EAU	MATIÈRES AZOTÉES TOTALES	HUILE VOLATILE	AMIDON ET HYDRATES DE CARBONE	CELLULOSE	CENDRES	EXTRAIT ALCOOLIQUE SÉCHÉ A 100°
Poivre noir. .	minimum.	9,50	10,80	1	32,1	11,9	3,4	6,5
	maximum.	15,60	12,60	2	50,0	15,5	5,9	13,3
Poivre blanc.	minimum.	9,90	9,8	1	54,3	4,2	0,8	8,5
	maximum.	16,50	12,4	2	69,0	7,8	3,0	11,9

La pipérine, qui se trouve comprise dans les matières azotées totales, varie de 2 à 3 p. 100.

On voit qu'il existe une notable différence de composition entre les poivres blanc et noir, comme il fallait s'y attendre d'après le mode d'obtention du poivre blanc, qui est du poivre noir décortiqué.

Caractères microscopiques. — Une section transversale du grain de poivre noir amolli par un séjour dans l'eau montre à la périphérie une mince enveloppe brune, intimement unie à la partie centrale jaunâtre creusée vers son milieu d'une petite cavité. Une seconde cavité plus petite se trouve au sommet du grain et contient l'embryon très peu développé.

L'enveloppe brune, qui est l'épicarpe, se compose d'une partie épidermique à petites cellules, d'un contenu brun, recouvertes d'un dure cuticule incolore. L'épiderme, vu de face, est formé de deux couches très intimement unies. La couche incolore (cuticule) apparaît comme une masse plane, couverte de granulations; elle recouvre les lamelles épidermiques brunes, constituées par des cellules à contours un peu sinueux, assez peu nets.

Cet épiderme recouvre un parenchyme de cellules presque complètement sclérifiées ; ces cellules forment plusieurs assises ; elles sont en grande partie disposées radialement, uniformément épaissies, parcourues par des canalicules ; leur contenu est brun, elles ont une grandeur moyenne de 50 μ.

Ces cellules pénètrent plus ou moins dans un parenchyme constituant la couche moyenne du péricarpe. Il est formé en grande partie de cellules à minces parois, peu colorées, disposées tangentiellement, de section polygonale. Les autres éléments de ce parenchyme sont : 1° de grandes cellules huileuses isolées, à parois un peu plus épaisses que celles des cellules précédentes ; 2° de minces faisceaux de vaisseaux avec trachées à spires très fines; 3° des cellules scléreuses isolées de même aspect que l'assise extérieure des cellules scléreuses.

Les faisceaux sont localisés vers la partie médiane du parenchyme, tandis que les cellules à huile sont disséminées dans toute son étendue. Les cellules à huile les plus voisines de la surface contiennent en majeure partie des masses de résine, les autres des gouttes d'huile volatile. Cette couche moyenne est limitée intérieurement par une assise simple, multiple en quelques points, de cellules pierreuses, jaunâtres, à parois fortement épaissies, mais toujours plus épaissies vers l'intérieur, de sorte qu'en coupe ces cellules ont l'aspect de fer à cheval.

Les couches suivantes appartiennent à la graine proprement dite.

L'épisperme est formé de deux assises, l'une brune extérieure, l'autre incolore intérieure. Ces assises, étant très comprimées, sont peu reconnaissables en coupe. Leur texture se distingue facilement quand on les observe de face. Dans les deux assises, les cellules sont allongées, à parois minces, sans contenu. Ces téguments recouvrent l'endosperme, qui forme la partie principale de la graine. Il est formé par de grandes cellules à parois minces, irrégulièrement polyédriques (grandeur moyenne, 40 à 80 μ). La plus grande partie de ces cellules contient de l'amidon se présentant sous la forme d'amas compacts de très petits grains (6 μ au plus) plus ou moins arrondis. Avec de très forts grossissements, on peut distinguer dans ces grains un noyau. Dans la partie superficielle et cornée de l'endosperme, les grains d'amidon sont peu distincts et leur masse a l'aspect d'un empois.

Les autres cellules de l'endosperme, isolées et irrégulièrement distribuées, contiennent de l'huile volatile ou des masses résineuses.

Le grain de poivre blanc, qui est celui du poivre noir, en partie dépourvu de son épicarpe, présente la même structure que ce dernier, mais on n'y trouve pas les couches enlevées. Ces couches sont constituées par les assises extérieures de l'épicarpe jusqu'au milieu de la couche moyenne, caractérisée par la présence des minces faisceaux de vaisseaux. Ce sont ces faisceaux qui forment les fuseaux clairs que l'on observe sur la surface du grain de poivre blanc.

Dans le poivre moulu, on rencontrera les éléments décrits plus haut. Comme les cellules de l'endosperme ont été en partie détruites par la mouture, on trouvera de l'amidon libre, en partie disséminé à l'état de petits grains, en partie aggloméré en masses plus ou moins considérables, qui souvent ont une forme globuleuse.

On trouvera aussi des masses de résine et des gouttes huileuses, et quelquefois de petites aiguilles cristallines, qui sont considérées par quelques auteurs comme de la pipérine.

Le poivre blanc pulvérisé contiendra, outre l'amidon, la résine, l'huile et les cristaux, des cellules entières de l'endosperme, les deux assises brune et incolore de l'épisperme, les cellules scléreuses en fer à cheval, les cellules à parois minces dont un certain nombre contiennent de l'huile, les faisceaux de vaisseaux avec trachées.

Le poivre noir pulvérisé contiendra les mêmes éléments et, en plus, les cellules à parois minces, dont beaucoup renferment de la résine, les cellules scléreuses, également épaissies, et le tégument épidermique, qui sont les éléments des assises extérieures de l'épicarpe.

Falsifications. — Le poivre en grains est quelquefois falsifié au moyen de grains factices obtenus en moulant une pâte formée d'une ou plusieurs des nombreuses substances qui servent à falsifier le poivre en poudre et de débris de poivre. On peut aussi ajouter à des grains de poivre véritable une certaine proportion de graines étrangères, au besoin colorées.

Le poivre en poudre peut être falsifié par l'addition des substances les plus diverses.

Nous noterons d'abord les matières n'ayant aucun goût, comme le sable, la fécule de pomme de terre, les diverses farines, les balayures de magasin, les poudres de noyau d'olive (grignons d'olive), de coques de noix, de noisettes, d'amandes, de divers bois, les tourteaux épuisés de diverses graines oléagineuses, les débris de pain et de biscuit pulvérisés.

Mais les poivres additionnés de ces substances sans saveur n'ont plus aucun goût; pour les remonter et leur donner une odeur et une saveur plus ou moins analogues à celles du poivre, on ajoute des substances âcres, comme les grabeaux de poivre (pédoncules et débris de graines mélangés de terre), le piment des jardins, les résidus de fécule fermentés et séchés, la maniguette, les feuilles de laurier, la moutarde noire, les écorces d'orange séchées, etc.

ANALYSE ET RECHERCHE DES FALSIFICATIONS

Analyse sommaire. — L'analyse sommaire d'un poivre consiste d'abord dans un *examen microscopique*. D'après cet examen, on peut dire si un poivre est pur ou non, et dans la plupart des cas on peut caractériser la falsification. Un poivre en grains devra présenter les caractères microscopiques énumérés plus haut. Si l'on a à examiner des grains suspects, il suffit de pratiquer des coupes et de voir si elles appartiennent au poivre.

Le poivre pur en poudre blanc ou noir offrira les caractères précédents. Il faut faire une mention spéciale des grabeaux de poivre; ils se reconnaissent au microscope à la présence de faisceaux libéro-ligneux appartenant aux pédoncules, à de nombreux débris de l'épicarpe et de cellules épidermiques brunes qui existent en plus grande quantité que dans le poivre noir, et de débris terreux.

Si l'on a reconnu la présence de matières étrangères par un examen microscopique, on peut arriver à les doser quantitativement par l'analyse chimique du poivre.

Dans le cas où la falsification est produite par une seule substance, on arrive à déterminer sa proportion par certains essais comparatifs effectués sur le poivre pur, le poivre falsifié et la substance ajoutée; on conclut le p. 100 ajouté au moyen d'une simple règle de mélange, comme on le verra plus loin.

On complète l'examen microscopique par la détermination *de l'eau, des cendres* et *de l'extrait alcoolique*. Ces trois dosages se font sur 10^{gr} de produit. Les deux premiers sont effectués comme pour le café (p. 548).

Pour avoir l'extrait alcoolique, on mélange 10gr de poivre avec une certaine quantité de sable lavé, on enferme le tout dans une cartouche de papier Berzélius et on introduit la cartouche dans un appareil à épuisement continu, chargé d'alcool. L'opération est terminée quand l'alcool passe incolore. On évapore au bain-marie la solution alcoolique dans un vase à extrait taré; on achève la dessiccation dans une étuve à 100°, on refroidit et on pèse. La différence entre la tare et le poids obtenu, multipliée par 10, donne l'extrait alcoolique p. 100. Cet extrait est résineux, coloré en vert jaune.

Analyse complète. — Il faut ajouter les dosages de l'amidon, de la cellulose et de la pipérine.

Amidon et cellulose. — On opère comme pour le cacao, sur une prise d'essai de 5gr (voir p. 590).

Pipérine. — La pipérine s'obtient en épuisant à chaud 100gr de poivre par de l'alcool à 90°. On distille la solution alcoolique jusqu'à consistance d'extrait. On traite cet extrait par une solution de potasse caustique qui dissout des matières résineuses et laisse une poudre verte que l'on lave avec soin à l'eau.

On redissout cette poudre dans l'alcool à 90°. On obtient par évaporation spontanée des cristaux de pipérine qu'on redissout dans l'alcool et qu'on précipite par l'eau. On recueille ces cristaux sur un filtre taré, on sèche et on pèse.

Enfin, dans le cas d'analyses comparatives d'un produit pur et d'un produit falsifié par une seule substance on détermine, en plus des cendres et de l'extrait alcoolique, les matières saccharifiables et les matières non extractives. Ces deux déterminations sont des dosages simplifiés et approchés d'amidon et de cellulose.

Matières saccharifiables. — L'extrait aqueux de 5gr de poivre est chauffé, pendant 4 heures, dans un appareil à reflux avec de l'acide chlorhydrique à 1 p. 100. Dans la liqueur refroidie on dose le glucose par la liqueur cupro-potassique. La quantité de glucose p. 100 multipliée par 0,916 donne les matières saccharifiables p. 100.

Matières non extractives. — Les matières non extractives se dosent de la manière suivante : On pèse 1gr de poivre que l'on introduit dans un petit ballon avec environ 100cc d'eau acidulée par 1gr d'acide sulfurique, on fait bouillir pendant 1 heure, puis on laisse refroidir. On filtre sur un filtre taré, on lave à l'eau distillée, on sèche et on pèse. Le poids de la matière restée sur le filtre, multiplié par 100, donne les matières non extractives p. 100.

Détermination quantitative d'une matière ajoutée. — Quand, par l'examen microscopique, on a reconnu la présence d'une seule matière ajoutée au poivre, par exemple des grignons d'olive, on peut déterminer le p. 100 de la quantité ajoutée en opérant un des dosages précédents (cendres, extrait alcoolique, matières non extractives, matières transformables en sucre) sur le produit mélangé, sur le poivre pur, sur les grignons purs.

Soit x la quantité de grignons ajoutée, la quantité de poivre pur sera $100 - x$, si a, b, c sont les nombres relatifs à 1gr de grignons purs, 1gr de poivre pur, 1gr du mélange, on aura l'équation

$$a x + b (100 - x) = 100 c$$

d'où

$$x = 100 \frac{c - b}{a - b}.$$

Voici quelques valeurs :

NATURE DES DOSAGES	POIVRE NOIR (moyenne) VALEURS DE a	GRIGNONS D'OLIVE VALEURS DE b
Cendres	4,25	3,87
Extrait alcoolique	12,40	2,46
Matières saccharifiables	37,28	18,02
Matières non extractives	32,30	74,5

NATURE DES DOSAGES	GRABEAUX DE POIVRE VALEURS DE b	PIMENT DES JARDINS VALEURS DE b	NOYAUX DE DATTES NON LAVÉS VALEURS DE b
Cendres	4,50	3,47	1,35
Extrait alcoolique	5,10	22,0	15,06
Matières non extractives	65,5	»	»

Au moyen de ces valeurs, on peut avoir un résultat, approximatif seulement, à cause des variations de composition des poivres.

On augmente l'approximation en prenant les nombres maximum et minimum correspondant à chaque essai. De plus, il faut que les quantités b diffèrent notablement des quantités a. C'est ce qui arrive pour les grignons d'olive.

Recherche des grignons d'olive. — La falsification par les grignons d'olive et en général par des éléments scléreux est très commune. Le microscope permet de la reconnaître. Dans le cas de petites proportions ajoutées, on peut séparer physiquement les grignons du poivre. Pour cela, on fait un mélange d'eau et de glycérine en proportions telles que ce mélange ait une densité de 1,173 à 15°; cette densité est sensiblement celle du poivre. On verse ce mélange dans un verre à pied et on répand à la surface du liquide une certaine quantité de poivre à essayer. Les grignons tombent au fond, on les recueille et on les examine au microscope.

Enfin, on peut reconnaître les grignons et les autres éléments scléreux au moyen de colorations produites par l'action de certaines substances organiques sur ces éléments. Ces colorations sont utiles pour reconnaître une addition considérable d'éléments scléreux par un simple examen organoleptique en comparaison avec du poivre pur. Parmi les nombreuses substances employées pour ces colorations, nous citerons les suivantes :

Une solution d'acétate d'aniline colore les grignons en jaune brun, un poivre contenant une quantité notable de grignons offre l'apparence d'une masse jaunâtre, un poivre pur conserve sa couleur grise ou blanchâtre ; la naphtylamine donne une coloration jaune orangé, la thalline une coloration orangé pur.

La teinture d'iode donne aussi une coloration jaune aux cellules scléreuses. Mais ces nuances sont plus ou moins difficiles à distinguer de la coloration propre du poivre. On obtient une coloration rouge très nette avec les sels de diméthylparaphénylènediamine. Ce réactif est employé au Laboratoire municipal. Voici la manière de le préparer :

On mélange, dans une capsule de porcelaine, 10gr de diméthylaniline du commerce avec 20gr d'acide chlorhydrique pur et concentré. On ajoute 100gr de glace pilée, puis peu à peu, en agitant, une solution de 7gr de nitrite de sodium pur dans 100cc d'eau. Au bout d'une demi-heure de repos, on ajoute 30 à 40gr d'acide chlorhydrique et 20gr d'étain en feuilles. On laisse la réduction s'opérer pendant 1 heure, puis on précipite l'étain par du zinc en grenaille. On filtre, on sature la liqueur par un carbonate alcalin jusqu'à production d'un trouble persistant que l'on fait disparaître par l'addition de quelques gouttes d'acide acétique. On ajoute 10gr de bisulfite de sodium concentré pour empêcher une oxydation ultérieure et on étend à 2 litres.

Ce réactif se conserve assez bien, la coloration rouge des éléments scléreux se fait graduellement depuis le rose pâle ; elle est facilitée par une légère chaleur.

La coloration se voit nettement si on verse le réactif sur la poudre du poivre suspect placée dans une soucoupe ou une capsule en porcelaine, et si on reprend par beaucoup d'eau en agitant ; les grignons, plus lourds, tombent au fond, teintés en rouge carminé vif.

PIMENT DE LA JAMAÏQUE

Le piment de la Jamaïque, connu aussi sous les noms de piment des Anglais, piment couronné toute-épice, poivre-girofle, est le fruit desséché du *Pimenta officinalis*, arbre du genre *Pimenta*, de la famille des *Myrtacées-Myrtées*. On le trouve aux Antilles et surtout à la Jamaïque.

Description du fruit. — Le fruit est une baie globuleuse surmontée du calice et d'une partie du style. Desséché, il est d'un brun plus ou moins rougeâtre. Il renferme en général deux loges contenant chacune une graine brune formée d'un épisperme mince qui recouvre un embryon enroulé en spirale, dépourvu d'endosperme.

A la surface du fruit on remarque de nombreuses granulations serrées les unes contre les autres (dimensions de 1/2 à 1cm). La saveur du fruit est chaude et aromatique, rappelant celle de la cannelle et du girofle. On opère la récolte des fruits quand ils ont acquis leur plus grande grosseur, mais avant leur complète maturité, parce qu'on a remarqué qu'ils perdaient leur arome si on les récoltait complètement murs.

Composition chimique. — Le piment de la Jamaïque se rapproche, au point de vue chimique, du clou de girofle. Les arbres qui produisent ces deux épices sont d'ailleurs très voisins. L'huile volatile, qui s'obtient comme celle du clou de girofle, lui est également très analogue. Voici la composition p. 100 de cette épice, d'après Kœnig :

	Minimum.	Maximum.
	—	—
Eau	5,5	12,7
Matières azotées	4,0	5,4
Huile volatile (essence)	1,3	5,6
Matières grasses	5,4	8,2
Hydrates de carbone	46,4	59,3
Cellulose	13,5	22,5
Cendres	2,9	5,0

Caractères microscopiques. — La coque du piment de la Jamaïque est recouverte d'un épiderme à très petites cellules (15 μ) à parois dures, avec un petit nombre de stomates, relativement assez grands (4 μ), et quelques poils unicellulaires, coniques, à parois épaisses. Cet épiderme recouvre des assises de parenchyme brun formées de cellules à parois minces. Dans ce parenchyme sont disséminés de nombreux réservoirs d'huile, très grands (120 μ). Ces réservoirs, très rapprochés les uns des autres, font saillie à la surface du fruit et produisent les granulations qu'on y observe.

Au milieu du parenchyme brun, on trouve des assises presque continues de cellules scléreuses, grandes, à formes irrégulières, à parois incolores épaisses et très canaliculées. Dans le parenchyme brun se rencontrent quelques faisceaux de vaisseaux, accompagnés de druses d'oxalate de calcium.

Une assise de cellules allongées, incolores, à parois très tendres, recouvre intérieurement la coque. La paroi qui divise le fruit en deux loges se compose de couches croisées de cellules très tendres, contenant des cristaux d'oxalate de calcium (druses et quelquefois cristaux isolés). On y trouve aussi des faisceaux de vaisseaux et des cellules scléreuses isolées. La paroi est recouverte par des cellules analogues à celles de l'épiderme intérieur de la coque, seulement en certains points ces cellules sont plus dures.

Le tégument de la semence est uni intimement avec le tissu embryonnaire. Il est constitué par un parenchyme brun de cellules tendres, de directions variables; il est recouvert des deux côtés par une assise de cellules incolores affaissées.

La semence, dépourvue d'albumen, est formée par l'embryon enroulé en spirale. Il se compose de cellules polyédriques de grandeur assez égale (60 μ), remplies de grains d'amidon régulièrement groupés. Les grains, dont la grandeur ne dépasse pas 10 μ, possèdent un noyau central. Les couches externes de l'embryon contiennent un grand nombre de grands réservoirs d'huile (diamètre, 50 à 120 μ) disposés irrégulièrement. Les cellules de l'embryon sont colorées en brun par l'imprégnation de leurs parois par une matière brune amorphe, ayant les réactions du tanin et qu'on trouve dans un certain nombre de cellules.

Falsifications. — Les falsifications du piment pulvérisé sont celles de toutes les épices (voir page 800). On les reconnaît au microscope ou par l'analyse comparative avec un produit pur.

PIMENT DES JARDINS

Le piment des jardins, ou poivre d'Espagne, de Turquie, de Guinée, de l'Inde, est le fruit de plusieurs espèces d'herbes du genre *Capsicum*, de la famille des *Solanacées-Solanées*. Ces herbes, originaires de l'Amérique tropicale, ont été introduites par la culture dans de nombreuses régions du globe.

On distingue ces piments en *doux* et *âcres*, suivant leur saveur plus ou moins forte; ils diffèrent par la couleur et les dimensions. Ainsi, on distingue dans le commerce le piment de Cayenne, âcre, long et étroit, le piment du Chili, âcre, court et étroit, les piments doux ordinaires ou *poivrons*, longs et larges, le piment chinois, qui produit sur le même pied des fruits doux et âcres.

Nous nous occupons seulement des piments doux ordinaires, variétés du *Capsicum annuum*.

Description du fruit. — Le fruit est d'un rouge brillant ou jaunâtre, peu charnu et recouvert d'un mince tégument qui porte de nombreux plis. A la base du fruit se trouve le calice, qui est persistant. C'est une masse aplatie, verdâtre, découpée en cinq dents, terminée par un pédoncule épais.

A l'intérieur, la baie est divisée en deux ou trois loges, qui se réunissent en une seule à la partie supérieure, par suite de la liquéfaction de leurs cloisons. Ces loges renferment de nombreuses graines jaunâtres, réticulées, rugueuses, contenant un albumen charnu et un embryon arqué.

Composition chimique. — Le piment des jardins renferme des matières grasses résineuses et mucilagineuses, une matière colorante rouge et un corps particulier, la capsicine. Ce composé se prépare, d'après M. J.-C. Thresh, en formant un extrait du piment au moyen de la benzine; on mélange le produit rouge ainsi obtenu de deux fois son poids d'huile d'amandes et on traite le mélange plusieurs fois par l'alcool. La solution alcoolique évaporée abandonne la capsicine, qui cristallise en lamelles étroites insolubles dans l'eau, très solubles dans l'alcool. Elle se volatilise déjà à 100° et se condense sous forme de gouttelettes. Son odeur est extrêmement piquante. Voici, d'après Kœnig, la composition p. 100 du piment des jardins. Ces nombres se rapportent au fruit entier :

	Minimum.	Maximum.
Eau	2,4	17,4
Matières azotées	11,2	14,6
Matières grasses	5,9	18,0
Hydrates de carbone	32,6	41,5
Cellulose	16,9	21,1
Cendres	5,1	9,1
Extrait alcoolique total	34,0	43,5
Extrait alcoolique séché à 100°	19,0	37,7

Caractères microscopiques. — La paroi brillante et rouge du fruit du *Capsicum annuum* est assez mince à l'état sec; par dilatation dans l'eau, elle atteint une épaisseur de 3mm. Une coupe transversale montre un épiderme extérieur, fortement cuticularisé, puis une assise collenchymateuse. Ces deux couches sont colorées en jaune rouge. Vient ensuite un parenchyme à grandes cellules arrondies, incolores, à parois tendres, liées lâchement. Dans ce parenchyme se trouvent quelques faisceaux de vaisseaux. Il est limité intérieurement par un épiderme à petites cellules en partie sclérifiées. Vu de face, l'épiderme supérieur présente des cellules irrégulièrement polygonales dont les parois sont épaissies. On y trouve des pores si nombreux qu'elles paraissent moniliformes. Le parenchyme collenchymateux a même structure. Les parois minces du parenchyme incolore se colorent immédiatement en bleu par le chlorure de zinc iodé. Les faisceaux de vaisseaux contiennent des spires étroites sans aucun autre élément scléreux.

L'épiderme intérieur est plus tendre que l'épiderme extérieur. Les cellules sont étroites, peu serrées, disposées suivant l'axe. Elles sont sclérifiées par place. Ces cellules scléreuses se distinguent des autres par leurs parois plus épaisses, jaunâtres, avec de nombreux pores élargis à la base. La direction des parois affecte des formes courbes, de sorte que les cellules sont très contournées, bien que leur orientation soit dirigée suivant l'axe. Ces cellules sont vides. Les autres cellules colorées (de l'épiderme supérieur et du collenchyme) contiennent des grains jaunes ou rouges de diverses nuances et de petites gouttes d'huile. Quelques cellules contiennent de petits grains d'amidon.

Les semences possèdent un tégument épais, mais assez tendre. En coupe, ce tégument montre une assise épidermique dont les parois latérale et inférieure sont épaissies d'une manière très irrégulière, avec de nombreux replis. Vu de face, cet épiderme présente des cellules à contours très sinueux, presque étoilées. Les parois épaisses possèdent des stries qui se voient nettement par l'action des lessives alcalines. Cet épiderme recouvre deux assises de grandes cellules à parois tendres, liées lâchement; vient ensuite une couche de cellules affaissées. L'endosperme est lié intimement à ce tégument. Il est formé de petites cellules tendres polyédriques, fortement serrées. L'embryon se compose de cellules encore plus tendres.

Le calice possède un épiderme extérieur de grandes cellules polyédriques arrondies avec quelques petits stomates. Ces cellules contiennent de la chlorophylle. Le parenchyme intérieur, formé de grandes cellules globuleuses, liées lâchement, est parcouru par des faisceaux de vaisseaux. L'épiderme intérieur présente des cellules à parois légèrement sinueuses; il n'y a pas de stomates, mais des poils glanduleux, courts, formés de deux ou trois cellules; la cellule terminale, cloisonnée ou non, possède un contenu rouge brun, résineux. Le pédoncule possède la structure du calice. Le bois et le liber forment des anneaux fermés. Les éléments ligneux sont assez épais. Le liber renferme des fibres très larges (50 μ).

L'épiderme du fruit du *Capsicum fastigiatum*, vu de face, présente des cellules rectangulaires et rangées en lignes longitudinales; les parois sont légèrement sinueuses. L'épiderme intérieur est formé de cellules plus petites.

La poudre de piment se reconnaît aux nombreuses gouttes jaunes ou rouges, libres ou contenues dans les cellules, aux cellules épidermiques et collenchymateuses de la paroi du fruit. On trouvera aussi des fragments des cellules sinueuses de l'épiderme de la graine et des faisceaux de vaisseaux. Les éléments du pédoncule et du calice sont rares ainsi que les petits grains d'amidon.

Falsifications. — Le piment des jardins pulvérisé peut être falsifié par un grand nombre de poudres de valeur inférieure (voir p. 800), en particulier par la poudre de bois de santal rouge; la poudre de piment pur devra présenter les caractères décrits plus haut. On a rencontré souvent dans le piment du chlorure de sodium, de l'ocre, de la brique pilée. L'examen des cendres fera reconnaître ces substances.

MOUTARDE

La moutarde s'obtient avec les graines de plusieurs espèces de *moutardes*, herbes du genre *Brassica*, famille des *Crucifères-Cheiranthées-Brassicinées*. Ces espèces sont cultivées dans toutes les régions tempérées.

Description des graines des moutardes. — Les graines de l'espèce *Brassica nigra*, moutarde noire, sont petites, sphériques (diamètre 1 à 2 millimètres) un peu squammeuses, très finement réticulées, d'un rouge noir.

Les graines des espèces *Brassica arvensis*, moutarde sauvage, et *Brassica alba*, moutarde blanche, ressemblent beaucoup à celles de l'espèce précédente. Les graines de la moutarde sauvage sont noirâtres; celles de la moutarde blanche sont jaunâtres ou blanches et plus petites.

Préparation. — Pour préparer la moutarde, on lave les graines à plusieurs eaux, on les entasse encore humides dans un récipient, elles se gonflent par suite de l'action de l'eau sur certains éléments de leurs téguments. On les pile dans un mortier ou bien on les broie sous une meule spéciale, en y ajoutant un peu de vinaigre ou du moût obtenu par l'expression de raisins frais. Quand on a obtenu une pâte fine, on la passe à travers un tamis de crin pour la rendre plus fine et plus homogène. On y ajoute du sel et on la conserve dans des vases bien clos et placés dans un endroit sec et frais. On y ajoute souvent le suc de diverses plantes aromatiques qui en modifient agréablement le goût.

On peut aussi moudre les graines sèches, les tamiser et les garder sèches et en faire une pâte quand on veut s'en servir. Il faut attendre quelques jours, car nouvellement préparée elle est toujours amère. Enfin, on a remarqué que la force de la moutarde était en raison inverse de la finesse de la mouture.

Composition chimique. — La graine de moutarde noire contient des matières grasses, mucilagineuses et colorantes, de la cellulose, un ferment soluble azoté, la myrosine, et un glucoside, le myronate de potassium. Les grains des autres espèces de moutarde contiennent les mêmes éléments, mais peu ou très peu de myronate de potassium.

Le glucoside, par l'action de la myrosine, a la propriété de se décomposer en ses éléments : le glucose, le sulfate acide de potassium et le sulfocyanure d'allyle. C'est ce dernier corps qui constitue la majeure partie de l'essence de moutarde obtenue par le procédé indiqué page 787. L'équation de décomposition est la suivante :

$$\underset{\text{Myronate de potassium.}}{C^{10}H^{18}AzKS^2O^{10}} = \underset{\text{Sulfocyanure d'allyle.}}{C^3H^5-S-CAz} + \underset{\text{Glucose.}}{C^6H^{12}O^6} + \underset{\text{Sulfate acide de potassium.}}{SO^4KH.}$$

La matière grasse est formée de trois éthers de la glycérine ; deux des acides gras sont solides, l'acide bénique et l'acide érucique, le troisième est liquide, l'acide sinapoléique.

Voici, d'après MM. Ch. Piesse et Lionel Stangell, la composition p. 100 des graines de moutarde blanche et noire :

NATURE DES ÉLÉMENTS	MOUTARDE BLANCHE I	MOUTARDE BLANCHE II	MOUTARDE NOIRE
Eau	9,32	8,00	8,52
Matière grasse	25,56	27,51	25,54
Cellulose	10,52	8,87	9,01
Soufre	0,99	0,93	1,28
Azote	4,54	4,49	4,38
Myrosine et albumine	5,24	4,58	5,24
Matières albuminoïdes	28,37	28,06	24,22
Matières solubles	27,38	26,29	24,12
Huile volatile	0,06	0,08	0,473
Myronate de potassium	—	—	1,692
Cendres	4,57	4,70	4,98
Cendres solubles	0,55	0,75	1,11

Caractères microscopiques. — La graine de moutarde blanche et celle de moutarde noire possèdent une structure microscopique analogue ; nous décrirons spécialement celle de la moutarde blanche en indiquant les caractères spéciaux à la moutarde noire.

La couche épidermique est formée d'une assise de cellules presque quadratiques en coupe (50 à 100 μ), à parois minces avec une cuticule mince. Ces cellules sont presque entièrement remplies d'une matière mucilagineuse, de sorte que leur lumen est très étroit. Le mucilage incolore est strié et se dilate beaucoup par l'eau ; pour observer ces cellules, il faut employer l'alcool ; vues de face, elles présentent des assemblages polygonaux à angles obtus ; à l'intérieur, sont des stries concentriques à un lumen étroit. Dans la moutarde noire, ces éléments sont un peu plus petits ; de plus, l'adhérence de l'épiderme aux tissus sous-jacents est moins grande, de sorte que des portions de cet épiderme manquent, ce qui donne à la graine de moutarde noire son apparence un peu squammeuse.

La couche sous-épidermique est formée d'un parenchyme à grandes cellules formant une ou deux assises. On ne voit bien ces éléments que par dilatation avec la potasse. Ces cellules sont collenchymateuses, quadratiques en coupe; de face, elles forment des polygones arrondis (100 μ) avec assez grands espaces intercellulaires. Dans la moutarde blanche, elles forment généralement deux assises. Dans la moutarde noire, elles n'en forment qu'une, elles sont plus grandes (130 μ), très serrées.

La troisième couche est une assise simple de cellules palissadées de forme remarquable; elles sont étroites, plus hautes que larges; leur partie inférieure est fortement épaissie; leur partie supérieure, plus tendre, se dilate plus facilement par la potasse qui colore en jaune les parties inférieures. Ces cellules sont presque incolores dans la moutarde blanche, elles sont colorées en rouge jaune assez foncé dans la moutarde noire. La hauteur de ces cellules est variable dans des directions déterminées, de sorte qu'elles pénètrent dans les couches situées au-dessus d'elles. L'épiderme se trouve alors partagé en petites régions, à l'intérieur desquelles aboutissent les cellules palissadées les plus courtes, les bords correspondant aux cellules les plus longues qui forment des bandelettes saillantes, tandis que l'épiderme s'enfonce à l'intérieur. Cet effet s'exagère par la dessiccation qui produit l'affaissement des couches épidermiques molles, de sorte qu'à la loupe la surface de la graine paraît inégale et creusée de fossettes. Ces fossettes sont beaucoup plus profondes dans la moutarde noire, pour laquelle la hauteur des cellules palissadées varie de 20 à 40 μ. La différence de hauteur des cellules est beaucoup plus faible dans la moutarde blanche. La largeur des cellules est à peu près la même dans les deux sortes; elle varie de 8 à 20 μ. L'assise palissadée recouvre un parenchyme de cellules à mince paroi. Dans la moutarde noire, il n'y a qu'une seule assise, les cellules contiennent un pigment brun; dans la moutarde blanche, il y a au moins quatre assises de cellules incolores.

Les quatre couches précédentes sont intimement liées et se détachent ensemble quand on presse les graines traitées par l'eau. Elles forment la partie cassante et colorée de la coque de la graine. L'autre partie tendre et incolore se compose de deux couches.

La couche extérieure simple, vue de face, forme des assemblages polyédriques, sans espaces intercellulaires, de cellules de 40 μ. Les parois sont dures, incolores, de nature cellulosique; le contenu est formé de grains nombreux de matière protoplasmique. En coupe, ces cellules sont presque carrées.

Cette couche dite à gluten est revêtue intérieurement d'un parenchyme de cellules affaissées, à parois dures formant en coupe une bande hyaline sans structure apparente et présentant de face un assemblage irrégulier.

L'embryon qui remplit complètement la coque de la semence est formé de petites cellules à parois minces, contenant des masses verdâtres ou jaunâtres formées de protoplasma et de matières grasses. Les contours de ces cellules sont très anguleux.

Ces éléments se retrouvent dans la moutarde pulvérisée. Il faut remarquer que la masse principale de la moutarde est formée du tissu de l'embryon. Les éléments de la coque sont en minorité. On trouve facilement les éléments de l'assise palissadée et ceux de la couche à gluten. Les cellules épidermiques peuvent s'observer en traitant la poudre par le chlorure de zinc iodé qui colore le mucilage en violet et la cuticule en brun.

La moutarde blanche se reconnaît facilement à son assise palissadée à peu près incolore, à la disposition de sa couche collenchymateuse sous-épidermique et à l'absence de l'assise pigmentée brune. La moutarde noire se reconnaît à cette assise pigmentée et aux bandelettes saillantes des cellules palissadées.

Si l'on examine directement de la moutarde préparée, on voit une émulsion de nombreuses petites gouttes huileuses avec des éléments provenant de la moutarde. Pour faciliter l'observation, on enlève l'huile en chauffant la moutarde avec de l'alcool et filtrant; le résidu, lavé encore à l'alcool, est alors examiné.

Falsifications et analyse. — La moutarde préparée, séchée à 100°, devra présenter la composition des graines de moutarde. Un *examen microscopique* devra fournir les caractères décrits plus haut et fera découvrir les falsifications, comme l'addition de farines et fécules diverses, qui est la plus fréquente. On a aussi signalé l'addition de sulfocyanure d'allyle de synthèse.

L'analyse de la moutarde peut se faire d'après le procédé de MM. Leeds et Everhart. L'*eau* et les *cendres* sont déterminées par les procédés ordinaires.

La *matière grasse* est extraite par l'action de l'éther sur la moutarde séchée à 105°, en opérant sur 10gr.

Sur le résidu de cette opération, on fait agir un mélange à parties égales d'alcool et d'eau, que dissout une matière sulfurée, le sulfocyanure de sinapine et le myronate de potassium. On sèche à 105° l'*extrait alcoolique;* son poids donne la somme des deux matières; on incinère avec précaution, les deux corps sont détruits ; du poids du résidu, formé de bisulfate de potassium, on déduit le myronate de potassium en multipliant par 4,77.

Le résidu de cette extraction alcoolique est principalement formé de cellulose et de myrosine; la *myrosine*, qui est soluble, a été coagulée par l'alcool. On sèche ce résidu par évaporation à froid pour enlever l'alcool. On le traite à froid par une solution de soude à 0,5 p. 100; on dissout la myrosine. Cette solution sodique est saturée exactement par l'acide chlorhydrique et additionnée d'une certaine quantité de la solution de cuivre de Ritthausen (solution d'acétate de cuivre). On laisse déposer le composé de cuivre et de myrosine qui s'est formé, on le dessèche à 100°, on pèse, puis on incinère. La différence des deux poids donne la myrosine. Le résidu d'où on a extrait la myrosine est desséché à 100°, pesé, puis incinéré et pesé. La différence des poids donne la *cellulose* pure.

L'*addition de sulfocyanure d'allyle* se reconnaît par le dosage de l'essence de moutarde. On opère sur 50gr au moins, d'après le procédé de la page 655. Au lieu de mesurer le volume de l'essence et d'ajouter la quantité assez considérable d'essence dissoute dans l'eau, on peut transformer le soufre de l'essence totale en acide sulfurique que l'on dose ensuite. Pour cela, on recueille le mélange d'essence et d'eau qui a distillé, on oxyde par le brome, on enlève l'excès de brome par de l'ammoniaque et on précipite l'acide sulfurique par le chlorure de baryum. Le poids de sulfate de baryum, multiplié par 0,4248 donne l'essence totale. Si la quantité d'essence trouvée est plus grande que la quantité d'essence fournie par le myronate de potassium (quantité que l'on obtient en multipliant le poids de myronate par 0,2387), il y addition de sulfocyanure d'allyle.

MUSCADE, MACIS

La muscade et le macis se retirent de la graine des *muscadiers*, qui constituent l'unique genre *Myristica*, de la famille des *Myristicacées*, très voisines des *Lauracées*. L'espèce la plus connue est le *Myristica fragrans*. C'est un arbre qui croît naturellement aux Moluques, dans l'Archipel indien, à la Nouvelle-Guinée, à Bornéo. Il a été introduit par la culture aux Antilles, dans l'Amérique du Sud, à Maurice et à la Réunion.

Description du fruit. — Le fruit, qui est pendant, est une baie d'un jaune vert pâle, piriforme, à chair blanche et filandreuse, qui s'ouvre à la maturité et laisse apercevoir la graine ovoïde d'un brun foncé, entourée incomplètement de son arille, d'un rouge plus ou moins orangé. Cet arille, qui est profondément découpé, constitue le *macis* quand il est séché. La graine, sous des téguments épais et solides, renferme une amande qui, séchée, est la *muscade* ou *noix de muscade*.

L'amande est formée d'un albumen d'un blanc gris à chair huileuse, très odorante, d'une saveur agréable, profondément sillonnée de ramifications brunes, qui proviennent des téguments extérieurs. L'embryon occupe une cavité voisine de l'extrémité de la noix qui était attachée au pédoncule. Cet embryon, qui est très peu développé dans les muscades du commerce, porte deux cotylédons ondulés (dimensions : fruit, 5^{cm},8 sur 4 à 5 ; graine, 3 à 4^{cm} sur 2 à 2 1/2).

Préparation. — Le fruit mûr ressemble à une pêche de grosseur moyenne. On enlève la chair du fruit, ainsi que l'arille, celui-ci est mis à part. On procède ensuite à la dessiccation des graines, au soleil ou à une douce chaleur. La graine, qui était d'un brun foncé, devient d'un jaune orange. Quand elle est sèche, ce qui se reconnaît à la mobilité de l'amande dans la coque, on brise celle-ci avec un marteau de bois et on obtient l'amande, qui a sa surface d'un gris brunâtre, avec des veines blanches. Elle peut se conserver ainsi, mais généralement on roule les amandes dans de la chaux vive tamisée, ou bien on les trempe pendant quelque temps dans un lait de chaux, ce qui exige une nouvelle dessiccation. Cette pratique, au moins inutile, a pour but de détruire la faculté germinative des muscades : elle a été mise en usage par les Hollandais, qui ont eu pendant longtemps le monopole de la production des muscades. Les muscades ainsi traitées retiennent à la surface une certaine quantité de chaux.

L'arille, d'un rouge vif quand on le détache de la graine, devient d'un brun orangé par la dessiccation : c'est le *macis*. Il est cassant, translucide, presque corné; son odeur est aromatique; sa saveur est âcre et piquante.

Composition chimique. — La muscade renferme une matière grasse dite beurre de muscade, une huile volatile, de l'amidon, des matières albuminoïdes et gommeuses. Le macis contient une huile volatile, des matières sucrées, résineuses et grasses.

Voici, d'après Kœnig, les principaux éléments p. 100 de la muscade et du macis :

ÉLÉMENTS	MUSCADE		MACIS	
	minimum	maximum	minimum	maximum
Eau	4,2	12,2	4,9	17,6
Matières azotées	5,2	6,1	4,6	6,1
Huile volatile (essence)	2,5	4,0	4,0	8,7
Matières grasses	31,0	37,3	18,6	29,1
Hydrates de carbone	29,9	41,8	41,2	44,1
Cellulose	6,8	12,0	4,5	8,9
Cendres	2,2	3,3	1,6	4,1
Extrait alcoolique total	—	—	45,1	55,7
Extrait alcoolique séché à 100°	—	—	37,0	37,2

Les essences de muscade et de macis sont très voisines. Elles sont dextrogyres, leur densité varie de 0,88 à 0,92; elles sont formées par le mélange d'un carbure $C^{10}H^{16}$ et d'un composé oxygéné, $C^{10}H^{16}O$, le myristicol. On les obtient par le procédé de la page 655.

Le beurre de muscade se retire par expression à froid de l'albumen de la muscade. Il est solide, onctueux, jaune brun, marbré de rouge. Il a une odeur agréable d'essence de muscade et une saveur aromatique. Son point de fusion varie de 30° à 50°. Cette variation du point de fusion est due à la présence d'une certaine quantité de matières grasses provenant du macis. Le beurre de muscade contient trois éthers glycériques : l'oléine (20 p. 100), la butyrine (1 p. 100) et la myristine (73 à 74 p. 100), une résine acide (3 p. 100) et de l'huile volatile (1 p. 100).

La myristine donne par saponification l'acide myristique $C^{14}H^{28}O^2$, qui fond à 53-54°.

Caractères microscopiques. — *Muscade.* — Si l'on effectue une coupe transversale de la noix de muscade, on trouve la couche épidermique brune qui pénètre profondément et par des ramifications irrégulières dans le noyau jaunâtre qui apparaît comme marbré et renferme une petite cavité qui contient l'embryon brun desséché.

L'épiderme a une épaisseur de 300 μ environ ; il est formé, en coupe, d'un grand nombre d'assises brunes, de cellules rectangulaires ou polyédriques assez affaissées, à parois minces. Vues de face, les cellules épidermiques paraissent presque globuleuses ; elles contiennent des masses brunes grenues et des cristaux tabulaires de matière grasse, insoluble dans l'eau et l'alcool froid, saponifiée par les alcalis.

Dans les ramifications du noyau, les cellules épidermiques sont vides et liées lâchement ; elles sont un peu plus grandes et plus arrondies. Tout ce tissu renferme de petits faisceaux de vaisseaux. Le noyau (endosperme) est un parenchyme de cellules polyédriques, à parois minces, liées sans lacunes. Quelques cellules ont un contenu brun ; la plupart des autres contiennent une masse grenue incolore. Si l'on chauffe la coupe dans l'alcool absolu, cette masse s'éclaircit par la dissolution de la matière grasse et l'on voit des grains d'amidon avec des masses sphériques de matières albuminoïdes et quelquefois de gros cristalloïdes. Les grains d'amidon, rarement isolés, forment des groupements réguliers de deux ou trois individus ou bien de grands amas irréguliers.

Les grains isolés sont arrondis et fortement convexes, ils ont en général un noyau très visible, leur grandeur maximum est de 12 μ.

Dans les mélanges et les produits qui la contiennent, la muscade se reconnaît aux cellules épidermiques brunes renfermant des cristaux tabulaires et aux cellules de l'endosperme avec l'amidon, les matières grasses et albuminoïdes.

Le *macis* est formé d'un parenchyme, limité intérieurement et extérieurement par deux couches épidermiques assez profondes.

Le parenchyme est formé de cellules polyédriques à parois minces, liées sans lacunes. La plupart de ces cellules contiennent des masses amorphes incolores ou colorées en brun pâle. On trouve aussi un certain nombre de cellules distribuées irrégulièrement et beaucoup plus grandes (40 à 120 μ) contenant une huile jaune ou un pigment brun. L'épiderme des deux faces présente la même structure. En coupe, il ne présente rien de particulier. On trouve une première assise de petites cellules à parois extérieures fortement épaissies, et une seconde assise de cellules semblables, un peu plus grandes. Vues de face, ces assises apparaissent comme formées de grandes cellules, à parois dures, allongées suivant l'axe, à parois en partie sinueuses, en partie rectilignes, collenchymateuses. La première assise est fortement cuticularisée ; on peut mettre en évidence la cuticule par l'action du chlorure de zinc iodé.

L'absence d'amidon, la disposition des épidermes et des cellules à huile du parenchyme caractérisent bien le macis.

Falsifications. — La muscade et le macis pulvérisés peuvent être falsifiés par les nombreuses substances qui sont ajoutées aux épices (voir p. 800). L'examen microscopique les fera reconnaître. Les produits entiers pourraient être privés d'une partie de leur essence, on les reconnaîtra en dosant l'essence par le procédé indiqué page 787.

CANNELLE

La cannelle est la seconde écorce des *canneliers*, arbres ou arbustes, qui forment plusieurs espèces du genre *Cinnamomum*, de la famille des *Lauracées-Cinnamomées*. Les *canneliers*, originaires de l'Asie méridionale (Ceylan, Inde, Chine, Cochinchine), ont été introduits dans les Indes hollandaises, dans l'Amérique tropicale, à Maurice et à la Réunion.

L'espèce la plus connue est le *Cinnamomum zeylanicum*, qui produit la cannelle de Ceylan. Cette espèce, originaire de Ceylan, a été introduite par la culture dans beaucoup de régions et a produit des variétés dont les écorces diffèrent notablement de la cannelle provenant de Ceylan.

L'espèce *Cinnamomum cassia* fournit une partie de la cannelle dite de Chine, dont le reste provient de canneliers d'espèces peu connues. Celles-ci produisent aussi la cannelle dite de Malabar, dont une partie est produite par le *Cinnamomum zeylanicum* cultivé hors de Ceylan.

On trouve quelquefois, dans le commerce, les fleurs séchées du cannelier.

Distinction des cannelles. — Voici les caractères qui permettent de différencier les cannelles de *Ceylan*, de *Chine*, de *Malabar*.

Cannelle de Ceylan. — Elle se présente en tubes dont la longueur varie de 1^{m} à 0^{m},30. Ces tubes sont environ au nombre de 10, les uns dans les autres. Ils sont très légers, cassants; leur épaisseur est de 2^{mm} au plus. Leur surface extérieure est d'un blond particulier, unie, présentant des bandes longitudinales plus claires. Leur surface intérieure est d'un brun foncé. Leur odeur est fine et aromatique, leur saveur est agréable, chaude, un peu piquante.

Cannelle de Chine. — Cette cannelle ne présente pas de tubes emboîtés les uns dans les autres; les tubes sont simples, moins droits que dans la cannelle de Ceylan; certains morceaux sont très minces, d'autres sont beaucoup plus épais que dans la cannelle précédente. Leur cassure est courbe. Leur surface extérieure est d'un brun rouge mat; la surface extérieure est d'un brun plus foncé; souvent les deux surfaces sont d'une même nuance. Quelquefois ils n'ont pas été dépouillés de leur première écorce; ils présentent alors une couche extérieure grisâtre.

Cannelle de Malabar. — Elle se présente en morceaux presque plats, rarement bien roulés; leur épaisseur peut atteindre 1^{cm}. Ils conservent presque toute leur première écorce; leur surface extérieure est généralement grise; leur surface intérieure est d'un brun foncé. Leur odeur est faible; leur saveur est amère.

Composition chimique. — L'écorce de cannelle contient une huile volatile (essence de cannelle), de l'acide cinnamique, un tanin, de l'amidon et des matières mucilagineuses.

L'essence de cannelle, obtenue par le procédé indiqué page 787, est formée en grande partie d'aldéhyde cinnanique $C^6H^5 - CH = CH - CHO$ (80 à 90 p. 100); elle renferme aussi de l'acide cinnamique, des matières résineuses et une petite quantité d'un hydrocarbure térébénique.

L'aldéhyde cinnamique existe en proportions différentes dans l'essence de cannelle de Chine et dans celle de Ceylan. Suivant l'origine, la densité varie de 1,009 à 1,064. Le point d'ébullition est situé vers 220-225°. Cette essence n'a pas de pouvoir rotatoire.

Voici les quantités extrêmes p. 100 trouvées par divers auteurs dans les analyses des diverses cannelles :

	Minimum.	Maximum.
Eau	4,8	12,4
Matières azotées	2,5	7,0
Huile volatile (essence)	0,6	4,4
Matières grasses	1,2	5,2
Hydrates de carbone	43,3	65,7
Cellulose	8,6	35,5
Cendres	1,8	5,7
Extrait alcoolique total	19,2	32,6
Extrait alcoolique séché à 100°	0,3	22,0

Caractères microscopiques. — Les écorces de cannelles de différentes provenances ont une structure microscopique très analogue; nous décrirons comme type celle de la cannelle de Chine ; nous indiquerons ensuite les caractères qui différencient la cannelle de Ceylan.

La *cannelle de Chine* est souvent pourvue de sa première écorce, ou bien cette écorce a été imparfaitement enlevée, de sorte qu'un examen microscopique en montrera toujours des parties plus ou moins considérables. La couche la plus extérieure est formée de cellules épidermiques rectangulaires. Cet épiderme recouvre le liège formé de cellules scléreuses à parois assez tendres, d'une largeur de 30 µ. Elles forment des assises un peu affaissées ; vues de face, elles ont une forme polygonale assez régulière. Elles sont remplies d'une matière résineuse d'un rouge brun sombre. Le liège recouvre le parenchyme de l'écorce primaire, constitué par des cellules polyédriques, à parois épaisses, presque toutes disposées tangentiellement par rapport à une coupe transversale. Ce parenchyme contient de petits groupes de cellules scléreuses plus ou moins subérifiées. L'épaisseur de leurs parois est assez faible (8 µ) ; de plus, l'épaississement est souvent inégal, de sorte que leur section est en forme de fer à cheval. Cette écorce, amollie par un séjour dans l'eau, a environ 800 µ d'épaisseur.

Une assise de cellules scléreuses la sépare du liber dont l'épaisseur, variable avec l'âge de l'écorce, ne dépasse pas $1^{mm},5$. L'assise des cellules scléreuses est intimement unie aux faisceaux libériens primaires et au parenchyme scléreux qui les accompagne. Si les faisceaux les plus extérieurs sont éloignés les uns des autres, il peut y avoir des lacunes dans l'anneau des cellules scléreuses. Ces cellules scléreuses sont plus grandes et plus fortement épaissies que celles des groupes de l'écorce primaire; leurs parois sont incolores, finement striées et parcourues par des canalicules ramifiés. Les fibres libériennes primaires sont plus longues et à stratifications plus nettes que les fibres secondaires.

Le parenchyme intérieur au liber est partagé en minces rayons radiaux par des rayons médullaires qui s'élargissent un peu au voisinage de l'anneau scléreux. Les cellules de la moelle sont peu distinctes de celles du parenchyme libérien.

Le parenchyme libérien a des cellules plus petites et des parois plus minces que celles de l'écorce primaire ; de plus, elles sont disposées parallèlement à l'axe, de sorte qu'une coupe radiale présente dans l'écorce primaire des cellules à section arrondie et dans le parenchyme libérien des cellules à section rectangulaire allongée. Le parenchyme libérien renferme un petit nombre de fibres libériennes, isolées en général. Elles ont 600 μ de longueur, 35 μ de largeur dans la partie centrale ; leur forme est celle d'un fuseau à extrémités obtuses ; elles sont rarement ponctuées. En coupe, elles sont rectangulaires arrondies ; leur lumen, très étroit, occupe à peine le tiers de la largeur de la section. Les parois épaissies ont des stries visibles avec une membrane primaire très nette.

Les vaisseaux criblés réunis en faisceaux se reconnaissent, en coupe, à leurs parois tendres, empiétant souvent les unes sur les autres et, suivant leur longueur, à leur cal oblique. Le parenchyme renferme aussi des cellules mucilagineuses peu nombreuses, mais remarquables par leur grosseur. Elles sont globuleuses, d'un diamètre double ou triple de celui des cellules voisines, à parois un peu plus minces. Elles contiennent soit des masses légèrement jaunâtres incomplètement solubles dans l'eau et dans l'alcool, soit un mucilage incolore qui les remplit entièrement. On y trouve souvent de petites aiguilles cristallines d'oxalate de calcium, comme aussi dans le parenchyme libérien et les rayons médullaires. On ne trouve pas de cellules à huile volatile, celle-ci paraît être disséminée dans toutes les cellules.

Les cellules du parenchyme et les rayons médullaires contiennent de l'amidon. Les grains forment des assemblages de 2, 3 ou 4 grains simples. Ceux-ci ont un diamètre de 8 à 20 μ ; ils sont quelquefois plus grands, leur hile est bien visible. Outre l'amidon, on trouve des masses brunes ayant les réactions du tanin. Ces masses manquent dans les cellules scléreuses, les fibres et les tubes criblés : ces éléments se distinguent par leur couleur claire du parenchyme environnant dont les cellules ont les parois imprégnées de cette masse brune.

La *cannelle de Ceylan* se distingue d'abord de la cannelle de Chine par l'absence presque complète du liège et de l'écorce primaire ; la partie superficielle de l'écorce est formée de l'anneau de cellules scléreuses décrit plus haut ; cet anneau peut être recouvert en quelques points par des débris de l'écorce primaire et du liège. Les faisceaux libériens primaires traversent en certains points l'anneau ; ce sont eux qui produisent ces bandes claires que l'on observe à la surface de la cannelle de Ceylan. Au-dessous de ces faisceaux, en coupe, l'anneau est généralement fermé ; on observe un développement plus faible en face des extrémités des rayons médullaires primaires. Les cellules scléreuses de l'anneau sont plus grosses que celles de la cannelle de Chine, leurs parois sont plus épaisses, l'épaississement est plus uniforme. La grandeur de ces cellules est d'autant plus remarquable que les autres éléments sont notablement plus petits que dans la cannelle de Chine.

On trouve quelquefois des cellules scléreuses isolées à l'intérieur de l'anneau, mais toujours dans les parties les plus extérieures du parenchyme libérien. On trouve aussi dans ce parenchyme de nombreuses fibres libériennes, surtout dans les parties intérieures. Ces fibres sont disposées tangentiellement et radialement. Elles ont la longueur des fibres de la cannelle de Chine, mais elles sont beaucoup plus minces; leur largeur atteint à peine 20 μ. Les vaisseaux criblés sont souvent disposés en arcs occupant toute la largeur des rayons libériens. Dans les couches extérieures, plus âgées, ils sont bruns; dans les couches intérieures, plus jeunes, ils sont incolores. L'amidon est à grains plus petits : ils ont généralement 6 μ; ceux de 12 μ de diamètre, communs dans la cannelle de Chine, sont très rares.

La *cannelle de Malabar*, qui provient soit de canneliers de Ceylan transplantés, soit d'autres espèces de canneliers, présentera suivant son origine les caractères de la cannelle de Chine ou ceux de la cannelle de Ceylan.

La *cannelle en poudre* se reconnaît facilement à l'amidon, aux fibres libériennes, aux cellules scléreuses en fer à cheval, au parenchyme brun à parois dures. Le liège est rare ainsi que les aiguilles d'oxalate de calcium. Les cellules à mucilage sont généralement détruites.

La distinction des cannelles en poudre est délicate. La poudre de cannelle *de Ceylan* présente un amidon plus petit, des fibres plus minces, des cellules scléreuses très épaissies, à canalicules ramifiés et plus grandes, il n'y a pas d'éléments subéreux.

La poudre de cannelle *de Chine* présente les éléments communs à la cannelle précédente avec des dimensions de grandeur inverses; on y trouve de plus du liège et les cellules de l'écorce primaire.

La poudre de cannelle *de Malabar* se rapprochera, suivant son origine, d'une des deux précédentes; on peut conclure avec certitude à sa présence quand elle offre les caractères de la cannelle de Ceylan et qu'on y trouve des éléments du liège et de l'écorce primaire.

Fleurs de cannelier. — Ces fleurs, séchées, sont quelquefois employées comme épices; leurs caractères microscopiques sont les suivants :

Le calice et le pédoncule ont même structure. Ils sont recouverts d'un épiderme incolore à petites cellules, à parois rectilignes, avec une cuticule très dure et des poils unicellulaires, souvent recourbés, à parois fortement épaissies (longueur maximum, 120 μ); les cellules du parenchyme, colorées en brun, sont à parois assez épaisses, mais tendres; elles contiennent des masses brunes. Des cellules, inégalement distribuées, un peu plus grandes, renferment une résine d'un jaune citron. Ce parenchyme renferme des faisceaux de vaisseaux, surtout dans le pédoncule. Les vaisseaux libériens forment un anneau scléreux presque fermé. Les fibres longues de 1.000 μ ont une largeur de 50 μ; leurs extrémités sont obtuses, elles portent des cloisons latérales, leurs parois, peu épaisses (8 μ), portent de nombreux canalicules qui paraissent dilatés vers leur partie moyenne. Ces fibres, généralement vides, ont quelquefois un contenu brun.

Quelques cellules scléreuses isolées se trouvent à l'intérieur de l'anneau des vaisseaux; en coupe, ces cellules présentent les caractères des fibres libériennes précédentes.

Les éléments ligneux forment des fibres radiales, les vaisseaux sont étroits (15 μ), à parois minces; ils sont scalariformes ou réticulés.

Le funicule, dont les éléments sont semblables à ceux du pédoncule, mais plus petits, renferme des cellules à huile disposées régulièrement. Des cellules semblables se trouvent dans la couche moyenne du tégument du fruit non mûri.

Ce tégument, d'une épaisseur de 800 μ, est recouvert d'un épiderme de cellules polygonales (30 μ), avec cuticule épaisse jaunâtre qui pénètre dans les espaces intercellulaires, de sorte qu'en coupe les cellules épidermiques paraissent palissadées. Vu de face, l'épiderme se distingue par l'épaississement des parois cellulaires. Il recouvre un mince parenchyme suivi d'une assise de cellules scléreuses formant un anneau presque fermé. La couche moyenne, outre les cellules à huile, renferme un parenchyme brun à parois minces.

Falsifications. — Pour la cannelle en morceaux, il faut signaler la substitution de la cannelle de Chine raclée à la cannelle de Ceylan, la vente de cannelle épuisée par distillation. Les cannelles en poudre peuvent être falsifiées par l'addition de nombreuses matières étrangères (voir p. 800), par la substitution d'une sorte à une autre.

Recherche des falsifications. — La cannelle épuisée par distillation avec l'eau peut se reconnaître par un dosage de l'essence (voir p. 787). D'ailleurs, l'odeur et la saveur sont alors très faibles. L'examen microscopique montre des éléments déformés et déchirés. Dans tous les cas, les cannelles soit entières, soit pulvérisées, doivent présenter à l'examen microscopique les caractères donnés plus haut.

GINGEMBRE

Le gingembre est un rhizome provenant d'herbes vivaces qui constituent le genre *Zingiber*, de la famille des *Zingibéracées*. Ces herbes sont originaires de l'Asie tropicale et se cultivent dans presque toutes les régions chaudes (Antilles, Guyane, Mexique, Sierra-Leone). Le genre le plus connu, le *Zingiber officinale*, est une herbe vivace, odorante, qui peut acquérir une hauteur de 1^m à $1^m,50$.

Produit alimentaire. — Le produit employé est le rhizome, lavé et dépourvu de ses racines. On distingue deux sortes : le gingembre *gris* et le gingembre *blanc*.

Le gingembre *gris* se présente sous la forme de tubercules ovoïdes simples ou articulés (4 à 10^{cm} de longueur sur 1 à 2 de largeur). Ils sont recouverts d'une couche épidermique grise ou d'un gris jaunâtre, plus ou moins ridée et portant des anneaux peu marqués. Sous cet épiderme se trouve une couche d'un brun rougeâtre. L'intérieur est blanc ou jaunâtre. Les parties dépourvues d'épiderme ont une teinte noirâtre. Le gingembre gris est dur, pesant, compact; sa saveur est âcre et chaude, son odeur aromatique.

Le gingembre *blanc* est regardé en général comme provenant de la décortication du gingembre gris; certains auteurs pensent qu'il provient d'une espèce particulière de gingembre. La couleur blanche peut aussi être obtenue par un traitement à l'eau de chaux ou au chlore.

Ce gingembre se présente en fragments plus petits et plus allongés que le précédent. Sa couleur est blanche ou d'un brun très pâle, jaunâtre ou rougeâtre; la surface des morceaux est mate et comme pulvérulente; il est moins aromatique que le gris.

Composition chimique. — Le gingembre renferme une huile volatile, des matières grasses albuminoïdes et résineuses, de l'amidon.

Voici, d'après Kœnig, la composition p. 100 du gingembre. Les deux variétés, grise et blanchâtre, ne sont pas distinguées :

	Minimum.	Maximum.
Eau	8,1	20,5
Matières azotées	5,3	10,9
Huile volatile (essence)	1,0	2,5
Matières grasses	2,3	4,6
Hydrates de carbone	62,3	74,8
Cellulose	1,7	7,7
Cendres	3,4	7,0
Extrait alcoolique total	17,27	
Extrait alcoolique séché à 100°	6,37	

L'essence de gingembre bout à 146°; elle contient un carbure d'hydrogène térébénique et un autre carbure oxygéné. On l'obtient par le procédé indiqué page 655.

Caractères microscopiques. — Si l'on examine à l'œil nu ou mieux à la loupe une coupe transversale du rhizome de gingembre gris non écorcé, on distingue une zone extérieure assez étroite formée de deux parties de nuances grises différentes : la partie la plus extérieure, plus claire, constitue le liège; la partie intérieure, plus foncée, d'un gris brunâtre, forme l'écorce. Cette dernière est limitée intérieurement par une ligne nette qui forme une gaine enveloppant le noyau intérieur. Ce noyau, qui constitue la partie principale du rhizome, est blanchâtre. Il est parsemé, de même que l'écorce, d'un grand nombre de points jaunâtres, d'un jaune clair ou brun. Les premiers sont les sections de faisceaux de vaisseaux libéro-ligneux, les autres appartiennent aux cellules d'huile volatile ou de résine qui constituent les principes aromatiques du gingembre.

Si, au lieu de pratiquer une coupe, on casse le rhizome, on obtient une cassure très inégale et fibreuse. Les fibres, très clairsemées, appartiennent aux faisceaux de vaisseaux; on distingue encore la gaine du noyau et les points bruns ou d'un jaune clair formés par les cellules à résine ou à huile.

La structure microscopique du rhizome correspond à la description précédente.

Le liège, d'une épaisseur de 400 μ environ, se compose de 20 rangées environ de grandes cellules, un peu affaissées, à parois brunâtres assez dures, sans contenu.

L'écorce est formée de cellules à parois brunes faiblement collenchymateuses, affaissées.

Les cellules de la gaine du noyau sont anguleuses, assez étroites, déprimées, à parois subérifiées. La partie centrale du rhizome, qu'entoure la gaine, est formée d'un parenchyme uniforme, de cellules très anguleuses, plus grandes que celles de la gaine du noyau, à parois tendres, un peu allongées suivant l'axe, remplies d'amidon. Les grains d'amidon sont simples, ovoïdes, aplatis, avec des stries plus ou moins visibles. Vus de côté, ils ont l'aspect d'un fuseau ; vus de face, ils ressemblent à un sac fermé, de contour elliptique, ovale ou rectangulaire à angles arrondis. Leur extrémité la plus étroite se termine souvent par un prolongement court et émoussé dans lequel se trouve le noyau, de sorte que les stries paraissent très excentriques. En général, les grains d'amidon de gingembre sont un peu plus longs que larges. La longueur varie de 20 à 40 μ.

Dans ce parenchyme amylifère, on rencontre des cellules disséminées, moins anguleuses, contenant des amas jaunes ou bruns, homogènes ou granulés. Ces masses colorées sont de la résine ou de l'huile volatile. Ces cellules sont quelquefois plus grandes que celles du parenchyme, leurs parois sont subérifiées. On les rencontre aussi, et en plus grande quantité, dans le parenchyme de l'écorce.

A l'intérieur de la gaine du noyau, on rencontre des faisceaux de vaisseaux, disposés suivant un cercle discontinu. Des vaisseaux analogues se trouvent dans le parenchyme central et aussi dans celui de l'écorce, mais en moins grand nombre. Ces faisceaux possèdent de larges trachées (50 μ) et des vaisseaux scalariformes et réticulés. Ils sont souvent accompagnés de fibres scléreuses, d'une largeur de 40 μ, à parois peu épaisses (4 μ) et possédant quelques ponctuations en fente.

Il existe une variété de gingembre provenant du Japon qui se distingue du gingembre ordinaire par l'amidon. En dehors des grains simples possédant la forme déjà décrite, avec une stratification très visible, il y a des grains réunis et des fragments de ces grains.

Le gingembre blanc présentera les mêmes caractères que le gris, mais on ne trouvera pas de liège ni d'écorce. Les éléments précédents se retrouveront dans les poudres de gingembre.

Comme le parenchyme amylifère forme la masse principale du rhizome, on rencontrera surtout dans la poudre les grains d'amidon sortis des cellules du parenchyme. Ces grains sont caractéristiques. Les fibres scléreuses décrites plus haut ont des dimensions qui appartiennent en propre au gingembre.

Falsifications. — Le gingembre entier peut avoir été épuisé par distillation avec l'eau. Un dosage d'essence (voir p. 787) indiquera cette fraude. On reconnaîtra au microscope la plupart des nombreuses substances qu'on peut ajouter au gingembre pulvérisé. Les substances non caractérisables par le microscope seront décelées par des dosages (cendres, extrait alcoolique) comparatifs, effectués sur le produit suspect et sur un produit pur.

Partie supplémentaire.

ÉPICES ET AROMATES

PAR M. GÉNIN

Voici quelques propriétés nouvelles relatives aux essences que l'on extrait des épices et des aromates.

Essence de girofle. — Le terpène, qui accompagne l'eugénol dans cette essence, est un sesquiterpène qui a été reconnu identique à celui des essences de patchouli, de copahu et de cubèbe. L'iode se dissout dans cette essence sans élévation de température et dans la proportion de 155 à 180 p. 100. Si on la mélange avec son volume d'acide sulfurique concentré, on obtient une résine pourpre qui donne une solution d'un rouge fluorescent dans l'alcool à 50 p. 100 bouillant. Elle s'enflamme par l'action de l'acide nitrique fumant.

Les griffes de girofle donnent une essence analogue, renfermant moins d'eugénol et plus de sesquiterpène.

Essence de poivre. — La densité varie de 0,864 à 0,993 à 15°.

Elle commence à bouillir à 167° et ne se solidifie pas à — 20°.

Elle contient principalement du phellandrène $C^{10}H^{16}$, qui bout à 171-172°, et un terpène bouillant à 167°.

Essence de piment de la Jamaïque. — Sa densité varie de 1,03 à 1,05 à 15°. Elle contient de l'eugénol et un sesquiterpène $C^{15}H^{24}$, dans des proportions qui varient suivant l'origine de l'essence. Elle bout vers 243°.

Essence de moutarde noire. — Cette essence est incolore et jaunit peu à peu à l'air ; elle possède une odeur forte et irritante qui provoque le larmoiement. Sa densité varie de 1,018 à 1,029 à 15° ; elle bout vers 150°. Elle est constituée en grande partie par de l'isosulfocyanate d'allyle, caractérisé par la formation de thiosinnamine CS (AzH^2) $(AzHC^3H^5)$, quand on le traite par l'ammoniaque. Elle renferme des quantités variables de cyanure d'allyle et de sulfure de carbone.

Essences de muscade et de macis. — Ces essences, très voisines, renferment, outre un terpène (pinène) et du myristicol $C^{10}H^{16}O$, de la myristicine $C^{12}H^{14}O^3$ et une petite quantité de cymène.

Essence de cannelle de Ceylan. — A côté de l'aldéhyde cinnamique, qui est sa partie principale, on y trouve de l'eugénol et un terpène, le phellandrène.

L'*essence de feuilles* renferme surtout de l'eugénol.

Essence de cannelle de Chine. — Cette essence contient, comme la précédente, une grande quantité d'aldéhyde cinnamique avec des acétates de cinnamyle et de propylphénol, et une petite quantité d'un sesquiterpène. Elle s'oxyde rapidement et contient alors beaucoup d'acide cinnamique.

Essence de gingembre. — Cette essence a une densité de 0,893 à 15°; elle renferme un terpène qui bout à 160°, des produits d'oxydation de ce carbure, une petite quantité de cymène et du camphène. Son pouvoir rotatoire varie de — 25° à — 40°.

COULEURS

EMPLOYÉES DANS LES MATIÈRES ALIMENTAIRES ET LES PAPIERS OU LES CARTONS SERVANT A LES ENVELOPPER

PAR M. P. GIRARD

L'emploi des matières colorantes est régi par l'ordonnance du 31 décembre 1890. Cette ordonnance interdit tous les colorants minéraux à base de plomb, mercure, cuivre, arsenic, antimoine, baryte (solubles dans l'acide chlorhydrique étendu), pour colorer toute substance entrant dans l'alimentation à quelque titre que ce soit, ainsi que tout papier ou carton servant à envelopper les matières alimentaires.

Comme couleurs organiques, la gomme-gutte et l'aconit napel sont interdits au même titre que les couleurs contenant les métaux précités. Les couleurs qui sont dérivées de la houille, telles que la fuchsine, le bleu de Lyon, la flavaniline, le bleu de méthylène, les phtaléines et leurs dérivés substitués (éosine, érythrosine); les matières colorantes nitrées (jaune de naphtol, jaune Victoria, acide picrique); les matières colorantes préparées à l'aide de composés diazoïques (tropéoline, rouges de xylidine), etc., etc., etc., ne sont interdites que dans les matières alimentaires.

Toutefois, à titre exceptionnel, il est permis d'employer, pour la coloration des bonbons, des pastillages, des sucreries, des glaces, des pâtes de fruits et de *certaines liqueurs qui ne sont pas naturellement colorées*, telles que la menthe verte, les couleurs ci-après :

Couleurs roses.

Éosine (tétrabromofluorescéine).
Érythrosine (dérivés méthylés et éthylés de l'éosine).
Rose bengale, Phloxine (dérivés iodés et bromés de la fluorescéine chlorée).
Rouges de Bordeaux, Ponceaux (produits par l'action des sulfoconjugués du naphtol sur les diazoxylènes).
Fuchsine acide (sans arsenic, préparée par le procédé Coupier).

Couleurs jaunes.

Jaune acide (sulfoconjugué du naphtol).

Couleurs bleues.

Bleu de Lyon, Bleu lumière, Bleu Coupier } dérivés de la rosaniline triphénylée ou diphénylamine.

Couleurs vertes.

Mélange de bleu et de jaunes indiqués ci-dessus.
Vert malachite (éther chlorhydrique de tétraméthyldiamidotriphénylcarbinol).

Les matières colorantes minérales sont si rarement employées à la coloration des produits entrant dans l'alimentation, que nous ne nous en occuperons pas dans cette partie, les méthodes analytiques données plus loin pour les papiers s'appliquant parfaitement aux bonbons, à cette différence près que la couleur insoluble dans l'eau est séparée du sucre par dissolution dans l'eau. Nous ne parlerons donc que des couleurs organiques. Celles qui sont tolérées étant peu nombreuses, il suffira de donner les réactions permettant de les retrouver, toutes les autres tombant sous le coup de l'interdiction.

RÉACTIONS DES COULEURS TOLÉRÉES POUR LES PASTILLAGES, BONBONS, ETC.

NOM COMMERCIAL	COMPOSITION	SOLUTION AQUEUSE	RÉACTION PAR LE RÉACTIF DE WEINGAERTNER	RÉACTION PAR LA POUDRE DE ZINC ET L'ACIDE CHLORHYDRIQUE ET L'AMMONIAQUE	COLORATION PAR L'ACIDE SULFURIQUE CONCENTRÉ	PAR ADDITION D'EAU	RÉACTION PARTICULIÈRE
Éosine.	Sel alcalin de la tétrabromofluorescéine.	Rouge pur fluorescente.	Pas de précipité.	Réduction, la couleur reparaît.	Jaune.	Rouge.	La sol. aqueuse précipite par les acides. Le préc. est sol. dans l'éther.
Érythrosine	Sel alcalin de la tétraiodofluorescéine.	Rouge bleuâtre	Id.	Réduction, la couleur ne reparaît pas.	Orangé.	Id.	Par chauffage, sublimation d'iode.
Rose Bengale	Sel alcalin de la tétraiododichlorofluorescéine.	Rouge sans fluorescence.	Id.	Réduction, la couleur reparaît lentement	Id.	Id.	En chauffant, dégagement d'iode.
Phloxine.	Sel alcalin de la tétrabromodichlorofluorescéine.	Rouge bleuâtre, fluorescence verte.	Id.	Id.	Jaune	»	Par HCl, préc. couleur chair, soluble éther en jaune brun.
Rouge de Bordeaux GR.	Sel de sodium de l'acide α-naphtylamine-azo-β-naphtoldisulfonique.	Rouge vif.	Id.	Réduction, la couleur ne reparaît pas.	Bleu indigo.	Id.	»
Écarlate de Biebrich. .	Sel de soude de l'acide β-naphtolazobenzinesulfonique.	Id.	Id.	Id.	Vert.	Bleu violet et précipité brun sale.	»
Ponceau GRR.	Amidoazobenzolazo-α-naphtolmonosulfonate de soude.	Id.	Id.	Id.	Rouge éosine.	Rouge.	»
Ponceau de xylidine. .	Xylidine-azo-β-naphtoldisulfonate de soude.	Id.	Id.	Id.	Violet.	Précipité brun.	»

RÉACTIONS DES COULEURS TOLÉRÉES POUR LES PASTILLAGES, BONBONS, ETC. (*Suite*)

NOM COMMERCIAL	COMPOSITION	SOLUTION AQUEUSE	RÉACTION PAR LE RÉACTIF DE WEINGAERTNER	RÉACTION PAR LA POUDRE DE ZINC ET L'ACIDE CHLORHYDRIQUE ET L'AMMONIAQUE	COLORATION PAR L'ACIDE SULFURIQUE CONCENTRÉ	PAR ADDITION D'EAU	RÉACTION PARTICULIÈRE
Ponceau S.	»	Rouge vif.	Pas de précipité.	La sol. ammoniacale réduite revient en jaune intense.	Bleu.	Rouge.	»
Fuchsine acide.	Rosaniline sulfoconjuguée.	Rouge décolorée par les alcalis.	Pas de précipité.	Réduction, la couleur reparaît sur papier	Jaune.	Rouge.	»
Jaune acide S. . . .	Sel de soude de l'acide dinitro-α-naphtolsulfonique.	Jaune d'or.	Pas de précipité.	Ne reparaît pas.	»	»	Ne colore pas l'éther.
Jaune de crocéine. . .	β-naphtolnitro-β-sulfonate de soude.	Jaune.	Id.	Id.	»	»	»
Bleu de Lyon . . . . Bleu lumière.	Rosanilines phénylées sulfoconjuguées.	Bleu.	»	»	Brun rouge.	Bleu.	»
Bleu Coupier	Induline.	Sol. bleue violacée ou grisâtre.	Pas de précipité.	Reparaît lentement.	»	»	»
Vert malachite.	Tétraméthyldiamidotriphénylcarbinol.	Vert.	Précipite.	Reparaît.	Jaune.	Vert.	Alcalis donnent préc. rose ou gris.
Vert brillant.	Tétraéthyldiamidotriphénylcarbinol.	Vert jaunâtre.	Id.	Id.	Id.	Id.	Id.
Mélanges des jaunes et bleus tolérés.	»	»	»	»	»	»	»

Pour les *papiers*, au contraire, les couleurs organiques étant toutes permises, sauf la gomme-gutte et l'aconit napel, nous n'aurons à nous occuper que de l'analyse des couleurs minérales ou des charges contenant des métaux toxiques.

Les papiers ordinaires, c'est-à-dire colorés dans la pâte, peuvent être incinérés en certaine quantité et l'analyse est faite sur les cendres, ou traités directement par l'acide nitrique légèrement dilué.

Pour les papiers couchés, certains cartons ou bristols glacés sur lesquels la couleur est fixée à l'aide d'une assez forte proportion de gélatine, parfois rendue insoluble dans l'eau froide par addition d'acétate d'alumine, il est préférable de frotter la couche avec un pinceau imbibé d'eau chaude, qui enlève à la fois la couleur et la gélatine, puis de séparer cette dernière par filtration et lavage à l'eau chaude.

Quelle que soit la couleur minérale à analyser, la méthode suivante permet de retrouver dans le papier les métaux interdits par l'ordonnance.

Ceux qui sont susceptibles d'être recherchés sont : le cuivre, le plomb, le mercure, l'arsenic, l'étain, l'antimoine, la baryte, le chrome.

On traite la portion de couleur qu'on a pu séparer par l'acide nitrique concentré. S'il y a de l'étain ou de l'antimoine, ils restent tous deux à l'état d'acide stannique ou antimonique insolubles, avec le sulfure de mercure qui n'est pas attaqué.

Ce résidu est séparé de la liqueur (sol. A) par filtration, et traité par l'acide chlorhydrique concentré qui dissout l'étain et l'antimoine (sol. B), et laisse le sulfure de mercure. La partie restant insoluble ne peut être que rouge si on a affaire au vermillon. On la dissout dans l'eau régale et on la caractérise par l'hydrogène sulfuré. Si au contraire le résidu est blanc, il n'y a pas lieu de s'en préoccuper, il peut être constitué par du sulfate de baryte, du kaolin, etc., matières permises par l'ordonnance.

La liqueur chlorhydrique (sol. B) est évaporée presque à sec pour chasser l'excès d'acide chlorhydrique, reprise par l'eau, portée à l'ébullition avec une petite quantité d'hydrate de chloral pour réduire les sels au maximum, enfin additionnée d'hyposulfite de soude et reportée à l'ébullition. La présence de l'antimoine est décelée par la précipitation de l'oxysulfure d'antimoine ou vermillon d'antimoine, qui est rouge. L'étain restant en solution peut être ensuite caractérisé par l'hydrogène sulfuré qui donne un précipité brun.

La liqueur nitrique (sol. A) peut contenir du plomb, du mercure, du cuivre, de l'arsenic à l'état d'acide arsénique, du chrome et de la baryte.

On évapore la liqueur presque à siccité en présence de quelques gouttes d'acide sulfurique pour chasser l'acide nitrique. On reprend par l'eau (sol. C) : le sulfate de plomb et le sulfate de baryte restent insolubles.

On caractérise le plomb en traitant ce précipité par une solution de potasse qui dissout le plomb qui peut être précipité de cette solution par l'hydrogène sulfuré. Le sulfate de baryte qui reste comme résidu est insoluble dans tous les réactifs.

La liqueur sulfurique (sol. C) est traitée par un courant lent d'hydrogène sulfuré pour séparer l'arsenic, le cuivre et le mercure.

Les sulfures, recueillis sur un filtre, sont lavés à l'eau chargée d'hydrogène sulfuré et mis à digérer avec de l'ammoniaque qui dissout le sulfure d'arsenic Ce sulfure d'arsenic est précipité par l'acide chlorhydrique, recueilli sur un filtre, et transformé en acide arsénique par l'acide nitrique. On le caractérise par le nitrate d'argent qui donne, avec les arséniates, un précipité rouge brique soluble dans l'acide nitrique et l'ammoniaque.

Les sulfures précipités de la solution C, insolubles dans l'ammoniaque, sont traités par l'acide nitrique, qui dissout le sulfure de cuivre; la coloration de la liqueur et la couleur bleue céleste qu'elle prend par addition d'ammoniaque sont suffisamment caractéristiques pour permettre d'affirmer la présence du cuivre.

S'il reste un résidu insoluble dans l'acide nitrique, il doit être constitué par du sulfure de mercure, que l'on traitera et caractérisera comme le vermillon.

Enfin la liqueur (sol. E) précipitée par l'hydrogène sulfuré ne peut contenir que du chrome, surtout si l'on a trouvé du plomb et de la baryte. On le caractérisera par la potasse qui donne un précipité vert, soluble dans un excès de réactif et qui reprécipite à l'ébullition.

L'aconit et la gomme-gutte ne sont plus employés, depuis fort longtemps, pour la coloration des matières alimentaires. L'aconit napel ne se trouve même plus que difficilement dans le commerce; son peu de solidité à la lumière joint à son prix élevé l'a fait remplacer, dans tous ses usages, par les couleurs d'aniline qui ne présentent ces inconvénients qu'à un degré bien moindre.

Quant à la gomme-gutte, si elle est plus solide, elle est presque aussi peu utilisée. Elle est insoluble dans l'eau. Pour sa recherche, on la dissout dans l'alcool ou dans l'éther; la solution évaporée presque à siccité donne, par addition d'eau, une émulsion jaune, qui, additionnée de quelques gouttes de potasse ou d'ammoniaque, prend une coloration orange ou rouge foncé, selon la variété de gomme-gutte.

ÉTAMAGE

ÉTAIN EN FEUILLES — BOITES DE CONSERVES — POTERIES D'ÉTAIN POTERIES VERNISSÉES

PAR M. TRUCHON

A la suite de nombreux cas d'intoxication l'administration préfectorale, après avis du Comité consultatif d'hygiène publique de France, dut réglementer :

1° La pureté de l'étain employé à l'étamage des vases de cuivre destinés aux usages culinaires et à la fabrication du papier métallique enveloppant les matières alimentaires ;

2° La composition des alliages entrant dans la confection des poteries et de la vaisselle d'étain ;

3° L'étamage et la confection des boîtes de conserves.

Aux termes des ordonnances du 15 juin 1862 et du 31 décembre 1890, l'étamage des ustensiles de cuivre doit être fait à l'étain fin.

Il en est rarement ainsi, bien que le commerce livre à la consommation des étains contenant 98 à 99,5 p. 100 d'étain.

La proportion de plomb ajoutée par les étameurs est très variable ; la moyenne paraît être de 15 à 20 p. 100. Nous avons même rencontré des étamages contenant 45 p. 100 de plomb.

ÉTAMAGE

Dosage du plomb. — *Pour le dosage rapide du plomb* dans les échantillons d'étain soumis à l'analyse par le Laboratoire municipal, nous employons la méthode suivante :

Après avoir martelé et laminé en ruban mince l'alliage à analyser, on en pèse

2gr,50 que l'on introduit dans un ballon jaugé de 250cc. On attaque par environ 7 à 8cc d'acide azotique (1), et on évapore à sec au bain de sable ; on ajoute alors 10 gouttes d'acide azotique, puis environ 50cc d'eau bouillante ; on étend à 250cc et on laisse déposer l'acide stannique (et antimonique, s'il y en a).

On prélève 100cc de la liqueur claire, ces 100cc contiennent les métaux de 1gr d'alliage moins l'étain ; on y introduit 10cc d'une solution titrée de bichromate de potasse contenant 7gr,13 de sel par litre et on agite fortement (1cc de cette liqueur suffit à précipiter 0gr,01 de plomb, soit 1 p. 100). Quand le chromate de plomb formé s'est déposé, ce qui ne demande que quelques instants, si la liqueur est incolore, on ajoute de nouveau 10cc de bichromate, et ainsi de suite jusqu'à ce que la liqueur surnageante reste jaune, c'est-à-dire qu'il y ait excès de bichromate.

On filtre pour séparer le chromate de plomb, on lave et on dose l'excès de bichromate à l'aide d'une liqueur de fer contenant 57gr de sulfate double de fer et d'ammoniaque et 125gr d'acide sulfurique par litre ; cette liqueur se conserve bien sous une couche de pétrole, ou mieux d'huile de vaseline, dans une pissette ; il faut à chaque dosage en prendre le titre par rapport à la liqueur de bichromate qui ne s'altère pas.

On verse goutte à goutte la solution ferreuse dans la solution contenant l'excès de bichromate ; la liqueur passe successivement du jaune au vert sale, puis au vert clair lorsque le chromate est complètement réduit. On s'assure de la fin de l'opération en faisant quelques touches sur une soucoupe de porcelaine sur laquelle on a déposé quelques gouttes d'une solution fraîchement préparée et très étendue (à peine colorée) de ferricyanure de potassium ; dès qu'il y a excès de fer, il se produit une coloration bleue.

Avec un peu d'habitude, deux ou trois touches suffisent.

Le calcul des résultats se fait de la manière suivante : Si les liqueurs de fer et de bichromate étaient exactement correspondantes, 1cc de la liqueur ferreuse égalerait 1 p. 100 de plomb ; mais cette liqueur s'affaiblit toujours un peu, d'où nécessité d'en prendre le titre avant son emploi.

Soit n le nombre de centimètres cubes nécessaires pour réduire 10cc de bichromate, on aura :

$$1^{cc} \text{ de liqueur de fer} = \frac{10}{n} = p.$$

En multipliant par p le nombre de centimètres cubes employés pour réduire l'excès de bichromate on aura ainsi l'équivalence vraie des liqueurs. Ce chiffre, soustrait du nombre de centimètres cubes de bichromate, donnera directement le p. 100 de plomb contenu dans l'alliage.

Nous avons résumé ces opérations dans le tableau suivant, en prenant 10cc,4 comme exemple du titre de la liqueur ferreuse :

(1) Une quantité plus grande est inutile. On évite ainsi les projections qui se produisent constamment lorsqu'on est en présence d'un grand excès d'acide.

TITRE DE LA LIQUEUR FERREUSE : $\frac{10}{10,4} = 0,9615$

CENTIMÈTRES CUBES DE BICHROMATE	FER		PLOMB P. 100
	BRUT	NET	
30	15,3	14,71	15,29

Cette méthode donne de très bons résultats.

Si l'alliage contient suffisamment de cuivre pour donner à la solution une faible teinte bleue, la fin de l'opération devient plus difficile à saisir. Dans ce cas nous substituons à ce procédé la méthode électrolytique, qui permet de doser, en même temps, le cuivre et le plomb.

Méthode électrolytique. — L'application de cette méthode exige, de la part de l'opérateur, les plus grands soins, la plus grande propreté.

On n'obtiendra un dépôt parfaitement adhérent que si l'anode, électrode positive (+) et la cathode, électrode négative (—) ont été préalablement bien nettoyées et dégraissées.

Les contacts métalliques seront l'objet des mêmes soins et devront être entretenus constamment en bon état.

Nous nous servons, au Laboratoire municipal, d'un appareil à peu près identique à celui préconisé par M. Riche (1).

Nous substituons au cône de platine un panier de même métal; ce panier est en toile métallique à mailles fines qui, tout en permettant au liquide de rester homogène, offre une surface de dépôt plus grande.

Cet appareil se compose : 1° d'une capsule tronconique en platine d'une contenance d'environ 100^{cc}; 2° d'un panier en toile métallique de platine.

La capsule est supportée par un anneau en laiton. Cet anneau est fixé à l'aide d'une vis de pression à la tige d'un support, laquelle, afin d'être isolante, est constituée par une forte baguette de verre plein.

Le panier de platine plonge dans la capsule, restant toutefois éloigné d'environ 3 à 4^{mm} de la paroi. Il est maintenu dans cette position par une tige en laiton sur laquelle il est fixé à l'aide d'une vis. Cette tige s'adapte sur le montant de verre par une vis de pression.

La capsule est reliée au pôle positif; le panier au pôle négatif.

Si l'on veut opérer à chaud, ce qui est plus rapide, la capsule doit immerger dans un récipient plein d'eau placé sur un support dont les pieds sont en verre; l'eau de ce récipient est chauffée vers 70 à 80°.

Pour doser le plomb et le cuivre par l'électrolyse, on opérera de la façon suivante :

---

(1) Riche, *Art de l'Essayeur*, p. 283.

On fera d'abord un essai qualitatif, afin de se rendre compte approximativement de la quantité de plomb que pourrait contenir l'alliage.

Puis, dans un ballon jaugé de 100cc, on attaque 1gr d'alliage par 5cc d'acide azotique pur; on évapore à sec au bain-marie. Cette évaporation a pour but d'agglomérer l'acide stannique formé, qui se dépose alors plus rapidement.

On reprend par 10cc d'acide azotique étendu de son volume d'eau; on maintient au bain-marie pendant 20 minutes environ ou on porte à l'ébullition en évitant les projections. On complète les 100cc avec de l'eau distillée et à la température de 15°; puis on laisse déposer.

Lorsque la liqueur est absolument claire, on prélève 25cc si l'alliage a paru contenir beaucoup de plomb, et 50cc s'il n'a paru en contenir que peu. Cette prise d'essai est introduite dans la capsule (+) dans laquelle plonge le panier (—). On étend d'eau, de manière à remplir le vase au 2/3 environ. On fait alors passer le courant électrique produit par un élément Bunsen petit modèle, en ayant soin d'ajouter de l'eau distillée dans la capsule, au fur et à mesure que le liquide s'évapore. Le cuivre se porte au pôle négatif et le plomb se dépose au pôle positif à l'état de bioxyde.

L'opération sera terminée lorsque le liquide ne donnera aucune réaction pour le cuivre par le ferrocyanure de potassium, et pour le plomb par le bichromate de potasse ou l'iodure de potassium.

Ces essais se feront à la touche sur une soucoupe.

L'action terminée, on retire le liquide de la capsule, sans arrêter le courant, en opérant de la façon suivante :

Sur un support A est placé un vase B de 500cc de capacité rempli d'eau distillée; un siphon en verre *d* fait passer l'eau de B dans la capsule C (voir fig. 1).

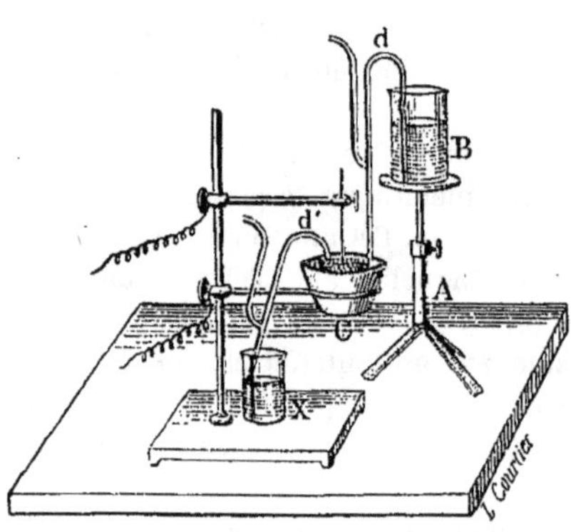

Fig. 1.

Un siphon, de même dimension que le précédent, rejette les eaux de lavage de la capsule C dans un vase X.

On fait ensuite des rinçages répétés à l'alcool absolu; on dessèche à l'étuve et on pèse. En multipliant par le coefficient 0,866 l'augmentation du poids de la capsule, qui représente le bioxyde de plomb déposé, on aura le plomb.

Le cuivre est donné directement par l'augmentation de poids du panier.

La précipitation complète du plomb et du cuivre par la méthode électrolytique se fait en 4 à 5 heures à chaud, et en 10 à 12 heures en opérant à froid.

Cette méthode a le très grand avantage de ne pas nécessiter, de la part de l'opérateur, une attention continuelle; il suffira, à ce dernier, de maintenir constamment le liquide de la capsule au même niveau par l'addition d'eau distillée, au fur et à mesure de l'évaporation.

On évite en partie cette évaporation, en recouvrant la capsule d'un verre de montre percé au centre pour livrer passage à la tige de platine soudée au panier.

Cette méthode donne des résultats très satisfaisants comme en témoignent les résultats des expériences suivantes, faites sur des liqueurs contenant le plomb et le cuivre à l'état de nitrate.

CUIVRE P. 1000		PLOMB P. 1000	
INTRODUIT	TROUVÉ	INTRODUIT	TROUVÉ
0,150	0,149	0,300	0,296
0,200	0,199	0,300	0,294
0,200	0,198	0,200	0,197
0,250	0,248	0,150	0,149
0,250	0,251	0,150	0,149
0,500	0,4985	0,250	0,248
0,500	0,499	0,500	0,4985
0,300	0,300	0,500	0,492?
0,300	0,3005	0,500	0,496

M. Riche a obtenu les résultats suivants :

CUIVRE INTRODUIT	DÉTAILS DE L'EXPÉRIENCE		CUIVRE TROUVÉ
0,005	0,200 Fe . . .	En excès d'acide azotique	0,0045
0,005	0,500 Zn . . .	2cc acide azotique, 1 heure.	0,005
0,020	0,500 Ni Az O6.	Quelques gouttes acide azotique, 1 heure.	0,020
0,002	Pb Az O6 . . .	En grand excès, 0,5cc acide.	0,002
0,2005	0,0105 Pb. . .	2h,30 minutes.	0,201
0,0015	2gr Pb	La nuit entière à froid	0,0010

Indépendamment de ces deux modes opératoires d'une exactitude suffisante, pour des recherches rigoureuses on peut encore doser le plomb par la méthode classique à l'état de sulfate, et le cuivre à l'état de sulfure ou de bioxyde.

Nous ne décrirons pas ces méthodes que l'on trouve dans tous les traités d'analyse quantitative.

ÉTAIN EN FEUILLES

L'ordonnance de police du 31 décembre 1890 interdit d'envelopper les matières alimentaires dans des feuilles d'étain qui ne renfermeraient pas au moins 97 p. 100 d'étain.

Les métaux étrangers que l'on rencontre ordinairement dans l'étain en feuilles sont : le cuivre, l'antimoine, le plomb, très rarement le zinc et le fer.

Le plomb est dosé comme il a été décrit plus haut.

L'antimoine et le cuivre sont dosés par le procédé de Weill modifié par nous.

Nous empruntons au *Moniteur scientifique* du Dr Quesneville la note que nous avons publiée, à ce sujet, dans le numéro de février 1893.

En 1882, M. Weill publiait dans la *Revue universelle des mines* (t. XII, 2e série, p. 191) un procédé de dosage du cuivre et de l'antimoine basé :

1° Sur la sensibilité de coloration du cuivre en solution fortement chlorhydrique;

2° Sur la transformation des sels cuivriques et antimoniques en sels cuivreux et antimonieux par le chlorure stanneux;

3° Sur la stabilité du chlorure antimonieux au contact de l'air.

Ce procédé, qui donne de très bons résultats, nous a paru pouvoir être modifié, afin d'obtenir une rapidité plus grande dans son exécution.

Voici les modifications que nous avons cru devoir adopter :

1° Substitution du chlorate de potasse, comme agent oxydant, à l'eau régale, ce qui permet d'opérer 1/4 d'heure après l'attaque du métal. Nous évitons, ainsi, au moins deux évaporations à siccité indiquées par M. Weill.

2° Dans la liqueur contenant les sels à doser, ramenés à l'état de protochlorures, nous faisons passer, pendant 2 heures, un courant d'air; d'où peroxydation complète du cuivre, au lieu d'attendre au moins 9 heures, comme le recommande l'auteur, en laissant la solution au contact de l'air.

Préparation des liqueurs. — La liqueur de cuivre que nous employons contient 15gr,753 de sulfate de cuivre par litre; 25cc représentent donc 0,113 de Cu.

La liqueur stanneuse contient, par litre, 15gr de protochlorure d'étain et 400gr d'acide chlorhydrique pur. Elle est conservée, à l'abri de l'air, sous une couche d'huile de vaseline.

On devra en prendre le titre avant chaque dosage.

Mode opératoire. — Dissoudre à l'ébullition 1gr de métal dans environ 70cc d'acide chlorhydrique pur, en ajoutant, par petites portions, 2gr de chlorate de potasse; maintenir environ 15 à 20 minutes à l'ébullition pour chasser le chlore en excès.

On s'assurera qu'il ne reste plus de chlore, soit à l'aide du papier à l'iodure de potassium amidonné, soit par une ou deux touches sur une soucoupe contenant quelques gouttes de sulfate d'indigo très dilué.

Si l'alliage contient du cuivre, la solution sera d'un jaune verdâtre très prononcé; on pourra opérer immédiatement.

Si, au contraire, il n'en contient pas, la solution sera incolore; dans ce cas, on devra y ajouter 25cc de la liqueur cuivrique type.

Puis, toujours à l'ébullition, avec une burette graduée en 1/10e de centimètre cube, on verse la liqueur stanneuse jusqu'à décoloration complète. Le nombre de centimètres cubes employés représentera le cuivre et l'antimoine.

A l'aide d'une trompe, on fait alors passer, pendant 2 heures, un courant d'air dans le liquide qui vient d'être décoloré. Le cuivre, ramené à l'état de sel cuivreux incolore par le protochlorure d'étain, absorbe seul l'oxygène de l'air et redevient sel cuivrique; l'antimoine reste à l'état de sel antimonieux.

On titre alors, comme précédemment; le nombre de centimètres cubes employés représentera le cuivre; la différence entre les deux dosages donnera l'antimoine exprimé en cuivre. En multipliant ce résultat par le coefficient 0,96, on aura l'antimoine.

Ayant successivement dosé le plomb, le cuivre et l'antimoine, on aura l'étain par différence.

Cette méthode est d'une très grande exactitude. Elle a, de plus, l'avantage d'être excessivement rapide.

BOITES DE CONSERVES

L'industrie des boîtes de conserves est régie par l'ordonnance de police du 23 août 1889. Cette ordonnance défend aux fabricants de boîtes de conserves alimentaires de pratiquer des soudures à l'intérieur des boîtes si ce n'est avec de l'étain fin et de se servir, pour la confection desdites boîtes, d'autre fer-blanc que celui étamé à l'étain fin.

Ces prescriptions sont en général assez bien observées aujourd'hui.

Cependant, il arrive fréquemment que, par suite d'un manque de soins dans la fabrication, la soudure du fond ou celle du couvercle bave à l'intérieur.

La soudure employée contient en moyenne 65 p. 100 de plomb. Il s'ensuit que le produit conservé se trouve en contact avec 2, 3, et souvent 4gr de soudure très plombifère.

Certaines soudures internes bien faites ne nécessitent pas plus de métal; donc, des boîtes contenant autant de bavures plombifères devraient être rejetées de la consommation.

Pour doser le plomb dans les soudures, nous employons *la méthode au bichromate de potasse.*

La soudure est séparée du corps de la boîte à l'aide d'une cisaille; puis on la fait fondre au chalumeau au-dessus d'une soucoupe de porcelaine dans laquelle elle est recueillie.

On opère alors comme il a été décrit page 829.

Pour la recherche *qualitative* du plomb dans l'étamage de la boîte, nous opérons de la façon suivante :

A l'aide d'une cisaille, on coupe une partie de la boîte, en ayant bien soin de ne pas atteindre la partie soudée. Puis, le morceau de fer-blanc ainsi détaché est traité, au-dessus d'une capsule de porcelaine, par l'acide azotique chaud, étendu de son volume d'eau.

Cette opération se fait à l'aide d'un agitateur muni d'un bout en caoutchouc que l'on trempe dans la capsule et avec lequel on frotte le fer-blanc.

L'acide stannique formé est entraîné dans la capsule, ainsi que le plomb passé à l'état de nitrate.

On évapore à sec au bain-marie; on reprend par l'eau bouillante très faiblement nitrique, qui redissout le nitrate de plomb.

Ce dernier sera décelé par les réactifs ordinaires.

Dans le cas d'une *recherche complète*, nous employons la méthode suivante :

On traite le fer-blanc, coupé en petits carrés, à une douce chaleur, par l'acide chlorhydrique pur; puis, quand l'étain est complètement dissous, on filtre, on lave et on fait passer un courant d'hydrogène sulfuré. L'étain et le plomb se précipitent, ainsi que le cuivre, s'il y en a.

Ce précipité est recueilli sur un filtre, lavé à l'eau distillée bouillie, puis traité par le sulfure de sodium qui dissout le sulfure d'étain. Il ne reste donc plus sur le filtre que le plomb et le cuivre.

Le liquide contenant le sulfure d'étain est traité par l'acide chlorhydrique faible; le précipité produit est recueilli sur un filtre, lavé à l'eau distillée, séché et calciné.

Le résidu est de l'oxyde d'étain, dont le poids permet de calculer celui de l'étain métallique.

Les précipités restés sur le filtre après le traitement par le sulfure de sodium sont transformés en sulfate par addition modérée d'acide azotique et d'acide sulfurique. Un lavage à l'eau distillée entraîne le sulfate de cuivre soluble et laisse le plomb insoluble qui est ensuite calciné au rouge sombre et pesé.

Il ne faut pas oublier, dans toutes ces opérations, que le poids des cendres fourni par le papier du filtre est connu et défalqué des cendres totales.

Quant au cuivre, on le dose par l'électrolyse.

POTERIES D'ÉTAIN

Sous cette dénomination on désigne dans le commerce les vases et ustensiles en alliage à base d'étain, tels que marmites, sustenteurs, mesures de marchand de vin, couverts, etc.

L'ordonnance de police du 31 décembre 1890 interdit de fabriquer et de mettre en vente des vases et ustensiles d'étain destinés à contenir ou à préparer des substances alimentaires avec un alliage contenant plus de 10 p. 100 de plomb ou des autres métaux qui se trouvent ordinairement alliés à l'étain du commerce; il ne devra pas s'y trouver plus d'un dix-millième d'arsenic.

Ces prescriptions sont rarement observées, et si depuis quelques années la quantité de plomb contenue dans les alliages a quelque peu diminué, l'antimoine s'y rencontre encore en grande proportion.

La composition centésimale de ces différents alliages est très variable, les métaux qui les composent sont : le plomb, l'antimoine, l'étain et le cuivre.

Chacun d'eux pourra être dosé par les méthodes décrites précédemment.

Pour donner plus de rigidité à certains objets, les couverts par exemple, ceux-ci portent au centre une tige de fer, autour de laquelle est coulé l'alliage. On devra séparer avec soin ces deux parties pour éviter toute erreur provenant des impuretés du fer.

POTERIES VERNISSÉES

Sous la dénomination de poteries vernissées, on comprend les ustensiles de ménage en terre vernie, qui ont des usages si variés.

La couverte ou vernis de ces poteries est en général formée d'un silicate plombo-alumineux.

Voici la composition des divers vernis les plus employés :

	Jaune.	Brun.	Vert.
Minium.	70	64	65
Argile de Vanves.	16	15	16
Sable de Belleville.	14	15	16
Manganèse	»	6	»
Protoxyde de cuivre.	»	»	3

Dans un but d'économie, certains fabricants ont préparé des compositions plus fusibles, en forçant la proportion d'oxyde de plomb; mais ces vernis basiques cèdent du plomb aux matières alimentaires avec lesquelles ils sont mis en contact. A la suite d'un rapport du Comité consultatif d'hygiène publique de France, l'ordonnance de police du 2 juillet 1878 a interdit la fabrication et la mise en vente des poteries vernissées dont les enduits céderaient de l'oxyde de plomb aux acides faibles.

Le mode d'essai des poteries a été déterminé par un rapport au Comité consultatif d'hygiène publique de France en date du 20 janvier 1879, qui indique les prescriptions suivantes :

« Faire bouillir doucement pendant une demi-heure, dans les vases suspects, du vinaigre étendu de son volume d'eau, en remplaçant le liquide à mesure qu'il s'évapore (50gr de vinaigre suffiraient pour un vase d'un demi-litre); laisser refroidir, filtrer et ajouter à une partie de la solution incolore, de l'hydrogène sulfuré dissous dans l'eau, ou y faire passer un courant de ce gaz. La présence du plomb sera décelée par un précipité noir, ou, au moins, par une coloration brune. Dans une autre partie de la solution, l'iodure de potassium produira un précipité jaune d'iodure de plomb. »

Partie supplémentaire.

ÉTAMAGE

PAR M. J. FROIDEVAUX

ÉTAIN EN FEUILLES. — ÉTAIN DU BAIN. — BOITES DE CONSERVES, ETC.

Recherche et dosage de l'arsenic dans les alliages à base d'étain.

L'ordonnance du 31 décembre 1890 interdit l'usage des feuilles d'étain et des bains destinés à l'étamage des ustensiles servant aux usages alimentaires, lorsqu'ils contiennent plus de un dix-millième d'arsenic (soit 1^{cgr} pour 100^{gr}); l'ordonnance du 8 mars 1896 étend ces dispositions à tous les vases de métal destinés à être en contact avec les matières alimentaires.

Procédé Mayençon et Bergeret. — Pour rechercher l'arsenic dans les alliages d'étain, nous suivons d'abord le procédé de Mayençon et Bergeret, qui est d'une grande sensibilité.

Environ 1^{gr} d'alliage laminé est attaqué par l'acide nitrique pur, on évapore à sec, on reprend par une petite quantité d'acide sulfurique, et le tout est chauffé au bain de sable jusqu'à l'apparition de vapeurs blanches, afin de chasser les dernières traces d'acide nitrique. Après refroidissement, la solution sulfurique, qui contient un fort précipité d'acide stannique et d'acide antimonique, est introduite dans un tube à essais, on étend d'eau, on ajoute de petits morceaux de zinc distillé et quelques gouttes de bichlorure de platine; puis le tube est recouvert à l'aide d'un morceau de papier à filtrer sec, imprégné de bichlorure de mercure. Sous l'influence de l'hydrogène arsénié, il se produit au bout de quelque temps une belle coloration jaune citron qui passe au jaune foncé.

Lorsque nous avons obtenu ainsi un résultat positif, nous vérifions la présence de l'arsenic, et nous procédons en même temps à son dosage par la méthode de Marsch, en observant les modifications proposées par M. Bertrand.

Méthode de Marsch modifiée par M. Bertrand. — 2^{gr} d'alliage laminé sont attaqués comme précédemment; la solution sulfurique étendue est introduite dans l'appareil lorsque ce dernier a été débarrassé des dernières traces d'air qu'il pouvait contenir (1) et après vérification de la pureté des réactifs (2). Cette addition doit se faire en une seule fois, et le volume total de liquide doit être aussi faible que possible, afin de ne pas trop diluer la proportion d'arsenic et de faciliter la production d'hydrogène arsénié. Les tubes à analyse employés sont des tubes de verre vert de petit diamètre (1^{mm} de diamètre intérieur avec des parois de 2^{mm} d'épaisseur).

Avant leur emploi, ces tubes sont lavés à l'eau régale, à l'eau, à l'alcool, à l'éther, puis desséchés complètement. On étire l'extrémité très finement sur plusieurs centimètres pour éviter la diffusion de l'air dans leur intérieur pendant l'opération; faute de ce soin, les enduits deviendraient invisibles en s'oxydant au fur et à mesure de leur production. Pour vérifier la vitesse du courant gazeux, M. Bertrand conseille de courber l'extrémité du tube à angle droit, la pointe plongeant dans un petit verre à pied rempli d'eau. L'hydrogène arsénié est complètement desséché après sa sortie du flacon par une colonne d'ouate préalablement portée à une température de 110° à 120°; la cellulose ainsi déshydratée retient énergiquement la vapeur d'eau, sans agir sur la composition du gaz.

Enfin l'auteur conseille, dans le but de favoriser la condensation de l'arsenic, de faire usage d'un petit réfrigérant, qui se compose d'une bande de papier à filtrer faisant plusieurs fois le tour du tube, et recevant de l'eau goutte à goutte d'un petit réservoir placé au-dessus. On peut obtenir, en prenant ces diverses précautions, avec 1/1000e de milligramme d'arsenic, un anneau noir nettement visible.

Examen de l'anneau arsenical. — On s'assure, en chauffant légèrement l'anneau dans le courant d'hydrogène, qu'il se déplace facilement et qu'on ne se trouve pas en présence d'antimoine ou d'un anneau mixte d'arsenic et d'antimoine; puis la portion du tube où se trouve l'anneau est coupée et pesée rapidement. On dissout ensuite l'arsenic dans l'acide nitrique et on pèse de nouveau le tube après l'avoir lavé à l'eau distillée, à l'alcool et enfin desséché. La différence de poids indique la quantité d'arsenic que contiennent les 2^{gr} utilisés pour l'essai; ce chiffre, multiplié par 50, donne la proportion pour 100.

La solution nitrique arsenicale est évaporée à sec au bain-marie, additionnée d'ammoniaque, puis évaporée de nouveau.

Sur le résidu on vérifie les diverses réactions des arséniates (arséniate d'argent, arséniate ammoniaco-magnésien, etc.); s'il est assez important, on peut obtenir de nouveaux anneaux, avec lesquels on constate la transformation en sulfure jaune dans un courant d'hydrogène sulfuré, la solubilité dans l'hypochlorite de soude, etc.

(1) M. Bertrand préconise pour obtenir ce résultat un courant d'anhydride carbonique.

(2) L'examen des acides se fait en évaporant dans une capsule de porcelaine 300^{gr} d'acide nitrique versés par portions, avec 20^{gr} d'acide sulfurique pur. L'évaporation est poursuivie jusqu'à ce qu'il ne reste plus qu'une quinzaine de grammes d'acide sulfurique; on dilue dans 4 parties d'eau, et, après refroidissement, on introduit dans l'appareil de Marsch.

Dosage de l'arsenic en présence de l'antimoine. — Lorsque l'anneau obtenu est mixte, c'est-à-dire se compose d'arsenic et d'antimoine, on le traite par l'acide nitrique, qui ne dissout que l'arsenic en le transformant en acide arsénique très soluble, tandis que l'antimoine passe à l'état d'acide antimonique insoluble.

La solution nitrique d'acide arsénique, ayant été étendue d'eau distillée, est additionnée d'acide citrique, puis sursaturée par un excès d'ammoniaque, enfin on y verse un léger excès d'une dissolution de sulfate de magnésie saturée de sel ammoniac. On laisse le tout en contact pendant vingt-quatre heures en ayant soin d'agiter fréquemment; le précipité d'arséniate ammoniaco-magnésien est recueilli sur un filtre taré, puis il est lavé à l'eau ammoniacale, séché à l'étuve entre 100 et 110° et pesé avec le filtre. Le poids d'arséniate trouvé multiplié par 0,3947, puis par 50, donne la quantité d'arsenic pour 100gr.

On peut encore calciner l'arséniate ammoniaco-magnésien, qui se transforme en arséniate de magnésie ; mais, pour éviter les pertes par réduction que pourrait produire cette opération, M. Reichelt conseille de détacher le précipité du filtre et de l'arroser avec une goutte d'acide nitrique avant de le calciner. Le filtre est incinéré à part après avoir été imprégné d'azotate d'ammoniaque. Le poids d'arséniate de magnésie trouvé, multiplié par 0,4838, puis par 50, donne la quantité d'arsenic pour 100gr d'alliage.

On peut aussi transformer l'arsenic et l'antimoine en sulfures, au moyen d'un courant d'hydrogène sulfuré; le mélange de ces sulfures est traité par l'acide chlorhydrique concentré et froid ; le sulfure d'antimoine se dissout, tandis que le sulfure d'arsenic reste insoluble et peut être transformé en arséniate ammoniaco-magnésien après oxydation par l'acide nitrique.

Séparation électrolytique (Classen). — Le sulfure d'arsenic doit être amené à l'état de pentasulfure ; à cet effet on traite les sulfures d'arsenic et d'antimoine par l'eau régale, on évapore à sec, on dissout le résidu dans la soude et le monosulfure de sodium. Dans cet état, l'antimoine seul est précipité par le courant, l'arsenic reste en dissolution.

Dosage volumétrique de l'arsenic. — M. Houzeau a appliqué au dosage volumétrique de l'arsenic la réaction de l'hydrogène arsénié sur une solution d'azotate d'argent, réaction qui produit de l'acide arsénieux et de l'argent métallique. Si on emploie une solution titrée de nitrate d'argent, la perte de titre déterminée à l'aide d'une solution de chlorure de sodium indiquera indirectement la proportion d'arsenic, suivant l'équation :

$$12\,AzO^3Ag + 3\,H^2O + 2\,AsH^3 = 12\,AzO^3H + 12\,Ag + As^2O^3.$$

D'après M. Flückiger, la recherche de l'arsenic, basée sur la réaction de l'hydrogène arsénié sur l'azotate d'argent, permet de déceler jusqu'au $\frac{1}{1.000}$ de milligramme d'arsenic.

Analyse des alliages d'étain.

Méthode Millon et Morin. — Ces auteurs font l'essai de l'étain en faisant réagir sur le métal l'acide chlorhydrique concentré et froid ; l'attaque est terminée après vingt-quatre heures, et l'étain ainsi que le plomb et le fer se trouvent dans la dissolution, tandis que le cuivre et l'antimoine en même temps qu'un peu de fer et d'arsenic restent dans le résidu.

L'autre partie de l'arsenic s'est dégagée à l'état d'hydrogène arsénié, qu'on peut recueillir dans une dissolution de chlorure d'or ou d'azotate d'argent. Ces différents métaux peuvent être ensuite séparés et dosés par les procédés ordinaires.

Dosage du plomb dans les ustensiles étamés.

Lorsqu'on doit doser le plomb dans les ustensiles étamés, la couche d'étain étant excessivement mince, il ne faut pas songer à recueillir de l'alliage par fusion, l'action d'une chaleur un peu élevée produirait une oxydation immédiate. On est donc obligé de détacher par grattage la quantité nécessaire à l'analyse, en évitant autant que possible d'enlever des particules du métal subjacent, qui se compose ordinairement de fer battu. Mais il est presque impossible d'obtenir ce résultat, on enlève malgré tout de petites quantités de fer, quelquefois assez appréciables; dans ce cas, on ne peut songer à employer la méthode déjà décrite au cours de cet ouvrage, puisqu'on fait usage d'une liqueur ferreuse pour apprécier l'excès de bichromate, et de ferrocyanure comme indicateur, la solution ferrique viendrait fausser les résultats. On a donc recours à la méthode basée sur la précipitation du plomb par l'acide sulfurique en présence de l'alcool ; nous opérons de la manière suivante :

Un poids déterminé d'alliage (la plus grande quantité possible, surtout si la proportion de plomb est faible) est attaqué par l'acide nitrique; on évapore à sec, le résidu est repris par une dizaine de centimètres cubes d'eau bouillante et quelques gouttes d'acide nitrique; on filtre, on lave le filtre, on évapore de nouveau presque à sec et l'on reprend par l'eau.

La liqueur est alors additionnée d'acide sulfurique que l'on ajoute goutte à goutte tant qu'il se forme un précipité, puis on verse un volume d'alcool à 90° égal au moins au volume de la solution; celle-ci est abandonnée au repos jusqu'à ce que le mélange soit bien clair, ce qui demande au minimum douze heures.

Le précipité est jeté sur un filtre, on le lave avec de l'eau distillée contenant son volume d'alcool à 90°, puis avec de l'alcool pur. On dessèche le filtre, on l'incinère dans une petite capsule de porcelaine, en présence d'un excès d'air près de la porte du moufle. Le résidu généralement gris est imprégné de 8 à 10 gouttes d'acide nitrique, puis on évapore lentement l'excès d'acide, on incinère et on pèse.

Le sulfate de plomb $\times$ 0,6832 = Pb.

Recherche du plomb dans le caoutchouc sertisseur des boîtes de conserves.

Le procédé qui consiste à souder extérieurement les boîtes de conserves est presque complètement abandonné; il est remplacé généralement par le sertissage.

On interpose des anneaux de caoutchouc comprimés entre les parois à rejoindre ; l'occlusion est ainsi complète.

Les premiers essais furent faits avec des anneaux de plomb, puis avec des bagues de caoutchouc plombifères; c'est alors que l'emploi des substances contenant du plomb fut interdit pour le sertissage des boîtes de conserves, par la circulaire ministérielle du 15 juin 1895 et l'ordonnance de police du 29 juin 1895. La plupart des fabricants utilisent maintenant du caoutchouc à base d'oxyde de fer.

Pour vérifier la présence du plomb, la boîte ayant été ouverte, on dégage à l'aide d'une pince l'anneau métallique qui entoure le caoutchouc, on enlève celui-ci à l'aide d'une épingle ou de la pointe d'un canif, puis on l'incinère au rouge sombre. Les cendres sont traitées par l'eau bouillante, on acidifie très légèrement par l'acide nitrique et, après filtration, on constate la présence du plomb par les réactifs habituels.

Analyse qualitative des ustensiles en fonte et en tôle émaillés (Barthe). — L'auteur détache l'émail interne à l'aide de violents coups de marteau donnés sur la partie opposée. Les particules qui se détachent sont grises du côté de la partie adhérente au fer; on les pulvérise au mortier d'agate.

La poudre est attaquée par les procédés habituels, carbonates de soude et de potasse additionnés d'azotate de potasse ou de cyanure de potassium; pour obtenir la désagrégation complète, il faut procéder à deux ou trois fusions successives.

Le bisulfate de potasse et surtout l'hydrate de baryte donnent des résultats plus satisfaisants; deux fusions sont dans ce cas généralement suffisantes.

Après l'attaque, on traite par l'eau distillée bouillante et l'acide nitrique tiède; les deux solutions sont analysées séparément en suivant la marche ordinaire des recherches qualitatives.

ORDONNANCE

CONCERNANT

LA COMPOSITION DES VASES DESTINÉS A CONTENIR DES SUBSTANCES ALIMENTAIRES

Paris, le 8 Mars 1896.

Nous, Préfet de Police,

Vu : 1° Les lois des 16-24 août 1790 et 22 juillet 1891;

2° Les arrêtés des Consuls des 12 messidor an VIII et 3 brumaire an IX; la loi du 7 août 1850;

3° Les circulaires ministérielles des 17 décembre 1888 et 16 janvier 1889, relatives à l'emploi des feuilles d'étain pour envelopper les substances alimentaires;

4° L'avis émis par le Comité consultatif d'hygiène de France et les instructions de M. le Ministre de l'Intérieur des 7 mai 1889, 29 août et 29 septembre 1890;

5° L'ordonnance de police du 31 décembre 1890;

6° Les instructions de M. le Ministre de l'Intérieur, en date des 24 et 28 février 1896;

Ordonnons :

ARTICLE PREMIER.

L'article 6 de l'ordonnance de police du 31 décembre 1890 est modifié ainsi qu'il suit :

Il est interdit de fabriquer ou de mettre en vente des vases et ustensiles de métal destinés à être en contact avec des substances alimentaires et dans la composition desquels entrerait une proportion totale soit de plus de 10 p. 100 de plomb, soit de plus d'un dix-millième d'arsenic (1 centigramme pour 100 grammes).

ART. 2.

Il est également interdit de fabriquer ou de mettre en vente des vases en tôle plombée improprement désignée sous le nom de fer-blanc terne.

ART. 3.

Les contraventions à la présente ordonnance, qui sera publiée et affichée, seront poursuivies devant les tribunaux compétents.

ART. 4.

Les Commissaires de police de la ville de Paris, les Maires et les Commissaires de police des communes du ressort de notre Préfecture, le Chef du Laboratoire de chimie et les agents placés sous ses ordres sont chargés de l'exécution de la présente ordonnance.

Le Préfet de Police,
LÉPINE.

Par le Préfet :
Le Secrétaire général,
E. LAURENT.

JOUETS

PAR M. P. GIRARD

L'industrie des jouets emploie dans l'ornementation de ses produits un certain nombre de couleurs. Si quelques-unes d'entre elles sont inoffensives, combien d'autres sont assez dangereuses pour provoquer chez les enfants qui peuvent en absorber accidentellement une intoxication assez grave pour amener la mort!

La réglementation de ces produits est assez difficile, le commerce livrant souvent la même couleur sous des dénominations si nombreuses et si différentes, qu'il est parfois très difficile pour l'industriel de connaître exactement la composition de la couleur qu'il emploie et les dangers qu'elle peut présenter.

Malgré des difficultés pratiques, provenant non seulement de la confusion des noms, mais aussi du prix relativement élevé de certaines couleurs inoffensives, cette industrie a fait des progrès réels, grâce aux instructions données dans les ordonnances parues à ce propos.

L'analyse des jouets a surtout pour but la vérification des prescriptions énoncées dans l'ordonnance du 29 mai 1885 et consiste à rechercher les métaux toxiques (arsenic, plomb, cuivre, mercure, antimoine, baryte) constituant les couleurs défendues, et la résistance des vernis servant à fixer les couleurs toxiques tolérées.

Les couleurs interdites par l'ordonnance précitée sont les suivantes :

COULEURS	COMPOSITION	NOMS COMMERCIAUX LES PLUS USITÉS
Vert.	Arsénite de cuivre.	Vert de Scheele. — minéral. — suédois.
	Arsénite et acétate de cuivre.	Vert anglais. — de Schweinfurt. — original. — patenté. — impérial. — de Cassel. — de Paris. — de Vienne. — de Leipzig. — de Suisse. — de Wurtzbourg. — perroquet. — mitis ou métis. — nouveau. — montagne. — de mai. — mousse. — de Neuwied. — de Pickel. — Kirchbenger.
	Arsénite de cuivre et sulfate de chaux.	Cendre verte.
	Le phosphate de cuivre. Le chromate de cuivre. Le stannate de cuivre, etc., etc.	
	Hydrates de cuivre	Vert de Brunswick. — montagne. — de Brême.
	Sulfate de cuivre basique.	Vert d'Erlaa. — Casselmann.
	L'acétate basique de cuivre.	Vert de gris. Verdet.
	Les mélanges de chromate de plomb avec différents bleus	Vert d'huile. — Milory. — de chrome. — de Naples. — feuilles.
	Carbonate de cuivre.	Vert malachite.
	Carbonate de cuivre et de zinc.	Laque minérale verte.
	Les matières colorantes organiques précipitées par le sulfate de cuivre et la soude telles que le	Vert de quercitron. — de Fustet. — d'Elsner.
Rouge.	Sulfure de mercure	Cinabre. Vermillon. Rouge de Chine. — patenté.
	Protoxyde et peroxyde de plomb	Minium. Rouge de plomb.

COULEURS	COMPOSITION	NOMS COMMERCIAUX LES PLUS USITÉS
Rouge (suite)	Protoxyde et peroxyde de plomb (*suite*)	Mine orange. Brun doré.
	Chromate basique de plomb	Rouge de chrome
	Biiodure de mercure.	
Jaune.	Chromates de plomb	Jaune de chrome. — de Leipzig. — de Zwickau. — de Gotha. — de Hambourg. — de Cologne. — impérial. — citron. Jaune nouveau. — d'or. — de Cassel. — minéral. — pâte orange. — orangé de chrome.
	Oxychlorure de plomb	Jaune paille minéral. — chimique. — de Montpellier. — de Paris. — de Vérone. — Turner.
	Antimoniate de plomb	Jaune de Naples. Terre de Naples.
	Trisulfure d'arsenic	Orpiment. Réalgar. Jaune royal. — de Perse. — de Chine. — d'Espagne.
	Oxyde de plomb	Massicot. Litharge.
	Chromate de baryte.	
	Sous-sulfate de mercure	Turbith minéral.
Bleu.	Hydrocarbonate de cuivre	Bleu de montagne. — minéral. — anglais. — de Hambourg. — de cuivre. — de chaux. — de Cassel. — Neuwied.
Blanc.	Hydrocarbonate de plomb	Blanc de céruse. — d'argent. — de plomb. — de peintre. quelquefois blanc de perle.
Or	Mélange de cuivre et de zinc	Or faux.
Bronze	Mélange de cuivre, zinc, étain	Bronze faux.

Sont également interdites les laques ayant pour base les oxydes ou les carbonates des métaux précipités telles que certaines laques d'éosine composées presque entièrement d'oxyde de plomb remonté avec un peu d'éosine.

Toutefois, le sulfure rouge de mercure et le chromate neutre de plomb sont autorisés à condition que ces couleurs soient employées sous forme de peinture à l'huile ou appliquées à l'aide d'un vernis parfaitement adhérent (vernis gras, vernis à l'alcool).

On emploie généralement, dans la fabrication des vernis gras, des huiles rendues siccatives par cuisson avec l'oxyde de plomb. Ce plomb, se trouvant à l'état de combinaison insoluble, est également toléré. Aussi, la constatation de traces de plomb n'implique-t-elle pas que la couleur doive être classée comme toxique; et dans ce cas spécial de matière colorante fixée à l'aide d'un vernis gras ou d'une huile, lithargée l'analyse qualitative complète de la couleur est indispensable.

Enfin, pour la fabrication des ballons en caoutchouc et des objets en fer étamé ou estampé, l'emploi de la céruse (carbonate de plomb) est exceptionnellement autorisé à condition toutefois que cette couleur soit appliquée à l'aide d'un vernis adhérent insoluble.

Pour l'essai des jouets au point de vue des dangers qu'ils peuvent présenter, on peut prévoir deux cas :

1° Lorsque la couleur est soluble ou se délaye dans l'eau, on frotte légèrement la partie colorée avec un pinceau imbibé d'eau de façon à enlever une certaine quantité de couleur. Cette couleur, dissoute dans un réactif approprié, acide chlorhydrique, nitrique ou eau régale, ne doit pas précipiter par l'hydrogène sulfuré (antimoine, mercure, plomb, cuivre, arsenic). La liqueur précipitée par l'hydrogène sulfuré ne doit pas donner, par l'acide sulfurique ou un sulfate, de précipité blanc insoluble dans tous les réactifs (baryte);

2° Quand la couleur est insoluble ou ne se délaye pas dans l'eau, elle doit présenter les propriétés suivantes :

a) Réaction nulle de l'hydrogène sulfuré; après trois heures de contact à froid, l'eau acidulée à 2 p. 100 d'acide chlorhydrique ne devra pas donner avec l'hydrogène sulfuré les réactions du mercure ou du plomb.

A cet effet, on trempe simplement la partie du jouet à examiner dans la solution acide, le grattage de la couleur pouvant avoir pour effet de mettre à jour des parcelles de couleur insuffisamment insolubilisée par suite de l'absorption d'une partie de l'huile ou du vernis par le carton. Pour les objets en fer-blanc, assez sujets à s'écailler, le trempage dans l'eau acide peut amener la dissolution d'une certaine quantité d'étain mise à nu. Aussi est-il prudent, lorsqu'on obtient un précipité brun par l'hydrogène sulfuré, de rechercher les autres réactions du plomb sur le sulfure redissous dans l'eau régale.

La réaction du mercure est impossible à constater dans ces conditions, le sulfure de mercure étant insoluble dans l'acide chlorhydrique concentré, même lorsqu'il n'est pas noyé dans de l'huile ou du vernis.

b) La couleur ou le vernis devront résister au frottement d'un linge mouillé.

c) L'emploi des vernis gras sera constaté par l'odeur caractéristique de l'acroléine lors de l'incinération d'une parcelle détachée par grattage.

d) Le vernis et la couleur devront être insolubles dans l'alcool froid à 50° Gay-Lussac.

Pour les mirlitons, les trompettes, etc., objets dont la destination est d'être portés à la bouche, il est interdit d'employer toutes les couleurs qui sont actuellement prohibées pour la coloration des papiers servant à envelopper les substances alimentaires.

Pour l'analyse qualitative des couleurs, on suit le procédé suivant:

On gratte avec la pointe d'un canif chacune des parties colorées et on incinère la poudre obtenue afin de se débarrasser des résines et matières grasses. Puis on analyse le résidu en suivant les procédés ordinaires.

Dans le cas où l'on suppose la présence de l'arsenic ou de certaines combinaisons du mercure, on brûle la matière organique que renferme cette poudre avec l'acide nitrique seul ou additionné de quelques gouttes d'acide sulfurique. On évapore le résidu à siccité pour chasser tout l'acide nitrique, on recherche l'arsenic avec l'appareil de Marsh dans une partie de la liqueur, le mercure est caractérisé dans l'autre partie.

Pour certains jouets, comme les jouets en fer-blanc, afin de ne pas détacher par le grattage des parcelles d'étamage qui peuvent contenir une petite quantité de plomb, on sépare la couleur à l'aide de l'alcool, l'éther ou la benzine. On évapore le dissolvant et le résidu incinéré est analysé.

TABLE DES MATIÈRES

TOURS, IMPRIMERIE DESLIS FRÈRES, 6, RUE GAMBETTA.